Gebäudetechnik für Trinkwasser

Thomas Kistemann • Werner Schulte
Klaus Rudat • Wolfgang Hentschel
Daniel Häußermann

# Gebäudetechnik für Trinkwasser

## Fachgerecht planen – Rechtssicher ausschreiben – Nachhaltig sanieren

Springer Vieweg

*Herausgeber*
Viega GmbH & Co. KG
vertreten durch Herrn Claus Holst-Gydesen

*Autoren*
Thomas Kistemann
Institut für Hygiene und Öffentliche Gesundheit
Universität Bonn
Bonn, Deutschland

Werner Schulte
Viega GmbH & Co KG
Attendorn, Deutschland

Klaus Rudat
FB IV Architektur und Gebäudetechnik
Beuth Hochschule für Technik Berlin
Berlin, Deutschland

Wolfgang Hentschel
Frankfurt, Deutschland

Daniel Häußermann
Anwaltskanzlei Häußermann
Nußloch, Deutschland

ISBN 978-3-662-54301-6 ISBN 978-3-662-54302-3 (eBook)
DOI 10.1007/ 978-3-662-54302-3

Die Deutsche Nationalbibliothek verzeichnet diese Publikation in der Deutschen National bibliographie; detaillierte bibliographische Daten sind im Internet über http://dnb.d-nb.de abrufbar.

Springer Vieweg


Gedruckt auf säurefreiem und chlorfrei gebleichtem Papier.

Springer ist Teil von Springer Nature
Die eingetragene Gesellschaft ist „Springer-Verlag GmbH Berlin Heidelberg"

# Vorwort

Prof. Dr. med. Martin Exner

# Vorwort

Der verlässliche, einfache Zugang zu sauberem Trinkwasser gehört zu den selbstverständlichen Standards unseres Lebens. Aus der Geschichte der Wasserversorgung, aber auch aus vielen weniger entwickelten Ländern wissen wir, dass erhebliche und kontinuierliche wissenschaftliche, technische, regulative und betriebliche Anstrengungen erforderlich sind, um diesen Standard zu bewahren und vor dem Hintergrund neuer Randbedingungen der Trinkwasserversorgung ebenso wie neuer technischer und trinkwasserhygienischer Erkenntnisse laufend anzupassen und weiter zu entwickeln.

Vor über 150 Jahren wurden in Deutschland die ersten modernen zentralen Trinkwasserversorgungen errichtet. Dadurch wurde dem rasch zunehmenden Wasserbedarf der wachsenden städtischen Ballungsräume begegnet, und gleichzeitig wurde durch die Zentralisierung der Wasserversorgung die Gefahr kleinräumiger Kurzschlüsse zwischen Trinkwasserbrunnen und benachbarter Abortgrube überwunden. Andererseits wurde rasch deutlich, dass im Falle einer Kontamination des Trinkwassers sofort große Epidemien drohten. Die Hamburger Choleraepidemie von 1892 ist das wohl eindrücklichste Beispiel hierfür in Deutschland. Die wissenschaftliche Wasserhygiene nahm hier ihren Ausgang, entwickelte neue Instrumente wie Keimzahl- und Indikatorkeim-Bestimmung, um die Trinkwasserqualität zu kontrollieren, und leitete aus ihren Erkenntnissen praktische Konzepte wie Wasserschutzzonen oder Sandfiltration ab, um die Trinkwasserqualität zu schützen.

Seitdem ist viel passiert: Anstatt einer Zapfstelle je Wohnhaus verfügt heute jeder einzelne Haushalt über zahlreiche und verschiedenste Entnahmestellen für unterschiedlichste Verwendungen wie dem früher nicht üblichen Duschen, die teilweise nur sporadisch genutzt werden. Die heute standardmäßig vorhandene Versorgung mit erwärmtem Trinkwasser machte ein komplettes zweites Netz der Trinkwasser-Installation in Gebäuden erforderlich. Neue Krankheitserreger wurden entdeckt, die sich teilweise auch in der Trinkwasser-Installation vermehren können (z. B. Legionellen), so dass das Prinzip der Überprüfung des Trinkwassers auf Fäkalindikatoren versagt. Wir haben viel gelernt über die Überlebensstrategien von Mikroorganismen im Trinkwasser – sie schützen sich etwa durch Biofilme oder einen unempfindlichen Inaktivitätszustand vor widrigen äußeren Einflüssen. Aber auch die Konsumenten haben sich verändert. Der Anteil allein lebender Menschen, in deren Single-Haushalten Unterbrechungen der Trinkwassernutzung viel häufiger vorkommen, ist drastisch gestiegen. Der Mittelwert des Alters der deutschen Wohnbevölkerung ist heute mit knapp 45 Jahren etwa genau so hoch wie vor 120 Jahren die mittlere gesamte Lebenserwartung war! Und über ein Viertel unserer Bevölkerung ist heute über 60 Jahre alt. Mithin ist eine große Gruppe von Menschen in ihrem häuslichen Umfeld mit Trinkwasser zu versorgen, die als potenziell für Infektionen prädisponierte Risikopopulation anzusehen ist. Dies gilt umso mehr, wenn man an den steigenden Anteil von Menschen mit eingeschränkter Immunkompetenz denkt.

Normsetzung und Praxis haben in den vergangenen Jahrzehnten immer wieder auf neue Erkenntnisse der Wasserhygiene und damit erkannte Gesundheitsgefahren reagiert. Beispiele aus dem Bereich der Trinkwasser-Installation in Gebäuden sind das Verbot der Verwendung von Blei als Installationsmaterial und die kontinuierliche Herabsetzung des Bleigrenzwertes für Bestandsinstallationen sowie die Anforderungen an das Temperaturregime in Warmwasser-Installationen zur Legionellenprävention.
Seit Inkrafttreten der 1. Änderung der Trinkwasserverordnung 2001 zum 1. November 2011 unterliegt Trinkwasser aus gewerblich genutzten Installationen einer jährlichen Untersuchungspflicht. Mikrobielle Kontaminationen, die in der Regel bislang nur in Anlagen mit erhöhten hygienischen Anforderungen (vor allem medizinische Einrichtungen) konsequent erfasst und analysiert wurden, werden damit zukünftig in öffentlichen wie auch in nicht-öffentlichen Anlagen festgestellt. Denn die Risiken für immungeschwächte Menschen, die beispielsweise nach einem Klinikaufenthalt wegen der sich laufend verkürzenden Liegezeiten immer schneller zurück in ihre häusliche Umgebung entlassen werden, sind dort nicht minder kritisch zu bewerten.

Diesen Herausforderungen müssen sich heute mehr denn je Planer, Bauausführende und Betreiber von Trinkwasser-Installationen in Gebäuden stellen. Sie haben dabei ein umfangreiches, laufend in Aktualisierung befindliches Regelwerk zu berücksichtigen, welches gesicherte wissenschaftliche Erkenntnisse oder zumindest Expertenkonsensus auf der Basis des aktuellen Wissens reflektiert. Sie müssen es in ihre Arbeitspraxis übersetzen und unter Berücksichtigung rechtlicher und ökonomischer Aspekte implementieren.

Das ist der Hintergrund, vor welchem in diesem Fachbuch neueste Forschungsergebnisse, Richtlinien, Normen und Regelwerke für die Planung hygienegerechter Anlagen vorgestellt, erläutert und diskutiert werden. Es bietet in praxisgerechter Form Grundlagenwissen an, welches notwendig ist, um die komplexen Zusammenhänge der Trinkwassergüte in Installationen von Gebäuden zu verstehen. Eine dauerhaft einwandfreie systemische Trinkwassergüte, die in jeder Trinkwasser-Installation durch zusammenwirkende biologische, chemische, physikalische, technische und hydraulische Faktoren vielfältig beeinflusst wird, ist als prioritäres Ziel vom Fachplaner hinsichtlich einer Vielzahl von praxisnahen Aspekten während der Planung und Systemauslegung konsequent anzustreben. Dazu vermitteln Berechnungsbeispiele mit Kommentaren zu den neuesten Regelwerken praxisnahes Fachwissen für die hygienebewusste Auslegung hydraulisch optimierter Verteilungssysteme.

Ferner sind die Ursachen für mikrobiell kontaminierte Bestandsanlagen sowie erfolgreiche Sanierungskonzepte ein wichtiges Themenfeld, weil hier oft noch komplexe Rahmenbedingungen wirken, als sie für Neuanlagen zu erwarten sind. Damit ergeben sich für den Bauherrn, den Fachplaner und auch für den Installateur rechtliche Verbindlichkeiten, die bei Planung, Ausschreibung, Bauüberwachung sowie für den Bestimmungsgemäßen Betrieb eine hohe Relevanz haben.
Für den Fachplaner von hygienebewusst geplanten Trinkwasser-Installationen enthält dieses Fachbuch eine Vielzahl nützlicher Hinweise, Impulse und Beispiele für die tägliche Planungspraxis und kann deshalb die Praktiker, welche durch ihre gemeinsamen Anstrengungen die Trinkwassergüte in Trinkwasser-Installationen von Gebäuden sicherstellen, in ihrer täglichen Arbeit als »Vademecum der Trinkwassergüte in Gebäuden« sehr hilfreich unterstützen.

Bonn, im März 2012

Prof. Dr. med. Martin Exner
Direktor des Institutes für Hygiene und Öffentliche Gesundheit
der Universität Bonn

# Buchkapitel

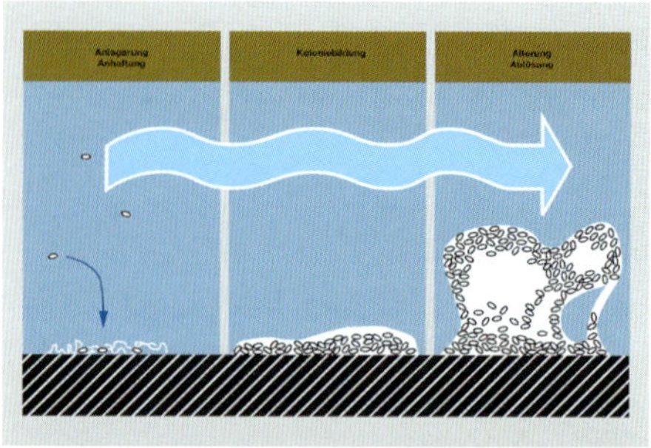

## 1 Hygienisch-mikrobiologische Trinkwassergüte in der Trinkwasser-Installation

Th. Kistemann

## 2 Planungspraxis für Trinkwassergüte in Gebäuden

W. Schulte

## 3 Systemauslegung der Trinkwasser-Installation

K. Rudat

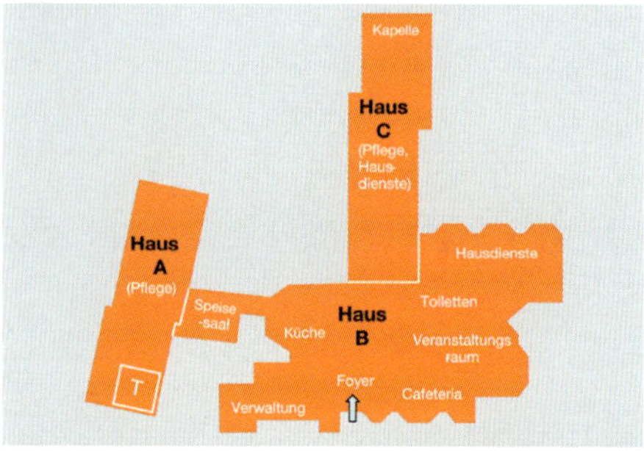


## 4 Trinkwasserhygiene im Bestand

W. Hentschel

## 5 Recht/Ausschreibung

D. Häußermann

## Index

# Aus dem Inhalt

**Seite**

**Acht Planungsprämissen sind mit farbigen Pfeilen in den Marginalienspalten gekennzeichnet.**

## Ausstoßzeit

Ausstoßzeit 1

Trinkwasser-Installationen sind gemäß DIN 1988-200 so auszuführen, dass spätestens nach 30 Sekunden an einer Entnahmestelle Trinkwasser kalt ≤ 25 °C und Trinkwasser warm ≥ 55 °C verfügbar ist. Kürzere Ausstoßzeiten, zum Beispiel 10 s für Trinkwasser warm mit einer Nutztemperatur von z. B. 50 °C, sind nach VDI 6003 in Abhängigkeit der jeweiligen Komfortstufe zu vereinbaren. Die Festlegung solcher Rahmenbedingungen, die bereits in der HOAI-Phase 1 (Grundlagenermittlung) erfolgen sollte, hat einen signifikanten Einfluss auf die Planung, insbesondere auf die der Stockwerksleitungen, und damit auf die Systemauslegung insgesamt.

## Bestimmungsgemäßer Betrieb

Bestimmungsgemäßer Betrieb 2

Gemäß DIN EN 806-5 ist ein Bestimmungsgemäßer Betrieb dann gegeben, wenn innerhalb von 7 Tagen durch Wasserentnahme ein Wasseraustausch im jeweiligen Leitungsabschnitt, beziehungsweise im gesamten System, erfolgt. Als Planungsziel wird von den Autoren in diesem Fachbuch jedoch ein täglicher Wasseraustausch in allen Teilstrecken eines Leitungssystems favorisiert, wobei gewisse Nutzungsunterbrechungen (z. B. an Wochenenden) bis zu 3 Tagen als unkritisch angesehen werden. Zu einem Bestimmungsgemäßen Betrieb zählt ferner eine regelmäßige Funktionskontrolle der Anlage (z. B. der Speichertemperatur) sowie alle Maßnahmen wie zum Beispiel notwendige Wartungs- und Instandhaltungsarbeiten, die einen sicheren Anlagenbetrieb gewährleisten.

## Raumbuch

Raumbuch 3

Nach VDI 6023 wird diese Form der Anlagendokumentation vor allem für alle öffentlichen Gebäude gefordert. Nach DIN 1988-200 ist dieses Dokument überall dort erforderlich, wo an Anlagen höhere hygienische Anforderungen gestellt werden (Krankenhäuser, Pflegeheime, Schulen etc.). Darin sollte der Fachplaner auch alle zu erwartenden Verbrauchswerte für Trinkwasser kalt und warm dokumentieren, die er während der Bedarfsermittlung (HOAI-Phasen 2 und 3) erfasst und mit dem Bauherrn/Nutzer festgelegt hat, siehe auch Tab. 2–1. Nur so kann eine bedarfsgerechte und hygienebewusste Systemauslegung erreicht sowie eine verbindliche Abstimmung mit Architekt und Bauherrn für den späteren Bestimmungsgemäßen Betrieb erzielt werden. Auf dieser Basis kann ein Hygieneplan (Trinkwasser) aufgestellt und danach die Anlage hygienebewusst betrieben werden.

## Temperatur

Temperatur 4

Um eine gesundheitsrelevante Vermehrung von Mikroorganismen zu vermeiden sind in Trinkwasser-Installationen Dauertemperaturen zwischen 25 °C und 55 °C auszuschließen. Gemäß DIN 1988-200 sind Zirkulationssysteme demnach auf eine Temperaturspreizung von 60 / 55 °C, bezogen auf Speicheraustritt und -eintritt, auszulegen und gegebenenfalls abzugleichen. Trinkwassererwärmer (TWE) müssen deshalb so betrieben werden, dass zur Nutzung Trinkwasser warm mit ≥ 60 °C zur Verfügung steht. Wird ein hoher Wasseraustausch (≥ 1 x / 3 Tage) sichergestellt, dürfen Trinkwasser-Installationen bedingt auch mit abgesenkten Temperaturen ≥ 50 °C betrieben werden. Dies gilt generell auch für alle dezentralen TE. Die Rohrleitungsführung ist so zu wählen, dass in allen Teilstrecken eine dauerhafte Erwärmung von Trinkwasser kalt oder eine kritische Abkühlung von Trinkwasser warm (zum Beispiel durch mangelhaften hydraulischen Abgleich des Zirkulationssystems) ausgeschlossen werden kann.

**So sind diese Aspekte in allen Buchkapiteln leicht zu finden – s. auch die Stichwörter im Index.**

## Wasseraustausch

5 Wasseraustausch

Damit wird der vollständige Wechsel der im betrachteten Rohrleitungssystem enthaltenen Wassermenge bezeichnet. Für den Erhalt der Trinkwassergüte ist ein regelmäßiger Wasseraustausch erforderlich. Dieser gilt dann als gegeben, wenn das Wasservolumen im betrachteten Leitungssystem inklusive dem Speichervolumen des Trinkwassererwärmers durch Entnahme, bewusstes Ablaufen lassen oder ein Spülsystem ausgetauscht wird. Ein Bestimmungsgemäßer Betrieb ist nach DIN EN 806-5 dann gegeben, wenn ein vollständiger Wasseraustausch im Gesamtsystem alle 7 Tage sichergestellt ist. Bei Trinkwassererwärmern, die bedingt mit abgesenkter Speichertemperatur ≥50 °C betrieben werden, muss im regulären Betrieb ein vollständiger Wasseraustausch innerhalb von 3 Tagen (≥1 x/3 d) erfolgen.

## Durchströmung

6 Durchströmung

In der Vergangenheit wurden Rohrweiten häufig überdimensioniert, weil die Versorgungssicherheit im Vordergrund stand. Auch wurden oft Leistungsreserven eingeplant und dabei die Konsequenzen für die Mikrobiologie des Trinkwassers unterschätzt. Deshalb zählen heute hohe Fließgeschwindigkeiten mit turbulenter (Durch-) Strömung zu den wichtigen Planungszielen. Auf Basis einer exakten Bedarfsermittlung in den HOAI-Phasen 2 und 3 sowie dem differenzierten Bemessungsverfahren nach DIN 1988-300 können Rohrweiten bedarfsgerecht ausgelegt werden. Analog dazu sollten im Bestand, insbesondere nach Nutzungsänderungen, überdimensionierte Rohrleitungen umgehend zurückgebaut werden. So werden Voraussetzungen geschaffen, die in allen Teilstrecken einer Trinkwasser-Installation den Erhalt der Trinkwassergüte durch einen hohen Wasseraustausch in minimalen Rohrweiten bei maximal möglichen Fließgeschwindigkeiten sicherstellen können.

## Hygieneplan

7 Hygieneplan

Auf Basis eines Raumbuchs wird diese Dokumentation in Abstimmung mit dem Betreiber, der hygienischen Fachkraft und ggf. der Gesundheitsbehörde und – wo erforderlich – dem Wasserversorgungsunternehmen erstellt. Vorgaben für die Instandhaltung sowie Maßnahmen zur Störfallbehebung sind darin ebenso aufzunehmen wie alle Hinweise, die der Sicherung und Kontrolle der Trinkwassergüte im späteren Betrieb dienen (z. B. die Festlegung der Probenahmestellen). Ziel ist es, mit diesem Dokument auch bei wechselndem Betriebspersonal den Bestimmungsgemäßen Betrieb sowie die Einhaltung der Anforderungen der Trinkwasserverordnung jederzeit und dauerhaft zu gewährleisten.

## Betreiberpflichten

8 Betreiberpflichten

Der Betreiber ist verpflichtet, die Anlage so zu betreiben und zu warten, dass die Anforderungen der TrinkwV dauerhaft erfüllt werden. Zu seinen Pflichten zählen alle Maßnahmen wie Instandhaltung, Wartung, Inspektion sowie – speziell nach Nutzungsänderungen – eine gegebenenfalls notwendige Anlagenoptimierung. Bei größeren Anlagen mit hohen hygienischen Anforderungen (z. B. in Krankenhäusern) wird empfohlen, relevante Betriebsdaten wie die Temperaturen der Trinkwassererwärmung oder in den Zirkulationsleitungen) online zu überwachen und zu protokollieren. Während der Inbetriebnahmephase kann dazu im Einzelfall auch der Onlinezugriff des Fachplaners auf die Betriebsdaten sinnvoll sein. Mögliche Risiken können so schnell erkannt und, falls erforderlich, Maßnahmen zur Anlagenoptimierung umgehend eingeleitet werden.
Je nach Vertragsform trägt der Planer oder die ausführende Firma auch die Verantwortung dafür, dass das technische Personal bei Inbetriebnahme der Anlage eine angemessene Schulung oder Einweisung erhält. In der Dokumentation dazu sind alle Aspekte zu erläutern, die die spätere Trinkwassergüte im Betrieb gefährden könnten.

# 1 Hygienisch-mikrobiologische Trinkwassergüte in der Trinkwasser-Installation

Th. Kistemann

Dieses Kapitel behandelt die Arbeit der Trinkwasser-Hygieniker, die wissenschaftliche Erkenntnisse und Verfahren für die Sicherstellung der Trinkwasserqualität nutzbar machen.

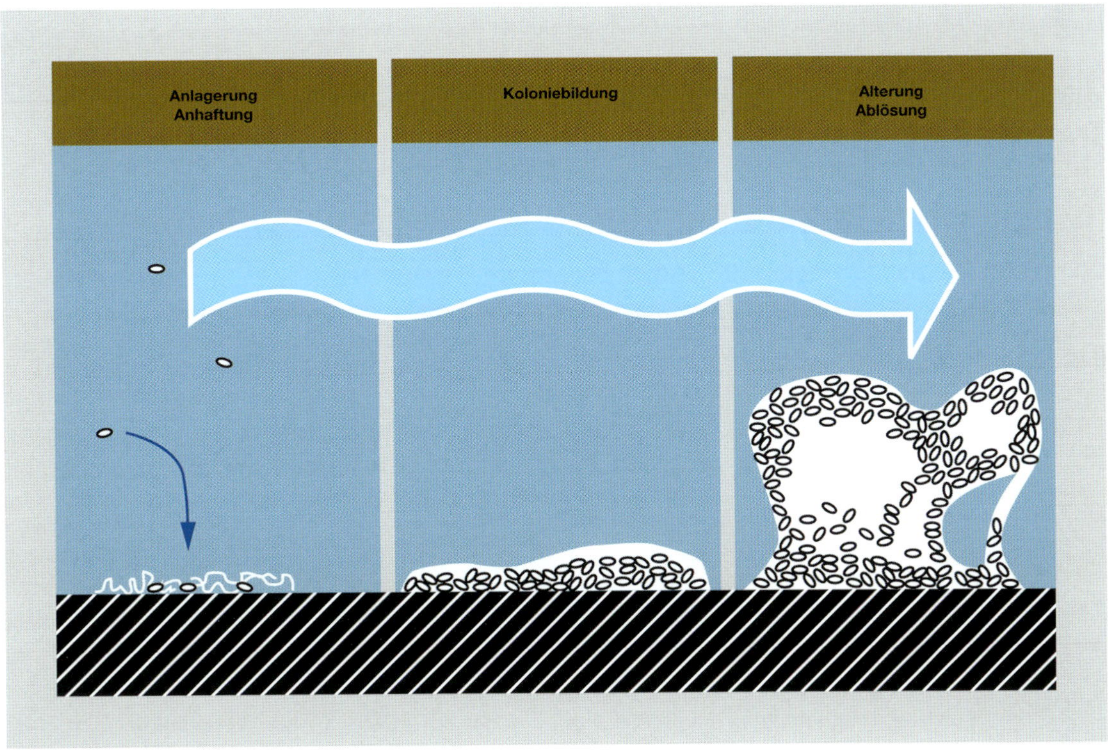

# Inhalt

# 7 Hygiene-Anforderungen an Trinkwasser-Installationen



# 8 Praxisuntersuchung zum Wirkgefüge Temperatur – Wasserdynamik



# 9 Das Water Safety Plan-Konzept



# 10 Resümee und Ausblick

# 11 Literatur- und Quellenangaben

# 1 Einführung

Die Trinkwasserverordnung (TrinkwV) [1] fordert in § 4 Absatz 1 ihrer Neufassung vom 3. Mai 2011 (Zitat):

*»Trinkwasser muss so beschaffen sein, dass durch seinen Genuss oder Gebrauch eine Schädigung der menschlichen Gesundheit insbesondere durch Krankheitserreger nicht zu besorgen ist. Es muss rein und genusstauglich sein.«*

Seit vielen Jahrzehnten wird dieser Qualitätsanspruch an Trinkwasser in Deutschland als eine verlässliche Selbstverständlichkeit angesehen. Wir erwarten, dass wir Trinkwasser jederzeit und an jedem Ort ohne Gefahr für unsere Gesundheit trinken oder für andere Zwecke wie Körperreinigung, Kochen, Hausreinigung, Sport und vieles mehr nutzen können. Über 95 % der Bevölkerung wird, praktisch ohne Unterbrechungen, durch zentrale Versorgungsanlagen mit Trinkwasser dieser Qualität beliefert. Trinkwasser steht uns am Wohn- und Arbeitsort überall dort zur Verfügung, wo wir dies wünschen.

**Hygienisches Trinkwasser ist nicht selbstverständlich**

Dass die Erfüllung dieses Qualitätsanspruchs an Trinkwasser bei globaler Perspektive keineswegs eine Selbstverständlichkeit darstellt, belegen Daten der Weltgesundheitsorganisation (WHO). Selbst in der WHO-Region Europa müssen viele Menschen mit diskontinuierlicher Wasserversorgung, ästhetischen und gesundheitsrelevanten Qualitätseinschränkungen ihres Trinkwassers rechnen. Mikrobiologische Verunreinigungen des Trinkwassers spielen dabei weltweit die bedeutendste Rolle und verursachen insbesondere Infektionen des Magen-Darm-Traktes. Die resultierende Krankheitslast ist groß. Kinder sind besonders schwer betroffen. Magen-Darminfektionen gehören zu den fünf wichtigsten Todesursachen von Kindern im Vorschulalter; inzwischen weiß man, dass häufige Durchfallepisoden nicht nur immer wiederkehrende akute Erkrankung bedeuten, sondern auch irreversible Verzögerungen und Störungen der körperlichen und geistigen Entwicklung verursachen können [2].

Genusstaugliches Trinkwasser ist also keineswegs eine Selbstverständlichkeit, deren Erhaltung wir keine Beachtung schenken müssen. Vielmehr bedarf es erheblicher und ständiger wissenschaftlicher, technischer, regulativer und betrieblicher Anstrengungen und Aufmerksamkeit, um den Menschen Trinkwasser hoher Qualität bereitstellen zu können.

Die Trinkwasser-Installation ist gemäß § 3 Absatz 1 der Änderung der TrinkwV (2011) [1] definiert als (Zitat):

*»... die Gesamtheit der Rohrleitungen, Armaturen und Apparate, die sich zwischen dem Punkt des Übergangs von Trinkwasser aus einer Wasserversorgungsanlage an den Nutzer und dem Punkt der Entnahme von Trinkwasser befinden ...«*

sie hat in den letzten Jahren aus verschiedenen Gründen zunehmend Beachtung erfahren. Wichtig ist in diesem Zusammenhang insbesondere die Erkenntnis, dass sich das Trinkwasser in den modernen, komplexen Trinkwasser-Installationen in hygienisch-mikrobiologischer Sicht nachteilig verändern kann, dass sich Krankheitserreger in der Trinkwasser-Installation vermehren können, dass mithin die Feststellung der Genusstauglichkeit am Übergabepunkt keine hinreichende Aussage über die Qualität des Trinkwassers am Entnahmepunkt erlaubt. Vor diesem Hintergrund hat der Gesetzgeber in § 8 der Trinkwasserverordnung explizit festgelegt, dass die mikrobiologischen und chemischen Anforderungen am Austritt aus denjenigen Zapfstellen, die der Entnahme von Trinkwasser dienen, einzuhalten sind. Hierdurch ergibt sich eine veränderte Qualität der Pflichten aller, die mit Trinkwasser-Installationen zu tun haben

- Planer,
- Hersteller von Installationsmaterialien,
- ausführende Sanitätsfachfirmen,
- Betreiber, Nutzer und Überwachungsbehörden.

8 Betreiberpflichten

Auch die regelsetzenden Fachverbände und Institutionen – DIN, VDI, DVGW, ZSHK und Umweltbundesamt reflektieren und würdigen in ihren Regelwerken und Empfehlungen ausführlich diesen Sachverhalt.

[1] Verordnung zur Novellierung der Trinkwasserverordnung vom 21. Mai 2001. In: Bundesgesetzblatt 2001, Teil 1, S. 959 – 980

[2] Prüss, A., Kay, D., Fewtrell, L. u. J. Bartram: Estimation the burden of disease from water, sanitation, and hygiene at a global level. In: Environmental Health Perspectives 110 (2002), H. 5. S. 537 – 542



Vorwort Inhaltsverzeichnis
Hygieneanforderungen TrinkwV und VDI 6023
Planungspraxis EN 806-2 / DIN 1988-200
Systemauslegung DIN 1988-300/500/600
Trinkwasserhygiene im Bestand Sanierung/Betrieb
Recht / Ausschreibung Planerhaftung
Index

**Zum Aufbau dieses Buchkapitels**
Zur ersten Orientierung eine Kurzübersicht der Kapitelinhalte.

**Einführung**

**2. Kapitel**
Mikroorganismen

Erläuterung wesentlicher Informationen zu Mikroorganismen im Wasser, die für das Verständnis der folgenden Abschnitte relevant sind.

**3. Kapitel**
Wasserversorgung

Einblicke in die Entwicklung der Wasserversorgung in Deutschland, weil dies für das Verständnis der historisch gewachsenen Qualitätskriterien und Überwachungsstrategien bedeutsam ist.

**4. Kapitel**
Hygiene – Stand der Wissenschaft

Neue Erkenntnisse der Trinkwasserhygiene, soweit sie für Trinkwasser-Installationen bedeutsam sind. Mikroorganismen, die in Trinkwasser-Installationen nicht nur überlebensfähig, sondern unter gewissen Umständen auch vermehrungsfähig sind – Legionellen, Pseudomonaden, nicht tuberkulöse Mykobakterien und andere.

Neue Erkenntnisse zu Überlebensstrategien von Mikroorganismen unter ungünstigen äußeren Bedingungen – Persistenz in größeren Organismen, Biofilmbildung, viable-but-not-culturable-Zustand.

**5. Kapitel**
**Hygiene – Überwachung**

Überwachung der hygienisch-mikrobiologischen Trinkwasserqualität in der Trinkwasser-Installation: gemäß Trinkwasserverordnung.

**6. Kapitel**
Erhebung von Bestandsdaten

Auswertung einer bundesweiten Erhebung zur hygienischen Qualität der Trinkwasserversorgung.

**7. Kapitel**
Anforderungen aus Regelwerken

Details zu Anforderungen an eine hygienegerechte Trinkwasser-Installation nach VDI 6023 und unter Berücksichtigung weiterer relevanter Regelwerke und Empfehlungen.

**8. Kapitel**
Einfluss von Temperatur und Wasserdynamik

Aktuelle Erkenntnisse zum Zusammenspiel der Faktoren Temperatur und Wasserdynamik – Austausch, Strömung.

**9. Kapitel**
Prozessorientierte Qualitätssicherung

Das Water Safety Plan (WSP)-Konzept der Weltgesundheitsorganisation als Ansatz zur systematischen prozessorientierten Qualitätssicherung und seine Anwendung für Trinkwasser-Installationen.

**10. Kapitel**

Abschließende Gedanken

# 2 Mikroorganismen im Trinkwasser

Als Mikroorganismen wird eine große Gruppe von Lebewesen bezeichnet, die meist einzellig sind und nur mit mikroskopischen Verfahren erkannt werden können. Obwohl die Anwesenheit von solchen Lebewesen lange vermutet wurde, gelang erst 1684 der Nachweis von Mikroorganismen durch den Erfinder des Mikroskops, Antoni van Leeuwenhoek (1631-1723). Ferdinand Cohn (1828-1898) führte den Begriff der »Bakterien« ein und trennte sie als eigenständige Lebewesen-Gruppe von den Pflanzen und Tieren ab. Heute wissen wir, dass sich das Reich der Mikroorganismen aufgliedern lässt in »Eukaryonten« (Pilze, Protozoen, Algen), welche einen Zellkern besitzen, und »Prokaryonten« (Bakterien, Blaualgen), welche einen besonderen Aufbau der Zellwand besitzen, aber keinen Zellkern haben, der durch eine Kernmembran vom übrigen Zellinhalt abgegrenzt ist. Ihre Erbsubstanz liegt frei im Zytoplasma. Die feste Zellwand der Bakterien besteht im Gegensatz zur Zellwand von Pflanzenzellen nicht aus Zellulose, sondern aus Murein.

Mit einer Größe von in der Regel 0,5-10 µm sind Bakterien viel kleiner als eukaryotische Zellen (2-200 µm) (s. Abb. 1–1). Viele Bakterien sind in der Lage, sich zu bewegen; dazu nutzen sie meist eine oder mehrere Geißeln. Durch Rotation der Geißel kann sich die Zelle durch flüssige Medien bewegen.

Abhängig von der Zellform unterscheidet man verschiedene Bakterientypen

| | |
|---|---|
| Kugelförmige | Kokken |
| Zylindrische | Stäbchen |
| Gekrümmte Stäbchen | Vibrione |
| Schraubenförmig gewundene | Spirillen |

Durch Aneinanderlagerung können typische Bakterienketten oder Haufen entstehen (s. Abb. 1–2)

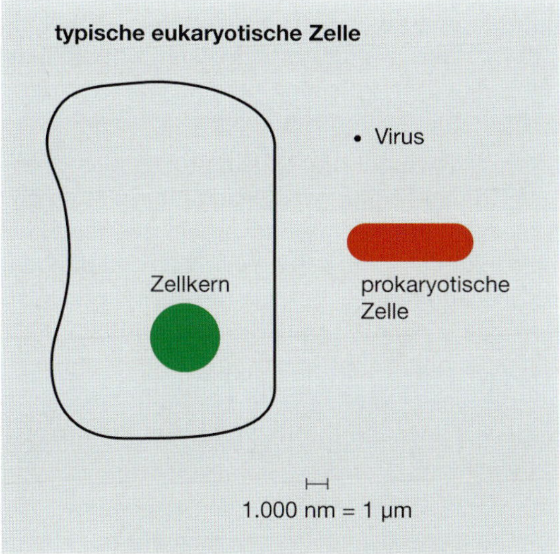


Abb. 1–1 **Größenvergleich verschiedener Zellen**

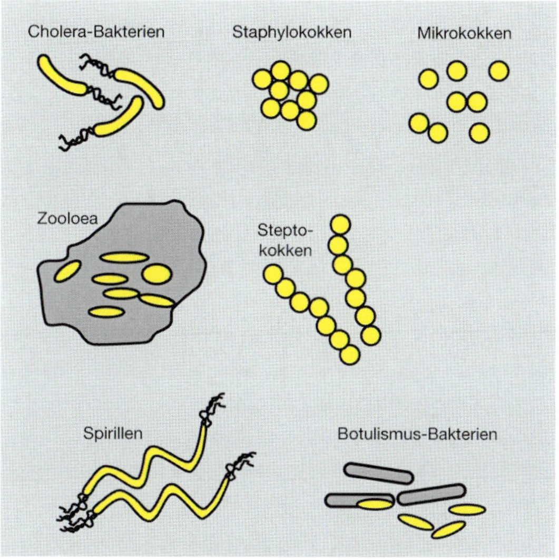


Abb. 1–2 **Verschiedene Bakterientypen**

Die Vermehrung von Bakterien findet durch Zellteilung statt. Unter günstigen Bedingungen kann die Zellzahl in einer Bakterienkultur sehr schnell steigen (z. B. Verdoppelung der *E. coli*-Zellen innerhalb von 20 Minuten). Viele Bakterien vermehren sich sehr gut bei gemäßigten Temperaturen (15-40 °C) und hoher Luftfeuchtigkeit. Zu dieser Gruppe der so genannten Mesophilen gehören auch die allermeisten Krankheitserreger. Die benötigten Nährstoffe für Wachstum und Vermehrung gewinnen Bakterien entweder durch Photosynthese (autotroph) oder durch die Zersetzung organischer Substanz (heterotroph).

Alle bekannten pathogenen Bakterien zählen zu den heterotrophen Bakterien. Der Mensch scheidet Krankheitserreger oftmals über den Darm aus und sorgt so für ihre Verbreitung in der Umwelt. Einer der häufigsten Übertragungswege von Durchfallerkrankungen ist deshalb neben dem direkten fäkal-oralen Weg die indirekte Übertragung über das Wasser.

Im Jahr 1888 gelang Friedrich Löffler (1852-1915) und Paul Frosch (1860-1928) erstmals der indirekte Nachweis noch kleinerer, vermehrungsfähiger Strukturen, der »Viren«(ultrafiltrierbar, unsichtbar, auf Nährmedien unzüchtbar). Aufgrund ihrer einfachen Struktur und Zusammensetzung sowie des völligen Fehlens eines eigenen Stoffwechsels unterscheiden sie sich grundsätzlich von den Mikroorganismen.

Schon kurz nach der Entdeckung der Mikroorganismen wurde eine Verbindung zu ansteckenden Krankheiten vermutet. Der wissenschaftliche Beweis für den Zusammenhang zwischen einer Erkrankung und der Anwesenheit bestimmter Mikroorganismen konnte dann im späten 19. Jahrhundert durch Robert Koch (1843-1910) erbracht werden. Anhand von Experimenten, die er mit dem Milzbranderreger *Bacillus anthracis* an Mäusen durchführte, stellte er 1884 die so genannten Koch'schen Postulate auf, die erfüllt sein müssen, um den Zusammenhang von Erkrankung und Mikroorganismus zu beweisen. Es ist zu betonen, dass Mikroorganismen, die Krankheiten auslösen können und damit hygienisch-medizinisch relevant sind, nur einen sehr kleinen Teil der in der freien Natur vorkommenden Mikroorganismen darstellen.
Seit der zweiten Hälfte des 19. Jahrhunderts werden auch systematische hygienisch-mikrobiologische Wasseruntersuchungen durchgeführt. Dennoch ist festzustellen, dass das Wasser mikrobiologisch relativ wenig erforscht ist. Zu unterscheiden ist zwischen der sogenannten »autochthonen Flora«, welche an den Standort Wasser angepasste Umweltmikroorganismen umfasst, und Mikroorganismen, die durch äußere Einflüsse wie zum Beispiel Ausscheidungen von Menschen und Tieren in das Wasser eingetragen werden, an diesem Standort also fremd (allochthon) sind. Letztere spielen als Krankheitserreger die überaus wichtigere Rolle. Neben Protozoen, Pilzen und Algen lassen sich häufig zahlreiche Bakterienarten der verschiedensten Gattungen im Wasser nachweisen, die wenig bekannt sind, weil sie als Krankheitserreger keine Bedeutung haben. Auch das Trinkwasser ist selten keimfrei, aber im Allgemeinen keimarm.

Bei der Untersuchung der mikrobiellen Kontamination von Trinkwasser stehen aus praktischen Gründen einige spezielle Organismen im Vordergrund, die als Krankheitserreger von Bedeutung sein können. Meist sind sie an die speziellen Nährstoff- und Temperaturbedingungen innerhalb des Wirtskörpers angepasst und können sich daher, falls sie über eine fäkale Verunreinigung ins Wasser gelangen, in der Regel dort nicht vermehren. Teilweise überleben sie aber dennoch recht lange und bleiben auch infektiös. Für das Überleben von *E. coli*, einem Bakterium, das zur natürlichen Darmflora von Warmblütern gehört, wurde eine Wassertemperatur von 20 °C als günstigste Lebensbedingung mit einer mittleren Überlebensdauer von 7,9 Tagen ermittelt. Die Dauer dieser Erhaltungsphase verkürzt sich auf ca. 2,5 Tage bei 4 °C ebenso wie oberhalb von 37 °C Wassertemperatur. Die meisten pathogenen Mikroorganismen sterben nach einer gewissen Verweildauer im Wasser ab.

**Wasserbürtige Infektionen**

Nur wenige der zahlreichen bekannten, für den Menschen pathogenen Krankheitserreger werden mit dem Trinkwasser übertragen. Die wichtigsten und am längsten erforschten Organismen dieser Gruppe weisen einen sogenannten »fäkal-oralen« Übertragungsweg auf. Sie werden mit dem Stuhl von Warmblütern ausgeschieden und infizieren entweder direkt (Schmierinfektion) oder häufiger indirekt über Lebensmittel oder Trinkwasser weitere Menschen. Zwar ist die Zahl von relevanten Krankheitserregern mit Trinkwasser als typischem Ausbreitungsweg gering, dennoch hat dieser Infektionspfad eine sehr große hygienisch-medizinische Bedeutung, weil einerseits einige der derart übertragenen Krankheiten typischerweise schwer verlaufen (Cholera, Typhus, Ruhr, Kinderlähmung), andererseits innerhalb kurzer Zeit sehr viele Menschen infiziert werden können [3].

[3] Schoenen, D.: Die hygienisch-mikrobiologische Beurteilung von Trinkwasser. In: gwf Wasser/Abwasser 137 (1996), H. 2, S. 72 – 82

# 3 Entwicklung der zentralen Wasserversorgung in Deutschland

Unter dem Druck des raschen Städtewachstums im Zuge der fortschreitenden Industrialisierung entstand, insbesondere in Europa und Nordamerika, im 19. Jahrhundert die Notwendigkeit, die Wasserversorgung von innerstädtischen Brunnen auf Strukturen umzustellen, die das Wasser in größerer Unabhängigkeit von seiner räumlichen Herkunft der städtischen Bevölkerung zunächst an Pump- und Laufbrunnen auf öffentlichen Plätzen und Straßen (s. Abb. 1–3), später in Form von Hausanschlüssen und selbstlaufenden Entnahmestellen in Gebäuden bereitstellten [4]. Dabei muss man allerdings in Erinnerung rufen, dass zunächst etagenweise jeweils nur eine Zapfstelle für alle Wohnungen vorgesehen wurde [5]. Derartige Verhältnisse haben zum Beispiel in Mietskasernen einiger innerstädtischer Bezirke von Wien noch bis weit in die Nachkriegszeit bestanden (s. Abb. 1–4). Erst mit dem Wiederaufbau der Nachkriegszeit setzte es sich flächendeckend durch, für jede Wohneinheit mehrere Entnahmestellen für kaltes Trinkwasser vorzusehen (Küche, Bad mit Waschtisch, Badewanne und Wasserklosett/WC, später auch Waschmaschine).

Abb. 1–3 **Öffentlicher Brunnen – Kessenich, Belgien**

Abb. 1–4 **Etagenzapfstelle – Mietshaus, Wien, IV. Bezirk**

**Quellen**
Abb. 1–3 Kistemann, 2011
Abb. 1–4 Kistemann, 2009

In Deutschland wurden die ersten modernen zentralen Wasserversorgungsanlagen in Hamburg (1848) und Berlin (1856) erbaut ( s. Tab. 1–1). Die flächenweite Durchsetzung der Wasserversorgung im ländlichen Raum wurde nach dem Ende des Ersten Weltkrieges forciert betrieben [6]. Inzwischen sind über 95 % der Gesamtbevölkerung an eine zentrale Trinkwasserversorgung angeschlossen [7]. Der Überwindung der aus dem Mittelalter übernommenen städtischen Ver- und Entsorgungsstruktur, die durch ein enges Nebeneinander von Brunnen und Fäkalgruben charakterisiert war, wird entscheidende Bedeutung bei der Zurückdrängung der klassischen wasserbedingten Seuchen (Cholera, Typhus, Ruhr) beigemessen [8].

Dass durch Wasser Krankheiten übertragen werden können, war bereits in der Antike bekannt. Hippokrates (460-375 v. Chr.) hat vor den Gefahren, die verdorbenes Wasser für die menschliche Gesundheit mit sich bringen können, gewarnt [9]. Menschliche Siedlungseinflüsse wurden von den Trinkwasserquellen möglichst ferngehalten [10]. Diese Kenntnisse sind in Spätantike und Mittelalter verlorengegangen. Die Gefahren der Verbreitung von Krankheiten durch Wasser wurden mit der Errichtung zentraler Wasserversorgungen wiederentdeckt [9].

[4] Thofern, E.: Die Entwicklung der Wasserversorgung und der Trinkwasserhygiene in europäischen Städten vom 16. Jahrhundert bis heute, unter besonderer Berücksichtigung der Bochumer Verhältnisse. Bochum, 1990

[5] Otto, H.: Die Trinkwasser-Installation – Einführung und historische Betrachtung. In: Deutscher Verein des Gas- und Wasserfaches e. V. (Hrsg.): Wasserverwendung – Trinkwasser-Installation. München: Oldenbourg Industrieverlag GmbH, 2000. S. 1 – 17

[6] Schramm, E.: Kommunaler Umweltschutz in Preußen (1900-1933). In: Reulecke, J. und A. Gräfin zu Castell Rüdenhausen (Hrsg.): Stadt und Gesundheit. Stuttgart, 1991, S. 77 – 89

[7] Exner, M., u. G. J. Tuschewitzky: Indikatorbakterien und fakultativ-pathogene Mikroorganismen im Trinkwasser. Hygiene + Medizin 12 (1987), H. 11, S. 514 – 521

[8] Kistemann, T.: Trinkwasserinfektionen – Risiken in hochentwickelten Versorgungsstrukturen. In: Geographische Rundschau 49 (1997), H. 4. S. 210 – 215

[9] Schadewaldt, H.: Wasser – Hygienische Gefahren früher und heute. Zentralblatt für Bakteriologie und Hygiene, I. Abt. Orig. 172 (1980), S. 275 – 297

[10] Dott, W. u. E. Thofern: Gesundheitsaspekte der Zentralen Trinkwasserversorgung. DVGW-Schriftenreihe Wasser Nr. 206 (1983), S. 2.1 – 2.18

Die Zentralisierung der Wasserversorgung hatte das Risikopotenzial eines Seuchenausbruchs zunächst nämlich erheblich vergrößert: Zwar war die Gefahr einer Verunreinigung des eigenen Brunnens durch die benachbarte Abortgrube weitgehend gebannt, aber im Falle einer Kontamination der zentralen Wasserversorgung waren in kürzester Zeit große Bevölkerungsgruppen betroffen [4]. Der Zusammenhang von Wasser und Seuche wurde erstmals 1854 in London anlässlich eines Choleraausbruchs von John Snow mit epidemiologisch-wissenschaftlichen Methoden erfasst und dokumentiert.

Tab. 1–1 **Beginn der zentralen Wasserversorgung in deutschen Städten und Gemeinden (Auswahl), ergänzt nach Thofern 1990**

| | | | |
|---|---|---|---|
| **1848** | Hamburg | **1875** | Dresden |
| **1856** | Berlin | **1876** | Hannover |
| | Würzburg | **1880** | Aachen |
| **1861** | Stuttgart | **1883** | Trier |
| **1864** | Essen | **1885** | Nürnberg |
| **1866** | Leipzig | **1888** | Mannheim |
| | München | | Euskirchen |
| **1869** | Halle | **1890** | Bielefeld |
| **1870** | Düsseldorf | **1896** | Bergisch Gladbach |
| **1872** | Köln | **1897** | Oberhausen |
| **1873** | Bremen | | Zülpich |
| | Frankfurt/M. | **1934** | Niederkassel |

Nur wenige Krankheitserreger werden über das Trinkwasser übertragen (Tab. 1–2). Sie weisen typischerweise einen fäkal-oralen Übertragungsmodus auf. Sie müssen eine recht hohe Überlebensfähigkeit in der unbelebten Umwelt aufweisen. Die Erreger der »klassischen« Wasserseuchen Cholera, Typhus, Paratyphus und Ruhr können mehrere Wochen im Wasser überleben [10]. Nicht nur Bakterien, sondern auch Viren und Protozoen gehören der Gruppe der trinkwasserbürtigen Krankheitserreger an [7].

Tab. 1–2 **Wasserbürtige Krankheitserreger und durch sie ausgelöste Erkrankungen**

| **I. Bakterien fäkalen Ursprungs** | | **II. Bakterien nicht fäkalen Ursprungs** | |
|---|---|---|---|
| **Erreger** | **Erkrankung** | **Erreger** | **Erkrankung** |
| *Vibrio cholerae* | Cholera | Legionellen | U.a. Legionärspneumonie |
| *Salmonella typhi* | Typhus | Pseudomonaden | U.a. Außenohrentzündung |
| *Salmonella paratyphi* | Paratyphus | Nicht tuberkulöse Mykobakterien | U.a. Schwimmbadgranulom |
| Andere Salmonellen | Magen-Darm-Erkrankungen | Aeromonaden | U.a. Wundinfektionen |
| Shigellen | Bakterielle Ruhr | | |
| *Campylobacter* | Magen-Darm-Erkr. | | |
| Enteropathogene *E. coli* | U.a. Magen-Darm-Erkr. | | |

| **III. Viren** | | **IV. Protozoen** | |
|---|---|---|---|
| **Erreger** | **Erkrankung** | **Erreger** | **Erkrankung** |
| Poliomyelitis-Viren | Kinderlähmung | *Entamoeba histolytica* | Amöbenruhr |
| Hepatitis-A und -E-Virus | Epidemische Gelbsucht | *Giardia lamblia* | Giardiasis |
| Norwalk-Virus | Magen-Darm-Erkrankung | *Cryptosporidium parvum* | Cryptosporidiosis |
| Rota-Virus | Magen-Darm-Erkrankung | | |

In Deutschland gewann die Wasserhygiene als systematische Wissenschaft in der zweiten Hälfte des 19. Jahrhunderts zunehmend an Bedeutung. Wichtige Vertreter dieser Entwicklung waren Max von Pettenkofer (1818-1901), Robert Koch (1843-1910) und August Gärtner (1848-1934).

[4] Thofern, E.: Die Entwicklung der Wasserversorgung und der Trinkwasserhygiene in europäischen Städten vom 16. Jahrhundert bis heute, unter besonderer Berücksichtigung der Bochumer Verhältnisse. Bochum, 1990

[10] Dott, W. u. E. Thofern: Gesundheitsaspekte der Zentralen Trinkwasserversorgung. DVGW-Schriftenreihe Wasser Nr. 206 (1983), S. 2.1 – 2.18

[7] Exner, M., u. G. J. Tuschewitzky: Indikatorbakterien und fakultativ-pathogene Mikroorganismen im Trinkwasser. Hygiene + Medizin 12 (1987), H. 11, S. 514-521

Der Ausbruch der Cholera in Hamburg 1892, bei dem 16956 Menschen erkrankten und 8605 starben – weil das Hamburger Trinkwasser wie seit der Errichtung des Elbwasserwerkes 1848 aus dem Fluss gewonnen wurde und ohne Aufbereitung verteilt wurde [4] –, gab der wissenschaftlichen Diskussion um die vorherrschende Verbreitungsweise insbesondere von Cholera und Typhus die entscheidende Wende: Die Trinkwassertheorie Robert Kochs gewann Vorrang gegenüber der Bodentheorie Max von Pettenkofers [11].

Die Hamburger Cholera-Katastrophe hatte weitreichende Konsequenzen für die Weiterentwicklung der zentralen Wasserversorgungsstrukturen in Deutschland. Einerseits wurde die Notwendigkeit erkannt, dass insbesondere Oberflächenwasser vor seiner Verteilung als Trinkwasser an Verbraucher behandelt werden muss, um Krankheitserreger zu eliminieren. Andererseits nahm die hygienisch-mikrobiologische Trinkwasserüberwachung in den aus der Hamburger Erfahrung abgeleiteten Forderungen Robert Kochs ihren Anfang. Im Jahr 1899 gab das Kaiserliche Gesundheitsamt Grundsätze für die Aufbereitung von Oberflächenwasser durch die Sandfiltration bekannt [3]. Des Weiteren etablierten sich die Sedimentation und die der Filtration vorgeschaltete und deren Wirkung unterstützende Flockung als effektive Reinigungstechniken für das Trinkwasser. Als Desinfektionsverfahren hat sich mit Beginn des 20. Jahrhunderts das Chloren weitgehend durchgesetzt [10].

1892 hatte Robert Koch den Zusammenhang von Koloniezahlen (früher: Keimzahlen) und Auftreten von Krankheitserregern im Trinkwasser hergestellt [3]. Dieser Indikator hat sich als Maß für die Wirksamkeit der Filtration und der Wiederverkeimung des Wassers im Verteilungsnetz bewährt [12]. Kochs Forderung wurde 1899 in den erwähnten Grundsätzen verbindlich vorgeschrieben.

Zum Nachweis fäkaler Verunreinigungen findet das Prinzip der »Fäkalindikatoren« (Escherichia coli, coliforme Bakterien u. a.) Anwendung. Diese kommen idealerweise in Fäkalien regelmäßig und in hoher Konzentration vor, haben in der natürlichen Umwelt sowie unter Aufbereitungs- und Desinfektionsverfahren eine mindestens ebenso große Resistenz wie Krankheitserreger und sind einfach nachweisbar. Der Versuch des Nachweises der eigentlichen Krankheitserreger ist unvorteilhaft, weil diese nicht ständig in allen Fäkalien enthalten sind, der erforderliche Untersuchungsumfang kaum realisierbar und der vorwarnende Charakter beim Nachweis nicht gegeben wäre [7] [13]. Allgemeine Koloniezahlen und Fäkalindikatoren sind bis heute wesentliche Elemente der hygienisch-mikrobiologischen Trinkwasserüberwachung geblieben.

In den letzten 50 Jahren hat die Struktur der Wasserversorgung in Gebäuden weitere bedeutsame Entwicklungen erfahren. Einerseits hat sich die Zahl der pro Kopf verfügbaren Entnahmestellen noch einmal vervielfacht. Verhältnismäßig niedrige Kosten ermöglichen es heute dem Bauherrn, Wasser an allen Stellen eines Gebäudes bereitstellen zu lassen, wo (möglicherweise) Bedarf besteht. Hierdurch hat sich die Strecke des Leitungsnetzes pro Wohneinheit erheblich verlängert und die Netzgeometrie wurde durch T-Stücke, Zirkulationsleitungen etc. viel komplexer. Auch hinsichtlich der verwendeten Materialien (Eisen, Stahl, Kupfer und seine Legierungen, Nickel, diverse Kunststoffe), Verbindungen (Gewinde, Schweiß- und Lötnähte, Pressungen, Klebungen) und verwendeter Bauelemente, hat sich eine bunte Vielfalt entwickelt.

5 Wasseraustausch

**Rasche Entwicklung der Trinkwasser-Installationen**

Eine weitere höchst bedeutsame Veränderung stellt die heutzutage in Deutschland standardmäßige Bereitstellung von warmem Trinkwasser über ein eigenes Leitungsnetz in Gebäuden aller Art dar. Hierdurch hat sich faktisch die Länge des Hausinstallationsnetzes nochmals verdoppelt. Außerdem wurden neue technische Einrichtungen erforderlich, seien es dezentrale Durchlauferhitzer oder Untertischgeräte, seien es zentrale Trinkwasser-Erwärmungsanlagen mitsamt Warmwasserspeichern, Ausdehnungsgefäßen, Einheiten zur Temperaturmessung und -regelung sowie Zirkulationspumpen. Und schließlich werden warmes und kaltes Wasser heute in der Regel zur Entnahme in einer Mischarmatur zusammengeführt, an welcher der Nutzer das für seine Bedürfnisse angemessene Mischungsverhältnis einstellen kann.

4 Temperatur

[4] Thofern, E.: Die Entwicklung der Wasserversorgung und der Trinkwasserhygiene in europäischen Städten vom 16. Jahrhundert bis heute, unter besonderer Berücksichtigung der Bochumer Verhältnisse. Bochum, 1990

[11] Metz, H.: Wasser als Vektor von Infektionserregern: Bakterien im Wasser. Zentralblatt für Bakteriologie und Hygiene, I. Abt. Orig. 172 (1980), S. 255 – 274

[3] Schoenen, D.: Die hygienisch-mikrobiologische Beurteilung von Trinkwasser. In: gwf Wasser/Abwasser 137 (1996), H. 2, S. 72 – 82

[12] Botzenhart, K: Mikroorganismen im Trinkwasser. In: Deutsches Ärzteblatt 93 (1996), H. 34-35. A-2142 – 2144

[9] Exner, M., u. G. J. Tuschewitzky: Indikatorbakterien und fakultativ-pathogene Mikroorganismen im Trinkwasser. Hygiene + Medizin 12 (1987), H. 11, S. 514 – 521

[13] Wiedenmann, A.: Hygienische Bedeutung von Mikroorganismen für die Trinkwasserversorgung. In: Rott, U. (Hrsg.): Aktuelle Entwicklungen in der Wasserversorgung aus Grund- und Oberflächenwässern. München, 1995

Auch das Thema Wärmedämmung bekam durch die Einführung von Warmwasserinstallationen einen völlig neuen Stellenwert. Anstelle einer einfachen, im massiven Mauerwerk verlegten und damit bereits vor äußeren Temperaturschwankungen recht gut geschützten Kaltwasserleitung gilt es jetzt, zwei Leitungen mit einer Temperaturdifferenz von über 30 °C nebeneinander, über weite Strecken durch das Gebäude zu führen, und zwar häufig im Luftraum von Leitungsschächten, Leichtbauwänden oder abgehängten Decken.

Natürlich dürfen auch die Nutzungsveränderungen jenseits der Absperrarmatur der Hausinstallation nicht außer Acht gelassen werden. Vielfach tritt das Wasser in die Installation eines Gerätes über, in welchem die Komplexität hinsichtlich Geometrie und Materialien eher noch zunimmt: Spülmaschine, Kaffeeautomat, Eismaschine, Munddusche, Whirlpool-Wanne, Luftbefeuchter etc. sind Beispiele aus dem privaten Bereich; im gewerblichen, insbesondere medizinischen Bereich gilt dies umso mehr, wenn man zum Beispiel an zahnärztliche Behandlungseinheiten denkt [14] (s. Abb. 1–5).

**Quelle Abb. 1–5**
Kistemann, 2011

Abb. 1–5 **Wassertechnik eines Zahnarztstuhls**

Schließlich ist zu erwähnen, dass sich nicht nur die Nutzungen, sondern auch die Nutzer verändert haben. Der Anteil alter, pflegebedürftiger oder immungeschwächter Menschen im häuslichen Umfeld nimmt aufgrund der demographischen Alterungsentwicklung, des medizinischen Fortschritts und der Verlagerung der Patientenpflege in das häusliche Umfeld ständig zu.

Zusammengefasst bedeutet dies, dass moderne Trinkwasser-Installationen höchst komplexe Konstruktionen sind, die Wasser für unterschiedlichste Nutzungen bereitstellen, welches von Menschen genutzt wird, die in zunehmender Zahl eine erhöhte Anfälligkeit gegenüber umweltbedingten Infektionen aufweisen.

[14] Kistemann, T., Völker, S., Vogel, S. u. J. Gebel: Hygienisch-mikrobiologische Probleme wasserführender Bedienungselemente von Dentaleinheiten – Teil 1: Minireview. In: Hygiene und Medizin 36 (2011), H. 5. S. 191 – 197

# 4 Aktuelle Erkenntnisse der Trinkwasserhygiene

Neue labortechnische Untersuchungsverfahren ebenso wie verbesserte epidemiologische Daten und Erkenntnisse haben zu einer erheblichen Vermehrung der Kenntnisse über Vorkommen und Eigenschaften von Mikroorganismen in Trinkwasser-Installationen beigetragen. Insofern sind einerseits die Trinkwasser-Installationen immer komplexer, andererseits aber auch unser Wissen über die Prozesse im Lebensraum Trinkwasser-Installation immer differenzierter geworden. Einige wichtige Aspekte, die erst in den letzten Jahrzehnten vermehrt Beachtung gefunden haben, werden im Folgenden vorgestellt.

## 4.1 Krankheitserreger nicht fäkalen Ursprungs in der Trinkwasser-Installation

Lange hatte sich die Trinkwasserhygiene auf Mikroorganismen konzentriert, die über Belastungen des Rohwassers, Störungen der Aufbereitung, Leckagen des Leitungsnetzes, Kurzschlüsse zum Abwassersystem, Verbindungen zu Brauchwassernetzen oder verschmutzte Materialien in das Trinkwasser eingebracht wurden. Hierbei geht es vornehmlich um Krankheitserreger mit fäkal-oralem Übertragungsweg. Sie zeichnen sich unter anderem dadurch aus, dass sie an das Milieu des Warmblüter-Darms angepasst sind, sich in der Umwelt nicht vermehren und eine dort begrenzte Überlebenszeit haben.

Seit den 1970er Jahren traten dann aber Mikroorganismen verstärkt in den Fokus, die nicht fäkalen Ursprungs sind. Ihnen ist gemeinsam, dass sie an das aquatische Milieu sehr gut angepasst sind, entsprechend lange überleben können und dort auch vermehrungsfähig sind. Unter günstigen ökologischen Bedingungen (Temperatur, Stagnation, organische Sedimente, Biofilme) können sich diese Mikroorganismen in den technisch oft komplexen Trinkwasser-Installationen vermehren, nachdem sie in ganz geringen Konzentrationen mit dem Trinkwasser eingeschwemmt worden sind.

Einige dieser Mikroorganismen haben fakultativ pathogene Eigenschaften, können also unter ungünstigen Bedingungen zu Erkrankungen beim Menschen führen und besitzen deshalb eine hohe trinkwasserhygienische Bedeutung. Die wichtigsten Vertreter dieser Gruppe werden im Folgenden kurz charakterisiert.

### 4.1.1 Legionellen

Im Juli 1976 erkrankten 180 von 4 400 Personen, die an einem Kongress ehemaliger US-Soldaten (American Legion) in einem Hotel in Philadelphia teilnahmen, an einer Lungenentzündung. Die Epidemie forderte 29 Todesopfer. Im Januar 1977 gelang es, ein bis dahin gänzlich unbekanntes Bakterium aus dem Lungengewebe eines verstorbenen Veteranen zu isolieren, welches als Ursache für die Krankheitsfälle identifiziert wurde. Von diesem ersten erkannten Ausbruch leitet sich der Name *Legionella* sowie die Bezeichnung Legionärskrankheit ab [15]. Retrospektiv konnten auch frühere Erkrankungen auf Infektionen mit Legionellen zurückgeführt werden, insbesondere eine Epidemie grippeartiger Erkrankungen in einem Bürogebäude in Pontiac (USA) im Jahr 1968. Von diesem Ausbruch leitet sich die Bezeichnung Pontiac-Fieber für die weniger schwere Variante der Erkrankung ab.
Die Infektionsübertragung erfolgt überwiegend durch die Inhalation kontaminierter wässriger Aerosole, etwa beim Duschen (s. Abb. 1–6). Daneben kann die Übertragung sporadisch auch durch Trinken oder Kontakt erfolgen [16]. Lebensalter, chronische Grundkrankheiten, Nikotin- und Alkoholkonsum stellen wichtige Risikofaktoren für den Erwerb einer Legionelleninfektion dar. Klinisch kann die Infektion einerseits zu einer Pneumonie mit hoher Sterblichkeit führen, andererseits zum grippeähnlichen Pontiac-Fieber.

[15] Fraser, D. W., Tsai, T. R., Orenstein, W., Parkin, W. E., Beecham, H. J., Sharrar R. G. et al.: Legionaires' disease: description of an epidemic of pneumonia. In: New England Journal of Medicine 297 (1977), H. 22. S. 1189 – 1197

[16] Exner, M: Verhütung, Erkennung und Bekämpfung von Legionellen-Infektionen im Krankenhaus. In: Forum Städte-Hygiene 42 (1991). S. 178 – 191

**Quelle Abb. 1–7**
Foto Koch,
IHPH Universität Bonn 2011

Abb. 1–6 **Aerosol-Exposition beim Duschen**

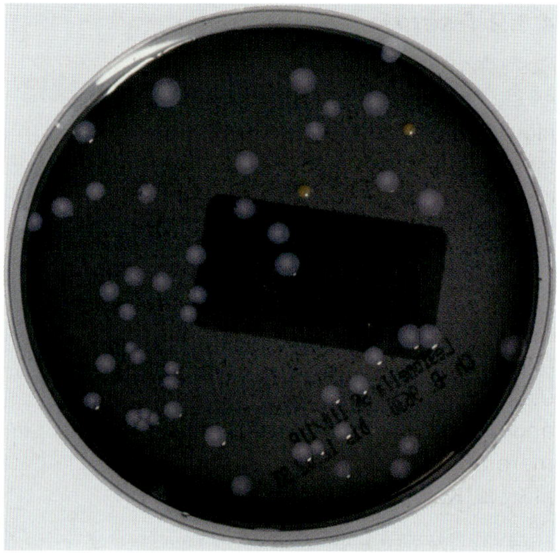

Abb. 1–7 **Legionellenkultur auf GVPC**

Legionellen sind stäbchenförmige Bakterien bis 6 µm Länge, deren Kultivierung nur auf geeigneten Spezialnährmedien gelingt (s. Abb. 1–7). Sie sind strikt aerob und lassen sich in allen feuchten Umweltmilieus wie Boden, Grund- und Oberflächenwasser nachweisen. Dort werden allerdings in der Regel keine Konzentrationen erreicht, welche ein Infektionsrisiko darstellen; Berichte über *Legionella*-Infektionen nach Kontakt mit natürlichen Wasserressourcen sind eine Rarität. Es ist davon auszugehen, dass Legionellen in sehr geringen, nicht infektionsrelevanten Konzentrationen mit dem Trinkwasser der zentralen Wasserversorgungen auch in die Trinkwasser-Installationen der Gebäude eingeschwemmt werden. Dort finden sie dann gegebenenfalls Bedingungen, die ihren ökologischen Standortansprüchen entgegenkommen

Temperatur 4

- Günstige Wassertemperaturen >20 °C – die Vermehrungstemperatur liegt zwischen 28 °C und 56 °C [17], optimal zwischen 35 °C und 42 °C [16])
- Nährstoffe – Wasserinhalts- oder -zusatzstoffe, organische Werkstoffe
- Synergien mit anderen Mikroorganismen – s. u.
- Zeit

Wasseraustausch 5

**Warmwasser – die ökologische Nische der Legionellen**

Weil die Generationszeit von Legionellen vergleichsweise lang ist – selbst unter optimalen Kulturbedingungen über drei Stunden –, ist mit hohen Legionellenkonzentrationen insbesondere nach längerer ungestörter Verweilzeit des Wassers in Teilen von Installationen zu rechnen (= Stagnation). Die Temperatursituation in Warmwasserinstallationen der 1970er Jahre stellte den entscheidenden Selektionsvorteil für Legionellen gegenüber anderen aquatischen Mikroorganismen dar.

In Deutschland treten jährlich schätzungsweise 20 000 – 30 000 Fälle von Legionärspneumonie auf [18]. Nach den Angaben zu den Fällen, die dem Robert Koch-Institut gemeldet werden (500 – 700 / Jahr), ist das private Umfeld in über der Hälfte der Fälle der Infektionsort, gefolgt von Hotels und medizinischen Einrichtungen. Trinkwasser-Installationen, Whirlpools und Rückkühlwerke sind die häufigsten Infektionsquellen. Der Zusammenhang zwischen der Kontamination von Trinkwasser-Installationen mit Legionellen und einem Infektionsrisiko für deren Nutzer ist belegt [19].

Das Pontiac-Fieber ist sehr wahrscheinlich wesentlich häufiger als die Legionärspneumonie. Zwar ist der Erkrankungsverlauf wesentlich weniger schwer, aber dennoch kommt dieser Erkrankung eine wahrscheinlich unterschätzte Bedeutung aufgrund ihrer Häufigkeit zu, mit den daraus resultierenden Krankheitstagen, der Krankheitslast und dem volkswirtschaftlichen Schaden.

[17] Schoenen, D: *Pseudomonas aereginosa* in Trinkwasserversorgungssystemen. Vorkommen, Bedeutung, Maßnahmen. In: Wasser – Abwasser. (2009), H. 4. S. 264 – 272

[16] Exner, M: Verhütung, Erkennung und Bekämpfung von Legionellen-Infektionen im Krankenhaus. In: Forum Städte-Hygiene 42 (1991). S. 178 – 191

[18] Exner, M., Suchenwirth, R., Pleischl, S., Kramer, A., Eikmann, T., Nissing, W., Hartemann, P., Koch, C., Teichert-Barthel, U., Heudorf, U. u. S. Engelhart: Memorandum zu dem Legionellen-Ausbruch in Ulm 2010 aus Sicht von Hygiene und Öffentlicher Gesundheit. In: Umweltmedizin in Forschung und Praxis 15 (2010), H. 1. S. 43 – 57

[19] Schaefer, B., Brodhun, B. Wischnewski, N. u. I. Chorus: Legionellen im Trinkwasserbereich. Ergebnisse eines Fachgespräches zur Prävention trinkwasserbedingter Legionellosen. In: Bundesgesundheitsblatt 2011, H. 54. S. 671 – 679

## 4.1.2 *Pseudomonas aeruginosa*

*Pseudomonas aeruginosa* ist in der Umwelt sehr weit verbreitet. In natürlichen Wasservorkommen lässt es sich praktisch ubiquitär nachweisen. Da sie auch in Wässern vorkommt, die frei von fäkalen Verunreinigungen sind, gilt *Pseudomonas aeruginosa* nicht als Fäkalindikator. Sie wurde vor 150 Jahren erstmals als Verursacher von Wundinfektionen mit charakteristischem blaugrünem Eiter und süßlichem Geruch beschrieben; die Bezeichnung »*Pseudomonas aeruginosa*« wurde 1900 von Migula eingeführt [20].

*Pseudomonas aeruginosa* ist ein nicht sporenbildendes, stäbchenförmiges, bewegliches, fakultativ anaerobes Bakterium, das auf einfachen Nährmedien leicht kultivierbar ist (s. Abb. 1–8). Fimbrien ermöglichen das Anhaften an Oberflächen. Die optimale Temperatur für Vermehrung liegt bei 37 °C; diese ist aber bis 41 °C sowie auch bei deutlich niedrigeren Temperaturen (nicht mehr bei 4 °C) möglich. *Pseudomonas aeruginosa* kann sehr verschiedene natürliche oder anthropogene Substrate als Nährstoff verwerten, sodass die Standortansprüche insgesamt, wie für einen ubiquitären Wasserkeim nicht anders zu erwarten, eher bescheiden sind. *Pseudomonas aeruginosa* kann reichlich extrazelluläre polymere Substanzen (EPS) absondern, was sie in besonderer Weise zur Bildung von Biofilmen prädestiniert (s. Kapitel 4.2.1).

**Ubiquitärer Wasserkeim**

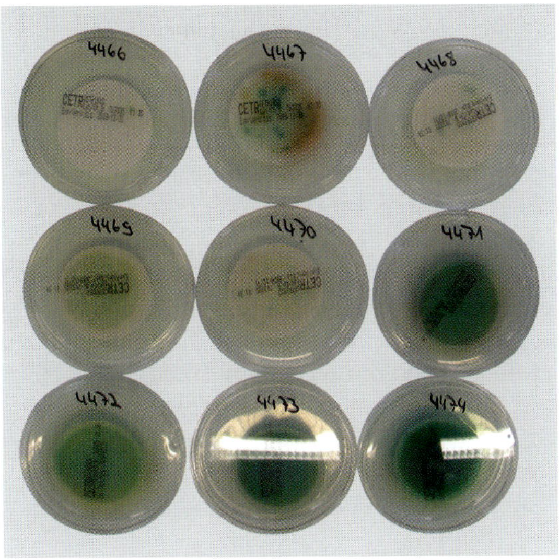


Abb. 1–8 *Pseudomonas aeruginosa* **auf Nährboden**

**Quelle Abb. 1–8**
Foto Koch,
IHPH Universität Bonn 2011

Auf verschiedenen Pfaden kann *Pseudomonas aeruginosa* in Trinkwasser-Installationen eingetragen werden: über das Rohwasser, über unzulässige Querverbindungen zu Fremdwasser (Eigenwasserversorgung, Regenwassernutzungsanlage), durch Kontamination bei Installation oder Reparatur (z. B. Dichtheitsprüfung, Erstbefüllung oder Spülung unter Missachtung der allgemein anerkannten Regeln der Technik), durch den Eintrag mit kontaminiertem Schmutz bei Bau oder Reparatur der Trinkwasser-Installation [17].

*Pseudomonas aeruginosa* ist ein opportunistischer Krankheitserreger. Nur bei bestehenden Haut- oder Schleimhautwunden sowie entlang von Harnwegskathetern, Beatmungstuben oder Infusionsnadeln dringt sie in den menschlichen Organismus ein. Entsprechend fällt auch das Spektrum der ausgelösten Infektionen aus. So kann es bei lokal vorgeschädigter Haut oder Schleimhaut und damit herabgesetzter Abwehr zu entsprechenden Infektionen nach intensivem Wasserkontakt kommen. Ebenso treten Entzündungen des äußeren Gehörgangs bei Kindern auf, wenn die Haut nach langem Baden erweicht ist (swimmer's ear). Im medizinischen Bereich gehört *Pseudomonas aeruginosa* zu den wichtigsten Erregern krankenhausbedingter Infektionen (Wund-, Atemwegs-, Harnwegsinfektionen), die insbesondere bei abwehrgeschwächten Patienten häufig auftreten und sehr schwer verlaufen können. Bis zu 50 % dieser Infektionen sind wasserassoziiert [21] [22].

## 4.1.3 Nicht tuberkulöse Mykobakterien

Als nicht tuberkulöse oder »atypische Mykobakterien« (englisch: MOTT für **m**ycobacteria **o**ther **t**han **t**uberculosis) werden alle für den Menschen potenziell krankheitserregenden Mykobakterien außer den Erregern der Tuberkulose der Lepra bezeichnet [22]. Diesen schwer anzüchtbaren Bakterien wurde erst längere Zeit nach der Beschreibung von *Mycobacterium tuberculosis und M. leprae* Beachtung geschenkt.


[20] Botzenhart, K: *Pseudomonas aeruginosa*. In: Feuerpfeil, I. u. K. Botzenhart (Hrsg.): Hygienisch-mikrobiologische Wasseruntersuchung in der Praxis. Weinheim: WILEY-VCH Verlag, 2008. S. 168 – 181

[17] Schoenen, D: *Pseudomonas aereginosa* in Trinkwasserversorgungssystemen. Vorkommen, Bedeutung, Maßnahmen. In: Wasser – Abwasser. (2009), H. 4. S. 264 – 272

[21] Exner, M. u. T. Kistemann: Bedeutung der Verordnung über die Qualität von Wasser für den menschlichen Gebrauch (Trinkwasserverordnung 2001) für die Krankenhaushygiene. In: Bundesgesundheitsblatt 47 2004, S. 384 – 391

[22] Exner, M., Kramer, A., Kistemann, T., Gebel, J. u. S. Engelhart: Wasser als Infektionsquelle in medizinischen Einrichtungen, Prävention und Kontrolle. In: Bundesgesundheitsblatt 50 2007, S. 1 – 10

Sie sind nur selten krankheitserregend, fast nur Patienten mit geschwächtem Immunsystem sind betroffen. Verbesserte diagnostische Verfahren haben zur Beschreibung von immer mehr unter Umständen pathogen wirkender Bakterienarten dieser Gruppe geführt. Zu den typischen Krankheitsbildern gehören Lungeninfektionen, Hautinfektionen (Granulome) und Lymphadenitis, eine krankhafte Schwellung von Lymphknoten.
Im Gegensatz zu den typischen Tuberkulose-Erregern, die sich nur innerhalb des Wirtes vermehren, können »nicht tuberkulöse Mykobakterien« frei in der Umwelt vorkommen. Ein wichtiges Kennzeichen ist eine die Zellwand bedeckende Wachsschicht. Sie sorgt für eine besondere Resistenz gegen äußere Einflüsse wie etwa Desinfektionsmittel und Antibiotika. Direkte Übertragungen von Tier auf Mensch oder von Mensch zu Mensch sind bisher nicht dokumentiert worden.

Die nicht tuberkulösen Mykobakterien sind die überwiegende Mehrheit unter den Mykobakterien, leben frei in der Umwelt und ernähren sich von organischem Material (heterotroph). Sie wurden aus zahlreichen natürlichen und künstlichen Umwelthabitaten isoliert. Häufig sind sie assoziiert mit Biofilmen, in denen sie sehr gute Lebensbedingungen finden. Einige Arten *(M. kansasii, M. xenopi, M. gordonae, M. avium, M. intracellulare, M. gastri)* konnten in Trinkwasser nachgewiesen werden [23]. Auch die Übertragung über Trinkwasser ist erwiesen, wobei insbesondere Dialysepatienten und Immunabwehr-Geschwächte betroffen sind.

## 4.1.4 Weitere heterotrophe Bakterien

Die Gruppe der im Trinkwasser vorkommenden heterotrophen Bakterien ist sehr umfangreich und heterogen. Die auf Koch (1883) [24] zurückgehende Bestimmung der allgemeinen Koloniezahl bei 20–22 °C und 36 °C Bebrütungstemperatur ist ein Summenparameter für diese Gruppe. Die allgemeinen Koloniezahlen werden als unspezifische, aber früh anspringende Indikatoren für jede Form eines signifikanten Ereignisses im Verteilungsnetz angesehen. Ihr Anstieg gibt einen Hinweis auf die Verfügbarkeit von organischen Nährstoffen, und das Vorkommen von Biofilmen ist hilfreich für die Beurteilung der Aufbereitungsqualität und weist auf das Wiederverkeimungspotenzial des Wassers im Verteilungsnetz hin. Heterotrophes Wachstum in Verteilungssystemen kann auch die Vermehrung von Amöben umfassen [25]. Praktische Bedeutung haben die Koloniezahlen auch bei der Freigabe neuer Rohrleitungen und der Untersuchung von Kundenbeschwerden bezüglich Geschmacks- und Geruchsbeeinträchtigungen des Trinkwassers [26]. Die Koloniezahlbestimmung bei 22 °C erfasst vornehmlich authochthone Mikroorganismen, während die Bestimmung bei 36 °C eher allochthone Mikroorganismen erfasst, die gegebenenfalls fakultativ-pathogene Eigenschaften besitzen [27].
Zu den dominanten Spezies in diesem Spektrum zählen neben den bereits behandelten (*Pseudomonas, Legionella*, Mykobakterien) insbesondere *Acinetobacter, Aeromonas, Alcaligenes, Comamonas, Enterobacter, Flavobacterium, Klebsiella, Moraxella, Sphingomonas, Stenotrophomonas, Bacillus, Hafnia, Yersinia und Nocardia* [28].
Die Bedeutung heterotropher Bakterien für das Auftreten wasserbürtiger Erkrankungen kann derzeit nicht abschließend bewertet werden. Die Erkenntnisse zur Bedeutung des Wassers als Infektionsquelle basieren im Wesentlichen auf Ausbruchuntersuchungen. Systematischere Untersuchungen liegen bislang kaum vor. Zweifellos können aber gewisse Vertreter als opportunistische Erreger unter ungünstigen Umständen (Patienten mit Immunsuppression, invasiven Gefäßzugängen) bereits in geringen Konzentrationen schwere Infektionen auslösen [29]. Magen-Darm-Infektionen werden hingegen sehr wahrscheinlich nicht ausgelöst.

[23] Schulte-Röbbecke, R.: Mykobakterien in der Umwelt. In: Immunität und Infektion 21 (1993), H. 5

[24] Koch, R.: Über die neuen Untersuchungsmethoden zum Nachweis der Mikroorganismen in Boden, Luft und Wasser. Vortrag auf dem XI. Deutschen Ärztetag in Berlin am 23. Juni 1883. In: Gesammelte Werke von Robert Koch, Band 1. Leipzig, Georg Thieme, 1912.

[25] Leclerc, H.: Relationships between common water bacteria and pathogens in drinking-water. In: Bartram, J. et al. (Hrsg.): Heterotrophic Plate Counts and Drinking-water Safety. The Significans of HPCs for Water Quality and Human Health. (TJ International) United Kingdom: TJ International , 2003. S. 80 – 118

[26] Payment, P., Sartory, D. P. u. D. J. Reasoner: The history and use of HPC in drinking-water quality management. In: Bartram, J. et al. (Hrsg.): Heterotrophic Plate Counts and Drinking-water Safety. The Significans of HPCs for Water Quality and Human Health. United Kingdom: TJ International, 2003. S. 20 – 48

[27] Umweltbundesamt (Hrsg.): Empfehlung des Umweltbundesamtes nach Anhörung der Trinkwasserkommission des Bundesministeriums für Gesundheit. Hygienisch-mikrobiologische Untersuchung im Kaltwasser von Wasserversorgungsanlagen nach § 3 Nr. 2 Buchstabe c TrinkwV 2001, aus denen Wasser für die Öffentlichkeit im Sinne des § 18 Abs. 1 TrinkwV 2001 bereitgestellt wird. In: Bundesgesundheitsblatt 49 2006, H. 7. S. 693 – 696

[28] Exner, M., Vacata, V. u. J. Gebel: Public health aspects of the role of HPC – an introduction. In: Bartram, J. et al. (Hrsg.): Heterotrophic Plate Counts and Drinking-water Safety. The Significans of HPCs for Water Quality and Human Health. United Kingdom: TJ International, 2003. S. 12 – 19

[29] Erste Verordnung zur Änderung der Trinkwasserverordnung 2011 vom 3. Mai 2011. In: Bundesgesetzblatt 2011, Teil 1, S 748

## 4.2 Überlebensstrategien von Mikroorganismen in Trinkwasser-Installationen

### 4.2.1 Biofilme

Aus Alltagserfahrung wissen wir, dass sich auf Oberflächen, die regelmäßig mit Wasser in Kontakt kommen, etwa Steinen im Bachbett, glitschige Überzüge ausbilden. Seit van Leeuwenhoeks ersten mikroskopischen Untersuchungen an Zahnbelägen im 17. Jahrhundert ist bekannt, dass derartige Schleimschichten auch lebende Bakterien enthalten. Dieses Phänomen wird heute als »Biofilm« bezeichnet. Die Voraussetzungen zu seiner Entstehung sind einfach: erforderlich sind Mikroorganismen, Wasser, Nährstoffe und eine Grenzfläche (s. Abb. 1–10 und Abb. 1–11).

Unter einem solchen Biofilm versteht man eine durch Mikroorganismen aufgebaute Gemeinschaft von Zellen, die irreversibel an eine Oberfläche, eine Grenzfläche oder aneinander angeheftet sind. Sie sind dabei eingebettet in eine Matrix aus »extrapolymeren Substanzen« (EPS), welche von ihnen selbst produziert wird. Die EPS hält die Mikroorganismen zusammen und schützt sie vor äußeren Einflüssen unterschiedlicher Art (biologisch, chemisch, physikalisch). Gegenüber suspendiert lebenden Zellen weisen sie einen bezüglich Wachstumsverhalten und Genexpression veränderten Erscheinungstyp auf [30] [31]. Im Vergleich zur Wasserphase besitzen Biofilme eine bis zu 10 000fach höhere Zelldichte (bis zu $10^{12}$ Zellen/ml).

Außer Mikroorganismen enthält ein Biofilm hauptsächlich Wasser. Wasser und EPS bilden eine schleimartige Matrix aus Hydrogelen, in der Nährstoffe und andere Substanzen gelöst sind und die dem Biofilm eine stabile Form geben. Dabei handelt es sich um verschiedenste Polysaccharide, Proteine, Lipide und Nukleinsäuren. Auch anorganische Partikel oder Gasbläschen, die Stickstoff, Kohlenstoffdioxid, Methan oder Schwefelwasserstoff enthalten können, werden in der Matrix eingeschlossen.
Biofilme sind hinsichtlich Struktur und Zusammensetzung sehr heterogen und weisen unter Umständen beträchtliche Gradienten hinsichtlich pH-Wert, Sauerstoffgehalt und Nährstoffangebot auf. So ist es möglich, dass viele sehr unterschiedliche Mikroorganismen, z. B. auch aerobe und anaerobe Bakterien sowie andere Einzeller (Amöben, Flagellaten u. a.), die selbst nicht zur Biofilmbildung beitragen, gemeinsam in einem Biofilm leben und von dieser Symbiose profitieren [32]. Auch Kommunikation mittels Signalmolekülen und genetischer Austausch finden zwischen den einzelnen Mikroorganismen statt, was einen weiteren Vorteil gegenüber suspendierten Mikroorganismen darstellt.

In wässrigen Systemen werden mehrere Phasen der Biofilmbildung unterschieden [33] (s. Abb. 1–9)

- Anhaftung von Makromolekülen an der Grenzfläche und Bildung des ersten rauen Überzugs – »conditioning film«
- Anhaftung erster Mikroorganismen am conditioning film, Vermehrung der nun ortsfesten Zellen, Bildung von Mikrokolonien und Produktion von EPS
- Zusammenwachsen zu Makrokolonien
- Steady state: Absterben und Vermehrung der Mikroorganismen innerhalb des Biofilms, gleichzeitig dynamischer Austausch mit der wässrigen Phase durch Anhaften suspendierter Mikroorganismen einerseits, Ablösung und Erosion andererseits.

Durch Änderungen äußerer Bedingungen wie Nährstoffangebot, Temperatur, pH-Wert oder auch Konzentration toxischer Substanzen (Desinfektionsmittel) wird der steady state gestört und der Biofilm entwickelt sich zu einem neuen Gleichgewichtszustand. In derartigen aktiven Umbauphasen können beträchtliche Anteile des Biofilms in die flüssige Phase abgegeben werden.

[30] Donlan, R. M. u. J. W. Costerton: Biofilms: Survival mechanisms of clinically relevant microorganisms. In: Clinical Microbiology Reviews 15 (2002), H. 2. S. 167 – 193

[31] Otte, A.: Wirksamkeitsprüfung verschiedener Desinfektionsverfahren und antimikrobieller Oberflächen zur Vermeidung bzw. Reduktion von Biofilmen in trinkwasserführenden Hausinstallationssystemen unter Verwendung des Silikonschlauchmodells mit molekularbiologischer Bestimmung der Biofilm-Population. Dissertation. Universität Bonn. 2006

[32] Costerton, J. W., Lewandowski, Z. u. D. E. Caldwell et al.: Microbial biofilms. In: Annual Review of Microbiology 49 (1995). S. 711 – 745

[33] Flemming, H.-C. u. J. Wingender: Biofilme – die bevorzugte Lebendform der Bakterien. In: Biologie in unserer Zeit 31 (2001), H. 3. S. 169 – 180

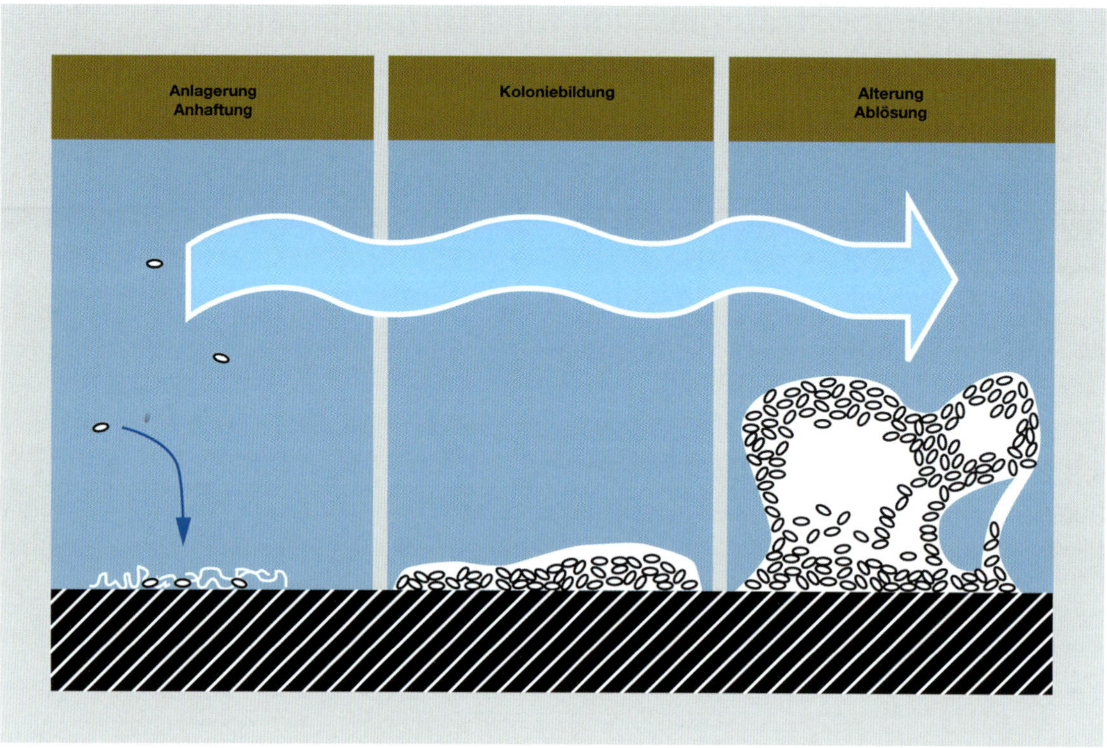


Abb. 1–9 **Biofilmbildung – Entwicklungsphasen**

**Die meisten Bakterien leben in Biofilmen**

Der weitaus größte Teil der Mikroorganismen lebt in derartigen Gemeinschaften, die eine sehr alte und erfolgreiche Überlebensstrategie von Mikroorganismen darstellt. Gegenüber äußeren Einflüssen sind die Mikroorganismen effizient geschützt, innerhalb des Biofilms profitieren sie durch Informations- und Gen-Austausch sowie symbiotische Effekte.

Auch in Trinkwasser-Installationen befinden sich schätzungsweise 95 % aller Mikroorganismen in Biofilmen, sind dort vor verschiedenen äußeren Einflüssen geschützt, stehen aber gleichzeitig im Austausch mit der wässrigen Phase. Schon innerhalb von 1-2 Wochen bildet sich auf neuen Werkstoffen ein Biofilm aus, der nach weiteren 6-10 Wochen – in Abhängigkeit von Werkstoff und Temperatur – einen quasi-stationären Zustand erreicht. Die Werkstoffqualität beeinflusst die Besiedlungsdichte maßgeblich [34].

Temperatur 4

In Abhängigkeit von Nährstoffangebot aus Werkstoffen und Trinkwasser sowie Temperatur entwickeln sich auf den Oberflächen Biofilm-Populationen unterschiedlicher Zusammensetzung und Diversität. Verfügbarkeit organischen Materials fördert sowohl das quantitative Biofilmwachstum als auch das Spektrum an Biofilm-Organismen. Hierdurch erhöht sich auch das Risiko für das Einnisten pathogener Mikroorganismen [35] [36].

[34] Benölken, J.K., Dorsch, T., Wichmann, K. u. B. Bendinger: Praxisnahe Untersuchungen zur Kontamination von Trinkwasser in halbtechnischen Trinkwasser-Installationen. In: Flemming, H.-C. (Hrsg.): Vermeidung und Sanierung von Trinkwasserkontaminationen durch hygienisch relevante Mikroorganismen aus Biofilmen der Hausinstallation. IWW Schriftenreihe 54 (2010). S. 101 – 180. Mülheim

[35] Wingender, J. u. H.-C. Flemming: Biofilms in drinking water and their role as reservoir for pathogens. In: International Journal of Hygiene and Environmental Health 214 (2011), H. 6. S. 417 – 423

[36] Wingender, J.: Hygienically Relevant Microorganisms in Biofilms of Man-Made Water Systems. In: Flemming, H.-C. et al. (Hrsg.): Biofilm Highlights (Springer Series of Biofilms 5). Berlin: Springer, 2011. S. 189 – 235

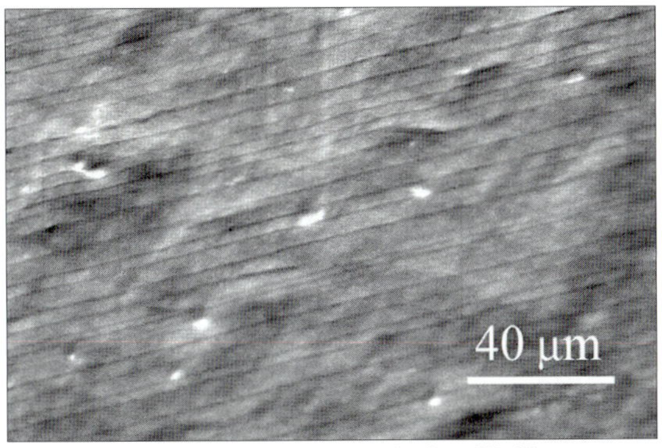


Abb. 1–10 **Neuer Silikonschlauch ohne Biofilm**

Abb. 1–11 **Silikonschlauch mit Biofilm nach einem Jahr**

Abb. 1–10 – Innenoberfläche eines neuen von Trinkwasser durchflossenen Silikonschlauches

Abb. 1–11 – Derselbe Silikonschlauch nach einem Jahr mit Biofilm

**Quelle Abb. 1–10/11**
Lenz, Linke und Gebel, IHPH Universität Bonn 2010

## 4.2.2 Überleben in Amöben

Freilebende, nicht parasitäre Amöben der Gattungen Acanthamoeba und Naegleria vermehren sich im Trinkwasser und ernähren sich dort von Bakterien, die in Biofilmen reichlich vorhanden sind. Sie können selbst eine schwere Entzündung der Hornhaut auslösen, wenn sie mit Kontaktlinsen, die mit Trinkwasser gespült wurden, auf das Auge aufgebracht werden [12]. Trinkwasserhygienisch relevant sind Amöben aber insbesondere deshalb, weil freilebende Amöben als Reservoir für eine Vielzahl von aquatischen Bakterien auch in Trinkwasser-Installationen beschrieben wurden [22]. Gewisse pathogene Bakterien (Legionellen, nicht tuberkulöse Mykobakterien, Salmonellen Shigellen, Campylobacter) können von Amöben aufgenommen werden und sich in diesen vermehren [37] (s. Abb. 1–12). Da die Amöben gegenüber Umwelteinflüssen wie Temperatur und Desinfektionsmitteln sehr viel resistenter sind als Bakterien, sind die in den Amöben befindlichen Bakterien vor schädlichen Umwelteinflüssen entsprechend geschützt. Zum Beispiel können sie eine 50fach höhere Chlorkonzentration im Rahmen einer Desinfektionsmaßnahme überstehen [38].

Für die Vermehrung und Verbreitung von Legionellen in Trinkwasser-Installationen spielen Amöben offenbar eine besonders wichtige Rolle. Ihre Freisetzung führt dann zu bolusartig erhöhten Konzentrationen mit erhöhtem Infektionsrisiko [25]. Amöben-assoziierte Bakterien konnten auch als mögliche Ursache von anderen Formen von Lungenentzündungen bei beatmeten Patienten identifiziert werden [22].

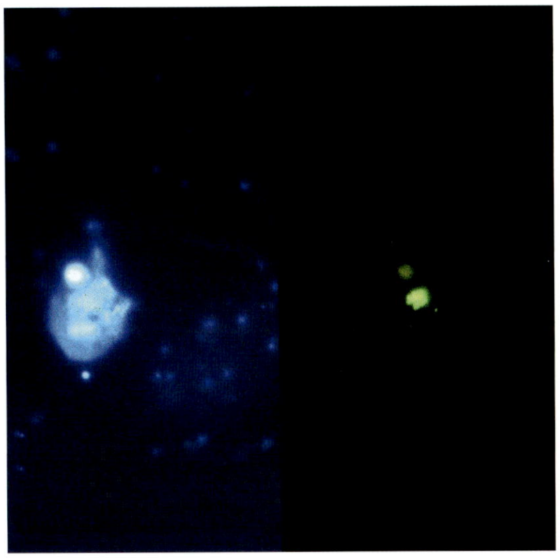

Abb. 1–12 **Amöbe mit Legionellen**

Abb. 1–12 – Legionellen im Innern einer Amöbe
**Quelle** Szewzyk, Kalmbach und Manz, TU Berlin 1997

**Links:** Fluoreszierende Färbung der Amöbe mittels 4›,6-Diamidin-2-phenylindol (DAPI),

**Rechts**: Derselbe Bildausschnitt mit optischem Nachweis von Legionellen mittels Fluoreszenz-in-situ-Hybridisierung (FISH-Sonde)


[12] Botzenhart, K: Mikroorganismen im Trinkwasser. In: Deutsches Ärzteblatt 93 (1996), H. 34-35. A-2142 – 2144

[22] Exner, M., Kramer, A., Kistemann, T., Gebel, J. u. S. Engelhart: Wasser als Infektionsquelle in medizinischen Einrichtungen, Prävention und Kontrolle. In: Bundesgesundheitsblatt 2007, H. 50. S. 1 – 10

[37] King, CH. H., Shotts, E. B., Wooley, R. E. u. K. G. Porter: Survival of coliforms and bacterial pathogens within protozoa during chlorination. In: Applied and Environmental Microbiology 54 (1988). S. 3023 – 3033

[38] Botzenhart, K. u. T. Hahn: Vermehrung von Krankheitserregern im Wasserinstallationssystem. In: Wasser – Abwasser 130 (1989), H. 9. S. 432 – 440

[25] Leclerc, H.: Relationships between common water bacteria and pathogens in drinking-water. In: Bartram, J. et al. (Hrsg.): Heterotrophic Plate Counts and Drinking-water Safety. The Significans of HPCs for Water Quality and Human Health. (TJ International) United Kingdom: TJ International , 2003. S. 80 – 118

### 4.2.3 Der VBNC-Zustand von Bakterien

Lange hatte man angenommen, dass eine Bakterienzelle tot ist, wenn sie nicht mehr auf geeigneten Kulturmedien wächst. Heute weiß man jedoch, dass diese Vorstellung zu einfach war, und dass Bakterien in vielen Stresssituationen ihre Kultivierbarkeit verlieren, aber lebensfähig bleiben, ihre zelluläre Struktur erhalten und sich später wieder teilen und vermehren können. Im Jahr 1982 wurde erstmals gezeigt, dass nicht kultivierbare *E. coli und Vibrio cholerae* in einem Oberflächengewässer dennoch überlebensfähig sein können und wieder in einen aktiven Zustand übertreten können [39].

Diesen neuentdeckten physiologischen Zustand von Bakterienzellen bezeichnet man als »**V**iable **b**ut **n**on**c**ulturable« – VBNC (lebensfähig aber nicht kultivierbar). Die exakte Funktion des VBNC-Zustandes ist noch nicht geklärt. Möglicherweise unterscheidet sie sich auch von Bakterium zu Bakterium. Eine Vielzahl von Umweltfaktoren, die als Stressoren auf die Zellen wirken – Nährstoffangebot, Temperatur, osmotischer Druck, Sauerstoffdruck, pH-Wert, Strahlung – können den VBNC-Zustand induzieren, und für zahlreiche Bakterien, darunter auch Krankheitserreger wie *Pseudomonas aeruginosa und Legionella pneumophila*, wurde inzwischen nachgewiesen, dass sie in einen VBNC-Zustand übertreten können und sich auf diese Weise dem Einfluss widriger Umweltbedingungen (partiell) entziehen können. Der VBNC-Zustand stellt ein wichtiges Refugium für Krankheitserreger in der Umwelt dar. Die Zellen sind morphologisch kleiner und haben eine sehr niedrige metabolische Aktivität. Nährstoffaufnahme, Respirationsrate und Synthese von Makromolekülen sind drastisch reduziert. Bakterien können für über ein Jahr in diesem VBNC-Zustand verharren.

**VBNC als Überlebensstrategie**

Nach Wiedererweckung aus dem VBNC-Zustand werden die Bakterien wieder vermehrungsfähig, das heißt kultivierbar und infektiös. Wahrscheinlich handelt es sich beim VBNC-Zustand um eine Überlebensstrategie, da die Zellen durch die herabgesetzte Stoffwechselaktivität wesentlich unempfindlicher gegen äußere Einflüsse wie etwa toxische Substanzen werden [40] [41].

Ob VBNC-Zellen die Fähigkeit behalten, an Oberflächen anzuhaften, scheint von Spezies zu Spezies unterschiedlich zu sein. Neuere Untersuchungen zeigten aber, dass sich sowohl *Legionella pneumophila* als auch *Pseudomonas aeruginosa* in Biofilmen teilweise im VBNC-Zustand befinden.

[39] Xu, H.-S., Roberts, N., Singleton, F. L. Attwell, R. W., Grimes, D. J. u. R. R. Colwell: Survival and viability of nonculturable *Escherichia coli and Vibrio cholera* in the estuarine and marine environment. In: Microbial Ecology 8 (1982). S. 313 – 323

[40] Oliver, J. D.: The viable but nonculturable state in bacteria. In: The Journal of Microbiology 43 (2005), Special Issue. S. 93 – 100

[41] Oliver, J. D.: Recent findings on the viable but nonculturable state in pathogenic bacteria. In: FEMS Microbiololgy Reviews 34 (2009). S. 415 – 425

## 4.3 Werkstoffe in der Trinkwasserhygiene

Schon seit der Antike war es das Bestreben der sesshaften Zivilisationen, Trinkwasser in den eigenen Gebäuden verfügbar zu haben. Deshalb waren Anforderungen an die Verfügbarkeit, Haltbarkeit sowie die möglichst leichte Verarbeitung von Rohrleitungsmaterialien und Armaturen schon damals wichtige Fragen der Wasserversorgung [42]. Bis ins Mittelalter und die beginnende Neuzeit hinein wurden überwiegend Trinkwasserrohre und einfache Armaturen aus Holz, Ton, Stein, Blei und in selteneren Fällen auch Bronze benutzt. Mit dem Fortschritt der Gebäudetechnik und dem Siedlungsbau bestand großer Bedarf an weiteren Materialien für die Sanitärinstallation, der durch die Entwicklung von Wissenschaft und Technik und die Industrialisierung befriedigt werden konnte (Tab. 1–3). Heute steht eine Vielzahl von Werkstoffen mit den darauf abgestimmten Verbindungstechniken zur Verfügung.

Tab. 1–3 **Rohrleitungswerkstoffe in Trinkwasser-Installationen im Bestand in Deutschland**

| Gruppe | Werkstoff | Anmerkungen |
|---|---|---|
| **Metalle** | Kupfer | 60 % Primärkupfer, 40 % Sekundärkupfer |
| | Stahl verzinkt | 80 % Roheisen, 20 % Eisenschrott |
| | Edelstahl | 71 % Eisen, 16 % Chrom, 13 % Nickel |
| **Kunststoffe** | PE-X | Vernetztes Polyethylen |
| | PE-HD | Hochdichtes Hart-Polyethylen |
| | PE-LD | Niederdruck-Polyethylen |
| | PP | Polypropylen |
| | PB | Polybuten |
| | PA | Polyamid |
| | PVC-C | PVC, nachchloriert |
| **Mehrschicht-verbundrohre** | PE-Alu-PE | Polyolefin-Aluminium-Verbundrohre, 70 % PE-X + PE, 30 % Aluminium |

### 4.3.1 Werkstoffauswahl

Die Wahl des Rohrwerkstoffs ist häufig unter Berücksichtigung von der jeweiligen Trinkwasserqualität zu treffen, da die eingesetzten Materialien in Wechselwirkung mit dem Wasser treten können. Im ungünstigen Fall kann dies zu Korrosions- und Migrationsprozessen mit nachfolgenden Trinkwasserkontaminationen führen.

Da nach DIN 50 930 Teil 6 nicht jeder Werkstoff mit jeder Trinkwasserqualität verträglich ist, gehört die Auswahl der Werkstoffe in die Verantwortung des Planers. Sollen beispielsweise Kupferrohre eingesetzt werden, ist die Rücksprache mit dem Wasserversorger unabdingbar, denn dieser muss nach § 21 Abs. 1 TrinkwV [43] zur Frage der Korrosivität des von ihm verteilten Trinkwassers beraten. Dies gilt nicht für Verbindungselemente und Dichtungen, denn diese sind je nach Rohrleitungsmaterial seitens der Hersteller in weiten Bereichen vorgegeben.

Im Bestand ist noch heute der Betrieb von Wasserrohren aus Blei ein bedeutendes hygienisches Thema, dem auch die aktuelle TrinkwV noch Rechnung tragen muss, obwohl es für Komponenten und Rohre aus Blei bereits seit 1962 keinen Anwendungsbereich mehr in der Trinkwasser-Installation gibt. Bauteile aus Blei sind grundsätzlich auszutauschen, da der Grenzwert von 0,010 mg / l ab dem 1. 12. 2013 gemäß der geänderten TrinkwV – unabhängig von der Wasserbeschaffenheit – sonst nicht eingehalten werden kann. Derzeit beträgt der Blei-Grenzwert 0,025 mg / l.

Parallel zur Entwicklung neuer Werkstoffe mussten angemessene Verfahren zur Wasseruntersuchung entwickelt werden. Seit 2004 wurde das gestaffelte Probennahmeschema des Umweltbundesamtes in Deutschland eingeführt [44], mit dem die Stagnationsproblematik bei den Metallen Blei, Kupfer und Nickel angemessen berücksichtigt wird.

[42] Tölle-Kastenbein, R.: Antike Wasserkultur, München, Verlag C. H.Beck 1990

[43] Erste Verordnung zur Änderung der Trinkwasserverordnung 2011 vom 3. Mai 2011. In: Bundesgesetzblatt 2011, Teil 1, S 748

[44] Umweltbundesamt (Hrsg.): Beurteilung der Trinkwasserqualität hinsichtlich der Parameter Blei, Kupfer und Nickel. Empfehlung des Umweltbundesamtes nach Anhörung der Trinkwasserkommission des Bundesministeriums für Gesundheit und soziale Sicherung. In: Bundesgesundheitsblatt 47 2004, H. 3. S. 296 – 299

### 4.3.2 Installationstechnik

Neben Fehlern bei der Werkstoffauswahl können auch Probleme durch fachliche Fehler bei der Sanitärinstallation auftreten. Vor allem im Altbestand findet man immer wieder Mischinstallationen vor, bei denen es durch Installationsfehler zu erheblichen korrosionstechnischen und auch hygienisch-mikrobiologischen Problemen gekommen ist. Werden Rohre aus verschiedenen Metallen direkt verbunden oder kommen sie durch das Trinkwasser in indirekten Kontakt, so wird das jeweils unedlere Metall gelöst. Das dahinterstehende physikalische Prinzip wird landläufig als »Fließregel« bezeichnet und beruht auf der Spannungsreihe der Metalle. Die resultierende Korrosion heißt »Bimetallkorrosion« oder »Kontaktkorrosion«.

Die Regel besagt nichts anderes, als dass in Mischinstallationen – in Fließrichtung des Trinkwassers gesehen – zuerst das unedlere und erst danach das edlere Metall eingesetzt werden darf:

**Unedel ⇒ Edel**

Da Armaturen nur geringe wasserberührte Flächen haben und daher vergleichsweise wenig Metall-Ionen abgeben, machen sie trotz des Gehalts zum Beispiel von Kupfer in Messingbauteilen i. d. Regel keine korrosiven Probleme.
Auch die Wirksamkeit von Schutzschichten wird durch die Anwesenheit eines edleren Metalls stark herabgesetzt. Korrosionstechnisch sind deshalb alle Werkstoffkombinationen zu vermeiden, die nicht nach der sogenannten Fließregel installiert sind. Es ist in diesem Zusammenhang darauf hinzuweisen, dass aus diesem Grund in Zirkulationssystemen der Trinkwassererwärmer, sofern er aus Stahl besteht und ohne Innenbeschichtung und Opfer-Anoden betrieben wird, nicht durch Kupferleitungen angebunden werden darf. An Bauteilen aus nichtrostenden Stählen tritt der sog. »kupferinduzierte Lochfraß«, wie er bisweilen an verzinkten Stahlbauteilen beobachtet werden kann, nicht auf.
Auch hinsichtlich der Verbindungstechnik ist das Regelwerk zu beachten. So dürfen beispielsweise Kupferrohre mit Nennweiten unter DN 32 mm nicht hartgelötet werden [45].

### 4.3.3 Gesetzliche und normative Anforderungen an Werkstoffe

Nachfolgend werden die entscheidenden gesetzlichen und normativen Anforderungen an Werkstoffe kurz vorgestellt.

- **TrinkwV**
  Verordnung über Trinkwasser und über Wasser für Lebensmittelbetriebe [43]: In § 4 Abs. 1 stellt der Gesetzgeber klar, dass die Anforderungen der TrinkwV dann erfüllt sind, wenn
  - die allgemein anerkannten Regeln der Technik eingehalten werden und
  - das Trinkwasser den Anforderungen der §§ 5 bis 7, also den gesetzlichen Grenzwerten, entspricht.
- **DIN-Regelwerk**
  Im Trinkwasserbereich existiert eine Vielzahl von DIN-Normen für Werkstoffe, Armaturen und Hilfsstoffe. Stellvertretend sei hier allein DIN 50 930 Teil 6 [46] vom August 2001 genannt. Bei Einhaltung der dort genannten Materialeigenschaften und Verwendungszwecke sowie bei fachlich einwandfreier Installation kann sicher davon ausgegangen werden, dass trinkwasserhygienisch oder gar gesundheitlich bedenkliche Missstände nicht auftreten können.

[45] DVGW GW 2: Verbinden von Kupferrohren für die Gas- und Wasserinstallation innerhalb von Grundstücken und Gebäuden
[43] Erste Verordnung zur Änderung der Trinkwasserverordnung 2011 vom 3. Mai 2011. In: Bundesgesetzblatt 2011, Teil 1, S 748
[46] DIN 50 930: Korrosion der Metalle – Korrosion metallischer Werkstoffe im Innern von Rohrleitungen, Behältern und Apparaten bei Korrosionsbelastung durch Wässer – Teil 6: Beeinflussung der Trinkwasserbeschaffenheit. August 2001, Beuth-Verlag

**DVGW W 270** [47]
Vermehrung von Mikroorganismen auf Werkstoffen für den Trinkwasserbereich – Prüfung und Bewertung: Hier geht es um die Prüfung der Werkstoffe auf ihr Potenzial zur Förderung der Biofilmbildung. Relevant ist dies vor allem bei Kunststoffwerkstoffen und Gummisorten.

**KTW-Empfehlung** [48]
Leitlinien des Umweltbundesamtes zur hygienischen Beurteilung von organischen Materialien im Kontakt mit Trinkwasser: Die Prüfungen des Übergangs (Migration) von Kunststoffbestandteilen ins Trinkwasser erfolgen an Formteilen. Man unterscheidet grundsätzlich Kalt- (23 °C), Warm- (60 °C) und Heißwasserprüfungen (90 °C).

**AVBWasserV** [49]
Diese Verordnung regelt bundesweit die Pflichten und Rechte des Wasserversorgers und des Anschlussnehmers. Jeder Wasserlieferungsvertrag in Deutschland basiert auf dieser Verordnung. Im Jahr 2010 wurde diese Verordnung geändert, wobei die Änderung des § 12 Abs. 4 hinsichtlich der Werkstoffproblematik bedeutsam ist. Dieser Absatz lautet (Zitat):

*»(4) Es dürfen nur Produkte und Geräte verwendet werden, die den allgemein anerkannten Regeln der Technik entsprechen. Die Einhaltung der Voraussetzungen des Satzes 1 wird vermutet, wenn eine CE-Kennzeichnung für den ausdrücklichen Einsatz im Trinkwasserbereich vorhanden ist. Sofern diese CE-Kennzeichnung nicht vorgeschrieben ist, wird dies auch vermutet, wenn das Produkt oder Gerät ein Zeichen eines akkreditierten Branchenzertifizierers trägt, insbesondere das DIN-DVGW-Zeichen oder DVGW-Zeichen. Produkte und Geräte, die*

1. *in einem anderen Vertragsstaat des Abkommens über den Europäischen Wirtschaftsraum rechtmäßig hergestellt worden sind oder*
2. *in einem anderen Mitgliedstaat der Europäischen Union oder in der Türkei rechtmäßig hergestellt oder in den Verkehr gebracht worden sind und die nicht den technischen Spezifikationen der Zeichen nach Satz 3 entsprechen, werden einschließlich der in den vorgenannten Staaten durchgeführten Prüfungen und Überwachungen als gleichwertig behandelt, wenn mit ihnen das in Deutschland geforderte Schutzniveau gleichermaßen dauerhaft erreicht wird.«*

Bis heute fehlen europäisch harmonisierte Bewertungskriterien (z. B. EAS), um Produkte für den Kontakt mit Trinkwasser über ein CE-Zeichen zertifizieren zu können. Auch mittelfristig ist hier eine Einigung nicht in Sicht, sodass ein mit CE-Zeichen versehenes Produkt zwar Aussagen zur Produktsicherheit allgemein, nicht aber hinsichtlich seiner Eignung in Trinkwasser-Installationen in Deutschland machen kann. Dies ist somit auch bis auf Weiteres nur gewährleistet, wenn ausschließlich zertifizierte Produkte und Geräte zum Einsatz kommen, die über ein DIN-DVGW- oder DVGW-Zeichen verfügen.

Damit verfügt der Fachplaner auch über Planungssicherheit hinsichtlich der richtigen Werkstoffwahl im Sinne des Schutzziels Gesundheit/Trinkwassergüte. Wählt er ausschließlich Produkte oder Systeme mit entsprechenden Zertifizierungen, hat er in einem möglichen Regressfall nicht den Nachweis zu erbringen, dass die von ihm ausgeschriebene Trinkwasser-Installation den anerkannten Regeln der Technik entspricht.

[47] DVGW W 270: Vermehrung von Mikroorganismen auf Werkstoffen für den Trinkwasserbereich – Prüfung und Bewertung, Bonn: DVGW, 2007

[48] Umweltbundesamt (Hrsg.): Leitlinien des Umweltbundesamtes zur hygienischen Beurteilung von organischen Materialien im Kontakt mit Trinkwasser Stand: 7. Oktober 2008; Umweltbundesamt

[49] Verordnung über Allgemeine Bedingungen für die Versorgung mit Wasser vom 20. Juni 1980 [AVBWasserV], (BGBl. I S. 750, 1067), zuletzt geändert durch Artikel 1 der Verordnung vom 13. Januar 2010 (BGBl. I S. 10)

# 5 Überwachung der hygienischen Trinkwasserqualität in Trinkwasser-Installationen

Trinkwasser ist ein unverzichtbares Gut, welches dem Menschen für ein gesundes Leben in ausreichender Menge und Qualität zur Verfügung stehen muss. Notwendigerweise ist ein verbindlicher rechtlicher Ordnungsrahmen zu setzen, innerhalb dessen die Versorgung mit einwandfreiem Trinkwasser zu gewährleisten ist. Für die Europäische Union leistet dies die Richtlinie 98/83/EG des Rates über die Qualität von Wasser für den menschlichen Gebrauch von 1998 [50], welche von den Mitgliedsstaaten in nationales Recht umzusetzen ist. In Deutschland ist das Bundesministerium für Gesundheit durch §38 Absatz 1 des Infektionsschutzgesetzes (IfSG) ermächtigt, mit Zustimmung des Bundesrates eine entsprechende Trinkwasserverordnung zu erlassen. Die erste Trinkwasserverordnung wurde 1975 erlassen und trat 1976 in Kraft, Novellierungen bzw. Änderungen erfolgten 1980, 1990, 2001 [43] und zuletzt 2011 [1]. Grundlage der nachfolgenden Ausführungen zu Anforderungen an die Qualität der Trinkwasserversorgung im Bereich der Trinkwasser-Installationen (ständige Wasserverteilungen) ist die am 3.5.2011 verkündete und am 1.11.2011 in Kraft getretene Verordnung zur Änderung der Trinkwasserverordnung (im Folgenden TrinkwV).

Gemäß § 3 TrinkwV umfasst der Begriff »Wasserversorgungsanlagen« nicht nur die lieferseitigen Anlagen der Wasserversorgungsunternehmer, sondern explizit auch die kundenseitigen, jenseits der Hauswasseranschlüsse, Hauptabsperreinrichtungen und Wasserzähler gelegenen Trinkwasser-Installationen, die der ständigen oder nicht ständigen Wasserverteilung an Verbraucher dienen. Diese Trinkwasser-Installationen umfassen, analog zur Verwendung des Begriffs in den technischen Regelwerken (DIN EN 806, DIN EN 1717, DIN 1988), die Gesamtheit der Rohrleitungen, Armaturen und Apparate, die sich zwischen dem Punkt des Übergangs an den Nutzer und dem Entnahmepunkt von Trinkwasser befinden.

**Die a. a. R. d. T. müssen eingehalten werden**

Die Anforderungen an die Beschaffenheit des Trinkwassers sind in §§ 4-7 TrinkwV geregelt. Das Erfordernis der Genusstauglichkeit setzt nicht nur voraus, dass gewisse mikrobiologische und chemische Anforderungen sowie Indikatorparameter eingehalten werden, sondern auch, dass bei der Wasseraufbereitung und Wasserverteilung die allgemein anerkannten Regeln der Technik eingehalten werden. Mit anderen Worten und bezogen auf die Trinkwasser-Installation: Unabhängig von der mikrobiologischen und chemischen Beschaffenheit gilt Trinkwasser immer dann als nicht genusstauglich, wenn die allgemein anerkannten Regeln der Technik (VDI 6023, DIN EN 806, DIN EN 1717, DIN 1988, DVGW W 551 etc.) nicht eingehalten werden. Die strikte Einhaltung der technischen Regelwerke bei Planung, Errichtung, Betrieb, Instandhaltung, Wartung und Überwachung von Trinkwasser-Installationen ist also eine unabdingbare rechtliche Voraussetzung zur Abgabe von Trinkwasser im Sinne der TrinkwV.

Krankheitserreger gemäß §2 Nr. 1 Infektionsschutzgesetz – ein vermehrungsfähiges Agens (Virus, Bakterium, Pilz, Parasit) oder ein sonstiges biologisches übertragbares Agens, das bei Menschen eine Infektion oder übertragbare Krankheit verursachen kann –, die durch Wasser übertragen werden können, dürfen im Trinkwasser nicht in Konzentrationen enthalten sein, die eine Schädigung der menschlichen Gesundheit besorgen lassen (§5 Abs. 1 TrinkwV). Diese Definition umfasst potenziell eine recht große Zahl von Krankheitserregern, auf die aus praktischen Gründen nicht jede Wasserprobe untersucht werden kann. Vor diesem Hintergrund wurde vor über 100 Jahren von Robert Koch das sogenannte Indikatorprinzip in die mikrobiologische Trinkwasserüberwachung eingeführt.

Damals standen aufgrund der eindrücklichen epidemischen Erfahrungen vor allem mit Cholera, Typhus und Ruhr diejenigen pathogenen Mikroorganismen im Zentrum des Interesses, die aufgrund einer Kontamination mit menschlichen oder tierischen Fäkalien potenziell im Wasser vorhanden sein können.

[50] Richtlinie 98/83/EG des Rates vom 3. November 1998 über die Qualität von Wasser für den menschlichen Gebrauch. 1998.
[43] Verordnung zur Novellierung der Trinkwasserverordnung vom 21. Mai 2001. In: Bundesgesetzblatt 2001, Teil 1, S. 959 – 980
[1] Verordnung zur Novellierung der Trinkwasserverordnung vom 21. Mai 2001. In: Bundesgesetzblatt 2001, Teil 1, S. 959 – 980

Deshalb wurde die Wasserqualität nach der Anwesenheit spezieller, nicht pathogener Indikatorbakterien bewertet, die, unabhängig vom Gesundheitszustand des Wirtes, immer im Darm vorkommen und somit auch immer im Fäzes vorhanden sind. Geeignete Indikatorbakterien müssen folgende Kriterien erfüllen

- Sie sind schnell, sicher und mit einfachen Methoden nachweisbar
- Sie treten immer gemeinsam mit den Krankheitserregern auf
- Sie selbst sind keine Krankheitserreger
- Sie sind in höheren Konzentrationen als die Krankheitserreger vorhanden
- Sie haben eine höhere Widerstandsfähigkeit gegenüber Umwelteinflüssen als die Krankheitserreger

**Hygienisch-mikrobiologische Überwachung**

Hierbei handelt es sich allerdings um Idealforderungen, die von keinem der zurzeit gebräuchlichen Indikatorbakterien vollständig erfüllt werden [7]. In der aktuellen TrinkwV werden Untersuchungen auf *E. coli* und Enterokokken im Sinne dieses Indikatorprinzips gefordert (§5 Abs. 2 bzw. Anlage 1 Teil I TrinkwV). Beide dürfen in 100 ml nicht nachweisbar sein.

Tab. 1–4 **Tabelle 4: Grenzwerte für mikrobiologische Parameter nach TrinkwV**

| Parameter | Grenzwert |
|---|---|
| | [KBE/ml] |
| *E. coli* | 0/100 |
| Enterokokken | 0/100 |
| Coliforme Bakterien | 0/100 |
| Clostridium perfringens | 0/100 |
| Koloniezahl bei 22°C | 100/1 |
| Koloniezahl bei 36°C | 100/1 |
| *Legionella* spec. | 100/100[1] |
| *Pseudomonas aeruginosa* | 0/100[2] |

[1] Technischer Maßnahmenwert
[2] in medizinischen Einrichtungen

Aus prinzipiellen Gründen sind diese Indikatoren natürlich nicht geeignet, Kontaminationen mit Krankheitserregern nicht fäkalen Ursprungs (s. Kap. 4.1) anzuzeigen. Konzentrationen von Mikroorganismen, die zwar nicht Krankheitserreger sind, aber das Trinkwasser verunreinigen oder seine Beschaffenheit nachteilig beeinflussen können, sollen so niedrig gehalten werden, wie dies nach den allgemein anerkannten Regeln der Technik mit vertretbarem Aufwand möglich ist (§5 Abs. 4 TrinkwV). Diese Regelung ist im Sinne eines allgemeinen Minimierungsgebots zu verstehen; weitere Präzisierungen werden nicht gemacht.

Vier weitere mikrobiologische Untersuchungsparameter finden sich unter den 22 sogenannten allgemeinen Indikatorparametern (§7 bzw. Anlage 3 Teil I TrinkwV), deren Grenzwerte einzuhalten sind, auch wenn bei Überschreitung keine unmittelbare Gesundheitsgefährdung zu besorgen ist, da bei Überschreitung nicht auszuschließen ist, dass Krankheitserreger in gesundheitlich relevanten Konzentrationen enthalten sind: Coliforme Bakterien, die bislang als Fäkalindikator geführt wurden, sowie *Clostridium perfringens* dürfen in 100 ml nicht nachweisbar sein; die allgemeinen Koloniezahlen bei 22 °C und 36 °C Bebrütungstemperatur, die seit Koch als »nicht fäkalspezifische« Indikatoren für die bakteriologische Wirksamkeit der Filtration bei der Wassergewinnung und für die Wiederverkeimung des Wassers bei der Verteilung genutzt werden, dürfen am Zapfhahn des Verbrauchers 100/100 ml nicht überschreiten.

*Legionella* spec. wurde zusätzlich als Indikatorparameter in Anlagen der Trinkwasser-Installationen 2011 neu aufgenommen und mit einem empirisch abgeleiteten sogenannten »Technischen Maßnahmenwert« von 100/100 ml belegt, der nicht überschritten werden darf (Anlage 3 Teil II TrinkwV). Bei Vorliegen gewisser Kriterien – in gewerblich oder öffentlich betriebenen Großanlagen, in denen Duschen o. ä. vorhanden sind (s. unten) – müssen Trinkwasser-Installationen regelmäßig auf Legionellen untersucht werden. Legionellenbefunde > 100/100 ml sind vom Betreiber unverzüglich dem Gesundheitsamt zu melden (§16 Abs. 1).

[7] Exner, M., u. G. J. Tuschewitzky: Indikatorbakterien und fakultativ-pathogene Mikroorganismen im Trinkwasser. Hygiene + Medizin 12 (1987), H. 11, S. 514 – 521

*Pseudomonas aeruginosa* und andere potenzielle Krankheitserreger nicht fäkalen Ursprungs, die sich ebenfalls in der Trinkwasser-Installation vermehren können (s. Kapitel 4.1), wurden nicht als Parameter in die geänderte TrinkwV aufgenommen. Das Gesundheitsamt kann jedoch in Ausübung seiner Überwachungspflicht immer dann, wenn es unter Berücksichtigung der Umstände des Einzelfalles zum Schutz der menschlichen Gesundheit oder zur Sicherstellung einer einwandfreien Beschaffenheit des Trinkwassers erforderlich ist, die Untersuchungen ausdehnen, um festzustellen, ob weitere Mikroorganismen in Konzentrationen im Wasser enthalten sind, die eine Schädigung der menschlichen Gesundheit besorgen lassen (§20 Abs. 1 TrinkwV). Manchmal wird *Pseudomonas aeruginosa* als Nebenbefund bei der routinemäßigen Trinkwasseruntersuchung festgestellt; dieser Nebenbefund ist im Untersuchungsbericht anzugeben und eine Nachprobe sollte zeitnah veranlasst werden [51]. Trinkwasser sollte *Pseudomonas aeruginosa* in 100 ml nicht enthalten [52].

**Chemische Wasserqualität**

Chemische Stoffe dürfen nicht in Konzentrationen enthalten sein, die eine Schädigung der menschlichen Gesundheit besorgen lassen (§6 Abs. 1 TrinkwV), und ihre Konzentrationen sollen im Sinne eines Minimierungsgebots so niedrig gehalten werden, wie dies nach den allgemein anerkannten Regeln der Technik mit vertretbarem Aufwand möglich ist (§6 Abs. 3 TrinkwV). Unter den chemischen Anforderungen sind für die Trinkwasser-Installation diejenigen von besonderem Interesse, deren Konzentration im Verteilungsnetz einschließlich der Trinkwasser-Installation ansteigen kann (§6 Abs. 2 bzw. Anlage 2 Teil II). Bei einigen der insgesamt zwölf Parameter steht die Konzentration in direktem Zusammenhang mit Materialien, die in Trinkwasser-Installationen (Rohrleitungen, Apparate, Armaturen, Lotmittel, Dichtungen) verbaut bzw. verwendet werden oder wurden: Antimon, Blei, Cadmium, Epichlorhydrin, Kupfer, Nickel, Vinylchlorid.

Tab. 1–5 **Grenzwerte für ausgewählte chemische Parameter nach TrinkwV**

| Chemische Parameter | [mg/l] |
|---|---|
| Antimon | 0,005 |
| Blei | 0,01 [1] |
| Cadmium | 0,003 |
| Epichlorhydrin | 0,0001 |
| Kupfer | 2,0 |
| Nickel | 0,02 |
| Vinylchlorid | 0,0005 |

[1] Ab 01.12.2013; vorher 0,025 mg/l

Für alle genannten Parameter gilt als Stelle der Einhaltung der Austritt aus den Zapfstellen, die sich in einer Trinkwasser-Installation befinden und die der Entnahme von Trinkwasser dienen (§8 Abs. 1 TrinkwV). Alle mikrobiologischen und chemischen Untersuchungen dürfen einschließlich der Probennahme nur von Untersuchungsstellen durchgeführt werden, die für Trinkwasseruntersuchungen akkreditiert und gelistet sind (§ 14 Abs. 6 sowie § 15 Abs. 4 TrinkwV). Näheres zur Probennahme s. Buchkapitel 4/Hentschel.

Für die Neuerrichtung und Instandhaltung von Trinkwasser-Installationen dürfen, komplementär zu den Anforderungen gemäß §6 TrinkwV, nur Werkstoffe und Materialien verwendet werden, die in Kontakt mit Wasser Stoffe nicht in Konzentrationen abgeben, die höher als nach den allgemein anerkannten Regeln der Technik unvermeidbar sind. Der Gesundheitsschutz darf nicht gemindert und Geruch oder Geschmack des Trinkwassers nicht verändert werden (§17 Abs. 1 TrinkwV). Diese Regelung war 2001 in Anlehnung an die europäische Trinkwasserrichtlinie neu aufgenommen worden. Die erstgenannte Anforderung thematisiert chemische Kontaminationen durch Werkstoffe. Die Forderung nach Beachtung des Gesundheitsschutzes und Erhaltung organoleptischer Eigenschaften ist insofern umfassender zu verstehen, als auch mikrobiologische Veränderungen wie Biofilmbildung, die durch Werkstoffe und Materialien induziert oder begünstigt werden können und den Gesundheitsschutz mindern oder Geschmack und Geruch verändern können, zu vermeiden sind.

[51] Umweltbundesamt (Hrsg.): Empfehlung der Trinkwasserkommission zur Risikoeinschätzung, zum Vorkommen und zu Maßnahmen beim Nachweis von *Pseudomonas aeruginosa* in Trinkwassersystemen. Empfehlung des Umweltbundesamtes nach Anhörung der Trinkwasserkommission des Umweltbundesamtes. In: Bundesgesundheitsblatt 45 2002, S. 187 – 188

[52] Ergebnisse einer Expertenanhörung am 31.03.2004 im Universitätsklinikum Bonn. Hausinstallationen, aus denen Wasser für die Öffentlichkeit bereitgestellt wird, als potenzielles Infektionsreservoir mit besonderer Berücksichtigung von Einrichtungen zur medizinischen Versorgung – Kenntnisstand, Prävention und Kontrolle. In: Bundesgesundheitsblatt – Gesundheitsforschung – Gesundheitsschutz 49 (2006). S. 681 – 686

Im Weiteren wird ausgeführt, dass der Einsatz zertifizierter Verfahren und Produkte – gemäß KTW-Empfehlung bzw. DVGW-Arbeitsblatt W 270 für nicht metallische und DIN 50930-6 für metallische Werkstoffe – die Einhaltung der Anforderungen sicherstellen kann. Diese Zertifizierungen haben alle oben genannten Aspekte angemessen zu berücksichtigen.

Unter folgenden Voraussetzungen müssen Trinkwasser-Installationen (ständige Wasserverteilungen) jährlich ergänzend systemisch auf Legionellen untersucht werden (§ 14 Abs. 3 TrinkwV)

- Es handelt sich um Großanlagen im Sinne der allgemein anerkannten Regeln der Technik: > 400 Liter Speichervolumen des Trinkwassererwärmers oder mehr als drei Liter Inhalt zwischen Trinkwassererwärmer und der einzelnen Entnahmestelle.
- Die Anlage enthält Duschen oder andere Einrichtungen, in denen es zu einer Vernebelung des Trinkwassers kommt.
- Trinkwasser wird im Rahmen einer gewerblichen oder öffentlichen Tätigkeit abgegeben.

4 Temperatur

**Untersuchung auf Legionellen**

Im Sinne einer orientierenden Untersuchung [53] [54] dienen die erforderlichen Probennahmen der Ermittlung einer möglichen Kontamination des Systems. Hierzu sollten in der Regel der Austritt des Trinkwassererwärmers, der Eintritt des Zirkulationsrücklaufs in Trinkwassererwärmer sowie jeder Steigstrang, möglichst weit entfernt von der zentralen Trinkwassererwärmung, auf Legionellen untersucht werden (s. Abb. 1–13). Diese Probennahmestellen sind plausibel und basieren auf Experten-Konsensus. Inwiefern derartige orientierende Untersuchungen allerdings auch empirisch geeignet sind, systemische Legionellen-Kontaminationen in komplexen Hausinstallationen mit hoher Sensitivität zu erkennen, wird derzeit im Rahmen des BMBF-Verbundforschungsvorhabens »Erkennung und Bekämpfung von vorübergehend unkultivierbaren Pathogenen in der Trinkwasser-Installation« (2010–2013) untersucht.

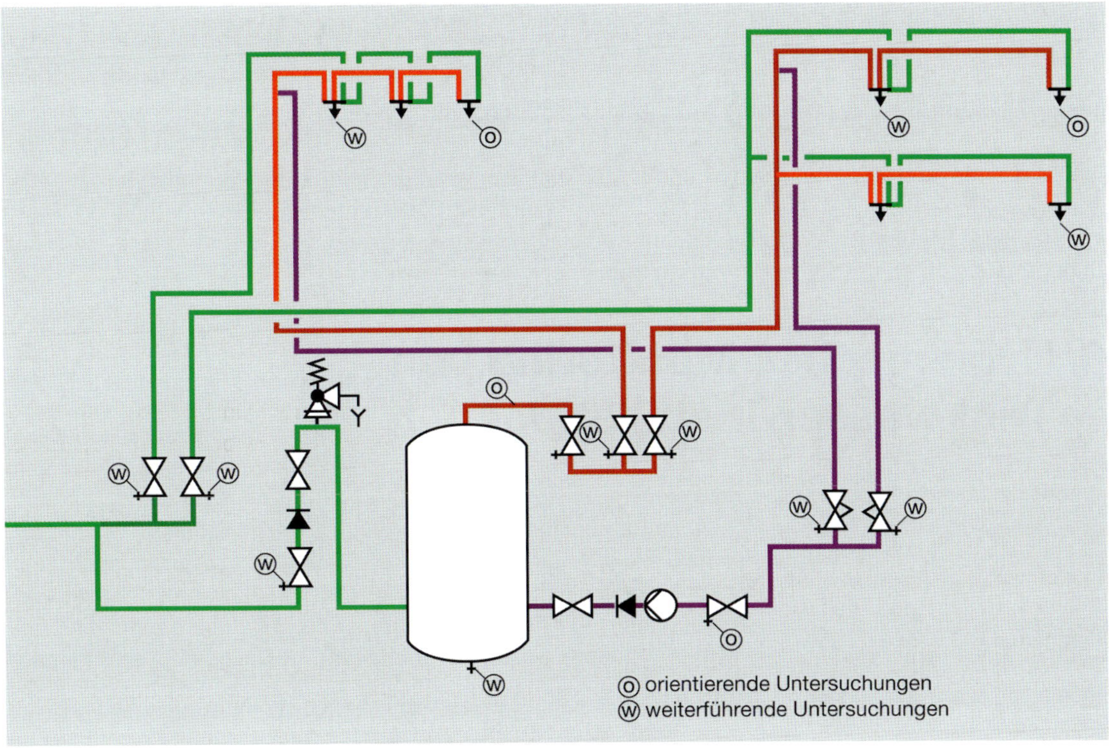


Abb. 1–13 **Anordnung von Probennahmestellen in TWW-Installationen**


[53] DVGW W 551: Technische Regel: Trinkwassererwärmungs- und Trinkwasserleitungsanlagen; Technische Maßnahmen zur Verminderung des Legionellenwachstums; Planung, Errichtung, Betrieb und Sanierung von Trinkwasser-Installationen. Bonn: DVGW, 2004

[54] Umweltbundesamt (Hrsg.): Empfehlung des Umweltbundesamtes nach Anhörung der Trinkwasserkommission des Bundesministeriums für Gesundheit. Periodische Untersuchung auf Legionellen in zentralen Erwärmungsanlagen der Hausinstallation nach § 3 Nr. 2 Buchstabe c TrinkwV 2001, aus denen Wasser für die Öffentlichkeit bereitgestellt wird. In: Bundesgesundheitsblatt 49 2006, H. 7. S. 697 – 700





Vorwort Inhaltsverzeichnis
Hygieneanforderungen TrinkwV und VDI 6023
Planungspraxis EN 806-2 / DIN 1988-200
Systemauslegung DIN 1988-300 / 500 / 600
Trinkwasserhygiene im Bestand Sanierung / Betrieb
Recht / Ausschreibung Planerhaftung
Index

Als »ergänzend systemisch« sind die Untersuchungen auf Legionellen insofern zu verstehen, als ungeachtet dieser Bestimmung die Stelle der Einhaltung für alle in der TrinkwV festgelegten Grenzwerte und Anforderungen der Austritt aus denjenigen Zapfstellen ist, die der Entnahme von Trinkwasser dienen (§ 8 Abs. 1 TrinkwV). Weitere Ausführungen zu Untersuchungspflichten in ständigen Wasserverteilungen (in Gebäuden) finden sich bei den Untersuchungspflichten (§ 14 TrinkwV) allerdings nicht.

Alle Untersuchungen des Trinkwassers einschließlich der Probennahmen sind durch eine hierzu akkreditierte Untersuchungsstelle durchführen zu lassen, die von der zuständigen obersten Landesbehörde als solche gelistet ist (§ 14 Abs. 6, § 15 Abs. 4 und 5 TrinkwV). Alle Untersuchungen müssen entsprechend den in Anlage 5 TrinkwV angegebenen Verfahren und Anforderungen durchgeführt werden.

Vom Gesundheitsamt werden Trinkwasser-Installationen (ständige Wasserverteilungen) regelmäßig überwacht, sofern die Trinkwasserbereitstellung im Rahmen einer öffentlichen Tätigkeit erfolgt (§ 18 TrinkwV). Gemeint sind hierbei Gebäude, in denen Wasser für die Öffentlichkeit bereitgestellt wird: Krankenhäuser und andere medizinische Einrichtungen, Schulen, Kindergärten, Sportanlagen, Pflegeheime, öffentliche Kultur- und Freizeiteinrichtungen, Hotels und Pensionen, Gaststätten etc. Andere Gebäude können bedarfsweise einbezogen werden. Die Notwendigkeit für Besichtigungen von Anlagen legt das Gesundheitsamt fest (§ 19 Abs. 1 TrinkwV). Hierbei ist das Gesundheitsamt nicht nur befugt, Proben zu entnehmen, sondern auch Unterlagen (insbesondere technische Pläne) einzusehen und Grundstücke, Räume und Einrichtungen zu betreten (§ 18 Abs. 2 TrinkwV). Diese Befugnis reflektiert das zu überwachende Erfordernis, dass bei der Wasserverteilung mindestens die allgemein anerkannten Regeln der Technik einzuhalten sind (§ 4 Abs. 1 TrinkwV). Weiterhin hat das Gesundheitsamt die Aufgabe, einen Probennahmeplan festzulegen, der Untersuchungshäufigkeit, -umfang, -zeitpunkt und Probennahmestellen regelt (§ 19 Abs. 2 TrinkwV). Es müssen mindestens diejenigen chemischen und auch mikrobiologischen Parameter an Zapfhähnen, die der Entnahme von Trinkwasser dienen, untersucht werden, die sich in der Trinkwasser-Installation nachteilig verändern können (§ 19 Abs. 1 und 7 TrinkwV).

Dem Verbraucher räumt die Trinkwasserverordnung ein umfassendes, EU-konformes Recht auf Information ein. Auch Inhaber öffentlich oder gewerblich betriebener ständiger Wasserverteilungen müssen demnach ihre Verbraucher mindestens jährlich über die Qualität des verteilten Trinkwassers informieren. Dies umfasst die Ergebnisse durchgeführter Trinkwasseranalysen ebenso wie Angaben zu Aufbereitungsstoffen sowie (ab 1. Dezember 2013) zu vorhandenen Bleileitungen (§ 21 Abs. 1 TrinkwV). Diese Informationspflicht setzt natürlich voraus, dass die zu ihrer Erfüllung gem. §§ 5-8 TrinkwV erforderlichen Untersuchungen regelmäßig und umfassend durchgeführt werden.

# 6 Hygienisches Monitoring von Trinkwasser-Installationen

Interessant ist die Frage, wie sich die Qualität der Trinkwasserversorgung, vor dem Hintergrund umfassender historischer Erfahrungen, neuester hygienisch-mikrobiologischer Erkenntnisse und ausführlicher Regelwerke in der Praxis darstellt. Im Rahmen des BMBF-Verbundprojekts »Biofilme in der Hausinstallation« (2007 – 2010) wurden deshalb alle 419 unteren Gesundheitsbehörden in Deutschland darum gebeten, von ihnen erfasste Daten zu mikrobiologischen, chemischen und physikalischen Trinkwasserparametern gemäß §§ 5-7 TrinkwV sowie Daten zu Konstruktion, Zustand und Betrieb behördlich überwachter Trinkwasser-Installationen gem. § 4 Abs. 1 TrinkwV (Einhaltung der allgemein anerkannten Regeln der Technik) im Zeitraum 2003-2009 zur Verfügung zu stellen. Es handelte sich um die größte derartige Erhebung, die bislang in Deutschland durchgeführt wurde [55] [56].

[55] Völker, S., Schreiber, C. u. T. Kistemann: Drinking water quality in household supply infrastructure – A survey of the current situation in Germany. In: International Journal of Hygiene and Environmental Health 213 (2010), H. 3. S. 204 – 209

[56] Kistemann, T., Schreiber, C. u. S. Völker: Vorkommen mikrobieller Trinkwasserkontaminationen in der Hausinstallation. In: Flemming, H.-C. (Hrsg.): Vermeidung und Sanierung von Trinkwasser-Kontaminationen durch hygienisch relevante Mikroorganismen aus Biofilmen der Hausinstallation. IWW Schriftenreihe 54 (2010) S. 31 – 100. Mülheim

## 6.1 Mikrobiologische, chemische und physikalische Parameter

Insgesamt konnten rund 110 000 Messergebnisse aus 30 000 Probennahmen an 20 000 Probennahmestellen in fast 4 600 Gebäuden zusammengetragen werden. Im Folgenden werden nur diejenigen Parameter berücksichtigt, für die mindestens 100 Messergebnisse vorlagen, um eine ausreichende statistische Aussagefähigkeit zu gewährleisten.

Unter den mikrobiologischen Parametern wurde auf *Legionella* sp. am häufigsten (n = 22 679) getestet. *Pseudomonas* sp. wurde vornehmlich in Gebäuden getestet, die ein höheres Risiko für immun-supprimierte Nutzer darstellen, wie beispielsweise Krankenhäuser und Alten- / Pflegeheime, weshalb nur 3 463 Probenergebnisse für diesen Parameter vorlagen. Eine Übersicht zu allen Resultaten s. Tab. 1–6. Der technische Maßnahme- bzw. der Grenzwert wurde mit 12,8 % am häufigsten für *Legionella* sp. überschritten. Knapp 3,5 % aller Proben hielten den vorgeschriebenen Grenzwert von 100 KBE / ml für KBE 36 °C nicht ein, gefolgt von *Pseudomonas* sp., für welche der Grenzwert von 0 / 100 ml in 2,9 % aller Proben überschritten wurde. Seltener (< 2,0 %) wurden für die Parameter Coliforme, KBE 20 / 22 °C, *Enterococcus* sp. *und E. coli* Überschreitungen der Grenzwerte festgestellt.

**Kaltwassersysteme**

In Kaltwassersystemen (s. Abb. 1–14) wurden KBE 36 °C und KBE 20 / 22 °C mit ca. 6 000 Proben am häufigsten untersucht. Auf coliforme Bakterien und *E. coli* wurde fast genauso oft getestet (n = 5 804 bzw. n = 5 496). Wie bereits erwähnt, wurde auf *Pseudomonas* sp. nicht in der gleichen Regelmäßigkeit wie diese Parameter untersucht (n = 2 006).
Die Parameter *Enterococcus* sp. mit n = 1 096 Proben und *Legionella* sp. mit n = 350 Proben haben nicht die gleiche Priorität wie die anderen Parameter. Für *Clostridium* sp. waren nur 56 Proben verfügbar. *Legionella* sp. überschreitet mit 5,6 % aller Proben am häufigsten den technischen Maßnahmewert in Kaltwassersystemen, jedoch verringert die relativ geringe Anzahl der Proben die Aussagekraft dieser Beobachtung. KBE 36 °C überschreitet den Grenzwert in 2,8 % der Fälle.

Tab. 1–6 **Hygienisches Monitoring von Trinkwasser-Installationen in Gebäuden, die von Gesundheitsämtern überwacht wurden (2003-2009), Teil I: Mikrobiologische, chemische und physikalische Parameter**

| Mikrobiologische Parameter | n | Überschreitungen | Überschreitungen |
|---|---|---|---|
| **Kaltwasser** | | [absolut] | [%] |
| *E. coli* | 5496 | 14 | 0,3 |
| *Enterococcus* **sp.** | 1096 | 4 | 0,4 |
| **Coliforme** | 5804 | 110 | 1,9 |
| **KBE 20/22°C** | 5973 | 75 | 1,3 |
| **KBE 36°C** | 6040 | 169 | 2,8 |
| *Pseudomonas sp.* | 2006 | 38 | 1,9 |
| *Legionella sp.* | 350 | 19 | 5,4 |
| **Warmwasser** | | | |
| *E. coli* | 232 | 5 | 2,2 |
| **Coliforme** | 244 | 4 | 1,6 |
| **KBE 22°C** | 2093 | 11 | 0,5 |
| **KBE 36°C** | 2096 | 110 | 5,2 |
| *Pseudomonas sp.* | 131 | 3 | 2,3 |
| *Legionella sp.* | 19184 | 2369 | 12,3 |
| | | | |
| **Chemische Parameter** | | | |
| **Kalt- und Warmwasser** | | | |
| **Antimon** | 286 | 5 | 1,7 |
| **Blei** | 3560 | 167 | 4,7 |
| **Cadmium** | 2257 | 16 | 0,7 |
| **Eisen** | 1115 | 85 | 7,6 |
| **Kupfer** | 2411 | 30 | 1,2 |
| **Nickel** | 3538 | 379 | 10,7 |

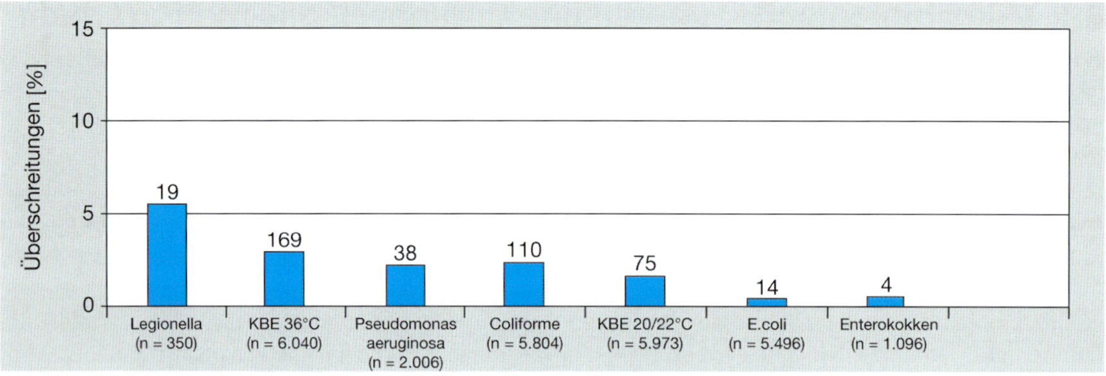


Abb. 1–14 **Grenzwertüberschreitungen in PWC-Systemen, Deutschland 2003–2009**

Auch die Grenzwerte von *Pseudomonas* sp. (1,9 %) und coliformen Bakterien (1,9 %) wurden in relevantem Umfang überschritten.

**Warmwassersysteme**

In Warmwassersystemen (s. Abb. 1–15) liegen die meisten Resultate für *Legionella* sp. (n = 19 184) vor, gefolgt von KBE 36 °C (n = 2 096) und KBE 20/22 °C (n = 2 093). Auf andere Mikroorganismen wie coliforme Bakterien (n = 244), *E. coli* (n = 232) und *Pseudomonas* sp. (n = 131) wurde nur selten untersucht.

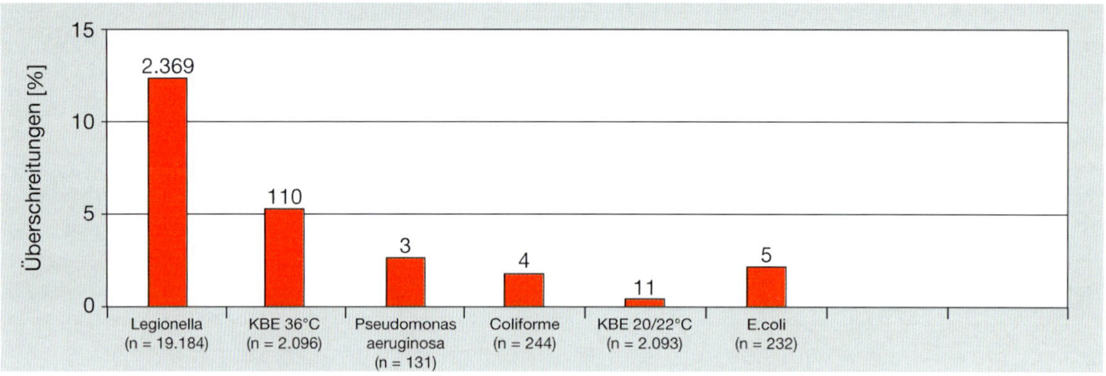


Abb. 1–15 **Grenz-/Maßnahmewertüberschreitungen in PWH-Systemen, Deutschland 2003–2009**

**Legionellen in 12 % aller Warmwasserproben**

Die höchste Beanstandungsfrequenz mit 12,3 % aller untersuchten Proben fand sich für Legionellen. KBE 36 °C überschreitet den Grenzwert in 5,2 % aller Warmwasserproben. Das Warmwassersystem erweist sich günstiger für das Wachstum von Bakterien, die bei einer Temperatur von 36 °C wachsen, als das Kaltwassersystem. *Pseudomonas* sp. (n = 131) überschritt im Warmwasser in 2,3 % aller Untersuchungen den Grenzwert; wegen geringer Probenzahl ist die Aussagekraft jedoch eingeschränkt. In der gleichen Größenordnung lag die Überschreitungsfrequenz für *E. coli* (2,2 %) und Coliforme (1,6 %). Bezüglich der chemischen Parameter (Tab. 1–4) wird offensichtlich, dass diese nicht so oft überprüft wurden wie die mikrobiologischen. Testergebnisse zu Blei wurden am häufigsten ermittelt (n = 3 539), gefolgt von Nickel (n = 3 484) und Kupfer (n = 2 407). In 10,9 % aller Fälle überschreitet Nickel den vorgeschriebenen Grenzwert, Blei in 4,7 % aller Fälle. Das Limit für Kupfer wird in 1,2 % der Proben nicht eingehalten, das für Eisen in 7,6 % der Proben.

Die Temperatur im Warmwasser wird oft gemessen: 16 075 Ergebnisse wurden für diesen Parameter gesammelt. Im Vergleich wurde im Kaltwassersystem die Temperatur sehr viel seltener erfasst (n = 3 179). Die Warmwassertemperatur war in 47,9 % der Fälle unter dem gewählten Limit von 50 °C. Der Grenzwert von 25 °C im Kaltwassersystem wird in 3,5 % der Fälle überschritten.

## 6.2 Einhaltung der allgemein anerkannten Regeln der Technik

Zu hausinstallationstechnischen Daten konnten ca. 16000 Einzelangaben aus über 1000 Gebäuden erfasst werden. Insgesamt wurden 71 unterschiedliche Merkmale durch die Gesundheitsämter mitgeteilt. Die wichtigsten verbauten Installationsmaterialien (n = 1 137) waren Kupfer (52 %), verzinktes Eisen (17 %), Stahl (13 %) und Kunststoffe (PE, PTFE, PVC; 13 %); Blei wurde noch in 1 % der untersuchten ständigen Wasserverteilungen gefunden. In immerhin 13 % der Gebäude wird eine Trinkwasser-Desinfektionsanlage betrieben. Als Desinfektionsverfahren wurden der Einsatz von Chlorverbindungen, UV-Licht und Temperatur genannt.
In Tab. 1–7 sind sechs der erfassten 71 technischen Merkmale dargestellt.

2 Bestimmungsgemäßer Betrieb

Tab. 1–7 **Hygienisches Monitoring von Trinkwasser-Installationen in Gebäuden (2003-2009), die von Gesundheitsämtern überwacht wurden (2003-2009), Teil II: Einhaltung der allgemein anerkannten Regeln der Technik (Auswahl)**

| Technisches/betriebliches Merkmal | n | Abweichung a.a.R.d.T. [absolut] | Abweichung a.a.R.d.T. [%] |
|---|---|---|---|
| Regelmäßige Wartung | 498 | 162 | 32,5 |
| Spülung nach Nutzungsunterbrechung > 4 Wochen | 290 | 163 | 56,2 |
| Rückbau nicht genutzter Installationen (Totstränge) | 327 | 212 | 64,8 |
| Ausreichende Isolierung der Warmwasserinstallation | 282 | 93 | 33,0 |
| Warmwasser-Zirkulationsleitung vorhanden | 390 | 117 | 30,0 |
| Einhaltung der 5 K-Regel in der Warmwasserinstallation | 116 | 42 | 36,2 |

**a.a.R.d.T.**
allgemein anerkannte Regel der Technik

**Wartung wird oft vernachlässigt**

Diese stellen Beispiele für die gemäß § 4 Abs. 1 TrinkwV geforderte Einhaltung der allgemein anerkannten Regeln der Technik dar. Eine Wartung der Hausinstallation findet in einem Drittel der diesbezüglich untersuchten Gebäude nicht statt. In zwei Drittel der Gebäude wurden nicht zurückgebaute Totstränge mit Stagnationswasser registriert. Über die Hälfte der Betreiber gab an, nach einer mehr als vierwöchigen Nutzungsunterbrechung keine Spülung der Leitungen durchzuführen. In einem Drittel der Gebäude war die thermische Dämmung des Leitungsnetzes unvollständig oder nicht vorhanden. Die Forderung, dass in Warmwasserinstallationen die Wassertemperatur im System um nicht mehr als 5 K gegenüber der Warmwasseraustrittstemperatur des Trinkwassererwärmers unterschritten wird (»5-K-Regel«, DVGW Arbeitsblatt W551) wird in über einem Drittel der Gebäude nicht eingehalten. Ein Trinkwassererwärmer, der in der Lage ist, den gesamten Trinkwasserinhalt mindestens einmal am Tag auf ≥60 °C zu erwärmen, fehlt immerhin in etwa einem Fünftel der diesbezüglich erfassten Gebäude.

## 6.3 Fazit

Die meisten mikrobiologischen Untersuchungsergebnisse liegen zu Legionellen vor. Gleichzeitig wurden für diesen Parameter auch im Warmwasser mit 12,8 % mit Abstand die häufigsten Überschreitungen, in diesem Fall des Maßnahmewertes, berichtet. Nicht nur in Warmwasser-Installationen, sondern auch in Kaltwasser-Installationen wies *Legionella* – bei allerdings kleiner Stichprobengröße – mit über 5 % die höchste Beanstandungsfrequenz auf. Hierbei ist allerdings zu berücksichtigen, dass für Gebäude mit bekannter Legionellenproblematik oft zahlreiche Einzelbefunde vorliegen. Für die anderen mikrobiologischen Parameter lag die Beanstandungsfrequenz bei 0,3-3,5 %.

Mit Nickel, Eisen und Blei stehen naturgemäß diejenigen Metalle im Mittelpunkt der chemischen Belastungen in ständigen Wasserverteilungen, die ihren Ursprung in Rohrmaterialien und Armaturen haben. Erstaunlich ist die Beobachtung, dass selbst unter Zugrundelegung des »weichen« minimalen Betriebstemperaturwertes für Kleinanlagen von 50 °C [53] fast die Hälfte der diesbezüglich untersuchten Proben in Warmwasser-Installationen zu beanstanden war. In Kaltwasser-Installationen war hingegen die Beanstandungsfrequenz deutlich geringer.

Zusammengefasst lässt sich bezüglich der mikrobiologischen und chemischen Trinkwasser-Parameter feststellen, dass nur für Legionellen, Nickel und Eisen die Beanstandungsfrequenz über 5 % lag. Eine überragende Sonderstellung nimmt die Beanstandungsfrequenz bei den Warmwassertemperaturen ein. Dies ist im Zusammenhang mit den beträchtlich höheren Beanstandungsfrequenzen bezüglich der Einhaltung der allgemein anerkannten Regeln der Technik zu sehen, die hier nur exemplarisch vorgestellt werden konnten.

Aus den Beobachtungen lassen sich folgende Schlussfolgerungen ableiten

- Als kritisch hinsichtlich der Einhaltung der Vorgaben gemäß § 4 Abs. 1 TrinkwV erwies sich die Einhaltung der allgemein anerkannten Regeln der Technik hinsichtlich Planung, Bau, Inbetriebnahme, Betrieb, Instandhaltung und Wartung von Trinkwasser-Installationen.

Temperatur 4

- Damit in Zusammenhang steht die Beobachtung, dass geforderte Warmwassertemperaturen sehr oft nicht eingehalten werden und auch die Zahl der Beanstandungen für das temperatursensible Bakterium *Legionella* sp. relativ hoch ist.
- Andere mikrobiologische Parameter zeigten hingegen geringe Reaktion auf die Abweichungen von den allgemein anerkannten Regeln der Technik.
- Dies bedeutet, dass einerseits das technische Regelwerk offensichtlich hinsichtlich dieser Parameter mit großzügigen Sicherheitszuschlägen versehen ist, aber andererseits auch, dass diese Laborparameter ungeeignet sind, um brauchbare Aussagen zum technischen Betriebszustand von Trinkwasser-Installationen abzuleiten. Es ist mithin notwendig und berechtigt, wenn Erkenntnisse hierzu gemäß § 18 Abs. 2 TrinkwV ergänzend zu Probennahmen von Trinkwasser durch die Gesundheitsämter zu erheben sind.
- Einige Metalle (Nickel, Eisen, Blei) erwiesen sich darüber hinaus weiterhin als problematisch.
- Diese Ergebnisse unterstreichen, dass der Einhaltung der allgemein anerkannten Regeln der Technik besonders große Aufmerksamkeit zu schenken ist, um hygienisch sicheres und den Anforderungen der Trinkwasserverordnung entsprechendes Trinkwasser bereitzustellen.

[53] DVGW W 551: Technische Regel: Trinkwassererwärmungs- und Trinkwasserleitungsanlagen; Technische Maßnahmen zur Verminderung des Legionellenwachstums; Planung, Errichtung, Betrieb und Sanierung von Trinkwasser-Installationen. Bonn: DVGW, 2004

# 7 Hygiene-Anforderungen an Trinkwasser-Installationen

Die vorstehenden Ausführungen haben deutlich gemacht, dass zwischen der Trinkwasser-Installation als Teil der technischen Gebäudeausrüstung, der hygienischen Qualität des Trinkwassers und damit der Gesundheit der Gebäudenutzer ein sensibler Zusammenhang besteht. Die Trinkwasser-Installation ist die letzte Säule des Multi-Barrieren-Prinzips in der Wasserversorgung [57], bevor das Trinkwasser den Konsumenten erreicht. Neuere epidemiologische und hygienisch-mikrobiologische Erkenntnisse haben aufgezeigt, dass die Bedeutung der Trinkwasser-Installation für die Qualität des Trinkwassers am Ort der Entnahme lange Zeit eher unterschätzt wurde [52]. Neuere Ausgaben der einschlägigen technischen Regelwerke (VDI 6023 [58], DIN 1988 [59]) schenken vor diesem Hintergrund hygienischen Aspekten bei Planung, Installation, Dichtheitsprüfung, Spülung, Inbetriebnahme, Betrieb und Betriebsunterbrechung zunehmend Beachtung. Das Ziel muss sein, auch nach der Einspeisung in Gebäude eine einwandfreie Trinkwasserqualität zu bewahren. Im Folgenden wird, entlang der Struktur von VDI-Richtlinie 6023 [58] und unter Berücksichtigung weiterer relevanter technischer Regeln, dargestellt, welche vorsorgend planende, benutzende und betreibende sowie erhaltend-pflegende Handlungen und Maßnahmen zu beachten und aufeinander abzustimmen sind, um dieses gesundheitsorientierte Qualitätsziel zu erreichen.

## 7.1 Hygienegerechte Planung, Installation und Inbetriebnahme von Trinkwasser-Installationen

### 7.1.1 Kritische Größen der hygienegerechten Planung

Die Planung von hygienegerechten Trinkwasser-Installationen ist eine anspruchsvolle Aufgabe, die unter anderem gründliche Kenntnisse über die Zusammenhänge von Technischer Gebäudeausrüstung, Hygiene und Gesundheitsschutz voraussetzt. Es ist deshalb unverzichtbar, dass bereits in der Planungsphase Architekt, Fachingenieur, Bauherr und gegebenenfalls (bei Hygiene-sensiblen Gebäuden wie Krankenhäusern) Hygieniker eng kooperieren, um eine den spezifischen Trinkwasser-hygienischen Ansprüchen gerecht werdende Trinkwasser-Installation zu planen.

3 Raumbuch

Die mit dem Bauherrn abgestimmte Planung wird in einem detaillierten Raumbuch beschrieben, welches bei der Bauausführung zu beachten ist. Dieses umfasst einerseits eine vollständige Darstellung – sinnvollerweise durch Zeichnung und textliche Erläuterung – der Trinkwasser-Installation von den zentralen Anlagenteilen bis zu den einzelnen Entnahmestellen, die einzeln nach Lage, Art und Nutzungsfrequenz charakterisiert werden. Andererseits gehört ins Raumbuch auch die raumscharfe Nutzungsdarstellung unter Zugrundelegung des Bestimmungsgemäßen Betriebs. Notwendige Instandhaltungs-
maßnahmen sollten mit Angabe von Umfang und Intervall ebenso nicht fehlen wie Angaben zur erforderlichen Qualifikation des Betreibers und zum Temperaturregime im Kalt- und Warmwasser.

4 Temperatur

Temperatur ist aus trinkwasserhygienischer Sicht eine kritische Größe (s. Buchkapitel 2/Schulte und 3/Rudat). Es gilt, den für zahlreiche pathogene Mikroorganismen besonders günstigen Temperaturbereich von 25–55 °C zu kontrollieren, um nicht deren Vermehrung zu begünstigen. Aus diesem Grund ist es besonders wichtig, Trinkwasserleitungen für kaltes und warmes Trinkwasser, durch Dämmung oder räumliche Trennung, thermisch sicher zu entkoppeln (VDI 6023, 4.2.3), denn gerade die wechselseitige Beeinflussung, z. B. über eine längere Strecke in einem Installationsschacht, kann dazu führen, dass sowohl Kalt- als auch Warmwassertemperaturen dauerhaft und unkontrolliert in den kritischen Bereich rutschen.

[57] DVGW W 1001: Technische Mitteilung: Sicherheit in der Trinkwasserversorgung – Risikomanagement im Normalbetrieb. Bonn: DVGW, 2008

[52] Ergebnisse einer Expertenanhörung am 31.3.2004 im Universitätsklinikum Bonn. Hausinstallationen, aus denen Wasser für die Öffentlichkeit bereitgestellt wird, als potenzielles Infektionsreservoir mit besonderer Berücksichtigung von Einrichtungen zur medizinischen Versorgung – Kenntnisstand, Prävention und Kontrolle. In: Bundesgesundheitsblatt – Gesundheitsforschung – Gesundheitsschutz 49 (2006). S. 681 – 686

[58] VDI 6023 Blatt 1: Hygiene in Trinkwasser-Installationen. Anforderungen an Planung, Ausführung, Betrieb und Instandhaltung. Juli 2006

[59] DIN 1988-200: Technische Regeln für Trinkwasser-Installationen – Teil 200: Installation Typ A (geschlossenes System) – Planung, Bauteile, Apparate, Werkstoffe; Technische Regel des DVGW. Entwurf vom Juni 2011

Die TrinkwV [43] [1] liefert zur Temperatur keine eigenen Angaben oder Grenzwerte. Der frühere Grenzwert für die Kaltwassertemperatur von 25 °C wurde bereits 2001 gestrichen. Die Angabe von maximal 25 °C findet sich jedoch im technischen Regelwerk (DIN 1988-200, 8.3; VDI 6023, 5.1). Generell gilt, dass Kaltwasser möglichst kühl sein soll, um die Lösung chemischer Kontaminanten und das mikrobielle Wachstum nicht zu begünstigen [41]. Hinsichtlich der einzuhaltenden Warmwasser-Temperaturen sind die Angaben des DVGW-Arbeitsblattes W 551 (Abschnitt 6) maßgeblich: Am Austritt des Trinkwassererwärmers werden für Großanlagen mindestens 60 °C, für Kleinanlagen (Speichervolumen < 400l) mindestens 50 °C gefordert. Dazu muss aber im Betrieb ein Wasseraustausch innerhalb von drei Tagen sichergestellt sein (DIN 1988-200, 9.6.2.3). Andernfalls müssen auch Kleinanlagen mit 60 °C am Austritt des Trinkwassererwärmers betrieben werden. Die Temperaturdifferenz zwischen Austritt aus dem Trinkwassererwärmer und Zirkulationswassereintritt darf in keinem Fall 5 K überschreiten.

Wasseraustausch 5

Durchströmung 6

**Gutes Wasser fließt!**

Eine weitere aus trinkwasserhygienischer Sicht wichtige Größe ist die Dynamik der Wasserbewegung in der Trinkwasser-Installation, die sich durch Wasseraustausch und Durchströmung (Strömungsgeschwindigkeit) charakterisieren lässt. Gutes Wasser fließt! Auch unter weniger günstigen ökologischen Bedingungen (hinsichtlich Temperatur, Nährstoffangebot) kann sich nämlich (entsprechend langsames) mikrobielles Wachstum zeigen, wenn nur genügend Zeit zur Verfügung steht, das heißt, wenn die Dynamik der Wasserbewegung gering ist oder das Wasser im Rohrquerschnitt teilweise stagniert. Gerade in überdimensionierten Leitungen – in denen dazu noch Teillastbetrieb die Regel ist – besteht nämlich das Risiko, dass nur ein laminarer Stromfaden im Zentrum strömt, und damit an den Rohrwandungen der geforderte Wasseraustausch nicht gewährleistet werden kann. Dieser Zusammenhang wurde in der Vergangenheit häufig in extremer Form nachgewiesen, wenn »nasse« Feuerlöschleitungen – obwohl hinsichtlich der Trinkwassergüte hierzu vollkommen ungeeignet – als überdimensionierte Verteilleitung für Trinkwasser »missbraucht« wurden.
Deshalb ist es im Sinne der Trinkwasserhygiene wichtig, wenn Rohrdimensionierungen so gering wie möglich gewählt werden. Vor diesem Hintergrund ist die exakte Erfassung von Nutzungen so wichtig; Gleichzeitigkeiten der Trinkwasserentnahme sind stets kritisch zu hinterfragen und aktuelle Erfahrungswerte aus vergleichbaren Gebäuden sollten herangezogen werden. Um kleine Nennweiten zu erreichen, sollte der kleinstmögliche Gleichzeitigkeitsfaktor gewählt werden (VDI 6023, Kap. 4.3.1).

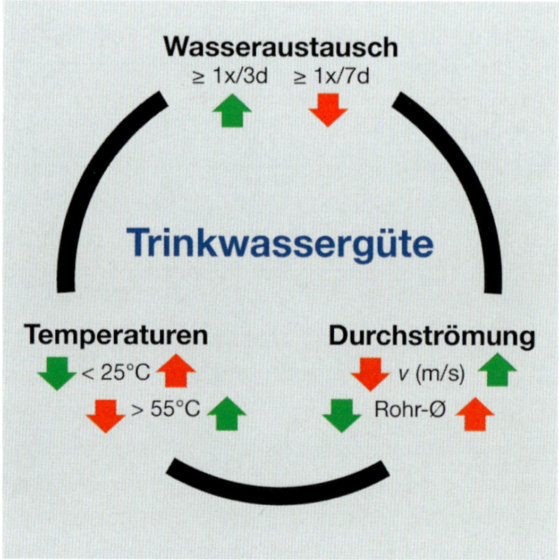


Abb. 1–16 **Wirkdreieck der Trinkwassergüte: Temperatur/Wasseraustausch/Durchströmung**[1]

[43] Erste Verordnung zur Änderung der Trinkwasserverordnung 2011 vom 3. Mai 2011. In: Bundesgesetzblatt 2011, Teil 1, S 748
[1] Verordnung zur Novellierung der Trinkwasserverordnung vom 21. Mai 2001. In: Bundesgesetzblatt 2001, Teil 1, S. 959 – 980
[60] World Health Organisation (Hrsg.): Guidelines for Drinking-water Quality. Genf, 2004
1 S. Buchkapitel 2/Schulte W Abb. 2–2

Auch sollte das Rohrleitungsnetz so einfach und übersichtlich wie möglich – unter Verzicht auf Überflüssiges und unter möglichst konsequenter Vermeidung von Toträumen – aufgebaut werden; ein Prinzip, das in der Krankenhaushygiene beim Zusammenstellen von Infusionssystemen seit langem gilt. Durch die Leitungsführung und die Anordnung der Entnahmestellen sollte ein kontinuierlicher, höchstmöglicher Wasseraustausch angestrebt werden. Stichleitungen zu einzelnen Entnahmestellen sollten so kurz wie möglich bzw. das Wasservolumen so klein wie möglich sein. Als Obergrenze gelten 3 Liter (VDI 6023, 4.3.1, DIN 1988-200, 8.1).

**Wirkdreieck der Trinkwassergüte**

Temperatur, Wasseraustausch und Durchströmung sind zweifellos wesentliche, zusammenwirkende Einflussgrößen auf die hygienisch-mikrobiologische Trinkwasserqualität (s. Abb. 1–16). Sie werden allerdings in den technischen Regelwerken bislang jeweils eher isoliert behandelt; auch empirische Analysen zum Zusammenwirken in der Trinkwasser-Installation fehlen weitgehend. So wird z. B. der Zusammenhang zwischen Legionellen und Temperatur regelmäßig auch statistisch untersucht, ohne die beiden anderen möglichen »Stellgrößen«, Wasseraustausch und Durchströmung, quantitativ einzubeziehen [55] [61] [62]. Vielmehr beruhen Einschätzungen zum Zusammenspiel der Faktoren eher auf Erfahrungswissen und anekdotischen Mitteilungen. Eine Außenzapfstelle (frostsicheres Gartenventil) ist dafür ein gutes Beispiel: Während des Winterhalbjahrs werden solche Zapfstellen üblicherweise nicht benutzt – monatelange Stagnationszeiten sind zwangsläufig die Folge. Ob solche Teilstrecken im Rohrnetz jedoch als hygienisch kritisch zu bewerten sind, hängt in der Praxis von mindestens einem zweiten Einflussfaktor, nämlich der Stagnationstemperatur ab. Beträgt diese entsprechend der Umgebungsluft in unbeheizten Kellerräumen nur 12–15 °C, wird ein Risiko für die systemische Trinkwassergüte nicht erwartet, zumal wenn nach der Stagnation eine optimale Strömung von bis zu 3 m/s erfolgt. Demgegenüber kritisch würde der Sachverhalt bei Verlegung der Rohrleitung in einem Heizraum, in einer abgehängten Decke mit hohen Wärmelasten oder in der Estrichausgleichschicht unterhalb einer Fußbodenheizung gesehen.

Für die bodenverlegte Einzelzuleitung zur Spüle in der Küche werden trotz Erwärmung bei Fußbodenheizung wegen des sehr hohen (20–30fachen) täglichen Wasseraustauschs und der guten Durchströmung (ca. 1 m/s) keine relevanten trinkwasserhygienischen Probleme erwartet. Anders wird in der Praxis eine bodenverlegte Einzelzuleitung zu einem Ausgussbecken im Abstellraum eines Verwaltungsgebäudes mit Fußbodenheizung bewertet. Zu den zu erwartenden Stagnationstemperaturen von >30 °C kämen hier auch möglicherweise lange Stagnationszeiten über Wochen oder Monate hinzu. Auch eine bedarfsgerechte Rohrweitenermittlung für eine optimale Durchströmung würde das Risiko nicht kompensieren, weil der Bestimmungsgemäße Betrieb mit dem notwendigen Spüleffekt eben nicht stattfindet.

Bei überdimensionierten Verteilleitungen, für die keine bedarfsgerechte Grundlagenermittlung vor der Systemauslegung erfolgte oder Nutzungsänderungen eingetreten sind und ein angemessener Rückbau nicht durchgeführt wurde, gilt hingegen die Durchströmung als kritische Größe.

Es ist also nicht nur von wissenschaftlichem, sondern auch praktischem Interesse zu untersuchen, ob zum Beispiel zwei Einflussfaktoren des Wirkdreiecks (s. Abb. 1–16) im »grünen« Bereich den Einfluss des jeweils dritten Faktors im »roten« Bereich für die systemische Trinkwassergüte regelhaft kompensieren können (s. hierzu Kap. 9).

Neben diesen eher grundsätzlichen Betrachtungen sind eine Reihe weiterer Planungsdetails von hoher trinkwasserhygienischer Relevanz. Nicht durchströmte Leitungen (z. B. Bypass-Leitungen an Apparaten) ebenso wie Feuerlöschleitungen »nass«, die an die Trinkwasser-Installation angeschlossen sind, sind grundsätzlich unzulässig (VDI 6023, 4.1). Auch der »vorausschauende« Einbau von Rohrleitungen oder Anlagenteilen für Nutzungen, die möglicherweise zukünftig gewünscht sind, ist nicht zulässig. Direkt an die Trinkwasser-Installation angeschlossene Maschinen und Geräte müssen durch geeignete Sicherungseinrichtungen eigensicher sein, um eine Verunreinigung der Trinkwasser-Installation, ausgehend von diesen Geräten, zu vermeiden (VDI 6023, 4.3.2; s. hierzu DIN EN 1717 [63]).

[55] Völker, S., Schreiber, C. u. T. Kistemann: Drinking water quality in household supply infrastructure – A survey of the current situation in Germany. In: International Journal of Hygiene and Environmental Health 213 (2010), H. 3. S. 204 – 209

[61] Pleischl, S.: Zum Vorkommen von Legionellen in wasserführenden technischen Systemen und der Wirksamkeit von Sanierungsmaßnahmen unter Praxisbedingungen. Dissertation. Universität Bonn. 2004

[62] Mathys, W., Stanke, J. Harmuth, M. u. E. Junge-Mathy: Occurrence of *Legionella* in hot water systems of single-family residences in suburbs of two German cities with special reference to solar and district heating. In: International Journal of Hygiene and Environmental Health 211 (2008), S. 179 – 185

[63] DIN EN 1717: Schutz des Trinkwassers vor Verunreinigungen in Trinkwasser-Installationen und allgemeine Anforderungen an Sicherheitseinrichtungen zur Verhütung von Trinkwasserverunreinigungen durch Rückfließen. August 2011, Beuth-Verlag

Andernfalls könnten bei Rücksaugung von Wasser, bei Stagnation, aber sogar gegen die Strömungsrichtung des Wassers, Mikroorganismen in die Trinkwasser-Installation eindringen. Deshalb sollten die Sicherungseinrichtungen auch bereits in der Einzelzuleitung, so nah wie möglich an deren Abgang, eingebaut werden.

Besondere Vorsicht ist beim gleichzeitigen Betrieb mehrerer Wasserinstallationen in einem Gebäude gefordert. Trinkwasser-Installationen, die von einem öffentlichen Versorger gespeist werden, dürfen weder mit Eigenversorgungsanlagen noch mit Nicht-Trinkwasser-Installationen unmittelbar verbunden sein. Eine Befüllung darf nur über einen freien Auslauf erfolgen. Nicht-Trinkwasser-Installationen müssen durchgängig als solche gekennzeichnet werden, um versehentlichen Einbau von Querverbindungen oder versehentlichen Konsum zu vermeiden. Komponenten, die einmal für eine Nicht-Trinkwasser-Installation genutzt wurden, dürfen später – auch nach Spülung – nicht als Trinkwasser-Installation genutzt werden (VDI 6023, 4.1), weil damit zu rechnen ist, dass organische Verunreinigungen in der Installation verbleiben, die Mikroorganismen als Nährstoffquelle dienen und so mikrobielles Wachstum begünstigen.

**Wasserbehandlung**

Maßvoll dimensionierte Behandlungsmaßnahmen zur Vermeidung von Steinbildungen (Enthärtung) können aus trinkwasserhygienischer Sicht sinnvoll sein, weil die Bildung von Ablagerungen in der Trinkwasser-Installation die Fläche und Rauigkeit der Innenoberflächen erhöht und damit die Biofilmbildung begünstigt. Es kann unter ungünstigen Umständen auch zur lokalen Beeinträchtigung der Wasserdynamik und damit zu verzögertem Wasseraustausch kommen. Aus dem gleichen hygienischen Grund – neben anderen Gründen – gilt es auch, unter Berücksichtigung der Trinkwasserbeschaffenheit, über die das Wasserversorgungsunternehmen Angaben macht, durch geeignete Werkstoffauswahl Korrosion zu vermeiden.

Bereits bei der Planung ist auch an die Instandhaltung zu denken. Im späteren Betrieb sollten Inspektions-, Reinigungs-, Desinfektions-, Wartungs- und Instandsetzungsarbeiten an allen Apparaten und relevanten Anlagenteilen möglichst einfach möglich sein. Deshalb sollte auch die Technikzentrale des Gebäudes ausreichend geräumig bemessen sein. Erfahrungsgemäß werden Arbeiten vielfach allein deshalb nicht durchgeführt, weil Anlagenteile schlecht zugänglich oder einsehbar sind. Auch die Einrichtung von Probeentnahmestellen sollte bereits in der Planung sorgfältig berücksichtigt werden und gegebenenfalls mit einem Hygieniker oder der Aufsichtsbehörde (Gesundheitsamt) abgestimmt werden. Sie sind eindeutig zu kennzeichnen und im Plan einzuzeichnen. Das spätere Nachrüsten von Probeentnahmearmaturen ist aufwändig. Wenn mikrobiologische Proben entnommen werden sollen, müssen die Probeentnahmearmaturen, üblicherweise durch Abflämmen, desinfizierbar sein.

### 7.1.2 Installation

Alle in Trinkwasser-Installationen verbauten, mit Trinkwasser in Kontakt kommenden Oberflächen von Anlagenteilen müssen bei Transport und Lagerung vor Verschmutzungen jeder Art geschützt werden (VDI 6023, 4.7). In diesen Schutz sind darüber hinaus auch Herstellung, Produktkontrolle, Verpackung und Zwischenlagerung einzubeziehen. So ist zum Beispiel vom Lieferanten dafür Sorge zu tragen, dass Anlagenteile (Bsp.: Druckerhöhungsanlage) unter Beachtung der allgemein anerkannten Regeln der Technik auf Dichtheit geprüft werden, und dass nicht – etwa durch die Verwendung von Betriebswasser bei der Dichtheitsprüfung – bereits beim Hersteller vor der Auslieferung eine Verunreinigung mit Mikroorganismen eingetragen wird, die später zu großen Problemen in der gesamten Trinkwasser-Installation führen kann. Auf der Baustelle sind Verschmutzungen durch Eintrag von Staub, Erde, Tieren, Schmutzwasser etc. zu vermeiden. Deshalb sollten auch Schutzvorrichtungen (z. B. Stopfen) von Anlagenteilen erst unmittelbar vor der Montage entfernt werden. Vor der Montage sollte eine Sichtprüfung vorgenommen werden, montierte Anlagenteile müssen an den offenen Anschlussstellen gegen Schmutzeintrag geschützt werden. Der ausführende Fachhandwerker sollte sich auch jederzeit der Tatsache bewusst sein, dass er eine Anlage installiert, durch welche schon bald ein Lebensmittel transportiert wird.

Dennoch: Der Handwerker arbeitet nicht im OP-Saal, sterile Handschuhe sind sicherlich nicht zu fordern. Aber gewisse Hygienestandards, wie etwa gründliches Händewaschen nach der Benutzung der Toilette oder nach schmutzigen Arbeiten, sollten unbedingt beachtet und bereits in der Ausbildung vermittelt werden.

**Hygienestandard auf der Baustelle**

Unvermeidlich zu verwendende Hilfsstoffe wie zum Beispiel Dicht-, Gleit-, Schneid- oder Klebemittel, die bei der Montage mit Innenoberflächen der Trinkwasser-Installation in Berührung kommen, müssen gesundheitlich, geruchlich und geschmacklich unbedenklich sein und durch Spülen entfernbar sein (VDI 6023, 4.8). Denn auch diese organischen Verbindungen können Mikroorganismen als Nährstoff dienen.

### 7.1.3 Inbetriebnahme

Vor der Inbetriebnahme einer Trinkwasser-Installation ist eine Prüfung ihrer Dichtheit unabdingbar. Mit Wasser darf diese Dichtheitsprüfung nur mit Wasser von Trinkwasserqualität erfolgen, das *Pseudomonas aeruginosa* in 100 ml nicht enthält, und nur dann, wenn die Trinkwasser-Installation unmittelbar danach in Betrieb genommen wird [52]. Dieses Vorgehen kommt mithin in der Regel nicht in Frage, weil zwischen Dichtheitsprüfung und Beginn des Bestimmungsgemäßen Betriebs meist noch Wochen oder Monate vergehen. Trinkwasser-Installationen, die nicht unmittelbar nach Dichtheitsprüfung in Betrieb gehen, werden mit ölfreier Druckluft bzw. inerten Gasen (Stickstoff) geprüft. Diese Vorgehensweise ist in Gebäuden mit Nutzungen, die erhöhte Hygienemaßnahmen erfordern, zwingend erforderlich [52]. Über die Dichtheitsprüfung sind Protokolle anzulegen.

**Befüllung = Inbetriebnahme**

Die Inbetriebnahme einer Trinkwasser-Installation beginnt zum Zeitpunkt ihrer Befüllung mit Trinkwasser. Die Befüllung darf nicht über einen temporären oder flexiblen Anschluss (Bauwasseranschluss) erfolgen, sondern ausschließlich über einen vom Wasserversorgungsunternehmen eingerichteten, fest verlegten und gespülten Hausanschluss. Das für die Befüllung verwendete Trinkwasser muss gefiltert sein und den Anforderungen gem. TrinkwV genügen. Bei hygienisch sensiblen Gebäuden, die der medizinischen Versorgung dienen werden, muss zusätzlich der Nachweis geführt werden, dass *Pseudomonas aeruginosa* in 100 ml nicht nachweisbar ist.

Abweichend von der derzeit gültigen VDI 6023, wonach jede Trinkwasser-Installation mit der Befüllung sorgfältig gespült werden muss (4.9.2), wird in technischen Fachkreisen darüber diskutiert, ob eine Richtlinien-konform geplante und errichtete Anlage gespült werden muss. Warum auf diese Maßnahme zur ergänzenden Sicherung der Trinkwasserqualität verzichtet werden soll, ist aus trinkwasserhygienischer Sicht nicht nachvollziehbar. Offensichtlich wird erwartet, dass bei Richtlinien-konformer Planung, Ausführung und Inbetriebnahme eine Kontamination – die auszuspülen wäre – nicht erwartet wird. Die Spülung erfolgt dann quasi durch den Bestimmungsgemäßen Betrieb bei optimaler Durchströmung und optimalem Wasseraustausch. Aus trinkwasserhygienischer Sicht sollte auf eine Spülung dennoch nicht verzichtet werden. Diese sollte protokolliert werden.

In jedem Fall hat aber mit der Befüllung der Bestimmungsgemäße Betrieb zu beginnen. Da ein Bestimmungsgemäßer Betrieb eine maximal dreitägige Nichtnutzung der Trinkwasser-Installation erlaubt, muss demnach spätestens 72 Stunden nach der Befüllung/Spülung der Bestimmungsgemäße Betrieb aufgenommen werden.

Unmittelbar nach Inbetriebnahme muss die einwandfreie hygienisch-mikrobiologische Beschaffenheit des Trinkwassers an repräsentativen endständigen Zapfstellen nachgewiesen werden. Dies geschieht durch Untersuchung auf allgemeine Koloniezahlen bei 22 °C und 36 °C sowie auf die Indikatoren *E. coli* und coliforme Bakterien. Die Grenzwerte gem. TrinkwV sind einzuhalten. In Gebäuden, die der medizinischen Versorgung dienen, wird zusätzlich auch das Vorkommen von *Pseudomonas aeruginosa* untersucht, die ebenfalls in 100 ml nicht nachweisbar sein darf. Wegen der großen Bedeutung der Temperaturverhältnisse für mikrobiologisches Wachstum wird außerdem überprüft, ob die Temperaturgrenzen von maximal 25 °C im Kaltwasser und, nach Einregulierung der Zirkulation mittels Zirkulationsregulierventilen, minimal 55°C im Warmwasser (Großanlagen, gemäß DVGW W 551) eingehalten werden.

[52] Ergebnisse einer Expertenanhörung am 31.3.2004 im Universitätsklinikum Bonn. Hausinstallationen, aus denen Wasser für die Öffentlichkeit bereitgestellt wird, als potenzielles Infektionsreservoir mit besonderer Berücksichtigung von Einrichtungen zur medizinischen Versorgung – Kenntnisstand, Prävention und Kontrolle. In: Bundesgesundheitsblatt – Gesundheitsforschung – Gesundheitsschutz 49 (2006). S. 681 – 686

Vorwort Inhaltsverzeichnis

**Hygieneanforderungen TrinkwV und VDI 6023**

Planungspraxis EN 806-2 / DIN 1988-200

Systemauslegung DIN 1988-300/500/600

Trinkwasserhygiene im Bestand Sanierung/Betrieb

Recht / Ausschreibung Planerhaftung

Index

## 7.2 Hygienegerechtes Betreiben und Instandhalten von Trinkwasser-Installationen

### 7.2.1 Bestimmungsgemäßer und hygienegerechter Betrieb

Bestimmungsgemäßer Betrieb 2

Betreiberpflichten 8

Mit der Abnahme und Übernahme der Trinkwasser-Installation vom Auftragnehmer durch den Bauherrn gehen Organisationshaftung und Verkehrssicherungspflicht auf ihn bzw. den Betreiber der Anlage über. Der Betreiber haftet ab diesem Zeitpunkt für Risiken, die aus dem Betrieb der Trinkwasser-Installation resultieren können und muss sicherstellen, dass der Betrieb bestimmungsgemäß erfolgt. Er hat die Pflicht, die notwendigen und zumutbaren Vorkehrungen zu treffen, um Schäden anderer zu verhindern; andernfalls drohen Schadensersatzansprüche.

Bestimmungsgemäßer Betrieb einer Trinkwasser-Installation ist an eine Reihe von wesentlichen Voraussetzungen gebunden

- Regelmäßige, sachkundige Instandhaltung (s. unten)
- Schutz des Trinkwassers vor Verunreinigungen in Trinkwasser-Installationen durch Sicherungseinrichtungen zur Verhütung von Trinkwasserverunreinigungen durch Rückfließen (gemäß DIN EN 1717)
- Keine Verbindung mit Nicht-Trinkwasser-Installationen
- Einhaltung der Temperaturgrenzen für Kaltwasser (maximal 25°C) und Warmwasser (minimal 55°C)
- Vermeidung von hygienisch bedenklichen Stagnationen durch Nichtnutzung von mehr als drei Tagen (= Betriebsunterbrechung).

Wenn eine Betriebsunterbrechung von mehr als drei Tagen unvermeidlich ist, so sind – in Abhängigkeit von der Dauer der Unterbrechung – Maßnahmen zu ergreifen, um eine Gesundheitsgefährdung der Nutzer durch in Lösung gegangene Werk- und Betriebsstoffe sowie aufgewachsene Mikroorganismen zu vermeiden. Bei Betriebsunterbrechungen bis zu vier Wochen ist vollständiger Wasseraustausch durch Öffnen aller Entnahmearmaturen ausreichend. Wenn sich Temperaturkonstanz an den Entnahmestellen einstellt, kann davon ausgegangen werden, dass dies erreicht ist. Bei Unterbrechungen bis zu einem halben Jahr sollten zusätzlich die betroffenen Leitungen vorher abgesperrt werden, um eine Beeinträchtigung anderer Anlagen(teile) zu vermeiden. Wenn die Betriebsunterbrechung länger als ein halbes Jahr andauert, sollten anlässlich der Wiederinbetriebnahme zusätzlich hygienisch-mikrobiologische Kontrolluntersuchungen gemäß TrinkwV (Fäkalindikatoren, Coliforme, KBE 22 °C, KBE 36 °C, Legionellen) im Kalt- und Warmwasser durchgeführt werden. Gegebenenfalls müssen Sanierungsmaßnahmen ergriffen werden (s. Buchkapitel 4 / Hentschel). Wenn Trinkwasser-Installationen oder Teile davon dauerhaft – länger als ein Jahr [40] – nicht genutzt werden, müssen diese von der Trinkwasserversorgung bzw. restlichen Trinkwasser-Installation unmittelbar an der weiterhin durchströmten Versorgungsleitung abgetrennt werden.

### 7.2.2 Hygienegerechte Instandhaltung

Die Sicherstellung eines hygienegerechten Betriebs beginnt während der Planung. Bereits in der Phase der Ausführungsplanung sind Betriebsanleitungen und Instandhaltungspläne für alle Trinkwasser-Installationen zu erstellen. Die Betriebsanleitung muss Angaben zur Funktionskontrolle, zu Not- und Entstördiensten sowie eine Auflistung aller Verschleißteile und Aufbereitungsstoffe enthalten. Der Instandhaltungsplan enthält für alle relevanten Komponenten der Trinkwasser-Installation Angaben zu den erforderlichen Inspektionsmaßnahmen und -intervallen sowie Wartungsmaßnahmen und -intervallen. Für alle Komponenten werden individuell Instandhaltungsklassen festgelegt (s. unten). Hygienegerechter Betrieb, der aus dem Betrieb einer Trinkwasser-Installation resultierende Gesundheitsrisiken minimiert, setzt regelmäßige, sachkundige Instandhaltung zwingend voraus.

[40] Ergebnisse einer Expertenanhörung am 31.3.2004 im Universitätsklinikum Bonn. Hausinstallationen, aus denen Wasser für die Öffentlichkeit bereitgestellt wird, als potenzielles Infektionsreservoir mit besonderer Berücksichtigung von Einrichtungen zur medizinischen Versorgung – Kenntnisstand, Prävention und Kontrolle. In: Bundesgesundheitsblatt – Gesundheitsforschung – Gesundheitsschutz 49 (2006). S. 681 – 686

Instandhaltung umfasst verschiedene Interventionsformen

- **Präventive Wartungsarbeiten** – Zur Vorbeugung von Mängeln und Vermeidung von Gefährdungen werden in regelmäßigen Intervallen Reinigungsarbeiten durchgeführt, Verschleißteile ausgetauscht und Apparate ersetzt.
- **Inspektionen** – Zur Feststellung von Abweichungen von einem definierten Sollzustand und zur Beseitigung von Ursachen für etwaige Mängel werden in regelmäßigen Intervallen Besichtigungen, Prüfungen, Messungen etc. durchgeführt.
- **Instandsetzungsarbeiten** – Festgestellte Abweichungen von einem definierten Sollzustand werden durch Austausch, Reparatur, Reinigung etc. korrigiert.
- **Verbesserungen** – Arbeiten, die den hygienischen Zustand einer Trinkwasser-Installation verbessern, wie Rückbau, verbesserte Apparate, Messinstrumente, Dämmung etc.

**Instandhaltungsklassen nach Gefährdungspotenzial**

Nach dem Gefährdungspotenzial eines eintretenden Mangels werden die Instandhaltungsklassen A, B und C festgelegt (VDI 6023, 6.2). Instandhaltungsklasse A umfasst Mängel mit dem geringsten Gefährdungspotenzial; Instandsetzung ist die angemessene Interventionsform (Parameterüberwachung). Mängel an Apparaten und Anlagen der Instandhaltungsklasse B besitzen ein mittleres Gefährdungspotenzial; ihnen wird durch Inspektion begegnet. Das höchste Gefährdungspotenzial haben Mängel der Instandhaltungsklasse C. Für betroffene Apparate und Anlagen ist regelmäßige Wartung erforderlich.

### 7.2.3 Hygienepläne

7 Hygieneplan

Als wichtiges Instrument zur weitergehenden Qualitätssicherung der Trinkwasserhygiene in Gebäuden mit besonders Hygiene-sensiblen Nutzungen (Krankenhäuser, Pflegeeinrichtungen, Lebensmittelbetriebe) wird die ergänzende Aufstellung eines sogenannten »Hygieneplans« gefordert. Die Zusammenstellung dieses Plans erfolgt auf Basis der Angaben im Raumbuch in enger Abstimmung zwischen dem Betreiber, einem Hygieniker, der zuständigen Gesundheitsbehörde und gegebenenfalls dem Wasserversorgungsunternehmen. In der Krankenhaushygiene ist das Instrument »Hygieneplan« seit Jahrzehnten fest etabliert; es dient dort zur detaillierten Festlegung von hygienesensiblen Prozeduren, Maßnahmen und Kontrollen, wie zum Beispiel den Arbeitsabläufen in einer OP-Abteilung.

Der Hygieneplan in der Trinkwasserhygiene dient nach VDI 6023 dazu, in einem standardisierten Verfahren mit festgelegten Prüfungsintervallen relevante Anlagenteile der Trinkwasser-Installation zu überprüfen und dies auch zu dokumentieren (VDI 6023, Anhang A, Tabelle 2) und ergänzt insofern den Instandhaltungsplan. In medizinischen Einrichtungen kann dieser Plan ein Unterkapitel des umfassenden Hygieneplans nach Infektionsschutzgesetz darstellen. Durch die Standardisierung wird sichergestellt, dass auch bei wechselndem Betriebspersonal der Bestimmungsgemäße Anlagenbetrieb sowie die Einhaltung der Anforderungen gem. TrinkwV jederzeit und dauerhaft gewährleistet wird. Die fachliche Mindestqualifikation des beauftragten Personals sollte definiert werden.

Die Inspektionen umfassen neben technisch-funktionalen Prüfungen auch die Prüfung der Einhaltung der Hygiene-Anforderungen. Die zu erfassenden Parameter und Messpunkte sind gebäudespezifisch festzulegen.

Der Hygieneplan folgt einem festgelegten Schema (VDI 6023, 6.2)

- Erfassung aller Komponenten der Trinkwasser-Installation
- Identifikation möglicher Gefährdungen, die einen Mangel verursachen können
- Bewertung der möglichen Gefährdungen (1-4)
- Identifikation von Möglichkeiten des Monitoring zur vorbeugenden Erkennung des Mangels
- Festlegung von individuellen Maßnahmen der Instandhaltung zur Beherrschung von Gefährdungen

**Bewertung möglicher Gefährdungen**

Die Bewertungsgruppen der möglichen Gefährdungen sind

1. Keine Personen- oder Sachgefährdung
2. Erhöhte Betriebskosten bzw. Verbrauchswerte möglich
3. Nutzungsbeeinträchtigungen möglich
4. Personen- oder Sachgefährdung möglich

Alle Instandhaltungsmaßnahmen werden in einem Betriebsbuch dokumentiert, das 30 Jahre aufzubewahren ist, um eventuelle verdeckte Mängel zu dokumentieren (s. Buchkapitel 5/Häußermann).
Der trinkwasserhygienische Hygieneplan nach VDI 6023 umfasst damit einige Charakteristika der Systembeschreibung, -bewertung und -beherrschung, der Dokumentation und auch der Personalqualifizierung, wie sie im Water Safety Plan (WSP)-Konzept vorgesehen sind (s. Kapitel 9). Der Hygieneplan kann damit eine wichtige Grundlage zur Entwicklung eines vollumfassenden WSP-Konzepts liefern. Allerdings ist zu empfehlen, dass das WSP-Konzept im Sinne eines verbindlichen Hygienekonzepts für Trinkwasser-Installationen zukünftig vollständig in VDI 6023 implementiert wird.

## 7.3 Schulung des Personals zu hygienegerechtem Arbeiten

Planung, Errichtung, Inbetriebnahme und auch Betrieb von Trinkwasser-Installationen setzen trinkwasserhygienische Kenntnisse unterschiedlichen Umfangs voraus. Deshalb sieht VDI 6023 Hygieneschulungen vor. Diese Schulungen umfassen den jeweiligen Anforderungen angepasste Lektionen.

**Aufgabengerechte Schulungen**

- Kategorie A – für planende und verantwortlich errichtende Tätigkeiten
- Kategorie B – für errichtende und instandhaltende Tätigkeiten
- Kategorie C – für das Betreiben und Nutzen

Die umfänglichste Kategorie A mit 15 Unterrichtsstunden thematisiert Grundlagen der Trinkwasserhygiene, gesundheitliche Aspekte, Problemzonen der Hygiene und Instandhaltung von Trinkwasser-Installationen, Messverfahren für physikalische und mikrobiologische Parameter sowie maßgebende Gesetze, Vorschriften und technische Regeln. Gesundheitliche Aspekte werden in Kategorie B bei acht Unterrichtsstunden nicht vermittelt, Schulungen der Kategorie C konzentrieren sich bei 60 Minuten Unterrichtsumfang ganz auf praktische Aspekte.
Wenn nicht speziell ausgebildetes (mindestens Schulung B erfolgreich absolviert), eigenes Fachpersonal verfügbar ist, wird empfohlen, die Instandhaltung der Trinkwasser-Installation durch einen Instandhaltungsvertrag mit einem Fachbetrieb sicherzustellen.

# 8 Praxisuntersuchung zum Wirkgefüge Temperatur – Wasserdynamik

Mikrobielles Wachstum in Trinkwasser-Installationen ist ein komplexes, multifaktorielles Geschehen. Wesentliche Einflussgrößen sind die Qualität des eingespeisten Trinkwassers, in der Trinkwasser-Installation vorhandene Verunreinigungen, verwendete Werkstoffe und Materialien, Wassertemperatur sowie Wasserdynamik (Wasseraustausch und Durchströmung). Alle Faktoren müssen sorgfältig beachtet werden, um eine bestmögliche hygienisch-mikrobiologische Trinkwassergüte dauerhaft zu gewährleisten.

Während die Qualität des eingespeisten Trinkwassers im Wesentlichen in der Verantwortung des Wasserversorgungsunternehmens liegt und in der Trinkwasser-Installation nur noch bedarfsweise korrigierend beeinflusst werden kann (Filter, Enthärter), liegt die Auswahl der verwendeten Werkstoffe und Materialien in der Verantwortung des Fachplaners, die Vermeidung von Verunreinigungen in der des Herstellers, des Lieferanten sowie des ausführenden Fachhandwerkers. Auch die Parameter, welche die Einflussgrößen Temperatur und Wasserdynamik bestimmen, werden bereits in der Planungsphase grundsätzlich festgelegt, können allerdings durch den späteren Betrieb noch erheblich beeinflusst werden.

Hinsichtlich der Prävention von mikrobiellem Wachstum – insbesondere das von Legionellen – im Betrieb von Warmwasserinstallationen, konzentriert sich die Fachdiskussion auf die einzelnen Einflussgrößen »Temperatur« und »Wasseraustausch« (Vermeidung von Stagnation). Mögliche synergistische, einander verstärkende oder abschwächend-kompensierende Effekte von Temperatur und Wasserdynamik werden dabei in der Regel nicht quantifiziert, zumal die wasserdynamischen Bedingungen oft nicht umfassend dokumentiert sind. Im Folgenden werden Resultate einer Untersuchung dargestellt, die diese Problematik thematisiert.

## 8.1 Die untersuchte Trinkwasser-Installation

Anlässlich der Neuerrichtung von Sanitärräumen in einem mittelständischen Unternehmen mit 400 Mitarbeitern ergab sich die Gelegenheit, mit Zustimmung der zuständigen Gesundheitsbehörde eine Trinkwasser-Installation zu realisieren, bei der die Wasserdynamik, auf der Grundlage einer detaillierten Prognose des zu erwartenden Bestimmungsgemäßen Betriebs, unter Verwendung innovativer Bauteile sowie in bewusster Abweichung von den allgemein anerkannten Regeln der Technik, im Sinne minimierter Stagnation optimiert wurde. Andererseits wurde auch ein abgesenktes Temperaturregime gefahren, welches von den Vorgaben des DVGW-Arbeitsblattes W 551 abweicht. Die zentrale Untersuchungsfrage lautete, ob die Temperaturabsenkung durch die Optimierung der wasserdynamischen Verhältnisse kompensiert werden kann, das heißt, ob die Trinkwasser-Installation jederzeit hygienisch-mikrobiologisch einwandfreies Trinkwasser zur Verfügung stellt.

### 8.1.1 Systembeschreibung – Wasserdynamik

Wasseraustausch 5

Durchströmung 6

Ziel bei der Planung waren die Bereitstellung von hygienisch einwandfreiem Trinkwasser durch ein auf den tatsächlichen Bedarf abgestimmtes Netzdesign, eine innovative Betriebsweise sowie ein genaues Monitoring von Kalt- und Warmwasserverbrauch sowie Zirkulationslast.
Die Sanitärräume sind in einen Damen- und einen Herrenbereich unterteilt, jedoch exakt spiegelsymmetrisch ausgeführt (s. Abb. 1–17). So befinden sich in jedem Bereich jeweils acht Duschen und acht Waschtische sowie ein WC. Zwei Duschen und vier Waschtische sind ausschließlich mit Kaltwasser versorgt.

**Quellen Abb. 1–17/18**
Foto Völker,
IHPH Universität Bonn 2011

Abb. 1–17 **Sanitärraum mit Duschen**

Abb. 1–18 **Frischwasserstation**

Die Versorgung der Sanitärräume erfolgt über eine komplett vormontierte Frischwasserstation (s. Abb. 1–18), die mit einem kurzen, gut gedämmten Kaltwasserzulauf an die kommunale Wasserversorgung angeschlossen ist. Der Betrieb des Trinkwassererwärmers erfolgt im Direktdurchlauf ohne zwischenzeitliche Speicherung von Trinkwasser. Die eingeschleifte Verteilleitung ist kurz und gut wärmegedämmt. Die Versorgung der Waschtische und Duschen mit kaltem Trinkwasser erfolgt über sehr kurze und passend dimensionierte sowie gut gedämmte Anbindungsleitungen. Hinter der letzten Waschtischarmatur wurde die Zirkulationsleitung eingebunden (s. Abb. 1–19).

**Optimierung der Wasserdynamik**

Basierend auf einer Bedarfsanalyse während der Planungsphase konnte vor der Systemausführung, abweichend von den Vorgaben der DIN 1988-3, eine bedarfsgerechtere Abschätzung der tatsächlich benötigten Volumenströme erfolgen. Das Ergebnis der objektspezifischen Auslegungsberechnung ergab eine Reduzierung der maximalen Volumenströme um 62,3 % für die Kaltwasser- und 61,4 % für die Warmwasserinstallation. Als Konsequenz daraus wurden die Haupttrinkwasserleitung auf DN 32 (anstatt DN 50), die Leitungen im Kalt- und Warmwassernetz auf DN 25 (anstatt DN 40 bzw. 32) reduziert. Im Strang vor den Waschtischen sank der Rohrdurchmesser auf DN 15 (anstatt DN 20). Für den Zirkulationsrücklauf wurde DN 12 statt DN 15 gewählt. Insgesamt wurde das Rohrleitungsvolumen um 52 % auf 153 l verringert. Die Anlage wurde in einem formstabilen, durchflussoptimierten Kunststoff-Rohrleitungssystem (Viega Raxofix®) mit durchgeschliffenen Rohrleitungen ausgeführt.

Die Mischung von Kalt- und Warmwasser erfolgt in einem festen, vom Nutzer nicht variierbaren Verhältnis direkt in den Duschköpfen bzw. in unter den Waschtischen installierten Mischbatterien. Das Auslaufventil der Duschköpfe (Moratronic®) verfügt über eine integrierte Mischbatterie, Zirkulation und einen Temperatursensor (s. Abb. 1–20). Die eingestellte Temperatur ist jeweils angegeben und variiert zwischen den einzelnen Duschen bzw. Waschtischen (kalt; 30–40°C). Durch Wahl der Dusche bzw. des Waschtisches kann der Nutzer die ihm angenehme Temperatur bestimmen.

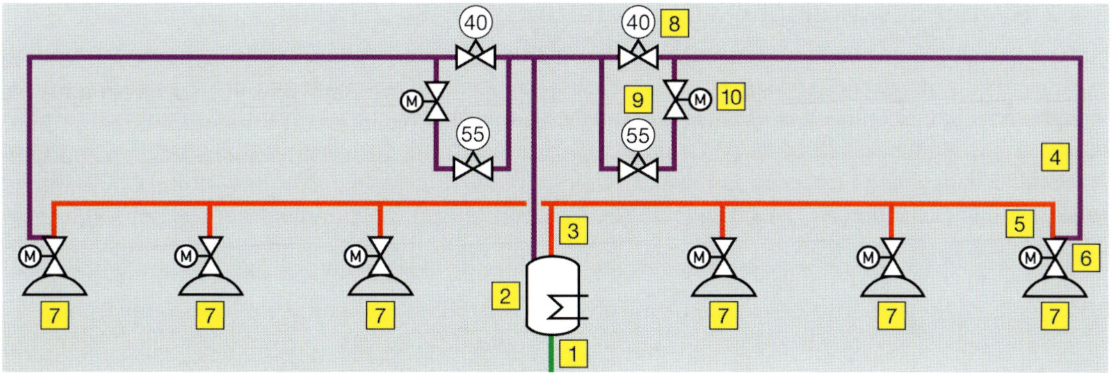


Abb. 1–19 **Aufbau der untersuchten Trinkwasser-Installation**

**TW-Installation**
Mit integrierter Mischbatterie, Zirkulation und Temperatursensor

1. Kurzer, passend dimensionierter und gut gedämmter Kaltwasserzulauf
2. Trinkwassererwärmer im Direktdurchlauf ohne gespeichertes Wasser
3. Kurze, passend dimensionierte, gut gedämmte eingeschleifte Verteilleitung (Viega-Raxofix)
4. Sehr kurze Anbindungsleitungen, Zirkulation nach der letzten Armatur angebunden
5. Auslaufventil mit integrierter Mischbatterie, Zirkulation undTemperatursensor (Moratronic)
6. Ventil über Sensor zur Zapfung geschaltet
7. Einzelne Ventile zeitversetzt über Sensor zur thermischen Desinfektion von Regelung schaltbar
8. 1. Zirkulations-Abgleichventil ⇒ Abregeln bei 40 °C, wenn Netztemperatur 45 °C
9. 2. Zirkulations-Abgleichventil ⇒ Abregeln bei 55 °C, wenn Netztemperatur 60 °C
10. Motorventil parallel zu Netzbetrieb mit 60 °C angesteuert, schaltet aktiv das 2. Zirkulations-Abgleichventil

Nach Auslösen der Armatur über ein Drucksensor-System wird eine definierte Wassermenge von 16 l an den Duschen über einen Zeitraum von zwei Minuten bzw. 2 l an den Waschtischen innerhalb von 16 Sekunden abgegeben.

Abb. 1–20 **Duschkopf Moratronic**

**Quelle Abb. 1–20**
Foto Völker,
IHPH Universität Bonn 2011

An den Waschtischarmaturen ist darüber hinaus eine Stopp-Funktion im Drucksensor vorhanden. Die Nutzung der Damen- und Herrenduschen stellte sich nach einer Nutzungsauswertung unterschiedlich dar. Demnach werden die Herrenduschen deutlich häufiger frequentiert als die Damenduschen. Pro Woche duschen etwa 25 Herren und nutzen dabei vor allem die Duschen mit den voreingestellten Temperaturen 30 °C, 33 °C und 35 °C. Demgegenüber werden die Damenduschen etwa fünfmal wöchentlich genutzt (Temperaturen: 35 °C, 39 °C und 40 °C). Bei nicht Bestimmungsgemäßem Betrieb wird das Rohrnetz regelmäßig nach einem festgelegten Zeitintervall über das elektronisch gesteuerte Auslaufventil der Duschköpfe gespült. Der tägliche Warmwasserverbrauch aus der Trinkwasser-Installation wurde per Datenlogger erfasst. Er liegt an Wochentagen bei etwa 320 l/Tag, samstags bei 50 l/Tag und sonntags bei 20 l/Tag. Sonntags wird der Warmwasserverbrauch ausschließlich durch automatische Spülungen generiert.

### 8.1.2 Systembeschreibung – Temperatur

Temperatur 4

Für die Anlage wurde ein energiesparendes Temperaturregime entwickelt. Die Trinkwassererwärmung wurde in den ersten vier Betriebsmonaten zunächst konstant auf einer Temperatur von 48 °C und einer Zirkulationsrücklauftemperatur von 44 °C gefahren. In der eigentlichen Testphase ab Juli 2011 wurde die Anlage dann täglich 23 Stunden lang auf einer Betriebstemperatur von 42 °C gefahren. In einem Zeitraum von insgesamt einer Stunde innerhalb eines Tages (13:30–14:00 Uhr und 21:30–22:00 Uhr) für jeweils 30 min (Schichtende-Duschzeit), wurde das warme Trinkwasser intermittierend auf 60 °C Vorlauftemperatur aufgeheizt (s. Abb. 1–21). Die Steuerung erfolgte über Zirkulationsregulierventile mit entsprechenden Schaltpunkten. Der nach DVGW Arbeitsblatt W 551 geforderten Mindesttemperatur von 60 °C für Großanlagen über 24 Stunden am Tag wurde mit dieser Betriebsweise nicht entsprochen.

**Oszillierende Temperaturführung**

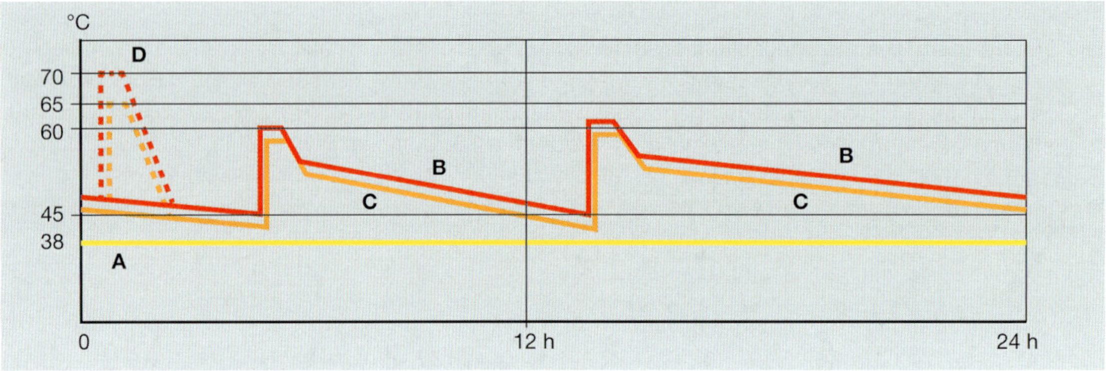


Abb. 1–21 **Temperaturführung der untersuchten TW-Installation**

## 8.2 Hygienisch-mikrobiologische Untersuchungen

### 8.2.1 Untersuchungsdesign

Der Trinkwassererwärmer wurde am Kaltwassereingang, Warmwasserausgang und Zirkulationseingang beprobt. In den beiden Sanitärräumen wurden jeweils 3 bzw. 4 Proben gezogen: Die Waschtische mit einer Temperatureinstellung von 34 °C stellen die letzte Zapfstelle der jeweiligen Teilzirkulation dar; sie waren also die Zapfstellen, die am weitesten vom Trinkwassererwärmer entfernt lagen. An diesen Armaturen wurden Warm- und Kaltwasserproben gewonnen. Die Duschen mit einer voreingestellten Temperatur von 40 °C stellen die ersten erreichbaren Zapfstellen nach der Trinkwassererwärmung und der Kaltwasserverteilung dar. In der Mitte der Installation befinden sich die Duschen mit einer voreingestellten Temperatur von 30 °C. Diese wurden ebenfalls für die Beprobung ausgewählt. Die Beprobung erfolgte nach DIN EN ISO 19458 und DIN 38402-14. Der Perlator auf der Entnahmestelle wurde entfernt. Die Entnahmestelle wurde von jedwedem Schmutz, der die Probe verunreinigen könnte, befreit. Die Desinfektion der Entnahmestelle wurde vorzugweise durch Abflammen durchgeführt. An den Duschköpfen wurde eine Wischdesinfektion mit Desinfektionstüchern durchgeführt.

An den Waschtischen wurde jeweils das Kaltwasser abgedreht, um Warmwasserproben entnehmen zu können. Umgekehrt wurde bei der Gewinnung von Kaltwasserproben verfahren. Die Ablaufmenge vor den Probennahmen lag bei 3 l im Warmwasser und 2 l bei Kaltwasser. An den Duschen wurden Mischproben gezogen.

Der Untersuchungszeitraum erstreckte sich von Juni bis November 2011. In diesem Zeitraum wurden in neun Probennahme-Kampagnen in einem Intervall von 14 Tagen jeweils 10 Proben gezogen. Im September kam es zu einer Unterbrechung der Beprobungen, da ein defektes Zirkulationsventil Reparaturarbeiten erforderlich machte, die die Ergebnisse hätten beeinflussen können.

Um worst-case-Bedingungen zu untersuchen, wurden die Proben während der sechs letzten Probennahmen jeweils am Montagvormittag, nach dem Wochenende mit reduziertem Wasserbrauch, gewonnen.

### 8.2.2 Untersuchungsergebnisse

Die Ergebnisse der Proben an der Einspeisung der Trinkwasserstation (n = 9) waren sowohl vor als auch während der gesamten Testphase jeweils vollkommen unauffällig. Alle untersuchten Parameter waren zu keinem Zeitpunkt nachweisbar.

Die Untersuchung der Ausgangssituation in der Trinkwasser-Installation nach vier Betriebsmonaten bei einem abgesenkten Warmwassertemperaturregime von 48 °C im Vorlauf und 44 °C im Rücklauf ergab im Juni 2011 keine Beanstandungen gem. TrinkwV hinsichtlich KBE-Zahlen bei 22 °C und 36 °C Bebrütungstemperatur, *Legionella pneumophila*, *Pseudomonas aeruginosa*, Escherichia coli und coliformen Bakterien im Kaltwasser (n = 2) und Warm-/Mischwasser (n = 7) der Trinkwasser-Installation.
Die Untersuchung während der eigentlichen Testphase mit Vorlauftemperaturen im Tagesverlauf von 42 °C (23 Stunden) und intermittierend 60 °C (zweimal 30 Minuten) an acht Untersuchungstagen im Zeitraum Juli–November 2011 ergaben die in Tab. 1–8 dargestellten Resultate:

Tab. 1–8 **Zusammenfassung der hygienisch-mikrobiologischen Untersuchungsergebnisse in der Testphase mit Temperaturregime 42/60°C, Juli-November 2011**

| Probennahmestellen | n | KBE 20 °C/ml | | KBE 37 °C/ml | | *Legionella pneumophila* pro 100 ml | | *Pseudomonas aerugin.* pro 100 ml | |
|---|---|---|---|---|---|---|---|---|---|
| **Zentrale** | | Median | max. | Median | max. | Median | max. | Median | max. |
| **Trinkwasser kalt Eingang Trinkwassererwärmer** | 8 | 0 | 1 | 0 | 0 | 0 | 0 | 0 | 0 |
| **Trinkwasser warm Ausgang Trinkwassererwärmer** | 8 | 0 | 0 | 2 | 32 | 0 | 0 | 0 | 0 |
| **Trinkwasser Zirkulation Eingang Trinkwassererwärmer** | 8 | 0 | 0 | 4 | 43 | 0 | 0 | 0 | 0 |
| **Peripherie** | | | | | | | | | |
| **Trinkwasser kalt** Zwei Waschtische | 16 | 0 | 1 | 0 | 11 | 0 | 0 | 0 | 0 |
| **Trinkwasser warm** Zwei Waschtische | 18 | 0 | 1 | 11 | 121 | 0 | 0 | 0 | 0 |
| **Trinkwasser kalt+warm** Vier Duschen | 24 | 0 | 1 | 8 | 178 | 0 | 0 | 0 | 0 |

Im Kaltwasser (n = 16) an den untersuchten Waschtischen zeigten sich keinerlei Auffälligkeiten. KBE 20 °C war maximal 1/ml, KBE 36 °C nur einmal > 10 (11/ml). *Legionella* und *Pseudomonas aeruginosa* wurden nicht nachgewiesen.
Das Warmwasser am Ausgang des Trinkwassererwärmers (n = 8) ebenso wie am Rücklauf der Zirkulation (n = 8) war zu keinem Zeitpunkt gem. TrinkwV zu beanstanden. KBE20 °C, *Legionella und Pseudomonas aeruginosa* waren jeweils nicht nachweisbar, KBE 36 °C lag im Median bei 2 bzw. 4/ml mit Maximalwerten von 32 bzw. 43/ml.
Im Warmwasser (n = 16) an den untersuchten Waschtischen waren lediglich die Ergebnisse für KBE 36 °C etwas höher mit 11/ml im Median und einmalig > 100/ml (121/ml). Im Mischwasser an den untersuchten Duschen (n = 24) sah es ganz ähnlich aus wie im Warmwasser: KBE 20 °C bei 0–1/ml, *Legionella und Pseudomonas aeruginosa* nicht nachweisbar, KBE 36 °C im Median 8/ml und zweimal > 100/ml (158 und 178/ml).

Temperatur 4
Wasseraustausch 5
Durchströmung 6

## 8.3 Erste Schlussfolgerungen

In der untersuchten Trinkwasser-Installation wurde ein nicht DVGW-konformes, oszillierendes (42 °C / 60 °C) Temperaturregime gefahren. Im Rahmen der begleitenden Pilotuntersuchung ergaben sich im fünfmonatigen Untersuchungszeitraum keine negativen hygienisch-mikrobiologischen Konsequenzen, wobei gleichzeitig die wasserdynamischen Bedingungen hinsichtlich Wasseraustausch und Durchströmung objektspezifisch optimiert waren. Der sporadische Nachweis von KBE 36 °C über 100/ml liegt im Rahmen dessen, was bei Routineuntersuchungen unter Einbeziehung zahlreicher peripherer Entnahmestellen zu erwarten ist.

Die Untersuchungen erlauben natürlich keine abschließende oder umfassende Aussage zum Zusammenspiel von Temperatur und Wasserdynamik hinsichtlich der Wirkung auf mikrobielles Wachstum in Trinkwasser-Installationen (warm). Die Ergebnisse haben zunächst einen eher orientierend-qualitativen Charakter und ermöglichen keine Ableitung eines Algorithmus zu einem Zusammenhang oder einer anerkannten Regel der Technik. Sie zeigen aber, dass sich Erfahrungen aus der Praxis (s. Kapitel 7.1) durchaus empirisch belegen lassen und es insofern vielversprechend sein kann, weitere, insbesondere vergleichende Untersuchungen unter Laborbedingungen anzustreben.

Es müssen auch weitere Praxiserfahrungen gesammelt werden, hinsichtlich

- der prospektiven, Zapfstellen-scharfen Erfassung von Nutzungsmustern,
- der Bewährung reduzierter Rohrquerschnitte im mehrjährigen Betrieb,
- neuartiger Duscharmaturen mit Mischung von Kalt- und Warmwasser direkt im Duschkopf
- der Akzeptanz neuer Komfortangebote – Temperaturwahl durch Wahl des Dusch-/Waschplatzes anstatt Einstellung an der Mischarmatur.

Die Untersuchungsfragen sind zweifellos im Zusammenhang mit Energieeffizienz, Energieeinsparung und Einsatz regenerativer Energien zur Bereitstellung von Warmwasser zukünftig von zunehmender praktischer Relevanz.

# 9 Das Water Safety Plan-Konzept

## 9.1 Ursprung und Entwicklung

Im Jahr 1959 wurde von einem US-amerikanischen Lebensmittelkonzern ein neuartiges, universell anwendbares, wissenschaftlich begründetes Konzept entwickelt, um möglichst sichere und zuverlässige Astronautennahrung herzustellen. Es basiert auf der ursprünglich vom US-Militär geschaffenen FMEA (Failure Mode and Effects Analysis)-Methodik und wurde 1971 als »Hazard Analysis Critical Control Point (HACCP)-Konzept« veröffentlicht. Im Kern sieht das HACCP-Konzept vor, nicht auf die Qualität des Endprodukts zu fokussieren, sondern den gesamten Produktionsprozess mit geeigneten, standardisierten Methoden zu kontrollieren. Es werden kritische Kontrollpunkte im Prozessablauf festgelegt, an welchen vorgegebene Bedingungen (Sollwerte) regelmäßig kontrolliert werden. Für den Fall der Nichteinhaltung werden vorab Reaktionsmaßnahmen definiert.

In den folgenden Jahren wurde HACCP in der Lebensmittelproduktion weltweit erprobt und weiterentwickelt. Der von der UN-Ernährungs- und Landwirtschaftsorganisation FAO herausgegebene »Codex Alimentarius« empfiehlt seit 1993 die Anwendung des HACCP-Konzeptes. Im deutschen Lebensmittelrecht wurde das HACCP-Konzept mit der Lebensmittelhygiene-Verordnung von 1998 verbindlich etabliert: Jeder, der Lebensmittel herstellt, muss ein HACCP-Konzept vorlegen können.

**HACCP-Standard für Lebensmittel**

Bereits einige Jahre vorher hat Havelaar [64] vorgeschlagen, das HACCP-Konzept auch auf die Trinkwasserversorgung anzuwenden. Dieser Vorschlag stieß auf reges Interesse und wurde rasch in die internationale trinkwasserhygienische Diskussion aufgenommen. Insbesondere in Australien, Neuseeland, Japan, USA und Kanada wurden analoge Konzepte bald auch praktisch erprobt. Im Jahr 2004 wurde es von der Weltgesundheitsorganisation (WHO) mit einem umfangreichen eigenen Kapitel unter der seitdem etablierten Bezeichnung »Water Safety Plan-Konzept« in die Revision ihrer Leitlinien für Trinkwasserqualität aufgenommen [65]. Damit vollzog die WHO eine paradigmatische Neuorientierung in der Trinkwasserhygiene: Der Fokus wechselte von der prominenten Kontrolle des Endprodukts, im Sinne der Einhaltung von Grenzwerten für mikrobiologische und chemische Parameter im Trinkwasser, zu einer prozessorientierten Kontrolle vom Einzugsgebiet des Rohwassers bis zur Verwendung des Trinkwassers durch den Verbraucher. Damit bildet das WSP-Konzept den Kern des WHO-Rahmenkonzepts für sicheres Trinkwasser (s. Abb. 1–22).

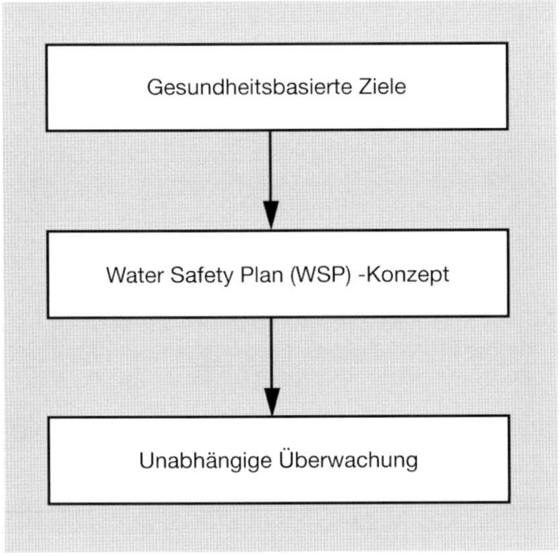


Abb. 1–22 **WHO-Rahmenkonzept für sicheres TW**

An dessen Anfang stehen gesundheitsbasierte Qualitätsziele, denn nicht die Einhaltung von Grenzwerten, sondern der Schutz der menschlichen Gesundheit ist das originäre Ziel der Trinkwasserhygiene. Diese Qualitätsziele, aus denen dann Grenzwerte abgeleitet werden, lassen sich mit modernen empirisch-statistischen Methoden (Disability adjusted life year-Konzept = DALY + quantitative Risikoabschätzung) quantifizieren [66].

In einigen europäischen Ländern, etwa der Schweiz, ist die Etablierung eines HACCP-/WSP-Konzepts für Wasserversorger obligatorisch, weil Trinkwasser dort unter die Lebensmittelgesetzgebung fällt, de facto gefordert (England und Wales) oder faktisch durch die gesetzliche Verpflichtung zur Erstellung von Risikomanagementplänen etabliert (Niederlande) [67].

[64] Havelar, A. H.: Application of HACCP to drinking water supply. In: Food Control 5 (1994), H. 3. S. 145 – 152

[65] World Health Organisation (Hrsg.): Guidelines for Drinking-water Quality. Genf, 2004

[66] Exner, M. u. C. Koch: Strategien zur Kontrolle mikrobiologischer Risiken in Roh- und Trinkwasser. In: Hygiene in Krankenhaus und Praxis. Hygiene in ambulanten und stationären medizinischen und sozialen Einrichtungen. (2011) 16. Ergänzungslieferung 4/11

[67] Schmoll, O. u. I. Chorus: Konsequenzen der neuen WHO-Trinkwasserrichtlinie für die EG-Trinkwasserrichtlinie und die Trinkwasserhygiene in Deutschland. Abschlussbericht. Umweltbundesamt. Bad Elster, 2007.

In Deutschland richtete das Umweltbundesamt 2003 eine internationale Konferenz zum WSP-Konzept aus; die Trinkwasserkommission befasste sich ebenfalls 2003 erstmals mit der Thematik und berief für 2004 eine Arbeitsgruppe ein. Hierbei wurde insbesondere der Mehrwert des Konzepts vor dem Hintergrund des seit langem etablierten Multibarrierenkonzepts, des umfangreichen, bereits die gesamte Versorgungskette abdeckenden technischen Regelwerks sowie der insgesamt ausgezeichneten Trinkwasser-Versorgungsqualität teilweise recht kontrovers diskutiert. Als besonders wertvoll wurde aber die strukturierte Herangehensweise des Konzepts, insbesondere für kleine Wasserversorgungsunternehmen, gesehen. Auch zur effektiveren Ausgestaltung der behördlichen Überwachung wurden erhebliche Chancen gesehen, einhergehend mit einem Wandel der Aufgaben der Aufsichtsbehörden in Richtung Auditierung und Beratung.

## 9.2 Aufbau eines Water Safety Plans

Zentrale Elemente des WSP-Konzeptes sind »Gefährdungsanalyse« und »Risikomanagement von Trinkwasserversorgungen«, wobei Hygiene und Gesundheitsschutz die wesentlichen Zielgrößen dieses Qualitätsmanagements sind. Der Aufbau des WSP-Konzepts für eine konkrete Trinkwasserversorgung folgt drei zentralen Fragen

- Welche relevanten Risiken bzw. Gefährdungen bestehen in dieser Trinkwasserversorgung?
- Mit welchen Maßnahmen können diese Gefährdungen beherrscht werden?
- Wie kann die Beherrschung der Risiken bestätigt werden?

**WSP ist Teamarbeit**

Am Anfang der Etablierung eines WSP-Konzepts steht die Bildung eines »WSP-Teams«, welches über die erforderliche Fach- und Entscheidungskompetenz verfügt (s. Abb. 1–23). Die erste Aufgabe des Teams ist die exakte Beschreibung des Versorgungssystems auf der Basis vorhandener technischer Pläne, Mess- und Analyseergebnisse, Betriebsbücher sowie eigener Ortsbesichtigungen. Daran schließt sich eine umfassende Systembewertung an.

Diese umfasst

- die Identifikation und Analyse von Gefährdungen,
- die Identifikation und Validierung vorhandener Maßnahmen zur Beherrschung von Gefährdungen,
- die Identifikation ergänzender oder verbesserter Maßnahmen zur Beherrschung von Gefährdungen,
- Priorisierung der Maßnahmen auf Grundlage ihres Nutzens für die Beherrschung von Gefährdungen und damit für Hygiene und Gesundheitsschutz.

Daran schließt sich der Prozess der Umsetzung an

- Als geeignet identifizierte Maßnahmen zur Gefährdungsbeherrschung werden in der Reihenfolge ihrer Priorität implementiert und unterhalten.
- Geeignete Überwachungsinstrumente werden implementiert, um den Erfolg der Maßnahmen zu überprüfen – ggf. werden Korrekturmaßnahmen ergriffen, um den Erfolg zu verbessern. Diese werden im laufenden Betrieb einer erneuten Eignungsprüfung (Validierung) unterzogen.
- Verifizierung des Erfolges der implementierten Maßnahmen, um sicherzustellen, dass das Versorgungssystem als Ganzes sicher arbeitet.

Die Verifizierung soll zeigen, dass die gesundheitsbasierten Qualitätsziele jederzeit erreicht werden. Der Wirkungsnachweis (Verifizierung) umfasst typischerweise klassische Endpunktkontrollen auf mikrobiologische und chemische Parameter.

Das WSP-Konzept umfasst darüber hinaus noch einige weitere wichtige Elemente. Unter den ergänzenden Programmen werden Schulungen, Sicherstellung hygienegerechter Arbeitspraxis und Etablierung von Standardarbeitsanweisungen, laufende Verbesserungen und Ertüchtigungen des Versorgungssystems zusammengefasst. Darüber hinaus soll das Management der Wasserversorgung sowohl für den Normalbetrieb als auch für Störfälle in Managementplänen fixiert werden. Schließlich sollen Strukturen zur Betriebsdokumentation ebenso wie zur Kommunikation nach innen und außen festgelegt werden.

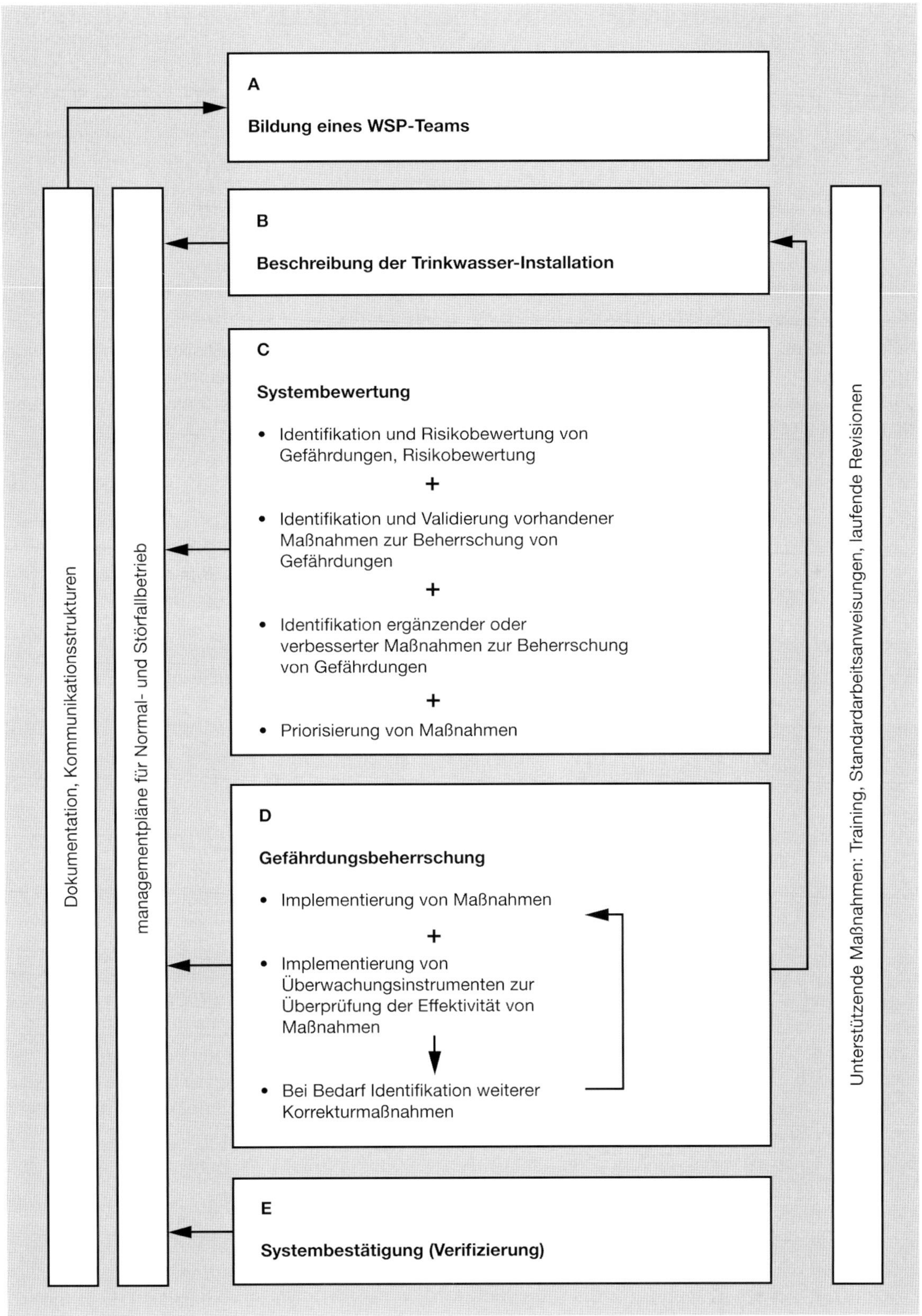


Abb. 1–23 **WSP-Konzept**

## 9.3 WSP-Konzepte für Trinkwasser-Installationen in Gebäuden

Das WSP-Konzept umfasst alle Schritte der Trinkwasserversorgung von der Quelle bis zum Konsumenten. Erste Pilotstudien und Anwendungen des WSP-Konzeptes konzentrierten sich auf die Tätigkeitsbereiche von Wasserversorgungsunternehmen: Wassergewinnung, -aufbereitung und -verteilung [67], oder auf Teilaspekte davon wie das Management der Rohwasserressourcen [68]. Ab 2005 bearbeitete ein Projektgruppe der WHO die Frage der Anwendbarkeit des WSP-Konzepts auch für ständige Wasserverteilungen in Gebäuden und hat inzwischen eine Dokumentation unter dem Titel »Water Safety in Buildings« veröffentlicht [69]. Auch in einer Monographie zu Gesundheitsaspekten der Hausinstallation [70] wurde das WSP-Konzept thematisiert. Anlassbezogen wurde 2006 ein konkretes WSP-Konzept am Universitätsklinikum Greifswald etabliert. In den Jahren 2009-2010 wurde dann ein vergleichendes Pilotprojekt vom Umweltbundesamt durchgeführt (s. hierzu Buchkapitel 4/Hentschel).

Ein WSP-Konzept für die Trinkwasser-Installation eines Gebäudes folgt den oben beschriebenen Prinzipien (s. Abb. 1–24). Das WSP-Team umfasst folgende Personen

- Gebäudeverantwortlicher
- Haustechniker
- Vertreter von Wartungsunternehmen
- Vertreter der Gebäudenutzer
- Hygieneberater – zumindest temporär bei hygienesensiblen Objekten

**Gebäudespezifisches WSP-Konzept**

Der Bestandsaufnahme der Trinkwasser-Installation folgt die Aufdeckung möglicher Gefährdungen. Das können zum Beispiel problematische verbaute Werkstoffe (Blei), Auffälligkeiten hinsichtlich Färbung oder Geruch des Trinkwassers, Stagnationsprobleme etwa bei saisonaler Nutzung von Gebäudeabschnitten, Probleme mit der Einhaltung von Temperaturvorgaben für Kalt- oder Warmwasser oder auch besonders sensible Nutzungen des Trinkwassers, etwa in medizinischen Einrichtungen, sein. Weiterhin wird geprüft, welche Maßnahmen ergriffen wurden, um die jeweilige Gefährdung zu beherrschen. Dieser Auflistung von (möglichen) Gefährdungen und bestehenden Maßnahmen werden weitergehende Maßnahmen zur Beherrschung der jeweiligen Gefährdung gegenübergestellt. Diese können baulich-technischer, betrieblicher oder auch nutzungsspezifischer Art sein. Wenn erforderlich, werden diese ergänzenden Maßnahmen nach Priorität gelistet und in dieser Form zum Beispiel der Investitionsplanung zugeführt. In der Phase der Gefährdungsbeherrschung muss der Effekt neu implementierter Maßnahmen laufend überprüft werden. Um zum Beispiel die Wirksamkeit zusätzlicher Dämmmaßnahmen auf die Trinkwassertemperaturen zu evaluieren, werden nach einem festgelegten Schema, um Vergleichbarkeit sicherzustellen, Temperaturen gemessen. Dieser Prozess läuft iterativ, falls weitere Korrekturmaßnahmen erforderlich sind. Die Verifizierung des Prozesserfolgs erfolgt dann unter Einbeziehung klassischer Endpunktkontrolle, hier zum Beispiel durch die hygienisch-mikrobiologische Untersuchung des Trinkwassers auf thermosensible Indikatororganismen.

Alle Personen, die mit dem Betrieb der Trinkwasser-Installation zu tun haben, müssen diesbezüglich geschult und durch Standardarbeitsanweisungen unterstützt werden. Das kann sich auf komplexere technische Zusammenhänge wie etwa den sachgerechten Betrieb einer Enthärtungsanlage, aber auch auf nutzerseitig hygienegerechtes Verhalten wie etwa das Spülen von Zapfstellen beziehen. Alle Betriebsbedingungen und Maßnahmen werden sowohl für den Normal- als auch für den Störfallbetrieb in einem umfassenden Managementplan zusammengeführt, der regelmäßig revidiert und angepasst wird. Alle Aktivitäten rund um WSP werden sorgfältig dokumentiert.

[67] Schmoll, O. u. I. Chorus: Konsequenzen der neuen WHO-Trinkwasserrichtlinie für die EG-Trinkwasserrichtlinie und die Trinkwasserhygiene in Deutschland. Abschlussbericht. Umweltbundesamt. Bad Elster, 2007.

[68] Wienand, I., Nolting, U. u. T. Kistemann: Using Geographical Information Systems (GIS) as an Instrument of water resource management: a case study from a GIS-based Water Safety Plan in Germany. In: Water Science & Technology 60 (2009), H. 7. S. 1691 – 1699.

[69] Cunliffe, D. et al. (Hrsg.): Water safety in buildings. World Health Organization, 2011

[70] World Health Organisation (Hrsg.): Health aspects of plumbing. Genf, 2006

**A**

**Bildung eines WSP-Teams**

Gebäudeverwalter Haustechniker,
Fachfirma, Hygieneberater

**B**

**Beschreibung der Trinkwasser-Installation**

Gebäude mit Kalt- und Warmwasserinstallation,
zentraler Trinkwassererwärmer

**C**

**Systembewertung**

- Kaltwassertemperatur in einigen Teilsträngen >25°C
- Thermische Isolierung
- Verbesserung der thermischen Isolierung
- Hohe Priorität

**D**

**Gefährdungsbeherrschung**

- Durchführung von ergänzenden Isolierungen
- Regelmäßige Kaltwasser-Temperaturkontrollen an allen Teilsträngen
- Weitere Isolierungsmaßnahmen bei Bedarf

**E**

**Systembestätigung**

Bestimmung von KBE 2    KBE 37
Pseudomonas aeruginosa und Legionellen
an allen Teilsträngen

Abb. 1–24 **Umsetzung des WSP-Konzepts für Trinkwasser-Installationen in Gebäuden**

## 9.4 Etablierung des WSP-Konzepts

Die EU-Kommission setzt sich bei ihren Überlegungen zur Revision der EG-Trinkwasserrichtlinie bereits seit 2003 mit dem WSP-Konzept auseinander. In zahlreichen Mitgliedstaaten wurden inzwischen Pilotvorhaben realisiert und das WHO-Regionalbüro Europa hat ein von der EU-Kommission initiiertes Projekt durchgeführt, welches Vor- und Nachteile sowie die Form einer möglichen Integration des WSP-Konzepts in eine zukünftige EG-Trinkwasserrichtlinie untersuchte. Im Abschlussbericht wird der Kommission empfohlen, bei der Revision der Trinkwasserrichtlinie einen WSP-artigen Ansatz in einem weiteren, holistischen Kontext eines Rahmenprogramms für sicheres Trinkwasser zu berücksichtigen. Derzeit ist noch nicht abschließend abzusehen, ob und wie genau das WSP-Konzept in der Revision der Trinkwasserrichtlinie Berücksichtigung findet. Zuletzt zeichnete sich ab, dass es nicht in der Richtlinie selbst, sondern in begleitenden »Guidance documents« berücksichtigt wird [71]. Davon hängt ab, ob die Mitgliedstaaten gefordert sein werden, dieses Konzept explizit in ihrer nationalen Gesetzgebung umzusetzen. Das Umweltbundesamt befürwortet eine prinzipienorientierte Aufnahme des WSP-Konzeptes in die EG-Trinkwasserrichtlinie [67].

In die Änderung der TrinkwV, die 2011 in Kraft trat, wurde das WSP-Konzept noch nicht explizit aufgenommen. Einige Bestimmungen jedoch, etwa zur geforderten Einhaltung der allgemein anerkannten Regeln der Technik (§ 4 Abs. 1), zur Veranlassung einer Gefährdungsanalyse bei Erreichen oder Überschreiten des Technischen Maßnahmewertes für Legionellen (§ 9 Abs. 8), zur verpflichtenden Aufstellung von Maßnahmeplänen (§ 16 Abs. 5), zur Überwachung der Betriebsbedingungen durch das Gesundheitsamt (§ 18 Abs. 2) und zur Information der Verbraucher (§ 20 Abs. 1) sind im Sinne des WSP-Konzepts zu interpretieren. Nur einmal – mit Bezug zum Rohwasserschutz (§ 14 Abs. 4) – wird in der amtlichen Begründung explizit auf das WSP-Konzept Bezug genommen. Das Umweltbundesamt befürwortet zu prüfen, ob mittel- bis langfristig die Aufnahme der WSP-Kernprinzipien in die TrinkwV zielführend ist [67].

Hinsichtlich Maßnahmen zur Gefährdungsbeherrschung und betrieblicher Überwachung besteht ein hoher Grad an Übereinstimmung zwischen dem DVGW-Regelwerk und dem WSP-Konzept; wesentliche Bestandteile des WSP-Konzepts sind dort bereits vorhanden [72]. Darüber hinaus hat der DVGW 2008 [57] den Hinweis W 1001: »Sicherheit in der Trinkwasserversorgung – Risikomanagement im Normalbetrieb« als Technische Mitteilung publiziert und damit die wesentlichen Elemente des WSP-Konzepts aufgegriffen und in das Technische Regelwerk integriert. Diese Technische Mitteilung ergänzt als eine auf die einzelnen Prozessschritte in der Wasserversorgung gerichtete risikobasierte und prozessorientierte Management-Anleitung die gesetzlich vorgeschriebene Endproduktkontrolle des Trinkwassers. Auch die VDI-Richtlinie 6023 (2006) [58] enthält wichtige Elemente des WSP-Konzepts: Die Forderungen nach Raumbuch, Betriebsanleitungen sowie Instandhaltungs- bzw. Hygieneplänen gehören hierzu ebenso wie die Ausführungen zu Qualifizierungsmaßnahmen für das Personal (s. hierzu ausführlich Kapitel 7).

Raumbuch 3
Hygieneplan 7

Eine Stärke des WSP-Konzepts aus Sicht der Trinkwasserhygiene ist zweifellos die Konzentration auf gesundheitsbasierte Qualitätsziele. Eine Erweiterung des Ansatzes um technische Versorgungsziele im Sinne eines Technischen Risikomanagements [73] ist insofern im Sinne des Gesundheitsschutzes nicht zielführend und eher verwirrend, da technische Ziele wie Mengen, Druck oder Kontinuität ohnehin im WSP-Konzept abgebildet werden, wenn sie in der spezifischen Versorgungssituation von gesundheitlicher Relevanz sind.

Die Etablierung des WSP-Konzepts in der deutschen Trinkwasserversorgung findet längst statt. Dies gilt auch für Trinkwasser-Installationen in Gebäuden (ständige Wasserverteilungen). Die systematische Vorgehensweise von der Systembeschreibung über die Systembewertung zur Systembeherrschung stellt zweifellos eine wertvolle Klammer des WSP-Konzepts dar, in welche sich viele Elemente der deutschen Trinkwassersicherung mühelos integrieren lassen; prospektive Gefährdungsanalyse und Risikomanagement sind innovative Prozesselemente.

[71] Borchers, U.: Die Trinkwasserverordnung 2011. Erläuterungen – Änderungen – Rechtstexte. Berlin: Beuth-Verlag 2012

[67] Schmoll, O. u. I. Chorus: Konsequenzen der neuen WHO-Trinkwasserrichtlinie für die EG-Trinkwasserrichtlinie und die Trinkwasserhygiene in Deutschland. Abschlussbericht. Umweltbundesamt. Bad Elster, 2007.

[72] Bethmann, D., Baus, C. u. C. Castell-Exner: Das WHO Water Safety Plan-Konzept. In: DVGW energie|wasserpraxis 4 (2006). S. 58 – 62

[57] DVGW W 1001: Technische Mitteilung: Sicherheit in der Trinkwasserversorgung – Risikomanagement im Normalbetrieb. Bonn: DVGW, 2008

[58] VDI 6023 Blatt 1: Hygiene in Trinkwasser-Installationen. Anforderungen an Planung, Ausführung, Betrieb und Instandhaltung. Juli 2006

[73] Merkel, W., Staben, N. u. H.-J. Mälzer: Technisches Risikomanagement nach dem Konzept der Water Safety Plans: ein Nutzen für deutsche Wasserversorger? In: Gewässerschutz – Wasser – Abwasser 217 (2009). S. 47/1 – 47/14

# 10 Resümee und Ausblick

In über 150 Jahren hat sich in Deutschland eine sehr leistungsfähige zentrale Trinkwasserversorgung entwickelt. Vielfältige technische Entwicklungen, Fortschritte der Trinkwasserhygiene und ein umfassendes Regelwerk haben maßgeblich zur kontinuierlichen Verbesserung der hygienischen Trinkwassergüte beigetragen, so dass wir heute überall in Gebäuden Trinkwasser einwandfreier Qualität erwarten dürfen.

Allerdings zeigen neuere Erkenntnisse der Trinkwasserhygiene, dass die bewährten Prinzipien kontinuierlich weiterentwickelt werden müssen, um den hohen Stand der Trinkwassergüte in Gebäuden zu erhalten. Heute wissen wir, dass nicht nur Krankheitserreger fäkalen Ursprungs, sondern auch nicht fäkale Erreger über das Vehikel Trinkwasser übertragen werden können. Diese können sich in der Trinkwasser-Installation vermehren und werden durch das klassische Prinzip der Indikatorbakterien nicht angezeigt. Legionellen sind ein eindrückliches Beispiel dafür, wie technischer Fortschritt und Wunsch nach Komfort (in diesem Fall die Verbreitung der Warmwasserinstallation) erst eine ökologische Nische für einen pathogenen Mikroorganismus geschaffen haben, der vor 35 Jahren noch völlig unbekannt war, heute aber weltweit eine der größten Herausforderungen der Trinkwasserhygiene darstellt.

Inzwischen ist auch bekannt, dass die kulturellen Untersuchungsverfahren des fließenden Wassers nur einen Bruchteil dessen abbilden, was an Mikroorganismen in einer Trinkwasser-Installation lebt. Die meisten Mikroorganismen befinden sich gar nicht in der fließenden Welle, sondern haften in Biofilmen den Oberflächen der Trinkwasser-Installation an; und nur teilweise sind die Mikroorganismen überhaupt anzüchtbar, da ein gewisser Anteil sich in einem Zustand reduzierter Aktivität befindet (VBNC – viable but not culturable), in dem er z. B. ungünstige ökologische Bedingungen überdauern kann, um später wieder in eine vermehrungsfähige Form überzutreten.

Notwendigerweise muss der rechtliche Ordnungsrahmen laufend den neuen Entwicklungen und Erkenntnissen angepasst werden, wie dies in Deutschland 2011 durch die Änderung der TrinkwV geschehen ist. Neu wurden zum Beispiel Untersuchungspflichten auf Legionellen in Trinkwasser-Installationen aufgenommen. Bereits seit 2003 gelten die trinkwasserhygienischen Qualitätsansprüche nicht nur am Übergabepunkt des Wasserversorgungsunternehmens, sondern an den Zapfstellen, die der Entnahme von Trinkwasser dienen.

Hygienisches Monitoring von Trinkwasser-Installationen zeigt, dass nach wie vor ein gewisser Handlungsbedarf besteht: Grenzwertüberschreitungen in gesundheitlich relevantem Ausmaß finden sich für *Legionella pneumophila*, seltener für *Pseudomonas aeruginosa*; aber auch Blei als chemischer Parameter ist nach wie vor aktuell. Auffällig ist darüber hinaus, wie häufig von Temperaturvorgaben des Regelwerks im Warmwasser abgewichen wird. Viel auffälliger ist jedoch die große Zahl von Nichteinhaltungen der allgemein anerkannten Regeln der Technik in den Trinkwasser-Installationen. Fehlende Wartung, nicht zurückgebaute Totstränge, dauerhafte Verbindungen zu Nicht-Trinkwasser-Installationen (z. B. Heizungsanlagen) und Verzicht auf Spülung bei längeren Nutzungsunterbrechungen seien beispielhaft genannt.

Es besteht also weiterhin Handlungsbedarf für alle Akteure – vom Planer bis zum Betreiber und Nutzer – um die Trinkwassergüte zu sichern. Hierzu ist es erforderlich, die Vorgaben der einschlägigen technischen Regelwerke in der Praxis konsequent umzusetzen, aber auch in der Normengebung immer wieder kritisch zu hinterfragen und neuen Erkenntnissen anzupassen. Bei Planung, Installation, Inbetriebnahme, bestimmungsgemäßem Betrieb und Instandhaltung müssen die entsprechenden Vorgaben beachtet werden.

Im Betrieb von Trinkwasser-Installationen (warm) ist Temperatur seit langem als kritische, Hygiene-relevante Größe erkannt. Aber auch die Wasserdynamik (Wasseraustausch und Durchströmung) spielt, neben anderen Parametern wie Qualität des eingespeisten Trinkwassers und verwendeten Installationsmaterialien, eine wichtige Rolle für die Mikrobiologie und beeinflusst maßgeblich die Bildung bzw. Ablösung von Biofilmen.

2 Bestimmungsgemäßer Betrieb

4 Temperatur

5 Wasseraustausch

6 Durchströmung

Dem Anspruch einer umfassenden Bewertung dieser Faktoren wird man wohl nur gerecht werden, wenn man sie nicht nur einzeln, sondern auch in ihrem Zusammenspiel untersucht und bewertet. Gut geplante und kontrollierte Feld- und Laborstudien, bei denen unter engmaschigem hygienischem Monitoring und Ausschluss gesundheitlicher Risiken mit den Einflussparametern unter definierten Bedingungen experimentiert wird, können diesbezüglich neue Erkenntnisse liefern, die das Bild von der »mikrobiologischen Blackbox« Trinkwasser-Installation weiter erhellen helfen und gegebenenfalls zukünftig in das Regelwerk einfließen.

Das Water Safety Plan-Konzept der WHO, welches nicht weniger als eine paradigmatische Umorientierung von der Dominanz der Qualitätskontrolle am Endpunkt hin zu einer den gesamten Prozess der Trinkwasserbereitstellung begleitenden Prozesskontrolle darstellt, bietet einen geeigneten Rahmen für die Sicherstellung hoher Trinkwasserqualität unter den heutigen, komplexen Bedingungen. Mit hoher Wahrscheinlichkeit wird das WSP-Konzept bei der Novelle der EU-Trinkwasser-Richtlinie eine wichtige Rolle spielen, und damit steht dann auch die Umsetzung in nationales Recht bevor. Aber wir starten diesbezüglich keineswegs bei null: Viele Elemente der deutschen Trinkwasserversorgung – wie etwa das Multibarrieren-Prinzip – sind prozessorientiert. Auch die TrinkwV umfasst Elemente, die in diese Richtung zu interpretieren sind – wie etwa die geforderte Einhaltung der allgemein anerkannten Regeln der Technik, die gleichberechtigt neben der Forderung nach Einhaltung von Grenzwerten am Endpunkt steht. Die nach VDI 6023 für hygienesensible Gebäude zu erstellenden Hygienepläne bieten eine gute Grundlage für die Weiterentwicklung zu gebäudespezifischen WSP-Konzepten, deren Kern Systembeschreibung, Systembewertung, Gefährdungsbeherrschung und Systembestätigung in einem iterativen Prozess ausmachen.

Bei allem darf aber nicht vergessen werden, dass es ein »Null-Risiko« in der Trinkwasserversorgung nicht geben kann und wird. Nicht Keimfreiheit ist das erklärte Ziel, sondern eine Trinkwasserbeschaffenheit, die eine Schädigung der menschlichen Gesundheit nicht besorgen lässt (§ 4 Abs. 1 TrinkwV). Es geht also darum, ein gesundheitskonformes Equilibrium sicherzustellen, dessen Definition natürlich auch von den Nutzungen und dem Gesundheitszustand der Nutzer abhängt. Wir haben es also mit einem dynamischen System zu tun, dessen Randbedingungen sich laufend verändern und Anpassungen erfordern.

# 11 Literatur- und Quellenangaben


## 1 Einführung

[1] Verordnung zur Novellierung der Trinkwasserverordnung vom 21. Mai 2001. In: Bundesgesetzblatt 2001, Teil 1, S. 959 – 980

[2] Prüss, A., Kay, D., Fewtrell, L. u. J. Bartram: Estimation the burden of disease from water, sanitation, and hygiene at a global level. In: Environmental Health Perspectives 110 (2002), H. 5. S. 537 – 542

## 2 Mikroorganismen im Trinkwasser

[3] Schoenen, D.: Die hygienisch-mikrobiologische Beurteilung von Trinkwasser. In: gwf Wasser/Abwasser 137 (1996), H. 2, S. 72 – 82

## 3 Entwicklung der zentralen Wasserversorgung in Deutschland

[4] Thofern, E.: Die Entwicklung der Wasserversorgung und der Trinkwasserhygiene in europäischen Städten vom 16. Jahrhundert bis heute, unter besonderer Berücksichtigung der Bochumer Verhältnisse. Bochum, 1990

[5] Otto, H.: Die Trinkwasser-Installation – Einführung und historische Betrachtung. In: Deutscher Verein des Gas- und Wasserfaches e. V. (Hrsg.): Wasserverwendung – Trinkwasser-Installation. München: Oldenbourg Industrieverlag GmbH, 2000. S. 1 – 17

[6] Schramm, E.: Kommunaler Umweltschutz in Preußen (1900-1933). In: Reulecke, J. und A. Gräfin zu Castell Rüdenhausen (Hrsg.): Stadt und Gesundheit. Stuttgart, 1991, S. 77 – 89

[7] Exner, M., u. G. J. Tuschewitzky: Indikatorbakterien und fakultativ-pathogene Mikroorganismen im Trinkwasser. Hygiene + Medizin 12 (1987), H. 11, S. 514 – 521

[8] Kistemann, T.: Trinkwasserinfektionen – Risiken in hochentwickelten Versorgungsstrukturen. In: Geographische Rundschau 49 (1997), H. 4. S. 210 – 215

[9] Schadewaldt, H.: Wasser – Hygienische Gefahren früher und heute. Zentralblatt für Bakteriologie und Hygiene, I. Abt. Orig. 172 (1980), S. 275 – 297

[10] Dott, W. u. E. Thofern: Gesundheitsaspekte der Zentralen Trinkwasserversorgung. DVGW-Schriftenreihe Wasser Nr. 206 (1983), S. 2.1 – 2.18

[11] Metz, H.: Wasser als Vektor von Infektionserregern: Bakterien im Wasser. Zentralblatt für Bakteriologie und Hygiene, I. Abt. Orig. 172 (1980), S. 255 – 274

[12] Botzenhart, K: Mikroorganismen im Trinkwasser. In: Deutsches Ärzteblatt 93 (1996), H. 34-35. A-2142 – 2144

[13] Wiedenmann, A.: Hygienische Bedeutung von Mikroorganismen für die Trinkwasserversorgung. In: Rott, U. (Hrsg.): Aktuelle Entwicklungen in der Wasserversorgung aus Grund- und Oberflächenwässern. München, 1995

[14] Kistemann, T., Völker, S., Vogel, S. u. J. Gebel: Hygienisch-mikrobiologische Probleme wasserführender Bedienungselemente von Dentaleinheiten – Teil 1: Minireview. In: Hygiene und Medizin 36 (2011), H. 5. S. 191 – 197

## 4 Aktuelle Erkenntnisse der Trinkwasserhygiene

[15] Fraser, D. W., Tsai, T. R., Orenstein, W., Parkin, W. E., Beecham, H. J., Sharrar R. G. et al.: Legionaires‘ disease: description of an epidemic of pneumonia. In: New England Journal of Medicine 297 (1977), H. 22. S. 1189 – 1197

[16] Exner, M: Verhütung, Erkennung und Bekämpfung von Legionellen-Infektionen im Krankenhaus. In: Forum Städte-Hygiene 42 (1991). S. 178 – 191

[17] Schoenen, D: *Pseudomonas aereginosa* in Trinkwasserversorgungssystemen. Vorkommen, Bedeutung, Maßnahmen. In: Wasser – Abwasser. (2009), H. 4. S. 264 – 272

[18] Exner, M., Suchenwirth, R., Pleischl, S., Kramer, A., Eikmann, T., Nissing, W., Hartemann, P., Koch, C., Teichert-Barthel, U., Heudorf, U. u. S. Engelhart: Memorandum zu dem Legionellen-Ausbruch in Ulm 2010 aus Sicht von Hygiene und Öffentlicher Gesundheit. In: Umweltmedizin in Forschung und Praxis 15 (2010), H. 1. S. 43 – 57

[19] Schaefer, B., Brodhun, B. Wischnewski, N. u. I. Chorus: Legionellen im Trinkwasserbereich. Ergebnisse eines Fachgespräches zur Prävention trinkwasserbedingter Legionellosen. In: Bundesgesundheitsblatt 2011, H. 54. S. 671 – 679

[20] Botzenhart, K: *Pseudomonas aeruginosa*. In: Feuerpfeil, I. u. K. Botzenhart (Hrsg.): Hygienisch-mikrobiologische Wasseruntersuchung in der Praxis. Weinheim: WILEY-VCH Verlag, 2008. S. 168 – 181

[21] Exner, M. u. T. Kistemann: Bedeutung der Verordnung über die Qualität von Wasser für den menschlichen Gebrauch (Trinkwasserverordnung 2001) für die Krankenhaushygiene. In: Bundesgesundheitsblatt 47 2004, S. 384 – 391

[22] Exner, M., Kramer, A., Kistemann, T., Gebel, J. u. S. Engelhart: Wasser als Infektionsquelle in medizinischen Einrichtungen, Prävention und Kontrolle. In: Bundesgesundheitsblatt 50 2007, S. 1 – 10

[23] Schulte-Röbbecke, R.: Mykobakterien in der Umwelt. In: Immunität und Infektion 21 (1993), H. 5

[24] Koch, R.: Über die neuen Untersuchungsmethoden zum Nachweis der Mikroorganismen in Boden, Luft und Wasser. Vortrag auf dem XI. Deutschen Ärztetag in Berlin am 23. Juni 1883. In: Gesammelte Werke von Robert Koch, Band 1. Leipzig, Georg Thieme, 1912.

[25] Leclerc, H.: Relationships between common water bacteria and pathogens in drinking-water. In: Bartram, J. et al. (Hrsg.): Heterotrophic Plate Counts and Drinking-water Safety. The Significans of HPCs for Water Quality and Human Health. (TJ International) United Kingdom: TJ International , 2003. S. 80 – 118

[26] Payment, P., Sartory, D. P. u. D. J. Reasoner: The history and use of HPC in drinking-water quality management. In: Bartram, J. et al. (Hrsg.): Heterotrophic Plate Counts and Drinking-water Safety. The Significans of HPCs for Water Quality and Human Health. United Kingdom: TJ International, 2003. S. 20 – 48

[27] Umweltbundesamt (Hrsg.): Empfehlung des Umweltbundesamtes nach Anhörung der Trinkwasserkommission des Bundesministeriums für Gesundheit. Hygienisch-mikrobiologische Untersuchung im Kaltwasser von Wasserversorgungsanlagen nach § 3 Nr. 2 Buchstabe c TrinkwV 2001, aus denen Wasser für die Öffentlichkeit im Sinne des § 18 Abs. 1 TrinkwV 2001 bereitgestellt wird. In: Bundesgesundheitsblatt 49 2006, H. 7. S. 693 – 696

[28] Exner, M., Vacata, V. u. J. Gebel: Public health aspects of the role of HPC – an introduction. In: Bartram, J. et al. (Hrsg.): Heterotrophic Plate Counts and Drinking-water Safety. The Significans of HPCs for Water Quality and Human Health. United Kingdom: TJ International, 2003. S. 12 – 19

[29] Erste Verordnung zur Änderung der Trinkwasserverordnung 2011 vom 3. Mai 2011. In: Bundesgesetzblatt 2011, Teil 1, S 748

[30] Donlan, R. M. u. J. W. Costerton: Biofilms: Survival mechanisms of clinically relevant microorganisms. In: Clinical Microbiology Reviews 15 (2002), H. 2. S. 167 – 193

[31] Otte, A.: Wirksamkeitsprüfung verschiedener Desinfektionsverfahren und antimikrobieller Oberflächen zur Vermeidung bzw. Reduktion von Biofilmen in trinkwasserführenden Hausinstallationssystemen unter Verwendung des Silikonschlauchmodells mit molekularbiologischer Bestimmung der Biofilm-Population. Dissertation. Universität Bonn. 2006

[32] Costerton, J. W., Lewandowski, Z. u. D. E. Caldwell et al.: Microbial biofilms. In: Annual Review of Microbiology 49 (1995). S. 711 – 745

[33] Flemming, H.-C. u. J. Wingender: Biofilme – die bevorzugte Lebendform der Bakterien. In: Biologie in unserer Zeit 31 (2001), H. 3. S. 169 – 180

[34] Benölken, J.K., Dorsch, T., Wichmann, K. u. B. Bendinger: Praxisnahe Untersuchungen zur Kontamination von Trinkwasser in halbtechnischen Trinkwasser-Installationen. In: Flemming, H.-C. (Hrsg.): Vermeidung und Sanierung von Trinkwasserkontaminationen durch hygienisch relevante Mikroorganismen aus Biofilmen der Hausinstallation. IWW Schriftenreihe 54 (2010). S. 101 – 180. Mülheim

[35] Wingender, J. u. H.-C. Flemming: Biofilms in drinking water and their role as reservoir for pathogens. In: International Journal of Hygiene and Environmental Health 214 (2011), H. 6. S. 417 – 423

[36] Wingender, J.: Hygienically Relevant Microorganisms in Biofilms of Man-Made Water Systems. In: Flemming, H.-C. et al. (Hrsg.): Biofilm Highlights (Springer Series of Biofilms 5). Berlin: Springer, 2011. S. 189 – 235

[37] King, CH. H., Shotts, E. B., Wooley, R. E. u. K. G. Porter: Survival of coliforms and bacterial pathogens within protozoa during chlorination. In: Applied and Environmental Microbiology 54 (1988). S. 3023 – 3033

[38] Botzenhart, K. u. T. Hahn: Vermehrung von Krankheitserregern im Wasserinstallationssystem. In: Wasser – Abwasser 130 (1989), H. 9. S. 432 – 440

[39] Xu, H.-S., Roberts, N., Singleton, F. L. Attwell, R. W., Grimes, D. J. u. R. R. Colwell: Survival and viability of nonculturable *Escherichia coli and Vibrio cholera* in the estuarine and marine environment. In: Microbial Ecology 8 (1982). S. 313 – 323

[40] Oliver, J. D.: The viable but nonculturable state in bacteria. In: The Journal of Microbiology 43 (2005), Special Issue. S. 93 – 100

[41] Oliver, J. D.: Recent findings on the viable but nonculturable state in pathogenic bacteria. In: FEMS Microbiololgy Reviews 34 (2009). S. 415 – 425

[42] Tölle-Kastenbein, R.: Antike Wasserkultur, München, Verlag C. H.Beck 1990

[43] Erste Verordnung zur Änderung der Trinkwasserverordnung 2011 vom 3. Mai 2011. In: Bundesgesetzblatt 2011, Teil 1, S 748

[44] Umweltbundesamt (Hrsg.): Beurteilung der Trinkwasserqualität hinsichtlich der Parameter Blei, Kupfer und Nickel. Empfehlung des Umweltbundesamtes nach Anhörung der Trinkwasserkommission des Bundesministeriums für Gesundheit und soziale Sicherung. In: Bundesgesundheitsblatt 47 2004, H. 3. S. 296 – 299

[45] DVGW GW 2: Verbinden von Kupferrohren für die Gas- und Wasserinstallation innerhalb von Grundstücken und Gebäuden

[46] DIN 50 930: Korrosion der Metalle – Korrosion metallischer Werkstoffe im Innern von Rohrleitungen, Behältern und Apparaten bei Korrosionsbelastung durch Wässer – Teil 6: Beeinflussung der Trinkwasserbeschaffenheit. August 2001, Beuth-Verlag

[47] DVGW W 270: Vermehrung von Mikroorganismen auf Werkstoffen für den Trinkwasserbereich – Prüfung und Bewertung, Bonn: DVGW, 2007

[48] Umweltbundesamt (Hrsg.): Leitlinien des Umweltbundesamtes zur hygienischen Beurteilung von organischen Materialien im Kontakt mit Trinkwasser Stand: 7. Oktober 2008; Umweltbundesamt

[49] Verordnung über Allgemeine Bedingungen für die Versorgung mit Wasser vom 20. Juni 1980 [AVBWasserV], (BGBl. I S. 750, 1067), zuletzt geändert durch Artikel 1 der Verordnung vom 13. Januar 2010 (BGBl. I S. 10)

## 5 Überwachung der hygienischen Trinkwasserqualität in Trinkwasser-Installationen

[50] Richtlinie 98/83/EG des Rates vom 3. November 1998 über die Qualität von Wasser für den menschlichen Gebrauch. 1998.

[51] Umweltbundesamt (Hrsg.): Empfehlung der Trinkwasserkommission zur Risikoeinschätzung, zum Vorkommen und zu Maßnahmen beim Nachweis von *Pseudomonas aeruginosa* in Trinkwassersystemen. Empfehlung des Umweltbundesamtes nach Anhörung der Trinkwasserkommission des Umweltbundesamtes. In: Bundesgesundheitsblatt 45 2002, S. 187 – 188

[52] Ergebnisse einer Expertenanhörung am 31.03.2004 im Universitätsklinikum Bonn. Hausinstallationen, aus denen Wasser für die Öffentlichkeit bereitgestellt wird, als potenzielles Infektionsreservoir mit besonderer Berücksichtigung von Einrichtungen zur medizinischen Versorgung – Kenntnisstand, Prävention und Kontrolle. In: Bundesgesundheitsblatt – Gesundheitsforschung – Gesundheitsschutz 49 (2006). S. 681 – 686

[53] DVGW W 551: Technische Regel: Trinkwassererwärmungs- und Trinkwasserleitungsanlagen; Technische Maßnahmen zur Verminderung des Legionellenwachstums; Planung, Errichtung, Betrieb und Sanierung von Trinkwasser-Installationen. Bonn: DVGW, 2004

[54] Umweltbundesamt (Hrsg.): Empfehlung des Umweltbundesamtes nach Anhörung der Trinkwasserkommission des Bundesministeriums für Gesundheit. Periodische Untersuchung auf Legionellen in zentralen Erwärmungsanlagen der Hausinstallation nach § 3 Nr. 2 Buchstabe c TrinkwV 2001, aus denen Wasser für die Öffentlichkeit bereitgestellt wird. In: Bundesgesundheitsblatt 49 2006, H. 7. S. 697 – 700

## 6 Hygienisches Monitoring von Trinkwasser-Installationen

[55] Völker, S., Schreiber, C. u. T. Kistemann: Drinking water quality in household supply infrastructure – A survey of the current situation in Germany. In: International Journal of Hygiene and Environmental Health 213 (2010), H. 3. S. 204 – 209

[56] Kistemann, T., Schreiber, C. u. S. Völker: Vorkommen mikrobieller Trinkwasserkontaminationen in der Hausinstallation. In: Flemming, H.-C. (Hrsg.): Vermeidung und Sanierung von Trinkwasser-Kontaminationen durch hygienisch relevante Mikroorganismen aus Biofilmen der Hausinstallation. IWW Schriftenreihe 54 (2010) S. 31 – 100. Mülheim

## 7 Hygiene-Anforderungen an Trinkwasser-Installationen

[57] DVGW W 1001: Technische Mitteilung: Sicherheit in der Trinkwasserversorgung – Risikomanagement im Normalbetrieb. Bonn: DVGW, 2008

[58] VDI 6023 Blatt 1: Hygiene in Trinkwasser-Installationen. Anforderungen an Planung, Ausführung, Betrieb und Instandhaltung. Juli 2006

[59] DIN 1988-200: Technische Regeln für Trinkwasser-Installationen – Teil 200: Installation Typ A (geschlossenes System) – Planung, Bauteile, Apparate, Werkstoffe; Technische Regel des DVGW. Entwurf vom Juni 2011

[60] World Health Organisation (Hrsg.): Guidelines for Drinking-water Quality. Genf, 2004

[61] Pleischl, S.: Zum Vorkommen von Legionellen in wasserführenden technischen Systemen und der Wirksamkeit von Sanierungsmaßnahmen unter Praxisbedingungen. Dissertation. Universität Bonn. 2004

[62] Mathys, W., Stanke, J. Harmuth, M. u. E. Junge-Mathy: Occurrence of *Legionella* in hot water systems of single-family residences in suburbs of two German cities with special reference to solar and district heating. In: International Journal of Hygiene and Environmental Health 211 (2008), S. 179 – 185

[63] DIN EN 1717: Schutz des Trinkwassers vor Verunreinigungen in Trinkwasser-Installationen und allgemeine Anforderungen an Sicherheitseinrichtungen zur Verhütung von Trinkwasserverunreinigungen durch Rückfließen. August 2011, Beuth-Verlag

## 8 Praxisuntersuchung zum Wirkgefüge Temperatur–Wasserdynamik

## 9 Das Water Safety Plan-Konzept

[64] Havelar, A. H.: Application of HACCP to drinking water supply. In: Food Control 5 (1994), H. 3. S. 145 – 152

[65] World Health Organisation (Hrsg.): Guidelines for Drinking-water Quality. Genf, 2004

[66] Exner, M. u. C. Koch: Strategien zur Kontrolle mikrobiologischer Risiken in Roh- und Trinkwasser. In: Hygiene in Krankenhaus und Praxis. Hygiene in ambulanten und stationären medizinischen und sozialen Einrichtungen. (2011) 16. Ergänzungslieferung 4/11

[67] Schmoll, O. u. I. Chorus: Konsequenzen der neuen WHO-Trinkwasserrichtlinie für die EG-Trinkwasserrichtlinie und die Trinkwasserhygiene in Deutschland. Abschlussbericht. Umweltbundesamt. Bad Elster, 2007.

[68] Wienand, I., Nolting, U. u. T. Kistemann: Using Geographical Information Systems (GIS) as an Instrument of water resource management: a case study from a GIS-based Water Safety Plan in Germany. In: Water Science & Technology 60 (2009), H. 7. S. 1691 – 1699.

[69] Cunliffe, D. et al. (Hrsg.): Water safety in buildings. World Health Organization, 2011

[70] World Health Organisation (Hrsg.): Health aspects of plumbing. Genf, 2006

[71] Borchers, U.: Die Trinkwasserverordnung 2011. Erläuterungen – Änderungen – Rechtstexte. Berlin: Beuth-Verlag 2012

[72] Bethmann, D., Baus, C. u. C. Castell-Exner: Das WHO Water Safety Plan-Konzept. In: DVGW energie|wasserpraxis 4 (2006). S. 58 – 62

[73] Merkel, W., Staben, N. u. H.-J. Mälzer: Technisches Risikomanagement nach dem Konzept der Water Safety Plans: ein Nutzen für deutsche Wasserversorger? In: Gewässerschutz – Wasser – Abwasser 217 (2009). S. 47/1 – 47/14

# 2 Planungspraxis für Trinkwassergüte in Gebäuden

## W. Schulte

In diesem Buchkapitel wird mit »10 Fragen vor der Planung« die Bedeutung einer bedarfsgerechten Grundlagenermittlung für die Trinkwassergüte erläutert. Zahlreiche Verweise auf europäische und nationale Regelwerke stellen dabei wichtige normative Bezüge für eine hygienebewusste Planung her.
Kommentare zu relevanten Neuregelungen sowie die Vorstellung einiger Systemlösungen sollen ferner dazu beitragen, dass auch die Ausführung auf der Baustelle gelingt und das installierte System ein technisches »Hausleben« lang betriebssicher und wirtschaftlich betrieben werden kann.

# Inhalt

## 1 Allgemeines

## 2 Grundlagen – 10 Fragen vor der Planung



## 3 Wichtige Neuregelungen und Bauteile

# 1 Allgemeines

Europa wird nicht in einem Schritt harmonisiert – das zeigt auch DIN EN 806-2 [1]. Wie fast alle Teile dieser Normenreihe ist sie im Ergebnis nicht mehr als ein erster Versuch, die länderspezifischen Planungsregeln für Trinkwasser-Installationen zu harmonisieren. Zu unterschiedlich sind die über Jahrzehnte gewachsenen Kulturen und Regeln, die die jeweilige Baupraxis aber auch die unterschiedlichen Ansprüche an die Sanitärtechnik widerspiegeln. Somit bedurfte es der Ergänzungsnorm DIN 1988-200 [2], um unsere nationalen Schutzziele sowie die Anforderungen der nationalen Trinkwasserverordnung auch zukünftig berücksichtigen zu können.

Tab. 2–1 **Europäische Grundnormen und nationale Ergänzungsnormen**

| Europäische Grundlagen | | Nationale Ergänzungen | |
|---|---|---|---|
| DIN EN 1717 | Schutz des Trinkwassers | DIN 1988-100 | Schutz des Trinkwassers |
| DIN EN 806 | Teil 1 Allgemeines | – | |
| | Teil 2 Planung | DIN 1988-200 | Planung |
| | Teil 3 Berechnung | DIN 1988-300 | Berechnung |
| | Teil 4 Installation | – | |
| | Teil 5 Betrieb | – | |
| | | DIN 1988-500 | Druckerhöhung mit drehzahlgeregelten Pumpen |
| | | DIN 1988-600 | Feuerlöschanlagen |

In Buchkapitel 1 / Kistemann wurden bereits wichtige Aspekte der VDI 6023 [3] erläutert, die seit vielen Jahren als Richtlinie für die Planung von hygienebewussten Trinkwasser-Installationen anerkannt sind. Neu ist, dass DIN 1988 [4] sechs Monate nach Veröffentlichung der EN 806-5 [5] ihre Gültigkeit verliert und durch die Summe aller Normenteile als neues Regelwerk abgelöst wird (s. Tab. 2–1). Demnach wird es für insgesamt fünf Anwendungsbereiche nationale Ergänzungsnormen geben – überall dort, wo eine entsprechende europäische Norm fehlt oder durch die aktuelle Fassung das nationale Schutzniveau als nicht abgesichert bewertet wird.

Auch wenn zukünftig damit die Übersicht aller relevanten Anforderungen leicht verlorengeht, gilt dennoch in Zukunft: Sinn und Zweck einer Trinkwasser-Installation ist es,

- die Nutzung aller Entnahmestellen eines Gebäudes,
- mit dem erforderlichen Mindestdurchfluss,
- sowie der gewünschten Temperatur,
- über den zu erwartenden Zeitraum,
- gemäß dem Komfortanspruch des Kunden,
- unverzögert und steuerbar und
- mit der Qualität gemäß Trinkwasserverordnung

sicherzustellen.

4 Temperatur

Trinkwasser-Installationen arbeiten allerdings überwiegend im »Standby-Betrieb«. Die Nutzung der jeweiligen Entnahmestelle findet häufig nur wenige Minuten pro Tag statt. Da auch unser Lebensmittel Nr. 1 unter diesen Umständen ein gewisses »Verfallsdatum« hat, wird mit den neuen Regelwerken neben der Versorgungssicherheit auch der Erhalt der Trinkwassergüte als ein wichtiges Schutzziel erhoben. Es ist von einer fach- und bedarfsgerechten Planung ebenso abhängig wie von den baulichen Rahmenbedingungen (z. B. Umgebungstemperatur der Rohrleitung) und schließlich von dem Bestimmungsgemäßen Betrieb der Anlage.

2 Bestimmungsgemäßer Betrieb

Die Anforderungen an Trinkwasser-Installationen werden mit Ablösung der alten DIN 1988 spätestens ab August 2012 dennoch nicht gänzlich neu definiert. Wesentlich sind nur die Neuregelungen, die das Schutzziel Trinkwassergüte betreffen.

[1] DIN EN 806 Teil 2: Technische Regeln für Trinkwasserinstallationen – Planung; Berlin: Beuth, 2005
[2] DIN 1988 Teil 200: Technische Regeln für Trinkwasserinstallationen (TRWI); Installation Typ A (geschlossenes System) –Planung, Bauteile, Apparate, Werkstoffe; Technische Regel des DVGW, Berlin: Beuth 2012
[3] VDI 6023: Hygiene in Trinkwasserinstallationen – Anforderung an Planung, Ausführung, Betrieb und Instandhaltung; Berlin: Beuth, 2006
[4] DIN 1988 Teil 1 bis 8: Technische Regeln für Trinkwasserinstallationen (TRWI); Technische Regel des DVGW, Berlin: Beuth 1988
[5] DIN EN 806 Teil 5: Technische Regeln für Installationen innerhalb von Gebäuden für Wasser für den menschlichen Gebrauch – Betrieb und Wartung; Deutsche Fassung EN 806-5: 2012; Berlin: Beuth 2012

## Wichtige Neuregelungen der Normenreihe der DIN 1988

Dazu zählen folgende Themen

- Einführung des Raumbuches als Basis für eine bedarfsgerechte Planung
- Vorgabe maximal zulässiger Ausstoßzeiten für Trinkwasser kalt und warm
- Ermittlung der Spitzendurchflüsse auf Basis neuer Grundlagen
- Berücksichtigung produktspezifischer Einzelwiderstände bei der Systemauslegung
- Auslegung der Zirkulationssysteme nach neuem Verfahren
- Mindestmengen für den Wasseraustausch
- Spezifizierung der Dämmung von Rohrleitungen für Trinkwasser kalt und warm
- Sonderbedingungen für abgesenkte Speichertemperaturen in Kleinanlagen
- Konsequente Umsetzung der Eigensicherheit von Armaturen und Apparaten

Raumbuch 3

Auch zukünftig wird es in Abhängigkeit vom Gebäudetyp unterschiedliche Niveaus für die sanitäre Planungspraxis geben – zumindest was die Dokumentation betrifft. Auch wenn Kleinanlagen – ebenso wie große Verteilungsnetze – differenziert und praktisch nur noch Software-gestützt zu planen sind, werden weitergehende Anforderungen wie die Erstellung eines Raumbuches (s. VDI 6023 [6]) auch zukünftig nur für Gebäude mit höheren hygienischen Anforderungen gelten. Dazu zählen Krankenhäuser und Seniorenheime, demnach solche Gebäude, die von Menschen mit möglicherweise geschwächtem Abwehrsystem genutzt werden, sowie Gebäude wie Schulen oder Sportstätten, in denen bestimmungsgemäß mit längeren Nutzungsunterbrechungen (Schulferien) zu rechnen ist. Es ist jedoch zu erwarten, dass die neue DIN 1988-200 zu einer hygienebewussteren Planung und besseren Umsetzung von Dokumentationen wie dem Raumbuch und dem Hygieneplan für genannte Anlagen beitragen wird.

**Vgl. DVGW W551**

Was die Ausführung auf der Baustelle betrifft, wird sich mit dem neuen Regelwerk für den, der schon bisher fachgerecht installiert hat, wenig ändern. DIN EN 806-4 [7] zeigt, dass gegenüber der alten DIN 1988 praktisch keine wesentlichen Erkenntnisse für die Montagepraxis dazugewonnen wurden. Im Gegenteil: Die trockene Dichtheitsprüfung, die in Deutschland bereits seit 2004 zu den a. a. R. d. T. gehört und aus hygienischer Sicht zu bevorzugen ist, ist noch nicht einmal enthalten. Da diese Regeln aber bereits schon im Markt bekannt sind, wurde auch keine nationale Ergänzungsnorm für notwendig erachtet.

## Schutzziel Trinkwassergüte

Seit der Veröffentlichung der TRWI im Jahre 1988 wurden viele neue Erkenntnisse über die Einflussfaktoren für die Trinkwassergüte gewonnen, die in Buchkapitel 1 / Kistemann ausführlich beschrieben sind. Diese zählen teilweise zu den Grundlagen für DIN 1988-200 und werden aktuell auch für die Überarbeitung der VDI-Richtlinie 6023 herangezogen.

Abb. 2–1 **Trinkwassergüte an jeder Entnahmestelle**

Dem Fachplaner liegt somit ein Regelwerk vor, das der Trinkwassergüte neben den anderen Schutzzielen (Brand-, Schall- und Wärmeschutz) höchste Priorität gibt. Diese unterliegt seit der Novellierung der Trinkwasserverordnung im Jahr 2011 nun auch in gewerblichen und öffentlichen Anlagen einer jährlichen Prüf- bzw. Meldepflicht, die für die Trinkwassergüte auch an der letzten Entnahmestelle gilt.

**Jährliche Überprüfung**

Zur Grundlagenermittlung nach HOAI (Phase 1) [8] zählen die der eigentlichen Planung vorgeschalteten Maßnahmen und Überlegungen, insbesondere Gespräche mit dem Auftraggeber oder Bauherrn.

[6] VDI 6023: Hygiene in Trinkwasserinstallationen – Anforderung an Planung, Ausführung, Betrieb und Instandhaltung; Berlin: Beuth, 2006; Seite 9
[7] DIN EN 806 Teil 4: Technische Regeln für Trinkwasserinstallationen – Installation; Deutsche Fassung EN 806-4: 2010; Berlin: Beuth, 2010
[8] VOB: Vergabe- und Vertragsordnung für Bauleistungen; HOAI: Honorarordnung für Architekten und Ingenieure; Beck-Texte im dtv, 28. Auflage 2010

HOAI Phase 1 ist der entscheidende Zeitpunkt, zu dem die Rahmenbedingungen für eine exakte Bedarfsermittlung festgelegt werden, die in Phase 2 und 3 erfolgen und im Raumbuch zu dokumentieren ist. Denn nur mit einer Systemauslegung – abgestimmt auf die real zu erwartenden Betriebsbedingungen – kann später der Bestimmungsgemäße Betrieb und damit auch die geforderte Trinkwasserqualität, sichergestellt werden. Auch wenn an die Trinkwasser-Installation definitionsgemäß keine höheren hygienischen Anforderungen gestellt werden, ist dennoch zu empfehlen, die Ausstattung und die zu erwartende Nutzung der Entnahmestellen in einem Raumbuch zu erfassen. Solche Dokumentationen bleiben eine wertvolle Informationsquelle für den späteren Betrieb, bei Wartung, Pflege, Reparatur und Erweiterungen der Anlage. Der im Regelfall über die zu erwartende Betriebszeit der Anlage zwangsläufige Personalwechsel im verantwortlichen Gebäudemanagement ist ein zusätzliches Argument.

Um das hoch priorisierte Schutzziel Trinkwassergüte, trotz der auf der Baustelle üblichen Restriktionen, von Anfang an konsequent verfolgen zu können, wird die Bewertung jedes Bauvorhabens anhand der nachfolgenden **»10 Fragen vor der Planung«** empfohlen. Praxisnahe Beispiele veranschaulichen, wo Risikopotenziale zu erwarten sind und wie die Wechselwirkungen der einzelnen Faktoren auf die systemische Trinkwassergüte bewertet werden können. Nur so lässt sich für den Einzelfall ein für die Qualität der Trinkwassergüte optimales Planungsergebnis erreichen.

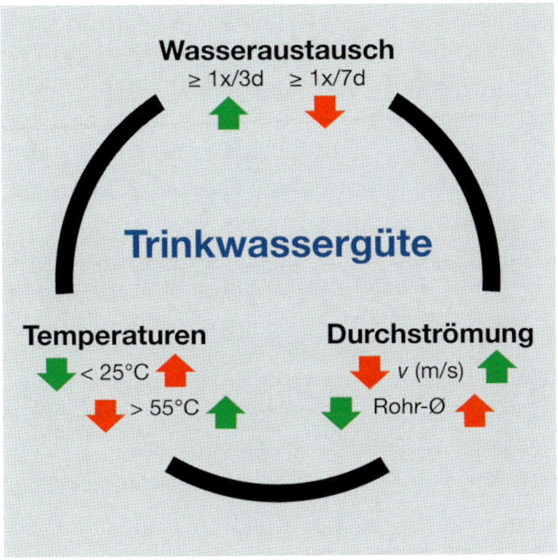


Abb. 2–2 **Wirkdreieck Trinkwassergüte** [9]

Gemäß den Erläuterungen zu Abb. 2–2 in Buchkapitel 1 / Kistemann wird die systemische Trinkwassergüte in einem Rohrleitungssystem maßgeblich durch drei Faktoren beeinflusst

- Temperatur
- Wasseraustausch
- Durchströmung

4 Temperatur

5 Wasseraustausch

6 Durchströmung

Der Einsatz von ausschließlich zertifizierten Bauteilen und damit geeigneten Werkstoffen wird vorausgesetzt.

Zwar lässt sich auf dieser Basis für die Prozesse der Mikrobiologie im Anlagensystem kein »mathematischer« Algorithmus ableiten, es können aber damit die Wechselwirkungen der thermisch und hydraulisch wirkenden Vorgänge bewertet und detailbezogene hygienebewusste Planungskonzepte erstellt werden – denn die variieren im Gesamtsystem häufig von Teilstrecke zu Teilstrecke.

Daneben können für den Erhalt der Trinkwassergüte auch die Werkstoff- und Systemwahl relevant sein, sowie ein minimales Anlagenvolumen, das auf einer Systemauslegung unter Berücksichtigung **realer** Druckverluste der Absperrarmaturen, Regulierventile und Formteile basiert.

Auf der Baustelle spielen auch die hygienischen Bedingungen, unter denen die Rohre und sonstigen Bauteile transportiert, gelagert und installiert werden, eine große Rolle. Und schließlich ist für den hygienischen Anlagenbetrieb das Prozedere der Inbetriebnahme genauso entscheidend wie die späteren Betriebsbedingungen selbst.

Zu Abb. 2–2 folgen drei Beispiele als Grenzbetrachtungen, die die Wechselwirkungen der Einflussfaktoren, bezogen auf unterschiedliche Anlagensituationen, verdeutlichen sollen.

[9] Nach Schulte W. (2011): Maintaining water quality to the final point of use. Vortrag bei der World Plumbing Conference (WPC) http://www.worldplumbing.org/images/pdf/WorldPlumbingConference2011/wernerschulteviega.pdf

### Beispiel 1: Kritische (Dauer-)Temperaturen

**Situation**

Temperatur 4

Einzelzuleitungen aus Metallverbundrohr $d_i = 11{,}6$ mm / Länge = 9 m, verlegt unter einem Heizestrich zur Küche; regelmäßig werden Stagnationstemperaturen von > 25 °C erreicht.

**Bewertung**

Das mögliche hygienische, allein auf die Betriebstemperaturen bezogene Risiko wird durch den sehr häufigen Wasseraustausch (20 bis 30 x / d) kompensiert. Selbst nach einer längeren Nutzungsunterbrechung von mehreren Wochen (Urlaubszeit) wird die vollständige Durchströmung der Einzelzuleitung ohne Stagnationszonen mit ca. 1 m / s einen sehr guten Spüleffekt bewirken.

**Handlungsempfehlung**

Keine – ein hygienisches Risiko für das Trinkwasser ist nicht zu erwarten.

### Beispiel 2: Kritischer Wasseraustausch

**Situation**

Wasseraustausch 5

Einzelzuleitung aus Edelstahl $d_i = 13$ mm / Länge = 14 m, verlegt durch unbeheizte Kellerräume zu einem Gartenventil DN 15, lange Stagnationsphase während der Winterzeit.

**Bewertung**

Ein mögliches hygienisches Risiko in Bezug auf den geforderten Wasseraustausch ist vorhanden, wird jedoch minimiert durch die niedrigen Temperaturen (≤ 15 °C) und die sehr gute Durchströmung während der Betriebsphasen (> 2 m / s).

**Handlungsempfehlung**

Wegen der langen Stagnationsphase im Winter ist zu empfehlen, den Leitungsabschnitt so in das Gesamtsystem einzubinden, dass ein regelmäßiger Wasseraustausch – auch während der Wintermonate – gewährleistet ist.

### Beispiel 3: Kritische Durchströmung

**Situation**

Durchströmung 6

Im Bestand: Verteilleitung aus verzinktem Stahl $d_i = 68{,}8$ mm / Länge = 55 m, verlegt in einem an Erdreich grenzenden Bodenkanal – nach mehreren Nutzungsänderungen (ursprünglich kombinierte Feuerlösch- und Trinkwasserleitung) wird nur noch eine Teeküche und eine WC-Anlage versorgt.

**Bewertung**

Es besteht ein mögliches hygienisches Risiko durch die mangelhafte – möglicherweise laminare – Durchströmung. Die niedrigen Umgebungstemperaturen wirken reduzierend auf eine mikrobielle Vermehrung, allerdings ist ein regelmäßiger Wasseraustausch (≥ 1 x / d) nicht gewährleistet.

**Handlungsempfehlung**

Die Teilstrecken sollte umgehend zurückgebaut und den neuen Verbrauchsbedingungen entsprechend dimensioniert werden.

Die o. g. Beispiele sollen deutlich machen, dass die gesetzten Regeln »fließende« Grenzen haben und kein Faktor für sich allein hinsichtlich seiner Bedeutung für die Trinkwassergüte bewertet werden kann. Das zentrale Schutzziel »Trinkwassergüte« wird somit von der Grundlagenermittlung maßgeblich beeinflusst. Erst danach wird eine Planung gemäß der inhaltlichen Struktur der DIN 1988 als Leitfaden empfohlen. Dafür sind Konzepte für die Leitungsführung zu entwerfen, das Rohrleitungssystem zu wählen und zu dimensionieren und ggf. der hydraulische Abgleich für das Warmwasser-Zirkulationssystem zu berechnen.

Die Bewertung der folgenden 10 Fragen mit Kommentaren kann für jedes Projekt wertvolle Impulse für eine hygienebewusste Planung liefern.

# 2 Grundlagen – 10 Fragen vor der Planung

## 2.1 Kann auf die Grundrissplanung noch Einfluss genommen werden?

**Frage1**
Einfluss auf die Grundrissplanung

Die Entfernungen zwischen der Steigleitung und den zu versorgenden Entnahmestellen haben maßgeblichen Einfluss auf die Rohrweiten, die Ausstoßzeiten, das verfügbare Rohrreibungsdruckgefälle, das Anlagenvolumen und damit auf die systemische Trinkwassergüte. Deshalb gilt für die hygienebewusste Planung von Trinkwasser-Installationen: Je früher der Fachplaner für die Sanitärtechnik in die Grundrissplanung eingebunden wird, umso besser. Nur wenn den beteiligten Gewerken gesicherte Erfahrungen aus annähernd baugleichen Projekten vorliegen, kann von dieser Prämisse abgewichen werden.

Hoher Abstimmungsbedarf und eine sehr frühe Einbeziehung der Gebäudetechnik in die Grundrissplanung sind unerlässlich, wenn

- höhere Komfortklassen gefordert werden – erhöhter Schallschutz, kurze Ausstoßzeiten bei langen Stockwerksleitungen etc.
- höhere hygienische Anforderungen an die Trinkwasser-Installation gestellt werden – für Krankenhäuser, Seniorenheime, Sportstätten, Kindergärten, Schulen etc.
- bauliche Vorgaben die fachgerechte Verlegung von Stockwerksleitungen behindern oder unmöglich machen und auch alternative Rohrführungen (in abgehängten Decken oder Trockenbauwänden) erschweren oder nur eingeschränkt ermöglichen – z. B. geringe Fußbodenaufbauhöhen.

1 Ausstoßzeit

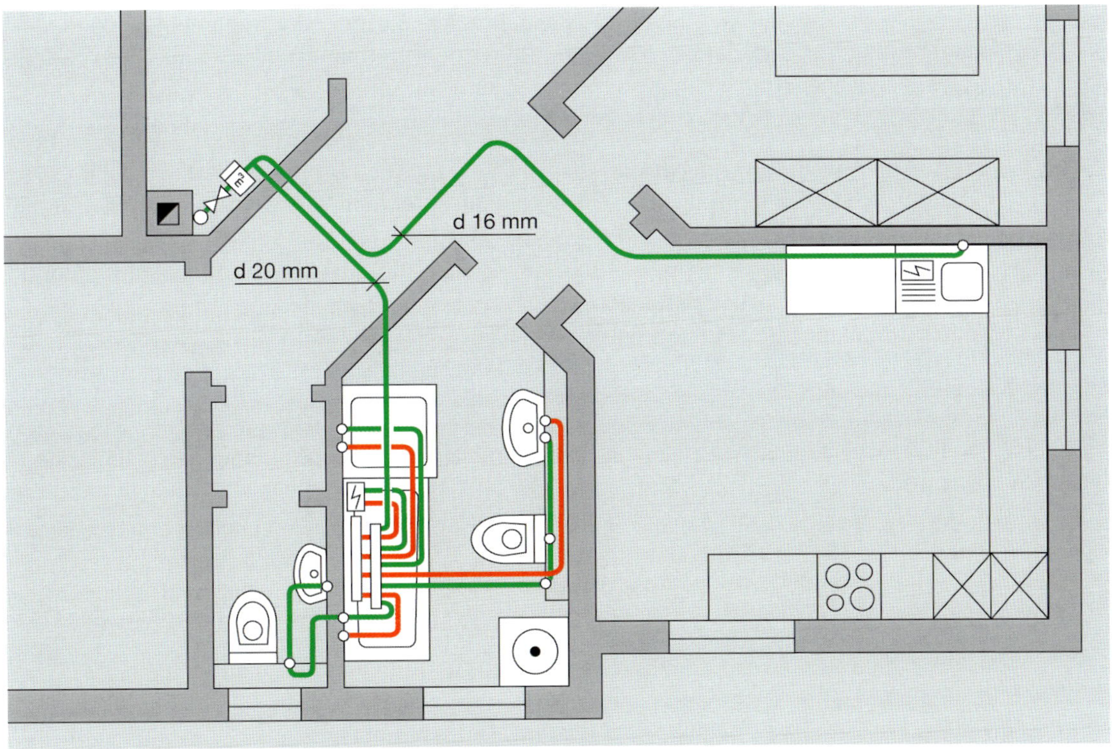


Abb. 2–3 **Trinkwasser-Installation mit im Boden verlegten Rohrleitungen**

Ausstoßzeit 1

Eine Komfortzeit bzw. Ausstoßzeit von beispielsweise 10 Sekunden (Anforderungsstufe III nach VDI 6003 [10] für Trinkwasser warm) an jeder Entnahmestelle ist nur dann realisierbar, wenn die Grundrissplanung gezielt darauf abgestimmt wird. Sonst kann diese Anforderung oft nur durch eine dezentrale Trinkwassererwärmung erfüllt werden – z. B. ein Untertischgerät für die Küchenspüle (s. Abb. 2–3).

Die Bodenverlegung von Stockwerksleitungen ist mit Abstand die schnellste und wirtschaftlichste Variante; allerdings werden dabei in der Praxis oft die Anforderungen der DIN 18560-2 [11] missachtet. Bei Baufortschritt meldet der Estrichleger häufig Bedenken an, wenn die erforderlichen Rohrquerschnitte nicht im Fußbodenaufbau bzw. der verfügbaren Höhe der Estrichausgleichschicht unterzubringen sind. Stockwerksleitungen warm, die trotz ihres geringen Volumens in den Zirkulationskreis einbezogen werden, sind mit den vorgeschriebenen Dämmschichtdicken kaum fachgerecht unterzubringen. Weitere Hinweise s. Frage 6, Zusammenfassung.

Für das Schutzziel »Trinkwassergüte« ist es somit von großem Nutzen, wenn die Rahmenbedingungen für die Gebäudetechnik frühzeitig in den Grundrissplanungen berücksichtigt werden. Dazu gehören insbesondere alle Faktoren, die den späteren wirtschaftlichen Betrieb sowie die Wartung und damit auch die Kosten beeinflussen: Revisionsöffnungen, Schachtzugänge, Zugänglichkeit zu Rohrleitungen, Absperr- und Regulierventile in abgehängten Decken, Bodenkanäle etc.

Bei Technik-lastigen Projekten ist die frühzeitige Zusammenarbeit zwischen Architekt und Fachplaner oft selbstverständlich. Wenn das Ingenieurbüro das Energiekonzept für das Gebäude von Beginn der Planung an parallel entwickelt, hat die Technikplanung die gleiche Priorität wie die Architektur selbst. Der Beitrag des Fachplaners ist dann in allen Planungsphasen unerlässlich, was auch dem Einfluss der Sanitärplanung zugute kommt. Auf die Leitungslängen kann letztlich nur mit einer hygienebewussten Grundrissplanung (Ausstattung und Positionierung der Nutzungseinheiten, Lage der Versorgungsschächte etc.) Einfluss genommen werden. Dieses hat für den späteren Bestimmungsgemäßen Betrieb und ggf. für die Trinkwassergüte eine große Bedeutung. Mit dem Ziel der bedarfsgerechten Planung ist die Grundlagenermittlung und damit die Abstimmung mit dem Betreiber bzw. der späteren Nutzergruppe (Pflegepersonal eines Krankenhauses, Hausmeister einer Sportstätte etc.) eine Selbstverständlichkeit.

Bestimmungsgemäßer Betrieb 2

**Zusammenfassung/Empfehlung zu Frage 1**

Bauliche Vorgaben wie der Fußbodenaufbau für im Boden verlegte Leitungen oder die Größe und Entfernung der Versorgungsschächte zu den Entnahmestellen können maßgeblichen Einfluss auf die Anlagentechnik, die systemische Trinkwassergüte und schließlich auf die Investitions- und Betriebskosten nehmen. Je früher eine Abstimmung zwischen Architekt, Bauherrn und Fachplaner erfolgt, desto besser wird das Planungsergebnis sein.

[10] VDI 6003: Trinkwassererwärmungsanlagen – Komfortkriterien und Anforderungsstufen für Planung, Bewertung und Einsatz; Berlin: Beuth, 2004; Tabelle 1 bis 6

[11] DIN 18560 Teil 2: Estriche im Bauwesen – Estriche und Heizestriche auf Dämmschichten (schwimmende Estriche); Berlin: Beuth, 2009

## 2.2 Welche Daten sind in einem Raumbuch zu dokumentieren?

Frage 2

Die Planungsvorgabe nach einem Raumbuch wird nach VDI 6023 seit über 15 Jahren gefordert und gilt auch als Voraussetzung für einen Hygieneplan für Trinkwasser, konnte sich jedoch bis heute nicht in der Praxis durchsetzen. Der Grund dafür liegt möglicherweise darin, dass es bislang nur selten gelungen ist, den Bauherrn von Sinn und Nutzen einer detaillierten Bedarfsermittlung und Dokumentation für einen hygienischen Anlagenbetrieb zu überzeugen. Von üblichen Wohnanlagen einmal abgesehen, können insbesondere gewerbliche Anlagen Entnahmestellen enthalten, die selten oder nie genutzt werden. Solche Teilstrecken bedürfen während der Planung und Ausführung einer besonderen Beachtung. Die Erfassung der Bedarfsdaten – wie beispielsweise in Tab. 2–2 – sollte deshalb ein fester Bestandteil jeder hygienebewussten Planung sein.

3 Raumbuch

Tab. 2–2 **Raumdatenblatt für Raumbuch – Beispiel Arztraum** [12]

| | |
|---|---|
| **Bauteil:** | Bauabschnitt 3 |
| **Ebene:** | 1. Obergeschoss |
| **Raum:** | 126 |
| **Raumbezeichnung:** | Arztzimmer / Untersuchung |
| **Art der Nutzung und Häufigkeit:** | Untersuchung von Patienten, Handwaschbecken für den Arzt. Nutzung ein- bis fünfmal täglich, nicht am Wochenende. |
| **Ausstattung:** | Waschbecken: Porzellanwaschtisch, Standard 1 Stück<br>Einhebel-Wandarmatur 1 Stück |

**Zu erwartender Mindestverbrauch**

| | n | PWC | PWH | PWC | PWH |
|---|---|---|---|---|---|
| | 1 / Tag | Liter | Liter | Liter / d | Liter / d |
| Waschbecken | 1 | 1,0 | 1,0 | 1,0 | 1,0 |
| | Summe Wasserverbrauch, min. | | | 1,0 | 1,0 |

Der tägliche Wasseraustausch wird über die Personal WC-Anlage sichergestellt.

5 Wasseraustausch

**Aufbau der Installation**

| | |
|---|---|
| **Trinkwasser kalt:** | Anschluss über Doppelwandscheibe, Rohrweite 20 x 2,8 mm als Ringinstallation, Ausstoßzeit < 30 Sekunden / ≤ 25 °C |
| **Trinkwasser warm:** | Anschluss über Doppelwandscheibe, Rohrweite 16 x 2,2 mm als Reiheninstallation; Ausstoßzeit < 10 Sekunden / ≥ 55 °C |
| **Wartungshinweise:** | Der Strahlregler an der Waschbeckenarmatur ist einmal im Jahr zu prüfen / zu erneuern. |

1 Ausstoßzeit

4 Temperatur

Ein Bestimmungsgemäßer Betrieb mit guter Durchströmung aller Teilstrecken des Systems ist Voraussetzung für den Erhalt der Trinkwassergüte. Pauschale Annahmen für die Anzahl erforderlicher Entnahmestellen, z. B. nach Arbeitsstättenrichtlinie [13] oder den täglichen Verbrauch an Trinkwasser kalt und warm nach VDI 6003 [14], ziehen meist eine Überdimensionierung der Rohrleitungen und der Trinkwassererwärmungsanlage nach sich. Die sich damit zwangsläufig ergebenden längeren Verweilzeiten des Trinkwassers im System wirken dem Schutzziel Trinkwassergüte entgegen und verursachen erhöhte Investitions- und Betriebskosten. Deshalb sollten spezifische Bedarfsermittlungen nicht nur Anlagen mit erhöhten hygienischen Anforderungen vorbehalten bleiben, sondern genereller Bestandteil der Planung sein.

2 Bestimmungsgemäßer Betrieb

[12] Lübbert: Raumbuch Musterdokumentation; Planungsgruppe VA, Hannover: 2011
[13] URL: http://www.bmas.de/DE/Service/Gesetze/arbstaettv.html, 01.02.2012
[14] VDI 6003: Trinkwassererwärmungsanlagen – Komfortkriterien und Anforderungsstufen für Planung, Bewertung und Einsatz; Berlin: Beuth, 2004

Die Nutzungshäufigkeit eines Waschtisches in einem Arztraum eines Krankenhauses sollte immer mit einem Vertreter dieser Berufsgruppe abgestimmt werden – niemand sonst kann den zu erwartenden Bedarf besser vorhersagen. Wie erfahrene Fachplaner berichten, ergeben sich aus solchen Gesprächen oft Einsparpotenziale oder hydraulisch relevante Erkenntnisse, die zuvor niemand für möglich gehalten hätte.

Eine durchschnittliche Entnahme pro Waschtisch von ein- bis zweimal täglich für 10–15 Sekunden reicht ggf. nicht aus, um den erforderlichen Wasseraustausch von 3 Litern/Tag in der ursprünglich vorgesehenen Einzelzuleitung sicherzustellen. In Anlagen mit höheren hygienischen Anforderungen ist das kritisch zu bewerten. Bedarfsdaten sind im Raumbuch für eine angemessene Leitungsführung zu vermerken (s. auch Kommentare Fragen 4–8). Wird im beschriebenen Fall dieser Waschtisch mit einer Personaltoilette – deren Benutzung mehrmals täglich als gesichert gilt – in Reihe installiert, stimmt die hygienebewusste Planung wieder.

Wasseraustausch 5
Raumbuch 3
Bestimmungsgemäßer Betrieb 2

Im Raumbuch wird der zu erwartende Bestimmungsgemäße Betrieb festgehalten. Diese Vereinbarung gibt Planungssicherheit, weil sich damit der Nutzer sinngemäß verpflichtet, die Entnahmestellen auch mit angemessener Frequenz und Dauer zu nutzen. Auf Basis dieser für die Trinkwassergüte wichtigen Grundlage können dann Leitungsführungen festgelegt, maximal zulässige Ausstoßzeiten definiert und schließlich auch die Entscheidung getroffen werden, inwieweit die Stockwerksleitungen warm in den Zirkulationskreis einbezogen werden müssen. Alle Entscheidungen sollten immer mit dem Ziel getroffen werden, ein minimales Anlagenvolumen bei maximalem Wasseraustausch in allen Teilstrecken zu erreichen.

Vorgaben für den späteren Betrieb und die Instandhaltung der Anlage vervollständigen das jeweilige Raumdatenblatt.

**Zusammenfassung/Empfehlung zu Frage 2**

In der Abstimmung des tatsächlichen Bedarfs an den Entnahmestellen und der real zu erwartenden Nutzungshäufigkeit und Dauer mit dem Bauherrn/Nutzer liegen große Einsparpotenziale. Pauschale Annahmen aus Normen oder Verordnungen sollten nur im Notfall für erste Planungsansätze gelten; sie sind niemals verlässliche Basis für eine bedarfsgerechte Anlagenkonzeption mit dem Schutzziel Trinkwassergüte, stattdessen verursachen sie nur höhere Investitions- und Betriebskosten. Für jede hygienebewusste Planung ist ein Raumbuch mit den relevanten Daten jeder Nutzungseinheit unerlässlich. Nur auf Basis einer gewissenhaft erstellten Anlagendokumentation kann insbesondere bei komplexen Systemen die Betriebssicherheit und Trinkwassergüte sichergestellt werden.

Frage 3

## 2.3 Welchen Nutzen kann ein Bauherr von einer abgestimmten Bedarfsermittlung erwarten?

*Wie kann der Fachplaner den Bauherrn davon überzeugen, dass er mit seinen Angaben für den zu erwartenden Anlagenbetrieb nicht nur maßgeblichen Einfluss auf die Trinkwassergüte sondern auch auf die Investitions- und Betriebskosten nimmt?*

Es ist wichtig dem Bauherrn zu verdeutlichen, dass mit bedarfsgerechten Rohrweiten kürzere Ausstoßzeiten und ein geringeres Anlagenvolumen erreicht werden können. Auf dieser Grundlage sind nachhaltig Einsparungen bei den Betriebskosten für Trinkwassererwärmung, Wasserverbrauch und Strom (Zirkulationspumpen etc.) zu erzielen. Das spezifische Nutzungsverhalten sollte in jedem Fall ermittelt werden, auch wenn gesetzliche Bestimmungen – wie die Arbeitsstättenrichtlinie – eine bestimmte Anzahl Duschen vorschreiben, die oft weit über dem real zu erwartendem Bedarf liegen. Wenn pauschale Annahmen, wie für die Anzahl von Duschen in einem Gewerbebetrieb, den theoretischen Spitzenverbrauchswert – der nie eintreten wird – in die Höhe treiben, werden hydraulische Bedingungen geschaffen, die letztlich nur die Investitions- und Betriebskosten steigern ohne das Schutzziel Trinkwassergüte zu fördern. Das bedeutet eine schlechtere Anlagenqualität bei zusätzlichen Kosten.

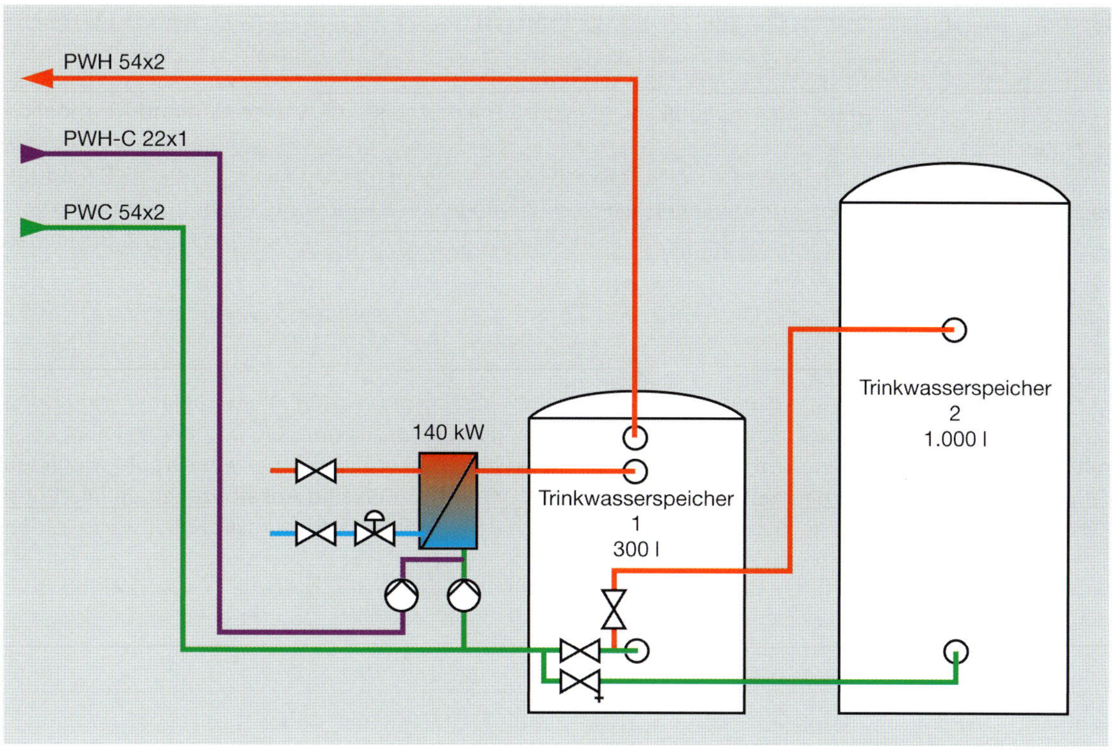


Abb. 2–4 **Installationsschema – zweistufige Trinkwassererwärmungsanlage für eine Sportstätte** [15]

**Beispiel**
Mehrzwecksportanlage, die einer Schule angegliedert ist, mit den üblichen Nutzungsunterbrechungen durch Ferien.

Folgende Planungsprämissen können zu einem zweistufigen Konzept für Teil- und Volllastbetrieb führen

- **Teillastbetrieb im Schulalltag (Normalbetrieb)**
  Regelmäßige Nutzung von lediglich 3–4 Duschen/Waschtischen im Damen- und Herrenbereich
- **Volllastbetrieb bei Großveranstaltungen**
  2–3-mal pro Jahr werden für Damen und Herren jeweils 12 Duschen bzw. Waschtische benötigt

Ist dieses Nutzungsverhalten bekannt, kann die Trinkwasser-Installation hygienebewusst für den Teil- und Volllastbetrieb konzipiert werden. Das Konzept wird dann bauseitig nicht nur die räumliche Abtrennung mit separaten Zugängen zur jeweiligen Nutzungseinheit vorsehen, sondern auch die hygienebewusste Rohrleitungsführung und Trinkwassererwärmung – in diesem Fall zweistufig. Das Planungsziel wird optimal erreicht, wenn im Rahmen einer fachgerechten Inbetriebnahme das zukünftige Betriebspersonal (Hausmeister) in den »Bestimmungsgemäßen Betrieb« der Anlage unterwiesen wird.

**Abb. 2–4**
TW-Speicher 2 ist abgesperrt und entleert

TW-Speicher 2 ist in Betrieb

2 Bestimmungsgemäßer Betrieb

**Zusammenfassung / Empfehlung zu Frage 3**
An o.g. realisierten Beispiel der Mehrzweckturnhalle wird deutlich, wie groß der Nutzen mit einer bedarfsgerecht ausgelegten Trinkwasser-Installation sein kann. Neben dem bedarfsgerechten Wasseraustausch in allen Teilstrecken des Systems sind das vor allem Einsparungen bei den Betriebkosten für Trinkwasser, Heizenergie und Strom. Sofern es sich um vergleichbare Projekte mit nennenswerten Unterschieden zwischen Teil- und Volllastbetrieb handelt, sollten diese Argumente für den Bauherrn genug Motivation sein, sich zu Beginn der Planung für Gespräche zur bedarfsgerechten Grundlagenermittlung mit dem Fachplaner Zeit zu nehmen.

[15] Lübbert: Schaltschema; Planungsgruppe VA, Hannover: 2011

**Frage 4**
Dazu zählen:
Brand- und Schallschutz, Fußbodenaufbauhöhen für im Boden verlegte Leitungen, Varianten der Leitungsführungen in Stockwerksverteilungen

## 2.4 Welche Schutzziele und baulichen Vorgaben sind neben dem Erhalt der Trinkwassergüte relevant?

### Rohrleitungen mit Schacht- oder als Deckenabschottung?

Seit dem Großbrand am Flughafen Düsseldorf 1996 erhielt der vorbeugende Brandschutz zur Vermeidung der Übertragung von Feuer und Rauch einen hohen Stellenwert im Bauwesen. Insbesondere an Installationsschächten werden durch entsprechende Rauchprüfungen mangelhafte Ausführungen deutlich gemacht und Abnahmen häufig nur nach aufwendigen Nachbesserungen ausgestellt. Bauseitige Schwachstellen sind häufig Abschlussfugen gegenüber der tragenden Konstruktion und Einbauten wie Wohnungswasserzähler; bei Prüfungen von Rohr-in-Rohr-Installationen kann der Prüfrauch sogar aus der Betätigungseinheit des WC-Spülkastens austreten. Letztlich sind alle Ver- und Entsorgungsleitungen zwischen Schacht- und Vorwandinstallation potenzielle Schwachstellen, die in der Baupraxis nur durch mehr oder weniger aufwendige Maßnahmen gegen die Übertragung von Feuer und Rauch abgeschottet werden können.

Auf den ersten Blick scheint ein Installationsschacht, z. B. in I90-Qualität, einfacher in der Erstellung. Dabei wird die komplette Schachtverkleidung entsprechend der erforderlichen Feuerwiderstandsdauer ausgeführt.

Größere Objektbauten verfügen womöglich über begehbare Schachtinstallationen. Ansonsten hat sich das Deckenabschottungsprinzip weitestgehend durchgesetzt. Dies wird in der Regel in Verbindung mit einer modernen Vorwandinstallation realisiert.

**Brandschutz**
Fokus auf die Versorgungsleitungen

Abb. 2–5 zeigt das Beispiel eines Versorgungsschachtes nach LAR mit Gemischtbelegung (Deckenabschottungsprinzip).

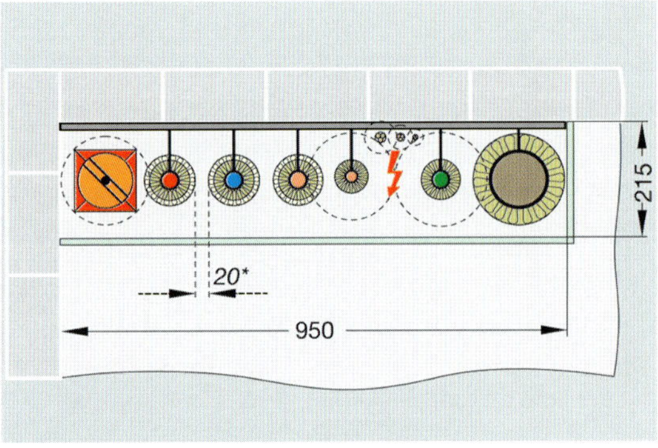


Abb. 2–5 **Versorgungsschacht nach LAR**

### Schachtabschottungsprinzip

**Vorteile:** Die Rohrleitungen brauchen im Bereich der Geschossdecken nicht gegen die Übertragung von Feuer und Rauch abgeschottet zu werden. Die Abschottung erfolgt in der feuerwiderstandsfähigen Schachtwandung.

**Nachteile:** Die Herstellung der Abschottungen ist von der Innenseite des Schachtes bei kleinen unbegehbaren Installationsschächten gemäß Verwendbarkeitsnachweis (ABP/ABZ) nur sehr schwer umsetzbar.

## Deckenabschottungsprinzip

**Vorteile:** Die Zugänglichkeit ist beidseitig sehr gut. Die Qualitätskontrolle ist leichter umzusetzen.

**Nachteile:** Die Dimensionen sind i. d. R. größer als bei den etagenweisen Aus- und Einfädelungen des Schachtabschottungsprinzips. Die notwendigen Mindestabstände der Rohrleitungen inklusive der erforderlichen Dämmung sind in der Baupraxis gemäß den Vorschriften nicht leicht einzuhalten.

Bei Umsetzung der brandschutztechnischen Anforderungen sind immer auch weitere gleichwertige Schutzziele umzusetzen. Dazu zählen

| | |
|---|---|
| Schallschutz | DIN 4109-A1 [16] oder »erhöhter Schallschutz« |
| Wärmeschutz | DIN 4108-2 [17], EnEV [18], DIN 1988-200 |
| Schutz vor Erwärmung von Trinkwasser kalt | DIN 1988-200 |
| Feuchtigkeitsschutz | Nach hygienischer Anforderung |

Da alle Anforderungen die öffentlich-rechtlichen Mindestanforderungen beschreiben, müssen die zum Betrieb/Nutzung erforderlichen Schutzziele eines Gebäudes zwingend eingehalten werden.

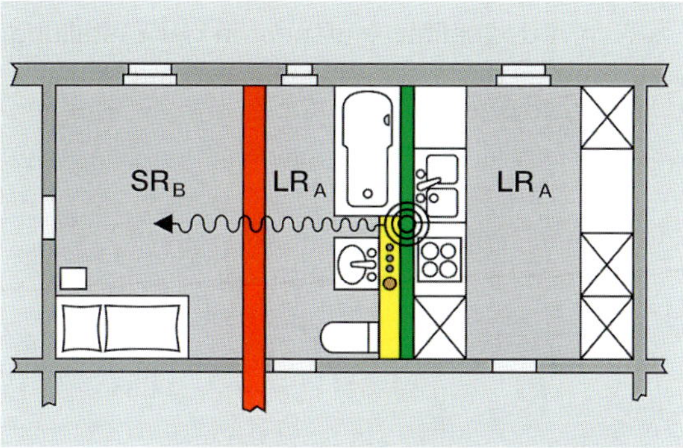


Abb. 2–6 **Schallschutz – ein maßgebliches Schutzziel**

**Schallschutz**
Fokus auf die Stockwerksleitungen

Abb. 2–6: Installationswand innerhalb der Wohnungseinheit.

Vergleichbare Installationen an Wohnungstrennwänden zu einem schutzbedürftigen Raum ($SR_B$) sind zu vermeiden, weil dies bei erhöhtem Schallschutz unweigerlich zu Regressansprüchen führen würde (s. Frage 4, Empfehlung).

Das Schutzziel »Schallschutz« dient dem Schutz vor gesundheitlichen Schäden durch Schallübertragung in schutzbedürftige Räume (Wohnräume, Schlafräume, Kinderzimmer, Arbeitszimmer etc.). In diesen Räumen der fremden Wohnung dürfen die maximal definierten Schallschutzpegel nach DIN 4102-A1 (30 dB) nicht überschritten werden. Für den erhöhten Schallschutz ist Beiblatt 2 zur DIN 4109 [19] (25 dB) oder VDI Regelwerk 4100 [20] (24 dB) maßgebend.

Die Einhaltung des erhöhten Schallschutzes ist beim modernen Mehrfamilienhausbau i. d. R. als allgemein anerkannte Regel der Technik anzusetzen. Im Komfortwohnungsbau wird in vielen Werkverträgen auch die Einhaltung von schalltechnischen Schutzzielen im eigenen Wohnbereich verlangt. Die Einhaltung setzt eine durchgängige Planung und Umsetzung voraus.

## Rohrleitungen in der Vorwandtechnik

Hinsichtlich des geforderten Schallschutzes bieten Vorwandinstallationen viele Vorteile, die insbesondere in Verbindung mit Rohr-in-Rohr-Installationen die regelkonforme Ausführung in der Baupraxis erleichtern. Marktgerechte Systeme verfügen über schalltechnische Zertifikate, die z. B. auch den Einfluss der werkseitig vormontierten Armaturenanschlüsse für das jeweilige Rohrleitungssystem berücksichtigen. Die üblichen Bautiefen der Vorwandelemente bieten meist ausreichend Platz, damit auch kreuzende Leitungen fachgerecht untergebracht werden können. Diese sind bei Reihen- oder Ringleitungen unvermeidbar, welche ihrerseits oft den Erhalt der Trinkwassergüte sicherstellen.

[16] DIN 4109 Teil A1: Schallschutz im Hochbau – Anforderungen und Nachweise; Änderung A1; Berlin: Beuth 2001
[17] DIN 4108 Teil 2: Wärmeschutz im Hochbau – Mindestanforderungen an den Wärmeschutz; Berlin: Beuth 2003
[18] EnEV 2009: Verordnung über energiesparenden Wärmeschutz und energiesparende Anlagentechnik bei Gebäuden (Energieeinsparverordnung) vom 29. April 2009
[19] DIN 4109 Beiblatt 2: Schallschutz im Hochbau – Hinweise für Planung und Ausführung, Vorschläge für einen erhöhten Schallschutz, Empfehlungen für den Schallschutz im eigenen Wohn- oder Arbeitsbereich; Berlin: Beuth 1989
[20] VDI 4100 2. Entwurf: Schallschutz im Hochbau – Wohnungen – Beurteilung und Vorschläge für den erhöhten Schallschutz; Berlin: Beuth Juni 2011

Abb. 2–7 **Befestigung von Rohr-in-Rohr-Installation in der Vorwand**

**Vgl. VDI 6006**
**»Schallschutz / Druckschläge«**

Planern in bauleitender Funktion ist zu empfehlen, der fachgerechten Befestigung von Rohr-in-Rohr-Installationen in Vorwandtechnik oder Trockenbauwänden besondere Aufmerksamkeit zu schenken. Nicht fachgerecht befestigte Rohrleitungen können durch Druckschläge, verursacht durch schnellschließende Entnahmearmaturen, zu einer Lärmquelle werden. Die Schallentstehung durch Kontakt mit der Beplankung kann durch einfache Maßnahmen, wie in Abb. 2–7 dargestellt, ausgeschlossen werden.

Die Hinweise in VDI 6006 [21] sind zu beachten.

## Stockwerksleitungen – Rohrleitungen im Fußbodenaufbau

**Schallschutz**
Fokus auf den Fußbodenaufbau

Rohrleitungen in Estrichkonstruktionen sind so zu verlegen und zu befestigen, dass die Anforderungen der DIN 18560-2 erfüllt werden. Bereiche in denen sich Rohrleitungen kreuzen sind besonders problematisch und deshalb möglichst in Vorwandkonstruktionen oder unterhalb von Bade- oder Duschwannen unterzubringen. Dazu DIN 18650-2, Punkt 4.1 – Tragender Untergrund (Zitat):

*»Falls Rohrleitungen auf tragendem Untergrund verlegt sind, müssen sie festgelegt sein. Durch einen Ausgleich ist wieder eine ebene Oberfläche zur Aufnahme der Dämmschicht – mindestens jedoch der Trittschalldämmung – zu schaffen. Die dazu erforderliche Konstruktionshöhe muss eingeplant sein.«*

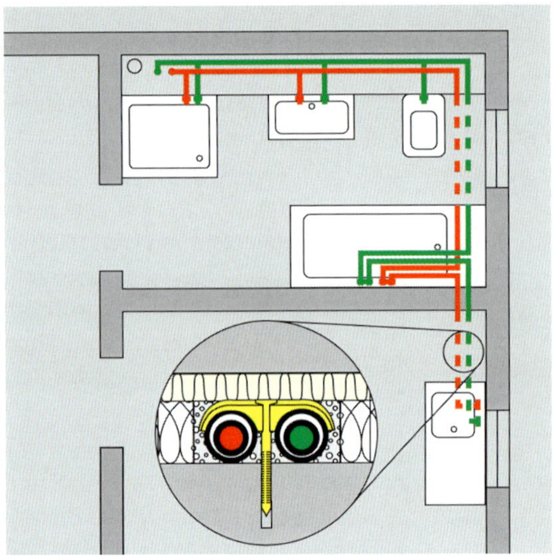

Abb. 2–8 **Rohrleitungen im Fußbodenaufbau**

### Beispiel Abb. 2–8

Bei im Boden verlegten Leitungen schafft der Estrichleger durch einen Ausgleichsestrich oder eine Ausgleichsschicht mit Polystyrol-Platten (EPS 30 mm) eine ebene Oberfläche zur Aufnahme der Trittschalldämmung EPS 045 DES sm. Darüber wurde eine PE-Folie verlegt, die das Eindringen des flüssigen Estrichs in die Dämmschichten und die Randdämmstreifen sicher verhindert.

Für dieses praxisübliche Verfahren werden gemäß DIN 18560-2 gut befestigte Rohrleitungen benötigt, worauf bei der Bauabnahme besonders zu achten ist.

Temperatur 4

Weniger Schnittstellenprobleme für die Ausführung sind bei der Verlegung von Stockwerksleitungen in abgehängten Decken und in Trockenbauwänden zu erwarten. Allerdings ist der Aufwand dafür deutlich höher. Ferner ist dem Risiko einer schnelleren Erwärmung von Rohrleitungen für Trinkwasser kalt mit ausreichenden Dämmschichtdicken zu begegnen, siehe Tab. 2–9.

[21] VDI 6006: Druckstöße in Trinkwasserleitungen – Ursachen, Geräusche und Vermeidung; Berlin: Beuth 2008

## Varianten der Rohrleitungsführung für Stockwerksleitungen

Welche Rohrleitungsführung ein optimales Ergebnis für eine hygienebewusste Planung ergibt, ist im Einzelfall unter Berücksichtigung der hydraulischen Anforderungen, der baulichen Gegebenheiten (z.B. lokalen Wärmelasten) sowie dem zu erwartenden Wasseraustausch zu bewerten. Dabei wird empfohlen, die Hinweise zu den Fragen 5 und 6 zu berücksichtigen.

**Trinkwassergüte**
Fokus auf die Rohrleitungsführung

5 Wasseraustausch

Abb. 2–9 bis Abb. 2–12 zeigen typische Beispiele mit im Boden oder als Vorwandinstallation verlegte Stockwerksleitungen. Die Erläuterungen dazu sind sinngemäß auch auf andere Verlegearten, wie z.B. in Trockenbauwänden mit Verteilungsleitungen in der abgehängten Decke, übertragbar. Der Fokus liegt hier nur auf dem notwendigen Wasseraustausch.

Eine Ringleitung für Trinkwasser kalt, die z.B. alle Entnahmestellen in 3 oder 4 zusammenliegenden Nutzungseinheiten/Bädern eines Krankenhauses über Doppelwandscheiben versorgt, erhöht in allen Teilstrecken den Wasseraustausch und begünstigt so den Erhalt der Trinkwassergüte. So eine »Verbundinstallation« wird, wo sinnvoll, auch für Ring- und Reihenleitungen empfohlen, für die ein dezentrales Spülsystem z.B. gemäß Abb. 2–24 den Wasseraustausch überwacht bzw. absichert (s. Erläuterungen zu Abb. 2–18).

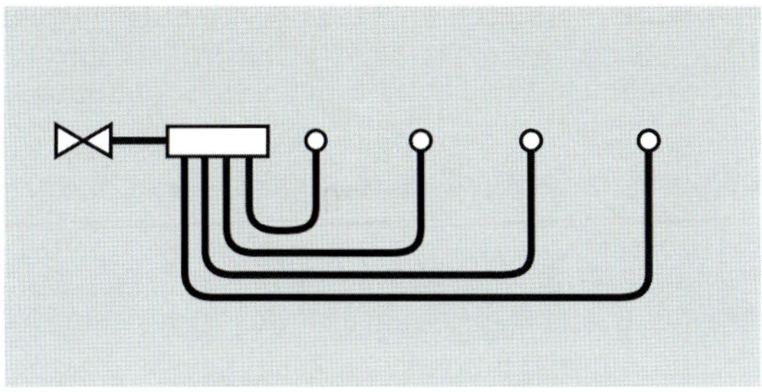

Abb. 2–9 **Einzelzuleitung – Kleinverteiler**

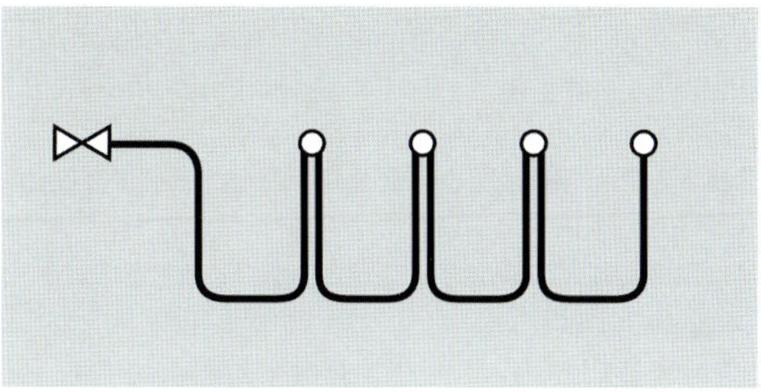

Abb. 2–10 **Reihenleitung**

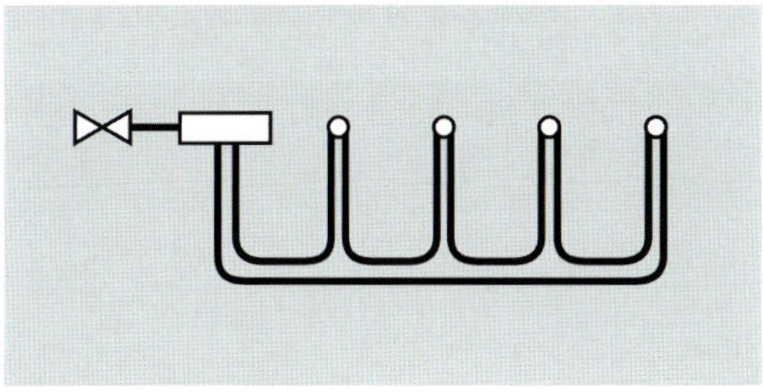

Abb. 2–11 **Ringleitung**

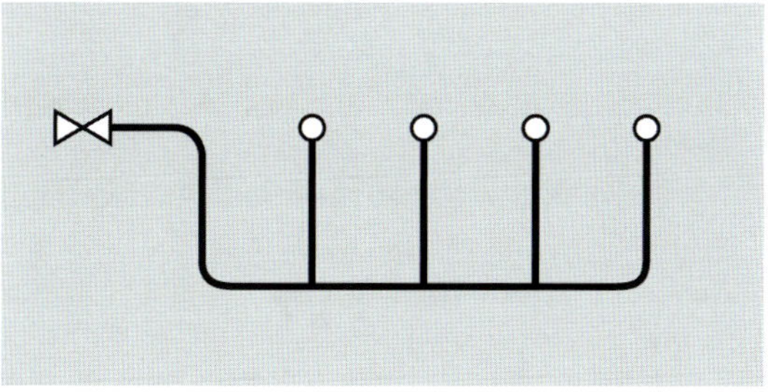

Abb. 2–12 **Einzelzuleitung – T-Stück-Installation**

### Abb. 2–9 Einzelzuleitung – mit Kleinverteiler

Diese Installationsvariante ist bekannt geworden durch Verwendung wohnungsbezogener Kleinverteiler. Hygienisch ist sie wie die Einzelzuleitung mit T-Stück-Installation (Abb. 2–12) zu bewerten und wird gern in Verbindung mit Rohr-in-Rohr-Installationen gewählt. **Vorteil:** Stockwerksverteilungen können oft einheitlich in einer Rohrgröße ausgeführt werden. Das erlaubt eine minimale Aufbauhöhe für die Estrichausgleichschicht. Diese Bauweise erfordert zwar mehr Rohrmaterial, dafür entfallen jedoch die Rohrverbindungen im Estrich. Durch die geringere Anzahl von Formteilen sind minimale Druckverluste erzielbar. Wegen der relativ großen Rohrmengen ist diese Variante nicht in Vorwandinstallationen oder Trockenbauwänden zu empfehlen.

**Abb. 2–10 Reihenleitung**

Wasseraustausch 5

Ausstoßzeit 1

Aus hygienischer Sicht die optimale Lösung. Voraussetzung: Eine Entnahmestelle mit häufiger Nutzung befindet sich am Ende des Fließweges, die den regelmäßigen Wasseraustausch auch in Teilstrecken zu selten genutzten Entnahmestellen sicherstellt. Durch die »Reihenschaltung« ergibt sich eine Addition der Druckverluste je Teilstrecke; ein Nachteil, der sich jedoch unter Nutzung der Vorwandtechnik mit ggf. größerer Dimensionierung und/oder Verwendung druckverlustarmer Formteile wie Doppelwandscheiben kompensieren lässt (zulässige Ausstoßzeiten beachten). Besonders bei hygienebewusster Planung werden bevorzugt Metallverbundrohre verwendet.

**Abb. 2–11 Ringleitung**

Prinzipiell gelten bei dieser Installationsvariante alle Vorteile der Reihenleitung, wobei die zusätzliche Ringleitung für eine deutliche Reduzierung der Druckverluste in der Stockwerksverteilung sorgt. Zu beachten ist das zusätzliche Gesamtvolumen des jeweiligen Leitungsabschnitts, das die Ausstoßzeiten für Trinkwasser warm (ohne Zirkulation) verlängert. Aus diesem Grunde wird häufig eine Kombination von Ringleitung für Trinkwasser kalt (minimale Rohrweiten trotz größerer Anzahl von Entnahmestellen) und Reihenleitung für Trinkwasser warm gewählt. So lassen sich die Ausstoßzeiten und die Rohrweiten bei minimalen Fußbodenaufbauhöhen gering halten.

**Abb. 2–12 Einzelzuleitung – mit T-Stück-Installation**

Installationsvariante für Stockwerksleitungen zu Entnahmestellen, an denen eine Bestimmungsgemäße Nutzung als sichergestellt gilt. Dazu zählen:
Spültische, Waschtische oder Duschen im Bad einer Wohnung. Bevorzugte Rohrmaterialien: Kupfer- und Edelstahl.
**Vorteile:** Vergleichweise geringe Rohrmengen. Bei der Ausführung ist zu beachten, dass es technisch problematisch ist, sich kreuzende warme und kalte Trinkwasserleitungen aneinander zu befestigen. Dieses führt besonders bei der Verlegung in Estrichkonstruktionen immer wieder zu Konflikten zwischen den Gewerken.

**Zusammenfassung/Empfehlung zu Frage 4**

Ohne die Berücksichtigung der baulichen Schutzziele für Schall- und Brandschutz ergeben sich häufig Konflikte zwischen den ausführenden Gewerken. Um dies zu vermeiden sollte immer eine Abstimmung der jeweils optimalen Ausführungsvariante für die Rohrleitungsführung mit den bauseitigen Vorgaben erfolgen, z.B. die maximale Höhe der Estrichausgleichschicht oder die Bautiefe der Vorwandtechnik. Die Kombination einer Ringleitung für Trinkwasser kalt mit einer Reihenleitung für Trinkwasser warm führt hinsichtlich geringer Druckverluste, gewünschter Ausstoßzeiten und minimalen Rohrgrößen, zu optimalen Planungsergebnissen.

Frage 5

## 2.5 Wo und mit welchen Maßnahmen sind Rohrleitungen für Trinkwasser kalt vor Erwärmung zu schützen?

Ausstoßzeit 1

Aus hygienischer Sicht ist eine Erwärmung von stagnierendem Trinkwasser kalt auf über 25 °C zu vermeiden (s. Abb. 2–13). Andererseits ist gemäß DIN EN 806-2 und DIN 1988-200 spätestens nach einer Ausstoßzeit von 30 Sekunden an der Entnahmearmatur eine Wassertemperatur von <25 °C zu erreichen. Grundsätzlich ist bei Stagnation eine temporäre Erwärmung des Trinkwassers kalt technisch nicht auszuschließen, kann aber durch ein temperaturgesteuertes Spülmanagement vermieden werden (s. auch Frage 8, Empfehlung).

Temperatur 4

In jedem Fall sollten Trinkwasserleitungen kalt möglichst nicht in Bereichen mit hohen Wärmelasten – wie Schächten, Kanälen, abgehängten Decken oder neben Heizungsleitungen – verlegt werden. Wie Abb. 2–13 verdeutlicht, kann auch eine gedämmte Verteilungsleitung gemäß Tab. 2–9 eine solche Erwärmung während üblicher Stagnationszeiten (z.B. 8 h) nicht verhindern. Gegenüber der bisher gültigen DIN 1988 bestehen nun konkrete Vorgaben, die es zu erfüllen gilt. Geringfügig höhere Investitionskosten für stärkere Dämmschichtdicken sind mit dem Schutzziel Trinkwassergüte leicht zu rechtfertigen.

Die Grafik macht auch deutlich, dass die Erwärmung stagnierenden Trinkwassers auch mit einer fachgerechten Dämmung nur verzögert, jedoch nicht verhindert werden kann. Bei einer Ausgangstemperatur von 14 °C wird bei einer Umgebungstemperatur von 25 °C der kritische Bereich nach ca. 7 Stunden erreicht, bei Umgebungstemperaturen von ca. 35 °C – die in abgehängten Decken mit hohen Wärmelasten keine Seltenheit sind – bereits nach etwa 2 Stunden.

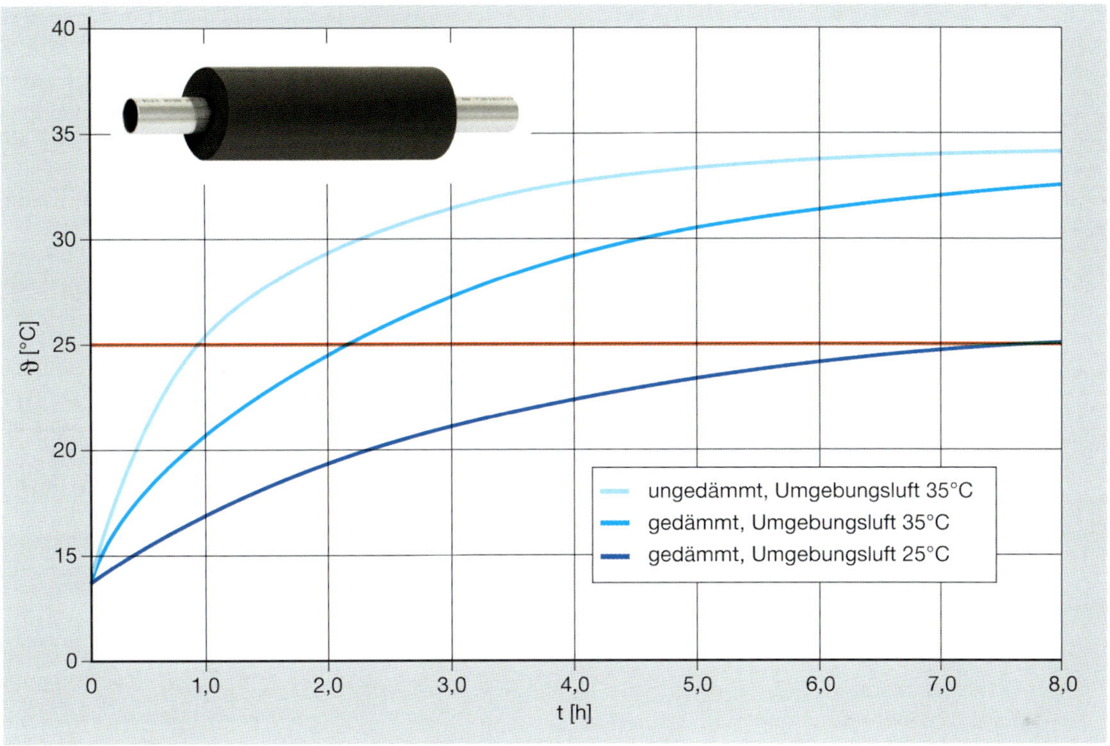


Abb. 2–13 **Erwärmung einer stagnierenden Trinkwasserleitung kalt**

Abb. 2–13 zeigt die Erwärmung einer stagnierenden Trinkwasserleitung kalt – verlegt in geschlossenem Bodenkanal neben Heizungsleitungen, freie Konvektion.

Daten: Edelstahlrohr 28 x 1,2 mm / Dämmschichtdicke 23 mm / $\lambda_R = 0{,}033$ W / mK

Wichtige Fragen, die sich der Planer stellen muss

- Mit welchen Stagnationszeiten ist regelmäßig zu rechnen – wie hoch ist der Wasseraustausch an Wochenenden oder bei sonst zu erwartenden Betriebsunterbrechungen?
- Kann die zu erwartende Erwärmung durch eine Software-Simulation berechnet werden?
- Ist von einem Bestimmungsgemäßen Betrieb auszugehen oder müssen in bestimmten Bereichen mit höheren hygienischen Anforderungen Spülsysteme eingeplant werden? S. auch Frage 8, Empfehlung.

5 Wasseraustausch

4 Temperatur

2 Bestimmungsgemäßer Betrieb

6 Durchströmung

Bei der Bewertung der hygienischen Relevanz solcher Rohrleitungsabschnitte sind die Erläuterungen aus Buchkapitel 1 / Kistemann und die Einflussfaktoren Wasseraustausch, Durchströmung, Temperatur (s. Abb. 2–2) entscheidend. Die jeweilige Bausituation ist im Einzelfall zu bewerten. Für die Abschätzung der zu erwartenden Betriebsbedingungen empfiehlt sich die Verwendung einer Software-Simulation.

**Thermischer Ausgleich von parallel verlegten Trinkwasserleitungen kalt/warm**

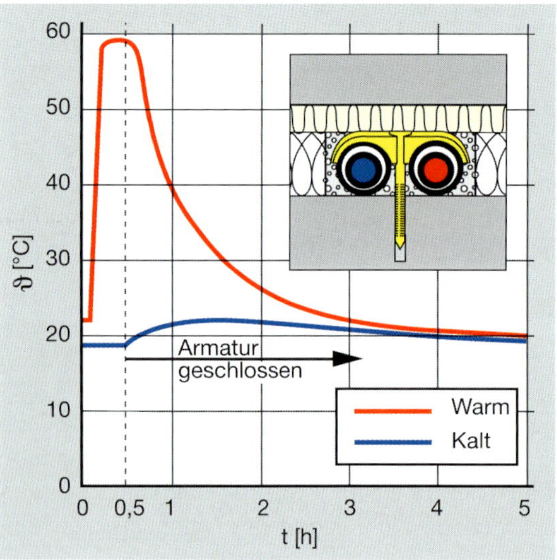


Abb. 2–14 **Thermischer Ausgleich von Einzelzuleitungen (PE-X 16 mm)**

Anders stellt sich die Fremderwärmung von parallel verlegten Einzelzuleitungen für Trinkwasser kalt/warm dar (TW warm ohne Zirkulation).

Einen typischen Fußbodenaufbau bei Bodenverlegung entsprechend DIN 18560-2 zeigt Abb. 2–14. Die Zuleitungen (kalt/warm) zu den Entnahmestellen werden hierbei häufig mit PE-X- oder Metallverbundrohren 16 mm in PE-Schutzrohr ausgeführt.

Entsprechend Kapitel 7, Tab. 2-10 und Tab. 2-11 benötigen solche parallel verlegten Leitungen keine zusätzliche Dämmung, wenn die Warmwasserleitung nicht mit in den Zirkulationskreis eingebunden ist (Stichleitungen).

Mit einem doppelten Einschlagrohrbügel befestigt, beträgt der lichte Abstand zwischen den beiden Schutzrohren ca. 15 mm. Praxisüblich verlegt der Estrichleger beidseitig angrenzend eine Ausgleichschicht mit Polystyrol-Platten (EPS) und füllt mit einer Perlite-Schüttung ($\lambda_R \approx 0{,}04\,W/m{\cdot}K$) den Hohlraum zwischen und über den Rohrleitungen auf. Eine kritische Erwärmung der Leitung für Trinkwasser kalt durch die Wärmeabgabe des ebenfalls stagnierenden Trinkwassers warm ist nicht gegeben, wie am Temperaturverlauf in Abb. 2–14 zu erkennen ist. Trotz der hohen Eingangstemperatur zu Beginn der Messung reicht die Wärmemenge nach Schließen der Mischarmatur lediglich dazu aus, das Trinkwasser kalt von 19 °C auf 22 °C zu erwärmen. Bei der Annahme, diese Bausituation könnte ein hygienisches Risiko darstellen, wird häufig vergessen, dass es im Wohnungsbau keine Nutzung gibt, bei der an einer Entnahmestelle regelmäßig nur Trinkwasser warm entnommen wird.

**Zusammenfassung/Empfehlung zu Frage 5**

Die Erwärmung von Trinkwasserleitungen kalt kann durch Dämmung grundsätzlich nicht verhindert, sondern nur verzögert werden. Die Verlegung solcher Rohrleitungen in Schächten, Bodenkanälen oder abgehängten Decken mit hohen Wärmelasten sollte vermieden werden. Separate Schächte für Trinkwasserleitungen kalt sind ideal, baulich aber oft nicht durchsetzbar. In Anlagen mit höheren hygienischen Anforderungen können zeit-, nutzungs- oder temperaturgesteuerte Spülsysteme Lösungen bieten. Im Boden verlegte Stockwerksleitungen warm, die nicht in den Zirkulationskreis einbezogen sind, benötigen keine Zusatzdämmung, da ihre instationäre Wärmeabgabe für eine kritische Erwärmung parallel verlegter Trinkwasserleitungen kalt zu gering ist. Die Umhüllung von Rohren (z. B. Kupferrohren) mit Schutzschläuchen zur Vermeidung von Außenkorrosion oder Schallübertragung kann dennoch zur Erreichung anderer Planungsziele notwendig sein.

Vollständig anders zeigt sich der Sachverhalt, wenn Trinkwasserleitungen warm in den Zirkulationskreislauf einbezogen werden.

## 2.6 Inwieweit sind Stockwerksleitungen in den Zirkulationskreis einzubeziehen?

Frage 6

Zirkulierende Stockwerksleitungen sind in Anlagen mit zentraler Trinkwassererwärmung realisierbar, wo für die jeweilige Nutzungseinheit keine dezentrale Verbrauchserfassung vorgesehen ist. Zu den klassischen Anwendungen zählen Verteilungs- und Zirkulationsleitungen in abgehängten Decken eines Krankenhauses mit Einzelzu- oder Reihenleitungen in den Trockenbauwänden, in denen der Platzbedarf für erforderliche Dämmschichtdicken problemlos gegeben ist.

Häufig herrscht jedoch die Auffassung vor, dass Stockwerksleitungen für Trinkwasser warm zum Schutz der Trinkwassergüte grundsätzlich in den Zirkulationskreis einbezogen werden sollten.
Die Notwendigkeit hierzu ist aber aus hygienischer Sicht bis heute empirisch-wissenschaftlich nicht belegt. Unbestritten und wichtig ist allerdings, dass hygienisch ungünstige Temperaturen über lange Stagnationsphasen vermieden werden müssen. Legionellen vermehren sich langsam: Wird in allen Teilstrecken eines Systems ein Bestimmungsgemäßer Betrieb mit ausreichendem Wasseraustausch und guter Durchströmung sichergestellt, ist ein mikrobielles Risiko für die Trinkwassergüte nicht zu erwarten. Das ist auch für Stockwerksleitungen warm anzunehmen, die nicht in den Zirkulationskreislauf einbezogen sind und mindestens einmal täglich Temperaturen von ca. 60 °C erreichen.

Entnahmestellen mit vermutetem unregelmäßigem Betrieb sollten immer in Reihenleitungen einbezogen werden, damit ein bestimmungsgemäßer Wasseraustausch, mit guter Durchströmung in allen Teilstrecken des Systems, gewährleistet ist. Für Systeme mit erwarteten Nutzungsunterbrechungen (z. B. Schulferien) werden Maßnahmen empfohlen, die in Frage 8 näher erläutert werden.

5 Wasseraustausch

6 Durchströmung

**Bei Bestimmungsgemäßem Betrieb geht von bedarfsgerecht dimensionierten Rohrleitungen für Trinkwasser warm kein wissenschaftlich belegtes Risiko für mikrobielles Wachstum aus.**
**In diesem Sinne ist auch die »3 Liter-Regel« nach DVGW W 551 [22] zu verstehen, die maximal dieses Leitungsvolumen im jeweils betrachteten Fließweg (ohne Zirkulation) erlaubt. Bezogen auf 0,1 l/s als Durchschnittswert gebräuchlicher Entnahmearmaturen, mit einer Ausstoßzeit von 10 Sekunden, wird in der Praxis daraus nur eine »1 Liter-Regel«, vgl. Tab. 2–3. Demnach ist die Entscheidung, ob Stockwerksleitungen warm mit in den Zirkulationskreis einbezogen werden müssen, hinsichtlich der maximalen Ausstoßzeit, nicht aber aufgrund hygienischer Aspekte zu treffen. Auch vor diesem Hintergrund erhalten die Hinweise zu Frage 1 bezüglich der hygienebewussten Grundrissplanung eine noch höhere Priorität.**

Stockwerksleitungen in Nutzungseinheiten ohne dezentrale Verbrauchserfassung sind demnach immer dann zwingend in den Zirkulationskreis einzubinden, wenn

- das nichtzirkulierende Leitungsvolumen aufgrund der Rohrleitungsführung und Dimensionierung nicht auf 3 Liter begrenzt werden kann.
- alternative Konzepte für die Rohrleitungsführung ohne Zirkulation aufgrund der baulichen Rahmenbedingungen die vereinbarten Komfortzeiten (z. B. 10 Sekunden) nicht einhalten können.
- dezentrale Systeme für die Trinkwassererwärmung keine technische oder wirtschaftlich vertretbare Alternative darstellt.

Vgl. DVGW W 551

Mit Hilfe praxisgerechter Simulations-Software lassen sich alternative Rohrleitungsführungen hinsichtlich der Ausstoßzeiten schnell bewerten (s. Abb. 2–15). Dabei sollte allerdings berücksichtigt werden, dass sich die so ermittelten **theoretischen** Zeiten auf den Mindestfließdruck beziehen und die **tatsächlichen** kürzer ausfallen können. Vor der Entscheidung, ob Stockwerksleitungen warm in die Zirkulation einbezogen werden, sollte dieser Aspekt grundsätzlich bewertet werden.

1 Ausstoßzeit

[22] DVGW W 551: Trinkwassererwärmungs- und Trinkwasserleitungsanlagen – Technische Maßnahmen zur Vermeidung des Legionellenwachstums – Planung, Errichtung, Betrieb und Sanierung von Trinkwasser-Installationen, Bonn: DVGW, 2004

Zirkulierende Trinkwasserleitungen warm bieten nur dann hygienische Sicherheit, wenn das Rohrleitungssystem regelmäßig und vollständig in allen Teilstrecken durchströmt wird. Durch geeignete thermostatisch gesteuerte Regulierventile ist der hydraulische Abgleich auch für die hier oft sehr kleinen Massenströme in den Stockwerksleitungen realisierbar, zu beachten sind dabei jedoch

- der Platzbedarf für Dämmschichtdicken entsprechend Tab. 2-9 und Tab. 2-10 (z. B. in Trockenbauwänden mit Verteilungsleitungen in abgehängten Decken gegeben).
- die schnellere Erwärmung von Rohrleitungen für Trinkwasser kalt durch höhere Wärmelasten in Decken und Wänden.
- die zusätzlichen Wärmeverluste/Betriebskosten.

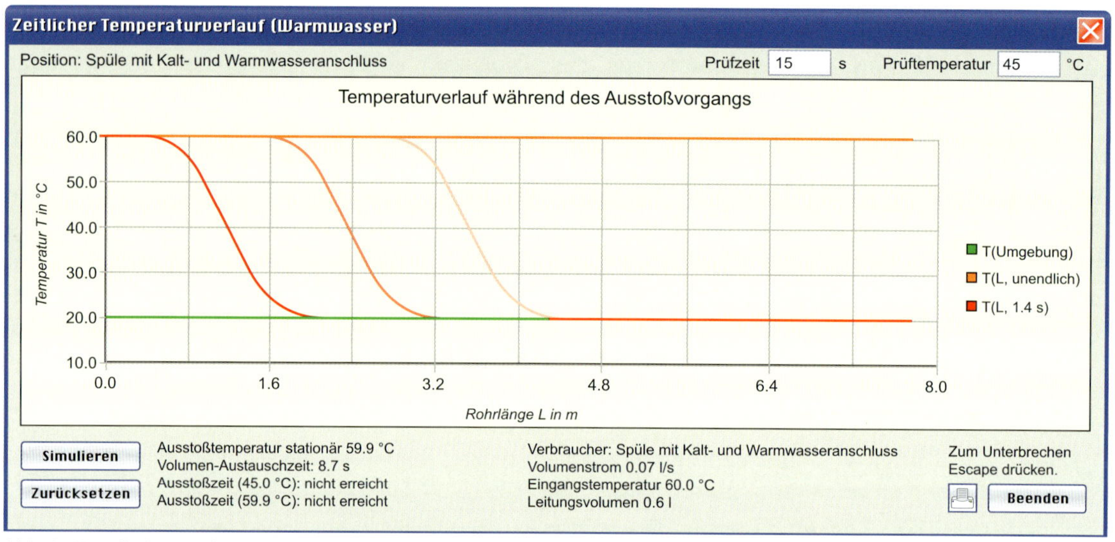


Abb. 2–15 **Software-Simulation zu Ausstoßzeiten von Rohrleitungen für Trinkwasser warm**

Temperatur 4

Unter den zuvor genannten Prämissen bieten vollständig in den Zirkulationskreislauf einbezogene Stockwerksleitungen ohne Auskühlstrecken minimale Ausstoßzeiten (~ 0,5 s) und sind in Verbindung mit Standarmaturen, z. B. für einen Waschtisch, problemlos realisierbar. Bei Wandarmaturen ist jedoch folgender Aspekt dringend zu beachten: Unabhängig von der Bauart (Aufputz oder Unterputz) bestehen Armaturengrundkörper aus Messing, ein Werkstoff, der als Kupfer-Zink-Legierung über eine gute Wärmeleitfähigkeit verfügt. Damit wird zwangsläufig die Wärme des zirkulierenden Trinkwassers warm auf den Kaltwasseranschluss übertragen, was dort wiederum während üblicher Stagnationszeiten zu hygienisch bedenklichen Temperaturerhöhungen führen kann. Dieser Sachverhalt wurde mit Hilfe eines einfachen Prüfaufbaus (s. Abb. 2–16) dargestellt. Die Versuchsanordnung bestand aus Edelstahl-Rohrleitungen 15 x 1 mm, mit fachgerechter Dämmung für Trinkwasser kalt und warm, bei einer Umgebungstemperatur von ca. 20 °C.

**Auswertung der Messergebnisse aus Prüfaufbau gemäß Abb. 2–16**

- Bei der AP-Wandarmatur ① wird ein Teil der Wärmeenergie über die Armatur in den Raum abgegeben – deshalb ist die Erwärmung des Trinkwassers kalt geringer als bei der UP-Armatur ③.
- 25 cm horizontal vom UP-Armaturenanschluss entfernt ② (in der Wand) liegt die Temperatur der UP-Armatur deutlich höher als die der AP-Wandarmatur.
- ③ Höchstwert UP-Armatur – gemessen direkt am Armaturenanschluss.

Aus hygienischer Sicht sind alle erreichten Temperaturen als kritisch zu bewerten, weil diese betriebsbedingt nicht nur kurzzeitig auftreten, sondern sich regelmäßig während jeder Stagnationsphase einstellen. Diese thermische Beeinflussung ist somit maßgeblich von der Bauart der Entnahmearmatur abhängig. Standarmaturen für Waschtische, die über Eckventile versorgt werden, können hier eine Lösung sein. Bei Duscharmaturen z. B. ist bislang jedoch noch keine produktseitige Lösung dieser Problematik bekannt. Für hygienisch sensible Anlagen wie in Krankenhäusern kann hier nur ein dezentrales Spülsystem empfohlen werden, das temperaturgesteuert die Trinkwassergüte sicherstellt (s. Kommentar Frage 8).

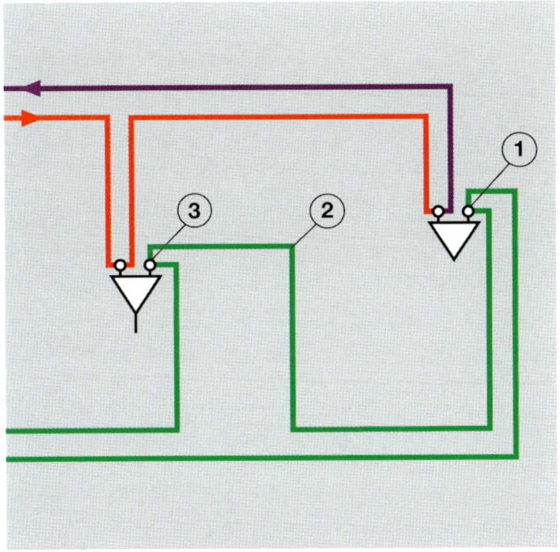


Abb. 2–16 **Prüfaufbau zur Ermittlung der Erwärmung von Trinkwasser kalt durch zirkulierendes Trinkwasser warm**

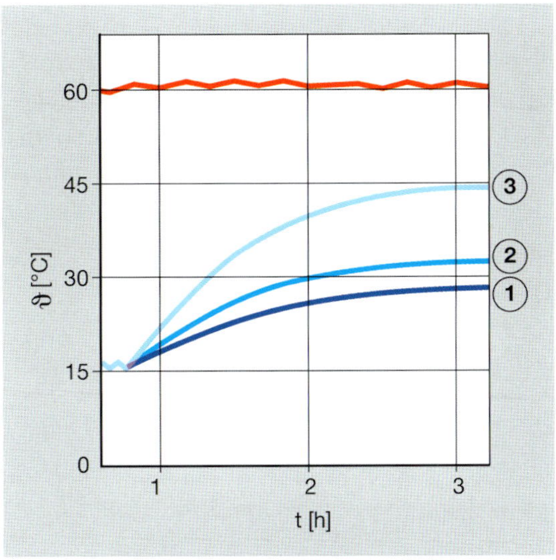


Abb. 2–17 **Erwärmung von Trinkwasser kalt durch zirkulierendes Trinkwasser warm (ca. 60 °C) an geschlossenen Entnahmearmaturen**

**Messpunkte**

(1) Direkt am AP-Armaturenanschluss

(2) 25 cm horizontal vom UP-Armaturenanschluss entfernt

(3) Direkt am UP-Armaturenanschluss

**Zusammenfassung / Empfehlung zu Frage 6**

Stockwerksleitungen können in Nutzungsbereichen ohne dezentrale Verbrauchserfassung in den Zirkulationskreis einbezogen werden. Durch geeignete thermostatisch gesteuerte Regulierventile ist dann der hydraulische Abgleich aller Teilstrecken auch mit kleinen Massenströmen sicherzustellen. Zu beachten ist dann jedoch der notwendige Platzbedarf für die Dämmschichtdicken der Rohrleitungen, wenn diese im Bereich der Vorwandtechnik oder im Fußbodenaufbau zu verlegen sind.

Oft werden hygienische Gründe dafür genannt, dass das Zirkulationssystem generell bis unmittelbar an jede Entnahmestelle geführt werden soll. Diese Systementscheidung sollte jedoch nur von den vereinbarten Ausstoßzeiten abhängig gemacht werden. Wird ein Bestimmungsgemäßer Betrieb in der gesamten Stockwerksverteilung durch eine hygienebewusste Rohrleitungsführung gewährleistet, sind auch in nichtzirkulierenden Teilstrecken für Trinkwasser warm keine erhöhten Risiken für die Trinkwassergüte zu erwarten. Bei Wandarmaturen mit direkt anliegendem Zirkulationskreis ist infolge der Wärmeleitung durch die Armaturen, mit kritischen Stagnationstemperaturen für das Trinkwasser kalt zu rechnen. Hier sollten Auskühlstrecken[1] eingeplant werden, wobei ein Bestimmungsgemäßer Betrieb sicherzustellen ist. Zur Vermeidung des hygienischen Risikos werden ansonsten für solche Leitungsabschnitte dezentrale Spülsysteme empfohlen. S. dazu auch zu Frage 8, Empfehlung.

1 Schulte, W.: Moderne Bautechnik – mit Risiken für die Trinkwassergüte
In: IKZ Haustechnik – Sonderheft Trinkwasserhygiene 2017 (Dezember 2016), Strobel Verlag, Arnsberg

Frage 7

## 2.7 Mit welchen Maßnahmen kann ein minimales Anlagenvolumen erreicht werden?

Sind im Boden verlegte Stockwerksleitungen aufgrund eines zu geringen Fußbodenaufbaus nicht realisierbar – z. B. Zuleitung Spültischarmatur –, entstehen für separate Versorgungsschächte mit zusätzlichen Verbrauchserfassungen erhebliche Mehrkosten. Einige zusätzliche Meter Rohrleitungen in der Stockwerksverteilung sind dazu vergleichsweise preiswert und unterstützen das Planungsziel des minimalen Anlagenvolumens. Allerdings sind dabei die vereinbarten Komfortzeiten[3] zu beachten. Laut DIN EN 806-2 beträgt die maximal zulässige Ausstoßzeit[4] für Trinkwasser kalt (<25 °C) und für Trinkwasser warm (>55°C) 30 Sekunden. Auch legitimieren Gerichtsurteile bereits Mietkürzungen, wenn dem Nutzer nicht spätestens nach 10 Sekunden [23] Warmwasser von min. 45 °C zur Verfügung steht.

Ausstoßzeit 1

Mit diesen Rahmenbedingungen für Stockwerksleitungen bleibt letztlich wieder nur der Lösungsansatz, in enger Abstimmung mit dem Bauherrn den realen Bedarf zu ermitteln und als Planungsziel zu vereinbaren. Die gewünschten Komfortzeiten sind ausschlaggebend dafür, wie viele Entnahmestellen maximal von einem Steigstrang versorgt werden können. Nach VDI 6003 gilt:

Tab. 2–3 **Komfortkriterien Spüle**

Nutztemperatur $\vartheta_{WW} = 50\,°C$[1]

| Komfortkriterien | Kurzzeichen [Einheit] | Anforderungsstufe I | II | III |
|---|---|---|---|---|
| a) Zeitlicher Abstand bei serieller Nutzung | $t_{WW}$ [min] | max. 10 | max. 5 | 0 |
| b) Möglichkeit gleichzeitiger Nutzung zweier oder mehrerer Entnahmestellen | | nein | ja | ja |
| c) Maximale Temperaturabweichung während der Füllung | [K] | ± 5 | ± 4 | ± 2 |
| d) Mindestentnahmerate | $\dot{V}$ [l/min] | 3 | 5 | 6 |
| e) Mindestentnahmemenge | $V_B$ [l] | 8 | 25 | 50 |
| f) Maximale Zeit bis zum Erreichen der Nutztemperatur unter Berücksichtigung von c) und d) | $t_\vartheta$ [s] | 60[2] | 18 | 10 |

2 Vgl. VDI 2067 Blatt 22
3 In Anlehnung an die 3 Liter-Regel des DVGW Arbeitsblattes W 553

Für das Beispiel Küchenspüle in Tab. 2–3, Zeile f) ist die Komfortzeit der Anforderungsstufe III somit die Mindestanforderung, was auch der heutigen Rechtsprechung entspricht. Im Einzelfall kann jedoch mit dem Bauherrn auch eine längere Komfortzeit vereinbart werden, wenn dadurch erhebliche Investitionsmehrkosten eingespart werden können, z. B. für zusätzliche Versorgungsstränge. Hier gilt es auch, hinsichtlich eines minimalen Anlagenvolumens die Vor- und Nachteile alternativer Konzepte abzuwägen. Dazu wird empfohlen, eine Vorauswahl für zweckmäßige Rohrweiten überschlägig und unter Berücksichtigung der maximalen Fließgeschwindigkeit festzulegen. Entsprechende Ausstoßzeiten können, bezogen auf die Durchflussmengen üblicher Entnahmearmaturen, Tab. 2–4 entnommen werden, wobei ersichtlich wird, dass diese Anforderungen nur mit minimalen Rohrweiten für die Stockwerksleitungen realisierbar sind.

Ausstoßzeit 1

Für übliche Stockwerksleitungen haben sich vor allem im Wohnungsbau Metallverbundrohre aus PE-X/Al/PE-X 16 x 2,2 mm und 20 x 2,8 mm in Form von Einzelzuleitungen, aber auch als Reihen- oder Ringleitungen, etabliert. Größere Rohrweiten können vorgegebene Ausstoßzeiten in der Regel nicht einhalten. Stockwerksleitungen sollten daher, unter Berücksichtigung der zulässigen Fließgeschwindigkeit, möglichst klein gewählt und dann während der gesamten Rohrnetzberechnung festgeschrieben werden. Erhöhte Druckverluste in einzelnen Teilstrecken sind dann gegen andere Planungsziele wie Ausstoßzeiten, den notwendigen Wasseraustausch, den Platzbedarf für eine fachgerechte Dämmung oder eine gute Montierbarkeit innerhalb der Vorwandtechnik oder des Fußbodenaufbaus abzuwägen.

Wasseraustausch 5

4 Definition Komfortzeit: Zu vereinbarende Ausstoßzeit Klasse I bis III gemäß VDI 6003
5 Definition Ausstoßzeit: Nach 1988-200
[23] Amtsgericht Berlin-Schöneberg: Urteil vom 29.04.1996, Aktenzeichen: 102 C 55/94

Die Richtwerte in Tab. 2–4 beziehen sich auf Ausstoßzeiten von Stockwerksleitungen bei Mindestfließdruck und Berechnungsvolumenstrom nach DIN 1988-300 [24] an den Entnahmearmaturen, in Abhängigkeit von der Rohrlänge.

**1** Ausstoßzeit

Tab. 2–4 **Richtwerte für Ausstoßzeiten von Stockwerksleitungen bei Mindestfließdruck an den Entnahmearmaturen**

| Rohrleitung | Größe | Volumen | Rohrlänge 5 m | | Rohrlänge 10 m | | Rohrlänge 15 m | |
|---|---|---|---|---|---|---|---|---|
| | $d_a$ x s [mm] | [l/m] | SP/WT | DU/BW | SP/WT | DU/BW | SP/WT | DU/BW |
| PE-X/Al/PE-X | 16,0 x 2,2 | 0,11 | 8 | 4 | 15 | 7 | 23 | 11 |
| | 20,0 x 2,8 | 016 | 12 | 5 | 23 | 11 | 35 | 16 |
| | 25,0 x 2,7 | 0,31 | 22 | 10 | 44 | 20 | 65 | 31 |
| Kupfer/Edelstahl | 12,0 x 1,0 | 0,08 | 6 | 3 | 11 | 5 | 17 | 8 |
| | 15,0 x 1,0 | 0,13 | 9 | 4 | 19 | 9 | 28 | 13 |
| | 18,0 x 1,0 | 0,20 | 14 | 7 | 29 | 13 | 43 | 20 |

**SP** Spüle
**WT** Waschtisch
**DU** Dusche
**BW** Badewanne

Geeignete Software-Programme gleichen im Verlauf der Systemauslegung für jeden Fließweg die Druckverluste in anderen Teilstrecken durch Rohrweitenanpassung automatisch aus, ohne die Versorgungssicherheit an einzelnen Entnahmestellen zu gefährden.

Umso wichtiger ist hier die Berücksichtigung druckverlustarmer Rohrsysteme für Stockwerksleitungen (s. auch Buchkapitel 3/Rudat).

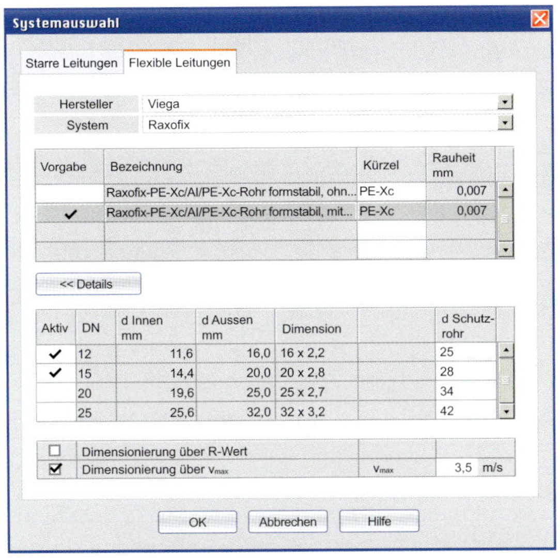


Abb. 2–18 **Hydraulische Vorgaben zur Einschränkung Software-gestützter Rohrweitenermittlung von Stockwerksleitungen**

Stockwerksleitungen sind oft in begrenzten Platzverhältnissen zu verlegen. Dabei ist das Risiko groß, dass Schutzziele nicht eingehalten werden und zu Regressansprüchen führen (s. auch Kap. 2.4). Deshalb sollten Stockwerksleitungen unter Ausnutzung der maximal zulässigen Fließgeschwindigkeit möglichst minimiert werden, auch wenn dabei das verfügbare Rohreibungsdruckgefälle lokal überschritten wird. Geeignete Software-Anwendungen ermöglichen entsprechende Voreinstellungen (s. Abb. 2–18) und gleichen das verbleibende verfügbare Druckgefälle über die Rohrweitenermittlung der in Berechnung folgenden Teilstrecken automatisch aus.

Um das Planungsziel des minimalen Anlagenvolumens zu erreichen, ist neben der realen – mit dem Bauherrn abgestimmten Bedarfsermittlung –, einer hygienebewussten Grundrissplanung (Rohrleitungslängen) sowie der Vorgabe minimaler Rohrweiten für die Stockwerksleitungen, noch ein weiterer Aspekt als Planungsgrundlage zu berücksichtigen. Dabei handelt es sich um die konsequente Ausnutzung aller Druckpotenziale für eine hygienisch wie hydraulisch optimierte Rohrweitenermittlung und damit um die Berücksichtigung **realer** Widerstandswerte für Armaturen oder Formteile **anstatt pauschaler** Richt- oder Referenzwerte. Im letzteren Fall bleiben bei der Systemauslegung Druckpotenziale ungenutzt, die einen wertvollen Beitrag zur Minimierung der Rohrweiten und des Anlagenvolumens leisten können. Die Berücksichtigung von Pauschalwerten wirkt dem Schutzziel der systemischen Trinkwassergüte entgegen.

**Reale Widerstandsbeiwerte verwenden!**

[24] DIN 1988 Teil 300: Technische Regeln für Trinkwasserinstallationen (TRWI) – Ermittlung der Rohrdurchmesser; Technische Regel des DVGW, Berlin: Beuth 2012

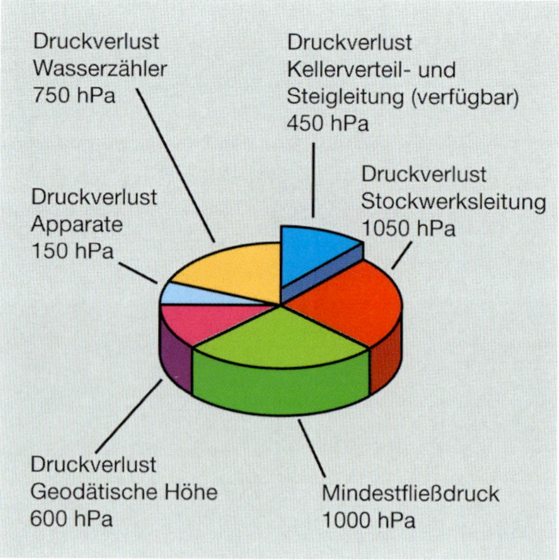


Abb. 2–19 **Verteilung der Druckverluste im ungünstigsten Fließweg einer Trinkwasser-Installation**

Mit einer Stockwerksverteilung nach Abb. 2–8 eines Vierfamilienhauses mit ungünstigen Widerstandsbeiwerten, ergibt sich eine Verteilung der Druckverluste nach Abb. 2–19. Wie ersichtlich, stehen nur 11 % des gesamten Mindest-Versorgungsdruckes von 4000 hPa für die Dimensionierung aller Kellerverteil- und Steigeleitungen zur Verfügung. Damit wird leicht nachvollziehbar, dass die Verwendung produktspezifischer Widerstandsbeiwerte anstatt überschlägiger Referenzwerte große Vorteile bieten kann und deshalb für die Berechnung herangezogen werden sollten. Minimale Rohrweiten bedeuten minimales Anlagenvolumen und damit bestmöglichen Wasseraustausch.

Um bedarfsgerechte Rohrweiten mit möglichst hohen Strömungsgeschwindigkeiten erzielen zu können, wurden in DIN 1988-300 herstellerspezifische Zeta-Werte für alle üblichen Formteile von Rohrleitungen aufgenommen. Am Markt verfügbare Software-Programme berücksichtigen diese spezifischen Daten nach entsprechender Produktwahl, sodass dem Fachplaner kein Mehraufwand für ein höherwertiges Planungsergebnis entsteht.

Schon in der bisher gültigen DIN 1988 wurden die Unterschiede zwischen Herstellerangaben und den Richtwerten für Absperrarmaturen deutlich. Letztere beinhalteten oft 30 % höhere Druckverluste als die produktspezifischen Daten. Mit der neuen DIN 1988-300 werden nun die produktspezifischen Widerstandsbeiwerte explizit gefordert. Dort heißt es (Zitat):

*»Es sind die nach DVGW W 575 oder nach gleichwertigen Verfahren ermittelten Widerstandsbeiwerte ζ der Hersteller zu berücksichtigen. Im Zweifelsfall (z. B. bei Stromtrennungen, Stromvereinigungen, Reduzierungen usw.) ist anzugeben, auf welche Strömungsgeschwindigkeit sich der Widerstandsbeiwert bezieht. Der Druckverlust ist der entsprechenden Teilstrecke zuzuordnen.«*

**Reale Widerstandsbeiwerte der Systemanbieter vergleichen!**

Dies gilt für alle üblichen Formteile wie Bögen, T-Stücke und Wandscheiben. Während bei den Metallrohrsystemen (Edelstahl oder Kupfer) die Unterschiede zwischen den Herstellerdaten und den Pauschalwerten der DIN 1988-300 (Anhang A) nur gering sind und sich für die Systemauslegung kaum Unterschiede ergeben, sind die bauartbedingten Abweichungen marktüblicher Verbundrohrsysteme teilweise eklatant. Hier wird dringend empfohlen, die systemspezifischen Einzelwiderstände für die Auslegung bedarfsgerechter Rohrweiten und den hydraulischen Abgleich von Zirkulationssystemen zu nutzen. Druckverluste in Rohrleitungen – wie ausführlich in Buchkapitel 3/Rudat kommentiert – addieren sich aus Rohrreibung in allen Teilstrecken sowie den Einzelwiderständen in Wasserzählern, Absperrarmaturen, Filter und den Formteilen des Rohrleitungssystems. Formteile sind deshalb gesondert zu bewerten, weil Fließwege, zumindest in größeren Projekten, durchaus hundert und mehr Bögen oder T-Stücke »in Reihe« beinhalten können und sich deren Druckverluste addieren.

Abb. 2–20 **Strömung und Einzelwiderstand**

Das verfügbare Druckgefälle wird von geeigneten Berechnungsprogrammen iterativ auf die Teilstrecken aufgeteilt und so werden die bedarfsgerechten Rohrweiten ermittelt. Die Summe aller Druckverluste durch die Einzelwiderstände in einem Fließweg nimmt somit direkten Einfluss auf die Rohrweiten und damit auf das Anlagenvolumen.

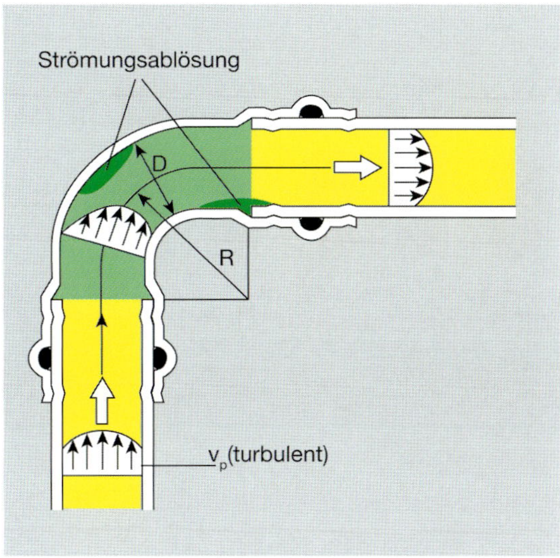


Abb. 2–21 **Strömungsprofil in einem Formteil – Pressverbinder aus Kupfer oder Edelstahl**

Rohrleitungen für Trinkwasser-Installationen aus Kupfer oder Edelstahl mit Pressverbindungstechnik benötigen keine Stützkörper im Bereich der Verbindung. Die Formteile werden im Fertigungsprozess kalt gezogen, wodurch strömungsgünstige und damit druckverlustarme Radien erzielt werden ohne Querschnittverengungen. Die Widerstandsbeiwerte der nach diesen Verfahren hergestellten Formteile sind deshalb vergleichbar gering.

Im Gegensatz dazu können Formteile für Kunststoff- oder Mehrschichtverbundrohre verfahrensbedingt nur mit engen Radien und deshalb relativ hohen Widerstandsbeiwerten hergestellt werden (Kunststoffspritzguss-, Messingdruckgussverfahren). Benötigen derartige Systeme zur Stabilisierung der Pressverbindung zusätzlich noch Stützkörper, ergeben sich Querschnittverengungen bis zu 50 % mit entsprechend hohen Widerstandsbeiwerten der Formteile.

**Vorteile geringer Widerstandsbeiwerte**

Im Sandgussverfahren hergestellte Formteile aus Rotguss haben strömungsgünstige große Radien und sehr geringe Widerstandsbeiwerte. Das gewonnene Druckpotenzial ermöglicht geringere Rohrweiten und führt in Zirkulationssystemen zu geringeren Wärmeverlusten, kleineren Pumpenleistungen und letztlich höherer Effizienz.

Sind die erforderlichen Rohrweiten der Trinkwasser-Installation ermittelt, erfolgt bei der Planung von Anlagen mit zentraler Trinkwassererwärmung die Auslegung des Zirkulationssystems. Dabei ist der hydraulische Abgleich für die Trinkwassergüte von besonderer Bedeutung, weil speziell in weitverzweigten Netzen nur so hygienisch kritische Dauertemperaturen ausgeschlossen werden können. Damit die Ausstoßzeiten von Trinkwasser warm an den Entnahmestellen eingehalten werden können, sollte eine hygienebewusste Auslegung eines Zirkulationssystems immer auf Basis der produktspezifischen Widerstandsbeiwerte erfolgen.

1 Ausstoßzeit

Thermostatische Regulierventile für den hydraulischen Abgleich verfügen immer über spezifische Regelcharakteristika, die auf andere Fabrikate nicht übertragbar sind. Mittels Zirkulations-Simulation (s. Abb. 2–22) werden auf Basis der produktspezifischen Ventilkennlinien die realistischen Massenströme iterativ ermittelt und die entsprechenden Kv-Werte für die Voreinstellung der Temperaturen an den einzelnen Ventilen ausgewiesen. Ergänzende Informationen dazu s. Kapitel 3.9, 4.1, 4.4 und 4.5.

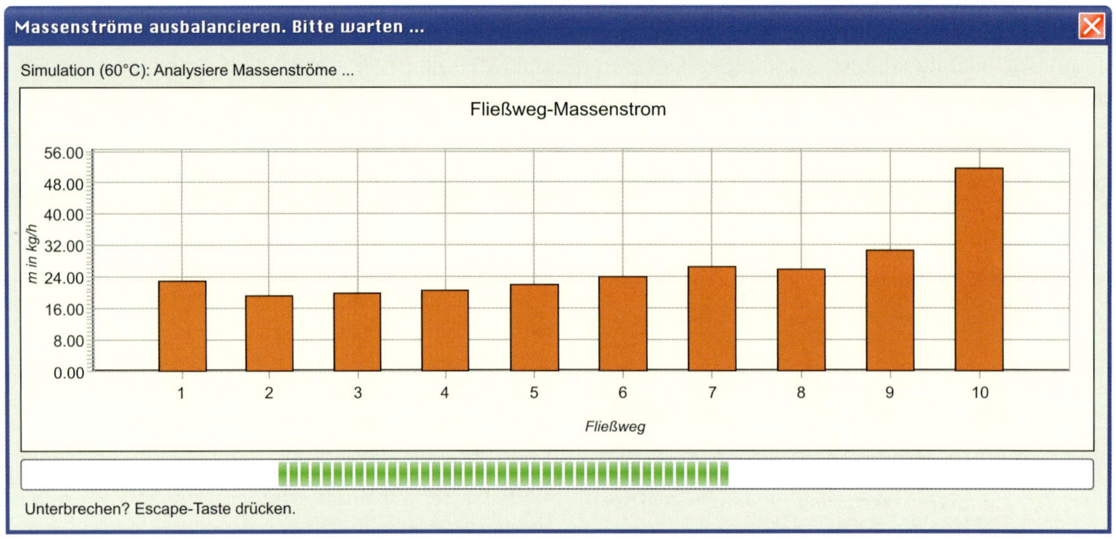


Abb. 2–22 **Zirkulations-Simulation zur Ermittlung realistischer Massenströme für den hydraulischen Abgleich in 10 Strängen eines Zirkulationssystems**

**Zusammenfassung/Empfehlung zu Frage 7**

Für die Planung einer bedarfsgerechten Trinkwasser-Installation mit minimalem Anlagenvolumen ist die Abstimmung der einzuhaltenden Ausstoßzeiten mit dem Bauherrn unerlässlich. Nur so führt eine hygienebewusste Planung, in Verbindung mit einem Bestimmungsgemäßen Betrieb, zu einem auf den Erhalt der Trinkwassergüte ausgerichteten Anlagenbetrieb. Für die Systemauslegung sind dabei die baulichen Möglichkeiten für die Stockwerksleitungen oft von höherer Bedeutung als die hydraulischen Regeln (Dimensionierung nach verfügbarem Druckgefälle). Mit Berücksichtigung realer Widerstandsbeiwerte und mit Hilfe Software-gestützter Berechnungen und Simulationen auf Basis DIN 1988-300 können Trinkwasser-Installationen hygienebewusst geplant und ausgeführt werden.

**Frage 8**

## 2.8 Wie kann ein notwendiger Wasserausstausch auch in Anlagen mit Nutzungsunterbrechungen sichergestellt werden?

Bestimmungsgemäßer Betrieb 2

Erfolgt eine Systemauslegung nach den zuvor beschriebenen Kriterien, ist für den Erhalt der Trinkwassergüte – die hygienebewusste Ausführung und Inbetriebnahme vorausgesetzt – auch noch der Bestimmungsgemäße Betrieb in allen Teilstrecken des Systems sicherzustellen. Der Betreiber sollte dafür über die Abstimmung der Bedarfsermittlung (HOAI, Phase 2 und 3) mit in die Verantwortung genommen werden – s. auch Kapitel 1.2.

Wasseraustausch 5

Kritische Leitungsabschnitte mit mangelhaftem Wasseraustausch sollten so geplant werden, dass ggf. mit Hilfe technischer Maßnahmen der erforderliche Wasseraustausch sichergestellt ist. Nutzungsbereiche, in denen aufgrund der Berechnungsergebnisse ein regulärer hygienischer Anlagenbetrieb nicht gewährleistet werden kann, sollten über technische Maßnahmen abgesichert werden – z. B. durch den Einbau von Spülsystemen.

Gemäß DIN EN 806-2 (Punkt 3.2.2) sind Trinkwasser-Installationen grundsätzlich so auszulegen, dass der Wasser- und Energiebedarf berücksichtigt bzw. minimiert wird – dies ist für die Auslegung von Spülsystemen eine wichtige Planungsprämisse. Dezentrale Spülkonzepte bieten den Vorteil, dass sie nur dort für gerade soviel Wasseraustausch sorgen, wie für einen hygienischen Anlagenbetrieb erforderlich ist.

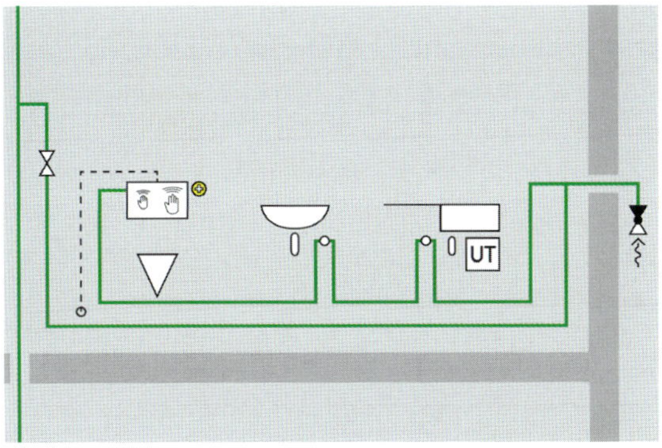


Abb. 2–23 **Stockwerksverteilung mit dezentralem Spülsystem für Trinkwasser kalt**

Für Anlagen, in denen der Bestimmungsgemäße Betrieb durch ein Spülsystem nur für Trinkwasser kalt benötigt wird, kann dies mit geringem Installationsaufwand durch eine programmierbare WC-Spülauslösung erfolgen. Dazu ist lediglich der Spülkastenanschluss an das Ende einer Reihenleitung oder an beliebiger Stelle einer Ringleitung einzubeziehen. Ferner benötigt das System einen 230 V-Netzanschluss im Bereich der WC-Anlage. Von dort aus wird mit der Feininstallation in einem Leerrohr eine Niederspannungsleitung zur Steuerung verlegt. Spülintervalle und Spülmengen sind bei diesem System für übliche Nutzungseinheiten bedarfsgerecht wählbar.

2 Bestimmungsgemäßer Betrieb

**Vorteil:** Die Steuerungselektronik registriert den Bestimmungsgemäßen Betrieb des WCs – verstreicht ein definiertes Zeitintervall ohne Nutzung, wird die Spülung aktiv. Solche Systeme sind im Markt auch in Verbindung mit einer Fernauslösung (Druckknopf) für die WC-Spülung verfügbar, die bevorzugt in Senioren- und Behindertenheimen eingesetzt werden.

Für Leitungsabschnitte oder Nutzungseinheiten, in denen die Absicherung des Bestimmungsgemäßen Betriebs durch ein Spülsystem für Trinkwasser kalt/warm vorzusehen ist, kann eine Spülstation gemäß Abb. 2–24 eine Lösung sein. Die kompakte Einheit wird am Ende einer Reihenleitung oder an beliebiger Stelle einer Ringleitung in die Trinkwasser-Installation eingebaut. Der gewünschte regelmäßige Wasseraustausch (Spülmenge) ist auf das Volumen des betreffenden Leitungsabschnitts abzustimmen. Die Auslösung kann zeit-, temperatur- oder nutzungsorientiert erfolgen, wobei die Spülmenge und Betriebsart PC-gestützt programmiert werden kann.

2 Bestimmungsgemäßer Betrieb

5 Wasseraustausch

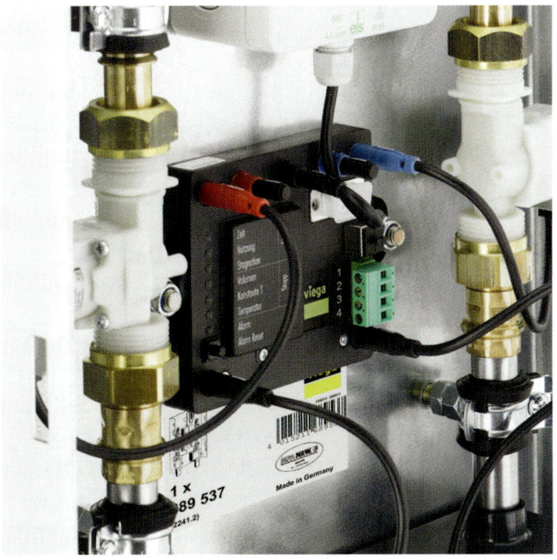


Abb. 2–24 **Detailansicht dezentrales Spülsystem**

In Gebäuden mit besonderen hygienischen Anforderungen (Krankenhäuser etc.) können Spülprotokolle zum Nachweis der Verkehrssicherungspflicht ausgelesen werden. Auch ist die Einbindung solcher Systeme in die zentrale Gebäudeleittechnik über eine RS 232-Schnittstelle möglich.

Vorwort
Inhaltsverzeichnis
Hygieneanforderungen
TrinkwV und VDI 6023
Planungspraxis
EN 806-2 / DIN 1988-200
Systemauslegung
DIN 1988-300/500/600
Trinkwasserhygiene im Bestand
Sanierung/Betrieb
Recht / Ausschreibung
Planerhaftung
Index

Vorwort
Inhaltsverzeichnis
Hygieneanforderungen
TrinkwV und VDI 6023
Planungspraxis
EN 806-2 / DIN 1988-200
Systemauslegung
DIN 1988-300/500/600
Trinkwasserhygiene im Bestand
Sanierung/Betrieb
Recht / Ausschreibung
Planerhaftung
Index

Durchströmung 6
Wasseraustausch 5
Bestimmungsgemäßer Betrieb 2

In jeder Trinkwasser-Installation gibt es Entnahmestellen, die erfahrungsgemäß nur selten oder saisonbedingt genutzt werden. Dazu zählen Heizungsfüllarmaturen, Außenzapfstellen, Ausgussbecken, Auslaufventile für Schlauchanschlüsse oder auch ein Waschmaschinenanschluss, der zwar vorgesehen wird, aber nie in Betrieb geht. Einerseits sind die Kosten für Spülsysteme an jeder einzelnen dieser Entnahmestelle nicht vertretbar, andererseits ist es nicht praxisgerecht, die Kellerverteilleitung, von der die Zuleitungen zu solchen Verbrauchern abzweigen, bis an die Entnahmestelle heran und von dort aus weiterzuführen. Für derartige Leitungsstränge bietet sich eine Problemlösung an, die wartungsfrei und ohne elektrischen Strom funktioniert.

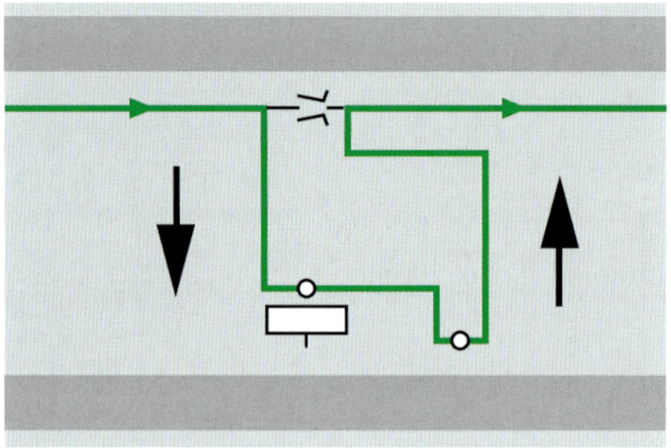

Abb. 2–25 **Einpressdüse in einer Kellerverteilleitung**

Voraussetzung für den einwandfreien Wasseraustausch in solchen »Bypass-Leitungen« ist der Einsatz einer Einpressdüse zwischen zwei T-Stücken in einer bedarfsgerecht dimensionierten Verteilungsleitung, für die ein Bestimmungsgemäßer Betrieb als gesichert gilt. Als Referenz wurde bei der Festlegung der dimensionsabhängigen Widerstandsbeiwerte der Einpressdüse ein täglicher Wasseraustausch in der Ringleitung bei 15 m Länge mit maximal 10 Bögen und 2 Durchgangswandscheiben zugrundegelegt.

Die Widerstandsbeiwerte, bezogen auf den Durchgang in der Verteilleitung, sind dimensionsabhängig. Der Einsatz mehrerer Einpressdüsen in einem Fließweg kann unter Berücksichtigung des jeweils verfügbaren Rohrreibungsdruckgefälles zu größeren Rohrweiten führen und ist daher im Einzelfall zu bewerten. Um Vergleichsrechnungen durchführen zu können, ist eine Software-gestützte Systemauslegung unerlässlich.

**Zusammenfassung / Empfehlung zu Frage 8**

Werden Trinkwasser-Installationen hygienebewusst nach den bisher vorgestellten Kriterien geplant, sind keine zusätzlichen Maßnahmen zum Erhalt der Trinkwassergüte erforderlich, sofern ein Bestimmungsgemäßer Betrieb gegeben ist. Sind Betriebsunterbrechungen z. B. während der Schulferien in einer Sportstätte zu erwarten, können Spülsysteme Abhilfe schaffen. Dezentrale Systeme bieten den Vorteil, dass sie temperatur- oder nutzungsorientiert nur auf die Spülmenge programmiert werden können, die der Ausstoßmenge des jeweiligen Leitungsabschnitts entspricht. Das spart Betriebskosten für Trinkwasser und Wärmeenergie.

## 2.9 Kann auch in öffentlichen Ausschreibungen eine bedarfsgerechte Systemauslegung durch Produktspezifikationen erreicht werden?

Frage 9

Fabrikatbezogene Spezifikationen in öffentlichen Ausschreibungen werden im Einzelfall sowohl vom Fachplaner als auch von Vertretern der öffentlichen Hand sehr unterschiedlich gehandhabt. Die VOB/A geht in §7 (8) zunächst von einer produktneutralen Ausschreibung aus. Jedoch sind auch hier produktspezifische Ausschreibungen zulässig, etwa weil die Funktion des Bauvorhabens in besonderer Weise von der Trinkwassergüte, die im späteren Betrieb darin bezogen werden soll, abhängt. Das ist insbesondere bei Krankenhäusern, Pflege- und Seniorenheimen, Sportstätten und Kindergärten augenscheinlich. In solchen Fällen wird das Schutzziel Trinkwassergüte/Gesundheitsschutz ausdrücklich oder implizit durch die Funktion des Bauvorhabens vertraglich vorgegeben und ist damit Bestandteil des Begriffes »Auftragsgegenstand« in §7 (8) VOB/A.

Für solche Fälle sieht die VOB/A in §20 die Notwendigkeit vor, die Gründe für die produktspezifische Ausschreibung in einem Vergabevermerk zu dokumentieren (s. hierzu auch Buchkapitel 5/Häußermann).

Gemäß Erlass des BMVBS vom 17.12.1997 – B I 2 – 01082-100 heißt es unter Punkt 6 dazu (Zitat):

> *»Die Vergabestelle hat im Vergabevermerk darzulegen, weshalb eine Leistung nicht neutral ausgeschrieben werden kann und stattdessen eine hersteller- oder fabrikatbezogene Ausschreibung erforderlich ist, oder bestimmte Verfahren, Ursprungsorte oder Bezugsquellen gefordert werden müssen. Zu begründen sind auch jene Fälle, in denen ein Leitfabrikat mit dem Zusatz »oder gleichwertiger Art« vorgegeben wird, da auch dies nur zulässig ist, wenn eine neutrale, hinreichend genaue und allgemeinverständliche Bezeichnung nicht möglich ist. Bei der Prüfung, ob die Voraussetzungen für das Vorliegen eines Ausnahmefalles gegeben sind, ist ein enger Maßstab anzulegen.«*

Abb. 2–26 **VOB/HOAI – Pflichtlektüre für Fachplaner**

Trinkwasser-Installationen gemäß DIN 1988-300 sind generell nur noch mit Hilfe von Software-gestützten Berechnungen für die Rohrweitenermittlung und den hydraulischen Abgleich der Zirkulationssysteme darstellbar. In besonderer Weise gilt diese Vorgabe für solche Bauvorhaben, in denen eine bedarfsgerechte Systemauslegung mit minimalem Anlagenvolumen einen bestimmungsgemäßen Wasseraustausch und Anlagenbetrieb in allen Teilstrecken und eine systemische Trinkwassergüte für den Gesundheitsschutz sicherstellen soll.

5 Wasseraustausch

Eine so berechnete und simulierte Trinkwasser-Installation stellt in diesem Zusammenhang nicht mehr nur eine Vielzahl von Einzelkomponenten sondern ein Gesamtsystem dar. Dabei lässt sich die Funktionsfähigkeit der Anlage nicht mehr auf die Summe aller Einzelbauteile wie Armaturen, Apparate und Rohrleitungen reduzieren, denn diese erfüllen ihre Funktionalität erst im Zusammenspiel sämtlicher Komponenten der Installation, die im Hinblick auf Volumenströme, Durchflussmengen und hydraulische Verhältnisse genau berechnet wurden. Wollte man versuchen, die Vorgabe der Gleichwertigkeit auf die Komponenten zu reduzieren, ergäbe sich keine auf das Schutzziel Trinkwassergüte abgestimmt äquivalente Trinkwasser-Installation.

Vor diesem Hintergrund folgt ein Beispiel für einen Vergabevermerk. Die technischen Daten zu den hydraulisch relevanten Bauteilen, die der Planung zugrunde liegen, können dem Buchkapitel 3/Rudat, Kapitel 7.3, entnommen werden. Der Vergabevermerk kann auch als Muster für vergleichbare Projekte dienen. Dabei ist allerdings darauf zu achten, dass die Begründung stets auf das konkrete Bauvorhaben bezogen sein muss. Rechtliche Rahmenbedingungen zu diesem Thema s. Buchkapitel 5/Häußermann.

**Beispiel für einen Vergabevermerk nach § 20 VOB/A**
**Absicherung des Schutzziels Trinkwassergüte/Gesundheitsschutz**

**Berechnungsbeispiel dazu im Buchkapitel 3/ Rudat, Kap. 2.8.2**

**Ingenieurbüro:** Mustermann
**Projekt:** Senioren-Appartements mit Kindertagesstätte
**Projekt-Nr.:** XA 3/5 – 2012

Für den Leistungsbereich »Sanitär/Trinkwasser-Installation« wurde mit dem Auftraggeber (Name, Datum und Ort der Abstimmung zur Grundlagenermittlung (HOAI Phase I) eine produktspezifische Ausschreibung vereinbart, da die Funktion des Bauvorhabens im konkreten Fall in besonderer Weise von der Trinkwassergüte, die im späteren Betrieb darin bezogen werden soll, abhängt. Dies ergibt sich aus den besonderen Anforderungen an den Gesundheitsschutz der vorgesehenen Nutzergruppen. Der Planung liegen die a. a. R. d. T. gemäß VDI Richtlinie 6023 und DIN 1988-200–300 zugrunde. Teilweise abweichend von den Vorgaben der Arbeitsstättenrichtlinie wurde der Bedarf an Bewässerungsgegenständen und täglichem Trinkwasser kalt und warm mit dem Auftraggeber abgestimmt und im Raumbuch zum Projekt dokumentiert. Dies erhält der Betreiber zusammen mit den übrigen Projektdokumentationen bei Abnahme der Anlage.

Das vorrangige Planungsziel zur Sicherstellung des Bestimmungsgemäßen Betriebes über einen maximalen Wasseraustausch im gesamten System ist generell ein minimales Anlagenvolumen bei sicherer Temperaturhaltung in allen relevanten Teilstrecken für Trinkwasser warm. Dazu wurde für die zentrale Trinkwassererwärmungsanlage ein Speicherladesystem mit ≤200 Liter Inhalt mit Plattenwärmetauscher gewählt. Die Systemauslegung der Rohrleitungen wurde ferner unter Berücksichtigung druckverlustarmer Komponenten und produktspezifischer Widerstandsbeiwerte für Armaturen und Formteile durchgeführt. Dadurch konnten minimale Rohrweiten mit kleinstmöglichem Anlagenvolumen ermittelt werden, was den geforderten Wasseraustausch und damit den Erhalt der Trinkwasserhygiene im Gesamtsystem begünstigt.

Die Rohrweitenermittlung und der hydraulische Abgleich für das Zirkulationssystem erfolgte auf Basis der DIN 1988-300 mit Hilfe computergestützter Berechnungen und Simulationen mit der Branchensoftware VipTool Piping. Der Planung des Rohrleitungssystems liegen nachfolgend beschriebene Bauteilgruppen mit hydraulisch und damit hygienisch relevanten Anlagenkomponenten zugrunde.

**Rohrleitungen**

**Kellerverteil- und Steigleitungen**

Kupferrohre mit kalter Pressverbindungstechnik (Viega Profipress). Formteile aus Kupfer oder Rotguss mit Dichtelementen aus EPDM mit DVGW-Zertifizierung. Für Kupferrohre nach DVGW-Arbeitsblatt GW392 [25], für Trinkwasser gemäß vorliegender Wasseranalyse uneingeschränkt geeignet, mit normierten Innendurchmessern. Strömungsgünstige Formteile aus kaltverformtem Kupfer oder Rotguss entsprechend DIN 50930-6 [26] – ohne Querschnittverengungen oder scharfkantige Umlenkungen. Geringe Widerstandsbeiwerte für ein druckverlustarmes Verteilsystem mit dem Ziel minimaler Rohrweiten. Zirkulationssysteme für Trinkwasser warm können so mit minimalen Druckverlusten und entsprechendem Strombedarf für die Zirkulationspumpe(n) betrieben werden.

[25] DVGW GW 392: nahtlosgezogene Rohre aus Kupfer für Gas- und Trinkwasser-Installationen und nahtlosgezogene, innenverzinnte Rohre aus Kupfer für Trinkwasser-Installationen - Anforderungen und Prüfungen, Bonn: DVGW, 2009
[26] DIN 50930 Teil 6: Korrosion metallischer Werkstoffe im Innern von Rohrleitungen, Behältern und Apparaten bei Korrosionsbelastung durch Wässer – Beeinflussung der Trinkwasserbeschaffenheit; Berlin: Beuth 2001

Metallverbundrohre (PE-X/Al/PE-X) mit raxialer Pressverbindungstechnik (Viega Raxofix). Formteile aus Rotguss mit Stützkörpern aus PPSU. Gut biegbare Rohre und dennoch formstabil, bewährt für die Verlegung von Stockwerksleitungen als Reihen- oder Ringsystemen auf der Etage, die den Wasseraustausch auch zu selten genutzten Entnahmestellen begünstigen.

Stockwerksleitungen

Die gegossenen Formteile haben keine Querschnittverengungen oder scharfkantige Umlenkungen. Die Stützkörper ohne Dichtelemente im Bereich der Verbindungen sind generell strömungsoptimiert. Einzelwiderstandsbeiwerte sind dimensionsabhängig und liegen teilweise 10% unter den marktüblichen Wettbewerbsprodukten und Richtwerten. Damit sind druckverlustarme Gesamtsysteme mit minimalen, auf den spezifischen Bedarf des Gebäudes optimierten Rohrweiten realisierbar.

**Zirkulationsregulierventile**

Thermostatische Zirkulationsregulierventile (Viega Easytop S/E), Gehäuse und wasserberührte Bauteile aus Rotguss nach DIN 50930-6, mit spezifischer Regelcharakteristik für den hydraulischen Abgleich der hygienerelevanten Temperaturverteilung im Warmwasser-Zirkulationskreislauf auf Basis einer Software-gestützten Auslegung und Simulation. Die so gewonnenen Kv-Werte sind über die Soll-Temperaturen an den Regelventilen einstellbar. Auf dieser Basis wird die Umwälzpumpe für einen hygienischen Anlagenbetrieb bei minimalen Betriebskosten ausgelegt.

4 Temperatur

**Spülmanagement**

Automatisches Spülsystem (Viega Hygiene +) zur dezentralen Absicherung des erforderlichen Wasseraustausches in Ring- und Reihenleitungen für Trinkwasser kalt und warm bei Betriebsunterbrechungen (z. B. in Ferienzeiten) bzw. nicht Bestimmungsgemäßem Betrieb. Zeit-, temperatur- oder nutzungsorientierte Auslösung programmierbar, Spülmenge und Betriebsart frei wählbar. Protokolle/Datenübertragung digital über RS 232 oder USB möglich. In Nutzungsbereichen wie z. B. Kindergarten, wo mehrwöchige Betriebsunterbrechungen zu erwarten sind, wird so in den angeschlossenen Reihen- oder Ringsystemen der Wasseraustausch und/oder die Temperaturhaltung sichergestellt. Mit den auslesbaren Protokollen wird der Nachweis der Einhaltung der Verkehrssicherungspflicht erbracht.

5 Wasseraustausch

**Gleichwertigkeit anderer Fabrikate**

Auf Basis der produktspezifischen Daten wurde ein hydraulisch und damit hygienisch optimiertes Anlagenkonzept entworfen, das bedarfsgerecht auf Basis einer Software-gestützten Auslegung und Simulation auf das Schutzziel Trinkwassergüte (Gesundheitsschutz) ausgerichtet wurde. Alternative Produkte zu den hydraulisch relevanten Bauteilen, die dieser Planung zugrunde liegen, gelten dann als gleichwertig, wenn vom Bieter der Nachweis der Gleichwertigkeit ihrer Wirkung in Summe für das Schutzziel Trinkwassergüte im Gesamtsystem, bezogen auf das konkrete Bauvorhaben und seine besondere Funktion, erbracht wird.

**Zusammenfassung/Empfehlung Frage 9**

Eine projektspezifische Bedarfsermittlung mit Berücksichtigung produktspezifischer Daten für die Systemauslegung kann nachweislich helfen, das Anlagenvolumen zu reduzieren und damit das Schutzziel Trinkwassergüte (Gesundheitsschutz) sicherzustellen. Auch für öffentliche Ausschreibungen wird diese Vorgehensweise empfohlen, wobei als Auftragsgegenstand die Funktion des Bauvorhabens – als in besonderer Weise von der Trinkwassergüte abhängig – zu vereinbaren ist. Die Gründe für eine produktspezifische Ausschreibung sind dem Auftraggeber zu erläutern und in einem Vergabevermerk nach § 20 VOB/A zu dokumentieren.

**Frage 10**
Bezüglich:
Transport, Lagerung, Installation, Inbetriebnahme, Betrieb, Wartung

## 2.10 Welche hygienischen Aspekte sollte der Installateur und bauleitende Fachplaner auf der Baustelle beachten?

Wird der Planer mit der Leistungsphase 8 gemäß HOAI beauftragt, übernimmt er auch die Bauleitung/Überwachung der Installation und wird damit für die Qualität der Ausführung mitverantwortlich. Was die hygienebewusste Ausführung betrifft, können die Arbeitsschritte des Installateurs hinsichtlich ihrer Relevanz für das Schutzziel Trinkwassergüte wie im Folgenden beschrieben eingeteilt werden.

### Lagerung und Montage

Planer wie auch Installateure setzen voraus, dass die Komponenten für eine Trinkwasser-Installation in einem hygienisch tadellosen Zustand auf der Baustelle angeliefert werden. In den Fertigungsprozessen der Hersteller werden inzwischen auch trockene Dichtheitsprüfungen bevorzugt, um ein mikrobielles Risiko in den Produkten ausschließen zu können. Mit Restwasser in einer Armatur nach einer Dichtheitsprüfung mit Wasser ist es möglich, dass gerade während langer Lagerzeiten in den Sommermonaten eine Vermehrung von Mikroorganismen begünstigt wird. So musste eine Privatklinik ab 2006 über mehrere Jahre chemisch dauerdesinfiziert werden. Grund dafür war die neuinstallierte Druckerhöhungsanlage, die infolge einer werksseitigen nassen Dichtheitsprüfung mit Pseudomonas aeroginosa kontaminiert geliefert und in Betrieb genommen wurde.

Abb. 2–27 **Rohrstopfen und -kappen zum Verschluss von Leitungen während der Bauphase**

Die Lagerung von Rohren, Formteilen und Armaturen sollte immer so erfolgen, dass das Eindringen von Schmutz und Schmutzwasser sicher ausgeschlossen werden kann. Durch die oft über längere Zeit andauernden Bauphasen ist sonst das Risiko groß, dass in den Komponenten noch vor der Inbetriebnahme der Anlage eine Aufkeimung stattfindet.

Rohre werden von den Herstellern meist schon mit Schutzstopfen verschlossen geliefert, sodass der Transport aus hygienischer Sicht als gesichert gelten kann. Schutzkappen für den Verschluss von Steigleitungen während der Montage sind notwendig, weil dort immer mit dem Eindringen von trockenem Zementstaub o. ä. – insbesondere in Schächten – gerechnet werden muss. Solche Eintragungen sind üblicherweise mikrobiologisch als unkritisch zu bewerten. Dennoch kann der Spülaufwand recht groß sein, um komplexe Rohrnetze für den späteren Betrieb von solchen Eintragungen zu reinigen.

Im Gegensatz dazu können Reparaturabeiten oder Anlagenerweiterungen hygienisch weitaus kritischer sein. Ein qualifizierter Monteur sollte wissen, dass er sich nach Arbeiten mit Schmutzbelastung – z. B. an einer bestehenden Entwässerungsanlage – die Hände gründlich reinigt, bevor er an einer Trinkwasser-Installation weiterarbeitet. Hier trägt im Regelfall die ausführende Firma die alleinige Verantwortung.

Die Risiken für die Trinkwassergüte und damit für das Schutzziel Gesundheit sind während Arbeiten an Altanlagen oder in Betriebsunterbrechungen vollkommen anders zu bewerten als bei Installationsarbeiten im Neubau. In diesem Sinne ist auch die Anforderung an örtlich beschränkte Reparaturen (DIN EN 806-4, Punkt 6.3.5) bezüglich der Desinfektion von Bauteilen zu interpretieren, die in vorhandene Leitungen eingebaut werden. So sind z. B. Pressverbinder erst unmittelbar vor Verwendung der Originalverpackung zu entnehmen und bedürfen somit keiner Desinfektion.

## Druckprüfung und Inbetriebnahme

Nach DIN EN 806-4 sind Dichtheitsprüfungen ausschließlich nass durchzuführen. Allerdings sind die Installationen dann spätestens nach 7 Tagen zu spülen, womit ein Anlagenbetrieb simuliert werden soll. Da dies in der Praxis für alle Teilstrecken kaum umzusetzen ist, werden Dichtheitsprüfungen mit trockener ölfreier Druckluft oder inerten Gasen empfohlen. Dazu sind die Vorgaben der entsprechenden Merkblätter, z. B. des ZVSHK St. Augustin, zu beachten, die auch konkrete Vorgaben für alternative Dichtheitsprüfungen nass beinhalten.

**Vgl. Merkblatt ZVSHK, St. Augustin**

Abb. 2–28 **Dichtheitsprüfung trocken mit Inertgas**

Grundsätzlich hat auch die Erstbefüllung einer Trinkwasser-Installation – unabhängig von der Art der Dichtheitsprüfung – mit Trinkwasser zu erfolgen. Wird dieses nicht konsequent sichergestellt, ergeben sich häufig nachhaltige, mikrobiologische Belastungen. So musste beispielsweise die Trinkwasser-Installation einer Klinik-Erweiterung nach mehrfachen chemischen und thermischen Desinfektionen stillgelegt und neu installiert werden, weil die Erstbefüllung mit hoch kontaminiertem Wasser erfolgte. In diesem Fall war während der Bauphase das Wasser über eine Notleitung bezogen worden. Unmittelbar vor der Montage des Wasserzählers wurde das Leitungssystem aus der Hausanschlussleitung befüllt, ohne dass diese zuvor – trotz monatelanger Stagnation – fachgerecht gespült wurde.

Protokolle und Dokumentationen über das Inbetriebnahmeprozedere sind von der ausführenden Firma einzufordern. Je nachdem mit welcher Stillstandzeit der Anlage bis zum regulären Betrieb zu rechnen ist, wird eine Beprobung des Trinkwassers am Hausanschluss empfohlen, bevor die Anlage befüllt wird.

## Betrieb und Wartung

Betrieb und Wartung haben entsprechend den Anforderungen der DIN EN 806-5 zu erfolgen.
Für die Planung und Kennzeichnung von Probenahmestellen nach DIN EN ISO 19458 [27] sind die Hinweise der DIN 1988-200 und DVGW W 551 zu beachten.

**Vgl. DVGW twin 06 (01/12)**

### Zusammenfassung/Empfehlung zu Frage 10

Transport und Lagerung von Bauteilen für Trinkwasser-Installationen haben so zu erfolgen, dass Verschmutzungen als Risiken für die spätere Trinkwassergüte der Anlage ausgeschlossen werden können. Schutzstopfen oder Kappen zum Verschließen von Rohrleitungen, insbesondere während der Installation von Steigleitungen, sollten auf keiner Baustelle fehlen. Besondere hygienische Bedeutung kommt der fachgerechten – vorzugsweise trockenen – Dichtheitsprüfung zu. Gleichwichtig ist aber auch die Erstbefüllung der Anlage mit Trinkwasser, was ein fachgerechtes Spülen der Hausanschlussleitung voraussetzt. Entsprechende Vereinbarungen zur Sicherstellung dieser Qualitätskriterien sollten schriftlich erfolgen. Inbetriebnahmeprotokolle sollten selbstverständlich sein.

[27] DIN EN ISO 19458: Wasserbeschaffenheit – Probenahme für mikrobiologische Untersuchungen (ISO 19458: 2006); Deutsche Fassung EN ISO 19458: 2006; Berlin: Beuth 2006

# 3 Wichtige Neuregelungen und Bauteile

## 3.1 Symbole

Zeichensymbole für die Planung von Trinkwasser-Installationen können DIN EN 806-1 [28] entnommen werden. Allerdings finden einige Darstellungen nur bedingte Marktakzeptanz, sodass in Fachkreisen bereits eine Überarbeitung der Norm angeregt wird. Die folgenden, in Anlehnung an die Norm, angelegten Symbole geben die wesentlichen Inhalte wieder. Diese Darstellungen sind auch in anerkannten Software-Bibliotheken enthalten.

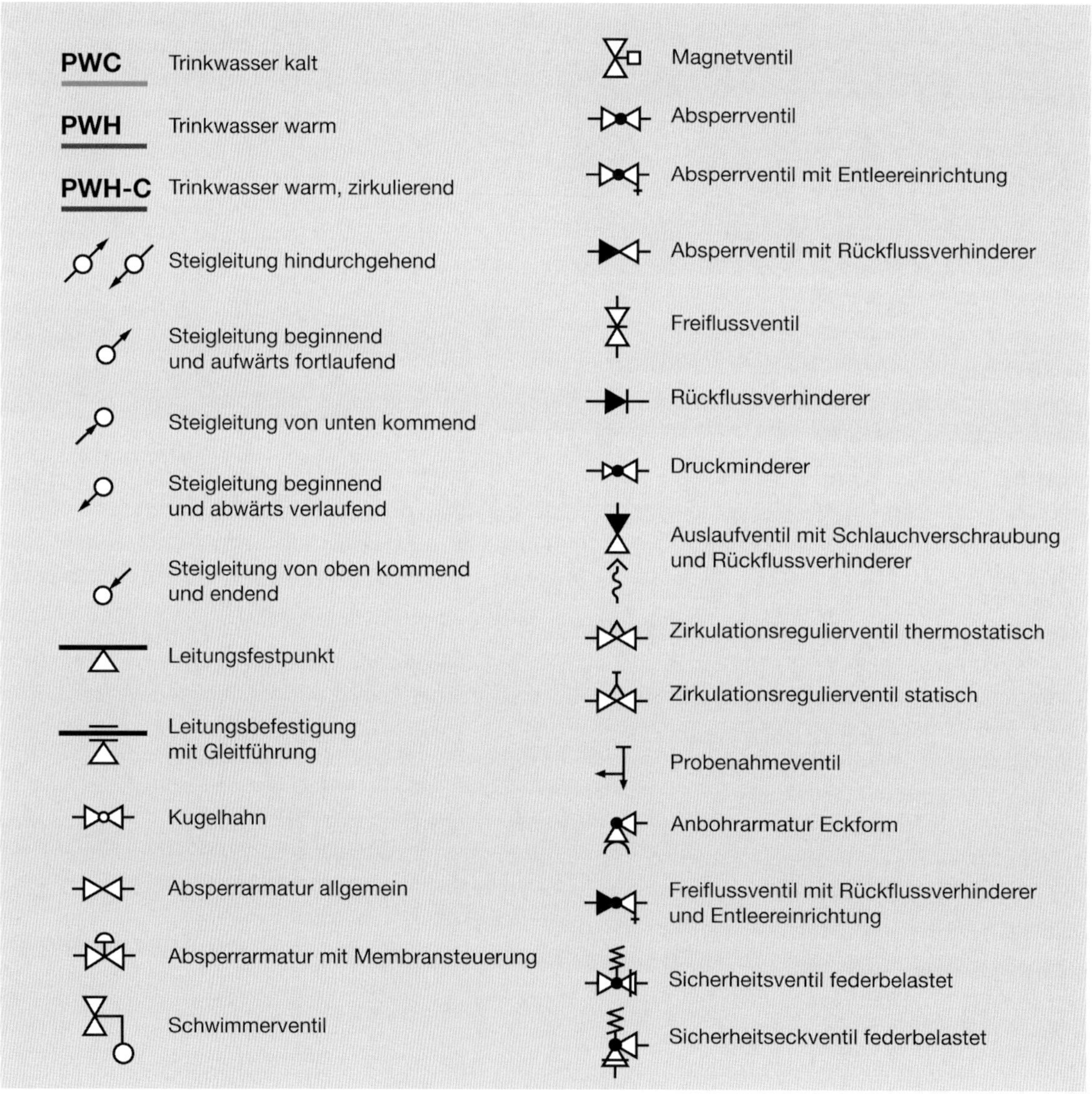


Abb. 2–29 **Planung TW-Installationen – Gebräuchliche Symbole 1/2**

[28] DIN EN 806 Teil 1: Technische Regeln für Trinkwasserinstallationen – Allgemeines, Deutsche Fassung EN 806-1:2000 + A1:2001; Berlin: Beuth, 2001

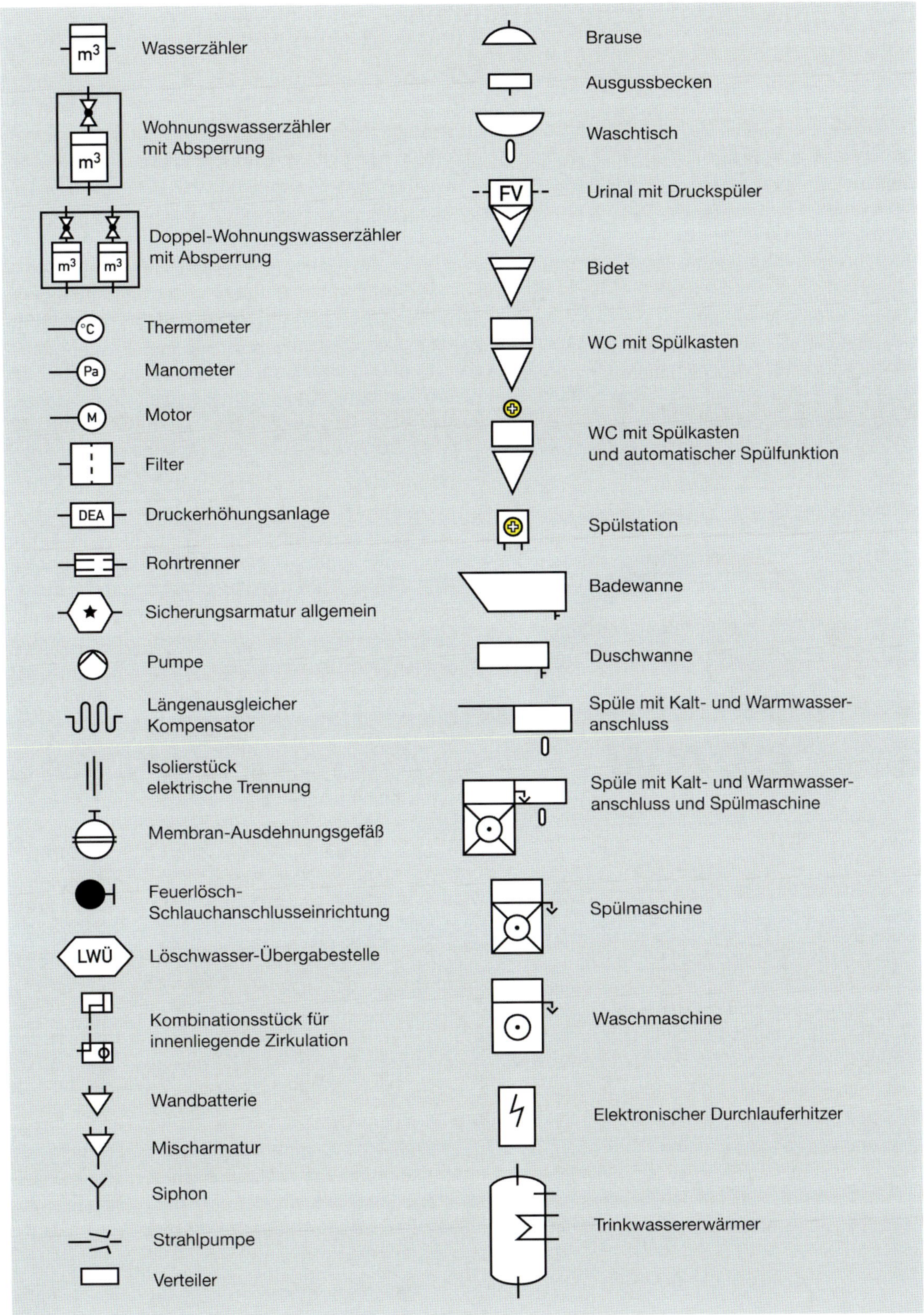


Abb. 2–30 **Planung TW-Installationen – Gebräuchliche Symbole 2/2**

## 3.2 Einsatz zertifizierter Bauteile

Für Trinkwasser-Installationen dürfen nach § 17 TrinkwV [29] nur solche Bauteile verwendet werden, deren Eignung durch eine anerkannte Branchenzertifizierung bestätigt wird. Damit wird auch sichergestellt, dass die verwendeten Materialien infolge Ionen-Migration keine höheren Konzentrationen an das Trinkwasser abgeben, als nach den allgemein anerkannten Regeln der Technik zulässig. Ein bekanntes Beispiel dafür ist der klassische Rohrwerkstoff Kupfer, der nur für Trinkwasser eingesetzt werden darf, wenn der pH-Wert ≥ 7,4 ist oder, wenn der pH-Wert zwischen 7,0 und 7,4 liegt und der TOC-Wert 1,5 g/m³ nicht übersteigt. Die Wasseranalyse, die der Fachplaner vom Wasserversorgungsunternehmen erhält, gilt als Entscheidungsgrundlage und bietet Planungssicherheit. Da Bauteile wie Apparate, Armaturen und Formteile aber in der Regel aus einer Vielzahl unterschiedlicher Komponenten und Materialien bestehen, kann die Eignungsprüfung der Einzelkomponenten nicht Aufgabe des Fachplaners sein. Dafür gibt es anerkannte Prüf- und Zertifizierungsstellen wie den DVGW. Dort wird die Konformität mit dem Regelwerk nach erfolgter Baumusterprüfung überwacht. Denn solche Zertifizierungen unterliegen wiederkehrenden Prüfungen und dokumentieren, dass Bauteile, Werkstoffe und Apparate dauerhaft den a. a. R. d. T. entsprechen. Allerdings werden nach dem Stand der Technik auch Bauteile wie Druckerhöhungsanlagen eingebaut, für die es bis heute keine entsprechenden Regelwerke zur Bauteilprüfung gibt. In solchen Fällen ist bislang keine Zertifizierung verfügbar. Ersatzweise sollten entsprechende Vereinbarungen mit dem Hersteller getroffen bzw. Konformitätserklärungen vom Hersteller eingefordert werden.

Abb. 2–31 **Zertifizierungs-Logo des DVGW**

Genannte Zertifizierungssysteme (z. B. www.dvgw-cert.com) gewährleisten nicht nur die Einhaltung der hygienischen Anforderungen, die den Erhalt der Trinkwassergüte betreffen, sondern stellen auch sicher, dass die Bauteile bei fachgerechter Verarbeitung und einem Bestimmungsgemäßen Betrieb den zu erwartenden Betriebsbedingungen standhalten. Das sind vorrangig die üblichen Druck- und Temperaturbelastungen, aber auch die mechanischen Kräfte, die z. B. infolge Wärmeausdehnung oder Druckschlägen auf das System wirken. Solche Mindestanforderungen sind Bestandteile der jeweiligen Produktnorm. In der Baumusterprüfung werden dann Zug- und Druckkräfte, wie sie in der Praxis für ein Rohrsystem zu erwarten sind, simuliert und damit die Bauteile auf Tauglichkeit für die Baupraxis getestet. In dieser Form geprüfte und zertifizierte Bauteile und Systeme grenzen dann schließlich wieder an den Verantwortungsbereich des Fachplaners. So kann für eine Rohrleitungsführung, bei der die werkstoffspezifische Längenausdehnung nicht ausreichend durch Biegeschenkel oder Kompensatoren berücksichtigt wurde, die Produktzertifizierung natürlich keine Gewährleistung geben. Häufig werden in solchen Fällen die auftretenden Temperaturdifferenzen, die im Rahmen einer thermischen Desinfektion auftreten können, unterschätzt.

Die Mindestbetriebsdauer von Rohrsystemen in Trinkwasser-Installationen beträgt ca. 50 Jahre. Dieser Zeitraum dient hier vor allem der Dimensionierung und Prüfung von Kunststoffrohren und mechanischen Rohrverbindungen als Referenz. Metallene Bauteile wie Rohre aus Kupfer oder Edelstahl unterliegen für sich – sofern sie nicht durch Korrosion angegriffen werden – keiner Alterung.

[29] Trinkwasserverordnung (TrinkwV), Neufassung vom 01.11.2011 (Es gilt die TrinkwV in der Fassung der ersten Änderungsverordnung vom 03. Mai 2011, BGBl. I S. 748)

Dennoch sind auch die Prüfkriterien für solche Rohrleitungssysteme mit mechanisch dichtenden Pressverbindern gemäß DVGW W 534 [30] auf diesen Referenzzeitraum abgestimmt. Denn die systemspezifischen Dichtelemente – beispielsweise aus EPDM – sind dafür so auszulegen, dass ihre Rückstellkräfte die Dichtheit der Verbindungen und damit die Betriebsicherheit der Anlage über eine entsprechend lange Prüfzeit wie 50 Jahre sicherstellen. Ergänzende Informationen dazu s. Kapitel 3.6.

## 3.3 Erdverlegte Leitungen

Bei der Planung und Ausführung erdverlegter Hausanschluss- und Grundstücksleitungen sind die Anforderungen der DIN EN 805 [31] und der DVGW-Arbeitsblätter W 400-1 [32] und W 404 [33] zu berücksichtigen. In der Regel gehören solche Leistungen nicht in den Verantwortungsbereich des Fachplaners, sondern werden vom Wasserversorgungsunternehmen bereitgestellt. Da diese Leitungssysteme bestimmungsgemäß nur Trinkwasser kalt führen, gelten hier nicht die Anforderungen bezüglich der Auslegungstemperatur nach Tab. 2-6 und wurden deshalb dem betreffenden Kapitel inhaltlich vorangestellt.

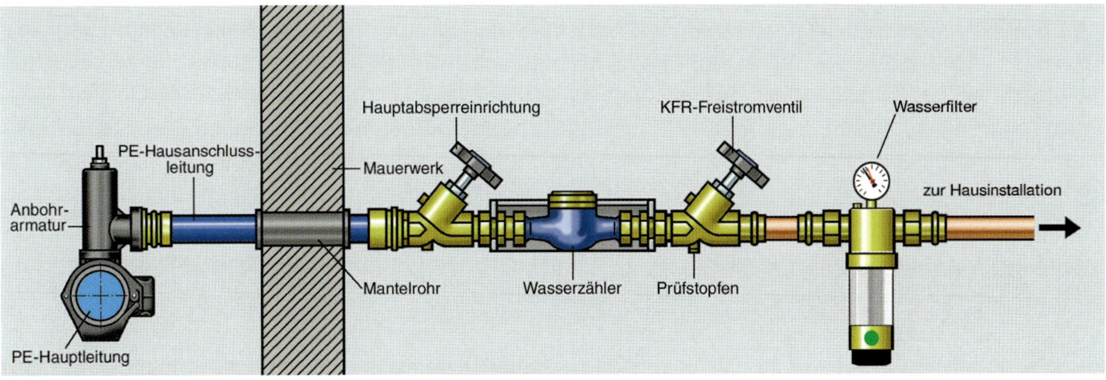


Abb. 2–32 **Erdverlegte Hausanschlussleitung mit Wasserzähleranlage**

Abb. 2–32 zeigt einen Hausanschluss, bestehend aus einer mechanisch dichtenden Anbohrarmatur, PE-Rohr und Formteilen mit Presstechnik aus Rotguss und EPDM-Dichtelementen. Solche Systeme werden gemäß DIN 8076 [34] nur für Trinkwasser ≤40 °C zertifiziert.

## 3.4 Druck und Temperatur

Trinkwasser-Installationen müssen, sofern sie nicht mit einer Druckerhöhungsanlage höher belastet werden, für einen Betriebsüberdruck von 1 MPa ausgelegt sein. Marktführende Rohrsysteme mit Presstechnik für Kunststoff- und Metallverbundrohre werden darauf geprüft und zertifiziert. Systeme mit Presstechnik für Rohre aus Edelstahl oder Kupfer sind in der Regel bis 1,6 MPa belastbar.

Trinkwasser-Installationen mit elektrischer Trinkwassererwärmung sind auf 0,6 MPa für den maximal zulässigen Betriebsdruck auszulegen. Für marktübliche Rohrsysteme hat dies keine Relevanz, ist jedoch bei der Auswahl der Sicherheitsventile für geschlossene Trinkwassererwärmer und bei der Einstellung des Druckminderers von Bedeutung, was in der Praxis häufig nicht berücksichtigt wird.

Die Mindestanforderungen an Rohrsysteme bezüglich der Betriebstemperaturen sind Tab. 2–5 zu entnehmen. Dabei stehen die Kurzzeichen »D« für Design (Auslegung) und »mal« für malfunction (Störfall). Weitere Hinweise zu Kurzzeichen in nationalen Restnormen s. Kapitel 3.12.

4 Temperatur

[30] DVGW W 534: Rohrverbinder und Rohrverbindungen in der Trinkwasser-Installation; Bonn: DVGW, 2004
[31] DIN EN 805: Anforderungen an Wasserversorgungssysteme und deren Bauteile außerhalb von Gebäuden, Deutsche Fassung EN 805 : 2000; Berlin: Beuth 2000
[32] DVGW W 400 Teil 1: Technische Regeln Wasserverteilungsanlagen (TRWV), - Planung; Bonn: DVGW, 2004
[33] DVGW W 404: Technische Mitteilung, Merkblatt – Wasseranschlußleitungen; Bonn: DVGW, 1998
[34] DIN 8076: Druckrohrleitungen aus thermoplastischen Kunststoffen – Klemmverbinder aus Metallen und Kunststoffen für Rohre aus Polyethylen (PE) – Allgemeine Güteanforderungen und Prüfung; Berlin: Beuth, 2008

Trinkwassererwärmer mit Zirkulation sind nach DIN 1988-200 so zu betreiben, dass am Austritt eine Temperatur von 60 °C nicht unterschritten wird. Unter bestimmten Auflagen ist aber auch ein Betrieb mit minimal 50 °C zulässig (s. auch Kapitel 4.3.4). Alle marktüblichen Rohrsysteme für Trinkwasser-Installationen werden nach DVGW W 534 zertifiziert. Den entsprechenden Prüfkriterien liegen die Mindestanforderungen nach Tab. 2–5 unter Berücksichtigung notwendiger Sicherheitszuschläge zugrunde. Im Regelfall unterschreiten die Betriebsbedingungen von Trinkwasser-Installationen die Anforderungen nach Tab. 2–5 und sind somit produktseitig generell abgesichert.

**Vgl. DVGW W 534**

Tab. 2–5 **Mindestanforderungen für Betriebstemperaturen für Trinkwasser warm (70°C)**

| Auslegungstemperatur | Zeit mit | Maximale Temperatur | Zeit mit | Temperatur für Fehlfunktion | Zeit mit Fehlfunktion | Typischer Anwendungsbereich |
|---|---|---|---|---|---|---|
| $T_D$ | $T_D$ | $T_{max}$ | $T_{max}$ | $T_{mal}$ | $T_{mal}$ | |
| °C | Jahre | °C | Jahre | °C | h | |
| 70 | 49 | 80 | 1 | 95 | 100 | Warmwasserversorgung 70 °C |

Trinkwasser-Installationen in Krankenhäusern und ähnlichen Gebäuden mit weitläufigen Verteilsystemen und erhöhten hygienischen Anforderungen werden teilweise mit noch höheren Temperaturen betrieben. Diese Notwendigkeit besteht besonders bei teilsanierten Anlagen, in denen aufgrund einer mangelhaften Rohrnetzhydraulik eine systemisch einwandfreie Trinkwassergüte nicht sichergestellt werden kann (s. auch Abb. 2–2). Sind solche Betriebsbedingungen bekannt, liegt es in der Verantwortung des Fachplaners, Bauteile zu wählen, die den erhöhten Anforderungen über die zu erwartende Betriebszeit standhalten.

Marktführende Rohrsysteme mit Pressverbindungstechnik für Edelstahl- oder Kupferrohre sind für Betriebstemperaturen bis 85 °C bei $T_{mal}$ bis 110 °C geeignet. Aber wie bei den übrigen Systemen auch, gilt eine »Design-Betriebsdauer« von annähernd 50 Jahren gemäß Tab. 2–5.

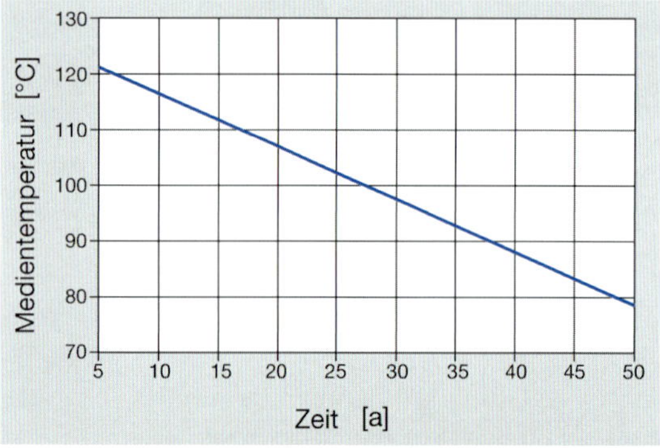


Abb. 2–33 **Betriebsdauer EPDM-Dichtelemente**

Abb. 2–33 zeigt ein Beispiel der zulässigen Betriebsdauer systemspezifischer Dichtelemente aus EPDM in Pressverbindern, in Abhängigkeit von der TW-Temperatur.

Im Gegensatz zu Metallen unterliegen Kunststoffe und elastomere Dichtwerkstoffe einer thermischen Alterung. Dies gilt für alle Bauteile in Armaturen, Apparaten und mechanisch dichtenden Rohrverbindungen. Die Werte gemäß Abb. 2–33 veranschaulichen, dass solche Rohrverbindungen auch für höhere Betriebsbelastungen – wie gelegentlich in genannten Altanlagen notwendig – geeignet sind. Dennoch gelten auch hier die physikalischen Grenzen der thermischen Alterung, die materialspezifische Rückstellkräfte des Dichtelements beeinflussen.

## 3.5 Werkstoffwahl

Die physikalischen Eigenschaften metallener Rohrleitungen unterscheiden sich grundlegend von denen aus Kunststoff. Zu den wichtigsten Auswahlkriterien bei der Systemwahl zählen

- Niedrige pH-Werte
- Sehr hohe Chlorkonzentrationen – z. B. bei Stoßdesinfektionen
- Hohe Temperaturen – bei thermischer Desinfektion
- Längenausdehnungskoeffizient

Werden zertifizierte Rohrsysteme unter Berücksichtigung der werkstoffspezifischen Einsatzgrenzen bestimmungsgemäß betrieben, sind vom Fachplaner keine weiteren Maßnahmen für einen sicheren Anlagenbetrieb zu treffen. Aufgrund dessen sind am Markt vielfältige Systeme mit unterschiedlichen Rohrwerkstoffen und Konstruktionen für die Verbindungstechnik verfügbar. Rohre aus Kupfer, Edelstahl (1.4401, 1.4521 etc.), PE-X und Verbundwerkstoffen wie PE-X/Al/PE-X, kombiniert mit mechanisch dichtenden Verbindern aus Kupfer, Edelstahl, Rotguss, Messing oder Kunststoffspritzguss wie PPSU, zählen in Deutschland zu den Marktführern.

Tab. 2–6 **Tab. 2-6: Auswahlkriterien für Rohrwerkstoffe, bezogen auf die Wassereigenschaften**

| Material | | Auswahlkriterien |
|---|---|---|
| Edelstahl | 1.4401, 1.4521, etc. | keine Einschränkungen |
| Kupfer | innenverzinnt | keine Einschränkungen |
| Kunststoffrohre | PE-X, PE-X/Al/PE-X, u. v. a. | keine Einschränkungen |
| Kupfer | | $pH \geq 7{,}4$ oder $7{,}0 \leq pH < 7{,}4$ und $TOC \leq 1{,}5\,g/m^3$ |
| Stahl, verzinkt | nur für TW kalt | KB 8,2: $0{,}5\,mol/m^3$ bei KS 4,3: $1{,}0\,mol/m^3$ |

Werden Anlagen teilsaniert oder repariert, ist in Verbindung mit metallenen Werkstoffen die sogenannte »Fließregel« zu beachten. Tab. 2–7 können die korrosionstechnisch zulässigen Kombinationen entnommen werden. Dabei sind die mit »+« gekennzeichneten Kombinationen bedenkenlos möglich, während die mit »–« beschriebenen Kombinationen aufgrund einer hohen Korrosionswahrscheinlichkeit des unedleren Werkstoffs nicht zulässig sind. Müssen Verbindungen zwischen Rohrleitungen aus nichtrostendem Stahl und verzinktem Stahl hergestellt werden, sind Bauteile aus Kupferlegierungen (z. B. Rotguss) einzusetzen, um eine Bimetallkorrosion in Abhängigkeit von der Wasserbeschaffenheit zu reduzieren oder auszuschließen – z. B. durch Einbau einer Absperrarmatur.

Tab. 2–7 **Tab.: 2-8 Kombinationen metallener Bauteile in Trinkwasser-Installationen, nach DIN EN 806-4**

| Fitting oder Armatur | Rohr | | |
|---|---|---|---|
| | Nichtrostender Stahl | Verzinkter Stahl | Kupfer |
| Nichtrostender Stahl | + | Siehe Empfehlung des Herstellers | + |
| Stahl verzinkt | – | + | – |
| Kupfer | + | Siehe Empfehlung des Herstellers | + |
| Kupferlegierungen | + | + | + |

**Anmerkung 1**: Die Reihe DIN EN 12502 Teil 1–5 behandelt die Korrosionswahrscheinlichkeit verschiedener metallener Werkstoffe, die in Wasserverteilungssystemen angewendet werden.
**Anmerkung 2**: Wenn im Text »verzinkter Stahl« erwähnt wird, ist die Verzinkung nach dem Schmelztauchverfahren gemeint.

Als weiteres Auswahlkriterium gilt schließlich die Art der Rohrverbindungstechnik, die in den vergangenen 10-15 Jahren die Rohrwerkstoffwahl für Trinkwasser-Installationen maßgeblich beeinflusst hat.

## 3.6 Rohrverbindungen

Rohrverbindungen in Trinkwasser-Installationen müssen nach DIN 1988-200 den zu erwartenden Betriebsbelastungen gemäß Tab. 2–5 mindestens standhalten. War das Weich- und Hartlöten von 1970 bis 2000 das dominierende Verfahren, so hat sich inzwischen die Presstechnik als marktführende Verbindungstechnologie durchgesetzt. Durch die kalte und sekundenschnelle Verarbeitung wurden damit die bis dahin verbreitete Verarbeitungstechnik für Kupferrohre abgelöst und neue Märkte für Edelstahl- und Kunststoffrohre eröffnet. Je nach Rohrwerkstoff und Herstellersystem wird dabei zwischen radialer, axialer und raxialer Pressverbindungstechnik unterschieden.

raxial = **ra**dial + **axial**

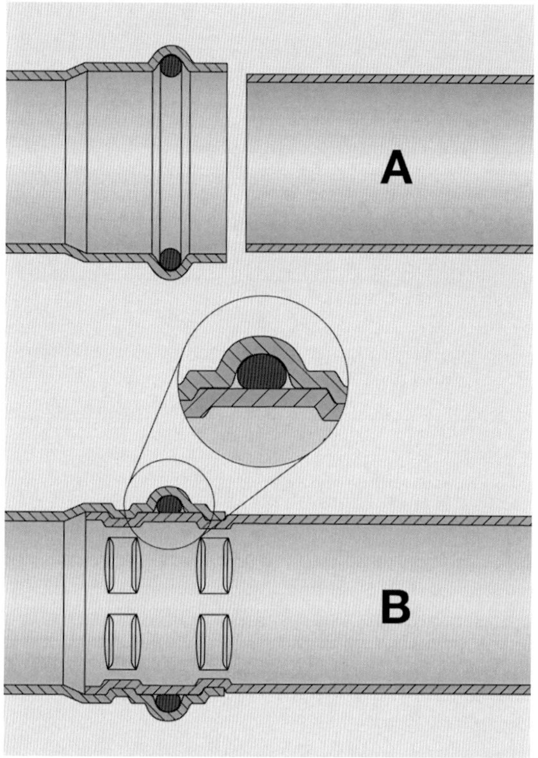


Abb. 2–34 **Prinzip der radialen Pressverbindung für Kupfer- oder Edelstahlrohre**

Für den Fachplaner besteht eine Vielzahl von Kriterien, nach denen er ein Rohrleitungssystem mit dazugehöriger Verbindungsart auszuwählen hat. Als Grundvoraussetzung gilt eine gültige Zertifizierung (s. Kapitel 3.2). Damit wird bekundet, dass das jeweilige System den a. a. R. d. T. entspricht und Rohre und Rohrverbindungen nach fachgerechter Verarbeitung den zu erwartenden Betriebsbedingungen standhalten (s. Kapitel 3.4).

Auch sind für die Systemwahl häufig die vorhandenen Lager- und Werkzeugausstattungen der ausführenden Betriebe und deren Einkaufskonditionen ausschlaggebend. Monteure bevorzugen Systeme, mit denen sie bereits gute Erfahrungen auf der Baustelle gemacht haben. So kann eine leichtere Handhabung ausschlaggebend sein, wenn z. B. bei einem Fabrikat das Metallverbundrohr vor dem Einstecken in den Verbinder nicht kalibriert werden muss. Für den Fachplaner kann das durchaus ein wichtiges Argument für sein Beratungsgespräch mit dem Bauherrn sein. Denn letztlich ist eine betriebssichere Anlage das erste Planungsziel.

**Vgl. DVGW W 557 (P)**

Die im Handel verfügbaren Rohrsysteme sind immer herstellerspezifisch und weichen deshalb werkstoff- und konstruktionsbedingt voneinander ab. Dies gilt auch für die teils signifikanten Unterschiede bei den Form- und Verbindungsteilen hinsichtlich ihrer Widerstandsbeiwerte. Diese Abweichungen sind bei den Systemen für Edelstahl- und Kupferrohre eher gering, bei denen mit Metallverbundrohren jedoch erheblich. Dort variieren die dimensionsabhängigen Werte stark, was im Wesentlichen von der Bauart des Stützkörpers und der Konstruktion abhängt. Beeinflussende Faktoren sind vor allem: Die Rohrinnendurchmesser, die Ausführung der Verbinder mit oder ohne Dichtelement und das Design der Strömungsumlenkungen, wobei sich winklige ungünstig und »weiche« Radien günstig auf die Widerstandsbeiwerte der Bauteile auswirken. So ergeben sich Abweichungen von bis zu Faktor 10 und mehr, die vielfältige Auswirkungen auf die Rohrweitenermittlung, das Anlagenvolumen, den Wasseraustausch und somit auf die systemische Trinkwassergüte haben können. Weitere Informationen s. Kapitel 2.7, Produktbeispiele/Kapitel 2.9/Buchkapitel 3/Rudat, Anhang.

Abb. 2–35 zeigt den Schnitt durch eine raxiale Pressverbindung (Rotguss, PPSU, PE-X/Al/PE-X) einer Doppelwandscheibe als Formteil für Reihen- oder Ringleitungen.

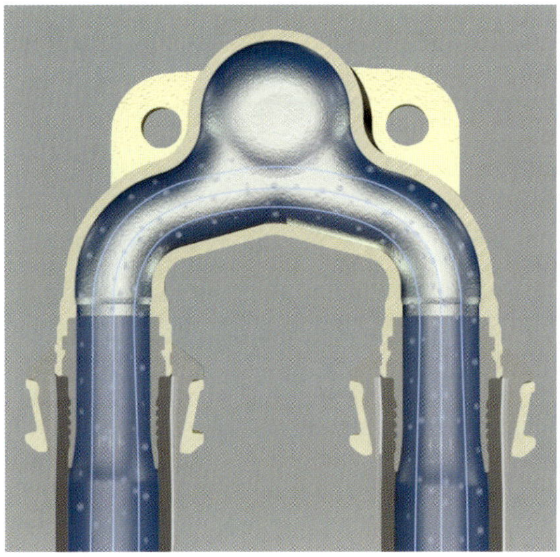

Abb. 2–35 **Konstruktionsprinzip raxialer Pressverbindungen**

Formteile für Schweiß- und Klebesysteme mit Rohren aus Polypropylen oder PVC-C benötigen zwar keine Stützkörper – und bieten damit die Vorteile eines vollen Strömungsquerschnitts –, weisen allerdings fertigungsbedingte winklige Umlenkunken auf mit entsprechend ungünstigen, höheren Widerstandsbeiwerten. Gleiches gilt auch für Steckfittings aus Kunststoff, die zwischen außenabdichtend für Kunststoffrohre (PE-X, PB etc.) und innenabdichtend (PE-X/Al/PE-X, etc.) unterschieden werden. Für letztere sind Stützkörper mit mindestens einem Dichtelement notwendig, was wiederum zu vergleichweise kleinen Strömungsquerschnitten im Stützkörper und damit zu höheren Widerstandsbeiwerten führt.

Nach DIN 1988-300 sind die produktspezifischen Widerstandsbeiwerte der Formteile für die Systemauslegung zu berücksichtigen. Dafür können diese messtechnisch nach DVGW W 575 (P) [35] erfasst und vom Hersteller dem Fachplaner und Installateur zur Verfügung gestellt werden – s. auch Kapitel 2.7, Hinweise.

## 3.7 Absperrarmaturen

In jedem Fall sind strömungsgünstige Leitungsarmaturen zu bevorzugen und bei der Systemauslegung produktspezifische Herstellerdaten anstatt der Pauschalwerte zu berücksichtigen. Damit können – wie bei den Formteilen – wertvolle Druckpotenziale eingespart werden, die dann zweckmäßig der Minimierung der Rohrweiten und dem Anlagenvolumen dienen.

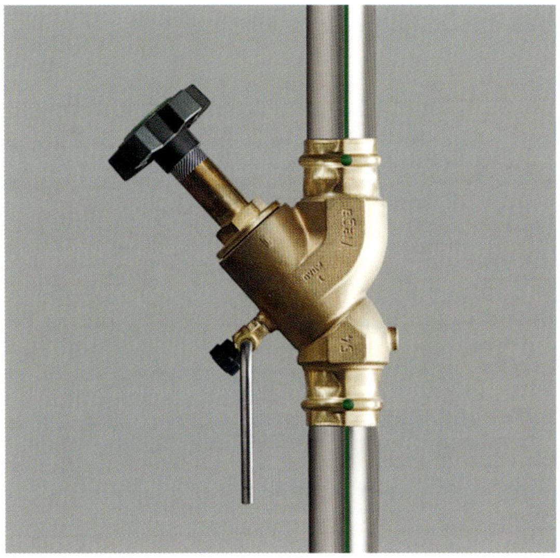

Abb. 2–36 **Absperrarmatur mit Probenahmeventil**

Zu den druckverlustarmen Armaturen zählen Schrägsitzventile nach DIN EN 1213 [36] und Kugelhähne nach DIN EN 13828 [37] sowie DVGW W 570-1 [38]. Sind letztere durch eine 90°-Drehung zu öffnen und zu schließen, dürfen sie gemäß DIN 1988-200 nur als Absperrarmatur für Wartungsarbeiten eingesetzt werden. Während eines Bestimmungsgemäßen Betriebes der Anlage und entsprechenden Durchflusses in der Armatur können sonst Druckschläge entstehen, die die zulässigen Druckbelastungen des Leitungssystems übersteigen und auf Dauer die Anlage beschädigen.

Die starke Verbreitung der Pressverbindungstechnik hat inzwischen auch zu einer größeren Marktakzeptanz von Gebäudearmaturen mit Pressenden aus Rotguss geführt.

[35] DVGW W 575 (P): Ermittlung von Widerstandsbeiwerten für Form- und Verbindungsstücke in der Trinkwasser-Installation; Bonn: DVGW, 2012

[36] DIN EN 1213: Absperrventile aus Kupferlegierungen für Trinkwasseranlagen in Gebäuden – Prüfungen und Anforderungen, Deutsche Fassung EN 1213: 1999; Berlin: Beuth, 1999

[37] DIN EN 13828: Handbetätigte Kugelhähne aus Kupferlegierungen und nicht rostenden Stählen für Trinkwasseranlagen in Gebäuden - Prüfungen und Anforderungen, Deutsche Fassung EN 13828:2003; Berlin: Beuth, 2003

[38] DVGW W 570 Teil 1: Armaturen für die Trinkwasser-Installation – Teil 1: Anforderungen und Prüfungen für Gebäudearmaturen; Bonn: DVGW, 2007

Abb. 2–37 **Hauptverteilung für Trinkwasser kalt**

Vgl. DVGW twin 06 (01/12)

Die Pressverbindungstechnik hat inzwischen auch zu einer größeren Marktakzeptanz von Gebäudearmaturen aus Rotguss mit Pressenden geführt, die in den Größen DN 15 bis DN 50 marktüblich sind. Pressverbindungen bieten den Vorteil, dass das Eindichten von Gewindeübergängen entfällt, was für die ausführende Firma Einsparung von Bauteilen und Montagezeiten bedeutet. Aufgrund der identischen Außendurchmesser sind die Armaturen mit Pressanschlüssen für Kupfer- und Edelstahlrohre baugleich. Ventile mit Pressverbindungstechnik für Kunststoff- und Metallverbundrohre sind immer systemspezifisch und damit herstellergebunden.
Abb. 2–37 zeigt eine Hauptverteilung für Trinkwasser kalt mit Edelstahlrohren und Schrägsitzventilen mit Flanschanschluss; Flanschübergänge mit Pressverbindern aus Rotguss.

**Probenahmeventile**

Zu den Anforderungen an Probenahmeventile gehört, dass sie fachgerecht desinfizierbar und damit auch abflammbar sein müssen.

Einrichtungen zur Entnahme von Wasserproben sind vor allem vor und hinter Apparaten sinnvoll, weil hier mit einem erhöhten mikrobiellen Risiko zu rechnen ist. Probenahmestellen sind nach DIN 1988-200 hinsichtlich der Anzahl, Beprobungsintervalle und des Ortes zu planen und zu kennzeichnen. Hinweise zur Einrichtung von Probenahmestellen nach DIN EN ISO 19458. Die Bedeutung der Identifizierbarkeit im späteren Betrieb s. auch Buchkapitel 4/Hentschel.

## 3.8 Dehnungsausgleich und Kompensatoren

**Dehnungsausgleich**
Maximaltemperatur für Thermische Desinfektion vorsehen!

Das Maß der zu erwartenden werkstoffspezifischen Längenausdehnung einer Rohrleitung für Trinkwasser warm oder für das Zirkulationssystem verhält sich proportional zur Differenz zwischen der Einbautemperatur und der maximal möglichen Betriebstemperatur – z.B. für eine Thermische Desinfektion 70 °C bis 85 °C bei weitläufigen Verteilsystemen. Die jeweils zu erwartenden Längenänderungen müssen konstruktiv durch den Einsatz von Biegeschenkeln, U-Bögen oder Kompensatoren ausgeglichen werden. Generell ist die Längenausdehnung metallener Rohrleitungen geringer als bei Kunststoff- und Metallverbundrohrsystemen. Deshalb werden im Bereich der Kellerverteil- und Steigleitungen häufig metallene Rohrleitungen eingesetzt, wegen des geringeren Aufwandes für den Längenausgleich. Übliche Stockwerksleitungen in Vorwandinstallationen oder im Fußbodenaufbau verfügen über vergleichsweise kurze Leitungslängen mit vielen Richtungsänderungen, so dass hier auch bei Einsatz von Kunststoff- und Metallverbundrohren keine besonderen Maßnahmen für den Dehnungsausgleich erforderlich sind.

[39] DIN EN 1092 Teil 1: Flansche und ihre Verbindungen – Runde Flansche für Rohre, Armaturen, Formstücke und Zubehörteile, nach PN bezeichnet – Teil 1: Stahlflansche; Deutsche Fassung EN 1092-1:2007; Berlin: Beuth, 2007

**Beispiel:**

| | |
|---|---|
| Dimension Rohrleitung | DN 50 |
| Länge | $l = 1{,}0\,\text{m}$ |
| Einbautemperatur: 20 °C, max. Betriebstemperatur[5] 80 °C | $\Delta\vartheta = 60\,\text{K}$ |

Zu erwartende Längenänderungen vor Rohrleitungen für Trinkwasser warm sind nach Gleichung 2.1 zu berechnen:

$$\Delta l = \alpha \cdot l \cdot \Delta\vartheta \tag{2.1}$$

**Längenausdehnung**

mit:

| | | |
|---|---|---|
| $\Delta l$ | Längenausdehnung | [mm] |
| $l$ | Leitungslänge | [m] |
| $\alpha$ | Wärmeausdehnungskoeffizient | [mm/mK] |
| $\Delta\vartheta$ | Temperaturdifferenz | [K] |

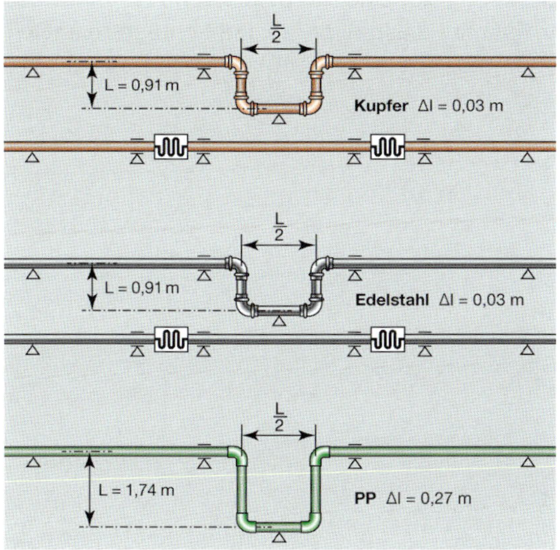


Abb. 2–38 **Längenausdehnung von Rohrleitungen**

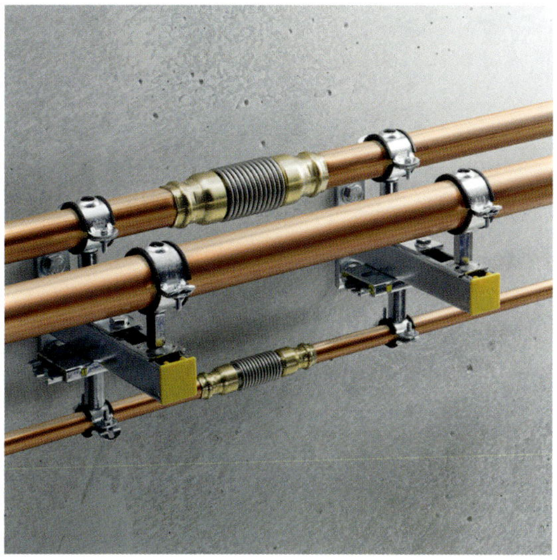

Abb. 2–39 **Installation mit Axial-Kompensatoren**

Abb. 2–38 zeigt das Längenausdehnungsverhalten unterschiedlicher Rohrmaterialien, wobei die Ausdehnungskoeffizienten von Kupfer und Edelstahl identisch sind. Im Gegensatz dazu weist Polypropylen eine vergleichsweise hohe Längenausdehnung auf, die nur über Biegeschenkel – mit erheblichem Platzbedarf – ausgeglichen werden kann.

**Dehnungsausgleich**
Durch Axial-Kompensatoren

Bei metallenen Rohrleitungen können alternativ zu Biegeschenkeln platzsparende Axial-Kompensatoren eingesetzt werden. Dabei darf die laut Herstellerangabe maximal mögliche Dehnungsaufnahme nicht überschritten werden; ggf. ist die berechnete Längenausdehnung auf mehrere Kompensatoren aufzuteilen. Rohrleitungen mit Axial-Kompensatoren sind geradlinig zu verlegen, damit Längendehnungen axial aufgenommen werden können – Torsions- oder Scherkräfte sind zu vermeiden. Bei der Montage der Rohrleitungen sind die Herstellerangaben für die fachgerechte Anordnung von Fixpunkten und gleitenden Rohrführungen zu beachten. Durch die Anordnung der nicht gleitenden Rohrleitung für Trinkwasser kalt (Abb. 2–39) wird das Befestigungssystem (SIKLA) gegen seitliche Verschiebung stabilisiert, so dass hier auf eine zusätzliche Schrägabstützung verzichtet werden kann.

6 Für optionale Thermische Desinfektion bei 80 °C

## 3.9 Zirkulationsregulierventile

Bestimmungsgemäßer Betrieb 2
Temperatur 4

Werden Zirkulationssysteme für Trinkwasser warm mit mehreren Kreisläufen betrieben, müssen die Massenströme hydraulisch so abgeglichen werden, dass die Solltemperaturen im Bestimmungsgemäßen Betrieb in allen Teilstrecken erreicht und gehalten werden. Andernfalls besteht das Risiko, dass geplante Ausstoßzeiten an den Entnahmestellen nicht eingehalten werden und/oder in einzelnen Teilstrecken sich Dauertemperaturen außerhalb der hygienisch unbedenklichen Betriebstemperaturen einstellen. Dies gilt als eines der entscheidenden Risiken für mikrobielle Vermehrung von Legionellen im System und als potenzielle Gefahr für den Erhalt der Trinkwassergüte. In Anlagen mit erhöhten hygienischen Anforderungen – z. B. in Krankenhäusern – werden deshalb häufig die Betriebstemperaturen an den Regulierventilen gemessen und per Datenlogger – separat oder im Verbund mit der Gebäudeleittechnik – als Nachweis protokolliert. Aufgrund der hohen Bedeutung für die systemische Trinkwassergüte soll dieses Thema nachfolgend ausführlicher behandelt werden.

**Vgl. DVGW W 554**

Da Zirkulationssysteme und Rohrleitungen für Trinkwasser kalt und warm zukünftig nur noch Software-gestützt ausgelegt werden können, lassen sich – unter Berücksichtigung der realen produktspezifischen Widerstandsbeiwerte von Armaturen und Formteilen – statische und thermostatische Regulierventile exakt berechnen.

Abb. 2–40 **Thermostatisches Regulierventil DN 15**

Abb. 2–40: Schnittdarstellung eines thermostatischen Regulierventils DN 15 mit Pressanschlüssen; umstellbar von Strang- auf Etagenabgleichfunktion sowie auf Thermische Desinfektion, mit Absperrfunktion.

Der hydraulische Abgleich kann für den Auslegungsfall mit beiden Bauarten (Produktbeispiel s. Buchkapitel 3/Rudat, Anhang) erfolgen. Der Vorteil des thermostatischen Ventils liegt in der Kompensationsfähigkeit von Abweichungen zwischen dem realen Zirkulationsbetrieb und dem Auslegungsmodell (Berechnung). Ferner können damit dynamische Störungen, wie Änderungen der Umgebungstemperatur, in gewissen Grenzen ausgeglichen werden.

Die Kennlinie (Charakteristik) eines Ventils ist der Kv-Wert (Kennwert für die Durchlässigkeit) als Funktion der Temperatur des zu regelnden Mediums, womit die Abhängigkeit der Ventilöffnung (Hub) von der Temperatur gemeint ist. Jedem Kv -Wert kann somit eine Hubstellung des Ventilkegels zugewiesen werden.

## 3.9.1 Funktionsweise thermostatisches Regulierventil

In Abb. 2–41 sind die Kennlinien eines Ventils für drei Sollwert-Einstellungen dargestellt: 50 °C, 57 °C und 65 °C. Die Verstellung des Sollwertes bewirkt eine stufenlose Verschiebung der Kurve auf der Temperaturachse.

Die folgenden Erläuterungen beziehen sich beispielhaft auf die Einstellung 57 °C (mittlere Kennlinie)

- Laut Diagramm ist das Ventil bei Temperaturen unter 30 °C vollständig geöffnet. Dies entspricht dem maximal möglichen Durchfluss.
- Steigt die Temperatur im Zirkulationskreis an, schließt das Ventil.
- Bei Erreichen der Sollwerteinstellung von 57 °C schließt das Ventil bis auf seine geringste Hubstellung (Mindest-Öffnung) – aus hygienischen Gründen ist das Ventil nie vollständig geschlossen.
- Die Arbeitsweise entspricht der eines Proportional-Reglers. Das Verhältnis von Temperaturänderung zu Ventilhub (Reglerkennlinie) ist eine Materialeigenschaft des Dehnstoffkörpers und für das jeweilige Fabrikat spezifisch.

Ist die Reglerkennlinie zu steil, führt das Verhalten des Dehnstoffelementes im ungünstigsten Fall zu einem instabilen Regelverhalten und somit zu einem schwingenden Betrieb im System. Ist die Kennlinie zu flach, wird eine mögliche Störung nicht ausreichend kompensiert.

Die Charakteristik der Kennlinie ist abhängig von den im Dehnstoffelement enthaltenen Medien, wie Wachsgemische, Gase und Flüssigkeiten.

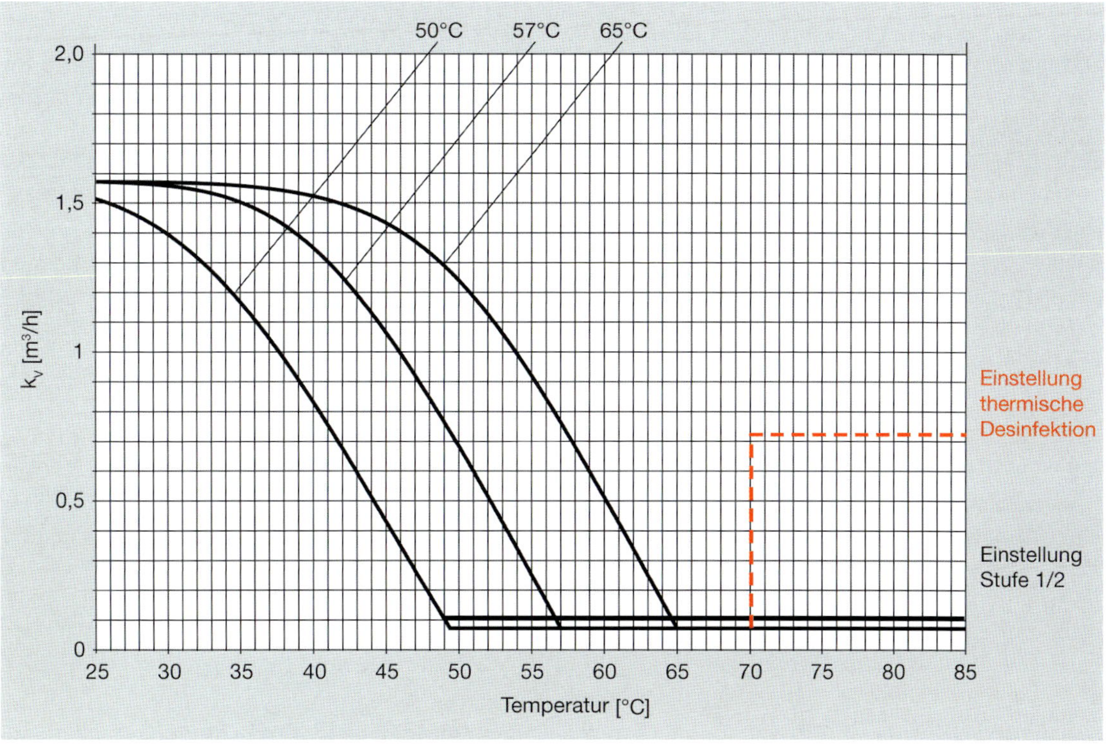


Abb. 2–41 **Kennlinien thermostatisches Regulierventil**

### 3.9.2 Produktspezifische Charakteristik

Um den Bestimmungsgemäßen Betrieb sicherstellen zu können, muss für den hydraulischen Abgleich im Zirkulationssystem die errechnete Solltemperatur individuell an jedem Regulierventil eingestellt werden. Im ungünstigsten Zirkulations-Fließweg (oft der längste Fließweg) muss das Ventil den größtmöglichen Kv-Wert (Huböffnung) aufweisen, damit alle übrigen günstigeren (kürzeren) Fließwege stärker gedrosselt werden können. Der größtmögliche Hub wird dabei einerseits durch die einhüllende Kennlinie beim **maximalen Einstellwert** von 65 °C (Abb. 2–41) und andererseits durch die jeweilige Auslegungstemperatur nach DIN 1988-300 (zwischen 55 und 60 °C) definiert. Für die weitere Betrachtung wird eine Auslegungstemperatur von 57 °C angenommen.

Temperatur 4

Verfolgt man in Abb. 2–41 die Auslegungstemperatur von 57 °C hoch bis zur Kennlinie des max. Einstellwerts von 65 °C, ergibt sich der Schnittpunkt bei einem Kv-Wert von ca. 0,7 $m^3/h$. Das ist der maximal mögliche Kv-Wert dieses Ventils im planmäßigen Betrieb unseres ungünstigsten Beispiel-Fließwegs. Dieser ergibt sich aus dem höchstmöglichen Einstellwert sowie aus der Steigung der Kennlinie. Andere Ventilmodelle haben bei dieser Einstellung einen anderen maximalen Kv–Wert. Das bedeutet, dass die Einstelltemperatur (65 °C) im ungünstigsten Fließweg oberhalb der Auslegungstemperatur (57 °C) liegt. Alle hydraulisch günstigeren Fließwege müssen zur korrekten Drosselung einen geringeren Einstellwert aufweisen. Der Einstellwert darf aber die Auslegungstemperatur (im Beispiel 57 °C) nicht unterschreiten. Sonst würde sich der Betriebspunkt außerhalb des Proportionalregelbereichs befinden.

Auch wenn die Kennlinien-Steigung eines thermostatischen Ventils es erlaubt: Im ungünstigsten Fließweg sollte nicht auf den maximal möglichen Kv-Wert (100 % geöffnet) ausgelegt werden, da die Kennlinie im oberen Bereich stark abflacht. Eine Temperaturänderung führt in diesem Bereich zu einer immer geringeren Hubänderung des Ventils, was die Regelfähigkeit mehr und mehr beeinträchtigt. Genau wie bei Heizkörper-Thermostatventilen sollte das Ventil nur in seinem linearen Proportionalbereich betrieben werden. Durch diese Vordrosselung wird dem Ventil sprichwörtlich mehr »Autorität« eingeräumt. Eine hohe Ventilautorität führt zu einem optimalen Regelverhalten. Die Regulierventile in den günstigeren Fließwegen bekommen so – durch die immer stärkere Drosselung – automatisch mehr Autorität.

Bleiben nach einer Inbetriebnahme eines Zirkulationssystems die werkseitigen Einstellungen von 57 °C an allen Regulierventilen unverändert, ist im ungünstigsten Strang von einer zu starken Drosselung auszugehen. Der Bestimmungsgemäße Betrieb ist dann im ungünstigsten Fall – insbesondere in ausgedehnten Netzen – nicht mehr gegeben. Deshalb wird zum Nachweis des planmäßigen Betriebs eine Zirkulationssimulation empfohlen, damit die Auswirkung eines ungenügenden hydraulischen Abgleichs veranschaulicht werden kann (s. dazu auch Kapitel 4.5).

### 3.9.3 Zusammenfassung

Die Ventilkennlinien unterscheiden sich nach Hersteller und Modell. Die beschriebenen Eigenschaften eines Regulierventils sind deshalb auf andere Fabrikate nicht übertragbar. Die Auswahl des Dehnstoffkörpers sowie der konstruktiv vorgegebene Einstellbereich sind eine reine Produkteigenschaft und bestimmen die Charakteristik des Ventils und als Resultat die erforderlichen Einstellungen. Deshalb sollte sich der Fachplaner bei der Planung und Ausschreibung immer auf einen bestimmten Ventiltyp eines bestimmten Fabrikats beziehen (s. auch Kapitel 2.9). Ein »neutrales« thermostatisches Regulierventil kann es deshalb in diesem Sinn nicht geben.

Soll dennoch ein von der Fachplanung und Ausschreibung abweichendes Fabrikat für die Ausführung berücksichtigt werden, wird dringend ein erneuter hydraulischer Abgleich auf Basis der Kennlinien des gewählten Typs und Fabrikats empfohlen. Damit ergibt sich jeweils eine neue Einstelltemperatur für jedes Regulierventil sowie eine Änderung der Pumpen-Förderhöhe. Dies gilt es schließlich auch für das Schutzziel Trinkwassergüte zu beachten.

## 3.10 Entnahmearmaturen

Entnahmearmaturen in Trinkwasser-Installationen müssen den Anforderungen gemäß DIN EN 200 [40], DIN EN 816 [41], DIN EN 817 [42], DIN EN 1111 [43] und DVGW W 574 [44] entsprechen. Kugelhähne, mit denen durch schnelles Schließen für das Leitungssystem kritische Druckschläge erzeugt werden können, sind als Entnahmearmaturen nicht zulässig.

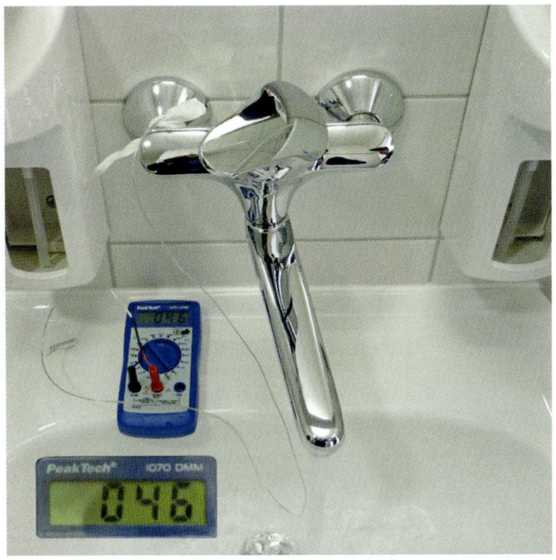


Abb. 2–42 **Oberflächentemperatur-Messung an einer Wandarmatur in einem Krankenhaus**

In Kapitel 2.6 wurde auf den Effekt der Wärmeleitung durch Wandarmaturen hingewiesen, deren Anschluss für Trinkwasser warm unmittelbar in den Zirkulationskreis einbezogen wurde. Wird dieser, wie in Krankenhäusern oft üblich, mit Temperaturen von ≥60 °C betrieben, besteht speziell an den Oberflächen von Aufputzarmaturen die Gefahr von Verbrühungen. Gemäß Abb. 2–42 wurden hier Temperaturen an der geschlossenen Armatur von bis zu 46 °C gemessen. Was die Trinkwassergüte betrifft, verhindern solche Installationen nur bedingt eine mikrobielle Vermehrung und verlagern das Risiko nur auf das Trinkwasser kalt. Denn an Kaltwasseranschlüssen – wie in Abb. 2–42 abgebildet – werden nach Stagnation über Nacht 33 °C und mehr erreicht.

4 Temperatur

Dieses Beispiel verdeutlicht, dass die vollständige Einbeziehung von Stockwerksleitungen in den Zirkulationskreis immer sorgfältig bedacht und nur in Abstimmung mit der jeweiligen Armaturenauswahl geplant werden sollte (s. auch Kapitel 2.6).

## 3.11 Sicherungsarmaturen

Die Auswahl von Entnahmearmaturen sollte immer unter Berücksichtigung der Anforderungen gemäß DIN EN 1717 [45] und DIN 1988-100 [46] erfolgen. Armaturen mit freiem Auslauf entsprechen Gruppe A und benötigen demnach keine zusätzlichen Sicherungsarmaturen gegen Rückfließen, Rücksaugen oder Zurückdrücken von verunreinigtem Wasser in das Leitungssystem. Klassische Bade- und Duscharmaturen mit Anschluss für einen flexiblen Duschschlauch sind mit integrierten Sicherungskombinationen HD ausgestattet. Insbesondere bei Sanierungen, bei denen die Rohrbelüfter der Bauform »E« in Verbindung mit der Sicherheitsschleife auf ≥1,30 m Höhe entfallen, ist auf diesen Sachverhalt hinzuweisen. Auf Armaturen älterer Bauart, die noch nicht diese Sicherheit bieten, ist zu verzichten.

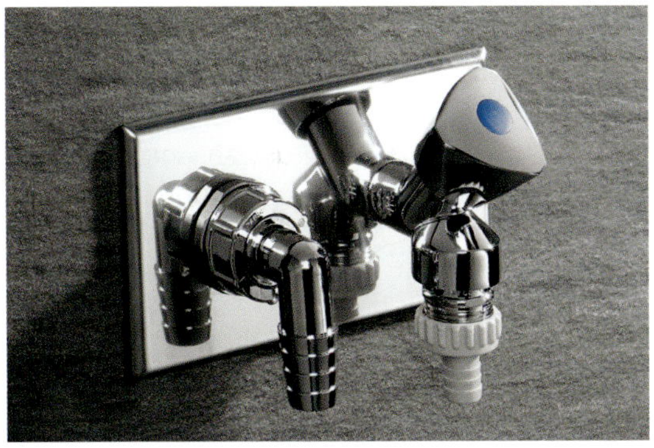

Abb. 2–43 **Auslaufventil mit Einzelsicherung und Waschmaschinenanschluss**

Wie schon in Kapitel 1.1 erläutert, verfolgt das neue Regelwerk die konsequente Umsetzung der Eigensicherheit von Armaturen und Apparaten.

Bis dieses Ziel erreicht ist, sind Auslaufventile mit Einzelsicherungen DA (Abb. 2–43) für einen Waschmaschinenanschluss mit integriertem UP-Siphon zu verwenden.


[40] DIN EN 200: Sanitärarmaturen – Auslaufventile und Mischbatterien für Wasserversorgungssysteme vom Typ 1 und Typ 2 – Allgemeine technische Spezifikation; Deutsche Fassung EN 200:2008; Berlin: Beuth, 2008

[41] DIN EN 816: Sanitärarmaturen - Selbstschlussarmaturen PN 10; Deutsche Fassung EN 816: 1996; Berlin: Beuth, 1997

[42] DIN EN 817: Sanitärarmaturen - Mechanisch einstellbare Mischer (PN 10) – Allgemeine technische Spezifikation; Deutsche Fassung EN 817:2008; Berlin: Beuth, 2008

[43] DIN EN 1111: Sanitärarmaturen – Thermostatische Mischer (PN 10) - Allgemeine technische Spezifikation; Deutsche Fassung EN 111:1998; Berlin: Beuth, 1998

[44] DVGW W 574: Sanitärarmaturen als Entnahmearmaturen für Trinkwasser-Installationen – Anforderungen und Prüfungen; Bonn: DVGW, 2007

[45] DIN EN 1717: Schutz des Trinkwassers vor Verunreinigung in Trinkwasserinstallationen und allgemeine Anforderungen an Sicherungseinrichtungen zur Verhütung von Trinkwasserverunreinigungen durch Rückfließen; Deutsche Fassung EN 1717: 2000; Technische Regel des DVGW, Berlin: Beuth 2011

[46] DIN 1988 Teil 100: Technische Regeln für Trinkwasserinstallationen (TRWI) – Schutz des Trinkwassers, Erhaltung der Trinkwassergüte; Technische Regel des DVGW, Berlin: Beuth 2011

Zu den sogenannten »Apparaten« zählen auch Haushaltsgeräte[6], z. B. Waschmaschinen. Seitens der Geräteindustrie wurde die o. g. Anforderung jedoch bislang nicht umgesetzt, sodass – wie bisher – die Absicherung über ein Auslaufventil mit Einzelsicherung erfolgen sollte, s. auch Abb. 2–43.
Zu den relevanten Neuregelungen zählt auch die Absicherung des Heizungsfüllanschlusses, der nach DIN EN 1717 mit einem Rohrunterbrecher CA auszustatten ist.

**Vgl. ZVSHK Kommentar zur DIN EN 1717 und DIN 1988-100**

Eine besondere Einbausituation im häuslichen Bereich kann eine Badewanne mit Einlauf unterhalb der Oberkante sein. Gemäß DIN EN 1717 ist diese mit einer Sicherungsseinrichtung für Kategorie 3 abzusichern. Dabei muss nach Tabelle 3 der Einbauort der Sicherheitseinrichtung oberhalb des maximalen Betriebswasserspiegels sein. Um diese Anforderungen einzuhalten, können hier Rohrunterbrecher mit beweglichen Teilen (DB) und einem vorgeschriebenen Einbauort oberhalb des Wannenrandes zur Absicherung eingesetzt werden (Abb. 2–45).

Abb. 2–44 **Elektronische Bedienelemente**

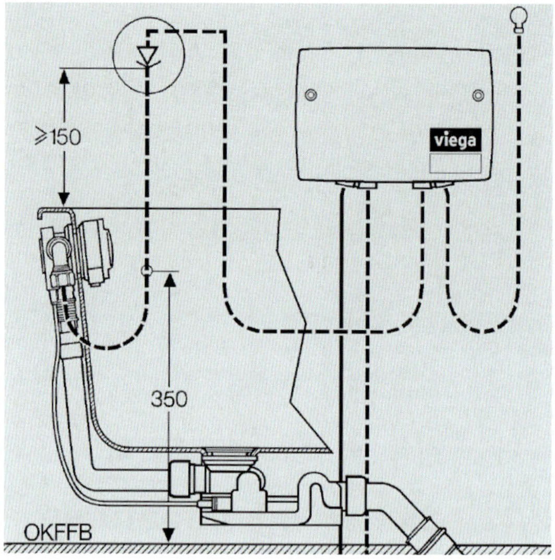


Abb. 2–45 **Einzelabsicherung Wannenfüllarmatur**

Abb. 2–44: Elektronische Bedienelemente einer Wannenfüllarmatur

Abb. 2–45: Funktionsschema mit elektronischer Steuereinheit und Absicherung des Wannenzulaufs über einen Rohrunterbrecher Bauart DB.

Alternativ sind handelsübliche UP-Wannenarmaturen für solche Einbausituationen auch mit integrierten Sicherungskombinationen (HD) erhältlich. Dabei wird der Unterputzkörper mit integrierter Sicherungskombination oberhalb des Wannenrandes installiert. Diese Ausführung wird dort gerne gewählt, wo ein sichtbarer Rohrunterbrecher aus optischen Gründen unerwünscht ist. Der notwendige Mindestabstand ist hier von der jeweiligen Bauart abhängig und somit den Herstellerinformationen zu entnehmen.

Die funktionalen Anforderungen der Sicherungseinrichtungen und -armaturen sind in den jeweiligen Produktnormen beschrieben, die geltenden hygienischen Anforderungen in DVGW W 570 Teil 1 und 2.

DIN EN 1717 umfasst schließlich die Anforderungen an Sicherungsarmaturen aller Kategorien, insbesondere auch an sogenannte »Leitungsarmaturen«, die in diesem Kapitel nicht betrachtet werden. Was den Schutz der Trinkwassergüte betrifft, zählen dazu vor allem solche Einrichtungen, die fest installierte Leitungsanlagen voneinander trennen, welche Trinkwasser und Nichttrinkwasser, z. B. Löschwasser, transportieren. In vielen Altanlagen besteht hier leider immer noch großer Sanierungsbedarf. Die dort bestehenden besonderen Risiken werden in Kapitel 8 gesondert erläutert.

[7] www.dvgw-cert.com

## 3.12 Kennzeichnung

Inhalte nationaler Ergänzungsnormen (z. B. DIN 1988-200) sind nur dann gültig, wenn sie den jeweiligen europäischen Normen (z. B. DIN EN 806-2) nicht widersprechen. Ein gutes Beispiel dafür ist die Kennzeichnung von Rohrleitungen für Trinkwasser und Nichttrinkwasser. Die Kurzzeichen beziehen sich demnach auf die englischen Originalbezeichnungen.

Tab. 2–8 **Kennzeichnung von Rohrleitungen**

| Benennung | Englische Benennung | Kurzzeichen | Farbe des Kurzzeichens |
|---|---|---|---|
| Trinkwasserleitung kalt | Potable water cold | PWC | Grün |
| Trinkwasserleitung warm | Potable water hot | PWH | Rot |
| Trinkwasserleitung warm – zirkulierend | Potable water hot-circulating | PWH-C | Violett |
| Nichttrinkwasserleitung | Non potable water | NPW | Weiß |

Nichttrinkwasserleitungen sind mit einer grün-blau-grünen Farbmarkierung nach DIN 2403 zu kennzeichnen. Im blauen Feld ist das Kurzzeichen nach DIN EN 806-1 anzugeben.

Insbesondere für die ausführende Praxis am Bau, aber auch allgemein wie für die Beschäftigten des Gebäudemanagements, ist hier ein beachtlicher Schulungsbedarf zu erwarten. In einer traditionell geprägten Branche, wie die der Sanitärtechnik, sind längst veraltete Begriffe wie Brauchwasser, Warmwasser oder Leitungswasser immer noch verbreitet. Erfahrungsgemäß braucht es hier viel Aufklärung und Geduld, bis sich eine neue Terminologie in der Praxis durchsetzt.

## 3.13 Verbrauchs- und Verteilungsleitungen

Dieses Kapitel wurde hier prinzipiell nur als »Suchbegriff« mit gleicher Bezeichnung wie in DIN 1988-200, Pkt. 8.3 aufgenommen, weil dort wichtige Teilaspekte, wie die fachgerechte Verlegung von Rohrleitungen, allgemein beschrieben werden. Dazu zählen auch indirekte Maßnahmen für den Erhalt der Trinkwassergüte, z. B. die Dämmung zum Schutz vor Erwärmung von Rohrleitungen für Trinkwasser kalt. Themenbezogen werden diese Anforderungen in den Kapiteln 2.4, 2.5, 2.6 sowie 6 und 7 näher erläutert und daher hier nicht behandelt.

4 Temperatur

Schließlich sind dort auch Erläuterungen zu finden, die die Verlegung von Rohrleitungen in Verbindung mit den Anforderungen an die Baustatik, entsprechend EN 1996-2 [47], betreffen. In der Praxis zählen dazu wie bisher alle Maßnahmen, die in der Baupraxis durch Einsatz der Vorwandtechnik gelöst werden. Insbesondere Trockenbausysteme mit Verkleidungsplatten aus Gipskarton nach DIN 18180 [48] und DIN EN 520 [49] haben sich hier in den vergangenen 15–20 Jahren im Markt durchgesetzt. Mit Unterkonstruktionen aus Stahlelementen und -profilen bieten sie maßgenau vorgefertigte Armaturenanschlüsse, die im Systemverbund mit dem jeweiligen Fabrikat des Systemanbieters auch über die erforderlichen schalltechnischen Nachweise verfügen. Insbesondere in Sanierungsprojekten bieten solche Systeme den Vorteil kurzer Renovierungszeiten pro Wohneinheit, wodurch Nutzungsunterbrechungen auf ein Minimum reduziert werden können.

[47] DIN EN 1996 Teil 2: Bemessung und Konstruktion von Mauerwerksbauten - Teil 2: Planung, Auswahl der Baustoffe und Ausführung von Mauerwerk; Deutsche Fassung EN 1996-2:2006 + AC: 2009; Berlin: Beuth, 2010
Nationaler Anhang: Bemessung und Konstruktion von Mauerwerksbauten - Teil 2: Planung, Auswahl der Baustoffe und Ausführung von Mauerwerk; Berlin: Beuth, 2012
[48] DIN 18180: Gipsplatten – Arten und Anforderungen; Berlin: Beuth, 2007
[49] DIN EN 520: Gipsplatten - Begriffe, Anforderungen und Prüfverfahren; Deutsche Fassung EN 520: 2004; Berlin: Beuth, 2005



Vorwort Inhaltsverzeichnis
Hygieneanforderungen TrinkwV und VDI 6023
Planungspraxis EN 806-2 / DIN 1988-200
Systemauslegung DIN 1988-300/500/600
Trinkwasserhygiene im Bestand Sanierung/Betrieb
Recht / Ausschreibung Planerhaftung
Index

Abb. 2–46 **Vorwand mit Steigleitungen aus Edelstahl und Reihenleitungen aus Metallverbundrohren**

Abb. 2–46: Beispiel einer Badsanierung mit Vorwandtechnik und Steigleitungen aus Edelstahl sowie Reihenleitungen aus Metallverbundrohren.

# 4 Planungshinweise zu Trinkwasser warm

## 4.1 Allgemeines

Wie schon zuvor, werden auch hier Inhalte zusammengefasst, die bereits in den Grundlagen in Kapitel 2.6 behandelt wurden: Gemäß DIN 1988-200, Punkt 9.1 sind Rohrleitungsinhalte >3 Liter in einen Zirkulationskreis einzubeziehen oder mit Temperaturhalteband auszustatten. Dabei bezieht sich dieses Maximalvolumen nicht auf die Summe aller Teilstrecken einer Stockwerksverteilung, sondern nur auf den jeweils betrachteten Fließweg. Dies steht im Regelfall auch im richtigen Verhältnis zu der maximal zulässigen Ausstoßzeit von 30 Sekunden, was einer durchschnittlichen Entnahmemenge von ca. 0,1 l/s entspricht. Wie bereits in Kapitel 2.6 ausgeführt, führt die im Wohnungsbau anzustrebende Ausstoßzeit für Trinkwasser warm von maximal ca. 10 Sekunden zu einer »1 Liter-Regel«. Größere Ausstoßzeiten bedürfen damit praktisch einer besonderen Vereinbarung. Letztlich sollte jede Grundlagenermittlung diesen Aspekt berücksichtigen.

Ausstoßzeit 1

**Vgl. DVGW W 551**

Die Austrittstemperatur eines Trinkwassererwärmers, der in einen Zirkulationskreis einbezogen ist, muss mindestens 60 °C betragen, wobei die Temperaturdifferenz zum Zirkulationsrücklauf , bezogen auf den Eintritt in den Speicher, 5 K nicht überschreiten darf.

Die Betriebstemperatur in Trinkwassererwärmern (TWE) von ≥60 °C gilt generell für Trinkwasser warm als anerkannter »Sicherheitsbereich« zur Vermeidung von kritischem Legionellenwachstum. Dabei wird generell ein Bestimmungsgemäßer Betrieb mit einem vollständigen Wasseraustausch im Gesamtsystem (Teilstrecken- und Speichervolumen) nach spätestens 7 Tagen vorausgesetzt. Die Absenkung auf Betriebstemperaturen ≥50 °C für TW »mit hohem Wasseraustausch« ist dort möglich, wo ein Wasseraustausch im Gesamtsystem im Regelfall innerhalb von 3 Tagen sichergestellt beziehungsweise zu erwarten ist. Diese Regelung ermöglicht insbesondere einen wirtschaftlichen Anlagenbetrieb von TWE in Einfamilienhäusern, die mit regenerativen Energien beheizt werden. Mit Ausnahme einzelner Zeiträume ohne reguläre Nutzung (z. B. Urlaubszeit) sind hier dauerhaft gute hydraulische Verhältnisse zu erwarten. Allerdings wird daran die Verpflichtung für den Installateur geknüpft, dass er den Bauherrn bei Übergabe über ein eventuell erhöhtes Risiko für eine kritische Vermehrung von Legionellen unterrichtet.

5 Wasseraustausch

Auch in diesem Zusammenhang sind die thermischen und hydraulischen Wechselwirkungen für einen hygienischen Anlagenbetrieb erkennbar, die auch schon zu Abb. 2–2 erläutert wurden. Durch die vergleichsweise kurzen Fließwege ergeben sich in solchen Anlagen hohe verfügbare Druckgefälle für die Rohrreibung, was zu minimalen Rohrweiten und guter Durchströmung führt. Solche Betriebsbedingungen sollten möglichst das Planungsziel für jede Anlage – unabhängig von ihrer Größe – sein. Dafür ist eine bedarfsgerechte Planung ausschlaggebend, was insbesondere auch für die Auslegung der TWE gilt.

6 Durchströmung

Dezentrale TWE dürfen so betrieben werden, dass die Austrittstemperatur ≥50 °C beträgt. Voraussetzung dafür ist, dass das nachgeschaltete Leitungsvolumen, bezogen auf den jeweiligen Fließweg, 3 Liter nicht überschreitet. Auch hier ist die bereits zuvor beschriebene »1 Liter-Regel« hinsichtlich der im Wohnungsbau geltenden Ausstoßzeiten zu beachten.

8 Betreiberpflichten

Betriebstemperaturen <50 °C sind in TWE nicht zulässig, jedoch gilt:

**Dazu DIN 1988-200, Punkt 9.1 (Zitat):**
*»In diesem Zusammenhang ist auf die Anzeigepflicht an das zuständige Gesundheitsamt und die Überprüfungspflicht durch den Betreiber nach TrinkwV [1] hinzuweisen.«*

i

**Nicht die Betriebstemperaturen selbst, sondern die Trinkwassergüte ist das Schutzziel. Grundsätzlich besteht deshalb die Möglichkeit, die Trinkwasserhygiene auch mit anderen technischen Maßnahmen und Verfahren sicherzustellen, sofern die einwandfreien Verhältnisse durch mikrobiologische Untersuchungen nachgewiesen werden.**

## 4.2 Entnahmearmaturen und Verbrühungsschutz

Besonders in Seniorenheimen, Kindertagesstätten und vergleichbaren Einrichtungen muss nach DIN EN 806-2 das Verbrühungsrisiko ausgeschlossen werden. Hierzu sind thermostatische Mischer zur Temperaturbegrenzung, je nach Art der Einrichtung, zwischen 38 °C und 43 °C einzusetzen, die den Anforderungen der DIN EN 1111 und DVGW W 574 entsprechen.

In Wohnanlagen und Gebäuden mit ähnlichen Nutzungsanforderungen sind Einhebelmischer entsprechend DIN EN 817 zulässig, wenn eine Zwangsbeimischung von Trinkwasser kalt einstellbar ist und mittels Sicherheitsanschlag arretiert wird.

Im Zusammenhang mit dem geforderten Verbrühungsschutz werden häufig die hygienischen Risiken von zentralen thermostatischen Mischern, z. B. bei Reihenduschen, in Fachkreisen kontrovers diskutiert. In der Praxis wurden bei solchen Anlagen wiederholt Auffälligkeiten hinsichtlich der Mikrobiologie – insbesondere Legionellenkontaminationen – festgestellt. Selbst bei den vergleichsweise geringen Volumina von ≤3 Litern in den nachgeschalteten Leitungen konnten solche Systeme eine mögliche Vermehrung von Legionellen im Normalbetrieb bei Dauertemperaturen von 43 °C oder darunter nicht verhindern, sondern förderten diese regelrecht. Häufig wurde die »3 Liter-Regel« in der Praxis dazu noch ignoriert. Oft wird für solche Anlagen eine systemgesteuerte Thermische Desinfektion als hygienisches Lösungskonzept kommuniziert. Die Möglichkeit der praktischen Umsetzung solcher Maßnahmen muss allerdings immer kritisch hinterfragt werden – besonders in hygienisch vorbelasteten Systemen. Schließlich kann in solchen Anlagen ein Bestimmungsgemäßer Betrieb an allen Entnahmearmaturen praktisch nie ganz sichergestellt werden, was die hygienischen Risiken noch erhöht.

Wasseraustausch 5
Hygieneplan 7

Inzwischen bietet der Markt elektronischer Entnahmearmaturen zahlreiche Neuerungen an, sodass bei einer hygienebewussten und bedarfsgerechten Planung auch hierfür betriebssichere Lösungen zu finden sind. Der Trend geht eindeutig dahin, dass Einzelarmaturen möglichst über Reihen- oder Ringleitungssysteme mit Trinkwasser <25 °C bzw. ≥60 °C versorgt werden, wobei ein bestimmungsgemäßer Wasseraustausch in allen Teilstrecken eines Systems sicherzustellen ist. Allerdings sind dann auch die Service-Leistungen, die auf Dauer durch festgelegte Wartungsintervalle das Schutzziel Gesundheit auch in Trinkwasser-Installationen sicherstellen, feste Bestandteile des Hygieneplans. Das betrifft übrigens auch die Einrichtung von Probenahmestellen, die in Anlagenbereichen wie Reihenduschen in jedem Fall mit Priorität behandelt werden müssen.

## 4.3 Trinkwassererwärmung

### 4.3.1 Kleinanlagen

Zu Kleinanlagen zählen Anlagen mit Speicher-Trinkwassererwärmern (TWE) oder zentralen Durchfluss-TWE in Anlagen

- von 1-2 Familienhäusern, unabhängig vom Anlagenvolumen, das sich sowohl auf den TWE als auch auf die Rohrleitungen bezieht.
- mit TWE mit einem Volumen ≤400 l und einem Rohrleitungsinhalt ≤3 l, bezogen auf jeden Fließweg zwischen dem Austritt am TWE und der Entnahmestelle. Volumina in eventuell vorhandenen Zirkulationsleitungen bleiben dabei unberücksichtigt.

## 4.3.2 Großanlagen

Großanlagen sind alle Anlagen mit Speicher-TWE oder zentralen Durchfluss-TWE, z. B. in Anlagen

- von Wohngebäuden, Hotels, Altenheimen, Bädern, Krankenhäusern, Sport- und Industrieanlagen, Campingplätzen, Schwimmbädern – DVGW W 551.
- mit TWE und einem Inhalt >400 l und/oder >3 l in jeder Rohrleitung zwischen dem Abgang TWE und der Entnahmestelle.

Vgl. DVGW W 551

TWE sind dem Bedarf an Trinkwasser warm entsprechend den allgemein anerkannten Regeln der Technik so klein wie möglich und so groß wie nötig auszulegen. Die »3 Liter-Regel« für das Leitungsvolumen ist als Obergrenze zu verstehen, als Planungsziele gelten kleinere Wasservolumina.

In Kleinanlagen mit Rohrleitungsinhalten >3 l zwischen Abgang TWE und Entnahmestelle sowie generell in Großanlagen sind Zirkulationssysteme einzubauen. Ansonsten können unabhängig von der hygienischen Relevanz auch die maximal zulässigen Ausstoßzeiten nicht eingehalten werden. Stockwerks- und/oder Einzelzuleitungen mit einem Wasservolumen ≤3 Liter können ohne Zirkulationsleitung gebaut werden, wenn die Anforderungen an die Ausstoßzeiten erfüllt werden.

1 Ausstoßzeit

## 4.3.3 Bedarfsgerechte Auslegung

In Kapitel 2.3 wird auf die hohe hygienische Bedeutung einer bedarfsgerechten Auslegung – speziell im Teillastbetrieb – hingewiesen. Ferner fasst Kapitel 4.1 wichtige Planungsprämissen zusammen, die vor allem die Betriebstemperaturen betreffen. Auch kann bekanntlich die Bauart der TWE einen großen Einfluss auf die Mikrobiologie haben, wobei die unterschiedlichen Konzepte schließlich auch hinsichtlich der Energieeffizienz zu bewerten sind. Der Fachplaner steht immer vor der Wahl

- **Durchflusssystem**
  Geringes Tauschervolumen – mit oder ohne Pufferspeicher, d. h.: geringe oder hohe Anschlussleistung
- **Speichersystem**
  Großes Speichervolumen – kleine Anschlussleistung

Nach DIN 1988-200 hat die Ermittlung des Wärmebedarfs für eine zentrale TWE nach DIN 4708-2 [50] zu erfolgen. Allerdings werden inzwischen auch in Fachkreisen Stimmen laut, dass diese Bemessungsgrundlage noch nicht die jüngsten Erkenntnisse für eine bedarfsgerechte Systemauslegung berücksichtigt und daher dringend überarbeitet werden sollte.

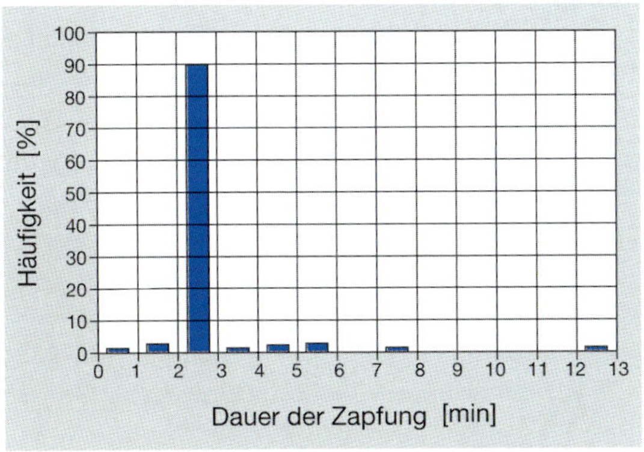


Abb. 2–47 **Untersuchungsergebnisse zur durchschnittlichen Entnahmedauer in Wohnungen nach AGFW [51] FW 520**

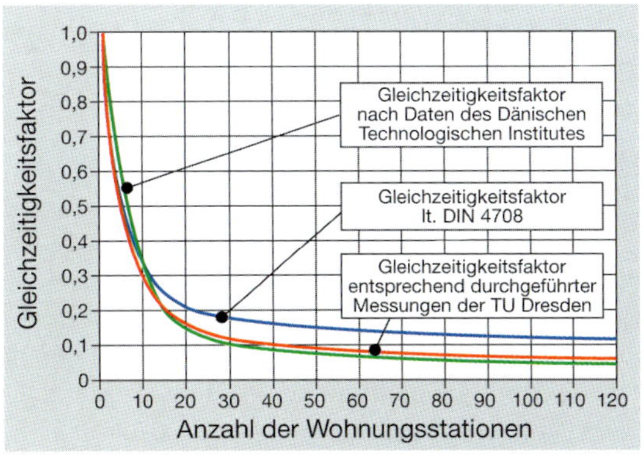


Abb. 2–48 **Reduzierte Gleichzeitigkeitswerte im Vergleich zur Auslegung nach DIN 4708 (gemessen nach AGFW FW 520)**[7]


[50] DIN 4708 Teil 2: Zentrale Wassererwärmungsanlagen – Regeln zur Ermittlung des Wärmebedarfs, zur Erwärmung von Trinkwasser in Wohngebäuden; Berlin: Beuth, 1994
[51] FW 520: Wohnungsübergabestationen für Heizwassernetze – Planungsgrundlagen; Frankfurt: AGFW, 2004


8 Messungen im Rahmen eines Forschungsprojektes an der TU Dresden durch K. Rühling (Fakultät Maschinenwesen, Institut Energietechnik)

Ergebnisse aus unabhängig voneinander durchgeführten Feldstudien belegen, dass gerade im Wohnungsbau Verbrauchsspitzen deutlich kleiner und kürzer sind als bisher angenommen (s. Abb. 2–47). Demnach finden dort ca. 90 % der Entnahmen im Schwachlastbereich statt [52]. Die notwendige Energiemenge für die Temperaturhaltung von Zirkulationssystemen beträgt häufig ein Mehrfaches der Heizenergie, die über die Entnahmen verbraucht wird. Fälschlicherweise wird das in der Praxis nicht differenziert.

Dieser Aspekt unterstreicht noch mal die Ausführungen zu einer gewissenhaften Abwägung, inwieweit Stockwerksleitungen in den Zirkulationskreislauf für Trinkwasser warm einzubeziehen sind. Messergebnisse wie Abb. 2–48 verdeutlichen weiterhin die weitere Reduzierung des gleichzeitigen Bedarfs von Trinkwasser warm in Wohnungen. Der Samstag als Wasch- und Badetag vor 50 Jahren verursachte noch weitaus höhere Gleichzeitigkeitsfaktoren.

### 4.3.4 Systemwahl

**Kleinanlagen**
Speichersysteme

Für Kleinanlagen ist ein fast unüberschaubares Angebot verschiedener Speichersysteme verfügbar, die alle mehr oder weniger im Spannungsfeld liegen zwischen

- Trinkwassergüte = hohe Betriebstemperaturen und
- Energieeffizienz = abgesenkte Temperaturen.

Letztlich entscheidend ist, dass diese Systeme in der Regel nur in Anlagen mit hohem Wasseraustausch (≥ 1x/3d) eingesetzt werden. Wie dezentrale Durchflusserwärmer auch, dürfen diese bedingt mit abgesenkten Betriebstemperaturen ≥ 50 °C betrieben werden (s. auch Kapitel 4.1). Mit dieser normativen »Öffnung« in DIN 1988-200 wurde eine wesentliche Voraussetzung dafür geschaffen, dass auch zukünftig für diese Einsatzbereiche die wirtschaftliche Nutzung regenerativer Energien (Solarthermie, Wärmepumpe etc.) möglich ist.

**Mehrfamilienhäuser**
Zentrale oder dezentrale TWE

Für Mehrfamilienhäuser steht dem Fachplaner ein vielfältiges Angebot von zentralen und dezentralen Systemen für die Trinkwassererwärmung zur Auswahl. Einerseits bieten dezentrale Elektro- oder Gasgeräte den Vorteil, dass keine Wärmeverluste in zirkulierenden Verteilsystemen anfallen, andererseits sind dafür hohe Anschlussleistungen erforderlich und es entfällt damit auch die Möglichkeit, regenerative Heizenergien nutzen zu können. Sind für ein Mehrfamilienhaus ganzjährig hohe Heizwassertemperaturen, z. B. durch ein Blockheizkraftwerk verfügbar, können sogenannte »Wohnungsübergabestationen« vorteilhaft sein. So vereinen sie viele Vorteile, wobei erfahrungsgemäß nur Systeme mit hochwertigen Regelungskomponenten »kalte« Rücklauftemperaturen sicherstellen. Sonst werden womöglich die Einsparungen der Zirkulationsverluste zentraler Verteilsysteme als Heizlasten in Decken und Wänden nur auf das Heizungssystem mit größeren Rohrweiten entsprechend der jeweiligen Anschlussleistung verlagert.

Bestimmungsgemäßer Betrieb 2

Mit Hilfe einer gewissenhaften Grundlagenermittlung kann eine hygienebewusste Systemauslegung mit bedarfsgerechter Trinkwassererwärmung erzielt werden, ohne dass der spätere Bestimmungsgemäße Betrieb oder Komfortanspruch gefährdet wird. Dazu sind auch die Regeln der Technik immer wieder zu hinterfragen und projektbezogen manchmal auch »pragmatische« Entscheidungen zu treffen. Die zentrale Trinkwassererwärmung in einem Messehotel, in dem werktags zwischen 7:00 und 7:30 Uhr 70 % aller Duschen in Betrieb sind, hat andere Planungsprämissen als ein Konzept für ein Mehrfamilienhaus mit 40 Wohneinheiten. Auch sollten immer mögliche Nutzungsänderungen im späteren Anlagenbetrieb in Erwägung gezogen und optional durchdacht werden.

In Großanlagen erzielen zentrale Trinkwassererwärmungsanlagen, die als mehrstufige Durchflusssysteme – mit effektiver Reglungstechnik ausgestattet – ausgelegt werden, auch im Teillastbetrieb höchstmögliche Energie- und Kosteneinsparungen und gewährleisten dabei den Erhalt der Trinkwassergüte. Je größer die Anlage, desto maßgeblicher ist dafür jedoch der Einfluss der bedarfsgerechten System-Auslegung, die nur die realen Verbrauchswerte berücksichtigt, nicht aber diffuse Angaben zu Leistungs- und Sicherheitsreserven.

[52] Woelk, K.: Energieeffizienz und Hygieneerhalt in Trinkwasser-Installationen auf Basis belastbarer Nutzungsdateien: Messen nicht mutmaßen; IKZ-Fachplaner, Ausgabe 8, 2012

## 4.4 Zirkulationssysteme

Wesentliche Informationen zu Planungsvorgaben, Regulierventilen und Bestimmungsgemäßem Betrieb von Zirkulationssystemen wurden bereits in den Kapiteln 2.6, 3.9, 4.1 und 4.3 gegeben.

Abb. 2–49 **Inliner-Zirkulationssystem in Edelstahlrohr**

Buchkapitel 3/Rudat enthält Berechnungsbeispiele von Zirkulationssystemen mit unterer und oberer Verteilung. Durch die Vorstellung der manuellen Berechnungsschritte werden dort auch die Grundlagen und Detailinformationen zum hydraulischen Abgleich vorgestellt, die sonst in der Planungspraxis mit Softwareanwendungen nur noch eingeschränkt transparent werden.

Eine Besonderheit unter den marktüblichen Zirkulationssystemen ist das sogenannte »Inliner-System« (s. Abb. 2–49).

Bei der Installation wird dafür zunächst ein flexibles Kunststoffrohr von oben in die offene Steigleitung eingeführt, bis es am unteren Ende austritt. In das obere Ende der Steigleitung wird ein spezielles Anschlussset eingesetz als definierter Eintritt für die Rücklaufzirkulation. Am unteren Strangende wird ein Anschlussadapter als Zirkulationsaustritt montiert. Von hier aus erfolgt die Installation des Zirkulationsrücklaufs in konventioneller Weise.

Inliner-Systeme sparen in erster Linie Platz im Versorgungsschacht und werden deshalb gern auch in Sanierungsprojekten eingesetzt. Dazu sind Einsparungen von Wärmeverlusten von 20–30 % sowie ca. 20 % geringere Installationskosten (Kernbohrung, Dämmung, Brandschutz, Befestigung) für einen separaten Zirkulationsrücklauf zu erwarten. Damit wird auch in besonderer Weise die Forderung der DIN EN 806-5, Punkt 3.2.2 hinsichtlich Energie- und Wassereffizienz erfüllt.

Nach DIN 1988-200 können Zirkulationspumpen für maximal 8 von 24 h, z. B. über Nacht, abgeschaltet werden, sofern hygienisch einwandfreie Verhältnisse herrschen bzw. nachgewiesen werden. Mit den Erkenntnissen aus Buchkapitel 1/Kistemann ist davon auszugehen, dass auch längere Betriebsunterbrechungen nicht unbedingt eine kritische Vermehrung von Legionellen begünstigen, sofern während der übrigen Zeit ein regulärer Anlagenbetrieb mit bestimmungsgemäßen Temperaturen in allen zirkulierenden Teilstrecken gewährleistet ist. Allerdings würden die entsprechenden Verteilleitungen für Trinkwasser warm dann zwangsläufig auskühlen. Die definierten Ausstoßzeiten der folgenden Stockwerksleitungen sind dann nicht mehr einzuhalten. Im Komfortwohnungsbau ist damit die Frage berechtigt, ob eine Abschaltung überhaupt statthaft ist, weil die Nutzungseinschränkungen dann als erheblich bewertet werden müssen.

4 Temperatur

1 Ausstoßzeit

## 4.5 Hydraulischer Abgleich

In Kapitel 3.9 wurden die Grundlagen erläutert. Zu diesem Thema heißt es in DIN 1988-200 (Zitat):

> *»In einem verzweigten Zirkulationssystem stellen sich die berechneten Zirkulationsvolumenströme nur dann sicher ein, wenn die Zirkulationssystem hydraulisch abgeglichen ist. Der »hydraulische Abgleich« setzt voraus, dass bei der angestrebten Volumenstromverteilung in jedem Zirkulationskreis die Summe der rechnerischen Strömungsverluste genauso groß ist wie von der Pumpe erzeugte Druckdifferenz. Da bei unterschiedlich langen Zirkulationskreisen das Gleichgewicht zwischen Pumpendruckdifferenz und Anlagendruckverlust nicht nur über die Strömungswiderstände in den Rohrleitungen und Rohreinbauten erreicht werden kann, müssen zusätzlich noch definierte Druckdifferenzen in manuellen bzw. thermostatischen Zirkulationsregulierventilen aufgebaut werden.«*

Wie in Kapitel 3.9 ausgeführt, kann der hydraulische Abgleich für den Auslegungsfall durch thermostatische wie auch statische Regulierventile (s. Buchkapitel 3/Rudat, Anhang, Produktbeispiel) gleichermaßen erfüllt werden. Der Vorteil des thermostatischen Ventils liegt in der Kompensationsfähigkeit von Abweichungen zwischen dem realen Zirkulationsbetrieb und dem Auslegungsmodell (Planung). Ferner können damit dynamische Störungen – z. B. Änderungen der Umgebungstemperatur – in gewissen Grenzen ausgeglichen werden. Da alle genannten Aspekte großen Einfluss auf die Trinkwassergüte haben können, werden hier relevante Details näher erläutert.

Entscheidend für die hygienischen Verhältnisse in Zirkulationssystemen sind die Betriebstemperaturen. Welche Temperaturen sich in komplexen dynamischen Systemen letztlich in allen Teilstrecken und damit auch an den Regulierventilen einstellen, kann nicht manuell, sondern nur durch eine Software-Simulation ermittelt werden. Das Verfahren ist eine Qualitätssicherungsmaßnahme in der Fachplanung. Nach der **Konstruktion** (Schritt 1) und **Bemessung** (Schritt 2) kann die Analyse mit einer **Zirkulations-Simulation** erfolgen (Schritt 3).

Kennzeichen für die Notwendigkeit der Zirkulations-Simulation ist das ersichtliche hydraulische Ungleichgewicht in Form von »Abweichungen zwischen den Fließweg-Druckverlusten« nach der Bemessung. Vergleichbar sind Fließwege, die jeweils zu einer Zirkulationspumpe gehören.

Für die Abweichungen können folgende Ursachen bestimmt werden

1. Fließwege, in denen generell oder teilweise Regulierventile fehlen
2. Sollwerteinstellungen an den Regulierventilen erfolgten nicht individuell
3. Einsatz ungeeigneter Regulierventile
4. Planung eines ungeeigneten Rohrnetzaufbaus
5. Beliebige Kombinationen der Punkte 1-4

Die Zirkulations-Simulation ist kein Bemessungsverfahren. Es handelt sich dabei um ein berechnungsaufwändiges iteratives Verfahren, bei dem die Volumenströme innerhalb eines konstruktiv vorgegebenen Zirkulationssystems unter Berücksichtigung der Rohrweiten (aus Bemessung oder Bestand), Rückflussverhinderer, Pumpen, Leitungsdämmung sowie der Umgebungstemperaturen bestimmt werden. Bestimmungsgemäß wird sie für Zirkulationssysteme angewendet, die sich nicht im stationären hydraulischen Gleichgewicht befinden. Ziel ist es dabei, die Volumenströme in allen Teilstrecken so zu variieren, dass sich überall ein hydraulisches Gleichgewicht einstellt.

Das Merkmal einer laufenden Zirkulations-Simulation ist die Anzeige eines dynamischen Balkendiagramms, das den iterativen Lösungsfindungsprozess aufzeigt. In Abb. 2–50 wird ein Zirkulationssystem mit 10 Fließwegen kurz vor der Lösungsfindung dargestellt. Die Volumenströme der Fließwege werden iterativ so variiert, dass sich der Druckverlust mit dem Pumpendruckgewinn in jedem Fließweg im Gleichgewicht befindet.

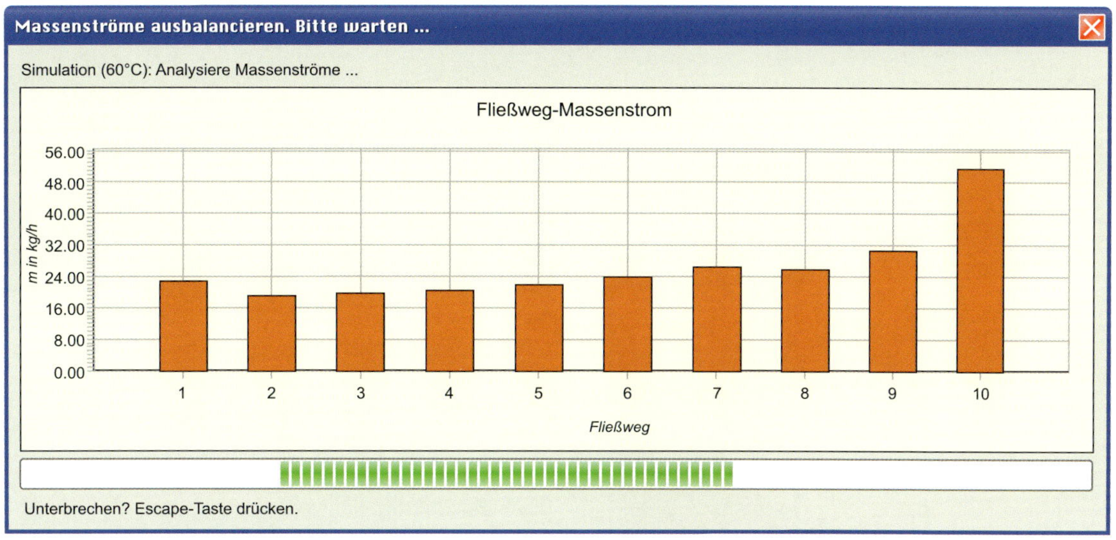


Abb. 2–50 **Zirkulationssimulation der Volumenströme in 10 Fließwegen bis zur Einstellung des hydraulischen und thermischen Gleichgewichtes**

Die Lösung gilt als gefunden, wenn die Differenz aus Druckverlust und Druckgewinn eine numerische Toleranzgrenze unterschreitet. Anhand der resultierenden Volumenströme kann eine verbindliche Aussage über die sich einstellenden Temperaturen im System getroffen werden. Insbesondere beim Einsatz von thermostatischen Ventilen sind durch das Computer-Programm in jedem Iterationsschritt die Temperaturen des Systems neu zu berechnen, da sich der hydraulische Widerstand eines thermostatischen Regulierventils maßgeblich nach der Durchflusstemperatur richtet (Reglerwirkung). Für die Ermittlung der sich einstellenden Volumenströme ist es also zwingend erforderlich, neben dem hydraulischen Gleichgewicht auch das thermische Gleichgewicht zu ermitteln, da sich beide gegenseitig beeinflussen.

4 Temperatur

## Zirkulations-Simulation – Praxisbeispiel

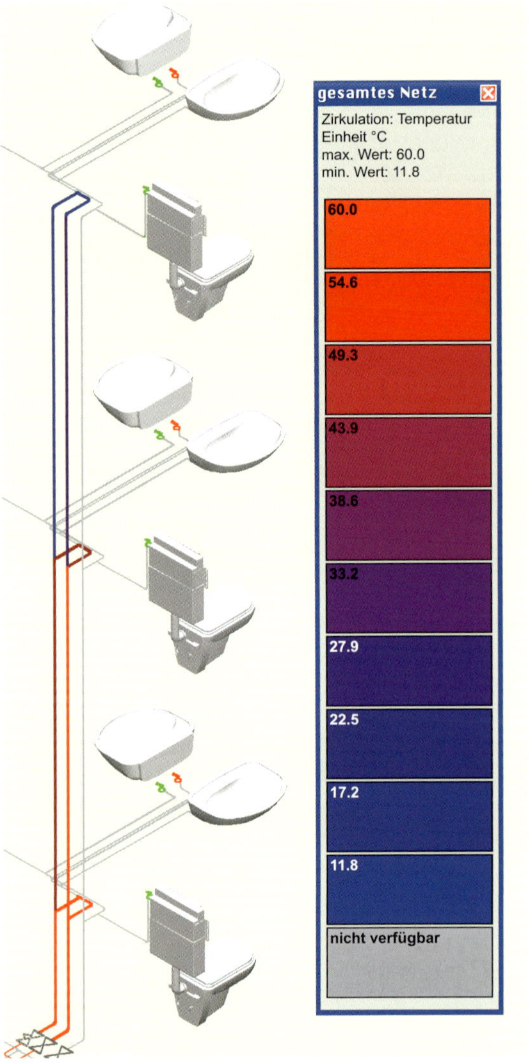


Abb. 2–51 **Data-Coloring eines Zirkulationsnetzes**

Abb. 2–51 zeigt einen Ausschnitt aus einer durchgeführten Planung eines größeren Wohngebäudes. Eine Steigleitung (von links nach rechts: PWH-C, PWH, PWC) versorgt über drei Stockwerke die angeschlossenen Gäste-WC-Anlagen mit Zirkulation. Am unteren Strangende wurde ein Regulierventil eingesetzt. Der Übergang von Trinkwasser warm zur Zirkulation befindet sich auf dem obersten Stockwerk am Ende des Steigestrangs. Auf den Stockwerken darunter besteht auch jeweils eine Verbindung von der Zirkulation zur Stockwerksleitung. Die Zirkulations-Simulation zeigt durch Einfärbung der Leitungen mit Datenbezug über Farbskala (Data-Coloring) den systematischen Fehler und damit das hygienische Risiko anhand der abfallenden Temperaturen in den Teilstrecken.

Erläuterung zu Abb. 2–51: Durch das Strangregulierventil strömt annähernd der planmäßige Massenstrom. Dieser teilt sich aufgrund der unterschiedlichen hydraulischen Verhältnisse in den Fließwegen am ersten Abzweig ungleichmäßig auf. Der größte Teil des Massenstroms fließt über den ersten Abzweig zurück (hydraulischer Kurzschluss). Anhand der Farbskalierung wird deutlich, dass im mittleren und oberen Stockwerk eine systematische Unterschreitung der Temperaturen vorliegt.

Durch die Zirkulations-Simulation werden Planungsfehler transparent. Lösungsvorschläge lassen sich erst anhand der zuvor beschriebenen Erkenntnis ableiten und solche Planungsfehler zukünftig vermeiden.

Die Zirkulations-Simulation sollte insbesondere dort eingesetzt werden, wo Druckverluste in den Fließwegen zueinander deutliche Abweichungen aufweisen. Aus der Größe der Abweichungen allein lässt sich die Einhaltung der planmäßigen Temperaturen nicht ableiten.

# 5 Behandlung von Trinkwasser

Gemäß der TrinkwV dürfen dem Trinkwasser jegliche Aufbereitungsstoffe nur aus zwingenden hygienischen oder technischen Gründen hinzugefügt werden, und dann nur im unbedingt notwendigen Umfang und unter definierten verfahrenstechnischen Bedingungen. Werkstoffe und Systeme sind für Neuanlagen deshalb so zu wählen, dass Korrosionsschutzmaßnahmen durch eine Trinkwasserbehandlung nicht erforderlich sind. Werden solche Maßnahmen dennoch – z. B. in Altanlagen – benötigt, so müssen die zulässigen Aufbereitungsstoffe und Desinfektionsverfahren der Aufbereitungsstoffliste nach § 11 der TrinkwV entsprechen. Diese wird beim Umweltbundesamt geführt und ständig aktualisiert, unter Beteiligung der zuständigen Behörden, Fachkreise und Verbände. Eine Desinfektion von Trinkwasser-Installationen ist bei fachgerechter Planung, Ausführung, Inbetriebnahme und Betriebsweise nicht erforderlich (s. DIN 1988-200, Abschnitt 12.3.4).
Die nachhaltige Wirksamkeit von Apparaten zur Trinkwasserbehandlung ist in der Praxis weniger von einer fachgerechten Systemauslegung als von der Einhaltung der notwendigen Wartungs- und Inspektionsintervalle abhängig.

## 5.1 Filterung

Die mechanische Filterung verhindert, dass sich Feststoffpartikel in den Rohrleitungen ablagern, die lokale Korrosionsprozesse verursachen, die Vermehrung von Mikroorganismen begünstigen oder Funktionsstörungen in Armaturen und Apparaten verursachen können. Mechanische Filter sind jeweils unmittelbar nach der Wasserzähleranlage einzubauen. Sie müssen den Anforderungen der DIN 13443-1 [53] und DIN 19628 [54] entsprechen.

## 5.2 Enthärtung

Trinkwasser weist je nach Versorgungsgebiet unterschiedliche Härtegrade auf. Nach DIN 1988-200 ist im Einzelfall zu prüfen, ob eine Wasserbehandlung zur Vermeidung von Steinbildung (Enthärtung) erforderlich ist. Bei Härtegraden < 8,4° dH werden in der Regel keine Maßnahmen empfohlen. Bei höheren Werten ist eine Enthärtungsanlage, z. B. ein Ionenaustauscher, sinnvoll. Solche Enthärtungsanlagen müssen den Anforderungen der DIN EN 14743 [55] und der DIN 19636-100 [56] entsprechen.

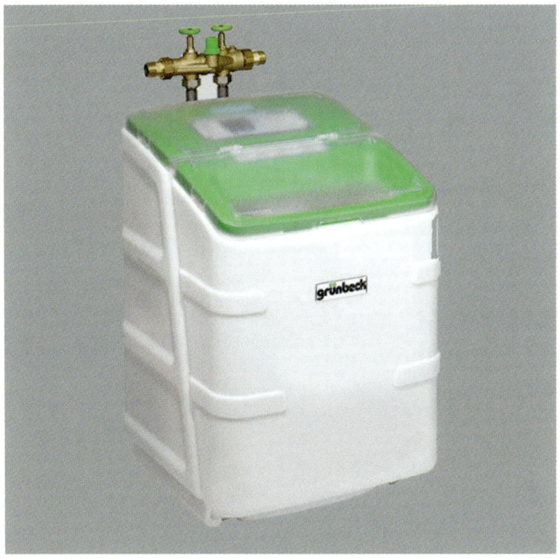

Abb. 2–52 **Enthärtungsanlage – Quelle Grünbeck**

Bei Anwendung der üblicherweise mit Natriumchlorid zu regenerierenden Anlagen muss sichergestellt werden, dass der zulässige Natriumgehalt von 200 mg/l (Parameter Nr. 14 der Anlage 3 der TrinkwV) und die Calcit-Lösekapazität (Parameter Nr. 20 der Anlage 3 der TrinkwV) eingehalten werden. Ferner sind die Angaben der Rohrleitungssystem-Hersteller zu den maximal zulässigen Chloridkonzentrationen zu beachten.
Der Einsatz von Enthärtungsanlagen im Bestand muss sorgfältig auf die Installationsmaterialien abgestimmt werden, um Anlagenschäden zu vermeiden. Es ist auf die Zertifizierung von Dosiergerät und Dosierchemikalien, z. B. durch ein Zertifikat des DVGW, zu achten.
Für den Erhalt der Trinkwassergüte ist es wichtig, dass Enthärtungsanlagen in kühlen Räumen installiert werden. Dazu zählen üblicherweise Hausanschlussräume, in denen im Regelfall ≤ 20 °C vorherrschen. In Technikzentralen und anderen Räumen mit hohen Heizlasten sollten Ionenaustauscher nicht betrieben werden, wenn dort dauerhaft Umgebungstemperaturen ≥ 25 °C zu erwarten sind.

4 Temperatur

[53] DIN 13443 Teil 1: Anlagen zur Behandlung von Trinkwasser innerhalb von Gebäuden - Mechanisch wirkende Filter - Teil 1: Filterfeinheit 80 µm bis 150 µm - Anforderungen an Ausführung, Sicherheit und Prüfung; Deutsche Fassung EN 13443-1:2002+A1:2007; Berlin: Beuth, 2007
[54] DIN 19628: Mechanisch wirkende Filter in der Trinkwasser-Installation - Anwendung von mechanisch wirkenden Filtern nach DIN EN 13443-1; Berlin: Beuth, 2007
[55] DIN EN 14743: Anlagen zur Behandlung von Trinkwasser innerhalb von Gebäuden - Enthärter - Anforderungen an Ausführung, Sicherheit und Prüfung; Deutsche Fassung EN 14743:2005+A1:2007; Berlin: Beuth, 2007
[56] DIN 19636 Teil 100: Enthärtungsanlagen (Kationenaustauscher) in der Trinkwasserinstallation - Anforderungen zur Anwendung von Enthärtungsanlagen nach DIN EN 14743; Berlin: Beuth, 2008



Vorwort Inhaltsverzeichnis
Hygieneanforderungen TrinkwV und VDI 6023
Planungspraxis EN 806-2 / DIN 1988-200
Systemauslegung DIN 1988-300/500/600
Trinkwasserhygiene im Bestand Sanierung/Betrieb
Recht / Ausschreibung Planerhaftung
Index

## 5.3 Desinfektion

Wird eine Trinkwasser-Installation nach den allgemein anerkannten Regeln der Technik geplant, ausgeführt, in Betrieb genommen und betrieben, sind prinzipiell keine Maßnahmen zur Desinfektion erforderlich. Im Einzelfall, z.B. bei bestehenden Anlagen nach gravierenden Nutzungsänderungen oder Betriebsunterbrechungen, kann eine thermische oder chemische Desinfektion notwendig werden.

Als chemische Verfahren kommen hauptsächlich zwei Varianten infrage

- **Stoßdesinfektion**
  Kurzzeitig und hochkonzentriert – bei außer Betrieb genommener Trinkwasserinstallation mit nachfolgender Freispülung
- **Dauerdesinfektion**
  Dauerhaft – während des Anlagenbetriebes

Welches Verfahren im Einzelfall die größeren Erfolgsaussichten hat, kann nur im Rahmen der individuellen Gegebenheiten bewertet werden und sollte mit der zuständigen Gesundheitsbehörde abgestimmt werden.
Desinfektionsmaßnahmen bei außer Betrieb genommenen Anlagen können im Gegensatz zu denen während des laufenden Betriebes ohne Berücksichtigung der Aufbereitungsstoffliste erfolgen. In diesem Falle ist jedoch sicherzustellen, dass die Beseitigung der Desinfektions-Nebenprodukte und -reste über die Kanalisation – gemäß der jeweiligen örtlichen Entwässerungssatzung – zulässig ist.

Die Wirksamkeit aller Desinfektionsverfahren ist maßgeblich davon abhängig, inwieweit alle Leitungsabschnitte von der Maßnahme erreicht werden. Kritisch sind hier häufig Altanlagen mit »in Vergessenheit geratenen« Stichleitungen. Dies gilt speziell auch für die Thermische Desinfektion zur Legionellenbekämpfung, bei der gemäß DVGW W 551 an allen Stellen der Trinkwasser-Installation mindestens 3 Minuten lang Temperaturen ≥ 70 °C erreicht werden müssen – was zu prüfen und zu protokollieren ist. Je nach Anlagengröße können dazu Auslasstemperaturen am Trinkwassererwärmer von bis zu 85°C erforderlich sein. Dies ist auch bei der Bemessung von Dehnungsausgleichern für die einzelnen Teilstrecken zu beachten.

Temperatur 4

**Vgl. DVGW twin 05 (05/09)**

Weitere Informationen zum Thema Desinfektion in Sanierungsfällen s. Kapitel 1.2, Sanierung.

# 6 Brand-, Schall-, Feuchtigkeitsschutz

## 6.1 Brandschutz

In den Bauordnungen und Sonderbauverordnungen/-richtlinien der Bundesländer werden materielle Anforderungen an bauliche Anlagen zum vorbeugenden Brandschutz gestellt. Die gebäudespezifischen Vorgaben des vorbeugenden Brandschutzes können dem genehmigten Brandschutzkonzept oder – sofern vorhanden – den Anlagen zum gebäudetechnischen Brandschutz entnommen werden.

Für Trinkwasseranlagen gelten die Anforderungen der Landesbauordnungen auf Grundlage der Musterbauordnung § 40 »Leitungsanlagen, Installationsschächte und Kanäle«, weitergehende Anforderungen aus den jeweiligen Sonderbauverordnungen/-richtlinien und den Leitungsanlagenrichtlinien. Die Leitungsanlagenrichtlinien haben den Status einer »Eingeführten Technischen Baubestimmung«.

In vielen Brandschutzkonzepten werden für gebäudetechnische Installationen nichtbrennbare Rohre mit nichtbrennbaren Mineralfaserdämmstoffen der Baustoffklasse A2 vorgegeben, um im Brandfall eine Brandweiterleitung und unnötige Brandlasten innerhalb von Nutzungseinheiten zu vermeiden.

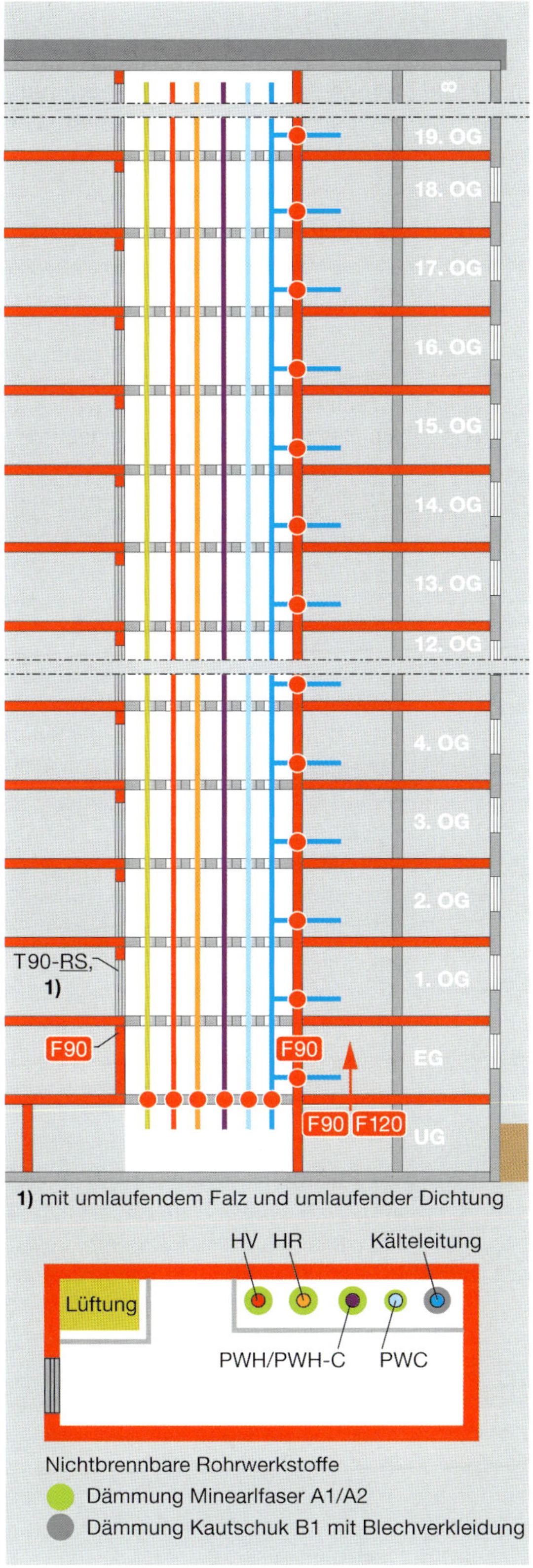


Abb. 2–53 **F90-Installationsschacht in einem Hochhaus**

Die Leitungsanlagenrichtlinien beschreiben u.a. folgende Schutzziele

- Kapitel 3 – Vermeidung von Brandlasten aus Rohrinstallationen innerhalb von Flucht- und Rettungswegen
- Kapitel 4.1 – Klassifizierte Abschottungen, z.B. bei Rohrinstallationen in der Qualität R 90 bzw. in der europäischen Klassifizierung EI 90-C/U **für nichtbrennbare Rohre in feuerhemmenden bis feuerbeständigen Bauteilen (Wände und Decken)**
- Kapitel 4.2 – Erleichterungen zur Abschottung von nichtbrennbaren Rohren **in feuerhemmenden Wänden**
- Kapitel 4.3 – Erleichterungen zur Abschottung von nichtbrennbaren Rohren bis d = 160 mm und brennbaren Rohren bis d = 32 mm **in feuerhemmenden bis feuerbeständigen Bauteilen (Wände und Decken)**

Diese Schutzziele sind vom Fachplaner unter Verwendung geeigneter Bauprodukte (Abschottungen, brandschutztechnisch wirksame Dämmstoffe) zu planen, auszuschreiben und im Rahmen der Fachbauleitung umzusetzen. Zu dieser Planung und Umsetzung gehört natürlich auch die Beachtung der genehmigten Brandschutzkonzepte, insbesondere im Hinblick auf die Vermeidung von Brandlasten und Reduzierung der Gefahr einer Brandweiterleitung in Installationsschächten, z.B. Hochhäusern, Verkaufs- und Versammlungsstätten. Hier wird beim Fachplaner eine hohe Fachkompetenz bei der Beurteilung der Schnittstellen Hochbau zu der Gebäudetechnik vorausgesetzt. Schließlich trägt er dafür auch die Verantwortung.

Das Schutzziel Brandschutz muss planerisch immer als gleichwertiges Schutzziel mit dem Wärme- und Schallschutz beachtet werden. Alle drei Schutzziele werden durch die öffentlich-rechtlichen Mindestanforderungen definiert und müssen ohne Abwägung einer Priorität in vollem Umfang eingehalten werden.

Weitere Informationen sind dem Kommentar zur Musterleitungsanlagen-Richtlinie [57] zu entnehmen.

Abb. 2-53 zeigt das Beispiel eines F90-Installationsschachtes in einem Hochhaus.

[57] Lippe, Wesche, Reintsema, Rosenwirth: Musterleitungsanlagen-Richtlinie (MLAR), 4. Auflage; Quellenhinweis: www.MLPartner.de

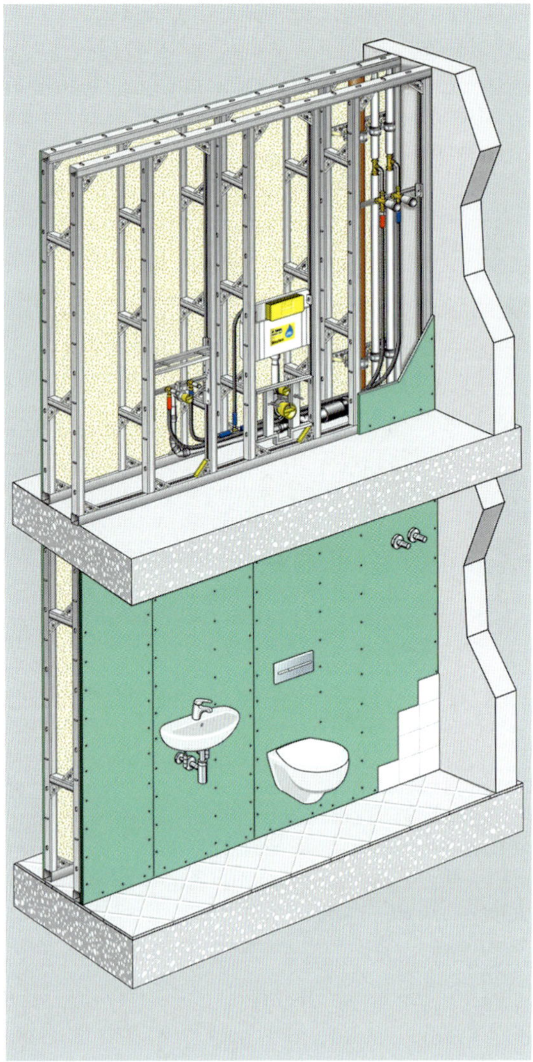

Abb. 2–54 **Schallschutz in einem Vorwandsystem**

## 6.2 Schallschutz

Der Schallschutz gehört zu den **öffentlich-rechtlichen Mindestanforderungen** der DIN 4109/A1: 2001-01. Durch die Reduzierung der akustischen Belästigungen im fremden Wohnbereich wird ein gesundheitlich wertvolles Schutzziel erreicht.

**Vgl. VDI 4100 »Erhöhter Schallschutz im Wohnungsbau«**

Im Wohnungsbau mit erhöhtem Anspruch an den Wohnkomfort wird gemäß den heutigen a. a. R. d. T. auch ein **erhöhter Schallschutz** gemäß Beiblatt 2 zur DIN 4109 bzw. VDI 4100 erwartet. Dies betrifft vor allem Doppelhäuser und Mehrfamilienhäuser mit dem Schutzziel »Schutz vor Geräuschen in schutzbedürftigen Räumen aus fremden haustechnischen Anlagen«. Darüber hinaus kann gemäß VDI 4100 ein Mindestschallschutz im eigenen Wohnbereich vereinbart werden, was den Wohnkomfort erheblich steigert.
Moderne Vorwandsysteme erfüllen die Eigenschaften des erhöhten Schallschutzes und den Schallschutz im eigenen Wohnbereich.

Die Einhaltung der schalltechnisch mit dem Auftraggeber zu vereinbarenden Qualitätsanforderungen ist eine Herausforderung der Fachplanung und der Montage, weil schalltechnische Mängel sich im fertigen Bauwerk kaum noch beheben lassen.
Moderne Vorwand- und Trockenbau-Installationssysteme erfüllen die Eigenschaften des erhöhten Schallschutzes und den Schallschutz im eigenen Wohnbereich. Dabei bieten einige Herstellersysteme den Vorteil, dass die entsprechenden schalltechnischen Prüfergebnisse sowohl den Einfluss der Rohrleitungen selbst als auch den der Armaturenanschlüsse (Beispiel s. Abb. 2–58) beeinhalten. Je nach Konstruktion werden diese auf einem variablen Befestigungsprofil maßgenau auf Gummiplatten ausgerichtet und körperschalldämpfend fixiert.
Der schalltechnische Einfluss von Rohrleitungen für Trinkwasser kalt oder warm, die außerhalb solcher Herstellersysteme verlegt werden, ist im Regelfall vernachlässigbar. Allerdings ist dafür eine fachgerechte Installation Voraussetzung, wobei zwischen zwei Kategorien zu unterscheiden ist. **Kellerverteil- und Steigleitungen**: Diese sind so zu planen, zu verlegen und zu befestigen (Beispiel s. Abb. 2–39), dass die unvermeidlichen temperaturbedingten Längenänderungen ohne Entstehung von Knackgeräuschen ausgeglichen werden. Rohrleitungen dieser Kategorie sind gemäß Tab. 2–9 bzw. Tab. 2–10 ausnahmslos zu dämmen, sodass bei fachgerechter Ausführung Körperschallbrücken ausgeschlossen werden können. **Stockwerksleitungen** (z. B. als Rohr-in-Rohr-Installation) sind – auch schalltechnisch gesehen – häufig Bestandteil genannter Herstellersysteme oder werden bervorzugt in einer Estrichausgleichschicht verlegt (s. Beispiel Abb. 2–8). Auch für solche Anwendungen zeigen schalltechnische Untersuchungen, dass der Einfluss einer bodenverlegten Rohr-in-Rohr-Installation – zusätzlich zu einer Vorwandinstallation – keine »signifikanten Änderungen der Schalldruckpegel bewirkt«. Dies belegen auch die Erfahrungen der Baupraxis mit Rohr in Rohr-Installationen, für die gemäß Tab. 2–9, Zeilen 4 und 5 bzw. Tab. 2–10, Zeile 6 keine zusätzlichen Dämmanforderungen bestehen.

**Fraunhofer-Institut für Bauphysik Stuttgart**

## 6.3 Feuchtigkeitsschutz

Im Rahmen einer gesundheitlichen Gesamtbetrachtung der Hygiene in Sanitärräumen, muss – neben dem Thema Trinkwasserhygiene – auch die Hygiene der Umfassungsflächen eines Sanitärraumes beachtet werden (Angaben in Klammern s. Abb. 2–55)

- Vermeidung der Durchfeuchtung von Bauteilen durch Flächenabdichtungen (7)
- Fachgerechte Abdichtung von Armaturen von Betätigungen von WC und Urinal (1) (2) (3) (8) (9)
- Fachgerechte Abdichtung von Bauteilanschlüssen (4) (5) (6)

Durch die fachgerechten Abdichtungen und Verwendung von feuchtraumgeeigneten Trockenbauwerkstoffen wird das Eindringen von Feuchtigkeit in die Bauteile verhindert. Durch diese Maßnahmen wird eine verdeckte Schadstoffbelastung vermieden. Die Einhaltung der »hygienischen Vorkehrungen« ist eine laufende Aufgabe der Fachplanung und Umsetzung im Bauwerk.

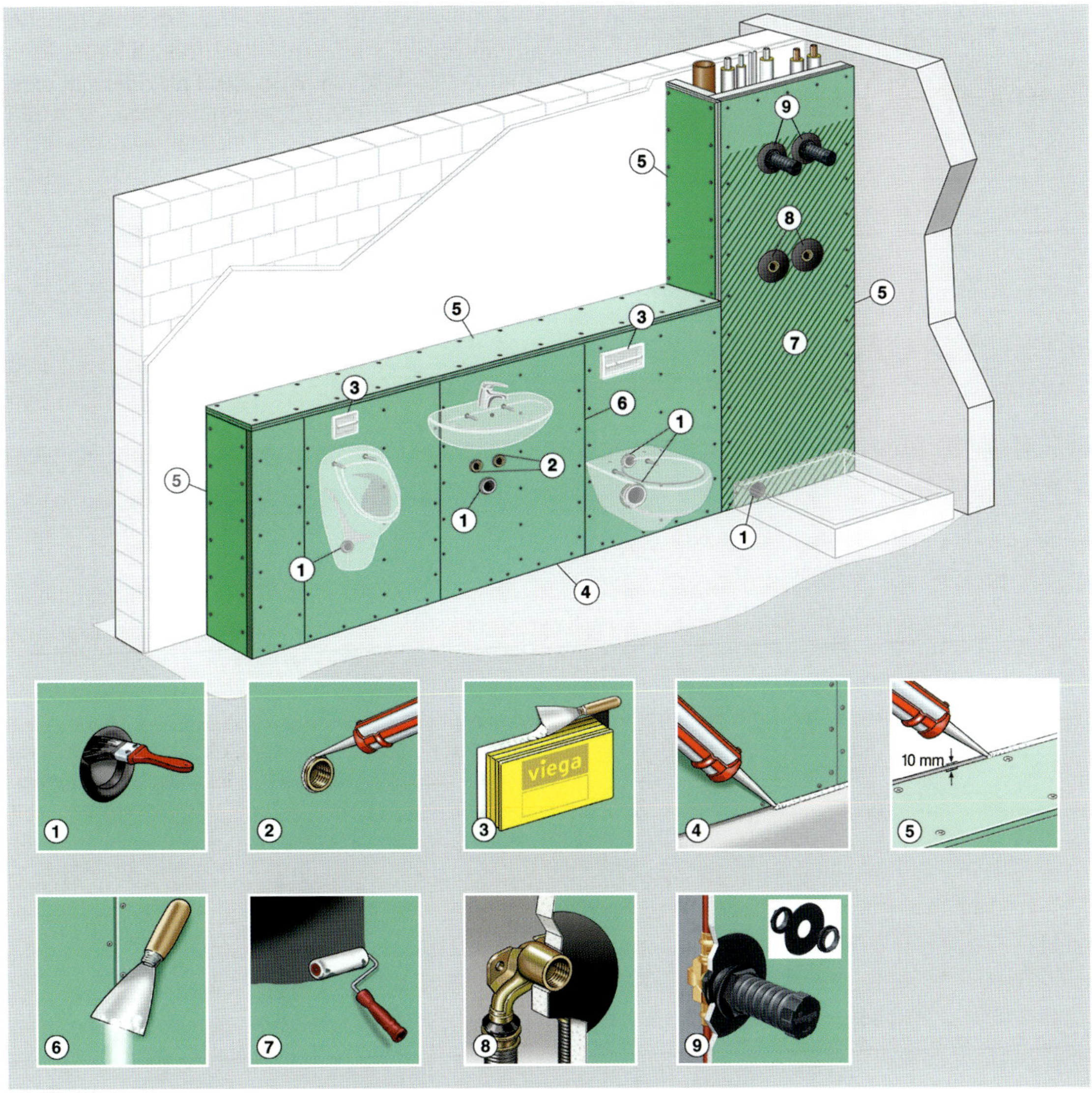


Abb. 2–55 **Maßnahmen zum Feuchtigkeitsschutz an einer Vorwandinstallation**

# 7 Dämmung von Rohrleitungen

## 7.1 Rohrleitungen für Trinkwasser kalt

Um gesundheitliche Risiken durch eine kritische Vermehrung von Legionellen auszuschließen und Wärmeverluste zu reduzieren, sind Rohrleitungen so zu planen, dass Dauertemperaturen zwischen 25 °C und 55 °C vermieden werden. Dabei sollten die thermischen und hydraulischen Wechselwirkungen berücksichtigt werden, die bereits zu Abb. 2–2 sowie schwerpunktmäßig in den Kapiteln 2.5 und 4.1 erläutert wurden. Aus den Grenztemperaturen allein ist demnach kein mathematischer Algorithmus für die Mikrobiologie in Trinkwasser-Installationen abzuleiten. In technischen Systemen sind sie vielmehr als Übergangszonen zu verstehen, die jeweils im Gesamtkontext gemäß den hygienischen Grundlagen nach Kapitel 1 zu bewerten sind.

Temperatur 4

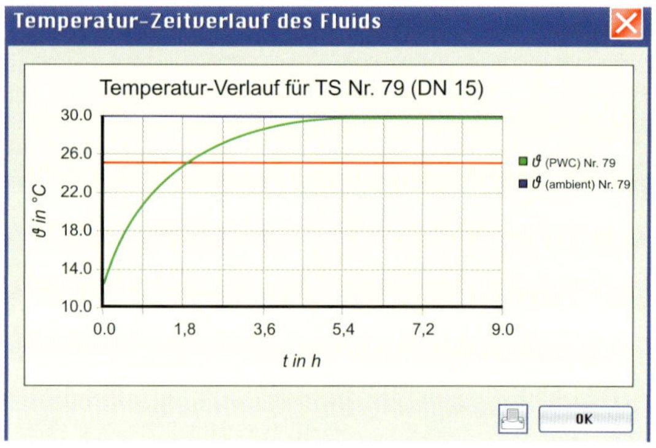


Abb. 2–56 **Software-Simulation – Erwärmung einer TW-Leitung kalt**

Rohrleitungen für Trinkwasser kalt sind gemäß DIN 1988-200 so zu dämmen, dass diese gegenüber erhöhten Umgebungstemperaturen vor Erwärmung und vor Tauwasserbildung geschützt sind. Computer-Simulationen und messtechnische Untersuchungen (s. Kapitel 2.5) belegen jedoch, dass auch eine fachgerechte Dämmung für Rohrleitungen gemäß Tab. 2-9, Zeile 3 eine Erwärmung bei entsprechend hohen Umgebungstemperaturen auf ≥ 25 °C zwar verzögert, jedoch nicht verhindern kann (s. auch Abb. 2–13).

Abb. 2–56: Diagramm einer Simulation zur Erwärmung einer Kupferrohrleitung, gemäß Tab. 2-9, Zeile 3 gedämmt; Umgebungstemperatur 30 °C; Initialtemperatur Trinkwasser kalt 10 °C.

Tab. 2–9 **Dämmung von Rohrleitungen für Trinkwasser kalt nach DIN 1988-200**

| Nr. | Einbausituation | Dämmschichtdicke bei $\lambda = 0{,}040$ [W/(m·K)][a] |
|---|---|---|
| 1 | Rohrleitungen frei verlegt in nicht beheizten Räumen, Umgebungstemperatur ≤ 20 °C (nur Tauwasserschutz) | 9 mm |
| 2 | Rohrleitungen verlegt in Rohrschächten, Bodenkanälen und abgehängten Decken, Umgebungstemperatur ≤ 25 °C | 13 mm |
| 3 | Rohrleitungen verlegt, z. B. in Technikzentralen oder Medienkanälen und Schächten mit Wärmelasten und Umgebungstemperaturen ≥ 25 °C | Dämmung wie Warmwasserleitungen Tab. 2–10 Einbausituationen 1 bis 5 |
| 4 | Stockwerksleitungen und Einzelzuleitungen in Vorwandinstallationen | Rohr-in-Rohr oder 4 mm |
| 5 | Stockwerksleitungen und Einzelzuleitungen im Fußbodenaufbau ( auch neben nicht-zirkulierenden Trinkwasserleitungen warm)[b] | Rohr-in-Rohr oder 4 mm |
| 6 | Stockwerksleitungen und Einzelzuleitungen im Fußbodenaufbau neben warmgehenden zirkulierenden Rohrleitungen[b] | 13 mm |

[a] Für andere Wärmeleitfähigkeiten sind die Dämmschichtdicken entsprechend umzurechnen; Referenztemperatur für die angegebene Wärmeleitfähigkeit: 10 °C.
[b] In Verbindung mit Fußbodenheizungen sind die Rohrleitungen für Trinkwasser kalt so zu verlegen, dass die Anforderungen nach 3.6 (DIN 1988-200) eingehalten werden.

Gemäß Tab. 2-9 sind die jeweiligen Einbausituationen und die damit zu erwartenden Umgebungstemperaturen maßgeblich für die erforderlichen Dämmschichtdicken. Tauwasserschutz ist darüber hinaus überall dort geboten, wo ein entsprechender Feuchtigkeitsgehalt der Umgebungsluft über einen ausreichend langen Zeitraum an ungedämmten Bauteilen kondensieren und zu Feuchtigkeitsschäden führen kann. Dies betrifft nicht Stockwerksleitungen im Fußbodenaufbau oder in einer Vorwandinstallation, weil

- hier die Umgebungsluft nicht den dafür erforderlichen Feuchtigkeitsgehalt hat.
- in Hohlräumen kein Austausch mit der Außenluft gegeben ist.
- solche Rohrleitungen in der Regel keine Dauerentnahmestellen versorgen und nur kurzzeitig Trinkwasser kalt, z. B. mit Temperaturen < 10 °C, führen.

Anders zu bewerten sind hier alle Leitungsabschnitte, bei denen die Einbausituation die zuvor beschriebenen Bedingungen **nicht** erfüllt. Dazu zählen Hauptverteilungsleitungen insbesondere in Räumen mit Frischluftzufuhr, z. B. für die Heizungsanlage oder einen Wäschetrockner. Kritisch sind auch alle Verteilungsleitungen, die gemäß Tab. 2-9, Zeile 3 z. B. in abgehängten Decken mit hohen Wärmelasten verlegt werden. Hier ist dann eine fachgerechte Dämmung der Absperrarmaturen unerlässlich (s. Abb. 2–57).

Abb. 2–57 **Absperrarmatur mit Dämmschale**

Abb. 2–58 **Rohr-in-Rohr-Installation**

Abb. 2–57: Absperrarmatur mit vorgefertigter Dämmschale für Trinkwasser kalt und warm
Abb. 2–58: Rohr-in-Rohr-Installation (PE-X / Al / PE-X) gemäß Tab. 2-9, Zeile 4 und Tab. 2-10, Zeile 6 ohne Zusatzdämmung für Trinkwasser kalt und warm.

Für übliche Stockwerksleitungen gemäß Tab. 2-9, Zeile 5 sind über eine Rohr-in-Rohr-Installation hinaus keine weiteren Dämmschichtdicken zum Schutz vor Erwärmung erforderlich (s. Abb. 2–14). Planerische Entscheidungen, wie in Kapitel 2.6 und 2.8 beschrieben, haben auch einen maßgeblichen höheren Einfluss auf die Temperaturen, die sich während der Stagnationsphasen in den Rohrleitungen ergeben. Schließlich begrenzen bauliche Rahmenbedingungen und andere Schutzziele die Möglichkeiten generell, Dämmschichtdicken beliebig zu erhöhen und fachgerecht in die jeweilige Konstruktion zu integrieren (s. auch Kapitel 2.4).

4 Temperatur

## 7.2 Rohrleitungen für Trinkwasser warm

### 7.2.1 Rohrleitungen mit Zirkulation

Warmes Trinkwasser führende Rohrleitungen werden in zwei Kategorien eingeteilt. Zur ersten zählen alle Kellerverteil-, Steig- und Zirkulationsleitungen sowie auch Stockwerksleitungen, falls diese in den Zirkulationskreis einbezogen oder mit Temperaturhaltebändern ausgestattet sind. Alle Rohrleitungen dieser Kategorie sind nach Tab. 2-10, Zeile 1-4 gegen Wärmeverlust zu dämmen. Dies gilt auch für die Absperrarmaturen, s. Beispiel Abb. 2–57. Gemäß Zeile 5 ist jedoch erlaubt, die Dämmschichtdicken für Leitungsabschnitte z.B. in Kreuzungsbereichen auf bis zu 50 % der Anforderungen der Zeilen 1-4 zu reduzieren.

Tab. 2–10 **Dämmung von Rohrleitungen für Trinkwasser warm gemäß DIN 1988-200**

| Nr. | Einbausituation | Dämmschichtdicke bei $\lambda = 0{,}035$ W/(m·K)[a] |
|---|---|---|
| 1 | Innendurchmesser bis 22 mm | 20 mm |
| 2 | Innendurchmesser über 22 mm bis 35 mm | 30 mm |
| 3 | Größer 35 mm bis 100 mm | Gleich Innendurchmesser |
| 4 | Innendurchmesser größer 100 mm | 100 mm |
| 5 | Leitungen und Armaturen nach den Zeilen 1 bis 4 in Wand- und Deckendurchbrüchen, im Kreuzungsbereich von Leitungen, an Leitungsverbindungsstellen, bei zentralen Leitungsnetzverteilern | 1/2 der Anforderungen der Zeilen 1 bis 4 |
| 6 | Warmwasserleitungen, die weder in den Zirkulationskreislauf einbezogen, noch mit einem Temperaturhalteband ausgestattet sind. Z. B. Stockwerks- oder Einzelzuleitungen mit einem Wasserinhalt ≤ 3 Liter | Keine Dämmanforderungen gegen Wärmeabgabe[b] |

[a] Für andere Wärmeleitfähigkeiten sind die Dämmschichtdicken entsprechend umzurechnen; Referenztemperatur für die angegebene Wärmeleitfähigkeit 40 °C
[b] Bei Unterputzverlegung ist eine Dämmung erforderlich – z. B. Rohr-in-Rohr oder 4 mm als mechanischer Schutz oder Korrosionsschutz

Bestimmte Dämmstoffe, z. B. Polyethylenschaum, verfügen über eine höhere Wärmeleitfähigkeit als 0,035 W/mK, sodass die Dämmschichtdicken über denen aus Tab. 2-10 liegen. Dämmstoffe aus Hartschaum zählen wiederum zu besseren Wärmeleitgruppen, wodurch kleinere Außendurchmesser erzielt werden. Mit Bezug auf Fußnote 1 (Tab. 2–10) besteht generell die Möglichkeit, Dämmschichtdicken durch Dämmstoffe anderer Wärmeleitgruppen umzurechnen. Dafür ist das in VDI 2055-1 [58] beschriebene Verfahren anzuwenden. Demnach gilt unter der Voraussetzung eines konstanten Wärmestroms Gleichung 2.2:

**Gleichung Umrechnung Dämmschichtdicken**

$$\frac{ln\frac{d_{a,1}}{d_i}}{2\cdot\lambda_1}+\frac{1}{d_{a,1}\cdot\alpha_{a,1}}=\frac{ln\frac{d_{a,2}}{d_i}}{2\cdot\lambda_2}+\frac{1}{d_{a,2}\cdot\alpha_{a,2}} \quad (2.2)$$

Dabei ist näherungsweise für den äußeren Wärmeübergang $\alpha_{a,}\alpha_{a,}10\,W/m^2\cdot K$ einzusetzen. Durch Umstellung können dann die Mindestanforderungen nach Tab. 2-10 mit Hilfe der Ungleichung 2.3 ermittelt werden:

**Ungleichung Umrechnung Dämmschichtdicken**

$$\frac{ln\frac{d_{a,1}}{d_i}}{2\cdot\lambda_1}+\frac{1}{d_{a,1}\cdot\alpha_{a,1}}\leq\frac{ln\frac{d_{a,2}}{d_i}}{2\cdot\lambda_2}+\frac{1}{d_{a,2}\cdot\alpha_{a,2}} \quad (2.3)$$

Hier bezieht sich Index 1 auf die Mindestanforderungen nach Tab. 2-10 und Index 2 auf die gesuchte Dämmschichtdicke der jeweiligen Rohrleitung.

[58] VDI 2055 Blatt 1: Wärme- und Kälteschutz von betriebstechnischen Anlagen in der Industrie und in der Technischen Gebäudeausrüstung – Berechnungsgrundlagen; Berlin: Beuth, 2008

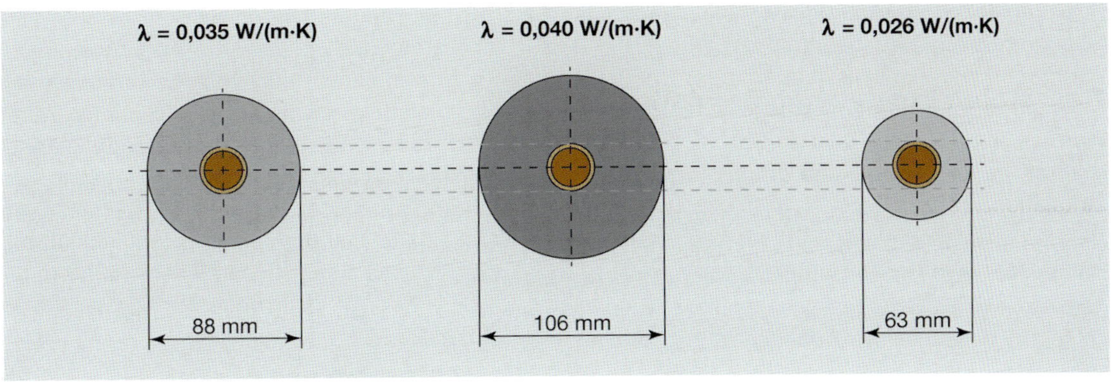


Abb. 2–59 **Vergleich Dämmschichtdicken**

Abb. 2–59: Vergleich verschiedener Dämmschichtdicken gemäß Tab. 2-10, Zeile 2 in Abhängigkeit von der Wärmeleitfähigkeit (Kupferrohr 28 x 1 mm).

## 7.2.2 Rohrleitungen ohne Zirkulation

Die Anforderungen gemäß Tab. 2-10, Zeile 6 betreffen Leitungsabschnitte oder Stockwerksleitungen, die nicht in den Zirkulationskreis einbezogen sind. Nach den a. a. R. d. T. sind diese auf einen Wasserinhalt von ≤3 Liter begrenzt – bezogen auf den jeweiligen Fließweg. Wie schon in Kapitel 4.1 erläutert, wird dieses Leitungsvolumen in der Praxis jedoch nur selten erreicht, weil entsprechende Ausstoßzeiten nicht die gewünschten Komfortkriterien erfüllen. Aufgrund geltender Rechtsprechung [23] haben Mieter Anspruch darauf, an einer Entnahmestelle für Trinkwasser warm, spätestens nach 10 Sekunden Wasser von 45 °C entnehmen zu können. So wird aus der »3 Liter-Regel« des Regelwerkes die »1 Liter-Regel« in der Praxis.

1 Ausstoßzeit

Vgl. Tab. 2–3

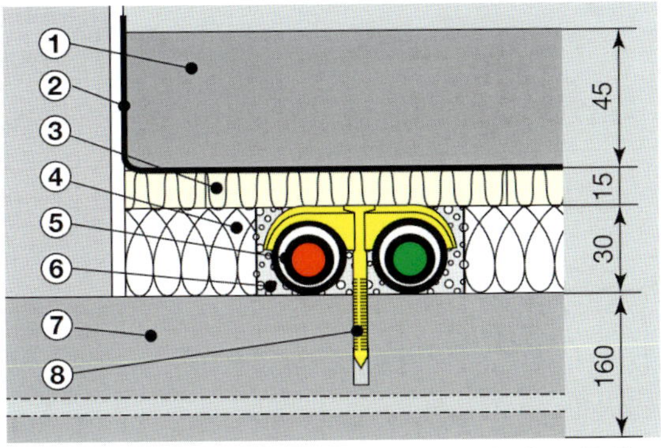


1 Zementestrich
2 PE-Folie
3 Trittschalldämmung
4 Ausgleichsschicht mit Polystyrol-Platten (EPS 30 mm)
5 Mehrschichtverbundrohr PE-X/Al/PE-X – 16 mm im Schutzrohr
6 Schüttung – Meabit/Perlite
7 Betondecke
8 Einschlagrohrdübel – Nylon

Abb. 2–60 **Fußbodenaufbau–Rohr-in-Rohr-Installation**

Abb. 2–60: Rohr-in-Rohr-Installation für Trinkwasser kalt und warm mit minimalem Fußbodenaufbau einer Estrichkonstruktion gemäß DIN 18560-2.

Rohrleitungen gemäß Zeile 6 werden in der Regel nur während weniger Minuten pro Tag bestimmungsgemäß betrieben. Deshalb sind hier die Wärmeverluste im Vergleich zu Rohrleitungen mit Zirkulation vernachlässigbar. Gemäß Tab. 2–10 ist hier dennoch generell eine Dämmung erforderlich, auch wenn diese nicht dazu dient, Wärmeverluste zu reduzieren. Besonders Stockwerksleitungen, die im Fußbodenaufbau, in gefrästem Mauerwerk oder innerhalb einer Vorwandinstallation fest in den Baukörper eingebunden werden, müssen zuverlässig vor Schallübertragung und ggf. vor Korrosion geschützt werden.

[23] Amtsgericht Berlin-Schöneberg: Urteil vom 29.04.1996, Aktenzeichen: 102 C 55/94

Dazu zählen geeignete Umhüllungen, wie Dämmschläuche oder eine Ausführung als Rohr-in-Rohr-Installation, die eine fachgerechte Verlegung und Befestigung ermöglichen. So wird eine ungehinderte Wärmeausdehnung der Rohrleitungen für Trinkwasser warm sichergestellt, und die Ursachen für Knackgeräusche werden ausgeschlossen, die in der Baupraxis häufig Auslöser beachtlicher Regressforderungen sind.

Die erforderlichen Dämmschichtdicken für Trinkwasser warm haben entscheidenden Einfluss darauf, ob Stockwerksleitungen in den vorgesehenen Fußbodenaufbau normgerecht integriert werden können. Unabhängig von den in Kapitel 2.6 beschriebenen Nachteilen von Stockwerksleitungen mit Zirkulation sind im Regelfall solche Leitungen aufgrund ihres Platzbedarfes nicht im Fußbodenaufbau unterzubringen. Aus diesem Grunde ist es ratsam, Zirkulationssysteme nur so weit in Stockwerksverteilungen einzubinden, dass die vorgegebenen Ausstoßzeiten realisiert werden.

Ausstoßzeit 1

# 8 Feuerlösch- und Brandschutzanlagen

## 8.1 Brandschutztechnische Grundlagen

In den Bauordnungen der Bundesländer werden materielle Anforderungen an bauliche Anlagen zum vorbeugenden Brandschutz und zur Brandbekämpfung gestellt. Beim vorbeugenden Brandschutz unterscheidet man zwischen »baulichen«, »anlagentechnischen« und »betrieblich-organisatorischen« Maßnahmen (s. Abb. 2–61).

Zu den baulichen Maßnahmen zählen die brandschutztechnische Beschreibung des Gebäudes, der Flucht- und Rettungswege und die Abschottung aller Leitungs- und Lüftungsanlagen.

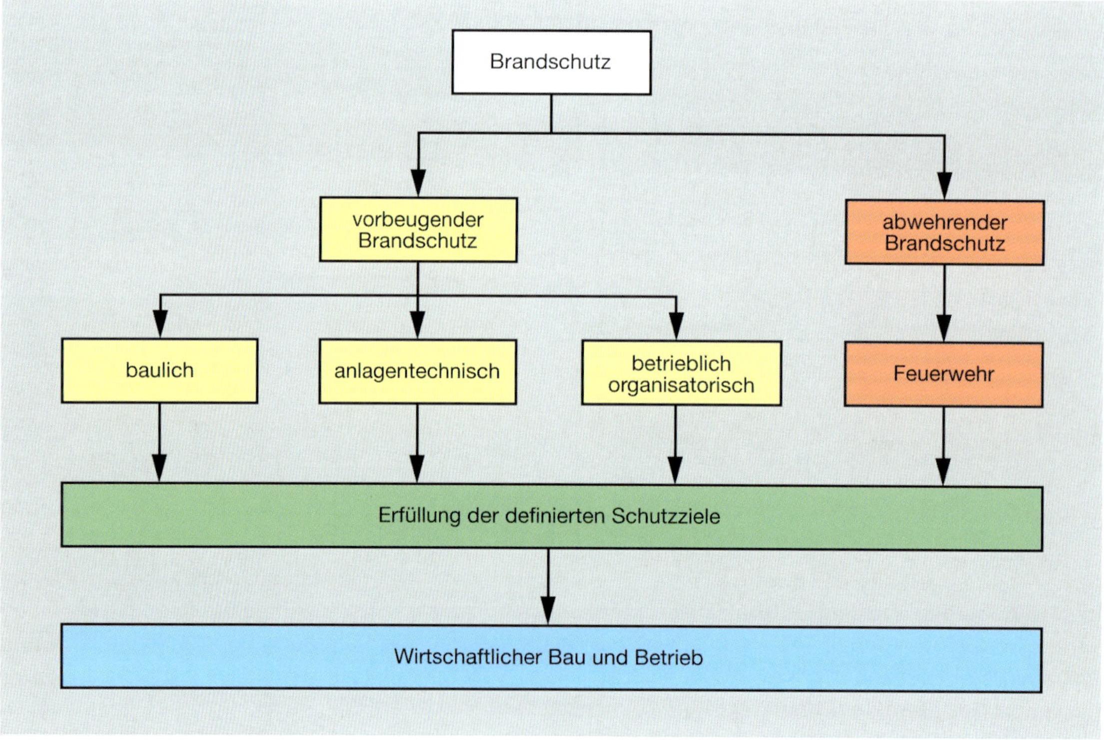


Abb. 2–61 **Brandschutzmaßnahmen – Einteilung**

Anlagentechnischer Brandschutz bezieht sich hauptsächlich auf Sprinkler-, Brandmelde- und Alarmierungs- und Entrauchungsanlagen. Die Erstellung einer Brandschutzordnung, der Flucht- und Rettungswegpläne sowie die Tätigkeiten eines Brandschutzbeauftragten fallen unter die »betrieblich-organisatorischen« Aspekte. Der abwehrende Brandschutz erfolgt schließlich durch die Feuerwehr und deren organisatorische Maßnahmen.

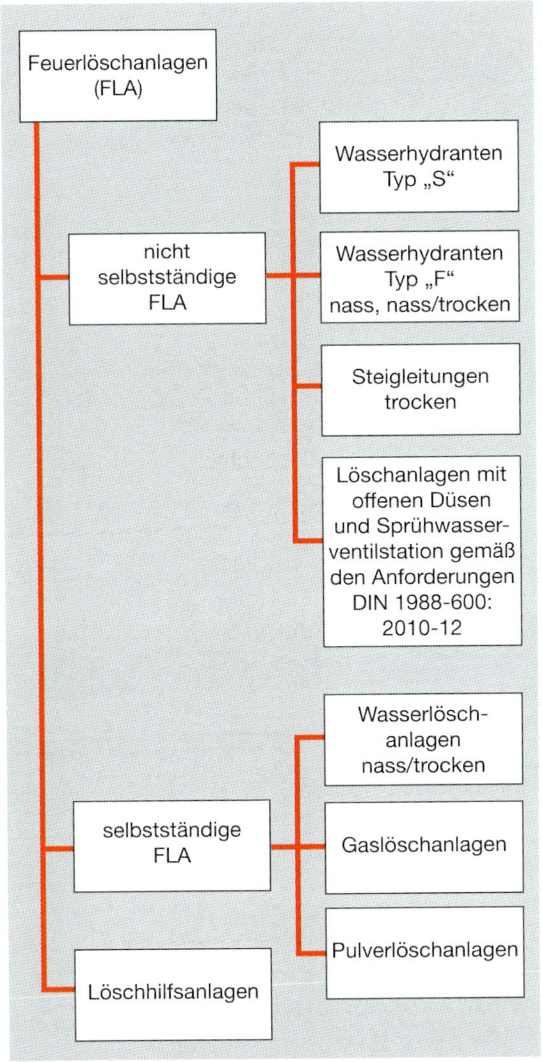


Abb. 2–62 **Notwendige Feuerlöschanlagen – Einteilung**

Der Bauherr und seine beauftragten Fachplaner müssen in jedem Fall sicherstellen, dass die festgelegten Schutzziele des Brandschutzes erfüllt werden. Für die Einhaltung ist der Bauherr/Gebäudebetreiber verantwortlich. Das gilt auch für den Bestimmungsgemäßen Betrieb des Gebäudes.

In den Bauordnungen der Bundesländer werden materielle Anforderungen an bauliche Anlagen zum vorbeugenden Brandschutz und zur Brandbekämpfung gestellt. Die Forderungen nach Feuerlöschanlagen und deren Anforderungen werden aus den Bauordnungen der Bundesländer und den zugehörigen Verordnungen, Richtlinien und allgemein anerkannten Regeln der Technik abgeleitet.

Dabei werden selbsttätige (automatische) und nicht selbsttätige (nicht automatische) Feuerlöschanlagen sowie Löschhilfeanlagen in ihren verschiedenen Funktionen unterschieden.

In den Sonderbauverordnungen/-richtlinien der Bundesländer sind Forderungen – in Abhängigkeit der Gebäudegröße oder Nutzung – für die verschiedenen Arten von Feuerlöschanlagen enthalten.
Die zuständigen Brandschutzbehörden können unter Beachtung des Gebotes und der Verhältnismäßigkeit weitergehende Anforderungen stellen. Im Baugenehmigungsverfahren, hier speziell im Brandschutzkonzept, werden Feuerlöschanlagen oft über die Anforderungen der genannten Verordnungen/Richtlinien hinaus festgeschrieben, um Abweichungen zu ermöglichen. Sehr oft werden dazu selbsttätige Feuerlöschanlagen eingesetzt, um z. B. die Standzeit von Bauteilen im Brandfall zu verlängern oder Brandabschnitte zu vergrößern.

Feuerlöschanlagen können ihre Schutzziele nur dann zuverlässig erfüllen, wenn der Bauherr/Eigentümer des Gebäudes geeignete Maßnahmen zur Qualitätssicherung ergreift – angefangen von der Planung über die Ausführung bis hin zum Betrieb.

Tab. 2–11 **Varianten von Feuerlöschanlagen**

| | Nicht sebständige FLA | Selbständige FLA |
|---|---|---|
| **Garagenverordnung** | X | X |
| **Versammlungsstättenverordnung/-richtlinie** | X | X |
| **Verkaufsstättenverordnung/-richtlinie** | X | X |
| **Krankenhausverordnung** | X | |
| **Hochhausrichtlinie** | X | X |
| **Industriebaurichtlinie** | | X |

## 8.2 Regelwerke

In den bauaufsichtlichen Regelwerken und Brandschutzkonzepten werden Anforderungen an nasse, trockene oder nass/trockene Löschwasserleitungen gestellt.
Weitergehende Anforderungen an nasse, trockene oder nass/trockene Löschwasserleitungen resultieren aus DIN 14462 [59], z. B. an

- Druckerhöhungsanlagen (DEA)
- Feuerlösch-Schlauchanschlusseinrichtungen
- Füll- und Entleerungsstationen (Trockenventilstationen für nass/trockene Löschwasserleitungen)
- Vorlagebehälter mit freiem Einlauf
- Wandhydranten/Wandhydrantenanlagen Typ F – zur Nutzung durch die Feuerwehr
- Wandhydranten Typ S – zur Selbsthilfe.

Automatische Löschanlagen werden in diesem Kapitel nicht behandelt.

**Übersicht relevanter Normen und Regelwerke**

- Trinkwasserverordnung
- DIN 14462: 2007-01 »Löschwassereinrichtungen – Planung und Einbau von Wandhydrantenanlagen und Löschwasserleitungen«
- DIN 14463-3 Löschwasseranlagen – Fernbetätigte Füll- und Entleerungsstationen – Teil 3: Be- und Entlüftungsventile PN 16 für Löschwasserleitungen »nass/trocken« und »trocken«, Ausgabedatum: 2003-07
- DIN 14464 Direktanschluss für Sprinkler- und Sprühwasseranlagen – Anforderungen und Prüfung Ausgabedatum 2011-02
- DIN 1988-600: 2010-12 »Technische Regeln für Trinkwasserinstallationen – Teil 600: Trinkwasser-Installationen in Verbindung mit Feuerlösch- und Brandschutzanlagen; Technische Regeln des DVGW«
- Kommentar des ZVSHK St. Augustin zur DIN 1988-600
- DIN EN 1717: 2011-08 »Schutz des Trinkwassers vor Verunreinigungen in Trinkwasser-Installationen und allgemeine Anforderungen an Sicherheitseinrichtungen zur Verhütung von Trinkwasserverunreinigungen durch Rückfließen«
- VDI 6023:2006-07 »Hygienebewusste Planung, Ausführung, Betrieb und Instandhaltung von Trinkwasseranlagen«
- ZVSHK-Merkblatt »Technische Maßnahme zur Einhaltung der Trinkwasserhygiene«

[59] DIN 14462: Löschwassereinrichtungen - Planung und Einbau von Wandhydrantenanlagen und Löschwasserleitungen; Berlin: Beuth, 2009



Vorwort Inhaltsverzeichnis
Hygieneanforderungen TrinkwV und VDI 6023
Planungspraxis EN 806-2 / DIN 1988-200
Systemauslegung DIN 1988-300/500/600
Trinkwasserhygiene im Bestand Sanierung/Betrieb
Recht / Ausschreibung Planerhaftung
Index

## 8.3 Trinkwasserhygiene und Feuerlöschleitungen

Anforderungen der DIN 14462 an Feuerlöschleitungen (Zitat):

> *»Feuerlösch- und Löschwasseranlagen sind Einrichtungen des vorbeugenden Brandschutzes und keine des häuslichen Gebrauchs (s. DIN EN 1717:2001-05, 3.9). Sie dienen der Rettung und dem Schutz von Personen und der Brandbekämpfung. Sie führen in ihren Leitungssystemen Trink- oder Nichttrinkwasser. Bei unmittelbarem Anschluss an das Trinkwassernetz unterliegen sie besonderen hygienischen Anforderungen (s. DIN 1988-6:2002-05, 4.1.2 und DIN 1988-7: 1988-12, 4.4); das Prinzip ist, die Qualitätseinbuße des Trinkwassers durch Stagnation zu vermeiden. Zur Erfüllung der Anforderungen der Trinkwasserverordnung wird berücksichtigt, dass Wandhydranten Typ F nicht ohne geeignete Sicherungseinrichtung an die Trinkwasser-Installation angeschlossen werden dürfen.«*

Falsch geplante und ausgeführte Feuerlöschleitungen können zu massiven Problemen in der Trinkwasserhygiene eines Gebäudes führen. Gesundheitsgefahren in Trinkwasseranlagen mit angeschlossenen Löschwasseranlagen können verschiedenen Ursprungs sein

- Physikalisch z. B. durch Temperaturerhöhung
- Chemisch z. B. infolge Metallionen-Konzentration
- Mikrobiologisch z. B. durch Stagnation.

4 Temperatur

5 Wasseraustausch

Um dem Ziel der Trinkwasserhygiene gerecht zu werden, sind in der Normung und in der daraus resultierenden Umsetzung, folgende Schutzziele zu verfolgen

- Trennung der Löschwasserversorgung von der Trinkwasser-Installation
- Indirekter Anschluss einer Löschwasseranlage an das Versorgungsnetz
- Sichere Trennung der Systeme gemäß DIN EN 1717
- Minimierung von Stagnationswasser
- Erhöhung der Wasseraustauschrate

Daraus ergibt sich für den Fachplaner der Trinkwasser- und Löschwasseranlage folgender Planungsansatz:
Da Feuerlösch- und Brandschutzanlagen selten betrieben werden, kommt es zu hygienischen Problemen, wenn die Anlagen mit Wasser gefüllt aber nicht durchflossen werden. Deshalb ist bei Planung, Bau und Betrieb darauf zu achten, dass stagnierendes Wasser

a) nicht entsteht oder
b) mit absoluter Sicherheit von der Trinkwasseranlage ferngehalten wird.

Stagnierendes Wasser in Verbindung mit Feuerlöschleitungen kann z. B. durch Beachtung folgender Regeln verhindert werden

- Löschwasser- und Verbrauchsleitungen eines Grundstückes über eine gemeinsame Anschlussleitung versorgen
- Verbrauchsleitungen unmittelbar vor der Löschwassereinrichtung abzweigen
- Automatische, zwangsweise wöchentliche Spülung des dreifachen Leitungsinhaltes mit einer Fließgeschwindigkeit $\geq 1$ m/s der Zuleitung zur Löschwassereinrichtung entsprechend den Vorgaben der DIN 1988-600: 2010-12 [60].

6 Durchströmung

[60] DIN 1988 Teil 600: Technische Regeln für Trinkwasser-Installationen - Trinkwasser-Installationen in Verbindung mit Feuerlösch- und Brandschutzanlagen; Technische Regel des DVGW; Berlin: Beuth, 2010

Für die Planung von Feuerlöschleitungen nass sind nach DIN 1988-600 zu beachten:

- Für die Planung und Ausführung der Anschlussleitung gilt das DVGW-Merkblatt W 404.
- Durch die Entnahme für den Objektschutz darf der Mindestdruck im Versorgungsnetz nicht gefährdet werden (s. DVGW W 400-1, DVGW W 405 [61]).
- Wird Trinkwasser als Löschwasser für ein Grundstück zur Verfügung gestellt, müssen die Löschwasser- und die Verbrauchsleitung durch eine gemeinsame Anschlussleitung versorgt werden.
- Stellt das WVU nur Teilmengen des Löschwasserbedarfs zur Verfügung, ist die Differenz zu bevorraten.
- Leitungen zu Feuerlösch- und Brandschutzanlagen und deren Armaturen mit drucktragenden Teilen müssen aus nichtbrennbaren Materialien bzw. aus metallischen Werkstoffen bestehen, sofern diese nicht erdverlegt oder in einen gegen Brandeinwirkungen gesicherten Hausanschlussraum ohne Brandlast installiert sind. Die Anforderungen sind dem Brandschutzkonzept zu entnehmen.
- Werden Verteil- und Steigleitungen der Trinkwasser-Installation in brennbaren Materialien ausgeführt, so ist sicherzustellen, dass im Falle einer Löschwasserentnahme diese Leitungsteile durch automatisch schließende Armaturen abgesperrt werden.
- Zum Anschluss von Selbsthilfeeinrichtungen Typ S ist die Verwendung von brennbaren Installationsrohren der Baustoffklasse B1/B2 zulässig, wenn diese unter Putz mit einer Überdeckung von mindestens 15 mm oder hinter nichtbrennbaren geschlossenen Oberflächen aus mineralischen Baustoffen mit einer Mindestdicke von 15 mm in den Nutzungseinheiten verlegt sind.
- Bei Erweiterung, Sanierung und Instandsetzung bestehender Anlagen, die diese Anforderungen nicht erfüllen, müssen nicht nur die Anforderungen der TrinkwV, sondern auch die brandschutztechnischen Belange der Bauauflagen erfüllt werden. Im Zweifelsfall ist mit einem Sachverständigen für den Brandschutz Rücksprache zu halten.

## 8.4 Konsequenzen für Anlagen im Bestand

Der Bestandsschutz für Trinkwasseranlagen in Verbindung mit direkt verbundenen Feuerlöschleitungen in bestehenden Gebäuden gilt nur bis zu dem Tag, an dem Abweichungen von den Vorgaben der Trinkwasserverordnung bekannt/erkannt werden.

Wasseraustausch 5

Wird eine Verkeimung/Verunreinigung des Trinkwassers als Ursache der Stagnation in den Feuerlöschleitungen festgestellt, sind umgehend Sanierungsmaßnahmen einzuleiten, wobei kein Anspruch auf Bestandsschutz besteht.

Sofortmaßnahmen können sein

- Regelmäßiges Spülen in einer Frequenz, mit der die maximal zulässigen Werte der Trinkwasserverordnung sicher eingehalten werden.
- Erstellung eines sofortigen Planungs- und Sanierungskonzeptes mit dem Ziel, die Feuerlöschleitungen vom Trinkwassernetz zu trennen.

Der Einbau von Systemtrennern stellt keine langfristige Lösung dar. Sicherer ist der Einbau von Zwischenbehältern mit Druckerhöhungsanlagen oder von Trennstationen mit »freiem Einlauf«.

Gemäß DIN 1988-600: 2010-12 müssen alle Feuerlöschleitungen aus nichtbrennbaren Installationswerkstoffen hergestellt werden. Dies betrifft auch die Zuleitungen des Zwischenbehälters und der Trinkwasserhauptleitungen. Darüber hinaus sind die Anforderungen der DIN 1988-600: 2010-12 bei Gemischtverlegung mit brennbaren Rohren zu beachten.

Weitere Details können dem Kommentar zur MLAR entnommen werden.

[61] DVGW W 405: Bereitstellung von Löschwasser durch die öffentliche Trinkwasserversorgung; Bonn: DVGW, 2008

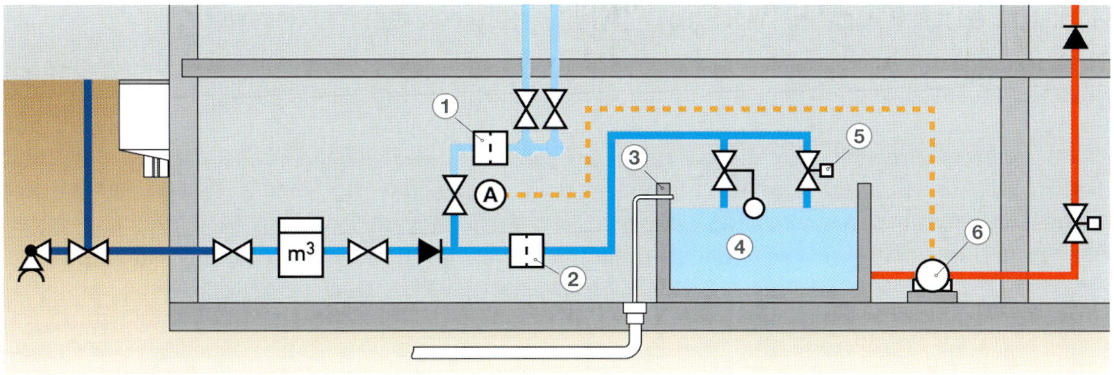


Abb. 2–63 **Mittelbarer Anschluss einer Löschwasseranlage – mit automatischer Spüleinrichtung**

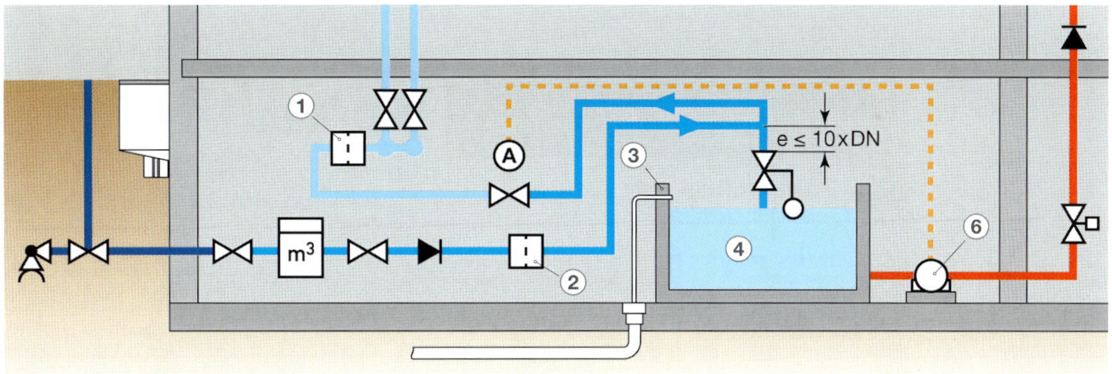


Abb. 2–64 **Mittelbarer Anschluss einer Löschwasseranlage – ohne Spüleinrichtung**

(1) Filter
(2) Steinfänger
(3) Überlauf
(4) Zwischenbehälter
(5) Automatische Spüleinrichtung
(6) Druckerhöhungsanlage (DEA) mit Sicherheits-Stromversorgung
(A) Automatisch schließende Armatur im Falle einer notwendigen Löschwasserentnahme aus dem Zwischenbehälter über die Druckerhöhung am Hydranten Typ F/Typ S oder über Sprinkleranlage

Versorgungsleitung

Nichtbrennbare nasse oder trockene Feuerlöschleitungen nach DIN 14 462, Löschwasserversorgung z. B. vom Hydranten, Feuerlöscheinrichtungen Typ F und wenn erforderlich Typ S, Sprinkler- und Sprühwassseranlagen

Nichtbrennbare Trinkwasser- und Feuerlöschleitungen nach DIN 1988-600 zur Einspeisung in den Zwischenbehälter, Abweichungen im Hinblick auf brennbare Rohre sind zu vermeiden.

Nichtbrennbare (A) und brennbare (B1/B2) Installationsrohre sind zulässig. Die Verlegung muss hinter nichtbrennbaren Verkleidungen von Installationswänden erfolgen. Eine offene Verlegung von brennbaren Rohren ist zu vermeiden. Im Brandfall darf die ausreichende Löschwasserversorgung nicht gefährdet werden. Darüber hinaus sind die Anforderungen der DIN 1988-600:2010-12 bei Gemischtverlegung mit brennbaren Rohren zu beachten.

Steuerleitung Ventil A in Funktionserhalt oder stromlos geschlossen (nicht bei Probeläufen und anderen Ereignissen)
**Achtung:** »Fehlabsperrungen« bei Störungen sind zu vermeiden.

## 8.5 Feuerlöschleitungen mit Systemzertifizierung

Besonders für die Verbindung von metallenen Rohrleitungen aus Kupfer oder Edelstahl hat sich die Presstechnik in den vergangenen 10–15 Jahren in der Baupraxis durchgesetzt.
Zu den Einsatzbereichen der Presstechnik zählen auch Rohrleitungen für Löschwasseranlagen »trocken« und »nass/trocken«. Allerdings können die Verbindungen – je nach Dauer und Intensität einer direkten Beflammung – an Form- und Kraftschlüssigkeit verlieren und undicht werden. Aus diesem Grund dürfen für Löschwasseranlagen »trocken« und »nass/trocken« nach DIN 14462 nur dafür zugelassene und zertifizierte Pressverbindungssysteme eingesetzt werden. Dabei sind die erhöhten mechanischen Kräfte, die beim Füllvorgang auftreten können, zu berücksichtigen. Die Rohrstatik ist mit geeigneten Befestigungssystemen gemäß DIN 4102-4, Abs. 8.5.7.5 [62] und den a. a. R. d. T. auszuführen. Ein entsprechendes Prüfzertifikat dient dem Fachplaner als Eignungsnachweis und bietet ihm Planungssicherheit (Bsp. s. Abb. 2–65).
Weitere Informationen dazu s. auch Buchkapitel 3/Rudat, Anhang.

DEKRA Industrial GmbH
DEKRA

**Prüfzertifikat**
*examination certificate*

172146869-02
Registrierungsnummer
*registration number*

| | |
|---|---|
| **Anwendungsbereich** *field of application* | Produkte der Wasserversorgung zur Verwendung in Löschwasseranlagen nach DIN 14462 |
| **Zertifikatinhaber** *owner of certificate* | Viega GmbH & Co. KG<br>Viegaplatz 1<br>D-57439 Attendorn |
| **Produktart** *product category* | Rohrsystem |
| **Modell** *model* | Sanpress / Sanpress XL |
| **Produktbezeichnung** *product description* | Gesamtsortiment DN 15 bis DN 100 |
| **Prüfgrundlagen** *basis of type examination* | DIN 14462 |
| **Kurzbericht** *short report* | Das durch die Viega GmbH & Co KG vorgestellte Rohrleitungssystem Sanpress/Sanpress XL ist, unter Berücksichtigung der im Kapitel 4. des Gutachtens beschriebenen Randbedingungen, für den Einsatz in Löschwasseranlagen „nass“, nass/trocken“ und „trocken“ nach DIN 14462 geeignet.<br><br>Für das Rohrleitungssystem Sanpress /Sanpress XL wurde das abgebildete DEKRA Siegel, entsprechend den AGB DEKRA Siegel, erteilt. |



Halle, 27.08.2010
*Ort, Datum*

Unterschrift

Abb. 2–65 **DEKRA-Prüfzertifikat – Viega Sanpress-/Sanpress XL-Rohrsystem**

[62] DIN 4102 Teil 4: Brandverhalten von Baustoffen und Bauteilen - Zusammenstellung und Anwendung klassifizierter Baustoffe, Bauteile und Sonderbauteile; Berlin: Beuth, 1994

# 9 Literatur und Quellenangaben


## 1 Allgemeines

[1] DIN EN 806 Teil 2: Technische Regeln für Trinkwasserinstallationen – Planung; Berlin: Beuth, 2005

[2] DIN 1988 Teil 200: Technische Regeln für Trinkwasserinstallationen (TRWI); Installation Typ A (geschlossenes System) – Planung, Bauteile, Apparate, Werkstoffe; Technische Regel des DVGW, Berlin: Beuth 2012

[3] VDI 6023: Hygiene in Trinkwasserinstallationen – Anforderung an Planung, Ausführung, Betrieb und Instandhaltung; Berlin: Beuth, 2006

[4] DIN 1988 Teil 1 bis 8: Technische Regeln für Trinkwasserinstallationen (TRWI); Technische Regel des DVGW, Berlin: Beuth 1988

[5] DIN EN 806 Teil 5: Technische Regeln für Installationen innerhalb von Gebäuden für Wasser für den menschlichen Gebrauch – Betrieb und Wartung; Deutsche Fassung EN 806-5: 2012; Berlin: Beuth 2012

[6] VDI 6023: Hygiene in Trinkwasserinstallationen – Anforderung an Planung, Ausführung, Betrieb und Instandhaltung; Berlin: Beuth, 2006; Seite 9

[7] DIN EN 806 Teil 4: Technische Regeln für Trinkwasserinstallationen – Installation; Deutsche Fassung EN 806-4: 2010; Berlin: Beuth, 2010

[8] VOB: Vergabe- und Vertragsordnung für Bauleistungen; HOAI: Honorarordnung für Architekten und Ingenieure; Beck-Texte im dtv, 28. Auflage 2010

[9] Nach Schulte W. (2011): Maintaining water quality to the final point of use. Vortrag bei der World Plumbing Conference (WPC) http://www.worldplumbing.org/images/pdf/WorldPlumbingConference2011/wernerschulteviega.pdf

## 2 Grundlagen – 10 Fragen vor der Planung

[10] VDI 6003: Trinkwassererwärmungsanlagen – Komfortkriterien und Anforderungsstufen für Planung, Bewertung und Einsatz; Berlin: Beuth, 2004; Tabelle 1 bis 6

[11] DIN 18560 Teil 2: Estriche im Bauwesen – Estriche und Heizestriche auf Dämmschichten (schwimmende Estriche); Berlin: Beuth, 2009

[12] Lübbert: Raumbuch Musterdokumentation; Planungsgruppe VA, Hannover: 2011

[13] URL: http://www.bmas.de/DE/Service/Gesetze/arbstaettv.html, 01.02.2012

[14] VDI 6003: Trinkwassererwärmungsanlagen – Komfortkriterien und Anforderungsstufen für Planung, Bewertung und Einsatz; Berlin: Beuth, 2004

[15] Lübbert: Schaltschema; Planungsgruppe VA, Hannover: 2011

[16] DIN 4109 Teil A1: Schallschutz im Hochbau – Anforderungen und Nachweise; Änderung A1; Berlin: Beuth 2001

[17] DIN 4108 Teil 2: Wärmeschutz im Hochbau – Mindestanforderungen an den Wärmeschutz; Berlin: Beuth 2003

[18] EnEV 2009: Verordnung über energiesparenden Wärmeschutz und energiesparende Anlagentechnik bei Gebäuden (Energieeinsparverordnung) vom 29. April 2009

[19] DIN 4109 Beiblatt 2: Schallschutz im Hochbau – Hinweise für Planung und Ausführung, Vorschläge für einen erhöhten Schallschutz, Empfehlungen für den Schallschutz im eigenen Wohn- oder Arbeitsbereich; Berlin: Beuth 1989

[20] VDI 4100 2. Entwurf: Schallschutz im Hochbau – Wohnungen – Beurteilung und Vorschläge für den erhöhten Schallschutz; Berlin: Beuth Juni 2011

[21] VDI 6006: Druckstöße in Trinkwasserleitungen – Ursachen, Geräusche und Vermeidung; Berlin: Beuth 2008

[22] DVGW W 551: Trinkwassererwärmungs- und Trinkwasserleitungsanlagen – Technische Maßnahmen zur Vermeidung des Legionellenwachstums – Planung, Errichtung, Betrieb und Sanierung von Trinkwasser-Installationen, Bonn: DVGW, 2004

[23] Amtsgericht Berlin-Schöneberg: Urteil vom 29.04.1996, Aktenzeichen: 102 C 55/94

[24] DIN 1988 Teil 300: Technische Regeln für Trinkwasserinstallationen (TRWI) – Ermittlung der Rohrdurchmesser; Technische Regel des DVGW, Berlin: Beuth 2012

[25] DVGW GW 392: nahtlosgezogene Rohre aus Kupfer für Gas- und Trinkwasser-Installationen und nahtlosgezogene, innenverzinnte Rohre aus Kupfer für Trinkwasser-Installationen - Anforderungen und Prüfungen, Bonn: DVGW, 2009

[26] DIN 50930 Teil 6: Korrosion metallischer Werkstoffe im Innern von Rohrleitungen, Behältern und Apparaten bei Korrosionsbelastung durch Wässer – Beeinflussung der Trinkwasserbeschaffenheit; Berlin: Beuth 2001

[27] DIN EN ISO 19458: Wasserbeschaffenheit – Probenahme für mikrobiologische Untersuchungen (ISO 19458: 2006); Deutsche Fassung EN ISO 19458: 2006; Berlin: Beuth 2006

## 3 Wichtige Neuregelungen und Bauteile

[28] DIN EN 806 Teil 1: Technische Regeln für Trinkwasserinstallationen – Allgemeines, Deutsche Fassung EN 806-1:2000 + A1:2001; Berlin: Beuth, 2001

[29] Trinkwasserverordnung (TrinkwV), Neufassung vom 01.11.2011 (Es gilt die TrinkwV in der Fassung der ersten Änderungsverordnung vom 03. Mai 2011, BGBl. I S. 748)

[30] DVGW W 534: Rohrverbinder und Rohrverbindungen in der Trinkwasser-Installation; Bonn: DVGW, 2004

[31] DIN EN 805: Anforderungen an Wasserversorgungssysteme und deren Bauteile außerhalb von Gebäuden, Deutsche Fassung EN 805 : 2000; Berlin: Beuth 2000

[32] DVGW W 400 Teil 1: Technische Regeln Wasserverteilungsanlagen (TRWV), - Planung; Bonn: DVGW, 2004

[33] DVGW W 404: Technische Mitteilung, Merkblatt – Wasseranschlußleitungen; Bonn: DVGW, 1998

[34] DIN 8076: Druckrohrleitungen aus thermoplastischen Kunststoffen – Klemmverbinder aus Metallen und Kunststoffen für Rohre aus Polyethylen (PE) – Allgemeine Güteanforderungen und Prüfung; Berlin: Beuth, 2008

[35] DVGW W 575 (P): Ermittlung von Widerstandsbeiwerten für Form- und Verbindungsstücke in der Trinkwasser-Installation; Bonn: DVGW, 2012

[36] DIN EN 1213: Absperrventile aus Kupferlegierungen für Trinkwasseranlagen in Gebäuden – Prüfungen und Anforderungen, Deutsche Fassung EN 1213: 1999; Berlin: Beuth, 1999

[37] DIN EN 13828: Handbetätigte Kugelhähne aus Kupferlegierungen und nicht rostenden Stählen für Trinkwasseranlagen in Gebäuden - Prüfungen und Anforderungen, Deutsche Fassung EN 13828:2003; Berlin: Beuth, 2003

[38] DVGW W 570 Teil 1: Armaturen für die Trinkwasser-Installation – Teil 1: Anforderungen und Prüfungen für Gebäudearmaturen; Bonn: DVGW, 2007

[39] DIN EN 1092 Teil 1: Flansche und ihre Verbindungen – Runde Flansche für Rohre, Armaturen, Formstücke und Zubehörteile, nach PN bezeichnet – Teil 1: Stahlflansche; Deutsche Fassung EN 1092-1:2007; Berlin: Beuth, 2007

[40] DIN EN 200: Sanitärarmaturen – Auslaufventile und Mischbatterien für Wasserversorgungssysteme vom Typ 1 und Typ 2 – Allgemeine technische Spezifikation; Deutsche Fassung EN 200:2008; Berlin: Beuth, 2008

[41] DIN EN 816: Sanitärarmaturen - Selbstschlussarmaturen PN 10; Deutsche Fassung EN 816: 1996; Berlin: Beuth, 1997

[42] DIN EN 817: Sanitärarmaturen - Mechanisch einstellbare Mischer (PN 10) – Allgemeine technische Spezifikation; Deutsche Fassung EN 817:2008; Berlin: Beuth, 2008

[43] DIN EN 1111: Sanitärarmaturen – Thermostatische Mischer (PN 10) - Allgemeine technische Spezifikation; Deutsche Fassung EN 111:1998; Berlin: Beuth, 1998

[44] DVGW W 574: Sanitärarmaturen als Entnahmearmaturen für Trinkwasser-Installationen – Anforderungen und Prüfungen; Bonn: DVGW, 2007

[45] DIN EN 1717: Schutz des Trinkwassers vor Verunreinigung in Trinkwasserinstallationen und allgemeine Anforderungen an Sicherungseinrichtungen zur Verhütung von Trinkwasserverunreinigungen durch Rückfließen; Deutsche Fassung EN 1717: 2000; Technische Regel des DVGW, Berlin: Beuth 2011

[46] DIN 1988 Teil 100: Technische Regeln für Trinkwasserinstallationen (TRWI) – Schutz des Trinkwassers, Erhaltung der Trinkwassergüte; Technische Regel des DVGW, Berlin: Beuth 2011

[47] DIN EN 1996 Teil 2: Bemessung und Konstruktion von Mauerwerksbauten - Teil 2: Planung, Auswahl der Baustoffe und Ausführung von Mauerwerk; Deutsche Fassung EN 1996-2:2006 + AC: 2009; Berlin: Beuth, 2010
Nationaler Anhang: Bemessung und Konstruktion von Mauerwerksbauten - Teil 2: Planung, Auswahl der Baustoffe und Ausführung von Mauerwerk; Berlin: Beuth, 2012

[48] DIN 18180: Gipsplatten – Arten und Anforderungen; Berlin: Beuth, 2007

[49] DIN EN 520: Gipsplatten – Begriffe, Anforderungen und Prüfverfahren; Deutsche Fassung EN 520: 2004; Berlin: Beuth, 2005

## 4 Planungshinweise zu Trinkwasser warm

[50] DIN 4708 Teil 2: Zentrale Wassererwärmungsanlagen – Regeln zur Ermittlung des Wärmebedarfs, zur Erwärmung von Trinkwasser in Wohngebäuden; Berlin: Beuth, 1994

[51] FW 520: Wohnungsübergabestationen für Heizwassernetze – Planungsgrundlagen; Frankfurt: AGFW, 2004

[52] Woelk, K.: Energieeffizienz und Hygieneerhalt in Trinkwasser-Installationen auf Basis belastbarer Nutzungsdateien: Messen nicht mutmaßen; IKZ-Fachplaner, Ausgabe 8, 2012

## 5 Behandlung von Trinkwasser

[53] DIN 13443 Teil 1: Anlagen zur Behandlung von Trinkwasser innerhalb von Gebäuden - Mechanisch wirkende Filter – Teil 1: Filterfeinheit 80 µm bis 150 µm – Anforderungen an Ausführung, Sicherheit und Prüfung; Deutsche Fassung EN 13443-1:2002+A1:2007; Berlin: Beuth, 2007

[54] DIN 19628: Mechanisch wirkende Filter in der Trinkwasser-Installation – Anwendung von mechanisch wirkenden Filtern nach DIN EN 13443-1; Berlin: Beuth, 2007

[55] DIN EN 14743: Anlagen zur Behandlung von Trinkwasser innerhalb von Gebäuden – Enthärter – Anforderungen an Ausführung, Sicherheit und Prüfung; Deutsche Fassung EN 14743:2005+A1:2007; Berlin: Beuth, 2007

[56] DIN 19636 Teil 100: Enthärtungsanlagen (Kationenaustauscher) in der Trinkwasserinstallation – Anforderungen zur Anwendung von Enthärtungsanlagen nach DIN EN 14743; Berlin: Beuth, 2008

## 6 Brand-, Schall-, Feuchtigkeitsschutz

[57] Lippe, Wesche, Reintsema, Rosenwirth: Musterleitungsanlagen-Richtlinie (MLAR), 4. Auflage; Quellenhinweis: www.MLPartner.de

## 7 Dämmung von Rohrleitungen

[58] VDI 2055 Blatt 1: Wärme- und Kälteschutz von betriebstechnischen Anlagen in der Industrie und in der Technischen Gebäudeausrüstung – Berechnungsgrundlagen; Berlin: Beuth, 2008

[23] Amtsgericht Berlin-Schöneberg: Urteil vom 29.04.1996, Aktenzeichen: 102 C 55/94

## 8 Feuerlösch- und Brandschutzanlagen

[59] DIN 14462: Löschwassereinrichtungen - Planung und Einbau von Wandhydrantenanlagen und Löschwasserleitungen; Berlin: Beuth, 2009

[60] DIN 1988 Teil 600: Technische Regeln für Trinkwasser-Installationen - Trinkwasser-Installationen in Verbindung mit Feuerlösch- und Brandschutzanlagen; Technische Regel des DVGW; Berlin: Beuth, 2010

[61] DVGW W 405: Bereitstellung von Löschwasser durch die öffentliche Trinkwasserversorgung; Bonn: DVGW, 2008

[62] DIN 4102 Teil 4: Brandverhalten von Baustoffen und Bauteilen - Zusammenstellung und Anwendung klassifizierter Baustoffe, Bauteile und Sonderbauteile; Berlin: Beuth, 1994

# 3 Systemauslegung der Trinkwasser-Installation

## Berechnungsmethoden und Kommentar

K. Rudat

In DIN 1988 wird insbesondere im Teil 300 »Ermittlung der Rohrdurchmesser«, aber auch in den Teilen 500 »Druckerhöhungsanlagen mit drehzahlgeregelten Pumpen« und 600 »Trinkwasser-Installationen in Verbindung mit Feuerlösch- und Brandschutzanlagen«, die Bemessung systemrelevanter Bauteile normativ erläutert, überwiegend in Form von Anweisungen zur Berechnung. In diesem Kapitel werden die wesentlichen Berechnungsmethoden vorgestellt, kommentiert und anhand von Berechnungsbeispielen vertieft. Damit soll erreicht werden, dass der Planer und Ausführende die Trinkwasser-Installation so auslegt, dass die fundamentalen Anforderungen – hoher Komfort, gesicherte Hygiene, geringe Kosten und Nachhaltigkeit – im Betrieb bestmöglich erfüllt werden.

# Inhalt

## 1 Rohrleitungen für Trinkwasser kalt und warm



## 2 Zirkulationssysteme

## 3 Beispiel: Senioren-Appartements mit Kindertagesstätte



## 4 Druckerhöhungsanlagen für Trinkwasser-Installationen

## 5 Trinkwasser-Installationen und Feuerlöschanlagen



## 6 Beispiel: Bürogebäude mit DEA für Trinkwasser und Löschwasser

# 1 Rohrleitungen für Trinkwasser kalt und warm

## 1.1 Grundlagen

### 1.1.1 Bisherige Regeln in Deutschland und Europa

**Nachhaltige Nutzung des Versorgungsdruckes**

Seit über 20 Jahren werden in Deutschland die Durchmesser der Trinkwasserleitungen kalt und warm nach DIN 1988 Teil 3 [1] bestimmt. Diese Norm galt streng genommen nur für Trinkwasser-Installationen, die ohne Druckerhöhungsanlage direkt an die Versorgungsleitung angeschlossen werden[1]. Ziel der Berechnung war, bei einer zu erwartenden Spitzenbelastung auch an den hydraulisch ungünstigsten Entnahmestellen die gewünschten Durchflüsse sicherzustellen und das bei den kleinstmöglichen Rohrdurchmessern und unter Beachtung der höchstzulässigen Strömungsgeschwindigkeiten (Schallschutz). Bei diesem Vorgehen wird der Versorgungsdruck bestmöglich genutzt und man erhält wirtschaftliche Trinkwassersysteme, die sich zudem durch den minimal möglichen Wasserinhalt auszeichnen (Hygiene).

Nach dieser Norm wurden über einen Erfahrungsansatz auch die Nennweiten von Zirkulationsleitungen bestimmt, nur zeigten theoretische Studien [2] auf, dass das gewählte Verfahren den Lastzustand in einer Zirkulationsanlage nicht korrekt abbildet. Hinzu kam, dass die Anforderungen an die Hygiene in diesen Systemen ein neues Berechnungsverfahren notwendig machten. Es wurde das DVGW-Arbeitsblatt W 553 »Bemessung von Zirkulationssystemen in zentralen Trinkwassererwärmungsanlagen« [3] erstellt. Dort werden Berechnungsverfahren aufgeführt, die es ermöglichen, eine wirtschaftlich und betriebstechnisch optimale Wahl der Nennweiten für die Rohre, für die Ventile und der Größe der Zirkulationspumpe vornehmen zu können.

### 1.1.2 Technische Regeln für Trinkwasser-Installationen – Teil 300 Ermittlung der Rohrdurchmesser; Technische Regel des DVGW

**Technische Regel des DVGW [4]**

Die im Kapitel 1.1.1 genannten Regeln sind mit dem Erscheinen der DIN 1988-300 nicht mehr gültig. Diese Norm wurde erarbeitet, weil die im Sommer 2006 erschienene europäische Norm DIN EN 806-3 [5] nur ein vereinfachtes und in wesentlichen Punkten nicht nachvollziehbares Berechnungsverfahren für Trinkwasserleitungen kalt und warm enthält [6]; zudem werden keine Angaben gemacht, wie die Zirkulationsleitungen zu bemessen sind.

**Öffnungsklausel in DIN EN 806-3**

Allerdings wurde über den informativen Anhang C der DIN EN 806 die Möglichkeit geschaffen, alternative Berechnungsverfahren zu verwenden und genau dieser Weg ist in Deutschland gegangen worden. In diesem Anhang wird über nationale Berechnungsverfahren informiert, die (Zitat):

> *»... als Alternative zu dieser (gemeint DIN EN 806-3, der Verfasser) Europäischen Norm verwendet werden können oder in Fällen, in denen Gründe für differenzierte Rechenverfahren gegeben sind, z. B. für große Gebäude, Industrie- und Gewerbeanlagen.«*

[1] DIN 1988 Teil 3: Technische Regeln für Trinkwasser-Installationen (TRWI); Ermittlung der Rohrdurchmesser; Technische Regel des DVGW. Berlin: Beuth, 1988

1 Die Durchmesser der Trinkwasser-Installation nach der DEA konnten auch nach DIN 1988 Teil 3 bestimmt werden, wenn statt des MIndestversorgungsdruckes der Nachdruck (Fließdruck unmittelbar nach der DEA) berücksichtigt wurde

[2] Rudat, K.: Berechnungsverfahren für Zirkulationssysteme in zentralen Trinkwassererwärmungsanlagen. Teil 1: Gesundheitsingenieur (GI) 1991, H. 6, S. 296-305; Teil 2: GI 1992, H. 1, S. 24-30; Teil 3: GI 1992, H. 3, S. 137-142

[3] DVGW W 553: Bemessung von Zirkulationssystemen in zentralen Trinkwassererwärmungsanlagen. Bonn: DVGW, 1998.

[4] DIN 1988 Teil 300: Technische Regeln für Trinkwasser-Installationen (TRWI); Ermittlung der Rohrdurchmesser; Technische Regel des DVGW. Berlin: Beuth, 2012

[5] DIN EN 806-3: Technische Regeln für Trinkwasser-Installationen – Teil 3: Berechnung der Rohrinnendurchmesser. Berlin: Beuth, 2006

[6] Rudat, K.: Zum Stand der Diskussion – Zukünftige Regeln für die Bemessung von Installationen. Teil 1: Sanitär- und Heizungstechnik 75 (2010), Heft 1, S. 56-60, Teil 2: Sanitär- und Heizungstechnik 75 (2010), Heft 2, S. 26-29

*Warum mussten die bewährten Berechnungsverfahren nach DIN 1988-3 aus dem Jahre 1988 überarbeitet werden und was hat sich geändert?*

An dieser Stelle wird nur auf die Bemessung der Trinkwasserleitungen kalt und warm eingegangen; die Aspekte zum Thema Auslegung der Zirkulationsanlage werden in Kapitel 2 besprochen.

**Kurz gefasst die Gründe für die Überarbeitung**

*Warum wurde geändert?*

1. Die einwohnerbezogenen Tagesmittelwerte für den Trinkwasserverbrauch sind um 30 % gesunken (Vergleichsjahr: 1988).
2. Die Berechnungsdurchflüsse für an die Trinkwasserleitung angeschlossene Maschinen haben sich reduziert.
3. Die hygienischen Anforderungen sind gestiegen und normativ verankert, z. B. in VDI 6023 [7]: »Überdimensionierung ist zu vermeiden«, d. h. die Auslegungsbedarfe sind in jedem Fall gründlich zu überprüfen.
4. Der Versorgungsdruck und relevante Druckdifferenzen im System für die Apparate, die Höhenunterschiede und die Entnahmearmaturen müssen differenziert erfasst werden.
5. Installationstechniken im Stockwerksbereich (z. B. Ringleitungen), der Wunsch nach Optimierung der Nennweiten aufgrund hygienischer Anforderungen und die Möglichkeiten, mit geeigneter Software die Systeme zu berechnen, führen zu der Auffassung, vereinfachte Berechnungsverfahren als überflüssig anzusehen.
6. Die Vielfalt der Geometrie von Formstücken und der Verbindungstechniken führt zu der verbreiteten Einschätzung, dass die Widerstandszahlen $\zeta$ im Regelfall[2] produktabhängig zu ermitteln und bei der Berechnung differenziert zu berücksichtigen sind.

**Kurz gefasst die Änderungen**

*Was wurde geändert?*

1. Die Berechnungsdurchflüsse für Wasch- und Geschirrspülmaschinen wurden reduziert.
2. Die Spitzenvolumenströme werden endsträngig (z. B. im Stockwerksbereich) über die Einschätzung der Nutzungsgewohnheiten ermittelt und in den übrigen Teilstrecken abgesenkt (Anpassung als Folge niedrigerer Verbräuche).
3. Im Regelfall beginnt die Bemessung der Trinkwasser-Installation nach dem Wasserzähler.
4. In der Norm angegebene Referenzwerte (z. B. für den Mindestfließdruck oder den Berechnungsdurchfluss) sind durch einen Vergleich mit den Herstellerangaben auf ihre Plausibilität zu prüfen.
5. Die Berechnung von Ringleitungen in der Stockwerksverteilung von Nutzungseinheiten hat differenziert zu erfolgen.
6. Das sogenannte vereinfachte Berechnungsverfahren wurde abgeschafft; die Stoffwerte für das Trinkwasser sind temperaturabhängig zu berücksichtigen (damit dürfen bei Trinkwasserleitungen warm nicht mehr die Werte für die Rohrreibungsdruckgefälle der Trinkwasserleitungen kalt angenommen werden). Lediglich bei produktneutraler Ausschreibung dürfen die Referenzwerte für Widerstandsbeiwerte der Einzelwiderstände verwendet werden.

[7] VDI 6023: Hygiene in Trinkwasser-Installationen. Anforderungen an Planung, Ausführung, Betrieb und Instandhaltung. Berlin: Beuth, 2006

2 Ausnahme: Verwendung von Referenzwerten bei produktneutraler Ausschreibung

Der Berechnungsgang nach DIN 1988-300 ist in Abb. 3–1 schematisch dargestellt. Der zu schätzende Anteil für die Einzelwiderstände wird nicht – wie noch beim vereinfachten Berechnungsverfahren in DIN 1988-3 – vorgegeben, da er beliebig wählbar ist. Unrealistische Vorgaben erhöhen allerdings bei Berechnungen von Hand durch die notwendigen Korrekturen die Bearbeitungszeit, verändern aber nicht das Ergebnis.

**Berechnungsschritte**
Nach DIN 1988-300

1 Berechnungsdurchflüsse der Entnahmearmaturen ermitteln
⬇
2 Summendurchfluss für jede Teilstrecke ermitteln
⬇
3 Spitzenvolumenstrom $\dot{V}_s = f(\sum \dot{V}_R)$ für jede Teilstrecke berechnen
⬇
4 Verfügbare Druckdifferenz $\Delta p_{ges,v}$ für Rohrreibung und Einzelwiderstände ermitteln
⬇
5 Geschätzten Anteil der verfügbaren Druckdifferenz für die Einzelwiderstände abziehen
⬇
6 Verfügbares Rohrreibungsdruckgefälle $R_v$ berechnen
⬇
7 Bemessung mit dem hydraulisch ungünstigsten Strömungsweg beginnen
⬇
8 Rohrdurchmesser, Fließgeschwindigkeit, Druckgefälle für jede TS ermitteln
⬇
9 Druckverlust aus Einzelwiderständen über Widerstandsbeiwerte $\zeta$ berechnen
⬇
10 Gesamtdruckverlust aus Rohrreibung und Einzelwiderständen $\Delta p_{ges}$ ermitteln
⬇
11 Druckdifferenzen vergleichen: $\Delta p_{ges} \leq \Delta p_{ges,v}$ Durchmesser korrigieren
⬇
12 Neues $R_v$ für günstiger gelegene Fließwege ermitteln
⬇
13 Für günstiger gelegene Fließwege Schritte 7 bis 11 wiederholen

Abb. 3–1 **Berechnungsgang zur Ermittlung der Rohrdurchmesser nach DIN 1988-300**

**Anwendungsbereich**

Zur Klärung des Anwendungsbereiches der DIN 1988-300 ein Zitat aus dieser Norm:

> *»ANMERKUNG Die Rohrdurchmesser für die Kalt- und Warmwasserverbrauchsleitungen in Wohngebäuden mit bis sechs Wohnungen können auch nach DIN EN 806-3 bestimmt werden, sofern der Versorgungsdruck ausreicht und die Hygiene sichergestellt ist.«*

Bestimmungsgemäßer Betrieb 2

Mit anderen Worten und kurz gefasst:
Die Trinkwasser-Installationen aller Gebäudearten können mit den Algorithmen der DIN 1988-300 berechnet werden und damit werden Anlagen konzipiert, in denen ein Bestimmungsgemäßer Betrieb realisiert werden kann!

## 1.2 Druckverluste in Rohrleitungen und Einzelwiderständen

Beim Durchströmen einer Trinkwasser-Installation wird in den geraden Rohrleitungen und in den sogenannten Einzelwiderständen Druckenergie in andere Energieformen (z. B. Wärme, Schall) umgewandelt. Die dabei auftretenden Druckverluste müssen bei der Rohrnetzberechnung erfasst werden. Sie werden in DIN 1988-300 differenziert für jede Teilstrecke berechnet, und zwar getrennt für die Reibung in geraden Rohrabschnitten und für die Widerstände in Formstücken und Armaturen.

Eine sog. »Teilstrecke (TS)« ist dadurch gekennzeichnet, dass entlang des Strömungsweges sich die folgenden Parameter nicht ändern: Innendurchmesser, Volumenstrom und Werkstoff.

### 1.2.1 Rohrreibung

Grundsätzlich werden die Reibungsverluste mit den Formeln (1.1) und (1.2) berechnet, wobei die Rohrreibungsdruckgefälle »$R$« geeigneten Tabellen entnommen oder in einem Programm direkt ausgerechnet werden. Dazu müssen folgende Daten für jeden Rohrabschnitt bekannt sein

- Werkstoff und Nennweite und damit der Innendurchmesser des Rohres
- Volumenstrom und Temperatur des Wassers

$$\Delta p_R = R \cdot l \qquad (1.1)$$

**Rohrreibungsdruckverlust**

worin

$$R = \lambda \cdot \frac{1}{d_i} \cdot \frac{\rho}{2} \cdot v^2 \qquad (1.2)$$

**Rohrreibungsdruckgefälle**

mit

| | |
|---|---|
| $\Delta p_R$ | Druckverlust durch Rohrreibung in einer Teilstrecke |
| $R$ | Rohrreibungsdruckgefälle |
| $l$ | Länge der Rohrleitung (einer Teilstrecke) |
| $\lambda$ | Rohrreibungszahl |
| $d_i$ | Innendurchmesser des Rohres |
| $\rho$ | Dichte des Wassers = f (Temperatur s. Tab. 3–9) |
| $v$ | Strömungsgeschwindigkeit |

Die Strömungsgeschwindigkeit erhält man aus der Kontinuitätsgleichung mit Formel (1.3).

$$v = \frac{\dot{V}}{A} \qquad (1.3)$$

**Strömungsgeschwindigkeit**

mit

| | |
|---|---|
| $\dot{V}$ | Volumenstrom (Durchfluss) |
| $A$ | Strömungsquerschnitt |

Die Rohrreibungszahl $\lambda$ wird abhängig vom Strömungszustand (laminar oder turbulent, maßgebender Parameter: Reynoldszahl »$Re$«) und von der relativen Rohrrauheit $k/d$ mit den nachfolgenden Formeln (1.4) bis (1.8) bestimmt:

$$\lambda = \frac{64}{Re} \qquad (1.4)$$

**Rohrreibungszahl für laminare Strömung**

## Rohrreibungszahl für turbulente Strömung

Hydraulisch glatt (1.5)

$$\frac{1}{\sqrt{\lambda}} = 2\,lg \cdot \left(\frac{Re \cdot \sqrt{\lambda}}{2{,}51}\right)$$

Übergangsbereich glatt und rau (1.6)

$$\frac{1}{\sqrt{\lambda}} = -2\,lg \cdot \left(\frac{2{,}51}{Re \cdot \sqrt{\lambda}} + \frac{k}{3{,}71 \cdot d_i}\right)$$

Hydraulisch rau (1.7)

$$\frac{1}{\sqrt{\lambda}} = 2\,lg \cdot \left(\frac{3{,}71}{k/d_i}\right)$$

Die Reynoldszahl in den Formeln (1.4) bis (1.6) wird nach Formel (1.8) berechnet

Reynoldszahl (1.8)

$$Re = \frac{v \cdot d_i}{\nu}$$

mit

$k$ Absolute Rohrrauheit

$\nu$ Kinematische Zähigkeit

Für die wichtigsten Temperaturen sind in Tab. 3–9 die Stoffwerte angegeben, die Rohrrauheiten sind beim Hersteller zu erfragen. Übliche Werte finden sich abhängig vom Werkstoff der Innenwand (beim Verbundrohr: Kunststoff) in Tab. 3–10.

**Stoffwerte für Trinkwasser**

Tab. 3–9 **Stoffwerte für Trinkwasser**

| Temperatur | [°C] | 10 | 60 |
|---|---|---|---|
| Dichte | [kg/m³] | 999,7 | 983,2 |
| Kinematische Zähigkeit | [m²/s] | $1{,}31 \cdot 10^{-6}$ | $0{,}475 \cdot 10^{-6}$ |

**Übliche Rauheiten für Rohre**

Tab. 3–10 **Übliche Werte für die Rauheit von Trinkwasserleitungen**

| Rohrart | Rohrrauheit in mm |
|---|---|
| Kupferrohr, Rohre aus nichtrostendem Stahl | 0,0015 |
| Kunststoffrohr, Verbundrohr | 0,0070 |
| Duktiles Gussrohr mit Zementmörtelauskleidung | 0,1000 |
| Verzinktes Stahlrohr | 0,1500 |

In den Kalt- und Warmwasserleitungen haben wir im Regelfall turbulente Strömungen und man befindet sich dabei im Übergangsbereich zwischen glatter und rauer Rohrwand. In Zirkulationsleitungen werden in Strängen mit relativ kleinen Volumenströmen auch laminare Strömungszustände erreicht.

**Beispiel**
Trinkwasserleitung kalt, Temperatur 10 °C
Werkstoff: nichtrostender Stahl, Nennweite DN 25, Durchfluss 0,6 l/s

**Lösung**[3]
Die Geschwindigkeit ergibt sich bei einem Innendurchmesser von 25,6 mm zu:

$$v = \frac{\dot{V}}{A_i} = \frac{\dot{V} \cdot 4}{d_i^2 \cdot \pi} = 1{,}17\ m/s$$

**nach Formel (1.3)**

und damit erhält man für die Reynoldszahl bei einer Temperatur von 10 °C:

$$Re = \frac{v \cdot d_i}{\nu} = \frac{1{,}17 \cdot 0{,}0256}{1{,}31 \cdot 10^{-6}} = 22780$$

**nach Formel (1.8)**

Mit der Rauheit von 0,0015 mm kann mit Formel (1.6) durch Iteration die Rohrreibungszahl berechnet werden:
$\lambda = 0{,}02515$

Für das Rohrreibungsdruckgefälle folgt:

$$R = \lambda \cdot \frac{1}{d_i} \cdot \frac{\rho}{2} \cdot v^2 = 0{,}02515 \cdot \frac{1}{0{,}0256} \cdot \frac{999{,}7}{2} \cdot 1{,}17^2 \cdot \frac{1\ hPa}{100\ Pa} = 6{,}7\ hPa/m$$

**nach Formel (1.2)**

Der nachfolgende Auszug (s. Tab. 3–11) aus einer R-Wert-Tabelle für Edelstahlrohre bestätigt die Werte.

Tab. 3–11 **Rohrreibungsdruckgefälle Edelstahlrohre (Auszug)**

| DN | 15 | | 20 | | 25 | |
|---|---|---|---|---|---|---|
| $\dot{V}$ | $v$ | $R$ | $v$ | $R$ | $v$ | $R$ |
| [l/s] | [m/s] | [hPa/m] | [m/s] | [hPa/m] | [m/s] | [hPa/m] |
| **0,55** | 2,74 | 54,0 | 1,82 | 20,5 | 1,07 | 5,7 |
| **0,56** | 2,79 | 55,8 | 1,86 | 21,1 | 1,09 | 5,9 |
| **0,57** | 2,83 | 57,6 | 1,89 | 21,8 | 1,11 | 6,1 |
| **0,58** | 2,88 | 59,4 | 1,92 | 22,5 | 1,13 | 6,3 |
| **0,59** | 2,93 | 61,2 | 1,96 | 23,2 | 1,15 | 6,5 |
| **0,60** | 2,98 | 63,1 | 1,99 | 23,9 | **1,17** | **6,7** |
| **0,61** | 3,03 | 65,0 | 2,02 | 24,6 | 1,19 | 6,9 |
| **0,62** | 3,08 | 66,9 | 2,05 | 25,3 | 1,20 | 7,1 |
| **0,63** | 3,13 | 68,8 | 2,09 | 26,0 | 1,22 | 7,3 |
| **0,64** | 3,18 | 70,8 | 2,12 | 26,8 | 1,24 | 7,5 |

**Der Tabellenwert und das oben berechnete Ergebnis stimmen überein.**

3 Es wird mit den ungerundeten Werten weiter gerechnet!

### 1.2.2 Einzelwiderstände

Einzelwiderstände sind Einbauteile in Rohrleitungen, wie Formstücke (Abzweigstücke, Winkel, Bögen, Reduzierstücke, Absperrarmaturen, Rückflussverhinderer etc.). Entnahmearmaturen und Apparate (z. B. Filter) werden nicht den Einzelwiderständen zugeordnet.

In allen Einzelwiderständen treten zusätzliche Druckverluste durch Ablösungen, Querströmungen und starke Umlenkungen auf, die in DIN 1988-300 über den sog. »Widerstandsbeiwert $\zeta$« erfasst werden. Analog zu den Formeln (1.1) und (1.2) wird der dabei auftretende Strömungswiderstand $\Delta p_E$ mit der Formel (1.9) berechnet:

**Strömungswiderstand**

$$\Delta p_E = Z = \Sigma\zeta \cdot \frac{\rho}{2} \cdot v^2 \tag{1.9}$$

mit

$\sum\zeta$ Summe der $\zeta$-Werte in der Teilstrecke

$\rho$ Dichte des Wassers

$v$ Strömungsgeschwindigkeit

**Messung der Widerstandsbeiwerte**

Gemessen werden die Widerstandsbeiwerte nach den Angaben im DVGW-Arbeitsblatt W 575 [8]. Für Rohrnetzberechnungen nach DIN 1988-300 sind grundsätzlich die Herstellerwerte (Ist-Werte) zu berücksichtigen (s. Buchkapitel 3 / Rudat / Anhang). Dadurch wird gewährleistet, dass die Systemauslegung den tatsächlichen Strömungsbedingungen gerecht wird.

**Korrekte Zuordnung bei Geschwindigkeitsänderungen im Einzelwiderstand**

Nun gibt es Formstücke (klassisch: T-Stück), an denen verschiedene Strömungsgeschwindigkeiten vorliegen und für die Berechnung muss eindeutig sein, welche dieser Geschwindigkeiten zu nehmen ist. Beispielsweise kann für den Abzweigweg eines T-Stückes bei einer konkreten Strömungssituation nur ein bestimmter Druckverlust auftreten, allerdings gibt es (s. Abb. 3–2) für jeden Strömungsweg (Durchgang und Abzweig) zwei Geschwindigkeiten und mit diesen ließen sich auch zwei unterschiedliche Druckverluste berechnen.

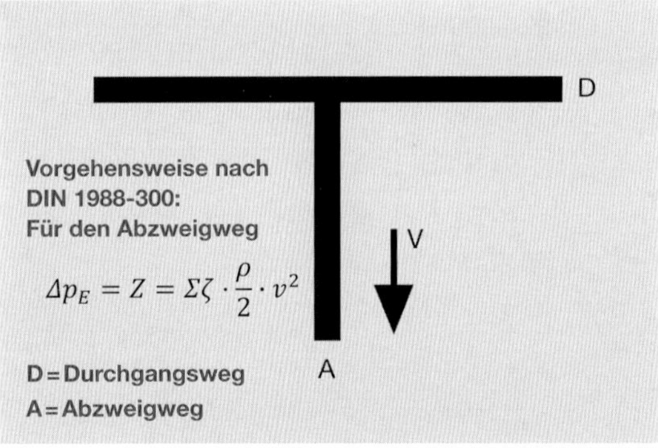


Abb. 3–2 **Strömungsgeschwindigkeiten im Abzweigweg eines T-Stücks**

**Strömungspfeil maßgebend**

Weil das physikalischer Unsinn ist, muss in jeder für die Anwendung geeigneten $\zeta$-Wert-Tabelle bei Formstücken, an denen unterschiedliche Geschwindigkeiten im Ein- und Auslauf auftreten können, die für den jeweiligen Strömungsweg (z. B. Abzweig oder Durchgang beim T-Stück) zu wählende Geschwindigkeit gekennzeichnet werden. Dies geschieht in den Tabellen der DIN 1988-300 durch das kleine »v« an einem Strömungspfeil.

**Beispiel**

T-Stück DN 25 in der Kaltwasserleitung (**P**otable **W**ater **C**old – PWC) aus nichtrostendem Stahl:
»Wie groß ist der Druckverlust im Abzweigweg, wenn für den Widerstandsbeiwert der Referenzwert nach DIN 1988-300 herangezogen wird?«

[8] DVGW W 575 (P): Ermittlung von Widerstandsbeiwerten für Form- und Verbindungsstücke in der Trinkwasser-Installation. Bonn: DVGW, 2012

Die rechnerischen Strömungsgeschwindigkeiten betragen am Eintritt 2,7 m/s, am Austritt im Durchgang 2,1 und im Abzweig 1,7 m/s.
In Tabelle A1 der DIN 1988-300 wird für ein T-Stück DN 25, Abzweig, Stromtrennung (TA) ein Wert von $\zeta = 2{,}0$ genannt, die maßgebende Geschwindigkeit ist 1,7 m/s, also:

$$\Delta p_E = 2{,}0 \cdot \frac{999{,}7}{2} \cdot 1{,}7^{\,2} \cdot \frac{1\ hPa}{100\ Pa} = 28{,}9\ \approx 29\ hPa$$

**nach Formel (1.9)**

Der Druckverlust wird der Teilstrecke zugeordnet, in der die Strömungsgeschwindigkeit 1,7 m/s vorliegt.

**Referenzwerte für produktneutrale Ausschreibung**

Die Tabellen für die Referenzwerte von Einzelwiderständen im Anhang der DIN 1988-300 dienen allein dazu bei herstellerunabhängiger (produktneutraler) Ausschreibung eine praxisgerechte Auslegung des Systems zu ermöglichen – sie sind nur für diesen Zweck zu verwenden. Dabei wird davon ausgegangen, dass auch die Rohrleitungen bei der jeweilig ausgeschriebenen Nennweite über bestimmte Mindest-Innendurchmesser $d_{i,min}$ nach DIN 1988-300, Tabelle 2 verfügen, z. B. 16 mm bei einem Kupferrohr DN 15.

## 1.3 Berechnung des Volumenstroms

**Maßgebender Durchfluss für die Rohrdurchmesser**

Maßgebend für die Bemessung jeder Teilstrecke im Trinkwassersystem ist der zu erwartende Spitzenvolumenstrom oder Spitzendurchfluss $\dot{V}_S$ in l/s (s. Kapitel 1.3.3) und das verfügbare Druckgefälle $R_v$ für die Rohrreibung (s. Kapitel 1.4).

Der Spitzendurchfluss wiederum hängt davon ab, welche und wie viele Entnahmearmaturen im Gebäude und auf dem Grundstück installiert sind (repräsentiert durch den sog. Summendurchfluss $\Sigma\dot{V}_R$ s. Kapitel 1.3.2), wie hoch ihre Berechnungsdurchflüsse sind (s. Kapitel 1.3.1) und wie sie genutzt werden (Gleichzeitigkeit der Wasserentnahme) s. Kapitel 1.3.3.

### 1.3.1 Berechnungsdurchfluss einer Entnahmearmatur

**Gebrauchstauglichkeit einer Entnahmearmatur**

Jede Entnahmearmatur benötigt einen Mindestdurchfluss, damit sie gebrauchstauglich ist. Dieser wird experimentell bestimmt (bei welchem Durchfluss ist die Handdusche gebrauchstauglich?) oder berechnet, z. B. bei einer Badewannenarmatur aus dem einzubringenden Wasservolumen und der Füllzeit. Der dazu notwendige Mindestfließdruck muss bei der Druckberechnung (s. Kapitel 1.4) zuverlässig erfasst werden, damit bei einer hohen Belastung im System keine Druckmängel auftreten.

Für die Bestimmung der Nennweiten müssen aber die sog. Berechnungsdurchflüsse $\dot{V}_R$ herangezogen werden (s. Abb. 3–3), weil im Regelfall in den geodätisch günstiger gelegenen Entnahmestellen aufgrund des höheren Vordruckes größere Volumenströme gezapft werden können. Die Ausnahme ist immer dann gegeben, wenn die Entnahmearmatur über einen Durchflussregler (s. VDI 6024 [9]) verfügt oder in den Stockwerksverteilungen eine Vordrosselung (in der Stockwerkabsperrung) erfolgt.

Der Einfachheit halber und für die Praxis genügend genau wird der Berechnungsdurchfluss $\dot{V}_R$ im Regelfall[4] mit Formel (1.10) ermittelt:

$$\dot{V}_R = \frac{\dot{V}_{min} + \dot{V}_0}{2} \qquad (1.10)$$

**Berechnungsdurchfluss**

mit

$\dot{V}_{min}$ für die Gebrauchstauglichkeit der Entnahmearmatur notwendiger Durchfluss
$\dot{V}_O$ Durchfluss der Entnahmearmatur beim Fließdruck von 0,3 MPa

[9] VDI 6024 Blatt 1: Wassersparen in Trinkwasser-Installationen - Anforderungen an Planung, Ausführung, Betrieb und Instandhaltung. Ausgabe: 2008

[4] Ausnahme: z. B. Druckspüler, hier ist $\dot{V}_R = \dot{V}_{min}$

$p_{Fl,k}$ = kennzeichnender Fließdruck nach DIN EN ISO 3822-2

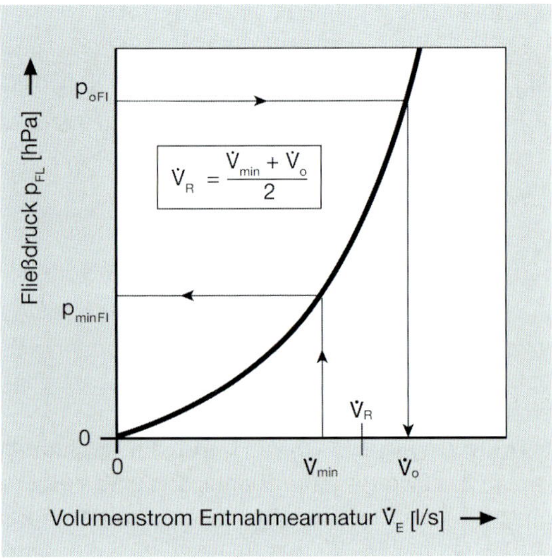


Abb. 3–3 **Mindestdurchfluss, Mindestfließdruck, Berechnungsdurchfluss**

**Herstellerangaben beachten**
DIN EN ISO 3822-2: Akustik – Prüfung des Geräuschverhaltens von Armaturen und Geräten der Wasserinstallation im Laboratorium. Teil 2: Anschluss- und Betriebsbedingungen für Auslaufventile und für Mischbatterien. Berlin: Beuth, 1995.

Weil die Werte für die Berechnungsdurchflüsse moderner Entnahmearmaturen zum Teil erheblich von den in der Praxis gewohnheitsmäßig getroffenen Annahmen (sog. Richtwerte) abweichen können, wird in DIN 1988-300 ausdrücklich darauf hingewiesen, die Angaben der Hersteller zu verwenden. Hersteller von Armaturen haben die für die Gebrauchstauglichkeit notwendigen Werte für die Berechnungsdurchflüsse auf der Kalt- und der Warmwasserseite anzugeben.

Allerdings werden in DIN 1988-300 auch sog. »Referenzwerte« für den Berechnungsdurchfluss von Entnahmearmaturen aufgelistet (s. Tab. 3–12), die unter bestimmten Voraussetzungen für die Rohrnetzberechnung benutzt werden dürfen.

Tab. 3–12 **Referenzwerte für die Berechnungsdurchflüsse von Entnahmearmaturen**

| Art der Entnahmestelle | Referenzwert für den Berechnungsdurchfluss | |
|---|---|---|
| | Kalt | Warm |
| Mischarmaturen für Küchenspüle, Waschtisch, Bidet | 0,07 | 0,07 |
| Geschirrspülmaschine | 0,07 | – |
| Spülkasten | 0,13 | – |
| Mischarmaturen für Bade- oder Duschwanne | 0,15 | 0,15 |
| Auslaufventile mit Strahlreglern DN 10 und DN 15, Waschmaschine | 0,15 | – |
| Auslaufventile ohne Strahlregler DN 15, Druckspüler für Urinal (manuell, elektronisch) | 0,30 | – |
| Auslaufventile ohne Strahlregler DN 20 | 0,50 | – |
| Auslaufventile ohne Strahlregler DN 25 | 1,00 | – |

Raumbuch 3

Sind die Herstellerwerte (Ist-Werte) größer als die Referenzwerte, führt kein Weg daran vorbei, mit den Herstellerwerten zu arbeiten – schließlich muss die einwandfreie Funktion der Armatur sichergestellt werden. Bei kleineren Herstellerwerten muss abgewogen werden: Wünscht der Bauherr, dass aus wirtschaftlichen und möglicherweise auch hygienischen Gründen die geringeren Durchflüsse zur Auslegungsgrundlage gemacht werden, ist der Planer gut beraten, diese Voraussetzungen für seine Berechnungen in einem Raumbuch zu dokumentieren. Bei einem späteren Austausch der Entnahmearmaturen kann dann verlässlich geprüft werden, ob das Rohrleitungssystem für die neuen Armaturen hinreichend ausgelegt ist. Andernfalls dürfen auch die Referenzwerte nach Tab. 3–12 verwendet werden – was ebenfalls dokumentiert werden sollte.

### 1.3.2 Summendurchfluss in einer Teilstrecke

Entgegen der Fließrichtung werden auf der Kalt- und auf der Warmwasserseite die Berechnungsdurchflüsse addiert, mit denen man den sog. Summendurchfluss $\Sigma\dot{V}_R$ erhält. Mit ihm ist zu rechnen, wenn alle an einer Teilstrecke (TS) angeschlossenen Entnahmearmaturen zugleich geöffnet sein können – das ist allerdings eher die Ausnahme, denkbar z. B. bei Duschanlagen im Schwimmbad. Treffen die Kalt- und Warmwasserseite zusammen, sind auch die Summendurchflüsse beider Seiten zu addieren.

In Nutzungseinheiten (NE) sind ein zusätzliches Waschbecken, Bidet, Urinal sowie eine Dusche zusätzlich zur Badewanne bei der Ermittlung des Summendurchflusses **nicht** zu berücksichtigen. Auch Zapfventile für die Raumreinigung (z. B. in Vorräumen von öffentlichen Toilettenanlagen) werden **nicht** beachtet.

### 1.3.3 Spitzendurchfluss in einer Teilstrecke

Die Gleichzeitigkeit der Wasserentnahme und damit die Nutzungsgewohnheiten sind stark abhängig davon, in welcher Gebäudeart die Entnahmearmaturen installiert werden. Darüber hinaus sind bei Nutzungseinheiten, Reihenanlagen und Dauerverbrauchern besondere Aspekte zu berücksichtigen, ebenso bei Trinkwasser-Installationen in Sonderbauten, Gewerbe- und Industrieanlagen, deren Spitzendurchflüsse ohnehin nur nach differenzierter Erhebung der Berechnungsdurchflüsse und der Gleichzeitigkeit bestimmt werden können. Zahlreiche Messungen [10], [11], [12], [13] der Spitzendurchflüsse in den in s. Tab. 3–13 angegebenen Gebäudearten und die Überprüfung auf Plausibilität haben zu einem einheitlichen Berechnungsansatz für den Spitzendurchfluss geführt.

(Gültigkeitsbereich: $0{,}2 \le \Sigma\dot{V}_R \le 500$ l/s:

$$\dot{V}_S = a \cdot \left(\sum\dot{V}_R\right)^b - c \qquad (1.11)$$

**Spitzenvolumenstrom**

mit

**a**, **b**, **c** Konstanten = f (Gebäudetyp), s. Tab. 3–13

Ausgehend vom Summendurchfluss $\Sigma\dot{V}_R$ wird im Regelfall mit den Konstanten »**a**«, »**b**« und »**c**« aus Tab. 3–13 der Spitzendurchfluss für die jeweilige Teilstrecke mit Formel (1.11) (Größenwertgleichung, Ergebnis in l/s) ermittelt.

Tab. 3–13 **Konstanten zur Berechnung des Spitzendurchflusses mit Formel (1.11)**

| Gebäudetyp | Konstanten | | |
|---|---|---|---|
| | a | b | c |
| **Hotel** | 0,70 | 0,48 | 0,13 |
| **Krankenhaus (Bettenbauten)** | 0,75 | 0,44 | 0,18 |
| **Pflegeheim** | 1,40 | 0,14 | 0,92 |
| **Schule** | 0,91 | 0,31 | 0,38 |
| **Verwaltungsgebäude** | 0,91 | 0,31 | 0,38 |
| **Wohngebäude, Betreutes Wohnen, Seniorenheime** | 1,48 | 0,19 | 0,94 |

[10] DVGW-Forschungsbericht: Ermittlung des Wasserbedarfs als Planungsgrundlage zur Bemessung von Wasserversorgungsanlagen. Eschborn: DVGW, 1983 – 1988.

[11] Kawan, H.: Messungen im Wasserrohrnetz und Belastungsmessungen an Anschlußleitungen. Sanitär- und Heizungstechnik 1965, H. 5, S. 355-359, H. 6, S. 433-439

[12] Himmler, F.: Bemessung von Wasserzählern nach Kenndaten der Verbrauchsanlagen aufgrund von Versuchen der Münchener Wasserwerke. DVGW, 1967

[13] Pitsch, T.: Festlegung des Spitzenwasserbedarfs von Wohngebäuden. DVGW-Schriftenreihe Wasser Nr. 44, 1984

Spitzendurchfluss $V_S$ in Abhängigkeit vom installierten Summendurchfluss $\Sigma\dot{V}_R$ und vom Gebäudetyp.

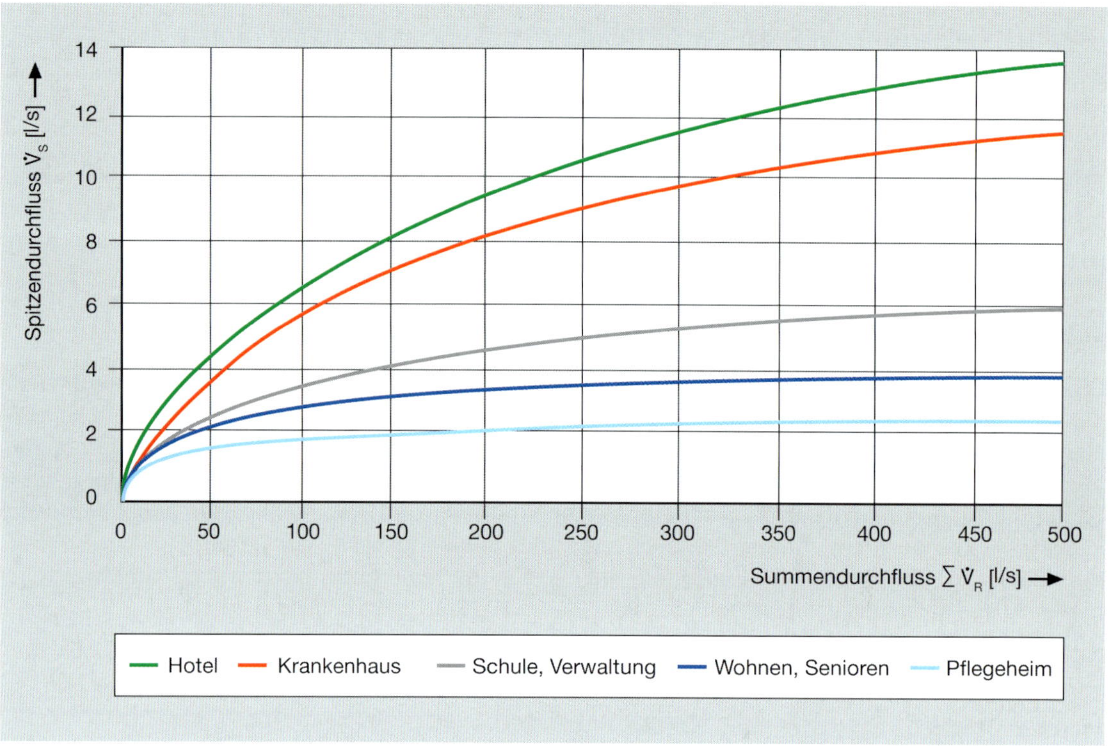


Abb. 3–4 **Spitzendurchfluss $V_S$ in Abhängigkeit vom installierten Summendurchfluss $\Sigma\dot{V}_R$ und vom Gebäudetyp**

Zu beachten sind folgende Ausnahmen:

## Nutzungseinheiten (NE)

Definition

**Nutzungseinheit:** Sanitärer Raum, in dem aufgrund der Nutzung zu erwarten ist, dass maximal zwei Entnahmearmaturen zugleich geöffnet werden.
Beispiele: Bäder und Küchen in Wohngebäuden, Bäder in Hotels, Seniorenheimen, Bettenhäusern (Krankenhaus) etc.

Vorgehensweise

In diesen Fällen wird so verfahren, dass für jede Nutzungseinheit – auch innerhalb der Einheit in jeder Teilstrecke – maximal die beiden (in der Küche nur eine) größten Entnahmearmaturen berücksichtigt werden; die Summe ihrer Berechnungsdurchflüsse ist dann der Spitzendurchfluss.

Treffen zwei Leitungen mit je einer Nutzungseinheit zusammen, sind die Spitzendurchflüsse zu addieren, solange der sich damit ergebende und für die gemeinsame Teilstrecke maßgebende Spitzendurchfluss kleiner ist als der mit Formel (1.11) berechnete Durchfluss.

### Beispiel

An einen Strang für Trinkwasser kalt sind vom 1. bis 3. OG Wohnungsbäder angeschlossen (s. Abb. 3–5). Die Sanitärobjekte sind für dieses Beispiel unterschiedlich angeordnet, in der Praxis werden sie meist gleich gruppiert sein.

Die Berechnung der Spitzenvolumenströme wird an der entferntesten Entnahmestelle begonnen:
TS 3.1 wird für den Berechnungsdurchfluss der Waschmaschine bemessen: $\dot{V}_S = \dot{V}_R = 0{,}15\,l/s$.

An TS 3.2 kommt der Waschtisch hinzu. Wenn beide zugleich in Betrieb sind, ergibt sich ein $\dot{V}_S = 0{,}15 + 0{,}07 = 0{,}22\,l/s$ – berechnet mit Formel (1.11) nur $0{,}17\,l/s$.

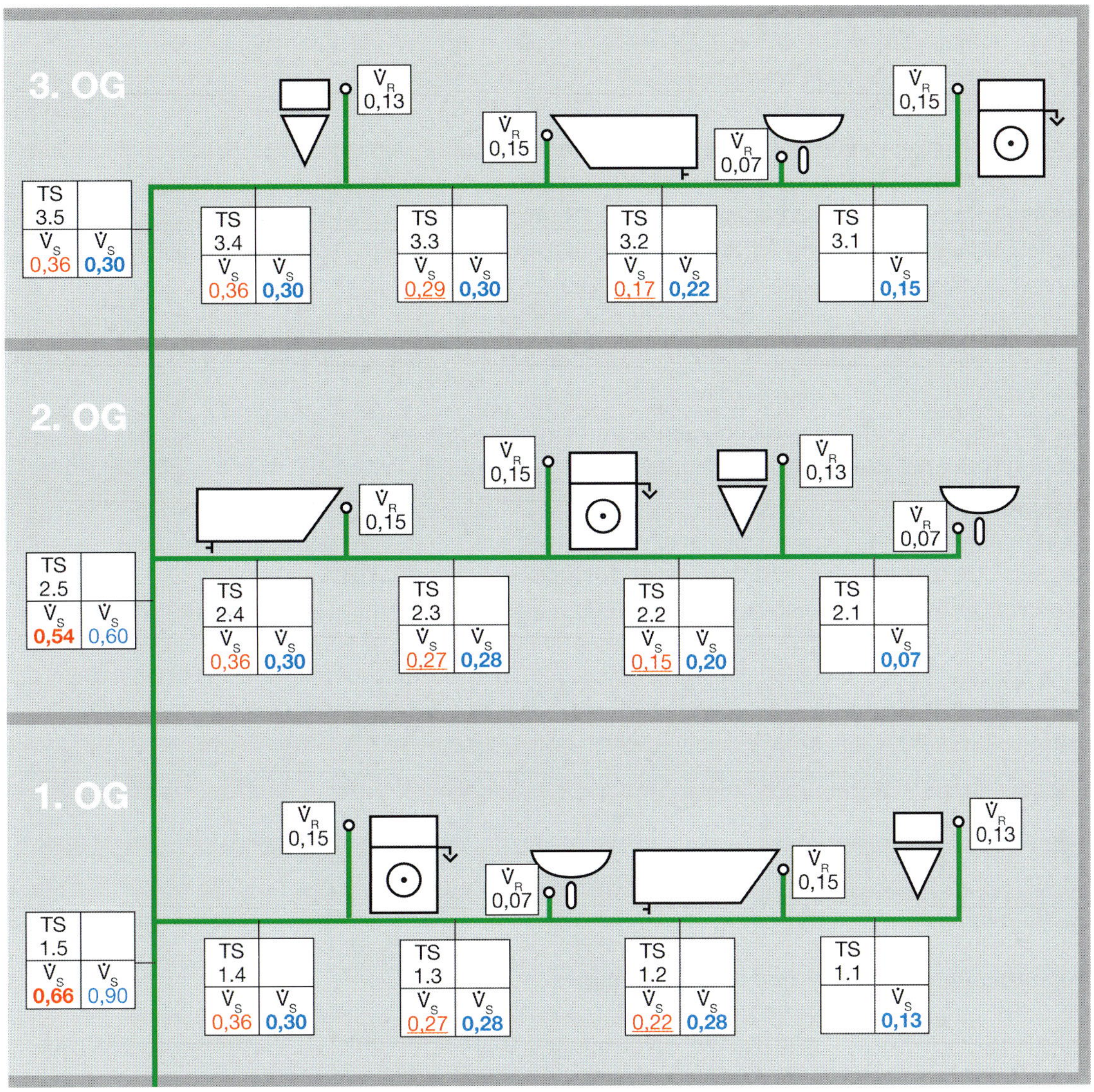


Abb. 3–5 **Beispiel für die Ermittlung des Spitzenvolumenstroms bei Nutzungseinheiten**

| | |
|---|---|
| Schwarz | $\dot{V}_R$ Berechnungsdurchfluss der Entnahmearmatur |
| Rot | $\dot{V}_S$ nach Formel (1.1) |
| Blau | $\dot{V}_S$ nach Regel für Nutzungseinheiten |
| **Fett gedruckt** | $\dot{V}_R$ für die Auslegung |
| Unterstrichen | In der Nutzungseinheit ist der Durchfluss der beiden größten Entnahmestellen für den $V_S$ maßgebend – also **nicht** die unterstrichenen Werte. |

Maßgebend in einer Nutzungseinheit ist in diesem Fall nicht der kleinere Wert von beiden (0,22 oder 0,17 l/s), sondern der Summendurchfluss der beiden größten an diese Teilstrecke angeschlossenen Entnahmearmaturen, also 0,22 l/s.

An TS 3.3 haben von den jetzt drei angeschlossenen Armaturen die Waschmaschine und die Badewanne die größten Berechnungsdurchflüsse. Damit beträgt der Spitzendurchfluss $\dot{V}_S = 0{,}15 + 0{,}15 = 0{,}30$ l/s.

Weiter s. Folgeseite

Mit dieser Logik wird auch der Spitzendurchfluss der TS 3.4 (= TS 3.5) ermittelt. Dieser ist mit 0,30 l/s kleiner als der nach Formel (1.11) berechnete Durchfluss (0,36 l/s) und damit maßgebend für die Bestimmung der Nennweite der Rohrleitung.

In den anderen Etagen sind die Entnahmearmaturen anders angeordnet; deshalb ergeben sich zum Teil veränderte Spitzenvolumenströme.

Schließlich: TS 2.5 versorgt zwei Nutzungseinheiten mit je $\dot{V}_S = 0{,}30$ l/s, ergäbe also zusammen 0,60 l/s. Hier ergibt die Prüfung, dass der mit Formel (1.11) ermittelte Durchfluss von 0,54 l/s kleiner ist und somit für die Durchmesserwahl der TS 2.5 herangezogen werden muss.

In analoger Weise erhält man $\dot{V}_S = 0{,}66$ l/s für TS 1.5.

### Dauerverbraucher

Definition

**Dauerverbraucher:** Entnahmestellen, die von ihrer Nutzung erwarten lassen, dass eine Entnahmearmatur mindestens 15 Minuten geöffnet ist.

Deren Bedarf ist zu dem Durchfluss nach Formel (1.11) zu addieren, weil der damit ermittelte Durchfluss auch während der Dauerentnahme auftreten kann.

### Reihenanlagen

Definition

**Reihenanlage:** Trinkwasser-Installationen, in denen gleiche Entnahmestellen unmittelbar nebeneinander angeordnet und über eine gemeinsame Verbrauchsleitung versorgt werden.

Für WC-, Urinal-, Wasch- oder Duschanlagen, die sich meist in öffentlichen Gebäuden befinden, muss – möglichst in Abstimmung mit einem erfahrenen Betreiber – festgelegt werden, mit welcher Gleichzeitigkeit zu rechnen ist. Sie kann 100 % betragen, z. B. bei Duschanlagen in einem Hallenbad oder nur 15 %, z. B. bei Reihen-Urinalanlagen mit mehr als 20 Becken [14]. Der Belastungsfaktor in Formel (1.12) liegt demnach zwischen 0,15 und 1,0. Für den Spitzendurchfluss erhält man entsprechend:

Spitzendurchfluss

$$\dot{V}_S = \varphi \cdot \Sigma \dot{V}_R \quad (1.12)$$

mit

$\varphi$ Belastungsfaktor ($0 \leq \varphi \leq 1{,}0$)

### Sonderbauten, Gewerbe- und Industrieanlagen

Auch hier wird sicher der Summendurchfluss für die stochastisch genutzten Entnahmestellen maßgebend sein. Für diese Bereiche kann überlegt werden, ob mit der Formel (1.11) gearbeitet werden kann, z. B. für eine größere Verwaltungsabteilung in einem Industriekomplex.

Raumbuch 3

Alle anderen Verbraucher, möglicherweise Dauerverbraucher oder Reihenanlagen in Industrie-, Landwirtschafts-, Gärtnerei-, Schlachthof-, Molkerei-, Wäschereibetrieben, Großküchen, öffentlichen Bädern, Behandlungsbereichen von Krankenhäusern etc., sollten in einem Raumbuch fixiert werden. Berechnungsdurchflüsse (auch Mindestfließdrücke) müssen in Zusammenarbeit mit dem Betreiber hinsichtlich ihrer zu erwartenden Gleichzeitigkeit abgestimmt werden, damit bei Betriebsproblemen die verhandelten Daten für eine Klärung zur Verfügung stehen. Hier sollte der Planer keinesfalls eigenhändig, wenn auch sinnvoll erscheinende, Annahmen treffen, sondern die von ihm vorgeschlagene Spitzenbelastung vom Bauherrn »absegnen« lassen.

[14] AQUA Butzke-Werke AG: Planung von öffentlichen und gewerblichen Sanitäranlagen. Ludwigsfelde, oV, oJ

## 1.4 Berechnung des verfügbaren Druckgefälles für die Rohrreibung

Für jeden Weg vom Wasserzähler[5] (WZ) bis zur Entnahmestelle gibt es eine verfügbare Druckdifferenz für die Reibung und die Einzelwiderstände $\Delta_{pges,v}$. Nach Schätzung eines Anteils »$a$« (in %) für den Druckverlust durch die Einzelwiderstände kann das zur Bemessung der Nennweite des Rohres verfügbare Druckgefälle für die Rohrreibung $R_v$ mit Formel **(1.13)** berechnet werden:

$$R_v = \frac{\left(1 - \frac{a}{100}\right)}{l_{ges}} \cdot \Delta p_{ges,v} \quad (1.13)$$

**Verfügbares Druckgefälle für die Reibung**

mit

$l_{ges}$ Länge der Rohrleitung vom Wasserzähler bis zur jeweiligen Entnahmestelle

Da die Druckverluste für die Einzelwiderstände nach DIN 1988-300 differenziert berechnet werden, könnte der Anteil »a« beliebig geschätzt werden, da durch die Nachrechnung (s. Fließwegabgleich) immer eine Korrektur erfolgt. Sie fällt allerdings umso geringer aus, je besser geschätzt wird. Ein guter Startwert für die Berechnung von Trinkwasser-Installationen ist $a = 50\,\%$, bei Feuerlöschanlagen für die Löschwasserleitungen eher weniger (30 %).

Die verfügbare Druckdifferenz $\Delta p_{ges,v}$ wird mit Formel (1.14) berechnet:

$$\Delta p_{ges,v} = p_{min,WZ} - \Delta p_{geo} - \sum \Delta p_{Ap} - \sum \Delta p_{RV} - \Delta p_{Ring} - p_{min,Fl} \quad (1.14)$$

**Verfügbare Druckdifferenz**

mit

| | |
|---|---|
| $p_{min,WZ}$ | Mindest(fließ)druck nach dem Wasserzähler |
| $\Delta p_{geo}$ | Druckverlust aus geodätischem Höhenunterschied |
| $\sum \Delta p_{Ap}$ | Druckverluste in Apparaten (s.Kapitel 1.4.3) |
| $\sum \Delta p_{RV}$ | Druckverluste in Rückflussverhinderern |
| $\Delta p_{Ring}$ | Druckverluste in einer Stockwerks-Ringleitung (=0, wenn Ringleitung nicht vorhanden ist) |
| $p_{min,Fl}$ | Mindestfließdruck an der Entnahmear matur |

Erläuterung der Parameter in den Kapiteln 1.4.1 bis 1.4.6

In vielen Bauvorhaben (z. B. Wohnungsbau) wird man nicht jeden Strömungsweg untersuchen, da an den Strängen Nutzungseinheiten mit gleichen hydraulischen Anforderungen angeschlossen sind. Daher wird in den meisten Fällen strangweise vorgegangen (s. Berechnungsbeispiel Kapitel 3). Da wird auch erkenntlich, wie das mit einem geeigneten Formblatt formalisiert werden kann.

Die Bemessung der Rohrleitungen beginnt mit dem Fließweg, der das kleinste verfügbare Druckgefälle hat. Im Anschluss daran sind für die günstiger gelegenen Strömungswege die bereits bemessenen Teilstrecken mit ihren Druckverlusten zu berücksichtigen. Das führt für die zu bemessenden Teilstrecken zum Teil zu deutlich höheren $R_v$-Werten mit dem Ergebnis, dass beispielsweise in großen Gebäuden günstiger (näher am WZ) gelegene Stränge unter sonst gleichen Bedingungen deutlich kleinere Nennweiten aufweisen können. Dieses Vorgehen wird in DIN 1988-300 als »Strangabgleich« bezeichnet.
Die konsequente Anwendung des Strangabgleichs führt zu den kleinsten Wasserinhalten und damit, eine angemessene Entnahme vorausgesetzt, zu den größten Wasseraustauschraten. Das fördert die Hygiene – ganz abgesehen davon, dass der Bauherr weniger investieren muss.

5 Wasseraustausch

[5] Voraussetzung: Mindestfließdruck (beim Spitzendurchfluss nach DIN 1988-300) nach dem Wasserzähler wird vom Wasserversorgungsunternehmen angegeben, s. auch Kapitel 1.4.1

### 1.4.1 Mindestdruck nach dem Wasserzähler und Druckverlust aus geodätischem Höhenunterschied

**Problem Hausanschlussleitung (HAL)**

Die Schnittstelle zwischen der Wasserversorgung und der Trinkwasser-Installation des Gebäudes ist der Hauswasserzähler (WZ) des Wasserversorgungsunternehmens (WVU). Das WVU ist verantwortlich für die Bemessung der Hausanschlussleitung (HAL) und des Hauswasserzählers und muss deshalb dem Planer auf Nachfrage den Mindestdruck nach dem WZ angeben. Das ist der Fließdruck, der sich beim Spitzendurchfluss nach DIN 1988-300 über das ganze Jahr gesehen mindestens einstellen wird. Damit wird rechnerisch sichergestellt, dass an allen Entnahmestellen des Gebäudes der Mindestfließdruck nicht unterschritten wird.

Für den Planer ergibt sich in der Praxis häufig das Problem, dass das WVU nur den Mindestwert für den Versorgungsdruck (Mindestversorgungsdruck $p_{min,V}$) in der Versorgungsleitung angibt. Für diesen Fall kann der Mindestdruck nach dem WZ $p_{min,WZ}$ mit Formel (1.15) ermittelt werden:

**Mindestdruck nach dem Zähler**

(1.15) $$p_{min,WZ} = p_{min,V} - \Delta p_{HAL} - \Delta p_{WZ}$$

mit
$\Delta p_{HAL} = 200\,\text{hPa}$
$\Delta p_{WZ} = 650\,\text{hPa}$

Der Planer darf nach DIN 1988-300 davon ausgehen, dass die vom WVU bemessene HAL mit WZ bei der Spitzenbelastung nach DIN 1988-300 keinen höheren gemeinsamen Druckverlust aufweist als 850 hPa.

**Alternative**

Alternativ kann vom Planer der Druckverlust in der HAL und im WZ und damit der Mindestdruck beim Spitzendurchfluss nach dem Zähler (Formel 1.15) differenziert berechnet werden, wenn der Versorger alle Daten der von ihm erstellten HAL angibt. Dazu gehören Rohrnennweite und Werkstoff, Bauart der Hauptabsperreinrichtung und des WZ sowie dessen Nenngröße.

Übrigens darf sich beim Einsatz von Druckerhöhungsanlagen (DEA) im Gebäude die Frage nach dem Mindestdruck nach dem WZ oder dem Versorgungsdruck nicht auf den Mindestwert beschränken, sondern es muss auch nach dem Maximalwert ($p_{max,WZ}$ oder $p_{max,V}$) gefragt werden. Nur mit dem Maximalwert kann geprüft werden, ob nach der DEA an den Entnahmearmaturen ein Ruhedruck von 0,5 MPa nicht überschritten wird (DIN EN 806-2, Abschnitt 16.1) [15].

### 1.4.2 Druckverlust aus geodätischem Höhenunterschied

Geht man praxisnah davon aus, dass je Höhenmeter eine Druckdifferenz von 100 hPa überwunden werden muss, lässt sich der Druckverlust mit der Größenwertgleichung Formel (1.16) berechnen:

**Größenwertgleichung**

(1.16) $$\Delta p_{geo} = 100 \cdot h_{geo}$$

mit

| | |
|---|---|
| $\Delta p_{geo}$ | Druckverlust aus geodätischem Höhenunterschied in hPa |
| $h_{geo}$ | Geodätischer Höhenunterschied zwischen der Messstelle für $p_{min,WZ}$ bzw. $p_{min,V}$ und der Entnahmearmatur in Metern. |

i **Bei Badewannen mit Handdusche ist nicht die Lage der Mischbatterie, sondern die mögliche Höhe der Handdusche über dem Fußboden (ca. 2 m) bei der Ermittlung des Höhenunterschiedes zu berücksichtigen.**

[15] DIN EN 806-2:Technische Regeln für Trinkwasser-Installationen – Teil 2: Planung. Berlin: Beuth, 2005

### 1.4.3 Druckverluste in Apparaten

**Definition**

**Apparate:** Einrichtungen, in denen Trinkwasser verändert (z. B. Trinkwassererwärmer, Dosiergerät) oder verwendet wird (z. B. Waschmaschine) und Einrichtungen, die den Verbrauch des Trinkwassers messen (Wasserzähler). Sie werden in die Trinkwasser-Installation eingebaut oder an die Trinkwasserleitung angeschlossen.

Die bei dem jeweiligen Spitzendurchfluss auftretenden Druckverluste $\Delta p_{Ap}$ werden bei den eingebauten Apparaten (z. B. Wasserzähler, Filter) mit den Daten der Hersteller berechnet. Diese geben in ihren Unterlagen mindestens einen Betriebspunkt an, mit dessen Werten der Druckverlust nach Formel (1.17) bestimmt werden kann:

$$\Delta p_{Ap} = \Delta p_g \cdot \left(\frac{\dot{V}_S}{\dot{V}_g}\right)^2 \quad (1.17)$$

**Druckverlust Apparate**
Über Betriebspunkt

mit

$\Delta p_{Ap}$ und $\dot{V}_g$ Betriebspunktangabe des Herstellers, z. B. 200 hPa bei 12 m³/h
$\dot{V}_S$ Spitzenvolumenstrom

Alternativ kann auch mit dem in Herstellerunterlagen vielfach angegeben $k_{VS}$-Wert (bei voller Öffnung) gerechnet werden, der auch ein Wertepaar für einen Betriebspunkt wiedergibt: Durchfluss bei 1000 hPa Druckverlust.

Die Hersteller von Wasserzählern geben häufig folgende Wertepaare an (s. auch DVGW W 406) [16]:
$Q_n/\Delta p_n$ Nenndurchfluss [17]/Druckverlust bei Nenndurchfluss oder
$Q_{max}/\Delta p_{max}$ Maximaler Durchfluss [18] Druckverlust bei maximalem Durchfluss

Sie sind dann als die gegebenen Werte in Formel (1.17) einzusetzen.

Filterhersteller bevorzugen den $k_V$-Wert im m³/h – damit kann nach der Größenwertgleichung (1.18) der Druckverlust berechnet werden:

$$\Delta p_{Ap} = 1000\ hPa \cdot \left(\frac{\dot{V}_S}{k_V}\right)^2 \quad (1.18)$$

**Druckverlust Apparate**
Über $k_V$-Wert

**Beispiel**
Der Hersteller gibt für einen rückspülbaren Filter DN 40 einen $k_{VS}$-Wert von 22 m³/h an.
Welcher Druckverlust wird bei einem Spitzendurchfluss von 2,6 l/s erzeugt?

$$\Delta p_{Ap} = 1000\ hPa \cdot \left(\frac{\dot{V}_S}{k_V}\right)^2$$

**nach Formel (1.18)**

**Apparatedruckverluste können relativ hoch sein!**

Druckverluste in Apparaten haben einen relativ hohen Anteil an den Gesamtdruckverlusten im System und sind deshalb sorgfältig zu erfassen. In den meisten Gebäuden werden in nahezu allen Fließwegen drei Apparate in Reihe geschaltet: Hauswasserzähler, Filter, Wasserzähler in einer Nutzungseinheit – z. B. für eine Wohnung. In Summe ergibt sich ein Druckbedarf, der wie beim Mindestfließdruck etwa 20 bis 25 % des Versorgungsdruckes betragen kann. Im Einzelfall muss mit dem Versorger die Größe des vorgesehenen Hauswasserzählers überprüft werden mit dem Ziel, die relevanten Parameter: Messsicherheit des Zählers, Hygiene und Wirtschaftlichkeit, sinnvoll abzustimmen.

[16] DVGW-Arbeitsblatt W 406: Volumen- und Durchflussmessung von kaltem Trinkwasser in Druckrohrleitungen. Bonn: DVGW, 2003
[17] $Q_3$ in DVGW W 406 E
[18] $Q_4$ in DVGW W 406 E

**Bemessung des Wasserzählers**

Das Problem liegt darin, dass die Bemessung des WZ nach der »Verordnung über allgemeine Bedingungen für die Versorgung mit Wasser (AVB WasserV)« [19], [20] vom WVU vorgenommen wird und dieses in vielen Fällen als Auslegungsvolumenstrom die 5-Minuten-Spitze nach DVGW-Arbeitsblatt W 406 zugrunde legt, während die Trinkwasserleitungen im Gebäude nach der Sekunden-Spitze bemessen werden. Die sich daraus ergebenden kleinen Wasserzählergrößen erzeugen relativ große Druckverluste mit dem Ergebnis, dass die Trinkwasserleitungen unnötig große Querschnitte und Wasserinhalte haben. Das verschlechtert die Hygiene im System.

Hinzu kommt, dass bei sehr vielen Gebäuden eine Mischnutzung vorliegt, für die es im DVGW-Arbeitsblatt W 406 keine Hinweise für die Auslegung der Zähler gibt. In diesen Fällen ist es übliche und gute Praxis, einen Zähler auszuwählen, dessen maximaler Volumenstrom mindestens so groß ist wie der Spitzendurchfluss nach DIN 1988-300 (der nächstgrößte wird gewählt), also gemäß Formel (1.19)

**Bedingung für Zählergröße**

$$\dot{V}_{max} \geq \dot{V}_S \quad (1.19)$$

Damit wird erreicht, dass bei der rechnerischen Spitzenbelastung die Druckverluste in vertretbarem Rahmen bleiben, die Rohrleitungen wirtschaftlich ausgelegt und mit hygienisch akzeptablen Wasserinhalten betrieben werden.

### Druckverluste in Trinkwassererwärmern

Druckverluste in zentralen Speicher-Trinkwassererwärmern können über die Widerstandsbeiwerte der Ein- und Ausströmöffnungen erfasst werden (Einströmung: $\zeta = 1$, Ausströmung: $\zeta = 0{,}5$ [22]). Die Widerstände von Durchfluss-Trinkwassererwärmern müssen mit den Angaben der Hersteller berechnet werden.
Das gilt grundsätzlich auch für dezentrale Trinkwassererwärmer, deren Druckverluste insbesondere bei Durchfluss-Trinkwassererwärmern sehr unterschiedlich sein können. Die in DIN 1988-300 angegebenen Referenzwerte (s. Tab. 3–14) sind nur für überschlägige Berechnungen gedacht und gelten nur für sog. Gruppen-Trinkwassererwärmer.

**Druckverluste für überschlägige Rechnungen**

Tab. 3–14 **Druckverluste in Gruppen-Trinkwassererwärmern (Referenzwerte nach DIN 1988-300**

| Systemart | Beheizungsart | Gerät | Druckverlust $\Delta p_{TE}$ [hPa] |
|---|---|---|---|
| Speicher-Trinkwassererwärmer | Strom und Gas | Volumen bis 80 l | 200 |
| Durchfluss-Trinkwassererwärmer | Strom | Hydraulisch gesteuert | 1000 |
| | | Elektronisch gesteuert | 800 |
| | Gas | Wasserheizer (auch kombiniert) | 800 |

Die Druckverluste von Trinkwassererwärmern für die Einzelversorgung [23] wurden in DIN 1988-3 über den Mindestfließdruck der sich anschließenden Entnahmearmatur berücksichtigt. Bei der nunmehr durchgehend differenzierten Erfassung der Einzelwiderstände ist es geboten, die Widerstände im Speicher über die $\zeta$-Werte (s. o. zentrale Trinkwassererwärmer) und den Druckverlust im Durchfluss-Trinkwassererwärmer mit Hilfe der Angaben des Herstellers zu bestimmen.

## 1.4.4 Druckverluste in Rückflussverhinderern

**Ansprechdrücke beachten!**

In DIN 1988-3 werden die Druckverluste von Rückflussverhinderern (RV) in der Leitungsanlage – wenn sie nicht Bestandteil der Sicherungseinrichtung von Entnahmearmaturen sind – noch mit den Widerstandsbeiwerten $\zeta$ berechnet. Dieser Ansatz kann fehlerhaft sein, weil in diesem Bauteil ein Ansprechdruck überwunden werden muss, der zu einer anderen Kurve (Kurve 2 in Abb. 3–6) für den Druckverlust führen kann. Damit wäre eine Berechnung nach Formel (1.9) – Kurve 1 in Abb. 3–6 nicht mehr möglich.

[19] Verordnung über allgemeine Bedingungen für die Versorgung mit Wasser (AVB WasserV) vom 20. Juni 1980
[20] Erste Verordnung zur Änderung der Verordnung über Allgemeine Bedingungen für die Versorgung mit Wasser vom 13. Januar 2010
[21] DIN 1988-200: Technische Regeln für Trinkwasser-Installationen – Teil 200: Installation Typ A (geschlossenes System) – Planung, Bauteile, Apparate, Werkstoffe; Technische Regel des DVGW. Berlin: Beuth, 2012
[22] Nach DIN 1988-3
[23] DIN 1988-200: Technische Regeln für Trinkwasser-Installationen – Teil 200: Installation Typ A (geschlossenes System) – Planung, Bauteile, Apparate, Werkstoffe; Technische Regel des DVGW. Berlin: Beuth, 2012

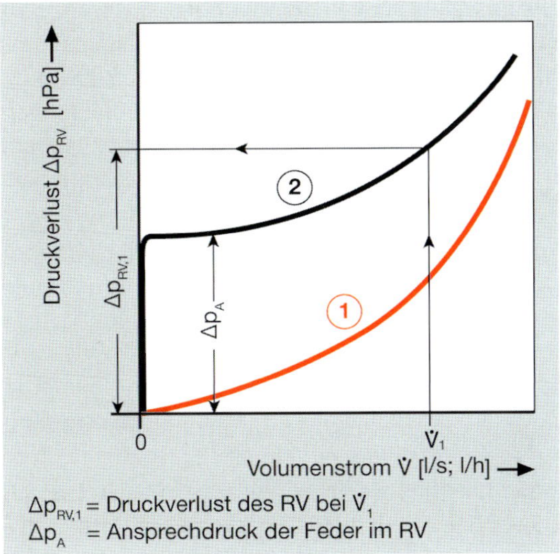


Abb. 3–6 **Druckverluste in Rückflussverhinderern**

Deshalb sind die Widerstände in Rückflussverhinderern nach den Angaben der Hersteller zu bestimmen. Diese sollten – abhängig vom Durchfluss – die Druckverluste tabellarisch oder mit einem Diagramm ausweisen.

## 1.4.5 Druckverluste in Entnahmearmaturen

Die Trinkwasser-Installation erfüllt ihren Zweck, wenn sie zu jeder Tages- und Jahreszeit an allen Entnahmestellen einen ausreichenden Durchfluss in der geforderten Wasserqualität (Trinkwasserverordnung) schnell und mit der gewünschten Temperatur bereitstellt. Das erfordert bei der Entnahme einen bestimmten Druck vor der Entnahmearmatur, der als Mindestfließdruck bezeichnet wird. Mit guter Näherung gibt dieser Druck an, wie groß der Druckverlust in der Entnahmearmatur ist, wenn der zur Gebrauchstauglichkeit benötigte Volumenstrom entnommen wird.

4 Temperatur

Er ist beträchtlich (in den meisten Fällen 20 bis 25 % des Versorgungsdruckes) und sollte bei der Planung mit besonderer Aufmerksamkeit bedacht werden. In nicht wenigen Fällen führt die Annahme von branchenbekannten »Daumenwerten« (Wasch- und Geschirrspülmaschinen sowie Spülkästen: 0,05 MPa, alle anderen Entnahmearmaturen für Wasch-, Dusch- und Spülzwecke: 0,1 MPa) zu Funktionsmängeln, weil beispielsweise für eine Badewannenarmatur mit Duschschlauch und Handdusche aufgrund der hohen Druckverluste dieser beiden Bauelemente der Druckbedarf deutlich höher als 0,1 MPa sein kann.

**Entnahmearmaturen haben relativ hohe Druckverluste**

Deshalb gibt es in DIN 1988-300 für den Planer einen deutlichen Hinweis zu diesem Thema. Danach müssen für die Bemessung der Rohrdurchmesser die Angaben der Hersteller verwendet werden, wenn die Mindestfließdrücke der Armaturen (einschließlich Eckventil, S-Anschluss[6], ggF. Duschschlauch, Duschkopf) höher liegen, als die in DIN 1988-300 angegebenen Referenzwerte, s. Tab. 3–15.

**Deutlicher Hinweis zur Vorgehensweise bei der Bestimmung der Druckverluste in Entnahmearmaturen**

Tab. 3–15 **Referenzwerte für den Mindestfließdruck nach DIN 1988-100**

| Art der Entnahmestelle | Referenzwert Mindestfließdruck |
|---|---|
| Mischarmaturen DN 15 für Duschwanne, Badewanne, Küchenspüle, Waschtisch, Bidet; Auslaufventile DN 10 und DN 15 mit Strahlregler, Druckspüler für Urinale | 0,1 MPa |
| Auslaufventile DN 15 bis DN 25 mit Strahlregler; Auslaufventile DN 15 für Wasch- und Geschirrspülmaschinen | 0,05 MPa |

6 Eckventile und S-Anschlüsse können auch als Einzelwiderstände berücksichtigt werden.

Werden strömungsgünstige Entnahmearmaturen mit Mindestfließdrücken unterhalb des Referenzwertes vorgesehen, dürfen die kleineren Drücke verwendet werden, wenn diese Auslegungsvoraussetzungen mit dem Bauherrn vereinbart und in einem Raumbuch dokumentiert werden.

Raumbuch 3

Befindet sich vor einer Entnahmearmatur ein Durchfluss-Trinkwassererwärmer als sogenannte »Einzelversorgung« (nach VDI 2067-22) [24], dann ist dessen Druckverlust als Apparatedruckverlust nach den Angaben der Hersteller zu berücksichtigen. Bei Speichern kann für diesen Fall der Druckbedarf vernachlässigt werden.

### 1.4.6 Druckverluste in Ring-Stockwerksverteilungen

**Grundlagen**

**Installationsvarianten im Stockwerksbereich**

Die Verlegung von Ringleitungen im Stockwerksbereich hat den Vorteil, dass bei jeder Entnahme an irgendeiner Armatur sämtliche Leitungsstrecken durchströmt werden. Damit wird Stagnation verringert, was sich positiv auf die Hygiene des Trinkwassers auswirkt.

Bei Stockwerksinstallationen in Form einer sogenannten »T-Stück-Installation«, mit Reihenleitungen und mit Einzelzuleitungen hat man es mit einer verästelten Verteilung zu tun (s. Abb. 3–7 bis Abb. 3–10, wenn aber eine Ringleitung vorgesehen wird, erhält man eine vermaschte Verteilung (s. Abb. 3–10), die mit einer anderen Berechnungsmethode als die der erstgenannten Systeme ausgelegt werden muss.

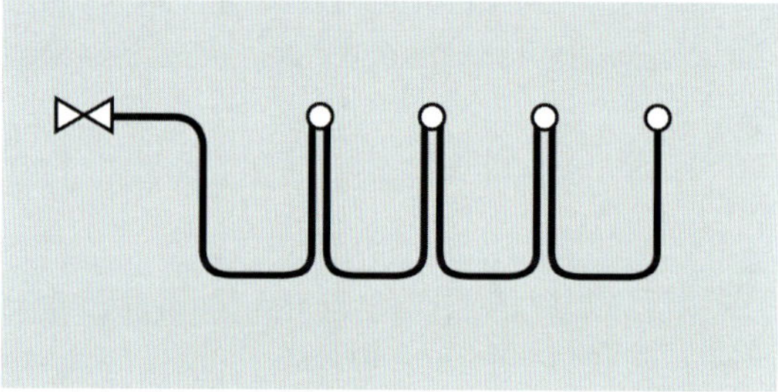

Abb. 3–7 **Reihenleitungen**

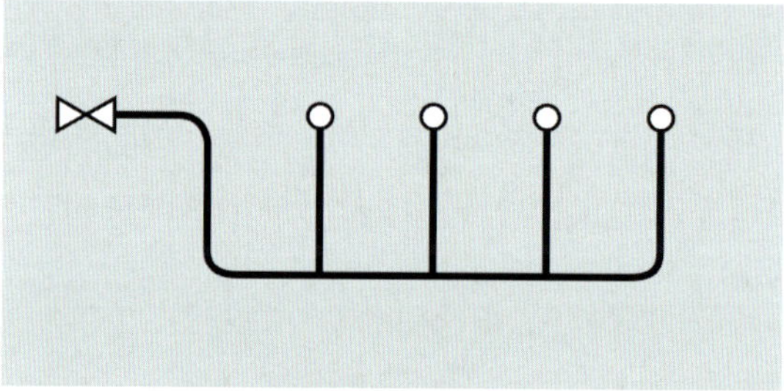

Abb. 3–8 **T-Stück-Installation**

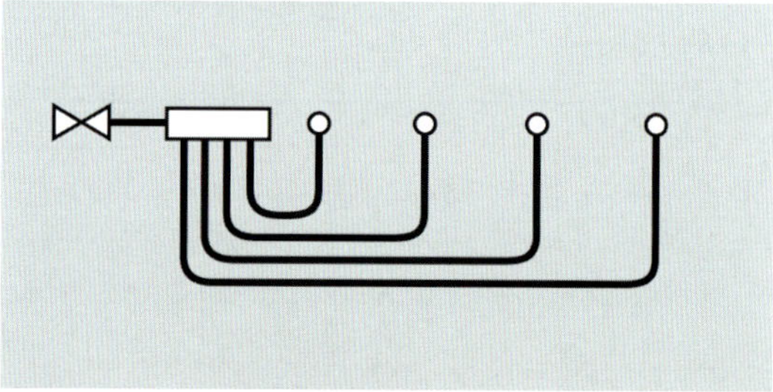

Abb. 3–9 **Einzelzuleitungen**

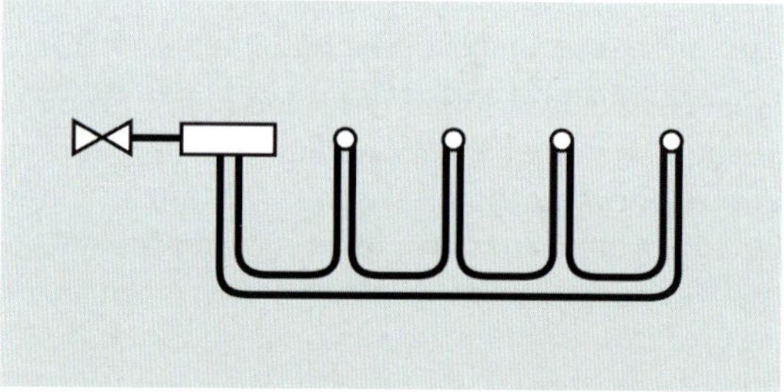

Abb. 3–10 **Ringleitung**

[24] VDI 2067-22: Wirtschaftlichkeit gebäudetechnischer Anlagen. Energieaufwand der Nutzenübergabe bei Anlagen zur Trinkwassererwärmung. Berlin: Beuth, 2005

In DIN 1988-3 gibt es einen vereinfachten Ansatz, der zu nicht vertretbaren Berechnungsergebnissen führt und deshalb nicht verwendet werden sollte. Vielmehr sind die Druckverluste in Ringsystemen im Stockwerkbereich mit dem iterativen Berechnungsverfahren nach CROSS [25] zu bestimmen, und das ist bei den heute verbreiteten Programmen für die Rohrnetzberechnung kein Problem mehr. Allerdings muss der Planer im Einzelfall entscheiden, welcher Druckbedarf für die Ringleitung angemessen ist. Ein zu kleiner Rohrdurchmesser im Ringsystem darf nicht dazu führen, dass das gesamte Verteilungssystem bis zu den Ringleitungen aufgrund der verbliebenen kleinen Druckdifferenz relativ üppig bemessen werden muss; weitere Anmerkungen dazu unter: Hinweise zu den Druckverlusten im Ring.

**Keine vereinfachten Berechnungsansätze heranziehen!**

**Berechnungsmethode nach CROSS**

**Cross** [26]

Erfahrungsgemäß werden in üblichen Stockwerksverteilungen in Wohnungen und wohnungsähnlichen Einrichtungen in den Sanitärräumen Bad und Küche maximal zwei Entnahmearmaturen gleichzeitig geöffnet sein – in nicht allzu großen Toilettenanlagen für Büro- und Verwaltungsgebäude maximal drei. Damit lässt sich das hydraulische System in Form einer Masche, mit einer Versorgungsleitung (abgehend von einer Steigleitung) und beispielsweise drei Einzelanschlussleitungen an die Entnahmearmaturen, beschreiben. In Abb. 3–11 sind die wichtigen Einflussgrößen dargestellt[7].

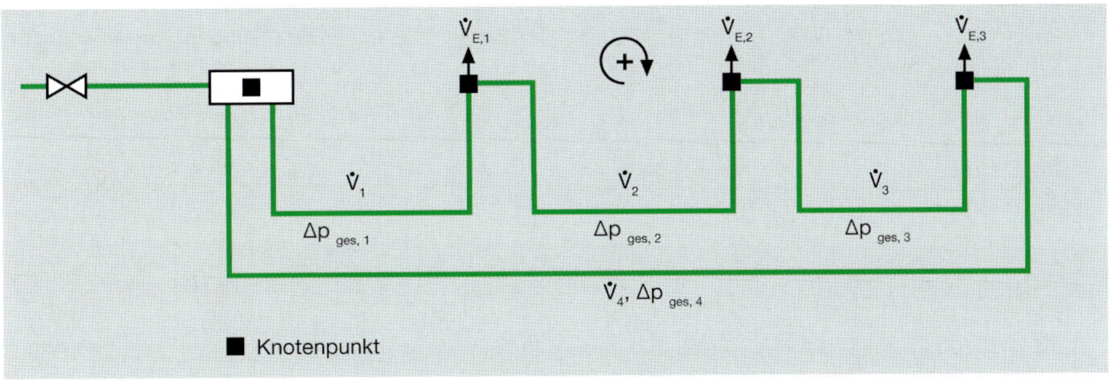


Abb. 3–11 **Einflussgrößen für die Berechnung einer Ringleitung im Stockwerk**

Für diese Masche existieren aus den Bilanzgleichungen für die Volumenströme und die Druckbedarfe folgende elementare Bedingungen:

**Knotenbedingung**

Die Summe der Zu- und Abflüsse (Volumenströme $\dot{V}_i$) ist Null, wenn der Zufluss positiv und die Abflüsse negativ angenommen werden, also:

$$\sum_{i=0}^{n} \dot{V}_i = 0 \qquad (1.20)$$

**Knotenbedingung**

**Maschenbedingung**

Die Summe der Druckverluste $\Delta p_{ges,i}$ aus der Rohrreibung und den Einzelwiderständen in einer Masche ist Null, wenn die Druckverluste im Uhrzeigersinn positiv und in Gegenrichtung negativ eingesetzt werden, also:

$$\sum_{i=0}^{n} \Delta p_{ges,i} = 0 \qquad (1.21)$$

**Maschenbedingung**


[25] Cross, H.: Analysis of flow in networks of conduits or conductors. University of Illinois Bulletin No. 286, 13.Nov.1936

[26] Brix, J., Heyd, H., Gerlach, E.: Die Wasserversorgung. München: Oldenbourg, 1963


7 Für den Fall, dass **drei** Entnahmearmaturen zugleich geöffnet sind

Die gesuchten Volumenströme und Druckverluste in den einzelnen Teilstrecken werden mit einem iterativen Berechnungsverfahren nach CROSS ermittelt.

Es bieten sich zwei Möglichkeiten an

1. Ausgleich der Druckverluste in den Ringleitungen nach der Maschenbedingung
2. Ausgleich der Volumenströme im Ring nach der Knotenpunktbedingung

**Ausgleichsverfahren für die Druckverluste bevorzugen**

Da das Ausgleichsverfahren für die Volumenströme meist eine höhere Anzahl von Iterationsschritten benötigt, wird nachfolgend das Ausgleichsverfahren für die Druckverluste gewählt. Das erfordert zunächst ein Schätzen der Teildurchflüsse unter Beachtung der Knotenbedingung. Mit diesen Volumenströmen werden dann die Druckverluste berechnet und geprüft, ob die Maschenbedingung erfüllt wird. Ist dies nicht der Fall, werden die Teildurchflüsse über einen Differenzvolumenstrom korrigiert. Dieser lässt sich für ein Ringsystem in der Stockwerksverteilung (s. Abb. 3–12) unter Beachtung der Maschenbedingung ableiten.

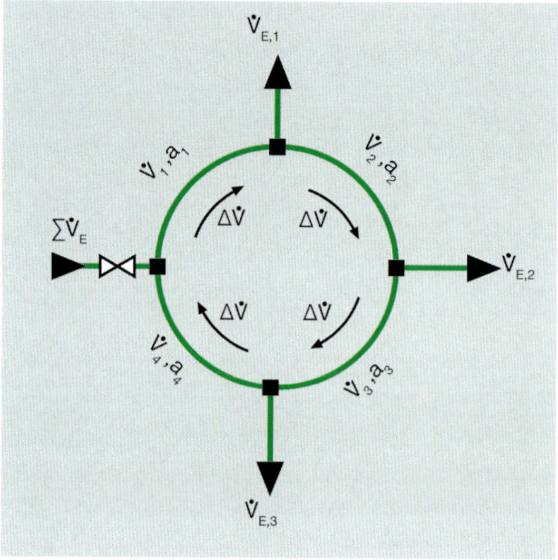


Abb. 3–12 **Korrektur der geschätzten Volumenströme**

Dazu wird zunächst am Eintritt die Aufteilung des Gesamtvolumenstroms geschätzt (guter Startwert: jeweils 50 %). Damit ergeben sich alle anderen Volumenströme im System, wenn von bestimmten Entnahmedurchflüssen $\dot{V}_{E,i}$ ausgegangen wird. Für das Ringsystem in Abb. 3–12 ergeben sich dann die Ströme zu:

| | | |
|---|---|---|
| $\dot{V}_1$ | (1.22) | $\dot{V}_1 = 0{,}5 \cdot \sum_{i=0}^{n} \dot{V}_{E,i}$ |
| $\dot{V}_2$ | (1.23) | $\dot{V}_2 = \dot{V}_1 - \dot{V}_{E,1}$ |
| $\dot{V}_3$ | (1.24) | $\dot{V}_3 = \dot{V}_1 - \dot{V}_{E,2}$ |
| $\dot{V}_4$ | (1.25) | $\dot{V}_4 = 0{,}5 \cdot \sum_{i=0}^{n} \dot{V}_{E,i}$ |

Mit diesen Schätzwerten wird die Gesamtdruckdifferenz im Ring bestimmt mit dem Ergebnis, dass sie verschieden von Null sein wird und damit die Maschenbedingung nicht erfüllt. Es gilt also (nach Abb. 3–12):

$$\sum_{i=1}^{n} \Delta p_i = \sum_{i=1}^{n} a_i \cdot \dot{V}_i^2 \neq 0 \qquad (1.26)$$

**Gesamtdruckdifferenz im Ring**

Die geschätzten Volumenströme werden alle mit einem konstanten $\Delta\dot{V}$ korrigiert, das sich für das System nach Abb. 3–12 aus der Maschenbedingung (Summe der Differenzdrücke im Ring = 0) berechnen lässt:

$$a_1 \cdot \left(\dot{V}_1^2 + \Delta\dot{V}\right)^2 + a_2 \cdot \left(\dot{V}_2^2 + \Delta\dot{V}\right)^2 + a_3 \cdot \left(\dot{V}_3^2 + \Delta\dot{V}\right)^2 - a_4 \cdot \left(\dot{V}_4^2 + \Delta\dot{V}\right)^2 = 0 \qquad (1.27)$$

**Summe der Differenzdrücke**

Werden die Produkte $(\dot{V})^2$ vernachlässigt, ergibt sich der Korrekturvolumenstrom unter Beachtung der Vorzeichenfestlegungen zu:

$$\Delta \dot{V} = -\frac{\sum_{i=1}^{n} a_i \cdot \dot{V}_i \cdot \left|\Delta \dot{V}\right|}{2 \cdot \sum_{i=1}^{n} \left|a_i \cdot \dot{V}_i\right|} \qquad (1.28)$$

**Korrekturvolumenstrom (1)**

oder einfacher, da die Gesamtdruckverluste jeder Teilstrecke bereits bekannt sind:

$$\Delta \dot{V} = -\frac{\sum_{i=1}^{n} \Delta p_{ges,i}}{2 \cdot \sum_{i=1}^{n} \left|a_i \cdot \dot{V}_i\right|} \qquad (1.29)$$

**Korrekturvolumenstrom (2)**

Die Korrektur wird mit weiteren Iterationsschritten so lange durchgeführt – z. B. in EXCEL mit einer Zielwertsuche –, bis sich mit den berichtigten Volumenströmen in den einzelnen Teilstrecken die Maschenbedingung erfüllen lässt. Wichtig dabei ist die Beachtung der Vorzeichenfestlegungen für die Durchflüsse und die Druckverluste.
Im Kapitel 6 werden beispielhaft für die Ringleitung des Herren-WC im Bürogebäude die Berechnungsergebnisse zusammengestellt und interpretiert.

### Hinweise zu den Druckverlusten im Ring

**Festlegung der Nennweite im Ring**

Die Berechnung der Druckverluste im Ring geht davon aus, dass der Planer die durchgehend konstante Nennweite im Ring vor Beginn der Berechnung festgelegt hat. Das kann aus der Erfahrung gemacht werden, sollte aber durch eine einfache Nachrechnung überprüft werden. Als Orientierung kann das mittlere verfügbare Druckgefälle für die Rohrreibung des gesamten Fließweges dienen. In Abb. 3–13 ist links die Situation für den ungünstigsten Leitungsweg eines verästelten Systems (z. B. T-Stück-Installation), rechts für ein System mit Ringleitung in der Stockwerksinstallation dargestellt.

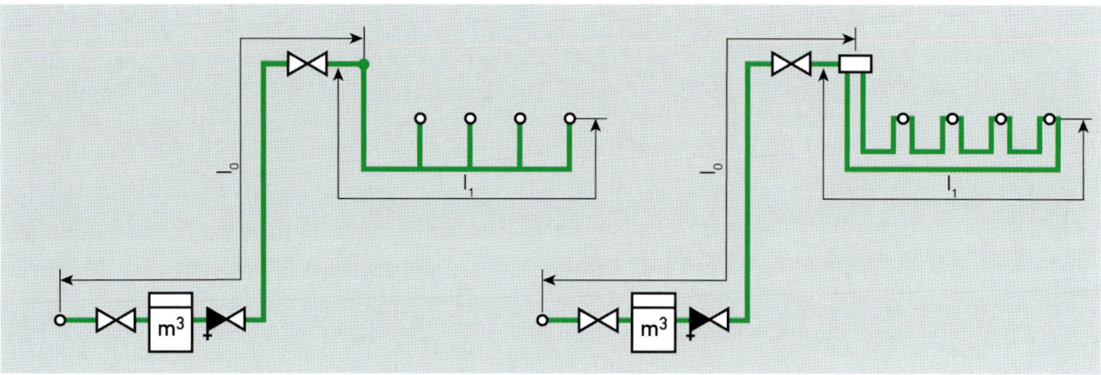


Abb. 3–13 **Bsp. Druckbedarf in einer Ringleitung (Stockwerksverteilung)**

Mit den dargestellten Längen ergibt sich für die T-Stück-Installation ein verfügbares Gesamtdruckgefälle für die Rohrreibung **und** die Einzelwiderstände von:

**Gesamtdruckgefälle**
T-Stück-Installation

(1.30)
$$R_{ges} = \frac{\Delta p_{ges,v}}{l_0 + l_1}$$

Daraus lässt sich ein Orientierungswert für die Druckverluste im Ring herleiten, wenn man davon ausgeht, dass dessen Druckverluste nicht größer sind als die der T-Stück-Installation:

**Druckverluste im Ring**

(1.31)
$$\Delta p_{St} = \Delta p_{Ring} = l_1 \cdot \frac{\Delta p_{ges,v}}{l_0 + l_1}$$

**Beispiel**
Die verfügbare Druckdifferenz für einen Strang (s. Gleichung 1.12) beträgt 800 hPa, die Längen sind $l_0 = 32$ m und $l_1 = 8$ m. Damit würden bei einer T-Stück-Installation die Rohrleitungen nach dem Unterputzventil so bemessen, dass der Druckverlust in etwa folgenden Wert annimmt:

$$\Delta p_{St} = l_1 \cdot \frac{\Delta p_{ges,v}}{l_0 + l_1} = 8 \cdot \frac{800}{32+8} = 160\ hPa.$$

**nach Formel (1.31)**

Für den Fall, dass die Rohrdurchmesser in den Verteilungs- und Steigleitungen gegenüber einem T-Stück-System unverändert bleiben sollen, müsste die Ringleitung so bemessen werden, dass deren Druckbedarf für Reibung und Einzelwiderstände nicht über 160 hPa liegt. Allerdings hat man hier Spielräume, die umso größer sind, je größer die Relation der Strecken $l_0 / l_1$ ist.
Angenommen, im vorliegenden Beispiel würde die Nennweitenwahl für die Ringleitung einen 50 % höheren Druckbedarf von 240 hPa hervorrufen, dann fiele das verfügbare Druckgefälle für die Verteil- und Steigleitungen (angenommener Einzelwiderstandsanteil: 50 %) auf:

$$R_v = 0{,}5 \cdot \frac{(800-160)}{32} = 10\,\frac{hPa}{m}\ auf\ R_v = 0{,}5 \cdot \frac{(800-240)}{32} = 8{,}8\,\frac{hPa}{m}.$$

**nach Formel (1.13)**

Diese relativ geringe Änderung des verfügbaren Rohrreibungsdruckgefälles würde kaum zu einer nennenswerten Nennweitenerhöhung der Verteil- und Steigleitungen beitragen.

**Grenzen der Planungsfreiheit**

**Grundsätzlich gilt natürlich:** Was im Stockwerk zu viel verbraucht wird, muss in den anderen Leitungen durch möglicherweise größere Nennweiten erkauft werden. Die Freiheit hat jeder Planer, solange er im Wesentlichen sicherstellt, dass bei seiner Nennweitenwahl die gesamte verfügbare Druckdifferenz nicht oder nur unwesentlich überschritten wird (s. Formel 1.32).

## 1.5 Wahl der Rohrdurchmesser

Der Innendurchmesser einer Trinkwasserleitung (kalt und warm) hängt vom Spitzenvolumenstrom $\dot{V}_S$ und vom verfügbaren Druckgefälle für die Reibung $R_V$ ab. Zur Ermittlung werden die Druckverlusttabellen der Hersteller verwendet. Sie enthalten für jeden Auslegungspunkt immer vier hydraulisch relevante Angaben

**Druckverlusttabellen**

- Volumenstrom
- Druckgefälle für die Rohrreibung
- Innendurchmesser
- die Strömungsgeschwindigkeit

Letztere darf für einen ausgewählten Innendurchmesser und einer Fließdauer von weniger als 15 Minuten (dazu zählt auch Füllung einer Badewanne im Wohngebäude) die Werte in Tab. 3–16 nicht überschreiten.

**Zulässige Strömungsgeschwindigkeiten**

Tab. 3–16 **Maximale rechnerische Strömungsgeschwindigkeiten (Fließdauer < 15 min)**

| Leitungsart | Rechnerische Geschwindigkeit [m/s] |
|---|---|
| **Hausanschlussleitung** | 2,0 |
| **Verbrauchsleitung $\zeta < 2{,}5$** | 5,0[8] |
| **Verbrauchsleitung $\zeta \geq 2{,}5$** | 2,5[8] |

8 Bei Fließdauern ≥ 15 min ist in allen Leitungsabschnitten die Geschwindigkeit auf 2,0 m/s begrenzt

Der Hinweis auf die $\zeta$-Werte bedeutet, dass bei Einbau druckverlustarmer Einzelwiderstände (Leitungsarmaturen) in der jeweiligen Teilstrecke höhere Geschwindigkeiten zugelassen werden, hingegen bei Widerständen mit hohen $\zeta$-Werten die Geschwindigkeit wegen zu befürchtender Strömungsgeräusche auf 2,5 m begrenzt werden muss. Zur Beurteilung sind die Herstellerwerte heranzuziehen , es sei denn, es wird eine herstellerunabhängige Ausschreibung vorgenommen.

i **Bei herstellerunabhängigen Ausschreibungen sind die Angaben in den Tabellen für die Widerstandsbeiwerte in DIN 1988-300 maßgebend.**

Keinesfalls sollten Leitungen für kaltes und erwärmtes Trinkwasser mit einer empfohlenen Geschwindigkeit bemessen werden, weil immer die Gefahr besteht, dass die Leitungen über- oder unterdimensioniert werden mit den bekannten Konsequenzen. Deshalb muss immer das Ziel sein, die verfügbare Druckdifferenz $\Delta_{pges,v}$ aufzubrauchen. Der Nachweis erfolgt für jeden Fließweg durch die Formel (1.32):

$$\Sigma(l \cdot R + Z) \leq \Delta p_{ges,v} \quad (1.32)$$

**Druckdifferenz verbleibend**

Die verbleibende Differenz sollte nicht größer sein als 5 % des Mindestfließdrucks an der Entnahmearmatur[9] – es sei denn, durch Geschwindigkeitsbegrenzungen ist diese Vorgabe nicht einzuhalten. Dann ist der Einsatz eines Druckminderers zu erwägen, da insbesondere bei niedrigen Gebäuden und hohen Versorgungsdrücken die verfügbare Druckdifferenz durch Reibung und Einzelwiderstände allein nicht aufgebraucht werden kann.

**Optimale Durchmesserwahl**

Nur bei dieser Vorgehensweise ist es möglich, die heutigen Anforderungen an eine Trinkwasser-Installation zu erfüllen: Sicherstellung der an den Entnahmestellen gewünschten Durchflüsse bei den kleinstmöglichen Rohrdurchmessern und den damit minimal möglichen Wasserinhalten in der Anlage. Dadurch wird mit den niedrigsten Investitionskosten der maximal mögliche Wasserwechsel im System erreicht und das sorgt zusammen mit einer Durchströmung in allen Leitungsabschnitten für die optimale Hygiene. Zudem wird in Kaltwasserleitungen der Anstieg der Wassertemperatur auf das mögliche Minimum begrenzt.

6 Durchströmung

4 Temperatur

9 Sofern die Nennweitenabstufungen der gewählten Rohrart dies erlauben

# 2 Zirkulationssysteme

## 2.1 Grundlagen

### 2.1.1 Historie

Ausstoßzeit 1
Temperatur 4
Betreiberpflichten 8

Zirkulationssysteme haben die Aufgabe, den Komfort beim Zapfen erwärmten Trinkwassers und die Hygiene im Verteilungssystem sicherzustellen. Sie ermöglichen ein kurze Ausstoßzeit bis zum Erreichen des ausreichend temperierten Warmwassers an der Entnahmestelle und sorgen dafür, dass im gesamten Warmwasserverteilungssystem die Temperaturen genügend hoch sind (Betreiberpflichten).

**Erste Bemessungsregel**

Die erste normative Festlegung von Bemessungsregeln in Deutschland erfolgte mit den Angaben in DIN 1988-3 im Jahre 1988. Der aus der Erfahrung generierte Ansatz, die Nennweite der Zirkulation um ein bis zwei Stufen kleiner zu machen als die parallel verlegte Trinkwasserleitung warm, einen dreifachen Wasserwechsel zu realisieren und in alle Stränge den gleichen Volumenstrom zu schicken, erwies sich als nicht zielführend [27]. Da bereits Mitte der 80er Jahre durch die Anforderungen der Trinkwasserhygiene, das Legionellenwachstum durch einen maximalen Temperaturabfall in dem gesamten Warmwasserumlauf der Installation auf 5 Kelvin zu begrenzen, ein neues Berechnungsverfahren entwickelt werden musste, hat man dieses in einem DVGW-Arbeitsblatt W 553 Ende der 90er Jahre geregelt. Diese inzwischen 13 Jahre alte technische Regel hat sich in der Praxis hervorragend bewährt, musste aber im Zuge der Neubearbeitung der DIN 1988 aktualisiert werden. Mit DIN 1988-300 wird ein differenziertes Berechnungsverfahren entwickelt, das es erlaubt, durch Beimischung höher temperierten Warmwassers die Zirkulationsumläufe in vielen Fällen weiter zu optimieren. Das Ergebnis sind Zirkulationssysteme, die einen kleineren Wasserinhalt, einen geringeren Materialaufwand und niedrigere Druckverluste aufweisen [28] [29].

Temperatur 4

### 2.1.2 Berechnungsansatz

Grundlage der Auslegung von Zirkulationssystemen ist die Forderung, sie (Zitat):

Temperatur 4

> *»... so zu bemessen, dass in allen Leitungsabschnitten des Umlaufsystems die Warmwassertemperatur um nicht mehr als 5 K gegenüber der Austrittstemperatur von 60 °C (Anmerkung des Verfassers: im Regelfall! Ausnahmen siehe DIN 1988-200) unterschritten wird.«*

**Wärmeabgabe und Hygiene bestimmen den Lastzustand**

Dazu sind die Rohrdurchmesser der Zirkulationsleitungen und die Förderdaten für die Zirkulationspumpe zu bestimmen. Dabei ist zu beachten, dass wir hier einen völlig anderen Lastzustand haben als bei den Trinkwasserleitungen kalt und warm. Nicht ein Spitzenbedarf und ein verfügbares Druckgefälle bestimmen den Rohrdurchmesser, sondern die Wärmeabgabe über die Umlaufleitungen, und die Begrenzung auf max. 5 Kelvin legen fest, welche Volumenströme mit der Zirkulationspumpe ins System zu schicken sind. Aus diesen lassen sich dann unter Beachtung einer wirtschaftlich und betriebstechnisch sinnvollen Strömungsgeschwindigkeit mit Hilfe der Kontinuitätsgleichung sämtliche Innendurchmesser der Zirkulationsleitungen bestimmen. Zum Abschluss werden der notwendige Förderdruck der Zirkulationspumpe und die Drosselpositionen der Zirkulationsregulierventile bestimmt.

[27] Rudat, K.: Berechnungsverfahren für Zirkulationssysteme in zentralen Trinkwasser-Erwärmungsanlagen. Teil 1: Gesundheitsingenieur (GI) 1991, H. 6, S. 296-305; Teil 2: GI 1992, H. 1, S. 24-30; Teil 3: GI 1992, H. 3, S. 137-142

[28] Fraaß, M.: Zirkulationsauslegung nach dem Beimischprinzip. HLH Bd. 61 (2010), H. 5, S. 53-56

[29] Fraaß, M.: Energetische Optimierung von Zirkulationsnetzen durch Ausschöpfen des Beimischpotentials. HLH Bd. 62 (2011), H. 7, S. 56-61

Damit sind bei jeder Bemessung eines Zirkulationssystems die in Abb. 3–14 gezeigten und nachfolgend zu besprechenden Schritte durchzuführen.

**Ermittlung der Wärmeverluste**
Referenzverfahren | Differenziert berechnet
↓
**Verteilung der Volumenströme berechnen**
Gleiche Temperaturen im Knotenpunkt | Ungleiche Temperaturen im Knotenpunkt
↓
Wahl der Rohrdurchmesser
↓
Berechnung des Förderdrucks der Zirkulationspumpe
↓
Bestimmung der Drosselpositionen für die Zirkulationsregulierventile

Abb. 3–14 **Arbeitsschritte bei der Bemessung von Zirkulationssystemen**

## 2.2 Wärmeverluste

Die vom Umlauf betroffenen Trinkwasserleitungen warm (also ohne Stichleitungen!) und Zirkulationsleitungen geben abhängig von der Übertemperatur zwischen dem erwärmten Trinkwasser und der Raumluft sowie der Dämmung der Leitungen Wärme an die Räume ab. Um diese zu ermitteln, muss zunächst der U-Wert des gedämmten Rohres mit Formel (2.1) berechnet werden:

$$U_R = \frac{\pi}{\frac{1}{2 \cdot \lambda_D} \cdot ln \frac{D}{d_a} + \frac{1}{\alpha_a \cdot D}} \qquad (2.1)$$

**Wärmedurchgangskoeffizient**

mit:

$U_R$ in W/(m·K), Wärmedurchgangskoeffizient für das gedämmte Rohr
$\lambda_D$ = 0,035 W/(m·K), Wärmeleitfähigkeit der Dämmung nach DIN 1988-300
$D$ Außendurchmesser einer gedämmten Warmwasser- oder Zirkulationsleitung
$d_a$ Außendurchmesser einer Warmwasser- oder Zirkulationsleitung
$\alpha_a$ = 10 W/(m²·K), äußerer Wärmeübergangskoeffizient nach DIN 1988-300

In Tab. 3–17 sind die Wärmedurchgangskoeffizienten in Abhängigkeit von der Nennweite des Rohres und einer Dämmung nach EnEV [30] angegeben.

Tab. 3–17 **Wärmedurchgangskoeffizienten nach EnEV gedämmter Trinkwasserleitungen warm**

| DN | Außendurchmesser x Wandstärke [mm] | | | Dämmdicke [mm] | | | $U_R$-Werte [W/(mK)] | | |
|---|---|---|---|---|---|---|---|---|---|
| 10 | 12 x 1 | – | – | 20 | 20 | 20 | 0,137 | – | – |
| 12 | 15 x 1 | 15 x 1 | 16 x 2,2 | 20 | 20 | 20 | 0,154 | 0,154 | 0,160 |
| 15 | 18 x 1 | 18 x 1 | 20 x 2,8 | 20 | 20 | 20 | 0,170 | 0,170 | 0,181 |
| 20 | 22 x 1 | 22 x 1,2 | 25 x 2,7 | 20 | 20 | 20 | 0,191 | 0,191 | 0,207 |
| 25 | 28 x 1,5 | 28 x 1,2 | 32 x 3,2 | 30 | 30 | 30 | 0,180 | 0,180 | 0,194 |
| 32 | 35 x 1,5 | 35 x 1,5 | 40 x 3,5 | 30 | 30 | 30 | 0,205 | 0,205 | 0,223 |
| 40 | 42 x 1,5 | 42 x 1,5 | 50 x 4 | 39 | 39 | 42 | 0,198 | 0,198 | 0,212 |
| 50 | 54 x 2 | 54 x 1,5 | 63 x 4,5 | 50 | 51 | 50 | 0,201 | 0,199 | 0,221 |
| 65 | 76,1 x 2 | 76,1x2,0 | – | 72 | 72 | – | 0,201 | 0,201 | – |
| 80 | 88,9 x 2 | 88,9 x 2 | – | 85 | 85 | – | 0,201 | 0,201 | – |
| 100 | 108 x 2,5 | 108 x 2 | – | 100 | 100 | – | 0,205 | 0,205 | – |

[30] EnEV 2009: Verordnung über energiesparenden Wärmeschutz und energiesparende Anlagentechnik bei Gebäuden (Energieeinsparverordnung) vom 29. April 2009

Zur Bestimmung der Übertemperaturen müssen die Wasser- und Raumlufttemperaturen bekannt sein. Für das erwärmte Trinkwasser kann praxisnah und damit konstant (obwohl sie im Umlauf absinkt) die Wasseraustrittstemperatur am Trinkwassererwärmer genommen werden.

Raumbuch 3

Die Raumlufttemperaturen $\vartheta_L$ werden dem Raumbuch oder der Heizlastberechnung entnommen. Übliche Werte sind

- + 25 °C für Leitungen im Schacht, in der Vorwand oder der abgehängten Decke von im Winter beheizten Räumen
- + 10 °C für Leitungen im unbeheizten Keller

Damit können sämtliche spezifischen Wärmeabgaben der Trinkwasserleitungen warm mit der Formel 2.2

**Spezifische Wärmeabgabe TW-Leitungen warm**

$$\dot{q}_W = U_{R,W} \cdot (\vartheta_W - \vartheta_R) \tag{2.2}$$

und die gesamte Wärmeabgabe aller Umlaufleitungen Trinkwasser warm mit der Formel (2.3) berechnet werden:

**Wärmeabgabe aller TW-Umlaufleitungen warm**

$$\Sigma\, \dot{Q}_W = \Sigma\, (l_W \cdot \dot{q}_W) \tag{2.3}$$

Die Gesamtwärmeabgabe der Warmwasserleitungen dient dazu, den Pumpenförderstrom zu ermitteln (s. Kapitel 2.3).

## 2.3 Berechnung des Förderstroms der Zirkulationspumpe

Aus der Heizlast (Gesamtwärmeabgabe) für den Zirkulationsbetrieb und einer geeigneten rechnerischen Temperaturdifferenz $\Delta\vartheta_W$ vom Warmwasseraustritt am Trinkwassererwärmer bis zum Abgang der Zirkulationsleitung von der Warmwasserleitung (im Regelfall in den obersten Geschossen) wird der Volumenstrom berechnet, der aus dem Trinkwassererwärmer ins System austreten muss, um diese Temperaturdifferenz nicht zu unterschreiten. Er ist genau so groß, wie der Förderstrom der Zirkulationspumpe und wird mit Formel (2.4) berechnet zu

Temperatur 4

**Förderstrom**

$$\dot{V}_P = \frac{\Sigma\, \dot{Q}_W}{\rho \cdot c_p \cdot \Delta\vartheta_W} = \frac{\Sigma\left[l_W \cdot U_{R,W} \cdot (\vartheta_W - \vartheta_L)\right]}{\rho \cdot c_p \cdot \Delta\vartheta_W} \tag{2.4}$$

mit

| | |
|---|---|
| $\dot{V}_P$ | Förderstrom der Zirkulationspumpe für den Auslegungsfall |
| $\rho$ | Dichte des erwärmten Trinkwassers = 983,2 kg/m³ bei 60 °C |
| $C_p$ | Spezifische Wärmekapazität des Wassers = 4,18 kJ/(kg·K) bei 60 °C |
| $\Delta\vartheta_W$ | Rechnerische Temperaturdifferenz des Warmwassers in der Warmwasserleitung |

Temperatur 4

Die zulässige Temperaturdifferenz im gesamten Warmwasserumlauf (also einschließlich des Zirkulationsweges) beträgt nach DVGW-Arbeitsblatt W 551 maximal $\Delta\vartheta_{TE}$ = 5,0 K, für Zirkulationssysteme mit unterer Verteilung ist eine Abkühlung von 2,0 K allein für den Warmwasserweg angegeben worden (Abb. 3–15). Damit kann die rechnerische Temperaturdifferenz in der Warmwasserleitung mit Formel (2.5) ermittelt werden (s. auch Abb. 2.2):

**Temperaturdifferenz in der Warmwasserleitung**

$$\Delta\vartheta_W = \frac{\Delta\vartheta_{TE}}{2} \tag{2.5}$$

mit

$\Delta\vartheta_{TE}$ Temperaturdifferenz des gesamten Zirkulationsumlaufes am Trinkwassererwärmer (TE) = 4 ... 5 K

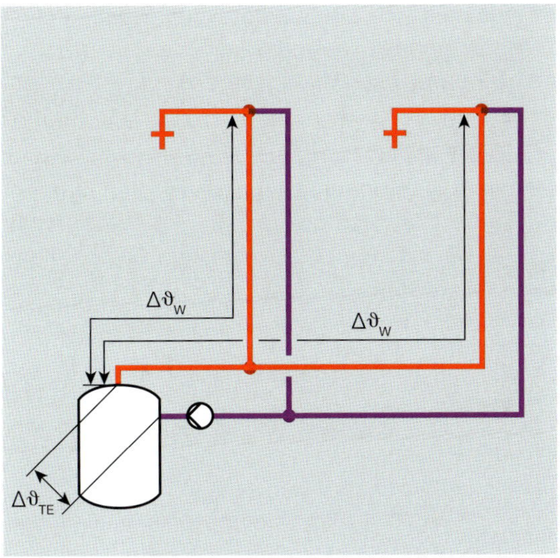


Abb. 3–15 **Temperaturdifferenz untere Verteilung**

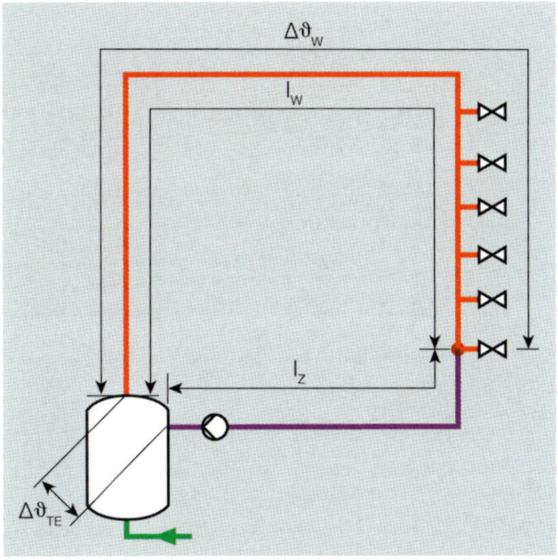


Abb. 3–16 **Temperaturdifferenz obere Verteilung**

**Zu Abb. 3–15**
Berechnung der Temperaturdifferenz des Warmwassers in der Warmwasserleitung bei unterer Verteilung

**Zu Abb. 3–16**
Berechnung der Temperaturdifferenz des Warmwassers in der Warmwasserleitung bei oberer Verteilung

Bei Systemen mit oberer Verteilung des Warmwassers darf wegen der deutlich größeren Länge der Warmwasserleitung (gegenüber der Zirkulationsleitung) eine größere rechnerische Temperaturdifferenz gewählt werden. Sie kann mit der Formel (2.6) berechnet werden:

**Temperaturdifferenz in der Warmwasserleitung**

$$\Delta\vartheta_w = \frac{\Delta\vartheta_{TE}}{2} \cdot \frac{l_w}{l_w + l_z} \qquad (2.6)$$

Die Längen $l_w$ und $l_z$ können der Abb. 3–16 entnommen werden. Dabei ist zu beachten, dass diese Temperaturdifferenz höchstens 3,0 K betragen darf, es sei denn, man weist durch eine differenzierte Bilanz am Gesamtsystem nach, dass die Abkühlung im gesamten Umlauf die 5,0 K nach DVGW-Arbeitsblatt W 551 nicht überschreitet.

## 2.4 Berechnung der Volumenstromverteilung

In einem verzweigten Zirkulationssystem muss der Pumpenförderstrom so verteilt werden, dass an keiner Stelle des Systems eine Temperatur von im Regelfall 55 °C (Ausnahme: Warmwassertemperatur am Austritt des Trinkwassererwärmers planmäßig < 60 °C) unterschritten wird. Das kann auf zwei Wegen geschehen, wobei in beiden Fällen die eingangs genannten Forderungen strikt eingehalten werden:

4 Temperatur

1. **Mischverfahren mit gleichen Temperaturen** $\eta = 0$
   s. Formeln (2.9) und (2.11)
   Die in einem Knotenpunkt ankommenden Volumenströme werden so bemessen, dass sie die gleiche Temperatur aufweisen. Das ist das Bemessungsverfahren nach DVGW-Arbeitsblatt W 553. Es führt in den vom Wassererwärmer aus gesehen entferntesten Strängen zu relativ hohen Volumenströmen.

**Verfahren nach DVGW W 553**

2. **Mischverfahren mit ungleichen Temperaturen (Beimischverfahren)** $0 < \eta \leq 1$
   s. Formeln (2.9) und (2.11)
   Aus der Erfahrung heraus, dass bei einer Einregulierung mit thermostatischen Zirkulationsregulierventilen sich ohnehin eine von dem DVGW-Arbeitsblatt W 553 abweichende Verteilung der Volumenströme einstellt, ist untersucht worden [31] [32], ob man nicht gleich durch eine »Beimischung« (von Fraaß als Beimischprinzip bezeichnet) von höher temperiertem Wasser aus den Strängen bessere Systembedingungen erreicht. Das ist der Fall und deshalb wurde dieser Ansatz (der den Spezialfall einer Verteilung nach W 553 einschließt) in DIN 1988-300 aufgenommen.

**Beimischverfahren zur Optimierung**

[31] Fraaß, M.: Zirkulationsauslegung nach dem Beimischprinzip. S. auch Fußnote 1
[32] Fraaß, M.: Energetische Optimierung von Zirkulationsnetzen durch Ausschöpfen des Beimischpotentials

**Berechnung**
Volumenströme im Durchgangs- und Abzweigweg

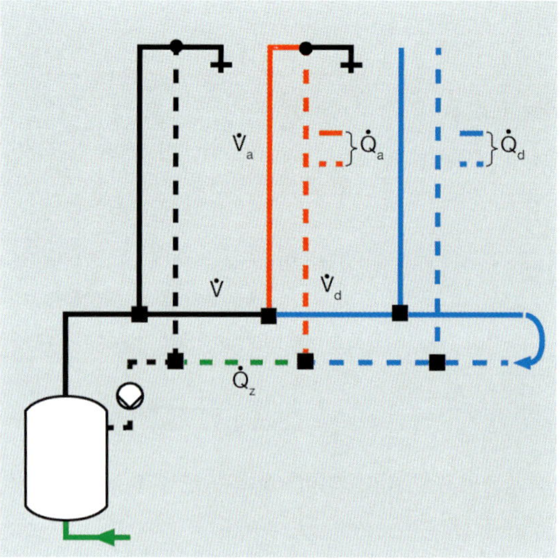


Abb. 3–17 **Durchgangs- und Abzweigwege**

Damit lassen sich die Systeme hinsichtlich kleinerer Wasserinhalte, geringerem Materialverbrauch und kleinerer Druckverluste im Umlaufsystem optimieren.

Für beide Fälle können durch eine Bilanz an einem beliebigen Knotenpunkt im System die Volumenströme im Durchgangs- und im Abzweigweg (s. Abb. 3–17) mit den nachfolgenden Gleichungen bestimmt werden.

Dabei müssen zwei Fälle unterschieden werden, um eine angemessene und die Temperaturforderungen erfüllende Volumenstromaufteilung an einem Knotenpunkt zu erhalten. In Tab. 3–18 sind die Bedingungen für die beiden Varianten und die zu verwendenden Formeln dargestellt.

Tab. 3–18 **Berechnung der Volumenströme in einen Knotenpunkt**

| **Mischverfahren**<br>Mit gleichen Temperaturen | **Mischverfahren**<br>Mit ungleichen Temperaturen<br>(Beimischverfahren) |
|---|---|
| **Durchgangsweg** | **Durchgangsweg** |
| $\dot{V}_d = \dot{V} \cdot \frac{\dot{Q}_d}{\dot{Q}_a + \dot{Q}_d}$ (2.7) | Wenn<br>$\dot{Q}_d \geq \dot{Q}_a + \dot{Q}_z$ 2.8)<br>dann<br>$\dot{V}_d = \dot{V} \cdot \frac{\dot{Q}_d}{\dot{Q}_a + \dot{Q}_d + \eta \cdot \dot{Q}_z}$ (2.9)<br>Wenn<br>$\dot{Q}_d < \dot{Q}_a + \dot{Q}_z$ (2.10)<br>dann<br>$\dot{V}_d = \dot{V} \cdot \frac{\dot{Q}_d}{\dot{Q}_a \cdot (1-\eta) + \dot{Q}_d \cdot (1+\eta)}$ (2.11) |
| **Abzweigweg**<br>$\dot{V}_a = \dot{V} - \dot{V}_d$ 2.12) | |

mit:

$\dot{Q}_d$ Wärmeverlust im Durchgangsweg = Wärmeverlust aller (nicht nur der Teilstrecke danach) vom Zirkulationsumlauf betroffenen Warmwasser- **und** Zirkulationsleitungen (!), die an einer Stromtrennung durchgehen

$\dot{Q}_a$ Wärmeverlust im Abzweigweg = Wärmeverlust aller (nicht nur der Teilstrecke danach) vom Zirkulationsumlauf betroffenen Warmwasser- **und** Zirkulationsleitungen (!), die an einer Stromtrennung abzweigen

$\dot{V}_a$; $\dot{V}_d$; $\dot{V}$ Volumenströme am Knotenpunkt (s. Abb. 3–17)

$\eta$ Beimischgrad

Der Beimischgrad gibt an, ob und in welchem Maße das Beimischpotential genutzt wird. Beträgt es Null, dann erfolgt die Mischung mit gleichen Temperaturen; wird $\eta = 1{,}0$ (Maximum) gesetzt, dann wird die höchstmögliche Beimischung von höher temperiertem Wasser aus dem Abzweigweg (Strang) erzielt.

Nochmals: In beiden Fällen werden die notwendigen .Mindesttemperaturen nicht unterschritten. Die Auswirkungen sollen an einem Beispiel gezeigt werden.

4 Temperatur

**Beispiel**

In einem Wohngebäude befinden sich 12 Steigstränge für das erwärmte Trinkwasser in Reihe geschaltet (untere Verteilung). Abb. 3–18 zeigt schematisch den Knotenpunkt am ersten Strang nach dem Austritt aus dem zentralen Trinkwassererwärmer (TE) und die zugehörigen Wärmeabgaben in **W**att.

**Beispiel**
Strangschema (Ausschnitt) einer Warmwasserverteilung für ein Wohngebäude

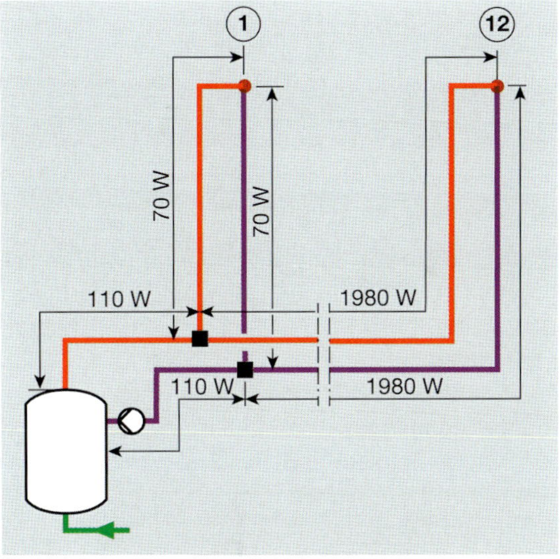


Abb. 3–18 **Beispielaufgabe – Strangschema**

**Frage**

Wie groß sind die Volumenströme im Durchgangs- und im Abzweigweg zu wählen?

Beim

a) Mischverfahren mit **gleichen** Temperaturen Beimischgrad $\eta = 0$
b) Mischverfahren mit **ungleichen** Temperaturen Beimischgrad $\eta = 1{,}0$

Annahme des Planers: $\Delta\vartheta_{TE} = 4{,}0\,\text{K}$



Vorwort Inhaltsverzeichnis
Hygieneanforderungen TrinkwV und VDI 6023
Planungspraxis EN 806-2 / DIN 1988-200
Systemauslegung DIN 1988-300/500/600
Trinkwasserhygiene im Bestand Sanierung/Betrieb
Recht / Ausschreibung Planerhaftung
Index

**Lösung**

Die Gesamtwärmeabgabe Warmwasserleitungen im Umlauf (ohne Zirkulationsleitungen!) beträgt nach Formel (2.3) $\sum \dot{Q}_w = 110 + 70 + 1980 = 2160\,W$, die rechnerische Temperaturdifferenz in der Warmwasserleitung erhält man mit Formel (2.4) zu $\Delta\vartheta_w = 4{,}0/2 = 2{,}0\,K$.

Damit ergibt sich für den Startvolumenstrom $\dot{V}$ in die Trinkwasserverteilung (gleich Pumpenförderstrom der Zirkulationspumpe) nach Formel (2.4):

**nach Formel (2.4)**

$$\dot{V}_P = \frac{\Sigma\,\dot{Q}_w}{\rho \cdot c_p \cdot \Delta\vartheta_w} = \frac{2160\,W}{983{,}2\,\frac{kg}{m^3} \cdot 4{,}18\,\frac{kJ}{kg\,K} \cdot 2{,}0\,K} \cdot \frac{3600\,s}{1\,h} \cdot \frac{1000\,l}{m^3} \cdot \frac{1\,kW}{1000\,W} = 946\,\frac{l}{h}$$

**Zu a)**

Für den Durchgangsweg ergibt sich nach Formel (2.7) der Volumenstrom zu

$$\dot{V}_d = 946\,\frac{l}{h} \cdot \frac{3960\,W}{(140 + 3960)W} = 914\,l/h$$

wobei für $\dot{Q}_d = \dot{Q}_w + \dot{Q}_z$ (= 1980 + 1980) einzusetzen ist.

Für den Abzweigstrom nach Formel (2.12) $\dot{V}_a = 946 - 914 = 32\,l/h$

**Zu b)**

Da die Bedingung $\dot{Q}_d \geq \dot{Q}_a + \dot{Q}_z$ mit 3960 > 140 + 110 erfüllt ist, gilt Formel (2.9) und es ergibt sich bei maximalem Beimischgrad ($\eta = 1{,}0$):

$$\dot{V}_d = 946\,\frac{l}{h} \cdot \frac{3960\,W}{(140 + 3960 + 1{,}0 \cdot 110)W} = 890\,l/h$$

**Abzweigstrom deutlich höher!**

und für den Abzweigstrom nach Formel (2.12)

$\dot{V}_a = 946 - 890 = 56\,l/h$

Es ist zu erkennen, dass im Fall b) ein höherer Volumenstrom mit einer höheren Temperatur als im Fall a) aus dem Strang 1 zum Knotenpunkt geführt wird. Die leicht berechenbaren, sich einstellenden Temperaturen sind am Eintritt der Zirkulationsleitung des Stranges 1 in die Sammelleitung beim Beimischverfahren höher (57,7 °C) als beim Mischverfahren mit gleichen Temperaturen (56,1 °C) (s. auch Abb. 3–18). Die Beimischung dient also dazu, die Wärmeabgabe der Zirkulationsleitung vor dem Eintritt in den Wassererwärmer zu decken. Das kann der aus dem Durchgangsweg eintretende Volumenstrom nicht leisten, weil dessen Temperatur bereits 60 °C abzüglich der in diesem Beispiel vom Planer angenommen Temperaturdifferenz von 4 K, also 56 °C erreicht hat und hier nicht unterschritten werden soll.

Die Berechnung der Volumenstromverteilung beginnt immer am Wassererwärmer und wird dann in Fließrichtung des erwärmten Trinkwassers Knotenpunkt für Knotenpunkt weiter geführt.

i

**Das Beimischverfahren (Verfahren mit ungleichen Temperaturen) setzt voraus, dass die Wärmeverluste auch der Zirkulationsleitungen bei der Berechnung der Teilströme bekannt sein müssen, s. Formeln (2.8) bis (2.10). Diese wiederum können erst ermittelt werden, wenn die Nennweiten der Zirkulationsleitungen bestimmt sind, und diese hängen wiederum ab von den Teilströmen. Hier kommt man nur mit einer iterativen Rechnung heraus, und als geeigneten Startwert für die Wärmeverluste der Zirkulationsleitungen kann man bei Raumtemperaturen von +25°C (z. B. im Schacht) (Austrittstemperatur aus dem Trinkwassererwärmer: 60°C) einen Wert von 7 W/m und bei Raumtemperaturen von +10 °C (z. B. im Keller) einen Wert von 10 W/m annehmen.**

## 2.5 Wahl der Rohrdurchmesser

Die Massenströme im System stehen fest und damit bleibt die Wahl der Rohrdurchmesser für die Zirkulationsleitungen eine Optimierungsaufgabe, wobei betriebstechnische Grenzen zu beachten sind. Werden Leitungen mit großen Durchmessern gewählt, sind deren Kapitalkosten hoch, die Betriebskosten für die Zirkulationspumpe wegen des relativ kleinen Förderdruckes dagegen gering. Anders verhält es sich bei kleinen Nennweiten: Der Förderdruck und damit die Betriebskosten steigen stark an. Das wirtschaftliche Optimum wird erreicht, wenn die Gesamtkosten als Summe der kapital- und verbrauchsgebundenen Kosten für das ganze Zirkulationssystem am geringsten sind.

**Durchmesserwahl ist Optimierungsaufgabe**

Diese Optimierung lässt sich beziehen auf einen wirtschaftlichen Durchmesser, ein wirtschaftliches Druckgefälle oder eine wirtschaftliche Geschwindigkeit für die Zirkulationsleitung [33]. Dabei zeigt sich, dass die beiden erstgenannten Größen auch von dem Volumenstrom abhängig sind, die optimale Geschwindigkeit dagegen nicht und damit ist sie als Auslegungsgröße gut geeignet. Wirtschaftlich optimal wäre etwa 1,0 m/s, allerdings kann das zu betriebstechnischen Problemen (Einregulierung) führen. Daher ist es sinnvoll, die Zirkulationsleitungen mit einer Strömungsgeschwindigkeit von:

$$w_z = 0{,}2 \ldots 0{,}5\ m/s \qquad (2.13)$$

**Strömungsgeschwindigkeit**

zu bemessen (maximal 1,0 m/s) beim Einsatz von Pumpen mit relativ großen Förderhöhen.

Bei ausgedehnten Systemen kann von der Bemessung her die spätere Einregulierung des Systems erleichtert werden, wenn die pumpennahen Teilstrecken der hydraulisch ungünstigsten (längsten) Wege mit den höheren Werten für die Geschwindigkeit (0,5 bis hin zu 1 m/s) und die pumpenfernen Leitungsabschnitte mit kleineren Geschwindigkeiten (um die 0,2 m/s) bemessen werden.

Aus überwiegend installationstechnischen Gründen ist die Nennweite für die Innendurchmesser der Zirkulationsleitungen nicht kleiner als 10 mm zu wählen (Zitat) [4]:

*»Der Mindestinnendurchmesser für eine Zirkulationsleitung beträgt 10 mm«*

## 2.6 Wahl der Pumpe

Zwei Parameter werden für die Auswahl der Zirkulationspumpe benötigt: Förderstrom und Förderdruck. Der Volumenstrom wird mit Formel (2.4) ermittelt (s. Kapitel 2.3); für den Förderdruck muss nach DIN 1988-300 die Summe der Druckverluste durch die Reibung und die Einzelwiderstände in den PWH- und PWH-C-Leitungen entlang des ungünstigsten Umlaufes differenziert bestimmt werden. Er ergibt sich nach Formel (2.14) zu:

$$\Delta p_P = \sum(l \cdot R + Z) + \sum \Delta p_{RV} + \Delta p_D + \Delta p_{ZRV} + \Delta p_{Ap} \qquad (2.14)$$

**Förderdruck der Zirkulationspumpe**

Darin bedeuten:

| | |
|---|---|
| $\sum(l \cdot R + Z)$ | Druckverluste durch Reibung und Einzelwiderstände im längsten Zirkulationsumlauf |
| $\sum \Delta p_{RV}$ | Druckverluste in Rückflussverhinderern (z. B. nach der Pumpe) |
| $\Delta p_D$ | Druckverlust in einem statischen Zirkulationsregulierventil bei voller Öffnung (Angaben des Herstellers verwenden!) |
| $\Delta p_{ZRV}$ | Druckverlust in einem Zirkulationsregulierventil (ZRV) bei voller Öffnung (Angaben des Herstellers verwenden!) |
| $\Delta p_{Ap}$ | Druckverlust eines Apparates im Zirkulationsumlauf (z. B. Erwärmer zur Deckung der Wärmeverluste des Zirkulationssystems) |

[33] Rudat, K.: Berechnungsverfahren für Zirkulationssysteme in zentralen Trinkwasser-Erwärmungsanlagen. Teil 1: Gesundheitsingenieur (GI) 1991, H. 6, S. 296-305; Teil 2: GI 1992, H. 1, S. 24-30; Teil 3: GI 1992, H. 3, S. 137-142

[4] DIN 1988 Teil 300: Technische Regeln für Trinkwasser-Installationen (TRWI); Ermittlung der Rohrdurchmesser; Technische Regel des DVGW. Berlin: Beuth, 2012

**Ansprechdruck des Rückflussverhinderers beachten**

Die Rückflussverhinderer müssen gesondert betrachtet werden, da sie wegen der zum Teil hohen Öffnungsdrücke erhebliche Druckverluste aufweisen können. Dabei ist Folgendes zu beachten:

- Wird eine Pumpe mit integriertem Rückflussverhinderer gewählt, ist im Regelfall dessen Druckverlust in der Pumpenkennlinie berücksichtigt.
- Wird ein gesonderter Rückflussverhinderer nach der Pumpe vorgesehen, kann – falls die Hersteller dazu keine Angaben machen – mit einem pauschalen Druckverlust von 60 mbar gerechnet werden. Kleinere Werte sind möglich, wenn druckverlustarme Ausführungen gewählt werden.

i

**Vielfach kann der Druckverlust durch die Zirkulation in den PWH-Leitungen vernachlässigt werden, da bei den vielfach großen Nennweiten und kleinen Zirkulationsdurchflüssen das Druckgefälle und die Geschwindigkeit verschwindend klein sind. Ausnahmen können die Leitungsabschnitte mit kleinen Nennweiten sein, die in Fließrichtung unmittelbar vor dem Zirkulationsabgang liegen. Deren Druckverluste sind dann in der Formel (2.14) zu erfassen.**

Die Druckverluste werden mit Hilfe von Formblättern berechnet, die auch für die Bemessung der Kalt- und Warmwasserleitungen herangezogen werden. Dabei ist es aus berechnungstechnischen Gründen sinnvoll, die Volumenströme in l/h statt in l/s anzugeben. Weiteres siehe Beispiel im Kapitel 3.

**Lage der Pumpenkennlinie**

Temperatur 4

Die Pumpenkennlinie (PKL) eines Herstellers muss über dem rechnerischen Betriebspunkt $\dot{V}_P, \Delta P_p$ liegen, um sicherzustellen, dass die geforderten Mindesttemperaturen im System in jedem Fall erreicht werden. Etwas größere Pumpen führen immer zu einer kleineren Abkühlung in den Zirkulationskreisläufen und das ist aus hygienischen Gründen nur zu begrüßen.

## 2.7 Hydraulischer Abgleich

Die Zirkulations-Einzelleitungen müssen Drosseln erhalten, damit die für die vorgegebene Abkühlung notwendigen Volumenströme auch eingestellt werden können. Vor allem die dem Wassererwärmer näherliegenden Stränge sind stark zu drosseln, damit die gewünschten Temperaturen erreicht werden.

Zwei Fälle müssen unterschieden werden

- **Rechnerischer Betriebspunkt auf der Pumpenkennlinie (PKL) oder darunter, zentrale Drosselung**
  In der zentralen Drossel wird der Überschuss – zwischen rechnerischem Betriebspunkt und PKL – abgebaut. Die in einer dezentralen Drossel abzubauende Druckdifferenz ergibt sich aus dem Druckverlust für den hydraulisch ungünstigsten Zirkulationsumlauf abzüglich des Druckverlustes in dem hydraulisch günstiger gelegenen Umlauf, in dem sich die Drossel befindet. Ziel ist es, in allen Umläufen den gleichen Druckverlust bei den für die Temperaturhaltung berechneten Volumenströmen zu erhalten.
- **Rechnerischer Betriebspunkt unter der Pumpenkennlinie, keine zentrale Drosselung**
  Hier müssen die dezentralen Drosseln in den PWH-C-Strängen zusätzlich die Druckdifferenz zwischen dem rechnerischen und dem tatsächlichen Förderdruck der Pumpe beim gewünschten Förderstrom abbauen.

Mit dem Wertepaar Durchfluss und Druckdifferenz wird der notwendige $k_{VS}$-Wert mit Formel (2.15) berechnet:

$$k_{VS} = \dot{V}_z \cdot \sqrt{\frac{0{,}1\,MPa}{\Delta p_D}} \qquad (2.15)$$

$k_{VS}$-Wert

mit

$k_{VS}$ Durchfluss eines Ventils bei voller Öffnung und einer Druckdifferenz von 0,1 MPa
$\dot{V}_Z$ Auslegungs-Zirkulationsvolumenstrom in der Drosseleinrichtung
$\Delta p_D$ Abzubauende Druckdifferenz in der Drossel

### Statisches Zirkulationsregulierventil

Mit den Herstellerunterlagen (Abb. 3–19) kann die Voreinstellung des Drosselventiles bestimmt werden; die dazu notwendige Drosseldruckdifferenz $\Delta p_D$ wird mit Formel (2.16) berechnet:

$$\Delta p_D = \Delta p_{P,B} - \Sigma(l \cdot R + Z)_{w,z} - \Delta p_{RV} - \Delta p_{Ap} \qquad (2.16)$$

**Drosseldruckdifferenz**

mit

$\Delta p_{P,B}$ Förderdruck der Pumpe beim einregulierten Betrieb (= Förderdruck der Pumpe beim Auslegungsvolumenstrom), s. Abb. 3–20. Die Anlagenkennlinie ist für den Auslegungspunkt dargestellt.

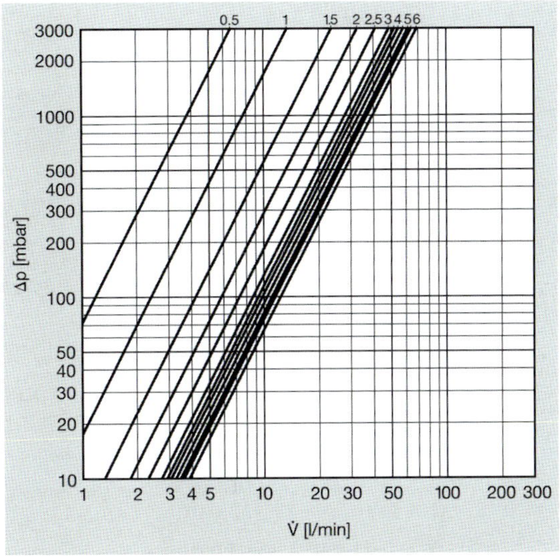


Abb. 3–19 **Drosselkennlinien statisches ZRV DN 15**

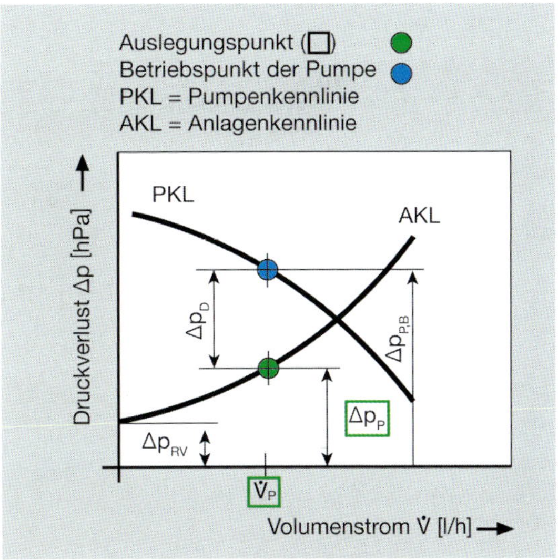


Abb. 3–20 **Pumpen- und Anlagenkennlinie**

**Zu Abb. 3–20**
Zirkulationsbetrieb von Pumpen und Anlagen
**AKL** Anlagenkennlinie für die Auslegung
**PKL** Pumpenkennlinie

Insbesondere die nahe am Trinkwassererwärmer liegenden Stränge benötigen nur sehr kleine Volumenströme, die rechnerisch dazu führen können, dass kleinstmögliche Drosselpositionen nicht erreicht werden. In diesen Fällen ist der Planer gut beraten, wenn er das System mit einer kleineren als die ursprünglich angenommene Temperaturdifferenz $\Delta\vartheta_W$ bemisst (Zitat) [4]:

*»Ergeben die Berechnungen für die Voreinstellungen der Drosselventile Werte, die unter den kleinstmöglichen Einstellwerten dieser Ventile liegen, ist das Zirkulationssystem mit einer kleineren Temperaturdifferenz als $\Delta\vartheta_w = 2\,K$ zu bemessen«.*

Vorher sollte aber geprüft werden, ob bei der Auslegung des Systems das Beimischverfahren angewendet worden ist, denn dieses führt bei ausgedehnten Systemen ohnehin zu größeren Volumenströmen in den erwärmernahen Strängen.

### Thermostatisches Zirkulationsregulierventil

**Einheitliche Sollwerte überprüfen**

Temperatur 4

Die Sollwerte von thermostatischen Zirkulationsregulierventilen können möglicherweise einheitlich auf 57 °C eingestellt werden, wenn durch Simulationsrechnungen nachgewiesen wird, dass im gesamten System die Temperatur des erwärmten Trinkwassers nicht kleiner ist als 5 K unterhalb der Warmwasseraustrittstemperatur am Trinkwassererwärmer. Auch bei diesen Ventilen erfolgt die Auswahl über den notwendigen $k_{VS}$-Wert.

[4] DIN 1988 Teil 300: Technische Regeln für Trinkwasser-Installationen (TRWI); Ermittlung der Rohrdurchmesser; Technische Regel des DVGW. Berlin: Beuth, 2012

# 2.8 Besonderheiten bei Inliner-Systemen für die Zirkulation

## 2.8.1 Entwicklung des Systems

Die Idee, den Zirkulationsstrom in der Warmwasserleitung in einem strangweise eingezogenen Kunststoffrohr zurückzuführen, ist Mitte der 80er Jahre in der DDR in Veröffentlichungen vorgestellt [34] [35] [36], patentiert[10] und in vielen Gebäuden im Osten Deutschlands umgesetzt worden [37] [38]. Werkstoffprobleme und Schwierigkeiten bei der Einregulierung hatten zur Folge, dass nach der Wende bei Sanierungen und auch im Neubau auf das klassische, im Westen Deutschlands mit guten Erfahrungen eingesetzte Zweirohrsystem zurückgegriffen wurde. Eine kurz vor der Jahrtausendwende publizierte [39] analytische Untersuchung von Warmwasserverteilungssystemen mit strangweise innenliegenden Zirkulationsleitungen und die anschließende Vorstellung von Komponenten für das »Inliner-System« auf der ISH kurbelten die Neu- und Weiterentwicklung dieses Systems an und führte zu den heute in der Praxis von den Planern und den Installateuren zunehmend akzeptierten Lösungen (Abb. 3–21).

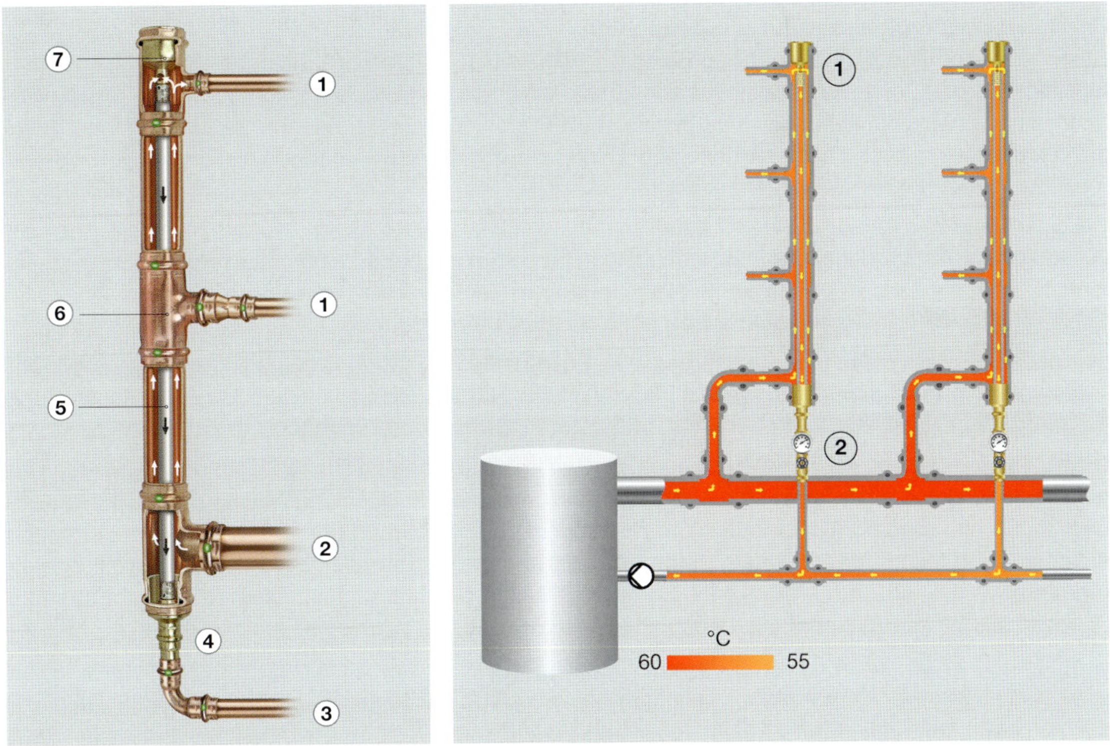


Abb. 3–21 **Schema einer Warmwasserverteilung mit Inliner-Zirkulation**

Abb. 3–21 links
① Etagenabgang Warmwasser
② Warmwasser-Verteilleitung
③ Zirkulations-Sammelleitung
④ Anschlussrohr
⑤ Innenliegende Zirkulationsleitung
⑥ Warmwasser-Steigleitung
⑦ Endverschlussstück

Abb. 3–21 rechts
① Etagenabgang Warmwasser
② Warmwasser-Verteilleitung

[34] Hammer, R.: Aspekte der rationellen Energieanwendung bei der Gebrauchs-Warmwasserbereitung. Berlin: Stadt- und Gebäudetechnik, Heft 10, 1980

[35] Krabbes, W., Eichhorn, T.: Möglichkeiten der Systemgestaltung zentraler Warmwasseranlagen im fünfgeschossigen Wohnungsbau. Berlin: Stadt- und Gebäudetechnik, Heft 10, 1980

[36] Sternberg, P., Bechtel, V.: Drosselscheiben zur Stabilisierung von Warmwasser-Zirkulationssystemen. Berlin: Stadt- und Gebäudetechnik, Heft 10, 1980

10 Patentanmeldung 1983: »Warmwasser-Zirkulation durch Rohr in Rohr-Leitungsführung«

[37] Scheel, H., Eichhorn, T.: Innenliegende Zirkulationsleitung – eine neue Lösung bei der zentralen Warmwasserversorgung im Wohnungsbau. Berlin: Stadt- und Gebäudetechnik, Heft 3, 1984

[38] Barleben, G. u.a.: Erfahrungen mit Glasrohren in der Warmwasser-Sanitärinstallation des Wohnungsbaus; Tendenzen der Weiterentwicklung. Berlin: Stadt- und Gebäudetechnik, Heft 5, 1987

[39] Rudat, K: Analytische Untersuchung von Warmwasserverteilungssystemen mit strangweise innenliegenden Zirkulationsleitungen. Heizung, Lüftung/Klima, Haustechnik HLH 50 (1999) Heft 11

Bewertung des Inliner-Systems

## Vorteile des Systems

*Worin liegen die Vorteile gegenüber den herkömmlichen Zweirohrsystemen?*

Platzbedarf

### Geringerer Platzbedarf

Der um die Hälfte verringerte Platzbedarf für die Warmwasserleitungen einschließlich der Zirkulationsleitung wirkt sich insbesondere bei der Schachtbreite aus, die um etwa 10 bis 15 cm verkleinert werden kann.

### Wegfall der gedämmten Zirkulationsleitung

Durch den Wegfall der außenliegenden, gedämmten Zirkulationsleitung für die Stränge werden die Investitionskosten für das Zirkulationssystem gesenkt. Die Einsparung (Kosten und Energie) ist im Einfamilienhaus mit beispielsweise 2 Strängen am größten, wenn der Sammelleitungsabschnitt am Speicher so kurz wie möglich ausgeführt wird.
Bei ungünstigen Druckbedingungen muss allerdings in vielen Fällen die PWH-Strangleitung um eine Nennweite vergrößert werden. Die rechnerische Überprüfung ist in diesem Fall obligatorisch.

Energiebedarf

### Reduzierter Energiebedarf für die Zirkulation

Berechnungen mit der maßgebenden Richtlinie VDI 2067-12 [40] zeigen, dass beispielsweise im Einfamilienhaus die Zirkulationswärmeverluste einen Anteil von etwa 80 % an den gesamten Systemverlusten haben. Wird die Zirkulationsleitung ausschließlich innen verlegt, können die Zirkulationsverluste allein (vereinfacht nach DVGW-Arbeitsblatt W 553 gerechnet) etwa halbiert, die Systemverluste um maximal 40 %-Punkte gesenkt [41] werden.

Bei einer konkreten Anlage in einem Einfamilienhaus mit Einliegerwohnung[11] würden sich bei einer nicht vollständigen Innenverlegung (80 % der PWH-Umlaufleitungen haben eine innenliegende Leitung) die jährlich zu erwartenden Wärmeverluste bei mittleren Temperaturen über das Jahr von +25 °C im Schacht und +10 °C im Keller rechnerisch um rund 35 % vermindern.

Das bedeutet, dass die Einsparung durch die innenliegende Zirkulation in dem Einfamilienhaus mit Einliegerwohnung etwa dem Jahresbedarf (nach VDI 2067-12) an den Zapfstellen von zwei (Ausstattung mit Badewanne) bzw. drei Personen (Ausstattung mit Duschwanne) entspricht.

Da im Mehrfamilienhaus aus hydraulischen Gründen nur die Stränge mit innenliegenden Leitungen versehen werden können, ergeben sich andere Einsparungsraten. In den Schächten werden die Zirkulationsverluste um rund 50 % vermindert, im Kellergeschoß aber wegen der außenliegenden Verlegung nicht. In vielen Mehrfamilienhäusern beträgt das Verhältnis der Strangleitungen zu den Verteilungsleitungen etwa 1,0 und das ergibt unter Berücksichtigung der unterschiedlichen Wärmeabgaben im Schacht und im Kellergeschoß eine Absenkung der Zirkulationsverluste von knapp 20 %.

### Reduzierter Energiebedarf für die Zirkulationspumpe

Kleinere Volumenströme für die Pumpe haben einen geringeren Energiebedarf zur Folge, wobei auch hier das Einsparungspotential beim Einfamilienhaus am größten ist.

Weitere Vorteile des Inliner-Systems

### Verbesserung der Speicherthermik

Die Auskühlung des Speichers reduziert sich durch den geringeren Wärmeaufwand für das Zirkulationssystem und damit bleibt die Nutzkapazität länger erhalten.

### Schadstoffreduktion

Der Schadstoffausstoß reduziert sich proportional zur Verminderung der Zirkulationswärmeaufwände; zusätzlich werden durch die häufig kleinere Zirkulationspumpe die Emissionen weiter vermindert.

### Verkürzung der Installationszeit

Das Einziehen einer Inliner-Zirkulationsleitung erfordert gegenüber einer separat verlegten und zu dämmenden Zirkulationsleitung eine deutlich geringere Installationszeit.

[40] VDI 2067 Blatt 12: Wirtschaftlichkeit gebäudetechnischer Anlagen; Energieaufwand der Nutzenübergabe bei Anlagen zur Trinkwassererwärmung. Düsseldorf: Verein Deutscher Ingenieure, 2011

[41] Rudat, K.: Warmwasserverteilsysteme mit innenliegender Zirkulation. Berlin: Labor für Sanitärtechnik, 1997

11 Im Labor für Sanitärtechnik der Beuth Hochschule für Technik Berlin realisiert

## 2.8.2 Auslegung des Systems

Eine verlässliche Auslegung eines Inliner-Zirkulationssystems erfordert eine Vielzahl von iterativen Berechnungsprozessen, so dass eine Berechnung »von Hand« nicht mehr möglich ist. Allein Simulationsrechnungen sind in der Lage, diese Systeme (Zitat) [42] ...

*»... so zu bemessen, dass an keiner Stelle des Zirkulationssystems die nach DVGW W 551 geforderten Temperaturen unterschritten werden.«*

4 Temperatur

Dabei sind kurz gefasst [34] drei Aspekte bei der Auslegung von Bedeutung, die im Folgenden erläutert werden

- Wärmeabgabe des Umlaufsystems und Pumpenförderstrom
- Verteilung des Pumpenförderstroms auf die Stränge
- Berechnung des Förderdruckes

**Wärmeabgabe des Umlaufsystems und Pumpenförderstrom**

Im Unterschied zum Zweirohrsystem wird unter sonst gleichen Bedingungen die Wärmeabgabe des Gesamtsystems bei strangweise innenliegender Verlegung kleiner sein. Würde die Berechnung der Wärmeverluste der Warmwasser(PWH-)leitungen erfolgen wie im Kapitel 2.2 beschrieben, dann erhielte man den gleichen Pumpenförderstrom wie bei einem Zweirohrsystem. Der wäre zu hoch und deshalb muss zunächst die Wärmeabgabe der noch nicht bemessenen außenliegenden Zirkulationsleitungen abgeschätzt werden. Einen guten Startwert erhält man, wenn für den Wärmedurchgangskoeffizienten des gedämmten Rohres $U_R = 0{,}2\,W/(m{\cdot}K)$, für die Temperatur des Zirkulationswassers $\vartheta_Z = 60\,°C$ und für die Lufttemperaturen die üblichen Werte von 10 °C (unbeheizter Keller) bzw. 25 °C (für außenliegende Zirkulationsleitungen, soweit vorhanden!) angenommen werden.

**Achtung**
Die Gesamtwärmeabgabe des Umlaufsystems ist kleiner als bei außenliegender Zirkulationsleitung.

Zusammen mit den Wärmeverlusten für die Warmwasserleitungen erhält man die Gesamtwärmeabgabe des Systems und kann damit den vorläufigen Pumpenförderstrom mit Formel (2.17) berechnen:

$$\dot{V}_P = \frac{\Sigma\,(\dot{Q}_w + \dot{Q}_z)}{\rho \cdot c_p \cdot \Delta\vartheta_{TE}} \qquad (2.17)$$

**Pumpenförderstrom**

mit

$$\Sigma\dot{Q}_w = \Sigma\left[l_w \cdot U_{R,w} \cdot (\vartheta_w - \vartheta_L)\right]$$

= Wärmeabgabe der vom Umlauf betroffenen Warmwasserleitungen
– einschließlich der Abschnitte mit innenliegender Zirkulationsleitung

$$\Sigma\dot{Q}_w = \Sigma[l_z \cdot 0{,}2\; W/(m\;K) \cdot (\vartheta_z - \vartheta_L)]$$

= Wärmeabgabe der vom Umlauf betroffenen außenliegenden Zirkulationsleitungen
$\Delta\vartheta_{TE}$ = Temperaturdifferenz des gesamten Zirkulationsumlaufes am Trinkwassererwärmer = 4 ….5 K.

[42] DIN 1988-300: Technische Regeln für Trinkwasser-Installationen – Teil 300: Ermittlung der Rohrdurchmesser. Berlin: Beuth, 2012

[34] Ausführlich beschrieben s.: Rudat, K: Analytische Untersuchung von Warmwasserverteilungssystemen mit strangweise innenliegenden Zirkulationsleitungen. Heizung, Lüftung/Klima, Haustechnik HLH 50 (1999) Heft 11



Vorwort Inhaltsverzeichnis
Hygieneanforderungen TrinkwV und VDI 6023
Planungspraxis EN 806-2 / DIN 1988-200
Systemauslegung DIN 1988-300/500/600
Trinkwasserhygiene im Bestand Sanierung/Betrieb
Recht / Ausschreibung Planerhaftung
Index

## Verteilung des Pumpenförderstroms auf die Stränge

Die Berechnung der Volumenstromverteilung kann grundsätzlich so vorgenommen werden wie in Kapitel 2.4 beschrieben, allerdings ist zu beachten, dass sich in den Strängen mit Inliner-Zirkulation das Wasser auf dem Rückweg wieder aufheizt, beispielhaft in Abb. 3–22 dargestellt. Relevante Parameter sind: 22 x 1,2 für PWH, 10 x 1,0 für PWH-C, l = 20 m, Umgebung mit 25 °C, Massenstrom 57,0 g / h).

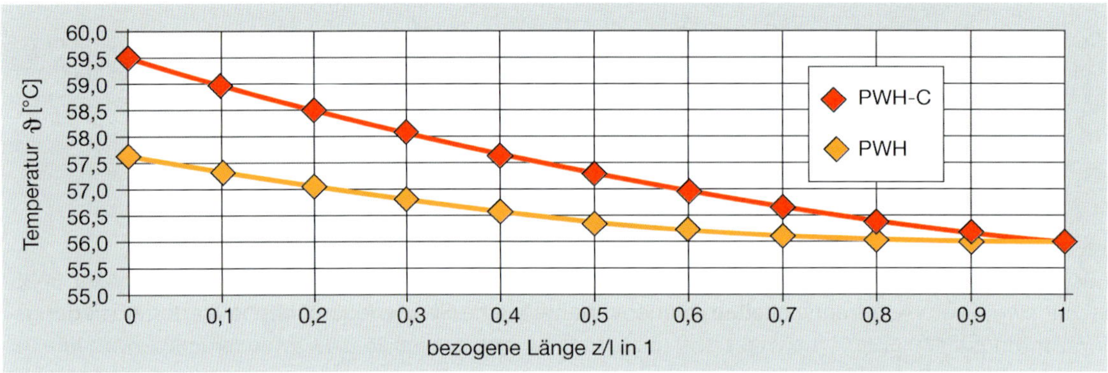


Abb. 3–22 **Temperaturverlauf in der Warmwasser- und Zirkulationsleitung bei einer Inliner-Zirkulation**

Auf der Abszisse ist die normierte Länge $z/l$ aufgetragen, das bedeutet, dass bei $z/l = 1{,}0$ der Kopf des Stranges (hier bei $l = 20$ m) erreicht ist. Die Temperaturen des Wassers sind auf der Ordinate aufgetragen. Man erkennt, dass sich auf dem Warmwasserweg das Wasser wegen der Wärmeabgaben an die Umgebung (124 W) und an das Zirkulationswasser (106 W) in diesem Fall von 59,5 °C am Eintritt auf 56,0 °C am Austritt (= Eintritt Zirkulationsinliner) abkühlt. Das erwärmte Trinkwasser hat also insgesamt 230 W abgegeben. Auf dem Rückweg erwärmt sich das Zirkulationswasser durch die Wärmeaufnahme von 106 W wieder auf 57,6 °C.

Temperatur 4

In einem Simulationsprogramm muss die Volumenstromverteilung so berechnet werden, dass in jedem Strang die Kopftemperatur nicht unter 55 °C fällt und die Temperatur am Zirkulationseintritt in den Trinkwassererwärmer ebenfalls mindestens 55 °C beträgt (Ergebnis einer Beispielrechnung s. Kapitel 2.8.4).

## Berechnung des Förderdruckes

**Einfluss des Inliners auf die Hydraulik des Systems**

Die innenliegenden Zirkulationsleitungen beeinflussen die Hydraulik des Systems in zweierlei Hinsicht

1. Bei Entnahme erwärmten Trinkwassers steigt der Druckverlust in der Warmwasserleitung, weil das entnommene Trinkwasser »nur noch« durch einen Ringspalt strömt, während bei dem herkömmlichen System der gesamte Rohrquerschnitt zur Verfügung steht.
2. Für die innenliegende Zirkulation werden in den hydraulisch am ungünstigsten gelegenen Strängen relativ kleine Durchmesser gewählt. Die vergleichsweise großen Druckverluste müssen bei der Bestimmung des Förderdrucks der Zirkulationspumpe berücksichtigt werden.

Grundsätzlich bereiten diese Zusammenhänge keine Probleme, wenn bei der Systemauslegung in Einzelfällen Strangleitungsabschnitte für das Warmwasser eine Nennweite größer gemacht werden und der Außendurchmesser der innenliegenden Zirkulationsleitung sinnvoll begrenzt wird. Die Berechnung des Förderdrucks erfolgt in gleicher Weise wie im Abschnitt 2.6 beschrieben.

## 2.8.3 Ergebnisse einer Simulationsrechnung

Die Hersteller von Bauteilen für die Inliner-Zirkulation liefern dem Planer im Regelfall auch ein Simulationsprogramm für die Auslegung und den Betrieb. Grundsätzlich muss ein solches Programm in der Lage sein, das System so auszulegen, dass an allen Stellen des Zirkulationssystems die Temperatur des Wassers nicht unter die geforderten Werte nach DVGW-Arbeitsblatt W 551 bzw. DIN 1988-200 sinkt. Das ist im Ergebnisausdruck der Berechnungen auch zu dokumentieren. Hier sind insbesondere die berechneten Temperaturen am Strangkopf und am Wiedereintritt in den Wassererwärmer nachzuweisen, denn das sind genau die Orte im Umlaufsystem, an denen die tiefsten Temperaturen zu erwarten sind.

4 Temperatur

**Dokumentation der Temperaturen**

Wichtig ist auch, nach der Wahl der Zirkulationsregulierventile und der Zirkulationspumpe durch eine Simulation des Betriebszustandes aufzuzeigen, dass bei den konkret gewählten Bauteilen (Rohrleitungen, Zirkulationspumpe mit Rückflussverhinderer, Regulierventile) und den gewählten Sollwerten die aus hygienischen Gründen geforderten Mindesttemperaturen nicht unterschritten werden.

4 Temperatur

Für ein einfach aufgebautes System (Grundriss s. Abb. 3–24, vereinfachtes Strangschema s. Abb. 3–25) ist mit einem vom Autor entwickelten Rechenverfahren eine Simulationsrechnung für den Auslegungsfall durchgeführt worden. Als wichtigen Ausschnitt aus dem gesamten Ergebnisprotokoll wird in Abb. 3–23 der Vergleich der Volumenstromverteilung bei einer durchgehend außenliegenden Zirkulationsleitung (aPWH-C) und einer strangweise innenliegenden Zirkulationsleitung (iPWH-C) miteinander verglichen. Die Zirkulationspumpe benötigt für das Inliner-System einen um etwa ein Drittel reduzierten Volumenstrom (gegenüber dem aPWH-C-System), und der Förderdruck ist bei optimal gewählten Nennweiten für die innenliegende Zirkulation etwa gleich groß (350 hPa).

**Volumenstromverteilung**
Ohne Beimischung

Die Verteilung der Volumenströme erfolgt in diesem Beispiel ohne Beimischung, also mit einem Beimischgrad von $\eta = 0$. Die Volumenstromverteilung folgt dem bekannten Muster, wie man es bei dem »Zweirohrsystem« kennt, nur mit reduzierten Volumenströmen in den Strängen und den Verteilungs- und Sammelleitungen des Umlaufsystems wegen der geringeren Wärmeverluste im Strangbereich. Bemerkenswert ist insbesondere die starke Reduktion in den hydraulisch ungünstig gelegenen Strängen; sie bewirkt, dass die Nennweiten der innenliegenden Zirkulationsleitungen »moderat« ausfallen können.Damit wird die Einengung des freien Querschnitts zur Deckung des Spitzenbedarfs für das erwärmte Trinkwasser in vertretbaren Grenzen gehalten.

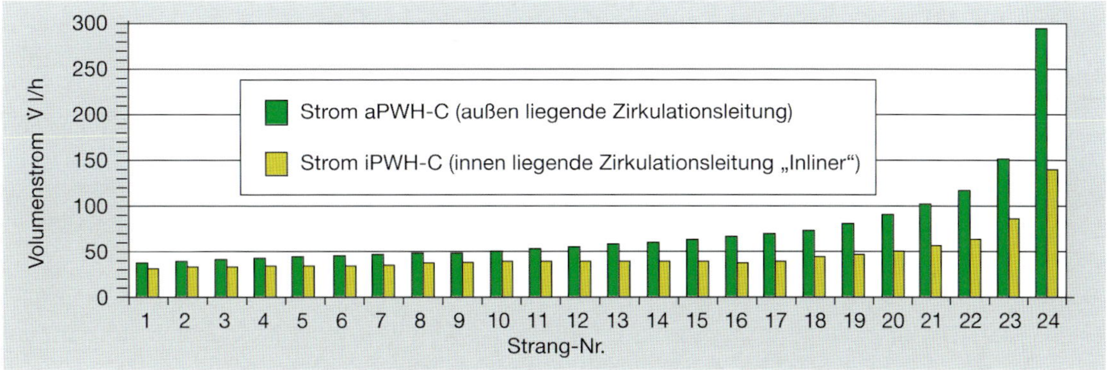


Abb. 3–23 **Volumenstromverteilung bei außen- (aPWH-C) und innenliegender (iPWH-C) Zirkulation**

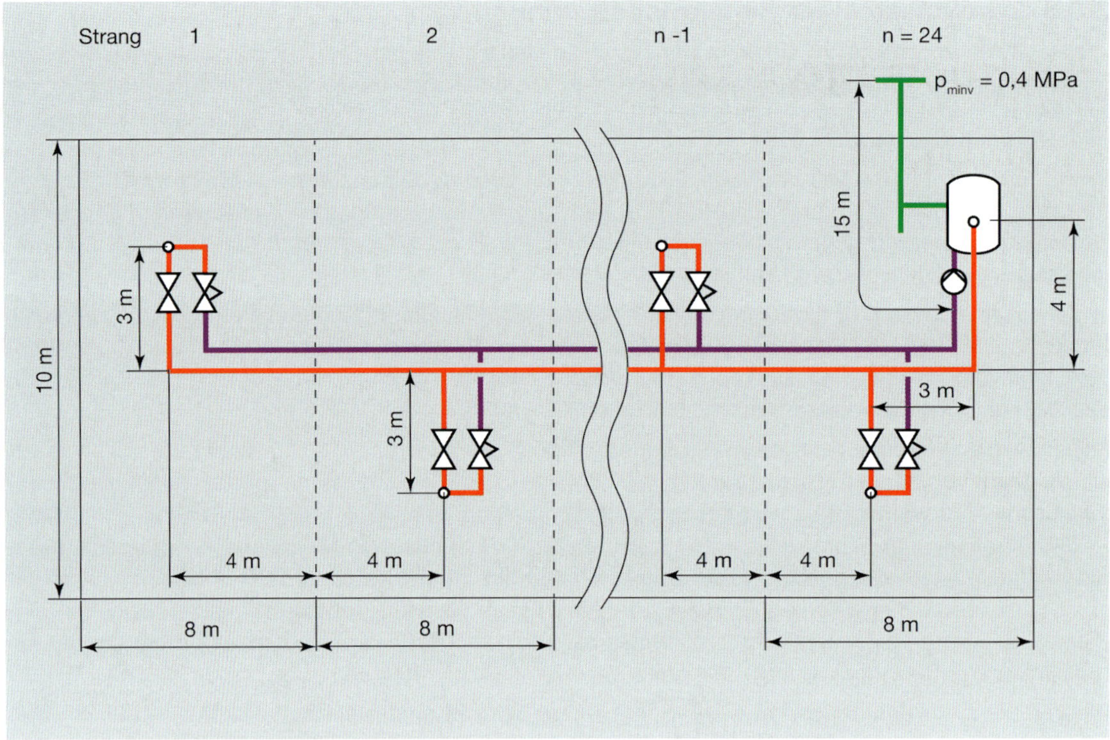


Abb. 3–24 **Grundriss des Gebäudes für die Auslegungsrechnung (Zahl der Stränge n = 24)**

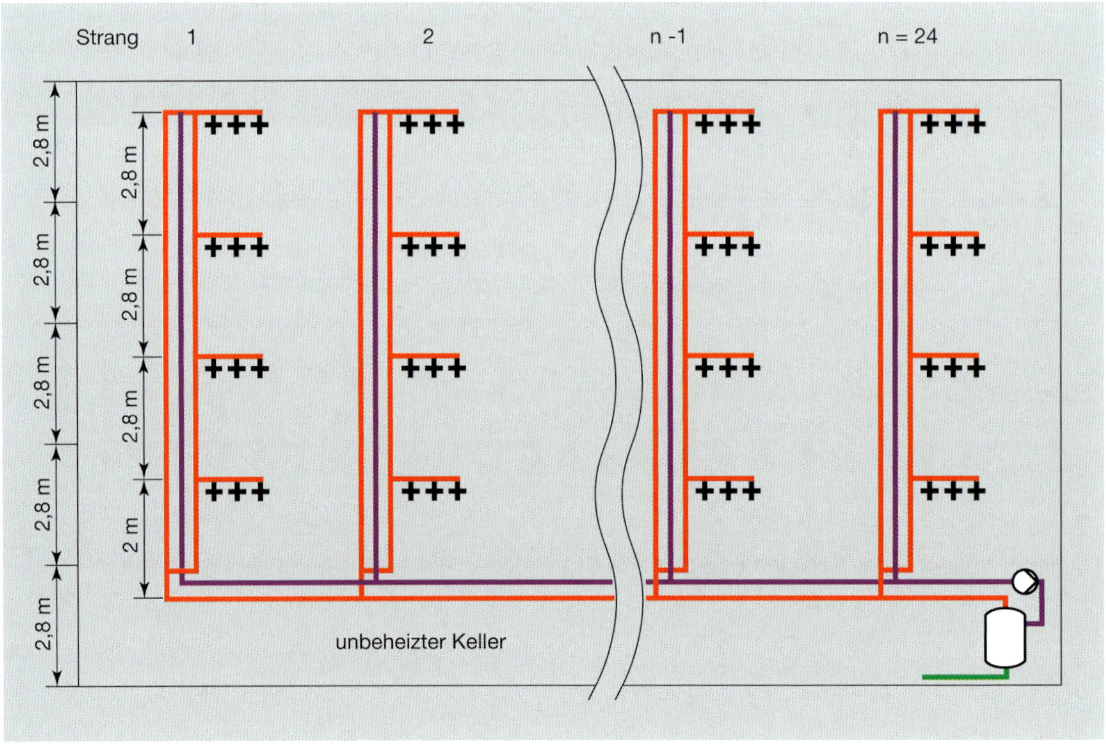


Abb. 3–25 **Vereinfachtes Strangschema (Zahl der Stränge n = 24)**

# 3 Beispiel: Senioren-Appartements mit Kindertagesstätte

## 3.1 Aufgabe

In Abb. 3–26 ist das Strangschema eines Wohngebäudes mit drei Obergeschossen dargestellt. Im Erdgeschoss befindet sich eine Kindertagesstätte (Kita). Die Trinkwasser-Installation wird an die öffentliche Wasserversorgung angeschlossen. Der Versorger gibt für den Bereich der Ventilanbohrschelle an, dass über das ganze Jahr gesehen ein Fließdruck von 0,4 MPa nicht unterschritten wird, und als Wasserzähler wird ein Flügelradzähler mit einer Nenngröße $Q_n$ 6 eingebaut. Die Hausanschlussleitung (HAL) wird vom Planer bemessen.

**Angaben des Wasserversorgers**

Die Ausstattung jeder Wohnung kann der Abb. 3–27 entnommen werden. Die Kindertagesstätte erhält vier Sanitärräume

**Ausstattung**

- WC Mädchen,
- Dusche Mädchen,
- WC Jungen und
- Dusche Jungen (baugleich mit Dusche Mädchen).

Die Ausstattung ist in den Abb. 3–28 bis Abb. 3–30 dargestellt, wobei in diesen Fällen wegen der zu erwartenden Stagnation in den Ferienzeiten eine Spüleinrichtung vorgesehen wird. Die Führung der Stockwerksleitungen und die Positionierung der Spüleinrichtung sorgen dafür, dass die Wasserinhalte aller Leitungsabschnitte bei den regelmäßigen Spülungen ausgetauscht werden. Bei diesem Konzept bleibt die Trinkwassergüte erhalten und die Trink- und Abwasserkosten werden auf das minimal Nötige beschränkt.

Die Entnahmearmaturen benötigen keine höheren Mindestfließdrücke als die in DIN 1988-300 angegebenen Referenzwerte, auch können nach Prüfung der Herstellerwerte durch den Planer die Berechnungsdurchflüsse der Norm verwendet werden.

Die Trinkwassererwärmung erfolgt zentral über ein Speichersystem. Die nach DVGW-Arbeitsblatt W 551 [43] notwendige Zirkulationsanlage soll bewirken, dass an keiner Stelle des Umlaufsystems die Temperatur des Wassers unter 55 °C sinkt.

**Trinkwassererwärmung**

Folgende Bauteilgrößen sind zu bestimmen

- Durchmesser der Trinkwasserleitungen kalt, warm und Zirkulation unter Berücksichtigung der Herstellerwerte (Istwerte) für die Widerstandsbeiwerte $\zeta$ (s. Anhang)
- Baugröße des Filters
- Baugröße der Wasserzähler in den Wohnungen und im Bereich der Kindertagesstätte
- Baugröße der Zirkulationspumpe (Förderstrom, Förderdruck)
- Nennweiten der Zirkulationsregulierventile (statisch und thermostatisch).
- Drosselpositionen der statischen Zirkulationsregulierventile
- Einstellwerte für die Solltemperatur der thermostatischen Zirkulationsregulierventile.

Die nachfolgenden Abschnitte sind so geordnet, wie es der Berechnungsablauf erfordert, beginnend mit der Bemessung der Kalt- und Warmwasserleitungen und abschließend mit der Auslegung des Zirkulationssystems einschließlich der Bestimmung der einzustellenden Betriebsparameter für die Drosseleinrichtungen.

[43] DVGW W 551: Trinkwassererwärmungs- und Trinkwasserleitungsanlagen; Technische Maßnahmen zur Verminderung des Legionellenwachstums; Planung, Errichtung, Betrieb und Sanierung von Trinkwasser-Installationen. Bonn: DVGW, 2004

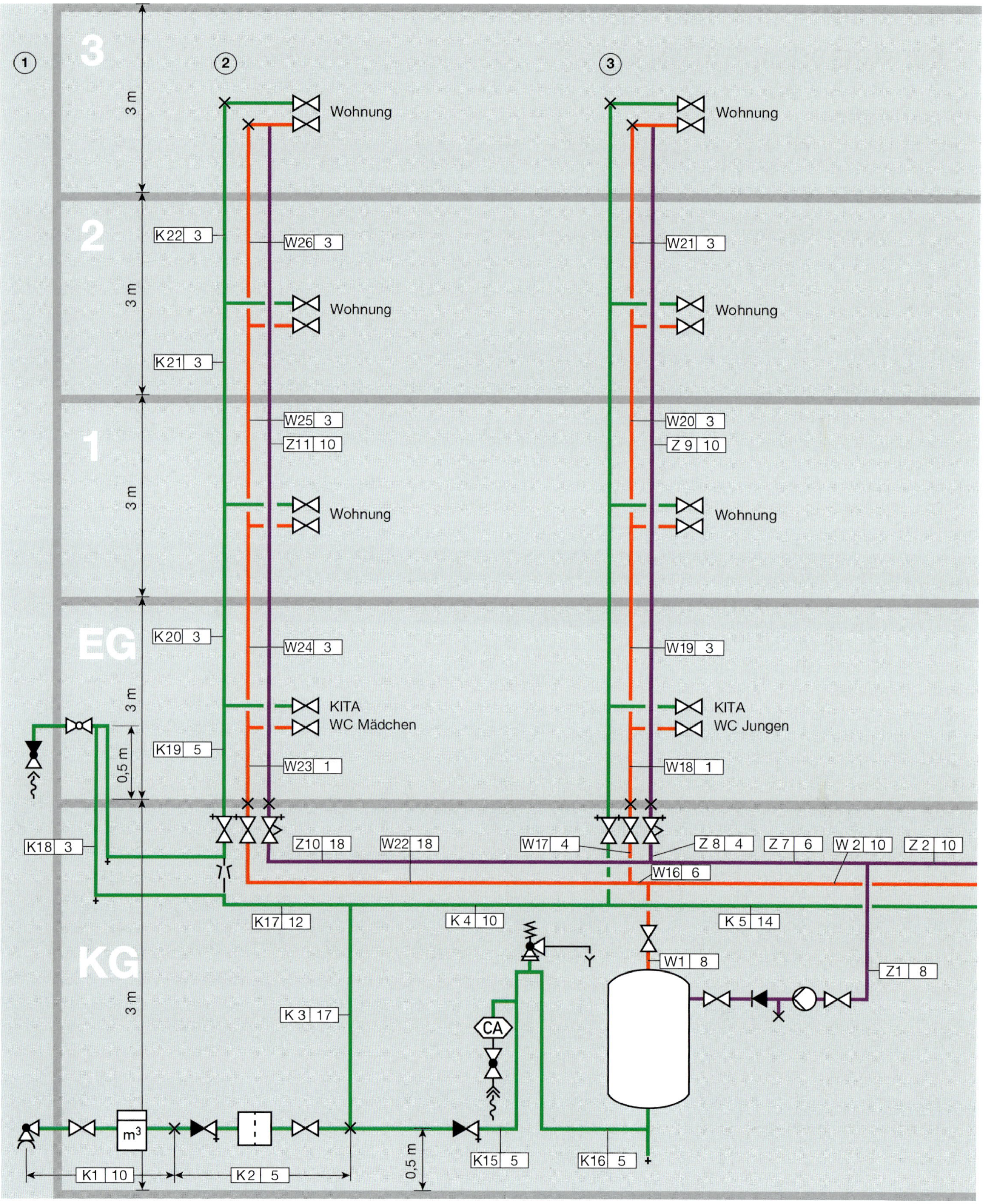


Abb. 3–26 **Strangschema der TW-Installation für Senioren-Appartements mit einer Kindertagesstätte im Erdgeschoss**

K 1 | 10 = TS kalt / Länge in m

= TS-Wechsel

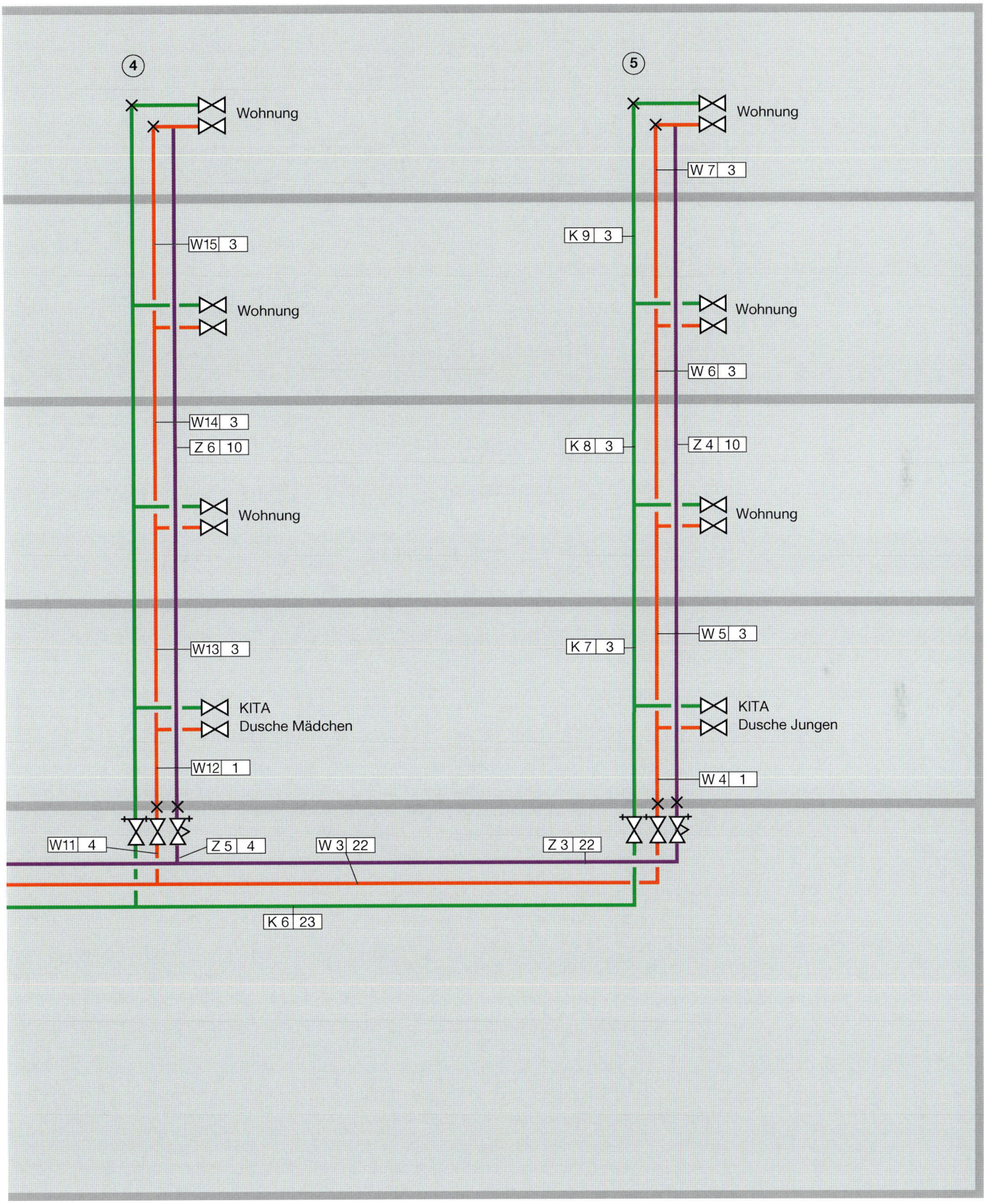
4
5
Wohnung
Wohnung
Wohnung
Wohnung
Wohnung
Wohnung
KITA
Dusche Mädchen
KITA
Dusche Jungen
W15 3
W14 3
Z 6 10
W13 3
W12 1
W11 4
Z 5 4
W 3 22
Z 3 22
K 6 23
W 7 3
K 9 3
W 6 3
K 8 3
Z 4 10
W 5 3
K 7 3
W 4 1

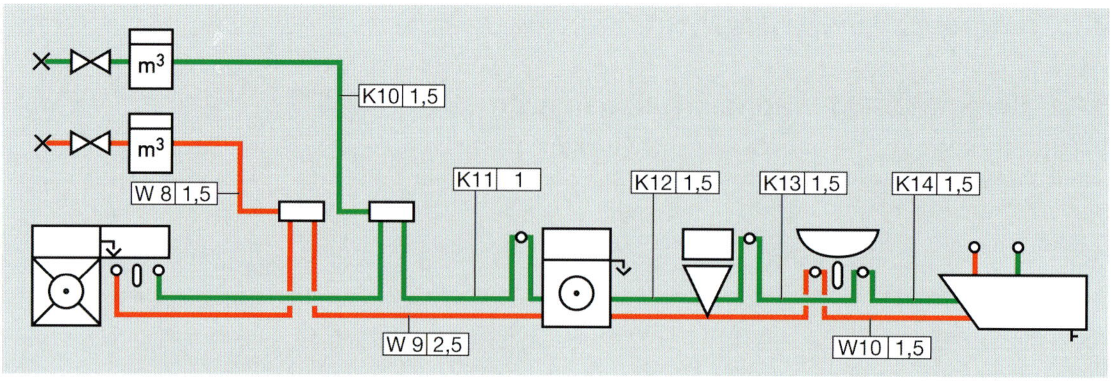


Abb. 3–27 **Strangschema der TW-Installation einer Wohneinheit**

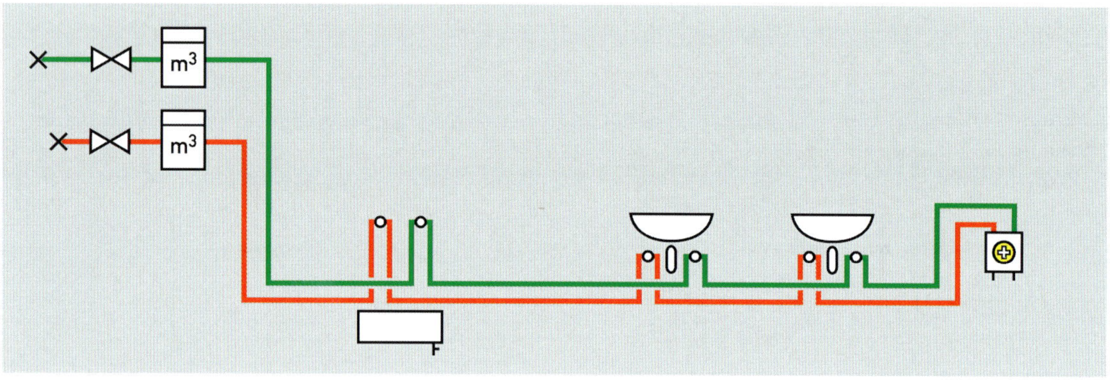


Abb. 3–28 **Strangschema der TW-Installation der Kita-Dusche Mädchen / Jungen**

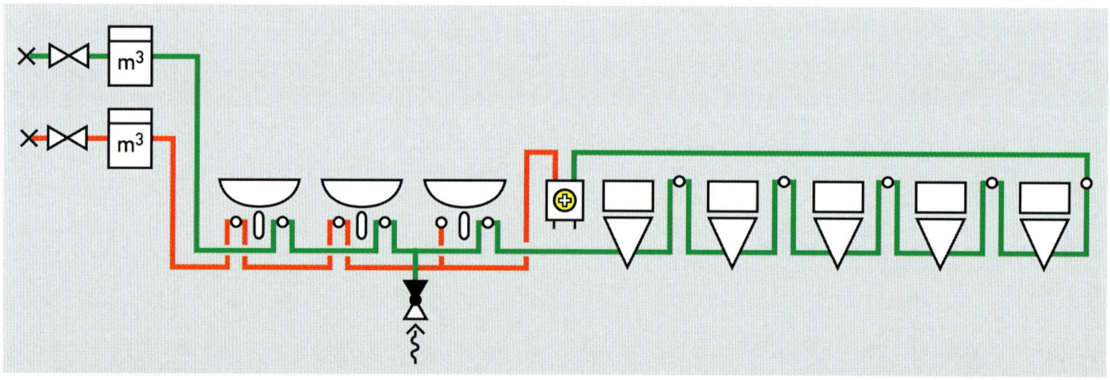


Abb. 3–29 **Strangschema der TW-Installation der Kita-WCs Mädchen**

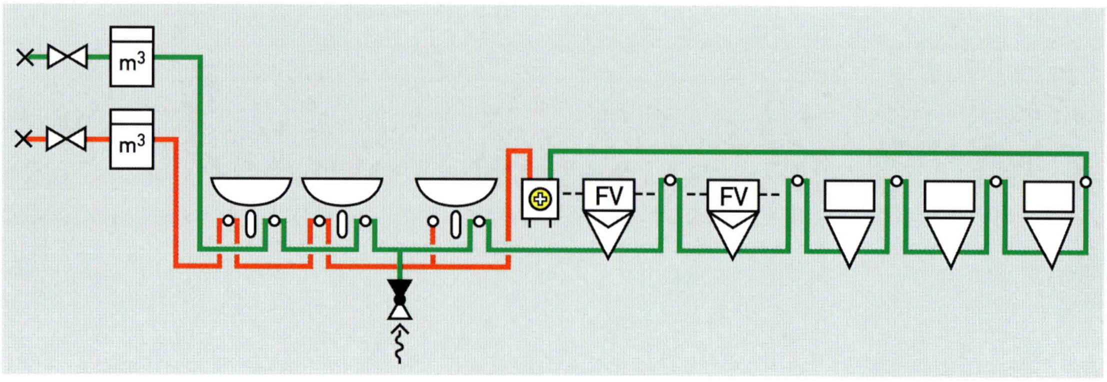


Abb. 3–30 **Strangschema der TW-Installation der Kita-WCs Jungen**

# 3.2 Kalt- und Warmwasserleitungen

## 3.2.1 Berechnung der Spitzenvolumenströme

Die Berechnungsdurchflüsse der einzelnen Entnahmearmaturen werden der Tab. 3–12 entnommen – damit sind die Summendurchflüsse aller Teilstrecken bestimmbar. Die Tab. 3–19 bis Tab. 3–23 weisen relevante Summendurchflüsse aus, weitere sind in den Tabellen für die Wahl der Nennweiten (s. 3.2.3) zu finden.

Tab. 3–19 **Summendurchflüsse in einer Wohnung und für alle Wohnungen**

| Wohnung | k | w | k + w |
|---|---|---|---|
| SP | 0,07 | 0,07 | – |
| GM | 0,07 | – | – |
| WM | 0,15 | – | – |
| WC mit SK | 0,13 | – | – |
| WT | 0,07 | 0,07 | – |
| BW | 0,15 | 0,15 | – |
| Summe je Wohnung | 0,64 | 0,29 | 0,93 |
| Wohnungszahl | 12 | – | – |
| **Summe $\dot{V}_R$ Wohnung** | 7,68 | 3,48 | **11,16** |

**Abkürzungen**

| | |
|---|---|
| **k** | kalt |
| **w** | warm |
| **BW** | Badewanne |
| **DS** | Druckspüler |
| **DU** | Dusche |
| **GM** | Geschirrspülmasch. |
| **SK** | Spülkasten |
| **SP** | Küchenspüle |
| **WC** | Toilette |
| **WM** | Waschmaschine |
| **WT** | Waschtisch |

Tab. 3–20 **Summendurchflüsse im Jungen-WC der Kita**

| Kita Jungen-WC | k | w | Anzahl | k | w | k + w |
|---|---|---|---|---|---|---|
| **WC mit SK** | 0,13 | – | 3 | 0,39 | – | – |
| **WT** | 0,07 | 0,07 | 3 | 0,21 | 0,21 | – |
| **Urinal mit SK** | 0,13 | – | 2 | 0,26 | – | – |
| **Summe je WC** | 0,33 | 0,07 | – | 0,86 | 0,21 | 1,07 |
| **Zahl** | 1 | – | – | – | – | – |
| **Summe $\dot{V}_R$ alle WC** | | | | 0,86 | 0,21 | **1,07** |

Tab. 3–21 **Summendurchflüsse im Mädchen-WC der Kita**

| Kita Mädchen-WC | k | w | Anzahl | k | w | k + w |
|---|---|---|---|---|---|---|
| **WC mit SK** | 0,13 | | 5 | 0,65 | | |
| **WT** | 0,07 | 0,07 | 3 | 0,21 | 0,21 | |
| **Summe je WC** | 0,2 | 0,07 | | 0,86 | 0,21 | 1,07 |
| **Zahl** | 1 | – | – | – | – | – |
| **Summe $\dot{V}_R$ alle WC** | | | | 0,86 | 0,21 | **1,07** |

Tab. 3–22 **Summendurchflüsse in den Duschen der Kita**

| Kita Dusche Mädchen und Jungen | k | w | Anzahl | k | w | k + w |
|---|---|---|---|---|---|---|
| **DU** | 0,15 | 0,15 | 1 | 0,15 | 0,15 | |
| **WT** | 0,07 | 0,07 | 2 | 0,14 | 0,14 | |
| **Summe je Dusche** | 0,22 | 0,22 | | 0,29 | 0,29 | 0,58 |
| **Zahl** | 2 | – | – | – | – | – |
| **Summe $\dot{V}_R$ alle DU** (Mädchen und Jungen) | | | | 0,58 | 0,58 | **1,16** |

Tab. 3–23 **Summendurchflüsse Gebäude und Spitzendurchfluss in der HAL**

| **Gesamtsumme** | | |
|---|---|---|
| **Wohnungen** | | 11,16 |
| **Kita WC** | | 2,14 |
| **Kita Dusche** | | 1,16 |
| **Summe für** $\dot{V}_S = f(\sum \dot{V}_R)$ | **[l/s]** | 14,46 |
| $\dot{V}_S$ | **[l/s]** | 1,52 |
| **Dauerverbraucher $V_D$** | | |
| **(Auslaufventil DN 15)** | **[l/s]** | 0,3 |
| $V_S$ **der Hausanschlussleitung** | **[l/s]** | 1,82 |

Bei der Ermittlung des Spitzendurchflusses ist zu beachten, dass es in diesem Gebäude drei Nutzungsarten gibt:

**Nutzungseinheit** Bad und Küche

1. **Nutzung in den Wohnungen**: Hier wird der Spitzenvolumenstrom mit Hilfe der Formel (1.11) berechnet; dabei sind die Konstanten nach Tab. 3–13 für das Wohngebäude zu wählen (Ausnahme: im Bereich der Nutzungseinheit, s. u.).

**Nutzungseinheit** WC-Raum, Duschraum

2. **Nutzung in der Kindertagesstätte**: Für die Konstanten in Formel (1.11) gibt es keine Werte für Kindertagesstätten. Die WC-Anlagen werden auch nicht wie in einer Schule genutzt, weil es in Kindertagesstätten keinen ausgeprägten Pausenbetrieb gibt. Von daher bietet es sich an, die Konstanten für ein Wohngebäude zu verwenden.
   In den Stockwerksverteilungen der Sanitärräume für die Kita, die nach Definition der DIN 1988-300 **keine** Nutzungseinheiten sind, muss der Planer hinsichtlich der zu erwartenden Spitzenbelastung entscheiden, welche Entnahmestellen zugleich geöffnet sein können. Hier bietet es sich an davon auszugehen, dass gleichzeitig maximal 2 Spülkästen gefüllt werden und eine Armatur am Waschtisch genutzt wird. Damit können alle Spitzenvolumenströme in der Stockwerksverteilung (Vorgehen analog dem bei einer sog. Nutzugseinheit) berechnet werden.

**Nutzungseinheit** Dauerverbraucher Gartensprengventil

3. **Nutzung des Gartensprengventils**: Hier muss damit gerechnet werden, dass die Dauer der Entnahme größer als 15 Minuten ist, also muss der Berechnungsdurchfluss des Auslaufventils DN 15 zum Spitzendurchfluss nach Formel (1.11) addiert werden.

Damit ergibt sich der Spitzenvolumenstrom in der Hausanschlussleitung zu:

**nach Formel (1.11)**

$$\dot{V}_S = 1{,}48 \cdot \left(\sum \dot{V}_R\right)^{0{,}19} - 0{,}94 + 0{,}3 = 1{,}82\ l/s$$

In der Nutzungseinheit »Bad und Küche«[12] werden beim Spitzendurchfluss die beiden hinsichtlich ihres Berechnungsdurchflusses größten an einer Teilstrecke installierten Armaturen berücksichtigt, es wird aber keinesfalls nach Formel (1.11) gerechnet – s. durchgestrichene rote Zahlenwerte in Tab. 3–24. Wird eine zweite Nutzungseinheit an die Steigleitung z. B. angeschlossen, muss entschieden werden, welcher der beiden Werte (nach Spalte 2 und 3 der Tab. 3–24) den kleineren Durchfluss ergibt – dieser ist dann zu verwenden. Dieses Verfahren ist sinnvoll, weil sich in der Praxis gezeigt hat, dass in den Nutzungseinheiten die Gleichzeitigkeitsansätze der Formel (1.11) zu hoch angesetzt sind – wie übrigens schon in DIN 1988-3 [44].

[12] An sich sind das Bad und die Küche jeweils eine Nutzungseinheit. Werden sie aber vom gleichen Strang aus versorgt, ist nicht zu erwarten, dass bei Spitzenbelastung drei Entnahmearmaturen zugleich geöffnet sein werden (Küche maximal eine und Bad maximal zwei Armaturen). Deshalb werden in diesem Beispiel nur die zwei größten Entnahmearmaturen der beiden Nutzungseinheiten Bad und Küche berücksichtigt.

[44] DIN 1988-3: Technische Regeln für Trinkwasser-Installationen (TRWI); Ermittlung der Rohrdurchmesser; Technische Regel des DVGW. Berlin: Beuth, 1988

Tab. 3–24 **Maßgebender Spitzendurchfluss in einer Nutzungseinheit und bei deren Zusammenschluss**

| 1 | 2 | 3 | 4 |
|---|---|---|---|
| **TS** | $V_S$ **nach (1.11)** | $V_S$ **über Nutzungseinheiten** | $V_S$ **für die Berechnung** |
| K14 | ~~0,09~~ | 0,15 | 0,15 |
| K13 | ~~0,17~~ | 0,22 | 0,22 |
| K12 | ~~0,27~~ | 0,28 | 0,28 |
| K11 | ~~0,36~~ | 0,3 | 0,30 |
| K10 | ~~0,42~~ | 0,30 | 0,30 |
| K9 | ~~0,42~~ | 0,30 | 0,30 |
| K8 | 0,61 | 0,60 | 0,60 |
| K7 | 0,74 | 0,90 | 0,74 |

In einer Nutzungseinheit
Beim Zusammenschluss von Nutzungseinheiten

### 3.2.2 Berechnung des verfügbaren Druckgefälles für die Rohrreibung

Es sind strangweise (Strang 1 bis 5) die Fließwege bis zur letzten Entnahmestelle zu untersuchen, wobei die Berechnung der Rohrdurchmesser mit dem Strömungsweg beginnt, der das kleinste Druckgefälle für die Rohrreibung aufweist. Die Berechnung erfolgt zweckmäßigerweise mit einem Formblatt. Zu den Ergebnissen für die Senioren-Appartements mit Kindertagesstätte (s. Tab. 3–25), folgende allgemeingültige Anmerkungen am Beispiel Strang 5, Kaltwasser:

**Zeile 2**

**Druckverlust**
Durch Höhenunterschied

Bei der Badewanne muss wegen der Handdusche eine Höhe von 2 m über dem Fußboden einkalkuliert werden. Somit ergibt sich beispielsweise für Strang 5 eine gesamte geodätische Höhe von:

2,5 (im KG) + 3 · 3 (EG bis 2. OG) + 2 (3. OG) = 13,5 m

bzw. mit 100 hPa/m ein geodätischer Druck von 1350 hPa (Zeile 2 in Tab. 3–25).

**Zeile 3**

**Druckverlust**
Im Hauswasserzähler

Der Hersteller des Hauswasserzählers (Datenblatt im Anhang) gibt einen Druckverlust von 0,25 bar (0,025 MPa) beim Nenndurchfluss von 6 m³/h an. Der Spitzendurchfluss beträgt $\dot{V}_S = 1{,}82\ l/s = 6{,}6\ m^3/h$, damit beträgt der Druckverlust:

$$\Delta p_{WZ} = 0{,}025 \cdot \left(\frac{6{,}55}{6}\right)^2 = 0{,}0298\ MPa = 298\ hPa$$

**nach Formel (1.17)**

**Druckverlust**
Im Wasserfilter

Gewählt wird ein rückspülbarer Filter (Datenblatt im Anhang), dessen Druckverlust beim Spitzendurchfluss nicht größer als 200 hPa ist. Der Filter (DN 40) hat nach Herstellerangaben bei einem Durchfluss von 10 m³/h einen Nenndurchfluss von 0,2 bar = 0,02 MPa, damit beträgt der Druckverlust:

$$\Delta p_{FIL} = 0{,}02 \cdot \left(\frac{6{,}55}{10}\right)^2 = 0{,}0086\ MPa = 86\ hPa$$

**nach Formel (1.17)**

**Druckverlust**
Im Wohnungswasserzähler

Der Hersteller (Datenblatt im Anhang, Viega WZ) gibt einen Druckverlust von 0,25 bar (0,025 MPa) beim Nenndurchfluss von 1,5 m³/h an. Der Spitzendurchfluss beträgt $\dot{V}_S = 0{,}3\ l/s = 1{,}08\ m^3/h$, damit beträgt der Druckverlust:

$$\Delta p_{WoWZ} = 0{,}025 \cdot \left(\frac{1{,}08}{1{,}5}\right)^2 = 0{,}0130\ MPa = 130\ hPa$$

**nach Formel (1.17)**

Tab. 3–25 **Ergebnisse der Berechnung des verfügbaren Druckgefälles für die Rohrreibung**

| | | | | Fließweg- oder Strangnummer | | | | | | | | |
|---|---|---|---|---|---|---|---|---|---|---|---|---|
| | | | | K1 | K2 | K3 | K4 | K5 | W2 | W3 | W4 | W5 |
| **Zeile** | **Benennung** | **Zeichen** | **Einheit** | **Kaltwasser (PWC)** | | | | | **Warmwasser (PWH)** | | | |
| 1 | Mindestversorgungsdruck oder | $p_{minV}$ | hPa | 4000 | 4000 | 4000 | 4000 | 4000 | 4000 | 4000 | 4000 | 4000 |
| | Mindestdruck nach dem Wasserzähler oder | $p_{minWZ}$ | hPa | | | | | | | | | |
| | Druck nach der DEA | $p_{nach}$ | hPa | | | | | | | | | |
| 2 | Druckverlust durch Höhenunterschied | $\Delta p_{geo}$ | hPa | 300 | 1350 | 1350 | 1350 | 1350 | 1350 | 1350 | 1350 | 1350 |
| 3 | **Druckverluste in Apparaten** Wasserzähler | $\Delta p_{WZ}$ | hPa | 298 | 298 | 298 | 298 | 298 | 298 | 298 | 298 | 298 |
| | Filter | $\Delta p_{Fil}$ | hPa | 86 | 86 | 86 | 86 | 86 | 86 | 86 | 86 | 86 |
| | Gruppen-Trinkwassererwärmer | $\Delta p_{TE}$ | hPa | | | | | | | | | |
| | Wohnungs-Wasserzähler | $\Delta p_{WoWZ}$ | hPa | 130[1] | 130 | 130 | 130 | 130 | 70 | 70 | 70 | 70 |
| | Enthärtungsanlage | $\Delta p_{EH}$ | hPa | | | | | | | | | |
| | Dosieranlage | $\Delta p_{DOS}$ | hPa | | | | | | | | | |
| 4 | Druckverluste in Rückflussverhinderern | $\sum \Delta p_{RV}$ | hPa | 110 | 110 | 110 | 110 | 110 | 215 | 215 | 215 | 215 |
| 5 | Druckverlust der Ring-Stockwerksverteilung | $\Delta p_{Ring}$ | hPa | | | | | | | | | |
| 6 | Mindestfließdruck Entnahmearmatur | $p_{minFl}$ | hPa | 1500 | 1000 | 1000 | 1000 | 1000 | 1000 | 1000 | 1000 | 1000 |
| 7 | Verfügbar für $\sum(l \cdot R + Z)$ | $\sum(l \cdot R + Z)_v$ | hPa | 1577 | 1027 | 1027 | 1027 | 1027 | 982 | 982 | 982 | 982 |
| 8 | Geschätzt Anteil für $\sum Z$ | $a$ | % | 50 | 50 | 50 | 50 | 50 | 50 | 50 | 50 | 50 |
| 9 | Verfügbar für die Reibung $\sum(l \cdot R)$ | $\sum(l \cdot R)_v$ | hPa | 789 | 514 | 514 | 514 | 514 | 491 | 491 | 491 | 491 |
| 10 | Leitungslänge | $l_{ges}$ | m | 47 | 65 | 63 | 77 | 95 | 72,5 | 58,5 | 62,5 | 80,5 |
| 11 | Druckgefälle für die Rohrreibung | $R_v$ | hPa/m | 16,8 | 7,9 | 8,2 | 6,7 | 5,4 | 6,8 | 8,4 | 7,9 | 6,1 |

[1] Mobiler Wasserzähler am Sprengventil

**Druckverlust**
In Rückflussverhinderern

### Zeile 4

Der Hersteller des RV (Datenblatt im Anhang, Viega KRV-Ventil) gibt den Druckverlust für ein mit einem Rückflussverhinderer kombiniertes Schrägsitzventil (unmittelbar nach dem Hauswasserzähler) beim Durchfluss von $\dot{V}_S = 1{,}82\,l/s = 109\,l/min$ und einer Nennweite von DN 40 mit 110 mbar = 110 hPa an.

**Hinweis:** Die Nennweite DN 40 wird in dieser Berechnungsphase zunächst angenommen, sie muss bei der Bestimmung der Rohrnennweiten bestätigt und ggf. korrigiert werden!

Darüber hinaus kommt in den Warmwasserwegen noch der Rückflussverhinderer in der Kaltwasserzuleitung zum Trinkwassererwärmer dazu, sodass für die Fließwege W2 bis W5 insgesamt 215 hPa zu berücksichtigen sind.

**Mindestfließdruck**
Entnahmearmatur

### Zeile 6

S. Tab. 3–12: Die Außenwandarmatur DN 15 im EG (Strang 1) hat einen Mindestfließdruck von 0,05 MPa, hinzu kommt aber noch der Druckbedarf von 0,1 MPa für einen Schlauch mit einem weiteren Ventil.

**Zeile 7**

Druckverluste werden mit den Formeln (1.14) und (3.1) berechnet, wobei die Druckverluste in der Hausanschlussleitung bei der Berechnung der verfügbaren Druckdifferenz unberücksichtigt bleiben – die Druckverluste selbst werden natürlich aus dieser verfügbaren Differenz gedeckt. Aus den Formeln (1.14) und (1.15) mit $\Delta p_{HAL}$ resultiert deshalb die Formel:

**Verfügbare Druckdifferenz**
Für Reibung und Einzelwiderstände

$$\Delta p_{ges,v} = p_{min,V} - \Delta p_{WZ} - \Delta p_{geo} - \sum \Delta p_{Ap} - \sum \Delta p_{RV} - \Delta p_{Ring} - p_{min,Fl}$$

**nach Formel (1.14)**

mit

$$\Sigma \Delta p_{Ap} = \Delta p_{FIL} + \Delta p_{WoWZ} \qquad (3.1)$$

**Druckverlust Apparate**

ergibt sich z. B. für Strang 5, Kaltwasser
$p_{ges,v} = 4000 - 1350 - 298 - 86 - 130 - 110 - 0 - 1000 = 1027$ hPa[13]

**Zeile 8**

Eine gute Annahme bei dieser Installation ist $a = 50\,\%$ (s. auch Kapitel 1.4).
Der Fließweg von der Versorgungsleitung bis zur obersten Badewannenarmatur des Stranges K5 hat das kleinste verfügbare Druckgefälle mit 5,4 hPa/m und ist damit zuerst zu bemessen.

**Geschätzter Anteil für $\Sigma Z$**

### 3.2.3 Bestimmung der Nennweiten für die TW-Leitungen kalt und warm

**Wahl der Nennweiten**

Für jede Teilstrecke des ungünstigsten Fließweges (Strang 5, kalt) werden der Spitzenvolumenstrom und das verfügbare Druckgefälle für die Rohrreibung von 5,4 hPa/m als Ausgangsparameter genommen, um mit Hilfe von R-Wert-Tabellen eine geeignete Nennweite zu finden (s. Anhang Tab. 3–46, Sanpress Inox – Druckverlust Kaltwasserleitungen – 10 °C) . Dabei ist zu beachten, dass die Strömungsgeschwindigkeit die in Tab. 3–15 genannten Werte nicht überschreitet.

**Beispiel**

Teilstrecke 3 hat einen Spitzendurchfluss von $\dot{V}_s = 1{,}65$ l/s. Damit sind bei einem $R_v = 5{,}4$ hPa/m prinzipiell zwei Nennweiten möglich:

- DN 50 mit $R = 1{,}5$ hPa/m und $v = 0{,}8$ l/s
- DN 40 mit $R = 5{,}5$ hPa/m und $v = 1{,}4$ l/s

Beides ginge – mit $1{,}5 < R_v < 5{,}5$ –, weil die in einer Verbrauchsleitung zulässigen Geschwindigkeiten nach Tab. 3–16 nicht überschritten werden. In diesem Fall ist DN 40 gewählt worden, weil der $R$-Wert näher am verfügbaren $R_v$ liegt. Letztlich wird man mal darüber, mal darunter liegen, weil das Ziel darin bestehen sollte, die insgesamt verfügbare Druckdifferenz $\Delta p_{ges,v}$ von 1027 hPa aufzubrauchen. Das ergibt bei den zugesicherten Spitzendurchflüssen die kleinstmöglichen Rohrdurchmesser mit hoher Effizienz in Bezug auf Hygiene und Kosten.

In Tab. 3–26 sind die gewählten Nennweiten und die sich aus den R-Wert-Tabellen ergebenden Druckgefälle und Geschwindigkeiten abgebildet; damit lassen sich die Reibungsdruckverluste ($l \cdot R$) leicht mit Formel (1.1) ermitteln.

13 Berechnet mit gerundeten Werten

Tab. 3–26 **Bestimmung der Nennweiten für den ungünstigsten Leitungsweg (Beispiel: Senioren-Appartements mit Kindertagesstätte)**

| **TW kalt, Strang 5** | | | | | | | $R_v$ = 5,4 hPa/m | | | | | |
|---|---|---|---|---|---|---|---|---|---|---|---|---|
| **TS** | Rohr | l | $\Sigma \dot{V}_R$ | $\dot{V}_D$ | $\dot{V}_S$ | DN | $v$ | $R$ | $l \cdot R$ | $\Sigma\zeta$ | $Z$ | $l \cdot R + Z$ |
| **1** | 2 | 3 | 4 | 5 | 6 | 7 | 8 | 9 | 10 | 11 | 12 | 13 |
| – | – | m | l/s | l/s | l/s | - | m/s | hPa/m | hPa | - | hPa | hPa |
| **K1** | Edelstahl | 10 | 14,46 | 0,3 | 1,82 | 40 | 1,5 | 6,4 | 64 | 6,4 | 72 | 136 |
| **K2** | Edelstahl | 5 | 14,46 | 0,3 | 1,82 | 40 | 1,5 | 6,4 | 32 | 1,4 | 16 | 48 |
| **K3** | Edelstahl | 17 | 9,98 | 0,3 | 1,65 | 40 | 1,4 | 5,4 | 92 | 2,9 | 28 | 120 |
| **K4** | Edelstahl | 10 | 7,20 | | 1,21 | 32 | 1,5 | 7,9 | 79 | 1,5 | 17 | 96 |
| **K5** | Edelstahl | 14 | 4,42 | | 1,02 | 32 | 1,3 | 6 | 84 | 0,4 | 3 | 87 |
| **K6** | Edelstahl | 23 | 2,21 | | 0,78 | 32 | 1,0 | 3,7 | 85 | 3,4 | 17 | 102 |
| **K7** | Edelstahl | 3 | 1,92 | | 0,74 | 25 | 1,4 | 9,7 | 29 | 0,6 | 6 | 35 |
| **K8** | Edelstahl | 3 | 1,28 | | 0,6 | 25 | 1,2 | 6,7 | 20 | 0,6 | 4 | 24 |
| **K9** | Edelstahl | 3 | 0,64 | | 0,3 | 20 | 1,0 | 7,1 | 21 | -0,3 | -1 | 20 |
| **K10** | Edelstahl | 1,5 | 0,64 | | 0,30 | 20 | 1,0 | 7,1 | 11 | 3,6 | 18 | 29 |
| **K11** | PE-X | 1 | 0,5 | | 0,30 | 15 | 1,5 | 18,6 | 19 | 3,4 | 38 | 57 |
| **K12** | PE-X | 1,5 | 0,35 | | 0,28 | 15 | 1,4 | 16,4 | 25 | 6,8 | 67 | 91 |
| **K13** | PE-X | 1,5 | 0,22 | | 0,22 | 15 | 1,1 | 10,8 | 16 | 6,8 | 41 | 57 |
| **K14** | PE-X | 1,5 | 0,15 | | 0,15 | 15 | 0,7 | 5,5 | 8 | 4,3 | 11 | 19 |
| **Summe** | | 95 | | | | | | | 585 | | 337 | 921 |
| | | | | | | | | | | | $\sum(l \cdot R + Z)$ | **921** |
| | | | | | | | | | | | $\sum(l \cdot R + Z)v$ | **1027** |

## Einzelwiderstände

Da für den Planer feststeht, welches Fabrikat vorgesehen ist, werden die Herstellerwerte verwendet (s. Anhang Tab. 3–4664 , Sanpress/Sanpress Inox – Zeta-Werte nach DVGW W575).

Tab. 3–27 zeigt für alle Teilstrecken des ungünstigsten Stranges 5 die Widerstandsbeiwerte.

### Beispiel

In Teilstrecke 3 sind in Fließrichtung nacheinander folgende Einzelwiderstände eingebaut:

- 1 T-Stück Abzweig (TA) $\zeta$-Wert 1,0
- 3 Winkel/Bogen 90° (W90) $\zeta$-Wert 0,3
  (im Strangschema sind die Winkel nicht ersichtlich)
- 1 T-Stück Gegenlauf Stromtrennung (TG) $\zeta$-Wert 1,0
  wird dieser Teilstrecke zugeordnet, weil sich in der Tabelle für die Widerstandsbeiwerte der Geschwindigkeitspfeil mit dem »v« (Geschwindigkeit) an dieser Stelle befindet.

Die Summe $\zeta = 2{,}9$ in Formel (1.9) eingesetzt, ergibt bei einer Strömungsgeschwindigkeit von 1,4 m/s (s. Tab. 3.8) einen Druckverlust von:

**nach Formel (1.9)**

$$\Delta p_E = 2{,}9 \cdot \frac{999{,}7}{2} \cdot 1{,}4^{\,2} \cdot \frac{1\,hPa}{100\,Pa} = 28{,}4 \approx 28\,hPa$$

S. auch Tab. 3–26, Teilstrecke K3.

Tab. 3–27 **Zusammenstellung der ζ-Werte für den ungünstigsten Fließweg (Strang 5, kalt, Senioren-Appartements mit Kindertagesstätte)**

| TW kalt, Strang 5 | | | | Teilstrecken-Nummer/DN des Rohres | | | | | | | | | | | | | |
|---|---|---|---|---|---|---|---|---|---|---|---|---|---|---|---|---|---|
| | | | | K1 | K2 | K3 | K4 | K5 | K6 | K7 | K8 | K9 | K10 | K11 | K12 | K13 | K14 |
| **Bauteil** | **Rohr** | **DN** | **ζ-Wert** | **40** | **40** | **40** | **32** | **32** | **32** | **25** | **25** | **20** | **20** | **15** | **15** | **15** | **15** |
| Ventilanbohr-schelle | | 25 bis 80 | 5,0[1] | 5,0 | | | | | | | | | | | | | |
| SSV | | 40 | 1,4[2] | 1,4 | 1,4 | | | | | | | | | | | | |
| KRV | | | [3] | | | | | | | | | | | | | | |
| TA | | 40 | 1,0 | | | 1,0 | | | | | | | | | | | |
| W90 | | 40 | 0,3[5] | | | 0,9 | | | | | | | | | | | |
| TG | | 40 | 1 | | | 1,0 | | | | | | | | | | | |
| RED | | 32 | 1,5 | | | | 1,5 | | | | | | | | | | |
| TD | Edelstahl | 32 | 0,4 | | | | | 0,4 | | | | | | | | | |
| W90 | | 32 | 0,4[5] | | | | | | 1,2 | | | | | | | | |
| Schrägsitzventil | | 25 | 1,6 | | | | | | 1,6 | | | | | | | | |
| TD | | 25 | 0,6 | | | | | | 0,6 | 0,6 | 0,6 | | | | | | |
| TD | | 20 | -0,3 | | | | | | | | | -0,3 | | | | | |
| W90 | | 20 | 0,7[5] | | | | | | | | | | 2,1 | | | | |
| UP-Freifluss-ventil | | 20 | 0,3[6] | | | | | | | | | | 0,3 | | | | |
| Stockwerks-verteiler | | 20 | 1,2 | | | | | | | | | | 1,2 | | | | |
| W90 | | 15 | 1,7[5] | | | | | | | | | | | 3,4 | 3,4 | 3,4 | |
| WSD | PE-X | 15 | 3,4[4] | | | | | | | | | | | | 3,4 | 3,4 | 3,4 |
| WS | | 15 | 0,9 | | | | | | | | | | | | | | 0,9 |
| **Summe** | | | | **6,4** | **1,4** | **2,9** | **1,5** | **0,4** | **3,4** | **0,6** | **0,6** | **-0,3** | **3,6** | **3,4** | **6,8** | **6,8** | **4,3** |

1) DIN 1988-3
2) aus Diagramm des Herstellers berechnet
3) bei Rv-Ermittlung berücksichtigt
4) Angabe des Herstellers
5) nicht alle Winkel sind im Strangschema erkennbar!
6) UP = unter Putz

## Summe der Druckverluste und Schlussbilanz

Die Druckverluste durch Reibung und Einzelwiderstände werden entlang des gesamten Fließweges aufsummiert – Ergebnis für Strang 5, Kaltwasser: $\Sigma(l \cdot R + Z) = 921$ hPa – und mit der verfügbaren Druckdifferenz $\Sigma(l \cdot R)_v = 1027$ hPa verglichen (s. auch Tab. 3–26). Bei großen Abweichungen müssen die Nennweiten – und damit vielfach auch die Widerstandsbeiwerte der Einzelwiderstände – korrigiert werden, bis die beiden Druckdifferenzen etwa gleich groß sind.

Wird zu wenig verbraucht, ist das Rohrnetz überdimensioniert. Liegt der Druckverlust deutlich über der verfügbaren Druckdifferenz, ist bei einer Spitzenbelastung mit Problemen an den insbesondere hydraulisch ungünstig gelegenen Entnahmearmaturen zu rechnen.

Im vorliegenden Fall werden rechnerisch 106 hPa weniger verbraucht. Das bedeutet, dass bei einer Spitzenentnahme an der obersten und entferntesten Zapfstelle der Fließdruck um $106 \cdot 100/1000 \approx 11\ \%$ höher ist. Leider führen in diesem Fall weitere Verkleinerungen von Nennweiten zu Druckverlusten, die höher sind als die verfügbare Druckdifferenz. Deshalb bleibt es bei dieser Bemessung.

Strangabgleich

**Bemessung der günstigeren Fließwege**

Für alle weiteren Stränge (1 bis 4, W2 bis W5) werden nicht die in Tab. 3–25 erzeugten $R_v$-Werte verwendet, sondern sie müssen neu berechnet werden, da gemeinsame Leitungswege mit dem ungünstigsten Strömungsweg bereits bemessen sind. Deren Druckverluste sind von der verfügbaren Druckdifferenz $\Sigma(l \cdot R+Z)_v$ abzuziehen; der verbleibende Druck kann für die noch zu dimensionierenden Teilstrecken verbraucht werden (Strangabgleich). Insbesondere bei großen Rohrnetzen führt das in den dem Hauswasserzähler näher gelegenen Strängen zu kleineren Nennweiten. Diese Kapazitäten sind nach DIN 1988-300 zu nutzen (s. auch Kapitel 5.5).

Dieser Strangabgleich muss durchgeführt werden, weil in DIN 1988-300 gefordert (Zitat):

*»Für die hydraulisch günstigeren Wege sind die Druckverluste der bereits bemessen Teilstrecken bei der Berechnung des verfügbaren Rohrreibungsdruckgefälles für die noch zu bemessenden Teilstrecken zu berücksichtigen.«*

**Beispiel**

Die neue $R_v$-Wert-Berechnung kann für den Strang 2 mit Tab. 3–28 nachvollzogen werden. Statt mit ursprünglich 9,0 hPa/m (Tab. 3–25) werden die verbleibenden Fließwege jetzt mit $R_v$ = 11,0 hPa/m dimensioniert. Der Anstieg ist in diesem Fall moderat, in großen Anlagen fällt er deutlich größer aus.

Tab. 3–28 **Strangabgleich für Strang 2 (Kaltwasser)**

| | | | |
|---|---|---|---|
| 8 | Verfügbar für $\Sigma(l \cdot R+Z)$ | $\Sigma(l \cdot R+Z)_v$ | 1027 |
| | verbraucht in den TS 1–3 | | 304 |
| | Verfügbar für $\Sigma(l \cdot R+Z)$ für die TS K17 bis TS K14 im 3. OG | | 723 hPa |
| 9 | Geschätzt Anteil für $\Sigma Z$ | a | 50 % |
| 10 | Verfügbar für die Reibung $\Sigma(l \cdot R)$ | $\Sigma(l \cdot R)_v$ | 362 hPa |
| 11 | Leitungslänge | $l_{ges}$ | 33 m |
| 12 | Druckgefälle für die Rohrreibung | $R_v$ | 11,0 hPa/m |

# 3.3 Zirkulationssystem

## 3.3.1 Berechnung der Wärmeverluste

Bei den Berechnungen werden folgende Temperaturen berücksichtigt (s. DIN 1988-300):

- Trinkwassertemperatur in den Zirkulationsumläufen 60 °C
- Temperatur im Schacht 25 °C
- Temperatur im Keller 10 °C

Die Rohrdurchmesser (außen) der Trinkwasserleitungen warm und die Dämmstärken nach EnEV [45] finden sich in Tab. 3–29, ebenso die Ergebnisse der U-Wert-Berechnung mit Formel (2.1) und der Berechnung der Wärmeverluste mit den Formeln (2.2) und (2.3).

## 3.3.2 Berechnung der Volumenströme

Zunächst wird der Förderstrom der Zirkulationspumpe ermittelt. In diesem Fall soll die maximal mögliche Temperaturdifferenz von 5 K **nicht** ausgereizt werden, deshalb wird vom Planer für den gesamten Umlauf eine Differenz von $\Delta\vartheta_{TE}$ = 4 K gewählt. Damit ist nach Formel (2.5) die Temperaturdifferenz in der Warmwasserleitung:

$$\Delta\vartheta_w = \frac{\Delta\vartheta_{TE}}{2} = \frac{4}{2} = 2K$$ **nach Formel (2.5)**

[45] EnEV 2009: Verordnung über energiesparenden Wärmeschutz und energiesparende Anlagentechnik bei Gebäuden (Energieeinsparverordnung) vom 29. April 2009

Tab. 3–29 **Berechnung der Wärmeverluste der TW-Leitungen warm für Senioren-Appartements mit Kindertagesstätte**

| 1 | 2 | 3 | 4 | 5 | 6 | 7 | 8 | 9 | 10 |
|---|---|---|---|---|---|---|---|---|---|
| | | $l$ | $d_a$ | $s_R$ [1] | $s_D$ [2] | $U_R$ | $\vartheta_L$ | $\dot{q}_W$ | $\dot{Q}_W$ |
| **TS** | **Rohr** | m | mm | mm | mm | W/(m K) | °C | W/m | W |
| **W1** | Edelstahl | 8 | 35 | 1,5 | 30 | 0,205 | 10 | 10,3 | 82 |
| **W2** | | 10 | 28 | 1,2 | 30 | 0,180 | 10 | 9,0 | 90 |
| **W3** | | 22 | 28 | 1,2 | 30 | 0,180 | 10 | 9,0 | 198 |
| **W4** | | 1 | 28 | 1,2 | 30 | 0,180 | 25 | 6,3 | 6 |
| **W5** | | 3 | 22 | 1,2 | 20 | 0,191 | 25 | 6,7 | 20 |
| **W6** | | 3 | 22 | 1,2 | 20 | 0,191 | 25 | 6,7 | 20 |
| **W7** | | 3 | 18 | 1,0 | 20 | 0,170 | 25 | 6,0 | 18 |
| **W11** | | 4 | 28 | 1,2 | 30 | 0,180 | 10 | 9,0 | 36 |
| **W12** | | 1 | 28 | 1,2 | 30 | 0,180 | 25 | 6,3 | 6 |
| **W13** | | 3 | 22 | 1,2 | 20 | 0,191 | 25 | 6,7 | 20 |
| **W14** | | 3 | 22 | 1,2 | 20 | 0,191 | 25 | 6,7 | 20 |
| **W15** | | 3 | 18 | 1,0 | 20 | 0,170 | 25 | 6,0 | 18 |
| **W16** | | 6 | 28 | 1,2 | 30 | 0,180 | 10 | 9,0 | 54 |
| **W17** | | 4 | 28 | 1,2 | 30 | 0,180 | 10 | 9,0 | 36 |
| **W18** | | 1 | 28 | 1,2 | 30 | 0,180 | 25 | 6,3 | 6 |
| **W19** | | 3 | 22 | 1,2 | 20 | 0,191 | 25 | 6,7 | 20 |
| **W20** | | 3 | 22 | 1,2 | 20 | 0,191 | 25 | 6,7 | 20 |
| **W21** | | 3 | 18 | 1,0 | 20 | 0,170 | 25 | 6,0 | 18 |
| **W22** | | 18 | 28 | 1,2 | 30 | 0,180 | 10 | 9,0 | 162 |
| **W23** | | 1 | 28 | 1,2 | 30 | 0,180 | 25 | 6,3 | 6 |
| **W24** | | 3 | 22 | 1,2 | 20 | 0,191 | 25 | 6,7 | 20 |
| **W25** | | 3 | 22 | 1,2 | 20 | 0,191 | 25 | 6,7 | 20 |
| **W26** | | 3 | 18 | 1,0 | 20 | 0,170 | 25 | 6,0 | 18 |
| | **Summe** | **112** | | | | | | | **914** |

[1] Wandstärke Rohr
[2] Dämmstärke
**Temperaturen:** Keller 10 °C; Schacht 25 °C

Der Förderstrom der Pumpe berechnet sich nach Formel (2.4):

$$\dot{V}_P = \frac{\Sigma\,\dot{Q}_W}{\rho \cdot c_p \cdot \Delta\vartheta_W} = \frac{914\,W}{983\,\frac{kg}{m^3} \cdot \frac{1\,m^3}{10^3 l} \cdot 4{,}183\,\frac{kJ}{kgK} \cdot \frac{10^3 Ws}{1\,kJ} \cdot \frac{1h}{3600s} \cdot 2K} = 399\,\frac{l}{h}$$

Die Auslegungsverteilung der Zirkulationsströme erfolgt nach dem Beimischverfahren (s. Kapitel 2.4). Dazu müssen die Zirkulationsleitungen vorläufig bemessen werden, um die für das Beimischverfahren notwendigen Wärmeverluste der Zirkulationsleitungen zu erhalten. Als erste Abschätzung werden sämtliche Strangleitungen (Z4, Z6, Z9 und Z11, s. Abb. 3–26) in DN 15 (18 x 1) und die restlichen Sammelleitungen in DN 20 (22 x 1,2) ausgeführt. Wenn notwendig, muss im Einzelfall durch eine iterative Rechnung die Volumenstromverteilung überprüft werden. In Tab. 3–30 sind dafür die Ergebnisse zusammengestellt.

Tab. 3–30 **Berechnung der Wärmeverluste der TW-Leitungen Zirkulation (vorläufig) für die Senioren-Appartements mit einer Kindertagesstätte**

| 1 | 2 | 3 | 4 | 5 | 6 | 7 | 8 | 9 | 10 |
|---|---|---|---|---|---|---|---|---|---|
| | | $l$ | $d_a$ | $s_R$[1] | $s_D$[2] | $U_R$ | $\vartheta_L$ | $\dot{q}_Z$ | $\dot{Q}_Z$ |
| **TS** | **Rohr** | m | mm | mm | mm | W/(mK) | °C | W | W |
| **Z1** | Edelstahl | 8 | 22 | 1,2 | 20 | 0,191 | 10 | 9,6 | 77 |
| **Z2** | | 10 | 22 | 1,2 | 20 | 0,191 | 10 | 9,6 | 96 |
| **Z3** | | 22 | 18 | 1 | 20 | 0,170 | 10 | 8,5 | 211 |
| **Z4** | | 10 | 18 | 1 | 20 | 0,170 | 25 | 6,0 | 60 |
| **Z5** | | 4 | 22 | 1,2 | 20 | 0,191 | 10 | 9,6 | 38 |
| **Z6** | | 10 | 18 | 1 | 20 | 0,170 | 25 | 6,0 | 60 |
| **Z7** | | 6 | 22 | 1,2 | 20 | 0,191 | 10 | 9,6 | 57 |
| **Z8** | | 4 | 22 | 1,2 | 20 | 0,191 | 10 | 9,6 | 38 |
| **Z9** | | 10 | 18 | 1 | 20 | 0,170 | 25 | 6,0 | 60 |
| **Z10** | | 18 | 18 | 1 | 20 | 0,170 | 10 | 8,5 | 172 |
| **Z11** | | 10 | 18 | 1 | 20 | 0,170 | 25 | 6,0 | 60 |
| **Summe** | | **112** | | | | | | | **928** |

[1] Wandstärke Rohr
[2] Dämmstärke
**Temperaturen:** Keller 10 °C; Schacht 25 °C

Die Teilströme für die Zirkulation werden mit den Formeln (2.8) bis (2.11) berechnet – Ergebnisse s. Tab. 3–31.

Tab. 3–31 **Berechnung der Teilströme im Zirkulationssystem des Senioren-Appartements mit einer Kindertagesstätte (Knoten: TS des abzweigenden Weges/TS des durchgehenden Weges, z. B. W16/W02)**

| 1 | 2 | 3 | 4 | 5 | 6 | 7 | 8 |
|---|---|---|---|---|---|---|---|
| **Knoten** | $\dot{V}$ [l/h] | $\dot{Q}_a$ [W] | $\dot{Q}_d$ [W] | $\dot{Q}_z$ [W] | $\eta$ – | $\dot{V}_a$ [l/h] | $\dot{V}_d$ [l/h] |
| W16/W02 | 400 | 767 | 916 | 77 | 1,0 | 192 | 208 |
| W11/W03 | 208 | 198 | 532 | 96 | 1,0 | 74 | 134 |
| W17/W22 | 192 | 198 | 458 | 57 | 1,0 | 69 | 123 |

Exemplarisch die Berechnung für den 1. Knoten (W13/W02) in folgendem Beispiel:

**Beispiel – Knoten W16/W02**

Der Volumenstrom zum Knoten ist der Förderstrom der Zirkulationspumpe: also 399 l/h.

Ein Abzweig- und ein Durchgangsweg kann frei festgelegt werden, hier wird der Weg nach links (im Strangschema Abb. 3-26) als Abzweigweg bestimmt. Der Wärmestrom im Abzweigweg ist gleich der Wärmeabgabe aller Warmwasser- und Zirkulationsleitungen bis zum Mischpunkt, s. Abb. 3–31.

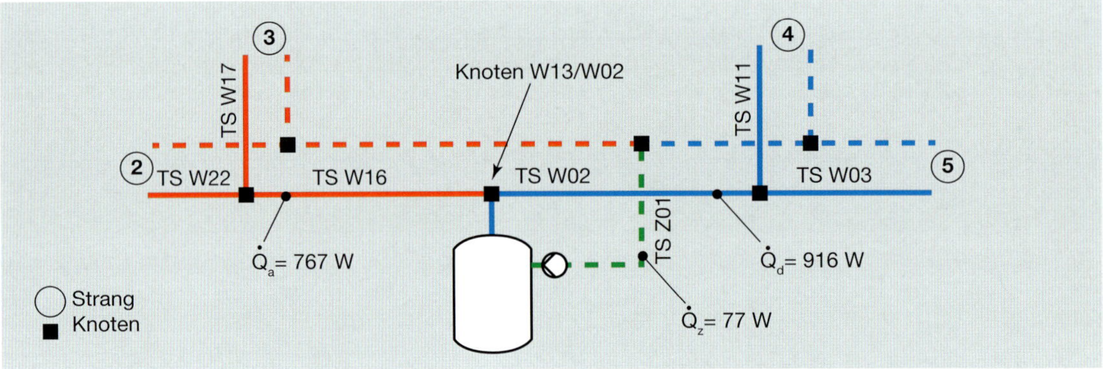


Abb. 3–31 **Wärmeströme im Abzweig- und im Durchgangsweg des Senioren-Appartements mit einer Kindertagesstätte – Knoten W16/W02**

Mit den Wärmeströmen aus den Tab. 3–29 und Tab. 3–30 erhält man:

**Für**

$\dot{Q}_a$ = 54 + 36 + 6 + 20 + 20 + 18 + 162 + 6 + 20 + 20 + 18 (W16 – W26) + 57 + 38 + 60 + 172 + 60 = 767 W (Z7 – Z11)

**Für**

$\dot{Q}_d$ = 90 + 198 + 6 + 20 + 20 + 18 + 36 + 6 + 20 + 20 + 18 (W2 – W15) + 96 + 211 + 60 + 38 + 60 = 916 W (Z2 – Z6)

**Für**

$\dot{Q}_z$ = 77 W (Z1)

Die Prüfung mit Formel (2.8) $\dot{Q}_d \geq \dot{Q}_a + \dot{Q}_z$ ergibt 914 > 767 + 7 = 844

Damit wird der Volumenstrom im Durchgang berechnet:

$$\dot{V}_d = \dot{V} \cdot \frac{\dot{Q}_d}{\dot{Q}_a + \dot{Q}_d + \eta \cdot \dot{Q}_z} = 399 \cdot \frac{916}{767 + 916 + 1{,}0 \cdot 77} = 208\ l/h$$ **nach Formel (2.9)**

Berechnung Abzweigstrom:

$$\dot{V}_a = \dot{V} - \dot{V}_d = 400 - 208 = 192\ l/h$$ **nach Formel (2.12)**

Alle Berechnungsergebnisse s. Tab. 3–31.

Bei diesem relativ kleinen Zirkulationssystem sind die Unterschiede in den Strangvolumenströmen bei den zwei Auslegungsmethoden – Mischverfahren mit gleichen oder ungleichen Temperaturen im Mischpunkt – relativ gering. Erst bei großen Anlagen zeigen sich die Vorteile des Beimischverfahrens.

### 3.3.3 Nennweiten für die Zirkulationsleitungen und Berechnung der Druckverluste

Bei einer empfohlenen Geschwindigkeit in den Zirkulationsleitungen von $w_Z$ (max. 1,0 m/s) kann mit den jetzt bekannten Volumenströmen mit Hilfe der *R*-Wert-Tabellen (s. Anhang) die Nennweite aller Zirkulationsleitungen bestimmt werden. Anschließend werden die $\zeta$-Werte erfasst, mit denen die Druckverluste im hydraulisch ungünstigsten Leitungsweg berechnet werden (s. Ergebnisse Tab. 3–32).

Tab. 3–32 **Nennweiten der Zirkulationsleitungen und Berechnung des Förderdruckes der Zirkulationspumpe**

| **Zirkulationsumlauf des Stranges Nr. 5** | | | | | | | | | | | | | | |
|---|---|---|---|---|---|---|---|---|---|---|---|---|---|---|
| 1 | 2 | 3 | 4 | 5 | 6 | 7 | 8 | 9 | 10 | 11 | 12 | 13 | 14 | 15 |
| **TS** | Rohr | $\dot{V}_Z$ | $l$ | DN | $v$ | $R$ | $l \cdot R$ | $\Sigma\zeta$ | $Z$ | $(l \cdot R + Z)$ | $\Delta p_{RV}$ | $\Delta p_{Ap}$ | $\Delta p_D$ | $\Delta p_P$ |
| | | l/h | m | – | m/s | hPa/m | hPa | – | hPa | hPa | hPa | hPa | hPa | hPa |
| **W1** | | 400 | 8 | 32 | 0,1 | 0,0 | 0 | 2,1 | 0,2 | 0 | | | | |
| **W2** | | 208 | 10 | 25 | 0,1 | 0,1 | 1 | 0 | 0,0 | 1 | | | | |
| **W3** | | 134 | 22 | 25 | 0,1 | 0,0 | 0 | 5,2 | 0,1 | 0 | | | | |
| **W4** | | 134 | 1 | 25 | 0,1 | 0,0 | 0 | 0 | 0,0 | 0 | | | | |
| **W5** | | 134 | 3 | 20 | 0,1 | 0,1 | 0,3 | 0,7 | 0,1 | 0 | | | | |
| **W6** | Edelstahl | 134 | 3 | 20 | 0,1 | 0,1 | 0,3 | 0,7 | 0,1 | 0 | | | | |
| **W7** | | 134 | 3 | 15 | 0,2 | 0,4 | 1,2 | 4 | 0,7 | 2 | | | | |
| **Z4** | | 134 | 10 | 12 | 0,3 | 1,0 | 10 | 1,9 | 0,7 | 11 | | | | |
| **Z3** | | 134 | 22 | 12 | 0,3 | 1,0 | 22 | 3,2 | 1,3 | 23 | | | | |
| **Z2** | | 208 | 10 | 12 | 0,4 | 2,2 | 22,0 | 1,9 | 1,8 | 24 | | | | |
| **Z1** | | 400 | 8 | 20 | 0,4 | 0,9 | 7,2 | 4,7 | 3,2 | 10 | 60 | 0 | 0 | |
| | | | | | | | | | **Ungünstigster Strang:** | 72 | 60 | 0 | 0 | **132** |

Es ist zu erkennen, dass die Druckverluste im Wesentlichen in den Zirkulationsleitungen selber erzeugt werden. Deshalb brauchen bei »Handrechnungen« im Regelfall nur diese mit ihren Verlusten erfasst werden.

### 3.3.4 Auswahl der Zirkulationspumpe

**Pumpen- und Anlagenkennlinie**
Zirkulationsbetrieb in Senioren-Appartements mit einer Kindertagesstätte

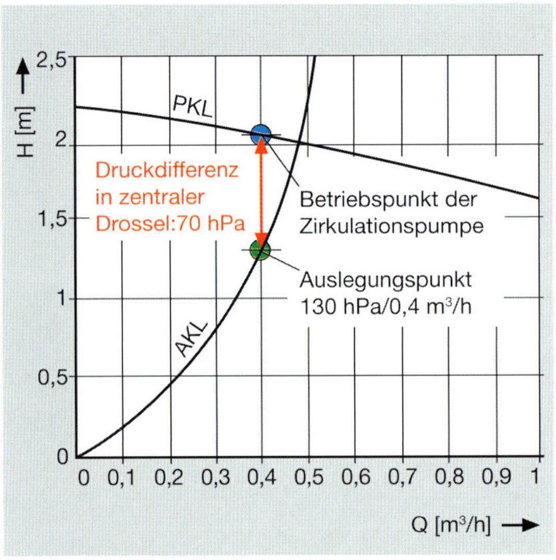


Abb. 3–32 **Pumpen- und Anlagenkennlinie**

Die beiden Parameter:

| | |
|---|---|
| Förderstrom | $\dot{V}_P \approx 400\,l/h$ und |
| Förderdruck | $\Delta p_P \approx 130\,hPa$ |

bestimmen den Auslegungspunkt für die Zirkulationspumpe. Mit dem Programm eines Herstellers wird die Pumpe ausgewählt, beispielswiese die WILO Star-Z 25. Sie bringt bei dem gewünschten Förderstrom einen Differenzdruck von $\Delta p_P \approx 200\,hPa$ (s. Abb. 3–32) .

### 3.3.5 Auswahl der Drosseleinrichtungen

#### Statische Zirkulationsregulierventile

Wird keine zentrale Drossel vorgesehen, die den überschüssigen Druck der Pumpe von 200 – 130 = 70 hPa abbaut, müssen alle Stränge mit dezentralen Drosseln ausgestattet werden, auch der ungünstigste Strang 5. Für ihn wird der $k_{VS}$-Wert des einzusetzenden Ventils mit Formel (2.15) berechnet:

**nach Formel (2.15)**

$$k_{VS} = 400\,\frac{l}{h} \cdot \frac{10^{-3} m^3}{l} \cdot \sqrt{\frac{0{,}1\,MPa}{70 \cdot 10^{-3} MPa}} = 1{,}51\,\frac{m^3}{h}$$

Drosselpunkt Strang 5 (DN 15) und zentral (DN 20)
Mit den Angaben des Herstellers ergibt sich bei 134 l/h = 2,2 l/min und 70 hPa der Einstellwert zu 1,1.

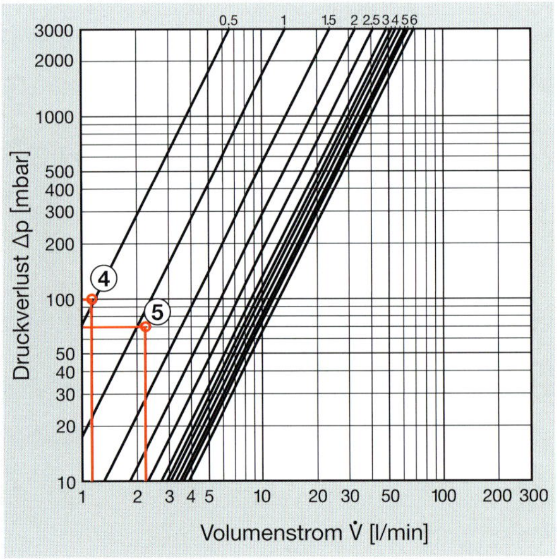


Abb. 3–33 **Drosselkurven eines statischen ZRV DN 15 (Viega)**

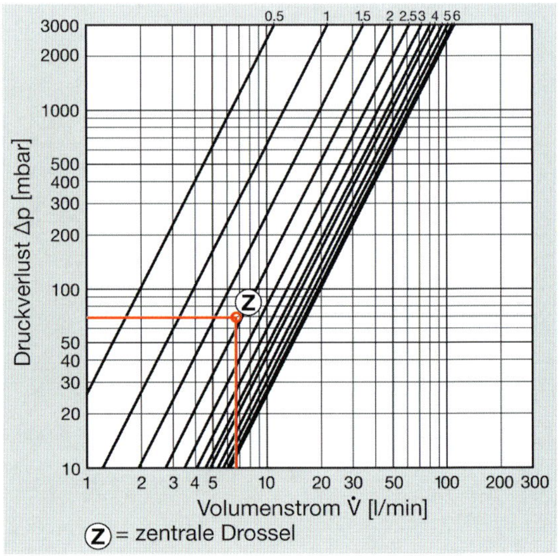


Abb. 3–34 **Drosselkurven eines statischen ZRV DN 20 (Viega)**

Exemplarisch die Berechnung der Drosseldruckdifferenz für Strang 4 nach Formel (2.16):

$$\Delta p_D = \Delta p_{P,B} - \Sigma(l \cdot R + Z)_{w,z} - \Delta p_{RV} - \Delta p_{Ap}$$ **nach Formel (2.16)**

Die Druckverluste sind der Berechnung nach Tab. 3–33 entnommen worden.
Damit ergibt sich ein $k_{VS}$-Wert von 0,23 m³/h und auch eine Nennweite von DN 15.
Bei 74 l/h = 1,2 l/min und ≈ 100 hPa ergibt sich der Einstellwert 0,5.

Tab. 3–33 **Berechnung der Druckverluste im Zirkulationsumlauf des Stranges 4**

| **Zirkulationsumlauf des Stranges Nr. 4** | | | | | | | | | | | | | | |
|---|---|---|---|---|---|---|---|---|---|---|---|---|---|---|
| 1 | 2 | 3 | 4 | 5 | 6 | 7 | 8 | 9 | 10 | 11 | 12 | 13 | 14 | 15 |
| **TS** | Rohr | $\dot{V}_Z$ | $l$ | DN | $v$ | $R$ | $l \cdot R$ | $\Sigma\zeta$ | $Z$ | $(l \cdot R + Z)$ | $\Delta p_{RV}$ | $\Delta p_{Ap}$ | $\Delta p_D$ | $\Delta p_P$ |
| | | l/h | m | – | m/s | hPa/m | hPa | – | hPa | hPa | hPa | hPa | hPa | hPa |
| **W1** | Edelstahl | 400 | 8 | 32 | 0,1 | 0,0 | 0 | 2,1 | 0,2 | 0 | | | | |
| **W2** | | 208 | 10 | 25 | 0,1 | 0,1 | 1 | 0 | 0,0 | 1 | | | | |
| **W11** | | 74 | 4 | 25 | 0,0 | 0,0 | 0 | 5,1 | 0,0 | 0 | | | | |
| **W12** | | 74 | 1 | 25 | 0,0 | 0,0 | 0 | 0 | 0,0 | 0 | | | | |
| **W13** | | 74 | 3 | 20 | 0,1 | 0,1 | 0,3 | 2,3 | 0,1 | 0 | | | | |
| **W14** | | 74 | 3 | 20 | 0,1 | 0,1 | 0,3 | 0,7 | 0,0 | 0 | | | | |
| **W15** | | 74 | 3 | 15 | 0,1 | 0,1 | 0,3 | 4 | 0,2 | 1 | | | | |
| **Z5** | | 74 | 4 | 12 | 0,2 | 0,4 | 1,6 | 4,9 | 0,6 | 2 | | | | |
| **Z6** | | 74 | 10 | 12 | 0,2 | 0,4 | 4 | 1,9 | 0,2 | 4 | | | | |
| **Z2** | | 208 | 10 | 12 | 0,4 | 2,2 | 22 | 1,9 | 1,8 | 24 | | | | |
| **Z1** | | 400 | 8 | 20 | 0,4 | 0,9 | 7,2 | 4,7 | 3,2 | 10 | 60 | 0 | 0 | |
| **Druckverlust im Umlauf:** | | | | | | | | | | **43** | **60** | 0 | 0 | **103** |
| **Druckverlust im ungünstigsten Umlauf (Förderdruck der Pumpe bei $\dot{V}_P$:** | | | | | | | | | | | | | | **202** |
| **Druckverlust in der Drosseleinrichtung:** | | | | | | | | | | | | | | **99** |

Bei Einsatz einer zentralen Drossel nach dem Rückflussverhinderer der Zirkulationspumpe könnte auf die Drossel im Strang 5 verzichtet werden. Der $k_{VS}$-Wert der zentralen Drossel ergibt sich zu:

$$k_{VS} = 400 \frac{l}{h} \cdot \frac{10^{-3} m^3}{l} \cdot \sqrt{\frac{0{,}1\, MPa}{70 \cdot 10^{-3} MPa}} = 1{,}51 \frac{m^3}{h}$$ **nach Formel (2.15)**

Nennweite nach Angabe des Herstellers DN 20, die Drosselkurven sind in Abb. 3–32 dargestellt.
Bei 399 l/h = 6,7 l/min und 70 hPa ergibt sich der Einstellwert 1,8.

**Thermostatische Zirkulationsregulierventile**

Die $k_{VS}$ – Berechnung erfolgt in gleicher Weise wie bei den statischen Zirkulationsregulierventilen. Die Sollwerte für die Temperaturen an den Zirkulationsregulierventilen werden mit Formel (3.2) berechnet:

**Sollwert am Regulierventil** (3.2)

$$\vartheta_{THV} = \vartheta_{w,TE} - \frac{1}{\rho \cdot c_p} \cdot \Sigma \frac{Q_i}{\dot{V}_i}$$

mit

| | |
|---|---|
| $\vartheta_{w,TE}$ | Temperatur des erwärmten Trinkwassers am Austritt aus dem TE (Regelfall: 60°C) |
| $\dot{Q}_i$ | Wärmeabgabe einer Teilstrecke i, |
| $\dot{V}_i$ | Zirkulationsvolumenstrom in einer Teilstrecke i, |
| $\rho$ | Dichte des erwärmten Trinkwassers =983,2 kg/m³ bei 60 °C, |
| $C_p$ | Spezifische Wärmekapazität des Wassers =4,18 kJ/(kg · K) bei 60 °C. |

Wenn davon ausgegangen wird, dass das thermostatische Regulierventil in der Mitte der Teilstrecke Z8 eingebaut ist, ergibt sich beispielsweise für das Thermostatventil im Strang 3 folgende Sollwert-Temperatur:

$$\vartheta_{THV3} = 60 - \frac{1}{0{,}983 \cdot \frac{4{,}183}{3{,}6}} \cdot \left(\frac{82}{399} + \frac{54}{192} + \frac{36 + 6 + 20 + 20 + 18 + 60 + 38/2}{69}\right) = 57{,}3\ °C$$

In gleicher Weise werden die anderen Sollwerttemperaturen berechnet und es ergeben sich für die weiteren Stränge folgende Werte:

| Strang | 2 | 4 | 5 |
|---|---|---|---|
| Sollwerttemperatur am Regulierventil $\vartheta_{w,TE}$ | 57,4 | 57,3 | 57,2 |

Wird eine von den Herstellern vorgegebene Einstellung (z. B. 57,0 °C) nicht verändert, muss durch eine Simulationsrechnung für den Betrieb geprüft werden, ob die nach DVGW W 551 geforderten Temperaturen eingehalten werden. Dies ist ohnehin geboten, denn in DIN 1988-300 wird ausgeführt (Zitat):

> *„Werden thermostatische Regulierventile eingesetzt, müssen die Sollwerte so eingestellt werden, dass in allen Strängen sowie im gesamten Verteilungssystem die nach DVGW W 551 geforderten Temperaturen nicht unterschritten werden."*

Bestimmungsgemäßer Betrieb 2
Durchströmung 6
Temperatur 4
Betreiberpflichten 8

Nur durch eine korrekte Einstellung lässt sich ein Bestimmungsgemäßer Betrieb realisieren. Er ist gekennzeichnet durch eine ausreichend kalkulierte Durchströmung in allen Zirkulationssträngen und damit wird in allen Bereichen des Umlaufsystems die Temperatur oberhalb der geforderten Mindestwerte gehalten. Für einen Bestimmungsgemäßen Betrieb (d. h. auch Einhaltung der hygienischen Anforderungen nach VDI 6023 [46] zu sorgen, muss der Planer durch die Ermittlung der korrekten Einstellwerte die Voraussetzung schaffen; es gehört zu den Betreiberpflichten, den einwandfreien Betrieb zu gewährleisten.

# 4 Druckerhöhungsanlagen für Trinkwasser-Installationen

## 4.1 Regeln und Fachliteratur

### 4.1.1 Regeln in Deutschland und Europa

Die wichtigsten Regelungen zu Druckerhöhungsanlagen (DEA) in Trinkwasser-Installationen finden sich in folgenden Normen

**DIN-Normen**

- DIN EN 806-2 »Technische Regeln für Trinkwasser-Installationen« – Teil 2: Planung [46],Kapitel 15
- DIN 1988-500 »Technische Regeln für Trinkwasser-Installationen« – Teil 500: Druckerhöhungsanlagen mit drehzahlgeregelten Pumpen [47]

Die letztgenannte Norm ist geschaffen worden, weil DIN EN 806-2 insbesondere auf die Druckerhöhungsanlagen mit fester Drehzahl und einem Membrandruckbehälter auf der Enddruckseite abhebt. Das sind Anlagen, die in der Gebäudetechnik eher unbedeutend sind; deshalb wird im Vorwort zu DIN 1988-500 ausgeführt (Zitat):

> *»Die Planungs- und Ausführungsanforderungen in dieser Norm … ermöglicht die Umsetzung der erhöhten Anforderungen an Komfort, Hygiene (Anmerkung des Verfassers: siehe auch VDI 6023) und Energieeffizienz.«*

**VDI-Richtlinie zu Druckstößen**

DIN 1988-200 »Technische Regeln für Trinkwasser-Installationen« – Teil 200 [48]: Installation Typ A (geschlossenes System) – Planung, Bauteile, Apparate, Werkstoffe bietet keine zusätzlichen Informationen zu diesem Thema.

Außerdem wichtig ist die VDI-Richtlinie 6006 »Druckstöße in Trinkwasserleitungen« [49], in der aufgezeigt wird, wie unzulässige Druckstöße in Trinkwasser-Installationen vermieden werden können.

Für relativ große Anlagen – z. B. ein kleines Versorgungsnetz im industriellen Bereich – ist geboten, folgende DVGW-Regeln bei der Planung heranzuziehen

**DVGW-Arbeitsblätter**

- Arbeitsblatt W 400-1 »Technische Regeln Wasserverteilungsanlagen (TRWV)« – Teil 1: Planung [50] insbesondere die Kapitel 10: Versorgungsdruck/Druckregelung mit Kapitel 10.2: Druckerhöhung und Kapitel 11: Hydraulische Bemessung
- Arbeitsblatt W 617 »Druckerhöhungsanlagen in der Trinkwasserversorgung« [51]
- Arbeitsblatt W 610 (A) »Pumpensysteme in der Trinkwasserversorgung« [52]
- Arbeitsblatt W 303 »Dynamische Druckänderungen in Wasserversorgungsanlagen« [53], Thema: Druckstöße in DEA

In diesen Arbeitsblättern werden die grundlegenden Zusammenhänge über Druckerhöhungsanlagen zum Teil sehr tiefgreifend erläutert, während in den genannten Normen die Anwendung im Vordergrund steht.

Die genannten Regeln der Technik gelten nicht für Druckerhöhungsanlagen, die Löschwasser fördern. Die Planung und Auslegung von DEA ist für nichtselbsttätige Feuerlöschanlagen u. a. in DIN 14462 [54] (s. Kapitel 5) und für Sprinkleranlagen in DIN EN 12845 geregelt.

Weitere Hinweise zur Verbindung von Feuerlöschanlagen mit der Trinkwasser-Installation sind in DIN 1988-600 [55] zu finden (s. Kapitel 5).

[46] Berlin: Beuth, Juni 2005
[47] Berlin: Beuth, Februar 2011
[48] Berlin: Beuth, Februar 2012
[49] Berlin: Beuth, Januar 2008
[50] Bonn: DVGW, Oktober 2004
[51] Bonn: DVGW, November 2006
[52] Bonn: DVGW, März 2010
[53] Bonn: DVGW, Juli 2005
[54] DIN 14462: Löschwassereinrichtungen – Planung und Einbau von Wandhydrantenanlagen und Löschwasserleitungen. Berlin: Beuth, 01/2007
[55] DIN 1988-600: Technische Regeln für Trinkwasser-Installationen – Teil 600: Trinkwasser-Installationen in Verbindung mit Feuerlösch- und Brandschutzanlagen; Technische Regel des DVGW. Berlin: Beuth, 10/2010

### 4.1.2 Hilfreiche Fachliteratur

Die folgenden Ausführungen beziehen sich insbesondere auf die Bemessung der Bauelemente der Druckerhöhungsanlagen (Pumpen, Behälter etc.) nach den beiden genannten Normen DIN EN 806-2 und DIN 1988-500 und die korrekte Einbindung der DEA in die Trinkwasser-Installation. Weitergehende Informationen zum Bau und zum Betrieb der Anlagen liefern in jedem Fall die Betriebsanleitungen der Hersteller und Broschüren zum Thema »Druckerhöhung«, z. B: Pumpenfibel »Grundlagen der Pumpentechnik« [56], Planungshandbuch »Druckerhöhung« [57], know-how-Band 1 »Druckstöße« [58] und know-how-Band 5 »Druckerhöhung« [59].

## 4.2 Grundlagen

### 4.2.1 Notwendigkeit einer Druckerhöhungsanlage

Je nach überwiegender Geschosszahl der örtlichen Bebauung legt das Wasserversorgungsunternehmen (WVU) seinen Versorgungsdruck fest und orientiert sich dabei an den Vorgaben des Arbeitsblattes W 400-1 [49]. Viele Gebäude können im Regelfall ohne DEA versorgt werden; die Auslegung der Trinkwasser-Installation erfolgt nach den Angaben in Kapitel 1 und 2.

Bei höheren Gebäuden muss geprüft werden, ob der Mindestversorgungsdruck $p_{min,V}$ in der Straße oder der Mindestdruck nach dem Wasserzähler $p_{min,WZ}$ noch ausreicht, die hydraulisch am ungünstigsten gelegenen Entnahmestellen ausreichend zu versorgen, d. h. bei einer Spitzenbelastung im Gebäude noch den Mindestfließdruck $p_{min,Fl}$ an der Entnahmestelle sicherstellt.

Eine DEA ist notwendig, wenn:

**DEA erforderlich**
Wenn die Gleichung gilt!

(4.1) $$p_{min,V} < p_{min,Fl} + \Sigma\Delta p_{Ap} + \Delta p_{geo} + l_{ges} \cdot R_{ges}$$

mit

| | |
|---|---|
| $p_{min,V}$ | Mindestversorgungsdruck in der Versorgungsleitung (SPLN)[14] |
| $p_{min,Fl}$ | Mindestfließdruck an der Entnahmearmatur |
| $\sum\Delta p_{Ap}$ | Summe der Druckverluste in Apparaten |
| $\Delta p_{geo}$ | Druckverlust aus geodätischem Höhenunterschied in hPa |
| $l_{ges}$ | Länge des Leitungsweges zur hydraulisch ungünstigsten Entnahmestelle |
| $R_{ges}$ | Wirtschaftliches Gesamtdruckgefälle für Rohrreibung und Einzelwiderstände (s. Tab. 3–34). |

Tab. 3–34 **Wirtschaftliches Gesamtdruckgefälle für Trinkwasser-Installationen**

| Länge $l_{ges}$ | Gesamtdruckgefälle $R_{ges}$ |
|---|---|
| m | hPa/m |
| ≤30 | 20 |
| $30 < l_{ges} \leq 80$ | 15 |
| >80 | 10 |

Das wirtschaftliche Gesamtdruckgefälle $R_{ges}$ ist nach Formel (4.2) defini ert

**Gesamtdruckgefälle**

(4.2) $$R_{ges} = \frac{\sum(l \cdot R + Z)}{l_{ges}}$$

[14] Lowest Normal Service Pressure

[41] Rudat, K.: Warmwasserverteilsysteme mit innenliegender Zirkulation. Berlin: Labor für Sanitärtechnik, 1997
[56] Dortmund: WILO, 09/2009
[57] Dortmund: WILO, 02/2008
[58] Frankenthal: KSB, 03/2003
[59] Frankenthal: KSB, 02/2011
[49] Berlin: Beuth, Januar 2008
[60] Bonn: DVGW, Oktober 2004

und wird aus Optimierungsrechnungen gewonnen [61]; es ist abhängig von der Länge $l_{ges}$ des hydraulisch ungünstigsten Leitungsweges und liegt zwischen 10 und 20 hPa/m (s. auch DIN 1988-500).

Ist eine DEA notwendig, sollten nur die erforderlichen Bereiche darüber versorgt werden, die unteren Geschosse aber nicht [62]. Deshalb ist zu prüfen, bis zu welcher Höhe $h_N$ (s. Abb. 3–35) das Gebäude ohne DEA versorgt werden kann. Dies erfolgt je nach Angabe des Versorgungsdruckes durch das WVU

$$h_{N,max} = \frac{p_{min,V} - (p_{min,Fl} + \sum \Delta p_{Ap} + l'_{ges} \cdot R_{ges})}{\rho \cdot g + R_{ges}} \quad (4.3)$$

**Höchste Entnahmestelle ohne DEA**
mit $p_{min,V}$

mit Formel (4.3) oder (4.4):

$$h_{N,max} = \frac{p_{min,WZ} - (p_{min,Fl} + \sum \Delta p_{Ap} + l'_{ges} \cdot R_{ges})}{\rho \cdot g + R_{ges}} \quad (4.4)$$

**Höchste Entnahmestelle ohne DEA**
mit $p_{min,WZ}$

mit

| | |
|---|---|
| $p_{min,WZ}$ | Mindestversorgungsdruck nach dem Wasserzähler (s. Kapitel 1) |
| $h_{N,max}$ | Maximale Höhe der hydraulisch ungünstigsten Entnahmestelle über der Versorgungsleitung (Formel 4.3) oder dem Hauswasserzähler (Formel 4.4) |
| $l'_{ges}$ | Horizontale Länge des hydraulisch ungünstigsten Leitungsweges |
| $\rho$ | Dichte des Wassers ≈ 1000 kg/m³ |
| $g$ | Erdbeschleunigung = 9,81 m/s² |

**Beispiel**
Ein Wohngebäude (EG und 5 OG) wird an die Versorgungsleitung angeschlossen (Strangschema und Leitungslängen Abb. 3–35).

Weitere Angaben

- 10 Stränge à 6 Wohnungen
- Summendurchfluss je Wohnung: PWC 0,64 l/s, PWH 0,29 l/s
- Mindestversorgungsdruck: 0,42 MPa (lt. WVU)
- Mindestfließdruck an der hydraulisch ungünstigsten Entnahmestelle: 0,1 MPa
- Vorgesehener Hauswasserzähler: Flügelradzähler $Q_n = Q_3 = 6\ m^3/h$, Druckverlust beim Nenndurchfluss: 0,025 MPa,
- Vorgesehener Wohnungswasserzähler kalt: $Q_n = Q_3 = 1{,}5\ m^3/h$, Druckverlust bei Nenndurchfluss: 0,025 MPa
- Vorgesehener Filter: $k_{VS}$=18,0 m³/h
- Druckerhöhungsanlage mit mehreren Betriebspumpen

i

**Bei Anlagen mit einer (!) Betriebspumpe (und einer Reservepumpe) müssen in den Formeln (4.3) und (4.4) die Druckverluste im Hauswasserzähler und im Filter zunächst geschätzt werden. Erst dann lässt sich nach erfolgter Druckzonenaufteilung der Spitzendurchfluss der Normal- und der Druckzone bestimmen. Je nach Pumpenlaufzeit müssten ungünstigstenfalls diese beiden Volumenströme addiert werden, um den Spitzendurchfluss in der Hausanschlussleitung zu erhalten, weil nicht auszuschließen ist, dass die Pumpe während der Spitzenbelastung in der Normalzone fördert. Erst dann könnten die Druckverluste im Wasserzähler und Filter und damit letztendlich die maximale Höhe der Normalzone bestimmt werden (iterative Rechnung).**

[61] Damm, E.: Energetischer und wirtschaftlicher Vergleich von Druckerhöhungsanlagen. Berlin: Technische Fachhochschule, FB Versorgungs- und Energietechnik, Diplomarbeit 1994

[62] DIN 1988-500, Kapitel 4.7

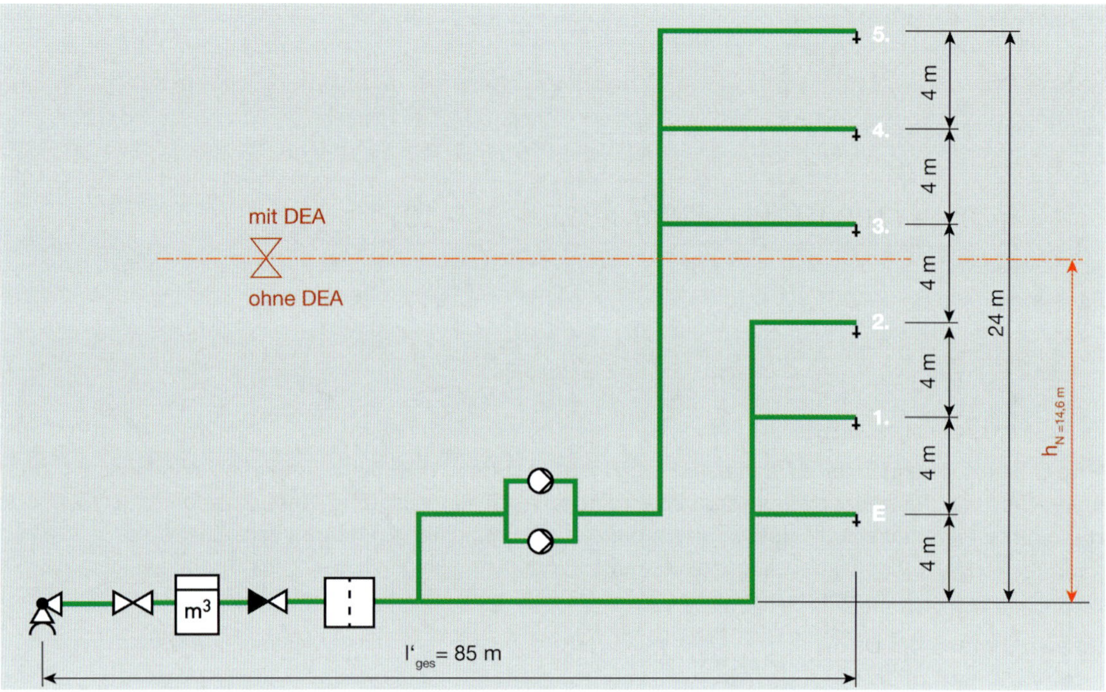


Abb. 3–35 **Zu Beispiel – Ermittlung der maximalen Höhe der ohne DEA versorgten Entnahmestelle**

**Lösung**

Der Summendurchfluss für das Gebäude beträgt

$\sum \dot{V}_R = 10 \cdot 6 \cdot (0{,}64 + 0{,}29) = 55{,}5\,l/s$

und mit Formel (1.11) aus Abschnitt 1 ergibt sich ein Spitzenvolumenstrom von

**nach Formel (1.11)**

$$\dot{V}_S = 1{,}48\,(55{,}5)^{0{,}19} - 0{,}94 = 2{,}24\,l/s$$

Die Druckverluste in den Apparaten Hauswasserzähler, Filter und Wohnungswasserzähler (kalt) ergeben sich zu

$$\Delta p_{WZ} = 0{,}025 \cdot \left(\frac{2{,}24 \cdot 3{,}6}{6}\right)^2 = 0{,}0451\ MPa = 451\ hPa$$ **nach Formel (1.17)**

$$\Delta p_{FIL} = 1000\ hPa \cdot \left(\frac{2{,}24 \cdot 3{,}6}{18}\right)^2 = 200\ hPa$$ **nach Formel (1.18)**

und mit einem Spitzendurchfluss von 0,3 l/s in der Wohnung (Trinkwasser kalt: Waschmaschine und Dusche)

$$\Delta p_{WoWZ} = 0{,}025 \cdot \left(\frac{0{,}3 \cdot 3{,}6}{1{,}5}\right)^2 = 0{,}013\ MPa = 130\ hPa$$ **nach Formel (1.17)**

Damit erhält man nach Formel (4.1):

$$4200\ hPa < (1000 + 451 + 200 + 130)hPa + 98\frac{hPa}{m} \cdot 24\ m + (85 + 24)m \cdot \frac{10hPa}{m} = 5223\ hPa$$

und erkennt, dass eine DEA erforderlich ist.

Die Höhe der Normalzone wird nach Formel (4.3) berechnet:

$$h_N = \frac{4200 - (1000 + 451 + 200 + 120 + 85\ \cdot 10)}{98 + 10} = 12{,}8\ m$$

**nach Formel (4.3)**

Damit werden die unteren drei Geschosse (EG, 1. und 2. OG) über den Druck in der Versorgungsleitung versorgt, die drei obersten Geschosse (3. – 5. OG) über die DEA (s. Abb. 3–35).

## 4.2.2 Anschlussarten

Eine Druckerhöhungsanlage kann direkt (s. Abb. 3–35) oder indirekt über einen überdrucklosen – »offenen« – Vorbehälter angeschlossen werden (s. Abb. 3–45). Grundsätzlich ist aus hygienischen Gründen der direkte Anschluss vorzuziehen, es sei denn, es liegen folgende Ausnahmen vor

- Auf dem Grundstück bzw. im Gebäude soll das Wasser aus einer Eigenversorgung mit dem Trinkwasser einer öffentlichen Versorgung zusammengeführt werden.
- Beim Betrieb der DEA sinkt der Versorgungsdruck so stark ab, dass in benachbarten Gebäuden die Mindestfließdrücke an den Entnahmearmaturen nicht mehr gewährleistet werden können. Die Entscheidung darüber kann nur das WVU nach einem Wasserantrag mit Angabe des zu erwartenden Spitzenvolumenstroms auf dem Grundstück bzw. im Gebäude fällen. Dazu wird in einer Simulationsrechnung geprüft, ob bei diesem Spitzenbedarf der Versorgungsdruck unter den zugesicherten Wert fällt. Ist das der Fall, muss die fehlende Wassermenge über einen Vorbehälter eingespeist werden. Das zu bevorratende Wasservolumen berechnet sich aus der Differenz von Spitzenvolumenstrom im Gebäude und dem vom WVU bereitgestellten Volumenstrom zum Vorbehälter, bezogen auf einen geeigneten Zeitraum.

Die Vorteile des direkten Anschlusses der DEA liegen auf der Hand:

- **Wirtschaftlichkeit**
  Der Vordruck wird genutzt, was wegen der kleineren Baugröße der DEA, dem verzichtbaren überdrucklosen Behälter und der niedrigeren Energiekosten zu insgesamt geringeren Gesamtkosten führt.
- **Korrosionsschutz, Hygiene**
  Durch den Verzicht auf den über einen Be- und Entlüfter mit der Atmosphäre verbundenen Vorbehälter haben weder die (Keller-) Luft noch darin enthaltene Mikroorganismen oder sonstige Kleinlebewesen eine Chance, ins Trinkwasser zu gelangen.

Allerdings ist bei einem direkten Anschluss zu prüfen, ob beim Ein- und Ausschalten von Pumpen unzulässige Druckstöße entstehen. Diese sind maßgebend davon abhängig [63], welche Geschwindigkeitsänderungen dabei auftreten. Sie dürfen in den Zuleitungen (Hausanschlussleitung und Verbrauchsleitung zur DEA) beim Schalten jeder Pumpe nicht größer als 0,15 m/s, wenn alle Pumpen zugleich abgeschaltet werden (Stromausfall) nicht größer als 0,5 m/s sein. Die weiteren Hinweise dazu in DIN EN 806-2 [64] (Druckabfall beim Anlaufen und Druckanstieg beim Abschalten) sind in erster Linie bei Pumpen mit fester Drehzahl zu beachten und im Zweifelsfall mit dem Hersteller zu klären.

[63] VDI 6006: Druckstöße in Trinkwasserleitungen, Beuth, Berlin Januar 2008

[64] DIN EN 806-2: Technische Regeln für Trinkwasser-Installationen – Teil 2: Planung. Berlin: Beuth, 2005

Sollte die Nachrechnung der Geschwindigkeitsänderungen ergeben, dass unzulässige Druckstöße zu befürchten sind, gibt es grundsätzlich vier Lösungsmöglichkeiten

1. Nennweiten der Zuführungsleitungen zur DEA vergrößern
2. Anzahl der DEA-Betriebspumpen erhöhen
3. Pumpen mit Drehzahlregelung anstatt konstanter Drehzahl auswählen
4. Druckbehälter auf der Vordruckseite anordnen[15]

### 4.2.3 Anlagenarten und Aufstellungsbedingungen

**Pumpen und Regelung**
In den verschiedenen Gebäudetypen – z. B. Wohngebäude, Hotel, Krankenhaus – sind abhängig vom Verwendungszweck des Wassers (Trinkwasser, Löschwasser) grundsätzlich zwei Bedarfsprofile zu unterscheiden

**Bedarfsprofile**

1. Relativ konstanter Bedarf in einem repräsentativen Zeitraum – z. B. Löschwasser, Wasser für industrielle Zwecke
2. Schwankende Bedarfe in einem repräsentativen Zeitraum – z. B. Trinkwasser im Wohngebäude

Diese Bedarfssituationen geben dem Planer erste Hinweise, welche der am Markt angebotenen Bauarten von DEA für den Einzelfall einzusetzen sind.

**Konstanter Bedarf**

Im ersten Fall mit relativ konstantem Bedarf sind kostengünstige DEA mit druckgeregelten Pumpen (ein Drucksensor unmittelbar nach der DEA wird auf einen konstanten Wert[16] eingestellt) und fester Drehzahl zu bevorzugen. Im Regelfall reicht eine Betriebspumpe, z. B. beim Löschwasser; es sei denn, im Brandschutzkonzept wird ausdrücklich eine Reservepumpe gefordert. Alternativ sind auch mehrere in Kaskade geschaltete Pumpen mit fester Drehzahl möglich, z. B. für industrielle Anwendungen, die nicht durch stochastische Änderungen der Wasserabnahme gekennzeichnet sind.

**Stark schwankender Bedarf**

Liegen dagegen deutlich schwankende Bedarfe vor, sollte die DEA in der Lage sein, schnell und möglichst unverzögert auf den bei einem Anstieg des Volumenstroms drohenden Druckabfall im System zu reagieren. Auch hier werden die Anlagen druckgeregelt, allerdings arbeitet mindestens eine Pumpe nicht mehr mit einer festen Drehzahl. Dieser Anlagentyp wird – regelungstechnisch nicht korrekt, da der Druck und nicht die Drehzahl geregelt wird – als sog. »drehzahlgeregelte Anlage« bezeichnet. Dabei wird druckabhängig die Drehzahl einer (Grundlast-)Pumpe über einen Frequenzumformer verändert, während alle anderen Pumpen je nach Lastzustand mit fester Drehzahl zu- oder abgeschaltet werden. Damit lässt sich die Bandbreite um den eingestellten Sollwert für den Fließdruck nach der DEA gegenüber einem System mit Pumpen, die mit einer konstanten Drehzahl gefahren werden, deutlich verbessern.
Eine weitere Steigerung ist möglich, wenn alle Pumpen mit einem Frequenzumformer ausgestattet werden. Damit lässt sich eine Abweichung von ± 0,01 MPa vom Sollwert erzielen [65], also praxisnah weitgehende Druckkonstanz. Wie Messungen im Labor zeigen, ist ein Anstieg des Druckes von 100 hPa an der Entnahmearmatur für den Nutzer kaum wahrnehmbar.

Die Hersteller von DEA bieten eine Vielzahl von Anlagentypen mit unterschiedlichen Regelungskonzepten an. Grundsätzlich wird dabei das Ziel verfolgt, einen bedarfsgerechten, leisen, energiesparenden und druckstoßarmen Betrieb zu realisieren. Der Trend in der Gebäudetechnik geht eindeutig dahin, alle für den Betrieb notwendigen Bauteile kompakt und platzsparend in einer Einheit zusammenzufügen (Konstruktion s. Abb. 3–35, Regelung s. Abb. 3–36). Es ist nur noch der Wasser- und Stromanschluss herzustellen, zudem benötigen diese Anlagen vielfach kein gesondertes Fundament.

15 Das ist allerdings aus Sicht der Hygiene die schlechteste Lösung!

16 Das ist übrigens nicht notwendig, denn bei Belastungsfällen unterhalb des Auslegungspunktes (und das sind die überwiegenden Lastfälle in der Trinkwasser-Installation) ist auch der Druckbedarf kleiner.

[65] WILO: Planungshandbuch Druckerhöhungstechnik, Dortmund, 2008

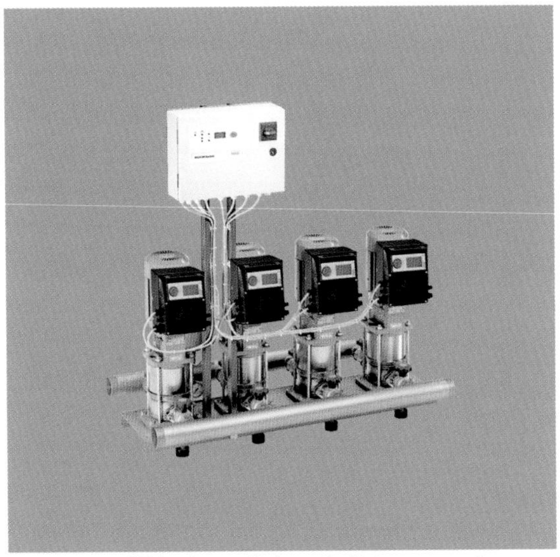

Abb. 3–36 **DEA mit parallelgeschalteten, normalsaugenden, drehzahlgeregelten Kreiselpumpen – Quelle WILO**

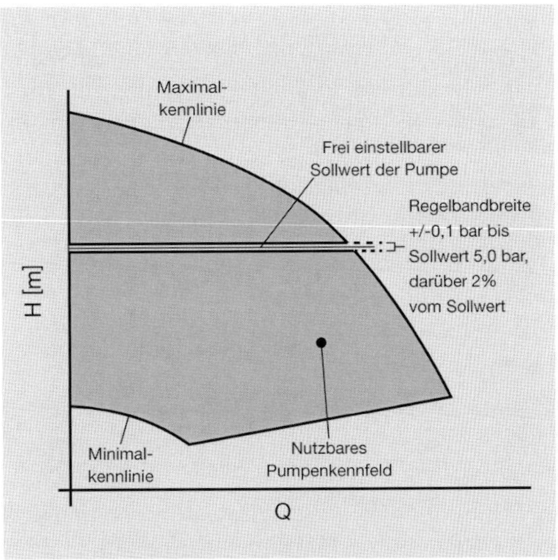


Abb. 3–37 **Einhaltung eines Sollwertbandes bei drehzahlgeregelten DEA – Quelle WILO**

### Aufstellung, Betrieb und Instandhaltung

In den maßgebenden Normen [66] werden folgende, vom Planer zu beachtende Anforderungen an den Aufstellungsort und an die TW-Druckerhöhungsanlage gestellt

**Aufstellungsort**

- Frostfrei, gelüftet, abschließbar
- Boden mit Ablauf für Wasser, das bei Wartungsarbeiten und bei Ansprechen des Sicherheitsventil anfallen kann [67]
- Wärmequellen in Technikzentralen berücksichtigen – die TW-Temperatur darf 25 °C nicht übersteigen [68]
- Nicht in unmittelbarer Nähe von Wohn-, Schlaf- und Arbeitsräumen anordnen

**TW-Druckerhöhungsanlage**

- Zugänglichkeit von allen Seiten für Instandhaltung, Inspektion, Wartung, Verbesserung und zum Typenschild
- Fußbodenbefestigung mit Schallschutzelementen
- Rohranschluss spannungsfrei ausführen
- Absperrarmaturen vor und nach jeder Pumpe anordnen – Schließzeiten > 0,5 s zur Vermeidung von Druckstößen
- Rückflussverhinderer nach jeder Pumpe anordnen
- Sicherheitsventil anordnen, wenn die Nenndrücke (z. B. 0,1 oder 0,16 MPa, bzw. 10 oder 16 bar) der Bauelemente, Behälter, Rohrleitungen, Armaturen im Betrieb überschritten werden können

Weitere in den genannten Normen gestellte Anforderungen an die DEA sind insbesondere von den Herstellern zu beachten, z. B. automatische zyklische Vertauschung der Pumpen im Betrieb, Schutz gegen Trockenlauf, Konstruktion und Betrieb von Behältern etc.

[66] DIN EN 806-2, DIN 1988-500

[67] Weitere Regelungen dazu s.: DIN 1986-100 Entwässerungsanlagen für Gebäude und Grundstücke - Bestimmungen in Verbindung mit DIN EN 752 und DIN EN 12056; DIN EN 12056 Schwerkraftentwässerungsanlagen innerhalb von Gebäuden

[68] DIN 1988-200, DIN EN 806-2, s. Kapitel 4.1.1

**Inbetriebnahme**

Vor Installation der DEA ist diese separat zu spülen, wobei das Spülwasser direkt einer Entwässerung zuzuführen ist. Erst danach erfolgt die Spülung der Trinkwasser-Installation nach DIN EN 806-4 [69] auf der Nachdruckseite der DEA. Hilfreich sind hier die Hinweise aus der Praxis, beispielsweise das ZVSHK-Merkblatt »Spülen, Desinfizieren und Inbetriebnahme von Trinkwasser-Installationen«.

Druckerhöhungsanlagen in Trinkwasser-Installationen müssen alle 6 Monate inspiziert und alle 12 Monate gewartet werden. Die durchzuführenden Aufgaben werden in DIN 1988-500, Kapitel 6 Inspektion und Wartung beschrieben.

## 4.2.4 Festlegung der Druckzonen

An Trinkwasser-Installationen werden eine Reihe von Anforderungen gestellt, die beim Einsatz von DEA zwangsläufig zur Einrichtung von Druckzonen führen

- Der Versorgungsdruck ist schon aus energetischen Gründen für die Entnahmearmaturen in den unteren Geschossen ohne DEA zu nutzen
- Der Ruhedruck vor den Entnahmearmaturen darf 0,5 MPa nicht überschreiten
- Die Nenndrücke der Bauteile (Rohrleitungen, Armaturen usw.) sind aus sicherheitstechnischen und wirtschaftlichen Gründen zu begrenzen – üblich sind 0,1 oder 0,16 MPa
- Die Anzahl der Druckminderer ist auf ein Minimum zu begrenzen

Die erstgenannte Anforderung führt zur Standardlösung für viele Gebäude mit zwei Druckzonen (s. Abb. 3–38)

- Eine Druckzone ohne DEA – auch genannt »Druckzone 1« oder »Normalzone« – in dieser Zone reicht der Versorgungsüberdruck aus und
- eine Druckzone mit DEA – auch genannt »Druckzone« [47] – nach DIN 1988-500, Ausführungsart A.

Die unteren Geschosse werden ohne weiteren Energieaufwand versorgt, allerdings hat das zur Folge, dass in den Schächten dieser Geschosse bei zentraler Trinkwassererwärmung sechs statt drei gedämmte Rohrleitungen geführt werden müssen. Nur ist zu beachten, dass die Alternative – alle Entnahmearmaturen über eine DEA mit auch nur drei Leitungen in den unteren Geschossen (Ausführungsart D nach Abb. 3–41) – einen deutlich höheren Energieaufwand erfordert und zudem im Regelfall eine Vielzahl von dezentral anzuordnenden Druckminderern erforderlich macht.
Weitere Möglichkeiten der Druckzonenaufteilung sind beispielhaft (für die Trinkwasserverteilung kalt) in den Abb. 3–39 bis Abb. 3–41 dargestellt. Im Einzelfall ist über Wirtschaftlichkeitsrechnungen nachzuweisen, ob beispielsweise in einem Bauvorhaben der Einsatz von zentralen (Ausführungsart C nach Abb. 3–40) oder dezentralen (Ausführungsart D nach Abb. 3–41) Druckminderern die optimale Trinkwasserverteilung ergibt.

[69] DIN EN 806-4: Technische Regeln für Trinkwasser-Installationen – Teil 4: Installation. Berlin: Beuth, 2010

[47] DIN 1988-500: Technische Regeln für Trinkwasser-Installationen – Teil 500: Druckerhöhungsanlagen mit drehzahlgeregelten Pumpen. Berlin: Beuth, 2010

Dabei ist zu beachten, dass Druckminderer regelmäßig gewartet werden müssen und von daher möglichst Lösungen für die Druckzonenaufteilung gefunden werden sollten, die mit einer geringen Anzahl (bestenfalls keine) von Druckminderern auskommt.

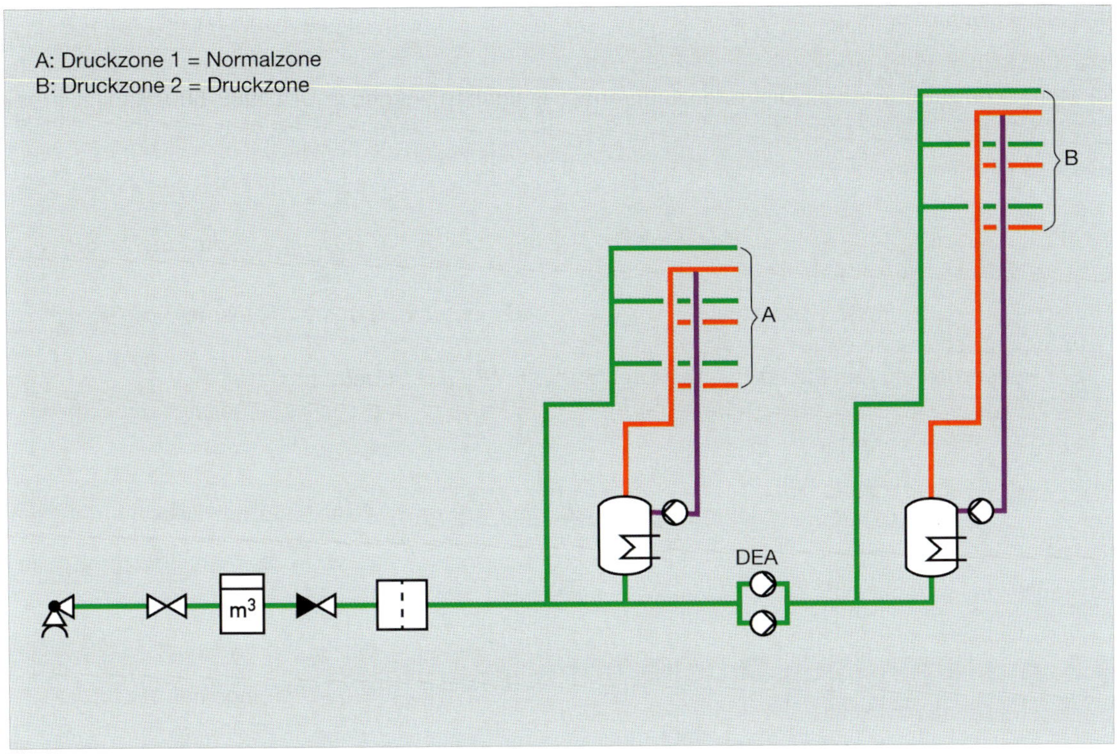


Abb. 3–38 **Aufteilung der Trinkwasser-Installation in eine Normal- und eine Druckzone**[17]

**Trinkwasser-Installation mit zentraler Trinkwassererwärmung**
Ohne Armaturen, Ausführungsart A nach DIN 1988-500

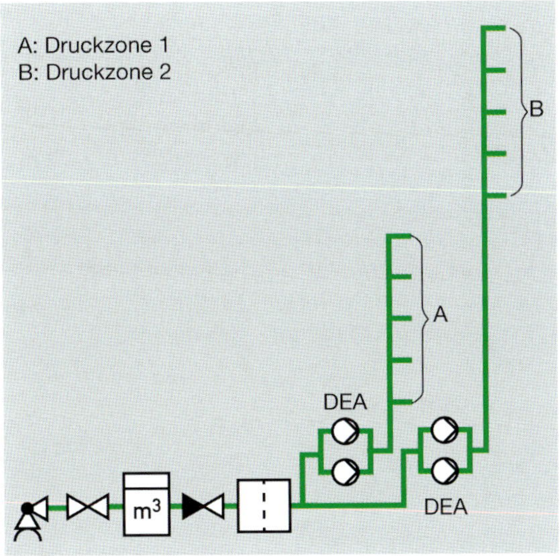


Abb. 3–39 **TW-Installation mit mehreren Druckzonen**

Eine DEA für jede Druckzone,
Ausführungsart **B** nach DIN 1988-500

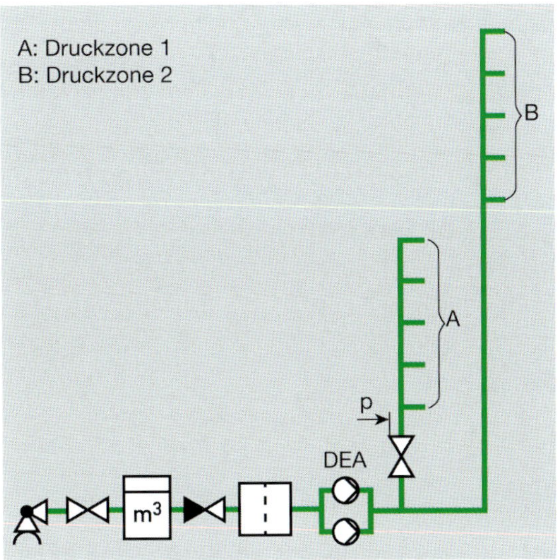


Abb. 3–40 **TW-Installation mit einer Druckzone – C**

Eine DEA für die gesamte TW-Installation,
notwendige Druckminderer **zentral**,
Ausführungsart **C** nach DIN 1988-500

[17] Druckzone verstanden als einen Bereich der Installation, der mit einer DEA im Gebäude versorgt wird. Ohne Frage steht auch die Normalzone unter (Über-) Druck!

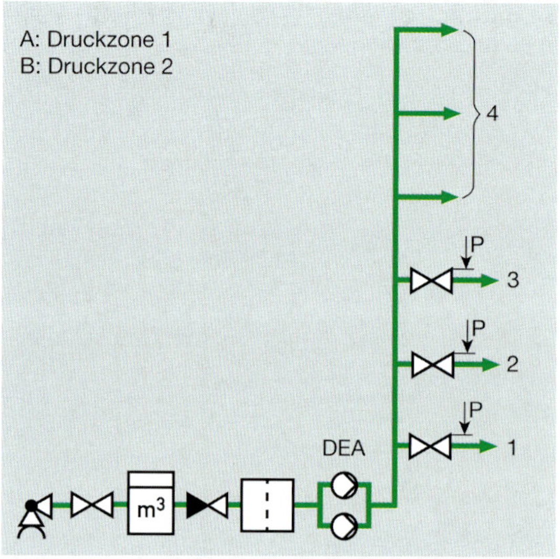


Abb. 3–41 **TW-Installation mit einer Druckzone – D**

Abb. 3–41: Ausführungsart D nach DIN 1988-500, mit einer DEA für die gesamte TW-Installation und dezentraler Anordnung der notwendigen Druckminderer.

Zur rechnerischen Ermittlung der Bereiche, in denen Druckminderer nach Druckerhöhungsanlagen vorzusehen sind, s. Kapitel 4.3.3.

## 4.3 Auslegung von Druckerhöhungsanlagen

Der Nachweis, ob eine DEA überhaupt benötigt wird und auch die Berechnung der maßgebenden Parameter für die Auslegung, hat durch eine differenzierte Berechnung zu erfolgen. Weil vereinfachte Ansätze zu unwirtschaftlichen und unsicheren (Kavitation, Druckstöße) Anlagen führen können, wird deshalb in DIN 1988-500 im 2. Satz des nachfolgenden gefordert (Zitat):

*»Druckerhöhungsanlagen sind nur dann notwendig, wenn der Mindest-Versorgungsdruck kleiner ist als die Summe aus Druckverlust in der Trinkwasser-Installation, …. Der Nachweis ist durch eine differenzierte Berechnung der Druckverluste zu erbringen, wobei für die Reibung und die Einzelwiderstände ein wirtschaftliches Druckgefälle zu berücksichtigen ist.«*

Nachfolgend wird aufgezeigt, wie eine differenzierte Berechnung vorgenommen werden kann.

### 4.3.1 Förderstrom

Der Förderstrom aller Betriebspumpen einer DEA wird so groß gewählt wie der Spitzenvolumenstrom nach der DEA. Dieser wiederum wird unter Berücksichtigung des installierten Summendurchflusses und der Gleichzeitigkeit der Wasserentnahme mit den Ansätzen nach DIN 1988-300 berechnet.

Es gilt also:

**Förderstrom Betriebspumpen**

$$\Sigma\,\dot{V}_{P,BP} = \dot{V}_{S,DEA} \tag{4.5}$$

mit

$\sum\dot{V}_{P,BP}$ Summe der Förderströme aller Betriebspumpen
$\dot{V}_{S,DEA}$ Spitzenvolumenstrom nach der Druckerhöhungsanlage

In Kapitel 1 wird aufgezeigt, von welchen Größen der Spitzenvolumenstrom beeinflusst und wie er berechnet wird.

Der Förderstrom der Reservepumpe muss so groß sein wie die Betriebspumpe mit dem größten Förderstrom, also:

$$\dot{V}_{P,RP} = Max\ (\dot{V}_{P,BP}) \quad (4.6)$$

**Förderstrom** Reservepumpe

mit

$\dot{V}_{P,RP}$ Förderstrom der Reservepumpe
$\dot{V}_{P,BP}$ Förderstrom der größten Betriebspumpe

## 4.3.2 Förderdruck

Bei der Spitzenbelastung in der Trinkwasser-Installation nach der DEA müssen die Pumpen die Druckdifferenz $\Delta p_P$ aufbringen zwischen dem sich dabei einstellenden Vordruck $p_{vor}$ und dem nach der DEA notwendigen Nachdruck $p_{nach}$ (s. Abb. 3–42). Es gilt also gemäß Formel (4.7):

$$\Delta p_P = p_{nach} - p_{vor} \quad (4.7)$$

**Förderdruck**

mit

$p_{nach}$ Fließdruck nach der DEA beim Spitzenvolumenstrom $\dot{V}_{S,DEA}$
$p_{vor}$ Fließdruck vor der DEA beim Spitzenvolumenstrom $\dot{V}_{S,DEA}$

Trägt man die Druckverhältnisse in ein Pumpendiagramm ein und ergänzt es um die Vordruckbedingungen, erhält man für den Auslegungsfall die in Abb. 3–43 dargestellten Zusammenhänge. Hier ist deutlich zu erkennen, dass bei Lastfällen, die unterhalb der Spitzenbelastung ($\dot{V}_P = \dot{V}_{S,DEA}$) liegen, auch der notwendige Druckbedarf $\Delta p_P$ der DEA fällt, somit im Grunde der Solldruck nach der DEA nicht konstant gehalten werden muss. Mit einem gleitenden Sollwert ließe sich hier weiter Stromenergie einsparen.

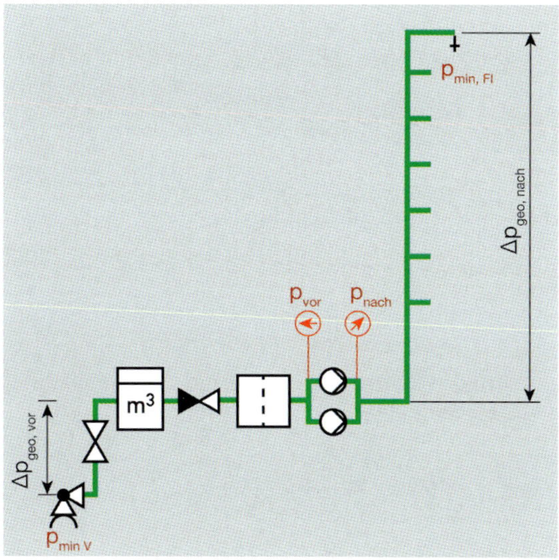


Abb. 3–42 **Relevante Fließdrücke für die Auslegung einer DEA**

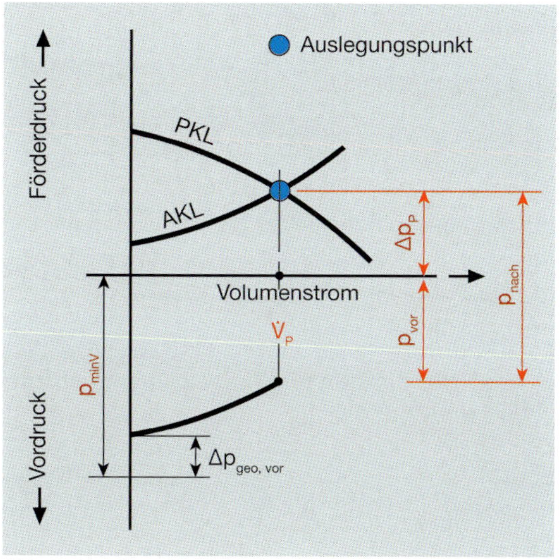


Abb. 3–43 **Druckverhältnisse im Auslegungspunkt einer DEA**

**PKL** Pumpenkennlinie
**AKL** Anlagenkennlinie für die Auslegung

**TW-Anlagen mit Normal- und Druckzone – direkt angeschlossen**

In Abb. 3–44 sind die für die Bestimmung des Förderdrucks relevanten Parameter zusammengestellt. Zunächst wird mit den Formeln (4.3) oder (4.4) die maximale Höhe der Normalzone $h_{N,\max}$ bestimmt. Damit ergibt sich abhängig von der geplanten Höhenlage des Abganges der Stockwerksverteilung von der Steigleitung die tatsächliche Höhe $h_N$ der Normalzone. Jetzt wird für die Normalzone eine differenzierte Rohrnetzberechnung durchgeführt – damit sind die Druckverluste bis zum Übergabepunkt »**A**« bekannt.

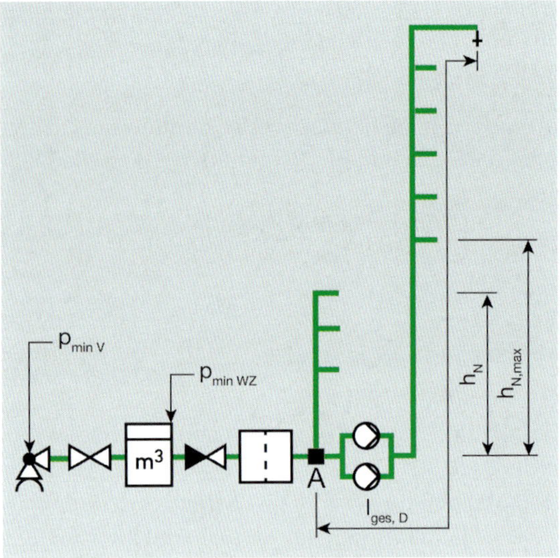


Abb. 3–44 **Relevante Auslegungsgrößen bei einer DEA mit Normal- und Druckzone**

Um den Vordruck berechnen zu können, muss die Anschlussleitung zur Druckerhöhungsanlage (vom Übergabepunkt bis zur DEA) bemessen werden. Dies geschieht nach wirtschaftlichen Gesichtspunkten mit Hilfe der Tab. 3–34, wobei $R_{ges} = f\,(l_{ges,D})$ zu wählen ist (Gesamtlänge $l_{ges,D}$) s. Abb. 3–44). Daraus kann das für die Wahl des Rohrdurchmessers maßgebende mittlere Rohrreibungsdruckgefälle $R_v$ mit Formel 4.8 bestimmt werden:

**Mittleres Rohrreibungsdruckgefälle**

**(4.8)** $$R_v = (1 - \frac{a}{100}) \cdot R_{ges}$$

mit

$a$ geschätzter Anteil der Druckverluste durch Einzelwiderstände (s. Kapitel 1)

Damit ist auch die Anschlussleitung zur DEA bemessen und es können die Drücke $p_{nach}$ und $p_{vor}$ mit den Formeln (4.9) und (4.11) bestimmt werden:

**a) Das WVU hat den Mindestversorgungsdruck $p_{min,V}$ und die Bauart und Größe des Wasserzählers angegeben**[18]

**Druck vor der DEA**

**(4.9)** $$p_{vor} = p_{min,V} - (\Delta p_{geo,vor} + \Delta p_{ges} + \Sigma \Delta p_{Ap,vor})$$

mit

$\Delta p_{geo,vor}$ Druckverlust aus geodätischem Höhenunterschied auf der Vordruckseite (Versorgungsleitung bis DEA)

$\Delta p_{ges}$ Druckverluste durch Rohrreibung und Einzelwiderstände von der Versorgungsleitung bis zur DEA

$\sum \Delta p_{Ap,vor}$ Druckverluste der Apparate (im Regelfall Hauswasserzähler, Filter) auf der Vordruckseite

[18] Beim WVU wird dazu eine schriftliche Anfrage gestellt und es hat verbindlich Auskunft zu geben, welcher Mindestdruck an welchem Ort (Versorgungsleitung, nach dem Hauswasserzähler) vorliegt, ob der benötigte Volumenstrom $\dot{V}_{S,DEA}$ bezogen werden kann und ob ein Direktanschluss möglich ist.

**b) Das WVU hat den Mindestdruck $p_{min,WZ}$ nach dem Wasserzähler angegeben**

$$p_{vor} = p_{min,WZ} - (\Delta p_{geo,vor} + \Delta p_{ges} + \Sigma\Delta p_{Ap,vor}) \quad (4.10)$$

**Druck vor der DEA**

mit

$\Delta p_{geo,vor}$ Druckverlust aus geodätischem Höhenunterschied auf der Vordruckseite (Wasserzähler bis DEA)

$\Delta p_{ges}$ Druckverluste durch Rohrreibung und Einzelwiderstände vom Wasserzähler bis zur DEA

$\sum\Delta p_{Ap,vor}$ Druckverluste der Apparate (ohne Hauswasserzähler!) auf der Vordruckseite

Der Nachdruck ergibt sich zu

$$p_{nach} = p_{min,Fl} + R_{ges} \cdot l_{ges,nach} + (\Delta p_{geo} + \Sigma\Delta p_{Ap})_{nach} \quad (4.11)$$

**Druck nach der DEA**

mit

$R_{ges}$ Wirtschaftliches Gesamtdruckgefälle nach Tab. 3–34 $[R_{ges} = f(l_{ges,D})]$
Gesamtlänge $l_{ges,D}$ s. Abb. 3–44

$l_{ges,nach}$ Länge von der DEA bis zur hydraulisch ungünstigsten Entnahmearmatur

**DEA ohne Normalzone**

Die Berechnung des Förderdruckes der DEA vereinfacht sich beim Wegfall der Normalzone. Der Förderdruck kann direkt mit Formel (4.12) oder (4.13) berechnet werden. Auch hier muss wieder danach differenziert werden, für welche Stelle im Bereich des Hausanschlusses das Wasserversorgungsunternehmen bei einer entsprechenden Anfrage den Mindestdruck angibt:

**a) Das WVU hat den Mindestversorgungsdruck $p_{min,V}$ und die Bauart und Größe des Wasserzählers angegeben**

$$\Delta p_P = p_{min,Fl} + R_{ges} \cdot l_{ges,D} + \Delta p_{geo} + \Sigma\Delta p_{Ap} - p_{min,V} \quad (4.12)$$

**Förderdruck DEA**

mit

$R_{ges}$ Wirtschaftliches Gesamtdruckgefälle nach Tab. 3–34 $[f(l_{ges,D})]$

$l_{ges,D}$ Länge von der Versorgungsleitung bis zur hydraulisch ungünstigsten Entnahmearmatur

$\sum\Delta p_{Ap}$ Druckverluste der Apparate im gesamten Leitungsweg (Versorgungsleitung bis Entnahmearmatur)

**b) WVU hat den Mindestdruck $p_{minWZ}$ nach dem Wasserzähler angegeben**

$$\Delta p_P = p_{min,Fl} + R_{ges} \cdot l_{ges,D} + \Delta p_{geo} + \Sigma\Delta p_{Ap} - p_{min,WZ} \quad (4.13)$$

**Förderdruck DEA**

mit

$R_{ges}$ Wirtschaftliches Gesamtdruckgefälle nach Tab. 3–34 $f(l_{ges,D})$

$l_{ges,D}$ Länge vom Wasserzähler bis zur hydraulisch ungünstigsten Entnahmearmatur

$\sum\Delta p_{Ap}$ Druckverluste der Apparate im gesamten Leitungsweg (nach dem Hauswasserzähler bis zur Entnahmearmatur)

**DEA mit indirektem Anschluss**

Der Förderdruck ist unabhängig von den Bedingungen in der Versorgungsleitung und damit auch von den Angaben des Versorgers zum Mindestdruck. Er wird mit Formel (4.14) berechnet:

**Förderdruck DEA** (4.14)

$$\Delta p_P = p_{min,Fl} + R_{ges} \cdot l_{ges,D} + \Delta p_{geo} + \Sigma \Delta p_{Ap}$$

mit

$R_{ges}$ Wirtschaftliches Gesamtdruckgefälle nach Tab. 3–34 $f(l_{ges,D})$

$l_{ges,D}$ Länge vom Vorbehälter bis zur hydraulisch ungünstigsten Entnahmearmatur

$\sum \Delta p_{Ap}$ Druckverluste der Apparate im Leitungsweg vom Vorbehälter bis Entnahmearmatur

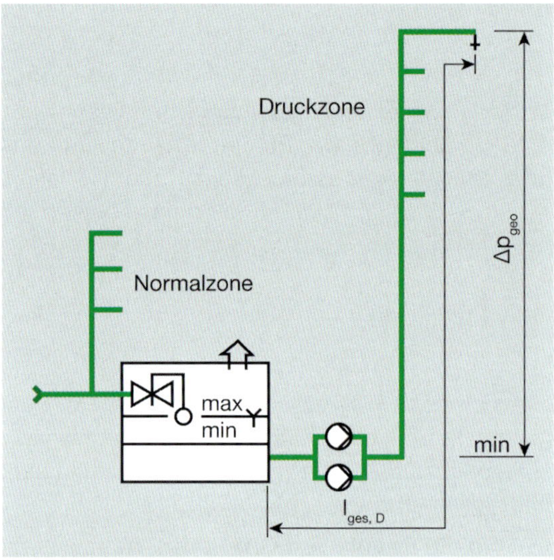


Abb. 3–45 **Indirekter Anschluss einer DEA**

Angaben zur Ausführung und Bemessung des Vorbehälters und zur Wassereinspeisung s. 4.3.3.

## 4.3.3 Auswahl der DEA

**Regelfall: Mehrpumpenanlage**

Ziel ist es, eine wirtschaftlich optimale und an die Anforderungen des Betriebs angepasste Anlage auszuwählen. In der Gebäudetechnik werden für Trinkwasseranlagen, die durch stark schwankende Wasserbedarfe gekennzeichnet sind (Wohngebäude, Krankenhäuser, Hotels etc.), im Regelfall Mehrpumpenanlagen gewählt, häufig mit mindestens einer Pumpe, deren Drehzahl über einen Frequenzumformer geregelt wird.

**Wirtschaftlichkeit**

Mit dem Auslegungspunkt der Druckerhöhungsanlage ($\dot{V}_P / \Delta p_P$) bzw. rechnerischen Betriebspunkt der Pumpe(n) wird eine Anlage gewählt, deren Kennlinie mindestens den Förderdruck bei dem notwendigen Volumenstrom erbringt und dabei einen hohen Wirkungsgrad aufweist.

In Abb. 3–46 sind qualitativ die Zusammenhänge aufgetragen. In der oberen Darstellung die Pumpenkennlinie (PKL), die Anlagenkennlinie (AKL) und die erforderliche Haltdruckhöhe $h_{erf}$ (NPSH[19]), darunter der Verlauf des Pumpenwirkungsgrades $\eta_P$ und unten die spezifische Förderarbeit in kWh/m³. Sie ist wie folgt definiert:

$$W_{spez} = \frac{P_M}{\dot{V}} \quad (4.15)$$

**Spezifische Förderarbeit**

worin

$P_M$ Motorleistung (in den Herstellerkatalogen: P1)

$\dot{V}$ Geförderter Volumenstrom

Je kleiner die spezifische Förderarbeit ist, umso niedriger sind die Betriebskosten für die Förderung des Trinkwassers. Der optimale Bereich für die Pumpen- bzw. DEA-Wahl ist markiert.

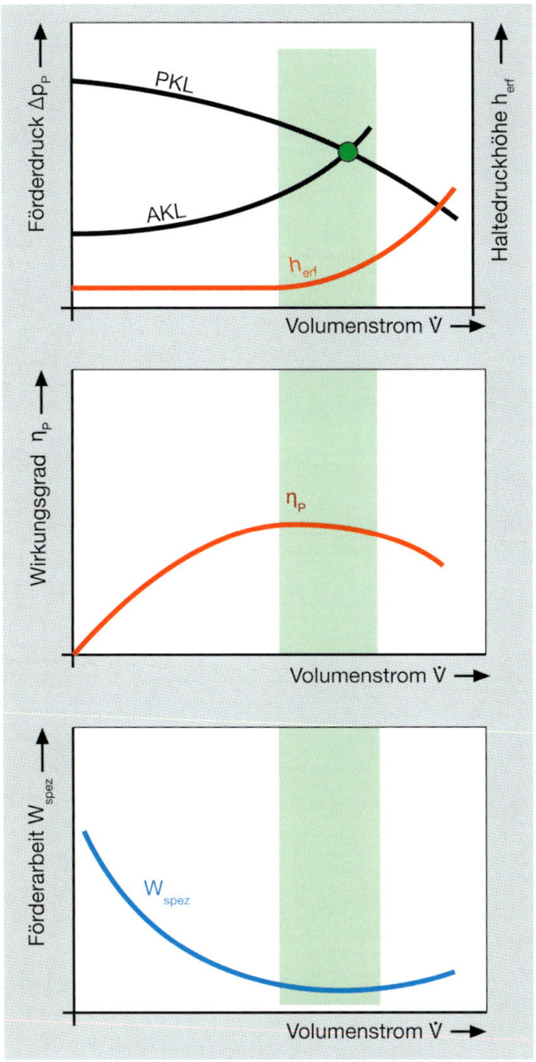


Abb. 3–46 **Relevante Kennlinien für die Pumpenauslegung**

Im Regelfall wird der Auslegungspunkt nicht genau auf der Pumpenkennlinie liegen. In diesem Fall wird die nächstgrößere Pumpe/DEA gewählt und der beim Auslegungsförderstrom überschüssige Differenzdruck zum Nachdruck für die Auslegung (s. Formel 4.11) addiert. Mit diesem neuen Nachdruck werden dann die TW-Leitungen nach der DEA dimensioniert. Er ersetzt sozusagen den Versorgungsdruck bzw. den Mindestdruck nach dem Wasserzähler bei der Berechnung von Systemen ohne DEA, sodass die weitere Vorgehensweise analog der Berechnung von Systemen ohne DEA ist: Zunächst wird strangweise das verfügbare Druckgefälle für die Rohrreibung ermittelt, dann mit der Bestimmung der Nennweiten des ungünstigsten Stranges begonnen usw. (s. Kapitel 1).

[19] Abk.: **N**et **P**ositive **S**uction **H**ead; Praxisnah ist $h_{erf} \approx$ NPSH

## Haltedruckhöhen

**Bei geringen Vordrücken Haltedruckhöhe beachten.**

Bei Anlagen, die indirekt angeschlossen werden[20] oder bei Systemen mit einer Eigenwasserversorgung, muss sichergestellt sein, dass an keiner Stelle im Pumpensystem der Dampfdruck des Wassers unterschritten wird, um Kavitation mit den damit möglichen großen Schäden zu vermeiden. Praktisch muss geprüft werden, ob die sog. vorhandene Haltedruckhöhe sicherheitshalber 0,5 m über der erforderlichen Haltedruckhöhe der gewählten Anlage liegt, also $h_{vorh} = h_{erf} + 0{,}5$ in Metern.

In Abb. 3–47 sind die Druckverhältnisse an der Pumpe praxisnah für beide Fälle (ohne und mit Kavitation, Fall 1 und 2) dargestellt. Die maßgebenden Haltedruckhöhen liegen definitionsgemäß oberhalb der Dampfdrucklinie des Wassers.

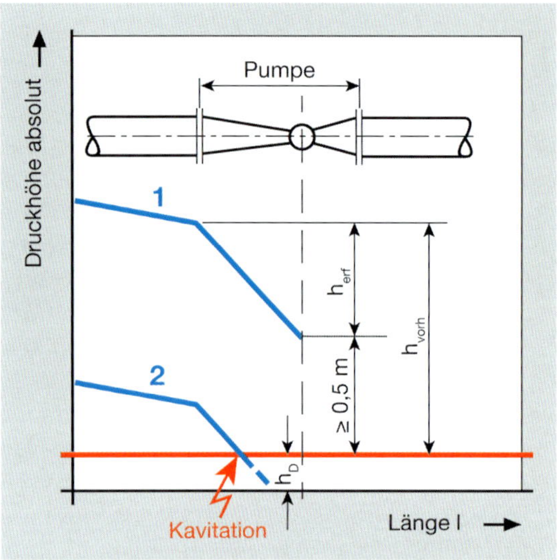


Abb. 3–47 **Erforderliche und vorhandene Haltedruckhöhe bei einer Druckerhöhungsanlage**

**Erforderliche Haltedruckhöhe**

Die erforderliche Haltedruckhöhe entnimmt man den Herstellerangaben beim Pumpenförderstrom, die vorhandene Haltedruckhöhe kann praxisnah aus dem Vordruck des Systems mit Formel 4.16 berechnet werden[21]:

**Vorhandene Haltedruckhöhe**

(4.16)

$$h_{vorh} = \frac{1}{\rho \cdot g} \cdot \left(p_L + p_{vor} + \frac{\rho}{2} \cdot v^2\right)$$

mit

| | |
|---|---|
| $\rho$ | Dichte des Wassers |
| $g$ | Erdbeschleunigung = 9,81 m/s² |
| $p_L$ | Atmosphärischer Luftdruck |
| $p_{vor}$ | Fließdruck vor der DEA beim Spitzenvolumenstrom $\dot{V}_{S,DEA}$ (s. Kapitel 4.3.2) |
| $v$ | Strömungsgeschwindigkeit am Pumpeneintritt |

[20] Anlagen mit direktem Anschluss müssen einen Mindestvordruck von 0,1 MPa aufweisen und erfüllen immer die Bedingung für die Kavitationsfreiheit, auch wenn sie in einem Technikgeschoss »hochgestellt« werden.

[21] Annahmen: Dampfdruck des Wassers < Luftdruck

### Auslegung des Vorbehälters bei indirektem Anschluss

**a) Anschlussleitung und Schwimmerventil**

Bei indirektem Anschluss einer DEA sind drei Bauelemente des Anschlusses zu bemessen

- Nennweite der Anschlussleitung zum Behälter
- Nennweite der Füllarmatur
- Nutzinhalt des Wasserbehälters – wobei sich der tatsächliche Inhalt aus den Konstruktionsangaben des Herstellers ergibt

Die Nennweite aller Teilstrecken der Anschlussleitung hängt ab

- vom Spitzendurchfluss $\dot{V}_S$ und
- dem verfügbaren Druckgefälle für die Rohrreibung $R_v$ .

Dabei sind die maximal zulässigen Strömungsgeschwindigkeiten $v_{\max}$ (s. Tab. 3–16) zu beachten.

**Beispiel:** Versorgung einer DEA mit einer Normalzone vor dem Vorbehälter

Die Leitungen bis zum Punkt **A** (Abb. 3–48) werden mit dem verfügbaren Druckgefälle für den ungünstigsten Strang der Normalzone so bemessen, dass nur noch die Nennweite der Leitung vom Punkt **A** bis zum Vorbehälter bestimmt werden muss.

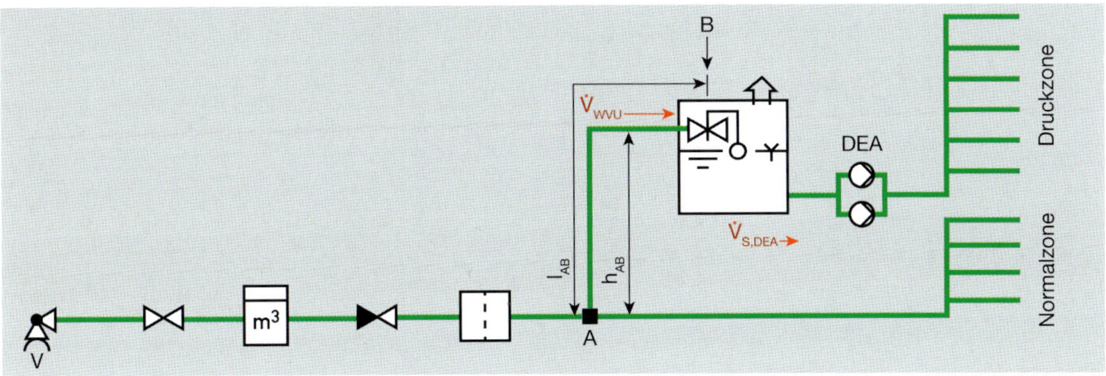


Abb. 3–48 **Bemessung der Anschlussleitung des Vorbehälters**

Nach Festlegung und Berechnung aller Rohrdurchmesser der Normalzone (s. Kap. 4.3.2, S. 221) kann der Fließdruck im Punkt **A** bestimmt werden:

$$p_{Fl,A} = p_{min,V} - \Delta p_{WZ} - \Delta p_{FIL} - \Delta p_{ges,VA} \quad (4.17)$$

**Fließdruck**

mit

$p_{Fl,A}$ Fließdruck im Punkt A im Auslegungsfall

$\Delta p_{ges,VA}$ Druckverlust durch Reibung und Einzelwiderstände von **V** nach **A**

Das verfügbare Druckgefälle für die Rohrreibung der Leitung von **A** nach **B** ergibt sich zu:

$$R_{v,AB} = \frac{\left(1 - \frac{a}{100}\right)}{l_{AB}} \cdot \left(p_{Fl,A} - \rho \cdot g \cdot h_{geo,AB} - p_{min,Fl}\right) \quad (4.18)$$

**Verfügbares Druckgefälle**

mit

$p_{min,Fl}$ Mindestfließdruck im Schwimmerventil

Vorwort
Inhaltsverzeichnis
Hygieneanforderungen
TrinkwV und VDI 6023
Planungspraxis
EN 806-2 / DIN 1988-200
Systemauslegung
DIN 1988-300/500/600
Trinkwasserhygiene im Bestand
Sanierung/Betrieb
Recht / Ausschreibung
Planerhaftung
Index

Der Mindestfließdruck im Schwimmerventil lässt sich mit Formel 4.19 aus dem $k_{VS}$-Wert des gewählten Schwimmerventils bestimmen:

**Mindestfließdruck Schwimmerventil**

(4.19)
$$p_{min,Fl} = \left(\frac{\dot{V}_S}{k_{VS}}\right)^2 \cdot 0{,}1\ MPa$$

Wenn der Vorbehälter kein Wasser bevorraten muss, ist davon auszugehen, dass der notwendige Spitzenvolumenstrom $\dot{V}_{S,DEA}$ dem Behälter zugeführt werden muss. Damit kann die Nennweite der Zuleitung gewählt werden: $DN = f\,(\dot{V}_{S,DEA}, R_v)$ unter Beachtung der maximal zulässigen Geschwindigkeiten für Verbrauchsleitungen (s. Tab. 3–16).

Exemplarisch das Vorgehen mit konkreten Werten

- Mindestversorgungsdruck nach Angaben des WVU — 0,4 MPa
- Druckverlust im Hauswasserzähler — 500 hPa
- Druckverlust im Filter — 180 hPa
- Länge und Höhe — $l_{AB}$ = 55 m, $h_{AB}$ = 11 m
- Spitzenvolumenstrom der DEA — $\dot{V}_{S,DEA}$ = 4 l/s = 14,4 m³/h

Angaben des Herstellers [70] zum Schwimmerventil:

Tab. 3–35 **Technische Daten Schwimmerventil**

| | Vordruck in MPa | | |
|---|---|---|---|
| | 0,1 | 0,2 | 0,3 |
| **DN** | Durchfluss in m³/h | | |
| **40** | 13,5 | 19,0 | 23,0 |
| **50** | 17,4 | 24,6 | 30,0 |

Druckverluste (Reibung/Einzelwiderstände) von der Versorgungsleitung bis zum Punkt nach **A** aus Rohrnetzberechnung für Normalzone 250 hPa.

**Lösung**

Berechnungsgang und Ergebnisse für gewähltes Schwimmerventil DN 50

**nach Formel (4.19)**
$$p_{min,Fl} = \left(\frac{14{,}4}{17{,}4}\right)^2 \cdot 0{,}1\ MPa = 0{,}068\ MPa = 680\ hPa$$

**nach Formel (4.17)**
$$P_{Fl,A} = 4000 - 500 - 180 - 250 = 3070\ hPa$$

**nach Formel (4.18)**
$$R_{v,AB} = \frac{\left(1 - \frac{50}{100}\right)}{55} \cdot (3070 - 98{,}1 \cdot 11 - 680) = 11{,}9\ hPa$$

bei 100 hpa/m Druckhöhe

Bei Ausführung in nichtrostendem Stahl ergibt sich die Nennweite DN 50 ($R$ = 7,2 hPa/m, $v$ = 1,96 m/s).

Die Nennweite DN 40 wäre nicht möglich, da $R$ = 26,1 hPa/m > $R_v$ = 11,9 hPa/m – wenn es beim Schwimmerventil DN 50 bliebe, wäre bei DN 40 $R_v$ sogar nur 7,8 hPa/m. Außerdem stiege die Fließgeschwindigkeit auf 3,35 m/s an und das ist vor einem Schwimmerventil in der Verbrauchsleitung zu hoch (Maximum: 2,5 m/s).

Gäbe es keine Normalzone vor einem Vorbehälter, wäre das Maximum sogar 2,0 m/s, weil das für die Hausanschlussleitung gefordert wird (s. Tab. 3–16).

[70] WILO, Katalog Gebäudetechnik Wasserversorgung 2011/2012

**b) Volumen des Vorlagebehälters**

Hier ist entscheidend, ob das WVU den Spitzendurchfluss der DEA liefert oder nicht.
Liefert das WVU den Spitzendurchfluss, erfolgt die Berechnung nach Formel (4.20):

$$V_N \geq 0{,}03 \cdot \dot{V}_{S,DEA} \qquad (4.20)$$

**Behältervolumen**

mit

$V_N$ Nutzvolumen in $m^3$

$\dot{V}_{S,DEA}$ Spitzendurchfluss der DEA in $m^3/h$.

Dieser Behälterinhalt dient dazu, das einströmende Wasser zu beruhigen und ein mögliches Nachströmen von Luft in die DEA zu verhindern.

Für den Fall, dass das WVU sich nicht in der Lage sieht, den Spitzenvolumenstrom zu decken, muss im Vorbehälter das, an einem repräsentativen Tag ermittelte, auftretende Differenzvolumen (= Nutzvolumen $V_N$ des Vorbehälters) bevorratet werden. Dieses kann mit Hilfe des sog. »Tagesgangs« (Verbrauchsprofil über 24 h) des Wasserbedarfs hinter dem Vorbehälter bestimmt werden.

Voraussetzung für diese Verfahren ist die Kenntnis eines repräsentativen Tagesgangs, das in der Praxis allerdings leider selten vorhanden ist. Daraus lässt sich ein Summenliniendiagramm nach Faltin generieren, in dem der vom WVU zur Verfügung gestellte Volumenstrom $\dot{V}_{WVU}$ aufgetragen wird und das Nutzvolumen abgelesen werden kann, s. Abb. 3–49 (Beispiel eines Kurkrankenhauses mit 400 Betten und einem mittleren Tageswasserbedarf von 300 l/Bett·d). Dabei muss der Volumenstrom $\dot{V}_{WVU}$ mindestens den Tageswasserbedarf abdecken, es gilt also nach Formel (4.21):

$$\dot{V}_{WVU,min} = \frac{V_{d,m}}{24\ h} \qquad (4.21)$$

**Mindestvolumenstrom**

mit

$V_{d,m}$ mittlerer Tageswasserbedarf in $m^3$

für das Beispiel Kurkrankenhaus: $V_{d,m} = 400$ Betten $\cdot 0{,}3\ m^3/\text{Bett}\cdot d = 120\ m^3$.

Dem Krankenhaus muss also vom Wasserversorger mindestens folgender Volumenstrom zur Verfügung gestellt werden:

$$\dot{V}_{WVU,min} = \frac{120\ m^3}{24\ h} = 5\ m^3/h$$

**nach Formel (4.21)**

– darunter geht nichts!

Das sich damit ergebende Nutzvolumen des Vorlagebehälters beträgt $V_N = 42\ m^3$, entsprechend dem Summenliniendiagramm in Abb. 3–49.

Über den Mindestvolumenstrom nach Formel (4.21) hinausgehende Volumenströme führen zu kleineren Behälterinhalten. Im Beispiel bei $6\ m^3/h$ statt $5\ m^3/h$ sind das beispielsweise $V_N = 36\ m^3/h$, s. Abb. 3–49. Es ist also in jedem Fall zu prüfen und anzufragen, was der Wasserversorger in der Lage ist zu liefern, denn unnötig große Wasserinhalte des Vorbehälters sind schon aus hygienischen Gründen zu vermeiden.

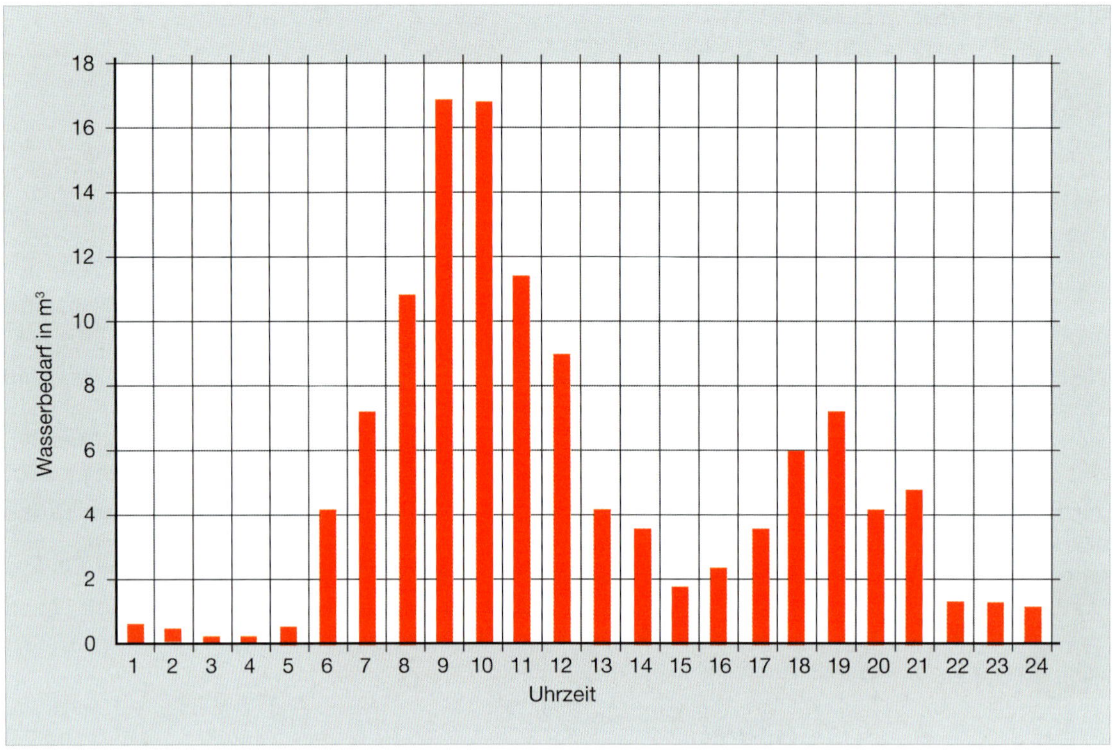


Abb. 3–49 **Tagesgang des Wasserbedarfs für ein Kurkrankenhaus mit 400 Betten**

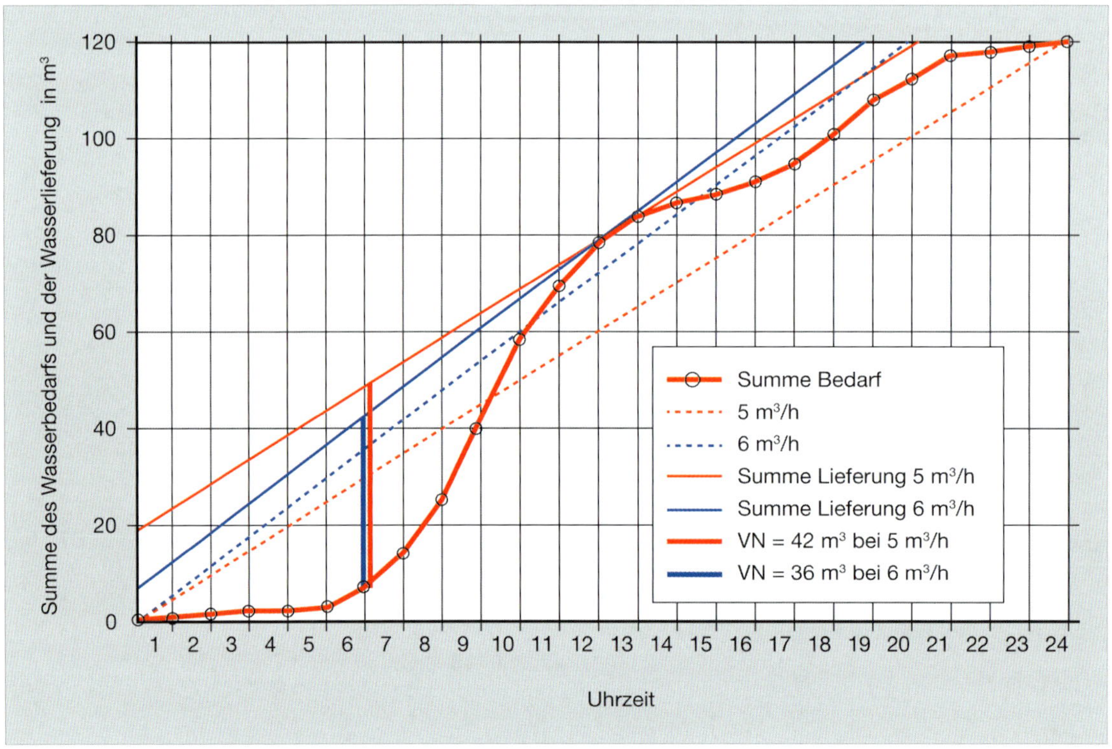


Abb. 3–50 **Summenliniendiagramm für ein Kurkrankenhaus mit 400 Betten**

## Einsatz von Druckminderern

Aus Gründen des Schallschutzes darf der Ruhedruck vor den Entnahmearmaturen 0,5 MPa nicht überschreiten. Die Prüfung, in welchen Bereichen nach der DEA ein höherer Druck erwartet werden kann und deshalb Druckzonen einzurichten sind, kann mit Formel (4.22) erfolgen, s. Abb. 3–51

$$h_{p\geq 0,5} = \frac{1}{\rho \cdot g} \cdot (p_{nach,Soll} - 0{,}5\ MPa) \qquad (4.22)$$

**Zone mit unzulässigem Ruhedruck**

mit

| | |
|---|---|
| $h_{p\geq 0,5}$ | Höhenunterschied von der Achse der DEA bis zur Höhe, in der $p_R \geq 0{,}5$ MPa ist, also der Höhenbereich, in dem $p_R \geq 0{,}5$ MPa |
| $p_{nach,Soll}$ | (Fließ-) Druck nach der DEA (eingestellter Solldruck nach der DEA) |
| ρ | Dichte des Trinkwassers |
| $g$ | Erdbeschleunigung |

Hat die DEA auf der Nachdruckseite einen (z.B. Membran-)Druckbehälter und wird die Pumpe über einen Druckschalter ein- und ausgeschaltet (Kaskadenregelung), dann ist statt des Sollwertes bei drehzahlgeregelten Anlagen der sog. Ausschaltdruck $p_A$ in Formel (4.22) zu berücksichtigen.

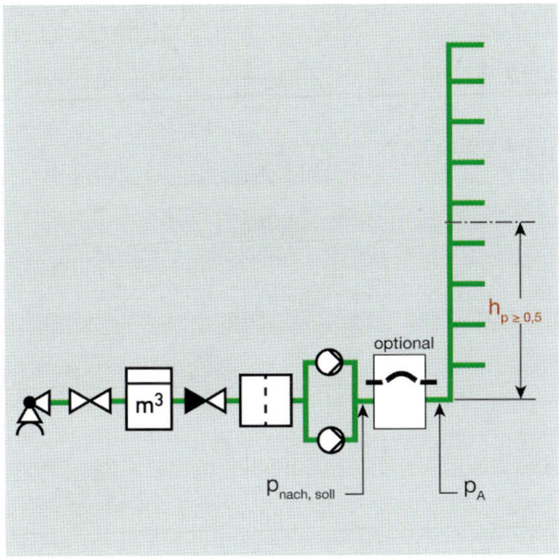


Abb. 3–51 **Höhenbereich mit $p_R \geq 0{,}5$ MPa**

Weiterhin sind Druckminderer auch einzusetzen, wenn der Betriebsdruck in Anlagenbauteilen (Rohrleitungen, Apparate etc.) den maximal zulässigen Betriebsdruck (= Nenndruck der Bauteile) erreichen oder überschreiten kann. Weitere Hinweise zu den Druckminderern in DIN EN 806-2 [71].

[71] DIN EN 806-2: Technische Regeln für Trinkwasser-Installationen – Teil 2: Planung. Berlin: Beuth, 2005.

# 5 Trinkwasser-Installationen und Feuerlöschanlagen

In diesem Kapitel wird ausschließlich die Planung und Ausführung von sog. »Nichtselbsttätigen Feuerlöschanlagen« in Verbindung mit Trinkwasser-Installationen erörtert. Dazu zählen Wandhydranten-Anlagen, aber auch Über- und Unterflurhydranten auf dem Grundstück. Die Ausnahme sind trockene Steigleitungen, die nicht mit Trinkwasser versorgt werden. Hierbei erfolgt die Einspeisung von Nichttrinkwasser über die Feuerwehr.

Hinsichtlich der sog. »Selbsttätigen Feuerlöschanlagen« (z. B. Sprinkleranlagen, Direktanschlussstationen, Löschwasserbrunnen usw.) wird auf die jeweiligen Normen [72] [73] und auf die Fachliteratur (z. B. Schriften des VdS[22]) hingewiesen.

## 5.1 Regeln und Fachliteratur

### 5.1.1 Regeln in Deutschland und Europa

Die wichtigsten Regelungen zu Feuerlöschanlagen[23] in Verbindung mit Trinkwasser-Installationen finden sich für den Planer in den folgenden Normen

**DIN-Normen**

- DIN EN 806-2 »Technische Regeln für Trinkwasser-Installationen«
  Teil 2: Planung [74] im Abschnitt 17
- DIN 1988-600 »Technische Regeln für Trinkwasser-Installationen«
  Teil 600: Trinkwasser-Installationen in Verbindung mit Feuerlösch- und Brandschutzanlagen [75]
- DIN 14462 »Löschwassereinrichtungen – Planung und Einbau von Wandhydrantenanlagen und Löschwasserleitungen« [76]

In DIN 1988-200 »Technische Regeln für Trinkwasser-Installationen« Teil 200: Installation Typ A (geschlossenes System) – Planung, Bauteile, Apparate, Werkstoffe [77], gibt es im Abschnitt 17 keine zusätzlichen Informationen zu diesem Thema.

Wichtig ist auch DIN EN 1717 »Schutz des Trinkwassers vor Verunreinigungen in Trinkwasser-Installationen und allgemeine Anforderungen an Sicherungseinrichtungen zur Verhütung von Trinkwasserverunreinigungen durch Rückfließen« [78], in der aufgezeigt wird, wie eine hygienisch einwandfreie Trennung der Feuerlöschanlage von der Trinkwasser-Installation zu realisieren ist und VDI 6023 [79], in der die grundsätzlichen hygienischen Anforderungen an Trinkwasserinstallationen aufgeführt sind.

Weiterhin ist geboten, bei Bedarf folgende DVGW-Regeln bei der Planung heranzuziehen

**DVGW-Arbeitsblätter**

- Arbeitsblatt W 331 »Auswahl, Einbau und Betrieb von Hydranten« [80], insbesondere der Abschnitt 5: Einbaugrundsätze
- Arbeitsblatt W 405 »Bereitstellung von Löschwasser durch die öffentliche Trinkwasserversorgung« [81]

[72] DIN EN 12845: Ortsfeste Brandbekämpfungsanlagen – Automatische Sprinkleranlagen – Planung, Installation und Instandhaltung. Berlin: Beuth, 2009

[73] DIN 14464 (E): Direktanschlussstationen für Sprinkleranlagen und Löschanlagen mit offenen Düsen – Anforderungen und Prüfung. Berlin: Beuth, 2011.

[22] Verband der Sachversicherer, Köln

[23] Die auch in den Normen zu findende Wortkombination »Feuerlösch- und Brandschutzanlagen« wird aus Gründen der sprachlichen Praktikabilität und mangels Definition des Begriffs »Brandschutzanlage« vermieden.

[74] Berlin: Beuth, 2005

[75] Berlin: Beuth, 2010

[76] Berlin: Beuth, 2009

[77] Berlin: Beuth, 2012

[78] Berlin: Beuth, 2011

[79] VDI 6023: Hygiene in Trinkwasser-Installationen. Anforderungen an Planung, Ausführung, Betrieb und Instandhaltung. Berlin: Beuth, 2006.

[80] Bonn: DVGW, 2006

[81] Bonn: DVGW, 2008

### 5.1.2 Hilfreiche Fachliteratur

Leider ist die Fachliteratur noch nicht auf dem aktuellen Stand, so dass derzeit zur weitergehenden Information über die Feuerlöschanlagen nur auf Herstellerunterlagen verwiesen werden kann. Eine gute Zusammenfassung mit Hinweisen zur Planung von Hydrantenanlagen findet sich in dem know-how Band 5 »Druckerhöhung« [82], wobei die Angaben zu den Berechnungs- und Spitzendurchflüssen in der Trinkwasser-Installation mit Erscheinen der DIN 1988-300 bereits überholt sind.

## 5.2 Grundlagen

Ausgangspunkt jeglicher Planung einer Feuerlöschanlage ist der Nachweis des vorbeugenden Brandschutzes in den Bauvorlagen, niedergelegt in einem Brandschutzkonzept, das die notwendigen Angaben für die Planung und Errichtung von Feuerlöschanlagen enthält. Hierzu gehören Aussagen über

- Die Ausführung
  - Wandhydranten für die Selbsthilfe Typ S
  - Wandhydranten für die Feuerwehr Typ F
  - Unter- und Überflurhydranten
- Die Platzierung im Gebäude
- Über den Zeitraum und den Volumenstrom, den das Löschwasser zur Verfügung stehen soll
- die Anforderungen an die Betriebssicherheit – Funktionserhalt, z. B. bei Ausfall der Stromversorgung

In jedem Fall sind diese Vorgaben – wenn nicht bereits geschehen – mit der Bauaufsicht und der Feuerwehr abzustimmen.

Grundsätzlich sind für den jeweiligen Bautyp (z. B. Versammlungsstätten, Hochhäuser, Garagen) die Anforderungen in den geltenden Gesetzen (z. B. Bauordnungen) und Verordnungen (z. B. Sonderbauverordnung[24]) geregelt.

### 5.2.1 Bedingungen für die Versorgung

**Objektschutz**

Das Brand- und Personenrisiko in dem Bauvorhaben bestimmt, ob ein über den Grundschutz hinausgehender Brandschutz (Objektschutz) notwendig ist. Für diesen Fall wird der Brandschutzgutachter festlegen, welche Entnahmestellen für das Löschwasser vorzusehen sind. Der Planer muss dann zunächst klären, ob das Wasserversorgungsunternehmen (WVU) den Löschwasserstrom über den geforderten Zeitraum sicherstellen kann. Ist das der Fall, ergeben sich weitere Fragen zur Versorgung der Feuerlöschanlage

1. Ist ein unmittelbarer Anschluss der Feuerlöschanlage möglich?
2. Wird eine Druckerhöhungsanlage benötigt?
3. Wie erfolgt die hygienesichere Löschwasserübergabe?
4. Gibt es frostgefährdete Bereiche, durch die Löschwasserleitungen geführt werden müssen?

6 Durchströmung

Reicht der vom WVU gelieferte Volumenstrom oder der notwendige Zeitraum der Lieferung nicht aus – das schließt den Fall ein, dass das WVU kein Löschwasser zur Verfügung stellt –, ist Löschwasser zu bevorraten oder aus einer anderen Löschwasserquelle bereitzustellen.

Auf die o. g. Fragen wird im Kapitel 5.3 ff eingegangen.

[82] Frankenthal: KSB, 2011

24 Beispiel für NRW: Verordnung über Bau und Betrieb von Sonderbauten (Sonderbauverordnung SBauVO)



Vorwort Inhaltsverzeichnis
Hygieneanforderungen TrinkwV und VDI 6023
Planungspraxis EN 806-2 / DIN 1988-200
Systemauslegung DIN 1988-300/500/600
Trinkwasserhygiene im Bestand Sanierung/Betrieb
Recht / Ausschreibung Planerhaftung
Index

Vorwort
Inhaltsverzeichnis
Hygieneanforderungen
TrinkwV und VDI 6023
Planungspraxis
EN 806-2 / DIN 1988-200
Systemauslegung
DIN 1988-300/500/600
Trinkwasserhygiene im Bestand
Sanierung/Betrieb
Recht / Ausschreibung
Planerhaftung
Index

## 5.2.2 Anforderungen an Löschwasseranlagen

Wasseraustausch 5

Das Anforderungsprofil wird in erster Linie bestimmt durch die geforderten Löschwasserströme und Drücke an den Hydranten (Hydraulik an den Entnahmestellen für das Löschwasser) und die Hygiene der auch für die Löschwasserversorgung genutzten Trinkwasser-Installation (s. VDI 6023). Weitere normative Forderungen beziehen sich im Wesentlichen auf die einzusetzenden Bauteile (Rohrleitungen, Armaturen, Behälter, DEA) und die Entwässerung.

### Hydraulik an den Entnahmestellen für das Löschwasser

Die nach DIN 14462 geforderten Durchflüsse, Drücke und Gleichzeitigkeiten sind in Tab. 3–36 zusammengestellt. Diese Angaben dienen dem Brandschutzgutachter als Grundlage dafür, den Wandhydrantentyp (S oder F, bei F: 100 oder 200 l/min) und die Lage der Wandhydranten festzulegen und mit den Brandschutzbehörden abzustimmen. Der Planer benötigt die in Tab. 3–36 angegebenen Werte für die hydraulische Berechnung. Mit ihr ist auch nachzuweisen, dass die höchstzulässigen Drücke nicht überschritten werden (s. Beispiel in Kapitel 6).

Tab. 3–36 **Durchflüsse, Drücke und Gleichzeitigkeiten an Wandhydranten**

| Wandhydrant | Mindestdurchfluss [l/min] | Mindestfließdruck [MPa] | Höchster Fließdruck [MPa] | Höchster Ruhedruck [MPa][1] | Gleichzeitigkeit |
|---|---|---|---|---|---|
| Typ S – Selbsthilfe | 24 | 0,2 | 0,8 | 1,2 | 2 |
| Typ F – Feuerwehr | 100 | 0,3 | 0,8 | 1,2 | 3 |
| Typ F – Feuerwehr | 200 | 0,45 | 0,8 | 1,2 | 3 |

[1] Nach DIN 14462, Abschnitt 4.2.2

Werden vom Brandschutzgutachter Über- und/oder Unterflurhydranten vorgesehen, sind die hydraulischen Daten (Durchfluss und Fließdruck) dem Brandschutzgutachten zu entnehmen. Die relevanten Normen zu diesen Hydranten [83] [84] [85] [86] geben keine Auskunft über die beiden für die hydraulische Berechnung notwendigen Größen Mindestdurchfluss und –fließdruck an den Hydranten. Es werden lediglich Mindest-$k_{VS}$-Werte angegeben, z. B. für Unterflurhydranten DN 80 ein $k_{VS} = 60\,m^3/h$. Das hilft bei der Berechnung nur weiter, wenn vom Gutachter der geforderte Mindestdurchfluss am Hydranten angegeben wird.

### Hygiene

Die Lebensdauer von Feuerlöschanlagen ist groß (20 Jahre und mehr), und in diesem Zeitraum tritt der Löschfall in fast allen Gebäuden nicht ein. Erfolgt die Löschwasserversorgung über den Trinkwasser-Hausanschluss, kann es daher zu einer erheblichen Stagnation in Teilbereichen des Gesamtsystems führen, mit dem Ergebnis, dass die Anforderungen nach der Trinkwasserverordnung [87] nicht mehr erfüllt werden. Die notwendige Hygiene ist dann nicht mehr sichergestellt. Bei der Konzeption und Berechnung muss deshalb Folgendes grundsätzlich beachtet werden

Bestimmungsgemäßer Betrieb 2

**1.** Die Trinkwasser-Installation ist durch die sog. »Löschwasserübergabestelle (LWÜ)« von der Löschwasserinstallation zu entkoppeln. Damit wird durch die entsprechenden Sicherungseinrichtungen in der LWÜ sichergestellt, dass kein Löschwasser (Nichttrinkwasser [NPW]) in die Trinkwasserleitungen gelangen kann. Mögliche Übergabestellen sind

- Freier Auslauf [88]
- Füll- und Entleerungsstation [89]
- Direktanschlussstation [90]
- Schlauchanschlussventil mit Sicherungseinrichtung
- Überflurhydrant [83]
- Unterflurhydrant [84]

[83] DIN EN 14384: Überflurhydranten. Berlin: Beuth, 2005

[84] DIN EN 14339: Unterflurhydranten. Berlin: Beuth, 2005

[85] DIN EN 1074-6: Armaturen für die Wasserversorgung – Anforderungen an die Gebrauchstauglichkeit und deren Prüfung – Teil 6: Hydranten. Berlin: Beuth, 2009

[86] DVGW-Merkblatt W 331: Auswahl, Einbau und Betrieb von Hydranten. Bonn: DVGW, 2006

[87] Trinkwasserverordnung (TrinkwV), Neufassung vom 01.11.2011 (Es gilt die TrinkwV in der Fassung der ersten Änderungsverordnung vom 03. Mai 2011, BGBl. I S. 748)

[88] Typ AA, AB nach DIN EN 1717: Schutz des Trinkwassers vor Verunreinigungen in Trinkwasser-Installationen und allgemeine Anforderungen an Sicherungseinrichtungen zur Verhütung von Trinkwasserverunreinigungen durch Rückfließen. Berlin: Beuth, 2011

Normativ bedeutet das, dass für die Trinkwasser-Installation bis zu LWÜ die DIN 1988-600 (und weitere Normen zur Trinkwasser-Installation, z. B. DIN EN 1717 [25]) und für die Löschwasserinstallation in Fließrichtung ab der LWÜ die DIN 14462 (und weitere Normen zur Löschwasserinstallation, z. B. DIN EN 12845 [72]) maßgebend sind.

**2.** In den Trinkwasserleitungen, die auch der Löschwasserversorgung dienen, ist ein genügend hoher Wasseraustausch sicherzustellen.

5 Wasseraustausch

**Zu 1.**
Die Löschwasserübergabestelle LWÜ ist unweit der Wasserzähleranlage in einem überflutungssicheren und mit einer hinreichend bemessenen Entwässerung versehenen Raum zu positionieren und erhält am Eintritt immer eine Absperrarmatur. Die Auswahl erfolgt nach Tabelle 1 der DIN 1988-600; die damit möglichen Lösungen in der Anlagenkonzeption werden im nachfolgenden Kapitel 5.3 vorgestellt und kommentiert.

**Zu 2.**
Erfolgt die Versorgung des Gebäudes mit Löschwasser über den Hausanschluss für das Trinkwasser, sind stets drei Leitungsbereiche zu unterscheiden (s. Abb. 3–52)

a) Trinkwasserführende Einzelzuleitung zur LWÜ (EZL)
b) Gemeinsame, trinkwasserführende Anschlussleitung (ASL)
c) Löschwasserführende (Nichttrinkwasser-) Leitungen (LWL)

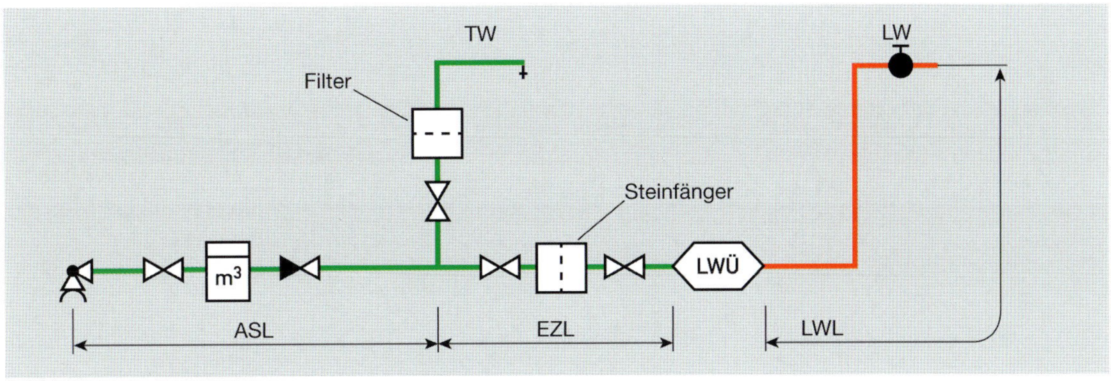


Abb. 3–52 **Leitungsabschnitte bei einem Trink- und Löschwassersystem**

**ASL** Gemeinsame Anschlussleitung
**EZL** Einzelzuleitung
**LWL** Löschwasserleitung
**TW** Trinkwasser
**LW** Löschwasser
**LWÜ** Löschwasserübergabestelle

**Zu a)**
Ist die Länge der EZL ≤ 10 DN und der Wasserinhalt V ≤ 1,5 l, darf die LWÜ uneingeschränkt angeschlossen werden. Das ist unabhängig davon, ob die LWÜ ein freier Auslauf in einem Vorlagebehälter, eine direkt angeschlossene Füll- und Entleerungsstation, ein Wandhydrant Typ S oder ein Unterflurhydrant ist.

Andernfalls, wenn die Länge und der Wasserinhalt größer sind, muss eine Spülvorrichtung vorgesehen werden, die den Wasserinhalt dreimal pro Woche austauscht bei einer Mindest-Spülgeschwindigkeit von 0,1 m/s (EZL > DN 50) oder 0,2 m/s (EZL = DN 50).

Weiterhin darf im gesamten Leitungsweg (ASL und EZL) im Brandfall die Strömungsgeschwindigkeit 5 m/s nicht überschreiten. Hierzu muss der dabei auftretende Volumenstrom berechnet werden (z. B. bei Anschluss eines Vorlagebehälters mit freiem Auslauf; Beispiel siehe Kapitel 6.4.1) oder vom Hersteller erfragt werden (z. B. der Durchfluss beim Füllvorgang an einer Füll- und Entleerungsstation).

[89] Nach DIN 14463-1: Löschwasseranlagen – fernbetätigte Füll- und Entleerungsstationen – Teil 1: Für Wandhydrantenanlagen. Berlin: Beuth, 2007 und DIN 14463-2: Löschwasseranlagen – fernbetätigte Füll- und Entleerungsstationen – Teil 1: Für Wasserlöschanlagen mit leerem und drucklosem Rohrnetz – Anforderungen und Prüfung. Berlin: Beuth, 2003

[90] Nach E DIN 14464: Direktanschlussstationen für Sprinkleranlagen und Löschanlagen mit offenen Düsen - Anforderungen und Prüfung. Berlin: Beuth, 2011

25 Für Sicherungseinrichtungen in Trinkwasser-Installationen

[72] DIN EN 12845: Ortsfeste Brandbekämpfungsanlagen – Automatische Sprinkleranlagen – Planung, Installation und Instandhaltung. Berlin: Beuth, 2009

**Zu b)**
Die Nennweite der gemeinsamen Anschlussleitung ASL ergibt sich aus dem Spitzenvolumenstrom für die Trinkwasser-Installation und dem verfügbaren Druckgefälle für die Rohrreibung. Dabei sind die Geschwindigkeitsgrenzen von 2 m/s für die Hausanschlussleitung und 2,5 bzw. 5 m/s für die Verbrauchsleitungen nach DIN 1988-300 zu beachten (s. Tab. 3–16).

An die gemeinsame Anschlussleitung dürfen Über- und Unterflurhydranten nur angeschlossen werden, wenn der Spitzenvolumenstrom für das Trinkwasser größer ist als der Volumenstrom für das Löschwasser im Brandfall (s. Abb. 3–53). Auch aus hygienischen Gründen wird der Spitzenvolumenstrom von Direktanschlussstationen (DAS) auf 50 $m^3$/h begrenzt.

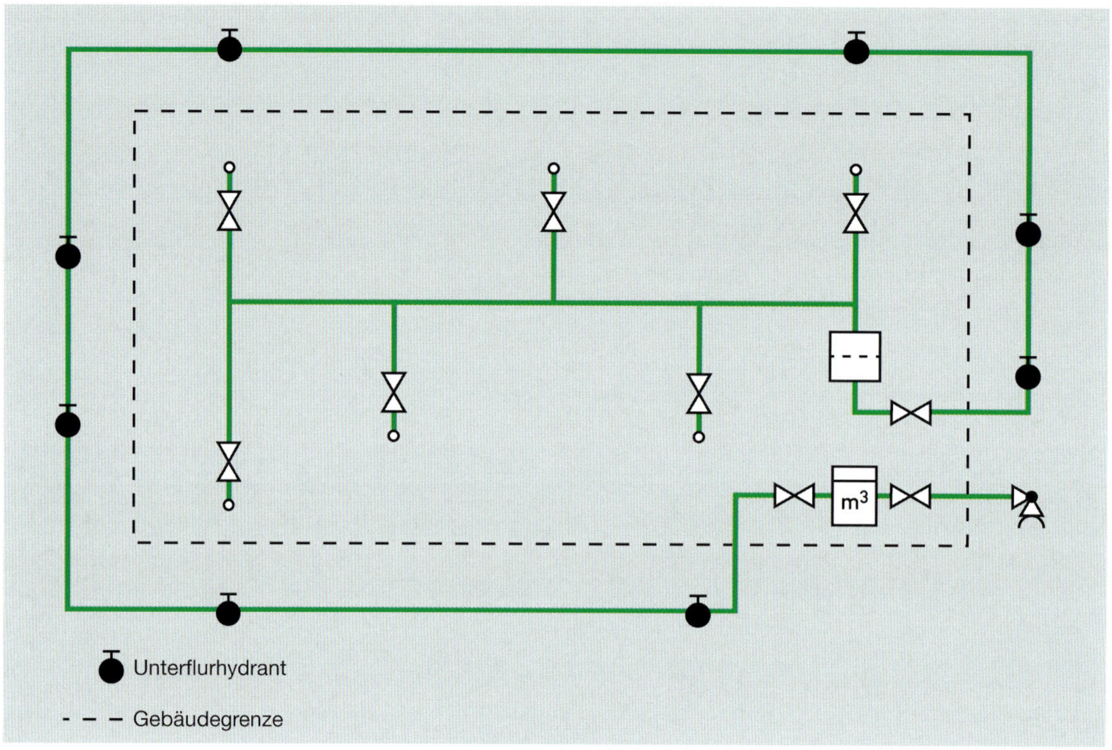


Abb. 3–53 **Trink- und Löschwassersystem mit Unterflurhydranten**

**Zu c)**
Fremdeinspeisungen (z. B. durch die Feuerwehr) dürfen nur im Bereich der Löschwasserleitungen LWL erfolgen, also aus Sicht der Trinkwasserversorgung nur bei mittelbarem Anschluss.

## Bauteile

### a) Rohrleitungen und Armaturen

**Armaturen kennzeichnen und sichern**

Sämtliche Leitungen, die zu einer Feuerlöschanlage führen, und die dazugehörigen Armaturen müssen aus metallenen Werkstoffen bestehen. Ausnahmen sind möglich (z. B. bei erdverlegten Leitungen) und in DIN 1988-600 geregelt. Die Absperrarmaturen im Leitungsweg des Löschwassers müssen gekennzeichnet und gegen unbefugtes Schließen gesichert werden.

Alle Leitungsabschnitte, die von der Trinkwasserleitung abgehen, die die Löschanlage versorgt, müssen für sich absperrbar sein. Werden im abzweigenden Leitungsbereich Kunststoffe verwendet, sind automatisch schließende Armaturen vorzusehen.

Werden Feuerlöscheinrichtungen mit Trinkwasser versorgt, gibt es im Regelfall auch Abschnitte, in denen Nichttrinkwasser fließt. Aus diesem Grunde sind die Rohrleitungen nach DIN 2403 [91] zu kennzeichnen.

Der Nenndruck der Löschwasserleitungen und Armaturen muss mindestens PN 10, der für Löschwasserleitungen »trocken« PN 16 betragen.

**b) Filter und Steinfänger**

Mit Ausnahme von Trinkwasser-Installationen mit Wandhydranten Typ S darf in die gemeinsame Zuleitung für die Trinkwasser- und die Löschwasser-Installation kein Filter eingebaut werden. Dieser wird in Fließrichtung erst nach der Abzweigung der Trinkwasser-Installation von der Zuleitung zur LWÜ eingebaut. Letztere erhält einen Steinfänger, dessen Maschenweite mindestens 1 mm betragen muss.

**c) Vorlagebehälter**

Wird im Brandschutzkonzept ein mittelbarer Anschluss vorgesehen oder muss wegen unzureichender Volumenströme aus der Versorgungsleitung Löschwasser gespeichert werden, ist ein Vorlagebehälter zu installieren. Er trennt als Löschwasserübergabestelle den Trinkwasser- von dem Nichttrinkwasserbereich. Zur Sicherung der Trinkwassergüte erfolgt die Nachspeisung nach DIN EN 1717 über einen freien Auslauf AA oder AB (s. DIN 1988-600, Tabelle 1).

Wenn dieser Behälter nicht den gesamten Löschwasserbedarf (z. B. für 2 Stunden) bevorratet, dürfen die Nachspeiseeinrichtungen nicht mit Fremdenergie betrieben werden – fiele im Brandfall die Stromversorgung aus, wäre die Nachspeisung gefährdet. Hier muss im Einzelfall der Brandschutzgutachter entscheiden, ob die vorgesehene Einrichtung geeignet ist.

**d) Druckerhöhung und Druckminderung**

Fördert die Druckerhöhungsanlage Trinkwasser und sind Wandhydranten Typ S angeschlossen, dann ist sie nach DIN 1988-500 auszulegen und erhält eine Reservepumpe, die mindestens so groß zu bemessen ist wie die größte Betriebspumpe. Voraussetzung für diese Kombination ist, dass der Spitzenvolumenstrom für die Trinkwasserverbraucher größer ist als der Löschwasserstrom an den gleichzeitig verwendeten Wandhydranten.

Wird eine Druckerhöhungsanlage für das Löschwasser (Nichttrinkwasser) vorgesehen, ist diese für den Fall, dass Wandhydranten installiert werden, nach DIN 14462 zu konzipieren und auszulegen. Da diese Anlagen in relativ kurzen Abständen regelmäßig zu überprüfen sind, reicht fast ausnahmslos eine Betriebspumpe aus – es sei denn, der Brandschutzgutachter kommt im Einzelfall zu einer anderen Einschätzung. Dann muss aber die zweite Pumpe auch für den Spitzenlastfall ausgelegt werden. Der Einschaltdruck wird mit Formel (5.1) bestimmt:

$$p_E = p_{min,Fl} + \Delta p_{geo} + \Sigma\,(l \cdot R + Z) \tag{5.1}$$

**Pumpeneinschaltdruck**

mit

| | |
|---|---|
| $p_{min,Fl}$ | Mindestfließdruck am ungünstigsten Wandhydranten |
| $\Delta p_{geo}$ | Druckverlust aus geodätischem Höhenunterschied in hPa |
| $\sum(l \cdot R + Z)$ | Druckverluste der Rohrreibung und Einzelwiderstände in dem Rohrleitungszug unmittelbar nach der DEA bis zum ungünstigsten Wandhydranten. |

**Wahl des Ausschaltdruckes**

Der Ausschaltdruck ist so zu wählen, dass die geforderten Grenzen für die höchsten Drücke vor den Wandhydranten nach Tab. 3–36 nicht überschritten werden.

Weitere Anforderungen hinsichtlich der Betriebssicherheit sind dem Brandschutzkonzept zu entnehmen, beispielsweise hinsichtlich der Stromversorgung, der Redundanz, der Störungsanzeige etc.

Werden für die Trinkwasser-Installation Druckminderer benötigt, dürfen diese nicht in die gemeinsame Zuleitung für Trink- und Löschwasser eingebaut werden.

[91] DIN 2403: Kennzeichnung von Rohrleitungen nach dem Durchflussstoff. Berlin: Beuth, 2007

# 5.3 Anlagenarten

## 5.3.1 Übersicht Löschwasseranlagen

Im Baurecht der Bundesländer [92] werden »nichtselbsttätige« und »selbsttätige« Feuerlöschanlagen unterschieden (Abb. 3–54). Als Löschmittel werden in erster Linie Wasser und Gas eingesetzt, an dieser Stelle wird nur auf Löschwasseranlagen (LWA) eingegangen.

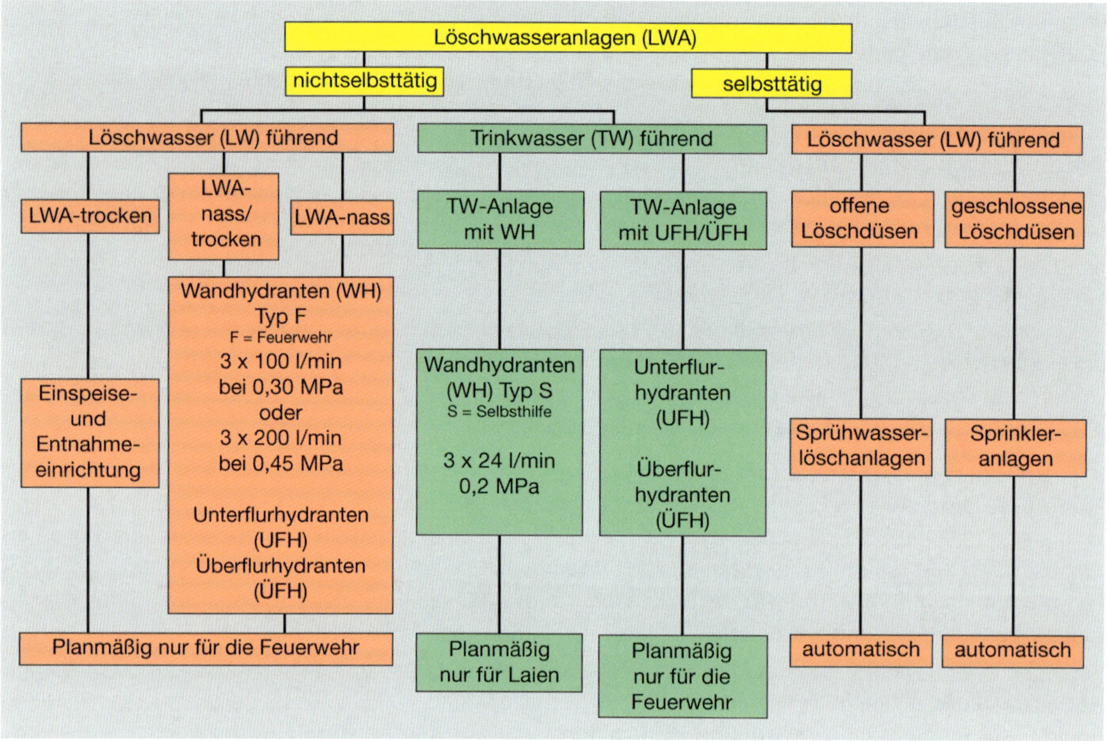


Abb. 3–54 **Übersicht Löschwasseranlagen**

Entscheidend für die Planung von Löschwasseranlagen ist, ob in den Leitungsabschnitten Trinkwasser – DIN 1988-600 maßgebend – oder Löschwasser, also Nichttrinkwasser – DIN 14462 maßgebend – geführt wird.

Wasseraustausch 5

Trinkwasseranlagen mit Wandhydranten Typ S und/oder mit Unter- oder Überflurhydranten dürfen nur vorgesehen werden, wenn ein genügend hoher Wasseraustausch in den Trinkwasserleitungen zu den Hydranten gewährleistet ist, also der Spitzenvolumenstrom für die Trinkwasserentnahmestellen höher ist als der Löschwasserstrom im Brandfall.

**Löschwasserübergabestelle (LWÜ)**

Der Regelfall wird sein, dass die Löschwasseranlage durch eine geeignete Löschwasserübergabestelle (LWÜ) hygienisch einwandfrei von der Trinkwasser-Installation getrennt wird. Das muss durchgeführt werden bei Anlagen mit Wandhydranten Typ F und bei allen selbsttätigen Feuerlöschanlagen (z. B. Sprinkleranlagen). Sog. Löschwasseranlagen »trocken« sind ohnehin entkoppelt, da es keine Verbindung zur Trinkwasser-Installation gibt. In diesem Fall fördert die Feuerwehr über eine im Erdgeschoss an der Außenwand des Gebäudes befindliche Einspeiseeinrichtung das Wasser durch die trockene Steigleitung zu einer Entnahmeeinrichtung, die im Einsatzfall auch nur von der Feuerwehr genutzt wird.

[92] Z. B. Verordnung über die Prüfung technischer Anlagen und wiederkehrende Prüfung von Sonderbauten - Prüfverordnung – (PrüfVO NRW) vom 24.11.2009

Die sog. Löschwasseranlagen »nass« haben den Vorteil, dass nach der Öffnung des Wandhydranten das Löschwasser sofort zur Verfügung steht. Besteht allerdings Frostgefahr, sind sog. Löschwasseranlagen »nass/trocken« vorzusehen, bei denen nach spätestens 60 Sekunden das Löschwasser am Hydranten anstehen muss. Die Füllung der Leitungen erfolgt über eine Füll- und Entleerungsstation (F+E), die bei ausreichendem Druck gleichzeitig als Löschwasserübergabestelle (LWÜ) dienen kann. In Abb. 3–54 sind die genannten Varianten zusammengestellt.

## 5.3.2 Wasserführung

Unter dem Gesichtspunkt der Trinkwasserhygiene können bei Anlagen, die ihr Löschwasser aus der Versorgungsleitung des Wasserversorgungsunternehmens (WVU) beziehen, grundsätzlich zwei Varianten der Wasserführung unterschieden werden. In der Praxis ist in Fließrichtung hinter der Löschwasserübergabestelle (LWÜ) meist ein ausgedehntes Leitungssystem (nass oder nass/trocken) installiert, das Nichttrinkwasser führt – hier Regelfall genannt (s. Abb. 3–55). In Ausnahmefällen (Abb. 3–56) gibt es jedoch **keine** Löschwasserleitungen (!) – im gesamten System wird Trinkwasser gefördert, z. B. Anlagen mit Wandhydranten Typ S.

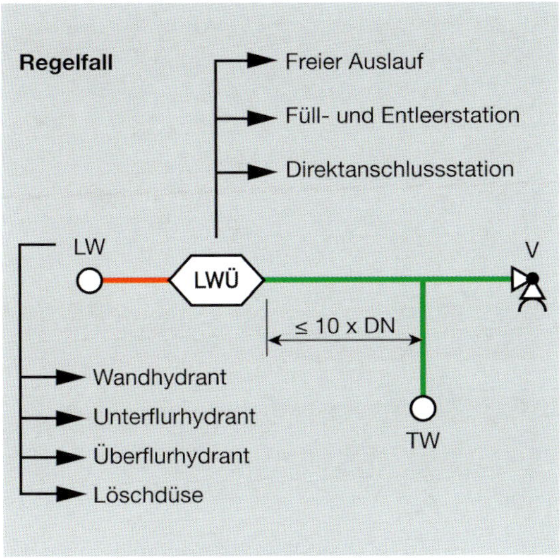


Abb. 3–55 **Löschwasseranschluss Regelfall**

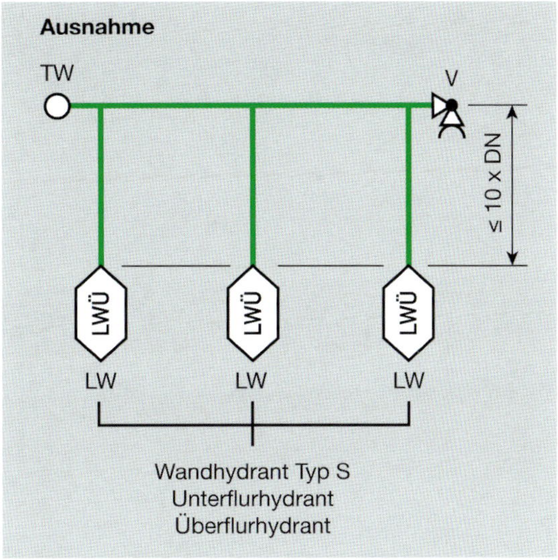


Abb. 3–56 **Löschwasseranschluss Ausnahme**

**LW** Entnahmestelle für Löschwasser
**TW** Entnahmestelle für Trinkwasser
**LWÜ** Löschwasserübergabestelle
**V** Versorgungsleitung

Die im Anhang der DIN 1988-600 schematisch dargestellten Systeme sind immer auf diese zwei genannten Fälle rückführbar. Im erstgenannten System sind die Entnahmestellen für das Löschwasser (z. B. Wandhydrant) und die LWÜ räumlich voneinander getrennt und über die Löschwasserleitungen miteinander verbunden. Im Ausnahmefall sind der Hydrant (Wand-, Unterflur- oder Überflurhydrant) und die LWÜ identisch. Damit wird unmittelbar klar, welcher Bereich in der Gesamtinstallation die besonderen Anforderungen an einen guten Wasseraustausch erfüllen muss: Die Einzelzuleitung zur LWÜ, die über Zwangsspülungen »clean« gehalten wird oder deren Länge (≤ 10 x DN) und Wasserinhalt (≤ 1,5 l) zu begrenzen ist, damit das stagnierende Wasservolumen möglichst klein gehalten wird.

5 Wasseraustausch

Ob eine DEA notwendig ist und wo (in der Trinkwasserleitung? In der Löschwasserleitung?) sie dann eingebaut werden muss, entscheiden allein die Druckverhältnisse (s. Kapitel 5.4). Wird als LWÜ ein freier Auslauf gewählt, ist immer eine DEA auf der Löschwasserseite notwendig, in den anderen Fällen ist zu prüfen, ob der Versorgungsdruck die Druckverluste deckt: Von Hydrant, Rohrleitungs- und Einzelwiderständen einschließlich LWÜ (z. B. Füll- und Entleerungsstation) geodätische Höhe.

## 5.4 Planungs- und Auslegungshinweise

Beispielhaft soll hier anhand der wichtigsten Anlagenvarianten aufgezeigt werden, welche Planungsaspekte beachtet und welche Berechnungen durchgeführt werden müssen.

### 5.4.1 Löschwasseranlage »nass« mit Vorlagebehälter (Wandhydrant Typ F)

Abb. 3–57 zeigt schematisch eine Löschwasseranlage »nass« mit den notwendigen Bauteilen. Wandhydranten Typ F dürfen nicht direkt an die Trinkwasserleitung angeschlossen werden [93], deshalb erfolgt hier ein mittelbarer Anschluss, gesichert nach DIN EN 1717. Nach dem Vorlagebehälter ist eine DEA für das Löschwasser vorzusehen. Die Alternative ist, die Wandhydranten über eine Füll- und Entleerungsstation anzuschließen [94], nur reicht hier bei mehrgeschossigen Gebäuden im Regelfall der Druck nicht aus.

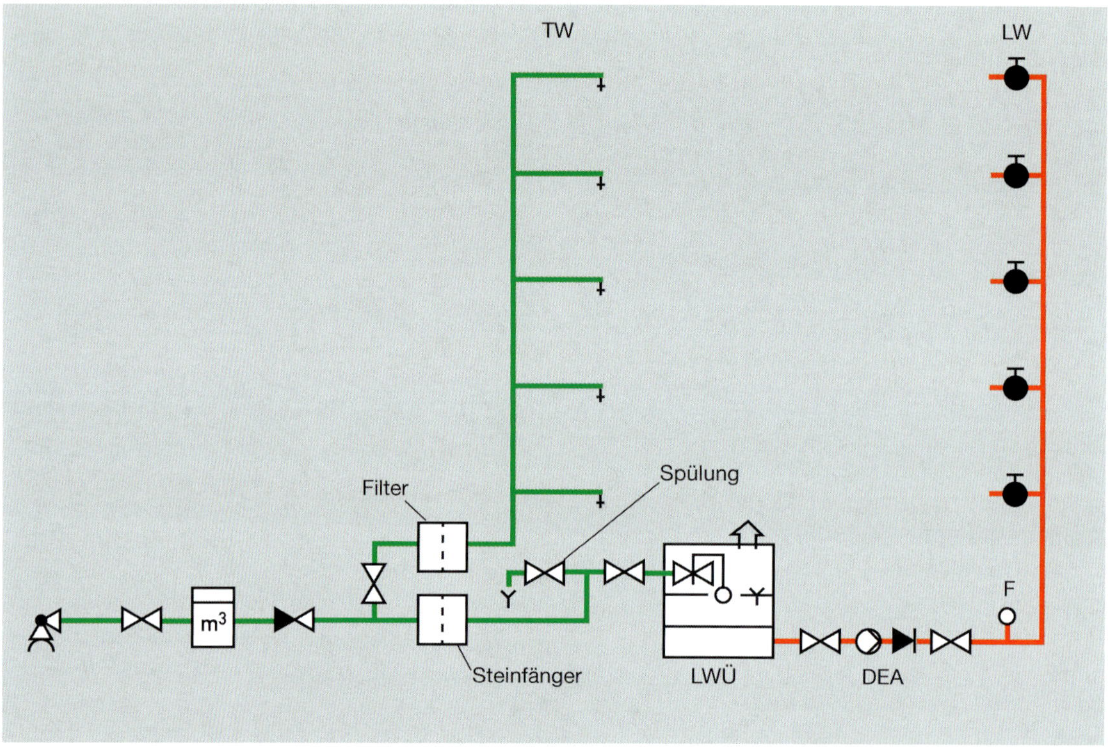


Abb. 3–57 **Löschwasseranlage »nass« mit Wandhydranten Typ F**

**TW** Trinkwasser
**LW** Löschwasser
**LWÜ** Löschwasserübergabestelle
**DEA** Druckerhöhungsanlage
**F** Feuerwehreinspeisung

Wandhydranten (s. Abb. 3–58) sind vorzugsweise mit einem formstabilen Schlauch nach DIN 14461-1 [95] auszustatten, es sei denn, sie werden aufgrund der Nutzungsgewohnheiten in dem Gebäude ausschließlich von geschultem Personal bedient (z. B. Werkfeuerwehr im Industriebetrieb). In diesem Fall können die Wandhydranten auch mit einem Flachschlauch nach DIN 14461-6 [96] versehen werden.

Die Fremdwassereinspeisung (z. B. für die Feuerwehr) im Bereich der Löschwasserleitungen ist problemlos möglich, da durch den mittelbaren Anschluss eine Gefährdung der Trinkwassergüte in den Zuleitungen zur Löschanlage ausgeschlossen ist.

[93] DIN 14462, Ausgabe 2007, Abschnitt 4.2.2.4, 2. Absatz

[94] DIN 1988-600, Ausgabe Dezember 2010

[95] DIN 14461-1: Feuerlösch-Schlauchanschlusseinrichtungen – Teil 1: Wandhydrant mit formstabilem Schlauch. Berlin: Beuth, 2003

[96] DIN 14461-6: Feuerlösch-Schlauchanschlusseinrichtungen – Teil 6: Schrankmaße und Einbau von Wandhydranten mit Flachschlauch. Berlin: Beuth, 2009

Abb. 3–58 **Wandhydrant Typ F**
**Quelle Minimax**

Abb. 3–59 **Füll- und Entleerungsstation**
**Quelle Minimax**

Die gemeinsame Zuleitung zur Trink- und Löschwasserinstallation ist mit dem Spitzenvolumenstrom für das Trinkwasser zu bemessen. Sie muss aber auch die Nachführung des Löschwasservolumenstroms sicherstellen, wenn in dem Vorlagebehälter kein Löschwasser gespeichert wird. Der Nachweis ist über eine hydraulische Berechnung zu führen (s. Beispiel in Kapitel 6.4.1). Die Forderung über die ausreichende Nachführung findet sich in DIN 14462 (Zitat):

*»Die Vorlagebehälter sind so auszuführen, dass eine ausreichende Nachführung von Löschwasser sichergestellt ist«*. [97]

Stellt der Wasserversorger den Spitzendurchfluss für das Löschwasser nicht zur Verfügung, muss der Vorlagebehälter den erforderlichen Volumenstrom (bei Gleichzeitigkeit von drei Hydranten Typ F sind das 300 l/min) über einen Zeitraum von mindestens zwei Stunden speichern (300 l/min x 120 min = 36 $m^3$). Dieses Volumen kann reduziert werden, wenn eine Teilmenge über den genannten Zeitraum gedeckt wird. Auch für diesen Fall ist die hydraulische Leistungsfähigkeit der Zuleitung zu überprüfen (s. Beispiel in Kapitel 6.4.1).

[97] DIN 14462, 2009, Abschnitt 4.1.7

## 5.4.2 Löschwasseranlage »nass/trocken« mit Füll- und Entleerungsstation

### Wandhydrant Typ F oder S

Bei der in Abb. 3–60 dargestellten Anlage ist die Füll- und Entleerungsstation direkt mit dem Trinkwassernetz verbunden[26] und muss daher ein DIN/DVGW-Prüfzeichen haben. Anders bei Stationen, die nach einem Vorlagebehälter mit in Fließrichtung anschließender DEA installiert werden: Sie müssen lediglich brandschutztechnisch geeignet sein. In beiden Fällen muss die Station (s. Abb. 3–59) den am ungünstigsten gelegenen Wandhydranten spätestens 60 Sekunden nach Auslösung durch den Grenztaster mit Löschwasser bei ausreichendem Druck versorgen.

Die Zuleitung ist hygienesicher auszuführen – d. h.: Nicht ständig durchströmte Leitungsabschnitte sind kurz zu halten oder, falls das nicht möglich ist, mit Spüleinrichtungen zu versehen (s. Kapitel 5.2.2 Hygiene). Für die Entleerung muss ein solcher Raum mit einer Fußbodenentwässerung von mindestens DN 100 ausgestattet sein, wobei der freie Auslauf der Spüleinrichtung entsprechend DIN EN 1717 oberhalb der Fußbodenentwässerung münden muss.

Auch hier sind bei direktem Anschluss die Leistungsfähigkeit und die Geschwindigkeit in der Zuleitung zu überprüfen, da sie nach dem Spitzendurchfluss für die Trinkwasser-Installation ausgelegt wird. Dabei ist zu beachten, dass der Durchfluss zu Beginn des Füllvorgangs ($\dot{V}_F$) größer [98] ist als während der Entnahme (Spitzendurchfluss $\dot{V}_{S,LW}$), mit den Angaben nach Tab. 3–36 zu berechnen) an den Wandhydranten.

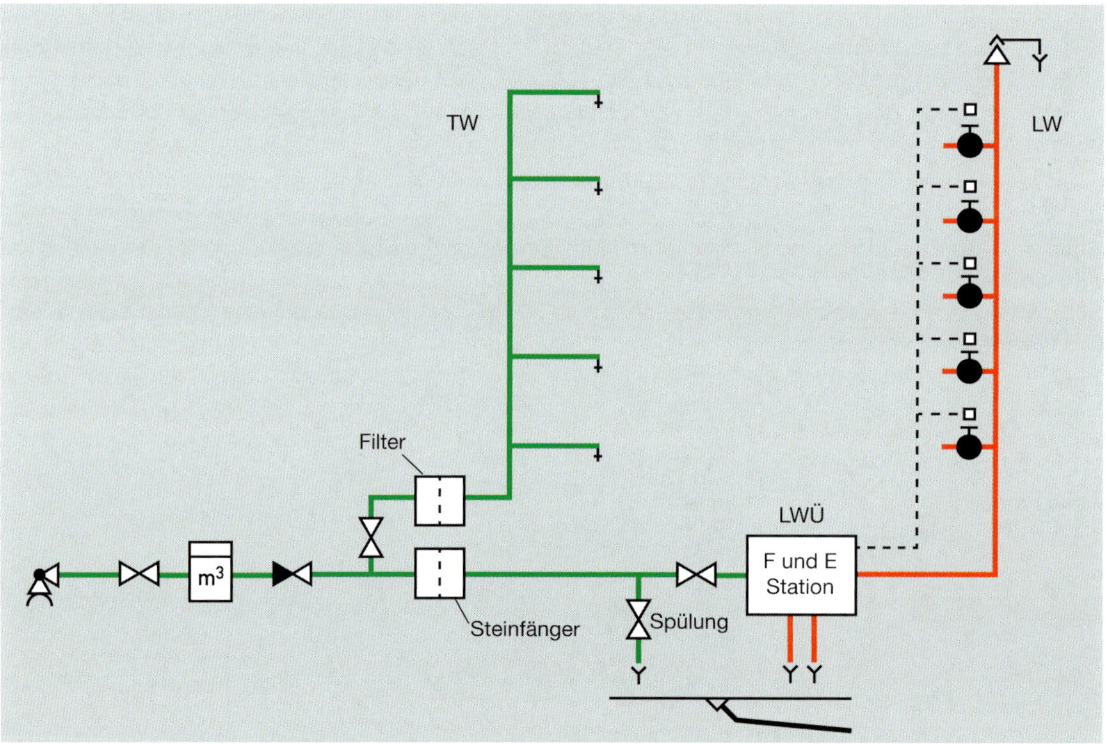


Abb. 3–60 **Löschwasseranlage »nass/trocken« mit Füll- und Entleerungsstation**

**TW** Trinkwasser
**LW** Löschwasser
**LWÜ** Löschwasserübergabestelle
**DEA** Druckerhöhungsanlage
☐ Grenztaster für Schlauchanschlussventil

[26] Eine Fremdeinspeisung ist in diesem Fall nicht zugelassen.

[98] DIN 14462, Ausgabe 2007, Abschnitt 4.2.2.5.1

Der Volumenstrom unmittelbar nach Beginn des Füllvorgangs kann beim Hersteller erfragt werden oder unter der Voraussetzung eines freien Auslaufs nach der Station mit folgender Formel 5.2 berechnet werden:

$$\dot{V}_{F,LW} = \sqrt{\frac{p_{min,V} - \Delta p_{geo}}{R_H}} \quad (5.2)$$

**Volumenstrom zu Beginn des Füllvorgangs**

mit

$p_{min,V}$ Mindestversorgungsdruck in der Straßenleitung am Anschlusspunkt

$\Delta p_{geo}$ geodätischer Höhenunterschied zwischen Straßenleitung und Füll- und Entleerungsstation

$R_H$ Hydraulischer Widerstand [99] von der Ventilanbohrschelle bis zur Füll- und Entleerungsstation in $hPa/\left(\frac{m^3}{h}\right)^2$

$\dot{V}_{S,LW}$ Spitzendurchfluss für das Löschwasser

Der hydraulische Widerstand wird analog zum Vorgehen im Berechnungsbeispiel Kapitel 6.4.1 für die Rohrleitungen, Einzelwiderstände und die Einbauteile von der Straßenleitung bis zur Füll- und Entleerungsstation (Wasserzähler, Steinfänger, Station) für einen bestimmten Betriebspunkt (z. B. bei $\dot{V}_{S,LW}$) mit folgender Formel (5.3) ermittelt

$$R_H = \frac{\Sigma\,(l \cdot R + Z) + \Delta p_{WZ} + \Delta p_{SF} + \Delta p_{FE}}{\left(\dot{V}_{S,LW}\right)^2} \quad (5.3)$$

**Hydraulischer Widerstand**

mit

$\sum(l \cdot R + Z)$ Druckverlust aus Reibung und Einzelwiderständen zwischen Straßenleitung und Füll- und Entleerungsstation

$\Delta p_{SF}$ Druckverlust des Steinfängers (aus dem $k_{VS}$-Wert des Herstellers berechnen)

$\Delta p_{FE}$ Druckverlust der Füll- und Entleerungsstation (aus dem $k_{VS}$-Wert des Herstellers berechnen).

Bei diesem zu Beginn des Brandfalls auftretenden Volumenstrom darf die Strömungsgeschwindigkeit von 5 m/s[27] nicht überschritten werden (s. Kapitel 5.2.2).

Die Leistungsfähigkeit wird durch eine hydraulische Berechnung nach DIN 1988-300 für den Auslegungsbetriebspunkt nachgewiesen.

[99] Rietschel, H. (Hg. K. Fitzner): Raumklimatechnik Band 3, Raumheiztechnik. Berlin: Springer, 2005

27 Ob die Forderung – im Brandfall in der Hauanschlussleitung die Geschwindigkeit auf 2,0 m/s zu begrenzen – erfüllt werden muss, ist mit dem örtlichen WVU und ggf. mit dem Brandschutzgutachter zu klären.

### 5.4.3 Trinkwasser-Installation mit Wandhydranten Typ S

Abb. 3–61 zeigt schematisch eine Trinkwasser-Installation mit einem Wandhydranten Typ S. Diese Hydranten sind für die Selbsthilfe geeignet und dürfen nur mit einem formstabilen Schlauch verwendet werden. Die Sicherung der Trinkwassergüte erfolgt über eine Sicherungskombination mit Rückflussverhinderer und Rohrbelüfter am Schlauchanschlussventil.

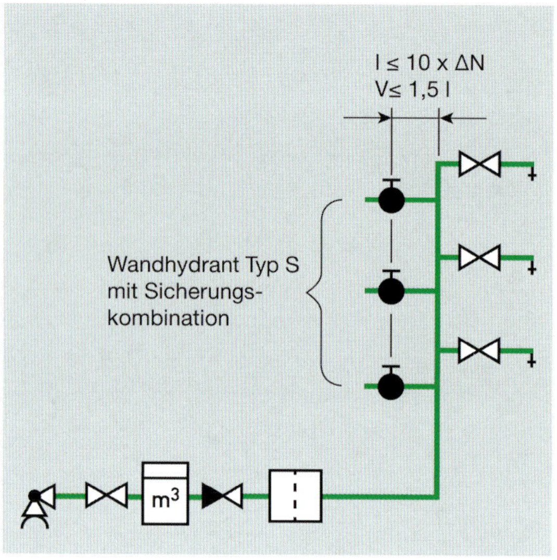


Abb. 3–61 **TW-Installation mit Wandhydranten Typ S**

Auch hier sind die Länge (≤ 10 x DN) und der Wasserinhalt (≤ 1,5 l) der Einzelzuleitung (Stichleitung) zu begrenzen, um die Trinkwasserhygiene zu sichern.

Die gesamte Trinkwasser-Installation ist mit dem jeweiligen Spitzenvolumenstrom für die Trinkwasserentnahme nach DIN 1988-300 zu bemessen. Mit dem Rechenverfahren der gleichen Norm ist anschließend zu überprüfen, ob bei bei dem vorhandenen Mindestversorgungsdruck und einer Spitzenbelastung für die Löschwasserentnahme, der Mindestfließdruck von 0,2 MPa (nach Tab. 3–36) sichergestellt ist.

Bei dieser Überprüfung ist davon auszugehen, dass zwei Wandhydranten mit jeweils 24 l/min zugleich in Betrieb sind, aber im Gebäude kein Trinkwasser an den Entnahmestellen gezapft wird.
Es gilt Formel (5.4):

**Mindestfließdruck** (5.4)

$$p_{min,Fl} = p_{min,V} - \Delta p_{geo} - \Delta p_{WZ} - \Sigma \Delta p_{Ap} - \Sigma(l \cdot R + Z) \geq 0{,}2\ MPa$$

mit

| | |
|---|---|
| $p_{min,Fl}$ | Mindestfließdruck am Wandhydranten Typ S |
| $p_{min,V}$ | Mindestversorgungsdruck in der Straßenleitung am Anschlusspunkt |
| $\Delta p_{geo}$ | Geodätischer Höhenunterschied zwischen Straßenleitung und Wandhydranten |
| $\Delta p_{WZ}$ | Druckverlust des Wasserzählers bei Spitzenbelastung von 2 x 24 l/min |
| $\sum \Delta p_{Ap}$ | Druckverlust in Apparaten |
| $\sum (l \cdot R + Z)$ | Druckverlust aus Reibung und Einzelwiderständen |

Die Variante mit Wandhydranten Typ S wird eher die Ausnahme sein, da in vielen Fällen leistungsfähigere Löschwasseranlagen für den Objektschutz benötigt werden. Schließlich ist es die primäre Aufgabe der öffentlichen Wasserversorgung, der (Zitat):

> *»... Versorgung der Bevölkerung mit hygienisch einwandfreiem Trinkwasser ...«*

zu dienen und erst wenn die Kapazitäten ausreichen und die Hygiene sichergestellt wird, auch den Löschwasserbedarf zu decken. Dabei werden (Zitat) [100]:

> *»Abstriche bei der Aufrechterhaltung der Trinkwasserhygiene nicht akzeptiert«.*

Das geht – bei relativ hohem Löschwasserbedarf – nur über eine Löchwasserübergabestelle (LWÜ) (s. Beispiele in den Abschnitten 5.4.1 und 5.4.2).

[100] DIN 1988-600, 2010, Einleitung

# 6 Beispiel: Bürogebäude mit DEA für Trinkwasser und Löschwasser

## 6.1 Aufgabe

Für ein Bürogebäude (s. Abb. 3–63 bis Abb. 3–64) sollen die Druckerhöhungsanlagen (DEA) für das Trinkwasser und das Löschwasser ausgelegt werden.

**Obergeschosse 1. bis 10. OG**

In jeder Etage befinden sich 8 Großraumbüros mit jeweils einer Teeküche mit Geschirrspülmaschine, Küchenspüle und Espressomaschine, ein Damen-WC (Ausstattung s. Abb. 3–62) und ein Herren-WC (Ausstattung s. Abb. 3–64)

**Erdgeschoss**

8 Läden – Ausstattung s. Obergeschosse. Versorgung über 16 Stränge; jede Nutzungseinheit erhält einen WZ mit Nenngröße $Q_n = 1{,}5\,m^3/h$. Aus hygienischen Gründen wird die Stockwerksverteilung in Form einer Ringleitung mit Spülmöglichkeit über das WC ausgebildet, um die Vorgaben eines Hygieneplans zu realisieren.

7 Hygieneplan

**Kellergeschoss**

Mit Entnahmearmaturen für Heizung, Raumlufttechnik (RLT) und einen Ausguss.

**Treppenhaus**

Laut Brandschutzkonzept sind in beiden Treppenhäusern auf jeder Etage ein Wandhydrant Typ F mit 100 l/min bei 0,3 MPa zu installieren. Die Übergabe des Trinkwassers an der LWÜ erfolgt nach DIN 1988-600 über einen freien Auslauf in einen drucklosen Vorbehälter. In Fließrichtung davor wird ein Steinfänger installiert.

**DEA-Trinkwasser**

Die DEA für das Trinkwasser wird aus energetischen Gründen direkt an die Versorgungsleitung angeschlossen; aus dem gleichen Grund wird das Trinkwassersystem in zwei Druckzonen (Normalzone, Druckzone) eingeteilt. Das WVU gibt als minimalen Versorgungsdruck $p_{min,V} = 0{,}45$ MPa (maximal $p_{max,V} = 0{,}48$ MPa) am Anschlusspunkt der Hausanschlussleitung an die Versorgungsleitung an. Als Wasserzähler ist ein Flügelradzähler der Nenngröße $Q_n = 10\,m^3/h$ vorgesehen. Die Hausanschlussleitung ist auch vom Planer zu bemessen.

**Materialien**

- Trinkwasser- und Löschwasserleitungen aus nichtrostendem Stahl
- Verbinder für TW-Leitungen aus Edelstahl
- Verbinder für Löschwasserleitungen aus Rotguss.

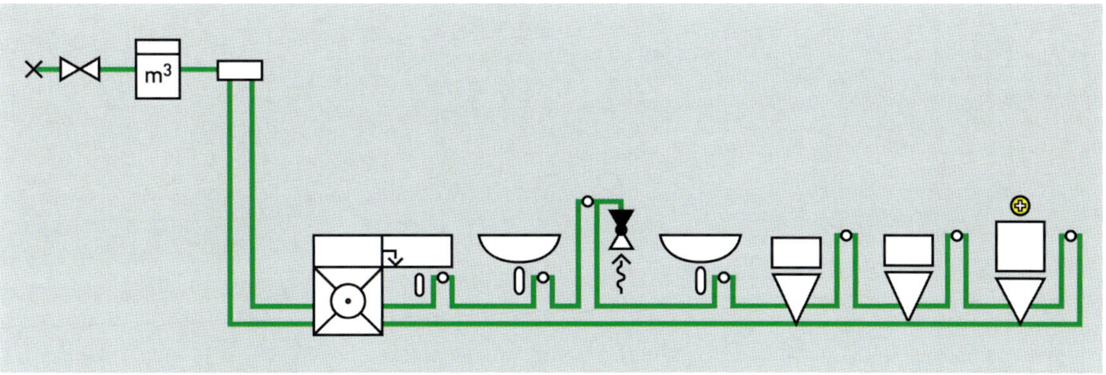


Abb. 3–62 **Ausstattung Geschosse**

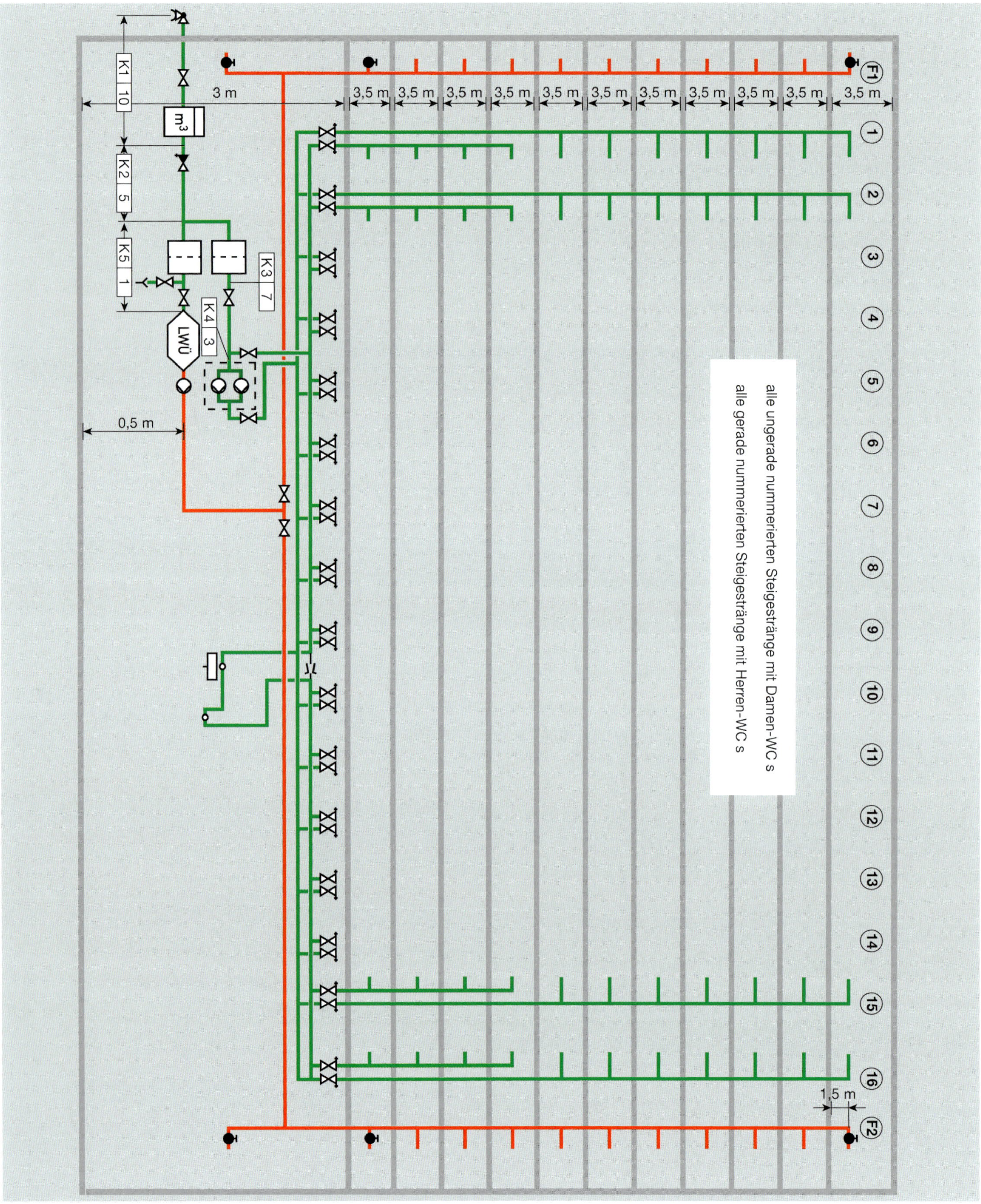


Abb. 3–63 **Strangschema – Bürogebäude mit DEA**

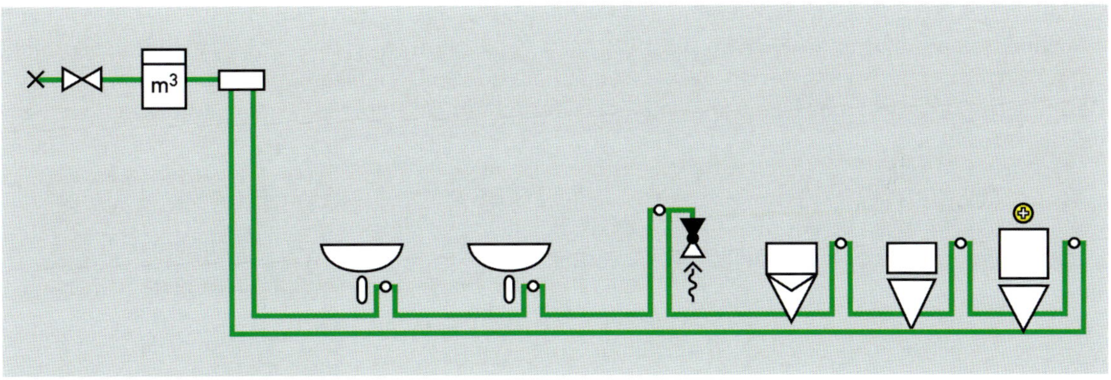


Abb. 3–64 **Ausstattung Herren-WC**

## 6.2 Normal- und Druckzone

Die Höhe der Normalzone wird mit Formel (4.3) berechnet:

$$h_{N,max} = \frac{p_{min,V} - (p_{min,Fl} + \sum \Delta p_{Ap} + l'_{ges} \cdot R_{ges})}{\rho \cdot g + R_{ges}}$$

**nach Formel (4.3)**

worin zunächst die Apparatedruckverluste bestimmt werden müssen.

### 6.2.1 Hauswasserzähler

Die Summendurchflüsse für die Nutzungseinheiten Herren- und Damen-WC sowie die Teeküche sind in Tab. 3–37 zusammengestellt. Damit erhält man als Summendurchfluss für das gesamte Gebäude:

$\sum V_R$ = 11 Geschosse · 8 Stränge · (0,7 + 0,53 + 0,14) = 120,56 l/s ≈ 121 l/s.

Tab. 3–37 **Berechnungs- und Summendurchflüsse für die Nutzungseinheiten des Bürogebäudes**

| **Herren** | | | |
|---|---|---|---|
| **Ausstattung** | $\dot{V}_R$ | **Anzahl** | $\sum \dot{V}_R$ |
| **WC** | 0,13 | 2 | 0,26 |
| **Urinal** | 0,3 | 1 | 0,3 |
| **WT** | 0,07 | 2 | 0,14 |
| **Summe Herren-WC** | | | **0,7** |
| **Damen** | | | |
| **Ausstattung** | $\dot{V}_R$ | **Anzahl** | $\sum \dot{V}_R$ |
| **WC** | 0,13 | 3 | 0,39 |
| **WT** | 0,07 | 2 | 0,14 |
| **Summe Damen-WC** | | **0,53** | |
| **Teeküche** | | | |
| **Ausstattung** | $\dot{V}_R$ | **Anzahl** | $\sum \dot{V}_R$ |
| **Spüle** | 0,07 | 1 | 0,07 |
| **GM** | 0,07 | 1 | 0,07 |
| **Summe Teeküche** | | | **0,14** |

Dabei werden die für die Raumreinigung installierten Zapfventile in den Damen- und Herren-WCs und die Entnahmearmaturen im KG (Heizung etc.) bei der Ermittlung des Summendurchflusses nicht berücksichtigt, weil zu erwarten ist, dass sie außerhalb der Spitzenbelastungszeit betrieben werden. Der Spitzendurchfluss am Hauswasserzähler ergibt sich für ein Büro (Verwaltungs-)gebäude mit Formel (1.11) zu:

**nach Formel (1.11)**

$$\dot{V}_S = a \cdot \left(\sum \dot{V}_R\right)^b - c = 0{,}91 \cdot (120{,}56)^{0{,}31} - 0{,}38 = 3{,}64 \frac{l}{s} = 13{,}1\, m^3/h.$$

Damit beträgt der Druckverlust im Hauswasserzähler:

**nach Formel (1.17)**

$$\Delta p_{Ap} = \Delta p_g \cdot \left(\frac{\dot{V}_S}{\dot{V}_g}\right)^2 = 250\, hPa \cdot \left(\frac{13{,}1}{10}\right)^2 = 429 \approx 430\, hPa$$

wobei der Hersteller[28] den Druckverlust von 250 hPa für den Nenndurchfluss angegeben hat.

### 6.2.2 Filter

Es wird ein Filter DN 50 gewählt, dessen Daten der Hersteller[29] mit $\dot{V} = 16{,}5\, m^3/h$ bei 0,5 bar (500 hPa) angibt. Der Druckverlust ergibt sich mit Formel (1.17) zu:

**nach Formel (1.17)**

$$\Delta p_{Ap} = \Delta p_g \cdot \left(\frac{\dot{V}_S}{\dot{V}_g}\right)^2 = 500\, hPa \cdot \left(\frac{13{,}1}{16{,}5}\right)^2 = 315\, hPa$$

### 6.2.3 Höhe der Normalzone

Die horizontale Länge des hydraulisch ungünstigsten Fließweges (aus Grundrisszeichnungen) sei in diesem Beispiel 98 m – bei der Ringleitung in der Nutzungseinheit wird die einfache Länge zum entferntesten WC = 6,5 + 0,5 = 7 m berücksichtigt. Unabhängig von der Höhe der Normalzone ist die Länge der Leitung bis zur hydraulisch ungünstigsten Entnahmearmatur der Normalzone > 80 m. Damit ist das Gesamtdruckgefälle nach Tab. 3–34 mit $R_{ges}$ = 10 hPa/m anzunehmen. Damit beträgt die gesuchte Höhe (1 Höhenmeter = 98,1 hPa):

**nach Formel (4.3)**

$$h_{N,max} = \frac{4500 - (1000 + 430 + 315 + 98 \cdot 10)}{98{,}1 + 10} \approx 16{,}4\, m$$

Der höchste Abgang der Stockwerksverteilung in der Normalzone befindet sich dann im 3. OG (14,0 m über der Versorgungsleitung).
Das 4. OG liegt mit 17,5 m über 16,4 m und muss schon über die DEA versorgt werden.

[28] Allmess: Mehrstrahl-Nassläufer Typ MNK

[29] Honeywell: Rückspülbarer Hauswasser-Feinfilter in Klarsicht-Filtertasse

## 6.3 Förderdruck der DEA für das Trinkwasser

### 6.3.1 Nachdruck

Allgemein gilt nach Formel 4.7 für den Förderdruck:

$$\Delta p_P = 3000 + 10 \cdot 86 + (39 \ \cdot 100 + 0) = 7760 \ hPa \ \approx 0{,}78 \ MPa$$ **nach Formel (4.11)**

mit

$$p_{vor} = p_{min,V} - (\Delta p_{geo,vor} + \Delta p_{ges} + \Sigma \Delta p_{Ap,vor})$$ **nach Formel (4.9)**

mit folgenden Werten

| | |
|---|---|
| Mindestfließdruck: | 1000 hPa (Referenzwert nach DIN 1988-300) |
| Gesamtdruckgefälle: | 10 hPa/m nach Tab. 3–34 (da Länge von Abzweigung der Normalzone bis zur hydraulisch am ungünstigsten gelegenen Entnahmearmatur > 80 m) |

| | |
|---|---|
| Länge nach der Pumpe – aus Strangschema und Grundrissplänen: | 110 m |
| Geodätische Höhe nach der Pumpe – s. Strangschema: | 38,5 m |

Druckverlust im Wasserzähler eines Herren-WCs nach Herstellerangaben:

$$\Delta p_{WoWZ} = 0{,}025 \cdot \left(\frac{0{,}43 \cdot 3{,}6}{1{,}5}\right)^2 = 0{,}0266 \ MPa = 266 \ hPa$$ **nach Formel (1.17)**

worin der Spitzenvolumenstrom gleich dem Summendurchfluss der beiden größten »Verbraucher« ist: WC und Urinal = 0,13 + 0,3 = 0,43 l/s = 1,55 $m^3$/h.

Damit ergibt sich für den Nachdruck:

$$p_{nach} = 1000 + 10 \ \cdot 110 + (98{,}1 \ \cdot 38{,}5 + 266) = 6143 \ hPa = 0{,}61 \ MPa$$ **nach Formel (4.11)**

**Exkurs: Bemessung der Rohrleitungen vor der DEA für Trinkwasser**

Vor der Ermittlung des Vordruckes kann bereits die Rohrnetzberechnung für die Normalzone durchgeführt werden. Das verfügbare Rohrreibungsdruckgefälle für den ungünstigsten Leitungsweg und damit für die TS 1 bis 3 ergibt sich nach Formel (1.13) und analog[30] Formel (1.14) zu:

$$R_v = \frac{\left(1 - \frac{a}{100}\right)}{l_{ges}} \cdot \Delta p_{ges,v}$$ **nach Formel (1.13)**

mit:

$$\Delta p_{ges,v} = p_{min,WZ} - \Delta p_{geo} - \sum \Delta p_{Ap} - \sum \Delta p_{RV} - \Delta p_{Ring} \ - p_{min,Fl}$$ **nach Formel (1.14)**

[30] Wenn der Planer die Bemessung der Rohrleitungen einschließlich HAL (Hausanschlussleitung) durchführt!

Die noch fehlenden Parameter im Einzelnen:

$a$ Anteil der Einzelwiderstände: 50 % – geschätzt

$l_{ges}$ Länge von Versorgungsleitung bis zur hydraulisch ungünstigsten Entnahmearmatur: 112 m – aus Strangschema und Grundrissplänen

$\Delta p_{WZ}$ Druckverlust im Hauswasserzähler – berechnet, s.o.: 430 hPa

$\Delta p_{geo}$ Der Normalzone = 98,1 hPa/m · 14,0 m = 1373 hPa

$\sum \Delta p_{Ap}$ Druckverluste der Apparate nach dem Wasserzähler – Filter, WZ in der Nutzungseinheit: 315 + 266 hPa, s.o.),

$\sum \Delta P_{RV}$ Druckverluste in Rückflussverhinderern – hier nach dem Haus-WZ, nach Angaben des Herstellers[31]: 88 hPa,

$\sum \Delta p_{Ring}$ Druckverluste in der Ringleitung (s. u.: Berechnung der Druckverluste in der Ringleitung: 207 hPa

Damit berechnet sich das verfügbare Rohrreibungsdruckgefälle zu:

$$R_v = \frac{\left(1 - \frac{50}{100}\right)}{112} \cdot (4500 - 1373 - 430 - 315 - 266 - 88 - 207 - 1000) = 3{,}7\ hPa/m$$

Damit werden die Teilstrecken 1 bis 3 bemessen, s. Tab. 3–38. Bereits TS 4 muss nach wirtschaftlichen Gesichtspunkten ausgelegt werden, d. h. mit $R_{ges}$ = 10 hPa/m . Damit ergibt sich für TS 4 ein verfügbares Rohrreibungsdruckgefälle von $R_v$ = 0,5 · 10 = 5 hPa/m (Einzelwiderstandsanteil: 50 %); gewählt wird ein Rohr DN 50 mit $R$ = 4,6 hPa/m (Tab. 3–37). Einzelwiderstände s. Tab. 3–39.

Tab. 3–38 **Ausschnitt aus der Bemessung der TW-Leitungen für die Normalzone und die Anschlussleitung zur DEA**

**TW kalt, Strang 16** — $R_v$ = **3,7 hPa/m für TS 1 bis TS 3**; $R_v$ = **5,0 hPa/m für TS 4 ff**

| TS | Rohr | $l$ | $\sum \dot{V}_R$ | $\dot{V}_D$ | $\dot{V}_S$ | DN | $v$ | $R$ | $l \cdot R$ | $\sum \zeta$ | $Z$ | $(l \cdot R + Z)$ |
|---|---|---|---|---|---|---|---|---|---|---|---|---|
| **1** | **2** | **3** | **4** | **5** | **6** | **7** | **8** | **9** | **10** | **11** | **12** | **13** |
| | | m | l/s | l/s | l/s | - | m/s | hPa/m | hPa | - | hPa | hPa |
| **K1** | Edel | 10 | 120,6 | 0 | 3,64 | 65 | 0,9 | 1,1 | 11 | 6,5 | 26 | 37 |
| **K2** | Edel | 5 | 120,6 | 0 | 3,64 | 65 | 0,9 | 1,1 | 6 | 1,5 | 6 | 12 |
| **K3** | Edel | 7 | 120,6 | 0 | 3,64 | 50 | 1,8 | 6,1 | 43 | 2,4 | 38 | 81 |
| **Anschlussleitung zur DEA** | | | | | | | | | | | | |
| **K4** | Edel | 3 | 76,72 | | 3,11 | 50 | 1,52 | 4,6 | 14 | 2,5 | 29 | 43 |
| | **Summe** | **25** | | | | | | | **73** | | **100** | **173** |
| | | | | | | | | | | | $\sum(l \cdot R + Z)$ | **173** |
| | | | | | | | | | | | $\sum(l \cdot R + Z)v$ | **250** |
| **Anschlussleitung zum Vorlagebehälter** | | | | | | | | | | | | |
| **K5** | Edel | 1 | | | 5 | 65 | 1,2 | 2,0 | 2 | 2,7 | 19 | 21 |

[31] Viega

Tab. 3–39 **Zusammenstellung der Einzelwiderstände für die Teilstrecken 1 bis 4**

| TW kalt, Strang 16, TS 1 bis 4 | | | | Teilstreckennummer (TS) | | | | |
|---|---|---|---|---|---|---|---|---|
| | | | | 1 | 2 | 3 | 4 | 5 |
| **Bauteil** | | **DN** | **ζ-Wert** | DN65 | DN65 | DN50 | DN50 | DN65 |
| Ventilanbohrschelle | Edel | 25 – 80 | 5[1] | 5,0 | | | | |
| Schrägsitzventil | Edel | 65 | 1,5[2] | 1,5 | 1,5 | | | 1,5 |
| Freistromventil mit Rückflussverhinderer (KRV) | Edel | 65 | [3] | | | | | |
| T-Stück Abzweig | Edel | 65 | 1,1[4] | | | 1,1 | | |
| Reduzierstück | Edel | 65 | 0,1[4] | | | 0,1 | | |
| Winkel 90° | Edel | 65 | 0,6[4] | | | | | 1,2 |
| T-Stück Durchfluss | Edel | 50 | 0,1[4] | | | | 0,1 | |
| Schrägsitzventil | Edel | 50 | 1,6[2] | | | | 1,6 | |
| Winkel 90° | Edel | 50 | 0,4[4] | | | 1,2 | 0,8 | |
| | | | **Summe ζ** | **6,5** | **1,5** | **2,4** | **2,5** | **2,7** |

[1] Üblicher Wert (s. auch DIN 1988-3)
[2] Aus Diagramm des Herstellers berechnet
[3] Bei $R_v$-Ermittlung berücksichtigt
[4] Sanpress Inox-Pressverbinder

## Berechnung der Druckverluste in der Ringleitung

Die maßgebenden Teilstrecken mit den beiden größten Durchflüssen an den Entnahmearmaturen sind in Abb. 3–65 für das Herren-WC dargestellt.

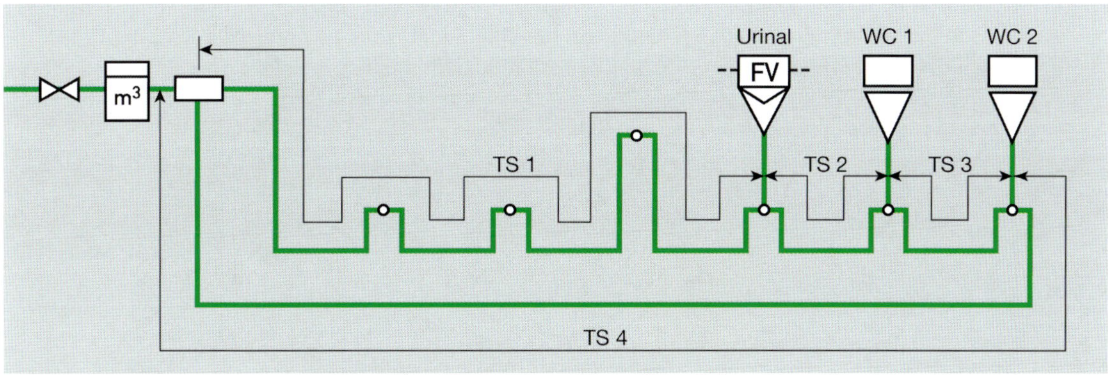


Abb. 3–65 **Teilstrecken für die Stockwerksverteilung des Herren-WCs**

Die beiden größten Entnahmearmaturen sind das Urinal (0,3 l/s) und ein WC (0,13 l/s). Zunächst ist unklar, ob bei der Benutzung von WC 1 oder von WC 2 (in beiden Fällen zusätzlich zum Urinal) der größere Druckverlust im Ring entsteht. Deshalb müssen zur Feststellung des größten Druckbedarfs im Ring auch zwei Belastungsfälle untersucht werden: Urinal/WC 1 oder Urinal/WC 2 zugleich in Betrieb. Der höhere Druckbedarf (hier: Urinal/WC 1) ist dann in der Rohrnetzberechnung zu berücksichtigen.

Zusammengefasst die Vorgehensweise (s. Tab. 3–40 und Tab. 3–41):

1. Auswahl einer Nennweite für die Ringleitung. Wegen des hohen Durchflusses von 0,3 l/s für den Urinal-Druckspüler – und dem anzunehmenden Spitzendurchfluss von 0,43 l/s für Urinal und WC – wird hier ein PE-Rohr 20 x 2,8 gewählt. Die nächst kleinere Nennweite würde unverhältnismäßig große Druckverluste in der Stockwerksverteilung erzeugen. Hinweis: Die Ringleitung im Damen-WC (inkl. Teeküche) könnte in 16 x 2,2 ausgeführt werden.
2. Festlegung des Startvolumenstroms für TS 1 und TS 4 mit der Hälfte des Summendurchflusses von $\sum \dot{V}_R = 0{,}3 + 0{,}13 = 0{,}43$ l/s, also $\dot{V}_{TS1} = 0{,}43/2 = 0{,}215$ l/s bzw. $d\dot{V}_{TS4} = -0{,}215$ l/s[32].

[32] Negativ, weil gegen Uhrzeigersinn

Damit stehen die Volumenströme für TS 2 und 3 fest:
$\dot{V}_{TS2} = \dot{V}_{TS1} - \dot{V}_{PP} = 0{,}215 - 0{,}3 = -0{,}085$ l/s und $\dot{V}_{TS3} = \dot{V}_{TS4} = -0{,}215$ l/s.

3. Mit diesen Volumenströmen werden die Druckverluste durch Rohrreibung und Einzelwiderstände bestimmt und für jede TS die Konstante »$a$« (s. Formel 1.26) und das Produkt $|a \cdot \dot{V}|$ – vorletzte Spalte in Tab. 3–40.
4. Mit Formel (1.28) wird schließlich der Differenzvolumenstrom berechnet.
   Für den 1. Iterationsschritt ergibt sich ein Wert von:

**nach Formel (1.29)**

$$\Delta\dot{V} = (-\sum_{i=1}^{n} \Delta p_{ges,i} / (2 \cdot \sum_{i=1}^{n} |a_i \cdot \dot{V}_i|) = -\frac{56}{2 \cdot 2972} = -0{,}0094\ l/s$$

5. Im nächsten Iterationsschritt wird zu jedem (TS 1 bis 4) zuvor geschätzten Volumenstrom der berechnete Differenzvolumenstrom addiert. Beispielsweise beträgt dann für TS 1:
   $\dot{V}_{TS1,\,2.\,Iteration} = \dot{V}_{TS1,\,1.Iteration} + \Delta\dot{V} = 0{,}215 + (-0{,}0094) = 0{,}206$ l/s
   Mit den neuen Volumenströmen wird wieder eine Druckverlustberechnung durchgeführt und die Maschenbedingung überprüft. Praxisnah kann die Iteration beendet werden, wenn der Differenzstrom den Wert 0,001 l/s unterschreitet.
6. Der zugehörige Druckverlust vom Verteiler bis zum hydraulisch ungünstigsten Abgang einer Entnahmestelle kann den Angaben (in Tab. 3–40 grün markiert) zum letzten Iterationsschritt entnommen werden. Er ergibt sich aus der Summation der positiven oder – nach der Maschenbedingung müssen sie gleich groß sein – der negativen Druckdifferenzen, hier 306 hPa.
7. Der Druckbedarf für die Reibung und die Einzelwiderstände der gesamten Stockwerksverteilung muss noch die Widerstände der Zuleitung von der Steigleitung bis zum Verteiler und der Einzelanschlussleitung zur hydraulisch ungünstigsten Entnahmearmatur berücksichtigen.

Tab. 3–40 **Druckverluste in der Ringleitung des Herren-WCs, berechnet mit dem CROSS-Verfahren**

**1. Iteration**

| TS | $\dot{V}$ | $R$ | L | $\Sigma\zeta$ | $\Delta p_R$ | Z | $\Delta p$ | $a$ | $(a \cdot \dot{V})_{abs}$ | $d\dot{V}$ |
|---|---|---|---|---|---|---|---|---|---|---|
| | l/s | hPa/m | m | | hPa/m | hPa/m | hPa/m | hPa/(l/s)·2 | hPa/(l/s) | l/s |
| 1 | 0,215 | 17,1 | 5,4 | 27,9 | 92 | 243 | 336 | 7261 | 1561 | -0,0094 |
| 2 | -0,085 | -3,4 | 1,8 | 6,9 | -6 | -9 | -15 | 2140 | 182 | -0,0094 |
| 3 | -0,215 | -17,1 | 1,8 | 6,9 | -31 | -60 | -91 | 1968 | 423 | -0,0094 |
| 4 | -0,215 | -17,1 | 6,5 | 7,1 | -111 | -62 | -173 | 3747 | 806 | -0,0094 |
| | | | | | | | **56** | | **2972** | **-0,0094** |

**2. Iteration**

| TS | $\dot{V}$ | $R$ | L | $\Sigma\zeta$ | $\Delta p_R$ | Z | $\Delta p$ | $a$ | $(a \cdot \dot{V})_{abs}$ | $d\dot{V}$ |
|---|---|---|---|---|---|---|---|---|---|---|
| | l/s | hPa/m | m | | hPa/m | hPa/m | hPa/m | hPa/(l/s)·2 | hPa/(l/s) | l/s |
| 1 | 0,206 | 15,8 | 5,4 | 27,9 | 86 | 222 | 308 | 7283 | 1497 | -0,0005 |
| 2 | -0,094 | -4,1 | 1,8 | 6,9 | -7 | -12 | -19 | 2119 | 200 | -0,0005 |
| 3 | -0,224 | -18,5 | 1,8 | 6,9 | -33 | -66 | -99 | 1961 | 440 | -0,0005 |
| 4 | -0,224 | -18,5 | 6,5 | 7,1 | -120 | -67 | -187 | 3721 | 835 | -0,0005 |
| | | | | | | | **3** | | **2972** | **-0,0005** |

**3. Iteration**

| TS | $\dot{V}$ | $R$ | L | $\Sigma\zeta$ | $\Delta p_R$ | Z | $\Delta p$ | $a$ | $(a \cdot \dot{V})_{abs}$ | $d\dot{V}$ |
|---|---|---|---|---|---|---|---|---|---|---|
| | l/s | hPa/m | m | | hPa/m | hPa/m | hPa/m | hPa/(l/s)·2 | hPa/(l/s) | l/s |
| 1 | 0,205 | 15,8 | 5,4 | 27,9 | 85 | 221 | 306 | 7284 | 1494 | 0,0000 |
| 2 | -0,095 | -4,1 | 1,8 | 6,9 | -7 | -12 | -19 | 2118 | 201 | 0,0000 |
| 3 | -0,225 | -18,5 | 1,8 | 6,9 | -33 | -66 | -99 | 1960 | 441 | 0,0000 |
| 4 | -0,225 | -18,5 | 6,5 | 7,1 | -120 | -68 | -188 | 3720 | 837 | 0,0000 |
| | | | | | | | **0** | | **2973** | **0,0000** |

Tab. 3–41 **Zusammenstellung der Widerstandsbeiwerte in der Ringleitung des Herren-WCs**

| Bauteil | ζ-Wert | Anzahl | TS 1 | Anzahl | TS 2 | Anzahl | TS 3 | Anzahl | TS 4 |
|---|---|---|---|---|---|---|---|---|---|
| Winkel | 1,4 | 16 | 22,4 | 4 | 5,6 | 4 | 5,6 | 3 | 4,2 |
| Wandscheibe Durchgang | 1,3 | 3 | 3,9 | 1 | 1,3 | 1 | 1,3 | 1 | 1,3 |
| Verteiler | 1,6 | 1 | 1,6 | 0 | 0,0 | 0 | 0,0 | 1 | 1,6 |
| **Summe** | | | **27,9** | | **6,9** | | **6,9** | | **7,1** |

## 6.3.2 Vordruck und Förderdruck

Der Vordruck kann nun berechnet werden ($\Delta p_{ges}$ s. Tab. 3–37):

$$p_{vor} = 4500 - (0 + 173 + 430 + 315) = 3582\ hPa \approx 0{,}36\ MPa$$

**nach Formel (4.9)**

Schließlich beträgt der Förderdruck der DEA für das Trinkwasser:
$\Delta p_P = p_{nach} - p_{vor} = 0{,}61 - 0{,}36 = 0{,}25$ MPa

## 6.3.3 Wahl der DEA

### Auswahl nach Herstellerangaben

Mit den Parametern: Förderstrom $\dot{V}_P = 11{,}2\ m^3/h$, Förderdruck $\Delta p_P = 0{,}25$ MPa und Vordruck $p_{vor} = 0{,}36$ MPa kann jetzt mit Hilfe der Herstellerunterlagen eine geeignete Druckerhöhungsanlage ausgewählt werden. Im vorliegenden Fall wird wegen der zu erwartenden schwankenden Wasserentnahmen eine Mehrpumpenanlage bevorzugt, bei der beide Betriebspumpen über Frequenzumformer geregelt werden (s. Abb. 3–66).

### Druckerhöhungsanlage

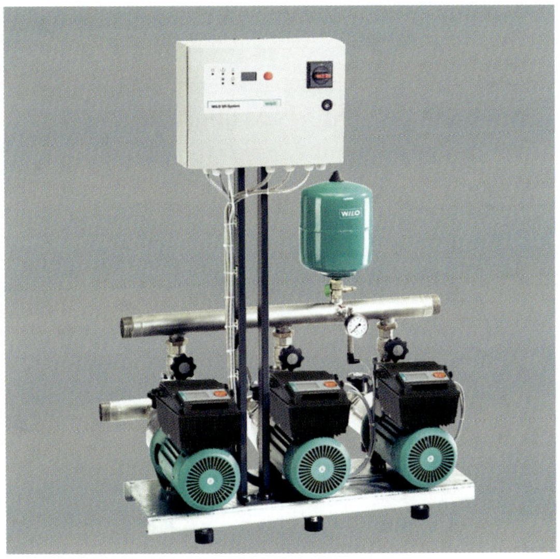

Abb. 3–66 **Druckerhöhungsanlage – Quelle Wilo**

Druckerhöhungsanlage mit 3 Betriebspumpen und einem Membrandruckbehälter (8 l) auf der Nachdruckseite.

Die Alternative, Pumpen mit festen Drehzahlen vorzusehen, würde selbst bei Anlagen mit 4 Betriebspumpen zu unzulässigen Geschwindigkeitsänderungen in der Anschlussleitung zur Pumpe (DN 50) und auch in der Hausanschlussleitung (DN 65) führen. Die Folge wäre, dass ein Membrandruckbehälter vor der DEA installiert werden müsste (s. Kapitel 4.2.2). In Tab. 3–42 sind, abhängig von der Nennweite der Anschlussleitungen aus nichtrostendem Stahl, die maximalen Volumenströme angegeben, bei denen die maximal zulässigen Geschwindigkeiten noch nicht überschritten werden.

Tab. 3–42 **Zulässige Volumenströme in den Anschlussleitungen zur DEA – ohne Druckbehälter auf der Vordruckseite**

| | | Maximale Volumenströme in $m^3/h$ | | |
|---|---|---|---|---|
| | | $W_{HAL} \leq 2\,m/s$ | $\Delta w \leq 0{,}15\,m/s$ | $\Delta w \leq 0{,}5\,m/s$ |
| **DN** | **$d_i$** [mm] | 2 | 0,15 | 0,5 |
| **50** | **51,0** | 14,7 | 1,1 | 3,7 |
| **60** | **60,0** | 20,4 | 1,5 | 5,1 |
| **65** | **72,1** | 29,4 | 2,2 | 7,3 |
| **80** | **84,9** | 40,8 | 3,1 | 10,2 |
| **100** | **104,0** | 61,2 | 4,6 | 15,3 |

## Beispiel

Bei einer DEA mit vier Pumpen (feste Drehzahl) in dem Bürogebäude würde jede Pumpe beim Zu- oder Abschalten folgende Volumenstromänderung in den Anschlussleitungen erzeugen:

$\Delta\dot{V}_{DEA} = \Delta\dot{V}_{DEA} / 4 = 11{,}2 / 4 = 2{,}8\ m^3/h$

Zulässig wären bei einer Anschlussleitung DN 50 nach Tab. 3–42 nur 1,1 $m^3/h$ und bei DN 65 nur 2,21 $m^3/h$. Hinzu kommt, dass beim Ausfall aller Betriebspumpen stets auch die zweite Bedingung verletzt würde ($\Delta v \leq 0{,}5\,m/s$), es sei denn, die Anschlussleitungen hätten eine Nennweite von DN 100.

*Ist ein Druckminderer notwendig?*

Die drehzahlgeregelte Anlage wird auf einen konstanten Nachdruck von 0,61 MPa eingestellt. Dieser Wert wird auch bei einem höheren Vordruck – wenn in der Versorgungsleitung der Druck auf $p_{maxV} = 0{,}48$ MPa ansteigt – nicht steigen. Somit ergibt sich nach Formel (4.22) die Höhe für den Rohrabschnitt, in dem der Ruhedruck 0,5 MPa und höher sein wird zu:

**nach Formel (4.22)**

$$h_{p\geq 5} = \frac{1}{\rho \cdot g} \cdot \left(p_{nach,Soll} - 0{,}5MPa\right) = \frac{1}{98{,}1\,\frac{hPa}{m} \cdot \frac{1\,MPa}{10^4 hPa}} \cdot (0{,}61 - 0{,}5) \approx 11{,}2\ m$$

Die niedrigste Stockwerksverteilung der Druckzone wird 17,5 m über der Achse der DEA angeschlossen – damit sind Druckminderer nicht notwendig.

### Rohrnetzberechnung für die Nachdruckzone

Die Rohrnetzberechnung auf der Nachdruckseite wird wie in Kapitel 1 beschrieben durchgeführt, nur, dass statt des Mindestversorgungsdruckes oder Mindestdruckes nach dem Wasserzähler, nunmehr der Nachdruck an der Druckerhöhungsanlage (DEA) zugrundegelegt wird.

## 6.4 Auslegung der Feuerlöschanlage

### 6.4.1 Löschwasserübergabe

Die im Brandschutzkonzept geforderten Wandhydranten Typ F in den beiden Treppenhäusern sollen über eine Löschwasseranlage »nass« versorgt werden und sind deshalb[101] mittelbar an die Trinkwasser-Installation anzuschließen. Der Wasserversorger hat der Bereitstellung von Löschwasser zugestimmt, da im Löschfall eine unzulässige Absenkung des Versorgungsdruckes nicht zu erwarten ist.

Die gemeinsame Anschlussleitung ist nach dem Spitzendurchfluss für die Trinkwasser-Installation ausgelegt worden (s. Kapitel 6.3), die Anschlussleitung zum Vorbehälter wird auch in DN 65 ausgeführt. Wird angenommen, dass im Brandfall drei Wandhydranten zugleich in Betrieb sein können, ergibt sich der Spitzenvolumenstrom der DEA zu $3 \cdot 100\,l/min = 18\,m^3/h$. Damit kann das Nutzvolumen des Vorbehälters mit Formel (4.20) berechnet werden:

$$V_N \geq 0{,}03 \cdot \dot{V}_{S,DEA} = 0{,}03 \cdot 18 = 0{,}54\,m^3$$

**nach Formel (4.20)**

Dieses Behältervolumen setzt voraus, dass kein Löschwasser gespeichert werden muss, d. h. die nach dem Trinkwasserbedarf bemessenen gemeinsamen Leitungsabschnitte TS1 und TS2 und die Anschlussleitung zum Vorbehälter müssen eine Leistungsfähigkeit von mindestens $18\,m^3/h$ haben.

Der Nachweis wird über die Anlagenkennlinie des Leitungszuges von der Versorgungsleitung bis zum Schwimmerventil geführt. Zunächst wird der Druckverlust für einen beliebigen Betriebspunkt (gewählt: $18\,m^3/h$) berechnet:

| | | |
|---|---|---|
| Reibung und Einzelwiderstände | $\sum(l \cdot R + Z)_{TS1,2,5}$ | =109 hPa |
| Wasserzähler $Q_n$ $10\,m^3/h$, 250 hPa bei $Q_n$ | $\Delta p_{WZ} = 250$ hPa $(18/10)^2$ | =810 hPa |
| Schmutzfänger DN 65, $k_{VS} = 73\,m^3/h$[33] | $\Delta p_{SF} = 1000$ hPa $(18/73)^2$ | =61 hPa |
| Schwimmerventil DN 50, 3000 hPa bei $30\,m^3/h$[33] | $\Delta p_{SV} = 3000$ hPa $(18/30)^2$ | =1080 hPa |

Tab. 3–43 **Berechnung des Druckverlustes durch Reibung und Einzelwiderstände für den Betriebspunkt $\dot{V}_S = 18\,m^3/h$**

| TS | Rohr | $l$ | $\sum\dot{V}_R$ | $\dot{V}_D$ | $\dot{V}_S$ | DN | $v$ | $R$ | $l \cdot R$ | $\sum\zeta$ | $Z$ | $(l \cdot R + Z)$ |
|---|---|---|---|---|---|---|---|---|---|---|---|---|
| **1** | **2** | **3** | **4** | **5** | **6** | **7** | **8** | **9** | **10** | **11** | **12** | **13** |
| | | m | l/s | l/s | l/s | – | m/s | hPa/m | hPa | – | hPa | hPa |
| K1 | Edel | 10 | | | 5 | 65 | 1,2 | 2,0 | 20 | 6,5 | 47 | 67 |
| K2 | Edel | 5 | | | 5 | 65 | 1,2 | 2,0 | 10 | 1,5 | 11 | 21 |
| K5 | Edel | 1 | | | 5 | 65 | 1,2 | 2,0 | 2 | 2,7 | 19 | 21 |
| | | | | | | | | | | $\sum(l \cdot R + Z)$ | | **109** |

Damit beträgt der Gesamtwiderstand:

$$R_{TS1,2,5} = \frac{(109 + 810 + 61 + 1080)hPa}{\left(18\,\frac{m^3}{h}\right)^2} = 6{,}36\,hPa/(m^3/h)^2$$

[101] DIN 1988-600: Technische Regeln für Trinkwasser-Installationen – Teil 600: Trinkwasser-Installationen in Verbindung mit Feuerlösch- und Brandschutzanlagen; Technische Regel des DVGW. Berlin: Beuth, 10/2010

33 Herstellerangabe

Bei einer Druckdifferenz von $p_{minV}$ - 0 (Überdruck im Vorbehälter = 0) ergibt sich der Volumenstrom bei voll geöffnetem Schwimmerventil zu:

$$\dot{V}_{Nachspeisung} = \sqrt{\frac{p_{min,V}}{R_{TS\ 1,2,5}}} = \sqrt{\frac{4500}{6,36}} = 26,6\ m^3/h$$

Dieser Volumenstrom ist größer als der von der DEA im Löschfall entnommene Volumenstrom von 19 $m^3/h$. Damit ist eine Löschwasserbevorratung nicht notwendig.

Die Strömungsgeschwindigkeit beim Volumenstrom für die Nachspeisung beträgt 1,81 m/s und liegt damit in diesem Fall unter der für die HAL geforderte Grenze von 2,0 m/s.

### 6.4.2 Auslegung der DEA für das Löschwasser

Der Förderstrom beträgt $\dot{V}_P = 18\ m^3/h$ , der Förderdruck wird mit Formel (4.7) bestimmt:

**nach Formel (4.7)**

$$\Delta p_P = p_{nach} - p_{vor}$$

Bei mittelbarem Anschluss und sehr kurzer Anschlussleitung ist $p_{vor} \approx 0$. Damit ist der Förderdruck gleich dem Nachdruck und wird mit Formel (4.11) berechnet:

**nach Formel (4.11)**

$$\Delta p_P = 3000 + 10 \cdot 86 + (39\ \cdot 100 + 0) = 7760\ hPa\ \approx 0,78\ MPa$$

Der Mindestfließdruck des Wandhydranten mit 100 l/min beträgt (s. Tab. 3–36) 0,3 MPa. Die Gesamtlänge vom Vorlagebehälter bis zum entferntesten Wandhydranten beträgt $l_{ges} = 86$ m. Damit beträgt das Gesamtdruckgefälle (nach Tab. 3–34) $R_{ges} = 10$ hPa/m. Der geodätische Höhenunterschied (s. Strangschema s. Abb. 3–63) ist 39 m und Apparate sind nach der DEA nicht eingebaut, somit ergibt sich der Förderdruck zu:

**nach Formel (4.11)**

$$\Delta p_P = 3000 + 10 \cdot 86 + (39\ \cdot 100 + 0) = 7760\ hPa\ \approx 0,78\ MPa$$

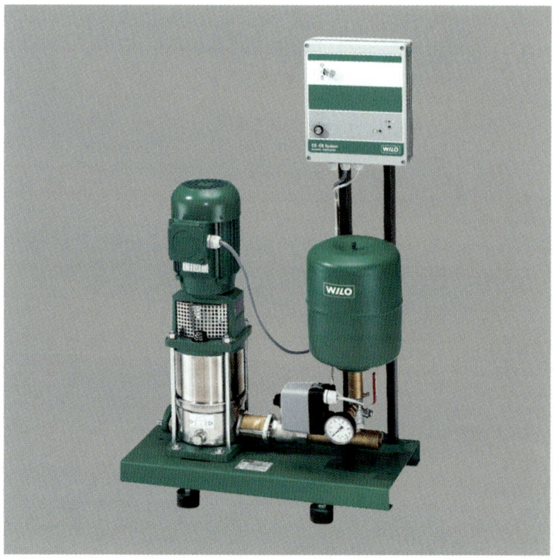


Abb. 3–67 **DEA mit Betriebspumpe und Druckbehälter Quelle Wilo**

Laut Brandschutzkonzept ist eine Einzelpumpenanlage (mit fester Drehzahl) möglich. Die ausgewählte Anlage mit einer Betriebspumpe und einem Membrandruckbehälter (8 l) auf der Druckerhöhungsanlage Nachdruckseite (s. Abb. 3–66) bringt nach Herstellerangaben beim rechnerischen Förderstrom von 18 $m_3/h$ einen Förderdruck 0,84 MPa. Mit diesem Nachdruck wird das nachfolgende Rohrnetz nach DIN 1988-300 ausgelegt (s. Kapitel 1).

### 6.4.3 Überprüfung der Drücke vor dem Wandhydranten

Nach Tab. 3–36 darf der höchste Fließdruck vor einem Wandhydranten 0,8 MPa und der höchste Ruhedruck 1,2 Mpa betragen.
Mit den Daten für die gewählte DEA wird der höchste Fließdruck vor dem Wandhydranten mit Formel 6.1 berechnet:

$$p_{Fl,max} = p_{nach} - \Delta p_{geo} - \Sigma\,(l \cdot R + Z) \quad (6.1)$$

**Höchster Fließdruck – DEA**

mit

| | |
|---|---|
| $\Delta p_{geo}$ | Geodätischer Druckverlust zwischen Druckstutzen der DEA und dem Wandhydranten |
| $\sum(l \cdot R + Z)$ | Druckverlust durch Reibung und Einzelwiderstände (Druckstutzen DEA bis Hydrant) |

Der im Beispiel gefährdetste Wandhydrant ist der im KG (Höhenunterschied: 1 m). Für ihn ergibt sich laut Druckverlustberechnung $\sum(l \cdot R + Z) = 560$ hPa) ein maximaler Fließdruck von:

$$p_{Fl,max} = 8400 - 1 \cdot 100 - 560 = 7740\ hPa \approx 0{,}77\ MPA < 0{,}8\ MPa$$

**nach Formel (6.1)**

Die Forderung wird erfüllt.

Auch der Ruhedruck = Nachdruck – geodätischer Druckverlust – liegt mit 8400 hPa – 100 hPa = 8300 hPa = 0,83 MPa deutlich unter dem Wert von 1,2 MPa nach Tab. 3–36.

Damit ergeben sich **keine** unzulässigen Vordrücke am Wandhydranten und im Einsatzfall können sie einwandfrei betrieben werden.

# 7 Anhang

## 7.1 Tabellen

## 7.1.1 Rohrreibungsdruckverluste

Tab. 3–44 **Raxofix – Druckverlust Kaltwasserleitungen** 1/3

Wassertemperatur = 10 °C Dichte = 999,65 kg/m³ Kinematische Viskosität = $1{,}3 \cdot 10^{-06}$ m²/s Rohrrauigkeit = 0,0015 mm

| **DN** | 12 | | 15 | | 20 | | 25 | | 32 | | 40 | | 50 | |
|---|---|---|---|---|---|---|---|---|---|---|---|---|---|---|
| **$d_a$ x s** | 16 x 2,2 | | 20 x 2,8 | | 25 x 2,7 | | 32 x 3,2 | | 40 x 3,5 | | 50 x 4 | | 63 x 4,5 | |
| **$d_i$** | 11,6 | | 14,4 | | 19,6 | | 25,6 | | 33,0 | | 42,0 | | 54,0 | |
| **$V_S$ l/s** | **R mbar/m** | **v m/s** | **R mbar/m** | **v m/s** | **R mbar/m** | **v m/s** | **R mbar/m** | **v m/s** | **R mbar/m** | **v m/s** | **R mbar/m** | **v m/s** | **R mbar/m** | **v m/s** |
| **0,07** | 6,8 | 0,7 | 2,4 | 0,4 | 0,6 | 0,2 | | | | | | | | |
| **0,08** | 8,5 | 0,8 | 3,1 | 0,5 | 0,7 | 0,3 | | | | | | | | |
| **0,09** | 10,5 | 0,9 | 3,8 | 0,6 | 0,9 | 0,3 | | | | | | | | |
| **0,10** | 12,6 | 0,9 | 4,5 | 0,6 | 1,1 | 0,3 | | | | | | | | |
| **0,11** | 14,8 | 1,0 | 5,3 | 0,7 | 1,2 | 0,4 | 0,4 | 0,2 | | | | | | |
| **0,12** | 17,2 | 1,1 | 6,2 | 0,7 | 1,4 | 0,4 | 0,4 | 0,2 | | | | | | |
| **0,13** | 19,8 | 1,2 | 7,1 | 0,8 | 1,7 | 0,4 | 0,5 | 0,3 | | | | | | |
| **0,14** | 22,6 | 1,3 | 8,1 | 0,9 | 1,9 | 0,5 | 0,5 | 0,3 | | | | | | |
| **0,15** | 25,4 | 1,4 | 9,1 | 0,9 | 2,1 | 0,5 | 0,6 | 0,3 | | | | | | |
| **0,16** | 28,5 | 1,5 | 10,2 | 1,0 | 2,4 | 0,5 | 0,7 | 0,3 | | | | | | |
| **0,17** | 31,7 | 1,6 | 11,3 | 1,0 | 2,6 | 0,6 | 0,7 | 0,3 | | | | | | |
| **0,18** | 35,0 | 1,7 | 12,5 | 1,1 | 2,9 | 0,6 | 0,8 | 0,3 | 0,2 | 0,2 | | | | |
| **0,19** | 38,5 | 1,8 | 13,8 | 1,2 | 3,2 | 0,6 | 0,9 | 0,4 | 0,3 | 0,2 | | | | |
| **0,20** | 42,1 | 1,9 | 15,0 | 1,2 | 3,5 | 0,7 | 1,0 | 0,4 | 0,3 | 0,2 | | | | |
| **0,21** | 45,9 | 2,0 | 16,4 | 1,3 | 3,8 | 0,7 | 1,1 | 0,4 | 0,3 | 0,2 | | | | |
| **0,22** | 49,8 | 2,1 | 17,8 | 1,4 | 4,1 | 0,7 | 1,2 | 0,4 | 0,3 | 0,3 | | | | |
| **0,23** | 53,9 | 2,2 | 19,2 | 1,4 | 4,4 | 0,8 | 1,3 | 0,4 | 0,4 | 0,3 | | | | |
| **0,24** | 58,1 | 2,3 | 20,7 | 1,5 | 4,8 | 0,8 | 1,3 | 0,5 | 0,4 | 0,3 | | | | |
| **0,26** | 66,9 | 2,5 | 23,8 | 1,6 | 5,5 | 0,9 | 1,5 | 0,5 | 0,5 | 0,3 | | | | |
| **0,28** | 76,2 | 2,6 | 27,2 | 1,7 | 6,3 | 0,9 | 1,8 | 0,5 | 0,5 | 0,3 | 0,2 | 0,2 | | |
| **0,30** | 86,1 | 2,8 | 30,7 | 1,8 | 7,1 | 1,0 | 2,0 | 0,6 | 0,6 | 0,4 | 0,2 | 0,2 | | |
| **0,32** | 96,6 | 3,0 | 34,4 | 2,0 | 7,9 | 1,1 | 2,2 | 0,6 | 0,7 | 0,4 | 0,2 | 0,2 | | |
| **0,34** | 107,5 | 3,2 | 38,2 | 2,1 | 8,8 | 1,1 | 2,5 | 0,7 | 0,7 | 0,4 | 0,2 | 0,2 | | |
| **0,36** | 119,0 | 3,4 | 42,3 | 2,2 | 9,7 | 1,2 | 2,7 | 0,7 | 0,8 | 0,4 | 0,3 | 0,3 | | |
| **0,38** | 131,0 | 3,6 | 46,5 | 2,3 | 10,7 | 1,3 | 3,0 | 0,7 | 0,9 | 0,4 | 0,3 | 0,3 | | |
| **0,40** | 143,5 | 3,8 | 51,0 | 2,5 | 11,7 | 1,3 | 3,3 | 0,8 | 1,0 | 0,5 | 0,3 | 0,3 | | |
| **0,42** | 156,6 | 4,0 | 55,6 | 2,6 | 12,7 | 1,4 | 3,6 | 0,8 | 1,1 | 0,5 | 0,3 | 0,3 | | |
| **0,44** | 170,1 | 4,2 | 60,3 | 2,7 | 13,8 | 1,5 | 3,9 | 0,9 | 1,2 | 0,5 | 0,4 | 0,3 | | |
| **0,46** | 184,1 | 4,4 | 65,3 | 2,8 | 15,0 | 1,5 | 4,2 | 0,9 | 1,3 | 0,5 | 0,4 | 0,3 | 0,1 | 0,2 |
| **0,48** | 198,7 | 4,5 | 70,4 | 2,9 | 16,1 | 1,6 | 4,5 | 0,9 | 1,4 | 0,6 | 0,4 | 0,3 | 0,1 | 0,2 |
| **0,50** | 213,7 | 4,7 | 75,7 | 3,1 | 17,3 | 1,7 | 4,9 | 1,0 | 1,5 | 0,6 | 0,5 | 0,4 | 0,1 | 0,2 |
| **0,52** | 229,2 | 4,9 | 81,2 | 3,2 | 18,6 | 1,7 | 5,2 | 1,0 | 1,6 | 0,6 | 0,5 | 0,4 | 0,2 | 0,2 |
| **0,54** | | | 86,8 | 3,3 | 19,9 | 1,8 | 5,6 | 1,0 | 1,7 | 0,6 | 0,5 | 0,4 | 0,2 | 0,2 |
| **0,56** | | | 92,7 | 3,4 | 21,2 | 1,9 | 5,9 | 1,1 | 1,8 | 0,7 | 0,6 | 0,4 | 0,2 | 0,2 |
| **0,58** | | | 98,6 | 3,6 | 22,5 | 1,9 | 6,3 | 1,1 | 1,9 | 0,7 | 0,6 | 0,4 | 0,2 | 0,3 |
| **0,60** | | | 104,8 | 3,7 | 23,9 | 2,0 | 6,7 | 1,2 | 2,0 | 0,7 | 0,6 | 0,4 | 0,2 | 0,3 |
| **0,62** | | | 111,1 | 3,8 | 25,4 | 2,1 | 7,1 | 1,2 | 2,1 | 0,7 | 0,7 | 0,4 | 0,2 | 0,3 |
| **0,64** | | | 117,6 | 3,9 | 26,8 | 2,1 | 7,5 | 1,2 | 2,2 | 0,7 | 0,7 | 0,5 | 0,2 | 0,3 |
| **0,66** | | | 124,2 | 4,1 | 28,3 | 2,2 | 7,9 | 1,3 | 2,4 | 0,8 | 0,7 | 0,5 | 0,2 | 0,3 |
| **0,68** | | | 131,0 | 4,2 | 29,9 | 2,3 | 8,3 | 1,3 | 2,5 | 0,8 | 0,8 | 0,5 | 0,2 | 0,3 |
| **0,70** | | | 138,0 | 4,3 | 31,5 | 2,3 | 8,8 | 1,4 | 2,6 | 0,8 | 0,8 | 0,5 | 0,3 | 0,3 |
| **0,72** | | | 145,1 | 4,4 | 33,1 | 2,4 | 9,2 | 1,4 | 2,7 | 0,8 | 0,9 | 0,5 | 0,3 | 0,3 |
| **0,74** | | | 152,4 | 4,5 | 34,7 | 2,5 | 9,7 | 1,4 | 2,9 | 0,9 | 0,9 | 0,5 | 0,3 | 0,3 |
| **0,76** | | | 159,9 | 4,7 | 36,4 | 2,5 | 10,2 | 1,5 | 3,0 | 0,9 | 1,0 | 0,5 | 0,3 | 0,3 |
| **0,78** | | | 167,5 | 4,8 | 38,1 | 2,6 | 10,6 | 1,5 | 3,2 | 0,9 | 1,0 | 0,6 | 0,3 | 0,3 |
| **0,80** | | | 175,3 | 4,9 | 39,9 | 2,7 | 11,1 | 1,6 | 3,3 | 0,9 | 1,0 | 0,6 | 0,3 | 0,3 |
| **0,82** | | | | | 41,7 | 2,7 | 11,6 | 1,6 | 3,5 | 1,0 | 1,1 | 0,6 | 0,3 | 0,4 |
| **0,84** | | | | | 43,5 | 2,8 | 12,1 | 1,6 | 3,6 | 1,0 | 1,1 | 0,6 | 0,3 | 0,4 |
| **0,86** | | | | | 45,4 | 2,9 | 12,6 | 1,7 | 3,8 | 1,0 | 1,2 | 0,6 | 0,4 | 0,4 |
| **0,88** | | | | | 47,3 | 2,9 | 13,2 | 1,7 | 3,9 | 1,0 | 1,2 | 0,6 | 0,4 | 0,4 |
| **0,90** | | | | | 49,2 | 3,0 | 13,7 | 1,7 | 4,1 | 1,1 | 1,3 | 0,6 | 0,4 | 0,4 |
| **0,92** | | | | | 51,2 | 3,0 | 14,2 | 1,8 | 4,2 | 1,1 | 1,3 | 0,7 | 0,4 | 0,4 |
| **0,94** | | | | | 53,2 | 3,1 | 14,8 | 1,8 | 4,4 | 1,1 | 1,4 | 0,7 | 0,4 | 0,4 |
| **0,96** | | | | | 55,2 | 3,2 | 15,4 | 1,9 | 4,6 | 1,1 | 1,4 | 0,7 | 0,4 | 0,4 |
| **0,98** | | | | | 57,3 | 3,2 | 15,9 | 1,9 | 4,7 | 1,1 | 1,5 | 0,7 | 0,5 | 0,4 |
| **1,00** | | | | | 59,4 | 3,3 | 16,5 | 1,9 | 4,9 | 1,2 | 1,6 | 0,7 | 0,5 | 0,4 |

| DN | 20 | | 25 | | 32 | | 40 | | 50 | |
|---|---|---|---|---|---|---|---|---|---|---|
| $d_a$ x s | 25 x 2,7 | | 32 x 3,2 | | 40 x 3,5 | | 50 x 4 | | 63 x 4,5 | |
| $d_i$ | 19,6 | | 25,6 | | 33,0 | | 42,0 | | 54,0 | |
| $V_S$ l/s | R mbar/m | v m/s | R mbar/m | v m/s | R mbar/m | v m/s | R mbar/m | v m/s | R mbar/m | v m/s |
| **1,05** | 64,8 | 3,5 | 18,0 | 2,0 | 5,4 | 1,2 | 1,7 | 0,8 | 0,5 | 0,5 |
| **1,10** | 70,4 | 3,6 | 19,6 | 2,1 | 5,8 | 1,3 | 1,8 | 0,8 | 0,6 | 0,5 |
| **1,15** | 76,3 | 3,8 | 21,2 | 2,2 | 6,3 | 1,3 | 2,0 | 0,8 | 0,6 | 0,5 |
| **1,20** | 82,3 | 4,0 | 22,9 | 2,3 | 6,8 | 1,4 | 2,1 | 0,9 | 0,6 | 0,5 |
| **1,25** | 88,6 | 4,1 | 24,6 | 2,4 | 7,3 | 1,5 | 2,3 | 0,9 | 0,7 | 0,5 |
| **1,30** | 95,0 | 4,3 | 26,4 | 2,5 | 7,8 | 1,5 | 2,5 | 0,9 | 0,7 | 0,6 |
| **1,35** | 101,7 | 4,5 | 28,2 | 2,6 | 8,4 | 1,6 | 2,6 | 1,0 | 0,8 | 0,6 |
| **1,40** | 108,5 | 4,6 | 30,1 | 2,7 | 8,9 | 1,6 | 2,8 | 1,0 | 0,8 | 0,6 |
| **1,45** | 115,6 | 4,8 | 32,0 | 2,8 | 9,5 | 1,7 | 3,0 | 1,0 | 0,9 | 0,6 |
| **1,50** | 122,9 | 5,0 | 34,0 | 2,9 | 10,1 | 1,8 | 3,2 | 1,1 | 1,0 | 0,7 |
| **1,55** | | | 36,1 | 3,0 | 10,7 | 1,8 | 3,4 | 1,1 | 1,0 | 0,7 |
| **1,60** | | | 38,2 | 3,1 | 11,3 | 1,9 | 3,6 | 1,2 | 1,1 | 0,7 |
| **1,65** | | | 40,4 | 3,2 | 11,9 | 1,9 | 3,8 | 1,2 | 1,1 | 0,7 |
| **1,70** | | | 42,6 | 3,3 | 12,6 | 2,0 | 4,0 | 1,2 | 1,2 | 0,7 |
| **1,75** | | | 44,9 | 3,4 | 13,3 | 2,0 | 4,2 | 1,3 | 1,3 | 0,8 |
| **1,80** | | | 47,2 | 3,5 | 13,9 | 2,1 | 4,4 | 1,3 | 1,3 | 0,8 |
| **1,85** | | | 49,6 | 3,6 | 14,6 | 2,2 | 4,6 | 1,3 | 1,4 | 0,8 |
| **1,90** | | | 52,0 | 3,7 | 15,4 | 2,2 | 4,8 | 1,4 | 1,5 | 0,8 |
| **1,95** | | | 54,5 | 3,8 | 16,1 | 2,3 | 5,1 | 1,4 | 1,5 | 0,9 |
| **2,00** | | | 57,0 | 3,9 | 16,8 | 2,3 | 5,3 | 1,4 | 1,6 | 0,9 |
| **2,10** | | | 62,2 | 4,1 | 18,4 | 2,5 | 5,8 | 1,5 | 1,7 | 0,9 |
| **2,20** | | | 67,6 | 4,3 | 20,0 | 2,6 | 6,3 | 1,6 | 1,9 | 1,0 |
| **2,30** | | | 73,3 | 4,5 | 21,6 | 2,7 | 6,8 | 1,7 | 2,0 | 1,0 |
| **2,40** | | | 79,1 | 4,7 | 23,3 | 2,8 | 7,3 | 1,7 | 2,2 | 1,0 |
| **2,50** | | | 85,2 | 4,9 | 25,1 | 2,9 | 7,9 | 1,8 | 2,4 | 1,1 |
| **2,60** | | | | | 26,9 | 3,0 | 8,5 | 1,9 | 2,5 | 1,1 |
| **2,70** | | | | | 28,8 | 3,2 | 9,1 | 1,9 | 2,7 | 1,2 |
| **2,80** | | | | | 30,8 | 3,3 | 9,7 | 2,0 | 2,9 | 1,2 |
| **2,90** | | | | | 32,8 | 3,4 | 10,3 | 2,1 | 3,1 | 1,3 |
| **3,00** | | | | | 34,8 | 3,5 | 10,9 | 2,2 | 3,3 | 1,3 |
| **3,10** | | | | | 36,9 | 3,6 | 11,6 | 2,2 | 3,5 | 1,4 |
| **3,20** | | | | | 39,1 | 3,7 | 12,3 | 2,3 | 3,7 | 1,4 |
| **3,30** | | | | | 41,3 | 3,9 | 13,0 | 2,4 | 3,9 | 1,4 |
| **3,40** | | | | | 43,6 | 4,0 | 13,7 | 2,5 | 4,1 | 1,5 |
| **3,50** | | | | | 46,0 | 4,1 | 14,4 | 2,5 | 4,3 | 1,5 |
| **3,60** | | | | | 48,4 | 4,2 | 15,2 | 2,6 | 4,5 | 1,6 |
| **3,70** | | | | | 50,8 | 4,3 | 15,9 | 2,7 | 4,8 | 1,6 |
| **3,80** | | | | | 53,3 | 4,4 | 16,7 | 2,7 | 5,0 | 1,7 |
| **3,90** | | | | | 55,9 | 4,6 | 17,5 | 2,8 | 5,2 | 1,7 |
| **4,00** | | | | | 58,5 | 4,7 | 18,3 | 2,9 | 5,5 | 1,7 |
| **4,10** | | | | | 61,2 | 4,8 | 19,2 | 3,0 | 5,7 | 1,8 |
| **4,20** | | | | | 63,9 | 4,9 | 20,0 | 3,0 | 6,0 | 1,8 |
| **4,30** | | | | | | | 20,9 | 3,1 | 6,2 | 1,9 |
| **4,40** | | | | | | | 21,7 | 3,2 | 6,5 | 1,9 |
| **4,50** | | | | | | | 22,6 | 3,2 | 6,8 | 2,0 |
| **4,60** | | | | | | | 23,6 | 3,3 | 7,0 | 2,0 |
| **4,70** | | | | | | | 24,5 | 3,4 | 7,3 | 2,1 |
| **4,80** | | | | | | | 25,4 | 3,5 | 7,6 | 2,1 |
| **4,90** | | | | | | | 26,4 | 3,5 | 7,9 | 2,1 |
| **5,00** | | | | | | | 27,4 | 3,6 | 8,2 | 2,2 |



| DN | 40 | | 50 | |
|---|---|---|---|---|
| $d_a$ x s | 50 x 4 | | 63 x 4,5 | |
| $d_i$ | 42,0 | | 54,0 | |
| $V_S$ l/s | R mbar/m | v m/s | R mbar/m | v m/s |
| **5,00** | 27,4 | 3,6 | 8,2 | 2,2 |
| **5,10** | 28,4 | 3,7 | 8,5 | 2,2 |
| **5,20** | 29,4 | 3,8 | 8,8 | 2,3 |
| **5,30** | 30,4 | 3,8 | 9,1 | 2,3 |
| **5,40** | 31,5 | 3,9 | 9,4 | 2,4 |
| **5,50** | 32,5 | 4,0 | 9,7 | 2,4 |
| **5,60** | 33,6 | 4,0 | 10,0 | 2,4 |
| **5,70** | 34,7 | 4,1 | 10,3 | 2,5 |
| **5,80** | 35,8 | 4,2 | 10,7 | 2,5 |
| **5,90** | 36,9 | 4,3 | 11,0 | 2,6 |
| **6,00** | 38,1 | 4,3 | 11,3 | 2,6 |
| **6,20** | 40,4 | 4,5 | 12,0 | 2,7 |
| **6,40** | 42,8 | 4,6 | 12,7 | 2,8 |
| **6,60** | 45,2 | 4,8 | 13,5 | 2,9 |
| **6,80** | 47,7 | 4,9 | 14,2 | 3,0 |
| **7,00** | | | 15,0 | 3,1 |
| **7,20** | | | 15,8 | 3,1 |
| **7,40** | | | 16,6 | 3,2 |
| **7,60** | | | 17,4 | 3,3 |
| **7,80** | | | 18,2 | 3,4 |
| **8,00** | | | 19,1 | 3,5 |
| **8,20** | | | 19,9 | 3,6 |
| **8,40** | | | 20,8 | 3,7 |
| **8,60** | | | 21,7 | 3,8 |
| **8,80** | | | 22,6 | 3,8 |
| **9,00** | | | 23,6 | 3,9 |
| **9,20** | | | 24,5 | 4,0 |
| **9,40** | | | 25,5 | 4,1 |
| **9,60** | | | 26,5 | 4,2 |
| **9,80** | | | 27,5 | 4,3 |
| **10,00** | | | 28,5 | 4,4 |
| **10,20** | | | 29,6 | 4,5 |
| **10,40** | | | 30,7 | 4,5 |
| **10,60** | | | 31,7 | 4,6 |
| **10,80** | | | 32,8 | 4,7 |
| **11,00** | | | 33,9 | 4,8 |
| **11,20** | | | 35,1 | 4,9 |
| **11,40** | | | 36,2 | 5,0 |

Tab. 3–45 **Raxofix – Druckverlust Warmwasserleitungen** 

Wassertemperatur = 60 °C Dichte = 983,27 kg/m³ Kinematische Viskosität = 4,7 E-07 m²/s Rohrrauigkeit = 0,0015 mm

| DN | 12 | | 15 | | 20 | | 25 | | 32 | | 40 | | 50 | |
|---|---|---|---|---|---|---|---|---|---|---|---|---|---|---|
| $d_a$ x s | 16 x 2,2 | | 20 x 2,8 | | 25 x 2,7 | | 32 x 3,2 | | 40 x 3,5 | | 50 x 4 | | 63 x 4,5 | |
| $d_i$ | 11,6 | | 14,4 | | 19,6 | | 25,6 | | 33,0 | | 42,0 | | 54,0 | |
| $\dot{V}_S$ l/s | R mbar/m | v m/s | R mbar/m | v m/s | R mbar/m | v m/s | R mbar/m | v m/s | R mbar/m | v m/s | R mbar/m | v m/s | R mbar/m | v m/s |
| **0,07** | 5,1 | 0,7 | 1,8 | 0,4 | 0,4 | 0,2 | | | | | | | | |
| **0,08** | 6,5 | 0,8 | 2,3 | 0,5 | 0,5 | 0,3 | | | | | | | | |
| **0,09** | 8,0 | 0,9 | 2,8 | 0,6 | 0,7 | 0,3 | | | | | | | | |
| **0,10** | 9,6 | 0,9 | 3,4 | 0,6 | 0,8 | 0,3 | | | | | | | | |
| **0,11** | 11,3 | 1,0 | 4,0 | 0,7 | 0,9 | 0,4 | 0,3 | 0,2 | | | | | | |
| **0,12** | 13,2 | 1,1 | 4,7 | 0,7 | 1,1 | 0,4 | 0,3 | 0,2 | | | | | | |
| **0,13** | 15,3 | 1,2 | 5,4 | 0,8 | 1,2 | 0,4 | 0,4 | 0,3 | | | | | | |
| **0,14** | 17,4 | 1,3 | 6,2 | 0,9 | 1,4 | 0,5 | 0,4 | 0,3 | | | | | | |
| **0,15** | 19,7 | 1,4 | 7,0 | 0,9 | 1,6 | 0,5 | 0,4 | 0,3 | | | | | | |
| **0,16** | 22,1 | 1,5 | 7,8 | 1,0 | 1,8 | 0,5 | 0,5 | 0,3 | | | | | | |
| **0,17** | 24,6 | 1,6 | 8,7 | 1,0 | 2,0 | 0,6 | 0,6 | 0,3 | | | | | | |
| **0,18** | 27,3 | 1,7 | 9,7 | 1,1 | 2,2 | 0,6 | 0,6 | 0,3 | 0,2 | 0,2 | | | | |
| **0,19** | 30,0 | 1,8 | 10,6 | 1,2 | 2,4 | 0,6 | 0,7 | 0,4 | 0,2 | 0,2 | | | | |
| **0,20** | 32,9 | 1,9 | 11,7 | 1,2 | 2,7 | 0,7 | 0,7 | 0,4 | 0,2 | 0,2 | | | | |
| **0,21** | 35,9 | 2,0 | 12,7 | 1,3 | 2,9 | 0,7 | 0,8 | 0,4 | 0,2 | 0,2 | | | | |
| **0,22** | 39,0 | 2,1 | 13,8 | 1,4 | 3,2 | 0,7 | 0,9 | 0,4 | 0,3 | 0,3 | | | | |
| **0,23** | 42,3 | 2,2 | 14,9 | 1,4 | 3,4 | 0,8 | 1,0 | 0,4 | 0,3 | 0,3 | | | | |
| **0,24** | 45,6 | 2,3 | 16,1 | 1,5 | 3,7 | 0,8 | 1,0 | 0,5 | 0,3 | 0,3 | | | | |
| **0,26** | 52,7 | 2,5 | 18,6 | 1,6 | 4,2 | 0,9 | 1,2 | 0,5 | 0,4 | 0,3 | | | | |
| **0,28** | 60,2 | 2,6 | 21,3 | 1,7 | 4,8 | 0,9 | 1,3 | 0,5 | 0,4 | 0,3 | 0,1 | 0,2 | | |
| **0,30** | 68,2 | 2,8 | 24,1 | 1,8 | 5,5 | 1,0 | 1,5 | 0,6 | 0,5 | 0,4 | 0,1 | 0,2 | | |
| **0,32** | 76,7 | 3,0 | 27,0 | 2,0 | 6,1 | 1,1 | 1,7 | 0,6 | 0,5 | 0,4 | 0,2 | 0,2 | | |
| **0,34** | 85,5 | 3,2 | 30,1 | 2,1 | 6,8 | 1,1 | 1,9 | 0,7 | 0,6 | 0,4 | 0,2 | 0,2 | | |
| **0,36** | 94,9 | 3,4 | 33,4 | 2,2 | 7,6 | 1,2 | 2,1 | 0,7 | 0,6 | 0,4 | 0,2 | 0,3 | | |
| **0,38** | 104,6 | 3,6 | 36,8 | 2,3 | 8,3 | 1,3 | 2,3 | 0,7 | 0,7 | 0,4 | 0,2 | 0,3 | | |
| **0,40** | 114,8 | 3,8 | 40,4 | 2,5 | 9,1 | 1,3 | 2,5 | 0,8 | 0,8 | 0,5 | 0,2 | 0,3 | | |
| **0,42** | 125,5 | 4,0 | 44,1 | 2,6 | 10,0 | 1,4 | 2,8 | 0,8 | 0,8 | 0,5 | 0,3 | 0,3 | | |
| **0,44** | 136,6 | 4,2 | 47,9 | 2,7 | 10,8 | 1,5 | 3,0 | 0,9 | 0,9 | 0,5 | 0,3 | 0,3 | | |
| **0,46** | 148,1 | 4,4 | 51,9 | 2,8 | 11,7 | 1,5 | 3,3 | 0,9 | 1,0 | 0,5 | 0,3 | 0,3 | 0,1 | 0,2 |
| **0,48** | 160,0 | 4,5 | 56,1 | 2,9 | 12,7 | 1,6 | 3,5 | 0,9 | 1,0 | 0,6 | 0,3 | 0,3 | 0,1 | 0,2 |
| **0,50** | 172,4 | 4,7 | 60,4 | 3,1 | 13,6 | 1,7 | 3,8 | 1,0 | 1,1 | 0,6 | 0,4 | 0,4 | 0,1 | 0,2 |
| **0,52** | 185,2 | 4,9 | 64,9 | 3,2 | 14,6 | 1,7 | 4,1 | 1,0 | 1,2 | 0,6 | 0,4 | 0,4 | 0,1 | 0,2 |
| **0,54** | | | 69,4 | 3,3 | 15,7 | 1,8 | 4,3 | 1,0 | 1,3 | 0,6 | 0,4 | 0,4 | 0,1 | 0,2 |
| **0,56** | | | 74,2 | 3,4 | 16,7 | 1,9 | 4,6 | 1,1 | 1,4 | 0,7 | 0,4 | 0,4 | 0,1 | 0,2 |
| **0,58** | | | 79,1 | 3,6 | 17,8 | 1,9 | 4,9 | 1,1 | 1,5 | 0,7 | 0,5 | 0,4 | 0,1 | 0,3 |
| **0,60** | | | 84,1 | 3,7 | 18,9 | 2,0 | 5,2 | 1,2 | 1,6 | 0,7 | 0,5 | 0,4 | 0,1 | 0,3 |
| **0,62** | | | 89,3 | 3,8 | 20,1 | 2,1 | 5,6 | 1,2 | 1,6 | 0,7 | 0,5 | 0,4 | 0,2 | 0,3 |
| **0,64** | | | 94,6 | 3,9 | 21,3 | 2,1 | 5,9 | 1,2 | 1,7 | 0,7 | 0,5 | 0,5 | 0,2 | 0,3 |
| **0,66** | | | 100,0 | 4,1 | 22,5 | 2,2 | 6,2 | 1,3 | 1,8 | 0,8 | 0,6 | 0,5 | 0,2 | 0,3 |
| **0,68** | | | 105,6 | 4,2 | 23,7 | 2,3 | 6,6 | 1,3 | 1,9 | 0,8 | 0,6 | 0,5 | 0,2 | 0,3 |
| **0,70** | | | 111,3 | 4,3 | 25,0 | 2,3 | 6,9 | 1,4 | 2,0 | 0,8 | 0,6 | 0,5 | 0,2 | 0,3 |
| **0,72** | | | 117,2 | 4,4 | 26,3 | 2,4 | 7,3 | 1,4 | 2,1 | 0,8 | 0,7 | 0,5 | 0,2 | 0,3 |
| **0,74** | | | 123,2 | 4,5 | 27,7 | 2,5 | 7,6 | 1,4 | 2,3 | 0,9 | 0,7 | 0,5 | 0,2 | 0,3 |
| **0,76** | | | 129,4 | 4,7 | 29,0 | 2,5 | 8,0 | 1,5 | 2,4 | 0,9 | 0,7 | 0,5 | 0,2 | 0,3 |
| **0,78** | | | 135,7 | 4,8 | 30,4 | 2,6 | 8,4 | 1,5 | 2,5 | 0,9 | 0,8 | 0,6 | 0,2 | 0,3 |
| **0,80** | | | 142,1 | 4,9 | 31,9 | 2,7 | 8,8 | 1,6 | 2,6 | 0,9 | 0,8 | 0,6 | 0,2 | 0,3 |
| **0,82** | | | | | 33,3 | 2,7 | 9,2 | 1,6 | 2,7 | 1,0 | 0,9 | 0,6 | 0,3 | 0,4 |
| **0,84** | | | | | 34,8 | 2,8 | 9,6 | 1,6 | 2,8 | 1,0 | 0,9 | 0,6 | 0,3 | 0,4 |
| **0,86** | | | | | 36,3 | 2,9 | 10,0 | 1,7 | 3,0 | 1,0 | 0,9 | 0,6 | 0,3 | 0,4 |
| **0,88** | | | | | 37,9 | 2,9 | 10,4 | 1,7 | 3,1 | 1,0 | 1,0 | 0,6 | 0,3 | 0,4 |
| **0,90** | | | | | 39,4 | 3,0 | 10,9 | 1,7 | 3,2 | 1,1 | 1,0 | 0,6 | 0,3 | 0,4 |
| **0,92** | | | | | 41,1 | 3,0 | 11,3 | 1,8 | 3,3 | 1,1 | 1,0 | 0,7 | 0,3 | 0,4 |
| **0,94** | | | | | 42,7 | 3,1 | 11,7 | 1,8 | 3,5 | 1,1 | 1,1 | 0,7 | 0,3 | 0,4 |
| **0,96** | | | | | 44,4 | 3,2 | 12,2 | 1,9 | 3,6 | 1,1 | 1,1 | 0,7 | 0,3 | 0,4 |
| **0,98** | | | | | 46,0 | 3,2 | 12,7 | 1,9 | 3,7 | 1,1 | 1,2 | 0,7 | 0,4 | 0,4 |

| DN | 20 | | 25 | | 32 | | 40 | | 50 | |
|---|---|---|---|---|---|---|---|---|---|---|
| $d_a$ x s | 25 x 2,7 | | 32 x 3,2 | | 40 x 3,5 | | 50 x 4 | | 63 x 4,5 | |
| $d_i$ | 19,6 | | 25,6 | | 33,0 | | 42,0 | | 54,0 | |
| $\dot{V}_S$ l/s | R mbar/m | v m/s | R mbar/m | v m/s | R mbar/m | v m/s | R mbar/m | v m/s | R mbar/m | v m/s |
| **1,00** | 47,8 | 3,3 | 13,1 | 1,9 | 3,9 | 1,2 | 1,2 | 0,7 | 0,4 | 0,4 |
| **1,05** | 52,2 | 3,5 | 14,3 | 2,0 | 4,2 | 1,2 | 1,3 | 0,8 | 0,4 | 0,5 |
| **1,10** | 56,8 | 3,6 | 15,6 | 2,1 | 4,6 | 1,3 | 1,4 | 0,8 | 0,4 | 0,5 |
| **1,15** | 61,6 | 3,8 | 16,9 | 2,2 | 5,0 | 1,3 | 1,6 | 0,8 | 0,5 | 0,5 |
| **1,20** | 66,6 | 4,0 | 18,3 | 2,3 | 5,4 | 1,4 | 1,7 | 0,9 | 0,5 | 0,5 |
| **1,25** | 71,7 | 4,1 | 19,7 | 2,4 | 5,8 | 1,5 | 1,8 | 0,9 | 0,5 | 0,5 |
| **1,30** | 77,1 | 4,3 | 21,1 | 2,5 | 6,2 | 1,5 | 1,9 | 0,9 | 0,6 | 0,6 |
| **1,35** | 82,6 | 4,5 | 22,6 | 2,6 | 6,6 | 1,6 | 2,1 | 1,0 | 0,6 | 0,6 |
| **1,40** | 88,3 | 4,6 | 24,2 | 2,7 | 7,1 | 1,6 | 2,2 | 1,0 | 0,7 | 0,6 |
| **1,45** | 94,1 | 4,8 | 25,8 | 2,8 | 7,6 | 1,7 | 2,4 | 1,0 | 0,7 | 0,6 |
| **1,50** | 100,2 | 5,0 | 27,4 | 2,9 | 8,0 | 1,8 | 2,5 | 1,1 | 0,8 | 0,7 |
| **1,55** | | | 29,1 | 3,0 | 8,5 | 1,8 | 2,7 | 1,1 | 0,8 | 0,7 |
| **1,60** | | | 30,8 | 3,1 | 9,0 | 1,9 | 2,8 | 1,2 | 0,8 | 0,7 |
| **1,65** | | | 32,6 | 3,2 | 9,5 | 1,9 | 3,0 | 1,2 | 0,9 | 0,7 |
| **1,70** | | | 34,4 | 3,3 | 10,1 | 2,0 | 3,1 | 1,2 | 0,9 | 0,7 |
| **1,75** | | | 36,3 | 3,4 | 10,6 | 2,0 | 3,3 | 1,3 | 1,0 | 0,8 |
| **1,80** | | | 38,2 | 3,5 | 11,2 | 2,1 | 3,5 | 1,3 | 1,0 | 0,8 |
| **1,85** | | | 40,1 | 3,6 | 11,7 | 2,2 | 3,7 | 1,3 | 1,1 | 0,8 |
| **1,90** | | | 42,1 | 3,7 | 12,3 | 2,2 | 3,8 | 1,4 | 1,1 | 0,8 |
| **1,95** | | | 44,2 | 3,8 | 12,9 | 2,3 | 4,0 | 1,4 | 1,2 | 0,9 |
| **2,00** | | | 46,3 | 3,9 | 13,5 | 2,3 | 4,2 | 1,4 | 1,3 | 0,9 |
| **2,10** | | | 50,6 | 4,1 | 14,8 | 2,5 | 4,6 | 1,5 | 1,4 | 0,9 |
| **2,20** | | | 55,1 | 4,3 | 16,1 | 2,6 | 5,0 | 1,6 | 1,5 | 1,0 |
| **2,30** | | | 59,8 | 4,5 | 17,4 | 2,7 | 5,4 | 1,7 | 1,6 | 1,0 |
| **2,40** | | | 64,6 | 4,7 | 18,8 | 2,8 | 5,9 | 1,7 | 1,7 | 1,0 |
| **2,50** | | | 69,7 | 4,9 | 20,3 | 2,9 | 6,3 | 1,8 | 1,9 | 1,1 |
| **2,60** | | | | | 21,8 | 3,0 | 6,8 | 1,9 | 2,0 | 1,1 |
| **2,70** | | | | | 23,4 | 3,2 | 7,3 | 1,9 | 2,2 | 1,2 |
| **2,80** | | | | | 25,0 | 3,3 | 7,8 | 2,0 | 2,3 | 1,2 |
| **2,90** | | | | | 26,6 | 3,4 | 8,3 | 2,1 | 2,5 | 1,3 |
| **3,00** | | | | | 28,3 | 3,5 | 8,8 | 2,2 | 2,6 | 1,3 |
| **3,10** | | | | | 30,1 | 3,6 | 9,3 | 2,2 | 2,8 | 1,4 |
| **3,20** | | | | | 31,9 | 3,7 | 9,9 | 2,3 | 2,9 | 1,4 |
| **3,30** | | | | | 33,7 | 3,9 | 10,5 | 2,4 | 3,1 | 1,4 |
| **3,40** | | | | | 35,6 | 4,0 | 11,1 | 2,5 | 3,3 | 1,5 |
| **3,50** | | | | | 37,5 | 4,1 | 11,7 | 2,5 | 3,5 | 1,5 |
| **3,60** | | | | | 39,5 | 4,2 | 12,3 | 2,6 | 3,6 | 1,6 |
| **3,70** | | | | | 41,6 | 4,3 | 12,9 | 2,7 | 3,8 | 1,6 |
| **3,80** | | | | | 43,7 | 4,4 | 13,5 | 2,7 | 4,0 | 1,7 |
| **3,90** | | | | | 45,8 | 4,6 | 14,2 | 2,8 | 4,2 | 1,7 |
| **4,00** | | | | | 48,0 | 4,7 | 14,9 | 2,9 | 4,4 | 1,7 |
| **4,10** | | | | | 50,2 | 4,8 | 15,6 | 3,0 | 4,6 | 1,8 |
| **4,20** | | | | | 52,5 | 4,9 | 16,3 | 3,0 | 4,8 | 1,8 |
| **4,30** | | | | | | | 17,0 | 3,1 | 5,0 | 1,9 |
| **4,40** | | | | | | | 17,7 | 3,2 | 5,2 | 1,9 |
| **4,50** | | | | | | | 18,4 | 3,2 | 5,5 | 2,0 |
| **4,60** | | | | | | | 19,2 | 3,3 | 5,7 | 2,0 |
| **4,70** | | | | | | | 20,0 | 3,4 | 5,9 | 2,1 |
| **4,80** | | | | | | | 20,7 | 3,5 | 6,1 | 2,1 |
| **4,90** | | | | | | | 21,5 | 3,5 | 6,4 | 2,1 |



| DN | 40 | | 50 | |
|---|---|---|---|---|
| $d_a$ x s | 50 x 4 | | 63 x 4,5 | |
| $d_i$ | 42,0 | | 54,0 | |
| $\dot{V}_S$ l/s | R mbar/m | v m/s | R mbar/m | v m/s |
| **5,00** | 22,4 | 3,6 | 6,6 | 2,2 |
| **5,10** | 23,2 | 3,7 | 6,9 | 2,2 |
| **5,20** | 24,0 | 3,8 | 7,1 | 2,3 |
| **5,30** | 24,9 | 3,8 | 7,4 | 2,3 |
| **5,40** | 25,7 | 3,9 | 7,6 | 2,4 |
| **5,50** | 26,6 | 4,0 | 7,9 | 2,4 |
| **5,60** | 27,5 | 4,0 | 8,1 | 2,4 |
| **5,70** | 28,4 | 4,1 | 8,4 | 2,5 |
| **5,80** | 29,4 | 4,2 | 8,7 | 2,5 |
| **5,90** | 30,3 | 4,3 | 8,9 | 2,6 |
| **6,00** | 31,2 | 4,3 | 9,2 | 2,6 |
| **6,20** | 33,2 | 4,5 | 9,8 | 2,7 |
| **6,40** | 35,2 | 4,6 | 10,4 | 2,8 |
| **6,60** | 37,2 | 4,8 | 11,0 | 2,9 |
| **6,80** | 39,3 | 4,9 | 11,6 | 3,0 |
| **7,00** | | | 12,2 | 3,1 |
| **7,20** | | | 12,9 | 3,1 |
| **7,40** | | | 13,5 | 3,2 |
| **7,60** | | | 14,2 | 3,3 |
| **7,80** | | | 14,9 | 3,4 |
| **8,00** | | | 15,6 | 3,5 |
| **8,20** | | | 16,3 | 3,6 |
| **8,40** | | | 17,1 | 3,7 |
| **8,60** | | | 17,8 | 3,8 |
| **8,80** | | | 18,6 | 3,8 |
| **9,00** | | | 19,4 | 3,9 |
| **9,20** | | | 20,2 | 4,0 |
| **9,40** | | | 21,0 | 4,1 |
| **9,60** | | | 21,8 | 4,2 |
| **9,80** | | | 22,7 | 4,3 |
| **10,00** | | | 23,5 | 4,4 |
| **10,20** | | | 24,4 | 4,5 |
| **10,40** | | | 25,3 | 4,5 |
| **10,60** | | | 26,2 | 4,6 |
| **10,80** | | | 27,1 | 4,7 |
| **11,00** | | | 28,0 | 4,8 |
| **11,20** | | | 29,0 | 4,9 |
| **11,40** | | | 30,0 | 5,0 |

Tab. 3–46 **Sanpress Inox – Druckverlust Kaltwasserleitungen** 

Wassertemperatur = 10 °C Dichte = 999,65 kg/m³ Kinematische Viskosität = 1,3 E-06 m²/s Rohrrauigkeit = 0,0015 mm

| DN | 12 | | 15 | | 20 | | 25 | | 32 | | 40 | | 50 | | 60 | |
|---|---|---|---|---|---|---|---|---|---|---|---|---|---|---|---|---|
| $d_a$ x s | 15 x 1,0 | | 18 x 1,0 | | 22 x 1,2 | | 28 x 1,2 | | 35 x 1,5 | | 42 x 1,5 | | 54 x 1,5 | | 64 x 2 | |
| $d_i$ | 13,0 | | 16,0 | | 19,6 | | 25,6 | | 32,0 | | 39,0 | | 51,0 | | 60,0 | |
| $V_S$ l/s | R mbar/m | v m/s | R mbar/m | v m/s | R mbar/m | v m/s | R mbar/m | v m/s | R mbar/m | v m/s | R mbar/m | v m/s | R mbar/m | v m/s | R mbar/m | v m/s |
| **0,07** | 4,0 | 0,5 | 1,5 | 0,3 | 0,6 | 0,2 | | | | | | | | | | |
| **0,08** | 5,0 | 0,6 | 1,9 | 0,4 | 0,7 | 0,3 | | | | | | | | | | |
| **0,09** | 6,1 | 0,7 | 2,3 | 0,4 | 0,9 | 0,3 | | | | | | | | | | |
| **0,10** | 7,3 | 0,8 | 2,7 | 0,5 | 1,1 | 0,3 | | | | | | | | | | |
| **0,11** | 8,6 | 0,8 | 3,2 | 0,5 | 1,2 | 0,4 | 0,4 | 0,2 | | | | | | | | |
| **0,12** | 10,0 | 0,9 | 3,8 | 0,6 | 1,4 | 0,4 | 0,4 | 0,2 | | | | | | | | |
| **0,13** | 11,5 | 1,0 | 4,3 | 0,6 | 1,7 | 0,4 | 0,5 | 0,3 | | | | | | | | |
| **0,14** | 13,1 | 1,1 | 4,9 | 0,7 | 1,9 | 0,5 | 0,5 | 0,3 | | | | | | | | |
| **0,15** | 14,8 | 1,1 | 5,5 | 0,7 | 2,1 | 0,5 | 0,6 | 0,3 | | | | | | | | |
| **0,16** | 16,6 | 1,2 | 6,2 | 0,8 | 2,4 | 0,5 | 0,7 | 0,3 | | | | | | | | |
| **0,17** | 18,4 | 1,3 | 6,9 | 0,8 | 2,6 | 0,6 | 0,7 | 0,3 | 0,3 | 0,2 | | | | | | |
| **0,18** | 20,4 | 1,4 | 7,6 | 0,9 | 2,9 | 0,6 | 0,8 | 0,3 | 0,3 | 0,2 | | | | | | |
| **0,19** | 22,4 | 1,4 | 8,3 | 0,9 | 3,2 | 0,6 | 0,9 | 0,4 | 0,3 | 0,2 | | | | | | |
| **0,20** | 24,5 | 1,5 | 9,1 | 1,0 | 3,5 | 0,7 | 1,0 | 0,4 | 0,3 | 0,2 | | | | | | |
| **0,21** | 26,7 | 1,6 | 9,9 | 1,0 | 3,8 | 0,7 | 1,1 | 0,4 | 0,4 | 0,3 | | | | | | |
| **0,22** | 28,9 | 1,7 | 10,8 | 1,1 | 4,1 | 0,7 | 1,2 | 0,4 | 0,4 | 0,3 | | | | | | |
| **0,23** | 31,3 | 1,7 | 11,6 | 1,1 | 4,4 | 0,8 | 1,3 | 0,4 | 0,4 | 0,3 | | | | | | |
| **0,24** | 33,7 | 1,8 | 12,5 | 1,2 | 4,8 | 0,8 | 1,3 | 0,5 | 0,5 | 0,3 | 0,2 | 0,2 | | | | |
| **0,26** | 38,8 | 2,0 | 14,4 | 1,3 | 5,5 | 0,9 | 1,5 | 0,5 | 0,5 | 0,3 | 0,2 | 0,2 | | | | |
| **0,28** | 44,2 | 2,1 | 16,4 | 1,4 | 6,3 | 0,9 | 1,8 | 0,5 | 0,6 | 0,3 | 0,2 | 0,2 | | | | |
| **0,30** | 50,0 | 2,3 | 18,6 | 1,5 | 7,1 | 1,0 | 2,0 | 0,6 | 0,7 | 0,4 | 0,3 | 0,3 | | | | |
| **0,32** | 56,0 | 2,4 | 20,8 | 1,6 | 7,9 | 1,1 | 2,2 | 0,6 | 0,8 | 0,4 | 0,3 | 0,3 | | | | |
| **0,34** | 62,3 | 2,6 | 23,1 | 1,7 | 8,8 | 1,1 | 2,5 | 0,7 | 0,9 | 0,4 | 0,3 | 0,3 | | | | |
| **0,36** | 69,0 | 2,7 | 25,6 | 1,8 | 9,7 | 1,2 | 2,7 | 0,7 | 0,9 | 0,4 | 0,4 | 0,3 | | | | |
| **0,38** | 75,9 | 2,9 | 28,1 | 1,9 | 10,7 | 1,3 | 3,0 | 0,7 | 1,0 | 0,5 | 0,4 | 0,3 | | | | |
| **0,40** | 83,1 | 3,0 | 30,8 | 2,0 | 11,7 | 1,3 | 3,3 | 0,8 | 1,1 | 0,5 | 0,4 | 0,3 | | | | |
| **0,42** | 90,7 | 3,2 | 33,6 | 2,1 | 12,7 | 1,4 | 3,6 | 0,8 | 1,2 | 0,5 | 0,5 | 0,4 | 0,1 | 0,2 | | |
| **0,44** | 98,5 | 3,3 | 36,5 | 2,2 | 13,8 | 1,5 | 3,9 | 0,9 | 1,3 | 0,5 | 0,5 | 0,4 | 0,1 | 0,2 | | |
| **0,46** | 106,6 | 3,5 | 39,4 | 2,3 | 15,0 | 1,5 | 4,2 | 0,9 | 1,5 | 0,6 | 0,6 | 0,4 | 0,2 | 0,2 | | |
| **0,48** | 115,0 | 3,6 | 42,5 | 2,4 | 16,1 | 1,6 | 4,5 | 0,9 | 1,6 | 0,6 | 0,6 | 0,4 | 0,2 | 0,2 | | |
| **0,50** | 123,7 | 3,8 | 45,7 | 2,5 | 17,3 | 1,7 | 4,9 | 1,0 | 1,7 | 0,6 | 0,7 | 0,4 | 0,2 | 0,2 | | |
| **0,52** | 132,6 | 3,9 | 49,0 | 2,6 | 18,6 | 1,7 | 5,2 | 1,0 | 1,8 | 0,6 | 0,7 | 0,4 | 0,2 | 0,3 | | |
| **0,54** | 141,8 | 4,1 | 52,4 | 2,7 | 19,9 | 1,8 | 5,6 | 1,0 | 1,9 | 0,7 | 0,8 | 0,5 | 0,2 | 0,3 | | |
| **0,56** | 151,4 | 4,2 | 55,9 | 2,8 | 21,2 | 1,9 | 5,9 | 1,1 | 2,0 | 0,7 | 0,8 | 0,5 | 0,2 | 0,3 | | |
| **0,58** | 161,2 | 4,4 | 59,5 | 2,9 | 22,5 | 1,9 | 6,3 | 1,1 | 2,2 | 0,7 | 0,9 | 0,5 | 0,2 | 0,3 | 0,1 | 0,2 |
| **0,60** | 171,2 | 4,5 | 63,2 | 3,0 | 23,9 | 2,0 | 6,7 | 1,2 | 2,3 | 0,7 | 0,9 | 0,5 | 0,3 | 0,3 | 0,1 | 0,2 |
| **0,62** | 181,6 | 4,7 | 67,0 | 3,1 | 25,4 | 2,1 | 7,1 | 1,2 | 2,4 | 0,8 | 1,0 | 0,5 | 0,3 | 0,3 | 0,1 | 0,2 |
| **0,64** | 192,2 | 4,8 | 70,9 | 3,2 | 26,8 | 2,1 | 7,5 | 1,2 | 2,6 | 0,8 | 1,0 | 0,5 | 0,3 | 0,3 | 0,1 | 0,2 |
| **0,66** | 203,1 | 5,0 | 74,9 | 3,3 | 28,3 | 2,2 | 7,9 | 1,3 | 2,7 | 0,8 | 1,1 | 0,6 | 0,3 | 0,3 | 0,1 | 0,2 |
| **0,68** | | | 79,0 | 3,4 | 29,9 | 2,3 | 8,3 | 1,3 | 2,9 | 0,8 | 1,1 | 0,6 | 0,3 | 0,3 | 0,1 | 0,2 |
| **0,70** | | | 83,2 | 3,5 | 31,5 | 2,3 | 8,8 | 1,4 | 3,0 | 0,9 | 1,2 | 0,6 | 0,3 | 0,3 | 0,2 | 0,2 |
| **0,72** | | | 87,5 | 3,6 | 33,1 | 2,4 | 9,2 | 1,4 | 3,2 | 0,9 | 1,2 | 0,6 | 0,3 | 0,4 | 0,2 | 0,3 |
| **0,74** | | | 91,9 | 3,7 | 34,7 | 2,5 | 9,7 | 1,4 | 3,3 | 0,9 | 1,3 | 0,6 | 0,4 | 0,4 | 0,2 | 0,3 |
| **0,76** | | | 96,4 | 3,8 | 36,4 | 2,5 | 10,2 | 1,5 | 3,5 | 0,9 | 1,4 | 0,6 | 0,4 | 0,4 | 0,2 | 0,3 |
| **0,78** | | | 100,9 | 3,9 | 38,1 | 2,6 | 10,6 | 1,5 | 3,7 | 1,0 | 1,4 | 0,7 | 0,4 | 0,4 | 0,2 | 0,3 |
| **0,80** | | | 105,6 | 4,0 | 39,9 | 2,7 | 11,1 | 1,6 | 3,8 | 1,0 | 1,5 | 0,7 | 0,4 | 0,4 | 0,2 | 0,3 |
| **0,82** | | | 110,4 | 4,1 | 41,7 | 2,7 | 11,6 | 1,6 | 4,0 | 1,0 | 1,6 | 0,7 | 0,4 | 0,4 | 0,2 | 0,3 |
| **0,84** | | | 115,2 | 4,2 | 43,5 | 2,8 | 12,1 | 1,6 | 4,2 | 1,0 | 1,6 | 0,7 | 0,5 | 0,4 | 0,2 | 0,3 |
| **0,86** | | | 120,2 | 4,3 | 45,4 | 2,9 | 12,6 | 1,7 | 4,4 | 1,1 | 1,7 | 0,7 | 0,5 | 0,4 | 0,2 | 0,3 |
| **0,88** | | | 125,3 | 4,4 | 47,3 | 2,9 | 13,2 | 1,7 | 4,5 | 1,1 | 1,8 | 0,7 | 0,5 | 0,4 | 0,2 | 0,3 |
| **0,90** | | | 130,4 | 4,5 | 49,2 | 3,0 | 13,7 | 1,7 | 4,7 | 1,1 | 1,8 | 0,8 | 0,5 | 0,4 | 0,2 | 0,3 |
| **0,92** | | | 135,6 | 4,6 | 51,2 | 3,0 | 14,2 | 1,8 | 4,9 | 1,1 | 1,9 | 0,8 | 0,5 | 0,5 | 0,2 | 0,3 |
| **0,94** | | | 141,0 | 4,7 | 53,2 | 3,1 | 14,8 | 1,8 | 5,1 | 1,2 | 2,0 | 0,8 | 0,6 | 0,5 | 0,3 | 0,3 |
| **0,96** | | | 146,4 | 4,8 | 55,2 | 3,2 | 15,4 | 1,9 | 5,3 | 1,2 | 2,1 | 0,8 | 0,6 | 0,5 | 0,3 | 0,3 |
| **0,98** | | | 151,9 | 4,9 | 57,3 | 3,2 | 15,9 | 1,9 | 5,5 | 1,2 | 2,1 | 0,8 | 0,6 | 0,5 | 0,3 | 0,3 |
| **1,00** | | | 157,5 | 5,0 | 59,4 | 3,3 | 16,5 | 1,9 | 5,7 | 1,2 | 2,2 | 0,8 | 0,6 | 0,5 | 0,3 | 0,4 |

| DN | 20 | | 25 | | 32 | | 40 | | 50 | | 60 | | 65 | | 80 | | 100 | |
|---|---|---|---|---|---|---|---|---|---|---|---|---|---|---|---|---|---|---|
| $d_a$ x s | 22 x 1,2 | | 28 x 1,2 | | 35 x 1,5 | | 42 x 1,5 | | 54 x 1,5 | | 64 x 2 | | 76,1 x 2 | | 88,9 x 2 | | 108 x 2 | |
| $d_i$ | 19,6 | | 25,6 | | 32,0 | | 39,0 | | 51,0 | | 60,0 | | 72,1 | | 84,9 | | 104,0 | |
| $V_S$ l/s | R mbar/m | v m/s | R mbar/m | v m/s | R mbar/m | v m/s | R mbar/m | v m/s | R mbar/m | v m/s | R mbar/m | v m/s | R mbar/m | v m/s | R mbar/m | v m/s | R mbar/m | v m/s |
| **1,05** | 64,8 | 3,5 | 18,0 | 2,0 | 6,2 | 1,3 | 2,4 | 0,9 | 0,7 | 0,5 | 0,3 | 0,4 | | | | | | |
| **1,10** | 70,4 | 3,6 | 19,6 | 2,1 | 6,7 | 1,4 | 2,6 | 0,9 | 0,7 | 0,5 | 0,3 | 0,4 | | | | | | |
| **1,15** | 76,3 | 3,8 | 21,2 | 2,2 | 7,3 | 1,4 | 2,8 | 1,0 | 0,8 | 0,6 | 0,4 | 0,4 | | | | | | |
| **1,20** | 82,3 | 4,0 | 22,9 | 2,3 | 7,9 | 1,5 | 3,1 | 1,0 | 0,8 | 0,6 | 0,4 | 0,4 | | | | | | |
| **1,25** | 88,6 | 4,1 | 24,6 | 2,4 | 8,4 | 1,6 | 3,3 | 1,0 | 0,9 | 0,6 | 0,4 | 0,4 | | | | | | |
| **1,30** | 95,0 | 4,3 | 26,4 | 2,5 | 9,1 | 1,6 | 3,5 | 1,1 | 1,0 | 0,6 | 0,5 | 0,5 | | | | | | |
| **1,35** | 101,7 | 4,5 | 28,2 | 2,6 | 9,7 | 1,7 | 3,8 | 1,1 | 1,0 | 0,7 | 0,5 | 0,5 | | | | | | |
| **1,40** | 108,5 | 4,6 | 30,1 | 2,7 | 10,3 | 1,7 | 4,0 | 1,2 | 1,1 | 0,7 | 0,5 | 0,5 | | | | | | |
| **1,45** | 115,6 | 4,8 | 32,0 | 2,8 | 11,0 | 1,8 | 4,3 | 1,2 | 1,2 | 0,7 | 0,5 | 0,5 | | | | | | |
| **1,50** | 122,9 | 5,0 | 34,0 | 2,9 | 11,7 | 1,9 | 4,5 | 1,3 | 1,3 | 0,7 | 0,6 | 0,5 | | | | | | |
| **1,55** | | | 36,1 | 3,0 | 12,4 | 1,9 | 4,8 | 1,3 | 1,3 | 0,8 | 0,6 | 0,5 | | | | | | |
| **1,60** | | | 38,2 | 3,1 | 13,1 | 2,0 | 5,1 | 1,3 | 1,4 | 0,8 | 0,7 | 0,6 | | | | | | |
| **1,65** | | | 40,4 | 3,2 | 13,8 | 2,1 | 5,4 | 1,4 | 1,5 | 0,8 | 0,7 | 0,6 | | | | | | |
| **1,70** | | | 42,6 | 3,3 | 14,6 | 2,1 | 5,7 | 1,4 | 1,6 | 0,8 | 0,7 | 0,6 | | | | | | |
| **1,75** | | | 44,9 | 3,4 | 15,4 | 2,2 | 6,0 | 1,5 | 1,7 | 0,9 | 0,8 | 0,6 | | | | | | |
| **1,80** | | | 47,2 | 3,5 | 16,2 | 2,2 | 6,3 | 1,5 | 1,7 | 0,9 | 0,8 | 0,6 | | | | | | |
| **1,85** | | | 49,6 | 3,6 | 17,0 | 2,3 | 6,6 | 1,5 | 1,8 | 0,9 | 0,8 | 0,7 | 0,3 | 0,5 | 0,2 | 0,3 | | |
| **1,90** | | | 52,0 | 3,7 | 17,8 | 2,4 | 6,9 | 1,6 | 1,9 | 0,9 | 0,9 | 0,7 | 0,4 | 0,5 | 0,2 | 0,3 | | |
| **1,95** | | | 54,5 | 3,8 | 18,6 | 2,4 | 7,2 | 1,6 | 2,0 | 1,0 | 0,9 | 0,7 | 0,4 | 0,5 | 0,2 | 0,3 | | |
| **2,00** | | | 57,0 | 3,9 | 19,5 | 2,5 | 7,6 | 1,7 | 2,1 | 1,0 | 1,0 | 0,7 | 0,4 | 0,5 | 0,2 | 0,4 | | |
| **2,10** | | | 62,2 | 4,1 | 21,3 | 2,6 | 8,2 | 1,8 | 2,3 | 1,0 | 1,1 | 0,7 | 0,4 | 0,5 | 0,2 | 0,4 | | |
| **2,20** | | | 67,6 | 4,3 | 23,1 | 2,7 | 9,0 | 1,8 | 2,5 | 1,1 | 1,1 | 0,8 | 0,5 | 0,5 | 0,2 | 0,4 | | |
| **2,30** | | | 73,3 | 4,5 | 25,1 | 2,9 | 9,7 | 1,9 | 2,7 | 1,1 | 1,2 | 0,8 | 0,5 | 0,6 | 0,2 | 0,4 | | |
| **2,40** | | | 79,1 | 4,7 | 27,0 | 3,0 | 10,5 | 2,0 | 2,9 | 1,2 | 1,3 | 0,8 | 0,6 | 0,6 | 0,3 | 0,4 | | |
| **2,50** | | | 85,2 | 4,9 | 29,1 | 3,1 | 11,3 | 2,1 | 3,1 | 1,2 | 1,4 | 0,9 | 0,6 | 0,6 | 0,3 | 0,4 | | |
| **2,60** | | | | | 31,2 | 3,2 | 12,1 | 2,2 | 3,3 | 1,3 | 1,5 | 0,9 | 0,6 | 0,6 | 0,3 | 0,5 | 0,1 | 0,3 |
| **2,70** | | | | | 33,4 | 3,4 | 12,9 | 2,3 | 3,6 | 1,3 | 1,6 | 1,0 | 0,7 | 0,7 | 0,3 | 0,5 | 0,1 | 0,3 |
| **2,80** | | | | | 35,7 | 3,5 | 13,8 | 2,3 | 3,8 | 1,4 | 1,8 | 1,0 | 0,7 | 0,7 | 0,3 | 0,5 | 0,1 | 0,3 |
| **2,90** | | | | | 38,0 | 3,6 | 14,7 | 2,4 | 4,1 | 1,4 | 1,9 | 1,0 | 0,8 | 0,7 | 0,4 | 0,5 | 0,1 | 0,3 |
| **3,00** | | | | | 40,4 | 3,7 | 15,6 | 2,5 | 4,3 | 1,5 | 2,0 | 1,1 | 0,8 | 0,7 | 0,4 | 0,5 | 0,1 | 0,4 |
| **3,10** | | | | | 42,8 | 3,9 | 16,5 | 2,6 | 4,6 | 1,5 | 2,1 | 1,1 | 0,9 | 0,8 | 0,4 | 0,5 | 0,2 | 0,4 |
| **3,20** | | | | | 45,4 | 4,0 | 17,5 | 2,7 | 4,8 | 1,6 | 2,2 | 1,1 | 0,9 | 0,8 | 0,4 | 0,6 | 0,2 | 0,4 |
| **3,30** | | | | | 47,9 | 4,1 | 18,5 | 2,8 | 5,1 | 1,6 | 2,3 | 1,2 | 1,0 | 0,8 | 0,4 | 0,6 | 0,2 | 0,4 |
| **3,40** | | | | | 50,6 | 4,2 | 19,5 | 2,8 | 5,4 | 1,7 | 2,5 | 1,2 | 1,0 | 0,8 | 0,5 | 0,6 | 0,2 | 0,4 |
| **3,50** | | | | | 53,3 | 4,4 | 20,6 | 2,9 | 5,7 | 1,7 | 2,6 | 1,2 | 1,1 | 0,9 | 0,5 | 0,6 | 0,2 | 0,4 |
| **3,60** | | | | | 56,1 | 4,5 | 21,6 | 3,0 | 6,0 | 1,8 | 2,7 | 1,3 | 1,1 | 0,9 | 0,5 | 0,6 | 0,2 | 0,4 |
| **3,70** | | | | | 58,9 | 4,6 | 22,7 | 3,1 | 6,3 | 1,8 | 2,9 | 1,3 | 1,2 | 0,9 | 0,5 | 0,7 | 0,2 | 0,4 |
| **3,80** | | | | | 61,8 | 4,7 | 23,9 | 3,2 | 6,6 | 1,9 | 3,0 | 1,3 | 1,3 | 0,9 | 0,6 | 0,7 | 0,2 | 0,4 |
| **3,90** | | | | | 64,8 | 4,8 | 25,0 | 3,3 | 6,9 | 1,9 | 3,2 | 1,4 | 1,3 | 1,0 | 0,6 | 0,7 | 0,2 | 0,5 |
| **4,00** | | | | | 67,8 | 5,0 | 26,2 | 3,3 | 7,2 | 2,0 | 3,3 | 1,4 | 1,4 | 1,0 | 0,6 | 0,7 | 0,2 | 0,5 |
| **4,10** | | | | | | | 27,4 | 3,4 | 7,5 | 2,0 | 3,5 | 1,5 | 1,4 | 1,0 | 0,7 | 0,7 | 0,2 | 0,5 |
| **4,20** | | | | | | | 28,6 | 3,5 | 7,9 | 2,1 | 3,6 | 1,5 | 1,5 | 1,0 | 0,7 | 0,7 | 0,3 | 0,5 |
| **4,30** | | | | | | | 29,8 | 3,6 | 8,2 | 2,1 | 3,8 | 1,5 | 1,6 | 1,1 | 0,7 | 0,8 | 0,3 | 0,5 |
| **4,40** | | | | | | | 31,1 | 3,7 | 8,6 | 2,2 | 3,9 | 1,6 | 1,6 | 1,1 | 0,7 | 0,8 | 0,3 | 0,5 |
| **4,50** | | | | | | | 32,3 | 3,8 | 8,9 | 2,2 | 4,1 | 1,6 | 1,7 | 1,1 | 0,8 | 0,8 | 0,3 | 0,5 |
| **4,60** | | | | | | | 33,7 | 3,9 | 9,3 | 2,3 | 4,2 | 1,6 | 1,8 | 1,1 | 0,8 | 0,8 | 0,3 | 0,5 |
| **4,70** | | | | | | | 35,0 | 3,9 | 9,6 | 2,3 | 4,4 | 1,7 | 1,8 | 1,2 | 0,8 | 0,8 | 0,3 | 0,6 |
| **4,80** | | | | | | | 36,3 | 4,0 | 10,0 | 2,3 | 4,6 | 1,7 | 1,9 | 1,2 | 0,9 | 0,8 | 0,3 | 0,6 |
| **4,90** | | | | | | | 37,7 | 4,1 | 10,4 | 2,4 | 4,8 | 1,7 | 2,0 | 1,2 | 0,9 | 0,9 | 0,3 | 0,6 |

Tab. 3–47 **Fortsetzung: Sanpress Inox – Druckverlust Kaltwasserleitungen** 3/4

| DN | 40 | | 50 | | 60 | | 65 | | 80 | | 100 | |
|---|---|---|---|---|---|---|---|---|---|---|---|---|
| $d_a$ x s | 42 x 1,5 | | 54 x 1,5 | | 64 x 2 | | 76,1 x 2 | | 88,9 x 2 | | 108 x 2 | |
| $d_i$ | 39,0 | | 51,0 | | 60,0 | | 72,1 | | 84,9 | | 104,0 | |
| $V_S$ l/s | R mbar/m | v m/s | R mbar/m | v m/s | R mbar/m | v m/s | R mbar/m | v m/s | R mbar/m | v m/s | R mbar/m | v m/s |
| **5,00** | 39,1 | 4,2 | 10,8 | 2,4 | 4,9 | 1,8 | 2,0 | 1,2 | 0,9 | 0,9 | 0,4 | 0,6 |
| **5,10** | 40,5 | 4,3 | 11,1 | 2,5 | 5,1 | 1,8 | 2,1 | 1,2 | 1,0 | 0,9 | 0,4 | 0,6 |
| **5,20** | 42,0 | 4,4 | 11,5 | 2,5 | 5,3 | 1,8 | 2,2 | 1,3 | 1,0 | 0,9 | 0,4 | 0,6 |
| **5,30** | 43,5 | 4,4 | 11,9 | 2,6 | 5,5 | 1,9 | 2,3 | 1,3 | 1,0 | 0,9 | 0,4 | 0,6 |
| **5,40** | 45,0 | 4,5 | 12,4 | 2,6 | 5,7 | 1,9 | 2,3 | 1,3 | 1,1 | 1,0 | 0,4 | 0,6 |
| **5,50** | 46,5 | 4,6 | 12,8 | 2,7 | 5,8 | 1,9 | 2,4 | 1,3 | 1,1 | 1,0 | 0,4 | 0,6 |
| **5,60** | 48,0 | 4,7 | 13,2 | 2,7 | 6,0 | 2,0 | 2,5 | 1,4 | 1,1 | 1,0 | 0,4 | 0,7 |
| **5,70** | 49,6 | 4,8 | 13,6 | 2,8 | 6,2 | 2,0 | 2,6 | 1,4 | 1,2 | 1,0 | 0,4 | 0,7 |
| **5,80** | 51,2 | 4,9 | 14,1 | 2,8 | 6,4 | 2,1 | 2,7 | 1,4 | 1,2 | 1,0 | 0,5 | 0,7 |
| **5,90** | 52,8 | 4,9 | 14,5 | 2,9 | 6,6 | 2,1 | 2,7 | 1,4 | 1,3 | 1,0 | 0, | 0,7 |
| **6,00** | | | 14,9 | 2,9 | 6,8 | 2,1 | 2,8 | 1,5 | 1,3 | 1,1 | 0,5 | 0,7 |
| **6,20** | | | 15,8 | 3,0 | 7,3 | 2,2 | 3,0 | 1,5 | 1,4 | 1,1 | 0,5 | 0,7 |
| **6,40** | | | 16,8 | 3,1 | 7,7 | 2,3 | 3,2 | 1,6 | 1,5 | 1,1 | 0,5 | 0,8 |
| **6,60** | | | 17,7 | 3,2 | 8,1 | 2,3 | 3,4 | 1,6 | 1,5 | 1,2 | 0,6 | 0,8 |
| **6,80** | | | 18,7 | 3,3 | 8,6 | 2,4 | 3,5 | 1,7 | 1,6 | 1,2 | 0,6 | 0,8 |
| **7,00** | | | 19,7 | 3,4 | 9,0 | 2,5 | 3,7 | 1,7 | 1,7 | 1,2 | 0,6 | 0,8 |
| **7,20** | | | 20,8 | 3,5 | 9,5 | 2,5 | 3,9 | 1,8 | 1,8 | 1,3 | 0,7 | 0,8 |
| **7,40** | | | 21,8 | 3,6 | 10,0 | 2,6 | 4,1 | 1,8 | 1,9 | 1,3 | 0,7 | 0,9 |
| **7,60** | | | 22,9 | 3,7 | 10,5 | 2,7 | 4,3 | 1,9 | 2,0 | 1,3 | 0,7 | 0,9 |
| **7,80** | | | 24,0 | 3,8 | 11,0 | 2,8 | 4,5 | 1,9 | 2,1 | 1,4 | 0,8 | 0,9 |
| **8,00** | | | 25,1 | 3,9 | 11,5 | 2,8 | 4,7 | 2,0 | 2,2 | 1,4 | 0,8 | 0,9 |
| **8,20** | | | 26,3 | 4,0 | 12,0 | 2,9 | 5,0 | 2,0 | 2,3 | 1,4 | 0,9 | 1,0 |
| **8,40** | | | 27,4 | 4,1 | 12,5 | 3,0 | 5,2 | 2,1 | 2,4 | 1,5 | 0,9 | 1,0 |
| **8,60** | | | 28,6 | 4,2 | 13,1 | 3,0 | 5,4 | 2,1 | 2,5 | 1,5 | 0,9 | 1,0 |
| **8,80** | | | 29,8 | 4,3 | 13,6 | 3,1 | 5,6 | 2,2 | 2,6 | 1,6 | 1,0 | 1,0 |
| **9,00** | | | 31,1 | 4,4 | 14,2 | 3,2 | 5,9 | 2,2 | 2,7 | 1,6 | 1,0 | 1,1 |
| **9,20** | | | 32,3 | 4,5 | 14,8 | 3,3 | 6,1 | 2,3 | 2,8 | 1,6 | 1,1 | 1,1 |
| **9,40** | | | 33,6 | 4,6 | 15,4 | 3,3 | 6,3 | 2,3 | 2,9 | 1,7 | 1,1 | 1,1 |
| **9,60** | | | 34,9 | 4,7 | 16,0 | 3,4 | 6,6 | 2,4 | 3,0 | 1,7 | 1,1 | 1,1 |
| **9,80** | | | 36,3 | 4,8 | 16,6 | 3,5 | 6,8 | 2,4 | 3,1 | 1,7 | 1,2 | 1,2 |
| **10,00** | | | 37,6 | 4,9 | 17,2 | 3,5 | 7,1 | 2,4 | 3,2 | 1,8 | 1,2 | 1,2 |
| **10,20** | | | 39,0 | 5,0 | 17,8 | 3,6 | 7,3 | 2,5 | 3,3 | 1,8 | 1,3 | 1,2 |
| **10,40** | | | | | 18,4 | 3,7 | 7,6 | 2,5 | 3,5 | 1,8 | 1,3 | 1,2 |
| **10,60** | | | | | 19,1 | 3,7 | 7,9 | 2,6 | 3,6 | 1,9 | 1,4 | 1,2 |
| **10,80** | | | | | 19,7 | 3,8 | 8,1 | 2,6 | 3,7 | 1,9 | 1,4 | 1,3 |
| **11,00** | | | | | 20,4 | 3,9 | 8,4 | 2,7 | 3,8 | 1,9 | 1,4 | 1,3 |
| **11,20** | | | | | 21,1 | 4,0 | 8,7 | 2,7 | 4,0 | 2,0 | 1,5 | 1,3 |
| **11,40** | | | | | 21,8 | 4,0 | 9,0 | 2,8 | 4,1 | 2,0 | 1,5 | 1,3 |
| **11,60** | | | | | 22,5 | 4,1 | 9,3 | 2,8 | 4,2 | 2,0 | 1,6 | 1,4 |
| **11,80** | | | | | 23,2 | 4,2 | 9,6 | 2,9 | 4,4 | 2,1 | 1,6 | 1,4 |
| **12,00** | | | | | 23,9 | 4,2 | 9,9 | 2,9 | 4,5 | 2,1 | 1,7 | 1,4 |
| **12,20** | | | | | 24,6 | 4,3 | 10,2 | 3,0 | 4,6 | 2,2 | 1,7 | 1,4 |
| **12,40** | | | | | 25,4 | 4,4 | 10,5 | 3,0 | 4,8 | 2,2 | 1,8 | 1,5 |
| **12,60** | | | | | 26,1 | 4,5 | 10,8 | 3,1 | 4,9 | 2,2 | 1,8 | 1,5 |
| **12,80** | | | | | 26,9 | 4,5 | 11,1 | 3,1 | 5,0 | 2,3 | 1,9 | 1,5 |
| **13,00** | | | | | 27,6 | 4,6 | 11,4 | 3,2 | 5,2 | 2,3 | 2,0 | 1,5 |
| **13,50** | | | | | 29,6 | 4,8 | 12,2 | 3,3 | 5,6 | 2,4 | 2,1 | 1,6 |
| **14,00** | | | | | 31,6 | 5,0 | 13,0 | 3,4 | 5,9 | 2,5 | 2,2 | 1,6 |
| **14,50** | | | | | | | 13,9 | 3,6 | 6,3 | 2,6 | 2,4 | 1,7 |
| **15,00** | | | | | | | 14,8 | 3,7 | 6,7 | 2,6 | 2,5 | 1,8 |
| **15,50** | | | | | | | 15,7 | 3,8 | 7,1 | 2,7 | 2,7 | 1,8 |
| **16,00** | | | | | | | 16,6 | 3,9 | 7,5 | 2,8 | 2,8 | 1,9 |
| **16,50** | | | | | | | 17,5 | 4,0 | 8,0 | 2,9 | 3,0 | 1,9 |
| **17,00** | | | | | | | 18,5 | 4,2 | 8,4 | 3,0 | 3,2 | 2,0 |
| **17,50** | | | | | | | 19,5 | 4,3 | 8,9 | 3,1 | 3,3 | 2,1 |
| **18,00** | | | | | | | 20,6 | 4,4 | 9,3 | 3,2 | 3,5 | 2,1 |
| **18,50** | | | | | | | 21,6 | 4,5 | 9,8 | 3,3 | 3,7 | 2,2 |
| **19,00** | | | | | | | 22,7 | 4,7 | 10,3 | 3,4 | 3,9 | 2,2 |
| **19,50** | | | | | | | 23,8 | 4,8 | 10,8 | 3,4 | 4,1 | 2,3 |
| **20,00** | | | | | | | 24,9 | 4,9 | 11,3 | 3,5 | 4,3 | 2,4 |
| **20,50** | | | | | | | | | 11,8 | 3,6 | 4,4 | 2,4 |
| **21,00** | | | | | | | | | 12,4 | 3,7 | 4,6 | 2,5 |

4/4

| DN | 80 | | 100 | |
|---|---|---|---|---|
| $d_a$ x s | 88,9 x 2 | | 108 x 2 | |
| $d_i$ | 84,9 | | 104,0 | |
| $V_S$ l/s | R mbar/m | v m/s | R mbar/m | v m/s |
| **21,50** | 12,9 | 3,8 | 4,8 | 2,5 |
| **22,00** | 13,4 | 3,9 | 5,1 | 2,6 |
| **22,50** | 14,0 | 4,0 | 5,3 | 2,6 |
| **23,00** | 14,6 | 4,1 | 5,5 | 2,7 |
| **24,00** | 15,7 | 4,2 | 5,9 | 2,8 |
| **25,00** | 17,0 | 4,4 | 6,4 | 2,9 |
| **26,00** | 18,2 | 4,6 | 6,8 | 3,1 |
| **27,00** | 19,5 | 4,8 | 7,3 | 3,2 |
| **28,00** | 20,8 | 4,9 | 7,8 | 3,3 |
| **29,00** | | | 8,3 | 3,4 |
| **30,00** | | | 8,9 | 3,5 |
| **31,00** | | | 9,4 | 3,6 |
| **32,00** | | | 10,0 | 3,8 |
| **33,00** | | | 10,5 | 3,9 |
| **34,00** | | | 11,1 | 4,0 |
| **35,00** | | | 11,7 | 4,1 |
| **36,00** | | | 12,4 | 4,2 |
| **37,00** | | | 13,0 | 4,4 |
| **38,00** | | | 13,6 | 4,5 |
| **39,00** | | | 14,3 | 4,6 |
| **40,00** | | | 15,0 | 4,7 |
| **41,00** | | | 15,7 | 4,8 |
| **42,00** | | | 16,4 | 4,9 |

Tab. 3–48 **Sanpress Inox – Druckverlust Warmwasserleitungen** 1/4

Wassertemperatur = 60 °C Dichte = 983,27 kg / m³ Kinematische Viskosität = 4,7 E-07 m²/s Rohrrauigkeit = 0,0015 mm

| DN | 12 | | 15 | | 20 | | 25 | | 32 | | 40 | | 50 | | 60 | |
|---|---|---|---|---|---|---|---|---|---|---|---|---|---|---|---|---|
| $d_a$ x s | 15 x 1,0 | | 18 x 1,0 | | 22 x 1,2 | | 28 x 1,2 | | 35 x 1,5 | | 42 x 1,5 | | 54 x 1,5 | | 64 x 2 | |
| $d_i$ | 13,0 | | 16,0 | | 19,6 | | 25,6 | | 32,0 | | 39,0 | | 51,0 | | 60,0 | |
| $\dot{V}_S$ l/s | R mbar/m | v m/s | R mbar/m | v m/s | R mbar/m | v m/s | R mbar/m | v m/s | R mbar/m | v m/s | R mbar/m | v m/s | R mbar/m | v m/s | R mbar/m | v m/s |
| **0,07** | 3,0 | 0,5 | 1,1 | 0,3 | 0,4 | 0,2 | | | | | | | | | | |
| **0,08** | 3,8 | 0,6 | 1,4 | 0,4 | 0,5 | 0,3 | | | | | | | | | | |
| **0,09** | 4,6 | 0,7 | 1,7 | 0,4 | 0,7 | 0,3 | | | | | | | | | | |
| **0,10** | 5,6 | 0,8 | 2,1 | 0,5 | 0,8 | 0,3 | | | | | | | | | | |
| **0,11** | 6,6 | 0,8 | 2,4 | 0,5 | 0,9 | 0,4 | 0,3 | 0,2 | | | | | | | | |
| **0,12** | 7,7 | 0,9 | 2,8 | 0,6 | 1,1 | 0,4 | 0,3 | 0,2 | | | | | | | | |
| **0,13** | 8,8 | 1,0 | 3,3 | 0,6 | 1,2 | 0,4 | 0,4 | 0,3 | | | | | | | | |
| **0,14** | 10,1 | 1,1 | 3,7 | 0,7 | 1,4 | 0,5 | 0,4 | 0,3 | | | | | | | | |
| **0,15** | 11,4 | 1,1 | 4,2 | 0,7 | 1,6 | 0,5 | 0,4 | 0,3 | | | | | | | | |
| **0,16** | 12,8 | 1,2 | 4,7 | 0,8 | 1,8 | 0,5 | 0,5 | 0,3 | | | | | | | | |
| **0,17** | 14,2 | 1,3 | 5,3 | 0,8 | 2,0 | 0,6 | 0,6 | 0,3 | 0,2 | 0,2 | | | | | | |
| **0,18** | 15,8 | 1,4 | 5,8 | 0,9 | 2,2 | 0,6 | 0,6 | 0,3 | 0,2 | 0,2 | | | | | | |
| **0,19** | 17,4 | 1,4 | 6,4 | 0,9 | 2,4 | 0,6 | 0,7 | 0,4 | 0,2 | 0,2 | | | | | | |
| **0,20** | 19,0 | 1,5 | 7,0 | 1,0 | 2,7 | 0,7 | 0,7 | 0,4 | 0,3 | 0,2 | | | | | | |
| **0,21** | 20,8 | 1,6 | 7,7 | 1,0 | 2,9 | 0,7 | 0,8 | 0,4 | 0,3 | 0,3 | | | | | | |
| **0,22** | 22,6 | 1,7 | 8,3 | 1,1 | 3,2 | 0,7 | 0,9 | 0,4 | 0,3 | 0,3 | | | | | | |
| **0,23** | 24,4 | 1,7 | 9,0 | 1,1 | 3,4 | 0,8 | 1,0 | 0,4 | 0,3 | 0,3 | | | | | | |
| **0,24** | 26,4 | 1,8 | 9,7 | 1,2 | 3,7 | 0,8 | 1,0 | 0,5 | 0,4 | 0,3 | 0,1 | 0,2 | | | | |
| **0,26** | 30,4 | 2,0 | 11,2 | 1,3 | 4,2 | 0,9 | 1,2 | 0,5 | 0,4 | 0,3 | 0,2 | 0,2 | | | | |
| **0,28** | 34,8 | 2,1 | 12,8 | 1,4 | 4,8 | 0,9 | 1,3 | 0,5 | 0,5 | 0,3 | 0,2 | 0,2 | | | | |
| **0,30** | 39,4 | 2,3 | 14,5 | 1,5 | 5,5 | 1,0 | 1,5 | 0,6 | 0,5 | 0,4 | 0,2 | 0,3 | | | | |
| **0,32** | 44,2 | 2,4 | 16,3 | 1,6 | 6,1 | 1,1 | 1,7 | 0,6 | 0,6 | 0,4 | 0,2 | 0,3 | | | | |
| **0,34** | 49,3 | 2,6 | 18,1 | 1,7 | 6,8 | 1,1 | 1,9 | 0,7 | 0,7 | 0,4 | 0,3 | 0,3 | | | | |
| **0,36** | 54,7 | 2,7 | 20,1 | 1,8 | 7,6 | 1,2 | 2,1 | 0,7 | 0,7 | 0,4 | 0,3 | 0,3 | | | | |
| **0,38** | 60,3 | 2,9 | 22,1 | 1,9 | 8,3 | 1,3 | 2,3 | 0,7 | 0,8 | 0,5 | 0,3 | 0,3 | | | | |
| **0,40** | 66,1 | 3,0 | 24,3 | 2,0 | 9,1 | 1,3 | 2,5 | 0,8 | 0,9 | 0,5 | 0,3 | 0,3 | | | | |
| **0,42** | 72,3 | 3,2 | 26,5 | 2,1 | 10,0 | 1,4 | 2,8 | 0,8 | 1,0 | 0,5 | 0,4 | 0,4 | 0,1 | 0,2 | | |
| **0,44** | 78,6 | 3,3 | 28,8 | 2,2 | 10,8 | 1,5 | 3,0 | 0,9 | 1,0 | 0,5 | 0,4 | 0,4 | 0,1 | 0,2 | | |
| **0,46** | 85,2 | 3,5 | 31,2 | 2,3 | 11,7 | 1,5 | 3,3 | 0,9 | 1,1 | 0,6 | 0,4 | 0,4 | 0,1 | 0,2 | | |
| **0,48** | 92,0 | 3,6 | 33,7 | 2,4 | 12,7 | 1,6 | 3,5 | 0,9 | 1,2 | 0,6 | 0,5 | 0,4 | 0,1 | 0,2 | | |
| **0,50** | 99,1 | 3,8 | 36,3 | 2,5 | 13,6 | 1,7 | 3,8 | 1,0 | 1,3 | 0,6 | 0,5 | 0,4 | 0,1 | 0,2 | | |
| **0,52** | 106,5 | 3,9 | 39,0 | 2,6 | 14,6 | 1,7 | 4,1 | 1,0 | 1,4 | 0,6 | 0,5 | 0,4 | 0,2 | 0,3 | | |
| **0,54** | 114,0 | 4,1 | 41,7 | 2,7 | 15,7 | 1,8 | 4,3 | 1,0 | 1,5 | 0,7 | 0,6 | 0,5 | 0,2 | 0,3 | | |
| **0,56** | 121,8 | 4,2 | 44,6 | 2,8 | 16,7 | 1,9 | 4,6 | 1,1 | 1,6 | 0,7 | 0,6 | 0,5 | 0,2 | 0,3 | | |
| **0,58** | 129,9 | 4,4 | 47,5 | 2,9 | 17,8 | 1,9 | 4,9 | 1,1 | 1,7 | 0,7 | 0,7 | 0,5 | 0,2 | 0,3 | 0,1 | 0,2 |
| **0,60** | 138,2 | 4,5 | 50,5 | 3,0 | 18,9 | 2,0 | 5,2 | 1,2 | 1,8 | 0,7 | 0,7 | 0,5 | 0,2 | 0,3 | 0,1 | 0,2 |
| **0,62** | 146,7 | 4,7 | 53,6 | 3,1 | 20,1 | 2,1 | 5,6 | 1,2 | 1,9 | 0,8 | 0,7 | 0,5 | 0,2 | 0,3 | 0,1 | 0,2 |
| **0,64** | 155,4 | 4,8 | 56,7 | 3,2 | 21,3 | 2,1 | 5,9 | 1,2 | 2,0 | 0,8 | 0,8 | 0,5 | 0,2 | 0,3 | 0,1 | 0,2 |
| **0,66** | 164,4 | 5,0 | 60,0 | 3,3 | 22,5 | 2,2 | 6,2 | 1,3 | 2,1 | 0,8 | 0,8 | 0,6 | 0,2 | 0,3 | 0,1 | 0,2 |
| **0,68** | | | 63,4 | 3,4 | 23,7 | 2,3 | 6,6 | 1,3 | 2,2 | 0,8 | 0,9 | 0,6 | 0,2 | 0,3 | 0,1 | 0,2 |
| **0,70** | | | 66,8 | 3,5 | 25,0 | 2,3 | 6,9 | 1,4 | 2,4 | 0,9 | 0,9 | 0,6 | 0,3 | 0,3 | 0,1 | 0,2 |
| **0,72** | | | 70,3 | 3,6 | 26,3 | 2,4 | 7,3 | 1,4 | 2,5 | 0,9 | 1,0 | 0,6 | 0,3 | 0,4 | 0,1 | 0,3 |
| **0,74** | | | 73,9 | 3,7 | 27,7 | 2,5 | 7,6 | 1,4 | 2,6 | 0,9 | 1,0 | 0,6 | 0,3 | 0,4 | 0,1 | 0,3 |
| **0,76** | | | 77,6 | 3,8 | 29,0 | 2,5 | 8,0 | 1,5 | 2,7 | 0,9 | 1,1 | 0,6 | 0,3 | 0,4 | 0,1 | 0,3 |
| **0,78** | | | 81,3 | 3,9 | 30,4 | 2,6 | 8,4 | 1,5 | 2,9 | 1,0 | 1,1 | 0,7 | 0,3 | 0,4 | 0,1 | 0,3 |
| **0,80** | | | 85,1 | 4,0 | 31,9 | 2,7 | 8,8 | 1,6 | 3,0 | 1,0 | 1,2 | 0,7 | 0,3 | 0,4 | 0,1 | 0,3 |
| **0,82** | | | 89,1 | 4,1 | 33,3 | 2,7 | 9,2 | 1,6 | 3,1 | 1,0 | 1,2 | 0,7 | 0,3 | 0,4 | 0,2 | 0,3 |
| **0,84** | | | 93,1 | 4,2 | 34,8 | 2,8 | 9,6 | 1,6 | 3,3 | 1,0 | 1,3 | 0,7 | 0,4 | 0,4 | 0,2 | 0,3 |
| **0,86** | | | 97,2 | 4,3 | 36,3 | 2,9 | 10,0 | 1,7 | 3,4 | 1,1 | 1,3 | 0,7 | 0,4 | 0,4 | 0,2 | 0,3 |
| **0,88** | | | 101,3 | 4,4 | 37,9 | 2,9 | 10,4 | 1,7 | 3,6 | 1,1 | 1,4 | 0,7 | 0,4 | 0,4 | 0,2 | 0,3 |
| **0,90** | | | 105,6 | 4,5 | 39,4 | 3,0 | 10,9 | 1,7 | 3,7 | 1,1 | 1,4 | 0,8 | 0,4 | 0,4 | 0,2 | 0,3 |
| **0,92** | | | 109,9 | 4,6 | 41,1 | 3,0 | 11,3 | 1,8 | 3,9 | 1,1 | 1,5 | 0,8 | 0,4 | 0,5 | 0,2 | 0,3 |
| **0,94** | | | 114,3 | 4,7 | 42,7 | 3,1 | 11,7 | 1,8 | 4,0 | 1,2 | 1,6 | 0,8 | 0,4 | 0,5 | 0,2 | 0,3 |
| **0,96** | | | 118,8 | 4,8 | 44,4 | 3,2 | 12,2 | 1,9 | 4,2 | 1,2 | 1,6 | 0,8 | 0,4 | 0,5 | 0,2 | 0,3 |
| **0,98** | | | 123,3 | 4,9 | 46,0 | 3,2 | 12,7 | 1,9 | 4,3 | 1,2 | 1,7 | 0,8 | 0,5 | 0,5 | 0,2 | 0,3 |
| **1,00** | | | 128,0 | 5,0 | 47,8 | 3,3 | 13,1 | 1,9 | 4,5 | 1,2 | 1,7 | 0,8 | 0,5 | 0,5 | 0,2 | 0,4 |

Tab. 3–49 **Fortsetzung: Sanpress Inox – Druckverlust Warmwasserleitungen** 2/4

| DN | 20 | | 25 | | 32 | | 40 | | 50 | | 60 | | 65 | | 80 | | 100 | |
|---|---|---|---|---|---|---|---|---|---|---|---|---|---|---|---|---|---|---|
| $d_a$ x s | 22 x 1,2 | | 28 x 1,2 | | 35 x 1,5 | | 42 x 1,5 | | 54 x 1,5 | | 64 x 2 | | 76,1 x 2 | | 88,9 x 2 | | 108 x 2 | |
| $d_i$ | 19,6 | | 25,6 | | 32,0 | | 39,0 | | 51,0 | | 60,0 | | 72,1 | | 84,9 | | 104,0 | |
| $V_S$ l/s | R mbar/m | v m/s | R mbar/m | v m/s | R mbar/m | v m/s | R mbar/m | v m/s | R mbar/m | v m/s | R mbar/m | v m/s | R mbar/m | v m/s | R mbar/m | v m/s | R mbar/m | v m/s |
| **1,05** | 52,2 | 3,5 | 14,3 | 2,0 | 4,9 | 1,3 | 1,9 | 0,9 | 0,5 | 0,5 | 0,2 | 0,4 | | | | | | |
| **1,10** | 56,8 | 3,6 | 15,6 | 2,1 | 5,3 | 1,4 | 2,1 | 0,9 | 0,6 | 0,5 | 0,3 | 0,4 | | | | | | |
| **1,15** | 61,6 | 3,8 | 16,9 | 2,2 | 5,8 | 1,4 | 2,2 | 1,0 | 0,6 | 0,6 | 0,3 | 0,4 | | | | | | |
| **1,20** | 66,6 | 4,0 | 18,3 | 2,3 | 6,2 | 1,5 | 2,4 | 1,0 | 0,7 | 0,6 | 0,3 | 0,4 | | | | | | |
| **1,25** | 71,7 | 4,1 | 19,7 | 2,4 | 6,7 | 1,6 | 2,6 | 1,0 | 0,7 | 0,6 | 0,3 | 0,4 | | | | | | |
| **1,30** | 77,1 | 4,3 | 21,1 | 2,5 | 7,2 | 1,6 | 2,8 | 1,1 | 0,8 | 0,6 | 0,4 | 0,5 | | | | | | |
| **1,35** | 82,6 | 4,5 | 22,6 | 2,6 | 7,7 | 1,7 | 3,0 | 1,1 | 0,8 | 0,7 | 0,4 | 0,5 | | | | | | |
| **1,40** | 88,3 | 4,6 | 24,2 | 2,7 | 8,2 | 1,7 | 3,2 | 1,2 | 0,9 | 0,7 | 0,4 | 0,5 | | | | | | |
| **1,45** | 94,1 | 4,8 | 25,8 | 2,8 | 8,8 | 1,8 | 3,4 | 1,2 | 0,9 | 0,7 | 0,4 | 0,5 | | | | | | |
| **1,50** | 100,2 | 5,0 | 27,4 | 2,9 | 9,3 | 1,9 | 3,6 | 1,3 | 1,0 | 0,7 | 0,5 | 0,5 | | | | | | |
| **1,55** | | | 29,1 | 3,0 | 9,9 | 1,9 | 3,8 | 1,3 | 1,0 | 0,8 | 0,5 | 0,5 | | | | | | |
| **1,60** | | | 30,8 | 3,1 | 10,5 | 2,0 | 4,0 | 1,3 | 1,1 | 0,8 | 0,5 | 0,6 | | | | | | |
| **1,65** | | | 32,6 | 3,2 | 11,1 | 2,1 | 4,3 | 1,4 | 1,2 | 0,8 | 0,5 | 0,6 | | | | | | |
| **1,70** | | | 34,4 | 3,3 | 11,7 | 2,1 | 4,5 | 1,4 | 1,2 | 0,8 | 0,6 | 0,6 | | | | | | |
| **1,75** | | | 36,3 | 3,4 | 12,3 | 2,2 | 4,7 | 1,5 | 1,3 | 0,9 | 0,6 | 0,6 | | | | | | |
| **1,80** | | | 38,2 | 3,5 | 13,0 | 2,2 | 5,0 | 1,5 | 1,4 | 0,9 | 0,6 | 0,6 | | | | | | |
| **1,85** | | | 40,1 | 3,6 | 13,6 | 2,3 | 5,2 | 1,5 | 1,4 | 0,9 | 0,7 | 0,7 | 0,3 | 0,5 | 0,1 | 0,3 | | |
| **1,90** | | | 42,1 | 3,7 | 14,3 | 2,4 | 5,5 | 1,6 | 1,5 | 0,9 | 0,7 | 0,7 | 0,3 | 0,5 | 0,1 | 0,3 | | |
| **1,95** | | | 44,2 | 3,8 | 15,0 | 2,4 | 5,8 | 1,6 | 1,6 | 1,0 | 0,7 | 0,7 | 0,3 | 0,5 | 0,1 | 0,3 | | |
| **2,00** | | | 46,3 | 3,9 | 15,7 | 2,5 | 6,0 | 1,7 | 1,7 | 1,0 | 0,8 | 0,7 | 0,3 | 0,5 | 0,1 | 0,4 | | |
| **2,10** | | | 50,6 | 4,1 | 17,1 | 2,6 | 6,6 | 1,8 | 1,8 | 1,0 | 0,8 | 0,7 | 0,3 | 0,5 | 0,2 | 0,4 | | |
| **2,20** | | | 55,1 | 4,3 | 18,7 | 2,7 | 7,2 | 1,8 | 2,0 | 1,1 | 0,9 | 0,8 | 0,4 | 0,5 | 0,2 | 0,4 | | |
| **2,30** | | | 59,8 | 4,5 | 20,2 | 2,9 | 7,8 | 1,9 | 2,1 | 1,1 | 1,0 | 0,8 | 0,4 | 0,6 | 0,2 | 0,4 | | |
| **2,40** | | | 64,6 | 4,7 | 21,9 | 3,0 | 8,4 | 2,0 | 2,3 | 1,2 | 1,1 | 0,8 | 0,4 | 0,6 | 0,2 | 0,4 | | |
| **2,50** | | | 69,7 | 4,9 | 23,6 | 3,1 | 9,0 | 2,1 | 2,5 | 1,2 | 1,1 | 0,9 | 0,5 | 0,6 | 0,2 | 0,4 | | |
| **2,60** | | | | | 25,3 | 3,2 | 9,7 | 2,2 | 2,7 | 1,3 | 1,2 | 0,9 | 0,5 | 0,6 | 0,2 | 0,5 | 0,1 | 0,3 |
| **2,70** | | | | | 27,1 | 3,4 | 10,4 | 2,3 | 2,8 | 1,3 | 1,3 | 1,0 | 0,5 | 0,7 | 0,2 | 0,5 | 0,1 | 0,3 |
| **2,80** | | | | | 29,0 | 3,5 | 11,1 | 2,3 | 3,0 | 1,4 | 1,4 | 1,0 | 0,6 | 0,7 | 0,3 | 0,5 | 0,1 | 0,3 |
| **2,90** | | | | | 30,9 | 3,6 | 11,8 | 2,4 | 3,2 | 1,4 | 1,5 | 1,0 | 0,6 | 0,7 | 0,3 | 0,5 | 0,1 | 0,3 |
| **3,00** | | | | | 32,9 | 3,7 | 12,6 | 2,5 | 3,4 | 1,5 | 1,6 | 1,1 | 0,7 | 0,7 | 0,3 | 0,5 | 0,1 | 0,4 |
| **3,10** | | | | | 34,9 | 3,9 | 13,4 | 2,6 | 3,7 | 1,5 | 1,7 | 1,1 | 0,7 | 0,8 | 0,3 | 0,5 | 0,1 | 0,4 |
| **3,20** | | | | | 37,0 | 4,0 | 14,2 | 2,7 | 3,9 | 1,6 | 1,8 | 1,1 | 0,7 | 0,8 | 0,3 | 0,6 | 0,1 | 0,4 |
| **3,30** | | | | | 39,1 | 4,1 | 15,0 | 2,8 | 4,1 | 1,6 | 1,9 | 1,2 | 0,8 | 0,8 | 0,4 | 0,6 | 0,1 | 0,4 |
| **3,40** | | | | | 41,3 | 4,2 | 15,8 | 2,8 | 4,3 | 1,7 | 2,0 | 1,2 | 0,8 | 0,8 | 0,4 | 0,6 | 0,1 | 0,4 |
| **3,50** | | | | | 43,6 | 4,4 | 16,7 | 2,9 | 4,6 | 1,7 | 2,1 | 1,2 | 0,9 | 0,9 | 0,4 | 0,6 | 0,1 | 0,4 |
| **3,60** | | | | | 45,9 | 4,5 | 17,6 | 3,0 | 4,8 | 1,8 | 2,2 | 1,3 | 0,9 | 0,9 | 0,4 | 0,6 | 0,2 | 0,4 |
| **3,70** | | | | | 48,3 | 4,6 | 18,5 | 3,1 | 5,0 | 1,8 | 2,3 | 1,3 | 1,0 | 0,9 | 0,4 | 0,7 | 0,2 | 0,4 |
| **3,80** | | | | | 50,7 | 4,7 | 19,4 | 3,2 | 5,3 | 1,9 | 2,4 | 1,3 | 1,0 | 0,9 | 0,5 | 0,7 | 0,2 | 0,4 |
| **3,90** | | | | | 53,2 | 4,8 | 20,3 | 3,3 | 5,5 | 1,9 | 2,5 | 1,4 | 1,0 | 1,0 | 0,5 | 0,7 | 0,2 | 0,5 |
| **4,00** | | | | | 55,7 | 5,0 | 21,3 | 3,3 | 5,8 | 2,0 | 2,7 | 1,4 | 1,1 | 1,0 | 0,5 | 0,7 | 0,2 | 0,5 |
| **4,10** | | | | | | | 22,3 | 3,4 | 6,1 | 2,0 | 2,8 | 1,5 | 1,1 | 1,0 | 0,5 | 0,7 | 0,2 | 0,5 |
| **4,20** | | | | | | | 23,3 | 3,5 | 6,3 | 2,1 | 2,9 | 1,5 | 1,2 | 1,0 | 0,5 | 0,7 | 0,2 | 0,5 |
| **4,30** | | | | | | | 24,3 | 3,6 | 6,6 | 2,1 | 3,0 | 1,5 | 1,2 | 1,1 | 0,6 | 0,8 | 0,2 | 0,5 |
| **4,40** | | | | | | | 25,4 | 3,7 | 6,9 | 2,2 | 3,2 | 1,6 | 1,3 | 1,1 | 0,6 | 0,8 | 0,2 | 0,5 |
| **4,50** | | | | | | | 26,4 | 3,8 | 7,2 | 2,2 | 3,3 | 1,6 | 1,4 | 1,1 | 0,6 | 0,8 | 0,2 | 0,5 |
| **4,60** | | | | | | | 27,5 | 3,9 | 7,5 | 2,3 | 3,4 | 1,6 | 1,4 | 1,1 | 0,6 | 0,8 | 0,2 | 0,5 |
| **4,70** | | | | | | | 28,6 | 3,9 | 7,8 | 2,3 | 3,6 | 1,7 | 1,5 | 1,2 | 0,7 | 0,8 | 0,3 | 0,6 |
| **4,80** | | | | | | | 29,7 | 4,0 | 8,1 | 2,3 | 3,7 | 1,7 | 1,5 | 1,2 | 0,7 | 0,8 | 0,3 | 0,6 |
| **4,90** | | | | | | | 30,9 | 4,1 | 8,4 | 2,4 | 3,8 | 1,7 | 1,6 | 1,2 | 0,7 | 0,9 | 0,3 | 0,6 |
| **5,00** | | | | | | | 32,1 | 4,2 | 8,7 | 2,4 | 4,0 | 1,8 | 1,6 | 1,2 | 0,7 | 0,9 | 0,3 | 0,6 |

3/4

| DN | 40 | | 50 | | 60 | | 65 | | 80 | | 100 | |
|---|---|---|---|---|---|---|---|---|---|---|---|---|
| $d_a$ x s | 42 x 1,5 | | 54 x 1,5 | | 64 x 2 | | 76,1 x 2 | | 88,9 x 2 | | 108 x 2 | |
| $d_i$ | 39,0 | | 51,0 | | 60,0 | | 72,1 | | 84,9 | | 104,0 | |
| $V_S$ l/s | R mbar/m | v m/s | R mbar/m | v m/s | R mbar/m | v m/s | R mbar/m | v m/s | R mbar/m | v m/s | R mbar/m | v m/s |
| **5,10** | 33,2 | 4,3 | 9,0 | 2,5 | 4,1 | 1,8 | 1,7 | 1,2 | 0,8 | 0,9 | 0,3 | 0,6 |
| **5,20** | 34,4 | 4,4 | 9,4 | 2,5 | 4,3 | 1,8 | 1,8 | 1,3 | 0,8 | 0,9 | 0,3 | 0,6 |
| **5,30** | 35,7 | 4,4 | 9,7 | 2,6 | 4,4 | 1,9 | 1,8 | 1,3 | 0,8 | 0,9 | 0,3 | 0,6 |
| **5,40** | 36,9 | 4,5 | 10,0 | 2,6 | 4,6 | 1,9 | 1,9 | 1,3 | 0,9 | 1,0 | 0,3 | 0,6 |
| **5,50** | 38,2 | 4,6 | 10,4 | 2,7 | 4,7 | 1,9 | 1,9 | 1,3 | 0,9 | 1,0 | 0,3 | 0,6 |
| **5,60** | 39,5 | 4,7 | 10,7 | 2,7 | 4,9 | 2,0 | 2,0 | 1,4 | 0,9 | 1,0 | 0,3 | 0,7 |
| **5,70** | 40,8 | 4,8 | 11,1 | 2,8 | 5,0 | 2,0 | 2,1 | 1,4 | 0,9 | 1,0 | 0,4 | 0,7 |
| **5,80** | 42,1 | 4,9 | 11,4 | 2,8 | 5,2 | 2,1 | 2,1 | 1,4 | 1,0 | 1,0 | 0,4 | 0,7 |
| **5,90** | 43,5 | 4,9 | 11,8 | 2,9 | 5,4 | 2,1 | 2,2 | 1,4 | 1,0 | 1,0 | 0,4 | 0,7 |
| **6,00** | | | 12,2 | 2,9 | 5,5 | 2,1 | 2,3 | 1,5 | 1,0 | 1,1 | 0,4 | 0,7 |
| **6,20** | | | 12,9 | 3,0 | 5,9 | 2,2 | 2,4 | 1,5 | 1,1 | 1,1 | 0,4 | 0,7 |
| **6,40** | | | 13,7 | 3,1 | 6,2 | 2,3 | 2,6 | 1,6 | 1,2 | 1,1 | 0,4 | 0,8 |
| **6,60** | | | 14,5 | 3,2 | 6,6 | 2,3 | 2,7 | 1,6 | 1,2 | 1,2 | 0,5 | 0,8 |
| **6,80** | | | 15,3 | 3,3 | 7,0 | 2,4 | 2,9 | 1,7 | 1,3 | 1,2 | 0,5 | 0,8 |
| **7,00** | | | 16,1 | 3,4 | 7,3 | 2,5 | 3,0 | 1,7 | 1,4 | 1,2 | 0,5 | 0,8 |
| **7,20** | | | 17,0 | 3,5 | 7,7 | 2,5 | 3,2 | 1,8 | 1,4 | 1,3 | 0,5 | 0,8 |
| **7,40** | | | 17,9 | 3,6 | 8,1 | 2,6 | 3,3 | 1,8 | 1,5 | 1,3 | 0,6 | 0,9 |
| **7,60** | | | 18,8 | 3,7 | 8,5 | 2,7 | 3,5 | 1,9 | 1,6 | 1,3 | 0,6 | 0,9 |
| **7,80** | | | 19,7 | 3,8 | 8,9 | 2,8 | 3,7 | 1,9 | 1,7 | 1,4 | 0,6 | 0,9 |
| **8,00** | | | 20,6 | 3,9 | 9,4 | 2,8 | 3,8 | 2,0 | 1,7 | 1,4 | 0,7 | 0,9 |
| **8,20** | | | 21,6 | 4,0 | 9,8 | 2,9 | 4,0 | 2,0 | 1,8 | 1,4 | 0,7 | 1,0 |
| **8,40** | | | 22,5 | 4,1 | 10,2 | 3,0 | 4,2 | 2,1 | 1,9 | 1,5 | 0,7 | 1,0 |
| **8,60** | | | 23,5 | 4,2 | 10,7 | 3,0 | 4,4 | 2,1 | 2,0 | 1,5 | 0,7 | 1,0 |
| **8,80** | | | 24,6 | 4,3 | 11,1 | 3,1 | 4,6 | 2,2 | 2,1 | 1,6 | 0,8 | 1,0 |
| **9,00** | | | 25,6 | 4,4 | 11,6 | 3,2 | 4,8 | 2,2 | 2,2 | 1,6 | 0,8 | 1,1 |
| **9,20** | | | 26,7 | 4,5 | 12,1 | 3,3 | 5,0 | 2,3 | 2,3 | 1,6 | 0,8 | 1,1 |
| **9,40** | | | 27,7 | 4,6 | 12,6 | 3,3 | 5,2 | 2,3 | 2,3 | 1,7 | 0,9 | 1,1 |
| **9,60** | | | 28,8 | 4,7 | 13,1 | 3,4 | 5,4 | 2,4 | 2,4 | 1,7 | 0,9 | 1,1 |
| **9,80** | | | 29,9 | 4,8 | 13,6 | 3,5 | 5,6 | 2,4 | 2,5 | 1,7 | 0,9 | 1,2 |
| **10,00** | | | 31,1 | 4,9 | 14,1 | 3,5 | 5,8 | 2,4 | 2,6 | 1,8 | 1,0 | 1,2 |
| **10,20** | | | 32,2 | 5,0 | 14,6 | 3,6 | 6,0 | 2,5 | 2,7 | 1,8 | 1,0 | 1,2 |
| **10,40** | | | | | 15,1 | 3,7 | 6,2 | 2,5 | 2,8 | 1,8 | 1,1 | 1,2 |
| **10,60** | | | | | 15,7 | 3,7 | 6,4 | 2,6 | 2,9 | 1,9 | 1,1 | 1,2 |
| **10,80** | | | | | 16,2 | 3,8 | 6,7 | 2,6 | 3,0 | 1,9 | 1,1 | 1,3 |
| **11,00** | | | | | 16,8 | 3,9 | 6,9 | 2,7 | 3,1 | 1,9 | 1,2 | 1,3 |
| **11,20** | | | | | 17,4 | 4,0 | 7,1 | 2,7 | 3,2 | 2,0 | 1,2 | 1,3 |
| **11,40** | | | | | 17,9 | 4,0 | 7,3 | 2,8 | 3,3 | 2,0 | 1,2 | 1,3 |
| **11,60** | | | | | 18,5 | 4,1 | 7,6 | 2,8 | 3,4 | 2,0 | 1,3 | 1,4 |
| **11,80** | | | | | 19,1 | 4,2 | 7,8 | 2,9 | 3,5 | 2,1 | 1,3 | 1,4 |
| **12,00** | | | | | 19,7 | 4,2 | 8,1 | 2,9 | 3,7 | 2,1 | 1,4 | 1,4 |
| **12,20** | | | | | 20,3 | 4,3 | 8,3 | 3,0 | 3,8 | 2,2 | 1,4 | 1,4 |
| **12,40** | | | | | 20,9 | 4,4 | 8,6 | 3,0 | 3,9 | 2,2 | 1,5 | 1,5 |
| **12,60** | | | | | 21,6 | 4,5 | 8,8 | 3,1 | 4,0 | 2,2 | 1,5 | 1,5 |
| **12,80** | | | | | 22,2 | 4,5 | 9,1 | 3,1 | 4,1 | 2,3 | 1,5 | 1,5 |
| **13,00** | | | | | 22,8 | 4,6 | 9,3 | 3,2 | 4,2 | 2,3 | 1,6 | 1,5 |
| **13,50** | | | | | 24,5 | 4,8 | 10,0 | 3,3 | 4,5 | 2,4 | 1,7 | 1,6 |
| **14,00** | | | | | 26,2 | 5,0 | 10,7 | 3,4 | 4,8 | 2,5 | 1,8 | 1,6 |
| **14,50** | | | | | | | 11,4 | 3,6 | 5,2 | 2,6 | 1,9 | 1,7 |
| **15,00** | | | | | | | 12,2 | 3,7 | 5,5 | 2,6 | 2,1 | 1,8 |
| **15,50** | | | | | | | 12,9 | 3,8 | 5,8 | 2,7 | 2,2 | 1,8 |
| **16,00** | | | | | | | 13,7 | 3,9 | 6,2 | 2,8 | 2,3 | 1,9 |
| **16,50** | | | | | | | 14,5 | 4,0 | 6,5 | 2,9 | 2,4 | 1,9 |
| **17,00** | | | | | | | 15,3 | 4,2 | 6,9 | 3,0 | 2,6 | 2,0 |
| **17,50** | | | | | | | 16,1 | 4,3 | 7,3 | 3,1 | 2,7 | 2,1 |
| **18,00** | | | | | | | 17,0 | 4,4 | 7,7 | 3,2 | 2,9 | 2,1 |
| **18,50** | | | | | | | 17,9 | 4,5 | 8,1 | 3,3 | 3,0 | 2,2 |
| **19,00** | | | | | | | 18,8 | 4,7 | 8,5 | 3,4 | 3,2 | 2,2 |
| **19,50** | | | | | | | 19,7 | 4,8 | 8,9 | 3,4 | 3,3 | 2,3 |
| **20,00** | | | | | | | 20,7 | 4,9 | 9,3 | 3,5 | 3,5 | 2,4 |

4/4

| DN | 80 | | 100 | |
|---|---|---|---|---|
| $d_a$ x s | 88,9 x 2 | | 108 x 2 | |
| $d_i$ | 84,9 | | 104,0 | |
| $V_S$ l/s | R mbar/m | v m/s | R mbar/m | v m/s |
| **20,50** | 9,8 | 3,6 | 3,6 | 2,4 |
| **21,00** | 10,2 | 3,7 | 3,8 | 2,5 |
| **21,50** | 10,7 | 3,8 | 4,0 | 2,5 |
| **22,00** | 11,1 | 3,9 | 4,1 | 2,6 |
| **22,50** | 11,6 | 4,0 | 4,3 | 2,6 |
| **23,00** | 12,1 | 4,1 | 4,5 | 2,7 |
| **24,00** | 13,0 | 4,2 | 4,9 | 2,8 |
| **25,00** | 14,1 | 4,4 | 5,2 | 2,9 |
| **26,00** | 15,1 | 4,6 | 5,6 | 3,1 |
| **27,00** | 16,2 | 4,8 | 6,0 | 3,2 |
| **28,00** | 17,3 | 4,9 | 6,5 | 3,3 |
| **29,00** | | | 6,9 | 3,4 |
| **30,00** | | | 7,3 | 3,5 |
| **31,00** | | | 7,8 | 3,6 |
| **32,00** | | | 8,3 | 3,8 |
| **33,00** | | | 8,7 | 3,9 |
| **34,00** | | | 9,2 | 4,0 |
| **35,00** | | | 9,7 | 4,1 |
| **36,00** | | | 10,3 | 4,2 |
| **37,00** | | | 10,8 | 4,4 |
| **38,00** | | | 11,3 | 4,5 |
| **39,00** | | | 11,9 | 4,6 |
| **40,00** | | | 12,5 | 4,7 |
| **41,00** | | | 13,1 | 4,8 |
| **42,00** | | | 13,7 | 4,9 |

Tab. 3–50 **Profipress – Druckverlust Kaltwasserleitungen** 

Wassertemperatur = 10 °C Dichte = 999,65 kg/m³ Kinematische Viskosität = 1,3 E-06 m²/s Rohrrauigkeit = 0,0015 mm

| **DN** | 10 | | 12 | | 15 | | 20 | | 25 | | 32 | | 40 | | 50 | |
|---|---|---|---|---|---|---|---|---|---|---|---|---|---|---|---|---|
| **$d_a$ x s** | 12 x 1 | | 15 x 1 | | 18 x 1 | | 22 x 1 | | 28 x 1,5 | | 35 x 1,5 | | 42 x 1,5 | | 54 x 2 | |
| **$d_i$** | 10,0 | | 13,0 | | 16,0 | | 20,0 | | 25,0 | | 32,0 | | 39,0 | | 50,0 | |
| **$V_S$ l/s** | **R mbar/m** | **v m/s** | **R mbar/m** | **v m/s** | **R mbar/m** | **v m/s** | **R mbar/m** | **v m/s** | **R mbar/m** | **v m/s** | **R mbar/m** | **v m/s** | **R mbar/m** | **v m/s** | **R mbar/m** | **v m/s** |
| **0,07** | 13,7 | 0,9 | 4,0 | 0,5 | 1,5 | 0,3 | 0,5 | 0,2 | | | | | | | | |
| **0,08** | 17,2 | 1,0 | 5,0 | 0,6 | 1,9 | 0,4 | 0,7 | 0,3 | | | | | | | | |
| **0,09** | 21,2 | 1,1 | 6,1 | 0,7 | 2,3 | 0,4 | 0,8 | 0,3 | | | | | | | | |
| **0,10** | 25,4 | 1,3 | 7,3 | 0,8 | 2,7 | 0,5 | 1,0 | 0,3 | 0,3 | 0,2 | | | | | | |
| **0,11** | 30,0 | 1,4 | 8,6 | 0,8 | 3,2 | 0,5 | 1,1 | 0,4 | 0,4 | 0,2 | | | | | | |
| **0,12** | 34,9 | 1,5 | 10,0 | 0,9 | 3,8 | 0,6 | 1,3 | 0,4 | 0,5 | 0,2 | | | | | | |
| **0,13** | 40,1 | 1,7 | 11,5 | 1,0 | 4,3 | 0,6 | 1,5 | 0,4 | 0,5 | 0,3 | | | | | | |
| **0,14** | 45,7 | 1,8 | 13,1 | 1,1 | 4,9 | 0,7 | 1,7 | 0,4 | 0,6 | 0,3 | | | | | | |
| **0,15** | 51,6 | 1,9 | 14,8 | 1,1 | 5,5 | 0,7 | 1,9 | 0,5 | 0,7 | 0,3 | | | | | | |
| **0,16** | 57,8 | 2,0 | 16,6 | 1,2 | 6,2 | 0,8 | 2,1 | 0,5 | 0,7 | 0,3 | | | | | | |
| **0,17** | 64,2 | 2,2 | 18,4 | 1,3 | 6,9 | 0,8 | 2,4 | 0,5 | 0,8 | 0,3 | 0,3 | 0,2 | | | | |
| **0,18** | 71,0 | 2,3 | 20,4 | 1,4 | 7,6 | 0,9 | 2,6 | 0,6 | 0,9 | 0,4 | 0,3 | 0,2 | | | | |
| **0,19** | 78,1 | 2,4 | 22,4 | 1,4 | 8,3 | 0,9 | 2,9 | 0,6 | 1,0 | 0,4 | 0,3 | 0,2 | | | | |
| **0,20** | 85,5 | 2,5 | 24,5 | 1,5 | 9,1 | 1,0 | 3,2 | 0,6 | 1,1 | 0,4 | 0,3 | 0,2 | | | | |
| **0,21** | 93,2 | 2,7 | 26,7 | 1,6 | 9,9 | 1,0 | 3,4 | 0,7 | 1,2 | 0,4 | 0,4 | 0,3 | | | | |
| **0,22** | 101,2 | 2,8 | 28,9 | 1,7 | 10,8 | 1,1 | 3,7 | 0,7 | 1,3 | 0,4 | 0,4 | 0,3 | | | | |
| **0,23** | 109,5 | 2,9 | 31,3 | 1,7 | 11,6 | 1,1 | 4,0 | 0,7 | 1,4 | 0,5 | 0,4 | 0,3 | | | | |
| **0,24** | 118,0 | 3,1 | 33,7 | 1,8 | 12,5 | 1,2 | 4,3 | 0,8 | 1,5 | 0,5 | 0,5 | 0,3 | 0,2 | 0,2 | | |
| **0,26** | 136,0 | 3,3 | 38,8 | 2,0 | 14,4 | 1,3 | 5,0 | 0,8 | 1,7 | 0,5 | 0,5 | 0,3 | 0,2 | 0,2 | | |
| **0,28** | 155,1 | 3,6 | 44,2 | 2,1 | 16,4 | 1,4 | 5,7 | 0,9 | 2,0 | 0,6 | 0,6 | 0,3 | 0,2 | 0,2 | | |
| **0,30** | 175,3 | 3,8 | 50,0 | 2,3 | 18,6 | 1,5 | 6,4 | 1,0 | 2,2 | 0,6 | 0,7 | 0,4 | 0,3 | 0,3 | | |
| **0,32** | 196,6 | 4,1 | 56,0 | 2,4 | 20,8 | 1,6 | 7,2 | 1,0 | 2,5 | 0,7 | 0,8 | 0,4 | 0,3 | 0,3 | | |
| **0,34** | 219,0 | 4,3 | 62,3 | 2,6 | 23,1 | 1,7 | 8,0 | 1,1 | 2,8 | 0,7 | 0,9 | 0,4 | 0,3 | 0,3 | | |
| **0,36** | 242,5 | 4,6 | 69,0 | 2,7 | 25,6 | 1,8 | 8,8 | 1,1 | 3,1 | 0,7 | 0,9 | 0,4 | 0,4 | 0,3 | | |
| **0,38** | 267,1 | 4,8 | 75,9 | 2,9 | 28,1 | 1,9 | 9,7 | 1,2 | 3,4 | 0,8 | 1,0 | 0,5 | 0,4 | 0,3 | | |
| **0,40** | | | 83,1 | 3,0 | 30,8 | 2,0 | 10,6 | 1,3 | 3,7 | 0,8 | 1,1 | 0,5 | 0,4 | 0,3 | 0,1 | 0,2 |
| **0,42** | | | 90,7 | 3,2 | 33,6 | 2,1 | 11,6 | 1,3 | 4,0 | 0,9 | 1,2 | 0,5 | 0,5 | 0,4 | 0,1 | 0,2 |
| **0,44** | | | 98,5 | 3,3 | 36,5 | 2,2 | 12,6 | 1,4 | 4,3 | 0,9 | 1,3 | 0,5 | 0,5 | 0,4 | 0,2 | 0,2 |
| **0,46** | | | 106,6 | 3,5 | 39,4 | 2,3 | 13,6 | 1,5 | 4,7 | 0,9 | 1,5 | 0,6 | 0,6 | 0,4 | 0,2 | 0,2 |
| **0,48** | | | 115,0 | 3,6 | 42,5 | 2,4 | 14,7 | 1,5 | 5,1 | 1,0 | 1,6 | 0,6 | 0,6 | 0,4 | 0,2 | 0,2 |
| **0,50** | | | 123,7 | 3,8 | 45,7 | 2,5 | 15,7 | 1,6 | 5,4 | 1,0 | 1,7 | 0,6 | 0,7 | 0,4 | 0,2 | 0,3 |
| **0,52** | | | 132,6 | 3,9 | 49,0 | 2,6 | 16,9 | 1,7 | 5,8 | 1,1 | 1,8 | 0,6 | 0,7 | 0,4 | 0,2 | 0,3 |
| **0,54** | | | 141,8 | 4,1 | 52,4 | 2,7 | 18,0 | 1,7 | 6,2 | 1,1 | 1,9 | 0,7 | 0,8 | 0,5 | 0,2 | 0,3 |
| **0,56** | | | 151,4 | 4,2 | 55,9 | 2,8 | 19,2 | 1,8 | 6,6 | 1,1 | 2,0 | 0,7 | 0,8 | 0,5 | 0,2 | 0,3 |
| **0,58** | | | 161,2 | 4,4 | 59,5 | 2,9 | 20,5 | 1,8 | 7,1 | 1,2 | 2,2 | 0,7 | 0,9 | 0,5 | 0,3 | 0,3 |
| **0,60** | | | 171,2 | 4,5 | 63,2 | 3,0 | 21,7 | 1,9 | 7,5 | 1,2 | 2,3 | 0,7 | 0,9 | 0,5 | 0,3 | 0,3 |
| **0,62** | | | 181,6 | 4,7 | 67,0 | 3,1 | 23,0 | 2,0 | 7,9 | 1,3 | 2,4 | 0,8 | 1,0 | 0,5 | 0,3 | 0,3 |
| **0,64** | | | 192,2 | 4,8 | 70,9 | 3,2 | 24,4 | 2,0 | 8,4 | 1,3 | 2,6 | 0,8 | 1,0 | 0,5 | 0,3 | 0,3 |
| **0,66** | | | 203,1 | 5,0 | 74,9 | 3,3 | 25,7 | 2,1 | 8,9 | 1,3 | 2,7 | 0,8 | 1,1 | 0,6 | 0,3 | 0,3 |
| **0,68** | | | | | 79,0 | 3,4 | 27,1 | 2,2 | 9,3 | 1,4 | 2,9 | 0,8 | 1,1 | 0,6 | 0,3 | 0,3 |
| **0,70** | | | | | 83,2 | 3,5 | 28,6 | 2,2 | 9,8 | 1,4 | 3,0 | 0,9 | 1,2 | 0,6 | 0,4 | 0,4 |
| **0,72** | | | | | 87,5 | 3,6 | 30,0 | 2,3 | 10,3 | 1,5 | 3,2 | 0,9 | 1,2 | 0,6 | 0,4 | 0,4 |
| **0,74** | | | | | 91,9 | 3,7 | 31,5 | 2,4 | 10,8 | 1,5 | 3,3 | 0,9 | 1,3 | 0,6 | 0,4 | 0,4 |
| **0,76** | | | | | 96,4 | 3,8 | 33,1 | 2,4 | 11,4 | 1,5 | 3,5 | 0,9 | 1,4 | 0,6 | 0,4 | 0,4 |
| **0,78** | | | | | 100,9 | 3,9 | 34,6 | 2,5 | 11,9 | 1,6 | 3,7 | 1,0 | 1,4 | 0,7 | 0,4 | 0,4 |
| **0,80** | | | | | 105,6 | 4,0 | 36,2 | 2,5 | 12,5 | 1,6 | 3,8 | 1,0 | 1,5 | 0,7 | 0,5 | 0,4 |
| **0,82** | | | | | 110,4 | 4,1 | 37,8 | 2,6 | 13,0 | 1,7 | 4,0 | 1,0 | 1,6 | 0,7 | 0,5 | 0,4 |
| **0,84** | | | | | 115,2 | 4,2 | 39,5 | 2,7 | 13,6 | 1,7 | 4,2 | 1,0 | 1,6 | 0,7 | 0,5 | 0,4 |
| **0,86** | | | | | 120,2 | 4,3 | 41,2 | 2,7 | 14,2 | 1,8 | 4,4 | 1,1 | 1,7 | 0,7 | 0,5 | 0,4 |
| **0,88** | | | | | 125,3 | 4,4 | 42,9 | 2,8 | 14,7 | 1,8 | 4,5 | 1,1 | 1,8 | 0,7 | 0,5 | 0,4 |
| **0,90** | | | | | 130,4 | 4,5 | 44,7 | 2,9 | 15,3 | 1,8 | 4,7 | 1,1 | 1,8 | 0,8 | 0,6 | 0,5 |
| **0,92** | | | | | 135,6 | 4,6 | 46,5 | 2,9 | 16,0 | 1,9 | 4,9 | 1,1 | 1,9 | 0,8 | 0,6 | 0,5 |
| **0,94** | | | | | 141,0 | 4,7 | 48,3 | 3,0 | 16,6 | 1,9 | 5,1 | 1,2 | 2,0 | 0,8 | 0,6 | 0,5 |
| **0,96** | | | | | 146,4 | 4,8 | 50,1 | 3,1 | 17,2 | 2,0 | 5,3 | 1,2 | 2,1 | 0,8 | 0,6 | 0,5 |
| **0,98** | | | | | 151,9 | 4,9 | 52,0 | 3,1 | 17,9 | 2,0 | 5,5 | 1,2 | 2,1 | 0,8 | 0,7 | 0,5 |
| **1,00** | | | | | 157,5 | 5,0 | 53,9 | 3,2 | 18,5 | 2,0 | 5,7 | 1,2 | 2,2 | 0,8 | 0,7 | 0,5 |

| DN | 20 | | 25 | | 32 | | 40 | | 50 | | 60 | | 65 | | 80 | | 100 | |
|---|---|---|---|---|---|---|---|---|---|---|---|---|---|---|---|---|---|---|
| $d_a$ x s | 22 x 1,2 | | 28 x 1,2 | | 35 x 1,5 | | 42 x 1,5 | | 54 x 1,5 | | 64 x 2 | | 76,1 x 2 | | 88,9 x 2 | | 108 x 2 | |
| $d_i$ | 19,6 | | 25,6 | | 32,0 | | 39,0 | | 51,0 | | 60,0 | | 72,1 | | 84,9 | | 104,0 | |
| $V_S$ | R | v | R | v | R | v | R | v | R | v | R | v | R | v | R | v | R | v |
| l/s | mbar/m | m/s | mbar/m | m/s | mbar/m | m/s | mbar/m | m/s | mbar/m | m/s | mbar/m | m/s | mbar/m | m/s | mbar/m | m/s | mbar/m | m/s |
| **1,05** | 58,8 | 3,3 | 20,2 | 2,1 | 6,2 | 1,3 | 2,4 | 0,9 | 0,7 | 0,5 | | | | | | | | |
| **1,10** | 63,9 | 3,5 | 21,9 | 2,2 | 6,7 | 1,4 | 2,6 | 0,9 | 0,8 | 0,6 | | | | | | | | |
| **1,15** | 69,2 | 3,7 | 23,7 | 2,3 | 7,3 | 1,4 | 2,8 | 1,0 | 0,9 | 0,6 | | | | | | | | |
| **1,20** | 74,7 | 3,8 | 25,6 | 2,4 | 7,9 | 1,5 | 3,1 | 1,0 | 0,9 | 0,6 | | | | | | | | |
| **1,25** | 80,4 | 4,0 | 27,5 | 2,5 | 8,4 | 1,6 | 3,3 | 1,0 | 1,0 | 0,6 | | | | | | | | |
| **1,30** | 86,2 | 4,1 | 29,5 | 2,6 | 9,1 | 1,6 | 3,5 | 1,1 | 1,1 | 0,7 | | | | | | | | |
| **1,35** | 92,3 | 4,3 | 31,6 | 2,8 | 9,7 | 1,7 | 3,8 | 1,1 | 1,1 | 0,7 | | | | | | | | |
| **1,40** | 98,5 | 4,5 | 33,7 | 2,9 | 10,3 | 1,7 | 4,0 | 1,2 | 1,2 | 0,7 | | | | | | | | |
| **1,45** | 104,9 | 4,6 | 35,9 | 3,0 | 11,0 | 1,8 | 4,3 | 1,2 | 1,3 | 0,7 | | | | | | | | |
| **1,50** | 111,5 | 4,8 | 38,1 | 3,1 | 11,7 | 1,9 | 4,5 | 1,3 | 1,4 | 0,8 | | | | | | | | |
| **1,55** | 118,3 | 4,9 | 40,4 | 3,2 | 12,4 | 1,9 | 4,8 | 1,3 | 1,5 | 0,8 | | | | | | | | |
| **1,60** | | | 42,8 | 3,3 | 13,1 | 2,0 | 5,1 | 1,3 | 1,6 | 0,8 | | | | | | | | |
| **1,65** | | | 45,2 | 3,4 | 13,8 | 2,1 | 5,4 | 1,4 | 1,6 | 0,8 | | | | | | | | |
| **1,70** | | | 47,7 | 3,5 | 14,6 | 2,1 | 5,7 | 1,4 | 1,7 | 0,9 | | | | | | | | |
| **1,75** | | | 50,3 | 3,6 | 15,4 | 2,2 | 6,0 | 1,5 | 1,8 | 0,9 | | | | | | | | |
| **1,80** | | | 52,9 | 3,7 | 16,2 | 2,2 | 6,3 | 1,5 | 1,9 | 0,9 | | | | | | | | |
| **1,85** | | | 55,5 | 3,8 | 17,0 | 2,3 | 6,6 | 1,5 | 2,0 | 0,9 | 0,8 | 0,7 | 0,3 | 0,5 | 0,2 | 0,3 | | |
| **1,90** | | | 58,3 | 3,9 | 17,8 | 2,4 | 6,9 | 1,6 | 2,1 | 1,0 | 0,9 | 0,7 | 0,4 | 0,5 | 0,2 | 0,3 | | |
| **1,95** | | | 61,0 | 4,0 | 18,6 | 2,4 | 7,2 | 1,6 | 2,2 | 1,0 | 0,9 | 0,7 | 0,4 | 0,5 | 0,2 | 0,3 | | |
| **2,00** | | | 63,9 | 4,1 | 19,5 | 2,5 | 7,6 | 1,7 | 2,3 | 1,0 | 1,0 | 0,7 | 0,4 | 0,5 | 0,2 | 0,4 | | |
| **2,10** | | | 69,7 | 4,3 | 21,3 | 2,6 | 8,2 | 1,8 | 2,5 | 1,1 | 1,1 | 0,7 | 0,4 | 0,5 | 0,2 | 0,4 | | |
| **2,20** | | | 75,8 | 4,5 | 23,1 | 2,7 | 9,0 | 1,8 | 2,7 | 1,1 | 1,1 | 0,8 | 0,5 | 0,5 | 0,2 | 0,4 | | |
| **2,30** | | | 82,2 | 4,7 | 25,1 | 2,9 | 9,7 | 1,9 | 3,0 | 1,2 | 1,2 | 0,8 | 0,5 | 0,6 | 0,2 | 0,4 | | |
| **2,40** | | | 88,7 | 4,9 | 27,0 | 3,0 | 10,5 | 2,0 | 3,2 | 1,2 | 1,3 | 0,8 | 0,6 | 0,6 | 0,3 | 0,4 | | |
| **2,50** | | | | | 29,1 | 3,1 | 11,3 | 2,1 | 3,4 | 1,3 | 1,4 | 0,9 | 0,6 | 0,6 | 0,3 | 0,4 | 0,1 | 0,3 |
| **2,60** | | | | | 31,2 | 3,2 | 12,1 | 2,2 | 3,7 | 1,3 | 1,5 | 0,9 | 0,6 | 0,6 | 0,3 | 0,5 | 0,1 | 0,3 |
| **2,70** | | | | | 33,4 | 3,4 | 12,9 | 2,3 | 3,9 | 1,4 | 1,6 | 1,0 | 0,7 | 0,7 | 0,3 | 0,5 | 0,1 | 0,3 |
| **2,80** | | | | | 35,7 | 3,5 | 13,8 | 2,3 | 4,2 | 1,4 | 1,8 | 1,0 | 0,7 | 0,7 | 0,3 | 0,5 | 0,1 | 0,3 |
| **2,90** | | | | | 38,0 | 3,6 | 14,7 | 2,4 | 4,5 | 1,5 | 1,9 | 1,0 | 0,8 | 0,7 | 0,4 | 0,5 | 0,1 | 0,3 |
| **3,00** | | | | | 40,4 | 3,7 | 15,6 | 2,5 | 4,7 | 1,5 | 2,0 | 1,1 | 0,8 | 0,7 | 0,4 | 0,5 | 0,2 | 0,4 |
| **3,10** | | | | | 42,8 | 3,9 | 16,5 | 2,6 | 5,0 | 1,6 | 2,1 | 1,1 | 0,9 | 0,8 | 0,4 | 0,5 | 0,2 | 0,4 |
| **3,20** | | | | | 45,4 | 4,0 | 17,5 | 2,7 | 5,3 | 1,6 | 2,2 | 1,1 | 0,9 | 0,8 | 0,4 | 0,6 | 0,2 | 0,4 |
| **3,30** | | | | | 47,9 | 4,1 | 18,5 | 2,8 | 5,6 | 1,7 | 2,3 | 1,2 | 1,0 | 0,8 | 0,4 | 0,6 | 0,2 | 0,4 |
| **3,40** | | | | | 50,6 | 4,2 | 19,5 | 2,8 | 5,9 | 1,7 | 2,5 | 1,2 | 1,0 | 0,8 | 0,5 | 0,6 | 0,2 | 0,4 |
| **3,50** | | | | | 53,3 | 4,4 | 20,6 | 2,9 | 6,2 | 1,8 | 2,6 | 1,2 | 1,1 | 0,9 | 0,5 | 0,6 | 0,2 | 0,4 |
| **3,60** | | | | | 56,1 | 4,5 | 21,6 | 3,0 | 6,6 | 1,8 | 2,7 | 1,3 | 1,1 | 0,9 | 0,5 | 0,6 | 0,2 | 0,4 |
| **3,70** | | | | | 58,9 | 4,6 | 22,7 | 3,1 | 6,9 | 1,9 | 2,9 | 1,3 | 1,2 | 0,9 | 0,5 | 0,7 | 0,2 | 0,4 |
| **3,80** | | | | | 61,8 | 4,7 | 23,9 | 3,2 | 7,2 | 1,9 | 3,0 | 1,3 | 1,3 | 0,9 | 0,6 | 0,7 | 0,2 | 0,5 |
| **3,90** | | | | | 64,8 | 4,8 | 25,0 | 3,3 | 7,6 | 2,0 | 3,2 | 1,4 | 1,3 | 1,0 | 0,6 | 0,7 | 0,2 | 0,5 |
| **4,00** | | | | | 67,8 | 5,0 | 26,2 | 3,3 | 7,9 | 2,0 | 3,3 | 1,4 | 1,4 | 1,0 | 0,6 | 0,7 | 0,2 | 0,5 |
| **4,10** | | | | | | | 27,4 | 3,4 | 8,3 | 2,1 | 3,5 | 1,5 | 1,4 | 1,0 | 0,7 | 0,7 | 0,3 | 0,5 |
| **4,20** | | | | | | | 28,6 | 3,5 | 8,7 | 2,1 | 3,6 | 1,5 | 1,5 | 1,0 | 0,7 | 0,7 | 0,3 | 0,5 |
| **4,30** | | | | | | | 29,8 | 3,6 | 9,0 | 2,2 | 3,8 | 1,5 | 1,6 | 1,1 | 0,7 | 0,8 | 0,3 | 0,5 |
| **4,40** | | | | | | | 31,1 | 3,7 | 9,4 | 2,2 | 3,9 | 1,6 | 1,6 | 1,1 | 0,7 | 0,8 | 0,3 | 0,5 |
| **4,50** | | | | | | | 32,3 | 3,8 | 9,8 | 2,3 | 4,1 | 1,6 | 1,7 | 1,1 | 0,8 | 0,8 | 0,3 | 0,5 |
| **4,60** | | | | | | | 33,7 | 3,9 | 10,2 | 2,3 | 4,2 | 1,6 | 1,8 | 1,1 | 0,8 | 0,8 | 0,3 | 0,6 |
| **4,70** | | | | | | | 35,0 | 3,9 | 10,6 | 2,4 | 4,4 | 1,7 | 1,8 | 1,2 | 0,8 | 0,8 | 0,3 | 0,6 |
| **4,80** | | | | | | | 36,3 | 4,0 | 11,0 | 2,4 | 4,6 | 1,7 | 1,9 | 1,2 | 0,9 | 0,8 | 0,3 | 0,6 |
| **4,90** | | | | | | | 37,7 | 4,1 | 11,4 | 2,5 | 4,8 | 1,7 | 2,0 | 1,2 | 0,9 | 0,9 | 0,4 | 0,6 |
| **5,00** | | | | | | | 39,1 | 4,2 | 11,8 | 2,5 | 4,9 | 1,8 | 2,0 | 1,2 | 0,9 | 0,9 | 0,4 | 0,6 |
| **5,10** | | | | | | | 40,5 | 4,3 | 12,3 | 2,6 | 5,1 | 1,8 | 2,1 | 1,2 | 1,0 | 0,9 | 0,4 | 0,6 |
| **5,20** | | | | | | | 42,0 | 4,4 | 12,7 | 2,6 | 5,3 | 1,8 | 2,2 | 1,3 | 1,0 | 0,9 | 0,4 | 0,6 |
| **5,30** | | | | | | | 43,5 | 4,4 | 13,1 | 2,7 | 5,5 | 1,9 | 2,3 | 1,3 | 1,0 | 0,9 | 0,4 | 0,6 |
| **5,40** | | | | | | | 45,0 | 4,5 | 13,6 | 2,8 | 5,7 | 1,9 | 2,3 | 1,3 | 1,1 | 1,0 | 0,4 | 0,6 |
| **5,50** | | | | | | | 46,5 | 4,6 | 14,0 | 2,8 | 5,8 | 1,9 | 2,4 | 1,3 | 1,1 | 1,0 | 0,4 | 0,7 |
| **5,60** | | | | | | | 48,0 | 4,7 | 14,5 | 2,9 | 6,0 | 2,0 | 2,5 | 1,4 | 1,1 | 1,0 | 0,5 | 0,7 |

Tab. 3–51 **Fortsetzung: Profipress – Druckverlust Kaltwasserleitungen** 3/4

| DN | 40 | | 50 | | 60 | | 65 | | 80 | | 100 | |
|---|---|---|---|---|---|---|---|---|---|---|---|---|
| $d_a$ x s | 42 x 1,5 | | 54 x 1,5 | | 64 x 2 | | 76,1 x 2 | | 88,9 x 2 | | 108 x 2 | |
| $d_i$ | 39,0 | | 51,0 | | 60,0 | | 72,1 | | 84,9 | | 104,0 | |
| $V_S$ l/s | R mbar/m | v m/s | R mbar/m | v m/s | R mbar/m | v m/s | R mbar/m | v m/s | R mbar/m | v m/s | R mbar/m | v m/s |
| **5,70** | 49,6 | 4,8 | 15,0 | 2,9 | 6,2 | 2,0 | 2,6 | 1,4 | 1,2 | 1,0 | 0,5 | 0,7 |
| **5,80** | 51,2 | 4,9 | 15,5 | 3,0 | 6,4 | 2,1 | 2,7 | 1,4 | 1,2 | 1,0 | 0,5 | 0,7 |
| **5,90** | 52,8 | 4,9 | 15,9 | 3,0 | 6,6 | 2,1 | 2,7 | 1,4 | 1,3 | 1,0 | 0,5 | 0,7 |
| **6,00** | | | 16,4 | 3,1 | 6,8 | 2,1 | 2,8 | 1,5 | 1,3 | 1,1 | 0,5 | 0,7 |
| **6,20** | | | 17,4 | 3,2 | 7,3 | 2,2 | 3,0 | 1,5 | 1,4 | 1,1 | 0,5 | 0,7 |
| **6,40** | | | 18,5 | 3,3 | 7,7 | 2,3 | 3,2 | 1,6 | 1,5 | 1,1 | 0,6 | 0,8 |
| **6,60** | | | 19,5 | 3,4 | 8,1 | 2,3 | 3,4 | 1,6 | 1,5 | 1,2 | 0,6 | 0,8 |
| **6,80** | | | 20,6 | 3,5 | 8,6 | 2,4 | 3,5 | 1,7 | 1,6 | 1,2 | 0,6 | 0,8 |
| **7,00** | | | 21,7 | 3,6 | 9,0 | 2,5 | 3,7 | 1,7 | 1,7 | 1,2 | 0,7 | 0,8 |
| **7,20** | | | 22,8 | 3,7 | 9,5 | 2,5 | 3,9 | 1,8 | 1,8 | 1,3 | 0,7 | 0,9 |
| **7,40** | | | 24,0 | 3,8 | 10,0 | 2,6 | 4,1 | 1,8 | 1,9 | 1,3 | 0,7 | 0,9 |
| **7,60** | | | 25,2 | 3,9 | 10,5 | 2,7 | 4,3 | 1,9 | 2,0 | 1,3 | 0,8 | 0,9 |
| **7,80** | | | 26,4 | 4,0 | 11,0 | 2,8 | 4,5 | 1,9 | 2,1 | 1,4 | 0,8 | 0,9 |
| **8,00** | | | 27,6 | 4,1 | 11,5 | 2,8 | 4,7 | 2,0 | 2,2 | 1,4 | 0,9 | 1,0 |
| **8,20** | | | 28,9 | 4,2 | 12,0 | 2,9 | 5,0 | 2,0 | 2,3 | 1,4 | 0,9 | 1,0 |
| **8,40** | | | 30,2 | 4,3 | 12,5 | 3,0 | 5,2 | 2,1 | 2,4 | 1,5 | 0,9 | 1,0 |
| **8,60** | | | 31,5 | 4,4 | 13,1 | 3,0 | 5,4 | 2,1 | 2,5 | 1,5 | 1,0 | 1,0 |
| **8,80** | | | 32,8 | 4,5 | 13,6 | 3,1 | 5,6 | 2,2 | 2,6 | 1,6 | 1,0 | 1,1 |
| **9,00** | | | 34,2 | 4,6 | 14,2 | 3,2 | 5,9 | 2,2 | 2,7 | 1,6 | 1,1 | 1,1 |
| **9,20** | | | 35,6 | 4,7 | 14,8 | 3,3 | 6,1 | 2,3 | 2,8 | 1,6 | 1,1 | 1,1 |
| **9,40** | | | 37,0 | 4,8 | 15,4 | 3,3 | 6,3 | 2,3 | 2,9 | 1,7 | 1,1 | 1,1 |
| **9,60** | | | 38,4 | 4,9 | 16,0 | 3,4 | 6,6 | 2,4 | 3,0 | 1,7 | 1,2 | 1,2 |
| **9,80** | | | 39,9 | 5,0 | 16,6 | 3,5 | 6,8 | 2,4 | 3,1 | 1,7 | 1,2 | 1,2 |
| **10,00** | | | | | 17,2 | 3,5 | 7,1 | 2,4 | 3,2 | 1,8 | 1,3 | 1,2 |
| **10,20** | | | | | 17,8 | 3,6 | 7,3 | 2,5 | 3,3 | 1,8 | 1,3 | 1,2 |
| **10,40** | | | | | 18,4 | 3,7 | 7,6 | 2,5 | 3,5 | 1,8 | 1,4 | 1,2 |
| **10,60** | | | | | 19,1 | 3,7 | 7,9 | 2,6 | 3,6 | 1,9 | 1,4 | 1,3 |
| **10,80** | | | | | 19,7 | 3,8 | 8,1 | 2,6 | 3,7 | 1,9 | 1,5 | 1,3 |
| **11,00** | | | | | 20,4 | 3,9 | 8,4 | 2,7 | 3,8 | 1,9 | 1,5 | 1,3 |
| **11,20** | | | | | 21,1 | 4,0 | 8,7 | 2,7 | 4,0 | 2,0 | 1,6 | 1,3 |
| **11,40** | | | | | 21,8 | 4,0 | 9,0 | 2,8 | 4,1 | 2,0 | 1,6 | 1,4 |
| **11,60** | | | | | 22,5 | 4,1 | 9,3 | 2,8 | 4,2 | 2,0 | 1,7 | 1,4 |
| **11,80** | | | | | 23,2 | 4,2 | 9,6 | 2,9 | 4,4 | 2,1 | 1,7 | 1,4 |
| **12,00** | | | | | 23,9 | 4,2 | 9,9 | 2,9 | 4,5 | 2,1 | 1,8 | 1,4 |
| **12,20** | | | | | 24,6 | 4,3 | 10,2 | 3,0 | 4,6 | 2,2 | 1,8 | 1,5 |
| **12,40** | | | | | 25,4 | 4,4 | 10,5 | 3,0 | 4,8 | 2,2 | 1,9 | 1,5 |
| **12,60** | | | | | 26,1 | 4,5 | 10,8 | 3,1 | 4,9 | 2,2 | 1,9 | 1,5 |
| **12,80** | | | | | 26,9 | 4,5 | 11,1 | 3,1 | 5,0 | 2,3 | 2,0 | 1,5 |
| **13,00** | | | | | 27,6 | 4,6 | 11,4 | 3,2 | 5,2 | 2,3 | 2,0 | 1,6 |
| **13,50** | | | | | 29,6 | 4,8 | 12,2 | 3,3 | 5,6 | 2,4 | 2,2 | 1,6 |
| **14,00** | | | | | 31,6 | 5,0 | 13,0 | 3,4 | 5,9 | 2,5 | 2,3 | 1,7 |
| **14,50** | | | | | | | 13,9 | 3,6 | 6,3 | 2,6 | 2,5 | 1,7 |
| **15,00** | | | | | | | 14,8 | 3,7 | 6,7 | 2,6 | 2,6 | 1,8 |
| **15,50** | | | | | | | 15,7 | 3,8 | 7,1 | 2,7 | 2,8 | 1,9 |
| **16,00** | | | | | | | 16,6 | 3,9 | 7,5 | 2,8 | 3,0 | 1,9 |
| **16,50** | | | | | | | 17,5 | 4,0 | 8,0 | 2,9 | 3,1 | 2,0 |
| **17,00** | | | | | | | 18,5 | 4,2 | 8,4 | 3,0 | 3,3 | 2,0 |
| **17,50** | | | | | | | 19,5 | 4,3 | 8,9 | 3,1 | 3,5 | 2,1 |
| **18,00** | | | | | | | 20,6 | 4,4 | 9,3 | 3,2 | 3,7 | 2,2 |
| **18,50** | | | | | | | 21,6 | 4,5 | 9,8 | 3,3 | 3,9 | 2,2 |
| **19,00** | | | | | | | 22,7 | 4,7 | 10,3 | 3,4 | 4,1 | 2,3 |
| **19,50** | | | | | | | 23,8 | 4,8 | 10,8 | 3,4 | 4,3 | 2,3 |
| **20,00** | | | | | | | 24,9 | 4,9 | 11,3 | 3,5 | 4,5 | 2,4 |
| **20,50** | | | | | | | | | 11,8 | 3,6 | 4,7 | 2,5 |
| **21,00** | | | | | | | | | 12,4 | 3,7 | 4,9 | 2,5 |
| **21,50** | | | | | | | | | 12,9 | 3,8 | 5,1 | 2,6 |
| **22,00** | | | | | | | | | 13,4 | 3,9 | 5,3 | 2,6 |
| **22,50** | | | | | | | | | 14,0 | 4,0 | 5,5 | 2,7 |
| **23,00** | | | | | | | | | 14,6 | 4,1 | 5,7 | 2,8 |
| **24,00** | | | | | | | | | 15,7 | 4,2 | 6,2 | 2,9 |
| **25,00** | | | | | | | | | 17,0 | 4,4 | 6,7 | 3,0 |
| **26,00** | | | | | | | | | 18,2 | 4,6 | 7,2 | 3,1 |
| **27,00** | | | | | | | | | 19,5 | 4,8 | 7,7 | 3,2 |
| **28,00** | | | | | | | | | 20,8 | 4,9 | 8,2 | 3,4 |

4/4

| DN | 100 | |
|---|---|---|
| $d_a$ x s | 108 x 2 | |
| $d_i$ | 104,0 | |
| $V_S$ l/s | R mbar/m | v m/s |
| **29,00** | 8,7 | 3,5 |
| **30,00** | 9,3 | 3,6 |
| **31,00** | 9,9 | 3,7 |
| **32,00** | 10,4 | 3,8 |
| **33,00** | 11,1 | 4,0 |
| **34,00** | 11,7 | 4,1 |
| **35,00** | 12,3 | 4,2 |
| **36,00** | 12,9 | 4,3 |
| **37,00** | 13,6 | 4,4 |
| **38,00** | 14,3 | 4,6 |
| **39,00** | 15,0 | 4,7 |
| **40,00** | 15,7 | 4,8 |
| **41,00** | 16,4 | 4,9 |

Tab. 3–52 **Profipress – Druckverlust Warmwasserleitungen** 1/4

Wassertemperatur = 60 °C Dichte = 983,27 kg/m³ Kinematische Viskosität = 4,7 E-07 m²/s Rohrrauigkeit = 0,0015 mm

| DN | 10 | | 12 | | 15 | | 20 | | 25 | | 32 | | 40 | | 50 | |
|---|---|---|---|---|---|---|---|---|---|---|---|---|---|---|---|---|
| $d_a$ x s | 12 x 1 | | 15 x 1 | | 18 x 1 | | 22 x 1 | | 28 x 1,5 | | 35 x 1,5 | | 42 x 1,5 | | 54 x 2 | |
| $d_i$ | 10,0 | | 13,0 | | 16,0 | | 20,0 | | 25,0 | | 32,0 | | 39,0 | | 50,0 | |
| $\dot{V}_S$ l/s | R mbar/m | v m/s | R mbar/m | v m/s | R mbar/m | v m/s | R mbar/m | v m/s | R mbar/m | v m/s | R mbar/m | v m/s | R mbar/m | v m/s | R mbar/m | v m/s |
| **0,07** | 10,4 | 0,9 | 3,0 | 0,5 | 1,1 | 0,3 | 0,4 | 0,2 | | | | | | | | |
| **0,08** | 13,1 | 1,0 | 3,8 | 0,6 | 1,4 | 0,4 | 0,5 | 0,3 | | | | | | | | |
| **0,09** | 16,2 | 1,1 | 4,6 | 0,7 | 1,7 | 0,4 | 0,6 | 0,3 | | | | | | | | |
| **0,10** | 19,5 | 1,3 | 5,6 | 0,8 | 2,1 | 0,5 | 0,7 | 0,3 | 0,2 | 0,2 | | | | | | |
| **0,11** | 23,1 | 1,4 | 6,6 | 0,8 | 2,4 | 0,5 | 0,8 | 0,4 | 0,3 | 0,2 | | | | | | |
| **0,12** | 27,0 | 1,5 | 7,7 | 0,9 | 2,8 | 0,6 | 1,0 | 0,4 | 0,3 | 0,2 | | | | | | |
| **0,13** | 31,1 | 1,7 | 8,8 | 1,0 | 3,3 | 0,6 | 1,1 | 0,4 | 0,4 | 0,3 | | | | | | |
| **0,14** | 35,5 | 1,8 | 10,1 | 1,1 | 3,7 | 0,7 | 1,3 | 0,4 | 0,4 | 0,3 | | | | | | |
| **0,15** | 40,2 | 1,9 | 11,4 | 1,1 | 4,2 | 0,7 | 1,5 | 0,5 | 0,5 | 0,3 | | | | | | |
| **0,16** | 45,1 | 2,0 | 12,8 | 1,2 | 4,7 | 0,8 | 1,6 | 0,5 | 0,6 | 0,3 | | | | | | |
| **0,17** | 50,2 | 2,2 | 14,2 | 1,3 | 5,3 | 0,8 | 1,8 | 0,5 | 0,6 | 0,3 | 0,2 | 0,2 | | | | |
| **0,18** | 55,7 | 2,3 | 15,8 | 1,4 | 5,8 | 0,9 | 2,0 | 0,6 | 0,7 | 0,4 | 0,2 | 0,2 | | | | |
| **0,19** | 61,3 | 2,4 | 17,4 | 1,4 | 6,4 | 0,9 | 2,2 | 0,6 | 0,8 | 0,4 | 0,2 | 0,2 | | | | |
| **0,20** | 67,3 | 2,5 | 19,0 | 1,5 | 7,0 | 1,0 | 2,4 | 0,6 | 0,8 | 0,4 | 0,3 | 0,2 | | | | |
| **0,21** | 73,4 | 2,7 | 20,8 | 1,6 | 7,7 | 1,0 | 2,6 | 0,7 | 0,9 | 0,4 | 0,3 | 0,3 | | | | |
| **0,22** | 79,9 | 2,8 | 22,6 | 1,7 | 8,3 | 1,1 | 2,9 | 0,7 | 1,0 | 0,4 | 0,3 | 0,3 | | | | |
| **0,23** | 86,5 | 2,9 | 24,4 | 1,7 | 9,0 | 1,1 | 3,1 | 0,7 | 1,1 | 0,5 | 0,3 | 0,3 | | | | |
| **0,24** | 93,4 | 3,1 | 26,4 | 1,8 | 9,7 | 1,2 | 3,3 | 0,8 | 1,2 | 0,5 | 0,4 | 0,3 | 0,1 | 0,2 | | |
| **0,26** | 108,0 | 3,3 | 30,4 | 2,0 | 11,2 | 1,3 | 3,9 | 0,8 | 1,3 | 0,5 | 0,4 | 0,3 | 0,2 | 0,2 | | |
| **0,28** | 123,5 | 3,6 | 34,8 | 2,1 | 12,8 | 1,4 | 4,4 | 0,9 | 1,5 | 0,6 | 0,5 | 0,3 | 0,2 | 0,2 | | |
| **0,30** | 139,9 | 3,8 | 39,4 | 2,3 | 14,5 | 1,5 | 5,0 | 1,0 | 1,7 | 0,6 | 0,5 | 0,4 | 0,2 | 0,3 | | |
| **0,32** | 157,3 | 4,1 | 44,2 | 2,4 | 16,3 | 1,6 | 5,6 | 1,0 | 1,9 | 0,7 | 0,6 | 0,4 | 0,2 | 0,3 | | |
| **0,34** | 175,6 | 4,3 | 49,3 | 2,6 | 18,1 | 1,7 | 6,2 | 1,1 | 2,1 | 0,7 | 0,7 | 0,4 | 0,3 | 0,3 | | |
| **0,36** | 194,9 | 4,6 | 54,7 | 2,7 | 20,1 | 1,8 | 6,9 | 1,1 | 2,4 | 0,7 | 0,7 | 0,4 | 0,3 | 0,3 | | |
| **0,38** | 215,1 | 4,8 | 60,3 | 2,9 | 22,1 | 1,9 | 7,6 | 1,2 | 2,6 | 0,8 | 0,8 | 0,5 | 0,3 | 0,3 | | |
| **0,40** | | | 66,1 | 3,0 | 24,3 | 2,0 | 8,3 | 1,3 | 2,8 | 0,8 | 0,9 | 0,5 | 0,3 | 0,3 | 0,1 | 0,2 |
| **0,42** | | | 72,3 | 3,2 | 26,5 | 2,1 | 9,1 | 1,3 | 3,1 | 0,9 | 1,0 | 0,5 | 0,4 | 0,4 | 0,1 | 0,2 |
| **0,44** | | | 78,6 | 3,3 | 28,8 | 2,2 | 9,8 | 1,4 | 3,4 | 0,9 | 1,0 | 0,5 | 0,4 | 0,4 | 0,1 | 0,2 |
| **0,46** | | | 85,2 | 3,5 | 31,2 | 2,3 | 10,7 | 1,5 | 3,7 | 0,9 | 1,1 | 0,6 | 0,4 | 0,4 | 0,1 | 0,2 |
| **0,48** | | | 92,0 | 3,6 | 33,7 | 2,4 | 11,5 | 1,5 | 3,9 | 1,0 | 1,2 | 0,6 | 0,5 | 0,4 | 0,1 | 0,2 |
| **0,50** | | | 99,1 | 3,8 | 36,3 | 2,5 | 12,4 | 1,6 | 4,2 | 1,0 | 1,3 | 0,6 | 0,5 | 0,4 | 0,2 | 0,3 |
| **0,52** | | | 106,5 | 3,9 | 39,0 | 2,6 | 13,3 | 1,7 | 4,5 | 1,1 | 1,4 | 0,6 | 0,5 | 0,4 | 0,2 | 0,3 |
| **0,54** | | | 114,0 | 4,1 | 41,7 | 2,7 | 14,2 | 1,7 | 4,9 | 1,1 | 1,5 | 0,7 | 0,6 | 0,5 | 0,2 | 0,3 |
| **0,56** | | | 121,8 | 4,2 | 44,6 | 2,8 | 15,2 | 1,8 | 5,2 | 1,1 | 1,6 | 0,7 | 0,6 | 0,5 | 0,2 | 0,3 |
| **0,58** | | | 129,9 | 4,4 | 47,5 | 2,9 | 16,2 | 1,8 | 5,5 | 1,2 | 1,7 | 0,7 | 0,7 | 0,5 | 0,2 | 0,3 |
| **0,60** | | | 138,2 | 4,5 | 50,5 | 3,0 | 17,2 | 1,9 | 5,9 | 1,2 | 1,8 | 0,7 | 0,7 | 0,5 | 0,2 | 0,3 |
| **0,62** | | | 146,7 | 4,7 | 53,6 | 3,1 | 18,2 | 2,0 | 6,2 | 1,3 | 1,9 | 0,8 | 0,7 | 0,5 | 0,2 | 0,3 |
| **0,64** | | | 155,4 | 4,8 | 56,7 | 3,2 | 19,3 | 2,0 | 6,6 | 1,3 | 2,0 | 0,8 | 0,8 | 0,5 | 0,2 | 0,3 |
| **0,66** | | | 164,4 | 5,0 | 60,0 | 3,3 | 20,4 | 2,1 | 7,0 | 1,3 | 2,1 | 0,8 | 0,8 | 0,6 | 0,3 | 0,3 |
| **0,68** | | | | | 63,4 | 3,4 | 21,5 | 2,2 | 7,4 | 1,4 | 2,2 | 0,8 | 0,9 | 0,6 | 0,3 | 0,3 |
| **0,70** | | | | | 66,8 | 3,5 | 22,7 | 2,2 | 7,7 | 1,4 | 2,4 | 0,9 | 0,9 | 0,6 | 0,3 | 0,4 |
| **0,72** | | | | | 70,3 | 3,6 | 23,9 | 2,3 | 8,1 | 1,5 | 2,5 | 0,9 | 1,0 | 0,6 | 0,3 | 0,4 |
| **0,74** | | | | | 73,9 | 3,7 | 25,1 | 2,4 | 8,6 | 1,5 | 2,6 | 0,9 | 1,0 | 0,6 | 0,3 | 0,4 |
| **0,76** | | | | | 77,6 | 3,8 | 26,3 | 2,4 | 9,0 | 1,5 | 2,7 | 0,9 | 1,1 | 0,6 | 0,3 | 0,4 |
| **0,78** | | | | | 81,3 | 3,9 | 27,6 | 2,5 | 9,4 | 1,6 | 2,9 | 1,0 | 1,1 | 0,7 | 0,3 | 0,4 |
| **0,80** | | | | | 85,1 | 4,0 | 28,9 | 2,5 | 9,8 | 1,6 | 3,0 | 1,0 | 1,2 | 0,7 | 0,4 | 0,4 |
| **0,82** | | | | | 89,1 | 4,1 | 30,2 | 2,6 | 10,3 | 1,7 | 3,1 | 1,0 | 1,2 | 0,7 | 0,4 | 0,4 |
| **0,84** | | | | | 93,1 | 4,2 | 31,6 | 2,7 | 10,8 | 1,7 | 3,3 | 1,0 | 1,3 | 0,7 | 0,4 | 0,4 |
| **0,86** | | | | | 97,2 | 4,3 | 32,9 | 2,7 | 11,2 | 1,8 | 3,4 | 1,1 | 1,3 | 0,7 | 0,4 | 0,4 |
| **0,88** | | | | | 101,3 | 4,4 | 34,3 | 2,8 | 11,7 | 1,8 | 3,6 | 1,1 | 1,4 | 0,7 | 0,4 | 0,4 |
| **0,90** | | | | | 105,6 | 4,5 | 35,8 | 2,9 | 12,2 | 1,8 | 3,7 | 1,1 | 1,4 | 0,8 | 0,4 | 0,5 |
| **0,92** | | | | | 109,9 | 4,6 | 37,2 | 2,9 | 12,7 | 1,9 | 3,9 | 1,1 | 1,5 | 0,8 | 0,5 | 0,5 |
| **0,94** | | | | | 114,3 | 4,7 | 38,7 | 3,0 | 13,2 | 1,9 | 4,0 | 1,2 | 1,6 | 0,8 | 0,5 | 0,5 |
| **0,96** | | | | | 118,8 | 4,8 | 40,2 | 3,1 | 13,7 | 2,0 | 4,2 | 1,2 | 1,6 | 0,8 | 0,5 | 0,5 |
| **0,98** | | | | | 123,3 | 4,9 | 41,8 | 3,1 | 14,2 | 2,0 | 4,3 | 1,2 | 1,7 | 0,8 | 0,5 | 0,5 |
| **1,00** | | | | | 128,0 | 5,0 | 43,3 | 3,2 | 14,7 | 2,0 | 4,5 | 1,2 | 1,7 | 0,8 | 0,5 | 0,5 |

Tab. 3–53 **Fortsetzung: Profipress – Druckverlust Warmwasserleitungen** 

| DN | 20 | | 25 | | 32 | | 40 | | 50 | | 60 | | 65 | | 80 | | 100 | |
|---|---|---|---|---|---|---|---|---|---|---|---|---|---|---|---|---|---|---|
| $d_a$ x s | 22 x 1,2 | | 28 x 1,2 | | 35 x 1,5 | | 42 x 1,5 | | 54 x 1,5 | | 64 x 2 | | 76,1 x 2 | | 88,9 x 2 | | 108 x 2 | |
| $d_i$ | 19,6 | | 25,6 | | 32,0 | | 39,0 | | 51,0 | | 60,0 | | 72,1 | | 84,9 | | 104,0 | |
| $V_S$ l/s | R mbar/m | v m/s | R mbar/m | v m/s | R mbar/m | v m/s | R mbar/m | v m/s | R mbar/m | v m/s | R mbar/m | v m/s | R mbar/m | v m/s | R mbar/m | v m/s | R mbar/m | v m/s |
| **1,05** | 47,3 | 3,3 | 16,1 | 2,1 | 4,9 | 1,3 | 1,9 | 0,9 | 0,6 | 0,5 | | | | | | | | |
| **1,10** | 51,5 | 3,5 | 17,5 | 2,2 | 5,3 | 1,4 | 2,1 | 0,9 | 0,6 | 0,6 | | | | | | | | |
| **1,15** | 55,9 | 3,7 | 19,0 | 2,3 | 5,8 | 1,4 | 2,2 | 1,0 | 0,7 | 0,6 | | | | | | | | |
| **1,20** | 60,4 | 3,8 | 20,5 | 2,4 | 6,2 | 1,5 | 2,4 | 1,0 | 0,7 | 0,6 | | | | | | | | |
| **1,25** | 65,0 | 4,0 | 22,1 | 2,5 | 6,7 | 1,6 | 2,6 | 1,0 | 0,8 | 0,6 | | | | | | | | |
| **1,30** | 69,9 | 4,1 | 23,7 | 2,6 | 7,2 | 1,6 | 2,8 | 1,1 | 0,8 | 0,7 | | | | | | | | |
| **1,35** | 74,9 | 4,3 | 25,4 | 2,8 | 7,7 | 1,7 | 3,0 | 1,1 | 0,9 | 0,7 | | | | | | | | |
| **1,40** | 80,0 | 4,5 | 27,1 | 2,9 | 8,2 | 1,7 | 3,2 | 1,2 | 1,0 | 0,7 | | | | | | | | |
| **1,45** | 85,3 | 4,6 | 28,9 | 3,0 | 8,8 | 1,8 | 3,4 | 1,2 | 1,0 | 0,7 | | | | | | | | |
| **1,50** | 90,8 | 4,8 | 30,7 | 3,1 | 9,3 | 1,9 | 3,6 | 1,3 | 1,1 | 0,8 | | | | | | | | |
| **1,55** | 96,4 | 4,9 | 32,6 | 3,2 | 9,9 | 1,9 | 3,8 | 1,3 | 1,2 | 0,8 | | | | | | | | |
| **1,60** | | | 34,6 | 3,3 | 10,5 | 2,0 | 4,0 | 1,3 | 1,2 | 0,8 | | | | | | | | |
| **1,65** | | | 36,5 | 3,4 | 11,1 | 2,1 | 4,3 | 1,4 | 1,3 | 0,8 | | | | | | | | |
| **1,70** | | | 38,6 | 3,5 | 11,7 | 2,1 | 4,5 | 1,4 | 1,4 | 0,9 | | | | | | | | |
| **1,75** | | | 40,7 | 3,6 | 12,3 | 2,2 | 4,7 | 1,5 | 1,4 | 0,9 | | | | | | | | |
| **1,80** | | | 42,8 | 3,7 | 13,0 | 2,2 | 5,0 | 1,5 | 1,5 | 0,9 | | | | | | | | |
| **1,85** | | | 45,0 | 3,8 | 13,6 | 2,3 | 5,2 | 1,5 | 1,6 | 0,9 | 0,7 | 0,7 | 0,3 | 0,5 | 0,1 | 0,3 | | |
| **1,90** | | | 47,3 | 3,9 | 14,3 | 2,4 | 5,5 | 1,6 | 1,7 | 1,0 | 0,7 | 0,7 | 0,3 | 0,5 | 0,1 | 0,3 | | |
| **1,95** | | | 49,6 | 4,0 | 15,0 | 2,4 | 5,8 | 1,6 | 1,7 | 1,0 | 0,7 | 0,7 | 0,3 | 0,5 | 0,1 | 0,3 | | |
| **2,00** | | | 51,9 | 4,1 | 15,7 | 2,5 | 6,0 | 1,7 | 1,8 | 1,0 | 0,8 | 0,7 | 0,3 | 0,5 | 0,1 | 0,4 | | |
| **2,10** | | | 56,8 | 4,3 | 17,1 | 2,6 | 6,6 | 1,8 | 2,0 | 1,1 | 0,8 | 0,7 | 0,3 | 0,5 | 0,2 | 0,4 | | |
| **2,20** | | | 61,8 | 4,5 | 18,7 | 2,7 | 7,2 | 1,8 | 2,2 | 1,1 | 0,9 | 0,8 | 0,4 | 0,5 | 0,2 | 0,4 | | |
| **2,30** | | | 67,1 | 4,7 | 20,2 | 2,9 | 7,8 | 1,9 | 2,3 | 1,2 | 1,0 | 0,8 | 0,4 | 0,6 | 0,2 | 0,4 | | |
| **2,40** | | | 72,5 | 4,9 | 21,9 | 3,0 | 8,4 | 2,0 | 2,5 | 1,2 | 1,1 | 0,8 | 0,4 | 0,6 | 0,2 | 0,4 | | |
| **2,50** | | | | | 23,6 | 3,1 | 9,0 | 2,1 | 2,7 | 1,3 | 1,1 | 0,9 | 0,5 | 0,6 | 0,2 | 0,4 | 0,1 | 0,3 |
| **2,60** | | | | | 25,3 | 3,2 | 9,7 | 2,2 | 2,9 | 1,3 | 1,2 | 0,9 | 0,5 | 0,6 | 0,2 | 0,5 | 0,1 | 0,3 |
| **2,70** | | | | | 27,1 | 3,4 | 10,4 | 2,3 | 3,1 | 1,4 | 1,3 | 1,0 | 0,5 | 0,7 | 0,2 | 0,5 | 0,1 | 0,3 |
| **2,80** | | | | | 29,0 | 3,5 | 11,1 | 2,3 | 3,3 | 1,4 | 1,4 | 1,0 | 0,6 | 0,7 | 0,3 | 0,5 | 0,1 | 0,3 |
| **2,90** | | | | | 30,9 | 3,6 | 11,8 | 2,4 | 3,6 | 1,5 | 1,5 | 1,0 | 0,6 | 0,7 | 0,3 | 0,5 | 0,1 | 0,3 |
| **3,00** | | | | | 32,9 | 3,7 | 12,6 | 2,5 | 3,8 | 1,5 | 1,6 | 1,1 | 0,7 | 0,7 | 0,3 | 0,5 | 0,1 | 0,4 |
| **3,10** | | | | | 34,9 | 3,9 | 13,4 | 2,6 | 4,0 | 1,6 | 1,7 | 1,1 | 0,7 | 0,8 | 0,3 | 0,5 | 0,1 | 0,4 |
| **3,20** | | | | | 37,0 | 4,0 | 14,2 | 2,7 | 4,3 | 1,6 | 1,8 | 1,1 | 0,7 | 0,8 | 0,3 | 0,6 | 0,1 | 0,4 |
| **3,30** | | | | | 39,1 | 4,1 | 15,0 | 2,8 | 4,5 | 1,7 | 1,9 | 1,2 | 0,8 | 0,8 | 0,4 | 0,6 | 0,1 | 0,4 |
| **3,40** | | | | | 41,3 | 4,2 | 15,8 | 2,8 | 4,8 | 1,7 | 2,0 | 1,2 | 0,8 | 0,8 | 0,4 | 0,6 | 0,1 | 0,4 |
| **3,50** | | | | | 43,6 | 4,4 | 16,7 | 2,9 | 5,0 | 1,8 | 2,1 | 1,2 | 0,9 | 0,9 | 0,4 | 0,6 | 0,2 | 0,4 |
| **3,60** | | | | | 45,9 | 4,5 | 17,6 | 3,0 | 5,3 | 1,8 | 2,2 | 1,3 | 0,9 | 0,9 | 0,4 | 0,6 | 0,2 | 0,4 |
| **3,70** | | | | | 48,3 | 4,6 | 18,5 | 3,1 | 5,5 | 1,9 | 2,3 | 1,3 | 1,0 | 0,9 | 0,4 | 0,7 | 0,2 | 0,4 |
| **3,80** | | | | | 50,7 | 4,7 | 19,4 | 3,2 | 5,8 | 1,9 | 2,4 | 1,3 | 1,0 | 0,9 | 0,5 | 0,7 | 0,2 | 0,5 |
| **3,90** | | | | | 53,2 | 4,8 | 20,3 | 3,3 | 6,1 | 2,0 | 2,5 | 1,4 | 1,0 | 1,0 | 0,5 | 0,7 | 0,2 | 0,5 |
| **4,00** | | | | | 55,7 | 5,0 | 21,3 | 3,3 | 6,4 | 2,0 | 2,7 | 1,4 | 1,1 | 1,0 | 0,5 | 0,7 | 0,2 | 0,5 |
| **4,10** | | | | | | | 22,3 | 3,4 | 6,7 | 2,1 | 2,8 | 1,5 | 1,1 | 1,0 | 0,5 | 0,7 | 0,2 | 0,5 |
| **4,20** | | | | | | | 23,3 | 3,5 | 7,0 | 2,1 | 2,9 | 1,5 | 1,2 | 1,0 | 0,5 | 0,7 | 0,2 | 0,5 |
| **4,30** | | | | | | | 24,3 | 3,6 | 7,3 | 2,2 | 3,0 | 1,5 | 1,2 | 1,1 | 0,6 | 0,8 | 0,2 | 0,5 |
| **4,40** | | | | | | | 25,4 | 3,7 | 7,6 | 2,2 | 3,2 | 1,6 | 1,3 | 1,1 | 0,6 | 0,8 | 0,2 | 0,5 |
| **4,50** | | | | | | | 26,4 | 3,8 | 7,9 | 2,3 | 3,3 | 1,6 | 1,4 | 1,1 | 0,6 | 0,8 | 0,2 | 0,5 |
| **4,60** | | | | | | | 27,5 | 3,9 | 8,2 | 2,3 | 3,4 | 1,6 | 1,4 | 1,1 | 0,6 | 0,8 | 0,3 | 0,6 |
| **4,70** | | | | | | | 28,6 | 3,9 | 8,6 | 2,4 | 3,6 | 1,7 | 1,5 | 1,2 | 0,7 | 0,8 | 0,3 | 0,6 |
| **4,80** | | | | | | | 29,7 | 4,0 | 8,9 | 2,4 | 3,7 | 1,7 | 1,5 | 1,2 | 0,7 | 0,8 | 0,3 | 0,6 |
| **4,90** | | | | | | | 30,9 | 4,1 | 9,3 | 2,5 | 3,8 | 1,7 | 1,6 | 1,2 | 0,7 | 0,9 | 0,3 | 0,6 |
| **5,00** | | | | | | | 32,1 | 4,2 | 9,6 | 2,5 | 4,0 | 1,8 | 1,6 | 1,2 | 0,7 | 0,9 | 0,3 | 0,6 |

| DN | 40 | | 50 | | 60 | | 65 | | 80 | | 100 | |
|---|---|---|---|---|---|---|---|---|---|---|---|---|
| $d_a$ x s | 42 x 1,5 | | 54 x 1,5 | | 64 x 2 | | 76,1 x 2 | | 88,9 x 2 | | 108 x 2 | |
| $d_i$ | 39,0 | | 51,0 | | 60,0 | | 72,1 | | 84,9 | | 104,0 | |
| $V_S$ l/s | R mbar/m | v m/s | R mbar/m | v m/s | R mbar/m | v m/s | R mbar/m | v m/s | R mbar/m | v m/s | R mbar/m | v m/s |
| **5,10** | 33,2 | 4,3 | 10,0 | 2,6 | 4,1 | 1,8 | 1,7 | 1,2 | 0,8 | 0,9 | 0,3 | 0,6 |
| **5,20** | 34,4 | 4,4 | 10,3 | 2,6 | 4,3 | 1,8 | 1,8 | 1,3 | 0,8 | 0,9 | 0,3 | 0,6 |
| **5,30** | 35,7 | 4,4 | 10,7 | 2,7 | 4,4 | 1,9 | 1,8 | 1,3 | 0,8 | 0,9 | 0,3 | 0,6 |
| **5,40** | 36,9 | 4,5 | 11,0 | 2,8 | 4,6 | 1,9 | 1,9 | 1,3 | 0,9 | 1,0 | 0,3 | 0,6 |
| **5,50** | 38,2 | 4,6 | 11,4 | 2,8 | 4,7 | 1,9 | 1,9 | 1,3 | 0,9 | 1,0 | 0,3 | 0,7 |
| **5,60** | 39,5 | 4,7 | 11,8 | 2,9 | 4,9 | 2,0 | 2,0 | 1,4 | 0,9 | 1,0 | 0,4 | 0,7 |
| **5,70** | 40,8 | 4,8 | 12,2 | 2,9 | 5,0 | 2,0 | 2,1 | 1,4 | 0,9 | 1,0 | 0,4 | 0,7 |
| **5,80** | 42,1 | 4,9 | 12,6 | 3,0 | 5,2 | 2,1 | 2,1 | 1,4 | 1,0 | 1,0 | 0,4 | 0,7 |
| **5,90** | 43,5 | 4,9 | 13,0 | 3,0 | 5,4 | 2,1 | 2,2 | 1,4 | 1,0 | 1,0 | 0,4 | 0,7 |
| **6,00** | | | 13,4 | 3,1 | 5,5 | 2,1 | 2,3 | 1,5 | 1,0 | 1,1 | 0,4 | 0,7 |
| **6,20** | | | 14,2 | 3,2 | 5,9 | 2,2 | 2,4 | 1,5 | 1,1 | 1,1 | 0,4 | 0,7 |
| **6,40** | | | 15,1 | 3,3 | 6,2 | 2,3 | 2,6 | 1,6 | 1,2 | 1,1 | 0,5 | 0,8 |
| **6,60** | | | 15,9 | 3,4 | 6,6 | 2,3 | 2,7 | 1,6 | 1,2 | 1,2 | 0,5 | 0,8 |
| **6,80** | | | 16,8 | 3,5 | 7,0 | 2,4 | 2,9 | 1,7 | 1,3 | 1,2 | 0,5 | 0,8 |
| **7,00** | | | 17,8 | 3,6 | 7,3 | 2,5 | 3,0 | 1,7 | 1,4 | 1,2 | 0,5 | 0,8 |
| **7,20** | | | 18,7 | 3,7 | 7,7 | 2,5 | 3,2 | 1,8 | 1,4 | 1,3 | 0,6 | 0,9 |
| **7,40** | | | 19,7 | 3,8 | 8,1 | 2,6 | 3,3 | 1,8 | 1,5 | 1,3 | 0,6 | 0,9 |
| **7,60** | | | 20,7 | 3,9 | 8,5 | 2,7 | 3,5 | 1,9 | 1,6 | 1,3 | 0,6 | 0,9 |
| **7,80** | | | 21,7 | 4,0 | 8,9 | 2,8 | 3,7 | 1,9 | 1,7 | 1,4 | 0,7 | 0,9 |
| **8,00** | | | 22,7 | 4,1 | 9,4 | 2,8 | 3,8 | 2,0 | 1,7 | 1,4 | 0,7 | 1,0 |
| **8,20** | | | 23,8 | 4,2 | 9,8 | 2,9 | 4,0 | 2,0 | 1,8 | 1,4 | 0,7 | 1,0 |
| **8,40** | | | 24,8 | 4,3 | 10,2 | 3,0 | 4,2 | 2,1 | 1,9 | 1,5 | 0,8 | 1,0 |
| **8,60** | | | 25,9 | 4,4 | 10,7 | 3,0 | 4,4 | 2,1 | 2,0 | 1,5 | 0,8 | 1,0 |
| **8,80** | | | 27,0 | 4,5 | 11,1 | 3,1 | 4,6 | 2,2 | 2,1 | 1,6 | 0,8 | 1,1 |
| **9,00** | | | 28,2 | 4,6 | 11,6 | 3,2 | 4,8 | 2,2 | 2,2 | 1,6 | 0,9 | 1,1 |
| **9,20** | | | 29,4 | 4,7 | 12,1 | 3,3 | 5,0 | 2,3 | 2,3 | 1,6 | 0,9 | 1,1 |
| **9,40** | | | 30,5 | 4,8 | 12,6 | 3,3 | 5,2 | 2,3 | 2,3 | 1,7 | 0,9 | 1,1 |
| **9,60** | | | 31,7 | 4,9 | 13,1 | 3,4 | 5,4 | 2,4 | 2,4 | 1,7 | 1,0 | 1,2 |
| **9,80** | | | 33,0 | 5,0 | 13,6 | 3,5 | 5,6 | 2,4 | 2,5 | 1,7 | 1,0 | 1,2 |
| **10,00** | | | | | 14,1 | 3,5 | 5,8 | 2,4 | 2,6 | 1,8 | 1,0 | 1,2 |
| **10,20** | | | | | 14,6 | 3,6 | 6,0 | 2,5 | 2,7 | 1,8 | 1,1 | 1,2 |
| **10,40** | | | | | 15,1 | 3,7 | 6,2 | 2,5 | 2,8 | 1,8 | 1,1 | 1,2 |
| **10,60** | | | | | 15,7 | 3,7 | 6,4 | 2,6 | 2,9 | 1,9 | 1,1 | 1,3 |
| **10,80** | | | | | 16,2 | 3,8 | 6,7 | 2,6 | 3,0 | 1,9 | 1,2 | 1,3 |
| **11,00** | | | | | 16,8 | 3,9 | 6,9 | 2,7 | 3,1 | 1,9 | 1,2 | 1,3 |
| **11,20** | | | | | 17,4 | 4,0 | 7,1 | 2,7 | 3,2 | 2,0 | 1,3 | 1,3 |
| **11,40** | | | | | 17,9 | 4,0 | 7,3 | 2,8 | 3,3 | 2,0 | 1,3 | 1,4 |
| **11,60** | | | | | 18,5 | 4,1 | 7,6 | 2,8 | 3,4 | 2,0 | 1,3 | 1,4 |
| **11,80** | | | | | 19,1 | 4,2 | 7,8 | 2,9 | 3,5 | 2,1 | 1,4 | 1,4 |
| **12,00** | | | | | 19,7 | 4,2 | 8,1 | 2,9 | 3,7 | 2,1 | 1,4 | 1,4 |
| **12,20** | | | | | 20,3 | 4,3 | 8,3 | 3,0 | 3,8 | 2,2 | 1,5 | 1,5 |
| **12,40** | | | | | 20,9 | 4,4 | 8,6 | 3,0 | 3,9 | 2,2 | 1,5 | 1,5 |
| **12,60** | | | | | 21,6 | 4,5 | 8,8 | 3,1 | 4,0 | 2,2 | 1,6 | 1,5 |
| **12,80** | | | | | 22,2 | 4,5 | 9,1 | 3,1 | 4,1 | 2,3 | 1,6 | 1,5 |
| **13,00** | | | | | 22,8 | 4,6 | 9,3 | 3,2 | 4,2 | 2,3 | 1,7 | 1,6 |
| **13,50** | | | | | 24,5 | 4,8 | 10,0 | 3,3 | 4,5 | 2,4 | 1,8 | 1,6 |
| **14,00** | | | | | 26,2 | 5,0 | 10,7 | 3,4 | 4,8 | 2,5 | 1,9 | 1,7 |
| **14,50** | | | | | | | 11,4 | 3,6 | 5,2 | 2,6 | 2,0 | 1,7 |
| **15,00** | | | | | | | 12,2 | 3,7 | 5,5 | 2,6 | 2,2 | 1,8 |
| **15,50** | | | | | | | 12,9 | 3,8 | 5,8 | 2,7 | 2,3 | 1,9 |
| **16,00** | | | | | | | 13,7 | 3,9 | 6,2 | 2,8 | 2,4 | 1,9 |
| **16,50** | | | | | | | 14,5 | 4,0 | 6,5 | 2,9 | 2,6 | 2,0 |
| **17,00** | | | | | | | 15,3 | 4,2 | 6,9 | 3,0 | 2,7 | 2,0 |
| **17,50** | | | | | | | 16,1 | 4,3 | 7,3 | 3,1 | 2,9 | 2,1 |
| **18,00** | | | | | | | 17,0 | 4,4 | 7,7 | 3,2 | 3,0 | 2,2 |
| **18,50** | | | | | | | 17,9 | 4,5 | 8,1 | 3,3 | 3,2 | 2,2 |
| **19,00** | | | | | | | 18,8 | 4,7 | 8,5 | 3,4 | 3,3 | 2,3 |
| **19,50** | | | | | | | 19,7 | 4,8 | 8,9 | 3,4 | 3,5 | 2,3 |
| **20,00** | | | | | | | 20,7 | 4,9 | 9,3 | 3,5 | 3,6 | 2,4 |



| DN | 80 | | 100 | |
|---|---|---|---|---|
| $d_a$ x s | 88,9 x 2 | | 108 x 2 | |
| $d_i$ | 84,9 | | 104,0 | |
| $V_S$ l/s | R mbar/m | v m/s | R mbar/m | v m/s |
| **20,50** | 9,8 | 3,6 | 3,8 | 2,5 |
| **21,00** | 10,2 | 3,7 | 4,0 | 2,5 |
| **21,50** | 10,7 | 3,8 | 4,2 | 2,6 |
| **22,00** | 11,1 | 3,9 | 4,3 | 2,6 |
| **22,50** | 11,6 | 4,0 | 4,5 | 2,7 |
| **23,00** | 12,1 | 4,1 | 4,7 | 2,8 |
| **24,00** | 13,0 | 4,2 | 5,1 | 2,9 |
| **25,00** | 14,1 | 4,4 | 5,5 | 3,0 |
| **26,00** | 15,1 | 4,6 | 5,9 | 3,1 |
| **27,00** | 16,2 | 4,8 | 6,3 | 3,2 |
| **28,00** | 17,3 | 4,9 | 6,8 | 3,4 |
| **29,00** | | | 7,2 | 3,5 |
| **30,00** | | | 7,7 | 3,6 |
| **31,00** | | | 8,2 | 3,7 |
| **32,00** | | | 8,7 | 3,8 |
| **33,00** | | | 9,2 | 4,0 |
| **34,00** | | | 9,7 | 4,1 |
| **35,00** | | | 10,2 | 4,2 |
| **36,00** | | | 10,8 | 4,3 |
| **37,00** | | | 11,3 | 4,4 |
| **38,00** | | | 11,9 | 4,6 |
| **39,00** | | | 12,5 | 4,7 |
| **40,00** | | | 13,1 | 4,8 |
| **41,00** | | | 13,7 | 4,9 |

## 7.1.2 Widerstandsbeiwerte Formteile

Tab. 3–54 **Sanpress/Sanpress Inox – Zeta-Werte nach DVGW W575**

| **Bezeichnung** | **Abk.** | **Symbol** | **DN** 12 $d_a$ [mm] 15 | | 15 18 | | 20 22 | | 25 28 | | 32 35 | | 40 42 | | 50 54 | | 60 64 | | 65 76,1 | | 80 88,9 | | 100 108,0 | |
|---|---|---|---|---|---|---|---|---|---|---|---|---|---|---|---|---|---|---|---|---|---|---|---|---|
| | | | Sanpress Inox | Sanpress | Sanpress Inox | Sanpress | Sanpress Inox | Sanpress | Sanpress Inox | Sanpress | Sanpress Inox | Sanpress | Sanpress Inox | Sanpress | Sanpress Inox | Sanpress | Sanpress Inox | Sanpress | Sanpress Inox | Sanpress | Sanpress Inox | Sanpress | Sanpress Inox | Sanpress |
| T-Stück Abzweig | TA | 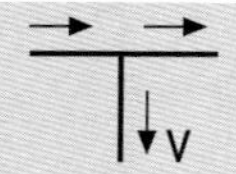 | 2,0 | 2,0 | 2,3 | 1,9 | 1,2 | 0,9 | 2,0 | 1,6 | 1,5 | 1,5 | 1,0 | 0,8 | 0,9 | 0,8 | 1,0 | | 1,1 | 0,8 | 1,0 | 0,8 | 1,1 | 0,8 |
| T-Stück Durchgang | TD | 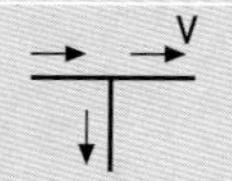 | 0,7 | 0,7 | 0,6 | 0,6 | -0,3 | -0,3 | 0,6 | 0,5 | 0,4 | 0,5 | 0,1 | 0,1 | 0,1 | 0,1 | 0,1 | | 0,1 | 0,1 | 0,1 | 0,1 | 0,1 | 0,1 |
| T-Stück Gegenlauf Stromtrennung | TG | 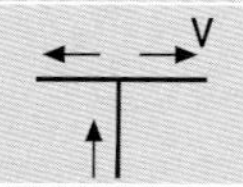 | -0,3 | -0,3 | 0,0 | 0,1 | -0,4 | -0,3 | 0,1 | 0,3 | 0,6 | 0,6 | 1,0 | 0,8 | 0,9 | 0,8 | 1,0 | | 1,1 | 0,8 | 1,1 | 0,8 | 1,1 | 0,8 |
| T-Stück Abzweig Stromvereinigung | TVA | 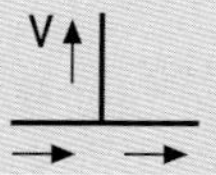 | 1,7 | 1,2 | 1,6 | 1,1 | 1,5 | 1,0 | 1,5 | 1,0 | 1,4 | 0,8 | 1,4 | 1,3 | 1,4 | 1,3 | 1,9 | | 1,8 | 1,1 | 1,8 | 1,1 | 1,8 | 1,1 |
| T-Stück Durchgang Stromvereinigung | TVD | 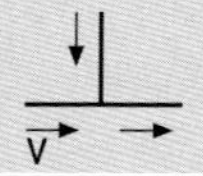 | 3,1 | 2,2 | 3,0 | 1,9 | 2,9 | 1,7 | 2,8 | 1,6 | 2,6 | 1,3 | 2,8 | 1,4 | 2,8 | 1,4 | 3,8 | | 3,5 | 1,1 | 3,5 | 1,1 | 3,5 | 1,1 |
| T-Stück Gegenlauf Stromvereinigung | TVG | 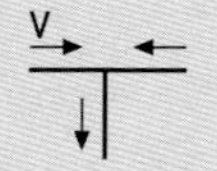 | 1,9 | 1,5 | 1,7 | 1,3 | 1,5 | 1,1 | 1,1 | 1,1 | 1,3 | 1,7 | 1,4 | 1,7 | 1,4 | 1,7 | 1,8 | | 2,4 | 1,6 | 2,4 | 1,6 | 2,4 | 1,6 |
| Winkel 90° | W90 | 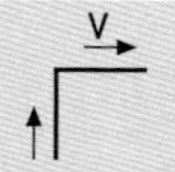 | 1,6 | 1,5 | 1,1 | 1,1 | 0,7 | 1,0 | 1,5 | 1,3 | 0,4 | 1,6 | 0,3 | 0,4 | 0,3 | 0,4 | 0,3 | | 0,2 | 0,6 | 0,2 | 0,6 | 0,2 | 0,6 |
| Winkel 45° | W45 | 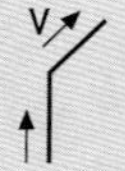 | 1,5 | 1,3 | 1,6 | 1,4 | 0,5 | 1,6 | 0,3 | 0,4 | 0,2 | 0,4 | 0,2 | 0,3 | 0,2 | 0,3 | 0,2 | | 0,1 | 0,3 | 0,1 | 0,3 | 0,1 | 0,3 |
| Reduzierung | RED | 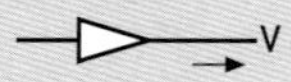 | – | – | 1,9 | 2,1 | 1,6 | 1,6 | 1,6 | 1,6 | 1,5 | 1,6 | 0,1 | 0,1 | 0,1 | 0,1 | 0,1 | | 0,1 | 0,1 | 0,1 | 0,1 | 0,1 | 0,1 |
| Wandscheibe | WS | 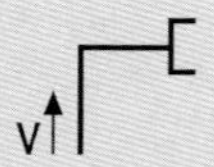 | 1,4 | 1,4 | 2,2 | 3,2 | 5,0 | 5,7 | – | – | – | – | – | – | – | – | – | – | – | – | – | – | – | – |
| Doppelwandscheibe Duchgang | WSD | 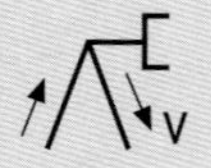 | – | 3,4 | – | – | – | 2,4 | – | – | – | – | – | – | – | – | – | – | – | – | – | – | – | – |
| Doppelwandscheibe Abzweig | WSA | 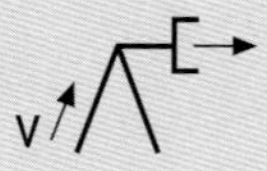 | – | 1,0 | – | – | – | 5,5 | – | – | – | – | – | – | – | – | – | – | – | – | – | – | – | – |
| Muffe | K | 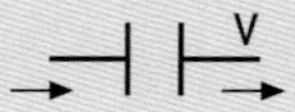 | 0,4 | 0,4 | 0,4 | 0,4 | 0,4 | 0,4 | 0,6 | 0,5 | 1,2 | 1,1 | 0,1 | 0,1 | 0,1 | 0,1 | 0,1 | | 0,1 | 0,1 | 0,1 | 0,1 | 0,1 | 0,1 |

Tab. 3–55 **Profipress – Zeta-Werte nach DVGW W 575**

| Bezeichnung | Abk. | Symbol | DN 12<br>$d_a$ [mm] 15 | 15<br>18 | 20<br>22 | 25<br>28 | 32<br>35 | 40<br>42 | 50<br>54 | 60<br>64 | 65<br>76,1 | 80<br>88,9 | 100<br>108,0 |
|---|---|---|---|---|---|---|---|---|---|---|---|---|---|
| T-Stück Abzweig | TA | 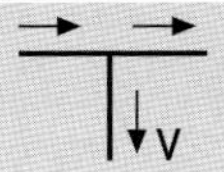 | 2,1 | 2,2 | 1,0 | 1,7 | 1,6 | 0,9 | 0,9 | 0,9 | 1,1 | 1,1 | 1,1 |
| T-Stück Durchgang | TD | 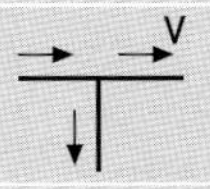 | 0,9 | 0,7 | 0,7 | 0,7 | 0,5 | 0,1 | 0,1 | 0,1 | 0,1 | 0,1 | 0,1 |
| T-Stück Gegenlauf Stromtrennung | TG | 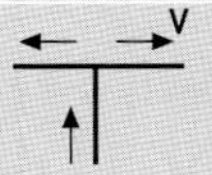 | -0,1 | 0,0 | 0,1 | 0,3 | 0,5 | 0,9 | 0,9 | 0,9 | 1,1 | 1,1 | 1,1 |
| T-Stück Abzweig Stromvereinigung | TVA | 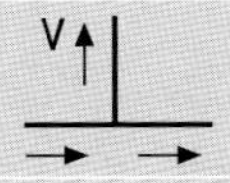 | 1,6 | 1,5 | 1,5 | 1,3 | 1,0 | 1,4 | 1,4 | 1,9 | 1,8 | 1,8 | 1,8 |
| T-Stück Durchgang Stromvereinigung | TVD | 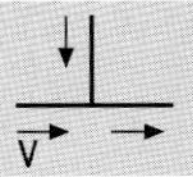 | 3,3 | 3,0 | 2,8 | 2,6 | 1,7 | 2,8 | 2,8 | 3,8 | 3,5 | 3,5 | 3,5 |
| T-Stück Gegenlauf Stromvereinigung | TVG | 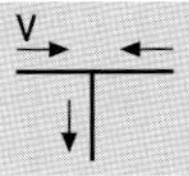 | 1,9 | 2,0 | 2,0 | 1,8 | 1,1 | 1,4 | 1,4 | 1,8 | 2,4 | 2,4 | 2,4 |
| Winkel 90° | W90 | 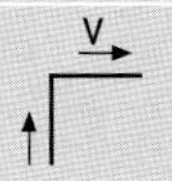 | 1,7 | 1,0 | 0,5 | 1,7 | 0,4 | 0,4 | 0,3 | 0,3 | 0,2 | 0,2 | 0,2 |
| Winkel 45° | W45 | 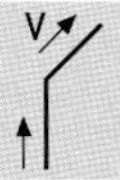 | 1,7 | 1,5 | 1,2 | 0,3 | 0,2 | 0,2 | 0,2 | 0,2 | 0,1 | 0,1 | 0,1 |
| Reduzierung | RED | 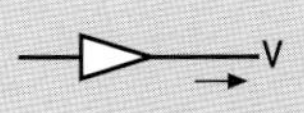 | – | 1,5 | 1,0 | 1,6 | 1,4 | 0,1 | 0,1 | 0,1 | 0,1 | 0,1 | 0,1 |
| Wandscheibe | WS | 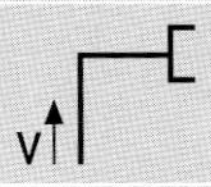 | 1,4 | 3,1 | 4,9 | – | – | – | – | – | – | – | – |
| Doppelwandscheibe Duchgang | WSD | 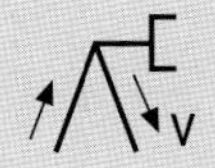 | 3,4 | – | 2,4 | – | – | – | – | – | – | – | – |
| Doppelwandscheibe Abzweig | WSA | 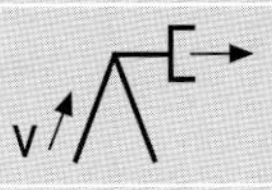 | 1,0 | – | 5,5 | – | – | – | – | – | – | – | – |
| Stockwerksverteiler | STV | 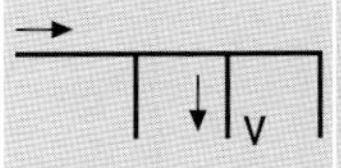 | – | – | 1,0 | – | – | – | – | – | – | – | – |
| Muffe | K | 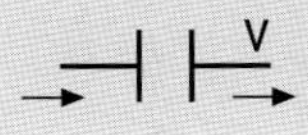 | 0,7 | 0,3 | 0,1 | 0,6 | 0,8 | 0,1 | 0,1 | 0,1 | 0,1 | 0,1 | 0,1 |

Tab. 3–56 **Raxofix – Zeta-Werte nach DVGW W575**

| **Bezeichnung** | **Abk.** | **Symbol** | **DN** 12<br>$d_a$ [mm] 16 | 15<br>20 | 20<br>25 | 25<br>32 | 32<br>40 | 40<br>50 | 50<br>63 |
|---|---|---|---|---|---|---|---|---|---|
| T-Stück Abzweig | TA | 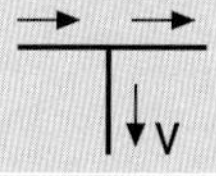  | 2,0 | 1,6 | 1,3 | 1,8 | 1,1 | 1,0 | 0,8 |
| T-Stück Durchgang | TD | 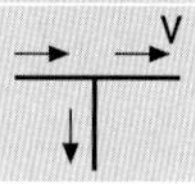  | 0,8 | 1,0 | 0,8 | 0,5 | 0,7 | 0,6 | 0,5 |
| T-Stück Gegenlauf Stromtrennung | TG | 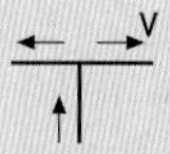  | -1,3 | -1,0 | -0,5 | -0,3 | 1,1 | 1,0 | 0,8 |
| T-Stück Abzweig Stromvereinigung | TVA |   | 4,5 | 3,8 | 3,1 | 2,7 | 2,3 | 2,2 | 1,8 |
| T-Stück Durchgang Stromvereinigung | TVD | 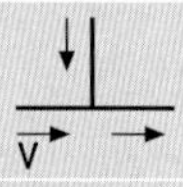  | 8,0 | 6,8 | 5,6 | 5,0 | 4,3 | 4,0 | 3,4 |
| T-Stück Gegenlauf Stromvereinigung | TVG | 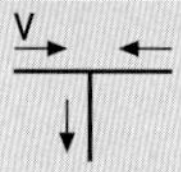  | 5,4 | 4,4 | 3,4 | 3,1 | 2,8 | 2,5 | 1,9 |
| Winkel 90° | W90 | 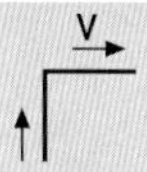  | 1,7 | 1,4 | 1,2 | 1,6 | 0,9 | 0,8 | 0,8 |
| Winkel 45° | W45 |   | – | – | 1,6 | 1,4 | 0,7 | 0,6 | 0,5 |
| Reduzierung | RED |   | – | 2,7 | 2,5 | 2,2 | 0,7 | 0,6 | 0,5 |
| Wandscheibe | WS | 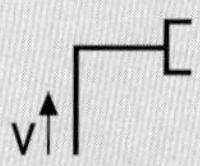  | 0,9 | 1,0 | – | – | – | – | – |
| Doppelwandscheibe Duchgang | WSD |   | 3,8 | 1,3 | 1,7 | – | – | – | – |
| Doppelwandscheibe Abzweig | WSA | 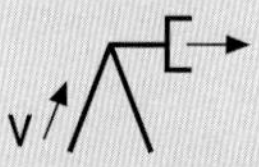  | 3,9 | 2,9 | 2,4 | – | – | – | – |
| Stockwerksverteiler | STV | 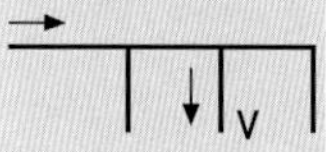  | 2,0 | – | – | – | – | – | – |
| Muffe | K | 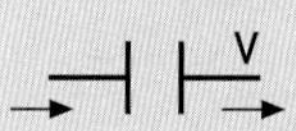  | 1,2 | 1,2 | 0,5 | 1,0 | 0,5 | 0,4 | 0,3 |

## 7.1.3 Hydraulisch relevante Bauteile

### Rohrleitungssysteme

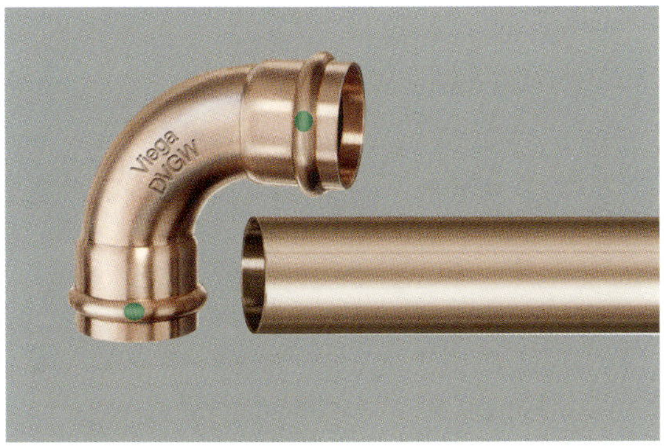


Abb. 3–68 **Viega Profipress**

**Verwendung: Kellerverteil- und Steigleitungen**
für Trinkwasser kalt und warm nach DIN 1988,
für Kupferrohre 12–108 mm nach DVGW AB GW 392,
mit Pressverbindern aus Kupfer
mit Dichtelementen aus EPDM
mit DVGW-Zertifizierung Reg.-Nr. DW 8511 AP 3139
und DW 8511AT 2347

| | |
|---|---|
| Betriebsdruck | ≤ 16 bar (PN 16) |
| Betriebstemperatur | ≤ 85 °C, |
| Fabrikat | Viega |
| Typ | Profipress |

**Einzelwiderstandsbeiwerte**
Tab. 3–55, S. 275

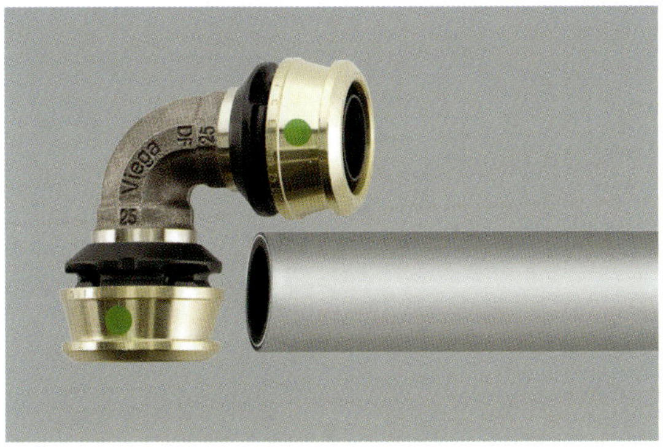


Abb. 3–69 **Viega Raxofix**

**Verwendung: Stockwerksverteilung**
für Trinkwasser kalt und warm nach DIN 1988,
für Mehrschichtverbundrohre PE-X/Al/PE-X
16–63 mm,
mit Pressverbindern aus Rotguss/PPSU,
mit DVGW-Zertifizierung Reg.-Nr. DW 8501 BU 0124

| | |
|---|---|
| Betriebsdruck | ≤ 10 bar (PN 10) |
| Betriebstemperatur | ≤ 70 °C, |
| Fabrikat | Viega |
| Typ | Raxofix |

**Einzelwiderstandsbeiwerte**
Tab. 3–56, S. 276

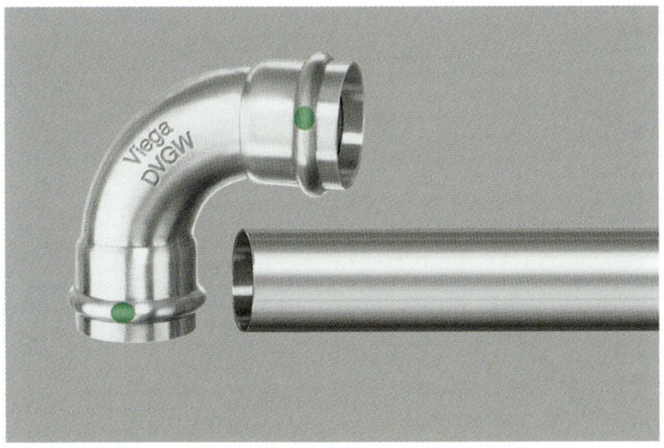


Abb. 3–70 **Viega Sanpress Inox**

**Verwendung: Kellerverteil- und Steigleitungen**
für Trinkwasser kalt und warm nach DIN 1988,
mit Edelstahlrohren aus 15–108 mm, Werkstoff-Nr.
1.4521 und Pressverbindern aus Edelstahl,
mit Dichtelementen aus EPDM,
mit DVGW-Zertifizierung Reg.-Nr. DW 8501 BS 0376

| | |
|---|---|
| Betriebsdruck | ≤ 16 bar (PN 16), |
| Betriebstemperatur | ≤ 85 °C |
| Fabrikat | Viega |
| Typ | Sanpress Inox |

**Einzelwiderstandsbeiwerte**
Tab. 3–54, S. 274

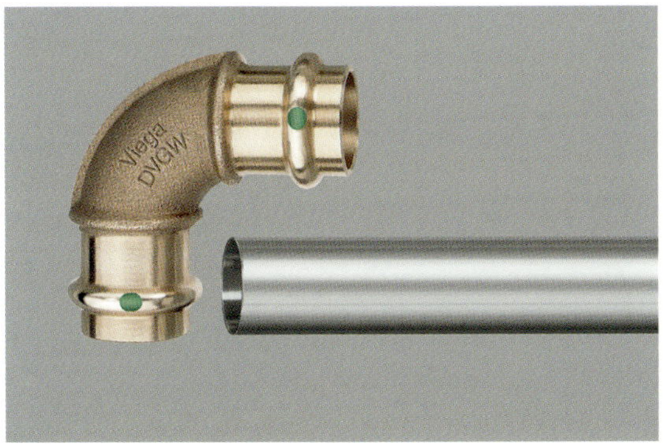


Abb. 3–71 **Viega Sanpress**

**Verwendung: Feuerlöschleitungen**
für Feuerlöschanlagen nach DIN 14462,
mit Edelstahlrohren aus DN 15–DN 100, Werkstoff-Nr. 1.4521,
mit Pressverbindern aus Rotguss,
mit Dichtelementen aus EPDM,
mit DEKRA-Zertifizierung Reg.-Nr. 172146869-02

| | |
|---|---|
| Betriebsdruck | ≤ 16 bar (PN 16) |
| Fabrikat | Viega |
| Typ | Sanpress |

**Einzelwiderstandsbeiwerte**
Tab. 3–54, S. 274

## Armaturen

### Schrägsitzventil

für Trinkwasser kalt und warm nach DIN 1988,
Ventilgehäuse und -oberteil aus Rotguss nach DIN 50930-6, Ventilsitz aus Edelstahl,
mit Pressanschlüssen für Rohre aus Kupfer und Edelstahl,
mit DVGW-Zertifizierung Reg.-Nr. DW 6110BO0004

| | |
|---|---|
| Betriebsdruck | ≤ 16 bar (PN 16) |
| Betriebstemperatur | ≤ 90 °C |
| Fabrikat | Viega |
| Typ | Easytop |

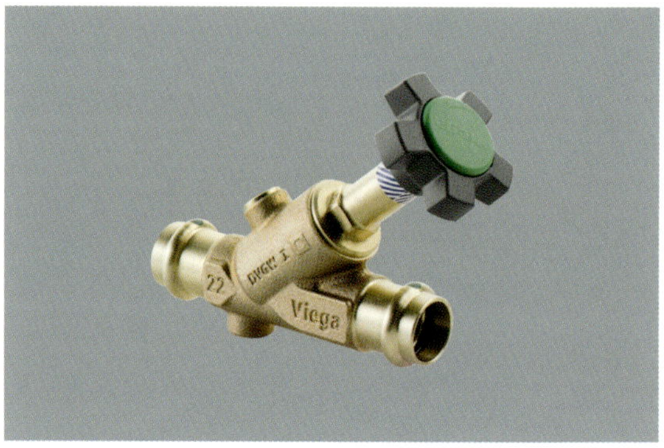


Abb. 3–72 **Viega Easytop-Schrägsitzventil**

Tab. 3–57 **Kenndaten Easytop-Schrägsitzventil**

| DN | 15 | 15 | 20 | 25 | 32 | 40 | 50 |
|---|---|---|---|---|---|---|---|
| $d_a$-Rohr [mm] | 15 | 18 | 22 | 28 | 35 | 42 | 54 |
| ξ-Wert | 2,06 | 2,06 | 1,68 | 1,43 | 1,22 | 1,63 | 1,53 |

**Berechnungsbeispiel**
s. Seite 200

### Kombiniertes Schrägsitzventil (KRV)

für Trinkwasser kalt und warm nach DIN 1988,
Ventilgehäuse und -oberteil aus Rotguss nach DIN 50930-6
Ventilsitz aus Edelstahl,
mit Pressanschlüssen für Rohre aus Kupfer und Edelstahl,
mit DVGW-Zertifizierung Reg.-Nr. DW 6110BO0003

| | |
|---|---|
| Betriebsdruck | ≤ 16 bar (PN 16) |
| Betriebstemperatur | ≤ 90 °C |
| Fabrikat | Viega |
| Typ | Easytop |

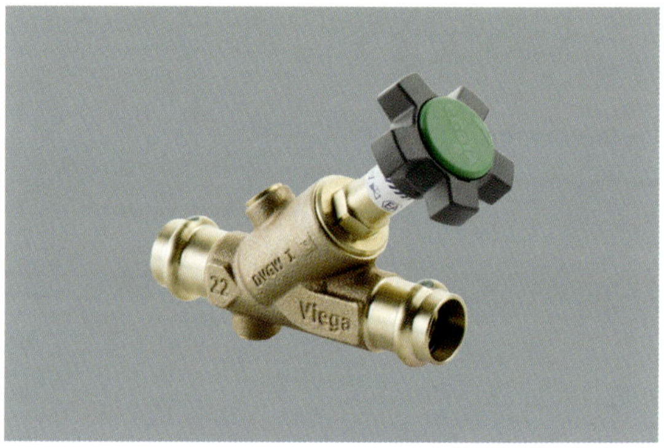


Abb. 3–73 **Viega Easytop-Schrägsitzventil KRV**

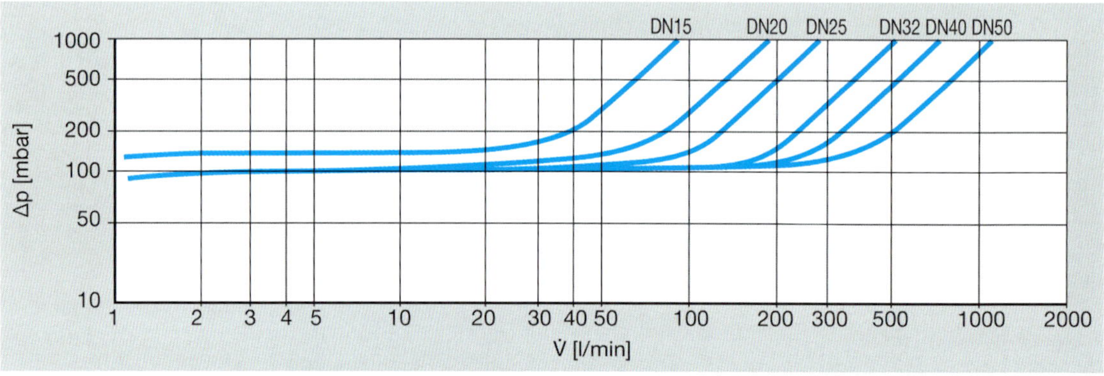


Abb. 3–74 **Druckverlust Easytop-Schrägsitzventil KRV**

Abb. 3–75 **Viega Easytop-Rückflussverhinderer**

**Rückflussverhinderer**

für Trinkwasser kalt und warm nach DIN 1988,
Ventilgehäuse und -oberteil aus Rotguss nach DIN 50930-6
Ventilsitz aus Edelstahl
mit Pressanschlüssen für Rohre aus Kupfer und Edelstahl,
mit DVGW-Zertifizierung Reg.-Nr. DW 6310BO7025

| | |
|---|---|
| Betriebsdruck | ≤ 16 bar (PN 16) |
| Betriebstemperatur | ≤ 90 °C |
| Fabrikat | Viega |
| Typ | Easytop |

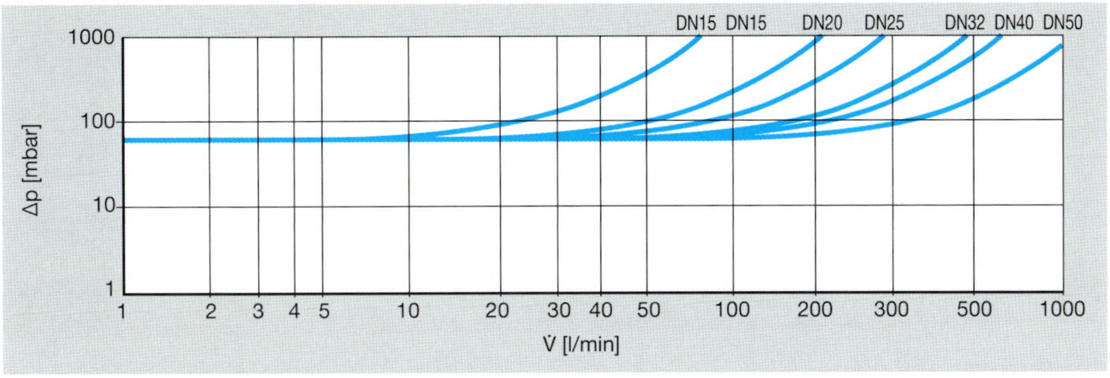


Abb. 3–76 **Druckverlust Easytop Rückflussverhinderer**

Abb. 3–77 **Viega Easytop XL-Schrägsitzventil**

**Schrägsitzventil**

für Trinkwasser kalt und warm nach DIN 1988,
Ventilgehäuse und -oberteil aus Rotguss nach DIN 50930-6,
Ventilsitz aus Edelstahl,
mit Flanschanschlüssen für Flansche PN 10/16
mit DVGW-Zertifizierung

| | |
|---|---|
| Betriebsdruck | ≤ 16 bar (PN 16) |
| Betriebstemperatur | ≤ 90 °C |
| Fabrikat | Viega |
| Typ | Easytop XL |

Tab. 3–58 **Kenndaten Easytop XL-Schrägsitzventil**

| DN | 50 | 65 | 80 | 100 |
|---|---|---|---|---|
| $d_a$-Rohr [mm] | 54 | 64,0/76,1 | 88,9 | 108,0 |
| ξ-Wert | 1,24 | 1,52 | 1,45 | 1,18 |

**Kombiniertes Schrägsitzventil (KRV)**
für Trinkwasser kalt und warm nach DIN 1988,
Ventilgehäuse und -oberteil aus Rotguss nach DIN 50930-6
Ventilsitz aus Edelstahl,
mit Flanschanschlüssen für Flansche PN 10/16
mit DVGW-Zertifizierung

| | |
|---|---|
| Betriebsdruck | ≤ 16 bar (PN 16) |
| Betriebstemperatur | ≤ 90 °C |
| Fabrikat | Viega |
| Typ | Easytop XL |

Abb. 3–78 **Viega Easytop XL-Schrägsitzventil KRV**

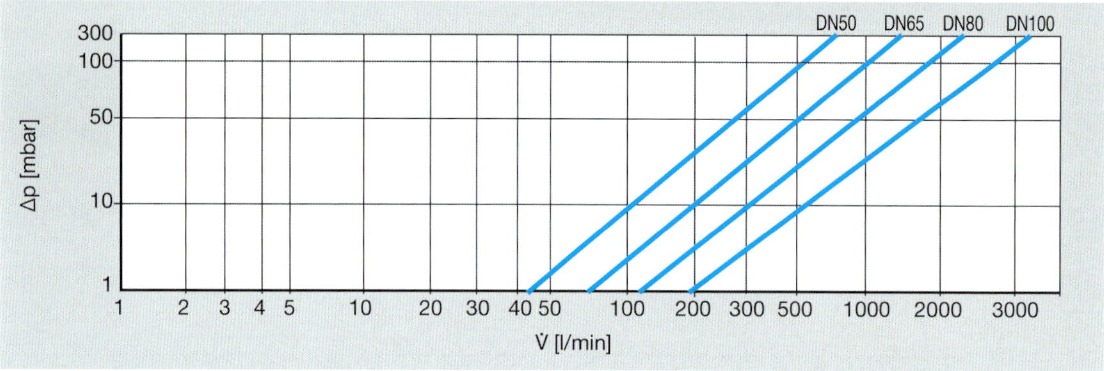


Abb. 3–79 **Druckverlust Easytop-Schrägsitzventil KRV**

**Rückflussverhinderer**
für Trinkwasser kalt und warm nach DIN 1988,
Ventilgehäuse und -oberteil aus Rotguss nach DIN 50930-6,
Ventilsitz aus Edelstahl,
mit Flanschanschlüssen für Flansche PN 10/16,
mit DVGW-Zertifizierung

| | |
|---|---|
| Betriebsdruck | ≤ 16 bar (PN 16) |
| Betriebstemperatur | ≤ 90 °C |
| Fabrikat | Viega |
| Typ | Easytop XL |

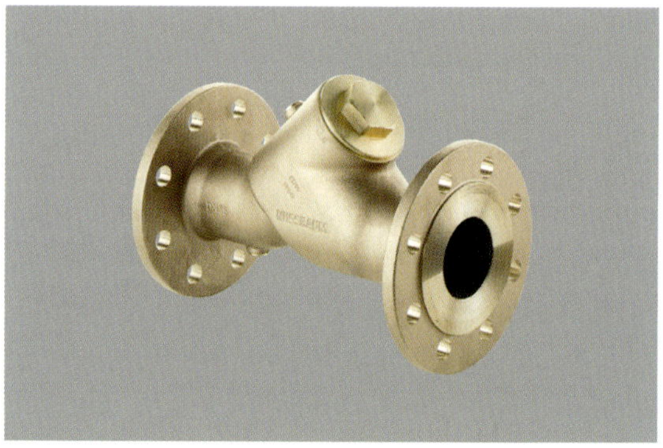

Abb. 3–80 **Viega Easytop XL-Rückflussverhinderer**

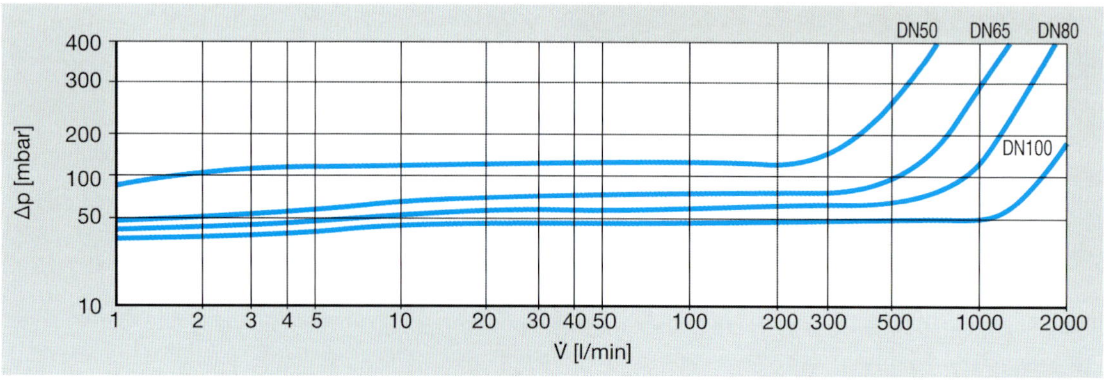


Abb. 3–81 **Druckverlust Easytop XL-Rückflussverhinderer**

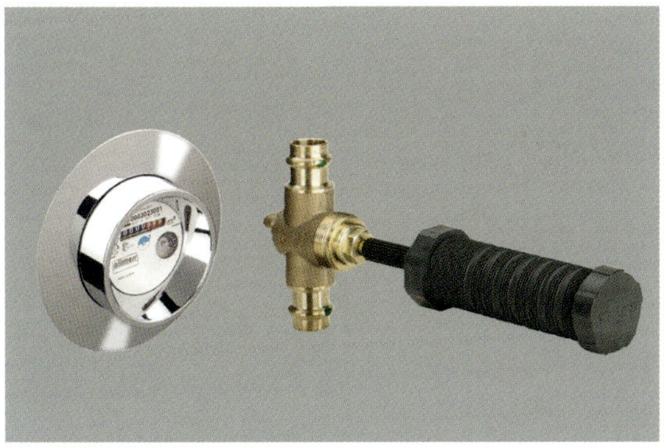

Abb. 3–82 **Viega Easytop-Freiflussventil und WWZ**

Tab. 3–59 **Kenndaten Freiflussventil**

| **DN** | 15 | 15 | 20 |
|---|---|---|---|
| **Rohr** | 15 | 18 | 22 |
| **ζ-Wert** | | 0,3 | |

## UP-Wohnungswasserzähler (WWZ)

Einstrahl-Flügelradzähler, $Q_n$ 1,5 m³/h,
für Trinkwasser kalt und warm nach DIN 1988,
mit Anschlussverschraubung G ¾,

| | |
|---|---|
| Betriebsdruck | ≤ 10 bar (PN 10), |
| Betriebstemperatur | ≤ 90 °C, |
| Fabrikat | Allmess |
| Typ | UP 6000 MK+m |

**Berechnungsbeispiel**
s. Seite 199

## UP-Freiflussventil

für Trinkwasser kalt und warm nach DIN 1988,
Ventilgehäuse und -oberteil aus Rotguss nach DIN 50930-6, mit Pressanschlüssen für Rohre aus Kupfer und Edelstahl,
mit DVGW Zertifizierung Reg.-Nr. DW 6109BU0234

| | |
|---|---|
| Betriebsdruck | ≤ 16 bar (PN 16), |
| Betriebstemperatur | ≤ 90 °C, |
| Fabrikat | Viega |
| Typ | Easytop |

Abb. 3–83 **Wasserzähler – Quelle Allmess**

## Mehrstrahl-Hauswasserzähler

Messbereich $Q_n$ 6 m³/h,
Flügelrad-Wasserzähler als Nassläufer,
für Trinkwasser kalt nach DIN 1988,
für den Einbau in horizontale Leitungen,
mit Anschlussverschraubung G 1¼
mit DVGW-Zertifizierung

| | |
|---|---|
| Betriebsdruck | ≤ 16 bar (PN 16) |
| Betriebstemperatur | ≤ 30 °C |
| Fabrikat | Allmess |
| Typ | Typ MNK 7-10 H |

**Berechnungsbeispiel**
s. Seite 199

Abb. 3–84 **Viega Easytop-ZRV thermostatisch**

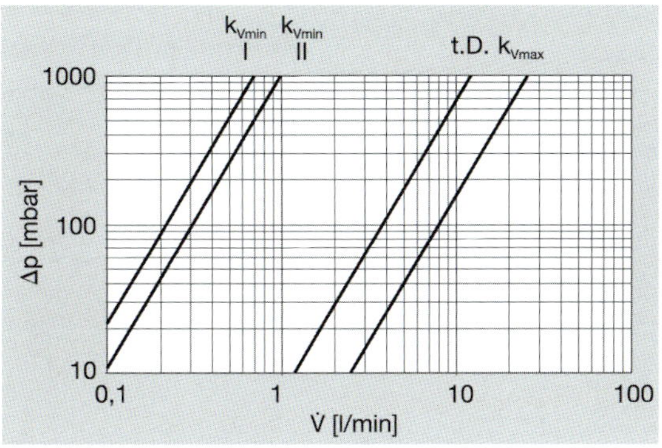


Abb. 3–85 **Druckverlust**

## Zirkulationsregulierventil (thermostatisch)

für den hydraulischen Abgleich von Warmwasser-Zirkulationsleitungen nach DIN 1988,
Ventilgehäuse aus Rotguss nach DIN 50930-6,
mit Pressanschlüssen für Rohre aus Kupfer und Edelstahl,
einstellbare Solltemperatur 40–65 °C,
mit DVGW-Zertifizierung Reg.-Nr. DW 6340CM0223

| | |
|---|---|
| Betriebsdruck | ≤ 10 bar (PN 10) |
| Betriebstemperatur | ≤ 75 °C |
| Fabrikat | Viega |
| Typ | Easytop |

**Berechnungsbeispiel**
s. Seite 199206

**Berechnungsbeispiel**
s. Seite 208

**Zirkulationsregulierventil (statisch)**
für den hydraulischen Abgleich von Warmwasser-Zirkulationsleitungen nach DIN 1988,
Ventilgehäuse aus Rotguss nach DIN 50930-6,
mit Pressanschlüssen für Rohre aus Kupfer und Edelstahl,
Durchfluss-Skala von 0 bis 6

| | |
|---|---|
| Betriebsdruck | ≤ 10 bar (PN 10) |
| Betriebstemperatur | ≤ 75 °C |
| Fabrikat | Viega |
| Typ | Easytop |

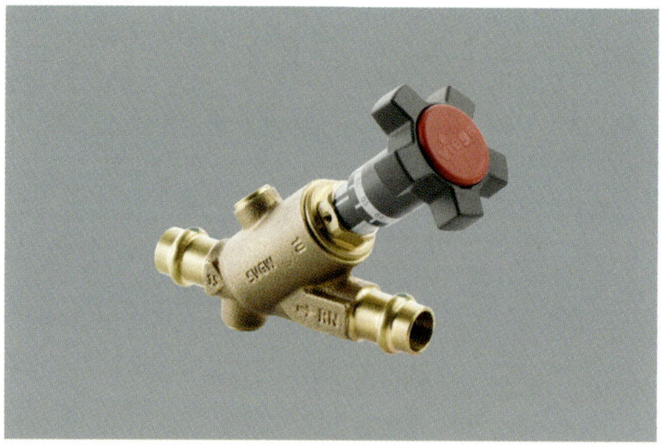

Abb. 3–86 **Viega Easytop-ZRV statisch**

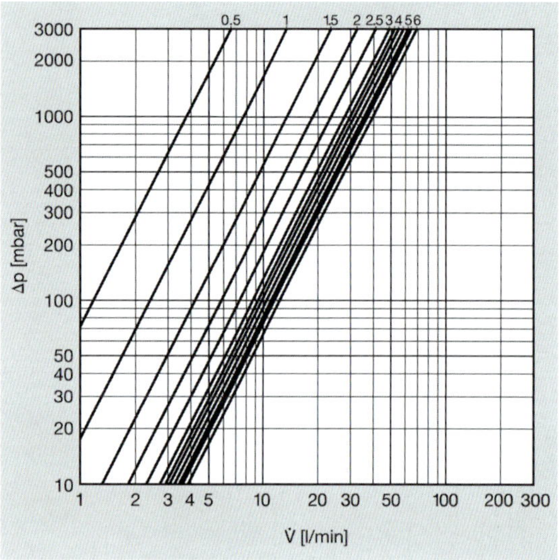


Abb. 3–87 **Druckverlust DN 15**

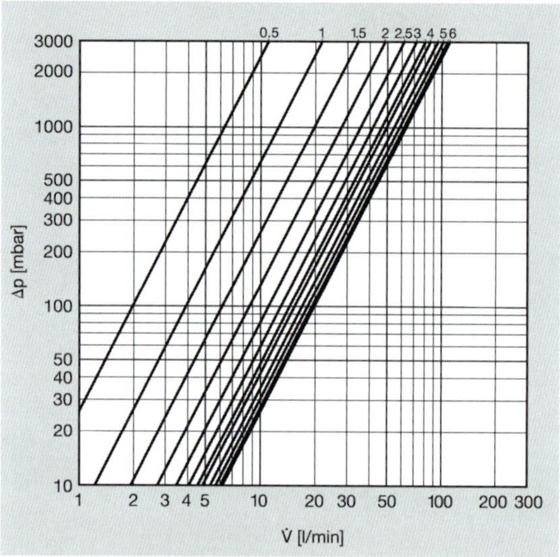


Abb. 3–88 **Druckverlust DN 20**

**Außenwandventil**
frostsicher,
für Trinkwasser kalt nach DIN 1988,
Ventilgehäuse aus Messing nach DIN 1982,
mit integriertem Rückflussverhinderer und Rohrbelüfter,
mit DVGW-Zertifizierung Reg.-Nr. DW 6321CL0257

| | |
|---|---|
| Betriebsdruck | ≤ 16 bar (PN 16) |
| Betriebstemperatur | ≤ 60 °C |
| Fabrikat | Schell |
| Typ | Polar II |

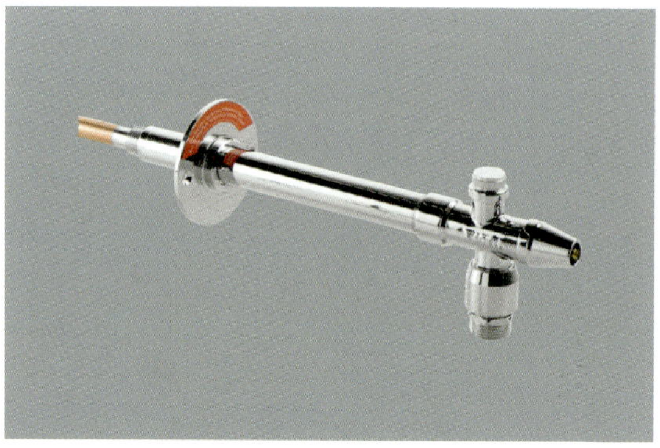

Abb. 3–89 **Außenwandventil – Bild Schell**

## Spültechnik

Abb. 3–90 **Spülstation mit Viega Hygiene+ Funktion**

### Spülstation mit Viega Hygiene+ Funktion

für Trinkwasser kalt und warm nach DIN 1988,
als dezentrales Spülsystem zur Sicherstellung des Bestimmungsgemäßen Betriebes in Reihen- und Ringleitungen,
Zeit-, temperatur- und nutzungsorientierte Auslösung programmierbar,
Spülmenge und Betriebsart frei wählbar,
Protokolle/Datenübertragung über RS 232 oder USB möglich,
Geprüfter Schallschutz nach DIN 4109

| | |
|---|---|
| Betriebsdruck | ≤ 10 bar (PN 10) |
| Betriebstemperatur | ≤ 75 °C |
| Fabrikat | Viega |
| Typ | Spülstation |

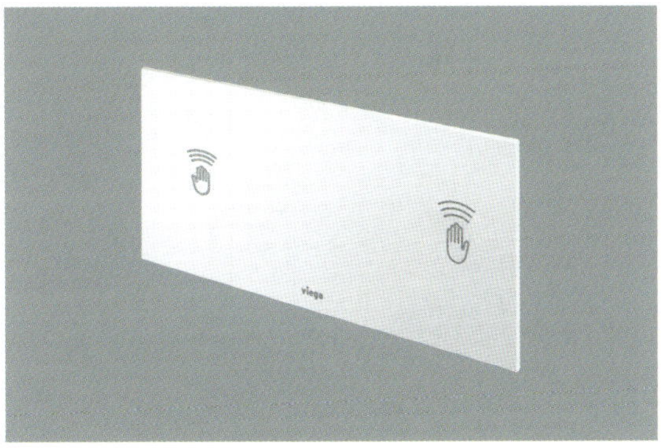

Abb. 3–91 **Visign for Care-WC-Betätigung sensitive**

### Visign for Care-WC-Betätigung sensitive

für Trinkwasser kalt nach DIN 1988,
in Verbindung mit einem UP-WC-Spülkasten,
als dezentrales Spülsystem zur Sicherstellung des Bestimmungsgemäßen Betriebes in Reihen- und Ringleitungen,
programmierbare Zeitintervalle und Spülmengen,

| | |
|---|---|
| Spannungsversorgung | 230 V |
| Fabrikat | Viega |
| Typ | Visign for Care |

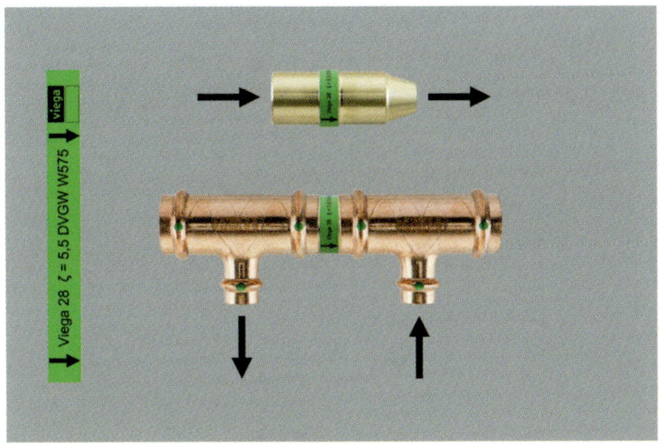


Abb. 3–92 **Einpressdüse**

### Einpressdüse

für Trinkwasser kalt nach DIN 1988,
zur Vermeidung von Stagnation in Bypass-Leitungen 15 mm,
zum Einpressen in metallene Viega-T-Stücke 22–64 mm aus Kupfer, Edelstahl oder Rotguss,
aus Rotguss nach DIN 50930-6,

| | |
|---|---|
| Betriebsdruck | ≤ 16 bar (PN 16) |
| Fabrikat | Viega |
| Typ | Sanpress |

**Berechnungsbeispiel**
s. Seite 198

Tab. 3–60 **Kenndaten Einpressdüse – Widerstandsbeiwerte nach DVGW AB W 575**

| DN | 20 | 25 | 32 | 40 | 50 | 65 |
|---|---|---|---|---|---|---|
| $d_a$-Rohr [mm] | 22 | 28 | 35 | 42 | 54 | 64 |
| ξ-Wert | 5,75 | 4,24 | 6,16 | 6,14 | 7,18 | 6,52 |

## Sonstige Bauteile

### Zirkulationspumpe

**Berechnungsbeispiel**
Seite 208

für Warmwasser-Zirkulationssysteme nach DIN 1988,
Pumpengehäuse aus Rotguss nach DIN EN 1982,
mit Anschlussverschraubung G 1½,

| | |
|---|---|
| Betriebsdruck | ≤ 10 bar (PN 10) |
| Betriebstemperatur | ≤ 65 °C |
| Spannungsversorgung | 230 V |
| Fabrikat | Wilo |
| Typ | Star Z 25/2 |

Abb. 3–93 **Zirkulationspumpe – Bild Wilo**

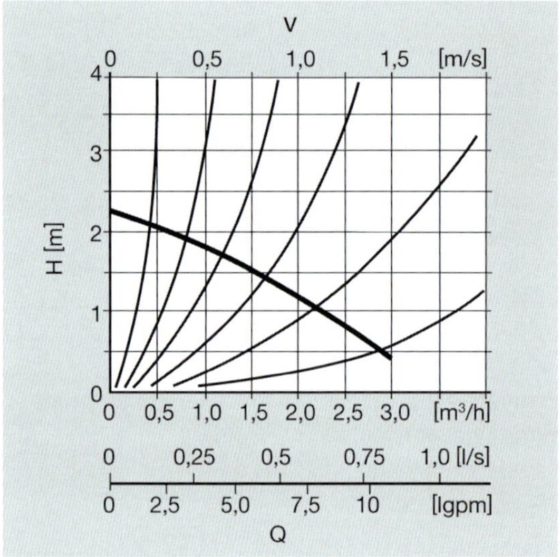


Abb. 3–94 **Pumpenkennlinie**

### Hauswasser-Feinfilter

**Berechnungsbeispiel**
Seite 199

Für Trinkwasser kalt nach DIN 1988,
Gehäuse aus entzinkungsbeständigem Messing,
rückspülbar,
mit Manometer,
austauschbarer Feinfilter aus nichtrostendem Stahl,
untere/obere Durchlassweite 105/135 µm

| | |
|---|---|
| Betriebsdruck | ≤ 16 bar (PN 16) |
| Betriebstemperatur | ≤ 40 °C |
| Mit DVGW Zertifizierung Reg.-Nr. NW 9301 AT 2308 | |
| Fabrikat | Honeywell |
| Typ | F76S |

Abb. 3–95 **Wasserfilter – Bild Honeywell**

Abb. 3–97 **Wandhydrant – Bild Minimax**

### Wandhydrant

Einbauschrank als Selbsthilfeeinrichtung,
mit 30 m formstabilem Schlauch DN 25,
mit Strahlrohrdüse,
Schlauchanschlussventil aus Messing mit

| | |
|---|---|
| Montageverschraubung | G 2, |
| Betriebsdruck | ≤ 16 bar (PN 16) |
| Fabrikat | Minimax |
| Typ | Modell E 04010 Typ F |

**Berechnungsbeispiel**
Seite 242

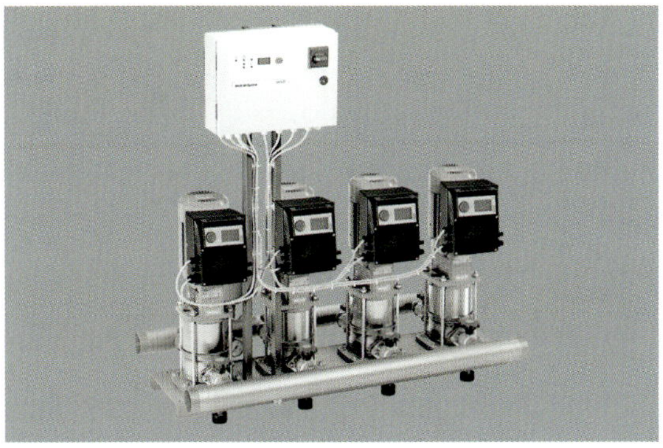

Abb. 3–98 **Druckerhöhungsanlage – Bild Wilo**

### Druckerhöhungsanlage

Vollautomatische Druckerhöhung zur Förderung von Trinkwasser nach DIN 1988,
Hochdruckkreiselpumpen aus Edelstahl mit drehzahlgeregelten Motoren,

| | |
|---|---|
| Spannungsversorgung | ~400 V |
| mit Gewindeanschluss | R/Rp 2, |
| Betriebsdruck bis | 16 bar (PN 16), |
| Betriebstemperatur | bis 60 °C, |
| Fabrikat | Wilo |
| Typ | Comfort-Vario COR 3 MVIE |

**Berechnungsbeispiel**
Seite 221

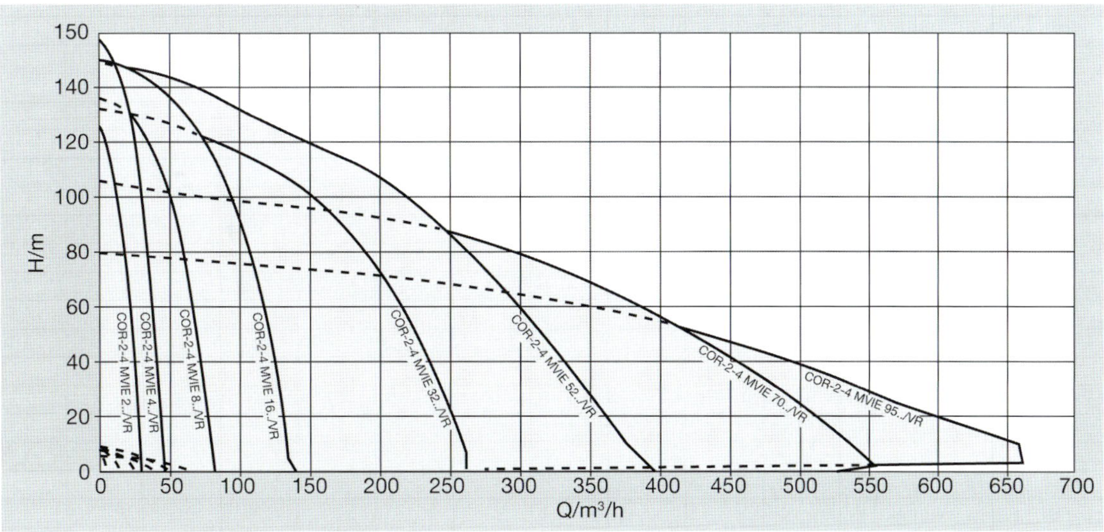


Abb. 3–99 **Pumpenleistung – Quelle Wilo**

# 8 Literatur- und Quellenangaben

## 1 Rohrleitungen für Trinkwasser kalt und warm

[1] DIN 1988 Teil 3: Technische Regeln für Trinkwasser-Installationen (TRWI); Ermittlung der Rohrdurchmesser; Technische Regel des DVGW. Berlin: Beuth, 1988

[2] Rudat, K.: Berechnungsverfahren für Zirkulationssysteme in zentralen Trinkwassererwärmungsanlagen. Teil 1: Gesundheitsingenieur (GI) 1991, H. 6, S. 296-305; Teil 2: GI 1992, H. 1, S. 24-30; Teil 3: GI 1992, H. 3, S. 137-142

[3] DVGW W 553: Bemessung von Zirkulationssystemen in zentralen Trinkwassererwärmungsanlagen. Bonn: DVGW, 1998.

[4] DIN 1988 Teil 300: Technische Regeln für Trinkwasser-Installationen (TRWI); Ermittlung der Rohrdurchmesser; Technische Regel des DVGW. Berlin: Beuth, 2012

[5] DIN EN 806-3: Technische Regeln für Trinkwasser-Installationen – Teil 3: Berechnung der Rohrinnendurchmesser. Berlin: Beuth, 2006

[6] Rudat, K.: Zum Stand der Diskussion – Zukünftige Regeln für die Bemessung von Installationen. Teil 1: Sanitär- und Heizungstechnik 75 (2010), Heft 1, S. 56-60, Teil 2: Sanitär- und Heizungstechnik 75 (2010), Heft 2, S. 26-29

[7] VDI 6023: Hygiene in Trinkwasser-Installationen. Anforderungen an Planung, Ausführung, Betrieb und Instandhaltung. Berlin: Beuth, 2006

[8] DVGW W 575 (P): Ermittlung von Widerstandsbeiwerten für Form- und Verbindungsstücke in der Trinkwasser-Installation. Bonn: DVGW, 2012

[9] VDI 6024 Blatt 1: Wassersparen in Trinkwasser-Installationen - Anforderungen an Planung, Ausführung, Betrieb und Instandhaltung. Ausgabe: 2008

[10] DVGW-Forschungsbericht: Ermittlung des Wasserbedarfs als Planungsgrundlage zur Bemessung von Wasserversorgungsanlagen. Eschborn: DVGW, 1983 – 1988.

[11] Kawan, H.: Messungen im Wasserrohrnetz und Belastungsmessungen an Anschlußleitungen. Sanitär- und Heizungstechnik 1965, H. 5, S. 355-359, H. 6, S. 433-439

[12] Himmler, F.: Bemessung von Wasserzählern nach Kenndaten der Verbrauchsanlagen aufgrund von Versuchen der Münchener Wasserwerke. DVGW, 1967

[13] Pitsch, T.: Festlegung des Spitzenwasserbedarfs von Wohngebäuden. DVGW-Schriftenreihe Wasser Nr. 44, 1984

[14] AQUA Butzke-Werke AG: Planung von öffentlichen und gewerblichen Sanitäranlagen. Ludwigsfelde, oV, oJ

[15] DIN EN 806-2:Technische Regeln für Trinkwasser-Installationen – Teil 2: Planung. Berlin: Beuth, 2005

[16] DVGW-Arbeitsblatt W 406: Volumen- und Durchflussmessung von kaltem Trinkwasser in Druckrohrleitungen. Bonn: DVGW, 2003

[17] $Q_3$ in DVGW W 406 E

[18] $Q_4$ in DVGW W 406 E

[19] Verordnung über allgemeine Bedingungen für die Versorgung mit Wasser (AVB WasserV) vom 20. Juni 1980

[20] Erste Verordnung zur Änderung der Verordnung über Allgemeine Bedingungen für die Versorgung mit Wasser vom 13. Januar 2010

[21] DIN 1988-200: Technische Regeln für Trinkwasser-Installationen – Teil 200: Installation Typ A (geschlossenes System) – Planung, Bauteile, Apparate, Werkstoffe; Technische Regel des DVGW. Berlin: Beuth, 2012

[22] Nach DIN 1988-3

[23] DIN 1988-200: Technische Regeln für Trinkwasser-Installationen – Teil 200: Installation Typ A (geschlossenes System) – Planung, Bauteile, Apparate, Werkstoffe; Technische Regel des DVGW. Berlin: Beuth, 2012

[24] VDI 2067-22: Wirtschaftlichkeit gebäudetechnischer Anlagen. Energieaufwand der Nutzenübergabe bei Anlagen zur Trinkwassererwärmung. Berlin: Beuth, 2005

[25] Cross, H.: Analysis of flow in networks of conduits or conductors. University of Illinois Bulletin No. 286, 13.Nov.1936

[26] Brix, J., Heyd, H., Gerlach, E.: Die Wasserversorgung. München: Oldenbourg, 1963

## 2 Zirkulationssysteme


[27] Rudat, K.: Berechnungsverfahren für Zirkulationssysteme in zentralen Trinkwasser-Erwärmungsanlagen. Teil 1: Gesundheitsingenieur (GI) 1991, H. 6, S. 296-305; Teil 2: GI 1992, H. 1, S. 24-30; Teil 3: GI 1992, H. 3, S. 137-142

[28] Fraaß, M.: Zirkulationsauslegung nach dem Beimischprinzip. HLH Bd. 61 (2010), H. 5, S. 53-56

[29] Fraaß, M.: Energetische Optimierung von Zirkulationsnetzen durch Ausschöpfen des Beimischpotentials. HLH Bd. 62 (2011), H. 7, S. 56-61

[30] EnEV 2009: Verordnung über energiesparenden Wärmeschutz und energiesparende Anlagentechnik bei Gebäuden (Energieeinsparverordnung) vom 29. April 2009

[31] Fraaß, M.: Zirkulationsauslegung nach dem Beimischprinzip. S. auch Fußnote 1

[32] Fraaß, M.: Energetische Optimierung von Zirkulationsnetzen durch Ausschöpfen des Beimischpotentials

[33] Rudat, K.: Berechnungsverfahren für Zirkulationssysteme in zentralen Trinkwasser-Erwärmungsanlagen. Teil 1: Gesundheitsingenieur (GI) 1991, H. 6, S. 296-305; Teil 2: GI 1992, H. 1, S. 24-30; Teil 3: GI 1992, H. 3, S. 137-142

[4] DIN 1988 Teil 300: Technische Regeln für Trinkwasser-Installationen (TRWI); Ermittlung der Rohrdurchmesser; Technische Regel des DVGW. Berlin: Beuth, 2012



[4] DIN 1988 Teil 300: Technische Regeln für Trinkwasser-Installationen (TRWI); Ermittlung der Rohrdurchmesser; Technische Regel des DVGW. Berlin: Beuth, 2012



[34] Hammer, R.: Aspekte der rationellen Energieanwendung bei der Gebrauchs-Warmwasserbereitung. Berlin: Stadt- und Gebäudetechnik, Heft 10, 1980

[35] Krabbes, W., Eichhorn, T.: Möglichkeiten der Systemgestaltung zentraler Warmwasseranlagen im fünfgeschossigen Wohnungsbau. Berlin: Stadt- und Gebäudetechnik, Heft 10, 1980

[36] Sternberg, P., Bechtel, V.: Drosselscheiben zur Stabilisierung von Warmwasser-Zirkulationssystemen. Berlin: Stadt- und Gebäudetechnik, Heft 10, 1980

[37] Scheel, H., Eichhorn, T.: Innenliegende Zirkulationsleitung – eine neue Lösung bei der zentralen Warmwasserversorgung im Wohnungsbau. Berlin: Stadt- und Gebäudetechnik, Heft 3, 1984

[38] Barleben, G. u.a.: Erfahrungen mit Glasrohren in der Warmwasser-Sanitärinstallation des Wohnungsbaus; Tendenzen der Weiterentwicklung. Berlin: Stadt- und Gebäudetechnik, Heft 5, 1987

[39] Rudat, K: Analytische Untersuchung von Warmwasserverteilungssystemen mit strangweise innenliegenden Zirkulationsleitungen. Heizung, Lüftung/Klima, Haustechnik HLH 50 (1999) Heft 11

[40] VDI 2067 Blatt 12: Wirtschaftlichkeit gebäudetechnischer Anlagen; Energieaufwand der Nutzenübergabe bei Anlagen zur Trinkwassererwärmung. Düsseldorf: Verein Deutscher Ingenieure, 2011

[41] Rudat, K.: Warmwasserverteilsysteme mit innenliegender Zirkulation. Berlin: Labor für Sanitärtechnik, 1997

[42] DIN 1988-300: Technische Regeln für Trinkwasser-Installationen – Teil 300: Ermittlung der Rohrdurchmesser. Berlin: Beuth, 2012

[34] Ausführlich beschrieben s.: Rudat, K: Analytische Untersuchung von Warmwasserverteilungssystemen mit strangweise innenliegenden Zirkulationsleitungen. Heizung, Lüftung/Klima, Haustechnik HLH 50 (1999) Heft 11


## 3 Beispiel: Senioren-Appartements mit Kindertagesstätte


[43] DVGW W 551: Trinkwassererwärmungs- und Trinkwasserleitungsanlagen; Technische Maßnahmen zur Verminderung des Legionellenwachstums; Planung, Errichtung, Betrieb und Sanierung von Trinkwasser-Installationen. Bonn: DVGW, 2004

[44] DIN 1988-3: Technische Regeln für Trinkwasser-Installationen (TRWI); Ermittlung der Rohrdurchmesser; Technische Regel des DVGW. Berlin: Beuth, 1988

[45] EnEV 2009: Verordnung über energiesparenden Wärmeschutz und energiesparende Anlagentechnik bei Gebäuden (Energieeinsparverordnung) vom 29. April 2009

## 4 Druckerhöhungsanlagen für Trinkwasser-Installationen

[46] Berlin: Beuth, Juni 2005

[47] Berlin: Beuth, Februar 2011

[48] Berlin: Beuth, Februar 2012

[49] Berlin: Beuth, Januar 2008

[50] Bonn: DVGW, Oktober 2004

[51] Bonn: DVGW, November 2006

[52] Bonn: DVGW, März 2010

[53] Bonn: DVGW, Juli 2005

[54] DIN 14462: Löschwassereinrichtungen – Planung und Einbau von Wandhydrantenanlagen und Löschwasserleitungen. Berlin: Beuth, 01/2007

[55] DIN 1988-600: Technische Regeln für Trinkwasser-Installationen – Teil 600: Trinkwasser-Installationen in Verbindung mit Feuerlösch- und Brandschutzanlagen; Technische Regel des DVGW. Berlin: Beuth, 10/2010

[41] Rudat, K.: Warmwasserverteilsysteme mit innenliegender Zirkulation. Berlin: Labor für Sanitärtechnik, 1997

[56] Dortmund: WILO, 09/2009

[57] Dortmund: WILO, 02/2008

[58] Frankenthal: KSB, 03/2003

[59] Frankenthal: KSB, 02/2011

[49] Berlin: Beuth, Januar 2008

[60] Bonn: DVGW, Oktober 2004

[61] Damm, E.: Energetischer und wirtschaftlicher Vergleich von Druckerhöhungsanlagen. Berlin: Technische Fachhochschule, FB Versorgungs- und Energietechnik, Diplomarbeit 1994

[62] DIN 1988-500, Kapitel 4.7

[63] VDI 6006: Druckstöße in Trinkwasserleitungen, Beuth, Berlin Januar 2008

[64] DIN EN 806-2: Technische Regeln für Trinkwasser-Installationen – Teil 2: Planung. Berlin: Beuth, 2005

[65] WILO: Planungshandbuch Druckerhöhungstechnik, Dortmund, 2008

[66] DIN EN 806-2, DIN 1988-500

[67] Weitere Regelungen dazu s.: DIN 1986-100 Entwässerungsanlagen für Gebäude und Grundstücke - Bestimmungen in Verbindung mit DIN EN 752 und DIN EN 12056; DIN EN 12056 Schwerkraftentwässerungsanlagen innerhalb von Gebäuden

[68] DIN 1988-200, DIN EN 806-2, s. Kapitel 4.1.1

[69] DIN EN 806-4: Technische Regeln für Trinkwasser-Installationen – Teil 4: Installation. Berlin: Beuth, 2010

[47] DIN 1988-500: Technische Regeln für Trinkwasser-Installationen – Teil 500: Druckerhöhungsanlagen mit drehzahlgeregelten Pumpen. Berlin: Beuth, 2010

[70] WILO, Katalog Gebäudetechnik Wasserversorgung 2011/2012

[71] DIN EN 806-2: Technische Regeln für Trinkwasser-Installationen – Teil 2: Planung. Berlin: Beuth, 2005.

## 5 Trinkwasser-Installationen und Feuerlöschanlagen

[72] DIN EN 12845: Ortsfeste Brandbekämpfungsanlagen – Automatische Sprinkleranlagen – Planung, Installation und Instandhaltung. Berlin: Beuth, 2009

[73] DIN 14464 (E): Direktanschlussstationen für Sprinkleranlagen und Löschanlagen mit offenen Düsen – Anforderungen und Prüfung. Berlin: Beuth, 2011.

[74] Berlin: Beuth, 2005

[75] Berlin: Beuth, 2010

[76] Berlin: Beuth, 2009
[77] Berlin: Beuth, 2012
[78] Berlin: Beuth, 2011
[79] VDI 6023: Hygiene in Trinkwasser-Installationen. Anforderungen an Planung, Ausführung, Betrieb und Instandhaltung. Berlin: Beuth, 2006.
[80] Bonn: DVGW, 2006
[81] Bonn: DVGW, 2008
[82] Frankenthal: KSB, 2011
[83] DIN EN 14384: Überflurhydranten. Berlin: Beuth, 2005
[84] DIN EN 14339: Unterflurhydranten. Berlin: Beuth, 2005
[85] DIN EN 1074-6: Armaturen für die Wasserversorgung – Anforderungen an die Gebrauchstauglichkeit und deren Prüfung – Teil 6: Hydranten. Berlin: Beuth, 2009
[86] DVGW-Merkblatt W 331: Auswahl, Einbau und Betrieb von Hydranten. Bonn: DVGW, 2006
[87] Trinkwasserverordnung (TrinkwV), Neufassung vom 01.11.2011 (Es gilt die TrinkwV in der Fassung der ersten Änderungsverordnung vom 03. Mai 2011, BGBl. I S. 748)
[88] Typ AA, AB nach DIN EN 1717: Schutz des Trinkwassers vor Verunreinigungen in Trinkwasser-Installationen und allgemeine Anforderungen an Sicherungseinrichtungen zur Verhütung von Trinkwasserverunreinigungen durch Rückfließen. Berlin: Beuth, 2011
[89] Nach DIN 14463-1: Löschwasseranlagen – fernbetätigte Füll- und Entleerungsstationen – Teil 1: Für Wandhydrantenanlagen. Berlin: Beuth, 2007 und DIN 14463-2: Löschwasseranlagen – fernbetätigte Füll- und Entleerungsstationen – Teil 1: Für Wasserlöschanlagen mit leerem und drucklosem Rohrnetz – Anforderungen und Prüfung. Berlin: Beuth, 2003
[90] Nach E DIN 14464: Direktanschlussstationen für Sprinkleranlagen und Löschanlagen mit offenen Düsen - Anforderungen und Prüfung. Berlin: Beuth, 2011
[72] DIN EN 12845: Ortsfeste Brandbekämpfungsanlagen – Automatische Sprinkleranlagen – Planung, Installation und Instandhaltung. Berlin: Beuth, 2009
[91] DIN 2403: Kennzeichnung von Rohrleitungen nach dem Durchflussstoff. Berlin: Beuth, 2007
[92] Z. B. Verordnung über die Prüfung technischer Anlagen und wiederkehrende Prüfung von Sonderbauten - Prüfverordnung – (PrüfVO NRW) vom 24.11.2009
[93] DIN 14462, Ausgabe 2007, Abschnitt 4.2.2.4, 2. Absatz
[94] DIN 1988-600, Ausgabe Dezember 2010
[95] DIN 14461-1: Feuerlösch-Schlauchanschlusseinrichtungen – Teil 1: Wandhydrant mit formstabilem Schlauch. Berlin: Beuth, 2003
[96] DIN 14461-6: Feuerlösch-Schlauchanschlusseinrichtungen – Teil 6: Schrankmaße und Einbau von Wandhydranten mit Flachschlauch. Berlin: Beuth, 2009
[97] DIN 14462, 2009, Abschnitt 4.1.7
[98] DIN 14462, Ausgabe 2007, Abschnitt 4.2.2.5.1
[99] Rietschel, H. (Hg. K. Fitzner): Raumklimatechnik Band 3, Raumheiztechnik. Berlin: Springer, 2005
[100] DIN 1988-600, 2010, Einleitung

### 6 Beispiel: Bürogebäude mit DEA für Trinkwasser und Löschwasser

[101] DIN 1988-600: Technische Regeln für Trinkwasser-Installationen – Teil 600: Trinkwasser-Installationen in Verbindung mit Feuerlösch- und Brandschutzanlagen; Technische Regel des DVGW. Berlin: Beuth, 10/2010

# 4 Trinkwasserhygiene im Bestand

## Sanierung und Betrieb

W. Hentschel

In diesem Kapitel wird aus Sicht des Praktikers geschildert, mit welchen Mitteln die Trinkwasserhygiene kontrolliert und im Bestand dauerhaft sichergestellt werden kann.
Ein Fallbeispiel konkretisiert die Probleme von der Ermittlung der Basisdaten für eine Bestandsaufnahme bis zur Umsetzung geeigneter Sanierungsmaßnahmen.

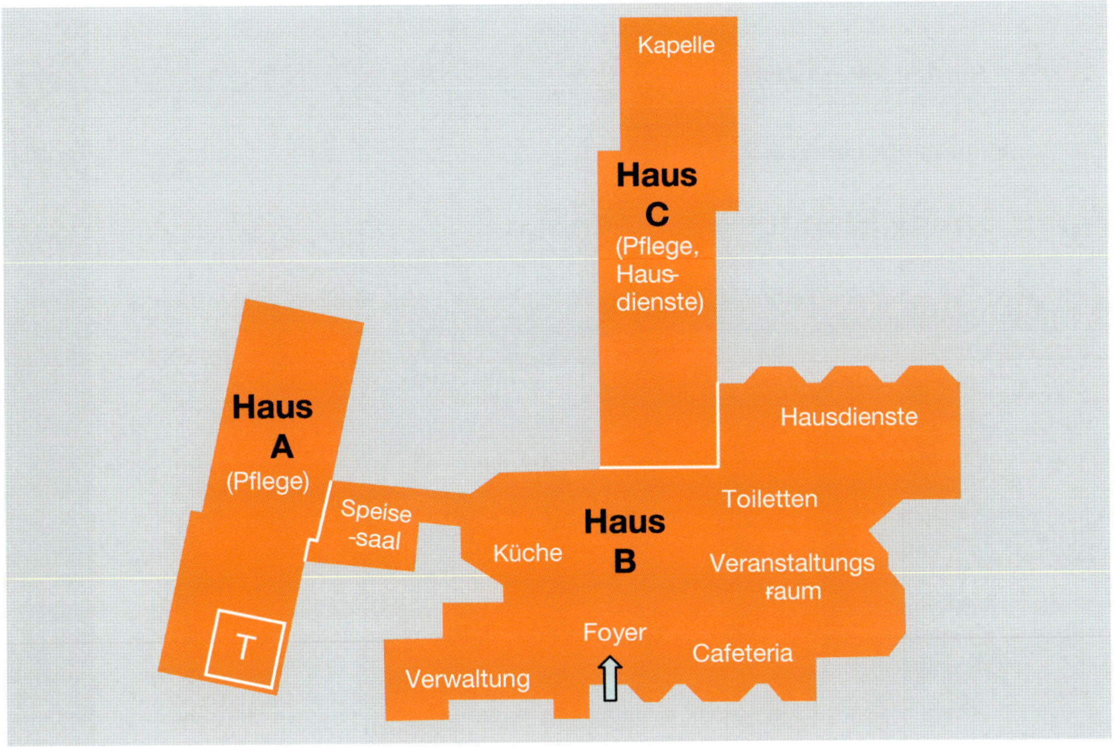

# Inhalt

# Vorwort

In diesem Teil des Buches wird die Trinkwasserhygiene im Bestand von Trinkwasser-Installationen aus verschiedenen Blickrichtungen dargestellt. Ziel ist, dem Leser Hintergrundinformationen, Hinweise und Zusammenhänge für ein umfassenderes fachliches Verständnis zu vermitteln.

Das 1. Kapitel dient der Einführung in die neue trinkwasserhygienische Problemlage, die stark durch das Auftreten der Legionellose ab 1976 geprägt wurde. Der thematische Bogen reicht von der Betrachtung geschichtlicher und moderner trinkwasserhygienischen Entwicklungen über die Frage der Bedeutung und Gewinnung von Erkenntnissen aus der praktischen Arbeit bis hin zur Vorstellung besonders problematischer Gebäudetypen. Dabei werden auch ganz konkrete aktuelle Daten aus einer deutschen Großstadt vorgestellt und erläutert, welche Lehren sich speziell im Bereich der Legionellenprävention daraus ziehen lassen.

**1. Kapitel**
Situation

Im 2. Kapitel folgt ein sehr aktuelles Beispiel einer Legionellensanierung in einem Altenpflegeheim. Bei dieser Sanierung wurde nur mit den einschlägigen Sanierungsmaßnahmen des DVGW-Arbeitsblattes W 551 gearbeitet. thermische Desinfektionen oder chemische Desinfektionen mit Chlor oder Chlordioxid kamen dabei nicht zur Anwendung, sehr wohl aber eine sehr effektive Leitungsspülung.

**2. Kapitel**
Sanierungsbeispiel

In Kapitel 3 wird der »Water Safety Plan für Gebäude« (WSP) vorgestellt und eine Software, die den Betreiber beim Hygiene-Management hilfreich sein kann.

*Warum das?*

Häufig kann man Folgendes beobachten: Nachdem der Sanierer und die ausführenden Firmen nach erfolgreicher Beendigung ihrer Arbeiten das Haus verlassen haben, wird die Anlage weiter so betrieben wie vor der Sanierung. Selbst wenn der Sanierer seine Empfehlungen für den weiteren Anlagenbetrieb gemacht hat, werden diese oft nicht nachhaltig oder gar nicht befolgt, sei es aus Personalmangel, aus finanziellen Gründen oder wegen fehlender Sachkenntnis. Es leuchtet sofort ein, dass hierdurch der Sanierungserfolg in kurzer Zeit ganz oder zum Teil wieder zunichte gemacht werden kann. In solchen Fällen, aber auch für den normalen Betrieb komplexerer Trinkwasser-Installationen kann ein »Water Safety Plan für Gebäude« eine sehr gute Unterstützung bieten. Der »Water Safety Plan für Gebäude« ist als Management-Tool für den Betreiber der Trinkwasser-Installation zu verstehen und damit ein Instrument der Qualitätssicherung. Bei der Mitarbeit an einem diesbezüglichen Projekt des Umweltbundesamtes 2010/2011 wurde festgestellt, dass die Anwendung des Water Safety Plan für Gebäude sehr gut mit EDV-Unterstützung operationalisiert und effektiv gemacht werden kann. Deshalb wird eine solche Datenbankanwendung mit den wichtigsten Bildschirmmasken als Anregung vorgestellt.

8 Betreiberpflichten

**Besonderer Hinweis**

Die in diesem Kapitel vorgestellten Dokumentationen beziehen sich auf reale Vorgänge im Zeitraum März 2010 bis Dezember 2011. Im Sinne des Datenschutzes wurden die Bezüge zu Personen und Objekten neutralisiert.

**Nach Redaktionsschluss eingegangen**

Nach Drucklegung dieses Buches wurden seitens des DVGW und des Umweltbundesamtes wichtige Informationen und Empfehlungen veröffentlicht, die bei der Erstellung dieses Buchkapitels nicht mehr berücksichtigt werden konnten. Diese Dokumente beinhalten Aussagen zur Entnahme von Legionellenproben aus Trinkwasser-Installationen und zu deren Untersuchung/Auswertung und haben einen engen Bezug zur geänderten TrinkwV 2001, die ab November 2011 gültig ist.
Wenn auch die Planer in aller Regel mit der Probennahme selbst nicht befasst sein werden, gehört die Kenntnis dieser Dokumente dennoch zum Thema, wenn es z. B. um die Planung fester Probenahmestellen für Trinkwasseruntersuchungen oder um die Ausschreibung von Untersuchungen geht.

Deswegen wird im Folgenden kurz auf diese Dokumente und ihre praktische Bedeutung eingegangen.

**DVGW twin Nr. 6**
Durchführung der Probenahme zur Untersuchung des Trinkwassers auf Legionellen – ergänzende systemische Untersuchung von Trinkwasser-Installationen vom November 2011
web: http://www.dvgw.de/fileadmin/dvgw/wasser/gesundheit/twin1201.pdf

Ab November 2011 haben die Betreiber von öffentlichen und gewerblichen Trinkwasser-Installationen die Verpflichtung, das von Ihnen abgegebene Trinkwasser jährlich auf Legionellen untersuchen lassen. Die TrinkwV 2001 selbst enthält keine detaillierten Aussagen zum Umfang dieser Routine-Beprobungen. Sie führt hinsichtlich der Probenahme nur aus: »Die Probennahme erfolgt nach DIN EN ISO 19458 wie dort unter »Zweck b« beschrieben« (Anlage 4 Teil II c) und bestimmt, dass der Betreiber einer untersuchungspflichtigen Trinkwasser-Installation sicherstellen muss, dass nach den allgemein anerkannten Regeln der Technik geeignete Probennahmestellen an den Wasserversorgungsanlagen vorhanden sind (§ 14 Abs. 3 TrinkwV2001).

Die Ergebnisse dieser Routineuntersuchungen sind anhand des neuen technischen Maßnahmenwertes der TrinkwV 2001 für Legionellen in Höhe von 100/100 ml zu beurteilen. Fehler bei der Probenahme, der Untersuchung und bei der Beurteilung können deswegen u. U. einen erheblichen zusätzlichen Kosten- und Arbeitsaufwand verursachen.

Der DVGW bietet in diesem Zusammenhang mit der DVGW twin Nr. 6 vom Januar 2012 über das Internet eine schnelle und kostenlose Information für Betreiber und Behörden zum richtigen Vorgehen bei der Probennahme an und beschreibt die Anforderung an die Dokumentation der Proben.

**DVGW-Information Wasser Nr. 74**
Hinweise zur Durchführung von Probennahmen aus der Trinkwasser-Installation für die Untersuchung auf Legionellen vom Januar 2012 / web: http://www.dvgw.de

Dieses kostenpflichtige Dokument entspricht in seinem Inhalt der DVGW Twin Nr. 6, enthält aber weitergehende Fachinformationen zu

- Rechtsgrundlagen und technischen Regeln
- Ursache der Vermehrung von Legionellen in Trinkwasser-Installationen
- Entnahme von Trinkwasser für die Untersuchung auf Legionellen
- Transport und Lagerzeiten der Proben
- Zielgerichtetes Vorgehen bei der Probenahme

**Empfehlung des Umweltbundesamtes zum Nachweis von Legionellen in Trinkwasser**
Probennahme, Untersuchungsgang und Bewertung vom 17. Januar 2012
web: http://www.umweltbundesamt.de

Nach der Änderung der TrinkwV 2001 im Jahr 2011 war die einschlägige Empfehlung des Umweltbundesamtes zur Untersuchung von Legionellen in Wasserproben aus dem Jahr 2000 in einigen Details nicht mehr aktuell und wurde zurückgezogen. Die neue Empfehlung des Umweltbundesamtes gibt Hinweise zur Umsetzung der Vorgaben der TrinkwV und den allgemein anerkannten Regeln der Technik bezüglich der Legionellenuntersuchung.
In den Ausführungen zur Probenahme und Dokumentation ist die UBA-Empfehlung deckungsgleich mit den oben genannten DVGW-Dokumenten. Sie enthält aber darüber hinaus vor allem Aussagen zum Untersuchungsgang im Labor und zur Berechnung und Angabe der Ergebnisse, die bislang nur in verschiedenen DIN EN-Normen enthalten waren (ISO 11731, DIN EN ISO 11731-2, DIN EN ISO 8199, DIN EN ISO 19458). Die UBA-Empfehlung dient vorrangig der Information der akkreditierten Untersuchungsstellen und Behörden.

Die Betreiber von Trinkwasser-Installationen profitieren aber auch, indem sie diese Empfehlung bei Ausschreibungen und der Erstellung von Leistungsverzeichnissen im Rahmen der Beauftragung von Legionellenuntersuchungen nutzen können.

# 1 Der Paradigmenwechsel in der Trinkwasserhygiene

## 1.1 Geschichtliches und Gegenwart

In der Trinkwasserhygiene vollzog sich in den letzten Jahren durch das Hervortreten neuer, an den Lebensraum in Trinkwasser-Installationen gebundener Krankheitserreger ein regelrechter Paradigmenwechsel.

Zunächst standen aus der historischen Erfahrung heraus in Mitteleuropa das wasserbürtige Seuchengeschehen hinsichtlich Magen-Darm-Erkrankungen wie Typhus, Paratyphus, Cholera und Shigellenruhr [1] [2] im Vordergrund. Herausragendes Beispiel ist die große Cholera-Epidemie im August 1892 in Hamburg, die 3 Monate andauerte und ca. 17 000 Krankheitsfälle mit 8605 Todesfällen [3] [4] forderte. Hier ging es immer um Unzulänglichkeiten bei der Trinkwassergewinnung und Trinkwasserverteilung. Nach der Legionellose-Epidemie in Philadelphia 1976 [5] und nach vielen anderen Erkrankungsfällen durch Legionellen hat sich jedoch in den entwickelten Ländern der trinkwasserhygienische Fokus von Magen-Darm-Erkrankungen auf Lungen- und Allgemeinerkrankungen verschoben, wodurch der trinkwasserhygienische Fokus plötzlich auf die Trinkwasser-Installationen gerichtet wurde.

**Jahr 1892 – Cholera**
Verursacht durch Trinkwassergewinnung und -verteilung

**Gegenwart – Legionellose**
Verursacht durch Trinkwasser-Installationen

An erster Stelle dieser Erkrankungen stehen derzeit eindeutig die Legionellosen, andere Erkrankungen können aber jederzeit hinzutreten. An dieser Stelle sei gesagt, dass wir uns ja im trinkwasserhygienischen Raum bewegen. Das bedeutet mit Bezug auf den Wortteil »hygienisch«, dass es um die Vorbeugung gegen das Auftreten von Gesundheitsgefährdungen geht. Es reicht als Handlungsgrund daher aus, dass es eine auf der Basis unseres Wissens postulierte realistische Gefährdung gibt, das Auftreten konkreter Infektionen muss nicht abgewartet werden!

**Vorbeugende Hygiene**
v. s.
**Reaktion auf Infektionen**

Dieser Paradigmenwechsel hatte Auswirkungen in trinkwasserrechtlicher Hinsicht, auf den Vollzug sowie auch auf den Bereich der Technischen Regeln.

Mit der TrinkwV 2001 vom Mai 2001 [6] wurden erstmals Trinkwasser-Installationen unter dem Begriff »Hausinstallationen« als eigenständige Gruppe von Wasserversorgungsanlagen eingeführt und die Untersuchung auf Legionellen verankert.

Parallel dazu wurde im Infektionsschutzgesetz [7] ab dem Jahr 2001 eine Meldepflicht für positive Legionellenbefunde aus humanem Untersuchungsmaterial eingeführt, die für medizinische Untersuchungsstellen gilt.

Für den Parameter Legionella spec. kann kein wissenschaftlich begründbarer Grenzwert festgelegt werden, unterhalb dessen eine gesundheitliche Gefährdung mit Sicherheit auszuschließen ist. Deshalb wurde im Mai 2011 durch die Änderung der Trinkwasserverordnung [8] ein »Technischer Maßnahmenwert« für Legionellen (Legionella spec.) von 100/100 ml eingeführt. Dieser ist ein empirisch abgeleiteter Wert, der bei Beachtung der allgemein anerkannten Regeln der Technik und der erforderlichen Sorgfalt durch den Betreiber einer Trinkwasser-Installation in der Regel nicht überschritten wird. Bei Überschreitung dieses Technischen Maßnahmenwertes ist eine Überprüfung der Wasserversorgungsanlage im Sinne einer Gefährdungsanalyse erforderlich, um eine vermeidbare Gesundheitsgefährdung auszuschließen. Ferner gilt eine Untersuchungspflicht auf Legionellen für alle öffentlichen oder gewerblichen Trinkwasser-Installationen, bestimmte Meldepflichten und andere Verpflichtungen.

**TrinkwV 2011**
Gefährdungsanalyse bei Überschreitung von Grenzwerten für Legionellen

[1] Exner M., Tuschewitzki G. J.: Aktuelle hygienisch-mikrobiologische Aspekte der Trinkwasserhygiene. Forum Städte-Hygiene. (45) 1995, S. 57-63

[2] Virchow R.: Mitteilungen über die in Oberschlesien herrschende Typhus-Epidemie; Aus dem Archiv für path. Anatomie und Physiologie und für klinische Medicin. Bd. II. Heft 1. 1848, Berlin, Verlag G. Reimer

[3] Evans R. J.: Tod in Hamburg; Stadt, Gesellschaft und Politik in den Cholera-Jahren 1830–1910

[4] Roscher H. E.: Qualitätsanspruch und hygienische Risiken unseres Trinkwassers. Der moderne Haushalt – Wo bleibt Hygiene und Gesundheit? Seminarband der Zentralen Informationsstelle Umweltberatung Bayern, Band 20. 2002, GSF-Bericht 07/02, S. 65 – 66

[5] Fraser D. W., Tsai T. R., Orenstein W., et al.: Legionnaires disease: description of an epidemic of pneumonia, N Engl J Med. 1977 Dec. 1, 297(22) S. 1189 – 1197

[6] Verordnung über Trinkwasser und über Wasser für Lebensmittelbetriebe (TrinkwV 2001) vom 21. Mai 2001, BGBL 2001 I Nr. 24, 959, 980

[7] Gesetz zur Verhütung und Bekämpfung von Infektionskrankheiten beim Menschen (Infektionsschutzgesetz - IfSG) vom 20. Juli 2000 (BGBl. I S. 1045), zuletzt geändert durch Art. 1 G v. 28.7.2011 BGBl I 1622

[8] Erste Verordnung zur Änderung der TrinkwV 2001 vom 3. Mai 2011, BGBL I, S. 748

Zur epidemiologischen Lage hinsichtlich des Auftretens trinkwasserbezogener Infektionserkrankungen in Deutschland gibt es Aussagen unterschiedlicher Qualität oder solche sind erst gar nicht verfügbar. Das bedeutet nicht zwangsweise, dass es solche Erkrankungen nicht gäbe, sondern lediglich, dass sie nicht in einem Umfang und in einer Schwere auftreten, dass sie registrierbar sind. Auch über Todesfälle durch trinkwasserbürtige Magen-Darm-Erkrankungen wurde in den letzten Jahren zumindest in Deutschland nichts berichtet.

**Legionellose-Infektionen**
Statistik

Anders verhält es sich bei Legionellen-Infektionen, deren Statistik verfügbar ist. Das Melderegister des Robert-Koch-Institutes, bei dem die Meldungen der positiven Untersuchungsbefunde bezüglich Legionellen aus menschlichen Untersuchungsmaterialien gesammelt und ausgewertet werden, zeigt allerdings nur erstaunlich geringe Fallzahlen. Abb. 3–1 zeigt die Letalität, also die prozentuale Häufigkeit von tödlich ausgegangenen Legionellosen, geordnet nach Ort der Exposition. [9]

Tab. 3–1 **Meldedaten zur Legionellose in Deutschland, Robert-Koch-Institut, 2004–2006** [9]

| **Jahr** | **Gesamtanzahl** | **Vorkommen** Pro 100 000 Einwohner | **Anzahl Verstorbene** (Anzahl der Fälle mit Information zu tödlichem Ausgang) | **Letalität** [%] |
|---|---|---|---|---|
| 2004 | 397 | 0,48 | 27 (390) | 6,9 |
| 2005 | 459 | 0,56 | 37 (452) | 8,2 |
| 2006 | 483 | 0,59 | 35 (475) | 7,4 |
| Gesamt | 1637 | 0,50 | 125 (1614) | **7,7** |

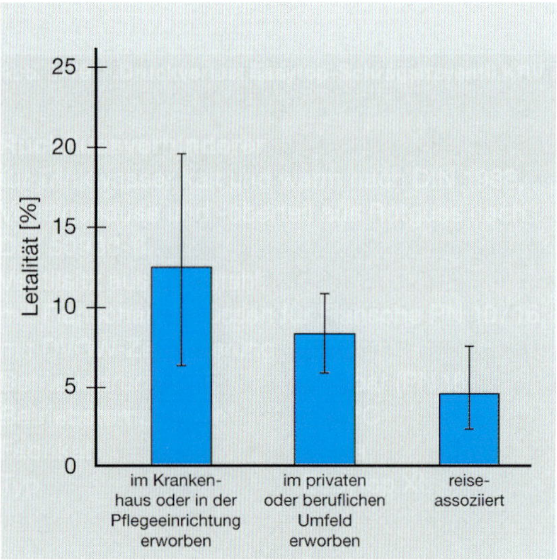


Abb. 3–1 **Letalität der Legionärskrankheit nach Expositionskategorie; 2004–2006, Deutschland (N=927)** [9]

In Fachkreisen wird jedoch mit guter Begründung davon ausgegangen, dass die in Abb. 3–1 dargestellte Statistik das wirkliche Infektionsgeschehen erheblich unterschätzt. Man kann heute mit einiger Sicherheit davon ausgehen, dass sich in Deutschland etwa 15 000–30 000 ambulant erworbene Legionelleninfektionen jährlich ereignen, an denen ca. 1 000 bis 2 000 Patienten versterben [10].

[9] Stöcker P., Brodhun B., Buchholz U.: Legionärskrankheit in Deutschland unter besonderer Berücksichtigung der im Krankenhaus oder einer Pflegeeinrichtung erworbenen Erkrankungen, 2004 – 2006, Bundesgesundheitsblatt Gesundheitsforschung – Gesundheitsschutz (2009) 52, S. 219 – 227

[10] von Baum H., Lück C.: Ambulant erworbene Legionellenpneumonie. Bundesgesundheitsblatt – Gesundheitsforschung – Gesundheitsschutz (2011) 54, S. 688 – 692

Hinzuzurechnen sind dann noch diejenigen Legionellosen, die im Krankenhaus oder in anderen Einrichtungen des Gesundheitswesens erworben werden. Hinsichtlich der Infektionsquellen ist bekannt, dass bei weitem nicht alle Legionelleninfektionen über Trinkwasser aus Trinkwasser-Installationen erworben werden, sondern auch Abluft aus Kühltürmen und sonstige aerosol-produziernden Wasserreservoirs, etwa auch Zierbrunnen in Innenräumen, eine maßgebliche Rolle spielen können [11] [12].

Unabhängig davon gilt aber dennoch, dass jede Legionelleninfektion nicht schicksalhaft, sondern immer durch technische oder betreiberseitige Unzulänglichkeiten verursacht worden ist. Dabei können die Ursachen in planerischen oder baulichen Mängeln, mangelhaftem Anlagenbetrieb oder in Wartungsmängel liegen. Insofern haben wir als Techniker allen Grund, unser Möglichstes zur Vermeidung von Legionelleninfektionen zu tun.

Die Ausführungen dieses Abschnittes dürfen nicht dahingehend verstanden werden, dass die Regelungsinhalte der TrinkwV hinsichtlich der Verhütung von Magen-Darm-Erkrankungen überflüssig geworden wären, weil es keine Erkrankungsstatistik dazu mehr gibt. Vielmehr ist festzustellen, dass die bewährten trinkwasserhygienischen und trinkwasserrechtlichen Regelungen erst dazu geführt haben, dass diese Probleme weitestgehend beherrscht werden konnten. Deshalb sind diese Schutzmechanismen unbedingt zu erhalten und gegebenenfalls noch zu verfeinern. Überdies müssen sie aber – wie es mit der Änderung der TrinkwV im Jahr 2011 geschehen ist – um Maßnahmen zum Schutz vor Allgemeininfektionen und Lungeninfektionen durch Trinkwasser-Installationen ergänzt werden.

[11] Exner M., Suchenwirth R., Pleischl S., et al: Memorandum zu dem Legionellen-Ausbruch in Ulm 2010 aus Sicht von Hygiene und öffentlicher Gesundheit; Umweltmed. Forsch. Prax. 15 (1) 2010, S. 43

[12] Palmore T. N.,Stock F., White M. et al: A cluster of cases of nosocomial legionnaires disease linked to a contaminated hospital decorative water fountain. Infect Control Hosp Epidemiol 2009 Aug., 30 (8), S. 764 – 768

## 1.2 Grundzüge der Sanierung mikrobiologisch belasteter Trinkwasser-Installationen

Mit dem erstmaligen Erscheinen der DVGW-Arbeitsblätter W 551 im Jahr 1993 [13] und W 552 im Jahr 1996 [14] waren die mit der Sanierung mikrobiologisch belasteter Trinkwasser-Installationen befassten Fachleute in der Lage, sich konzeptionell daran anzulehnen und auszurichten. Das überarbeitete Arbeitsblatt W 551 erschien im April 2004 [15] und führte die alten Arbeitsblätter W 551 und W 552 zusammen. Hinzu kamen einige Regelungen wie Hinweise zur Fernwärmeversorgung und Verschärfungen der Anforderungen an die Temperaturen im Warmwassersystem. Nunmehr steht jetzt sowohl für die Planung und den Neubau von Trinkwasser-Installationen als auch für die Sanierung legionellenbelasteter Anlagen ein Arbeitsblatt aus einem Guss zur Verfügung. Nach wie vor gilt die dort in Kapitel 5.7 »Dokumentation« gegebene Anweisung, die angesichts ihrer großen Bedeutung hier nochmals zitiert werden soll, zumal sie auch für die Sanierung von mit anderen Mikroorganismen als Legionellen belasteten Trinkwasser-Installationen gültig ist und eine sehr gute Orientierung bei der Sanierung von Problemanlagen bietet (Zitat):

**Arbeitsblatt W 551**
April 2004

**Anforderungen an die Dokumentation**

*»Für Wartungs-, Änderungs- und Sanierungsmaßnahmen sowie Kontrollen ist eine Dokumentation des Systems in Form von Bestandsplänen erforderlich. Die Dokumentation soll in ihrem Umfang dem Einzelfall angepasst sein und strömungstechnische, thermische sowie hygienisch-mikrobiologische Gesichtspunkte einschließen. Die Dokumentation soll die Installations-Bestandspläne, die Anlagenbeschreibung, die Anlagendaten und die Wartungs- und Bedienungsanleitung berücksichtigen.*

*Liegen für mögliche Sanierungsmaßnahmen diese Unterlagen nicht vor, ist eine örtliche Bestandsaufnahme durchzuführen. Installationspläne über die gesamte Trinkwasser-Hausinstallation sind so weit wie notwendig in Verbindung mit den Gebäudeplänen zu erstellen. Diese sollen mindestens die nachfolgend aufgeführten Angaben beinhalten:*

- *System der Wärmeerzeugung und -speicherung*
- *Leitungsverlauf, Nennweiten und Werkstoffe, Armaturen, Dämmstoffe und deren Dicke*
- *Anschluss von Geräten und Einrichtungsgegenständen sowie Regel- und Steuerungseinrichtungen*
- *Anlagendaten von z. B. Trinkwassererwärmungsanlagen und Aufbereitungsanlagen*

*Temperaturen des Kalt-, Warm- und Zirkulationswassers sind in den einzelnen Teilstrecken (anlagenspezifisch) und an den Entnahmearmaturen zu messen und zu dokumentieren.*

*Zur Kontrolle des Warmwasserverbrauchs sollen, wenn nicht vorhanden, Wasserzähler in die Kaltwasserzuleitung zum Trinkwassererwärmer eingebaut werden. In ausgedehnten Systemen kann es erforderlich sein, die Verbrauchswerte für einzelne Bereiche oder Gebäude zu ermitteln. Der Wasserverbrauch ist zu kontrollieren und zu registrieren.*

*Kontrollrohrstücke sind auszubauen und aus technischer Sicht zu beurteilen.*

*Erst nachdem eine Dokumentation der Trinkwasser-Hausinstallation mit den oben genannten Anlagendaten vorliegt, kann eine Gesamtbeurteilung über die notwendigen Sanierungsmaßnahmen erfolgen.«*

**Desinfektionsmaßnahmen**

Weiter heißt es in Kapitel 8.2 zu den Desinfektionsmaßnahmen im Abschnitt zu den verfahrenstechnischen Maßnahmen (Zitat):

*»Die nachfolgend beschriebenen verfahrenstechnischen Maßnahmen sind in erster Linie als Sofortmaßnahmen zu sehen. Ein dauerhafter Sanierungserfolg ist häufig nur in Kombination mit bautechnischen Maßnahmen zu erwarten. Vor Anwendung einer verfahrenstechnischen Maßnahme muss sichergestellt sein, dass alle Teile des Systems (Temperatur- bzw. chemisch beständig) für die Durchführung der Maßnahme geeignet sind.*

*Nach einer thermischen bzw. chemischen Desinfektion kann eine z. B. permanente UV-Bestrahlung zur Legionellenverminderung bzw. zur Verlängerung notwendiger Desinfektionsintervalle eingesetzt werden.*

Gerade die Sanierungstätigkeit der letzten Zeit hat die Bedeutung der Ausführungen des Kapitels 8.2 klar erwiesen, insbesondere die beiden ersten Absätze des Zitats.
Auch sind vor allem in letzter Zeit weitere Erkenntnisse hinzugekommen, die vor allem die Reinigung und chemische Desinfektion von Trinkwasser-Installationen betreffen.

[13] DVGW-Arbeitsblatt W 551: Trinkwassererwärmungs- und Leitungsanlagen; Technische Maßnahmen zur Verhinderung des Legionellenwachstums, Beuth-Verlag, Berlin 1993

[14] DVGW-Arbeitsblatt W 552: Trinkwassererwärmungs- und Leitungsanlagen; Technische Maßnahmen zur Verminderung des Legionellenwachstums; Sanierung und Betrieb, Beuth-Verlag, Berlin 1996

[15] DVGW-Arbeitsblatt W 551: Technische Maßnahmen zur Verminderung des Legionellenwachstums in Trinkwasser-Installationen, Beuth-Verlag, Berlin 04/2004

Hierbei ist allerdings zu unterscheiden

- Die laufende Desinfektion des zum menschlichen Genuss abgegebenen Trinkwassers
- Die Desinfektion bei außer Betrieb genommenen Anlagen

Im ersten Fall sind die Vorgaben des § 11 TrinkwV uneingeschränkt einzuhalten, im zweiten Fall ist man in der Methoden- und Desinfektionsmittelauswahl frei, da die Anlage nach Beendigung der Desinfektion wieder freizuspülen ist und damit alle Desinfektionsmittelreste und deren Desinfektionsnebenprodukte entfernt werden.

In den letzten Jahren hat es eine Reihe von Forschungsvorhaben des DVGW und anderer Institutionen und Vereine gegeben, durch die viele neue Erkenntnisse gesammelt und auch viele Vermutungen, die Experten in der Praxis bereits als Erfahrungswissen hatten, wissenschaftlich abgesichert und damit bestätigt werden konnten. Dies lässt sich am folgenden Beispiel gut zeigen: Gestützt auf die täglichen Erfahrungen haben viele Sanierungspraktiker postuliert, dass eine nicht technisch sanierte und ungereinigte Trinkwasser-Installation mit chemischen Mitteln i. d. R. nicht mit Aussicht auf Erfolg desinfizierbar ist. Dies kann mit folgenden Argumenten begründet werden

**Voraussetzungen für eine wirksame Desinfektion**
Sanierung und Reinigung der Installation

- Fehlt die Desinfektionsvoraussetzung »Reinigung«, so wird die Wirkung des Desinfektionsmittels maßgeblich durch seine Reaktion mit Schmutzstoffen »verbraucht«, bevor es überhaupt zur Einwirkung auf die Mikroorganismen kommen kann. Dieser Effekt ist Hygienikern, vor allem auch Krankenhaushygienikern, sehr gut bekannt.
- Ohne Reinigung können sich viele Mikroorganismen in ihrem Biofilm in einem physikalisch geschützten Raum aufhalten, der ihnen durch die Verschmutzung bereitgestellt wird. Der Kontakt mit dem Desinfektionsmittel wird deswegen mehr oder weniger stark eingeschränkt.
- Bei mit Legionellen belasteten Trinkwasser-Installationen sind hydraulische Mängel in fast allen Fällen der Nährboden für die Entwicklung unerwünschter Mikroorganismen. Diese Mängel bestehen ohne technische Sanierung fort und bewirken, dass das Desinfektionsmittel die entscheidenden Orte der Einwirkung rein strömungstechnisch nicht oder nicht in ausreichender Konzentration erreichen kann.

Ist eine Anlage aber erst technisch saniert, auf das vorgeschriebene Temperaturniveau gebracht und gereinigt, stellt sich angesichts der bereits erwähnten Nachteile von chemischen Desinfektionsmaßnahmen die Frage nach dem Sinn einer zusätzlichen Desinfektion.
Die Erkenntnisse der neuesten Forschungsvorhaben zur laufenden Desinfektion von Trinkwasser-Installationen, für die in Deutschland nur Chlor oder Chlordioxid eingesetzt werden dürfen, können nach [16] [17] wie folgt zusammengefasst werden

**Laufende Desinfektion**
Wissenschaftliche Erkenntnisse

- Alle wasserbenetzten Oberflächen in der Trinkwasser-Installation sind von Biofilmen besiedelt.
- chemische Desinfektionen führen zu vorzeitiger Werkstoffalterung, die einen fördernden Einfluss auf die Biofilmbildung haben und zu kostenträchtigen Schadensereignissen führen können.
- chemische Desinfektionen können die Zusammensetzung der Population verändern und schnellwüchsige Bakterien begünstigen.
- Legionellen und Pseudomonas aeruginosa können sich in vorhandene Biofilme einnisten und von dort ausgetragen werden.
- Pseudomonas aeruginosa und Legionellen können chemische Desinfektionen überleben, Legionellen auch eine thermische Desinfektion.
- Überdies können sie durch den Einfluss unvollständiger Desinfektionen in einen Zustand gebracht werden, in dem sie eine zeitlang mikrobiologisch nicht mehr nachweisbar sind, obwohl sie noch leben und infektionstüchtig sind (VBNC-Formen).

[16] Exner M., Gebel J., Lenz J.: Überprüfung der Wirksamkeit von Desinfektionsmaßnahmen und Erarbeitung von Handlungsanweisungen in Schadenfällen. In: Berichte aus dem IWW Rheinisch-Westfälisches Institut für Wasserforschung gemeinnützige GmbH, Band 54, S. 181

[17] Szewzyk U., Röder R.: Untersuchungen der Auswirkungen von Desinfektionsmaßnahmen auf die Biofilmpopulation unter besonderer Berücksichtigung der Ansiedlung und Vermehrung hygienisch relevanter Mikroorganismen. In: Berichte aus dem IWW Rheinisch-Westfälisches Institut für Wasserforschung gemeinnützige GmbH, Band 54, S. 329

- Die prophylaktische Desinfektion ist daher kritisch zu betrachten – anlassbezogene Desinfektionsmaßnahmen müssen begründet werden.
- Eine wirksame Reinigung der Trinkwasser-Installation ist die Vorbedingung für den Erfolg chemischer Desinfektionsmaßnahmen, denn eine Desinfektion ist keine Reinigung.

**Desinfektion mit Chlor**
Verschärfte Bedingungen

Auch darf nicht übersehen werden, dass der Einsatz von Chlorprodukten oder Chlordioxid im laufenden Betrieb nach § 11 TrinkwV 2001 streng geregelt ist und die **tägliche Messung des Desinfektionsmittels** sowie die Führung eines Betriebsbuches gesetzlich vorgeschrieben ist (Tab. 3–2)

Tab. 3–2 **Untersuchungsumfang und -häufigkeit gemäß § 11 TrinkwV 2001: Aufbereitungsstoffe, die für die Desinfektion eingesetzt werden**

Betreiberpflichten 8

| Untersuchungsumfang | Untersuchungshäufigkeit | Dokumentation | Bemerkung |
|---|---|---|---|
| Kontrolle der zugesetzten Menge des Einsatzproduktes (Verbrauch) | Wöchentlich | Betriebsbuch | Entfällt bei kontinuierlicher Messung und Speicherung der Daten |
| Kontrolle der Konzentration des Wirkstoffes im aufbereiteten Wasser | Täglich | Betriebsbuch und Analysenbefund | Die tägliche Messung hat im Rahmen der Betriebskontrolle durch geschultes Personal zu erfolgen. Entfällt bei kontinuierlicher Messung und Speicherung der Daten |

Es gehört zu den kaum erklärbaren Widersprüchen in der Trinkwasserhygiene, dass Chlordioxid zwar in das PWH zudosiert werden darf, es dort aber bei Temperaturen um 60 °C mit den üblichen Methoden durch den Betreiber oder die Gesundheitsbehörde gar nicht messbar und damit letztlich auch nicht kontrollierbar ist. Hier müssten externe Labors tätig werden, was aber alleine schon aus Kostengründen kein gangbarer Weg ist. Abgesehen davon steht die Abgabe von Trinkwasser, das hinsichtlich der darin enthaltenen Aufbereitungsstoffe nicht den Anforderungen der Aufbereitungsstoffliste gemäß § 11 Abs. 1 der TrinkwV 2001 entspricht, unter Strafandrohung des § 24 TrinkwV 2001.
Ungeachtet dessen gibt es dennoch geeignete Einsatzgebiete der chemischen Desinfektion, die aber immer genau umschrieben und begründet sowie zeitlich begrenzt werden müssen. So kann beispielsweise bei bestimmten Kaltwasser-Problematiken die chemische Desinfektion nach Vollzug der gebotenen technischen Änderungen und einer vorausgegangenen Reinigung der betroffenen Anlagenteile durchaus erwägenswert sein.

**thermische Desinfektion**
Einsatzmöglichkeiten, Risiken

Auch bei thermischen Desinfektionen liegen die Dinge nicht grundsätzlich anders. Es ist heute unter Hygienikern unbestritten und durch viele Untersuchungen bestätigt, dass eine thermische Desinfektion, wenn überhaupt, nur über eine verhältnismäßig kurze Zeitspanne wirksam bleibt und danach die Verkeimung wieder unvermindert eintritt. Es gibt Hinweise, dass die im DVGW-Arbeitsblatt W 551 für die thermische Desinfektion genannten Zielwerte (70 °C über 3 Minuten an allen PWH-Entnahmestellen) nicht in jedem Fall ausreichend sein könnten, um eine sichere Desinfektion zu gewährleisten [18].

Die thermische Desinfektion einer Trinkwasseranlage, selbst wenn die benötigte Heizleistung bereitgestellt werden kann, ist keineswegs banal und erfordert einen hohen Aufwand und eine große Zuverlässigkeit der damit betrauten Mitarbeiter. Zudem leiden die Rohrleitungen unter der großen thermischen Belastung und die Kalkausfällung wird gefördert, vom Unfallrisiko für Verbraucher durch Verbrühen ganz zu schweigen.

Am ehesten ist eine thermische Desinfektion in den Fällen optional, wo Legionellenkonzentrationen >1 000/100 ml in mehreren Proben aufgetreten sind – gemäß Regelwerk somit eine akute Gefährdung der Verbraucher zu befürchten ist – aber Nutzungseinschränkungen wie Duschverbote oder der Einsatz endständiger Bakterienfilter an den Entnahmestellen nicht in Frage kommen. In solchen Fällen kann mit einer funktionierenden thermische Desinfektion ein Zeitfenster geöffnet werden, in dem man die einer Sanierung vorausgehenden dokumentarischen Arbeiten erledigen, die nötigen finanziellen Ressourcen bereitstellen und die Sanierungsplanung selbst vorantreiben kann.

[18] Kramer A., Pitten F. A., Rudolph P., Weber U.: thermische Desinfektion – Werden alle Legionellen erfasst?; Ihks-Fachjournal thermische Desinfektion 6, 2005, S. 28

# 1.3 Zur Aussagekraft von Praxisdaten
## Gewinnung evidenzbasierten Wissens

Technische Regeln

*»Empfehlungen und technische Vorschläge, die einen Weg zur Einhaltung eines Gesetzes, einer Verordnung, eines technischen Ablaufes usw. empfehlen.«*

**Wikipedia, Sept. 2011**

Technische Regeln sind also erforderlich, um den durch praktische Erfahrungen gebildeten Kenntnisstand so in verbindliche Handlungsanweisungen zu übertragen, dass die gewünschten Ziele erreicht werden können.

*Wie aber gewinnt man praktische Erfahrungen?*

Die Antwort liegt im Kontext dieses Buches: durch den täglichen Kontakt mit den Realitäten unserer Anlagen und Bauten.
Weil ohne ein Mindestmaß von Strukturierung und Dokumentation unsere Erfahrungen nur sehr unzulänglich überliefert werden und vieles in Vergessenheit geraten würde, kommt der Gewinnung und Erhaltung einer möglichst objektiven und nachprüfbaren Daten-/Faktenbasis eine große Bedeutung zu. In der Terminologie der Hygieniker spricht man bei diesem Sammeln von Praxisdaten von der »Gewinnung evidenzbasierten Wissens«.

Darüber hinaus dürfen in der Trinkwasserhygiene die technischen Regeln nicht nur auf technische Ziele, Kostenrelevanz und Effektivität ausgerichtet sein, sondern müssen vorrangig auch Gesundheitsziele – also die Wirkungen von technischen Anlagen oder aus diesen entnommenen Medien auf die menschliche Gesundheit – fokussieren. Hier gilt die Prämisse »Gesundheit geht vor!«. Wobei finanzielle Aspekte, Komfortanforderungen, Energieeffizienz oder das Design die Belange sein können, die nur nachrangig zu berücksichtigen sind. Konkret bedeutet das, dass anders als bei den meisten anderen technischen Regeln in der Trinkwasserhygiene neben den Technikern auch die Hygieniker an der Entwicklung solcher hygienetechnischen Regeln beteiligt sind.

Mikrobiologische Praxisdaten gewinnt man der Regel aus erwärmten und nicht erwärmten Trinkwässern, chemische Daten hinsichtlich der Metalle und anderer chemischer Parameter aber meist nur aus nicht erwärmten Trinkwässern. Trinkwasserhygienische Betrachtungen des erwärmten Trinkwassers im Hinblick auf Metallkorrosion haben in der Vergangenheit kaum stattgefunden. Erst jetzt sind sie Gegenstand ernstzunehmender Forschung geworden – unter anderem auch beim Umweltbundesamt (UBA).

**Gefahrenpotenziale**
Mikrobiologische und physikalisch-chemische Qualitätsminderungen

In der Trinkwasserhygiene gilt es als unbestritten, dass das größte vom Trinkwasser ausgehende gesundheitliche Gefahrenpotenzial in den mikrobiologischen Qualitätsminderungen zu finden ist. Dies findet auch in der Tatsache Ausdruck, dass die Trinkwasserverordnung seit ihrem ersten Erscheinen im Jahr 1978 bis heute immer eine Rechtsverordnung zum Infektionsschutzgesetz [7] und seines Vorläufers, des Bundesseuchengesetzes, war.
Chemische oder physikalisch-chemische Qualitätsminderungen spielen – von wenigen Ausnahmen abgesehen, wie etwa bei der Verwendung bleihaltiger Materialien oder bei vorsätzlichen Handlungen – meist nur eine sekundäre Rolle.

Der Fokus auf die mikrobiologischen Aspekte des Kalt- und Warmwassers hat allerdings Auswirkungen auf die Qualität der gewinnbaren Daten, da der Nachweis von Mikroorganismen im Trinkwasser innerhalb einer Trinkwasser-Installation mit viel größeren Messunsicherheiten belastet ist als etwa der Nachweis von anorganischen Stoffen oder physikalisch-chemischen Parametern. Als Messunsicherheit bezeichnet man den dem Messergebnis zugeordneten Parameter, der die Streuung der Werte kennzeichnet, die vernünftigerweise der Messgröße zugeordnet werden könnte [19]. Die Messunsicherheit kann bei mikrobiologischen Untersuchungen an Trinkwasser-Installationen durchaus 50 % oder mehr

[7] Gesetz zur Verhütung und Bekämpfung von Infektionskrankheiten beim Menschen (Infektionsschutzgesetz – IfSG) vom 20. Juli 2000 (BGBl. I S. 1045), zuletzt geändert durch Art. 1 G v. 28.7.2011 BGBl I 1622

betragen. Der Grund dafür liegt darin, dass die nachzuweisenden Mikroorganismen in Trinkwassersystemen und in dem in ihnen enthaltenen Trinkwasser meist nie gleichmäßig verteilt sind und diese auch heutzutage noch fast ausschließlich nur über den Umweg der Züchtung auf künstlichen Nährböden identifiziert und quantifiziert werden (»Anzuchtverfahren«).

Da Praxisdaten meist beim laufenden Anlagenbetrieb gewonnen werden, wundert es nicht, dass neben der ohnehin schon gegebenen Messunsicherheit auch die Reproduzierbarkeit solcher Daten aus wissenschaftlicher Sicht oft ungenügend ist.

Die Problematik der Praxisdaten soll nachfolgend wegen ihrer Bedeutung noch einmal ausführlich erläutert werden.

**Mikroorganismen-Nachweis**
Aussagefähigkeit von Anzuchtverfahren

- Anders als bei chemischen Untersuchungen, werden trinkwasserhygienisch relevante Mikroorganismen nach Maßgabe der TrinkwV mit »Anzuchtverfahren« untersucht. Das bedeutet, dass die in der Probe enthaltenen Mikroorganismen im Labor künstlich vermehrt werden müssen, bevor sie einer quantitativen oder qualitativen Beurteilung zugänglich sind. Es existieren zwar andere Verfahren – z.B. die direkte Durchflus-Scytometrie [20] [21] oder molekularbiologische Methoden, wie PCR und andere neuere Verfahren [22] [23]–, die aber noch mit Restriktionen etwa bezüglich der Nachweisgrenze oder der Spezifität in einer Weise behaftet sind, dass sie bislang noch keine weitere Verbreitung in der Praxis oder in die gesetzlichen Anforderungen gefunden haben.
- Mikroorganismen sind sehr ungleichmäßig im Trinkwasser einer Hausinstallation verteilt. Es hängt in starkem Maße von Zufälligkeiten und von der Art der Probenahme ab, ob eine für die Gesamtbesiedlung des Systems repräsentative Anzahl von Mikroorganismen in die Probenflasche gelangt oder nicht. Der Hauptgrund hierfür ist die Bindung der Mikroorganismen an den Biofilm, in dem sie sich entwickeln und in dem sie leben – in dem sie »sessil« sind. Aus dem Biofilm werden sie in eher geringen Teilen in die »fließende Welle« (planktisch) abgegeben, gehen also vom sessilen Zustand in den planktischen Zustand über. Man geht z. B. bei der Untersuchung der Standard-Koloniezahlen davon aus, dass höchstens 5 % der insgesamt in einer Trinkwasser-Installation befindlichen Mikroorganismen planktisch sind, von denen wiederum nur etwa 5 % (!) im Anzuchtverfahren erfasst werden. Das bedeutet, dass die wahre Konzentration der Mikroorganismen im System systematisch erheblich unterschätzt wird.

**Probenahme**
Messwertbeeinflussung durch Störungen

- Die Menge der planktischen Mikroorganismen wiederum wird maßgeblich von verschiedenen äußeren Faktoren bestimmt, z. B. von Druckstößen, starker Änderung der Fließgeschwindigkeit im jeweiligen Bauteil etwa nach einer Löschwasserentnahme oder durch die Durchführung von Installationsarbeiten. Solche Einflüsse werden im Folgenden als »Störung« bezeichnet.
- In ungestörten Systemen stellt sich ein Gleichgewicht zwischen den Zellzahlen von sessilen und von planktischen Mikroorganismen ein. Das kann dazu führen, dass die Anzahl planktischer Mikroorganismen so gering ist, dass sie mit den in der Trinkwasserhygiene üblichen Methoden nicht erfasst werden können. Das Ergebnis der Untersuchung eines ungestörten Systems würde dann z. B. »nicht nachweisbar 100 ml« lauten, was von mit solchen Fragen weniger vertrauten Personen fälschlicherweise als Hinweis darauf gedeutet werden könnte, dass die untersuchte Probe keine Mikroorganismen enthalten hat.
- In gestörten Systemen werden u. U. erhebliche Mengen der sessilen Mikroorganismen aus dem Biofilm mobilisiert, so dass sie nun als planktische Mikroorganismen den entsprechenden Nachweisverfahren zugänglich sind mit der Folge, dass sie detektiert werden können und u. U. als hoher Zahlenwert imponieren. Die Störung des Systems hat in einem solchen Fall aber nicht zwangsläufig zu der vermeintlichen Verkeimung geführt, wie der Untersuchungsbefund ausweist, sondern lediglich zu einer Verschiebung der Relation zwischen den Mikroorganismen im Biofilm und denen in der fließenden Welle. Als Beispiel nehmen wir an, dass aufgrund des schlagartigen und vollständigen Öffnens der Probenahmearmatur ein Druckstoß auftritt infolge dessen ein losgelöster Teil des Biofilms in die Probenflasche gerät.

[19] International vocabulary of basic and general terms in metrology (VIM): 1993 Definition 3.9

[20] Egli T., Berney M., Hammes F., Füchslin, H. P.: Neue Methoden zur Beurteilung der Trinkwasserhygiene, EAWAG news, 2008, 65d, S. 20 – 23

[21] Hentschel W., Heudorf U.: Allgemein anerkannte Regeln der Technik und Legionellen im Trinkwasser. Untersuchungsergebnisse aus Frankfurt a. M. Bundesgesundheitsblatt – Gesundheitsforschung – Gesundheitsschutz (2011) 54: 717 – 723

[22] HRSG: Feuerpfeil, I., Botzenhardt K.: Hygienisch-Mikrobiologische Wasseruntersuchung in der Praxis, Wiley-VCH-Verlag, Weinheim, S. 298 ff

[23] Berney M.; Vital M., Hülshoff I., Weilenmann H. U., Egli T., Hammes F.: Rapid: Cultivation-independent assessment of microbial viability in drinking water, Water Research, Volume 43, Issue 9, May 2009, 2567

Von den hohen Messwerten, die in einer solchen Situation entstehen, nun auf den Zustand des Systems zu schließen, wäre allerdings überhaupt nicht mehr realistisch. Da man aber trotz existierender Vorschriften zur Entnahme von Wasserproben nie wissen kann, ob ein solcher Fall vorliegt, kann man seine Beurteilung nur durch eine Nachuntersuchung oder durch Vergleich mit früher erfolgten Probereihen einigermaßen absichern.

- Nach Abklingen der Störung stellt sich wieder ein stabiles Gleichgewicht ein. Mikrobiologische Untersuchungsergebnisse gleichen dann wieder den Befunden vor Eintritt der Störung.

**Messergebnisse**
Auswirkungen von Desinfektionsmaßnahmen

- Eine Besonderheit stellen die Folgen von Desinfektionsmaßnahmen dar. Desinfektionsmaßnahmen wurden meist dann eingesetzt, wenn die Anzahl der Mikroorganismen nach der Beprobung eines Systems zu hoch erscheint oder die Grenzwerte der Trinkwasserverordnung verletzt. Durch die Abtötung einer großen Menge von Mikroorganismen durch die Desinfektionsmaßnahme erhöht sich aber zwangsläufig der Gehalt an Nährstoffen im System, da die abgetöteten Mikroorganismen darin verbleiben. Auch ist bekannt, dass Desinfektionsmaßnahmen fast nie den gesamten Biofilm eines Systems erreichen. So kann es dazu kommen, dass als Folge des guten Nährstoffangebotes für die im System verbliebenen Biofilmbewohner die nachweisbaren Zellzahlen nach einer Desinfektionsmaßnahme zunächst sogar ansteigen, bis sich irgendwann wieder ein stabiles Gleichgewicht einstellt.

**VBNC**
Nicht erfassbare Mikroorganismen

- Grundsätzlich lassen sich nur diejenigen Mikroorganismen aus der Wasserprobe kultivieren, die voll lebensfähig sind. Neben diesen gibt es aber auch Mikroorganismen, die zum Zeitpunkt der Probenahme in irgendeiner Form geschädigt oder aus anderen Gründen nicht kultivierbar sind. Ein besonderes Phänomen ist in diesem Zusammenhang das Auftreten von sog. VBNC-Formen [24]. **VBNC** bedeutet: **V**iable **b**ut **N**ot **C**ulturable, d. h. die in der Probe enthaltenen Mikroorganismen leben und können zu einem späteren Zeitpunkt auch wieder voll lebensfähig werden, sind momentan aber auf dem künstlichen Nährboden nicht anzüchtbar und somit unsichtbar. So tritt zwangsläufig bei den »Anzuchtverfahren« gelegentlich eine Verfälschung der Analyse ein, die in dieser Form bei chemischen Stoffen nicht bekannt ist (s. auch Buchkapitel 1/Kistemann).

**Analysefehler**

- Des Weiteren können weitere analytische Fehlermöglichkeiten und methodische Grenzen zum Tragen kommen, von denen nachfolgend einige genannt werden sollen.
  - Fehler beim Probentransport oder der Lagerung
  - Rezepturmängel des Nährbodens
  - Mikrobiologische Verfahrensfehler
  - Zählfehler
  - Auswertefehler

Somit erklärt sich die oft zu beobachtende große Streuung mikrobiologischer Untersuchungsergebnisse in der Praxis. Dennoch stellen sie eine der Grundvoraussetzungen für die Entwicklung des technischen Regelwerkes dar, zumal die Interpretation mikrobiologischer Daten bei den einschlägigen, oft durch langjährige Praxis erfahrenen Hygienikern als gesichert angesehen werden kann.

**Alternative Analyseverfahren**

Andererseits führen diese Fakten aber auch zu Überlegungen, mit welchen anderen Methoden man die Qualität des Produktes »Trinkwasser« sicherstellen kann. Eine heute favorisierte Lösungsmöglichkeit besteht im Versuch, anstelle der Endproduktkontrolle die Prozesskontrolle mehr in den Vordergrund zu stellen, wenn auch die Endproduktkontrolle nie gänzlich verzichtbar werden wird. Im Abschnitt »Water Safety Plan für Gebäude« (s. S. 337 ff.) wird hierauf noch näher eingegangen.

Eine zweite Stütze bei der Sicherung von mikrobiologischen Untersuchungsergebnissen besteht darin, dass diese Daten zumeist aus Trinkwasseruntersuchungen stammen, die auf der Grundlage der Anforderungen der Trinkwasserverordnung durchgeführt wurden. Hierdurch können bestimmte qualitativ wichtige Mindestvoraussetzungen und eine »Gute Laborpraxis« als gegeben angesehen werden, da die Probenahme und die nachfolgende Laboruntersuchung sowie die Ergebnisdarstellung im Trinkwas-

[24] Oliver J. D.: The viable but nonculturable state in bacteria, J. Microbiol. 43, S. 93 – 100

serbereich seit 2003 nur den speziell für die Trinkwasseruntersuchung akkreditierten Labors vorbehalten sind.

Die derzeit größte mikrobiologische Gefährdung besteht bekanntlich in der Kontamination von Trinkwasser-Installationen mit Legionellen, wenngleich es auch eine ganze Reihe von anderen Arten von Mikroorganismen gibt, die fallweise als Risiko für Verbraucher auftreten können [25]. Umso bedauerlicher ist es, dass sehr oft bei der Beauftragung von Legionellenuntersuchungen die gemäß Regelwerk zu fordernde Probenanzahl und -verteilung im System nicht ausreichend berücksichtigt werden. Dies gilt für die Routineuntersuchungen ebenso wie für Untersuchungen im Zusammenhang mit Sanierungen. Auch nach einer erfolgreichen Sanierung sinkt immer wieder die Bereitschaft der Betreiber, in dieser Richtung mehr zu tun als unbedingt nötig, denn »jetzt ist ja alles wieder in Ordnung«. Die Konsequenz dieser Sparsamkeit sind immer wieder schlecht zu beurteilende Routineanalysen, nur unvollständig dokumentierte Sanierungen und Unkenntnis hinsichtlich der Nachhaltigkeit der Sanierung. Es bleibt abzuwarten, ob hier die aktuelle Änderung der TrinkwV 2001 Besserung bringt und inwieweit sich die Gesundheitsämter diesbezüglich regulierend einsetzen können.

**Kontrollgröße**
Temperaturen / Zeitverhalten

Bei der Sanierung legionellenbelasteter Trinkwasser-Installationen sind mikrobiologische Legionellenuntersuchungen allerdings keineswegs die einzige Möglichkeit der Erfolgsprüfung. Häufig kann man durch einfache und preiswerte Temperaturmessungen sogar aussagekräftigere Daten gewinnen. In der Sanierungspraxis haben sich beispielsweise Temperaturmessungen mit Anlege- oder Tauchfühlern in Verbindung mit mobilen Datenloggern als sehr hilfreich und aussagekräftig erwiesen. Ein Beispiel dazu zeigt Abb. 3–2. Hier wurden die Entnahmearmaturen in verschiedenen Zimmern eines Hotels mit Eintauchthermometern nach vollständiger Öffnung der Armatur in Richtung »heiß« im ablaufenden Strahl gemessen. Die Auswertung des Datenloggers zeigte ein gut interpretierbares Bild.

Ausstoßzeit 1
Temperatur 4

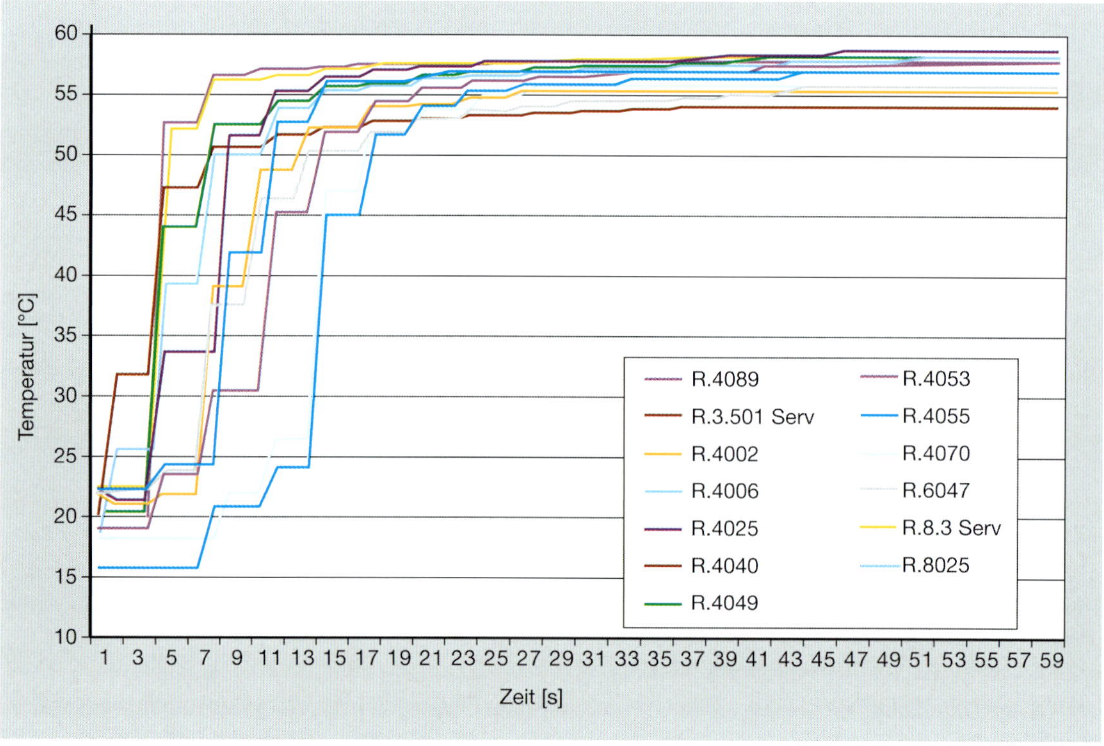


Abb. 3–2 **Zirkulationsleistung an Waschtischen eines Hotels**

[25] Cunliffe D., Bartram J., Briand E., Chartier Y., Colbourne J., Drury D., Benedikt JL., Surman-Lee S.: Water safety in buildings, WHO 2011, WHO Press, Geneva

Allerdings gilt auch hier, dass diese Messungen fachmännisch erfolgen müssen, um aussagekräftige Daten zu generieren.

Eine andere Einsatzmöglichkeit wäre die Messung der Temperaturen von PWC, PWH und PWH-C an einem Strang mit Anlegefühlern über einen längeren Zeitraum, um Temperatureinbrüche zeitlich und in ihrem Ausmaß zu dokumentieren. Dies ist möglich, weil auch schon preiswerte Datenlogger über vier Messkanäle verfügen.

**Kontrollgröße**
Temperatur im Strang

Auch der Einsatz von Messgeräten zur Messung der Volumenströme kann bei Einstellungsarbeiten am Zirkulationssystem sehr hilfreich sein, wenngleich der technische Aufwand höher ist als bei Temperaturmessungen. Ebenfalls können temporäre Durchflussmessungen mit Ultraschall-Clamp-on-Systemen für Abgleicharbeiten an der Zirkulation lohnenswert sein. Geeignete Messkombinationen sind im Fachhandel erhältlich.

**Kontrollgröße**
Volumenstrom

## 1.4 Daten aus der Praxis

*Der Gebildete stellt keine höheren Anforderungen an die Genauigkeit, als es der Natur der Sache entspricht.*

**Aristoteles**

Das folgende Kapitel geht auf einige wichtige Ergebnisse der praktischen Trinkwasserüberwachung eines Gesundheitsamtes ein. Das Gesundheitsamt der Stadt Frankfurt a. M. hat in den Jahren 2004 bis 2006 mehr als 1000 Liegenschaften nach der Maßgabe der TrinkwV 2001 untersucht oder untersuchen lassen [26]. Dieses waren Gebäude, in denen »Wasser für die Öffentlichkeit« abgegeben wurde – also sogenannte »öffentliche Gebäude« wie Schulen, Kitas, Krankenhäuser, Altersheime, Hotels etc. Die Untersuchungen umfassten sowohl eine technische Durchsicht der trinkwasserhygienisch relevanten Anlagenteile der Trinkwasser-Installationen nach einer Checkliste als auch die Beprobung gemäß TrinkwV 2001.

**Fallbeispiel**
Öffentliche Gebäude in Frankfurt a. M.

Tab. 3–3 zeigt eine Auswahl der am häufigsten gefundenen anlagentechnischen Mängel. Da nicht in jedem System alle Komponenten existierten oder gefunden werden konnten, wurde in dieser Darstellung die Anzahl der im jeweiligen Detail beurteilungsfähigen Anlagen prozentual auf die beurteilungsfähigen Anlagen bezogen. Die Prozentangaben beziehen sich somit nicht auf die Gesamtzahl aller überprüften Anlagen.

Tab. 3–3 **Festgestellte Anlagenmängel bei 904 überprüften Trinkwasser-Installationen, nach [26]**

| Feststellung | Bewertete Systeme [n] | Gefunden [n] | [%] |
|---|---|---|---|
| Feuerlöschleitungen nass ohne Absicherung | 133 | 85 | 63,9 |
| Totstrecke am Sicherheitsventil des TE vorhanden | 341 | 536 | 63,6 |
| Dauerlauf der Zirkulationspumpe nicht gegeben | 484 | 302 | 62,4 |
| Anzahl Zentralmischer | 710 | 402 | 56,6 |
| Nachfüllung der Heizung mit Schlauch, permanent und ungesichert | 680 | 375 | 55,1 |
| Dämmung unvollständig | 742 | 318 | 42,9 |
| Membranausdehnungsgefäß nicht durchströmt | 100 | 41 | 41,0 |
| Legionellenpräventive Technik vorhanden | 615 | 94 | 15,3 |
| Dämmung fehlt gänzlich | 742 | 99 | 13,4 |
| Nicht rückspülbare Filter | 806 | 90 | 11,2 |
| Temperaturdifferenz des PWC zw. HAL und Technik > +10 °C | 337 | 23 | 6,8 |
| Defekte Bauteile vorhanden | 530 | 33 | 6,2 |
| PWC-Temperatur in der HAL > 20 °C | 527 | 32 | 6,1 |
| Leitungslänge HAL bis PWH-Anlage > 100 m | 657 | 25 | 3,8 |
| Starke Mängel insgesamt | 904 | 163 | 18,0 |

**Abkürzungen**
**TE** Trinkwassererwärmer
**HAL** Hausanschlussleitung

[26] Hentschel W., Voigt K., Heudorf U.: Umsetzung der neuen Trinkwasserverordnung § 18; Überwachung von Hausinstallationen – Wasser für die Öffentlichkeit. Bundesgesundheitsblatt Gesundheitsforsch Gesundheitsschutz (2006) 49, S. 804 – 817

### 1.4.1 Chemische Untersuchungen

Die Probennahmen wurden durch akkreditierte Labors durchgeführt, in einigen Fällen auch durch Mitarbeiter des Gesundheitsamtes. Folgenden Parameter wurden bestimmt

- Nitrit
- Blei
- Cadmium
- Kupfer
- Nickel

Da bei der Untersuchung auf Metalle aus Rohrleitungen oder anderen Komponenten der Trinkwasser-Installation die Stagnationsproblematik beachtet werden muss, erfolgten die Metalluntersuchungen nach der einschlägigen Probenahmevorschrift des Umweltbundesamtes [27].

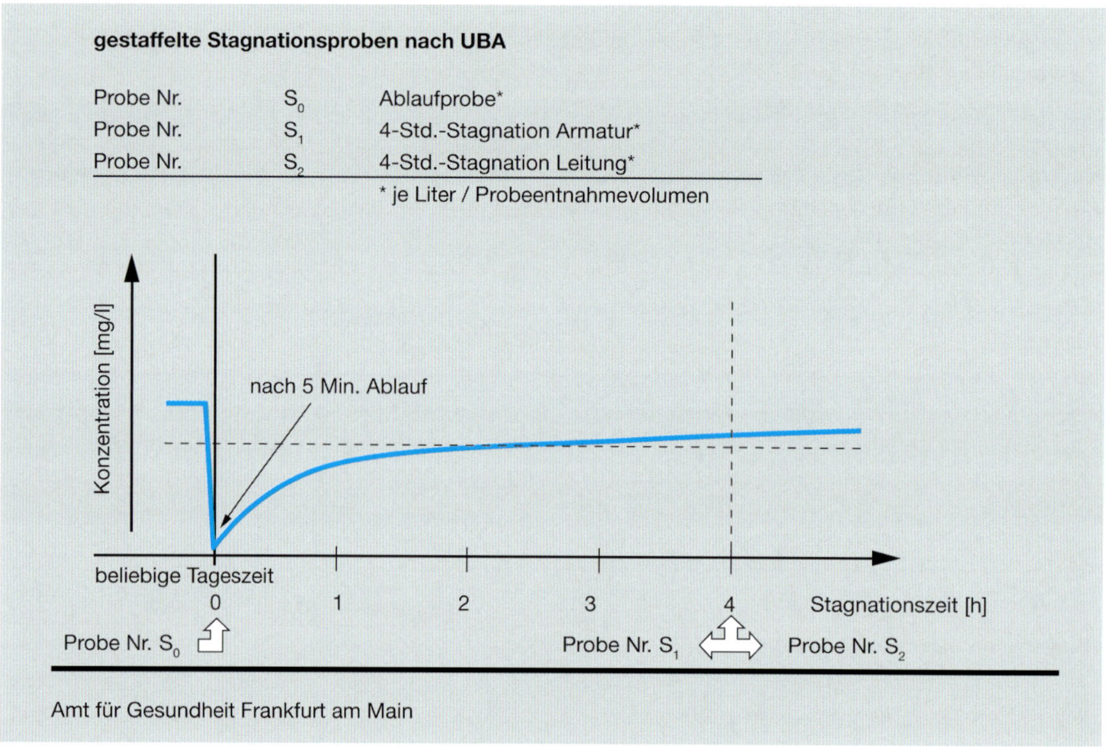


Abb. 3–3 **Gestaffeltes Probenahmeverfahren des Umweltbundesamtes** [27]

[27] Umweltbundesamt: Probenahmeverfahren des UBA für Blei, Kupfer und Nickel (Dez. 2003)

Dieses Verfahren (Abb. 3–3) ist verhältnismäßig aufwendig, erlaubt aber trotz der Stagnationsproblematik die Gewinnung aussagekräftiger, reproduzierbarer Messwerte und gewährleistet die Forderung der TrinkwV 2001, wonach die Grundlage der Untersuchungen von Blei, Kupfer und Nickel eine für die durchschnittliche wöchentliche Trinkwasseraufnahme durch Verbraucher repräsentative Probe sein soll.
Es basiert auf drei Probennahmen pro Untersuchung, die gemäß Tab. 3–4 entnommen werden.

Tab. 3–4 **Festgestellte Anlagenmängel bei 904 überprüften Trinkwasser-Installationen, nach [26]**

| Nr. | Bedeutung | Ausführung | Volumen | Bedeutung |
|---|---|---|---|---|
| $S_0$ | Ablaufprobe | Entnahme direkt ohne Ablauf | 1 Liter | Repräsentiert die vom Wasserversorger angelieferte Qualität |
| $S_1$ | Stagnationsprobe | Stagnation über 4 Stunden, Entnahme direkt ohne Ablauf | 1 Liter | Repräsentiert die Qualität der Trinkwasser-Installation und der Entnahmeapparatur |
| $S_2$ | Stagnationsprobe | Direkt anschließend an Probe $S_1$ | 1 Liter | Repräsentiert die Qualität nur der Trinkwasser-Installation |

Die Probenahmeverfahren für die Untersuchungen auf Nitrit und Cadmium in dieser Studie wurden analog zu den $S_2$-Proben ausgeführt [28].

Die Ergebnisse der Nitrit-Untersuchungen blieben ausnahmslos ohne positiven Nachweis. Die Ergebnisse der Schwermetalluntersuchungen zeigen, dass Grenzwertüberschreitungen nicht oder nur sehr geringfügig auftreten. Sie waren am häufigsten bei Nickel, wobei die Höchstwerte bei der $S_1$-Probe auftraten. Dies weist auf den bekannten Mechanismus der Nickelfreisetzung aus Armaturen hin. Hier ist einfaches Ablaufenlassen eine wirkungsvolle Maßnahme des Verbraucherschutzes. Die Hersteller hingegen sind zur Entwicklung von Werkstoffen und Fertigungstechniken aufgefordert, die solche Trinkwasserkontaminationen vermeiden.

Tab. 3–5 **Ergebnisse der Schwermetalluntersuchungen in Frankfurt a. M., 2004 – 2007 nach [26]**

| | n | Grenzwert (GW) | $S_0$ > GW | | $S_1$ > GW | | $S_2$ > GW | |
|---|---|---|---|---|---|---|---|---|
| **Parameter** | | [mg/l] | [n] | [%] | [n] | [%] | [n] | [%] |
| **Blei** | 1068 | 0,025/0,01[1] | 1 | 0,1 | 15 | 1,4 | 5 | 0,5 |
| **Kupfer** | 1068 | 2 | 0 | | 13 | 1,2 | 6 | 0,6 |
| **Nickel** | 1083 | 0,02 | 2 | 0,2 | 55 | 5,1 | 11 | 1 |
| **Cadmium** | 1059[2] | 0,005 | | | | | 6 | 0,6 |
| **Bleiprojekt** | 507[3] | 0,025/0,01[1] | 19 | 3,9 | 132 | 27,1 | 110 | 22,6 |

[1] Grenzwert vom 1. Dezember 2003 – 30. November 2013: 0,025 mg/l; Ab 1. Dezember 2013: 0,01 mg/l
[2] Nur $S_2$-Probe
[3] Ab 2004

Diese trinkwasserhygienisch günstigen Ergebnisse sind allerdings »zufällig« festgestellt worden, d. h. ohne Selektion innerhalb der Gruppe der »öffentlichen »Gebäude. Im Frankfurter Bleiprojekt [28], in dem nur Liegenschaften mit Verdacht auf bleihaltige Trinkwasser-Installationen untersucht werden, liegen die Beanstandungsquoten für Blei erheblich höher.

[26] Hentschel W., Voigt K., Heudorf U.: Umsetzung der neuen Trinkwasserverordnung § 18: Überwachung von Hausinstallationen – Wasser für die Öffentlichkeit. Bundesgesundheitsblatt – Gesundheitsforsch – Gesundheitsschutz (2006) 49, S. 804 – 817

[28] Hentschel W., Karius A., Heudorf U.: Das Frankfurter Bleiprojekt; Maßnahmen zur Einhaltung des Grenzwertes für Blei im Trinkwasser, Bundesgesundheitsblatt – Gesundheitsforschung – Gesundheitsschutz (1999) 42, S. 902 – 910

## 1.4.2 Mikrobiologische Untersuchungen

Folgende mikrobiologische Parameter wurden entsprechend den analytischen Vorgaben der TrinkwV 2001 bestimmt

- Fäkalindikatoren
  - Escherichia coli
  - Coliforme Bakterien
  - Enterokokken
- Koloniezahlen
- Legionellen

Tab. 3–6 zeigt, dass bis auf die Ausnahme der Legionellen im Wesentlichen keine Beanstandungsbefunde auftraten.

**Coliforme Bakterien**
Unschärfe der Befunde durch »Wildformen«

Bei den zu den Fäkalindikatoren gehörenden coliformen Bakterien, die im Vergleich zu den beiden anderen Fäkalindikatoren Escherichia coli und Enterokokken doch häufiger nachgewiesen worden sind, gibt es folgende Erklärung: Mit der TrinkwV 2001 wurden ab 2003 zwei unterschiedliche Laborverfahren für coliforme Bakterien zugelassen. Das hat bewirkt, dass seitdem auch solche Bakterien als coliforme Bakterien erfasst werden können, die nicht aus dem menschlichen oder tierischen Darm stammen, sondern sog. »Wildformen« sind. Ursache dafür ist, dass mit den neuen Untersuchungsverfahren unterschiedliche Stoffwechselleistungen geprüft werden. Anders ausgedrückt, hat sich die Beurteilungsfähigkeit solcher Befunde verschlechtert, da im Falle positiver Befunde, je nach Hintergrund der Untersuchung, weitere detaillierte Untersuchungen zur Frage der Herkunft der nachgewiesenen coliformen Bakterien notwendig werden [29]. Hierauf wurde im hier besprochenen Fall aber seitens des Gesundheitsamtes verzichtet.

Die Ergebnisse der Legionellenuntersuchungen wurden auf die Grenzkonzentration von 1000/100 ml bezogen, was nach DVGW-Arbeitsblatt W 551 [15] gemäß Tab. 1b, als »starke Kontamination« mit Sanierungspflicht binnen 3 Monaten eingestuft wird. Mittlerweile existiert durch die Änderung der TrinkwV 2001 [8] ein »Technischer Maßnahmenwert« in Höhe von 100/100 ml, bei dessen Erreichen oder Überschreiten das Gesundheitsamt eine Überprüfung der Trinkwasser-Installation mit Schwachstellenanalyse anordnen kann. Legt man diesen Technischen Maßnahmenwert zu Grunde, läge die Beanstandungsquote zwischen 15 und 20 %.

Tab. 3–6 **Ergebnisse der mikrobiologischen Untersuchungen in Frankfurt a.M., 2004 – 2007 nach [25]**

| Parameter | n | GW [ml] | n > GW | [%] |
|---|---|---|---|---|
| **Escherichia coli** | 1121 | 0/100 | 2 | 0,2 |
| **Coliforme Bakterien** | 1121 | 0/100 | 13 | 1,2 |
| **Enterokokken** | 1121 | 0/100 | 1 | 0,1 |
| **Koloniezahl bei 20°C** | 1156 | 100 | 8 | 0,7 |
| **Koloniezahl bei 36°C** | 1156 | 100 | 22 | 1,9 |
| **Legionellen 2004 – 2006**[1] | 3946 | | 199 (>1000/100 ml) | 5 |

[1] Mit Schulsporthallen

[29] Umweltbundesamt: Coliforme Bakterien im Trinkwasser – Empfehlung zur Risikoabschätzung und Maßnahmen bei systemischer Kontamination – Empfehlung des Umweltbundesamtes nach Anhörung der Trinkwasserkommission des Bundesministeriums für Gesundheit beim Umweltbundesamt; Bundesgesundheitsblatt – Gesundheitsforschung – Gesundheitsschutz 2009 · 52, S. 474 – 482

[15] DVGW – Arbeitsblatt W 551: Technische Maßnahmen zur Verminderung des Legionellenwachstums in Trinkwasser-Installationen, Beuth-Verlag, Berlin 04/2004

[8] Erste Verordnung zur Änderung der Trinkwasserverordnung 2001 vom 3. Mai 2011, BGBL I, S. 748

Zu einem späteren Zeitpunkt wurden in Frankfurt a. M. auch eine Übersichtsuntersuchung zum Parameter Pseudomonas aeruginosa durchgeführt. Pseudomonas aeruginosa ist nach der TrinkwV 2001 in Hausinstallationen zwar nicht routinemäßig untersuchungspflichtig, hat aber dennoch eine besondere Bedeutung in der Fachdiskussion. In VDI 6023 [30] findet sich folgender Kommentar dazu (Zitat):

**VDI 6023**
Pseudomonas aeruginosa

*Pseudomonaden zeichnen sich durch äußerst geringe Nährstoffansprüche und große Vermehrungsfähigkeit schon bei Temperaturen unterhalb von 15 °C aus. Sie können daher alle Wässer einschließlich Trinkwasser (kalt und warm) besiedeln. Am häufigsten sind punktuelle endständige Kontaminationen von Wasserentnahmearmaturen und Geruchverschlüssen.*

*Aufgrund seiner Fähigkeit zur Bildung von Biofilmen kann Pseudomonas aeruginosa alle mit Wasser benetzten Komponenten von Trinkwasser-Installationen besiedeln. Insbesondere wird Wachstum in Form von Biofilmen in Ionenaustauschern, Schlauchsystemen, Filtermaterialien und in wasserführenden Teilen medizinischer Geräte beschrieben.*

*Auch systemische Kontaminationen ganzer Trinkwasser-Installationen, oft als retrograde Besiedlung, ausgehend von Entnahmestellen oder durch Fehler bei der Inbetriebnahme, werden beschrieben. Pseudomonas aeruginosa ist außerhalb des Krankenhauses bekannt als Ursache von Infektionen der Haut wie der Whirlpool-Dermatitis und Follikulitis sowie der schwimmbadassoziierten Otitis externa (Infektion des äußeren Gehörganges). Im Krankenhausbereich gehört er zu den häufigsten Erregern krankenhausbedingter Infektionen (Wund-, Harn- und Atemwegsinfekte) mit oft tödlichem Verlauf. Besonders betroffen durch Atemwegsinfekte, auch im häuslichen Bereich, sind Patienten mit ererbter zystischer Fibröse (Mukoviszidose).*

*Wichtig für die Prävention systemischer Besiedlungen sind Instandhaltungsmaßnahmen und gegebenenfalls Desinfektionsmaßnahmen zur Vermeidung der Bildung von Biofilmen, insbesondere bei Komponenten mit hohen Austrägen an organischen oder anorganischen Nährstoffen, z. B. Ionenaustauschern oder Phosphatierungsanlagen.*

*Pseudomonas aeruginosa ist gemäß Anlage 1 der TrinkwV 2001 routinemäßig bei Wasser, das zur Abfüllung in Flaschen oder sonstige Behälter zum Zwecke der Abgabe bestimmt ist, zu untersuchen. Bei den nach TrinkwV 2001 vorgeschriebenen Untersuchungen wird Pseudomonas aeruginosa nicht spezifisch erfasst.*

*Starke Vermehrungen können sich in einer Erhöhung der Koloniezahlen niederschlagen. In Krankenhäusern wird Pseudomonas aeruginosa routinemäßig mit untersucht. Zum eindeutigen Nachweis sind spezielle Untersuchungsverfahren notwendig.*

Nach den Untersuchungen des Frankfurter Amtes für Gesundheit wurden von 121 Liegenschaften 8 Liegenschaften, also ca. 6 %, positiv bezüglich Pseudomonas aeruginosa getestet. Die gefundenen Koloniezahlen lagen meist im einstelligen Bereich. Die positiven Befunde verteilten sich auf drei Krankenhäuser und jeweils ein Altenpflegeheim, ein Kinderhort, ein Hotel, ein Bürohaus und ein größeres Wohnobjekt [31].

[30] VDI 6023: Hygiene in der Trinkwasser-Installation Anforderungen an Planung, Ausführung, Betrieb und Instandhaltung, Beuth-Verlag, Berlin 7/2006

[31] Persönliche Mitteilungen des Amtes für Gesundheit der Stadt Frankfurt a. M.

## 1.4.3 Sonderfall Legionellen

Da eine Vielzahl technischer Mängel bei den untersuchten Anlagen festgestellt wurde, sind die Ergebnisse sowohl der chemischen als auch der mikrobiologischen Untersuchungen, mit Ausnahme der Legionellen, überraschend. Aufgrund der geringen Beanstandungsquoten und wegen der geringen Spannbreiten der Ergebnisse war es nicht möglich, eine Beziehung zwischen Mangel und trinkwasserhygienischer Wirkung herzustellen [32].

**Zusammenhang**
Anlagenzustand und Legionellenkontamination

Erfolgversprechender sah dieses bei den Legionellenbefunden aus, da hier mehrere Proben pro Objekt entnommen wurden und die erforderlichen Ergebnisspannbreiten gegeben waren. Es konnten insgesamt 413 Datensatzpaare aus Trinkwasser-Installationen gewonnen werden, wo gleichermaßen sowohl technische Anlagendaten als auch Untersuchungen bezüglich Legionellen existierten [21]. Nach Bildung technischer Mängelklassen der Trinkwasser-Installationen und Vergleich mit den nachgewiesenen Legionellenkontaminationen zeigte sich, dass 93 % aller Befunde mit dem Ergebnis »nicht nachweisbar in 100 ml« bei den Trinkwasser-Installationen gefunden wurden, die als technisch mangelfrei begutachtet wurden. Dies legt den Schluss nahe, dass »gute« Technik mit hoher Wahrscheinlichkeit mit einem Nichtnachweis von Legionellen assoziiert ist, während technische Mängel mit zum Teil erheblichen Legionellenkontaminationen einhergehen.

Es lagen für jede Probe die Ergebnisse des Direktverfahrens (»1 ml-Probe«) und des Filtrationsverfahrens (»100 ml-Probe«) gemäß Empfehlung des Umweltbundesamtes [33] zur Auswertung vor. Beide Verfahren unterscheiden sich maßgeblich durch einen Anreicherungsschritt (»Filtration«) und können sich in ihren Ergebnissen voneinander unterscheiden. In diesem Fall soll vom untersuchenden Labor der jeweils höchste Wert als Ergebnis der Untersuchung einer Probe angegeben werden, um analytisch auf der sicheren Seite zu sein. Nach DVGW-Arbeitsblatt W 551 wiederum ist der jeweils ungünstigste Befund einer Untersuchungsserie (mehrere Proben am gleichen Tag) in einem Gebäude oder System bestimmend für die zu ergreifende Maßnahme. Zur Umsetzung dieser Regelungen wurde für die hier vorgestellte Auswertung ebenso verfahren und die vier Kontaminationsstufen des Arbeitsblattes W 551 in sog. BZ (Bewertungszahlen) umgesetzt (Tab. 3–7). Allerdings wird als untere Grenze der Kontaminationsgruppe BZ = 1 nicht wie im Arbeitsblatt W 551 die Grenze < 100/100 ml gesetzt, sondern ≤ 100/100 ml, d. h. der Technische Maßnahmenwert nach [8] ist noch in diesem Intervall enthalten. Mit diesem Verfahren wurde für jedes Gebäude eine einzige Bewertungszahl generiert, die der ermittelten Mängelkategorie gegenübergestellt werden konnte.

Tab. 3–7 **Bewertungszahl für die überschlägige Auswertung von Legionellen-Untersuchungsergebnissen, nach [31]**

| Bewertungszahl BZ | Kontaminationsgruppe | Wertebereich [KBE/100 ml] |
|---|---|---|
| 0 | Keine Kontamination | 0 |
| 1 | Geringe Kontamination | ≤ 100 |
| 2 | Kontamination | > 100 ≤ 1 000 |
| 3 | Starke Kontamination | > 1 000 ≤ 10 000 |
| 4 | Extreme Kontamination | > 10 000 |

Das Ergebnis ist in Abb. 3–4 wiedergegeben. Die dort dargestellte Häufigkeit der Legionellenkontaminationsstufen, ausgedrückt durch die Bewertungszahl BZ, beträgt

- 61,7 % für BZ = 0 Keine Kontamination
- 21,1 % für BZ = 1 Geringe Kontamination
- 12,6 % für BZ = 2 Kontamination
- 3,8 % für BZ = 3 Starke Kontamination
- 0,7 % für BZ = 4 Extreme Kontamination

Völlig anders verteilt sind die »Mangelstufen«, die zwischen 15 % und 32 % variieren, der Mittelwert liegt bei 25 %.

[32] Kistemann T., Schreiber C., Völker S.: Vorkommen mikrobieller Trinkwasserkontaminationen in Hausinstallationen; In: Berichte aus dem IWW Rheinisch-Westfälisches Institut für Wasserforschung gemeinnützige GmbH, Band 54, S. 31

[21] Hentschel W., Heudorf U.: Allgemein anerkannte Regeln der Technik und Legionellen im Trinkwasser. Untersuchungsergebnisse aus Frankfurt a. M. Bundesgesundheitsblatt – Gesundheitsforschung – Gesundheitsschutz (2011) 54: 717 – 723

[33] Umweltbundesamt: Nachweis von Legionellen in Trinkwasser und Badebeckenwasser, Bundesgesundheitsblatt-Gesundheitsforschung-Gesundheitsschutz 43 (11), 2000, S. 911 – 915

[8] Erste Verordnung zur Änderung der Trinkwasserverordnung 2001 vom 3. Mai 2011, BGBL I, S. 748

[31] Persönliche Mitteilungen des Amtes für Gesundheit der Stadt Frankfurt a. M.

Das Ergebnis der Zusammenführung beider Datengruppen »Technische Mängel« und »Kontaminationsklassen« zeigt klar eine Abhängigkeit der Legionellenkontamination vom technischen Zustand der Hausinstallationsanlage auf. Die meisten »n. n.«-Befunde (BZ = 0) wurden bei Trinkwasser-Installationen festgestellt, die als praktisch mängelfrei beurteilt wurden, danach folgen die übrigen Gruppen »wenig technische Mängel«, »technische Mängel« und »viele technische Mängel« in absteigender Reihenfolge. In den Gruppen BZ = 1 und 2 kehren sich die Reihenfolgen logisch nachvollziehbar um. In der Gruppe BZ = 3 fand sich keine Anlage ohne technische Mängel. Die Gruppe BZ = 4 fällt hier aus dem Rahmen, was mit dem sehr geringen Datenumfang von drei Untersuchungsergebnissen dieser Gruppe erklärt werden kann. Die Berechnung des Signifikanzniveaus weist insgesamt ein sehr hohes Signifikanzniveau aus.

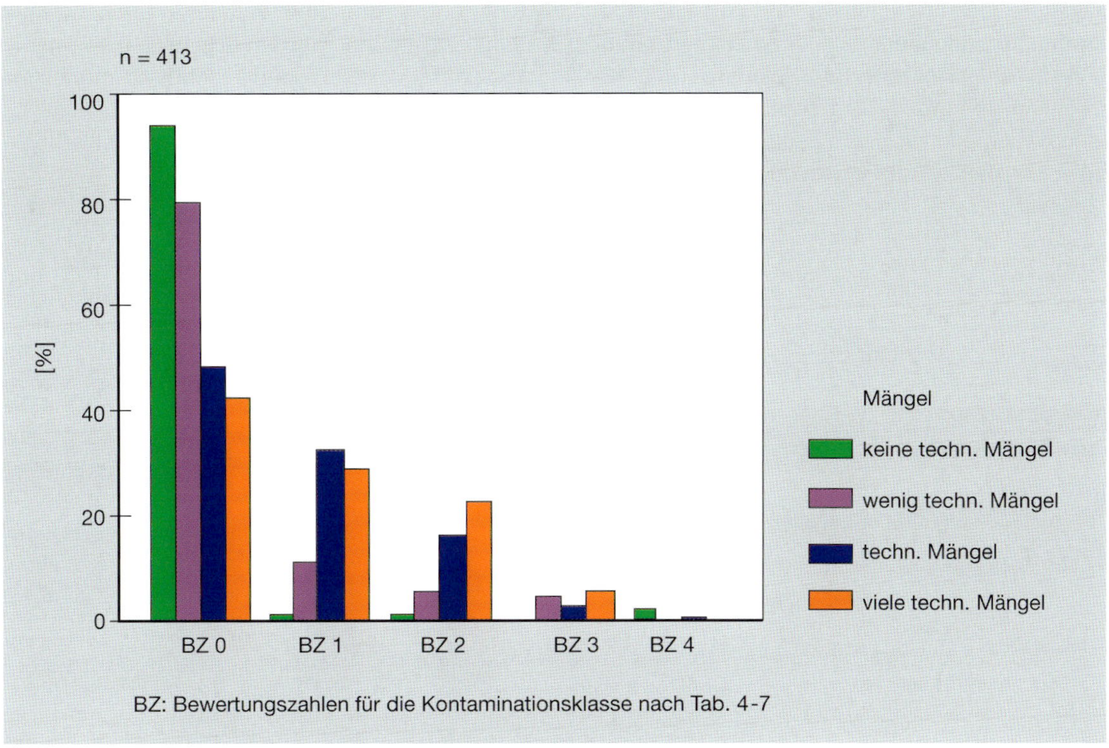


Abb. 3–4 **Technische Mängel versus Legionellenkontaminationen** [21]

Somit konnte gezeigt werden, dass »gute« Technik mit hoher Wahrscheinlichkeit mit einem fehlenden oder nur geringen Nachweis von Legionellen assoziiert ist, während technische Mängel mit Legionellenkontaminationen einhergehen, wobei sich sogar ein Dosis-Wirkungsphänomen – je mehr technische Mängel, desto höhere Legionellenkontaminationen – andeutet. Damit bestätigte sich die Richtigkeit der im DVGW-Arbeitsblatt W 551 enthaltenen Planungs-, Bau- und Sanierungsempfehlungen.

## 1.5 Besonders problematische Gebäudetypen

Studien und die Praxis haben gezeigt, dass bestimmte Gebäudetypen stärker dazu neigen, mit Legionellen kontaminiert zu werden als andere [26] [32]. In diesem Kapitel soll deswegen auf Problematiken von Schulsporthallen und Krankenhäusern besonders eingegangen werden.

### 1.5.1 Schulsporthallen

In der heutigen Zeit haben Schüler, Schülerinnen und Lehrer offensichtlich keinen Bedarf, nach dem Sportunterricht zu duschen. Als Gründe dafür sind fehlende Zeit zwischen den Schulstunden und wenig einladende Duschanlagen zu vermuten.

Auch bei der abendlichen Nutzung von Sporthallen durch Vereine wird bei weitem nicht immer geduscht. Unabhängig von diesen Fakten verlangt aber das technische Regelwerk je nach Hallengröße unterschiedliche Mindestanzahlen von Duschen [34] und gibt Planzahlen für die Planung der Trinkwasser-Installation vor (Tab. 3–8).

Tab. 3–8 **Wasserbedarfszahlen [Liter/Person x Tag] in öffentlichen Einrichtungen, nach DIN 18032**

| Objektart | Min. | Mittel | Max |
|---|---|---|---|
| Schulen | 3 | 10 | 40 |
| Schulsporthallen | – | 14 | – |
| Kindertagesstätten | 5 | 20 | 60 |
| Hotels | 100 | 300 | 1400 |
| Krankenhaus ges. | 130 | 500 | 1200 |
| Altenpflegeheime | 60 | 100 | 250 |
| Hallen-/Freibäder | 150 | 180 | 200 |
| Restaurants | 10 | 15 | 20 |
| Bürogebäude, ohne RLT und Kantine | 40 | 55 | 70 |

RLT = Raumlufttechnische Anlage

Tab. 3–9 **Anzahl zu planender Duschen in Sporthallen**

| Hallengröße | Klein | Mittel | Groß |
|---|---|---|---|
| Geforderte Anzahl Duschen | 20 | 20 – 40 | 30 – 40 |

Bestimmungsgemäßer Betrieb 2

Im Rahmen von Wasser- und Energie-Einsparbemühungen wurden in Frankfurt im Jahr 2005 die konkreten Warmwasserverbrauchszahlen [35] in sieben Schulsporthallen ermittelt, die über Zirkulationssysteme verfügten – das Ergebnis zeigt Tab. 3–10. Bezogen auf die Schülerzahl ergaben sich Warmwasserverbrauchswerte von 0,2 bis 4,5 l/Person und Woche. Es liegt auf der Hand, dass in diesen Fällen von einem Bestimmungsgemäßen Betrieb nicht mehr gesprochen werden kann und problematische Legionellenkontaminationen programmiert sind. Dementsprechend waren auch die Ergebnisse der vom Gesundheitsamt der Stadt Frankfurt durchgeführten jährlichen bez. 3-jährlichen (bei beanstandungsfreien Schulsporthallen) Legionellenuntersuchungen (s. Abb. 3–5). Hierzu ist zu sagen, dass es seit Beginn der Messreihen des Gesundheitsamtes vielfältige Anstrengungen zur Beherrschung der Legionellenproblematik gab, die letztlich aber – ausweislich der in Abb. 3–4 dargestellten Ergebnisse – ohne wirklichen Erfolg in der Breite blieben.

[26] Hentschel W., Voigt K., Heudorf U.: Umsetzung der neuen Trinkwasserverordnung § 18; Überwachung von Hausinstallationen – Wasser für die Öffentlichkeit. Bundesgesundheitsblatt – Gesundheitsforsch – Gesundheitsschutz (2006) 49, S. 804 – 817

[32] Kistemann T., Schreiber C., Völker S.: Vorkommen mikrobieller Trinkwasserkontaminationen in Hausinstallationen; In: Berichte aus dem IWW Rheinisch-Westfälisches Institut für Wasserforschung gemeinnützige GmbH, Band 54, S. 31

[34] DIN 18032, Teil I: Sporthallen – Hallen und Räume für Sport und Mehrzwecknutzung – Grundsätze für die Planung, Beuth-Verlag, Berlin 09/2009

[33] Umweltbundesamt: Nachweis von Legionellen in Trinkwasser und Badebeckenwasser, Bundesgesundheitsblatt – Gesundheitsforschung – Gesundheitsschutz 43 (11), 2000, S. 911 – 915

[35] Persönliche Mitteilung des Hochbauamtes der Stadt Frankfurt a. M.

Tab. 3–10 **Warmwasserverbrauch in Frankfurter Schulen nach** [34]

| | Anzahl Schüler und Lehrer | Volumen Warmwasserspeicher [Liter] | PWH-Durchschnittsverbrauch [Pro Tag insgesamt][1] | Verbrauch PWH [Pro Person und Woche] |
|---|---|---|---|---|
| **Schule 1** | 300 | 950 | 240 | 4 |
| **Schule 2** | 394 | 1500 | 13 | 0,2 |
| **Schule 3** | 396 | 500 | 40 | 0,5 |
| **Schule 4** | 2514 | 750 | 110 | 0,2 |
| **Schule 5** | 280 | 2 x 750 | 14 | 0,25 |
| **Schule 6** | 692 | 500 | 920 | 4,3 |
| **Schule 7** | 1433 | 4000 | 570 | 2 |

[1] Mai – Sept 2005 in Liter; 20 Tage/Monat gerechnet; Schul- und Vereinsbetrieb

2 Bestimmungsgemäßer Betrieb

6 Durchströmung

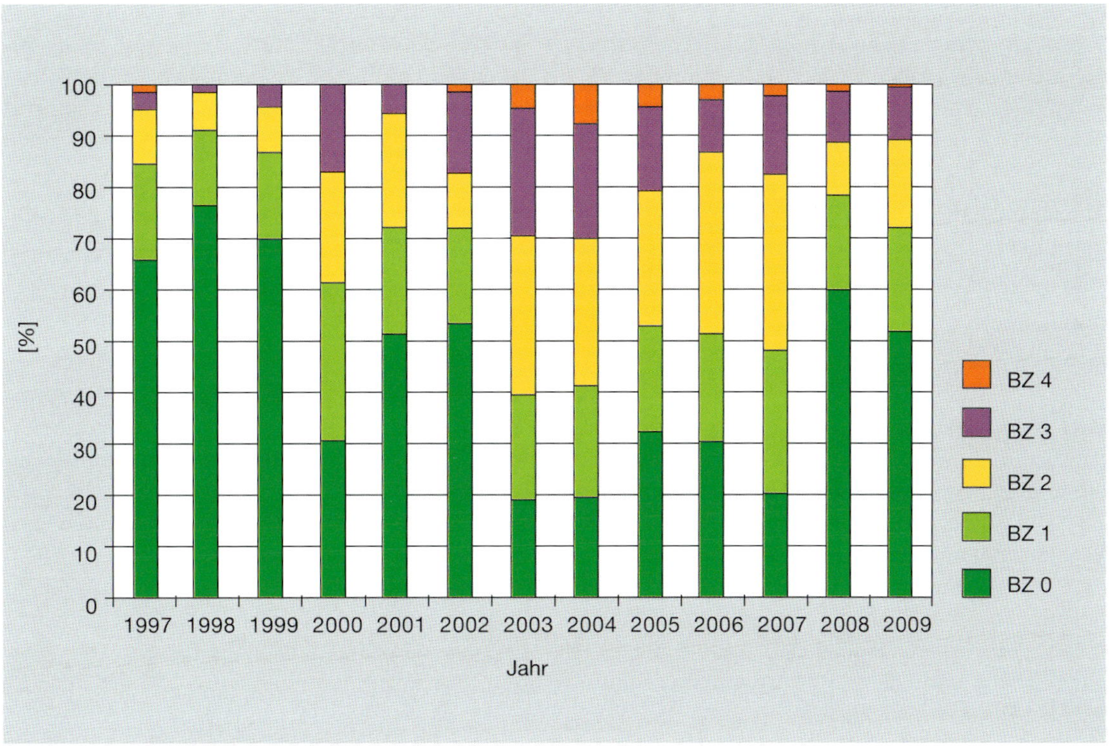


Abb. 3–5 **Kontaminationsbereichsverteilung** [27]

**Kontaminationsbereichs-verteilung**
Screening-Untersuchungen in Frankfurter Schulturnhallen, n = 4427 Proben, 1997 – 2009


[27] Umweltbundesamt: Probenahmeverfahren des UBA für Blei, Kupfer und Nickel (Dez. 2003)

Als neuer Ansatzpunkt wird z.Z. folgendes Konzept verfolgt, sofern die Bedingungen des jeweiligen Einzelfalles dies zulassen

**Sanierungskonzept**
Schulsporthallen

- Duschen-Bedarfsprüfung anstelle kurzfristiger Sanierungsmaßnahmen
- Thermische Desinfektion nur noch nach Abstimmung mit dem Gesundheitsamt
- Waschtische nur noch mit Kaltwasseranschluss
- Trinkwasserspeicher entsprechend dem tatsächlichen Bedarf, ggf. zurückbauen
- Reduzierung der Duschen – z.B. bei Einfeldhallen je 3 Duschen für Männer und Frauen
- Lehrerduschen komplett zurückbauen oder mit dezentraler Erwärmung ausstatten
- Verwendung von Frischwasserstationen – wo möglich
- Verwendung temperaturbegrenzender Auslassarmaturen anstatt Zentralmischer
- Bessere Einhaltung der Vorgaben des DVGW-Arbeitsblattes W 551 – z.B. Temperaturen einhalten, Stagnationen vermeiden, 3 Liter-Regel einhalten

Allerdings ist auch hier vor zu großem Optimismus zu warnen, denn es gab dort schon Fälle, wo warmgehende Kaltwasserleitungen im Nahbereich der Frischwasserstation zu messbaren Legionellenkontaminationen geführt haben. Insgesamt werden aber mit diesem Vorgehen dennoch weniger Legionellenprobleme bei geringeren Unterhaltungskosten erwartet.

## 1.5.2 Krankenhäuser

Krankenhäuser stehen im Gegensatz zu anderen Gebäudetypen in drei besonderen Problemlagen, die miteinander in einem engen Verhältnis stehen

- Kostendruck
- Konkurrenzdruck
- Anpassungsdruck

Wasseraustausch 5
Durchströmung 6

**Problematische Sanierungsbedingungen**
– Fehlende Datenbasis
– Fehlende Mittel
– Zeitdruck

Daraus folgt ein permanenter Zwang zur schnellen Anpassung der Baustruktur und der Installationstechnik an neue Aufgaben. Dies hat dazu geführt, dass die dortigen – in der Regel ohnehin immer umfangreichen Trinkwassersysteme – im Laufe der Zeit vielfach modifiziert wurden, meist ohne die Bestandspläne der Trinkwasser-Installation zu aktualisieren. Die Folge ist, dass nur selten genaue Aussagen zum Verlauf und der Zugehörigkeit aller Trinkwasserleitungen gemacht werden können, vor allem zu älteren Anlagenteilen. Des Weiteren ist von einer erheblichen Anzahl von Totleitungen auszugehen, die noch mit dem System kommunizieren. Auch finden sich mitunter verschiedene Wassersysteme mit unterschiedlichen Wasserqualitäten, die in ihrer mikrobiologischen Qualität nicht immer den Trinkwasserstandard abdecken, z.B. Dachablaufwasseranlagen und Brandschutzanlagen, die ein Fehlanschluss-Risiko beinhalten.

Diese Voraussetzungen behindern in der Praxis trinkwasserhygienische Sanierungstätigkeiten oft erheblich, da wichtige Informationen durch viele Vorarbeiten erst erarbeitet werden müssen. Vor allem bei langwierigen Sanierungsmaßnahmen ist ungestörtes Arbeiten oft nicht möglich. Kostenentscheidungen der Betreiber können bewirken, dass notwendige Sanierungsmaßnahmen im Interesse der Schaffung neuer, gewinnversprechender medizinischer Disziplinen zurückgestellt werden.

Dieses ist insofern besonders fatal, weil sich in Krankenhäusern ja typischerweise Menschen befinden, die bezüglich ihres Resistenz- und/oder Immunstatus beeinträchtigt sind. Deswegen werden an die mikrobiologische Wasserqualität in Einrichtungen des Gesundheitswesens besondere Anforderungen gestellt. In Ergänzung des DVGW-Arbeitsblattes W 551, in dem Bedingungen für Krankenhäuser nicht besonders geregelt sind, gilt nach einer Empfehlung des Umweltbundesamtes von 2005 [36] hinsichtlich der Legionellenkontamination ein Zielwert von 0/100 ml. Der Gefahrenwert wird bei ≥ 1/100 ml festgelegt (s. Tab. 3–11).

Es ist darauf hinzuweisen, dass auch Wasserkeime wie Pseudomonas aeruginosa, die im häuslichen Umfeld in der Regel nicht problematisch sind, wegen ihrer Fähigkeit zur Ausbildung von Resistenzen gegen Antibiotika zu den problematischen Krankenhausinfektionserregern bezüglich Wundinfektion und Sepsis überhaupt zählen.

Tab. 3–11 **Beurteilungswerte, Untersuchungsintervalle und Maßnahmen für Legionellen, nach [36]**

| Art der Einrichtung in der sich die Wasserversorgungsanlage befindet | Werte für Legionellen [KBE/100 ml] | Maßnahmen | Weitergehende Untersuchungen | Untersuchungsintervall |
|---|---|---|---|---|
| **Krankenhäuser sowie andere medizinische und Pflegeeinrichtungen (entspr. 2.1–2.2) »Hochrisikobereiche«** | Zielwert 0 | – | – | – |
| | Gefahrenwert ≥ 1 | Nutzungseinschränkung oder endständige Filtration | Unverzüglich[2] | Nach einem halben Jahr[1] |
| **Krankenhäuser sowie andere medizinische und Pflegeeinrichtungen (entspr. 2.1–2.2) »Normalbereiche«** | Zielwert < 100 | Keine | Keine | 1 Jahr |
| | Prüfwert ≥ 100 | Keine | Innerhalb von 4 Wochen | |
| | Maßnahmenwert > 1 000 | Sanierungsmaßnahmen umgehend, Umfang in Abhängigkeit von weitergehenden Untersuchungen | Umgehend | |
| | Gefahrenwert > 10 000 | Gefahrenabwehr unverzüglich, Meldung an das Gesundheitsamt[2, 3] | Umgehend | |
| **(entspr. 2.3–2.7) »Übrige Bereiche«** | Zielwert < 100 | Keine | Keine | 1 Jahr[4] |
| | Prüfwert ≥ 100 | Keine | Innerhalb von 4 Wochen | |
| | Maßnahmenwert > 1 000 | Sanierungsmaßnahmen umgehend, Umfang in Abhängigkeit von weitergehenden Untersuchungen | Umgehend | |
| | Gefahrenwert > 10 000 | Gefahrenabwehr unverzüglich | Umgehend | |

[1] Richtlinie für Krankenhaushygiene und Infektionsprävention des Robert Koch-Institutes
[2] Maßnahmen unter Information des zuständigen Gesundheitsamtes und in Abstimmung mit einem vom Gesundheitsamt empfohlenen Hygiene-Institut (s. 5) [36]
[3] S. auch 4.4 und 5 [36]
[4] Werden bei Nachuntersuchungen im jährlichen Abstand weniger als 100 Legionellen in 100 ml in allen Wasserproben nachgewiesen, kann das Untersuchungsintervall auf maximal 3 Jahre ausgedehnt werden

[36] Umweltbundesamt: Periodische Untersuchung auf Legionellen in zentralen Erwärmungsanlagen der Hausinstallation nach § 3 Nr. 2 Buchstabe c TrinkwV 2001, aus denen Wasser für die Öffentlichkeit bereit gestellt wird – Empfehlung des Umweltbundesamtes nach Anhörung der Trinkwasserkommission des Bundesministeriums für Gesundheit; Bundesgesundheitsblatt, Gesundheitsforschung, Gesundheitsschutz 2005 – 49, S. 697–700

# 2 Bericht – Legionellensanierung in einem Altenpflegeheim

In diesem Kapitel wird über die Erfahrungen bei der trinkwasserhygienisch-technischen Sanierung eines Altenpflegeheimes berichtet, die der Autor begleitet hat. Die Arbeiten erfolgten im Zeitraum März 2010 bis Dezember 2011.

## 2.1 Fallbeschreibung

Das Sanierungsobjekt bietet nahezu alle Service-Leistungen der Altenpflege an

- Betreutes Wohnen mit Service-Leistungen
- Hauseigene ambulante Pflegestation
- Offener Mittagstisch
- Essen auf Rädern
- Tages- und Nachtpflege
- Kurzzeitpflege
- Stationäre Pflege
- Pflege von Demenzkranken

Der Bau der Anlage begann 1975, heute besteht der Komplex aus drei Gebäudeteilen. Insgesamt verfügt das Objekt über 180 Pflegebetten, 40 separate betreute Wohnungen und eine eigene Küche. Der durchschnittliche Jahres-Wasserverbrauch im Sanierungsobjekt lag in den Jahren von 2007 bis 2010 zwischen 8 208 m³ und 9 550 m³.

Tab. 3–12 **Gebäudeteile des Sanierungsobjektes**

| Bauteil | Fertigstellung |
|---|---|
| **Haus A** | 1960 |
| **Haus B** | 1986 |
| **Haus C** | 1965 |

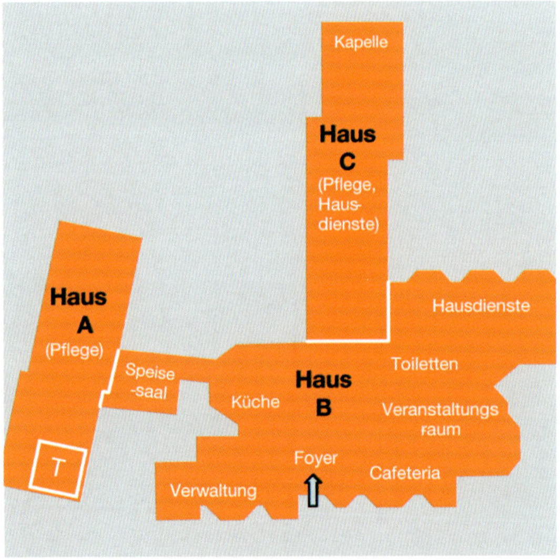


Abb. 3–6 **Gebäudeteile**

Die erste Legionellenuntersuchung erfolgte im November 2004, allerdings nur mit vier Proben. Insgesamt waren die bis 2010 jährlich untersuchten Proben meist nicht zu beanstanden. Ab Januar 2010 traten allerdings auffällige Legionellenkonzentrationen in allen Gebäudeteilen auf, deren Ursache zunächst unklar blieb. Die Kontaminationen waren nach DVGW-Arbeitsblatt W 551 [9] als »Extreme Kontamination« einzustufen, woraus sich umgehender Handlungsbedarf ergab.
Nachgewiesen wurden die Species Legionella pneumophila der Serogruppe 1 und 2 bis 14 (s. Abb. 3–10).

[9] Stöcker P., Brodhun B., Buchholz U.: Legionärskrankheit in Deutschland unter besonderer Berücksichtigung der im Krankenhaus oder einer Pflegeeinrichtung erworbenen Erkrankungen, 2004 – 2006, Bundesgesundheitsblatt – Gesundheitsforschung – Gesundheitsschutz (2009) 52, S. 219 – 227

Zur Ermittlung der Schadensursache und Erarbeitung von Sanierungsvorschlägen wurde im Februar 2010 ein Ingenieurbüro für Trinkwasserhygiene[1] beauftragt. Die zur Verfügung gestellten Grundriss- und Bereichspläne waren unvollständig und für die Beurteilung der Trinkwasser-Installation nicht verwendbar. Funktionsschemata konnten nicht vorgelegt werden. Mitte März 2010 erfolgte die erste Begehung durch den Sanierer in Form einer Bestandsaufnahme des Hauses A, die gleichzeitig auch die Grundlage für die nachfolgende Schwachstellenanalyse war. Um die Realitäten der Trinkwasser-Installation darstellen zu können wurde vereinbart, die vorhandenen Pläne im Zuge der Bestandsaufnahme zu überarbeiten und ggf. zu ergänzen. Die Funktionsschemata für die Gebäudeteile A, B und C wurden auf Basis der initialen Bestandsaufnahme neu erstellt.

### 2.1.1 Technischer Status vor Sanierungsbeginn

Die Bestandsaufnahme im März 2010 führte zu folgenden Basisdaten

- Die Liegenschaft wird mit Trinkwasser der Härtestufe »hart« (> 23 °dH, Härtebereich 7,6) versorgt.
- Im Technikbereich ist eine zentrale Enthärtungsanlage vorhanden, die aber außer Betrieb und nicht vollständig zurückgebaut ist. Der Grund für die Außerbetriebnahme kann nicht ermittelt werden.
- Die Warmwasserversorgung der Gebäudeteile erfolgt über eine zentrale Trinkwassererwärmungsanlage im Haus A mit einem Zirkulationssystem für jeden Gebäudeteil.

Die wichtigsten vermerkten Merkmale der Trinkwasser-Installation bei Erstbegehung

- Die TW-Hauseinführung DN 100 befindet sich im Technikbereich des Hauses A.
- Feuerlöschleitung Haus B
  - Konzeption als Nassleitung.
  - Einbindung in die Hausanschlussleitung (HAL) direkt nach dem Wasserzähler ohne Sicherungsarmatur.
  - Drei PWC-Stränge Größe R 3 Zoll (Strang IV, V und XXIII) werden auch als Feuerlöschleitungen genutzt.
  - Das Volumen der Feuerlöschleitungen in Gebäude B beträgt 125 l.
  - Die Feuerlöschanschlussleitung von der Verteilleitung im Haus B zum Außenhydranten hat ein zusätzliches Volumen von 125 l.
  - Jeder der 3 Feuerlöschleitungs-Stränge versorgt pro Stockwerk ein Zimmer mit je einem Waschtisch, einer Dusche und einem WC, insgesamt also 9 PWC-Entnahmestellen .
- Heizzentrale: Vier Vaillant-Gasbrennwertkessel decken den Gesamtwärmebedarf für Heizung und TW-Erwärmung.
- Heizungswasserspeicher (aus 2009): 1500 l-Multienergiespeicher, 6 bar Betriebsdruck.
- Funktion Multienergiespeicher: Durchlauferhitzer-Prinzip, wobei die gespeicherte PWH-Menge auf den Wasserinhalt der Heizschlange im Heizwasserspeicher begrenzt ist. Im Heizwasserspeicher selbst befinden sich doppelwandige Heizschlangen, in deren Innenrohr das PWC erwärmt wird. Im Außenrohr wird im Gegenstrom zum Trinkwasser Heizwasser (sog. Pufferwasser) per Ladepumpe bewegt, um die thermische Effektivität zu gewährleisten (Abb. 3–7). Zur PWC-Vorwärmung verfügt der Multienergiespeicher über eine thermostatisch geregelte Beimischleitung, die zwischen dem PWH-C-Eintritt und der PWC-Eintrittsleitung eingebaut ist (im Folgenden als »Bypass« bezeichnet, Abb. 3–8). Auslegungsdaten und Auswahlkriterien für den Multienergiespeicher liegen nicht vor.

[1] Ingenieurbüro für Trinkwasserhygiene; Hügelstrasse 6b, 63322 Rödermark

Temperatur 4

- Die oben beschriebene, werkseitig vorgegebene Konstruktion hat zur Folge, dass sowohl die PWH-Austrittstemperaturen unterhalb von 60 °C als auch die PWH-C-Eintrittstemperaturen unter 55 °C liegen und damit die Anforderungen des DVGW-Arbeitsblattes W 551 nicht erfüllten. Sofortmaßnahmen im Juni 2010: Die Beimischleitung wurde auf Anraten des Sanierers unterhalb der Beimischarmatur vom Leitungssystem getrennt. Weitere entdeckte funktionslose Rohrleitungsabschnitte wurden später noch zurückgebaut. Durch diese Maßnahme erhöhten sich die PWH-Austrittstemperaturen im Mittel um 2,5 K.
- Neben den üblichen Verbrauchsstellen werden ein Zierteich, ein Springbrunnen und ein Außenhydrant über stagnierende PWC-Leitungen versorgt.
- Ursprünglich wurde die PWH- und PWC-Installation in verzinktem Stahlrohr ausgeführt. Spätere Anlagenänderungen und Reparaturen erfolgten auch in Edelstahl und Kupfer. Unterlagen zur Auslegung des Rohrleitungssystems liegen nicht vor.

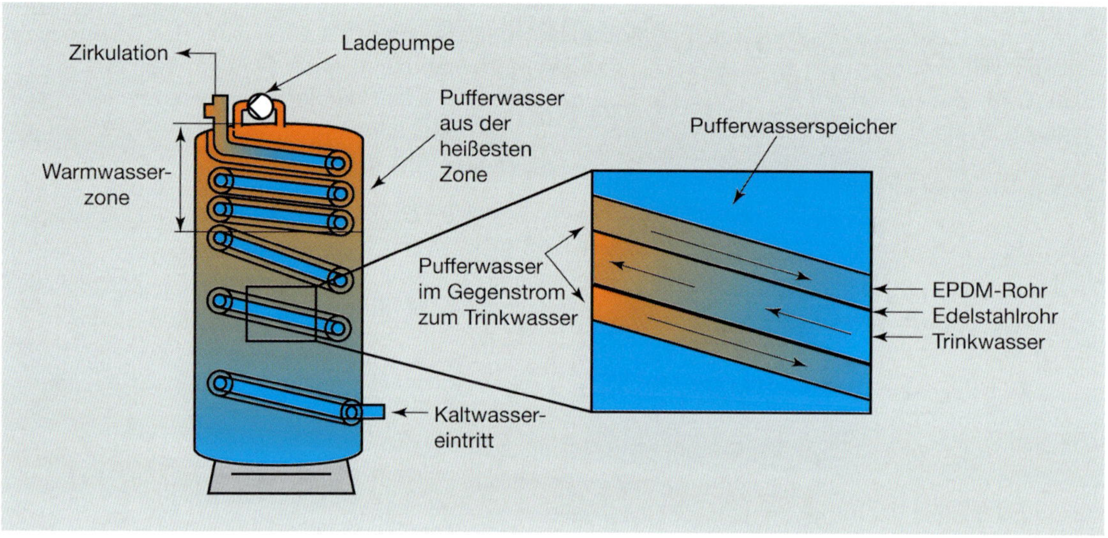


Abb. 3–7 **Multithermspeicher – Quelle Fa. Ecopower**

- Aufgrund der Gesamthärte des Wassers zeigen Rohrleitungssystem-Armaturen massive Kalkablagerungen. Der Betreiber berichtet, dass Anlagenstörungen aus diesem Grund nicht selten sind.
- Die Wasserversorgung der Gebäudeteile A, B und C erfolgt über einen PWC- und PWH-Verteiler und einen PWH-C-Sammler im Technikbereich des Hauses A.
- Einige Steigleitungen sind mit Strangbelüftern (Sammelsicherungen) gegen Rückfließen abgesichert.
- Die Dämmung erscheint meist vorschriftsmäßig, sollte an einigen Stellen aber verbessert werden
- Der Aufbau der Trinkwasser-Installationen der Häuser A und C ist vergleichsweise einfach und leicht überschaubar, während der Aufbau im Neubau (Haus B) komplex und nicht immer leicht nachvollziehbar ist – Stranganordnung s. Abb. 3–9.
- Die im Haus B betriebene Hauptküche besitzt ein eigenes Zirkulationssystem mit separater Zirkulationspumpe, das zwischen dem Zirkulationssammler und dem Speicher hydraulisch in das Gesamtsystem eingebunden ist. Klagen über zu geringe PWH-Temperaturen liegen aus diesem Bereich nicht vor.

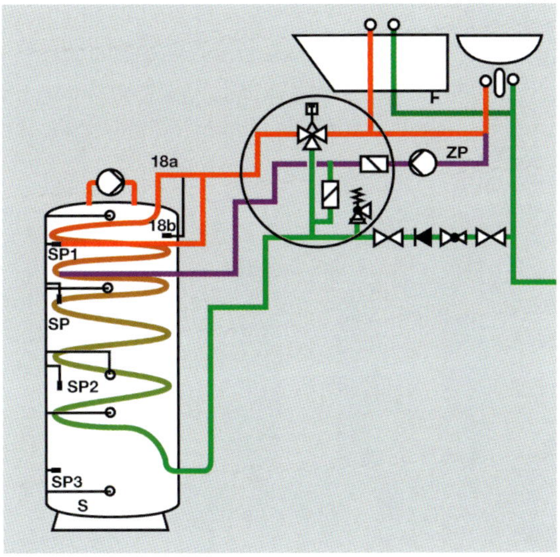


Abb. 3–8 **Bypass**

- Zur Absperrung der PWH-, PWC- Steigleitungen und der PWH-C-Leitungen sind einfache Messing-Schrägsitzventile eingebaut.
- Einige zur Einregulierung des Zirkulationssystems eingebaute Drossel-T-Stücke sind nicht mehr gangbar.
- Berechnungsgrundlagen zur Dimensionierung des Zirkulationssystems sind nicht verfügbar – eine Einregulierung des Zirkulationssystems und ein Hydraulischer Abgleich ist deshalb nicht möglich.
- Die Bewohner berichten von häufig auftretendem rostigem Wasser und zu geringen Warmwassertemperaturen.
- Anzahl TW-Entnahmestellen: Ca. 460 für Trinkwasser kalt und ca. 360 für Trinkwasser warm.

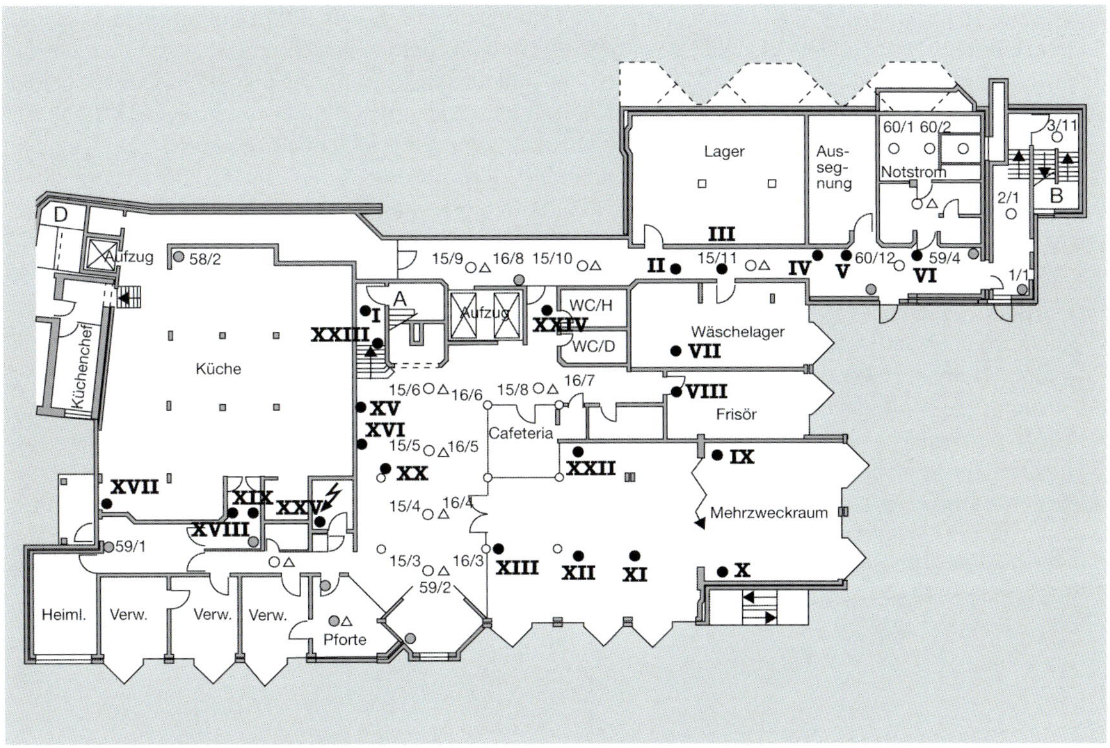


Abb. 3–9 **Stranganordnung im Haus B**

### 2.1.2 Legionellenkonzentrationen und Temperaturen vor Sanierungsbeginn

Abb. 3–10 gibt Aufschluss über die Legionellenkontaminationen des Objektes vor der Sanierung. Bedauerlicherweise liegt die Anzahl der pro Probenahmedatum entnommenen Proben nur zwischen 4 bis 6, was nach [9] zu gering ist. Dennoch geben die Ergebnisse ein verhältnismäßig klares Bild.

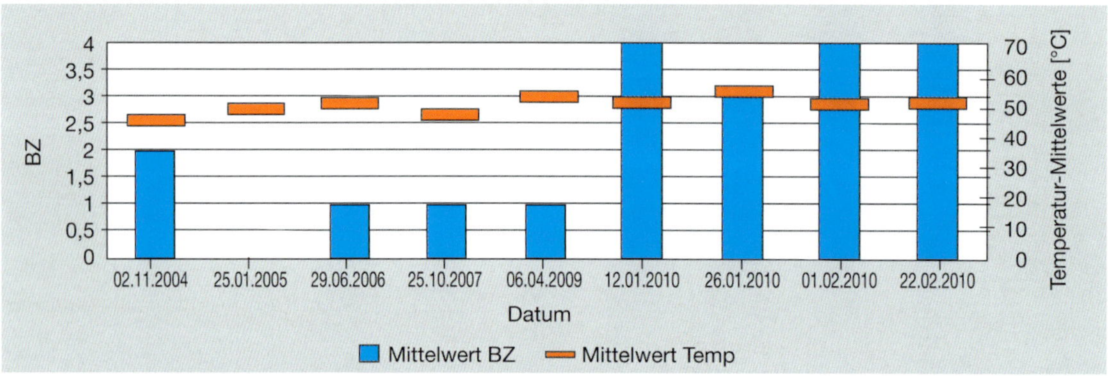


Abb. 3–10 **Legionellenkontaminationen und Temperaturen vor der Sanierung**

Dargestellt werden die Maximalwerte der die Legionellenkontamination repräsentierenden Bewertungszahlen »BZ« als Balkendiagramm, deren Ermittlung und Bedeutung in Kapitel 1.4 näher erläutert ist. Die zugehörigen Mittelwerte der Temperaturen zum Zeitpunkt der Probenahme sind als Linie für jeden Probenahmetag verzeichnet. Man erkennt sofort, dass problematische Legionellenkontaminationen erst ab Beginn des Jahres 2010 auftraten.

Temperatur 4

Die Mittelwerte der bei der Probenahme gemessenen Temperaturen lagen zwischen etwa 40 °C und 55 °C und damit deutlich unterhalb der Vorgaben des DVGW-Arbeitsblattes W 551.

Die Ursache für die zunehmende Legionellenbesiedlung des Systems ist letztlich unklar. Obwohl im Jahr 2009 ein Austausch des Trinkwassererwärmers vorgenommen wurde und in diesem Zusammenhang eine Absenkung der Ein- und Ausgangstemperaturen an dieser Stelle dokumentiert werden konnte, zeigten die anlässlich der Legionellen-Beprobungen gemessen Temperaturen dies nicht an. Allerdings wurde in der Zeit bis zum März 2010 die Trinkwassererwärmungsanlage von Hand, also in Umgehung der Regelautomatik, betrieben. Inwieweit auch die Tatsache eine Rolle spielte, dass der dem Speicher zugeordnete Heizblock häufiger ausfiel, kann nur spekulativ betrachtet werden. Es ist auch möglich, dass der insgesamt sehr massive Eingriff in die zentrale Technik in den Jahren 2009/2010 (Kompletterneuerung der Technikzentrale) mit den damit verbundenen Mobilisierungen ehemals ortsfester Biofilme eine Rolle gespielt hat.

Neben den hier dokumentierten Legionellenkonzentrationen zeigen die gemessenen Temperaturen im März 2010 an Auslässen an verschiedenen Stellen im Technikbereich und an den Verteilleitungen das Problem deutlich an (Tab. 3–13). Die Rohwasserqualität »hart« verursachte im Laufe der Zeit starke Kalkablagerungen. Dies führte, neben der Veränderung der Hydraulik des Systems durch Verringerung der lichten Durchmesser der Leitungen, zu zunehmenden Strömungswiderständen im System und zum Auftreten mobilisierbarer Sedimente, die sich in Verteiler- und Sammlerrohren und anderen strömungsberuhigten Zonen ablagerten. Die Temperaturvorgaben des DVGW-Arbeitsblattes W 551 mit ≥ 60 °C am Austritt des Trinkwassererwärmers (TE) und ≥ 55 °C für die Zirkulationsleitung am Trinkwassererwärmer konnten nicht annähernd erreicht werden, selbst wenn man von einer Unterschätzung der Temperaturen bei Temperaturmessungen an der Rohroberfläche, wie sie hier durchgeführt wurden, von bis zu ca. 3 °C (eigene Messungen) ausgeht.

[9] Stöcker P., Brodhun B., Buchholz U.: Legionärskrankheit in Deutschland unter besonderer Berücksichtigung der im Krankenhaus oder einer Pflegeeinrichtung erworbenen Erkrankungen, 2004-2006. Bundesgesundheitsblatt Gesundheitsforschung – Gesundheitsschutz (2009) 52, S. 219 – 227

Tab. 3–13 **Temperaturen im Technikbereich am 19. 3. 2010 vor Sanierungsbeginn**

| PWH | | Temperatur [°C] |
|---|---|---|
| Strang I | Haus C | 45,4 |
| Reservestutzen | | 35.3 |
| Strang II | Haus B | 44,7 |
| Strang III | Haus A | 48,0 |
| Strang IV | PWH-Austrittsleitung aus TE | 48,2 |
| | **Mittelwert** | **47,0** |
| **PWH-C** | | |
| Sammelstrang I | Haus B | 46,8 |
| Reservestutzen | | 43,9 |
| Sammelstrang II | Haus C | 38,8 |
| Sammelstrang III | Haus A | 42,2 |
| Speichereintrittsleitung | | 45,5 |
| Strang Küche | | |
| | **Mittelwert** | **42,2** |
| **PWC** | | |
| Strang I R 11/2 | Desinfektionsgerät LSK Wintrich GmbH | 9,2 |
| Strang II | Haus C | |
| Strang III | Haus A | |
| Strang IV | | 7,8 |
| Reservestutzen | | |
| PWC-Zuführungsleitung zum Verteiler | | 8,3 |
| | **Mittelwert** | **8,4** |
| **TE direkt** | | |
| Multifunktionsspeicher 1500 l | BJ 2009, TW-Betriebsdruck 6 bar | 36,5 |
| PWC Speichereintrittsleitung | | 36,5 |
| PWH Austrittsleitung | | 52,6 |
| PWH-C-Speichereintrittsleitung | | 36,5 |
| PWC am RS-Ventil vor Speicher | | 14,6 |

Zur Erhöhung des Temperaturniveaus wurde der Bypass im Juni 2010 zurückgebaut, was allerdings nicht regelgerecht geschah, da zunächst Totleitungen verblieben. Dennoch war dieser erste Schritt erfolgreich, wie Abb. 3–11 zeigt.

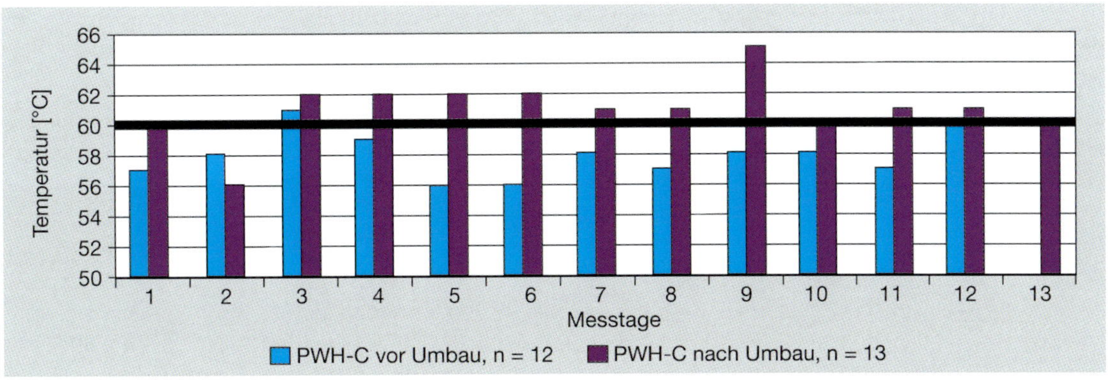


Abb. 3–11 **PWH-Temperaturen an der PWH-Austrittsleitung nach Entfernen der PWC-Zumischleitung**

Tab. 3–14 zeigt Temperaturen an peripheren Entnahmestellen vor Sanierungsbeginn – direkt gemessen im ablaufenden Trinkwasser. Keine der untersuchten Trinkwasserentnahmestellen verfügten über Temperaturbegrenzer.

Tab. 3–14 **Temperaturen an Entnahmestellen am 24.03.2010 und 29.03.2010**

| Haus B | Zimmer | Stockwerk | Stelle | PWH |
|---|---|---|---|---|
| | WC-Anlage | EG | WT | 52,6 |
| | Büro 4 | EG | Spüle | 50,0 |
| | Cafeteria | RG | Spüle | 48,8 |
| | Behinderten-WC | EG | WT | 56,7 |
| | Friseursalon | EG | WT | 51,3 |
| | Stations-Bad | EG | Wanne | 40,0 |
| | Fäkalienraum | EG | Spüle re. | 45,5 |
| | Teeküche | | Spüle | 55,8 |
| | Station B1 | 01.OG | Spüle | 48,0 |
| | R.118 | 01.OG | WT | 53,3 |
| | R.201 | 02.OG | WT | 51,7 |
| | R.204 | 02.OG | WT | 53,1 |
| | Putzraum | 03.OG | Ausguss | 52,3 |
| | Tagespflege | 04.OG | Spüle | 48,3 |
| | Behinderten-WC | 04.OG | WT | 49,4 |
| | | | **Mittelwert** | **50,5** |

| Haus C | Zimmer | Stockwerk | Stelle | PWH |
|---|---|---|---|---|
| | Kochnische | EG | Spüle | 50,8 |
| | Bad | EG | WT | 48,4 |
| | R.375 | 03.OG | WT | 50,5 |
| | WC-Anlage | 03.OG | WT | 49,3 |
| | Stations-Bad | 03.OG | Wanne | 51,8 |
| | R.377 | 03.OG | WT | 45,0 |
| | R.471 | 04.OG | WT | 59,2 |
| | R. »M« | 04.OG | WT | 30,1 |
| | | | **Mittelwert** | **48,5** |

| Haus A | Zimmer | Stockwerk | Stelle | PWH |
|---|---|---|---|---|
| | Trockenraum | EG | WT | 48,6 |
| | R.151/152 | 01.OG | WT | 51,4 |
| | R.261 | 02.OG | WT | 54,0 |
| | Waschmaschinen-Raum | 02.OG | Ausguss | 54,4 |
| | R.364 | 03.OG | WT | 31,2 |
| | Stations-Bad | 03.OG | Wanne | 53,3 |
| | Stations-Bad | 04.OG | Wanne | 53,4 |
| | | | **Mittelwert** | **49,5** |

## 2.2 Schwachstellenanalyse

Es wurde eine Vielzahl direkt erkennbarer Detail-Mängel vorgefunden: eine teilweise gemeinsame Dämmung von PWH und PWC-Leitungen, die hydraulisch direkt eingebundene Feuerlöschleitung ohne ausreichende »Bewegungsentnahmen[3]«, die Nachspeisung für einen Zierteich, eine Quelle über eine erhebliche stagnierende Leitungslänge, an die auch ein Außenhydrant angeschlossen war und die Existenz erheblicher Ablagerungen im System (Tab. 3–15).

5 Wasseraustausch

Tab. 3–15 **Wichtige trinkwasserhygienische Schwachstellen des Sanierungsobjektes**

Abb. 3–12

**Feuerlöschleitung**

- Fehlerhafte Einbindung (Kontaminationspotenzial)
- Zu große Dimensionierung (Stagnationspotenzial)
- Entleerungsleitung mit Stagnationspotenzial

**Druckminderer DN 100**

Ohne Dämmung

Abb. 3–13

**Wasserentnahmestelle mit Prüfmanometer**

- Auslaufventil nicht eigensicher
- Anschlussstutzen zu lang (Stagnationspotenzial)
- Zuleitungen zu lang (Stagnationspotenzial)

Abb. 3–14

**Entleerungsleitungen am Kaltwasserverteiler**

- Nicht fachmännisch eingebaut
- Entleerungsstutzen zu lang und nicht gedämmt

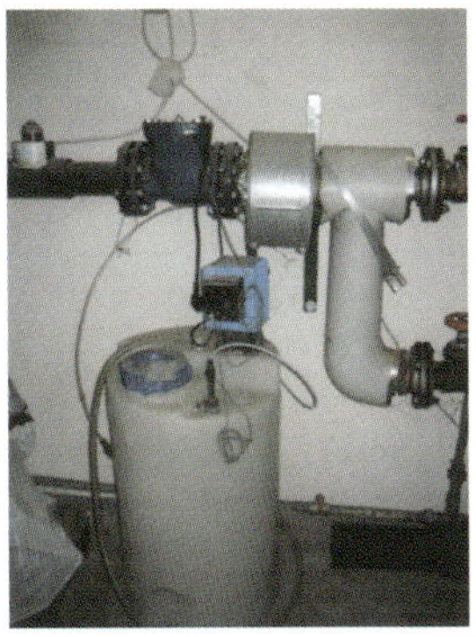

Abb. 3–15

**Zentrale Enthärtungsanlage**

- Außer Betrieb
- Nicht zurückgebaut

Abb. 3–16

**Bewegungsentnahme[3]**

Im IV.OG des Hauses B

- Dimensionierung und Nutzungshäufigkeit nicht ausreichend zum Wasseraustausch der 3 Zoll-Trinkwasser-/Feuerlöschleitung

Abb. 3–17

**Pflegebadewanne – Filteranlage und Zuleitungen**

- Verschmutzte Filter
- Nie gewartet oder gereinigt
- Nicht zirkulierende Zuleitungen

[2] Früher übliche Maßnahme, um die gleichzeitige Nutzung des Wassers als Trinkwasser und als Feuerlöschwasser zu ermöglichen, meist durch den Anschluss von wenigen Duschen oder Waschtischen am Strangende. Durch die Trinkwasserentnahmen aus diesen Verbrauchsstellen sollte das Trinkwasser in der Leitung »bewegt« und so hygienisch akzeptabel gehalten werden. Es hat sich gezeigt, dass diese Entnahmemengen hierfür aber nicht ausreichend sind, denn solche Leitungen müssen nach den Brandschutzvorgaben großzügig dimensioniert sein. Heute sind solche Verfahren nach DIN 1988-60 nicht mehr zulässig, es sei denn, die Dimensionierungsberechnung der Trinkwasserleitung und der Feuerlöschleitung ergäben identische Auslegungswerte. Dies ist aber – wenn überhaupt – nur in sehr seltenen Fällen gegeben.

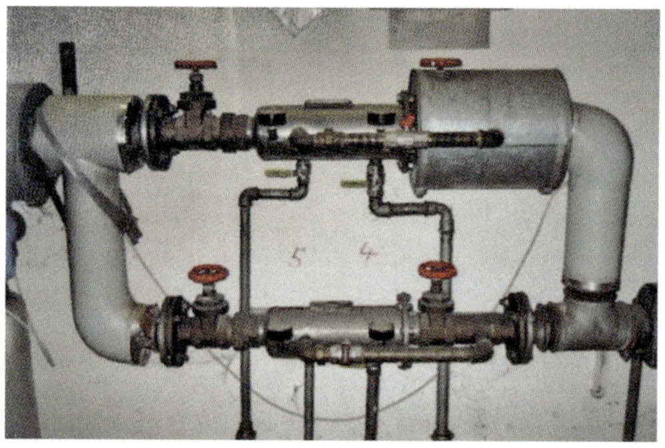
Abb. 3–18

**Filteranlage**
(Redundante Ausführung)
- R 2 ½ -Umgehungsleitung für Filter 2
- Sichtkontrolle nicht möglich
- Filtereinsätze fehlen
- Keine Wartung
- Entleerungssammelleitung ohne Gefälle und nicht sicher

Abb. 3–19

**Warmwasser-Verteileranlage**
- Verteiler stark sedimentbelastet
- Verteiler liefert am Ablaufventil Rostwasser
- Strangthermometer fehlen oder nicht ablesbar
- Entleerungsleitungen zu lang
- Reservestutzen zu lang

Abb. 3–20

**Gekappte Beimischleitung (1)**
Stillgelegte Beimischleitung für PWC zum PWH-Abgang des Trinkwassererwärmers nicht anschlussnah getrennt (Stagnationspotenzial)

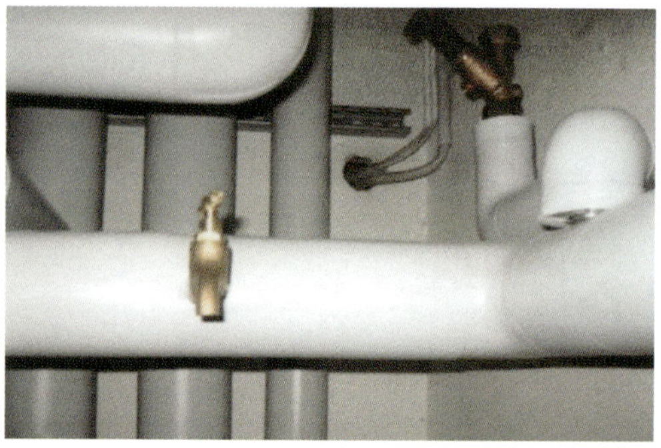
Abb. 3–21

**Gekappte Beimischleitung (2)**
Stillgelegte Beimischleitung nicht anschlussnah getrennt (Stagnationspotenzial)

Abb. 3–22

**Zirkulations-Sammleranlage**
- Regulierventile fehlen
- Thermometer fehlen
- Reservestutzen zu lang

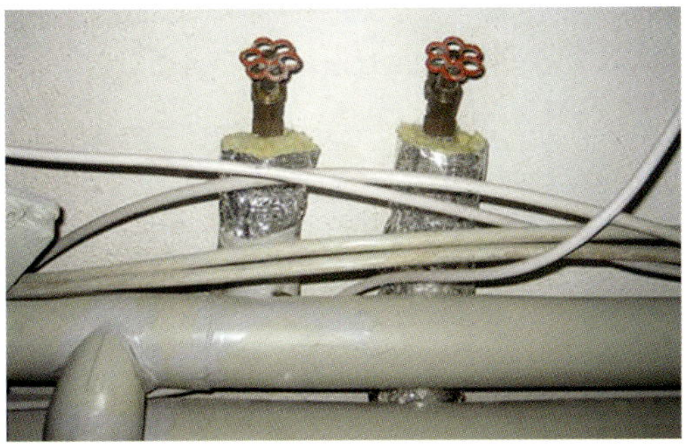

Abb. 3–23

**Totleitung**

An einer Stockwerks-PWC-Verteilleitung

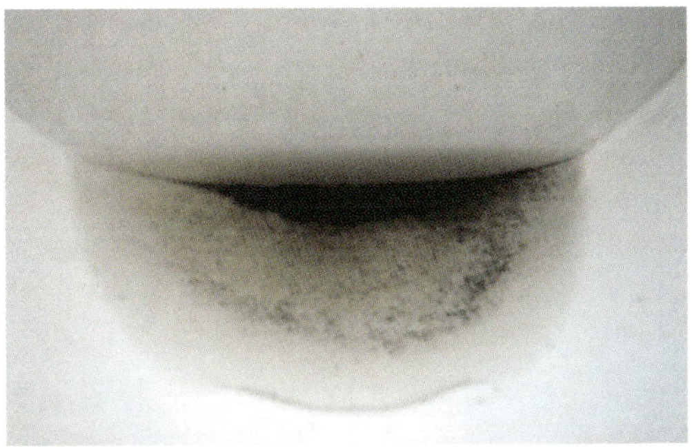

Abb. 3–24

**Korrosionsprodukt aus Sammlerablauf**

Erhebliche Korrosionsprodukte in den Abläufen der Sammler- und Verteilerbalken

Abb. 3–25

**Perlator**

Mit Korrosionsprodukten und Biofilm

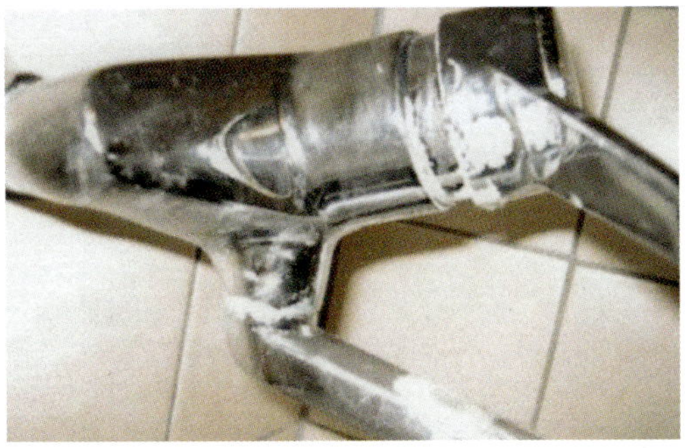

Abb. 3–26

**Entnahmearmatur**

Verkalkt

Abb. 3–27

**Gemeinsame Dämmung**

PWC- und PWH-Leitung im DG des Hauses C

Abb. 3–28

**Wandhydrant**

Drei PWC-Stränge im Haus B auch genutzt als Feuerlöschleitungen

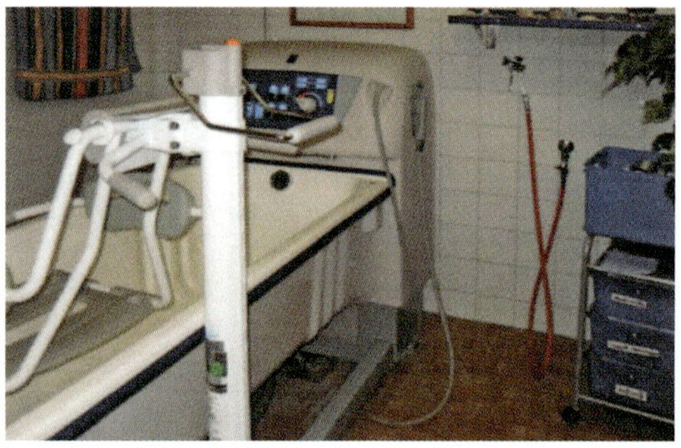

Abb. 3–29

**Pflegebadewanne**

Zertifikate nach W 270 für flexible Einbauten liegen nicht vor.

Abb. 3–30

**Frisiertisch-Zuleitung**

- Zum Überkopf-Waschtisch beim Friseur
- Zertifikate nach W 270 für flexible Einbauten liegen nicht vor.

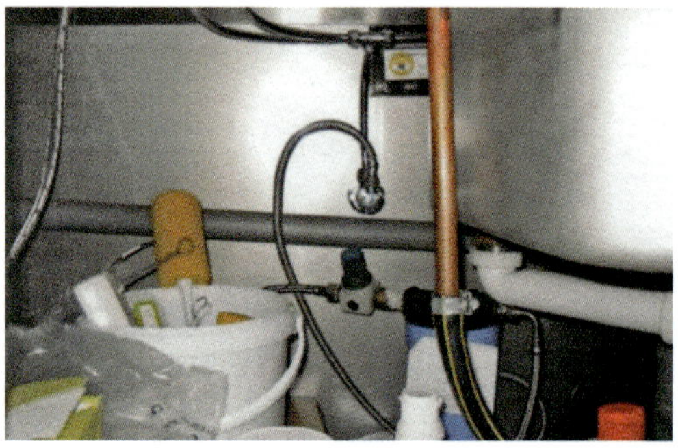

Abb. 3–31

**Dezentrale Enthärtungsanlage für die Cafeteria**

Zertifikate nach W 270 für flexible Einbauten liegen nicht vor.

Zusammenfassend lässt sich der Sachverhalt wie folgt charakterisieren

- Allgemein sind viele Mängel im Detail vorhanden.
- Ein schwerwiegendes Legionellenproblem begann nach dem kompletten Austausch der Heizzentrale und der Trinkwassererwärmung/-speicherung im Jahr 2009.
- Die notwendigen Temperaturen werden weder zentral noch in der Peripherie erreicht.
- Der PWC-Bypass zur PWH-C-Leitung am TW-Erwärmer beeinträchtigt die TW-Qualität.
- Es existiert kein funktionierendes/einstellbares Zirkulationssystem.
- Ablagerungen in Leitungen und Sammlern verursachen Änderungen der Strömungsverhältnisse.
- Der Betrieb der Anlage wurde durch Einsparungsmaßnahmen stark beeinflusst.
- Regelmäßige Wartungen und Inspektionen gemäß VDI 6023 und DIN 1988 Teil 8 oder nach Maßgabe der jeweiligen Komponentenhersteller fanden nicht statt.

6 Durchströmung

8 Betreiberpflichten

## 2.3 Sanierung

### 2.3.1 Sanierungskonzept

Auf Basis der Schwachstellenanalyse und der erhobenen Daten wurde ein Sanierungskonzept mit nachfolgend aufgelisteten Hauptpunkten erstellt, wobei die beiden ersten Punkte als Sofortmaßnahmen umgesetzt wurden

- Spülplan bis zum Abschluss der Sanierung abarbeiten – ausgesuchte Entnahmestellen werden 2x wöchentlich je 2 Minuten gespült
- Erhöhung der Speichertemperatur auf ca. 62 – 65 °C
- Entfernung der PWC-Beimischung zum Zirkulationsrücklauf
- Überarbeitung/Ergänzung der Grundrisspläne und Erstellung von Funktionsschemata für alle Gebäude
- Erstellung detaillierter Leistungsbeschreibungen zur Optimierung der drei Zirkulationssysteme als Grundlage für die Ausschreibung der Installateurleistungen
- Temperaturmessungen zur weiteren Charakterisierung des Systems
- Ertüchtigung der Zirkulationssysteme durch Einbau automatisch regelnder Zirkulationsventile (ZRV), wo sinnvoll und möglich – anschließend konventionelle Freispülung der Abschnitte zur Entfernung von Fertigungsresten und Einstellung der Systeme unter laufender Temperaturkontrolle
- Einregulierung des Zirkulationssystems
- Beheben der dokumentierten Detailmängel (bis heute noch nicht vollständig erfolgt)
- Comprex®-Verfahren zur Reinigung des Systems durchführen
- Einbau einer zentralen Enthärtungsanlage



Vorwort Inhaltsverzeichnis
Hygieneanforderungen TrinkwV und VDI 6023
Planungspraxis EN 806-2 / DIN 1988-200
Systemauslegung DIN 1988-300/500/600
Trinkwasserhygiene im Bestand Sanierung / Betrieb
Recht / Ausschreibung Planerhaftung
Index

### 2.3.2 Durchführung

Die in 2.3.1 genannten Hauptpunkte der Sanierung wurden teilweise nacheinander, teilweise parallel ausgeführt, wobei auch die Finanzierbarkeit der einzelnen Schritte eine Rolle spielte.

Schon zu Beginn der Sanierungsphase wurde ein Spülplan umgesetzt, um die bestehenden Zirkulationsmängel zu kompensieren und durch erhöhten Durchfluss die Neigung des Systems zur Abgabe rotgefärbten, trüben Wassers einzudämmen. Schon bei der Sanierungsplanung wurde deshalb vorgesehen, das Gesamtsystem zum gegebenen Zeitpunkt möglichst intensiv zu reinigen. So sollen die Sedimentation von Korrosionsprodukten und damit verbundene Probleme – wie erhöhte Durchlasswiderstände, Biofilmförderung und nachteilige Wirkung auf die Energieeffizienz – reduziert werden. Aufgrund der positiven Erfahrungen bei zurückliegenden Sanierungen wurde dem Betreiber vorgeschlagen, zur Systemreinigung das Comprex®-Verfahren einzusetzen.

Das Comprex®-Verfahren wurde von der Fa. Hammann GmbH[4] für die Reinigung von Trinkwasserversorgungsleitungen kommunaler Netze und ähnliche Zwecke entwickelt und eingesetzt [37]. Im Zuge des Bedarfs einer effektiven Spültechnik auch für verhältnismäßig geringe Rohrdurchmesser in Trinkwasser-Installationen wurde diese Technologie entsprechend DIN 1988 Teil 2 [38] angepasst und kann seit 1998 auch in Gebäuden angewendet werden. Mittlerweile gibt es eine Vielzahl positiver Referenzen erfolgreicher Sanierungen, bei denen das Comprex®-Verfahren Teil der Sanierung war [39].

Das Verfahren arbeitet mit den im Routinebetrieb üblichen Netzdrücken, wobei in das Spülwasser impulsartig definierte Luftblasen aus gereinigter Luft eingespeist werden. Diese sogenannten Luft-Molche beaufschlagen die Rohrinnenflächen, wobei Wirbel und Turbulenzen entstehen, deren Kavitationskräfte mobile Bestandteile des Belages lösen. Es ist wissenschaftlich belegt, dass locker anhaftende Biofilmanteile, Sedimente und Steinbildungen ausgetragen (Abb. 3–32) und signifikant reduziert werden.

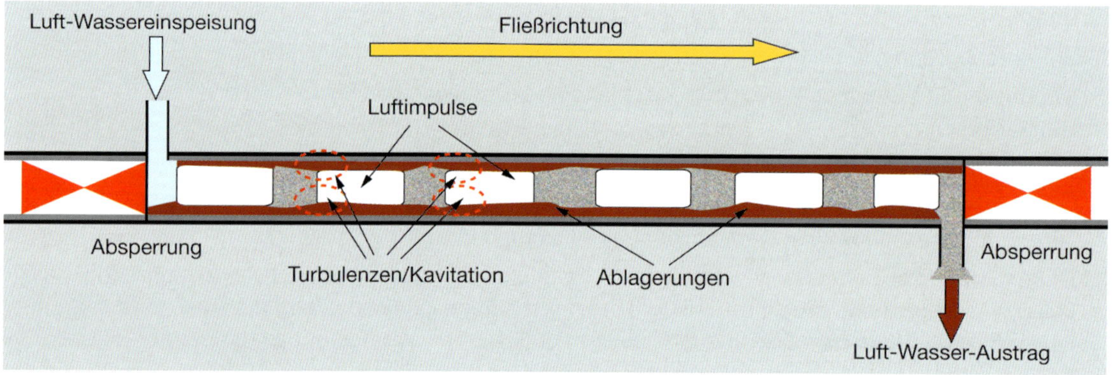


Abb. 3–32 **Prinzip Comprex®-Verfahren**

3 Fa. Hammann GmbH, Zweibrücker Straße 13, D-76855 Annweiler am Trifels

[37] Hammann HG., Birnbaum K.: Mechanische Reinigung von Hausinstallationen bei Verkeimungs- und Trübungsproblemen, HLH 11: 2007, 62

[38] DIN 1988-2: Technische Regeln für Trinkwasser-Installationen (TRWI); Planung und Ausführung; Bauteile, Apparate, Werkstoffe; Technische Regel des DVGW, Beuth-Verlag, Berlin 12 / 1988

[39] Exner M., Gebel J.: Gutachterliche Stellungnahme zur Wirksamkeit des Impuls-Spülverfahrens gegen Biofilme in Hausinstallations-Systemen, Institut für Hygiene und Öffentliche Gesundheit der Universität Bonn, 2006

Für den Spülvorgnag werden bei dem Comprex®-Verfahren die Austrageleitungen an die Strangenden (Abb. 3–34) der zu reinigenden Leitungsabschnitte angeschlossen. Das anfallende, mit Spülgut belastete Spülwasser wird über Auslässe entweder in Toiletten eingeleitet (Abb. 3–35), direkt ins Freie transportiert oder in die Auffangbecken/Abläufe der zum Spülen geöffneten Entnahmearmaturen eingeleitet. Weil das Spülgut auch Legionellen und andere potenziell gesundheitsgefährliche Mikroorganismen enthalten kann, die aerolisiert werden können, sind die Auslässe gegen Aerosolbildung geschützt (Abb. 3–35 und Abb. 3–36).

Neben den eigentlichen Spülarbeiten fallen im Rahmen der Vorbereitung des Systems eine Reihe von Umbauten an, in deren Verlauf auch verstopfte Perlatoren, Eckventile etc. ausgetauscht werden.

Abb. 3–33 **Einspeisung der Luftimpulse nach der Hausanschlussleitung**

Abb. 3–34 **Anschluss von zwei Austragleitungen an Strangenden**

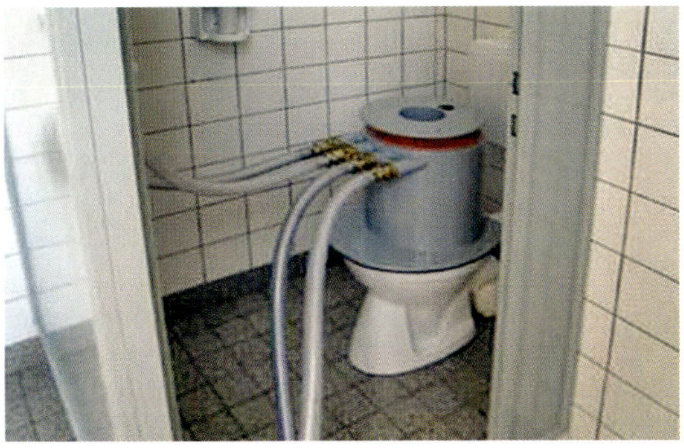

Abb. 3–35 **Einführung mehrerer Austragleitungen in ein WC mit Aerosolschutz**

Abb. 3–36 **Einführung einer Austragleitung in einen außen gelegenen Ablauf mit Aerosolschutz**

Abb. 3–37 **Austrag des Spülgutes über einen Wasserhahn in einen Waschtisch mit Aerosolschutz**

Das Comprex®-Verfahren wurde im Jahr 2010 in folgenden Häusern eingesetzt (Tab. 3–16)

- Haus A Juni 5 Spültage
- Haus C Juni 8 Spültage
- Haus B Juni 17 Spültage

Die Auswertung der Spül- und Tagesprotokolle ergab, dass an jedem der insgesamt 30 Spültage reichlich Partikel mit Durchmessern von 6 bis 20 mm ausgetragen wurden. Die Beurteilung der Trübung des Ablaufwassers wurde immer mit »lang anhaltende starke Trübung, über die Spüldauer abnehmend« charakterisiert. Schäden am Rohrleitungssystem sind nicht aufgetreten.

Tab. 3–16 **Kennwerte der Anwendung des Comprex®-Verfahrens im Sanierungsobjekt**

| Gesamtstatistik | Anzahl |
|---|---|
| **Spültage** | 30 |
| **Spülwasserverbrauch [m³]** | 211 |
| **Anzahl Impulse** | 10805 |
| **Entnahmestellen PWC** | 458 |
| **Entnahmestellen PWH** | 364 |
| **Spülstellen sonst.** | 29 |

Neben den Comprex®-Spülungen wurde nach technischen Änderungen an der Trinkwasser-Installation fallweise eine Reihe einfacher Wasserspülungen als Druckspülungen, in manchen Fällen auch als Wasser-/Luftspülungen nach DIN 1988 Teil 2 durchgeführt, um Fertigungs- und Montagereste auszutragen.

Im Rahmen der technischen Sanierung wurden in die Zirkulationssysteme der Häuser insgesamt 53 Regulierventile eingebaut. Die Gebäudeteile A, B und C wurden mit automatisch regulierenden Zirkulationsventilen (ZRV) ausgestattet, einzelne Stränge des Zirkulationssystems im Technikbereich mit manuell regelbaren Zirkulationsventilen. Anschließend erfolgte die Einstellung des Systems durch Justierung der Volumenströme und Temperaturen über die Ventile am Zirkulationssammler. Diese Maßnahme musste je nach Fortschritt der Sanierungsarbeiten mehrfach wiederholt werden.

Ebenso wurden die vorgefundenen Totleitungen im System zurückgebaut, veraltete Sammelsicherungen entfernt und die zugehörigen Anschlussleitungen in Höhe des Abgangs der Zirkulationsleitung fachgerecht getrennt. Alle Sanierungsarbeiten als Übersicht in Tab. 3–17.

Immer wieder durchgeführte Wasserspülungen nach technischen Eingriffen waren obligatorisch – alle Maßnahmen wurden in Detailberichten dokumentiert.

Einige wenige Maßnahmen waren bei Drucklegung dieses Buches noch nicht umgesetzt, so z. B. die Errichtung einer neuen zentralen Enthärtungsanlage. Auch war noch nicht entschieden, welche Wartungs- und Inspektionsverträge abgeschlossen werden sollen.

Tab. 3–17 **Sanierung – zeitlicher Ablauf**

| Datum | Arbeitsbeschreibung | Abhilfemaßnahme | Anmerkungen |
|---|---|---|---|
| **Mitte Februar 2010** | Erstkontakt und Kenntnis der Ergebnisse der Legionellenuntersuchung vom 12. 1. 2010 | Telefonische Spülanweisung gegeben, Durchführung durch Haustechniker | Die Spülungen sind alle 2 Wochen zu wiederholen – nach Checkliste |
| **17. 3. 2010** | Erstbegehung,<br>Allgemeine Inaugenscheinnahme | | |
| **24. 3. 2010** | Haus B und C:<br>Temperaturmessungen an Entnahmestellen und Strängen | | **Ablauftemperaturen**<br>30,1 – 59,2 °C<br>Zeit bis $T_{max}$ 34 – 115 sec |
| **29. 3. 2010** | Haus A:<br>Temperaturmessungen an Entnahmestellen und Strängen | | **Ablauftemperaturen**<br>31,2 – 54,4 °C<br>Zeit bis $T_{max}$ 27 – 78 sec |
| **15. 6. 2010** | Änderung an der PWH-C-Leitung am TE | Bypass entfernt | **PWH-Austrittstemperaturen**<br>vorher: 50,4 / nachher 57,9 °C<br>PWH-C nachher: 44,7 °C |
| **4. 7. 2010** | Untersuchungsbericht Trinkwasser | | Bestandsaufnahme und Schwachstellenanalyse des TW-Systems mit Maßnahmenvorschlägen und Probenahmeplan |
| **3. 8. 2010 – 13. 8. 2010** | Haus A: Comprex-Spülung | Spülung / Reinigung | 8 Spültage, 42 $m^3$, 288 Entnahmestellen |
| **4. 8. 2011** | Erstellung / Vorlage Sanierungsplan | | Bereits durchgeführte Maßnahmen sind in diesem Bericht ebenfalls enthalten |
| **28. 8. 2010** | Rechnerische Ermittlung der direkt eingebundenen Feuerlöschleitung | | Gesamtvolumen 1100 l<br>Bewegungsleitungen:<br>6 Duschen, 6 Waschtische |
| **28. 8. 2010** | Teilbericht erstellt | | 1) Haus A und Haus B:<br>Überprüfung der Feuerlöschleitung und der Rohrleitungen<br>2) Haus C:<br>Ist-Zustand der Sanitäreinrichtungen<br>3) Haus C:<br>Erstellen des Strangschemas |
| **Aug. 2010** | Haus A und C:<br>Fehlendes Strangschema erstellt | | |
| **20. 9. 2010 – 28. 9. 2010** | Haus C: Comprex-Spülung | Spülung / Reinigung | 5 Spültage, 24 $m^3$, 140 Entnahmestellen |
| **Nov. 2010** | Haus C: Optimierung der Zirkulation (1) | Einbau automatischer ZRV | 14 Ventile eingebaut |
| **Dez. 2010** | Haus C: Optimierung der Zirkulation (2) | Einstellung des Zirkulationssystems | Mehrfache Temperaturkontrollen |
| **03. 2. 2011** | Zwischenbericht | | Sanierung und Optimierung der Zirkulationssysteme A und C; Temperaturkontrollen |
| **Feb. 2011** | Haus A: Zirkulationssammler optimiert | Manuelle Regulierventile eingebaut, eingestellt und mehrfach nachjustiert | Mehrfache Temperaturkontrollen |
| **Feb. 2011** | Haus A: Optimierung der Zirkulation | Einbau automatischer ZRV und Einstellung | 16 Ventile eingebaut und eingestellt |
| **1. 6. 2011 – 15. 7. 2011** | Haus B: Comprex-Spülung | Spülung / Reinigung | 17 Spültage, 145 $m^3$, 423 Entnahmestellen |
| **Aug 2011** | Haus B: Optimierung der Zirkulation | Einbau automatischer ZRV | 23 Ventile eingebaut und eingestellt |

## 2.4 Sanierungserfolg und -kosten

Zur Darstellung des Sanierungserfolges wurden die wichtigsten Ergebnisse der Legionellenuntersuchungen (Balken in Abb. 3–38) und die mittleren Probenahmetemperaturen vor und nach der Sanierung in jeweils einem Diagramm dargestellt. Wo Balken fehlen, war das Ergebnis »nicht nachweisbar«. BZ ist die maximale Bewertungszahl der jeweiligen Probenserie, wie sie sich nach den Bewertungsregeln [15] [33] ergibt.

Wie das Diagramm zeigt, nehmen die Legionellenkonzentrationen nach dem Sanierungsbeginn im März 2010 deutlich ab, während die Temperaturen – gemessen bei den Probenahmen an den Entnahmestellen – im Mittel ansteigen.

Wesentliche Parameter für den Sanierungserfolg sind neben den Ergebnissen der Legionellenuntersuchungen auch die im System und an den Entnahmestellen erreichten Maximaltemperaturen und die Zeit, bis sich diese einstellen.

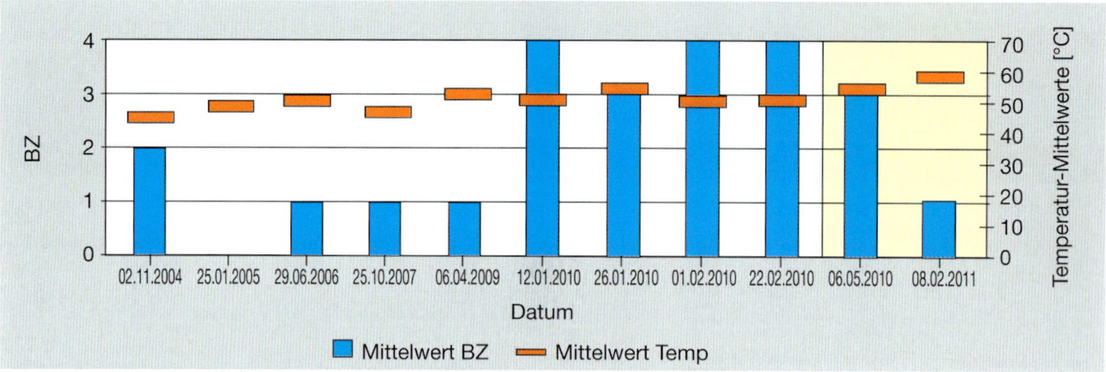


Abb. 3–38 **Entwicklung der Legionellenkontamination im Verlauf der Sanierung**

Die Temperaturen an verschiedenen Entnahmestellen aller drei Gebäudeteile wurden per Eintauchthermometer im Wasserstrahl gemessen und mit einem Datenlogger protokolliert. Als Maximaltemperatur für die Zeitbetrachtung wurde derjenige Wert verwendet, der 90 % der Maximaltemperatur nach sehr langem Ablauf kennzeichnet. Grund hierfür ist die Tatsache, dass die Temperaturen mit Fortdauer des Ablaufs ab einem bestimmten Wert zwar immer noch ansteigen, das aber nur noch sehr langsam bis extrem langsam. Dem Untersucher stellt sich vor Ort daher die Frage, wann die Messung beendet werden kann, obwohl immer noch minimale, im Bereich der Messgenauigkeit des Thermometers liegende Temperatursteigerungen beobachtet werden können. Bei Verwendung der Größe T90 (Zeit, bis 90 % der Maximaltemperatur erreicht wurden) kann somit in der Praxis eine praktikable und aussagekräftige Anstiegszeit ermittelt werden, deren Fehler geringer ist als bei der Verwendung der gemessenen Maximaltemperatur.

Die Abbildungen Abb. 3–39 bis Abb. 3–41 zeigen die maximalen Ablauftemperaturen, die T90-Temperaturen und die Zeiten bis zum Erreichen von T90 . Man erkennt sofort, dass die hinsichtlich der Zirkulation optimierten und gereinigten Gebäudeteile A und C erheblich kürzere Ablaufzeiten aufweisen als das Gebäude B, wo zum Zeitpunkt der Messung zwar eine Reinigung, nicht aber die Optimierung der Zirkulation vollzogen war.

Die erreichten Endtemperaturen sind in allen drei Fällen ähnlich, weil alle Systeme von der gleichen, zwischenzeitlich optimierten Heizzentrale versorgt werden.

[15] DVGW – Arbeitsblatt W 551: Technische Maßnahmen zur Verminderung des Legionellenwachstums in Trinkwasser-Installationen, Beuth-Verlag, Berlin 04/2004

[33] Umweltbundesamt: Nachweis von Legionellen in Trinkwasser und Badebeckenwasser, Bundesgesundheitsblatt – Gesundheitsforschung – Gesundheitsschutz 43 (11), 2000, S. 911 – 915

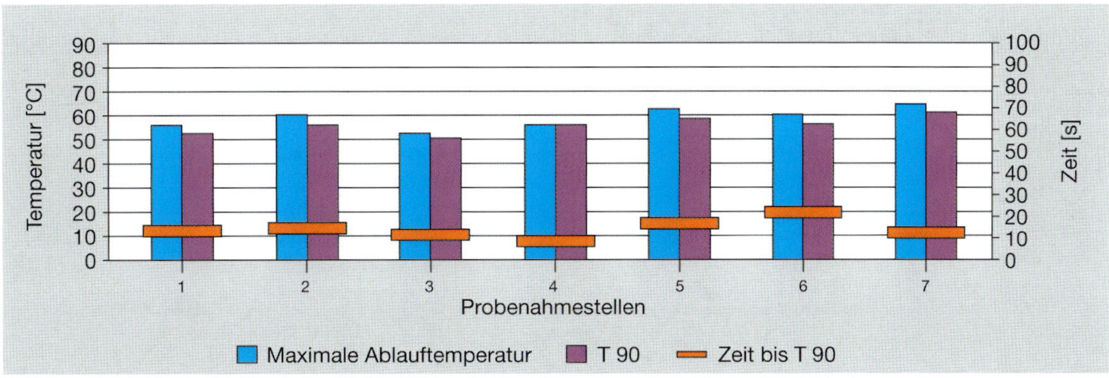


Abb. 3–39 **Haus A nach der Sanierung**

**Warmwassertemperaturen**
Entnahmestellen und Ablaufzeiten

1 Ausstoßzeit

4 Temperatur

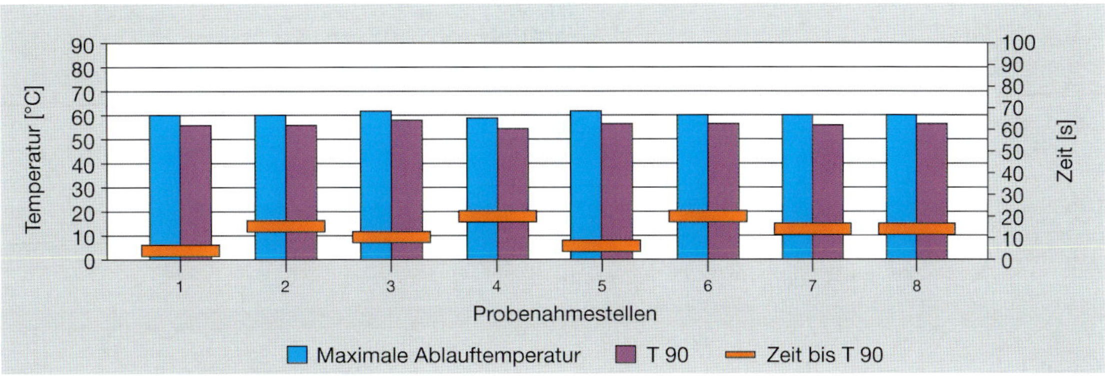


Abb. 3–40 **Haus C nach der Sanierung**

**Warmwassertemperaturen**
Entnahmestellen und Ablaufzeiten

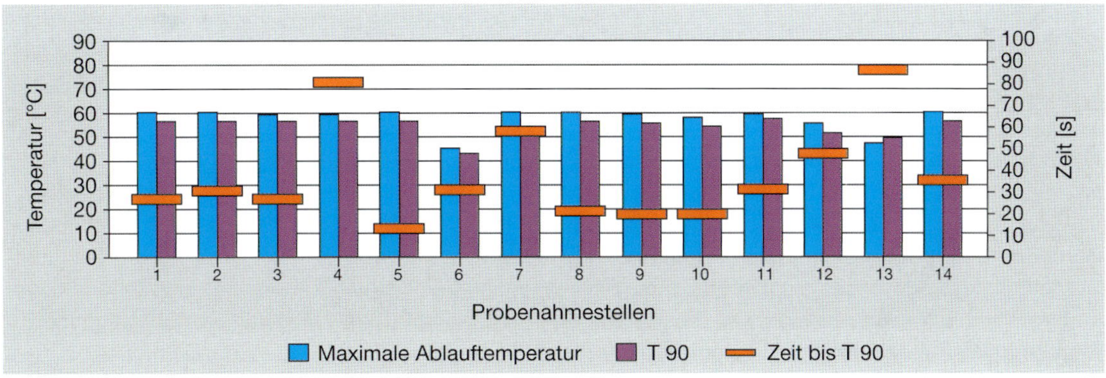


Abb. 3–41 **Haus B nach Comprex-Reinigung vor der Sanierung**

**Warmwassertemperaturen**
Entnahmestellen und Ablaufzeiten

**Temperaturprofile**
Entnahmestellen
– automatische Messung

Ausstoßzeit 1

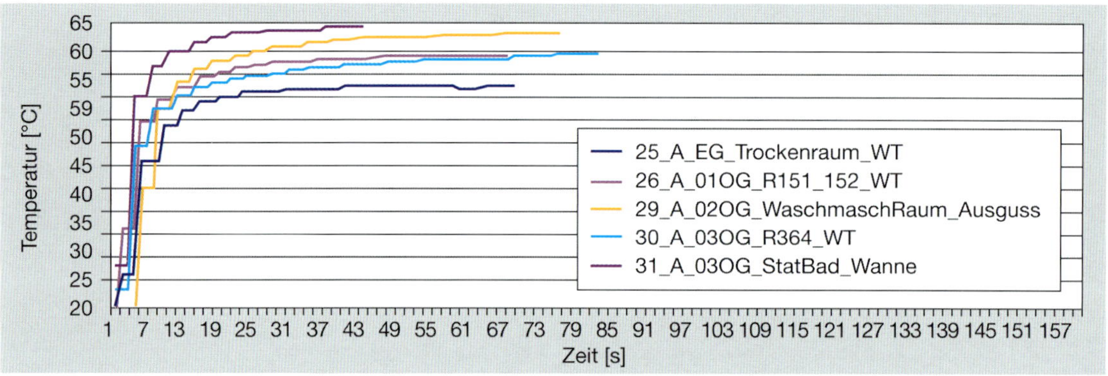


Abb. 3–42 **Temperatur-Ansprechverhalten ausgewählter Entnahmestellen nach Sanierung im Haus A**

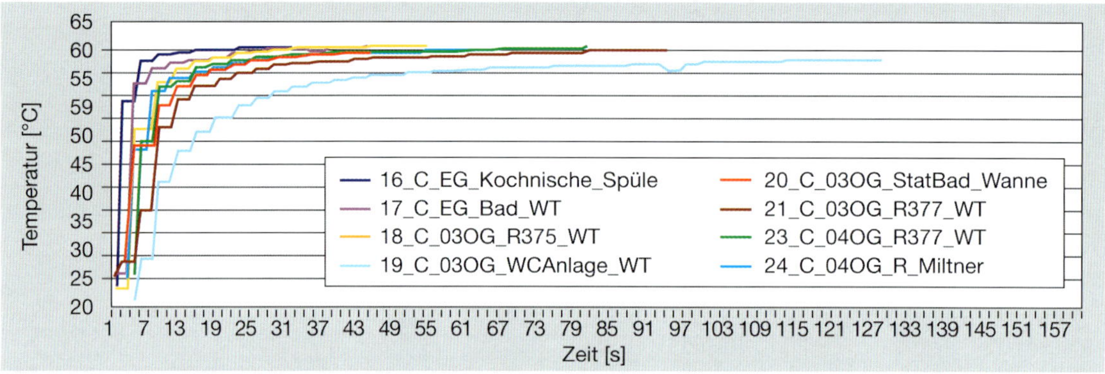


Abb. 3–43 **Temperatur-Ansprechverhalten ausgewählter Entnahmestellen nach Sanierung im Haus C**

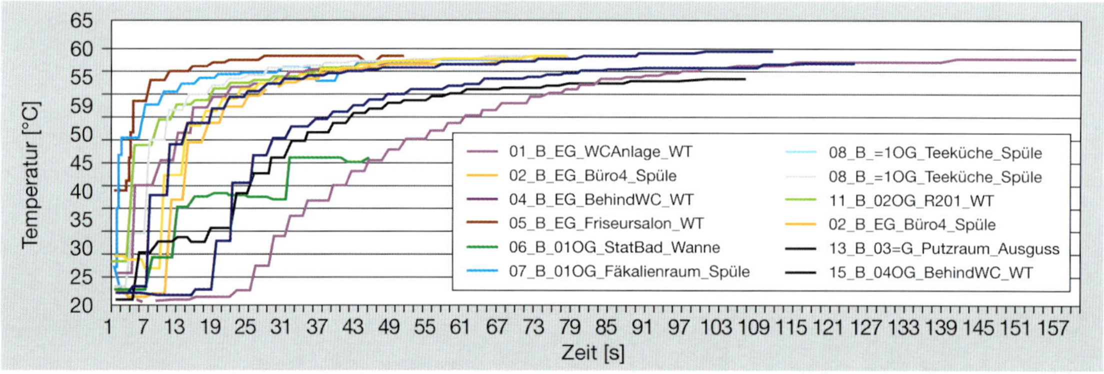


Abb. 3–44 **Temperatur-Ansprechverhalten ausgewählter Entnahmestellen nach Sanierung im Haus B**

Die Abb. 3–42 bis Abb. 3–44 zeigen diesen Zusammenhang noch einmal anhand der mit Datenlogger erstellten Temperaturprofile an den Entnahmestellen. Man erkennt sehr gut die langsameren Temperaturanstiege im Haus B, das zu diesem Zeitpunkt hinsichtlich der Zirkulation noch nicht optimiert/abgeglichen war. Alle Leitungen waren zu diesem Zeitpunkt schon mit dem Comprex®-Verfahren gespült. Insgesamt liegen verhältnismäßig wenige Ergebnisse von Legionellenuntersuchungen vor. Die nächste Untersuchung ist erst für Januar 2012 vorgesehen. Angesichts der hohen erreichten Warmwassertemperaturen und durch die Optimierung der Zirkulation besteht aber kaum Zweifel daran, dass die Legionellenkonzentrationen auch weiterhin reduziert werden können.

Damit würde der Sanierungszielwert des Arbeitsblattes W 551 von 100/100 ml – was gleichzeitig auch dem »Technischen Maßnahmenwert« der 2011 geänderten TrinkwV entspricht – eingehalten bzw. deutlich unterschritten. Einen Überblick über alle bisher vorliegenden Legionellen-Untersuchungsergebnisse s. Abb. 3–47 bis Abb. 3–46.
Die Sanierungskosten betrugen bislang insgesamt etwas mehr als ca. 200 000 €. Nicht darin enthalten sind die Kosten des Betreibers für die Legionellenuntersuchungen, die Kosten für das Spülwasser des Comprex®-Verfahrens und die Wassermengen für die vorsorglichen Leitungsspülungen seit Januar 2010 sowie die Leitungsspülungen nach Umbauarbeiten.
Zur Kostenaufteilung auf die drei an der Sanierung beteiligten Stellen s. Tab. 3–18.

Tab. 3–18 **Sanierungskosten – Aufteilung**

| Ausführung | Arbeitsbeschreibung | Anteil [%] |
|---|---|---|
| **Sanierer** | Bestandsaufnahme, Schwachstellenanalyse,<br>Erstellung der Funktionsschemata für alle Gebäudeteile,<br>Besprechungen / Termine vor Ort,<br>Temperaturmessungen,<br>Dokumentation mit Sanierungsvorschlägen und Probenahmepläne,<br>Erstellung von Leistungsbeschreibungen für die Optimierung der Zirkulation,<br>Betreuung der Sanierungsmaßnahmen,<br>Telefonate etc.,<br>Sanierungsbericht | 28 |
| **Comprex®-Spülung** | Baustelleneinrichtung,<br>Spülung/Reinigung an 30 Spültagen mit je 3 Mann,<br>Rückbau-Arbeiten | 52 |
| **Installationskosten und Material** | Umbau des Bypasses am PWH-Speicher,<br>Einbau neuer automatisch regelnder Zirkulationsventile und Optimierung des Zirkulationssystems in allen 3 Gebäudeteilen,<br>Einbau manueller Zirkulationsventile am Zirkulationsverteiler,<br>Kleinere Installateurarbeiten | 20 |

Ingenieuirbüro Mustermann
Musterstadt

Bericht ausgegeben am 19.08.2011 16:24:46

**Legionellen – Übersicht** Altenzentrum

**Objekt-Nr.:** 00001
**STAMM_ID:** 6813

**Proben insgesamt**

Erläuterungen
TW-w = Trinkwasser warm
TW-k = Trinkwasser kalt
BW = Schwimmbadwasser
LW = Luftwächter

| DG | PN-Datum | System | Gebäude | Strang | Geschoss | Raum | Stelle | | Probenart Stag. Abl | Temp [° Cl] | Legionellen [KBE/100 ml] | Leg. pneum [KBE/100 ml] | Species |
|---|---|---|---|---|---|---|---|---|---|---|---|---|---|
| **TW-w, System: Sys.1** | | | | | | | | | | | | | |
| DG 1 | ANLASS: Erstuntersuchung | | | | | | | | höchste Bewertungszahl im DG nach W 551 2 | | | | |
| | 02.11.2004 | Sys.1 | Haus A | | UG | Technik | TWW Hauptleitung | AV | | 48,1 | 200 | | L.p.SG 2-14 |
| | 02.11.2004 | Sys.1 | Haus A | | UG | Technik | TWZ Hauptleitung | AV | | 46,8 | 300 | | L.p.SG 2-14 |
| | 02.11.2004 | Sys.1 | Haus B | | 03.0 | Pflegebad | Dusche | Duschkopf | | 38,4 | 300 | | L.p.SG 2-14 |
| | 02.11.2004 | Sys.1 | Haus B | | UG | R.3.0301, Bad | WB | Hahn | | 45,0 | 200 | | L.p.SG 2-14 |
| DG 2 | ANLASS: | | | | | | | | höchste Bewertungszahl im DG nach W 551 0 | | | | |
| | 25.01.2005 | Sys.1 | Haus A | | UG | Technik | TWW Hauptleitung | AV | | 58,0 | 0 | | |
| | 25.01.2005 | Sys.1 | Haus A | | UG | Technik | TWZ Hauptleitung | AV | | 56,5 | 0 | | |
| | 25.01.2005 | Sys.1 | Haus B | | 03.0 | Pflegebad | Dusche | Duschkopf | | 41,0 | 0 | | |
| | 25.01.2005 | Sys.1 | Haus B | | 01.0 | Pflegebad | Dusche | Duschkopf | | 39,0 | 0 | | |
| | 25.01.2005 | Sys.1 | Haus B | | 03.0 | R.3.0301, Bad | WB | Hahn | | 50,5 | 0 | | |
| DG 3 | ANLASS: | | | | | | | | höchste Bewertungszahl im DG nach W 551 1 | | | | |
| | 29.06.2006 | Sys.1 | Haus A | | UG | Technik | TWW Hauptleitung | AV | | 59,3 | 0 | | |
| | 29.06.2006 | Sys.1 | Haus A | | UG | Technik | TWZ Hauptleitung | AV | | 56,2 | 3 | | L.p.SG 2-14 |
| | 29.06.2006 | Sys.1 | Haus B | | 01.0 | Pflegebad | Dusche | Duschkopf | | 39,8 | 20 | | L.p.SG 2-14 |
| | 29.06.2006 | Sys.1 | Haus B | | 03.0 | R.3.0301, Bad | WB | Hahn | | 45,3 | 0 | | |
| DG 4 | ANLASS: | | | | | | | | höchste Bewertungszahl im DG nach W 551 1 | | | | |
| | 25.10.2007 | Sys.1 | Haus A | | UG | Technik | TWZ Hauptleitung | AV | | 53,0 | 100 | | L.p.SG 2-14 |
| | 25.10.2007 | Sys.1 | Haus A | | UG | Technik | TWW Hauptleitung | AV | | 55,3 | 3 | | L.p.SG 2-14 |
| | 25.10.2007 | Sys.1 | Haus B | | 03.0 | Pflegebad | WB | Hahn | | 38,0 | 0 | | |
| | 25.10.2007 | Sys.1 | Haus B | | 03.0 | R.3.0318, Bad | WB | Hahn | | 44,0 | 0 | | |
| DG 5 | ANLASS: | | | | | | | | höchste Bewertungszahl im DG nach W 551 1 | | | | |
| | 06.04.2009 | Sys.1 | Haus A | | UG | Technik | TWW Hauptleitung | AV | | 65,7 | 6 | | |
| | 06.04.2009 | Sys.1 | Haus A | | UG | Technik | TWZ Hauptleitung | AV | | 62,1 | 100 | | |
| | 06.04.2009 | Sys.1 | Haus B | | 01.0 | Pflegebad | WB | Hahn | | 38,7 | 2 | | |
| | 06.04.2009 | Sys.1 | Haus B | | 03.0 | R.3.0318, Bad | WB | Hahn | | 46,7 | 0 | | |
| DG 6 | ANLASS: | | | | | | | | höchste Bewertungszahl im DG nach W 551 4 | | | | |
| | 12.01.2010 | Sys.1 | Haus A | | EG | Gästebad, WC | WB | Hahn | | 51,0 | 3100 | | |
| | 12.01.2010 | Sys.1 | Haus A | | UG | Technik | TWZ Hauptleitung | AV | | 52,0 | 1800 | | |
| | 12.01.2010 | Sys.1 | Haus A | | UG | Technik | TWW Hauptleitung | AV | | 56,0 | 1700 | | |
| | 12.01.2010 | Sys.1 | Haus B | | 04.0 | Tagespflege | Bad, WB | Hahn | | 52,0 | 12500 | | |

Altenzentrum

Abb. 3–45 **Untersuchungsergebnisse bezüglich Legionellen Teil 1/2**

| DG | PN-Datum | System | Gebäude | Strang | Geschoss | Raum | Stelle | | Probenart Stag. Abl | Temp [° Cl] | Legionellen [KBE/100 ml] | Leg. pneum [KBE/100 ml] | Species |
|---|---|---|---|---|---|---|---|---|---|---|---|---|---|
| | 12.01.2010 | Sys.1 | Haus C | | 04.0 | R.4.0472, Bad | WB | Hahn | | 44,0 | 900 | | |
| DG 7 | | ANLASS: | | | | | | | höchste Bewertungszahl im DG nach W 551 3 | | | | |
| | 26.01.2010 | Sys.1 | Haus A | | UG | Technik | TWZ aus Haus B | AV | | 54,0 | 1100 | | L.p.SG 2-14 |
| | 26.01.2010 | Sys.1 | Haus A | | UG | Technik | TWW nach Haus B | AV | | 56,0 | 800 | | L.p.SG 1 |
| | 26.01.2010 | Sys.1 | Haus B | | 03.0 | Pflegebad | WB | Hahn | | 54,0 | 600 | | L.p.SG 1+2- |
| | 26.01.2010 | Sys.1 | Haus B | | 03.0 | R.3.0318, Bad | WB | Hahn | | 54,0 | 1300 | | L.p.SG 2-14 |
| DG 8 | | ANLASS: | | | | | | | höchste Bewertungszahl im DG nach W 551 4 | | | | |
| | 01.02.2010 | Sys.1 | Haus A | | UG | Technik | TWW nach Haus B | AV | | 55,0 | 3900 | | L.p.SG 1 |
| | 01.02.2010 | Sys.1 | Haus A | | UG | Technik | TWZ aus Haus B | AV | | 52,0 | 2300 | | L.p.SG 1+2- |
| | 01.02.2010 | Sys.1 | Haus A | | 03.0 | Technik | TWZ aus Haus C | AV | | 42,0 | 10001 | | L.p.SG 2-14 |
| | 01.02.2010 | Sys.1 | Haus A | | 01.0 | Technik | TWZ aus Haus A | AV | | 50,0 | 2200 | | L.p.SG 1+2- |
| | 01.02.2010 | Sys.1 | Haus B | | 03.0 | R.3.0318, Bad | Dusche | Duschkopf | | 52,0 | 1100 | | L.p.SG 1+2- |
| | 01.02.2010 | Sys.1 | Haus B | | 04.0 | WC rechts | Bad, WB | Hahn | | 54,0 | 2200 | | L.p.SG 1+2- |
| DG 9 | | ANLASS: | | | | | | | höchste Bewertungszahl im DG nach W 551 4 | | | | |
| | 22.02.2010 | Sys.1 | Haus A | | UG | Technik | TWZ aus Haus B | AV | | 53,0 | 1200 | | L.p.SG 1+2- |
| | 22.02.2010 | Sys.1 | Haus A | | UG | Technik | TWW nach Haus B | AV | | 55,0 | 500 | | L.p.SG 1+2- |
| | 22.02.2010 | Sys.1 | Haus A | | UG | Technik | TWZ aus Haus A | AV | | 50,0 | 700 | | L.p.SG 2-14 |
| | 22.02.2010 | Sys.1 | Haus B | | 03.0 | R.3.0318, Bad | WB | Hahn | | 54,0 | 1000 | | L.p.SG 2-14 |
| | 22.02.2010 | Sys.1 | Haus B | | 04.0 | Tagespflege | Bad, WB | Hahn | | 59,0 | 10800 | | L.p.SG 1 |
| | 22.02.2010 | Sys.1 | Haus C | | UG | Technik | TWZ aus Haus C | AV | | 40,0 | 8700 | | L.p.SG 1 |
| DG 10 | | ANLASS: | | | | | | | höchste Bewertungszahl im DG nach W 551 3 | | | | |
| | 06.05.2010 | Sys.1 | Haus A | | UG | Technik | TWW nach Haus B | AV | | 55,0 | 300 | | L.p.SG 1 |
| | 06.05.2010 | Sys.1 | Haus A | | UG | Technik | TWZ aus Haus A | AV | | 53,0 | 300 | | L.p.SG 2-14 |
| | 06.05.2010 | Sys.1 | Haus A | | UG | Technik | TWZ aus Haus C | AV | | 45,0 | 2900 | | L.p.SG 1 |
| | 06.05.2010 | Sys.1 | Haus A | | UG | Technik | TWZ aus Haus B | AV | | 54,0 | 400 | | L.p.SG 1 |
| | 06.05.2010 | Sys.1 | Haus B | | 03.0 | R.3.0318, Bad | WB | Hahn | | 53,0 | 100 | | L.p.SG 2-14 |
| | 06.05.2010 | Sys.1 | Haus B | | 03.0 | WC rechts | WB | Hahn | | 55,0 | 400 | | L.p.SG 1 |
| DG 11 | | ANLASS: | | | | | | | höchste Bewertungszahl im DG nach W 551 1 | | | | |
| | 08.02.2011 | Sys.1 | Haus A | | UG | Technik | TWZ aus Haus B | AV | | 61,0 | 0 | | |
| | 08.02.2011 | Sys.1 | Haus A | | UG | Technik | TWW nach Haus B | AV | | 61,0 | 0 | | |
| | 08.02.2011 | Sys.1 | Haus A | | UG | Technik | TWZ aus Haus A | AV | | 59,0 | 100 | | L.p.SG 2-14 |
| | 08.02.2011 | Sys.1 | Haus A | | UG | Technik | TWZ aus Haus C | AV | | 57,0 | 2 | | L.p.SG 2-14 |
| | 08.02.2011 | Sys.1 | Haus B | | 03.0 | R.3.0318, Bad | WB | Hahn | | 61,0 | 0 | | |
| | 08.02.2011 | Sys.1 | Haus B | | 04.0 | Tagespflege | Bad, WB | Hahn | | 59,0 | 0 | | |

Abb. 3–46 **Untersuchungsergebnisse bezüglich Legionellen Teil 2/2**

## Untersuchungsergebnisse, geordnet nach Gebäude

**Nur Warmwasser! Erläuterung zur BZ auf der letzten Seite!**

| Gebäude | DG | DATUM | n (nur TW-w) | BZ Max | %-Satz von BZ=0 | Legionellen Mittelw. TW-w | Legionellen Max TW-w | Legionellen Min TW-w | L.p. SG 1 Nachweis TW-w | TEMP Mittel TW-w [°C] | TEMP Max.-Wert TW-w [°C] | TEMP Min.-Wert TW-w [°C] |
|---|---|---|---|---|---|---|---|---|---|---|---|---|
| | | | | | | Angaben in KBE/100 ml | | | | | | |
| Maximalwerte pro DG im System: Sys.1 | | | | | | | | | | | | |
| *Haus A* | | | | | | | | | | | | |
| | 1 | 02.11.2004 | 2 | 2 | 14,0 | 250 | 300 | 200 | L.p.SG 2-14 | 47,5 | 48,1 | 46,8 |
| | 2 | 25.01.2005 | 2 | 0 | 14,0 | 0 | 0 | 0 | | 57,3 | 58,0 | 56,5 |
| | 3 | 29.06.2006 | 2 | 1 | 14,0 | 2 | 3 | 0 | | 57,8 | 59,3 | 56,2 |
| | 4 | 25.10.2007 | 2 | 1 | 14,0 | 52 | 100 | 3 | L.p.SG 2-14 | 54,2 | 55,3 | 53,0 |
| | 5 | 06.04.2009 | 2 | 1 | 14,0 | 53 | 100 | 6 | | 63,9 | 65,7 | 62,1 |
| | 6 | 12.01.2010 | 3 | 3 | 14,0 | 2200 | 3100 | 1700 | | 53,0 | 56,0 | 51,0 |
| | 7 | 26.01.2010 | 2 | 3 | 14,0 | 950 | 1100 | 800 | L.p.SG 1 | 55,0 | 56,0 | 54,0 |
| | 8 | 01.02.2010 | 4 | 4 | 14,0 | 4600 | 10001 | 2200 | L.p.SG 1 | 49,8 | 55,0 | 42,0 |
| | 9 | 22.02.2010 | 3 | 3 | 14,0 | 800 | 1200 | 500 | L.p.SG 1+2-14 | 52,7 | 55,0 | 50,0 |
| | 10 | 06.05.2010 | 4 | 3 | 14,0 | 975 | 2900 | 300 | L.p.SG 1 | 51,8 | 55,0 | 45,0 |
| | 11 | 08.02.2011 | 4 | 1 | 14,0 | 26 | 100 | 0 | | 59,5 | 61,0 | 57,0 |
| *Haus B* | | | | | | | | | | | | |
| | 1 | 02.11.2004 | 2 | 2 | 14,0 | 250 | 300 | 200 | L.p.SG 2-14 | 41,7 | 45,0 | 38,4 |
| | 2 | 25.01.2005 | 3 | 0 | 14,0 | 0 | 0 | 0 | | 43,5 | 50,5 | 39,0 |
| | 3 | 29.06.2006 | 2 | 1 | 14,0 | 10 | 20 | 0 | | 42,6 | 45,3 | 39,8 |
| | 4 | 25.10.2007 | 2 | 0 | 14,0 | 0 | 0 | 0 | | 41,0 | 44,0 | 38,0 |
| | 5 | 06.04.2009 | 2 | 1 | 14,0 | 1 | 2 | 0 | | 42,7 | 46,7 | 38,7 |
| | 6 | 12.01.2010 | 1 | 4 | 14,0 | 12500 | 12500 | 12500 | | 52,0 | 52,0 | 52,0 |
| | 7 | 26.01.2010 | 2 | 3 | 14,0 | 950 | 1300 | 600 | L.p.SG 2-14 | 54,0 | 54,0 | 54,0 |
| | 8 | 01.02.2010 | 2 | 3 | 14,0 | 1650 | 2200 | 1100 | L.p.SG 1+2-14 | 53,0 | 54,0 | 52,0 |
| | 9 | 22.02.2010 | 2 | 4 | 14,0 | 5900 | 10800 | 1000 | L.p.SG 2-14 | 56,5 | 59,0 | 54,0 |
| | 10 | 06.05.2010 | 2 | 2 | 14,0 | 250 | 400 | 100 | L.p.SG 1 | 54,0 | 55,0 | 53,0 |
| | 11 | 08.02.2011 | 2 | 0 | 14,1 | 0 | 0 | 0 | | 60,6 | 61,0 | 59,0 |
| *Haus C* | | | | | | | | | | | | |
| | 6 | 12.01.2010 | 1 | 2 | 14,0 | 900 | 900 | 900 | | 44,0 | 44,0 | 44,0 |
| | 9 | 22.02.2010 | 1 | 3 | 14,0 | 8700 | 8700 | 8700 | L.p.SG 1 | 40,0 | 40,0 | 40,0 |

Abb. 3–47 **Untersuchungsergebnisse nach Gebäude**

# 3 Water Safety Plan für Gebäude

## 3.1 Hintergrund

Mit der VDI-Regel 6023 [30] – die den momentanen trinkwasserhygienischen Wissensstand bei Trinkwasser-Installationen sehr gut zusammenführt und systematisiert – sowie mit dem Beginn der Aktualisierung und Fortschreibung der deutschen und europäischen Normenwerke (Reihe DIN EN 806-1 ff., Reihe DIN 1988-100 ff., DIN EN 1717) wurden die regulatorischen Voraussetzungen für eine gute Trinkwasserhygiene in Gebäuden immer besser.
Betreiber von Trinkwasser-Installationen in Gebäuden sind gemäß TrinkwV 2001 Betreiber von Trinkwasserversorgungsanlagen mit allen entsprechenden Pflichten. Es handelt sich hierbei um Untersuchungspflichten, Anzeigepflichten, Informationspflichten und, je nach Anlagenart und Fall, besondere Handlungspflichten. Es können des Weiteren z. T. erhebliche zivilrechtliche und strafrechtliche Konsequenzen für den Betreiber entstehen, auch bestehen allgemeine Haftungsrisiken wie z. B. die Verkehrssicherungspflicht oder ein Organisationsverschulden auf der Basis des BGB [40].

8 Betreiberpflichten

Den Betreibern von Trinkwasser-Installationen in Gebäuden sind diese Sachverhalte in Gänze häufig nicht bekannt. Aber selbst wenn Klarheit über die rechtlichen Verpflichtungen besteht, bleiben hinsichtlich deren Erfüllung meist sehr viele Fragen offen. Den Betreibern ist deswegen unbedingt zu raten, ihre betriebliche Organisation auch im trinkwasserhygienischen Bereich gerichtsfest zu gestalten und dieses auch gebührend zu dokumentieren.
Ein anderer Aspekt wird dadurch eröffnet, dass sich in den letzten Jahren auf verschiedenen Ebenen der Trend andeutet, in der Trinkwasserhygiene der Prozesskontrolle eine höhere Bedeutung einzuräumen als bisher. Dies gilt umso mehr, als die Überwachungsbehörden durch die aktuellen Änderungen der TrinkwV 2001 im Bereich der Trinkwasser-Installationen mit einer Vielzahl neuer Überwachungsaufgaben konfrontiert worden sind, deren Erfüllung aus heutiger Sicht personell nicht überall gesichert erscheint.

Aus diesen Gründen werden Werkzeuge benötigt, mit denen die Betreiber von Trinkwasser-Installationen die fachlichen Anforderungen in der Praxis effizient bewältigen und so die gegebenen Gesundheitsrisiken und Haftungsrisiken minimiert können. Als Lösungsansatz bietet sich das Konzept des sog. Water Safety Plans (WSP) an. Der WSP ist ein speziell auf die Trinkwasserversorgung bezogener Management-Ansatz, mit dem die gesundheitlichen Risiken in allen Prozessen – vom Einzugsgebiet bis zur Entnahmestelle – systematisch ermittelt, bewertet und kontrolliert werden können. Seine Basis bilden die spezifischen Eigenheiten der betrachteten Versorgungsanlage und die Betrachtung des Gesundheitsrisikos der Verbraucher.

**Kontrollierte Trinkwasserhygiene**
WSP-Konzept für transparente Prozesse

Das WSP-Konzept wurde durch die WHO 2004 [41] initiiert und war zunächst auf die klassischen Wasserversorgungsanlagen wie Pumpwerke, Hochbehälter oder Trinkwassertalsperren zugeschnitten. Etwas später entstand der Gedanke, dieses Konzept auch auf Trinkwasser-Installationen in Gebäuden anzuwenden. Hierzu wurden eine Reihe von Publikationen veröffentlicht, zuletzt im März 2011 [25]. Ein im Grundsatz ähnlicher fachlicher Ansatz wird mit der VDI-Regel VDI 6023 bereits seit mehreren Jahren verfolgt, wenn auch unter einer anderen Bezeichnung. Näheres zu den Grundlagen des WSP für Gebäude s. auch Buchkapitel 1 / Kistemann.

Das Umweltbundesamt hat von September 2009 bis Oktober 2010 (Praxisphase) ein Pilotprojekt zur Erprobung von Water-Safety-Plänen für Gebäude durchgeführt, an dem Betreiber vier verschiedener Objektarten teilnahmen [42]. Es handelte sich um je ein Gebäude der Art

- Krankenhaus
- Altenpflegeheim
- Industriegebäude
- Schule

[30] VDI 6023: Hygiene in der Trinkwasser-Installation Anforderungen an Planung, Ausführung, Betrieb und Instandhaltung, Beuth-Verlag, Berlin 07/2006
[40] Schodorf W.: Organisationshaftung bei Trinkwasseranlagen, Ihks-Fachjournal 6, 2005, 66
[41] Guidelines for Drinking-Water Quality, Volume 1: Recommendations, third edition. Word Health Organization, Geneva 2004
[25] Cunliffe D., Bartram J., Briand E., Chartier Y., Colbourne J., Drury D., Benedikt J. L., Surman-Lee S.: Water safety in buildings, WHO 2011, WHO Press, Geneva
[42] Umweltbundesamt: WSP für Gebäude: Projektbericht, Umweltbundesamt 2011 (im Druck)



Vorwort Inhaltsverzeichnis
Hygieneanforderungen TrinkwV und VDI 6023
Planungspraxis EN 806-2 / DIN 1988-200
Systemauslegung DIN 1988-300/500/600
Trinkwasserhygiene im Bestand Sanierung / Betrieb
Recht / Ausschreibung Planerhaftung
Index

Einen Gesamtüberblick über Vorgehen im Rahmen des WSP vermittelt Abb. 3–48.

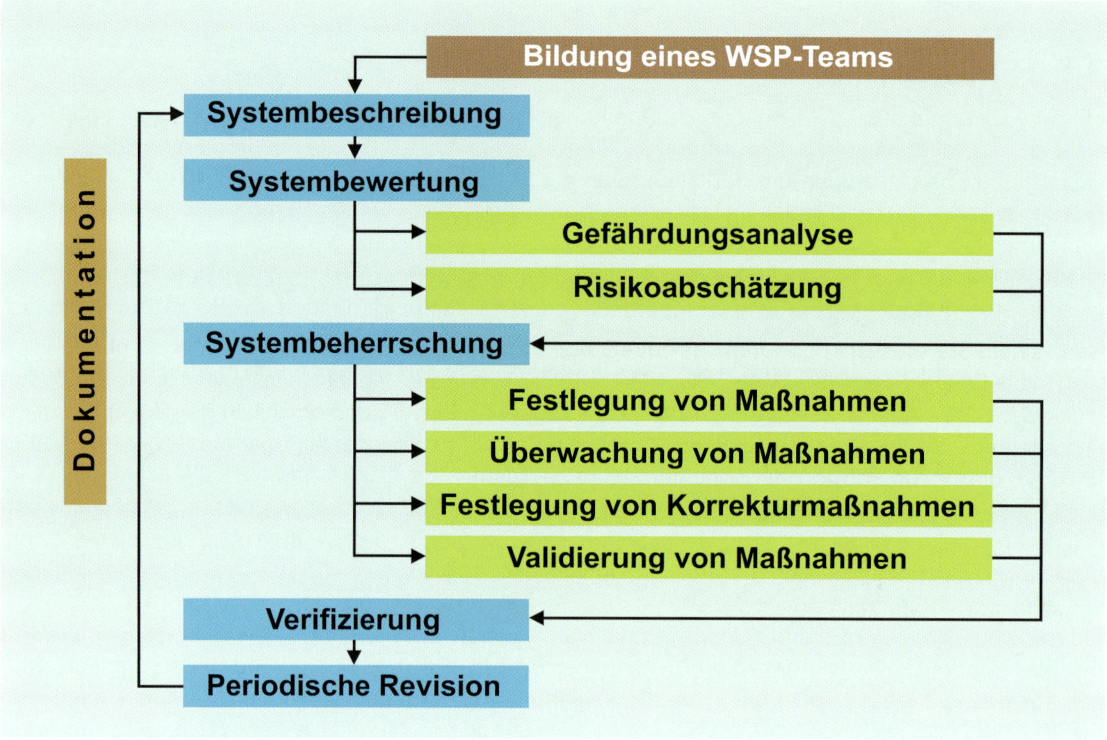


Abb. 3–48 **Ablaufschema des WSP für Gebäude nach UBA [43]**

## 3.2 EDV-Unterstützung bei der Umsetzung des WSP

Im Verlaufe des Schulgebäude-Projektes wurde parallel zu den eigentlichen Projektarbeiten ein EDV-Programm auf Basis der Software MS Access entwickelt und erprobt. Aufgrund der enormen Arbeitserleichterung und dem Zugewinn an Übersichtlichkeit wurde das Schulgebäude-Projekt ab einem bestimmten Zeitpunkt vollständig über diese Software organisiert und gesteuert. Dabei erwies es sich als sehr hilfreich, dass die Programmoberflächen der Terminologie und Systematik des WSP-Handbuches des Umweltbundesamtes [44] folgten.

Die wichtigsten Vorteile der Software im Überblick

- **Übersichtlichkeit**
  Wo stehen wir gerade in der Projektdurchführung?
- **Help-Desk-Funktionen**
  Wie ging das noch mal? Was bedeutet das genau?
- **Leichte Handhabung/Bereitstellung der Daten**
  Weitgehend papierlos, leichte u. zeitsparende Dateneingabe, -verfügbarkeit, -kommunikation
- **Lückenlose, nachhaltige Dokumentation**
  Datenbank-Lösung sowohl zur Verwaltung der Messwerte als auch der Protokolle, Arbeitsaufträge und aller anderen Projektbestandteile bis hin zur Möglichkeit eines einfachen Finanz-Controllings
- **Berichtsfunktion**
  In-Time-Zugriff auf alle Sachstands-Reports der Datenbank

[43] Umweltbundesamt: Das Water Safety Plan-Konzept (WSP) der Weltgesundheitsorganisation für Gebäude – Workshop-Handbuch, 2009

Die Auswertung des Projektes [42] hat neben Anderen auch gezeigt, dass die Betreiber derzeit ohne fachliche Unterstützung i.d.R. wohl nicht zur Durchführung eines WSP für »ihr« Gebäude in der Lage sein werden, denn neben der beim Betreiber liegenden rechtlichen und finanziellen Verantwortlichkeit werden tiefgehende technische und trinkwasserhygienische Kenntnisse sowie Kenntnis des einschlägigen technischen Regelwerks und der gesetzlichen Grundlagen benötigt. Das Programm eignet sich deswegen vorrangig für die Benutzung von Experten, die den interessierten Betreiber einer Trinkwasser-Installation bei der Umsetzung des WSP beratend und unterstützend begleiten. Nachfolgend werden die wichtigsten Bestandteile und Bildschirmmasken des Programms vorgestellt.

### 3.2.1 Bildschirmanzeigen

**Funktionsbeschreibung**

Nach einem Startbildschirm, in dem das betreffende Projekt eingestellt werden kann (keine Abb.), gelangt man in die Bildschirmmaske »Ablaufplan«. Diese Bildschirmmaske lehnt sich in ihrem Aufbau der Systematik des UBA-Handbuchs an, die in Abb. 3–48 wiedergegeben ist, und erschließt den Zugang zu allen Programmteilen. Dieses Design wurde gewählt, um den Benutzer jederzeit über die Struktur des WSP und über die eigene Position im Projekt informiert zu halten.

Neben den Zugängen zu den Hauptbestandteilen des Programms können weitere Hilfsdateien und Dokumentationen aufgerufen werden, die über das Ablaufschema direkt nicht ohne weiteres erreichbar sind. Darüber hinaus können die Speicherplätze erreicht werden, in denen die Dokumente, Bilder und Trinkwasserbefunde des Projektes abgelegt werden. Dieses Dateiensystem wird beim Anlegen eines Projektes automatisch eingerichtet und erleichtert das Auffinden der u. U. zahlreichen Dokumente entscheidend.

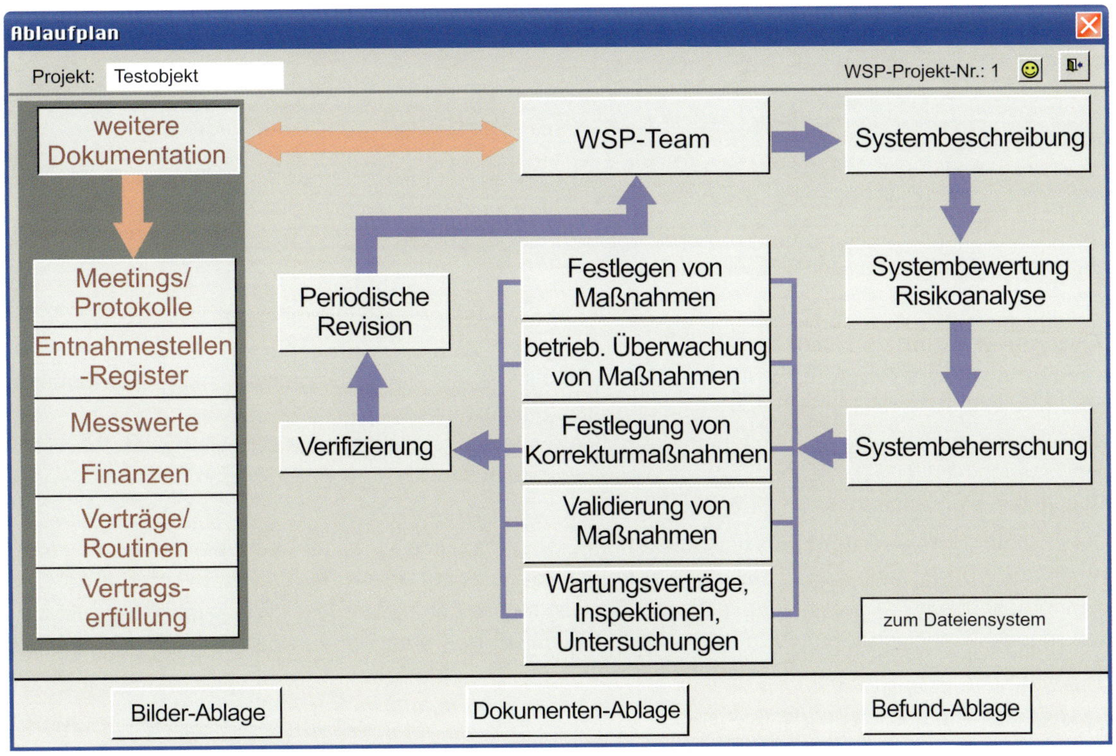


Abb. 3–49 **Bildschirmanzeige – Ablaufplan**

[42] Umweltbundesamt: WSP für Gebäude: Projektbericht, Umweltbundesamt 2011 (im Druck)

### WSP-Team

Diese Maske enthält die Kontaktdaten der Mitglieder des WSP-Teams (ohne Abb.).

### Systembeschreibung

Die Systembeschreibung (Abb. 3–50) kann je nach Bedarf als einfache Beschreibung, in Fliesstext oder in einer strukturierten Form erfolgen. Die Abbildung zeigt die Bildschirmmaske einer strukturierten Systembeschreibung. Mit Hilfe dieser Bildschirmmaske kann man, wahlweise nach System geordnet, die trinkwasserhygienisch wichtigsten Anlagendetails dokumentieren und bei Bedarf Änderungen einpflegen.

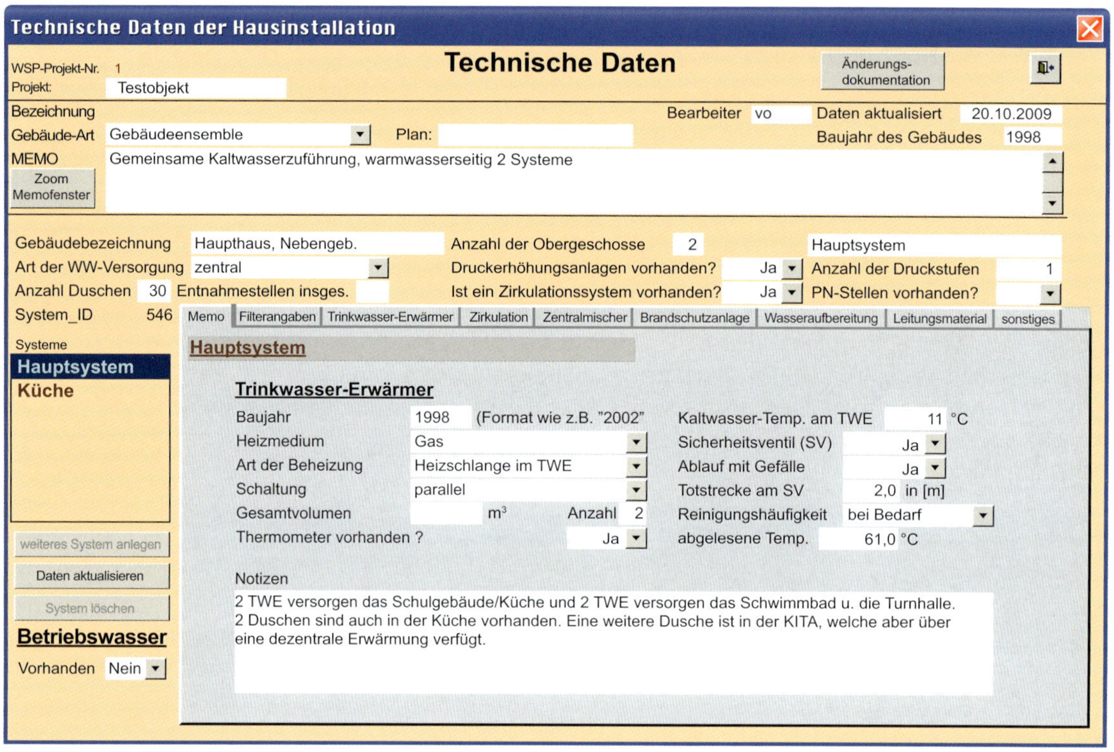


Abb. 3–50 **Bildschirmanzeige – Systembeschreibung**

### Systembewertung und Risikoanalyse

Das Kernstück des Programms (Abb. 3–51) enthält alle für die Beurteilung einer Anlagenkomponente erforderlichen Beschreibungen, Verweise und Risikobewertungen.
Hier werden auch die zur Abhilfe eines Mangels erforderlichen Maßnahmen formuliert und dokumentiert (s. auch Abb. 3–52). Dieses Formular eignet sich auch zur Dokumentation bestimmter Anlagendetails, selbst wenn diese keinen Mangel darstellen.

Der im WSP wichtige Schritt der Risikoeinstufung, mit deren Hilfe man eine Prioritätsliste der zu veranlassenden Abhilfemaßnahmen gewinnen kann, ist unten rechts erkennbar (farbiger Hintergrund). Die hier vorgesehene Risikoeinstufung ist dreistufig, was sich in den meisten Fällen als ausreichend erwiesen hat. Bewertet werden die Eintrittswahrscheinlichkeit des Mangels und das daraus resultierende Schadensausmaß – mit den Risikostufen »gering«, »mittel« und »hoch«.

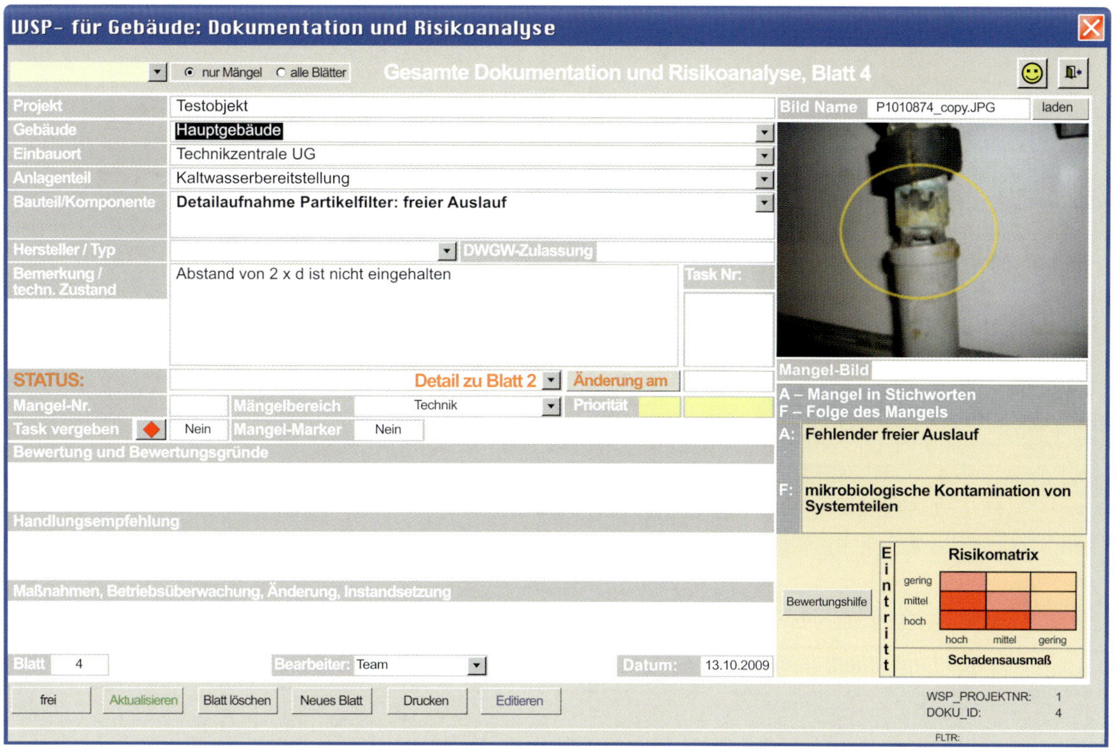


Abb. 3–51 **Bildschirmanzeige – Systembewertung und Risikoanalyse**

### Aufgabendefinition und -zuordnung (Taskliste)

Die einzelnen Aufgaben, die aufgrund der einzelnen Komponenten in der Maske »Systembewertung« definiert wurden, sind in der Taskliste (Abb. 3–52) übersichtlich abrufbar. Es können Einzelarbeitsaufträge und laufende Aufgaben, z. B. regelmäßige Leitungsspülungen, dokumentiert werden. Durch Dokumentation des jeweiligen Status – » offen«, »laufende Maßnahme« und »fertig« – kann jederzeit der Stand der Abarbeitung festgestellt werden.

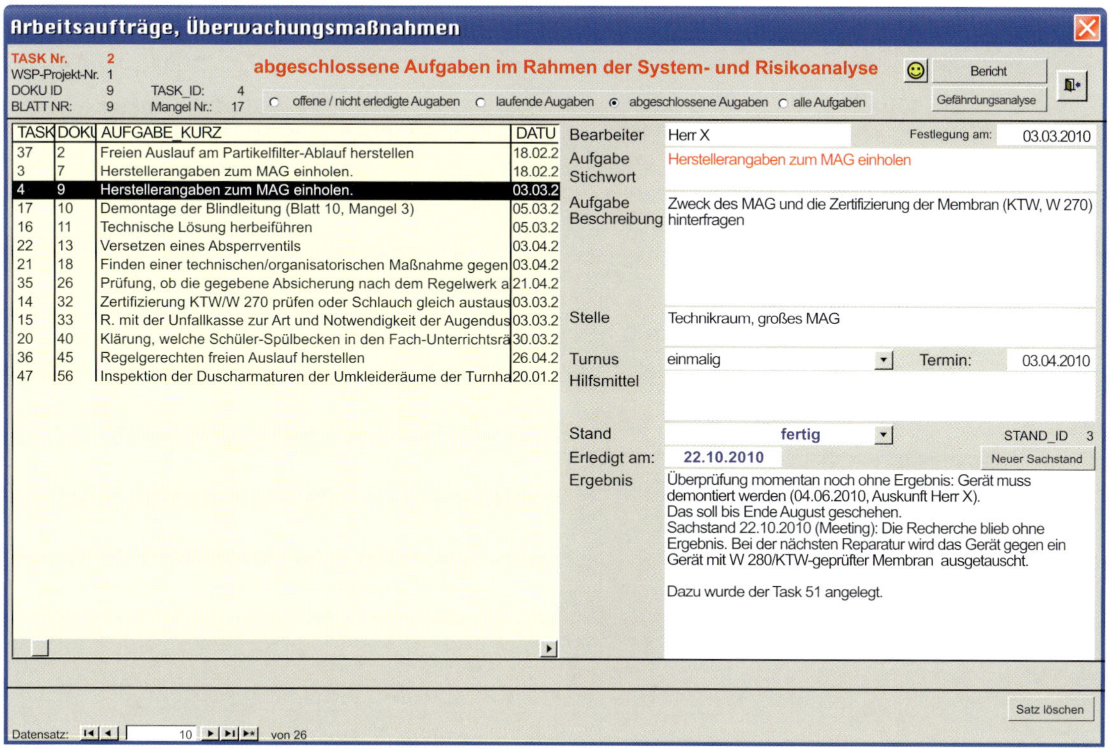


Abb. 3–52 **Bildschirmanzeige – Aufgabendefinition und -zuordnung (Taskliste)**

## Betriebsüberwachung

Über diesen Bildschirm können festgelegte Betriebsmessungen und andere Prozeduren dokumentiert und verwaltet werden. Sie enthält auch die Möglichkeit, die einzelnen Prozeduren genau zu beschreiben, ähnlich der aus dem Akkreditierungswesen bekannten »Standard Operation Procedures« (SOP). Dies ist beispielsweise bei Temperaturmessungen oder Spülprozeduren von großer Bedeutung.

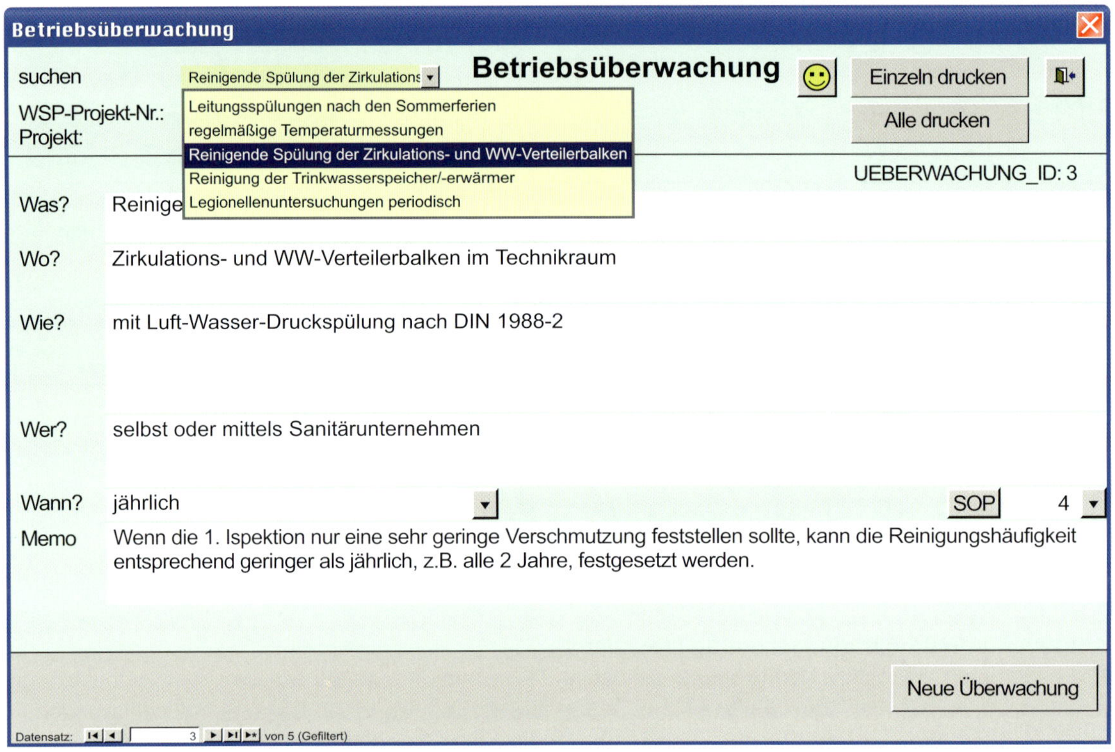


Abb. 3–53 **Bildschirmanzeige – Betriebsüberwachung**

## Wartungs-/Inspektions-/Untersuchungsaufträge

Alle vergebenen Wartungs-/Inspektions- und Untersuchungsaufträge für das Gebäude können in dieser Bildschirmmaske (Abb. 3–54) dokumentiert werden.

Das können sein: Wartungsverträge für den Eingangsfilter oder den Trinkwassererwärmer, Reparaturaufträge zur Mangelbehebung, Umbauaufträge oder der Auftrag an ein akkreditiertes Untersuchungsinstitut zur Durchführung von Trinkwasseruntersuchungen.

## Vertragserfüllung

Es wird davon ausgegangen, dass die Ausführung der erteilten Aufträge durch Mitarbeiter des Auftraggebers (Haus) kontrolliert und abgenommen wird. Die Ergebnisse von Kontrollen und Abnahmen können in der Maske »Vertragserfüllung« (Abb. 3–55) dokumentiert werden.

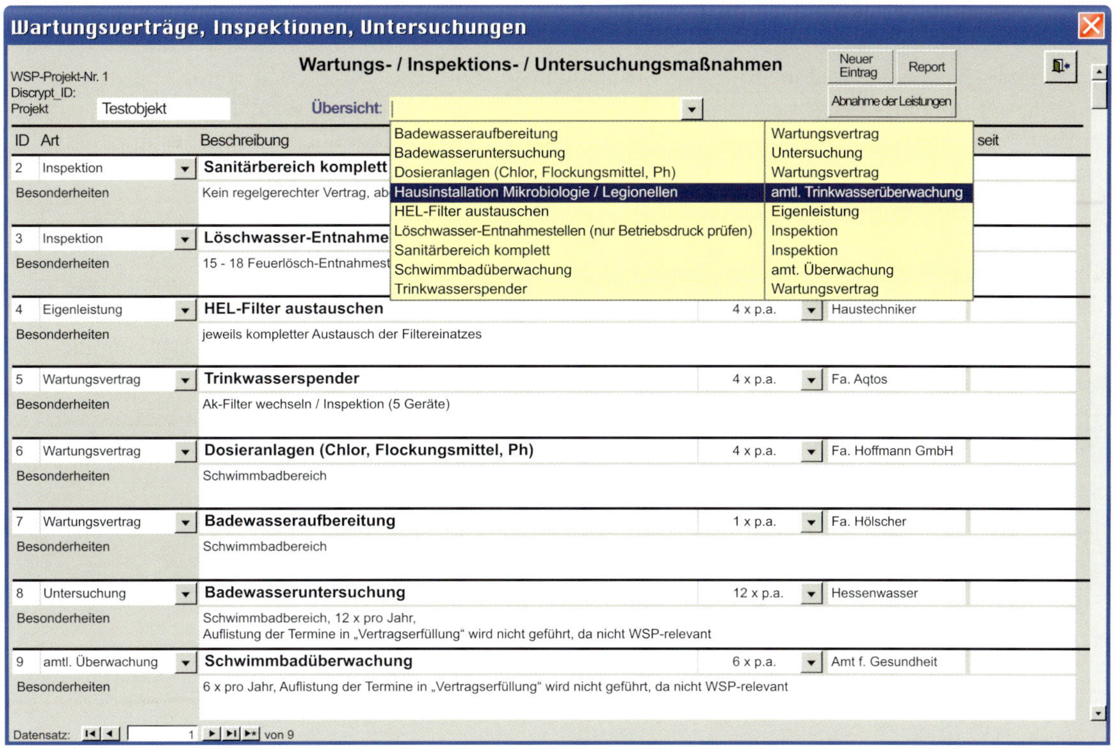


Abb. 3–54 **Bildschirmanzeige – Wartungs-/Inspektions- und Untersuchungsmaßnahmen**

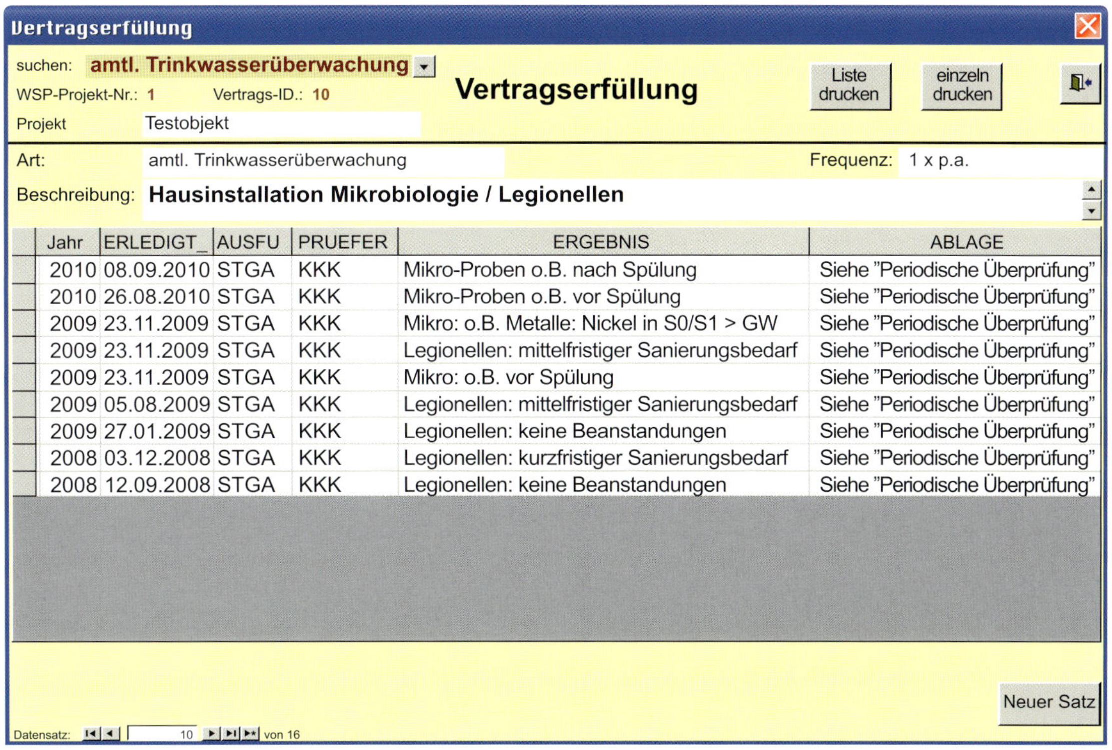


Abb. 3–55 **Bildschirmanzeige – Vertragserfüllung**

**Verifizierung**

Die Verifizierung der Maßnahmen des WSP erfolgt durch Produktkontrollen, sprich: durch die vorgeschriebenen oder aus anderen Gründen durchgeführten Trinkwasseruntersuchungen.

Das WSP-Programm enthält ein komplettes, komplexes Dokumentationssystem für Probenahmestellen und alle Arten von Laborbefunden, welches an dieser Stelle aber nicht ausführlicher kommentiert werden kann.

**Revision**

Für die periodische Revision bietet das Programm die wesentlichen Auswertungen an (Abb. 3–56).

Werden die angebotenen Reports ausgedruckt/ausgewertet, sollte dies im Ergebnis alle Inhalte einer periodischen Revision beinhalten.

Eine darauf basierende zusammenfassende Bewertung des momentanen Standes des WSP muss vom Benutzer des Programms selbst erstellt werden; dies kann und soll der Computer nicht leisten.

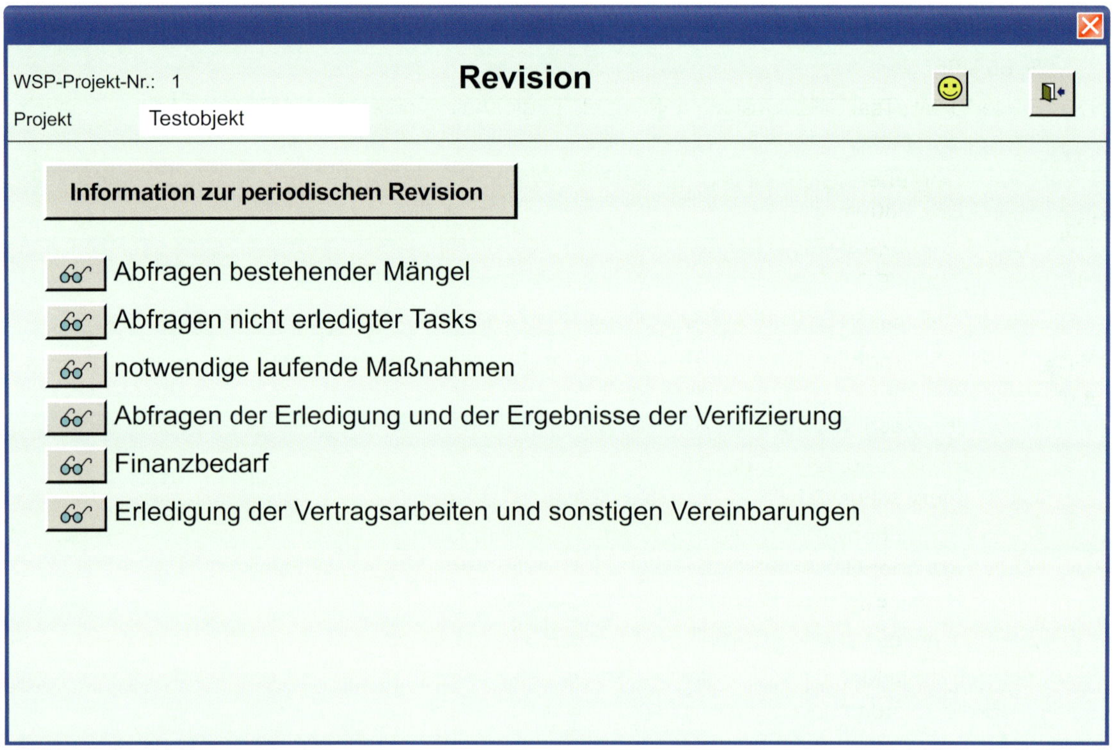


Abb. 3–56 **Bildschirmanzeige – Revision**

# 4 Literatur- und Quellenangaben

## 1 Der Paradigmenwechsel in der Trinkwasserhygiene


[1] Exner M., Tuschewitzki G. J.: Aktuelle hygienisch-mikrobiologische Aspekte der Trinkwasserhygiene. Forum Städte-Hygiene. (45) 1995, S. 57-63

[2] Virchow R.: Mitteilungen über die in Oberschlesien herrschende Typhus-Epidemie; Aus dem Archiv für path. Anatomie und Physiologie und für klinische Medicin. Bd. II. Heft 1. 1848, Berlin, Verlag G. Reimer

[3] Evans R. J.: Tod in Hamburg; Stadt, Gesellschaft und Politik in den Cholera-Jahren 1830–1910

[4] Roscher H. E.: Qualitätsanspruch und hygienische Risiken unseres Trinkwassers. Der moderne Haushalt – Wo bleibt Hygiene und Gesundheit? Seminarband der Zentralen Informationsstelle Umweltberatung Bayern, Band 20. 2002, GSF-Bericht 07/02, S. 65 – 66

[5] Fraser D. W., Tsai T. R., Orenstein W., et al.: Legionnaires disease: description of an epidemic of pneumonia, N Engl J Med. 1977 Dec. 1, 297(22) S. 1189 – 1197

[6] Verordnung über Trinkwasser und über Wasser für Lebensmittelbetriebe (TrinkwV 2001) vom 21. Mai 2001, BGBL 2001 I Nr. 24, 959, 980

[7] Gesetz zur Verhütung und Bekämpfung von Infektionskrankheiten beim Menschen (Infektionsschutzgesetz - IfSG) vom 20. Juli 2000 (BGBl. I S. 1045), zuletzt geändert durch Art. 1 G v. 28.7.2011 BGBl I 1622

[8] Erste Verordnung zur Änderung der TrinkwV 2001 vom 3. Mai 2011, BGBL I, S. 748

[9] Stöcker P., Brodhun B., Buchholz U.: Legionärskrankheit in Deutschland unter besonderer Berücksichtigung der im Krankenhaus oder einer Pflegeeinrichtung erworbenen Erkrankungen, 2004 – 2006, Bundesgesundheitsblatt Gesundheitsforschung – Gesundheitsschutz (2009) 52, S. 219 – 227

[10] von Baum H., Lück C.: Ambulant erworbene Legionellenpneumonie. Bundesgesundheitsblatt – Gesundheitsforschung – Gesundheitsschutz (2011) 54, S. 688 – 692

[11] Exner M., Suchenwirth R., Pleischl S., et al: Memorandum zu dem Legionellen-Ausbruch in Ulm 2010 aus Sicht von Hygiene und öffentlicher Gesundheit; Umweltmed. Forsch. Prax. 15 (1) 2010, S. 43

[12] Palmore T. N.,Stock F., White M. et al: A cluster of cases of nosocomial legionnaires disease linked to a contaminated hospital decorative water fountain. Infect Control Hosp Epidemiol 2009 Aug., 30 (8), S. 764 – 768

[13] DVGW-Arbeitsblatt W 551: Trinkwassererwärmungs- und Leitungsanlagen; Technische Maßnahmen zur Verhinderung des Legionellenwachstums, Beuth-Verlag, Berlin 1993

[14] DVGW-Arbeitsblatt W 552: Trinkwassererwärmungs- und Leitungsanlagen; Technische Maßnahmen zur Verminderung des Legionellenwachstums; Sanierung und Betrieb, Beuth-Verlag, Berlin 1996

[15] DVGW-Arbeitsblatt W 551: Technische Maßnahmen zur Verminderung des Legionellenwachstums in Trinkwasser-Installationen, Beuth-Verlag, Berlin 04/2004

[16] Exner M., Gebel J., Lenz J.: Überprüfung der Wirksamkeit von Desinfektionsmaßnahmen und Erarbeitung von Handlungsanweisungen in Schadenfällen. In: Berichte aus dem IWW Rheinisch-Westfälisches Institut für Wasserforschung gemeinnützige GmbH, Band 54, S. 181

[17] Szewzyk U., Röder R.: Untersuchungen der Auswirkungen von Desinfektionsmaßnahmen auf die Biofilmpopulation unter besonderer Berücksichtigung der Ansiedlung und Vermehrung hygienisch relevanter Mikroorganismen. In: Berichte aus dem IWW Rheinisch-Westfälisches Institut für Wasserforschung gemeinnützige GmbH, Band 54, S. 329

[18] Kramer A., Pitten F. A., Rudolph P., Weber U.: thermische Desinfektion – Werden alle Legionellen erfasst?; Ihks-Fachjournal thermische Desinfektion 6, 2005, S. 28

[7] Gesetz zur Verhütung und Bekämpfung von Infektionskrankheiten beim Menschen (Infektionsschutzgesetz – IfSG) vom 20. Juli 2000 (BGBl. I S. 1045), zuletzt geändert durch Art. 1 G v. 28.7.2011 BGBl I 1622

[19] International vocabulary of basic and general terms in metrology (VIM): 1993 Definition . 3.9

[20] Egli T., Berney M., Hammes F., Füchslin, H. P.: Neue Methoden zur Beurteilung der Trinkwasserhygiene, EAWAG news, 2008, 65d, S. 20 – 23

[21] Hentschel W., Heudorf U.: Allgemein anerkannte Regeln der Technik und Legionellen im Trinkwasser. Untersuchungsergebnisse aus Frankfurt a. M. Bundesgesundheitsblatt – Gesundheitsforschung – Gesundheitsschutz (2011) 54: 717 – 723

[22] HRSG: Feuerpfeil, I., Botzenhardt K.: Hygienisch-Mikrobiologische Wasseruntersuchung in der Praxis, Wiley-VCH-Verlag, Weinheim, S. 298 ff

[23] Berney M.; Vital M., Hülshoff I., Weilenmann H. U., Egli T., Hammes F.: Rapid: Cultivation-independent assessment of microbial viability in drinking water, Water Research, Volume 43, Issue 9, May 2009, 2567

[24] Oliver J. D.: The viable but nonculturable state in bacteria, J. Microbiol. 43, S. 93 – 100

[25] Cunliffe D., Bartram J., Briand E., Chartier Y., Colbourne J., Drury D., Benedikt JL., Surman-Lee S.: Water safety in buildings, WHO 2011, WHO Press, Geneva

[26] Hentschel W., Voigt K., Heudorf U.: Umsetzung der neuen Trinkwasserverordnung § 18; Überwachung von Hausinstallationen – Wasser für die Öffentlichkeit. Bundesgesundheitsblatt Gesundheitsforsch Gesundheitsschutz (2006) 49, S. 804 – 817

[27] Umweltbundesamt: Probenahmeverfahren des UBA für Blei, Kupfer und Nickel (Dez. 2003)

[26] Hentschel W., Voigt K., Heudorf U.: Umsetzung der neuen Trinkwasserverordnung § 18: Überwachung von Hausinstallationen – Wasser für die Öffentlichkeit. Bundesgesundheitsblatt – Gesundheitsforsch – Gesundheitsschutz (2006) 49, S. 804 – 817

[28] Hentschel W., Karius A., Heudorf U.: Das Frankfurter Bleiprojekt; Maßnahmen zur Einhaltung des Grenzwertes für Blei im Trinkwasser, Bundesgesundheitsblatt – Gesundheitsforschung – Gesundheitsschutz (1999) 42, S. 902 – 910

[29] Umweltbundesamt: Coliforme Bakterien im Trinkwasser – Empfehlung zur Risikoabschätzung und Maßnahmen bei systemischer Kontamination – Empfehlung des Umweltbundesamtes nach Anhörung der Trinkwasserkommission des Bundesministeriums für Gesundheit beim Umweltbundesamt; Bundesgesundheitsblatt – Gesundheitsforschung – Gesundheitsschutz 2009 · 52, S. 474 – 482

[15] DVGW – Arbeitsblatt W 551: Technische Maßnahmen zur Verminderung des Legionellenwachstums in Trinkwasser-Installationen, Beuth-Verlag, Berlin 04/2004

[8] Erste Verordnung zur Änderung der Trinkwasserverordnung 2001 vom 3. Mai 2011, BGBL I, S. 748

[30] VDI 6023: Hygiene in der Trinkwasser-Installation Anforderungen an Planung, Ausführung, Betrieb und Instandhaltung, Beuth-Verlag, Berlin 7/2006

[31] Persönliche Mitteilungen des Amtes für Gesundheit der Stadt Frankfurt a. M.

[32] Kistemann T., Schreiber C., Völker S.: Vorkommen mikrobieller Trinkwasserkontaminationen in Hausinstallationen; In: Berichte aus dem IWW Rheinisch-Westfälisches Institut für Wasserforschung gemeinnützige GmbH, Band 54, S. 31

[21] Hentschel W., Heudorf U.: Allgemein anerkannte Regeln der Technik und Legionellen im Trinkwasser. Untersuchungsergebnisse aus Frankfurt a. M. Bundesgesundheitsblatt – Gesundheitsforschung – Gesundheitsschutz (2011) 54: 717 – 723

[33] Umweltbundesamt: Nachweis von Legionellen in Trinkwasser und Badebeckenwasser, Bundesgesundheitsblatt-Gesundheitsforschung-Gesundheitsschutz 43 (11), 2000, S. 911 – 915

[8 Erste Verordnung zur Änderung der Trinkwasserverordnung 2001 vom 3. Mai 2011, BGBL I, S. 748

[31] Persönliche Mitteilungen des Amtes für Gesundheit der Stadt Frankfurt a. M.

[26] Hentschel W., Voigt K., Heudorf U.: Umsetzung der neuen Trinkwasserverordnung § 18; Überwachung von Hausinstallationen – Wasser für die Öffentlichkeit. Bundesgesundheitsblatt – Gesundheitsforsch – Gesundheitsschutz (2006) 49, S. 804 – 817

[32] Kistemann T., Schreiber C., Völker S.: Vorkommen mikrobieller Trinkwasserkontaminationen in Hausinstallationen; In: Berichte aus dem IWW Rheinisch-Westfälisches Institut für Wasserforschung gemeinnützige GmbH, Band 54, S. 31

[34] DIN 18032, Teil I: Sporthallen – Hallen und Räume für Sport und Mehrzwecknutzung – Grundsätze für die Planung, Beuth-Verlag, Berlin 09/2009

[33] Umweltbundesamt: Nachweis von Legionellen in Trinkwasser und Badebeckenwasser, Bundesgesundheitsblatt – Gesundheitsforschung – Gesundheitsschutz 43 (11), 2000, S. 911 – 915

[35] Persönliche Mitteilung des Hochbauamtes der Stadt Frankfurt a. M.

[27] Umweltbundesamt: Probenahmeverfahren des UBA für Blei, Kupfer und Nickel (Dez. 2003)

[36] Umweltbundesamt: Periodische Untersuchung auf Legionellen in zentralen Erwärmungsanlagen der Hausinstallation nach § 3 Nr. 2 Buchstabe c TrinkwV 2001, aus denen Wasser für die Öffentlichkeit bereit gestellt wird – Empfehlung des Umweltbundesamtes nach Anhörung der Trinkwasserkommission des Bundesministeriums für Gesundheit; Bundesgesundheitsblatt, Gesundheitsforschung, Gesundheitsschutz 2005 – 49, S. 697–700

## 2 Bericht – Legionellensanierung in einem Altenpflegeheim

[9] Stöcker P., Brodhun B., Buchholz U.: Legionärskrankheit in Deutschland unter besonderer Berücksichtigung der im Krankenhaus oder einer Pflegeeinrichtung erworbenen Erkrankungen, 2004 – 2006, Bundesgesundheitsblatt – Gesundheitsforschung – Gesundheitsschutz (2009) 52, S. 219 – 227

[9] Stöcker P., Brodhun B., Buchholz U.: Legionärskrankheit in Deutschland unter besonderer Berücksichtigung der im Krankenhaus oder einer Pflegeeinrichtung erworbenen Erkrankungen, 2004-2006. Bundesgesundheitsblatt Gesundheitsforschung – Gesundheitsschutz (2009) 52, S. 219 – 227

[37] Hammann HG., Birnbaum K.: Mechanische Reinigung von Hausinstallationen bei Verkeimungs- und Trübungsproblemen, HLH 11: 2007, 62

[38] DIN 1988-2: Technische Regeln für Trinkwasser-Installationen (TRWI); Planung und Ausführung; Bauteile, Apparate, Werkstoffe; Technische Regel des DVGW, Beuth-Verlag, Berlin 12/1988

[39] Exner M., Gebel J.: Gutachterliche Stellungnahme zur Wirksamkeit des Impuls-Spülverfahrens gegen Biofilme in Hausinstallations-Systemen, Institut für Hygiene und Öffentliche Gesundheit der Universität Bonn, 2006

[15] DVGW – Arbeitsblatt W 551: Technische Maßnahmen zur Verminderung des Legionellenwachstums in Trinkwasser-Installationen, Beuth-Verlag, Berlin 04/2004

[33] Umweltbundesamt: Nachweis von Legionellen in Trinkwasser und Badebeckenwasser, Bundesgesundheitsblatt – Gesundheitsforschung – Gesundheitsschutz 43 (11), 2000, S. 911 – 915

## 3 Water Safety Plan für Gebäude

[30] VDI 6023: Hygiene in der Trinkwasser-Installation Anforderungen an Planung, Ausführung, Betrieb und Instandhaltung, Beuth-Verlag, Berlin 07/2006

[40] Schodorf W.: Organisationshaftung bei Trinkwasseranlagen, Ihks-Fachjournal 6, 2005, 66

[41] Guidelines for Drinking-Water Quality, Volume 1: Recommendations, third edition. Word Health Organization, Geneva 2004

[25] Cunliffe D., Bartram J., Briand E., Chartier Y., Colbourne J., Drury D., Benedikt J. L., Surman-Lee S.: Water safety in buildings, WHO 2011, WHO Press, Geneva

[42] Umweltbundesamt: WSP für Gebäude: Projektbericht, Umweltbundesamt 2011

[43] Umweltbundesamt: Das Water Safety Plan-Konzept (WSP) der Weltgesundheitsorganisation für Gebäude – Workshop-Handbuch, 2009

[42] Umweltbundesamt: WSP für Gebäude: Projektbericht, Umweltbundesamt 2011

Vorwort
Inhaltsverzeichnis
Hygieneanforderungen
TrinkwV und VDI 6023
Planungspraxis
EN 806-2 / DIN 1988-200
Systemauslegung
DIN 1988-300/500/600
Trinkwasserhygiene im Bestand
Sanierung/Betrieb
Recht / Ausschreibung
Planerhaftung
Index

# 5 Recht / Ausschreibung

## Fachplanung und Trinkwasserhygiene – rechtssicher planen, ausschreiben und beraten

D. Häußermann

Dieses Buchkapitel widmet sich dem rechtlichen Umfeld des Fachplaners und Fachingenieurs für Wasserversorgungsanlagen im gesamten Projektverlauf, von der Grundlagenermittlung bis zur Objektbetreuung. Es enthält Hinweise und Fingerzeige zu Vertragsgestaltung und Haftungsvermeidung und erklärt, warum die Hygiene des Trinkwassers in allen Leistungsphasen der fachplanerischen Tätigkeit besonders zu beachten ist.

# Inhalt

## 1 Die Hygiene des Trinkwassers als hohes Schutzgut

## 2 Grundzüge der rechtlichen Anforderungen an den Fachplaner



## 3 Trinkwasserhygiene und Fachplanung im Projektverlauf

**Ich danke Herrn cand. iur. Hendrik Ley für die vielfältige Unterstützung bei der Erstellung dieses Beitrages.**

# 1 Die Hygiene des Trinkwassers als hohes Schutzgut

*»Die Wahrung und nach Möglichkeit Steigerung des hohen Qualitätsstandards des Trinkwassers in Deutschland bleibt oberste Zielsetzung.«*

Mit dem vorstehenden Zitat aus den Gesetzesmaterialien [1] zur Einführung der neuen Trinkwasserverordnung zum 1. November 2011 ist die Richtung für den nachfolgenden Beitrag vorgegeben:
Wann immer in einem Bauvorhaben technische Gebäudeausrüstung oder sonstige Einrichtungen für die Trinkwasser-Installation zur Ausführung kommen, sind alle am Bau Beteiligten aufgefordert, das mit der Trinkwasserverordnung angestrebte Ziel des Erhalts und der Steigerung der Trinkwasserqualität zu beachten und zu seiner Erreichung beizutragen.

§ 1 TrinkwV legt dementsprechend den Zweck fest, den das Bundesministerium für Gesundheit im Einvernehmen mit dem Bundesministerium für Umwelt, Naturschutz und Reaktorsicherheit als Verordnungsgeber verfolgt:

*»Zweck der Verordnung ist es, die menschliche Gesundheit vor den nachteiligen Einflüssen, die sich aus der Verunreinigung von Wasser ergeben, das für den menschlichen Gebrauch bestimmt ist, durch Gewährleistung seiner Genusstauglichkeit und Reinheit nach Maßgabe der folgenden Vorschriften zu schützen.«*

Der Wortlaut zeigt, dass der Schutz der Trinkwasserqualität der menschlichen Gesundheit dient. Trinkwasserschutz ist nicht Selbstzweck, sondern erhält seinen hohen Stellenwert gerade dadurch, dass das zu schützende Wasser für den Gebrauch durch den Menschen bestimmt und damit wesentlich für seine Gesundheit ist. Folgerichtig wird der Begriff des Trinkwassers in § 3 Abs. 1 Nr. 1 TrinkwV umfassend definiert mit Bezug auf die Nutzung durch den Menschen zum Trinken, zum Kochen, für die Zubereitung von Speisen und Getränken und für ähnliche häusliche Zwecke, bei denen der Mensch mit dem Wasser in Berührung kommt.

Die Neufassung der Trinkwasserverordnung [2] dient der Umsetzung der Richtlinie 98/83/EG des Rates über die Qualität von Wasser für den menschlichen Gebrauch vom 3. November 1998 [3]. Sie wurde auf Grundlage von § 37 Abs. 3 und § 38 Abs. 1 Infektionsschutzgesetz erlassen. Bei der Umsetzung einer europäischen Richtlinie verbleibt dem nationalen Gesetz- und Verordnungsgeber ein gewisser Gestaltungsspielraum. In der Bundesrepublik Deutschland gebietet Art. 2 Abs. 2 GG dem Staat, Leben und körperliche Unversehrtheit der Bevölkerung aktiv auch durch Gesetze und Verordnungen zu schützen [4]. In der Diskussion während der Bearbeitung der Trinkwasserverordnung stand daher besonders das Risiko einer Kontamination von Trinkwasserleitungen mit Legionellen im Vordergrund [5]. Der Verordnungsgeber ist hier seinem Schutzauftrag im Hinblick auf die Gefahr für Leib und Leben im Falle eines unbedachten Umganges mit Trinkwasser und den trinkwasserführenden Anlagen durch ein ausgewogenes System von Handlungspflichten und Kontrollen in den §§ 4 ff. TrinkwV nachgekommen.

Die **Trinkwasserverordnung** enthält zur Erreichung dieses Schutzziels verschiedene Gebote und Handlungspflichten. Als allgemeine Anforderung setzt § 4 Abs. 1 TrinkwV den Maßstab, dass Trinkwasser so beschaffen sein muss, dass durch seinen Genuss oder Gebrauch eine Schädigung der menschlichen Gesundheit, insbesondere durch Krankheitserreger, nicht zu besorgen ist. Es muss **rein und genusstauglich** sein. Diese Anforderung gilt als erfüllt, wenn bei der Wasseraufbereitung und der Wasserverteilung mindestens die allgemein anerkannten Regeln der Technik eingehalten werden und das Trinkwasser den Anforderungen der §§ 5 bis 7 TrinkwV entspricht.

[1] Vgl. BR-Drucksache 530/10, S. 2.

[2] Zuletzt geändert durch Art. 1 der Verordnung vom 3. Mai 2011, BGBl. I S. 748.

[3] ABl. EG Nr. L 330, S. 32.

[4] St. Rspr.; vgl. BVerfG, NJW 2006, 751.

[5] Vgl. BR-Drucksache 530/10, S. 72, 86 ff.

Hinsichtlich der **Konzentrationen von Mikroorganismen oder chemischen Stoffen**, die das Wasser verunreinigen oder seine Beschaffenheit nachteilig beeinflussen können, enthält die Verordnung in § 5 Abs. 4 bzw. § 6 Abs. 3 ein **Minimierungsgebot**: Diese Konzentrationen sollen – so die Forderung des Verordnungsgebers – so niedrig gehalten werden, wie dies nach den allgemein anerkannten Regeln der Technik mit vertretbarem Aufwand unter Berücksichtigung von Einzelfällen möglich ist. Gemessen wird an den in § 8 TrinkwV genannten Entnahmestellen. Es handelt sich damit um eine dynamische Pflicht, die sich mit fortschreitendem Niveau der allgemein anerkannten Regeln der Technik [6] automatisch immer weiter verschärft.

Dem Schutz der menschlichen Gesundheit dienen auch **Kennzeichnungspflichten**, wie sie z. B. § 17 Abs. 2 TrinkwV für trinkwasserführende und nicht trinkwasserführende Leitungen vorschreibt.

Der unter Umständen nötige Mehraufwand für Gebäudeeigentümer, Unternehmer und überwachende Behörden wird durch die tödliche Gefahr, die mit Legionelleninfektionen insbesondere bei speziellen Personengruppen, wie alten oder immunsupprimierten Menschen, verbunden ist, gerechtfertigt [7]. Die TrinkwV fordert vom Inhaber der Trinkwasser-Installation, dem Gesundheitsamt und allen weiteren an Planung, Bau oder Betrieb der Trinkwasser-Installation Beteiligten eine aktive Auseinandersetzung darüber, welche technischen oder organisatorischen Verbesserungen notwendig sind, um künftige **Risiken für die Nutzer der Trinkwasser-Installation** zu begrenzen, nach Möglichkeit sogar zu vermeiden. Für den Verordnungsgeber steht die Einhaltung der allgemein anerkannten Regeln der Technik bei Planung, Errichtung, Inbetriebnahme, Wartung und gegebenenfalls erforderlichen Reparaturen sowie der Wiederinbetriebnahme von Anlagen der Trinkwasser-Installation im Vordergrund. Nur so könnten kostenintensive Untersuchungen vermieden werden [8].

Betreiberpflichten 8

All dies zeigt, dass gerade der täglich mit Konzeption und Überwachung des Einbaus von Trinkwasser-Installationen in Gebäuden befasste Planer dem hohen Schutzgut der Erhaltung und Steigerung der Trinkwasserqualität Rechnung tragen muss. Er muss die allgemein anerkannten Regeln der Technik, die sich in den neu überarbeiteten DIN-Normen [9] niedergeschlagen haben, kennen und beachten. Er muss seinen Auftraggeber, üblicherweise den Bauherrn, aktiv über für die Trinkwasserqualität notwendigen oder auch nur förderlichen Maßnahmen aufklären und ihn beraten, damit die entstehende Trinkwasser-Installation alle Merkmale erfüllen kann, die Trinkwasser in der von der Trinkwasserverordnung geforderten Qualität garantieren [10]. Er muss die Entscheidungen seines Auftraggebers im weiteren Verlauf bei der Ausschreibung und Vergabe von Bauaufträgen sowie bei der Überwachung der Bauausführung beachten und umsetzen. Und er muss schließlich bei Inbetriebnahme, Erst- oder Wiederbefüllung und dem beginnenden Regelbetrieb beratend und überwachend zur Stelle sein.

[6] Siehe hierzu Ziffer 2.3.
[7] Vgl. BR-Drucksache 530/10, S. 42.
[8] Vgl. BR-Drucksache 530/10, S. 75.
[9] Vgl. Buchkapitel 2 Schulte, Tab. 2–1.
[10] Vgl. Buchkapitel 2 Schulte, Kap. 1.

# 2 Grundzüge der rechtlichen Anforderungen an den Fachplaner

Der Planer als fachkundiger Berater seines Auftraggebers trägt an vielen Stellen im Laufe der Projektplanung und -realisierung eine besondere Verantwortung für die Trinkwasser-Installation. Im Folgenden werden die Grundzüge der rechtlichen Anforderungen an den Fachplaner im Überblick dargestellt.

## 2.1 Bauherr, Objektplaner, Fachplaner

Das im Einzelfall geschuldete Werk des Planers ergibt sich aus seinem Vertrag mit dem Auftraggeber. Auftraggeber des Planers ist regelmäßig der Bauherr, kann aber auch ein Bauunternehmer sein, der z. B. ein Gebäude als Generalunternehmer erstellt oder ein Architekt/Generalplaner, der die erforderlichen Fachplaner und Sonderfachleute als Nachunternehmer beschäftigt. In diesen Fällen ist der Generalunternehmer oder der Generalplaner gegenüber dem Bauherrn für das Handeln des Fachplaners verantwortlich, weil er sich des Fachplaners als sog. Erfüllungsgehilfen im Sinne des § 278 BGB bedient; alle Handlungen eines solchen Erfüllungsgehilfen werden dem unmittelbaren Auftragnehmer – in diesem Fall Generalunternehmer oder Generalplaner – wie eigenes Handeln zugerechnet. Auf die Pflichten des Fachplaners hat es keine unmittelbaren Auswirkungen, ob er seine Leistungen direkt oder indirekt für den Bauherrn erbringt. Sein Werk muss stets den gleichen Qualitätsanforderungen entsprechen. Nachfolgend wird als Regelfall unterstellt, dass der Bauherr den Fachplaner direkt beauftragt hat.

Ob, wann und welche Fachplaner für das konkrete Bauvorhaben hinzuzuziehen sind, muss der Bauherr entscheiden. Hat er einen Objektplaner (meist ein Architekt) beauftragt, muss dieser den Bauherrn auf die Notwendigkeit hinweisen, wenn es erforderlich erscheint, einen Fachplaner einzuschalten. Unterlässt der Objektplaner das, haftet er für die Folgen und muss dem Bauherrn den entstandenen Schaden wegen falscher Beratung ersetzen (§ 280 Abs. 1 BGB).

Da Planung und Ausführung von Trinkwasser-Installationen ein spezielles Know-how voraussetzen, welches in §§ 51 ff. der Honorarordnung für Architekten und Ingenieure (HOAI) dem **Leistungsbild Technische Ausrüstung** zugeordnet ist, wird regelmäßig die technische Notwendigkeit gegeben sein, einen qualifizierten Fachplaner für die (Trink-)Wasseranlage in einem Objekt zu beauftragen. Der Fachplaner trägt eine sogenannte eingeschränkte Detailverantwortung [11]. Der übergeordnete Objektplaner ist für die Koordination seiner Leistungen mit den Arbeiten des Fachplaners verantwortlich. Das betrifft zum einen das zeitliche Zusammenspiel, bedeutet aber auch, dass der Objektplaner dem Fachplaner rechtzeitig die vollständigen und korrekten Rahmenbedingungen mitteilen muss [12]. Der Fachplaner muss solche Vorgaben, soweit sie sich auf seinen Fachbereich beziehen, auf Tauglichkeit und Vollständigkeit überprüfen [13]. Wenn Objekt- und Fachplaner getrennt und jeweils unmittelbar vom Bauherrn beauftragt sind, haftet der Objektplaner dem Bauherrn, wenn aufgrund seiner falschen Vorgaben an den Fachplaner für die Trinkwasser-Installation eine nicht der TrinkwV und/oder den einschlägigen DIN-Normen entsprechende Anlage geplant und eingebaut wird. Hat der Fachplaner aber ohne Kontrolle auf Tauglichkeit und Vollständigkeit diese Vorgaben seiner Planung zugrunde gelegt, muss sich der Bauherr diese Pflichtverletzung als Mitverschulden seines Erfüllungsgehilfen (§§ 254 Abs. 2 Satz 2, 278 BGB) gegenüber dem Objektplaner anrechnen lassen und erhält nicht den gesamten Schaden von diesem ersetzt. Den Rest muss der Fachplaner dem Bauherrn erstatten, weil er durch die unterlassene Prüfung der Vorgaben des Objektplaners den Schaden des Bauherrn mitverursacht hat [14].

[11] Kehrberg in: Motzke/Preussner/Kehrberg/Kesselring (Hrsg.), Die Haftung des Architekten, 9. Auflage 2008, Teil C Rn. 12.

[12] Häußermann in: Motzke/Preussner/Kehrberg/Kesselring (Hrsg.), Die Haftung des Architekten, 9. Auflage 2008, Teil M Rn. 9.

[13] OLG Köln, BauR 1986, 714.

[14] OLG Hamburg, IBR 2001, 73; Kehrberg in: Motzke/Preussner/Kehrberg/Kesselring (Hrsg.), Die Haftung des Architekten, 9. Auflage 2008, Teil C Rn. 72.

## 2.2 Der Fachplanervertrag

Der **Fachplanervertrag** ist rechtlich als **Werkvertrag** einzuordnen [15]. Der Planer schuldet einen Erfolg, nicht nur eine Tätigkeit wie es beim Dienstvertrag der Fall ist. Während der vom ausführenden Unternehmer geschuldete Erfolg das frei von wesentlichen Mängeln hergestellte Bauwerk (oder eines Teiles oder Gewerkes davon) ist, schuldet der Planer **das mangelfreie Entstehenlassen des Bauwerks**, wenn er mit wesentlichen Teilen der Planung und der Bauüberwachung beauftragt ist [16].

Die wesentlichen Bestandteile des Werkvertrags sind die Definition der Leistung – also das geschuldete »Planer–Soll« – und der Gegenleistung – also der Vergütung, die der Planer für seine Leistung erhält.

Während die Leistung von den Parteien frei vereinbart werden kann, richtet sich die Vergütung des Planers für die in den Leistungsbildern der HOAI aufgeführten Leistungen zwingend nach der HOAI. Man spricht hier in der Praxis üblicherweise (immer noch) von Grundleistungen, auch wenn die HOAI seit ihrer Neufassung im Jahre 2009 insoweit nur noch den Begriff der Leistung verwendet. Die HOAI ist zwingendes Recht, d.h. Bauherr und Planer können für eine frei vereinbarte Leistung die dafür in der HOAI vorgesehene Mindestvergütung nicht unterschreiten (sog. **Verbot der Mindestsatzunterschreitung**) und den Höchstsatz nicht überschreiten. Gestaltungsspielraum für die Vertragsparteien eröffnet die HOAI nur in engen Grenzen, etwa durch die Festlegung der anrechenbaren Kosten. Treffen die Parteien im **Zeitpunkt des Vertragsschlusses** keine **schriftliche** Vergütungsvereinbarung, gilt der sich aus der HOAI ergebende Mindestsatz kraft Gesetzes, also sozusagen »automatisch« (§ 7 Abs. 6 HOAI).

Die HOAI ist reines »Preisrecht«, weil sie nur der Bestimmung der angemessenen Vergütung [17], nicht aber der Beschreibung der vom Planer zu erbringenden Leistung dient. Dennoch wird in Planerverträgen jeder Art häufig auch zur Leistungsbeschreibung auf die HOAI Bezug genommen. Doch Vorsicht: Die Rechtsprechung legt solche Verträge mit weiterreichenden, für den Planer negativen Folgen aus. Der Planer muss in diesen Fällen jede einzelne Grundleistung einer beauftragten Leistungsphase nach HOAI erbringen, unabhängig davon, ob dies im konkreten Fall notwendig ist. Man bezeichnet diese Rechtsprechung als »**Teilerfolg-Rechtsprechung**«, weil jede einzelne Grundleistung als Teilerfolg angesehen wird [18]. Kann der Planer im Nachhinein nicht nachweisen, dass er jeden einzelnen Teilerfolg erbracht hat, kann der Auftraggeber ihm die Vergütung durch Minderung (§§ 634 Nr. 3, 638 BGB) kürzen. Der Planer sollte deshalb darauf achten, dass seine Leistung allgemein und ohne Bezug zur HOAI im Vertrag beschrieben wird.
Eine für den Planer akzeptable Leistungsdefinition im Fachplanervertrag kann z.B. lauten:

> *»Grundlagenermittlung für eine (Vor-, Ausführungs-)Planung einer Wasserversorgungsanlage für das Objekt XY, Vorbereitung und Begleitung der Ausschreibung, Auswertung der abgegebenen Angebote mit Erstellung eines Preisspiegels, Abgabe eines begründeten Vergabevorschlags, Fachbauüberwachung.«*

Ungünstig für den Fachplaner wäre hingegen folgende Leistungsbeschreibung im Vertrag:

> *»Alle Leistungen des Leistungsbildes Technische Ausrüstung für die Wasserversorgungsanlage für das Objekt XY nach § 53 Abs. 1 Nr. 1 HOAI in Verbindung mit Anlage 14 (zu § 53 Abs. 1).«*

Ebenso ungünstig, weil an HOAI angelehnt:

> *»Leistungen gemäß § 53 HOAI für Wasserversorgungsanlage: Grundlagenermittlung, Planungsphasen von Vor- bis einschließlich Ausführungsplanung, Ausschreibung, Mitwirkung bei der Vergabe und Bauüberwachung.«*

Gerade der Fachplaner ist ein Spezialist auf seinem Gebiet und muss durch die Definition der von ihm zu erbringenden Leistungen auch sein Haftungsrisiko vertraglich beschränken. Aus dem Vertrag muss daher eindeutig hervorgehen, dass er z.B. nur mit dem Leistungsbild der technischen Ausrüstung beauftragt ist und sich auch eine etwa übernommene Bauüberwachung ausschließlich auf die dazu gehörenden Gewerke beschränkt. Dies erspart dem Planer zwar nicht, sich auch an technischen Schnittstellen mit anderen Leistungen (etwa Deckendurchbrüchen für die Leitungsführung) auseinanderzusetzen, schränkt aber seine Leistungspflicht und das damit verbundene Haftungsrisiko ein.

[15] Eine hilfreiche Übersicht zum Planervertrag findet sich bei Kehrberg in: Motzke/Preussner/Kehrberg/Kesselring (Hrsg.), Die Haftung des Architekten, 9. Auflage 2008, Teil A Rn. 34 ff.

[16] Motzke in: Motzke/Preussner/Kehrberg/Kesselring (Hrsg.), Die Haftung des Architekten, 9. Auflage 2008, Teil F Rn. 26.

[17] § 632 Abs. 2 BGB spricht von der »taxmäßigen Vergütung«. Die HOAI wird als Ausgestaltung dieses Begriffs verstanden, vgl. BGHBGH, IBR 2005, 213; Palandt/Sprau, BGB, 71. Auflage 2012, § 632 Rn. 14, 19.

[18] BGH, BauR 2004, 1640; BGH, BauR 2005, 400; ausführlich dazu Motzke in: Motzke/Preussner/Kehrberg/Kesselring (Hrsg.), Die Haftung des Architekten, 9. Auflage 2008, Teil F Rn. 12 ff.

Neben den Grundleistungen kennt die HOAI die sogenannten **Besonderen Leistungen**, die in Anlage 2 (zu § 3 Abs. 3 HOAI) beispielhaft aufgeführt sind. Für diese Besonderen Leistungen kann das Honorar frei vereinbart werden. Alle Leistungen, die nicht unmittelbar den Grundleistungen zuzuordnen sind, sind Besondere Leistungen. Grundleistungen sind diejenigen Leistungen, die zur ordnungsgemäßen Erfüllung eines Auftrags im Allgemeinen erforderlich sind (§ 3 Abs. 2 HOAI). Alle anderen Leistungen sind Besondere Leistungen. Hierfür muss zwischen den Vertragsparteien (also dem Auftraggeber und dem Planer) eine gesonderte Vergütung vereinbart werden; wird eine Besondere Leistung ohne ausdrückliche Honorarvereinbarung erbracht, kann der Planer die übliche Vergütung nach § 632 Abs. 2 BGB verlangen. Die Höhe muss im Einzelfall ein Sachverständiger anhand des im Markt für diese Leistung üblichen Preises bestimmen.

Zuletzt nennt § 3 Abs. 1 HOAI noch die **Beratungsleistungen** (vergleiche Anlage 1 zu § 3 Abs. 1 HOAI), deren Vergütung in der HOAI nicht verbindlich geregelt ist. Ähnlich wie bei den Besonderen Leistungen kann das Honorar frei vereinbart werden, ohne Vereinbarung greift § 632 Abs. 2 BGB.

Hält es der Planer bei Vertragsschluss oder während des laufenden Projektes für technisch sinnvoll Besondere Leistungen zu erbringen, muss er dies mit dem Auftraggeber vertraglich vereinbaren. Wenn der Fachplanervertrag bereits abgeschlossen ist, handelt es sich dabei um eine Vertragsänderung, also einen ganz gewöhnlichen **Nachtrag**. Dieser kommt – wie der Vertragsschluss selbst – nicht einseitig, sondern durch Angebot und Annahme zu Stande. Der Fachplaner sollte daher auf keinen Fall die Leistung einfach erbringen und darauf hoffen, später vom Auftraggeber eine zusätzliche Vergütung zu bekommen. Vielmehr sollte er seinem Auftraggeber transparent und offen die technischen Vorteile sowie die Höhe der zusätzlichen Vergütung mitteilen und um Beauftragung bitten. Solange die Beauftragung nicht erfolgt ist, ist er nicht zur Ausführung der Leistung verpflichtet, aber auch nicht berechtigt. Denn der Auftraggeber muss sich keine (Besondere) Leistung aufdrängen lassen, die nicht für die Auftragserfüllung zwingend notwendig ist. Die Grenze ist in der Praxis manchmal schwer festzustellen: Handelt es sich noch um eine zur ordnungsgemäßen Erfüllung seines Auftrages »im Allgemeinen erforderliche« Grundleistung (so § 3 Abs. 2 HOAI), die mit seinem Honorar abgegolten ist oder schon um eine Besondere Leistung nach § 3 Abs. 3 HOAI? Diese Frage kann nur im Einzelfall beantwortet werden und richtet sich nach den technischen Gegebenheiten, insbesondere den allgemein anerkannten Regeln der Technik. Zu empfehlen ist dem Fachplaner folgender »Dreiklang«: Eine Besondere Leistung erkennen, gegenüber dem Auftraggeber hinsichtlich Kosten und Nutzen transparent machen und mit der Ausführung erst beginnen, wenn der Auftraggeber zugestimmt hat.

Ein Beispiel für eine Nachtragsvereinbarung kann wie folgt lauten:

*»Die Vertragsparteien haben am 16.1.2012 einen Fachplanervertrag über die Planung, Ausschreibung und Bauüberwachung einer Wasserversorgungsanlage für das Objekt XY geschlossen. Dieser Vertrag wird hiermit wie folgt ergänzt: Der Fachplaner hat den Auftraggeber über die Vorteile der Erstellung eines Raumbuches sowie eines Hygieneplans für das projektierte Objekt [19] als Besondere Leistung i.S.d. § 3 Abs. 3 HOAI mit Schreiben vom 25.3.2012 informiert und deren Erstellung für ein zusätzliches Pauschalhonorar in Höhe von Euro […] netto zzgl. USt angeboten. Der Auftraggeber nimmt dieses Angebot hiermit an. Das zusätzliche Pauschalhonorar wird zu 50 % mit Übergabe des Raumbuches und zu 50 % mit der Übergabe des Hygieneplans fällig.«*

Mit einer solchen oder ähnlichen Vertragsergänzung wird der Fachplaner zur Erbringung der Nachtragsleistung, im Beispiel eines Raumbuches und eines Hygieneplans [20], verpflichtet. Er erhält aber auch einen rechtssicheren Anspruch auf die vereinbarte Pauschalvergütung. Ohne eine solche Nachtragsvereinbarung kann der Auftraggeber weder Raumbuch noch Hygieneplan ohne zusätzliche Vergütung vom Planer verlangen, solange dies nicht aus technischen Gründen (etwa weil eine technische Norm dies als zur ordnungsgemäßen Erfüllung eines Auftrages erforderlich ansieht) ohnehin notwendig ist.

3 Raumbuch

7 Hygieneplan

[19] Die Besondere Leistung sollte entweder in der Nachtragsvereinbarung oder in dem Schreiben, auf welches verwiesen wird, eindeutig und ggf. etwas ausführlicher als im Beispiel beschrieben werden.

[20] Siehe dazu Ziffer 3.1.

## 2.3 Die allgemein anerkannten Regeln der Technik

Der Planer muss die **allgemein anerkannten Regeln der Technik** einhalten [21]. Dies ist der allgemeingültige »Qualitätsstandard«, den das Recht vom Planer verlangt. Im Vertrag können Bauherr und Planer einen strengeren Maßstab vereinbaren, wenn der Bauherr z. B. die Einhaltung höherer Grenzwerte fordert als die aktuelle DIN-Norm. Auch können Gesetze oder Verordnungen die Anwendbarkeit bestimmter Normen oder davon abweichende technische Werte vorschreiben, die dann einzuhalten sind.

Ein bestimmtes Verfahren, ein Baustoff oder ähnliches wird zur allgemein anerkannten Regel der Technik, wenn es in der Theorie anerkannt und in der Praxis erprobt und bewährt ist. Im Normalfall geben die EN- und die DIN-Normen die allgemein anerkannten Regeln der Technik wieder. Auch solche Normen können aber veralten und durch aktuelle Erkenntnisse und die Entwicklung neuer Verfahren, Stoffe, usw. überholt werden [22]. Dann genügt die Einhaltung der veralteten Normen nicht mehr; wenn der Planer nach solchen überholten Normen plant, wird sein Werk mangelhaft. Auch kann ein nach den technischen Normen eigentlich zulässiges Material oder ein allgemein bauaufsichtlich zugelassener Baustoff [23] im Einzelfall ungeeignet sein und daher für die konkrete Verwendung nicht den allgemein anerkannten Regeln der Technik entsprechen [24]. Will der Planer mit derartigem Material planen und dies folgerichtig auch in die von ihm zu erstellende Leistungsbeschreibung übernehmen, muss er den Bauherrn auf sich aus der Verwendung dieses Materials ergebende Risiken und erforderliche Zusatz- oder Vorsichtsmaßnahmen hinweisen [25].

Der Planer muss stets auch die **Verkehrssicherungspflicht**, die den Bauherrn als künftigen Betreiber des Gebäudes trifft, im Auge haben. Der Umfang der Verkehrssicherungspflicht wird nicht allein durch DIN-Normen, Gesetze und Verordnungen bestimmt. Wie jeder, der eine Gefahrenquelle für andere eröffnet, hat auch der Eigentümer und der Betreiber als dessen verlängerter Arm grundsätzlich selbständig zu prüfen, ob und welche Sicherungsmaßnahmen zur Vermeidung von Schädigungen der Zuhörer notwendig sind; die als Ergebnis dieser Prüfung erforderlichen Maßnahmen hat der Eigentümer selbständig zu treffen, auch wenn gesetzliche [26] oder andere Anordnungen, Unfallverhütungsvorschriften [27] oder technische Regeln wie EN- oder DIN-Normen [28] seine Sorgfaltspflichten durch Bestimmungen über Sicherheitsmaßnahmen konkretisieren [29]. Der Planer muss jedenfalls eine Konstruktion wählen, die nach seiner Überzeugung mit Sicherheit den an sie gestellten Anforderungen genügt [30].

Bei neu herausgegebenen **DIN-Normen** wie im Bereich der Trinkwasser-Installationen kann der Planer darauf vertrauen, dass sie die allgemein anerkannten Regeln der Technik widergeben. Das Verfahren in den Normungsausschüssen gewährleistet eine ausgewogene Diskussion von Forschung, Herstellern, Planern und ausführenden Unternehmen, deren Ergebnis eine gewisse Allgemeinverbindlichkeit garantiert [31]. Aber auch hier ist Vorsicht geboten, wie das Beispiel der trockenen Dichtigkeitsprüfung zeigt, die seit 2004 zu den allgemein anerkannten Regeln der Technik gehört, aber dennoch nicht in DIN EN 806-4 Eingang gefunden hat [32].

Zu beachten ist, dass bereits mit Veröffentlichung eines **Entwurfs** (**Gründruck** bei VDI-Richtlinien, **Gelbdruck** bei DIN-Normen) einer überarbeiteten Norm die alte Norm überholt sein kann. Um die allgemein anerkannten Regeln der Technik einzuhalten und damit mangelfrei zu planen, muss der Planer daher unter Umständen bereits die Anforderungen des Gründrucks erfüllen, wenn man in Theorie und Praxis davon ausgeht, dass der Gründruck technisch schon allgemein anerkannt ist. Der Planer muss sein Wissen durch Studium entsprechender Fachliteratur und anderweitige Fortbildung insoweit aktuell halten.

[21] BGH, VersR 2005, 374; ausführliche Darstellung bei Englert in: Kuffer/Wirth, Handbuch des Fachanwalts Bau- und Architektenrecht, 3. Auflage 2011, Teil A Rn. 24 ff.

[22] BGHZ 172, 346.

[23] KG, Urteil vom 14.9.2010, AZ 21 U 108/09.

[24] OLG Köln, Urteil vom 14.2.2008, AZ 12 U 121/03.

[25] KG, Urteil vom 14.9.2010, AZ 21 U 108/09.

[26] BGH, VersR 1987, 102.

[27] BGH, VersR 1975, 812.

[28] BGHZ 103, 338.

[29] So weitgehend wörtlich BGH, NJW 2001, 2019.

[30] BGH, NJW 1981, 2243.

[31] OLG Köln, Urteil vom 14.2.2008, AZ 12 U 121/03; Englert, a.a.O.

[32] Vgl. Buchkapitel 2 Schulte, Kap. 1.

Aus den anwendbaren Rechtsvorschriften und den zugehörigen DIN-Normen ergibt sich damit der vom Planer einzuhaltende **Sorgfaltsmaßstab**. Dieser gilt für seine gesamte Tätigkeit, von der Grundlagenermittlung über die Planung, die Ausschreibung bis hin zur Bauüberwachung und Objektdokumentation. Auf die Planung von Wasserversorgungsanlagen bezogen bedeutet dies, dass der Planer seinem Auftraggeber eine Trinkwasseranlage schuldet, die das Wasser nicht derart nachteilig verändert, dass es nicht mehr den Anforderungen der TrinkwV entspricht [33].

Hier ist **§ 17 TrinkwV** zu beachten. Nach § 17 Abs. 1 TrinkwV dürfen für die Neuerrichtung oder Instandhaltung von Anlagen für die Gewinnung, die Aufbereitung oder die Verteilung von Trinkwasser nur Werkstoffe und Materialien verwendet werden, die im Kontakt mit Wasser Stoffe nicht in solchen Konzentrationen abgeben, die höher als nach den allgemein anerkannten Regeln der Technik unvermeidbar sind. Weiterhin dürfen Werkstoffe und Materialien den nach der TrinkwV vorgesehenen Schutz der menschlichen Gesundheit nicht unmittelbar oder mittelbar mindern oder den Geruch oder Geschmack des Wassers verändern. Nach Abs. 2 dürfen Wasserversorgungsanlagen, aus denen Trinkwasser abgegeben wird, nicht ohne eine den allgemein anerkannten Regeln der Technik entsprechende Sicherungseinrichtung mit wasserführenden Teilen verbunden werden, in denen sich Wasser befindet oder fortgeleitet wird, das nicht für den menschlichen Gebrauch im Sinne des § 3 Abs. 1 Nr. 1 TrinkwV bestimmt ist. Diese Vorgaben des Verordnungsgebers, die freilich wieder auf die allgemein anerkannten Regeln der Technik Bezug nehmen, sind zwingend einzuhalten.

Vom Begriff der allgemein anerkannten Regeln der Technik sind der »**Stand der Technik**« und der »**Stand von Wissenschaft und Technik**« zu unterscheiden. Was »Stand der Technik« ist, muss nicht allgemein anerkannt sein; es handelt sich um neuere technische Verfahren, die sich noch im Durchsetzungsprozess befinden, in der Praxis zwar erprobt sein können, aber noch nicht flächendeckend angewendet werden. Den neuesten wissenschaftlichen Erkenntnisstand bezeichnet man demgegenüber mit »Stand von Wissenschaft und Technik«, also eher neueste theoretische Erkenntnis ohne praktische Erprobung [34]. Wann immer der Planer seine Tätigkeit nicht am den allgemein anerkannten Regeln der Technik, sondern an einem weniger erprobten Standard ausrichten will, muss er dies dem Bauherrn gegenüber offenlegen und seine Freigabe einholen [35].

Bei Projekten, die sich über mehrere Jahre erstrecken, kann sich zwischen Abschluss des Planervertrages und der Abnahme der Planerleistung [36] unter Umständen **die allgemein anerkannte Regel der Technik ändern**. Was zu Beginn noch Stand der Technik war, kann durch das Merkmal der allgemeinen Anerkennung und Erprobung in der Praxis zur allgemein anerkannten Regel der Technik werden. Als Leistungserfolg schuldet der Planer grundsätzlich im Zeitpunkt der Abnahme seiner Leistung den dann geltenden Standard. Eine Umplanung ist aber natürlich nicht mehr möglich. Im Zeitpunkt der tatsächlichen Leistungserbringung war sein Werk auch mangelfrei, da es den dann geltenden allgemein anerkannten Regeln der Technik entsprach. Man kann daher vom Planer nur einen Hinweis an den Auftraggeber auf die Regeländerung verlangen. Eine Wiederholung von Grundleistungen wegen der Regeländerungen muss vergütet werden. Hier sollte die »Teilerfolg-Rechtsprechung« [37] dem Planer zu Gute kommen: Wenn ein Teilerfolg im Zeitpunkt seiner Fertigstellung und Ablieferung den dann geltenden allgemein anerkannten Regeln der Technik entsprach, ist sein Werk insoweit mangelfrei. Eine spätere Wiederholung ist zu vergüten und nicht als Mangelbeseitigung anzusehen.

Gerade für wichtige Bereiche der Trinkwasser-Installation macht § 17 Abs. 1 S. 3 TrinkwV aber deutlich, dass bei Planung, Bau und Betrieb von Anlagen für die Gewinnung, die Aufbereitung oder die Verteilung von Trinkwasser mindestens die allgemein anerkannten Regeln der Technik einzuhalten sind. Der Verordnungstext öffnet damit bewusst die Tür für die Zulässigkeit höherer Standards. Man wird dem Planer daher, wenn er über die allgemein anerkannten Regeln der Technik hinausgeht und höherwertige Materialien, Produkte oder Verfahren anwendet oder ausschreibt, keinen Vorwurf machen können. Denn er folgt nur dem vom Verordnungsgeber gesetzten Maßstab. Wie § 17 Abs. 1 S. 4 TrinkwV weiter vorsieht, kann das von der Trinkwasserverordnung geforderte Schutzniveau insbesondere sichergestellt werden, indem durch einen akkreditierten Branchenzertifizierer zertifizierte Verfahren und Produkte eingesetzt werden.

[33] OLG Dresden, Urteil vom 17.7.2002, AZ 11 U 878/01.

[34] Umfassend Seibel, BauR 2004, 266.

[35] KG, Urteil vom 14.9.2010, AZ 21 U 108/09.

[36] Siehe unten Ziffer 2.6.

[37] Siehe oben Ziffer 2.2.

Abb. 3–2

## 2.4 Beratungspflichten im Planervertrag

Mancher Planer sieht sich gerne in der Rolle als fachkundiger Berater seines Auftraggebers. Er hat im Normalfall einen großen Wissens- und Erfahrungsvorsprung, der ihn für den Bauherrn wertvoll, ja oft unentbehrlich macht. Allerdings muss sich der Planer bewusst sein, dass die Beraterrolle nicht nur die Kür, sondern auch die von der Rechtsprechung streng kontrollierte und sanktionierte Pflicht eines jeden Planers ist.

Beratung bedeutet konkret, den Willen des Auftraggebers herauszufinden, die möglichen technischen Lösungen unter Beachtung von Kosten und Nutzen zu ermitteln und den Auftraggeber über diese Erkenntnisse so zu informieren, dass er eine sinnvolle, wirtschaftliche und seinen Bedürfnissen und finanziellen Möglichkeiten angemessene Lösung zu treffen in der Lage ist.

Wenn hier von Beratungspflichten und der Beratungstätigkeit des Planers die Rede ist, sind nicht die Beratungsleistungen nach § 3 Abs. 1 HOAI in Verbindung mit deren Anlage 1 gemeint. Die Anlage 1 (zu § 3 Abs. 1 HOAI) enthält seit der Neufassung der HOAI [38] explizite Beratungsleistungen, die ohne oder neben einem eigentlichen Planungsauftrag von entsprechend qualifizierten Personen erbracht werden können. Die hier angesprochenen Beratungspflichten sind Bestandteil der Leistungsbilder der HOAI und damit der Leistungen, die im Sinne des § 3 Abs. 2 HOAI zur ordnungsgemäßen Erfüllung eines Auftrags im Allgemeinen erforderlich sind.

Durch das ganze Bauvorhaben hindurch ist die Beratungspflicht aktuell. Täglich können sich neue Fragen stellen und Weichenstellungen notwendig werden. Die Grenze der Beratungspflicht ergibt sich aus dem Auftragsgegenstand, den der Planer übernommen hat [39]. Als Grundsatz kann man die Losung ausgeben: Lieber einmal zu viel beraten und aufklären als einmal zu wenig. Und: Beratung ist gut, Beratung mit ausführlicher Dokumentation ist zur Vermeidung von Haftungsrisiken noch besser!

[38] Diese erfolgte zum 11. August 2009 (BGBl. I S. 2732).

[39] Thode/Kuffer/Wirth, Praxishandbuch Architektenrecht, 2. Auflage 2012, § 15 Rn. 6; siehe Überblick zu den Beratungspflichten bei Kehrberg in: Motzke/Preussner/Kehrberg/Kesselring (Hrsg.), Die Haftung des Architekten, 9. Auflage 2008, Teil C Rn. 6 ff.

Die **Beratungspflicht des Fachplaners** ist – immer bezogen auf seinen Leistungsumfang – umfassend. Der Fachplaner für die Wasseranlage in einem Gebäude muss ab dem Zeitpunkt seiner Hinzuziehung über alle wichtigen Rahmenbedingungen im konkreten Projekt aufklären und die Entscheidung des Auftraggebers zu Einzelfragen herbeiführen.
Will er **neue technische Produkte** einsetzen, mit denen bestimmte Risiken verbunden sind, und sei es nur deshalb, weil sie noch nicht umfassend erprobt sind, kann der Planer eine solche Entscheidung nicht alleine treffen, sondern muss den Auftraggeber in die Lage versetzen, dass er die für ihn richtige Entscheidung treffen kann. Das gilt auch, wenn der Planer aus gutem Grund von einer bestimmten Regelvorgabe in einer technischen Norm abweichen will, weil sie im Projekt nicht notwendig oder sogar kontraproduktiv ist. Die Grenze bilden dabei die allgemein anerkannten Regeln der Technik, die der Planer immer einhalten muss [40]. Häufig wird der Planer auch über mögliche Alternativen zu der von ihm bevorzugten Ausführungsart beraten müssen, damit dem Auftraggeber wirklich eine Wahl bleibt [41].

## 2.5 Haftung gegenüber dem Auftraggeber

Aus Vertrag und Gesetz können sich eine Vielzahl von Haftungsansprüchen des Auftraggebers gegen den Planer ergeben. Im Vordergrund stehen die Ansprüche aus dem Planervertrag: **Mängelansprüche** und **Ansprüche wegen Pflichtverletzung** (z. B. falscher Beratung).

Ein **Sachmangel** ist nach dem subjektiven Fehlerbegriff des § 633 BGB gegeben, wenn das Werk die vereinbarte Beschaffenheit nicht aufweist. Soweit die Beschaffenheit nicht vereinbart ist, ist das Werk nur dann mangelfrei, wenn das Werk sich für die nach dem Vertrag vorausgesetzte, sonst für die gewöhnliche Verwendung eignet und eine Beschaffenheit aufweist, wie es bei Werken der gleichen Art üblich ist und die der Besteller nach der Art des Werkes erwarten kann.

Für den Zeitpunkt der Mangelfreiheit ist die **Abnahme entscheidend**. Das kommt daher, dass im Werkvertrag ein Erfolg geschuldet wird. Hier ist weniger der Weg das Ziel, sondern das – von wesentlichen Mängeln freie – Ziel gerade das geschuldete Moment. Entscheidend ist, ob der Mangel bereits im Zeitpunkt der Abnahme im Werk angelegt oder vorhanden war. Ob er zu diesem Zeitpunkt erkannt wurde oder auch nur erkennbar gewesen wäre, ist unbeachtlich.

Wenn während der **Betriebsphase** ein Problem oder Fehler auftritt, muss nicht zwingend ein Mangel vorliegen. So ist üblicher, zu erwartender Verschleiß an sich kein Mangel. Er kann es aber werden, wenn der Planer z. B. vom besonders hohen Kalkgehalt des Wassers am Ort des Projektes wusste (oder hätte wissen müssen) und dennoch keine technischen Maßnahmen gegen übermäßige Verkalkung der Trinkwasserleitungen vorgesehen hat. Ausgangspunkt ist immer die vertragliche Beschaffenheitsvereinbarung: Was haben Auftraggeber und Planer im Vertrag vereinbart? Ohne besondere Vereinbarung gelten in jedem Fall die allgemein anerkannten Regeln der Technik. Mit einer besonderen Vereinbarung, etwa weil der Auftraggeber aus einem benachbarten Projekt das Problem der übermäßigen Verkalkung aufgrund des Härtegrades des dort vorhandenen Wassers wusste und dies im Planervertrag als besonders zu beachtendes Planungsziel vorgesehen hat, ist die vertragliche Vereinbarung vorrangig und vom Planer zu beachten. Eine Nichtbeachtung erfüllt rechtlich den Begriff des Mangels, weil die vertragliche Beschaffenheit nicht erreicht wurde.

Auch das Einhalten der vom Hersteller eines Produktes vorgegebenen Wartungsintervalle und die Qualität des Betriebes können zu Problemen führen, die – unter Umständen vorschnell – als Mangel des Planerwerkes bezeichnet werden. Der Planer darf sich darauf verlassen, dass regelmäßige, den Herstellerrichtlinien u. ä. entsprechende Wartungs- und Instandhaltungsarbeiten fachgerecht durchgeführt werden. Schäden als Folge der unsachgerechten oder unregelmäßigen Wartung oder der Verletzung von **Betreiberpflichten** führen nicht zu einem Mangel im Rechtssinne des § 633 BGB, da das Werk des Planers im Zeitpunkt der Abnahme mangelfrei war.

8 Betreiberpflichten

[40] OLG Hamm, IBR 2006, 152.
[41] BGH, BauR 1976, 66; OLG Köln, BauR 1990, 103.



Vorwort Inhaltsverzeichnis
Hygieneanforderungen TrinkwV und VDI 6023
Planungspraxis EN 806-2 / DIN 1988-200
Systemauslegung DIN 1988-300/500/600
Trinkwasserhygiene im Bestand Sanierung/Betrieb
Recht / Ausschreibung Planerhaftung
Index

Soweit es allerdings zu den Leistungen des Planers gehört, derartige Herstellerrichtlinien, Bedienungsanleitungen oder ähnliche Dokumentationsunterlagen zusammenzustellen und dem Auftraggeber zu übergeben, kann aus der Verletzung dieser Pflicht ein Mangel der Leistung resultieren, der ihm eine gewisse Mitverantwortung gegenüber dem Auftraggeber für spätere Probleme auferlegt. Erneut gilt, dass die Beratung, Aufklärung und Dokumentation gegenüber dem Auftraggeber von besonderer Bedeutung sind.

In der Praxis besteht oft Streit darüber, ob überhaupt ein Mangel im Rechtssinne vorliegt, also ob die vertraglich geschuldete Beschaffenheit oder, ohne Beschaffenheitsvereinbarung, die allgemein anerkannten Regeln der Technik eingehalten wurden. Diese technische Frage lässt sich häufig nur durch ein Sachverständigengutachten klären. Vor der Abnahme muss der Fachplaner beweisen, dass kein Mangel vorliegt; nach der Abnahme muss hingegen der Auftraggeber dem Fachplaner nachweisen, dass die vertragliche Beschaffenheit oder die allgemein anerkannten Regeln der Technik nicht erreicht wurden. Dies nennt man die **Beweislast**. Wenn z. B. bei einer Untersuchung nach der Trinkwasserverordnung kritische Werte im Trinkwasser gemessen werden, obliegt es nach der Abnahme des Planerwerkes dem Auftraggeber nachzuweisen, dass der Planer mangelhaft geplant hat und – wenn der Auftraggeber Schadensersatzansprüche geltend machen will – ihm aus der fehlerhaften Planung ein Schaden entstanden ist.

Wenn ein Mangel im Sinne des § 633 BGB vorliegt, hat der Auftraggeber folgende **Mängelansprüche** aus dem Gesetz

- Nacherfüllung, §§ 634 Nr. 1, 635 BGB
- Selbstvornahme, §§ 634 Nr. 2, 637 BGB
- Rücktritt, §§ 634 Nr. 3, 636 BGB
- Minderung, §§ 634 Nr. 3, 638 BGB
- Schadensersatz, §§ 634 Nr. 4, 280 BGB

Während das Gesetz von einem Vorrang der **Nacherfüllung** gemäß §§ 634 Nr. 1, 635 BGB ausgeht, ist diese im Planervertrag eher die Ausnahme. Denn Nacherfüllung bedeutet, dass eine mangelhafte durch eine mangelfreie Leistung ersetzt bzw. der Mangel anderweitig beseitigt wird. Wegen des Vorrangs der Nacherfüllung setzen alle anderen Mängelansprüche grundsätzlich voraus, dass der Auftragnehmer den Mangel nicht innerhalb einer ihm gesetzten angemessenen Frist beseitigt hat. Beim Planer stellt sich die Situation aber häufig so dar, dass der Mangel am Bauwerk nicht dadurch beseitigt werden kann, dass der Planer seine Leistung nachträglich mangelfrei erbringt. Hat er etwa eine Trinkwasseranlage falsch dimensioniert und danach Planung, Ausschreibung und Bauüberwachung gerichtet, hat sich also der Planungsmangel physisch im Bauwerk realisiert, wird er durch die nachträgliche Überarbeitung der Planung am Bauwerk nicht beseitigt [42]. Dem Auftraggeber ist es aufgrund der besonderen Vertrauensstellung, die ein Planer wegen seiner ihm zugeschriebenen besonderen Fachkunde auf seinem Gebiet haben soll, oft nicht zumutbar, eine Nacherfüllung zu akzeptieren. In jedem Fall sind zur Beseitigung eines Planungsmangels, der sich bereits im Bauwerk realisiert hat, weitergehende Arbeiten erforderlich, die der Planer gar nicht erbringen kann. Dann kann die Nacherfüllung z. B. als Neuberechnung und -konzeption der Anlage zwar ein Baustein der Mangelbeseitigung sein, es kommt aber darüber hinaus zum Schadensersatzanspruch nach §§ 634 Nr. 4, 280 BGB wegen der Mehrkosten für den Umbau der Anlage.

Seit Aufkommen der »Teilerfolg-Rechtsprechung« hat die Bedeutung der **Minderung** nach §§ 634 Nr. 3, 638 BGB deutlich zugenommen. Wenn die vom Planer nach seinem Vertrag zu erbringende Leistung in Anlehnung an die Leistungsbilder der HOAI beschrieben ist, muss er **jede einzelne (Grund-)Leistung nach HOAI** der beauftragten Leistungsphase erbringen; der Auftraggeber kann die Vergütung mindern, wenn eine Grundleistung fehlt, weil das Werk des Planers wegen des ausbleibenden Teilerfolgs dann mangelhaft ist.

[42] Preussner in: Motzke/Preussner/Kehrberg/Kesselring (Hrsg.), Die Haftung des Architekten, 9. Auflage 2008, Teil J Rn. 153.

Neben den Mängelansprüchen kann der Planer auch nach den allgemeinen Vorschriften des § 280 BGB zur Leistung von **Schadensersatz** verpflichtet sein [43]. Dafür kann, muss aber kein Mangel, also insbesondere kein Verstoß gegen die allgemein anerkannten Regeln der Technik vorliegen, sondern eine Verletzung einer sich aus dem Planervertrag ergebenden Pflicht. Hauptanwendungsfall für den Planer ist eine Verletzung der Beratungs- und Aufklärungspflicht. Wird z.B. eine den allgemein anerkannten Regeln der Technik entsprechende Trinkwasseranlage geplant, die aber für den konkreten Zweck völlig überdimensioniert ist und damit Mehrkosten in Herstellung und Betrieb verursacht, kann eine den Planer zum Schadensersatz verpflichtende Verletzung seiner Beratungspflicht vorliegen. Hätte er den Bauherrn richtig beraten und rechtzeitig über mögliche Alternativen informiert, wären diese Mehrkosten nicht angefallen. Der Planer muss unnötige, nachgewiesene Kosten ersetzen. Ein **Mitverschulden** des Auftraggebers (§ 254 BGB) kann zu einer Kürzung des Schadensersatzanspruches der Höhe nach führen, etwa wenn der Auftraggeber oder sein Betreiber als sein Erfüllungsgehilfe (§ 278 BGB) die **Betreiberpflichten** nicht ordnungsgemäß erfüllt und somit zur Entstehung oder Vergrößerung des Schadens beigetragen hat.

8 Betreiberpflichten

## 2.6 Abnahme, Fälligkeit, Verjährung

Da auch der Planer eine Werkleistung nach § 631 BGB erbringt, ist das Ergebnis seiner Arbeit **abnahmefähig** im Sinne des § 640 Abs. 1 BGB. Anders formuliert: Weil der Planervertrag rechtlich gesehen ein Werkvertrag ist, muss die Leistung vom Auftraggeber abgenommen werden, will der Planer die für ihn positiven Rechtsfolgen der Abnahme herbeiführen.

Die im BGB vorgesehenen Rechtsfolgen der Abnahme sind im Überblick [44]

| | |
|---|---|
| Übergang vom Erfüllungs- ins Nacherfüllungsstadium | § 640 Abs. 1 BGB |
| Übergang der Leistungs- und Preisgefahr auf den Besteller/Auftraggeber | §§ 644, 645 BGB |
| Umkehr der Beweislast für das Vorliegen von Mängeln | |
| Rechtsverlust hinsichtlich positiv bekannter, nicht vorbehaltener Mängel und einer nicht vorbehaltenen Vertragsstrafe | § 640 Abs. 2 BGB<br>§ 341 Abs. 3 BGB |
| Verjährungsbeginn für Mängelansprüche | § 634a Abs. 2 BGB |

Eine weitere wichtige Folge der Abnahme ist nach § 641 Abs. 1 BGB eigentlich die **Fälligkeit der Vergütung**. Die Fälligkeit bezeichnet bekanntlich den Zeitpunkt, ab dem eine Leistung gefordert werden kann (§ 271 BGB). Aufgrund der **Sonderregelung in § 15 Abs. 1 HOAI** wird das Honorar des Planers fällig, wenn die Leistung vertragsgemäß erbracht und eine prüffähige Honorarschlussrechnung überreicht worden ist. Vertraglich können Bauherr und Planer etwas anderes vereinbaren. Hinsichtlich der Fälligkeit seines Honorars muss der Planer also nicht auf die Abnahme, sehr wohl aber auf die vollständige Erbringung seiner Leistung achten. Soweit diese vertraglich durch eine Bezugnahme auf die Leistungsphasen der HOAI beschrieben ist [45], muss er alle Grundleistungen erbracht haben, um zu einem fälligen Anspruch auf die Schlusszahlung zu kommen. Hier helfen allenfalls Abschlagsrechnungen, die nach § 15 Abs. 2 HOAI zu den vereinbarten Zeitpunkten oder in angemessenen zeitlichen Abständen für nachgewiesene Leistungen gefordert werden können. Anspruch auf die Schlusszahlung hat der Architekt aber nur, wenn er alle Leistungen, insbesondere auch alle Teilleistungen im Sinne der Grundleistungen bei einer an die Leistungsphasen der HOAI angelehnten Leistungsbeschreibung, erbracht und eine prüffähige Honorarschlussrechnung an den Auftraggeber übergeben hat.

Für den Planer von besonderer Bedeutung ist dabei der zuletzt genannte Beginn der **Verjährung von Mängelansprüchen des Auftraggebers**. Soweit vertraglich nicht anders vereinbart, beträgt die Verjährungsfrist, wie allgemein für Bauleistungen, auch für das Planerwerk fünf Jahre ab Abnahme (§ 634a Abs. 1 Nr. 2 BGB).

Die hier gemeinte Abnahme wird als **rechtsgeschäftliche Abnahme** bezeichnet. Denn mit der Abnahme als der körperlichen Hinnahme des Werkes verbindet der Auftraggeber die Erklärung, dass er das hergestellte Werk in seiner konkreten Gestalt als vertragsgemäße Leistung anerkennt [46].

[43] Umfassend Preussner in: Motzke/Preussner/Kehrberg/Kesselring (Hrsg.), Die Haftung des Architekten, 9. Auflage 2008, Teil J Rn. 267.

[44] Ausführlich Häußermann in: Motzke/Preussner/Kehrberg/Kesselring (Hrsg.), Die Haftung des Architekten, 9. Auflage 2008, Teil W.

[45] Siehe oben Ziff. 2.2.

[46] BGH, NJW 1970, 421; BGH, BauR 1974, 67; BGH, BauR 1983, 573.

Die Erklärung hat unmittelbare rechtliche Auswirkungen und steht damit im Grundsatz nur dem Auftraggeber des Planers zu. Der Architekt als Objektplaner ist im Normalfall nicht vom Auftraggeber bevollmächtigt, die rechtsgeschäftliche Abnahme zu erklären. Dafür benötigt der Objektplaner eine gesonderte Vollmacht. Der Fachplaner muss also darauf achten, dass sein **Auftraggeber selbst die Abnahme** erklärt. Die Abnahme eines Werkes, das frei von wesentlichen Mängeln ist, ist eine Hauptpflicht des Auftraggebers im Werkvertrag (§ 640 Abs. 1 BGB); verweigert er sie zu Unrecht, kann der Planer vor Gericht auf Abnahme klagen.

In der Praxis findet man viel zu selten eine ausdrückliche Abnahmeerklärung für das Planerwerk. Anders als bei der Bauleistung kommt ein standardisiertes Abnahmeprotokoll für Planerleistungen, welches nach einer Begehung von beiden Seiten unterzeichnet wird, fast nie zur Anwendung, obwohl hier wie da eine Werkleistung erbracht wurde und eine Abnahmepflicht des Auftraggebers besteht. Dies liegt beim Planer wohl an der Art der zu erbringenden Leistung, die eben kaum körperlich begutachtet und ohne weiteres als im Wesentlichen vertragsgerecht und frei von wesentlichen Mängeln beurteilt werden kann. Auch ist das Ende der Leistungserbringung durch den Planer selten so eindeutig fixiert wie beim Bauunternehmer durch die Fertigstellung der physischen Arbeiten auf der Baustelle und Übergabe der vertraglich geschuldeten Dokumentation. Auch wenn dem Auftraggeber oft mangels Kenntnis das Verständnis für eine förmliche Abnahme der Planerleistung mit Abnahmeprotokoll fehlen wird, sollte der Planer aus eigenem Interesse einen Versuch unternehmen.

Der Regelfall ist aber die stillschweigende, konkludente Abnahmeerklärung durch schlüssiges Verhalten des Auftraggebers. Für die Annahme einer stillschweigenden Abnahme ist das gesamte Verhalten des Auftraggebers maßgeblich [47]. Daher können die **vollständige Bezahlung der vom Planer gestellten Schlussrechnung**, der Einzug in das geplante Objekt oder seine Ingebrauchnahme ausreichen [48]. Diese Beispiele gelten aber nicht automatisch in jedem Fall. Am sichersten kann sich der Planer fühlen, wenn seine Honorarrechnung vollständig bezahlt ist. Aber auch dies setzt voraus, dass er seine Leistung zuvor vollständig erbracht hat. Wegen der »Teilerfolg-Rechtsprechung« [49] setzt dies bei entsprechender vertraglicher Gestaltung die Erbringung jeder einzelnen Grundleistung voraus. Hier ist erneut insbesondere auf die Dokumentationspflichten hinzuweisen, die trotz vollständiger Rechnungsbegleichung der Annahme einer stillschweigenden Abnahme entgegenstehen können.

Daher ist dem Fachplaner zu empfehlen, alle Grundleistungen der HOAI, die für seine Leistung erforderlich sind, formal abzuarbeiten und insbesondere durch eine entsprechende Aktenführung auch die Kommunikation von zusammengestellten Arbeitsergebnissen der einzelnen Leistungsphasen klar und eindeutig zu dokumentieren. Wenn er dann seine Schlussrechnung stellt und diese vollständig bezahlt wird, kann er sich ziemlich sicher sein, dass die fünfjährige Verjährungsfrist nach § 634a Abs. 1 Nr. 2 BGB zu laufen begonnen hat.

Wenn der Planer mit der Leistungsphase 9 – Objektbetreuung – beauftragt ist, muss er Folgendes beachten: Abnahmefähig ist seine Gesamtleistung erst, wenn sie vollständig erbracht wurde. Die Leistungsphase 9 endet aber frühestens nach Ablauf der Verjährungsfristen für die Mängelansprüche des Auftraggebers gegenüber den Bauunternehmern oder Handwerkern derjenigen Gewerke, die der Fachplaner betreut hat. Damit ist seine Gesamtleistung, also der geschuldete Erfolg, häufig erst mehr als fünf Jahre z. B. nach Inbetriebnahme der Wasserversorgungsanlage erbracht, sodass seine eigene Verjährungsfrist auch für die in den Leistungsphasen 1 bis 8 abgelieferten Leistungen erst fünf Jahre nach dem Verjährungsende für die Bauleistung abläuft. Soweit er mit dem Bauunternehmer gesamtschuldnerisch haftet (vor allem bei Mängeln der Bauüberwachung), bleibt damit die gesamte Haftung am Planer hängen.

Er muss deshalb darauf achten, dass er in seinem Vertrag mit dem Bauherrn eine (Teil-)Abnahme nach der Leistungsphase 8 vereinbart, damit die Fünf-Jahres-Frist schon dann zu laufen beginnt. Die Abnahme der Leistungsphase 9 betrifft dann nur noch die in dieser Phase erbrachten Leistungen und setzt die Verjährungsfrist hierfür in Gang.

[47] BGH, BauR 2006, 396; OLG Düsseldorf, BauR 2001, 423.

[48] OLG Karlsruhe, BauR 2004, 518; BGH, BauR 1982, 290; OLG Köln, BauR 1992, 514; OLG Düsseldorf, IBR 2005, 554.

[49] Siehe oben Ziffer 2.2.

## 2.7 Kooperationspflichten, gesamtschuldnerische Haftung

Soll ein Bauprojekt gelingen, müssen alle am Bau Beteiligten zusammenarbeiten. Sowohl aus den Planer- als auch den Bauverträgen ergibt sich, auch ohne ausdrückliche Erwähnung darin, eine **Kooperationspflicht** aller Beteiligten [50]. Dies ist zunächst der Bauherr als Auftraggeber, sein Objektplaner, der ausführende Bauunternehmer, insbesondere aber auch die Fachplaner und Fachingenieure.

Dass technisch eine Abstimmung während der gesamten Planungs-, Bau- und Betriebsphase nicht nur sinnvoll, sondern zwingend erforderlich ist, steht außer Frage. Aber auch das Recht verpflichtet die am Bau Beteiligten zu Kooperation, Beratung, Aufklärung und gegenseitiger Information.

Als Reflex zu den verschiedenen Kooperationspflichten ergibt sich im Falle mangelnder Kooperation, schlechter Beratung, unterlassener Aufklärung oder verzögerter und unvollständiger Information die Haftung des einen gegenüber dem anderen. Für die Frage, wer wofür gegenüber wem haftet, ist auf die konkreten Vertragsbeziehungen unter den am Bau Beteiligten abzustellen.

In bestimmten Fällen können zwei am Bau Beteiligte als **Gesamtschuldner** haften [51]. Das bedeutet, dass jeder Gesamtschuldner 100 % des Schadens, der durch das Handeln von zwei oder mehreren Personen entstanden ist, ersetzen muss, auch wenn ein anderer Gesamtschuldner hierfür mitverantwortlich ist. Derjenige, der den Geschädigten befriedigt, kann dann bei dem Mitverursacher einen Teil des geleisteten Schadenersatzes einfordern. Das setzt aber voraus, dass der andere Gesamtschuldner solvent ist. Ist bei ihm »nichts zu holen«, bleibt der Gesamtschuldner, der dem Geschädigten 100 % bezahlt hat, auf dem ganzen Schaden sitzen. Damit ergibt sich eine Situation ähnlich wie bei der Beauftragung eines Subunternehmers, wo der Hauptunternehmer das Risiko trägt, dass der Subunternehmer nicht für den von ihm verursachten Schaden einstehen kann. Die gesamtschuldnerische Haftung stellt daher ein besonderes Risiko dar, weil der eine Gesamtschuldner für einen anderen mithaftet, den er sich – im Unterschied zur Situation Hauptunternehmer – Nachunternehmer – nicht selbst ausgesucht hat.

Wenn der Bauherr als Auftraggeber getrennte Verträge mit dem Objektplaner, dem Fachplaner und dem ausführenden Bauunternehmer abschließt, so können die drei getrennt Beauftragten sehr wohl als Gesamtschuldner haften. Die Konstellationen sind vielfältig, eine detaillierte Wiedergabe an dieser Stelle würde den Rahmen dieses Beitrages sprengen. Als Richtschnur kann jedoch folgendes dienen: Im Bereich der Planung können Objektplaner und Fachplaner gesamtschuldnerisch haften, während im Bereich der Bauüberwachung häufig eine gesamtschuldnerische Haftung auch mit dem ausführenden Bauunternehmer entstehen kann.

[50] BGH, BauR 2000, 409.

[51] Vgl. zur sehr differenzierten Rechtslage insoweit Braun in: Motzke/Preussner/Kehrberg/Kesselring (Hrsg.), Die Haftung des Architekten, 9. Auflage 2008.

## 2.8 Die Bedeutung der VOB/B für den Planer

Die Kenntnis der **Vergabe- und Vertragsordnung für Bauleistungen – Teil B**, kurz: VOB/B, ist für den Planer von Bedeutung. Es handelt sich dabei um allgemeine Vertragsbedingungen für die Ausführung von Bauleistungen. Sie gelten zwar nicht im Planervertrag, da der Planer in keiner Leistungsphase selbst Bauleistungen erbringt.

Dennoch muss der Planer über fundierte Kenntnisse der VOB/B verfügen, wenn er in der Leistungsphase 8 mit der Bauüberwachung beauftragt ist. Denn dort kommt er tagtäglich mit Fragen des Bauvertrages der eingesetzten Bauunternehmer in Berührung.

Die VOB/B gilt jedoch nicht automatisch in jedem Bauvertrag. Sie ist eine **allgemeine Geschäftsbedingung** im Sinne des § 305 BGB und muss daher zwischen Auftraggeber und Bauunternehmer im Vertrag vereinbart werden. Nur dann findet sie Anwendung; das BGB gilt dann ergänzend, soweit die VOB/B keine Regelungen enthält. Ohne die Einbeziehung der VOB/B richtet sich der Bauvertrag ausschließlich nach den Regelungen über den Werkvertrag des BGB in §§ 631 ff.

Wenn die VOB/B vereinbart wird, gilt nach § 1 Abs. 1 auch die VOB/C **als Vertragsbestandteil**. Die Bauleistung des Unternehmers muss also den dort geregelten technischen Standards entsprechen.

Wichtig für den mit der Bauüberwachung beauftragten Fachplaner sind besonders die Regelungen über die Vergütung (§ 2 VOB/B), die Ausführung (§ 4 VOB/B), die Ausführungsfristen (§ 5 VOB/B) und die Behinderung und Unterbrechung der Ausführung (§ 6 VOB/B) [52].

## 2.9 Haftung gegenüber Dritten und Haftungsfolgen

Bislang wurden mögliche Ansprüche gegen den Planer aus dem von ihm abgeschlossenen Planervertrag mit seinem Auftraggeber dargestellt. Eine Haftung des Planers kann sich aber auch ohne Vertragsbeziehung gegenüber jedem Dritten ergeben, wenn die gesetzlichen Voraussetzungen hierfür vorliegen.

Wichtigste Anspruchsgrundlage, auf die sich ein Dritter berufen kann, ist der Tatbestand der **unerlaubten Handlung** nach § 823 BGB.

Nach § 823 Abs. 1 BGB gilt: Wer einen anderen schuldhaft und rechtswidrig an Leben, Körper, Gesundheit oder sein Eigentum verletzt, muss dem Verletzten den daraus entstehenden Schaden ersetzen.

Schadensersatz nach § 823 Abs. 2 BGB muss leisten, wer einem anderen schuldhaft und rechtswidrig einen Schaden durch die Verletzung eines sogenannten Schutzgesetzes zugefügt hat, welches gerade den Dritten vor der Gefahr, die sich realisiert hat, schützen sollte. Anders als bei § 823 Abs. 1 BGB kommt es hier nicht auf eine bestimmte Rechtsgutverletzung (Leben, Körper) an, sondern einzig und allein darauf, dass ein Schutzgesetz, also ein staatlicher Befehl durch ein Gesetz oder eine Verordnung mit dem Zweck, einen anderen zu schützen, verletzt wurde.

Schuldhaft handelt, wer vorsätzlich oder fahrlässig handelt (§ 276 BGB). Es reicht jede Form von Fahrlässigkeit aus, also insbesondere Unachtsamkeit oder Unbedarftheit [53].

Die **Trinkwasserverordnung** bezweckt den Schutz des Menschen. Trinkwasser im Sinne von § 3 Abs. 1 Nr. 1 TrinkwV muss jederzeit rein und genusstauglich sein, um durch seinen Genuss eine Schädigung der menschlichen Gesundheit, insbesondere durch Krankheitserreger, nicht besorgen zu müssen (§ 4 Abs. 1 TrinkwV) [54]. Daraus folgt, dass es sich bei den Geboten der TrinkwV um ein Schutzgesetz mit Befehlscharakter im Sinne des § 823 Abs. 2 BGB handelt, das die menschliche Gesundheit schützen soll.

Dagegen verstößt, wer entgegen der Vorgaben der TrinkwV eine Wasserversorgungsanlage plant, errichtet, besitzt oder betreibt. Geschieht dies schuldhaft, haftet der Verursacher dem Geschädigten nach § 823 Abs. 2 BGB auf Ersatz des aus dem Schutzgesetzverstoß entstandenen Schadens.

[52] Vgl. zu Details der VOB/B (2006): Häußermann/Heisenberg/Knacke/Theilig, Praxiswissen Baurecht für Architekten und Ingenieure, 2008.

[53] Das Gesetz drückt dies so aus: das Außerachtlassen der im Verkehr erforderlichen Sorgfalt.

[54] Siehe dazu oben Ziff. 1.

Ersatzfähig sind aber nur die Schäden, die an einem durch das Schutzgesetz geschützten Rechtsgut eingetreten sind, also solche Schäden, deren Eintritt nach Sinn und Zweck des Schutzgesetzes gerade verhindert werden sollten. Das ist im Falle der TinkwV die menschliche Gesundheit, also Leib, Leben und körperliche Unversehrtheit und Wohlbefinden, nicht hingegen das Vermögen des Geschädigten oder das Haustier eines Gebäudenutzers.

Eine Haftung wegen unerlaubter Handlung nach § 823 BGB gegenüber Dritten, zu denen keine Vertragsbeziehung besteht, kommt auch bei der Verletzung von Verkehrssicherungspflichten in Betracht. Nach der Rechtsprechung muss ein Vermieter sein Mietshaus in einem verkehrssicheren Zustand halten, sodass seine Mieter und sonstige Personen, die sich zulässigerweise und vorhersehbar im Objekt aufhalten, nicht gefährdet werden. Kommt es z. B. mangels ausreichender Zirkulation von Trinkwasser in der Warmwasserversorgungsanlage des Gebäudes zu bakteriell verseuchtem Wasser, haftet grundsätzlich zunächst der Vermieter [55]. Folgerichtig kann sich daraus aber auch eine Haftung des Planers ergeben: Einerseits kann er wegen Mängelansprüchen aus dem Vertrag dem verurteilten Vermieter Regress schulden, d. h. er muss ihm den Betrag ersetzen, den der Vermieter seinem Mieter zahlen musste. Andererseits kann er unter Umständen unmittelbar gegenüber dem Mieter oder sonstigen Nutzern des Gebäudes aus § 823 BGB haften, wenn seine Planung oder Bauüberwachung dazu geführt haben, dass eine Gefahr für Dritte entstanden ist. Jede aktive Handlung und jedes Unterlassen oder Übersehen, das zu einer Umgebung führt, die die Vermehrung von Legionellen verstärkt, kann je nach Einzelfall zur Haftungsbegründung ausreichen.

8 Betreiberpflichten

Die Folgen können fatal sein – für den Verletzten wie für den Planer. So kann mit Legionellen kontaminiertes Trinkwasser erhebliche Gesundheitsgefahren bis hin zum Tod verursachen. Als Schadenspositionen kommen Behandlungskosten, lebenslange Rentenzahlungen, entgangener Verdienstausfall durch geminderte Leistungsfähigkeit im Beruf oder **Schmerzensgeld** nach § 847 BGB in Betracht [56]. Gerade Rentenansprüche können sich über die Jahre besonders aufsummieren, denkt man an Ansprüche eines Kleinkindes [57] oder gar des Säuglings im Falle einer Verletzung noch im Mutterleib [58].

Schadensersatzansprüche scheitern in der Praxis häufig daran, dass der Geschädigte die seinen Anspruch begründenden Tatsachen nicht beweisen kann. Grundsätzlich muss nämlich der Geschädigte die für ihn vorteilhaften (anspruchsbegründenden) Tatsachen oder Umstände nachweisen. Dies gilt besonders bei Schäden durch Krankheiten, die theoretisch auf verschiedenen Wegen in den menschlichen Organismus gelangen konnten. Die Rechtsprechung hilft bezüglich dieses Kausalitätsnachweises aber mit einer sogenannten Beweislastumkehr [59]. Das bedeutet: Nicht der Betroffene muss nachweisen, dass er gerade durch den Genuss oder Gebrauch von kontaminiertem Trinkwasser aus einer vom Planer zu verantwortenden, nicht den allgemein anerkannten Regeln der Technik entsprechenden Anlage krank geworden ist, sondern der Planer (und neben ihm ggf. Eigentümer und Facility Manager) muss beweisen, dass das kontaminierte Wasser nicht ursächlich war. Das wird ihm in der Praxis selten gelingen. Wenn also die Kontamination feststeht und die Erkrankung infolge der Konzeption oder eines Bauüberwachungsfehlers des Fachplaners verursacht oder wesentlich verstärkt wurde, haftet er. Die Schäden können Dimensionen annehmen, die die Deckungssummen üblicher Haftpflichtversicherungen überschreiten, sodass die Firma des Fachplaners oder Fachingenieurs ohne Versicherungsschutz dasteht und selbst für den Schaden aufkommen muss. Wenn der Planer oder Fachingenieur in einer solchen Situation nicht in den Genuss einer Haftungsbeschränkung wie bei einer GmbH kommt, haftet er sogar mit seinem gesamten Privatvermögen.

[55] KG, IMR 2011, 210; LG Dortmund, IMR 2011, 211; LG Saarbrücken, MietR 2010, 132; allgemein Gaidzik/Weimer in: Huster, Krankenhausrecht, 2010, Rn. 60 ff.; Kaufmann in: Geigel, Haftpflichtprozess, 26. Auflage 2011, Kapitel 26, Rn. 62.

[56] Palandt/Sprau, BGB, 71. Auflage, München 2012, Einf. v. § 823, Rn 17.

[57] LG Gießen, PflR 2005, 560.

[58] BGHZ 58, 48; BGH, NJW 1989, 1538.

[59] BGH, NJW 2008, 1304; BGH, NJW 1971, 241; LG Gießen, PflR 2005, 560.

Abb. 3–3

# 3 Trinkwasserhygiene und Fachplanung im Projektverlauf

Der Fachplaner, der für die Wasserversorgungsanlage in einem Gebäude verantwortlich ist, leistet in allen Leistungsphasen der Projektrealisierung einen wichtigen Beitrag zur optimalen Planung und Umsetzung einer Trinkwasser-Installation, die – wie von § 4 Abs. 1 TrinkwV gefordert – dem Gebäudenutzer jederzeit genusstaugliches und reines Trinkwasser im Sinne der Trinkwasserverordnung zur Verfügung stellen muss. Dies ist seine Aufgabe, für die er spezielles Know-how besitzt und für deren fachgerechte Bewältigung sich der Auftraggeber seine Fachkompetenz »einkauft«. Der Fachplaner, ebenso wie der Fachingenieur, muss beim Durchlaufen der Leistungsphasen einen Spagat zwischen dem technisch Wünschenswerten und dem wirtschaftlich Angemessenen bewältigen. Die Leitplanken, zwischen denen er sich dabei bewegt, werden durch den Willen und die finanziellen Möglichkeiten des Auftraggebers einerseits, sowie die allgemein anerkannten Regeln der Technik, die für den Fachplaner in jedem Fall verbindlich sind, gesetzt. Nachfolgend sollen, orientiert an den in Anlage 14 zu § 53 Abs. 1 HOAI vorgesehenen Leistungen des Leistungsbilds Technische Ausrüstung die wichtigsten, vom Fachplaner und ggf. Fachingenieur zu beachtenden Gesichtspunkte im Zusammenhang mit der Planung und Errichtung von Wasserversorgungseinrichtungen dargestellt werden [60] [61]. Allgemein gesprochen ist der Auftraggeber in allen Phasen zur Kooperation und Mitwirkung verpflichtet (§ 642 BGB). Wann immer der Planer zur Erfüllung seiner Leistungen berechtigterweise eine Mitwirkungshandlung (Entscheidung, Planfreigabe oder ähnliches) von ihm verlangt, muss er diese innerhalb angemessener Frist erbringen. Dazu ist eine klare und eindeutige (wegen der Nachweisführung am besten: schriftliche) Aufforderung durch den Planer nötig, damit der Auftraggeber weiß, was er bis wann machen muss und – im Idealfall – welche Folgen die Verzögerung nach sich zieht.

[60] Zur Vermeidung von Missverständnissen: Die HOAI regelt nur die Vergütung, nicht die Leistung des Fachplaners (siehe dazu oben Ziff. 2.2). Für die Tätigkeit des Fachingenieurs, der die Installationsarbeiten erbringt, gilt sie nicht. Allerdings beschreiben die Leistungsphasen 1-8 und die darin genannten Grundleistungen mehr oder weniger detailliert die wesentlichen Schritte vom Projektstart bis zur Dokumentation, weshalb sich ein an den Leistungsphasen orientierter Aufbau an dieser Stelle anbietet.

[61] Über die hier dargestellten Tätigkeiten hinaus muss der Fachplaner weitere Aufgaben erfüllen, die mit Haftungsrisiken verbunden sind, insbesondere hinsichtlich Kostenüberwachung und Terminverfolgung. Diese Pflichten sind aber allgemeiner Natur und weichen für Wasserversorgungsanlagen nicht von den allgemein gültigen Anforderungen ab. Trotz ihrer großen Bedeutung für den Planer werden sie daher in diesem Beitrag nicht besonders behandelt.

## 3.1 Leistungsphase 1 – Grundlagenermittlung

In der **Leistungsphase 1 – Grundlagenermittlung** muss der Planer die Aufgabenstellung, insbesondere die technischen und wirtschaftlichen Grundsatzfragen, im Benehmen mit dem Auftraggeber und dem Objektplaner klären und die Ergebnisse zusammenfassen.

Diese beiden Grundleistungen der Leistungsphase 1 enthalten bereits zwei wesentliche Anforderungen, die das Recht an den Planer stellt: Er muss – so banal das klingen mag – erstens mit dem Auftraggeber sprechen und dabei bereits Technik und Kosten im Blick haben und zweitens seine Arbeitsergebnisse dokumentieren.

Die bei der Grundlagenermittlung zu klärende Frage lautet schlicht: **»Was will der Auftraggeber?«** [62].

**Der Fachplaner für Wasseranlagen im Sinne des § 53 Abs. 2 Nr. 1 HOAI schuldet eine fach- und für das konkrete Objekt bedarfsgerechte Planung. Wenn er die in Buchkapitel Schulte in Kapitel 2 aufgeführten »10 Fragen vor der Planung« stellt und sie gemeinsam mit dem Auftraggeber beantwortet, legt er die Grundlage für ein gelungenes Projekt.**

Zudem muss er herausfinden, um was für eine Art der Wasserversorgungsanlage im Sinne des § 3 Abs. 1 Nr. 2 TrinkwV es sich handelt (eine klassische zentrale oder dezentrale Wasserversorgungsanlage, eine Kleinanlage zur Eigenversorgung, eine mobile Versorgungsanlage oder eine Anlage zur ständigen oder zeitweisen Wasserverteilung) und ob der Auftraggeber mit dem Bauprojekt eine gewerbliche Tätigkeit oder eine öffentliche Tätigkeit im Sinne des § 3 Abs. 1 Nr. 10 bzw. Nr. 11 TrinkwV erbringt. Denn die Trinkwasserverordnung knüpft an das Vorliegen einer gewerblichen oder öffentlichen Tätigkeit weitergehende Rechtsfolgen als für eine Trinkwasser-Installation für rein private Zwecke. So muss bei einer Wasserabgabe im Rahmen einer gewerblichen oder öffentlichen Tätigkeit die Trinkwasserqualität gemäß § 14 TrinkwV jährlich überprüft werden. Auch der Straftatbestand des § 24 Abs. 1 TrinkwV gilt nur für solche Objekte. Nach § 24 Abs. 1 TrinkwV kann der Unternehmer oder sonstige Inhaber der Wasserversorgung mit Geldstrafe oder bis zu fünf Jahren Freiheitsstrafe bestraft werden, der im Zuge einer gewerblichen oder öffentlichen Tätigkeit Wasser an Dritte abgibt oder Dritten zur Verfügung stellt, das entweder nicht den Hygieneanforderungen des § 4 Abs. 2 TrinkwV entspricht oder dem nicht nach § 11 Abs. 1 TrinkwV zugelassene Aufbereitungsmittel beigefügt wurden. Die TrinkwV unterscheidet wegen der Verbreitungsgefahr von Krankheitserregern also zwischen Anlagen für Privathaushalte, mit denen weniger Menschen in Berührung kommen, und solchen mit Publikumsverkehr. Auch legen die Nutzer solcher Gebäude oftmals bestimmungsgemäß eine besondere Verhaltensweise an den Tag oder es kommt zu bestimmungsgemäß längeren Nutzungsunterbrechungen (z. B. in Schulferien) [63]. Die Unterscheidung privat einerseits und gewerblich/öffentlich andererseits muss der Fachplaner kennen und seinen Sorgfaltsmaßstab bei Anlagen für gewerbliche oder öffentliche Tätigkeiten entsprechend erhöhen [64].

2 Bestimmungsgemäßer Betrieb

Auch ob der Bauherr einen besonders hohen Standard – etwa eine kürzere **Ausstoßzeit** in bestimmten Teilen des Gebäudes als in DIN 1988-200 vorgesehen – erreichen will, ist eine Grundsatzentscheidung, die frühzeitig geklärt werden muss, um die Weichen für Planung und Kostenkontrolle rechtzeitig zu stellen.

1 Ausstoßzeit

Eine besondere technische Herausforderung stellt für alle Beteiligten **das Bauen im Bestand** dar. Im Rahmen der Grundlagenermittlung muss in diesen Fällen besonders genau ermittelt werden, auf welche vorhandene Bausubstanz die Wasserversorgungsanlage aufsetzen und wie sie dementsprechend saniert oder erweitert werden muss.

[62] Preussner in: Motzke/Preussner/Kehrberg/Kesselring (Hrsg.), Die Haftung des Architekten, 9. Auflage 2008, Teil K Rn. 3.

[63] Vgl. Buchkapitel 2 Schulte, Kap. 1.

[64] Zum Sorgfaltsmaßstab im Zusammenhang mit schädigenden Handlungen siehe OLG Koblenz, NJW-RR 2002, 867; BGH, NJW 2001, 2019.

Nachträgliche Nutzungsänderungen von Räumen oder ganzen Bauabschnitten erfordern eine vollständige Neuberechnung der Installationsbedingungen unter Berücksichtigung der vorhandenen Komponenten und Gegebenheiten wie Dimensionierung, Gefälle oder Dämmung alter Leitungen, Voraussetzungen für einen regelmäßigen **Wasseraustausch** oder die Entfernung der Versorgungsschächte zu den Entnahmestellen.

Wasseraustausch 5

Wie der Architekt für das Gesamtprojekt, muss auch der Fachplaner für die Technische Ausrüstung bereits in dieser frühen Phase die **Kosten** seines Gewerkes im Blick haben. Dazu muss er zunächst feststellen, welches Budget der Auftraggeber zur Verfügung hat und ob der darin für die Wasserversorgungsanlage vorgesehene Ansatz realistisch ist. Sollte dies nicht der Fall sein, muss er unverzüglich darauf hinweisen.

Eine **gute und zeitnahe Dokumentation** der Arbeitsergebnisse einer jeden Leistungsphase stellt die »Visitenkarte« eines guten Planers dar. Transparenz und Offenheit gegenüber dem Auftraggeber ist oberstes Gebot. Deshalb enthalten alle Leistungsphasen der HOAI in Anl. 14 (zu § 53 Abs. 1) Teilleistungen zur Dokumentation der eigenen Arbeit des Planers, die damit auch vergütet werden.

Aus praktischer Sicht sollte der Fachplaner auf eine zeitnahe Dokumentation auch im eigenen Interesse wertlegen. Ein kurzer Aktenvermerk oder eine kurze Zusammenfassung per E-Mail über ein Beratungsgespräch und dessen Folgen an den Auftraggeber und ggf. seinen Architekten, über Erenntnisse, die ein Gespräch bei der Behörde gebracht hat oder über die erforderlichen nächsten Schritte und zu treffenden Entscheidungen sorgt für Klarheit, erfüllt die Dokumentations- und Aufklärungspflicht des beratenden Fachplaners und schafft Vertrauen und Kundenzufriedenheit. Sollten Missverständnisse entstanden sein, können Sie so zeitnah erkannt und geklärt werden. Der Fachplaner verringert mit einer ordentlichen Dokumentation somit auch das Risiko, später wegen falscher Beratung oder Nichterbringung von Teilleistungen in Haftung genommen zu werden.

## 3.2 Leistungsphase 2 – Vorplanung (Projekt- und Planungsvorbereitung)

Die eigentliche Planung beginnt mit der **Leistungsphase 2 – Vorplanung (Projekt- und Planungsvorbereitung)**.

Abhängig davon, welche **künftige Nutzung** das zu planende Gebäude erfüllen soll, können auch spezielle Gesetze oder andere Rechtsvorschriften anwendbar sein, die auf die Planung der Wasserversorgungsanlage Auswirkungen haben. Der Planer darf dabei immer den **Bestimmungsgemäßen Betrieb**, den er während der Leistungsphase 1 gemeinsam mit dem Auftraggeber ermittelt hat, zu Grunde legen. Als maßgebliche Rechtsvorschriften sind insbesondere das Infektionsschutzgesetz und das Heimgesetz zu nennen und an Vorschriften für den Brandschutz und die Unfallverhütung zu denken. Der Planer ist verpflichtet, in der Vorplanungsphase für sich und den Auftraggeber Klarheit über die rechtlichen Rahmenbedingungen zu schaffen. Dies ist ähnlich beim Architekten, der die anwendbaren bauplanungs- und bauordnungsrechtlichen Vorschriften in dieser Projektphase identifizieren muss. Gerade bei Anlagen mit erhöhten hygienischen Anforderungen kann ein **Raumbuch** zur Projekt- und Planungsvorbereitung von großer Hilfe sein [65]. Das Raumbuch kann raumweise die Anforderungen zur Realisierung der Planungsziele des zu planenden Objekts darstellen. Dabei liegt die Betonung auf der vorgesehenen Nutzung; denn nachträgliche Nutzungsänderungen durch den Bauherrn – auch wenn diese erst nach Inbetriebnahme erfolgen – kann der Planer natürlich nicht berücksichtigen. Kommt es später zu Beschwerden des Bauherrn wegen Hygieneproblemen beim Trinkwasser, muss zunächst überprüft werden, ob die ursprünglichen Ziele und der vom Auftraggeber definierte Bedarf im Zeitpunkt der Planung der tatsächlichen Nutzung entspricht. Denn offensichtlich hat die tatsächliche Nutzung Auswirkung auf die zugrunde gelegten Annahmen hinsichtlich Häufigkeit und Regelmäßigkeit der Nutzung und **Durchströmung** von Leitungen und Entnahmestellen, die Dimensionierung von Leistungen und die

Bestimmungsgemäßer Betrieb 2

Raumbuch 3

Durchströmung 6

[65] Vgl. Buchkapitel 2 Schulte, Kap. 2.2.

angenommenen Zirkulationsbedingungen. Im Bereich der Planerhaftung für Wasserversorgungsanlagen ist daher der Vergleich der im Zeitpunkt der Planung zugrunde gelegten Nutzung mit der tatsächlichen Nutzung wesentlich bedeutsamer als etwa bei der Tragwerksplanung, die regelmäßig ein »Polster« hinsichtlich der Belastungswerte einplant und einplanen muss.

Das Raumbuch stellt im Leistungsbild Technische Ausrüstung keine Grundleistung dar. Es ist an keiner Stelle in Anlage 14 (zu § 53 Abs. 1 HOAI) erwähnt. Es ist auch nicht ersichtlich, dass es sich bei der Erstellung eines Raumbuches um eine Leistung handeln sollte, die zur ordnungsgemäßen Erfüllung eines Auftrages im allgemeinen erforderlich ist, wie dies § 3 Abs. 2 HOAI für Grundleistungen fordert. Dies könnte allenfalls der Fall sein, wenn die allgemein anerkannten Regeln der Technik zwingend die Erstellung eines Raumbuches fordern würden und sie nur so vom Planer eingehalten werden könnten. Aus der Rechtsprechung ist kein Fall bekannt, in dem dies bejaht wurde. Damit ist davon auszugehen, dass es sich bei der Erstellung eines Raumbuches um eine Besondere Leistung nach § 3 Abs. 3 HOAI handelt. Der Fachplaner kann daher für die Erstellung eines Raumbuches ein gesondertes Honorar vereinbaren [66].

3 Raumbuch

Gleiches gilt für den **Hygieneplan**, der ebenfalls in keiner Leistungsphase der Anlage 14 (zu § 53 Abs. 1 HOAI) erwähnt ist. Auch er stellt eine Besondere Leistung im Sinne des § 3 Abs. 3 HOAI dar, für die der Planer neben seinem Honorar für das Leistungsbild Technische Ausrüstung ein zusätzliches Honorar verlangen kann, wenn er nicht aufgrund der allgemein anerkannten Regeln der Technik für ein bestimmtes Projekt im Einzelfall zwingend erforderlich ist.

7 Hygieneplan

Für die Wasserversorgung wesentlich ist dabei die **Erschließung des Grundstücks** mit Trinkwasser. Der Planer muss feststellen, an welcher Stelle der Anschluss an das öffentliche Leitungsnetz für Trink- und Abwasser besteht oder hergestellt werden kann. Er muss die festgestellten Rahmenbedingungen mit den Zielvorstellungen des Auftraggebers abstimmen. So kann bei einem Fabrikneubau z. B. eine Betriebswasseranlage zur Verwendung des anfallenden Regenwassers zu berücksichtigen sein. Auf nicht realisierbare Wünsche des Auftraggebers oder Architekten muss er unverzüglich hinweisen. Als Ergebnis sollte ein **planungsbezogener Zielkatalog** entstehen, der bezogen auf die Wasserversorgungsanlage alle wesentlichen Rahmenbedingungen – sei es aus Gesetzen, Rechtsverordnungen oder technischen Normen, sei es aufgrund von Wünschen des Auftraggebers oder tatsächlicher Vorgaben, z. B. aufgrund der Lage des Grundstücks – zusammenfasst [67].

Zu den **Zielvorstellungen des Auftraggebers** kann auch der Wunsch nach einer Trinkwasser-Installation gehören, die ein besonders hohes Hygieneniveau des Trinkwassers anstrebt, etwa weil sich künftig bestimmungsgemäß immunsupprimierte Nutzer im Objekt aufhalten werden (Krankenhäuser, Heime). Dieser Wunsch ist dann Teil des vom Planer zu respektierenden Bedarfs. Er muss von Anfang an seine **Tätigkeit auf dieses Schutzniveau** ausrichten und alle planerischen und konstruktiven Möglichkeiten prüfen, die ein hohes Schutzniveau der Trinkwasserqualität bewirken können. Hier kann man z. B. an eine besondere Leitungsführung, Maßnahmen zur Verbesserung der Wasserzirkulation im System, die Verwendung von Produkten mit optimalen Einzelwiderstandswerten bei der Systemauslegung, eine höherwertige Dämmung von Leitungen oder qualitativ höherwertige Materialen denken.

Schon möglichst früh sollte sich der Planer über **Alternativlösungen** Gedanken machen, wie er die Trinkwassergüte dauerhaft während dem künftigen Betrieb auf dem von der Trinkwasserverordnung geforderten Niveau halten kann. Dabei muss er immer das **Minimierungsgebot** bezüglich der Konzentration von Mikroorganismen (§ 5 Abs. 4 TrinkwV) und von chemischen Stoffen (§ 6 Abs. 3 TrinkwV) im Blick haben. Diese Konzentrationen müssen so niedrig gehalten werden, wie dies nach den allgemein anerkannten Regeln der Technik mit vertretbarem Aufwand unter Berücksichtigung von Einzelfällen möglich ist. So können Optimierungspotentiale durch Verkleinerung des Anlagenvolumens, die Berücksichtigung realer Druckverluste der Absperrarmaturen, Regulierventile und Formteile zu berücksichtigen sein. Wichtig ist neben der technischen Optimierung stets auch die wirtschaftliche Angemessenheit der Planung. Kostenintensive Alternativen müssen mit dem Auftraggeber abgeklärt und von ihm gewollt werden.

[66] Siehe hierzu Ziffer 2.2.

[67] Preussner in: Motzke/Preussner/Kehrberg/Kesselring (Hrsg.), Die Haftung des Architekten, 9. Auflage 2008, Teil K Rn. 34 f.



Vorwort Inhaltsverzeichnis
Hygieneanforderungen TrinkwV und VDI 6023
Planungspraxis EN 806-2 / DIN 1988-200
Systemauslegung DIN 1988-300/500/600
Trinkwasserhygiene im Bestand Sanierung/Betrieb
Recht / Ausschreibung Planerhaftung
Index

## 3.3 Leistungsphase 3 – Entwurfsplanung (System- und Integrationsplanung)

In **Leistungsphase 3 – Entwurfsplanung (System- und Integrationsplanung)** ist ein Planungskonzept aufzustellen und unter Berücksichtigung aller fachspezifischen Anforderungen sowie unter Beachtung der durch die Objektplanung indizierten Fachplanungen bis zum vollständigen Entwurf zu entwickeln. Dabei muss der Planer auch alle Systeme und Anlagenteile festlegen und Berechnungen und Bemessungen für die Wasserversorgungsanlage vornehmen.

Gerade die Grundlagen für die **Berechnungen und Bemessungen** liefert oder ändert der Bauherr (oft durch seinen Objektplaner) (zu) spät im Projektablauf, etwa in der Leistungsphase 5. Diese Leistungen muss der Fachplaner aber in Leistungsphase 3 erbringen; dies ist sachlich richtig, weil die Ergebnisse in die gesamte Entwurfsplanung einfließen müssen. Wenn eine Grundleistung in einer späteren Phase nochmals ausgeführt werden muss, kann dafür eine gesonderte Vergütung gefordert werden. Wenn die Leistung hingegen einmal, nur jedoch in einer späteren Leistungsphase abgerufen wird, steht dem Planer auch nur einmal der entsprechende Anteil an der Vergütung nach HOAI zu, weil er den Teilerfolg in der eigentlichen Leistungsphase noch nicht erbracht hatte.

Temperatur 4
Wasseraustausch 5

Dazu bedarf es auch zeichnerischer Darstellung und textlicher Beschreibung der Anlage. Stets muss er dabei die allgemein anerkannten Regeln der Technik beachten und die Keimvermehrung fördernden Einflüsse auf die **Temperatur**, etwa eine Stagnationstemperatur größer 25 °C oder zu seltenen **Wasseraustausch** vermeiden. Zu beachten sind auch die Vorgaben der Trinkwasserverordnung; so enthält z. B. § 17 Abs. 2 TrinkwV die klare Vorgabe, dass Trinkwasserversorgungsanlagen, aus denen Trinkwasser abgegeben wird, nicht ohne eine den allgemein anerkannten Regeln der Technik entsprechende Sicherungseinrichtung mit wasserführenden Teilen verbunden werden dürfen, in denen sich Wasser befindet oder fortgeleitet wird, das nicht für den menschlichen Gebrauch im Sinne des § 3 Abs. 1 Nr. 1 bestimmt ist. Solche Sicherungseinrichtungen sind bereits in diesem frühen Planungsstadium an den erforderlichen Stellen vorzusehen. Sie sind Teil des Gesamtsystems.

Der Fachplaner muss alle **erforderlichen Systeme und Anlagenteile festlegen**, dabei aber stets offen für Alternativlösungen sein. Es gehört zu seinen Pflichten, den Auftraggeber in technischer und wirtschaftlicher Hinsicht bestmöglich zu beraten, um ihn in die Lage zu versetzen, wesentliche Entscheidungen selbst sachgerecht zu treffen. In der Phase der Entwurfsplanung werden also wichtige Weichen gestellt. Denn wenn erste Berechnungen gemacht und damit häufig schon eine bestimmte Planungssoftware für ganzheitliche Systemlösungen eingesetzt wird, kann dies Auswirkungen auf die später auszuschreibenden Fabrikate bestimmter Leitungskomponenten haben.

Da der Betrieb von Wasserversorgungsanlagen zu regelmäßigen **Kosten für die Wartung und Untersuchung** führt, hat der Planer bei seiner Konzeption auch die Vermeidung unnötig hoher Betriebskosten anzustreben. Wenn dies durch die Verwendung von höherwertigen Bauteilen oder Rohrleitungssystemen mit hydraulisch aufeinander abgestimmten Komponenten erreicht werden kann, so muss er die höheren Herstellungskosten der Ersparnis im Betrieb gegenüberstellen, seine fachliche Empfehlung aussprechen und eine Entscheidung des Auftraggebers herbeiführen.

Derartige Überlegungen und Planungsziele können dafür sprechen, die Planung auf ein **bestimmtes Produkt eines Herstellers** mit einer besonderen Zertifizierung (z. B. DVGW-Siegel) abzustimmen und sie zur Grundlage der weiteren Tätigkeit des Fachplaners zu machen [68]. Denn nach § 17 Abs. 1 S. 4 TrinkwV ist durch die Verwendung von durch einen akkreditierten Branchenzertifizierer zertifizierte Verfahren und Produkte gewährleistet, dass die allgemein anerkannten Regeln der Technik eingehalten werden. Eine solche Entscheidung ist sachlich zu begründen und letztlich vom Auftraggeber zu treffen. Wenn der Fachplaner dies für technisch sinnvoll hält, muss er seinen Auftraggeber darüber informieren und ihm die Sachfrage zur Entscheidung vorlegen.

[68] Zur Thematik der produktspezifischen Ausschreibung siehe unten Ziff. 3.7.

## 3.4 Leistungsphase 4 – Genehmigungsplanung

In der **Leistungsphase 4 – Genehmigungsplanung** sind durch den Fachplaner von Wasserversorgungsanlagen überwiegend Zuarbeiten zum Bauantrag des Auftraggebers zu leisten, etwa soweit Abstimmungen und Besprechungen mit dem zuständigen Gesundheitsamt erforderlich sind. In dieser Phase stehen daher die Kooperationspflicht und die Koordinierung in zeitlicher Hinsicht im Vordergrund.

## 3.5 Leistungsphase 5 – Ausführungsplanung

Detaillierte zeichnerische Darstellungen der Anlage mit Dimensionen und Maßangaben müssen erstmals in der **Leistungsphase 5 – Ausführungsplanung** ausgearbeitet werden. Dies gilt auch für Schlitz- und Durchbruchpläne, die mit dem Statiker abzustimmen sind. Leistungsphase 5 zieht sich bis zur Baufertigstellung durch und ist von besonderer Bedeutung für die mangelfreie Errichtung des Bauwerks. Denn es ist die Ausführungsplanung, die der Bauunternehmer und der Fachingenieur bei der tatsächlichen Arbeit vor Ort am Objekt heranziehen. Sie ist auch Grundlage für deren Werkstatt- und Montagezeichnungen, weshalb Fehler in der Ausführungsplanung zwangsläufig zu Mängeln am Bauwerk werden. Die planerischen Vorgaben des Bauherrn bzw. seines Architekten müssen vollständig in der Ausführungsplanung des Fachplaners berücksichtigt sein [69]. Anschlussstellen, Verzweigungen, Leitungsführung und Durchbrüche müssen sich widerspruchsfrei und eindeutig in den Ausführungsplänen wiederfinden. An wichtigen Stellen muss klar gekennzeichnet sein, welche Dimensionierung bestimmte Rohre aufweisen und in welchem Gefälle sie verlegt sein müssen. Ebenso müssen Art und Lage der Vorrichtungen für die Wartung und Untersuchung der Qualität des Trinkwassers im System vorgesehen und in den Ausführungsplänen eindeutig bezeichnet sein. Soweit sich Besonderheiten einer Installation nicht in einem normalen Maßstab eindeutig darstellen lassen, hat der Fachplaner einen entsprechenden Detailplan zu zeichnen und dem ausführenden Handwerker zur Verfügung zu stellen.

Gerade wenn es an die Ausführungsplanung geht, hat der Planer – im positiven Sinne – nur noch die Technik im Kopf. Er darf dabei aber nicht vergessen, dass er auch im Planungsstadium rechtlich gehalten ist, an die wirtschaftliche Seite zu denken. Eine »nur« den allgemein anerkannten Regeln der Technik entsprechende Planung mag zwar technisch richtig, aber dennoch rechtlich mangelhaft sein, wenn sie unwirtschaftlich ist und zu unnötigen Kosten für den Auftraggeber führt. Zwar verlangt die Rechtsprechung vom Planer keine absolute Kostenminimierung, wohl aber die Ausarbeitung verschiedener Alternativen bei gleichzeitigem Hinweis auf die zu erwartenden Auswirkungen auf die Kosten [70]. In der Praxis ist die Welt der Ausführungsplanung leider meist nicht so heil, wie die HOAI mit ihren aufeinander aufbauenden Leistungsphasen glauben machen will. Tatsächlich laufen Ausführungsplanung, Ausschreibung und Vergabe von Bauaufträgen für viele Gewerke parallel mit der Bauerrichtung und folglich der Bauüberwachung ab. Kommt zusätzlich der für Bauprojekte, vor allem im gewerblichen Bereich, übliche extreme Zeitdruck hinzu, stellen weitgehende Planungsänderungen z. B. für Durchlässe und Schlitze im Rohbau eher die Regel denn die Ausnahme dar. Eine umständliche Leitungsführung, nachträglich herzustellende Durchlässe, unnötig viele Revisionsklappen im Trockenbau oder für den späteren Betreiber des Objektes nur schwer zugängliche Armaturen für Qualitätsuntersuchungen und Wasseraustausch können bereits einen Schadensersatzanspruch des Auftraggebers gegen den Fachplaner aus § 280 Abs. 1 BGB begründen. Der Schaden liegt in den unnötigen Herstellungs- oder Betriebskosten, die der Fachplaner durch seine zwar technisch »richtige«, aber unwirtschaftliche Planung verursacht hat [71].

[69] Kesselring in: Motzke/Preussner/Kehrberg/Kesselring (Hrsg.), Die Haftung des Architekten, 9. Auflage 2008, Teil L Rn. 27 f. mit Nachweisen zur Rechtsprechung.

[70] Kesselring in: Motzke/Preussner/Kehrberg/Kesselring (Hrsg.), Die Haftung des Architekten, 9. Auflage 2008, Teil L Rn. 35.

[71] Kesselring in: Motzke/Preussner/Kehrberg/Kesselring (Hrsg.), Die Haftung des Architekten, 9. Auflage 2008, Teil L Rn. 32 f.

## 3.6 Leistungsphasen 6 und 7 – Vorbereitung und Mitwirkung bei der Vergabe

Die **Leistungsphase 6 – Vorbereitung der Vergabe** zielt auf die Vergabe der für die Projektrealisierung erforderlichen Bauleistungen als Abschluss der nachfolgenden **Leistungsphase 7 – Mitwirkung bei der Vergabe** ab. Endpunkt des Vergabeverfahrens ist der Abschluss eines technisch entsprechend den Wünschen des Auftraggebers vollständigen und wirtschaftlich günstigen Bauvertrages. An diesem Zweck muss sich die vom Fachplaner in den Leistungsphasen 6 und 7 geschuldete Leistung messen lassen. Erfüllt das Planerwerk diesen Zweck nicht, oder nur unzureichend, kommt eine Haftung des Fachplaners aus den Mängelansprüchen nach § 634 BGB in Betracht [72].

Für den Planer halten die Leistungsphasen 6 und 7 haftungsträchtige Besonderheiten bereit, weil ihre Leistungen unmittelbar zum Gegenstand des Bauvertrages zwischen dem Auftraggeber des Planers und dem im Vergabeverfahren ausgewählten Bauunternehmer oder dem Fachinstallateur werden. Dies gilt einmal für die vom Planer zu erstellende Leistungsbeschreibung und die häufig als Vertragsanlagen vereinbarten Pläne, die den Leistungsinhalt des Bauvertrages definieren, aber auch für die Mitwirkung des Planers an Vertragsverhandlungen und der Auftragserteilung.

Zuletzt kommt der Planer auch mit dem öffentlichen Vergaberecht in Berührung, wenn er von einem öffentlichen Auftraggeber im Sinne des § 98 GWB beauftragt ist.

### 3.6.1 Beratungspflichten mit rechtlichem Bezug

Auch in den Leistungsphasen 6 und 7 sind **Beratungspflichten** von wichtiger Bedeutung. Der Planer muss den Bauherrn beraten, wie er im Rahmen des geltenden Rechts seine Bauabsichten am besten verwirklichen kann [73]. Dies trifft vor allem auf die Grundleistungen der **Aufstellung der Leistungsbeschreibung** mit Leistungsverzeichnissen nach Leistungsbereichen, das Prüfen und Werten der Angebote, das Mitwirken bei der Verhandlung mit Bietern und Erstellen eines Vergabevorschlages und das Mitwirken bei der Auftragserteilung zu. Ohne eine Beratung mit rechtlichem Bezug kann der Fachplaner seine Leistungen kaum erbringen.

Gleichwohl muss der Planer beachten, dass er nicht der Rechtsberater seines Auftraggebers ist [74]. So muss er zwar über gewisse **Grundkenntnisse des privaten Baurechts** verfügen, soweit diese für die Bauvertragsgestaltung von grundsätzlicher Bedeutung sind [75]. Beherrscht er diese Grundkenntnisse nicht, kann sein Werk mangelhaft werden und er haftet dem Auftraggeber dafür. Dem Fachplaner ist zu empfehlen, dass er seine Grenzen bei der Beratung mit rechtlichem Bezug eng zieht und den Auftraggeber im Zweifelsfall darauf hinweist, er solle besser einen Rechtsanwalt zurate ziehen [76]. Dieser Hinweis entlastet den Planer von der Haftung [77]. Denn wenn der Auftraggeber entgegen dieses Hinweises keinen kompetenten Rechtsrat einholt, kann er spätere Probleme nicht dem Planer anlasten.

Rechtlich relevante Leistungen muss der Fachplaner auch bei der Grundleistung »Mitwirken bei der Verhandlung mit Bietern und Erstellen eines Vergabevorschlags« erbringen. Der Planer sollte sich in Vertragsverhandlungen stets auf den technischen Teil beschränken, weil er hierfür das erforderliche Know-how besitzt. Hüten sollte er sich davor, in vertragliche Details einzusteigen, um dem Bauherrn zu imponieren. Anders als der Objektplaner, der im Rahmen der Grundleistung »Zusammenstellen der Verdingungsunterlagen« häufig eine (zu) weit gehende Verantwortung für Vertragstexte übernimmt, kann dies vom Fachplaner nicht gefordert werden. Er sollte sich daher unter keinen Umständen auf Diskussionen über die Höhe der Vertragsstrafe, Vergütungsformen (Einheitspreis- oder Pauschalvertrag), Zahlungsbedingungen und vom Bauunternehmer zu stellende Sicherheiten (Bürgschaften, Bareinbehalte) einlassen. Diese Themen sind Sache des Auftraggebers. Ergreift der Planer insoweit unnötig Initiative und wird eine letztlich unwirksame oder für den Auftraggeber nachteilige Vertragsklausel mit dem Bauunternehmer vereinbart, haftet der Planer seinem Auftraggeber wegen dieser Falschberatung auf den dadurch verursachten Schaden [78].

[72] Häußermann in: Motzke/Preussner/Kehrberg/Kesselring (Hrsg.), Die Haftung des Architekten, 9. Auflage 2008, Teil M Rn. 2.
[73] Kniffka, ZfBR 1994, 254; Steger, BauR 2001, 554.
[74] OLG Stuttgart, IBR 2006, 682; OLG Stuttgart, IBR 2004, 1001.
[75] H.M., vgl. BGH, BauR 1983,168; OLG Brandenburg, BauR 2003, 1752.
[76] OLG Stuttgart, IBR 2006,682.
[77] Häußermann in: Motzke/Preussner/Kehrberg/Kesselring (Hrsg.), Die Haftung des Architekten, 9. Auflage 2008, Teil M Rn. 18.
[78] Ausführlich Häußermann in: Motzke/Preussner/Kehrberg/Kesselring (Hrsg.), Die Haftung des Architekten, 9. Auflage 2008, Teil M Rn. 62 ff.

Empfiehlt der Planer z. B. die Aufnahme einer unzulässig hohen Vertragsstrafe (Tages- oder Höchstsatz) in den Bauvertrag, kann diese Klausel, wenn sie als Allgemeine Geschäftsbedingung nach § 305 Abs. 1 BGB zu qualifizieren ist, gemäß § 307 Abs. 1 BGB mit der Folge unwirksam sein, dass der Bauherr überhaupt keine Vertragsstrafe vom Bauunternehmer verlangen kann. Der Planer haftet dann dem Bauherrn in Höhe der Vertragsstrafe, die der Bauherr zulässigerweise maximal hätte vereinbaren können [79].

Bei der **Verhandlung mit den Bietern** ist der Planer verpflichtet, ihm bekannte Tatsachen offenzulegen, wenn diese für den Bauunternehmer während der Leistungserbringung von Bedeutung sein können. Kenntnisse über einen vorhandenen Leitungsbestand, an den ein Erweiterungsbau angeschlossen werden soll, muss der Fachplaner ungefragt offen legen, damit der Bauunternehmer beim Vertragsschluss ein vollständiges Bild von der bestehenden Anlage hat. Der Planer ist auch in den Verhandlungen mit dem Bauunternehmer Erfüllungsgehilfe (§ 278 BGB) seines Auftraggebers, so dass sein Wissen und Handeln dem Auftraggeber zugerechnet wird. Entsteht dem Bauunternehmer durch das Verschweigen von Risiken vor Vertragsschluss später ein Schaden, kann er diesen vom Auftraggeber wegen Verschuldens bei Vertragsverhandlungen nach §§ 280 Abs. 1, 311 Abs. 2 BGB ersetzt verlangen. Da in diesem Fall der Planer seiner Offenbarungspflicht nicht nachgekommen ist, muss er wiederum dem Auftraggeber den entstandenen Schaden ersetzen (§ 280 Abs. 1 BGB) [80].

Beim **Mitwirken bei der Auftragserteilung** beschränkt sich die Leistungspflicht des Fachplaners darauf, die technischen Inhalte der Auftragserteilung, die häufig durch ein einseitiges Auftragsschreiben des Auftraggebers erfolgt [81], abschließend zu prüfen. Er muss sicherstellen, dass die Leistung, die der Auftraggeber letztlich beim Bauunternehmer bestellt, dem entspricht, was der Auftraggeber mithilfe des Fachplaners ausgeschrieben und gegebenenfalls verhandelt hat. Der Fachplaner ist jedoch im Allgemeinen nicht bevollmächtigt, die Auftragserteilung in Vertretung und im Namen des Auftraggebers selbst zu erklären [82]. Das darf er nur, wenn er dazu ausdrücklich oder durch schlüssiges Verhalten des Auftraggebers bevollmächtigt ist. Das kann in seinem Vertrag oder durch eine gesonderte Vollmachtsurkunde (etwa in einem Brief) erfolgen. Rechtlich genügt auch eine mündliche Vollmacht gegenüber dem Planer, was aber zusätzlich Risiken birgt, weil er die Vollmacht im Streitfall kaum wird nachweisen können. Für den Planer ist all dies nicht erstrebenswert; die endgültige Auswahl und rechtlich bindende Beauftragung eines Bauunternehmers oder Fachingenieurs ist Sache des Auftraggebers. Der Fachplaner soll die Vergabe nur begleiten, aber nicht selbst, auch nicht im Namen des Auftraggebers, vollziehen.

Soweit im öffentlichen Vergabeverfahren nach §§ 97 ff. GWB und der VOB/A ein **Vergabevermerk nach § 20 VOB/A** über die einzelnen Stufen, Festlegungen und Entscheidungen einschließlich ihrer Beweggründe angefertigt werden muss, trifft diese Verpflichtung zunächst den öffentlichen Auftraggeber selbst. Ohne gesonderte Vergütung ist der Fachplaner nicht zur Erstellung des Vergabevermerks verpflichtet [83]. Im Planervertrag kann dies allerdings zu seiner Aufgabe gemacht werden, dafür sollte sich der Fachplaner aber ein gesondertes Honorar ausbedingen. Dies ist auch angemessen, da der Vergabevermerk für unterlegene Bieter ein wichtiges Dokument in einem möglichen Vergabe Nachprüfungsverfahren und einem Schadenersatzprozess gegen den Auftraggeber ist. Ein unvollständiger oder falscher Vergabevermerk kann zu einer Niederlage des öffentlichen Auftraggebers vor Gericht führen und damit einen Schaden verursachen. Wenn der Fachplaner die Pflicht zur vollständigen oder teilweisen Erstellung des Vergabevermerks übernimmt, setzt er sich einem Haftungsrisiko aus, welches eine gesonderte Vergütung rechtfertigt. Er sollte darauf achten, vom Zeitpunkt seiner Einbeziehung, über die Erstellung der Vergabeunterlagen bis hin zur Zuschlagserteilung alle wesentlichen Schritte und Entscheidungen des Auftraggebers sorgfältig zu dokumentieren. Besonderheiten wie die Aufnahme von Bedarfspositionen oder Produkten bestimmter Hersteller in die Leistungsbeschreibung sind schriftlich zu begründen. Bei der Begründung darf er sich nicht leerer Floskeln bedienen. Vielmehr muss die **konkrete Situation**, diskutierte, aber verworfene Alternativen und die ausschlaggebenden Gesichtspunkte für die letztlich getroffene Entscheidung nachvollziehbar festgehalten werden.

[79] Zur Vertragsstrafe Häußermann/Heisenberg/Knacke/Theilig, Praxiswissen Baurecht für Architekten und Ingenieure, 2008, Kapitel J 1.

[80] Häußermann in: Motzke/Preussner/Kehrberg/Kesselring (Hrsg.), Die Haftung des Architekten, 9. Auflage 2008, Teil M Rn. 126.

[81] Zum Vertragsschluss Häußermann/Heisenberg/Knacke/Theilig, Praxiswissen Baurecht für Architekten und Ingenieure, 2008, Kapitel H 2.

[82] BGH, NJW 1978, 995; OLG Düsseldorf, BauR 2000,1198.

[83] Thode/Wirth/Kuffer-Müller-Wrede, Praxishandbuch Architektenrecht, § 14 Rn. 19.

### 3.6.2 Aufstellen der Leistungsbeschreibung

Eine wesentliche Grundleistung des Fachplaners ist das **Aufstellen der Leistungsbeschreibung mit Leistungsverzeichnissen** für die seine Leistung betreffenden Gewerke. Der Begriff in Anlage 14 zu § 53 Abs. 1 HOAI nimmt Bezug auf § 7 Abs. 9 bis 12 VOB/A für die Leistungsbeschreibung mit Leistungsverzeichnis.

**Die Bedeutung der Leistungsbeschreibung**

Die Leistungsbeschreibung ist von zentraler Bedeutung für die Umsetzung des Projekts, da sie das Kernstück der Leistung des Fachplaners ist. Sie muss zwei Ziele erfüllen: Zum einen muss sie den Stand der Planung im Zeitpunkt der Angebotseinholung widergeben, also **das vom Bauherrn gewünschte und mit den allgemein anerkannten Regeln der Technik übereinstimmende Bau-Soll** beschreiben. Ist die Leistungsbeschreibung lücken- oder fehlerhaft, führt dies oft zu Mängeln am Bauwerk, jedenfalls aber zu Streit über die Auslegung des Bauvertrages und Nachtragsforderungen des Bauunternehmers. Der daraufhin geschlossene Vertrag zwischen dem Bauherrn und dem ausführenden Unternehmer muss dieses Bau-Soll so eindeutig und erschöpfend beschreiben, dass die mangelfreie Herstellung des Gewerkes möglich ist. Zum anderen muss es das von § 7 Abs. 1 Nr. 1 VOB/A vorgegebene Ziel erfüllen, allen Bietern eine allgemein verständliche Kalkulationsgrundlage an die Hand zu geben, sodass diese die Preise für die anzubietende Leistung sicher und ohne umfangreiche Vorarbeiten anbieten können [84]. Auch wenn die VOB/A nur für öffentliche Auftraggeber verbindlich ist und § 7 Abs. 1 VOB/A insoweit den freien Wettbewerb gewährleisten soll, ist dieser Aspekt auch für den privaten Auftraggeber des Planer von großer Bedeutung. Denn nur vergleichbare Angebote mehrerer Bieter erlauben ihm eine bewusste und sachgerechte Entscheidung, wem er den Zuschlag erteilt. Nimmt er ein nur scheinbar niedrigeres Angebot an, welches sich im Nachhinein als teurer herausstellt, weil das Leistungsverzeichnis auslegungsfähig und lückenhaft war, hat er sich möglicherweise nicht für das wirtschaftlichste (welches nicht mit dem günstigsten oder billigsten identisch sein muss) Angebot entschieden. Dies wurde dann durch die mangelhafte Leistungsbeschreibung verursacht. Der Fachplaner haftet seinem Auftraggeber auf die Differenz, die er mehr ausgegeben hat und mögliche (Beratungs-, Anwalts-)Kosten für den Streit mit dem Bauunternehmer.

Die Leistung ist nach § 7 Abs. 9 VOB/A in der Regel durch eine allgemeine Darstellung der Bauaufgabe (Baubeschreibung) und ein in Teilleistungen gegliedertes Leistungsverzeichnis zu beschreiben. Durch die Formulierung »in der Regel« wird die Möglichkeit eröffnet, besondere Formen der Baubeschreibung zu wählen. Der Planer kann die Art und Weise der Leistungsbeschreibung wählen, muss aber gewährleisten, dass sein Produkt alle erforderlichen Leistungen umfasst, in sich widerspruchsfrei und klar verständlich ist. Bei größeren Objekten mit einer Vielzahl ähnlich ausgestatteter Räume kann sich hierzu ein Raumbuch anbieten. Dabei ist große Sorgfalt anzuwenden, um spätere Mehr- oder Mindermengen und damit zusätzliche Vergütungsforderungen des ausführenden Bauunternehmers z. B. beim Einheitspreisvertrag unter Einbeziehung der VOB/B nach § 2 Abs. 3 VOB/B zu vermeiden. Mehr- oder Mindermassen, die ohne zwischenzeitliche Planänderung anfallen, sprechen für eine Pflichtverletzung und mangelhafte Leistung des Planers [85].

Raumbuch 3

**Vorlagen, Muster und ATV DIN 18299 ff.**

Vorlagen und **Muster für Leistungsbeschreibungen** gibt es in großer Zahl. Insbesondere die 0-Abschnitte der Allgemeinen Technischen Vertragsbedingungen für Bauleistungen, **ATV DIN 18299 ff., in der VOB/C** geben Hinweise für das Erstellen einer »ordnungsgemäßen« Leistungsbeschreibung. Diese Muster stellen aber nur praktische Hilfen für den Planer bei der Aufstellung einer Leistungsbeschreibung dar.

Verbindlich sind sie für den Planer nur, wenn er von einem öffentlichen Auftraggeber, der die VOB/A anwenden muss, beauftragt ist. Denn nach § 7 Abs. 1 Nr. 7 VOB/A sind die »Hinweise für das Aufstellen der Leistungsbeschreibung« in Abschrift 0 der ATV DIN 18299 ff. vom Auftraggeber »zu beachten«.

[84] Häußermann in: Motzke/Preussner/Kehrberg/Kesselring (Hrsg.), Die Haftung des Architekten, 9. Auflage 2008, Teil M Rn. 25; vgl. ausführlich zum Aufbau der Leistungsbeschreibung aus rechtlicher Sicht Würfele in: Kuffer/Wirth, Handbuch des Fachanwalts Bau- und Architektenrecht, 3. Auflage 2011, Teil C Rn. 4 ff.

[85] Niestrate, Architektenhaftung, 3. Auflage 2006, Rn. 101.

Diese Pflicht zur »Beachtung« der 0-Abschnitte der ATV DIN 18299 ff. ist durch den Planer zu erfüllen, weil er die Leistungsbeschreibung für den Auftraggeber erstellt. Im Anwendungsbereich der VOB/A ist der Planer also verpflichtet, gemäß den 0-Abschnitten der ATV DIN 18299 ff. auszuschreiben. Freilich muss er diese nur »beachten«, nicht aber strikt bis zum letzten Punkt und Komma übernehmen, um eine rechtlich mangelfreie Leistungsbeschreibung zu liefern. Denn dies fordern die 0-Abschnitte selbst nicht, findet sich doch in den Detailvorgaben der DIN 18299 wie auch in den Fach-DIN 18300 ff. der Hinweis, dass der Leistungsbeschreibung bestimmte Angaben »nach den Erfordernissen des Einzelfalls insbesondere« enthalten muss. Im Zweifelsfall muss der Planer den Auftraggeber aufklären und mit ihm eine einvernehmliche Lösung herbeiführen [86].
Arbeitet der Planer im Auftrag eines privaten Auftragnehmers, sind die 0-Abschnitte der ATV DIN 18299 ff. für ihn rechtlich nicht verbindlich [87], es sei denn, dies wurde ausdrücklich im Planervertrag mit ihm vereinbart. Dem Auftraggeber ist die Art und Weise der Leistungsbeschreibung jedoch im Normalfall egal, so dass der Planer hier einen bestimmten Handlungsspielraum hat. Denn die VOB/C stellt keine anerkannte Technikregel dar [88]. Sie gilt nur, wenn sie vertraglich vereinbart wurde [89]. Dies kann im Bauvertrag – nicht aber im Planervertrag – durch die Einbeziehung der VOB/B der Fall sein, die in § 1 Abs. 1 Satz 2 die VOB/C zum Vertragsinhalt des VOB/B-Vertrags machen.

Die 0-Abschnitte der ATV DIN 18299 ff. können aber in jedem Fall als Checkliste dienen, da sie sehr strukturiert und detailliert alle wichtigen Angaben abfragen. Der Planer kann sich darauf verlassen, dass eine den Abschnitten 0 der ATV DIN 18299 ff. entsprechende Leistungsbeschreibung in der Regel mangelfrei ist [90].

**Vom Bieter zu fordernde Eignungsnachweise**
Beim Erstellen der Leistungsbeschreibung kann der Auftraggeber von den Bietern **Eignungsnachweise** fordern. Dies ist zulässig, soweit die geforderten Nachweise durch den Leistungsgegenstand gerechtfertigt sind [91]. Gerade anspruchsvolle oder sicherheitsrelevante Arbeiten können strenge Anforderungen an die zu liefernden Nachweise rechtfertigen [92].

Da eine nicht fachgerechte Installation von Trinkwasseranlagen jedenfalls bei komplexeren Projekten mit zahlreichen, wechselnden oder immunsupprimierten Nutzern oder unregelmäßigem **Wasseraustausch** die Gesundheit der Nutzer gefährden und beschädigen kann, rechtfertigen solche Anlagen – abhängig vom konkreten Objekt – weitgehende Anforderungen an die Qualifikation der Bieter und damit die Forderung von sachlich sinnvollen Nachweise über Erfahrungen (Referenzen), aktuelle Schulungen (z. B. nach VDI 6023 o. ä.) und eventuelle Zusatzqualifikationen in der Leistungsbeschreibung.

5 Wasseraustausch

**Typische Fehler der Leistungsbeschreibung**
Da die Vergleichbarkeit der Angebote der auf eine Ausschreibung anbietenden Bauunternehmer für den öffentlichen wie auch den privaten Auftraggeber des Planers von großer Bedeutung ist, sollte der Planer auf eine **eindeutige Leistungsbeschreibung** achten. **Fachbegriffe** sollte er möglichst zielgenau verwenden und umgangssprachliche Bezeichnungen für bestimmte Stoffe, Materialien oder Verfahren vermeiden. So sollte er auch zwischen dem in den Abschnitten 4 ATV DIN 18299 ff. verwendeten Begriff der Nebenleistung einerseits und der **Besonderen Leistung** andererseits genau unterscheiden. Während Nebenleistungen mit dem angebotenen Preis abgegolten sind, kann das ausführende Unternehmen für Besondere Leistungen eine gesonderte Vergütung verlangen. Bedarfspositionen kann der Planer – beim öffentlichen Auftraggeber nur in den engen Grenzen des § 7 Abs. 1 Nr. 4 VOB/A – in das Leistungsverzeichnis aufnehmen, wenn Preise für zunächst nicht beauftragte Leistungen schon zu Beginn vertraglich fixiert werden sollen. Solche Positionen sind **deutlich zu kennzeichnen**. Bei Wahlleistungen muss klar sein, welche Positionen zueinander im Alternativverhältnis stehen. Dies sollte textlich klargemacht werden, um Streitpotenzial in der Ausführungsphase zu vermeiden [93]. Wenn eine wörtliche Beschreibung der Leistung nicht möglich oder nicht zielführend ist, kann der Planer nach § 7 Abs. 10 VOB/A auch andere Darstellungsweisen wählen, insbesondere Zeichnungen und Probestücke. Wenn es der Klarheit des Leistungsverzeichnisses dient, ist dies dringend zu empfehlen.

[86] Ausführlich hierzu Häußermann in: Motzke/Preussner/Kehrberg/Kesselring (Hrsg.), Die Haftung des Architekten, 9. Auflage 2008, Teil M Rn. 31 ff.
[87] A.A. Beck'scher Kommentar VOB/C-Englert/Grauvogel/Katzenbach, 2. Auflage 2008, DIN 18299
[88] Beck'scher Kommentar VOB/C-Motzke, 2. Auflage 2008, Syst III Rn. 7 ff.
[89] OLG Celle, BauR 1984, 647.
[90] Häußermann in: Motzke/Preussner/Kehrberg/Kesselring (Hrsg.), Die Haftung des Architekten, 9. Auflage 2008, Teil M Rn. 35.
[91] OLG Düsseldorf, Beschluss vom 2.1.2006, Verg 93/05.
[92] Leinemann, Die Vergabe öffentlicher Aufträge, 5. Auflage 2011, Rn. 687.
[93] Häußermann in: Motzke/Preussner/Kehrberg/Kesselring (Hrsg.), Die Haftung des Architekten, 9. Auflage 2008, Teil M Rn. 41 ff.

In der Praxis trifft man häufig auf unvollständige Leistungsbeschreibungen. Lücken im Leistungsverzeichnis stellen einen Mangel dar [94]. Wenn diese zu berechtigten Nachträgen des Bauunternehmers führen, kann dem Auftraggeber ein Schaden entstehen. Muss er z. B. nachträglich Durchbrüche im Rohbau herstellen lassen, ist dies regelmäßig auf Stundenlohnbasis zu vergüten. Dies ist häufig teurer als von Anfang an Aussparungen beim Betonieren vorsehen zu lassen. Die Mehrkosten hat der Planer durch sein lückenhaftes Leistungsverzeichnis verursacht und muss sie dem Auftraggeber ersetzen.

Eine Leistungsbeschreibung ist auch dann unvollständig, wenn nicht alle die **Preisermittlung durch den Bauunternehmer** beeinflussenden Umstände festgestellt und in den Vergabeunterlagen angegeben werden (§ 7 Abs. 1 Nr. 2 VOB/A). Der Planer muss alle sein Fachgebiet betreffenden Rahmenbedingungen untersuchen. Dies ist vor allem beim Bauen im Bestand von besonderer Bedeutung. Der Fachplaner für Wasserversorgungsanlagen muss alle verfügbaren Informationen zu den in der Bausubstanz vorhandenen Leitungen, Verbindungsstücken, Dimensionen, Gefälle usw. zusammentragen und auswerten. Eigene Annahmen darf er nur auf einer verlässlichen Datenbasis zum Gegenstand der Leistungsbeschreibung machen. Sollten verlässliche Informationen fehlen, muss er zunächst seinen Auftraggeber darauf hinweisen. Wenn dieser es zulässt, können auch Bauteilöffnungen erforderlich sein, um ein vollständiges Leistungsverzeichnis erstellen zu können.

Ein Leistungsverzeichnis darf auch **keine Doppelausschreibung** enthalten. Ist ein und dieselbe Leistung in zwei Positionen enthalten, ist der Auftraggeber später gegenüber dem Bauunternehmer gezwungen, eine der beiden Positionen nach § 649 Satz 1 BGB teilzukündigen. Dem Bauunternehmer steht dann ein Vergütungsanspruch nach § 649 Satz 2 BGB in Höhe des in dieser Position kalkulierten Gewinnes zu, ohne dass er die Leistung ein zweites Mal ausführen muss. Diesen Schaden muss der Planer dem Auftraggeber ersetzen. Gleiches gilt für überflüssige Leistungspositionen, die ebenfalls vermieden werden müssen.

Auch wenn die HOAI in Anlage 14 zu § 53 Abs. 1 nur von »Mengen« spricht, muss die Leistungsbeschreibung auch Aussagen zur **Qualität der vom Bauunternehmer anzubietenden Leistungen und Produkte** treffen. Gerade Material, welches für die sichere Nutzung des Objektes von besonderer Bedeutung ist, muss so klar und eindeutig beschrieben werden, dass Unklarheiten und Missverständnisse bei der Ausführung vermieden werden [95]. Wenn sich der Planer aus sachlichen Gründen und in Abstimmung mit seinem Auftraggeber dafür entscheidet, gezielt bestimmte Produkte auszuschreiben oder ein Leitfabrikat, versehen mit dem Zusatz »oder gleichwertig«, anzugeben, muss er sicherstellen, dass er die aktuellen und genauen Produktbezeichnungen in die Leistungsbeschreibung aufnimmt [96].

Raumbuch 3

Bei Verwendung eines **Raumbuchs** ist besonders zu beachten, dass eine genaue wettbewerbsmäßige Preisermittlung durch den Bauunternehmer möglich ist und dass die Leistungsbeschreibung keine Schwachstellen oder Unklarheiten enthält, bei denen Auslegungsschwierigkeiten oder Missverständnisse für die Ausführung entstehen können sowie dass das Verfahren insgesamt transparent bleibt [97].

Die Leistungsbeschreibung sollte klare Hinweise enthalten, welcher **Umfang an Dokumentation** vom Bauunternehmer gefordert wird. Zwar handelt es sich dabei in aller Regel um eine Nebenleistung, die nicht gesondert zu vergüten ist. Sie sollte aber in den Vorbemerkungen zum Leistungsverzeichnis oder im Rahmen der textlichen Beschreibung einer konkreten Leistungsposition erwähnt werden, um Klarheit zu schaffen. Der Umfang der vom Bauunternehmer geschuldeten Dokumentation, der Maßstab von Bestandsplänen oder die Notwendigkeit, Herstellerrichtlinien für Wartung und Betrieb im Original zu übergeben, sollten standardmäßig in jeder Leistungsbeschreibung des Fachplaners zur Pflicht des Bauunternehmers gemacht werden. Gerade angesichts der dem Bauherrn und dem Betreiber von Wasserversorgungsanlagen nach der Trinkwasserverordnung während der gesamten Nutzungsdauer des Gebäudes treffenden Pflichten machen es notwendig, eine klare, umfassende und richtige Dokumentation im Zeitpunkt der Abnahme der Bauleistungen – oder jedenfalls kurze Zeit später – übergeben zu bekommen.

[94] OLG Dresden, BauR 2000, 1341.

[95] OLG Düsseldorf, BauR 2001, 281; Korbion/Mantscheff/Vygen, HOAI, 7. Auflage 2010, § 15 Rn. 138.

[96] Siehe unten Ziff. 3.7.

[97] Locher/Koeble/Frik, Kommentar zur HOAI, 10. Auflage 2009, § 15 Rn. 152.

Die Leitungsführung ist naturgemäß nach Fertigstellung des Innenputzes nicht mehr ohne Weiteres feststellbar, weshalb eine rechtzeitige Dokumentation ihrer Lage in den Wänden, Böden oder Decken zwingend erforderlich ist. Nur wenn es in der Leistungsbeschreibung oder einer in Bezug genommenen technischen Norm vorgesehen ist, muss der Bauunternehmer diese Dokumentation in einem bestimmten Umfang liefern. Der Fachplaner muss die Voraussetzungen für die spätere wirtschaftliche Nutzung des Gebäudes durch den Bauherrn bereits bei der Formulierung der Leistungsbeschreibung schaffen und dafür die Verpflichtung des Bauunternehmers im gewünschten Umfang regeln.

Soweit nicht in geltenden technischen Normen ausdrücklich vorgesehen, sollte die Leistungsbeschreibung auch auf die **Notwendigkeit von Druck- und Dichtigkeitsprüfungen** und deren angemessener Dokumentation hinweisen. In den Vorbemerkungen zur Leistungsbeschreibung sollte der Fachplaner außerdem im eigenen Interesse vorsehen, dass derartige Prüfungen nur in seiner Anwesenheit durchgeführt werden dürfen. Soweit nach den allgemein anerkannten Regeln der Technik erforderlich, kann sich ein solcher Hinweis auch für die Erst- oder Wiederbefüllung von Einrichtungen der Trinkwasserversorgung anbieten, um dem Fachplaner die volle Kontrolle über das Handeln des Bauunternehmers im Bereich der Trinkwasser-Installation zu ermöglichen.

## 3.7 Sonderproblem: Produktneutrale vs. produktspezifische Ausschreibung

Wenn der Planer mit den Leistungsphasen 6 und 7 der HOAI, also der Vorbereitung und der Mitwirkung bei der Vergabe beauftragt ist, ist er gegenüber seinem Auftraggeber insbesondere dafür verantwortlich, dass die von ihm erstellte Leistungsbeschreibung mit Leistungsverzeichnis [98] den allgemein anerkannten Regeln der Technik und den zwingenden Vorgaben aller einschlägigen Normen entspricht. Er hat den Auftraggeber, der sich auf die besondere Kompetenz des Fachplaners verlässt, verlassen muss und verlassen darf, umfangreich und lückenlos zu beraten. Der Planer muss im Interesse des Auftraggebers und zum Eigenschutz auf eine sorgfältige Dokumentation achten. Diese allgemeinen Aussagen gelten insbesondere dann, wenn der Planer aus fachlicher Überzeugung bestimmte Produkte oder Produktlinien eines bestimmten Herstellers zum Gegenstand der Leistungsbeschreibung machen will.

### 3.7.1 Das Gebot der produktneutralen Leistungsbeschreibung

Während private Auftraggeber keinen normativen Beschränkungen unterliegen, sind **öffentliche Auftraggeber** verpflichtet, der VOB/A gemäß auszuschreiben. Dabei ist unter anderem das **Gebot der produktneutralen Ausschreibung** nach § 7 Abs. 8 zu beachten [99]: In technischen Spezifikationen darf nicht auf eine bestimmte Produktion oder Herkunft oder ein besonderes Verfahren oder auf Marken, Patente, Typen eines bestimmten Ursprungs oder einer bestimmten Produktion verwiesen werden, wenn dadurch bestimmte Unternehmen oder bestimmte Produkte begünstigt oder ausgeschlossen werden. Das Gebot der produktneutralen Ausschreibung soll die Wettbewerbsfreiheit (§ 97 Abs. 1 GWB) sicherstellen und verhindern, dass bestimmte Hersteller durch die Gestaltung der Ausschreibungsunterlagen von einem fairen Wettbewerb ausgeschlossen werden (sog. Diskriminierungsverbot) [100]. Beide Ziele sind im zugrunde liegenden europäischen Vergaberecht verankert und gehören damit zum Kernbereich auch des deutschen Vergaberechts [101]. Von diesem Grundsatz kann daher **nur in engen Grenzen** abgewichen werden, wenn dafür ein **sachlicher Grund** vorliegt [102].

### 3.7.2 Ausnahme: Zulässigkeit produktspezifischer Leistungsbeschreibung

Das Gebot der produktneutralen Ausschreibung kann jedoch in **drei Ausnahmekonstellationen** durchbrochen, die Leistung mit konkretem Bezug auf Produkte, Marken, Hersteller oder Ähnliches unter bestimmten Voraussetzungen rechtlich zulässig beschrieben werden.

[98] Siehe § 7 Abs. 9 ff. VOB/A.

[99] Die Vorschrift entspricht inhaltlich ihren Vorläufern in § 9 Nr. 5 VOB/A-2002 und § 9 Nr. 10 VOB/A-2006.

[100] Siehe § 2 Abs. 1 und 2 VOB/A.

[101] Dreher in: Immenga/Mestmäcker, GWB § 97 Rn. 19, 62; Kapellmann/Messerschmidt, VOB, 3. Auflage 2010, VOB/A § 2 Rn. 57 und § 7 Rn. 54.

[102] OLG Düsseldorf, IBR 2010, 222; OLG Frankfurt, Beschluss vom 29.5.2007, AZ 11 Verg 12/06; VK Hessen, Beschluss vom 10.9.2007, AZ VK 29/2007; Leinemann, Die Vergabe öffentlicher Aufträge, 5. Auflage 2011, Rn. 540 und Rn. 1420.

Abb. 3–4

**Rechtfertigung durch den Auftragsgegenstand**

Die erste Ausnahme findet sich gleich zu Beginn des Wortlauts von § 7 Abs. 8 VOB/A: Danach gilt das Gebot der produktneutralen Ausschreibung nur, soweit eine produktspezifische Ausschreibung nicht **durch den Auftragsgegenstand gerechtfertigt ist**.

Unter Auftragsgegenstand ist nicht nur isoliert das konkret ausgeschriebene Gewerk, z. B. die TGA-Leistungen für ein Bürogebäude oder die Sanitärinstallation für eine Schule gemeint, sondern das gesamte Bauvorhaben als solches, als das Bürogebäude oder die Schule. Denn andernfalls würde die vergaberechtliche Zulässigkeit einer produktspezifischen Ausschreibung davon abhängen, ob ein öffentlicher Auftraggeber in Einzelgewerken oder schlüsselfertig ausschreibt. Dies darf aber vor dem Hintergrund des Schutzes des freien Wettbewerbs keinen Unterschied machen.

Der Auftragsgegenstand kann eine produktspezifische Ausschreibung rechtfertigen, wenn das Bauvorhaben eine **besondere Funktion** erfüllen soll [103], oder der Auftraggeber ein bestimmtes Schutzziel verfolgt oder Rahmenbedingungen bestehen, die sinnvoll nur unter Einsatz eines bestimmten Produktes eingehalten werden können [104]. Als Schutzziele kommen insbesondere der Gesundheitsschutz, gerade auch in Form des Trinkwasserschutzes [105], und Energieeffizienz in der Gebäudetechnik in Betracht.

Eine solche Rechtfertigung aus dem Auftragsgegenstand ist vor allem bei **Zweckbauten** zu finden, die für einen **besonderen Nutzerkreis** errichtet werden. Aus der bestimmungsgemäßen Nutzung können sich besondere Notwendigkeiten für die Konzeptionierung eines Bauvorhabens ergeben. So können die allgemein anerkannten Regeln der Technik z. B. besonders hohe Anforderungen an den Brand- oder Gesundheitsschutz stellen, die beim konkreten Bauvorhaben nur durch ein bestimmtes Produkt erfüllt werden. Bezogen auf die Hygieneanforderungen an das Trinkwasser in öffentlichen Gebäuden kann das unter Umständen der Fall sein, wenn ein vollständiger Austausch des Trinkwassers warm mit

Wasseraustausch 5

[103] Leinemann, Die Vergabe öffentlicher Aufträge, 5. Auflage 2011, Rn. 541.
[104] OLG Düsseldorf, VergabeR 2005, 188.
[105] VGH Mannheim, NuR 2010, 659 und oben Ziffer 1.

hydraulischem Abgleich im System nur durch ein bestimmtes Leitungssystem erreicht werden kann. Solche besonders hohen Anforderungen sind insbesondere dort denkbar, wo die Nutzer aufgrund ihres Gesundheitszustandes, ihres (hohen oder sehr jungen) Alters oder einer besonderen Vorbelastung nicht im normalen Maße widerstandsfähig sind. Damit können bei Krankenhäusern, Notfallpraxen, Alten- und Pflegeheimen ebenso wie bei Kindergärten, Schulen und Sportstätten Ausnahmen vom Gebot der produktneutralen Ausschreibung zulässig sein.

Eng mit der Gebäudefunktion verwandt ist die Fallgruppe, dass der Auftraggeber, der durch den Vertrag den Auftragsgegenstand definiert, ausdrücklich oder implizit ein **bestimmtes Schutzziel** in besonderem Maße verfolgt. Als ein solches Schutzziel kommt insbesondere der Umweltschutz in Betracht, der auch in § 7 Abs. 7 VOB/A hervorgehoben wird. Denkbar sind darüber hinaus ähnliche Schutzgüter wie der Gesundheitsschutz der Benutzer eines Bauvorhabens, wozu insbesondere die Qualität und Hygiene des in dem Bauvorhaben bezogenen Trinkwassers zählt. Um das Schutzziel reinen und gebrauchsfertigen Trinkwassers sicherzustellen, verweist auch § 17 Abs. 1 S. 4 TrinkwV auf den Einsatz von durch einen akkreditierten Branchenzertifizierer zertifizierte Verfahren und Produkte. Wenn also der Verordnungsgeber zwischen Verfahrens- und Produktqualitäten unterscheidet, muss dies auch ein zulässiges, sachliches Unterscheidungskriterium im Rahmen öffentliche Ausschreibungen darstellen.

Aus dem Auftragsgegenstand heraus kann auch das Ziel der **Nachhaltigkeit** des Bauens und des ökonomisch effizienten Betriebs eine Ausnahme rechtfertigen, auch wenn reine Kostenvorteile für den Auftraggeber durch die Verwendung bestimmter Produkte nicht ausreichen. Wenn der Auftraggeber durch die spezifische Produktvorgabe in der Leistungsbeschreibung aber wesentliche wirtschaftliche Vorteile bei Betrieb, Instandhaltung und Wartung eines Gebäudes erwarten darf, kann auch dies eine produktspezifische Ausschreibung rechtfertigen, weil die mit Steuergeldern operierende öffentliche Hand zum sparsamen Haushalten verpflichtet ist [106].

Letztlich können auch sonstige Rahmenbedingungen eines Auftragsgegenstandes eine Ausnahme von § 7 Abs. 8 VOB/A rechtfertigen und eine produktspezifische Ausschreibung erlauben. Das ist z. B. häufig bei **Sanierungsprojekten** der Fall: Hier kann der vorhandene Bestand entweder durch seine Kubatur oder die begrenzten Möglichkeiten der Leitungsführung ebenso wie die bestehenden Anlagen und Leitungen selbst, die saniert und erweitert werden sollen, einen so konkreten Rahmen vorgeben, dass nur ein bestimmtes Produkt technisch oder wirtschaftlich infrage kommt [107]. So ist es legitim, wenn der Auftraggeber durch die Wahl eines konkreten Fabrikats **Schnittstellen zu einer bereits vorhandenen Technik** vermeiden will [108]. Auch wenn zunächst nur ein erstes Bauteil, etwa ein Schulgebäude, realisiert wird, eine Erweiterung durch eine Schulaula aber im Zeitpunkt der Ausschreibung des ersten Bauteils bereits in Planung ist, kann im Einzelfall eine produktspezifische Leistungsbeschreibung zulässig sein.

### Keine Begünstigung oder Diskriminierung

Produktspezifische Ausschreibungen sind nach dem Wortlaut von § 7 Abs. 8 VOB/A auch zulässig, wenn dadurch **nicht bestimmte Unternehmen oder bestimmte Produkte begünstigt oder ausgeschlossen** werden. Dabei handelt es sich um einen eigenständigen Ausnahmetatbestand, der nicht etwa kumulativ zur Rechtfertigung aus dem Auftragsgegenstand vorliegen muss. Er bezieht sich auf das Diskriminierungsverbot und wird sicherlich selten zur Anwendung kommen. Diese Ausnahme setzt nämlich voraus, dass ein bestimmtes Unternehmen oder Produkt konkurrenzlos auf dem Markt ist. Denn immer dann, wenn ein Produkt im Wettbewerb steht, würde das Konkurrenzprodukt ausgeschlossen und zugleich das ausgeschriebene begünstigt. Denkbar ist diese Ausnahme daher beim Bauen im Bestand unter denkmalschutzrechtlichen Auflagen.

[106] Bernhard in: Völlnik/Kehrberg, VOB/A, 2004, § 9 Rn. 9.
[107] OLG Saarbrücken, IBR 2004, 89; Bayr. OLG, IBR 2005, 44.
[108] OLG Frankfurt, ZfBR 2004, 486.

**Leitfabrikat zur Leistungsbeschreibung erforderlich**

Die dritte und letzte Ausnahme findet sich in § 7 Abs. 8 S. 2 VOB/A: Danach sind produktspezifische Ausschreibungen zulässig, wenn der Auftragsgegenstand nicht hinreichend genau und allgemein verständlich beschrieben werden kann. Man spricht insoweit von der Ausschreibung mittels eines **»Leitfabrikats«**. In diesem Ausnahmefall – und nur in diesem – sind produktspezifische Verweise mit dem **Zusatz »oder gleichwertig«** zu versehen. Dem Bieter bleibt die Wahl: Er kann das Leitfabrikat anbieten oder ein gleichwertiges Konkurrenzprodukt. Der Bieter muss aber im Zweifel nachweisen, dass eine angebotene Alternative die gleichen positiven und im Vergleich zum Leitfabrikat keine negativen Eigenschaft hat, also letztlich von der Funktion her ebenso zur Erreichung des Werkerfolgs und eines etwaigen vom Auftraggeber vorgegebenen Schutzziels geeignet ist [109]. Die Fallgruppe betrifft vor allem Situationen, in denen ein Produkt eines bestimmten Herstellers oder eine bestimmte Marke fast sprichwörtlich in den alltäglichen Sprachgebrauch übergegangen ist und daher, obwohl spezifisch einem Hersteller oder einer Marke zuordenbar, gleichsam stellvertretend für eine bestimmte Kategorie an Produkten steht. Sie findet aber auch dann Anwendung, wenn etwa eine Trinkwasser-Installation mit Hilfe eines Computerprogramms berechnet ist, welches zwingend auf einer bestimmten Produktlinie eines Herstellers basiert. Ob dabei ein bestimmtes Leitfabrikat genannt oder die technischen Parameter so zusammengestellt werden, dass nur ein bestimmtes Produkt infrage kommt, ist unerheblich, beide Fälle werden rechtlich gleich behandelt [110].

Dem Bieter verbleibt im Sinne der Wettbewerbsfreiheit die Möglichkeit, ein abweichendes System anzubieten und im Auftragsfall einzubauen, wenn er die **Gleichwertigkeit seiner Produktwahl mit dem ausgeschriebenen Leitsystem nachweisen** kann. Je komplexer freilich die hinter einem Leitfabrikat stehenden Parameter und Rahmenbedingungen zusammenspielen und sich gerade daraus bestimmte Leistungsmerkmale ergeben, desto schwerer wird es einem Bieter fallen, den Gleichwertigkeitsnachweis zu führen. Faktisch steigt also sein Risiko aus dem Vergabeverfahren ausgeschlossen zu werden, wenn er vom Leitfabrikat abweicht. Aufgabe des Planers ist es, etwaige Bedenken gegen die Gleichwertigkeit eines Alternativprodukts seinem Auftraggeber mit Gründen versehen mitzuteilen. Seine Beratung muss dahin gehen, dass der Auftraggeber den Bieter zum Nachweis der Gleichwertigkeit binnen angemessener Frist auffordert. Der Planer darf hier nur seine fachliche Einschätzung vorbringen. Die Entscheidung, ob ein Bieter mangels Gleichwertigkeit ausgeschlossen wird, verbleibt aber bei der Vergabestelle, da diese gegebenenfalls auch die Konsequenzen einer falschen Entscheidung tragen muss.

[109] Kapellmann/Messerschmidt, VOB, 3. Auflage 2010, § 7 VOB/A Rn. 54.

[110] OLG München, ZfBR 2007, 828.

### 3.7.3 Dokumentation durch den Vergabevermerk

Alle drei Fallgruppen zulässiger Ausnahmen vom Grundsatz der produktneutralen Ausschreibung setzen eines voraus: eine **unverzügliche und umfassende Dokumentation** der Beweggründe der Vergabestelle [111]. Diese Dokumentation hat in einem **Vergabevermerk nach § 20 VOB/A** zu erfolgen. Zeitlich muss sie unverzüglich, d. h. unmittelbar vor der Veröffentlichung der Leistungsbeschreibung an die Bieter, vorgenommen werden; sie kann nicht später – etwa in einem Vergabenachprüfungsverfahren – nachgeholt werden. Dies dient der Transparenz der Entscheidungen öffentlicher Auftraggeber.

Dem öffentlichen Auftraggeber wird durchaus ein Beurteilungsspielraum zugestanden [112], der später nur eingeschränkt im Vergabenachprüfungsverfahren überprüfbar ist [113]. Dieser Beurteilungsspielraum setzt aber voraus, dass sich der Auftraggeber inhaltlich mit der Frage, warum er ausnahmsweise produktspezifisch ausschreiben will, auseinandergesetzt und letztlich eine sachlich nachvollziehbare Entscheidung zu Gunsten eines bestimmten Produktes oder Herstellers getroffen hat [114]. Hier genügt nicht etwa eine pro-forma-Floskel; erforderlich ist vielmehr eine konkret auf den Einzelfall bezogene Auseinandersetzung mit den verfügbaren technischen Lösungen und eine sorgfältige Dokumentation in einem Vergabevermerk [115], der die Überlegungen und Entscheidungsgründe des öffentlichen Auftraggebers vor Veröffentlichung der Leistungsbeschreibung an den Markt festhält.

In der Praxis kann diese Dokumentationspflicht des Auftraggebers vertraglich dem Planer auferlegt werden [116]. Es liegt dann in seiner Verantwortung, bereits in der Leistungsphase 1, Grundlagenermittlung, den Auftraggeber zu beraten und ihn gegebenenfalls auf die Möglichkeit oder gar technische Notwendigkeit einer produktspezifischen Ausschreibung hinzuweisen. Allerdings muss der Planer eine solche Empfehlung mit dem Hinweis verbinden, dass die produktspezifische Ausschreibung eine Ausnahme vom Gebot der produktneutralen Ausschreibung nach § 7 Abs. 8 VOB/A darstellt und daher entsprechend zu hinterfragen und zu dokumentieren ist.

Dabei muss der Planer aber stets darauf achten, dass **die Entscheidung produktspezifisch auszuschreiben**, durch den Auftraggeber getroffen wird. Der Planer darf dies nicht selbst entscheiden. Er hat aber aufgrund seiner fachlichen Kompetenz eine umfangreiche Aufklärungs- und Beratungspflicht gegenüber seinem Auftraggeber. Verletzt er diese Pflicht, kann er sich schadenersatzpflichtig machen. Die Risiken sind beachtlich: Sollte ein unterlegener Bieter die Ausschreibung mit der Begründung angreifen, es sei in unzulässiger Weise gegen das Gebot produktneutraler Ausschreibung verstoßen worden und hat der Planer den öffentlichen Auftraggeber nicht im erforderlichen Umfang aufgeklärt oder für eine angemessene Dokumentation der Entscheidung im richtigen Zeitpunkt gesorgt, haftet der Planer dem Auftraggeber. Ein Schaden kann z. B. entstehen, wenn sich das Projekt verzögert, weil die Ausschreibung nach einem erfolgreichen Vergabeeinspruch wiederholt werden muss [117]. Zudem kann er für die beim Auftraggeber entstandenen Verfahrenskosten (Gericht, Rechtsanwaltskosten) haftbar sein. Die Rechtsprechung fordert vom Planer, dass er in Zweifelsfällen dem Auftraggeber die Einschaltung eines Rechtsanwalts empfiehlt. Diese Empfehlung sollte der Planer für sich selbst ordnungsgemäß dokumentieren, um späteren Vorwürfen begegnen zu können. Auch hier obliegt die Entscheidung, ob Rechtsrat eingeholt wird, dem Auftraggeber. Der Planer muss im Eigeninteresse darauf achten im Nachhinein beweisen zu können, dass er den Auftraggeber auf eine fragliche Situation hingewiesen und einen angemessenen Schritt zur Klärung der Lage empfohlen hat.

Für den Planer ist es aber ebenso wichtig, den Auftraggeber auf die technische Notwendigkeit einer produktspezifischen Ausschreibung hinzuweisen, wenn er sie für gegeben erachtet. Denn wenn der Planer aufgrund seiner Fachkunde der Auffassung ist, dass für das konkrete Bauvorhaben oder einen vom Auftraggeber gewünschten Schutzzweck nur ein bestimmtes Produkt oder eine bestimmte Produktlinie eines Herstellers die technisch optimale Erfüllung der Anforderungen garantiert, ist der Planer sogar verpflichtet, dies dem Auftraggeber deutlich zu machen und eine produktspezifische Ausschreibung zu empfehlen. Gerade im Bereich des Umwelt- und Gesundheitsschutzes wird dies bei bestimmten Zweckbauten des Öfteren der Fall sein.

[111] VK Hessen, Beschluss vom 10.9.2007, AZ VK 29/2007; VK Südbayern, Beschluss vom 29.1.2007, AZ Z 3-3-3194-1-39-12/06.

[112] OLG Frankfurt, Beschluss vom 29.5.2007, AZ 11 Verg 12/06; Thür. OLG, VergabeR 2007, 220.

[113] OLG Düsseldorf, IBR 2010, 222; zu eng sehen dies OLG Jena, NZBau 2006, 735 und OLG Celle, OLGReport Celle 2008, 663; vgl. auch Pünder/Schellenberg, Vergaberecht, 2011, Rn. 76.

[114] VK Südbayern, Beschluss vom 29.1.2007, AZ Z 3-3-3194-1-39-12/06.

[115] OLG Frankfurt, Beschluss vom 29.5.2007, AZ 11 Verg 12/06; Thür. OLG, VergabeR 2007, 220.

[116] Siehe oben Ziffer 3.6.1.

[117] VK Südbayern, Beschluss vom 28.4.2005, AZ 120.3-3194-1-13-03/05.

Abb. 3–5

## 3.8 Leistungsphase 8 – Objektüberwachung (Bauüberwachung)

Mit der **Leistungsphase 8 – Objektüberwachung (Bauüberwachung)** beginnt für den Fachplaner ebenso wie für den Fachingenieur endlich das »wirkliche Leben«, das enge rechtliche Korsett kann man hinter sich lassen – könnte man meinen. Dies ist – leider – ein Irrtum. Ein Großteil der Rechtsprechung zur Haftung von Planern jeder Art beruht auf Sachverhalten gerade aus der bauüberwachenden Tätigkeit. Tatsächlich hat sich die Rechtsprechung zur Haftung der Architekten und Planer in einer Zeit stark weiterentwickelt, in der ausführende Firmen wegen Insolvenz nicht mehr für die Mangelbeseitigung zur Verfügung standen. Die Bauherrn mussten sich daher notgedrungen nach einem neuen »Haftungspartner« umsehen und sind bei den Planern aus einem einfachen Grund fündig geworden: Der Planer ist in aller Regel haftpflichtversichert. Damit bot es sich an, den Schaden auf einen unbekannten Dritten – den Versicherer – abzuwälzen. Infolgedessen dürften zahlreiche Versicherungsunternehmen ihre Unternehmenspolitik überdacht und die Haftpflichtversicherung für Planer entweder ganz eingestellt oder die Prämien hierfür drastisch erhöht haben. Eine Haftung des Planers für Baumängel lässt sich aber auch rechtsdogmatisch besonders dann gut begründen, wenn er bauüberwachend neben dem ausführenden Bauunternehmer tätig war. Ein Mangel des Bauwerks ist daher in gewisser Weise immer eine »Gemeinschaftsproduktion« von Planer und Bauunternehmer.

Während der Bauausführung und damit – aus vertraglicher Sicht – in der Leistungsphase 8 des Planers kommen erstmals die Produkte und Materialien körperlich zum Einsatz, die zur Herstellung der Trinkwasser-Installation erforderlich sind. Die abstrakten Kontaminationsrisiken, die durch eine nicht den allgemein anerkannten Regeln der Technik entsprechende Planung entstehen und sich im Normalbetrieb realisieren können, sind das eine.

Durch falsche Behandlung und mangelhafte Überwachung in der Ausführungsphase können aber auch bei regelgerechter Planung Risiken für die menschliche Gesundheit, die es nach § 4 Abs. 1 TrinkwV zu schützen gilt, entstehen [118]. Dadurch können Mängel am Bauwerk ebenso wie **Mangelfolgeschäden** entstehen. Während sich der Begriff des Mangels auf die hergestellte Leistung des Bauunternehmers oder die fehlerhafte Überwachung durch den Planer und damit unmittelbar auf die errichtete Anlage bezieht, versteht man unter Mangelfolgeschäden diejenigen Schäden, die an einem anderen Rechtsgut oder der Gesamtsache des Auftraggebers durch einen Mangel an der neuen Leistung verursacht werden [119]. Dies kann etwa der Fall sein, wenn Reparaturarbeiten durchgeführt oder eine bestehende Wasserversorgungsanlage erweitert wird. Wird infolge eines Ausführungsfehlers, z. B. die unbedachte Lagerung von Rohren auf der Baustelle, eine Kontamination nicht nur der Erweiterung, sondern auch der bestehenden Anlage verursacht, wirkt sich der Mangel an der neuen Leistung auch auf das bestehende Rohrleitungssystem in der Bausubstanz aus. Anders als bei der Herstellung einer schrägen Wand durch den Trockenbau existiert eben bei der Herstellung oder Erweiterung einer Wasserversorgungsanlage das Risiko, dass sich die Kontamination beim Durchströmen des Leitungssystems auch in den alten Teil der Anlage ausbreitet. Dies ist ein klassischer Fall des Mangelfolgeschadens.

### 3.8.1 Gesamtschuldnerische Haftung in der Bauüberwachung

Gerade weil der Planer und Bauunternehmer in der Ausführungsphase parallel arbeiten, der eine montiert, installiert und liefert, der andere überwacht diese Tätigkeit – geht die Rechtsprechung davon aus, dass zwischen beiden »eine enge, keineswegs nur zufällige und absichtslose, sondern planmäßige rechtliche Zweckgemeinschaft« [120] besteht. Wenn sich also in einem Bauausführungsmangel zugleich ein Bauüberwachungsmangel realisiert hat, wenn also ein Mangel des Planerwerks und gleichzeitig ein Mangel der Bauleistung vorliegen, haften für die Folgen beide gleichermaßen. Während der Bauunternehmer im Normalfall berechtigt ist, den Mangel innerhalb einer ihm vom Auftraggeber gesetzten angemessenen Frist selbst zu beseitigen, haftet der Planer sofort auf Schadenersatz in Geld, weil er einen Überwachungsfehler nachträglich nicht mehr nachbessern kann. Es nützt nun einmal nichts, später »genauer hinzuschauen«, wenn der Mangel bereits »produziert« wurde. Rechtlich spricht man von gesamtschuldnerischer Haftung, d. h. jeder Schädiger ist gegenüber dem Geschädigten zum vollständigen Ersatz des entstandenen Schadens verpflichtet, ob er bei dem anderen Schädiger Regress nehmen kann oder will, bleibt ihm überlassen [121].

### 3.8.2 Inhalt der Bauüberwachung

Da die Leistungsphase 8 alle während der eigentlichen Bauausführung vorzunehmenden Prüfungs- und Überwachungsleistungen des Fachplaners beinhaltet, sind mit den Begriffen Objekt- und Bauüberwachung eine **Vielzahl unterschiedlicher Tätigkeiten** angesprochen, für die der Fachplaner nach § 53 Abs. 1 Nr. 8 HOAI aber auch 33 % der Honorare nach § 54 HOAI erhält.

Während manche Leistungen, wie z. B. die Rechnungsprüfung, allgemeiner Natur sind, beinhalten andere, beispielsweise die »Fachtechnische Abnahme der Leistungen und Feststellung der Mängel«, im Falle der Überwachung einer Trinkwasseranlageninstallation spezifische Anforderungen an den bauüberwachenden Planer. Nachfolgend wird auf die spezifisch problematischen Grundleistungen der Leistungsphase 8 gemäß Anl. 14 zu § 53 Abs. 1 HOAI eingegangen.

[118] Um es mit Kesselring zu sagen: »Die ‚Objektüberwachung' im dargelegten Sinne stellt also ein Kernstück der Architektentätigkeit dar, weil selbst die technisch und gestalterisch ‚beste' Planung dann ihren Wert verliert, wenn sie nicht entsprechend umgesetzt wird.«, vgl. Kesselring in: Motzke/Preussner/Kehrberg/Kesselring, Die Haftung des Architekten, 9. Auflage 2008, Teil N Rn. 3.

[119] Palandt/Sprau, BGB, 71. Auflage 2012, § 634 Rn. 8 m. w. Nachw.

[120] BGH, NJW 1965, 1175.

[121] Vgl. oben Ziff. 2.7.

### 3.8.3 Vollmacht des Fachplaners in der Bauüberwachung

Im Rahmen der Bauüberwachung wird dem Fachplaner in aller Regel durch seinen Vertrag die selbständige Fachbauleitung übertragen. Davon geht auch das Vergütungssystem des § 53 Abs. 2 Nr. 1 HOAI in Verbindung mit Anlage 14 aus, wenn dort z. B. die »Fachtechnische Abnahme der Leistungen« sowie der »Antrag auf behördliche Abnahmen« als wesentliche Vergütungsbestandteile enthalten sind. Er kann damit in Vollmacht des Auftraggebers in dem Umfang handeln, wie es zur Erfüllung seiner Aufgaben zwingend notwendig ist, also etwa **Weisungen** an ausführende Unternehmen aussprechen, um eine vertragsgemäße mangelfreie Bauausführung sicherzustellen [122].

Seine Vollmacht endet aber schon dort, wo der Bauvertrag mit dem ausführenden Unternehmer geändert wird. Dies ist insbesondere bei Zusatzaufträgen (Nachträgen) der Fall, weshalb der **Fachplaner Zusatzaufträge nicht erteilen darf**. Er ist nicht bevollmächtigt, in das Vertragsverhältnis zwischen Auftraggeber und Bauunternehmer einzugreifen. So liegt auch bei der Grundleistung »Fachtechnische Abnahme der Leistungen und Feststellen der Mängel« nach Anlage 14 (zu § 53 Abs. 1 HOAI) die Betonung auf »fachtechnisch«, also einer Überprüfung aus rein technisch-fachlicher Sicht, schließt nicht aber die Befugnis zur Erklärung der rechtsgeschäftlichen Abnahme ein [123]. Vertraglich kann der Bauherr dem Fachplaner allerdings jederzeit eine weitergehende Vollmacht erteilen. Der Fachplaner sollte stets versuchen, hierbei den Umfang und damit auch die Grenzen seiner Vollmacht transparent und offen festzulegen, um für sich selbst Klarheit über seinen Handlungsspielraum zu bekommen. Dies kann etwa durch Vereinbarung einer Wertgrenze für Nachträge geschehen.

Formulierungsbeispiel:

> *»Der Fachplaner ist bevollmächtigt, Nachträge mit einem im Zeitpunkt der Beauftragung geschätzten Wert von bis zu € 5.000 netto im Einzelfall und bis zu € 50.000 netto insgesamt zu beauftragen.«*

Für die **Anmeldung von Bedenken** gegen die geplante Art und Weise der Bauausführung nach VOB/B durch den Bauunternehmer ist der Fachplaner, wenn er mit der Fachobjektüberwachung beauftragt ist, empfangsbevollmächtigt. Das bedeutet, dass der Bauunternehmer ihm seine fachlichen Bedenken mit Wirkung gegenüber dem Auftraggeber mitteilen kann. Denn es ist sinnvoll, dass sich zunächst die Fachleute über solche Bedenken austauschen. Verschließt sich allerdings der Fachplaner den Bedenken des Bauunternehmers und tut diese als unberechtigt ab, muss der Bauunternehmer in einem zweiten Schritt direkt auf seinen Auftraggeber zugehen und die Bedenkenanmeldung ihm gegenüber wiederholen [124].

Die Teilnahme an Baubesprechungen mit dem Auftraggeber, seinem Gesamtobjektüberwacher und den das vom Fachplaner zu betreuende Gewerk ausführenden Unternehmern ist ein wichtiger Bestandteil der Bauüberwachung. Der Fachplaner ist verpflichtet, diese Termine aktiv wahrzunehmen. Ohne besondere vertragliche Vereinbarung mit dem Bauherrn kann er dafür auch keine zusätzliche Vergütung verlangen, weil diese Art der Kooperation für den geschuldeten »Überwachungserfolg« zwingend erforderlich ist. Im Vertrag kann aber vereinbart werden, dass z. B. eine Baubesprechung von bis zu zwei Stunden wöchentlich im Grundhonorar enthalten ist und darüber hinausgehender Zeitaufwand zu einem bestimmten Stundensatz zusätzlich vergütet werden muss [125].

[122] Braun in: Motzke/Preussner/Kehrberg/Kesselring (Hrsg.), Die Haftung des Architekten, 9. Auflage 2008, Teil T Rn. 175.

[123] Siehe oben Ziffer 2.6.

[124] Braun in: Motzke/Preussner/Kehrberg/Kesselring (Hrsg.), Die Haftung des Architekten, 9. Auflage 2008, Teil T Rn. 178 f.

[125] In Konflikt mit der HOAI käme man allenfalls, wenn dadurch die zulässigen Höchstsätze überschritten würden, was wohl eher ein theoretisches Problem sein dürfte.

### 3.8.4 Bauüberwachung im engeren Sinne

Als erste Grundleistung hat der Fachplaner in Leistungsphase 8 den Kern der eigentlichen Bauüberwachung zu erbringen: **Überwachen der Ausführung** des Objektes auf Übereinstimmung mit der Baugenehmigung oder Zustimmung, den Ausführungsplänen, den Leistungsbeschreibungen oder Leistungsverzeichnissen sowie mit den allgemein anerkannten Regeln der Technik und den einschlägigen Vorschriften.

Erneut ist die Kenntnis und Beachtung der allgemein anerkannten Regeln der Technik für ein mangelfreies Planerwerk von zentraler Bedeutung. Hygienische Aspekte im Zusammenhang mit der Installation von Wasserversorgungsanlagen müssen dem bauüberwachenden Planer geläufig sein. Vorschriften und anerkannte Hinweise in Fachpublikationen für die Lagerung und den Schutz von sensiblen Rohrleitungssystemen [126], die für die Gesundheit des späteren Nutzers eines Gebäudes von Bedeutung sind, müssen streng beachtet werden. So muss bei einem regelmäßigen Baustellenrundgang die Lagerung der zur Montage vorgesehenen Trinkwasserleitungen zumindest stichprobenartig überprüft werden. Die Pflicht zur sorgfältigen Lagerung obliegt zwar zunächst dem Bauunternehmer oder Lieferanten. Missstände, die zu späteren Mängeln am Bauwerk und eventuell sogar den oben beschriebenen Mangelfolgeschäden führen können, muss aber auch der Bauüberwacher bemerken und unverzüglich unterbinden. Das setzt freilich voraus, dass er vor Ort auf der Baustelle regelmäßig anwesend ist.

Die Rechtsprechung stellt an die **Intensität der Überwachungstätigkeit** keine abstrakten, allgemein gültigen Anforderungen. Stets verweist sie auf das im Einzelfall vertraglich vom Bauüberwacher geschuldete Werk und unterscheidet je nach Bauvorhaben und betroffenen Gewerk [127].

Eine **stichprobenartige Kontrolle** ist insbesondere dann erforderlich, wenn es um **besonders schadensanfällige Bauteile** geht [128]. Wegen der hohen Bedeutung des Schutzgutes der Trinkwasserhygiene zur Vermeidung von Gefahren für die menschliche Gesundheit (§ 4 Abs. 1 TrinkwV) sind die Produkte und Komponenten, die später mit Trinkwasser in unmittelbare Berührung kommen, unter dem Begriff der schadensanfälligen Bauteile zu fassen. Ihre Behandlung auf der Baustelle – von der Anlieferung über den Einbau bis zum endgültigen Abschluss des Systems der Trinkwasserversorgung in einem Objekt – ist damit in besonderer Weise überwachungspflichtig. Daneben muss kontrolliert werden, ob die an die Bauausführung gerichteten Pflichten der Trinkwasserverordnung eingehalten werden. Hier ist auf **§ 17 Abs. 2 TrinkwV** zu verweisen, der für die Verbindung von Wasserversorgungsanlagen, aus denen Trinkwasser abgegeben wird, mit nicht zum menschlichen Gebrauch im Sinne des § 3 Abs. 1 Nr. 1 TrinkwV bestimmtes Wasser führenden Teilen besondere Sicherungseinrichtungen fordert. Gleiches gilt für die dauerhaft farblich unterschiedlich zu kennzeichnenden unterschiedlichen Versorgungssysteme nach § 17 Abs. 2 S. 2 TrinkwV. Auch die Erfüllung solcher Kennzeichnungspflichten ist zu kontrollieren.

Wie es besonders schadensanfällige Bauteile gibt, so sind auch **bestimmte Ausführungsarbeiten besonders mangel- oder schadensanfällig**. Man spricht hier auch von Schadensgeneigtheit. Man kann sich daran orientieren, dass die Intensität der Überwachung zunehmen muss, je handwerklich schwieriger eine auszuführende Leistung oder je unzuverlässiger der Handwerker oder Bauunternehmer zu sein scheint [129]. Daraus folgt für den Fachplaner für Warmwasserversorgungsanlagen, dass er die Häufigkeit seiner Stichproben vor Ort erhöhen muss, wenn er einmal einen leichtfertigen, die Sauberkeit und Trinkwasserleitungen gefährdenden Umgang eines Bauunternehmers mit Rohrmaterial festgestellt hat.

Im Rahmen der Überwachung der Bauausführungsarbeiten hat der bauüberwachende Planer auch andere Fehler und Unbedachtheiten eines Bauunternehmers zu erkennen, die das **Risiko einer Kontamination** von Bestandteilen der Trinkwasser-Installation erhöhen. Hierzu können falsche Arbeitsorganisation, unsachgerechte Arbeitsabläufe und mangelhafte Kooperation zwischen ausführenden Unternehmern gehören.

[126] Vgl. Buchkapitel 2 Schulte, Kap. 2.10, Frage 10.

[127] BGH, BauR 1986, 112; Kesselring in: Motzke/Preussner/Kehrberg/Kesselring, Die Haftung des Architekten, 9. Auflage 2008, Teil N Rn. 30.

[128] Kesselring in: Motzke/Preussner/Kehrberg/Kesselring, Die Haftung des Architekten, 9. Auflage 2008, Teil N Rn. 22.

[129] Kesselring in: Motzke/Preussner/Kehrberg/Kesselring, Die Haftung des Architekten, 9. Auflage 2008, Teil N Rn. 30 f.

Lässt etwa ein Bauunternehmer nach erfolgter Installation der Trinkwasseranlage mit Wasser gefüllte Rohre offen liegen, wo sie abgedeckt oder zugeschüttet werden sollten, kann dies bei entsprechender Wärmeeinwirkung (durch Sonnenstrahlen oder in der Nähe positionierte Baulampen) die Vermehrung von Legionellen stark begünstigen und zu einer Kontamination der gesamten Trinkwasser-Installationsanlage führen. Auch wenn für das Verschließen oder zu schützen der Leitung ein anderer Bauunternehmer zuständig sein sollte, der eigentlich kein vom Fachplaner für Wasserversorgungsanlagen zu begleitendes Gewerk ausführt, so ist der Fachplaner dennoch verpflichtet, die Gefahr zu erkennen und auf eine Behebung des Missstandes hinzuwirken. Dies ergibt sich aus seiner **Kooperations- und Koordinationspflicht** mit dem übergeordneten Objektüberwacher.

### 3.8.5 Bautagebuch

Auch im Rahmen der Bauüberwachung ist die **Dokumentation der eigenen Tätigkeit** von zentraler Bedeutung für den bauüberwachenden Planer. So ist nicht nur das »**Mitwirken bei dem Führen eines Bautagebuches**« eine eigene Grundleistung, für die der Planer damit auch anteilig eine Vergütung erhält. Die Dokumentation liegt erneut zugleich im Eigeninteresse des Planers. Gerade während der Bauüberwachung muss er Missstände und die daraus gezogenen Konsequenzen schriftlich festhalten, um sein Haftungsrisiko zu verringern. Wenn er etwa eine unzureichende Lagerung von Trinkwasserleitungen vor deren Installation auf der Baustelle feststellt, muss er als Folge seiner Überwachungspflicht den ausführenden Unternehmer darauf hinweisen und dies im Bautagebuch dokumentieren. Keinesfalls darf er seine Bedenken unartikuliert mit nach Hause nehmen. Zur Sicherheit sollte er in gravierenden Fällen mit hohem Gefährdungsgrad mit Durchschlag an den Auftraggeber nach dem Baustellenbesuch den ausführenden Unternehmer schriftlich auffordern, den Missstand unverzüglich zu beseitigen [130]. Gegebenenfalls muss er seine **Kontrolldichte erhöhen**.

Die Form des Bautagebuchs ist nicht allgemein vorgegeben. Dies kann sich aber aus dem Vertrag des Planers oder einer sonstigen Vorgabe des Objektüberwachers oder Bauherrn, bei öffentlichen Auftraggebern unter Umständen auch aus zur Verwendung durch Verwaltungsvorschrift vorgegebenen Formblättern ergeben.

### 3.8.6 Neue Baustoffe und schwierige Konstruktionen

Wenn von dem Bauüberwacher die Verwendung neuer Baustoffe oder schwierige Konstruktionen, z. B. entweder bei besonderen Zweckbauten oder bei der Erweiterung einer bestehenden Wasserversorgungsanlage, zu kontrollieren ist, muss er sich gegebenenfalls die **erforderlichen fachlichen Kenntnisse vorab aneignen**. Er kann sich im Schadensfall nicht damit entlasten, dass er es nicht besser gewusst habe. Er muss sich das erforderliche Fachwissen über die verwendeten Produkte aneignen und hierfür gegebenenfalls Herstellerrichtlinien und Fachpublikationen zurate ziehen [131].

[130] Die Gesundheit seines Rechtsanwalts riskiert der Bauüberwacher, wenn er in einem Haftungsprozess zu Protokoll des Gerichts gibt, er habe die Missstände auf der Baustelle lange mit Sorgen und Kopfschütteln beobachtet und sich schon gedacht, dass das nicht gut gehen könne.

[131] OLG Köln, BauR 1990, 103; Kesselring in: Motzke/Preussner/Kehrberg/Kesselring, Die Haftung des Architekten, 9. Auflage 2008, Teil N Rn. 40 f. m. w. Nachw.

Abb. 3–6

### 3.8.7 Abnahmen der Bauleistung, Druckprüfung und Inbetriebnahme

Im Rahmen der Inbetriebnahme einer Wasserversorgungsanlage sind nach DIN EN 806-4 Dichtheitsprüfungen nass durchzuführen [132]. Dies ist im Grenzbereich zwischen den Grundleistungen der Bauüberwachung im engeren Sinne und der »Fachtechnischen Abnahme der Leistung und Feststellung der Mängel« angesiedelt und durch den mit der Leistungsphase 8 beauftragten Planer oder Ingenieur zu überwachen. Gleiches gilt für die der Dichtheitsprüfung nass logisch vorangehende **Erstbefüllung** der Trinkwasser-Installation mit Wasser.

Auch hier stellt sich die Frage nach der Intensität der Überwachungspflicht – auch hier ist, für den Planer unbefriedigend, auf die jeweiligen Umstände des Einzelfalls zu verweisen [133]. Da es sich um **für die Funktionstauglichkeit und den Gesundheitsschutz wichtige bauliche Vorgänge** handelt, könnte man die Forderung erheben, der bauüberwachende Fachplaner müsse »an Ort und Stelle grundsätzlich« anwesend sein [134]. Dies wird z. B. bei Abdichtungsarbeiten, Dränagearbeiten und Arbeiten an der Wärmedämmung eines Gebäudes bejaht [135]. Legt man diesen Maßstab an, muss dies wohl zumindest für Wasserversorgungsanlagen, die im Rahmen einer **öffentlichen oder gewerblichen Tätigkeit im Sinne von § 3 Abs. 1 Nr. 10 bzw. Nr. 11 TrinkwV** hergestellt werden, ebenfalls angenommen werden. Denn die genannten Beispiele beruhen darauf, dass einerseits ein Fehler bei der Ausführung dieser Arbeiten mit einer gewissen Häufigkeit und Wahrscheinlichkeit zu einem Mangel führt und andererseits ein solcher Mangel in aller Regel einen nicht geringen Schaden am Bauwerk und an anderen Rechtsgütern (Mangelfolgeschaden) verursacht. Dies ist aber insbesondere auch der Fall, wenn die **Gesundheit und im Extremfall sogar das Leben** künftiger Nutzer durch einen Mangel im Zuge der Dichtigkeitsprüfung und **Inbetriebnahme** einer Wasserversorgungsanlage gefährdet werden können.

[132] Vgl. Buchkapitel 2 Schulte, Kap. 2.10, Frage 10.

[133] Kesselring in: Motzke/Preussner/Kehrberg/Kesselring, Die Haftung des Architekten, 9. Auflage 2008, Teil N Rn. 52.

[134] So sieht dies Korbion für »wichtigste Bauvorgänge«, »welche für die Erreichung der Bauaufgabe sowohl in technischer, insbesondere konstruktiver, als auch in gestalterischer Hinsicht von wesentlicher Bedeutung sind« sowie bei »besonderen Gefahrenquellen« in: Korbion/Mantscheff/Vygen, § 15 Rn. 170 und Rn. 191.

[135] Kesselring in: Motzke/Preussner/Kehrberg/Kesselring, Die Haftung des Architekten, 9. Auflage 2008, Teil N Rn. 54.

Soweit ersichtlich, ist dieser konkrete Fall von der Rechtsprechung noch nicht entschieden. Gerade bei öffentlichen oder gewerblichen Objekten sieht die Trinkwasserverordnung vor dem Hintergrund des Infektionsschutzes eine erhöhte Gefahr. Dann erscheint es sachgerecht, daraus auch eine gesteigerte Überwachungspflicht des Bauüberwachers abzuleiten.

Der bauüberwachende Planer sollte daher bei öffentlich oder gewerblich genutzten Gebäuden bei der Erst- oder Wiederbefüllung sowie bei allen im Zuge der Inbetriebnahme nach den allgemein anerkannten Regeln der Technik erforderlichen Prüfungen, insbesondere der Dichtigkeitsprüfung nass nach DIN EN 806-4 anwesend sein und die normgerechte Durchführung dieser Tätigkeiten kontrollieren. Das gilt für den Ansatz am richtigen Ventil, die Verwendung von Trinkwasser für die Erstbefüllung bis hin zum gegebenenfalls erforderlichen Ablassen des Wassers nach der Druckprüfung.

Im Rahmen der **fachtechnischen Abnahme der Bauleistungen** für die Errichtung von Wasserversorgungsanlagen muss der Fachplaner auch darauf achten, ob bei der Ausführung der Installationsarbeiten die Kennzeichnungspflichten, die sich aus der Trinkwasserverordnung und den allgemein anerkannten Regeln der Technik ergeben, eingehalten wurden. Die Kennzeichnungspflichten dienen zugleich dem Schutz der Verbraucher des Trinkwassers und den Interessen des Auftraggebers. Denn jede künftige Änderung einer Wasserversorgungsanlage setzt voraus, dass trinkwasserführende Leitungen von solchen Leitungen unterschieden werden können, die kein Trinkwasser führen, und dass Trinkwasser warm und Trinkwasser kalt unproblematisch und verwechslungssicher erkennbar sind. Solche Kennzeichnungspflichten ergeben sich z. B. aus § 17 Abs. 2 TrinkwV, wonach die Leitungen unterschiedlicher Versorgungssysteme beim Einbau dauerhaft farblich unterschiedlich zu kennzeichnen sind. Zugleich müssen Entnahmestellen von Wasser, das nicht für den menschlichen Gebrauch nach § 3 Abs. 1 Nr. 1 TrinkwV bestimmt ist, bei der Errichtung dauerhaft als solche gekennzeichnet und erforderlichenfalls gegen nicht bestimmungsgemäßen Gebrauch gesichert werden.

### 3.8.8 Bauen im Bestand und Sanierung

**Bauen im Bestand** und die Sanierung von Altbauten stellen in aller Regel eine besondere Herausforderung für alle am Bau Beteiligten dar. Allenfalls zeit- und kostenintensive Voruntersuchungen der vorhandenen Bausubstanz, die der Bauherr häufig scheut, können eine halbwegs belastbare Basis für Planer und ausführenden Bauunternehmer schaffen. Aber selbst dann sind Überraschungen nicht auszuschließen.

Dies gilt auch bei der **Sanierung und Erweiterung von Wasserversorgungsanlagen** in Gebäuden. Wann immer vorhandene Systemkomponenten mit neuen verbunden werden müssen, wird ein zuvor geschlossenes System geöffnet, was der Beginn einer Kontamination des Gesamtsystems aus alten und neuen Komponenten sein kann. Gerade weil bestimmte Rahmenbedingungen und Parameter des vorhandenen Systems möglicherweise nicht bekannt sind, sondern nur vermutet werden, ist eine auf das Schutzgut qualitativ hochwertigen Trinkwassers ausgerichtete Planung besonders erschwert.

Dies gilt auch für die Überwachung von Sanierungsarbeiten. Die Überwachungsintensität ist hier erhöht [136]. Der Fachplaner muss die Schnittstelle zwischen alten und neuen Komponenten im Blick haben und die für die Aufrechterhaltung und Sicherung der Hygiene im Trinkwasser wichtigen Momente der Eröffnung des Altsystems und der Verbindung mit dem neuen System vorher mit dem Fachingenieur besprechen und den kritischen Fällen vor Ort begleiten. Dabei ist der Fachingenieur auch auf die Notwendigkeit hinzuweisen, dass etwa ausgebaute Anlagenteile bis zum Wiedereinbau hygienegerecht gelagert werden.

Sollten sich Anzeichen dafür ergeben, dass die bisherige Wasserversorgungsanlage in denen zu erhaltenden Teilen kontaminiert oder in einer Weise konstruiert sein könnte, dass künftig eine erhöhte Kontaminationsgefahr befürchtet werden muss, müsste der Planer den Auftraggeber hierauf hinweisen [137].

[136] BGH, BauR 2000, 1217; OLG Hamm, NJW-RR 1992, 1049.

[137] Zu einem ähnlichen Fall vgl. OLG Rostock, BauR 2006, 2092.

### 3.8.9 Anzeigepflichten nach § 13 TrinkwV

Nach § 13 TrinkwV müssen bei baulichen Anlagen zur Errichtung von oder an bestehenden Wasserversorgungsanlagen bestimmte **Anzeigen gegenüber dem Gesundheitsamt** schriftlich und rechtzeitig erfolgen

8 Betreiberpflichten

- Die Errichtung einer Wasserversorgungsanlage spätestens vier Wochen im Voraus.
- Die erstmalige Inbetriebnahme oder die Wiederinbetriebnahme einer Wasserversorgungsanlage spätestens vier Wochen im Voraus sowie die Stilllegung einer Wasserversorgungsanlage oder von Teilen von ihr innerhalb von drei Tagen.
- Die bauliche oder betriebstechnische Veränderung an trinkwasserführenden Teilen einer Wasserversorgungsanlage, die auf die Beschaffenheit des Trinkwassers wesentliche Auswirkungen haben kann, spätestens vier Wochen im Voraus.
- Der Übergang des Eigentums oder des Nutzungsrechts an einer Wasserversorgungsanlage auf eine andere Person spätestens vier Wochen im Voraus.
- Die Errichtung und Inbetriebnahme einer Wasserversorgungsgroßanlage sowie die voraussichtliche Dauer des Betriebs so früh wie möglich.

Die weiteren Absätze des § 13 TrinkwV enthalten Details, in welchen Fällen welche Art der Anzeigepflicht besteht. Welches Gesundheitsamt örtlich zuständig ist, ergibt sich aus dem jeweiligen Landesrecht für die Durchführung der Trinkwasserverordnung (§ 3 Abs. 1 Nr. 5 TrinkwV).

Soweit eine Anzeigepflicht nach § 13 TrinkwV besteht, ist sie vom Unternehmer und vom tatsächlichen Betreiber einer Anlage (Mieter, Pächter usw.) sowie vom Eigentümer der Wasserversorgungsanlage zu erfüllen. Den **Fachplaner trifft die Anzeigepflicht grundsätzlich nicht**; sie ist insbesondere nicht unter die Grundleistung »Antrag auf behördliche Abnahmen und Teilabnahme daran« zu fassen. Wenn er aber mit dem Bauherrn vereinbart hat, dass er die Anzeigepflichten in Vertretung des Bauherrn übernimmt, muss er die Fristen von § 13 TrinkwV beachten. Soweit das Grundgesundheitsamt wegen unterlassener oder verspäteter Anzeige ein Bußgeld nach § 25 Nr. 3 TrinkwV gegen den Bauherrn verhängt, haftet der Planer dem Bauherrn dafür.

### 3.8.10 Revisionsunterlagen, Bedienungsanleitungen und Prüfprotokolle

Die Leistung des Fachplaners in Leistungsphase 8 umfasst auch das »Zusammenstellen und übergeben der **Revisionsunterlagen, Bedienungsanleitungen und Prüfprotokolle**«. Damit stellt die Dokumentation der ausgeführten Arbeiten einen eigenständigen Teilerfolg, für den der Planer einen Teil seiner Vergütung erhält, dar. Gerade bei Anlagen der Technischen Ausrüstung nach § 51 HOAI sind derartige Unterlagen von besonderer Bedeutung für den Bauherrn. Denn jede künftige Reparatur, Sanierung oder Erweiterung der Wasserversorgungsanlage wird durch eine **lückenlose und genaue Dokumentation des Bestandes** nicht nur erleichtert, sondern die Erhaltung der Hygiene des Trinkwassers dadurch sicherer. Sorgfältige und umfassende Dokumentation ist damit ein Teil des vorbeugenden Trinkwasserschutzes.

Eine sorgfältige Dokumentation hat auch einen **wirtschaftlichen Wert für den Auftraggeber**, da ein Betreiber die Bemessung seiner Vergütung häufig vom Vorliegen einer ordnungsgemäßen und umfassenden Dokumentation abhängig machen wird. Denn der Betreiber kann seine Abläufe besser planen und kalkulieren, wenn er sich über die vorhandene Bausubstanz, die Lage der Leitungen und Entnahmestellen ein klares Bild machen kann. Dies gilt insbesondere dort, wo der Betreiber zur jährlichen Untersuchung der Trinkwasserqualität nach § 14 TrinkwV verpflichtet ist.

Der bauüberwachende Fachplaner muss das ausführende Unternehmen oder den Fachingenieur anhalten, alle erforderlichen Informationen und Unterlagen zu liefern, damit der Fachplaner seine vertragliche Verpflichtung zur Dokumentation und deren Übergabe an den Bauherrn erfüllen kann.

Abb. 3–7

**Inhalt und Umfang** der Dokumentation ergibt sich unter Umständen aus den allgemein anerkannten Regeln der Technik. Sie muss auch dafür geeignet sein, die erforderlichen Nachweise, die das Gesundheitsamt in Ausübung seiner Überwachungstätigkeit nach dem Fünften Abschnitt der TrinkwV vom Eigentümer oder Betreiber der Wasserversorgungsanlage anfordern kann, lückenlos zu erbringen. Was dazu im Einzelfall erforderlich ist, hängt auch von Art und Größe der Wasserversorgungsanlage ab. Sinnvoll ist es in jedem Fall, die im Zeitpunkt der Übergabe des Objekts **ordnungsgemäße Einstellung** der Anlage (z. B. standardgemäße **Temperatur**) schriftlich festzuhalten. Dies ermöglicht zum einen dem Betreiber später die Wiederherstellung des ursprünglichen Zustandes und weist zum anderen insoweit die mangelfreie Leistungserbringung des Installateurs bzw. Bauüberwachung des Fachingenieurs nach.

Temperatur 4

In jedem Fall darf der Fachplaner bei öffentlichen oder gewerblichen Objekten erwarten, dass die Wartung, Wasseruntersuchung und Bedienung der Anlage durch fachkundiges Personal des Bauherrn erfolgt, das die **Betreiberpflichten** mit der im Verkehr erforderlichen Sorgfalt beherrscht und erbringt. Das gilt bei Privatkunden naturgemäß nicht, sodass hier insbesondere der Einweisungsaufwand des Bauunternehmers höher sein wird. Der Fachplaner muss die Einweisung durch den Installateur überwachen, um sicherzustellen, dass die im Einzelfall erforderliche Tiefe und Verständlichkeit erreicht wurde. Dies ist Teil der fachtechnischen Abnahme der Bauleistung.

Betreiberpflichten 8

## 3.9 Leistungsphase 9 – Objektbetreuung und Dokumentation

In der **Leistungsphase 9 – Objektbetreuung und Dokumentation** hat der Fachplaner nachlaufende Tätigkeiten zu erbringen, die mit Mängeln am Bauwerk innerhalb der Verjährungsfristen für Mängelansprüche des Auftraggebers gegenüber dem Bauunternehmer zusammenhängen.

Hier von Interesse ist jedoch die Grundleistung »Mitwirken bei der systematischen Zusammenstellung der zeichnerischen Darstellungen und rechnerischen Ergebnisse des Objekts«, einmal mehr geht es also um Dokumentationsleistungen.

Wie sich aus der Bezeichnung dieser Grundleistung ergibt, müssen sowohl zeichnerische Darstellungen, also Pläne, Skizzen und Ähnliches, als auch Berechnungen, etwa bezüglich der Kosten, aber auch der für die Dimensionierung von Wasserversorgungsanlagen maßgeblichen Annahmen und Simulationen zusammengestellt werden. Der Schwerpunkt liegt hier auch auf der geforderten Systematik. Die Arbeitsergebnisse jeglicher Art, die der Fachplaner im Rahmen seines Auftrages hervorgebracht hat, müssen für den Auftraggeber auch nach langer Zeit schnell überprüfbar sein. Dies ist nur möglich, wenn die Arbeitsergebnisse systematisch sortiert werden und so einen schnellen Zugriff erlauben. Sinn und Zweck dieser Dokumentation ist die dokumentarische, einheitliche und systematische Zusammenfassung als Grundlage späterer baulicher Veränderungen am Objekt oder wirtschaftlichen Verwertung des Objekts durch einen Verkauf oder Ähnliches [138].

Wegen dieser Zielrichtung muss die Dokumentation bei öffentlichen oder gewerblichen Wasserversorgungsanlagen auch alle für die Erfüllung der Untersuchungspflichten nach § 14 TrinkwV erforderlichen Angaben enthalten. Nach § 14 Abs. 1 haben der Unternehmer und der sonstige Inhaber der Wasserversorgungsanlage nach § 3 Abs. 1 Nr. 2 Buchstabe a oder b TrinkwV dort näher bezeichnete Untersuchungen des Trinkwassers durchzuführen oder durchführen zu lassen, um sicherzustellen, dass das Trinkwasser an der Stelle, an der es in die Trinkwasser-Installation übergeben wird, den Anforderungen der Trinkwasserverordnung entspricht. Umfang und Häufigkeit der Untersuchungen richten sich nach Anlage 4 zur Trinkwasserverordnung. Abhängig von der Menge des in einem Wasserversorgungsgebiet abgegebenen oder produzierten Wassers (in Kubikmeter pro Tag) liegt die Untersuchungshäufigkeit mindestens bei ein- bis viermal pro Jahr für eine routinemäßige Untersuchung und bei ein bis zehn zu nehmenden Proben pro Jahr für eine umfassende Untersuchung.

Diese Dauerpflichten sind für den Eigentümer und den Betreiber eines Objektes von großer Bedeutung. Vernachlässigt er sie und wird eine Kontamination der Trinkwasser-Installation nicht oder zu spät erkannt, haften sie wegen der Verletzung ihrer **Untersuchungspflicht** gegenüber den Nutzern. Zudem kann es zu Überwachungsmaßnahmen durch das zuständige Gesundheitsamt, Bußgeldern und schlimmstenfalls der Verhängung von Strafen durch ein Gericht nach den Abschnitten 5 und 7 der Trinkwasserverordnung kommen.

8 Betreiberpflichten

Im Hinblick auf diese umfangreichen Pflichten und die sich daraus ergebenden Rechtsfolgen für Eigentümer und Betreiber eines Objektes kommt der abschließenden Dokumentation in der Leistungsphase 9 eine umso wichtigere Bedeutung zu. Sie ist Grundlage dafür, dass die Pflichten durch Eigentümer und Betreiber zum Wohle der Gesundheit aller Nutzer des Objektes eingehalten werden können.

[138] Kesselring in: Motzke/Preussner/Kehrberg/Kesselring, Die Haftung des Architekten, 9. Auflage 2008, Teil N Rn. 179.

# 4 Literatur- und Quellenangaben


## 1 Die Hygiene des Trinkwassers als hohes Schutzgut

[1] Vgl. BR-Drucksache 530/10, S. 2.

[2] Zuletzt geändert durch Art. 1 der Verordnung vom 3. Mai 2011, BGBl. I S. 748.

[3] ABl. EG Nr. L 330, S. 32.

[4] St. Rspr.; vgl. BVerfG, NJW 2006, 751.

[5] Vgl. BR-Drucksache 530/10, S. 72, 86 ff.

[6] Siehe hierzu Ziffer 2.3.

[7] Vgl. BR-Drucksache 530/10, S. 42.

[8] Vgl. BR-Drucksache 530/10, S. 75.

[9] Vgl. Buchkapitel 2 Schulte, Tab. 2–1.

[10] Vgl. Buchkapitel 2 Schulte, Kap. 1.

## 2 Grundzüge der rechtlichen Anforderungen an den Fachplaner

[11] Kehrberg in: Motzke/Preussner/Kehrberg/Kesselring (Hrsg.), Die Haftung des Architekten, 9. Auflage 2008, Teil C Rn. 12.

[12] Häußermann in: Motzke/Preussner/Kehrberg/Kesselring (Hrsg.), Die Haftung des Architekten, 9. Auflage 2008, Teil M Rn. 9.

[13] OLG Köln, BauR 1986, 714.

[14] OLG Hamburg, IBR 2001, 73; Kehrberg in: Motzke/Preussner/Kehrberg/Kesselring (Hrsg.), Die Haftung des Architekten, 9. Auflage 2008, Teil C Rn. 72.

[15] Eine hilfreiche Übersicht zum Planervertrag findet sich bei Kehrberg in: Motzke/Preussner/Kehrberg/Kesselring (Hrsg.), Die Haftung des Architekten, 9. Auflage 2008, Teil A Rn. 34 ff.

[16] Motzke in: Motzke/Preussner/Kehrberg/Kesselring (Hrsg.), Die Haftung des Architekten, 9. Auflage 2008, Teil F Rn. 26.

[17] § 632 Abs. 2 BGB spricht von der »taxmäßigen Vergütung«. Die HOAI wird als Ausgestaltung dieses Begriffs verstanden, vgl. BGHBGH, IBR 2005, 213; Palandt/Sprau, BGB, 71. Auflage 2012, § 632 Rn. 14, 19.

[18] BGH, BauR 2004, 1640; BGH, BauR 2005, 400; ausführlich dazu Motzke in: Motzke/Preussner/Kehrberg/Kesselring (Hrsg.), Die Haftung des Architekten, 9. Auflage 2008, Teil F Rn. 12 ff.

[19] Die Besondere Leistung sollte entweder in der Nachtragsvereinbarung oder in dem Schreiben, auf welches verwiesen wird, eindeutig und ggf. etwas ausführlicher als im Beispiel beschrieben werden.

[20] Siehe dazu Ziffer 3.1.

[21] BGH, VersR 2005, 374; ausführliche Darstellung bei Englert in: Kuffer/Wirth, Handbuch des Fachanwalts Bau- und Architektenrecht, 3. Auflage 2011, Teil A Rn. 24 ff.

[22] BGHZ 172, 346.

[23] KG, Urteil vom 14.9.2010, AZ 21 U 108/09.

[24] OLG Köln, Urteil vom 14.2.2008, AZ 12 U 121/03.

[25] KG, Urteil vom 14.9.2010, AZ 21 U 108/09.

[26] BGH, VersR 1987, 102.

[27] BGH, VersR 1975, 812.

[28] BGHZ 103, 338.

[29] So weitgehend wörtlich BGH, NJW 2001, 2019.

[30] BGH, NJW 1981, 2243.

[31] OLG Köln, Urteil vom 14.2.2008, AZ 12 U 121/03; Englert, a.a.O.

[32] Vgl. Buchkapitel 2 Schulte, Kap. 1.

[33] OLG Dresden, Urteil vom 17.7.2002, AZ 11 U 878/01.

[34] Umfassend Seibel, BauR 2004, 266.

[35] KG, Urteil vom 14.9.2010, AZ 21 U 108/09.

[36] Siehe unten Ziffer 2.6.

[37] Siehe oben Ziffer 2.2.

[38] Diese erfolgte zum 11. August 2009 (BGBl. I S. 2732).

[39] Thode/Kuffer/Wirth, Praxishandbuch Architektenrecht, 2. Auflage 2012, § 15 Rn. 6; siehe Überblick zu den Beratungspflichten bei Kehrberg in: Motzke/Preussner/Kehrberg/Kesselring (Hrsg.), Die Haftung des Architekten, 9. Auflage 2008, Teil C Rn. 6 ff.

[40] OLG Hamm, IBR 2006, 152.

[41] BGH, BauR 1976, 66; OLG Köln, BauR 1990, 103.

[42] Preussner in: Motzke/Preussner/Kehrberg/Kesselring (Hrsg.), Die Haftung des Architekten, 9. Auflage 2008, Teil J Rn. 153.

[43] Umfassend Preussner in: Motzke/Preussner/Kehrberg/Kesselring (Hrsg.), Die Haftung des Architekten, 9. Auflage 2008, Teil J Rn. 267.

[44] Ausführlich Häußermann in: Motzke/Preussner/Kehrberg/Kesselring (Hrsg.), Die Haftung des Architekten, 9. Auflage 2008, Teil W.

[45] Siehe oben Ziff. 2.2.

[46] BGH, NJW 1970, 421; BGH, BauR 1974, 67; BGH, BauR 1983, 573.

[47] BGH, BauR 2006, 396; OLG Düsseldorf, BauR 2001, 423.

[48] OLG Karlsruhe, BauR 2004, 518; BGH, BauR 1982, 290; OLG Köln, BauR 1992, 514; OLG Düsseldorf, IBR 2005, 554.

[49] Siehe oben Ziffer 2.2.

[50] BGH, BauR 2000, 409.

[51] Vgl. zur sehr differenzierten Rechtslage insoweit Braun in: Motzke/Preussner/Kehrberg/Kesselring (Hrsg.), Die Haftung des Architekten, 9. Auflage 2008.

[52] Vgl. zu Details der VOB/B (2006): Häußermann/Heisenberg/Knacke/Theilig, Praxiswissen Baurecht für Architekten und Ingenieure, 2008.

[53] Das Gesetz drückt dies so aus: das Außerachtlassen der im Verkehr erforderlichen Sorgfalt.

[54] Siehe dazu oben Ziff. 1.

[55] KG, IMR 2011, 210; LG Dortmund, IMR 2011, 211; LG Saarbrücken, MietR 2010, 132; allgemein Gaidzik/Weimer in: Huster, Krankenhausrecht, 2010, Rn. 60 ff.; Kaufmann in: Geigel, Haftpflichtprozess, 26. Auflage 2011, Kapitel 26, Rn. 62.

[56] Palandt/Sprau, BGB, 71. Auflage, München 2012, Einf. v. § 823, Rn 17.

[57] LG Gießen, PflR 2005, 560.

[58] BGHZ 58, 48; BGH, NJW 1989, 1538.

[59] BGH, NJW 2008, 1304; BGH, NJW 1971, 241; LG Gießen, PflR 2005, 560.

## 3 Trinkwasserhygiene und Fachplanung im Projektverlauf

[60] Zur Vermeidung von Missverständnissen: Die HOAI regelt nur die Vergütung, nicht die Leistung des Fachplaners (siehe dazu oben Ziff. 2.2). Für die Tätigkeit des Fachingenieurs, der die Installationsarbeiten erbringt, gilt sie nicht. Allerdings beschreiben die Leistungsphasen 1-8 und die darin genannten Grundleistungen mehr oder weniger detailliert die wesentlichen Schritte vom Projektstart bis zur Dokumentation, weshalb sich ein an den Leistungsphasen orientierter Aufbau an dieser Stelle anbietet.

[61] Über die hier dargestellten Tätigkeiten hinaus muss der Fachplaner weitere Aufgaben erfüllen, die mit Haftungsrisiken verbunden sind, insbesondere hinsichtlich Kostenüberwachung und Terminverfolgung. Diese Pflichten sind aber allgemeiner Natur und weichen für Wasserversorgungsanlagen nicht von den allgemein gültigen Anforderungen ab. Trotz ihrer großen Bedeutung für den Planer werden sie daher in diesem Beitrag nicht besonders behandelt.

[62] Preussner in: Motzke/Preussner/Kehrberg/Kesselring (Hrsg.), Die Haftung des Architekten, 9. Auflage 2008, Teil K Rn. 3.

[63] Vgl. Buchkapitel 2 Schulte, Kap. 1.

[64] Zum Sorgfaltsmaßstab im Zusammenhang mit schädigenden Handlungen siehe OLG Koblenz, NJW-RR 2002, 867; BGH, NJW 2001, 2019.

[65] Vgl. Buchkapitel 2 Schulte, Kap. 2.2.

[66] Siehe hierzu Ziffer 2.2.

[67] Preussner in: Motzke/Preussner/Kehrberg/Kesselring (Hrsg.), Die Haftung des Architekten, 9. Auflage 2008, Teil K Rn. 34 f.

[68] Zur Thematik der produktspezifischen Ausschreibung siehe unten Ziff. 3.7.

[69] Kesselring in: Motzke/Preussner/Kehrberg/Kesselring (Hrsg.), Die Haftung des Architekten, 9. Auflage 2008, Teil L Rn. 27 f. mit Nachweisen zur Rechtsprechung.

[70] Kesselring in: Motzke/Preussner/Kehrberg/Kesselring (Hrsg.), Die Haftung des Architekten, 9. Auflage 2008, Teil L Rn. 35.

[71] Kesselring in: Motzke/Preussner/Kehrberg/Kesselring (Hrsg.), Die Haftung des Architekten, 9. Auflage 2008, Teil L Rn. 32 f.

[72] Häußermann in: Motzke/Preussner/Kehrberg/Kesselring (Hrsg.), Die Haftung des Architekten, 9. Auflage 2008, Teil M Rn. 2.

[73] Kniffka, ZfBR 1994, 254; Steger, BauR 2001, 554.

[74] OLG Stuttgart, IBR 2006, 682; OLG Stuttgart, IBR 2004, 1001.

[75] H.M., vgl. BGH, BauR 1983,168; OLG Brandenburg, BauR 2003, 1752.

[76] OLG Stuttgart, IBR 2006,682.

[77] Häußermann in: Motzke/Preussner/Kehrberg/Kesselring (Hrsg.), Die Haftung des Architekten, 9. Auflage 2008, Teil M Rn. 18.

[78] Ausführlich Häußermann in: Motzke/Preussner/Kehrberg/Kesselring (Hrsg.), Die Haftung des Architekten, 9. Auflage 2008, Teil M Rn. 62 ff.

[79] Zur Vertragsstrafe Häußermann/Heisenberg/Knacke/Theilig, Praxiswissen Baurecht für Architekten und Ingenieure, 2008, Kapitel J 1.

[80] Häußermann in: Motzke/Preussner/Kehrberg/Kesselring (Hrsg.), Die Haftung des Architekten, 9. Auflage 2008, Teil M Rn. 126.

[81] Zum Vertragsschluss Häußermann/Heisenberg/Knacke/Theilig, Praxiswissen Baurecht für Architekten und Ingenieure, 2008, Kapitel H 2.

[82] BGH, NJW 1978, 995; OLG Düsseldorf, BauR 2000,1198.

[83] Thode/Wirth/Kuffer-Müller-Wrede, Praxishandbuch Architektenrecht, § 14 Rn. 19.

[84] Häußermann in: Motzke/Preussner/Kehrberg/Kesselring (Hrsg.), Die Haftung des Architekten, 9. Auflage 2008, Teil M Rn. 25; vgl. ausführlich zum Aufbau der Leistungsbeschreibung aus rechtlicher Sicht Würfele in: Kuffer/Wirth, Handbuch des Fachanwalts Bau- und Architektenrecht, 3. Auflage 2011, Teil C Rn. 4 ff.

[85] Niestrate, Architektenhaftung, 3. Auflage 2006, Rn. 101.

[86] Ausführlich hierzu Häußermann in: Motzke/Preussner/Kehrberg/Kesselring (Hrsg.), Die Haftung des Architekten, 9. Auflage 2008, Teil M Rn. 31 ff.

[87] A.A. Beck'scher Kommentar VOB/C-Englert/Grauvogel/Katzenbach, 2. Auflage 2008, DIN 18299

[88] Beck'scher Kommentar VOB/C-Motzke, 2. Auflage 2008, Syst III Rn. 7 ff.

[89] OLG Celle, BauR 1984, 647.

[90] Häußermann in: Motzke/Preussner/Kehrberg/Kesselring (Hrsg.), Die Haftung des Architekten, 9. Auflage 2008, Teil M Rn. 35.

[91] OLG Düsseldorf, Beschluss vom 2.1.2006, Verg 93/05.

[92] Leinemann, Die Vergabe öffentlicher Aufträge, 5. Auflage 2011, Rn. 687.

[93] Häußermann in: Motzke/Preussner/Kehrberg/Kesselring (Hrsg.), Die Haftung des Architekten, 9. Auflage 2008, Teil M Rn. 41 ff.

[94] OLG Dresden, BauR 2000, 1341.

[95] OLG Düsseldorf, BauR 2001, 281; Korbion/Mantscheff/Vygen, HOAI, 7. Auflage 2010, § 15 Rn. 138.

[96] Siehe unten Ziff. 3.7.
[97] Locher/Koeble/Frik, Kommentar zur HOAI, 10. Auflage 2009, § 15 Rn. 152.
[98] Siehe § 7 Abs. 9 ff. VOB/A.
[99] Die Vorschrift entspricht inhaltlich ihren Vorläufern in § 9 Nr. 5 VOB/A-2002 und § 9 Nr. 10 VOB/A-2006.
[100] Siehe § 2 Abs. 1 und 2 VOB/A.
[101] Dreher in: Immenga/Mestmäcker, GWB § 97 Rn. 19, 62; Kapellmann/Messerschmidt, VOB, 3. Auflage 2010, VOB/A § 2 Rn. 57 und § 7 Rn. 54.
[102] OLG Düsseldorf, IBR 2010, 222; OLG Frankfurt, Beschluss vom 29.5.2007, AZ 11 Verg 12/06; VK Hessen, Beschluss vom 10.9.2007, AZ VK 29/2007; Leinemann, Die Vergabe öffentlicher Aufträge, 5. Auflage 2011, Rn. 540 und Rn. 1420.
[103] Leinemann, Die Vergabe öffentlicher Aufträge, 5. Auflage 2011, Rn. 541.
[104] OLG Düsseldorf, VergabeR 2005, 188.
[105] VGH Mannheim, NuR 2010, 659 und oben Ziffer 1.
[106] Bernhard in: Völlnik/Kehrberg, VOB/A, 2004, § 9 Rn. 9.
[107] OLG Saarbrücken, IBR 2004, 89; Bayr. OLG, IBR 2005, 44.
[108] OLG Frankfurt, ZfBR 2004, 486.
[109] Kapellmann/Messerschmidt, VOB, 3. Auflage 2010, § 7 VOB/A Rn. 54.
[110] OLG München, ZfBR 2007, 828.
[111] VK Hessen, Beschluss vom 10.9.2007, AZ VK 29/2007; VK Südbayern, Beschluss vom 29.1.2007, AZ Z 3-3-3194-1-39-12/06.
[112] OLG Frankfurt, Beschluss vom 29.5.2007, AZ 11 Verg 12/06; Thür. OLG, VergabeR 2007, 220.
[113] OLG Düsseldorf, IBR 2010, 222; zu eng sehen dies OLG Jena, NZBau 2006, 735 und OLG Celle, OLGReport Celle 2008, 663; vgl. auch Pünder/Schellenberg, Vergaberecht, 2011, Rn. 76.
[114] VK Südbayern, Beschluss vom 29.1.2007, AZ Z 3-3-3194-1-39-12/06.
[115] OLG Frankfurt, Beschluss vom 29.5.2007, AZ 11 Verg 12/06; Thür. OLG, VergabeR 2007, 220.
[116] Siehe oben Ziffer 3.6.1.
[117] VK Südbayern, Beschluss vom 28.4.2005, AZ 120.3-3194-1-13-03/05.
[118] Um es mit Kesselring zu sagen: »Die ‚Objektüberwachung‘ im dargelegten Sinne stellt also ein Kernstück der Architektentätigkeit dar, weil selbst die technisch und gestalterisch ‚beste‘ Planung dann ihren Wert verliert, wenn sie nicht entsprechend umgesetzt wird.«, vgl. Kesselring in: Motzke/Preussner/Kehrberg/Kesselring, Die Haftung des Architekten, 9. Auflage 2008, Teil N Rn. 3.
[119] Palandt/Sprau, BGB, 71. Auflage 2012, § 634 Rn. 8 m. w. Nachw.
[120] BGH, NJW 1965, 1175.
[121] Vgl. oben Ziff. 2.7.
[122] Braun in: Motzke/Preussner/Kehrberg/Kesselring (Hrsg.), Die Haftung des Architekten, 9. Auflage 2008, Teil T Rn. 175.
[123] Siehe oben Ziffer 2.6.
[124] Braun in: Motzke/Preussner/Kehrberg/Kesselring (Hrsg.), Die Haftung des Architekten, 9. Auflage 2008, Teil T Rn. 178 f.
[125] In Konflikt mit der HOAI käme man allenfalls, wenn dadurch die zulässigen Höchstsätze überschritten würden, was wohl eher ein theoretisches Problem sein dürfte.
[126] Vgl. Buchkapitel 2 Schulte, Kap. 2.10, Frage 10.
[127] BGH, BauR 1986, 112; Kesselring in: Motzke/Preussner/Kehrberg/Kesselring, Die Haftung des Architekten, 9. Auflage 2008, Teil N Rn. 30.
[128] Kesselring in: Motzke/Preussner/Kehrberg/Kesselring, Die Haftung des Architekten, 9. Auflage 2008, Teil N Rn. 22.
[129] Kesselring in: Motzke/Preussner/Kehrberg/Kesselring, Die Haftung des Architekten, 9. Auflage 2008, Teil N Rn. 30 f.

[130] Die Gesundheit seines Rechtsanwalts riskiert der Bauüberwacher, wenn er in einem Haftungsprozess zu Protokoll des Gerichts gibt, er habe die Missstände auf der Baustelle lange mit Sorgen und Kopfschütteln beobachtet und sich schon gedacht, dass das nicht gut gehen könne.

[131] OLG Köln, BauR 1990, 103; Kesselring in: Motzke/Preussner/Kehrberg/Kesselring, Die Haftung des Architekten, 9. Auflage 2008, Teil N Rn. 40 f. m. w. Nachw.

[132] Vgl. Buchkapitel 2 Schulte, Kap. 2.10, Frage 10.

[133] Kesselring in: Motzke/Preussner/Kehrberg/Kesselring, Die Haftung des Architekten, 9. Auflage 2008, Teil N Rn. 52.

[134] So sieht dies Korbion für »wichtigste Bauvorgänge«, »welche für die Erreichung der Bauaufgabe sowohl in technischer, insbesondere konstruktiver, als auch in gestalterischer Hinsicht von wesentlicher Bedeutung sind« sowie bei »besonderen Gefahrenquellen« in: Korbion/Mantscheff/Vygen, § 15 Rn. 170 und Rn. 191.

[135] Kesselring in: Motzke/Preussner/Kehrberg/Kesselring, Die Haftung des Architekten, 9. Auflage 2008, Teil N Rn. 54.

[136] BGH, BauR 2000, 1217; OLG Hamm, NJW-RR 1992, 1049.

[137] Zu einem ähnlichen Fall vgl. OLG Rostock, BauR 2006, 2092.

[138] Kesselring in: Motzke/Preussner/Kehrberg/Kesselring, Die Haftung des Architekten, 9. Auflage 2008, Teil N Rn. 179.

# Planungsprämissen

Die Planungsprämissen sind in den Buchkapiteln am Textrand mit farbigen Pfeilen gekennzeichnet.
Die Übersicht gibt an, auf welchen Seiten der Buchkapitel die Prämissen zu finden sind.
Erklärungen zu den Planungsprämissen s. S. 6–7.

| | 1 TrinkwVO und VDI 6023– Hygienische Anforderungen Kistemann | 2 Planungspraxis EN 806-2 / DIN 1988-200 Schulte | 3 Systemauslegung Berechnung / Kommentare Rudat | 4 Trinkwasserhygiene im Bestand Sanierung / Betrieb Hentschel | 5 Recht / Ausschreibung / Planerhaftung Häußermann |
|---|---|---|---|---|---|
| Ausstoßzeit 1 | | 75–77, 84 87, 90, 91, 93, 118 121, 123, 135, 136 | 176 | 304, 333, 334 | 369 |
| Bestimmungsgemäßer Betrieb 2 | 39, 46, 61 | 71, 76–79, 85 94–96, 112, 122 | 154, 210, 234 | 312, 313 | 369, 370 |
| Raumbuch 3 | 41, 60 | 72, 77, 78 | 160, 164 170, 178 | | 357, 370, 371 376, 378 |
| Temperatur 4 | 19, 22, 26, 35, 40 41, 52, 54, 61 | 71, 73, 74, 77, 82 84, 85, 88, 89, 99 105, 112, 114, 115 117, 123, 125, 127 128, 132, 133, 139 | 169, 175, 176, 178 179, 181, 184, 186 189–191, 210 | 304, 318 320, 333 | 372, 392 |
| Wasseraustausch 5 | 19, 22, 42, 50 54, 61 | 73, 74, 77, 78, 83 84, 85, 87, 90 94–97, 99, 119 120, 139, 140 | 165, 234, 235 238, 239 | 314, 323 | 370, 372 377, 380 |
| Durchströmung 6 | 42, 50, 54, 61 | 73, 74, 85, 87 96, 119, 139 | 175, 210, 233 | 313, 314, 327 | 370 |
| Hygieneplan 7 | 47, 60 | 120 | 245 | | 357, 371 |
| Betreiberpflichten 8 | 13, 46 | 119 | 176, 210 | 293, 300 327, 337 | 354, 361, 363 367 391, 392, 393 |

# Index

## A



## B



## C

## D



## E



## F



## G



## H

## I



## K



## L



## M



## N

## O



## P



## R



## S



## T

## Z

# Formeln